2021
최신개정판 합격의 공식 시대에듀

출제기준에 맞게 엄선된
이론 + 기출문제

소방설비 기사

기계편 필기

과년도 기출문제

2008~2020년 기출문제 및 해설수록!

편저 이덕수

3

이 책의 특징 최근 10년간 출제경향분석표 수록

01 가장 어려운 부분인 소방유체역학을 쉽게 풀이하여 해설하였으며, 구조 원리는 화재안전기준에 준하여 작성하였습니다. 02 한국산업인력공단의 출제기준을 토대로 예상문제를 다양하게 수록하였습니다. 03 모든 내용은 최신개정법령을 기준으로 하였습니다. 04 소방관계법규는 소방기본법 → 소방법, 화재예방, 소방시설 설치 · 유지 및 안전관리에 관한 법률 → 설치유지법률, 위험물안전관리법 → 위험물법으로 요약, 정리하였습니다.

소방설비 기사

소방설비기사

기계편 필기

과년도 기출문제

Always with you

사람이 길에서 우연하게 만나거나 함께 살아가는 것만이 인연은 아니라고 생각합니다.
책을 펴내는 출판사와 그 책을 읽는 독자의 만남도 소중한 인연입니다.
(주)시대고시기획은 항상 독자의 마음을 헤아리기 위해 노력하고 있습니다.
늘 독자와 함께하겠습니다.

머리글

현대 문명의 발전이 물질적인 풍요와 안락한 삶을 추구함을 목적으로 급속한 변화를 보이는 현실에 도시의 대형화, 밀집화, 30층 이상의 고층화가 되어 어느 때보다도 소방안전에 대한 필요성을 느끼지 않을 수 없습니다.

발전하는 산업구조와 복잡해지는 도시의 생활, 화재로 인한 재해는 대형화될 수 밖에 없으므로 소방설비의 자체점검(종합정밀점검, 작동기능점검)강화, 홍보의 다양화, 소방인력의 고급화로 화재를 사전에 예방하여 화재로 인한 재해를 최소화 하여야 하는 현실입니다.

특히 소방설비기사 · 산업기사의 수험생 및 소방설비업계에 종사하는 실무자에게 소방관련 서적이 절대적으로 필요하다는 인식이 들어 저자는 오랜 기간 동안에 걸쳐 외국과 국내의 소방관련자료를 입수하여 정리한 한편 오랜 소방학원의 강의 경험과 실무 경험을 토대로 본 서를 집필하게 되었습니다.

이 책의 특징...

❶ 오랜 기간 소방학원 강의 경력을 토대로 집필하였으며
❷ 강의 시 수험생이 가장 어려워하는 소방유체역학을 출제기준에 맞도록 쉽게 해설하였으며, 구조 원리는 개정된 화재안전기준에 맞게 수정하였습니다.
❸ 한국산업인력공단의 출제기준을 토대로 예상문제를 다양하게 수록하였고
❹ 최근 개정된 소방법규에 맞게 수정 · 보완하였습니다.
❺ 내용 중 "고딕체"부분과, PLUS ONE은 과년도 출제문제로서 중요성을 강조하였고
❻ 문제해설 중 소방관계법규는 참고사항으로 소방기본법 → 기본법, 소방시설 공사업법 → 공사업법, 화재예방, 소방시설 설치 · 유지 및 안전관리에 관한 법률 → 설치유지법률, 위험물안전관리법 → 위험물법으로 요약 정리하였습니다.

필자는 부족한 점에 대해서는 계속 수정, 보완하여 좋은 수험대비서가 되도록 노력하겠으며 수험생 여러분의 합격의 영광을 기원하는 바입니다.

끝으로 이 수험서가 출간하기까지 애써주신 시대고시기획 회장님 그리고 임직원 여러분의 노고에 감사드립니다.

편저자 드림

개 요

건물이 점차 대형화, 고층화, 밀집화되어 감에 따라 화재발생 시 진화보다는 화재의 예방과 초기진압에 중점을 둠으로써 국민의 생명, 신체 및 재산을 보호하는 방법이 더 효과적인 방법이다. 이에 따라 소방설비에 대한 전문인력을 양성하기 위하여 자격제도를 제정하였다.

수행직무

소방시설공사 또는 정비업체 등에서 소방시설공사의 설계도면을 작성하거나 소방시설공사를 시공, 관리하며, 소방시설의 점검 · 정비와 화기의 사용 및 취급 등 방화안전관리에 대한 감독, 소방계획에 의한 소화, 통보 및 피난 등의 훈련을 실시하는 방화관리자의 직무를 수행한다.

시험일정

구 분	필기시험접수(인터넷)	필기시험	필기합격(예정자) 발표	실기시험접수	실기시험	합격자 발표
제1회	1.25~1.28	3.7	3.19	3.31~4.5	4.24~5.7	5.21(1차) 6.2(2차)
제2회	4.12~4.15	5.15	6.2	6.14~6.17	7.10~7.23	8.6(1차) 8.20(2차)
제4회	8.16~8.19	9.12	10.6	10.18~10.21	11.13~11.26	12.10(1차) 12.24(2차)

※ 상기 시험일정은 시행처의 사정에 따라 변경될 수 있으니, www.q-net.or.kr에서 확인하시기 바랍니다.

시험요강

❶ **시행처** : 한국산업인력공단

❷ **관련 학과** : 대학 및 전문대학의 소방학, 건축설비공학, 기계설비학, 가스냉동학, 공조냉동학 관련 학과

❸ **시험과목**

㉠ 필기 : 1. 소방원론 2. 소방유체역학 3. 소방관계법규 4. 소방기계시설의 구조 및 원리

㉡ 실기 : 소방기계시설 설계 및 시공실무

❹ **검정방법**

㉠ 필기 : 객관식 4지 택일형 과목당 20문항(과목당 30분)

㉡ 실기 : 필답형(3시간)

❺ **합격기준**

㉠ 필기 : 100점을 만점으로 하여 과목당 40점 이상, 전 과목 평균 60점 이상

㉡ 실기 : 100점을 만점으로 하여 60점 이상

출제경향분석표 소방설비기사편(지난 10년간)

제 1 과목 : 소방원론

항목	비율
1. 화재의 특성과 원인 및 피해	6.5%(1문제)
2. 연소의 이론과 실제	20.3%(4문제)
3. 열 및 연기의 이동과 특성	5.5%(1문제)
4. 건축물의 화재성상	7.5%(1문제)
5. 물질의 화재위험	8.3%(2문제)
6. 건축물의 내화성상	10.0%(2문제)
7. 건축물의 방화 및 안전대책	3.9%(1문제)
8. 소방안전관리	5.3%(1문제)
9. 소화원리 및 방법	9.8%(2문제)
10. 물소화약제	4.0%(1문제)
11. 포소화약제	4.3%(1문제)
12. 이산화탄소소화약제	3.2%(1문제)
13. 할로겐화합물소화약제	5.0%(1문제)
14. 분말소화약제	6.4%(1문제)

제 2 과목 : 소방유체역학

항목	비율
1. 유체의 일반적인 성질	29.0%(5문제)
2. 유체의 운동 및 압력	23.8%(5문제)
3. 유체의 유동 및 측정	19.0%(4문제)
4. 유체의 배관 및 마찰	12.5%(3문제)
5. 펌프 및 펌프에서 발생하는 현상	15.7%(3문제)

제 3 과목 : 소방관계법규

항목	비율
1. 소방기본법	13.0%(3문제)
2. 소방기본법 시행령	4.3%(1문제)
3. 소방기본법 시행규칙	4.5%(1문제)
4. 소방시설공사업법	4.3%(1문제)
5. 소방시설공사업법 시행령	5.4%(1문제)
6. 소방시설공사업법 시행규칙	4.3%(1문제)
7. 화재예방, 소방시설 설치 · 유지 및 안전관리에 관한 법률	8.7%(2문제)
8. 화재예방, 소방시설 설치 · 유지 및 안전관리에 관한 법률 시행령	21.0%(4문제)
9. 화재예방, 소방시설 설치 · 유지 및 안전관리에 관한 법률 시행규칙	5.3%(1문제)
10. 위험물안전관리법	6.7%(1문제)
11. 위험물안전관리법 시행령	10.5%(2문제)
12. 위험물안전관리법 시행규칙	12.0%(2문제)

제 4 과목 : 소방기계시설의 구조 및 원리

항목	비율
1. 소화기	3.3%(1문제)
2. 옥내소화전설비	11.5%(2문제)
3. 옥외소화전설비	5.7%(1문제)
4. 스프링클러설비	15.8%(3문제)
5. 물분무소화설비	5.0%(1문제)
6. 포소화설비	9.3%(2문제)
7. 이산화탄소소화설비	5.8%(1문제)
8. 할론소화설비	6.2%(1문제)
9. 분말소화설비	7.8%(2문제)
10. 피난구조설비	9.5%(2문제)
11. 소화용수설비	2.6%(1문제)
12. 제연설비	6.5%(1문제)
13. 연결송수관설비	5.8%(1문제)
14. 연결살수설비	5.2%(1문제)

제 1 편 핵심이론

제 1 과목 소방원론

제1장 화재론

제2장 방화론

CONTENTS

제 2 과목 소방유체역학

제1장 소방유체역학

제 3 과목 소방관계법규

CONTENTS

제 4 과목 소방기계시설의 구조 및 원리

제1장 소화설비

CONTENTS

제3장 피난구조설비

제4장 소화용수설비

제 2 편 과년도 기출문제

소방설비 기사 [필기] [기계편]

제 1 편

핵심이론

제1과목 소방원론

제2과목 소방유체역학

제3과목 소방관계법규

제4과목 소방기계시설의 구조 및 원리

소방설비 기사 [필기]

[기계편]

Always with you

사람이 길에서 우연하게 만나거나 함께 살아가는 것만이 인연은 아니라고 생각합니다.
책을 펴내는 출판사와 그 책을 읽는 독자의 만남도 소중한 인연입니다.
(주)시대고시기획은 항상 독자의 마음을 헤아리기 위해 노력하고 있습니다. 늘 독자와 함께하겠습니다.

제 1 과목 소방원론

제 1 장 화재론

1-1 화재의 특성과 원인 및 피해

1. 화재의 특성과 원인

(1) 화재의 정의

① 자연 또는 인위적인 원인에 의해 물체를 연소시키고 인간의 신체, 재산, 생명의 손실을 초래하는 재난

② 사람의 의도에 반하여 출화 또는 방화에 의하여 불이 발생하고 확대되는 현상

③ 불을 사용하는 사람의 부주의와 불안정한 상태에서 발생하는 현상

④ 불이 그 사용 목적을 넘어 다른 곳으로 연소하여 사람들이 예기치 않는 경제상의 손실을 가져오는 현상

PLUS ONE 화 재
- 소화의 필요성이 있는 불
- 소화에 효과가 있는 어떤 물건을 사용할 필요가 있다고 판단되는 불
- 실화 또는 방화로 발생하는 연소현상

(2) 화재의 발생현황

① 원인별 화재발생현황(연도에 따라 약간 다름) : **전기** > 담배 > 방화 > 불티 > 불장난 > 유류

화재발생 빈도가 가장 높은 것 : 전기

② 장소별 화재발생현황 : 주택, 아파트 > 차량 > 공장 > 음식점 > 점포

③ 계절별 화재발생현황 : 겨울(12~2월) > 봄 > 가을 > 여름

2. 화재의 종류

구분 \ 급수	A급	B급	C급	D급	K급
화재의 종류	일반화재	유류화재	전기화재	금속화재	식용유화재
표시색	백 색	황 색	청 색	무 색	–

(1) 일반화재

목재, 종이, 합성수지류 등의 일반가연물의 화재

(2) 유류화재

제4류 위험물(특수인화물, 제1석유류~제4석유류, 알코올류, 동식물유류)의 화재

> 유류화재 시 주수소화 금지이유 : **연소면(화재면) 확대**

(3) 전기화재

전기화재는 양상이 다양한 원인 규명의 곤란이 많은 전기가 설치된 곳의 화재

PLUS ONE **전기화재의 발생원인**
합선(단락) · 과부하 · 누전 · 스파크 · 배선불량 · 전열기구의 과열

(4) 금속화재

칼륨(K), 나트륨(Na), 카바이드(CaC_2), 마그네슘(Mg), 아연(Zn) 등 물과 반응하여 가연성가스를 발생하는 물질의 화재

PLUS ONE **금수성 물질의 반응식**
- $2K + 2H_2O \rightarrow 2KOH + H_2\uparrow$
- $2Na + 2H_2O \rightarrow 2NaOH + H_2\uparrow$
- $Mg + 2H_2O \rightarrow Mg(OH)_2 + H_2\uparrow$
- 금속화재 시 주수소화를 금지하는 이유 : **수소(H_2)**가스 발생
- **알킬알루미늄**에 적합한 소화약제 : **팽창질석, 팽창진주암**
- 알킬알루미늄은 공기나 물과 반응하면 발화한다.
- $2(C_2H_5)_3Al + 21O_2 \rightarrow 12CO_2 + Al_2O_3 + 15H_2O$
- $(C_2H_5)_3Al + 3H_2O \rightarrow Al(OH)_3 + 3C_2H_6$

(5) 가스화재

가연성가스, 압축가스, 액화가스 등의 화재

① 가연성가스
수소, 일산화탄소, 아세틸렌, 메탄, 에탄, 프로판, 부탄 등의 폭발한계 농도가 하한값이 10[%] 이하, 상한값과 하한값의 차이가 20[%] 이상인 가스

② 압축가스
수소, 질소, 산소 등 고압으로 저장되어 있는 가스

③ 액화가스
액화석유가스(LPG), 액화천연가스(LNG) 등 액화되어 있는 가스

PLUS ONE LPG(액화석유가스, Liquefied Petroleum Gas)의 특성

- **무색무취**
- 물에 녹지 않고, 유기용제에는 녹는다.
- 석유류, 동식물류, 천연고무를 잘 녹인다.
- 공기 중에서 쉽게 연소 폭발한다.
  - $C_3H_8 + 5O_2 \rightarrow 3CO_2 + 4H_2O$
  - $2C_4H_{10} + 13O_2 \rightarrow 8CO_2 + 10H_2O$
- 액체상태에서 기체로 될 때 체적은 약 250배로 된다.
- 액체상태는 물보다 가볍고(약 0.5배), **기체상태**는 **공기보다 무겁다**(약 1.5~2.0배).

3. 가연성가스의 연소(폭발)범위

(1) 연소범위(폭발범위)

① 폭발범위 : 가연성 물질이 기체상태에서 공기와 혼합하여 일정농도 범위 내에서 연소가 일어나는 범위

㉠ 하한값(하한계) : 연소가 계속되는 최저의 용량비

㉡ 상한값(상한계) : 연소가 계속되는 최대의 용량비

PLUS ONE 폭발범위와 화재의 위험성

- **하한계**가 **낮을수록** 위험
- 상한계가 높을수록 위험
- **연소범위**가 **넓을수록** 위험
- 온도(압력)가 상승할수록 위험(압력이 상승하면 하한계는 불변, 상한계는 증가. 단, **일산화탄소**는 압력상승 시 연소범위가 **감소**)

(2) 공기 중의 폭발범위

가 스	하한계[%]	상한계[%]
아세틸렌(C_2H_2)	**2.5**	**81.0**
수소(H_2)	4.0	75.0
일산화탄소(CO)	12.5	74.0
암모니아(NH_3)	**15.0**	**28.0**
메탄(CH_4)	5.0	15.0
에탄(C_2H_6)	3.0	12.4
프로판(C_3H_8)	2.1	9.5
부탄(C_4H_{10})	1.8	8.4

(3) 위험도(Degree of Hazards)

$$위험도\ H = \frac{U-L}{L}$$

여기서, U : 폭발상한계　　L : 폭발하한계

(4) 혼합가스의 연소한계값

$$L_m = \frac{100}{\frac{V_1}{L_1} + \frac{V_2}{L_2} + \frac{V_3}{L_3} + \cdots + \frac{V_n}{L_n}}$$

여기서, L_m : 혼합가스의 폭발한계(하한값, 상한값[vol%])
$V_1, V_2, V_3, \ldots, V_n$: **가연성가스의 하한값 또는 상한값**[vol%]
$L_1, L_2, L_3, \ldots, L_n$: 가연성가스의 용량[vol%]

(5) 폭굉과 폭연

① **폭연**(Deflagration) : 발열반응으로서 연소의 전파속도가 **음속보다 느린** 현상
② **폭굉**(Detonation) : 발열반응으로서 연소의 전파속도가 **음속보다 빠른** 현상

4. 화재의 피해 및 소실 정도

(1) 화재피해의 증가원인

① 인구증가에 따른 공동 주택의 밀집현상
② 가연성 물질의 대량사용
③ 방화사범의 증가
④ 소방안전에 관련된 법규의 미비

화재의 일반적인 특성 : **확대성, 불안정성, 우발성**

(2) 화재피해의 감소방안

① 화재의 효과적인 **예방**
② 화재의 효과적인 **경계**
③ 화재의 효과적인 **진압**

화재의 피해 감소방안 : 예방, 경계, 진압

(3) 위험물과 화재위험의 상호관계

제반사항	위험성
온도, 압력	높을수록 위험
인화점, 착화점, 융점, **비점**	**낮을수록 위험**
연소범위	넓을수록 위험
연소속도, 증기압, 연소열	클수록 위험

(4) 화재의 소실 정도

① **부분소화재** : 전소, 반소 화재에 해당되지 아니하는 것
② **반소화재** : 건물의 30[%] 이상 70[%] 미만이 소실된 것
③ **전소화재** : 건물의 70[%] 이상(입체면적에 대한 비율)이 소실되었거나 또는 그 미만이라도 잔존 부분을 보수하여도 재사용이 불가능한 것

1-2 연소의 이론과 실제

1. 연 소

(1) 연소의 정의

가연물이 공기 중에서 산소와 반응하여 열과 빛을 동반하는 급격한 **산화현상**

(2) 연소의 색과 온도

색 상	담암적색	암적색	적 색	휘적색	황적색	백적색	휘백색
온도[℃]	520	700	850	950	1,100	1,300	1,500 이상

연소의 색과 온도 : 적색, 백적색, 휘백색의 온도는 꼭 암기

(3) 연소물질의 온도

상 태	온 도
목재화재	1,200~1,300[℃]
촛불, 연강용해	1,400[℃]
아세틸렌 불꽃	3,300~4,000[℃]
전기용접불꽃	3,000[℃]
물의 비점	100[℃]

(4) 연소의 3요소

① 가연물

목재, 종이, 석탄, 플라스틱 등과 같이 산소와 반응하여 발열반응하는 물질

㉠ 가연물의 조건

- **열전도율**이 **적을 것**
- **발열량**이 **클 것**
- 표면적이 넓을 것
- 산소와 친화력이 좋을 것
- **활성화에너지**가 **작을 것**

㉡ 가연물이 될 수 없는 물질

- 산소완결반응 : CO_2, H_2O, Al_2O_3 등
- **질소** 또는 산화물 : 산소와 반응은 하나 **흡열반응**을 하기 때문
- 0족(18족)원소(불활성기체) : 헬륨(He), 네온(Ne), 아르곤(Ar), 크립톤(Kr), 크세논(Xe), 라돈(Rn)

질소가 가연물이 될 수 없는 이유 : 흡열반응

② 산소공급원

산소, 공기, 제1류 위험물, 제5류 위험물, 제6류 위험물

③ 점화원

전기불꽃, 충격, 정전기불꽃, 충격마찰의 불꽃, 단열압축, 나화 및 고온표면 등

- 연소의 3요소 : 가연물, 산소공급원, 점화원
- 연소의 **4요소** : 가연물, 산소공급원, 점화원, **순조로운 연쇄반응**
- 점화원이 될 수 없는 것 : 액화열, 기화열
- 정전기의 방지대책 : 접지, 상대습도 70[%] 이상 유지, 공기이온화
- PVC(폴리염화비닐) Film제조 : 정전기 발생의 위험이 크다.
- 정전기의 발화과정 : 전하의 발생 → 전하의 축적 → 방전 → 발화

2. 연소의 형태

(1) 고체의 연소

종 류	정 의	물질명
증발연소	고체를 가열 → 액체 → 액체가열 → 기체 → 기체가 연소하는 현상	**황, 나프탈렌** 왁스, 파라핀
분해연소	연소 시 열분해에 의해 발생된 가스와 공기가 혼합하여 연소하는 현상	석탄, 종이 목재, 플라스틱
표면연소	연소 시 열분해에 의해 가연성가스는 발생하지 않고 그 물질 자체가 연소하는 현상(작열연소)	목탄, 코크스 금속분, 숯
내부연소	그 물질이 가연물과 산소를 동시에 가지고 있는 가연물이 연소하는 현상	나이트로셀룰로스 질화면 등 제5류 위험물

(2) 액체의 연소

종 류	정 의	물질명
증발연소	액체를 가열하면 증기가 되어 연소하는 현상	아세톤, 휘발유, 등유, 경유
액적연소	가열하여 점도를 낮추어 버너 등을 사용하여 액체의 입자를 안개로 분출하여 연소하는 현상	벙커C유

(3) 기체의 연소

종 류	정 의	물질명
확산연소	화염의 안정 범위가 넓고 조작이 용이하여 역화의 위험이 없는 연소	수소, 아세틸렌 프로판, 부탄
폭발연소	밀폐된 용기에 공기와 혼합가스가 있을 때 점화되면 연소속도가 증가하여 폭발적으로 연소하는 현상	–
예혼합연소	가연성 기체와 공기 중의 산소를 미리 혼합하여 연소하는 현상	–

3. 연소에 따른 제반사항

(1) 비열(Specific Heat)

① 1[g]의 물체를 1[℃](14.5~15.5[℃]) 올리는 데 필요한 열량[cal]
② 1[lb]의 물체를 60[°F]에서 1[°F] 올리는 데 필요한 열량(BTU)

> 물을 소화약제로 사용하는 이유 : 비열과 증발잠열이 크기 때문

(2) 잠열(Latent Heat)

어떤 물질이 온도는 변하지 않고 상태만 변화할 때 발생하는 열($Q=\gamma \cdot m$)
① 증발잠열 : 액체가 기체로 될 때 출입하는 열(물의 증발잠열 : 539[cal/g])
② 융해잠열 : 액체가 고체로 될 때 출입하는 열(물의 융해잠열 : 80[cal/g])

> • 현열 : 어떤 물질이 상태는 변화하지 않고 온도만 변화할 때 발생하는 열
> ($Q = mC_p\Delta t$)
> • 0[℃]의 물 1[g]을 100[℃]의 수증기로 되는 데 필요한 열량 : 639[cal]
> $Q=mC_p\Delta t+\gamma \cdot m$ = 1[g] × 1[cal/g·℃] × (100 − 0)[℃] + 539 [cal/g] × 1[g] = 639[cal]
> • 0[℃]의 얼음 1[g]을 100[℃]의 수증기로 되는 데 필요한 열량 : 719[cal]
> $Q=\gamma_1 \cdot m+mC_p\Delta t+\gamma_2 \cdot m$
> =(80[cal/g] × 1[g]) + 1[g] × 1[cal/g·℃] × (100 − 0)[℃] + 539[cal/g] × 1[g] = 719[cal]

(3) 인화점(Flash Point)

휘발성 물질에 불꽃을 접하여 발화될 수 있는 최저의 온도

PLUS ONE 인화점
• 가연성 액체의 위험성의 척도
• 가연성 증기를 발생할 수 있는 최저의 온도

(4) 발화점(Ignition Point)

가연성 물질에 점화원을 접하지 않고도 불이 일어나는 최저의 온도

① 자연발화의 형태
㉠ 산화열에 의한 발화 : 석탄, 건성유, 고무분말
㉡ 분해열에 의한 발화 : 나이트로셀룰로스, 셀룰로이드
㉢ 미생물에 의한 발화 : 퇴비, 먼지
㉣ 흡착열에 의한 발화 : 목탄, 활성탄
㉤ 중합열에 의한 발화 : 시안화수소

> 자연발화의 형태 : 산화열, 분해열, 미생물, 흡착열

② 자연발화의 조건
㉠ 주위의 온도가 높을 것
㉡ 열전도율이 적을 것

㉢ 발열량이 클 것

㉣ **표면적이 넓을 것**

PLUS ONE **자연발화 방지법**
- 습도를 낮게 할 것
- 주위의 온도를 낮출 것
- 통풍을 잘 시킬 것
- 불활성 가스를 주입하여 공기와 접촉을 피할 것

③ **발화점이 낮아지는 이유**

㉠ **분자구조가 복잡할 때**

㉡ 산소와 친화력이 좋을 때

㉢ 열전도율이 낮을 때

㉣ 증기압과 습도가 낮을 때

(5) 연소점(Fire Point)

어떤 물질이 공기 중에서 열을 받아 지속적인 연소를 일으킬 수 있는 최저온도로서 인화점보다 10[℃] 높다.

(6) 증기비중

$$\text{증기비중} = \frac{\text{분자량}}{29}$$

① **공기의 조성** : 산소(O_2) 21[%], 질소(N_2) 78[%], 아르곤(Ar) 등 1[%]

② 공기의 평균분자량 = (32×0.21) + (28×0.78) + (40×0.01) = 28.96

≒ 29

(7) 증기-공기밀도(Vapor-Air Density)

$$\text{증기-공기밀도} = \frac{P_2 d}{P_1} + \frac{P_1 - P_2}{P_1}$$

여기서, P_1 : 대기압　　P_2 : 주변온도에서의 증기압

d : 증기밀도

4. 연소생성물이 인체에 미치는 영향

(1) 일산화탄소(CO)의 영향

농 도	인체의 영향
2,000[ppm]	1시간 노출로 생명이 위험
4,000[ppm]	1시간 이내에 치사

(2) 이산화탄소(CO_2)의 영향

농 도	인체에 미치는 영향
0.1[%]	공중위생상의 상한선
2[%]	불쾌감 감지
4[%]	두부에 압박감 감지
6[%]	두통, 현기증, 호흡곤란
10[%]	시력장애, **1분 이내**에 **의식 불명**하여 **방치 시 사망**
20[%]	중추신경이 마비되어 사망

(3) 주요 연소생성물의 영향

가 스	현 상
CH_2CHCHO(아크롤레인)	**석유제품**이나 **유지류**가 **연소**할 때 생성
SO_2(아황산가스)	**황**을 **함유**하는 유기화합물이 **완전 연소 시**에 발생
H_2S(황화수소)	**황**을 **함유**하는 유기화합물이 **불완전 연소 시**에 발생 **달걀 썩는 냄새**가 나는 가스
CO_2(이산화탄소)	연소가스 중 가장 많은 양을 차지, **완전 연소** 시 생성
CO(일산화탄소)	불완전 연소 시에 다량 발생, 혈액 중의 **헤모글로빈**(Hb)과 결합하여 혈액 중의 산소운반 저해하여 사망

5. 열에너지(열원)의 종류

(1) 화학열

① 연소열 : 어떤 물질이 완전히 산화되는 과정에서 발생하는 열

② **분해열** : 어떤 화합물이 **분해할 때** 발생하는 열

③ 용해열 : 어떤 물질이 액체에 용해될 때 발생하는 열

> 기름걸레를 **빨래줄**에 걸어 놓으면 **자연발화**가 되지 않는다(산화열의 미축적으로).

(2) 전기열

① 저항열

> **백열전구**의 발열 : **저항열**

② 유전열 : 누설전류에 의해 절연물질이 가열하여 절연이 파괴되어 발생하는 열

③ **유도열** : 도체 주위에 변화하는 자장이 존재하면 전위차를 발생하고 이 전위차로 전류의 흐름이 일어나 도체의 저항 때문에 열이 발생하는 것

④ 아크열

⑤ 정전기열 : 정전기가 방전할 때 발생하는 열

PLUS ONE **정전기 방전에 대한 설명**
- **방전시간은 짧다.**
- 많은 열을 발생하지 않으므로 종이와 같은 가연물을 점화시키지 못한다.
- 가연성 증기나 기체 또는 **가연성 분진**은 **발화**시킬 수 있다.

(3) 기계열

① 마찰열 : 두 물체를 마주대고 마찰시킬 때 발생하는 열

② 압축열 : 기체를 압축할 때 발생하는 열

③ 마찰스파크 : 금속과 고체물체가 충돌할 때 발생하는 열

- **기계열 : 마찰열, 압축열**
- 화학열 : 연소열, 분해열, 용해열

6. 열의 전달

(1) 전도(Conduction)

하나의 물체가 다른 물체와 직접 접촉하여 전달되는 현상이다.

(2) 대류(Convection)

화로에 의해서 방 안이 더워지는 현상은 대류현상에 의한 것이다.

(3) 복사(Radiation)

양지바른 곳에 햇볕을 쬐면 따뜻함을 느끼는 복사현상에 의한 것이다.

복사 : 화재 시 **열의 이동**에 가장 **크게 작용**하는 열

PLUS ONE **슈테판-볼츠만(Stefan-Boltzmann) 법칙**
복사열은 절대온도차의 **4제곱**에 비례하고 열전달 면적에 비례한다.
- $Q = aAF(T_1^4 - T_2^4)$[kcal/h]
- $Q_1 : Q_2 = (T_1 + 273)^4 : (T_2 + 273)^4$

7. 유류탱크(가스탱크)에서 발생하는 현상

(1) 보일오버(Boil Over)

① 중질유탱크에서 장시간 조용히 연소하다가 탱크의 잔존기름이 갑자기 분출(Over Flow)하는 현상

② 유류탱크 바닥에 물 또는 물-기름에 에멀션이 섞여 있을 때 화재가 발생하는 현상

③ 연소유면으로부터 100[℃] 이상의 열파가 탱크저부에 고여 있는 물을 비등하게 하면서 연소유를 탱크 밖으로 비산하며 연소하는 현상

> **"보일오버"**의 **정의**만 종종 출제됨

(2) 슬롭오버(Slop Over)

물이 연소유의 뜨거운 표면에 들어갈 때 기름 표면에서 화재가 발생하는 현상

(3) 프로스오버(Froth Over)

물이 뜨거운 기름 표면 아래서 끓을 때 화재를 수반하지 않고 용기에서 넘쳐흐르는 현상

(4) 블레비(BLEVE ; Boiling Liquid Expanding Vapor Explosion)

액화가스 저장탱크의 누설로 부유 또는 확산된 액화가스가 착화원과 접촉하여 액화가스가 공기 중으로 확산, 폭발하는 현상

1-3 열 및 연기의 이동과 특성

1. 불(열)의 성상

(1) 플래시오버(Flash Over)

① 가연성가스를 동반하는 연기와 유독가스가 방출하여 실내의 급격한 온도상승으로 실내 전체가 순간적으로 연기가 충만해지는 현상

② 옥내화재가 서서히 진행되어 열이 축적되었다가 일시에 화염이 크게 발생하는 상태

(2) 플래시오버에 영향을 미치는 요인

① 개구부의 크기(**개구율**)

② **내장재료**

③ **화원의 크기**

④ 가연물의 종류

⑤ 실내의 표면적

(3) 플래시오버의 지연대책

① 두꺼운 내장재 사용

② 열전도율이 큰 내장재 사용

③ 실내에 가연물 분산 적재

④ 개구부 많이 설치

(4) 플래시오버 발생시간에 영향

① 가연재료가 난연재료보다 빨리 발생

② 열전도율이 적은 내장재가 빨리 발생

③ 내장재의 두께가 얇은 것이 빨리 발생

PLUS ONE 플래시오버(Flash Over)

- 플래시오버 : **폭발적인 착화현상, 순발적인 연소확대현상**
- 발생시기 : **성장기**에서 **최성기**로 넘어가는 분기점
- 최성기시간 : 내화구조는 **60분** 후(950[℃]), 목조건물은 10분 후(1,100[℃]) 최성기에 도달

2. 연기의 성상

(1) 연 기

① 연기는 완전 연소되지 않는 가연물인 **탄소 및 타르입자**가 떠돌아다니는 상태

② 탄소나 타르입자에 의해 연소가스가 눈에 보이는 것

PLUS ONE 연 기

습기가 많을 때 그 전달속도가 빨라져서 사람이 방호할 수 있는 능력을 떨어지게 하며 폐 속으로 급히 흡입하면 **혈압이 떨어져** 혈액순환에 장해를 초래하게 되어 사망할 수 있는 화재의 연소생성물

(2) 연기의 이동속도

방 향	수평방향	수직방향	실내계단
이동속도	0.5~1.0[m/s]	2.0~3.0[m/s]	3.0~5.0[m/s]

PLUS ONE 연기의 이동속도

- 연기층의 두께는 연도의 강하에 따라 달라진다.
- 연소에 필요한 신선한 공기는 연기의 유동방향과 같은 방향으로 유동한다.
- 화재실로부터 분출한 연기는 공기보다 가벼워 통로의 상부를 따라 유동한다.
- 연기는 발화층부터 위층으로 확산된다.

(3) 연기유동에 영향을 미치는 요인

① 연돌(굴뚝)효과
② 외부에서의 풍력
③ 공기유동의 영향
④ 건물 내 기류의 강제이동
⑤ 비중차
⑥ 공조설비

연돌효과와 관계가 있는 것 : 화재실의 온도, 건물의 높이, 건물 내·외의 온도차

(4) 연기가 인체에 미치는 영향

① 질 식
② 인지능력 감소
③ 시력장애

(5) 연기로 인한 투시거리에 영향을 주는 요인

① 연기의 농도
② 연기의 흐름속도
③ 보는 표시의 휘도, 형상, 색

(6) 연기농도와 가시거리

감광계수	가시거리[m]	상 황
0.1	20~30	연기감지기가 작동할 때의 정도
0.3	5	건물 내부에 익숙한 사람이 피난에 지장을 느낄 정도
0.5	3	어둠침침한 것을 느낄 정도
1	1~2	거의 앞이 보이지 않을 정도
10	0.2~0.5	화재 최성기 때의 정도

PLUS ONE 감광계수

- 연기의 농도를 나타내는 계수
- 감광계수 $= \dfrac{1}{\text{가시거리}}$

1-4 건축물의 화재성상

1. 목조건축물의 화재

(1) 화학적 성질

주성분 : 셀룰로스[$(C_6H_{10}O_5)_x$], 리그닌, 무기물, 수분 등

(2) 외 관

잘고 엷은 가연물이 두텁고 큰 것보다 더 잘 탄다.

(이유 : 표면적이 커서 공기와 접촉 면적이 많아지고 입자표면에서 열전도율의 방출이 적으므로)

(3) 열전도율

목재의 열전도율은 콘크리트나 철재보다 적다.

건축재료	열전도율[cal/cm · s · ℃]
콘크리트	4.10×10^{-3}
철 재	0.15
목 재	0.41×10^{-3}

(4) 열팽창률

열팽창은 건물붕괴의 주 인자가 된다. 목재의 열팽창률은 철재, 벽돌, 콘크리트보다 적고 철재, 벽돌, 콘크리트는 열팽창률이 대체적으로 비슷하다.

물 질	선팽창계수
목 재	4.92×10^{-5}
철 재	1.15×10^{-3}
벽 돌	9.50×10^{-5}
콘크리트	$1.0\sim1.4\times10^{-4}$

(5) 수분의 함유량

목재류의 수분함량이 15[%] 이상 : 고온에 **장시간 접촉**해도 **착화하기 어렵다.**

(6) 목재의 연소과정

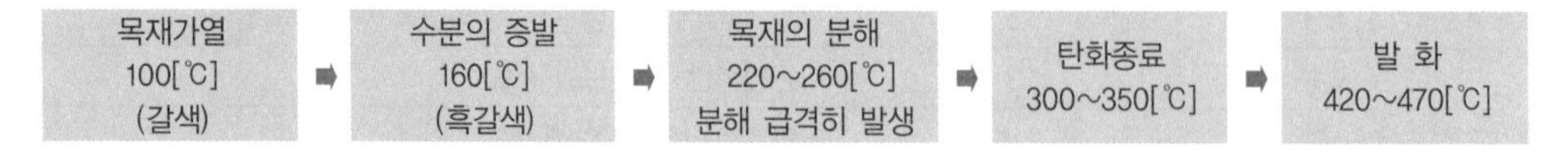

(7) 목조건축물의 화재진행과정

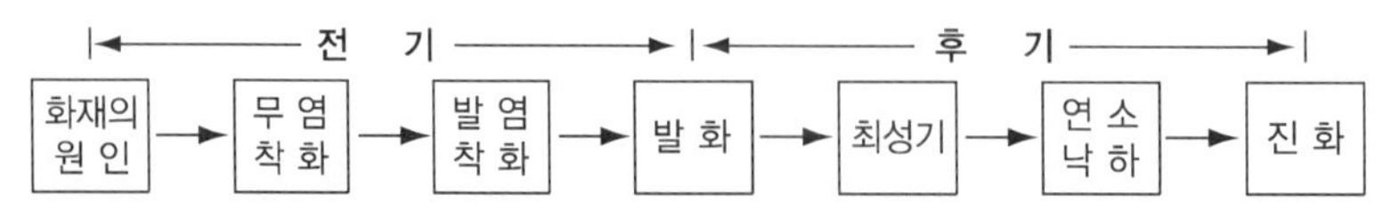

- **무염착화** : 가연물이 연소하면서 재로 덮힌 숯불모양으로 **불꽃없이** 착화하는 현상
- 발염착화 : 무염상태의 가연물에 바람을 주어 불꽃이 발생되면서 착화하는 현상

(8) 목재의 형태에 따른 연소상태

연소속도 / 목재형태	빠 름	느 림
건조의 정도	수분이 적은 것	수분이 많은 것
두께와 크기	얇고 가는 것	두껍고 큰 것
형 상	사각인 것	둥근 것
표 면	거친 것	매끄러운 것
색	검은색	백 색

(9) 목조건축물의 화재온도 표준곡선

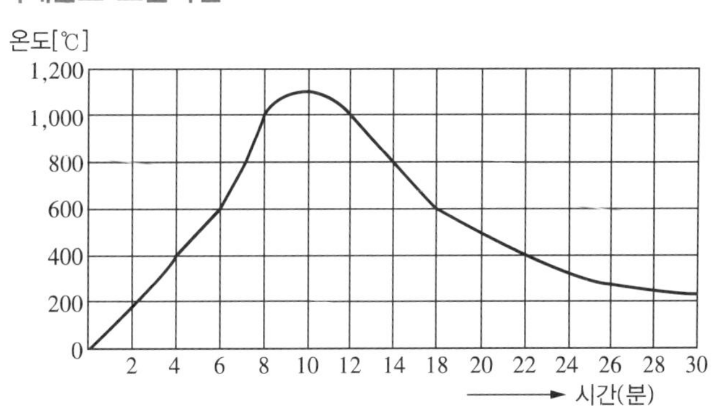

[목조건건축물의 경과시간]

풍속[m/s]	발화 → 최성기	최성기 → 연소낙하	발화 → 연소낙하
0~3	5~15분	6~19분	13~24분

(10) 목조건축물의 화재원인

① 접염 : 화염 또는 열의 접촉에 의하여 불이 옮겨 붙는 것

② 복사열 : 복사파에 의하여 열이 고온에서 저온으로 이동하는 것

③ 비화 : 화재현장에서 불꽃이 날아가 먼 지역까지 발화하는 현상

> 목조건축물의 화재원인 : **접염, 복사열, 비화**

(11) 출화의 종류

① 옥내출화

㉠ 천장 및 벽 속 등에서 발염착화할 때

㉡ 불연천장인 경우 실내에서는 그 뒤판에 발염착화할 때

㉢ 가옥구조일 때 천장판에서 발염착화할 때

② 옥외출화
㉠ 창, 출입구 등에서 발염착화할 때
㉡ 목재가옥에서는 벽, 추녀 밑의 판자나 목재에 발염착화할 때

- 옥내출화와 옥외출화의 구분
- **도괴방향법** : 출화가옥 등의 기둥, 벽 등은 발화부를 향하여 **도괴하는 경향이** 있으므로 이곳을 출화부로 추정하는 것

2. 내화건축물의 화재

(1) 내화건축물의 화재성상 – 저온장기형

PLUS ONE
건축물의 화재성상
- **내화건축물**의 화재성상 : **저온장기형**
- **목조건축물**의 화재성상 : **고온단기형**

(2) 내화건축물의 화재의 진행과정

초 기 ➡ 성장기 ➡ 최성기 ➡ 종 기

PLUS ONE
성장기
개구부 등 공기의 유통구가 생기면 연소속도는 급격히 진행되어 **실내는 순간적으로 화염이** 가득 휩싸이는 시기

(3) 내화건축물의 표준온도곡선

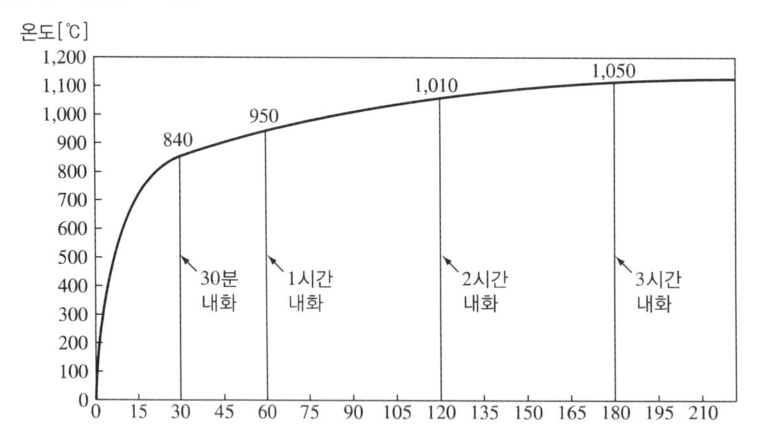

내화건축물 화재 시 **1시간** 경과 후의 온도 : **950[℃]**

(4) 화재하중

단위면적당 가연성 수용물의 양으로서 건물화재 시 **발열량 및 화재의 위험성**을 나타내는 용어이고, 화재의 규모를 결정하는 데 사용된다.

소방대상물	주택, 아파트	사무실	창 고	시 장	도서실	교 실
화재하중[kg/m^2]	30~60	30~150	**200~1,000**	100~200	100~250	30~45

$$화재하중\ Q = \frac{\Sigma(G_t \times H_t)}{H \times A} = \frac{Q_t}{4{,}500 \times A}[\mathrm{kg/m^2}]$$

여기서, G_t : 가연물의 질량[kg]
H_t : 가연물의 단위발열량[kcal/kg]
H : 목재의 단위발열량(4,500[kcal/kg])
A : 화재실의 바닥면적[m^2]
Q_t : 가연물의 전발열량[kcal]

1-5 물질의 화재위험

1. 화재의 위험성

(1) 발화성(금수성) 물질

일정온도 이상에서 착화원이 없어도 스스로 연소하거나 또는 물과 접촉하여 가연성가스를 발생하는 물질

> 발화성 물질 : **황린**, 나트륨, 칼륨, **금속분**, **마그네슘분**, 카바이드, 생석회 등

(2) 인화성 물질

액체표면에서 증발된 가연성 증기와의 혼합기체에 의한 폭발 위험성을 가진 물질

> 인화성 물질 : 이황화탄소, 에테르, 아세톤, 가솔린, 등유, 경유, 중유, 기어유 등

(3) 가연성 물질

15[℃], 1[atm]에서 기체상태인 가연성가스

PLUS ONE **가스의 종류**

- 용해가스 : 아세틸렌
- 불연성 가스 : 질소, 이산화탄소, 0족원소(불활성기체), 수증기
- **조연성 가스** : 자신은 연소하지 않고 연소를 도와주는 가스(**산소**, **공기**, 오존, **염소**, 플루오린 등)

(4) 산화성 물질

제1류 위험물과 제6류 위험물

> 산화성 물질 : **염소산염류**, 과염소산염류, 무기과산화물, 질산칼륨, **질산나트륨** 등

(5) 폭발성 물질

나이트로기($-NO_2$)가 2개 이상인 물질로서 강한 폭발성을 가진 물질

① 물리적인 폭발 : 화산폭발, 진공용기의 과열폭발, 증기폭발

② 화학적 폭발 : 산화폭발, 분해폭발, 중합폭발

> 폭발성 물질 : TNT(트라이나이트로톨루엔), 피크르산, 나이트로메탄 등

2. 위험물의 종류 및 성상

(1) 제1류 위험물

구 분	내 용
성 질	**산화성 고체**
품 명	• 아염소산염류, **염소산염류**, 과염소산염류 • 무기과산화물, 브롬산염류, 질산염류 • 아이오딘산염류, 과망간산염류, 다이크롬산염류 등
성 상	• 대부분 무색결정 또는 백색분말 • 비중이 1보다 크고 수용성이 많다. • 반응성이 크므로 열, 마찰, 충격에 의해 분해된다. • 산소를 많이 함유하는 강산화제이다. • **불연성**이다.
저장 및 취급 주의사항	• **질산염류**는 **조해성**이므로 습기에 주의해야 한다. • 강산화제이므로 가연물과 접촉을 피한다. • 가열, 마찰, 충격, 화기를 피한다. • 서늘하고 건조한 곳에 저장하여야 한다.
소화방법	물에 의한 냉각소화(무기과산화물은 건조된 모래에 의한 질식소화)

(2) 제2류 위험물

구 분	내 용
성 질	**가연성 고체(환원성 물질)**
품 명	• 황화인, 적린, 유황 • 철분, 마그네슘, 인화성 고체 • **금속분**
성 상	• 낮은 온도에서 착화되기 쉬운 가연물 • 연소하기 쉬운 가연성 고체 • **강환원제**이며 연소열량이 크다. • 연소 시 유독성 가스 발생 • 금속분은 물과 산의 접촉 시 발열한다.
저장 및 취급 주의사항	• 공기, 산화제와의 접촉을 피한다. • 화기를 피한다. • 냉암소에 보관, 환기를 시킨다.
소화방법	물에 의한 냉각소화(금속분은 건조된 모래에 의한 피복소화)

(3) 제3류 위험물

구 분	내 용
성 질	**자연발화성 및 금수성 물질**
품 명	• **칼륨**, 나트륨, **알킬알루미늄**, 알킬리튬 • **황린**, 알칼리금속 및 알칼리토금속 • 유기금속화합물, 칼슘 또는 알루미늄의 탄화물
성 상	• **금수성 물질**로서 물과의 접촉을 피한다(**수소**, 아세틸렌 등 가연성가스 발생). • **황린**은 물속에 저장(34[℃]에서 **자연발화**) • 산소와 결합력이 커서 자연발화한다.
저장 및 취급 주의사항	• 공기와 수분과의 접촉을 피한다. • 산과 접촉을 피한다. • 용기의 내압상승에 주의하여야 한다.
소화방법	건조된 모래에 의한 소화(알킬알루미늄은 팽창질석이나 팽창진주암으로 소화)

PLUS ONE 저장방법

- **황린**, 이황화탄소 : **물속**에 저장
- **칼륨**, 나트륨 : **등유, 경유, 유동파라핀** 속에 저장
- 나이트로셀룰로스 : 알코올 또는 물로 습면시켜 저장
- 아세틸렌 : DMF(다이메틸폼아미드), 아세톤에 저장(분해폭발방지)

(4) 제4류 위험물

구 분	내 용
성 질	**인화성 액체**
품 명	• 특수인화물 • 제1석유류, 제2석유류, 제3석유류, 제4석유류 • 알코올류, 동식물유류
성 상	• 가연성 액체로서 대단히 인화되기 쉽다. • 증기는 공기보다 무겁다. • **액체는 물보다 가볍고** 물에 녹기 어렵다. • 증기와 공기가 약간 혼합하여도 연소한다.
저장 및 취급 주의사항	• 불티, 불꽃 등 화기를 피한다. • 발생한 증기는 체류하지 않도록 하여야 한다. • 용기의 파손으로 인한 누설을 방지하여야 한다.
소화방법	포, CO_2, 할론, 분말에 의한 질식소화(**수용성 액체**는 **내알코올용포**로 소화)

(5) 제5류 위험물

구 분	내 용
성 질	**자기반응성(내부연소성) 물질**
품 명	• **유기과산화물**, 질산에스테르류 • 나이트로화합물, 나이트로소화합물 • 아조화합물, 디아조화합물, 하이드라진유도체
성 상	• 산소와 가연물을 동시에 가지고 있는 자기연소성 물질 • 연소속도가 빨라 폭발적이다. • 가열, 마찰, 충격에 의해 폭발성이 강하다.
저장 및 취급 주의사항	• 용기의 파손 균열에 주의하여야 한다. • 가열, 마찰, 충격을 피하여야 한다. • 운반용기에는 "화기엄금", "충격주의" 등의 표시를 할 것
소화방법	화재 초기에는 대량의 주수소화

(6) 제6류 위험물

구 분	내 용
성 질	**산화성 액체**
품 명	**과염소산**, 과산화수소, 질산
성 상	• **불연성 물질**로서 강산화제이다. • 비중이 1보다 크고 물에 잘 녹는다. • 물과 접촉 시 발열한다.
저장 및 취급 주의사항	• 물과 접촉을 피해야 한다. • 유기물, 가연물과 접촉을 피해야 한다.
소화방법	건조된 모래로 소화

3. 플라스틱 및 방염섬유의 성상

(1) 플라스틱의 성상

① **열가소성 수지** : 열에 의하여 변형되는 수지(폴리에틸렌수지, 폴리스타이렌수지, **PVC수지 등**)
② **열경화성 수지** : 열에 의하여 굳어지는 수지(**페놀수지**, 요소수지, 멜라민수지)

(2) 고분자 재료의 난연화방법

① 재료의 열분해 속도를 제어하는 방법
② 재료의 열분해 생성물을 제어하는 방법
③ 재료의 표면에 열전달을 제어하는 방법
④ 재료의 기상반응을 제어하는 방법

(3) 방염섬유의 성상

방염섬유는 화재성상을 L.O.I(Limited Oxygen Index)로 결정한다.
L.O.I(산소지수) : 가연물을 수직으로 하여 가장 윗부분에 점화하여 연소를 유지시킬 수 있는 최소산소농도

PLUS ONE **고분자물질의 L.O.I(산소지수)값**

- **폴리염화비닐 : 45[%]**
- 폴리프로필렌 : 19[%]
- 폴리스타이렌 : 18.1[%]
- 폴리에틸렌 : 17.4[%]

제 2 장 방화론

2-1 건축물의 내화성상

1. 건축물의 내화구조, 방화구조

(1) 내화구조

내화구분		내화구조의 기준
벽	모든 벽	• **철근콘크리트조** 또는 철골 · 철근콘크리트조로서 두께가 **10[cm] 이상**인 것 • 골구를 철골조로 하고 그 양면을 두께 **4[cm] 이상**의 **철망모르타르**로 덮은 것 • 두께 5[cm] 이상의 콘크리트 블록 · 벽돌 또는 석재로 덮은 것 • 철재로 보강된 콘크리트블록조 · 벽돌조 또는 석조로서 철재에 덮은 두께가 5[cm] 이상인 것
	외벽 중 비내력벽	• 철근콘크리트조 또는 철골 · 철근콘크리트조로서 두께가 7[cm] 이상인 것 • 골구를 철골조로 하고 그 양면을 두께 3[cm] 이상의 철망모르타르로 덮은 것 • 두께 4[cm] 이상의 콘크리트 블록 · 벽돌 또는 석재로 덮은 것 • 무근콘크리트조 · 콘크리트블록조 · 벽돌조 또는 석조로서 두께가 7[cm] 이상인 것
기 둥 (작은 지름이 25[cm] 이상인 것)		• 철근콘크리트조 또는 철골 · 철근콘크리트조 • 철골을 두께 6[cm] 이상의 철망모르타르로 덮은 것 • 철골을 두께 7[cm] 이상의 콘크리트 블록 · 벽돌 또는 석재로 덮은 것 • **철골**을 두께 **5[cm] 이상**의 콘크리트로 덮은 것
바 닥		• 철근콘크리트조 또는 철골 · 철근콘크리트조로서 두께가 **10[cm] 이상**인 것 • 철재로 보강된 콘크리트블록조 · 벽돌조 또는 석조로서 철재에 덮은 두께가 5[cm] 이상인 것 • 철재의 양면을 두께 5[cm] 이상의 철망모르타르 또는 콘크리트로 덮은 것
보		• 철근콘크리트조 또는 철골 · 철근콘크리트조 • 철골을 두께 6[cm] 이상의 철망모르타르로 덮은 것 • 철골을 두께 5[cm] 이상의 콘크리트조로 덮은 것

내화구조 : 철근콘크리트조, 연와조, 석조

(2) 방화구조

① **철망모르타르**로서 그 바름 두께가 **2[cm] 이상**인 것
② 석고판 위에 **시멘트모르타르** 또는 **회반죽을 바른 것**으로서 그 두께의 합계가 **2.5[cm] 이상**인 것
③ **시멘트모르타르 위에 타일을 붙인 것**으로서 그 두께의 합계가 **2.5[cm] 이상**인 것
④ 심벽에 흙으로 맞벽치기한 것

2. 건축물의 방화벽, 방화문

(1) 방화벽

화재 시 연소의 확산을 막고 피해를 줄이기 위해 주로 목조건축물에 설치하는 벽

대상건축물	구획단지	방화벽의 구조
주요구조부가 내화구조 또는 불연재료가 아닌 연면적 1,000[m^2] 이상인 건축물	연면적 1,000[m^2] 미만마다 구획	• 내화구조로서 홀로 설 수 있는 구조로 할 것 • 방화벽의 양쪽 끝과 위쪽 끝 건축물의 외벽면 및 지붕면으로부터 0.5[m] 이상 튀어 나오게 할 것 • 방화벽에 설치하는 출입문의 너비 및 높이는 각각 2.5[m] 이하로 하고 **갑종방화문**을 설치할 것

(2) 방화문

갑종방화문	을종방화문
품질검사를 한 결과 비차열 1시간 이상, 차열 30분 이상(아파트 발코니에 설치하는 대피공간)의 성능을 확보할 것	품질검사를 한 결과 비차열 30분 이상의 성능을 확보할 것

3. 건축물의 주요구조부, 불연재료 등

(1) 주요구조부

주요구조부 : 내력벽, 기둥, 바닥, 보, 지붕틀, 주계단
(단, 사잇기둥, **최하층의 바닥**, 작은 보, 차양, 옥외계단, **기초는 제외**)

(2) 불연재료 등

구분	내용
불연재료	콘크리트, 석재, 벽돌, 기와, 석면판, 철강, 알루미늄, 유리, 시멘트모르타르, 회 등(난연 1급)
준불연재료	불연재료에 준하는 성질을 가진 재료(난연 2급)
난연재료	불에 잘 타지 않는 성질을 가진 재료(난연 3급)

4. 건축물의 방화구획

(1) 방화구획의 기준

건축물의 규모	구획기준		비 고
10층 이하의 층	바닥면적 1,000[m^2](3,000[m^2]) 이내마다 구획		( ) 안의 면적은 스프링클러 등 자동식소화설비를 설치한 경우임
기타층	매 층마다 구획(면적에 무관)		
11층 이상의 층	실내마감이 불연재료의 경우	바닥면적 500[m^2](1,500[m^2]) 이내마다 구획	
	실내마감이 불연재료가 아닌 경우	바닥면적 200[m^2](600[m^2]) 이내마다 구획	

PLUS ONE **연소확대방지를 위한 방화구획**

- 층 또는 면적별로 구획
- 위험용도별 구획
- 방화댐퍼설치

(2) 방화구획의 구조

① 방화구획으로 사용되는 **갑종방화문**은 언제나 닫힌 상태를 유지하거나 화재로 인한 연기의 발생 또는 온도상승에 의하여 **자동으로 닫히는 구조**로 할 것

② 급수관, 배전반 기타의 관이 방화구획 부분을 관통하는 경우에는 그 관과 방화구획과의 틈을 **시멘트모르타르 기타 불연재료**로 메울 것

③ 방화댐퍼를 설치할 것

PLUS ONE

댐퍼의 기준

- 철재로서 **철판**의 두께가 1.5[mm] 이상일 것
- 화재가 발생하는 경우에는 연기의 발생 또는 온도상승에 의하여 자동직으로 닫힐 것
- 닫힌 경우에는 방화에 지장이 있는 틈이 생기지 아니할 것

5. 건축물 방화의 기본사항

(1) 공간적 대응

① **대항성** : 건축물의 내화, 방연성능, 방화구획의 성능, 화재방어의 대응성, 초기소화의 대응성 등의 화재의 사상에 대응하는 성능과 항력

② **회피성** : 난연화, 불연화, 내장제한, 방화구획의 분화, 발화훈련 등 화재의 발화, 확대 등 저감시키는 예방적 조치 또는 상황

③ **도피성** : 화재발생 시 사상과 공간적 대응 관계에서 화재로부터 피난할 수 있는 공간성과 시스템 등의 성상

(2) 설비적 대응

대항성의 방연성능현상으로 제연설비, 방화문, 방화셔터, 자동화재탐지설비, 스프링클러설비 등에 의한 대응

공간적 대응 : 대항성, 회피성, 도피성

(3) 건축물 방재 기능

① **배치계획** : 소화활동에 지장이 없는 장소에 건축물을 배치하는 것

② **평면계획** : 일반기능을 추구하는 요소로서 방연구획과 제연구획을 설정하여 소화활동, 소화, 피난 등을 적절하게 하기 위한 계획

③ **단면계획** : 방재면에서는 상하층의 방화구획으로 철근콘크리트의 슬라브로 구획하여 불이나 연기가 다른 층으로 이동하지 않도록 구획하는 계획

④ **입면계획** : 입면계획의 가장 큰 요소는 벽과 개구부 방재면에서는 조형상의 구조예방, 연소방지, 소화, 피난, 구출에 대한 계획을 하는 계획

⑤ **재료계획** : 내장재 및 사용재료의 불연성능, 내화성능을 고려하여 화재를 예방하기 위한 계획

연소확대 방지를 위한 방화계획 : 수평구획, 수직구획, 용도구획

2-2 건축물의 방화 및 안전대책

1. 건축물의 방화대책

(1) 건축물 전체의 불연화

① 내장재의 불연화
② 일반설비의 배관, 기자재, 보냉재의 불연화
③ 가연물의 수납을 적게, 가연물의 양을 규제한다.

(2) 피난대책의 일반적인 원칙

① 피난경로는 간단명료하게 할 것
② 피난구조설비는 **고정식 설비**를 **위주**로 할 것
③ 피난수단은 **원시적 방법**에 의한 것을 **원칙**으로 할 것
④ 2방향 이상의 피난통로를 확보할 것

PLUS ONE **피난동선의 특성**
- 수평동선과 수직동선으로 구분한다.
- 가급적 단순형태가 좋다.
- 상호반대방향으로 다수의 출구와 연결되는 것이 좋다.
- 어느 곳에서도 2개 이상의 방향으로 피난할 수 있으며 그 말단은 화재로부터 안전한 장소이어야 한다.

PLUS ONE **재해발생 시 피난행동**
- 평상상태에서의 행동
- 긴장상태에서의 행동
- 패닉상태에서의 행동

2. 건축물의 안전대책

(1) 피난방향

① 수평방향의 피난 : **복도**
② 수직방향의 피난 : 승강기(수직 동선), **계단**(보조수단)

> 화재발생 시 승강기는 1층에 정지시키고 사용하지 말아야 한다.

(2) 피난시설의 안전구획

① 1차 안전구획 : 복도
② **2차** 안전구획 : **부실(계단전실)**
③ 3차 안전구획 : 계단

(3) 피난방향 및 경로

구 분	구 조	특 징
T형		피난자에게 피난경로를 확실히 알려주는 형태
X형		양방향으로 피난할 수 있는 확실한 형태
H형		중앙코어방식으로 피난자의 집중으로 **패닉현상**이 일어날 우려가 있는 형태
Z형		중앙복도형 건축물에서의 피난경로로서 코어식 중 제일 안전한 형태

(4) 제연방법

① 희석 : 외부로부터 신선한 공기를 불어 넣어 내부의 연기의 농도를 낮추는 것
② 배기 : 건물 내·외부의 압력차를 이용하여 연기를 외부로 배출시키는 것
③ 차단 : 연기의 확산을 막는 것

연기의 제연방법 : **희석, 배기, 차단**

(5) 화재 시 인간의 피난행동 특성

① 귀소본능 : 평소에 사용하던 출입구나 통로 등 습관적으로 친숙해 있는 경로로 도피하려는 본능
② **지광본능** : 화재발생 시 연기와 정전 등으로 가시거리가 짧아져 시야가 흐리면 **밝은 방향**으로 **도피하려는 본능**
③ 추종본능 : 화재발생 시 최초로 행동을 개시한 사람에 따라 전체가 움직이는 본능(많은 사람들이 달아나는 방향으로 무의식적으로 안전하다고 느껴 위험한 곳임에도 불구하고 따라가는 경향)
④ 퇴피본능 : 연기나 화염에 대한 공포감으로 화원의 반대방향으로 이동하려는 본능
⑤ 좌회본능 : 좌측으로 통행하고 시계의 반대방향으로 회전하려는 본능

(6) 방폭구조의 종류

① 내압방폭구조
② 압력방폭구조
③ 유입방폭구조
④ 안전증방폭구조
⑤ 본질안전방폭구조
⑥ 특수방폭구조

PLUS ONE **내압방폭구조**
폭발성 가스가 용기 내부에서 폭발하였을 때 용기가 압력에 견디거나 외부의 폭발성 가스에 인화할 위험이 없도록 한 구조

2-3 소화원리 및 방법

1. 소화의 원리

(1) 소화의 원리

연소의 3요소 중 어느 하나를 없애주어 소화하는 방법

(2) 소화의 종류

① 냉각소화 : 화재현장에 물을 주수하여 발화점 이하로 온도를 낮추어 소화하는 방법

- 물을 **소화약제**로 사용하는 주된 이유 : **비열**과 **증발잠열**이 크기 때문
- 물 1[L/min]이 건물 내의 일반가연물을 진화할 수 있는 양 : 0.75[m^3]

② 질식소화 : 공기 중의 산소의 농도를 21[%]에서 16[%] 이하로 낮추어 소화하는 방법

질식소화 시 산소의 유효 한계농도 : 10~15[%]

③ 제거소화 : 화재현장에서 가연물을 없애주어 소화하는 방법

표면연소는 불꽃연소보다 연소속도가 매우 느리다.

④ 화학소화(부촉매효과) : 연쇄반응을 차단하여 소화하는 방법

PLUS ONE **화학소화(부촉매효과)**
- **화학소화방법**은 **불꽃연소**에만 한한다.
- 화학소화제는 연쇄반응을 억제하면서 동시에 냉각, 산소희석, 연료제거 등의 작용을 한다.
- **화학소화제**는 **불꽃연소**에는 매우 **효과적**이나 표면연소에는 효과가 없다.

⑤ **희석소화** : 알코올, 에테르, 에스테르, 케톤류 등 **수용성 물질**에 다량의 물을 방사하여 가연물의 농도를 낮추어서 소화하는 방법

⑥ **유화효과** : 물분무소화설비를 중유에 방사하는 경우 유류표면에 엷은 막으로 유화층을 형성하여 화재를 소화하는 방법

⑦ **피복효과** : 이산화탄소 약제방사 시 가연물의 구석까지 침투하여 피복하므로 연소를 차단하여 소화하는 방법

PLUS ONE **소화효과**
- 물(적상, 봉상) 방사 : 냉각효과
- 물(무상)방사 : **질식, 냉각, 희석, 유화효과**
- 포 : 질식, 냉각효과
- 이산화탄소 : 질식, 냉각, 피복효과
- 분말 : 질식, 냉각, 부촉매효과
- 할론 : 질식, 냉각, 부촉매효과
- 할로겐화합물 및 불활성기체
  - 할로겐화합물 : 질식, 냉각, 부촉매효과
  - 불활성기체 : 질식, 냉각효과

2. 소화의 방법

(1) 소화기의 분류

① **축압식 소화기** : 미리 용기에 압력을 축압한 것
② **가압식 소화기** : 별도로 이산화탄소 가압용 봄베 등을 설치하여 그 가스압으로 약제를 송출하는 방식

(2) 소화기의 종류

① **물소화기** : 펌프식, 축압식, 가압식

동결방지제 : 에틸렌글리콜, 프로필렌글리콜, 글리세린

② **산・알칼리소화기** : 전도식, 파병식, 이중병식

$2NaHCO_3 + H_2SO_4 \rightarrow Na_2SO_4 + 2CO_2 + 2H_2O$

※ 무상일 때는 전기화재에도 가능하다.

③ **강화액소화기** : 축압식, 가스가압식

봉상일 때 : 일반화재에, 무상일 때 : A, B, C급 화재에 적합

④ **포소화기** : 전도식, 파괴전도식

$6NaHCO_3 + Al_2(SO_4)_3 \cdot 18H_2O \rightarrow 3Na_2SO_4 + 2Al(OH)_3 + 6CO_2 + 18H_2O$

포소화기의 내통액 : 황산알루미늄[$Al_2(SO_4)_3$], 외통액 : $NaHCO_3$

⑤ **할론소화기** : 축압식, 수동펌프식, 수동축압식, 자기증기압식

PLUS ONE **할론소화약제**
- **부촉매(소화효과)**의 크기 : F<Cl<Br<I
- 전기음성도(친화력)의 크기 : F>Cl>Br>I
- 할론 1301 : 소화효과가 가장 크고 독성이 가장 적다.

⑥ **이산화탄소소화기** : 액화탄산가스를 봄베에 넣고 여기에 용기밸브를 설치한 것

이산화탄소의 **충전비 : 1.5 이상**, 함량 : 99.5[%] 이상, 수분 : 0.05[%] 이하

⑦ **분말소화기** : 축압식, 가스가압식

㉠ 축압식 : 용기에 분말소화약제를 채우고 방출압력원으로 질소가스가 충전되어 있는 방식(제3종 분말 사용)
㉡ 가스가압식 : 탄산가스로 충전된 방출압력원의 봄베는 용기 내부 또는 외부에 설치되어 있는 방식(제1종・제2종 분말 사용)

종 별	소화약제	약제의 착색	적응화재	열분해 반응식
제1종 분말	중탄산나트륨($NaHCO_3$)	백 색	B, C급	$2NaHCO_3 \xrightarrow{\triangle} Na_2CO_3 + CO_2 + H_2O$
제2종 분말	중탄산칼륨($KHCO_3$)	**담회색**	B, C급	$2KHCO_3 \xrightarrow{\triangle} K_2CO_3 + CO_2 + H_2O$
제3종 분말	**인산암모늄($NH_4H_2PO_4$)**	**담홍색, 황색**	**A, B, C급**	$NH_4H_2PO_4 \xrightarrow{\triangle} HPO_3 + NH_3 + H_2O$
제4종 분말	중탄산칼륨+요소 [$KHCO_3+(NH_2)_2CO$]	회 색	B, C급	$2KHCO_3 + (NH_2)_2CO \xrightarrow{\triangle} K_2CO_3 + 2NH_3 + 2CO_2$

2-4 소화약제

1. 물(水)소화약제

(1) 물소화약제의 장점

① 인체에 무해하며 다른 약제와 혼합하여 수용액으로 사용 가능
② 가격이 저렴, 장기보존이 가능
③ 냉각효과에 우수

(2) 물소화약제의 단점

① 동파 및 응고현상으로 소화효과가 적다.
② 물 방사 후 2차 피해의 우려가 있다.
③ 전기화재나 금속화재에는 적응성이 없다.
④ 유류화재에는 연소면 확대로 소화효과를 기대하기 어렵다.

> 물의 기화열 : 539[cal/g], 얼음의 융해열 : 80[cal/g]

(3) 물소화약제의 성질

① 표면장력이 크다.
② **비열**과 **증발잠열**이 크다.
③ 열전도계수와 열흡수가 크다.
④ 점도가 낮다.
⑤ 물은 **극성공유결합**을 하므로 비등점이 높다.

(4) 물소화약제의 방사방법

① 봉상주수 : 물이 가늘고 긴 물줄기 모양을 형성하여 방사되는 것
② 적상주수 : 물방울을 형성하면서 방사되는 것으로 봉상주수보다 물방울의 입자가 작다.
③ 무상주수 : 안개 또는 구름모양을 형성하면서 방사되는 것

PLUS ONE 물의 방사형태
- 봉상주수 : 옥내소화전설비, 옥외소화전설비
- 적상주수 : 스프링클러설비
- 무상주수 : 물분무소화설비

(5) 물소화약제의 소화효과

① 봉상주수 : 냉각효과
② 적상주수 : 냉각효과
③ 무상주수 : **질식**효과, **냉각**효과, **희석**효과, **유화**효과

> B-C유(중유) : 물분무소화설비 가능

(6) Wet Water

물의 표면장력을 감소시켜 물의 침투성을 증가시키는 Wetting Agents를 혼합한 수용액

① 연소열의 흡수를 향상시킨다.

② 물의 **표면장력**을 **감소**시켜 침투성을 증가시킨다.

③ **다공질 표면** 및 **심부화재**에 적합하다.

④ **재연소 방지**에 **적합**하다.

> Wetting Agent : 합성계면활성제

(7) Viscosity Water

물의 점도를 증가시키는 Viscosity Agent를 혼합한 수용액으로 산림화재에 적합하다.

2. 포소화약제

(1) 포소화약제의 구비조건

① 포의 안정성이 좋아야 한다.

② **독성**이 **적어야** 한다.

③ 유류와의 접착성이 좋아야 한다.

④ 포의 유동성이 좋아야 한다.

⑤ 바람에 잘 견디는 힘이 커야 한다.

(2) 화학포소화약제

PLUS ONE

- **화학포의 화학반응식**
  $Al_2(SO_4)_3 \cdot 18H_2O + 6NaHCO_3 \rightarrow 2Al(OH)_3 + 3Na_2SO_4 + 6CO_2 + 18H_2O$
- 약제 습식의 혼합비 : **물 1[L]에 분말 120[g]**

(3) 기계포소화약제

① 특 징

㉠ **혼합기구**가 **복잡**하다.

㉡ 유동성이 크다.

㉢ 넓은 면적의 유류화재에 적합하다.

㉣ 고체표면에 접착성이 우수하다.

> 포헤드 : 공기포(기계포)를 형성하는 곳

② 기계포소화약제의 종류

㉠ 포소화약제의 특성

약 제	pH	비 중	특 성
단백포	6.0~7.5	1.1~1.2	• **동물성 단백질** 가수분해물에 **염화제일철염**의 안정제를 첨가한 약제 • 특이한 냄새가 나는 흑갈색 액체 • 다른 포약제에 비해 부식성이 크다. • 옥외저장 시에는 보온조치가 필요하다.
합성계면활성제포	6.5~8.5	0.9~1.2	• 고급알코올 황산에스테르와 고급알코올 황산염을 사용하여 안정제를 첨가한 소화약제 • 저발포와 고발포를 임의로 발포할수 있다. • 카바이드, 칼륨, 나트륨, 전기설비에는 부적합하다.
수성막포	6.0~8.5	1.0~1.15	• **유류화재 진압용**으로 가장 우수하다. • Light Water 또는 **AFFF**(Aqueouss Film Forming Foam)라고도 한다. • 안정성이 좋아 장기보관이 가능하다. • 내약품성이 좋아 타약제와 겸용이 가능하다. • 보존성이 좋고 독성이 없는 흑갈색 원액이다. • 단백포에 비해 300[%]의 효과가 있다.
내알코올형포	6.0~8.5	0.9~1.2	• 단백질의 가수분해물에 합성세제를 혼합하여 제조한 약제 • 알코올, 에스테르 등 **수용성인 액체**에 적합하다. • 가연성 액체에 적합하다.
플루오린화단백포	–	–	• 단백포에 플루오린계 **계면활성제**를 혼합하여 제조한 약제 • 소화성능이 우수하나 가격이 비싸다. • 표면하 주입방식에 적합하다.

알코올형 포소화약제의 사용온도범위 : 5[℃] 이상 30[℃] 이하

③ 혼합비율에 따른 분류

구 분	약 제	농 도
저발포용	단백포소화약제	3[%]형, 6[%]형
	합성계면활성제포소화약제	3[%]형, 6[%]형
	수성막포소화약제	3[%]형, 6[%]형
	내알코올형 포소화약제	3[%]형, 6[%]형
	플루오린화단백포소화약제	3[%]형, 6[%]형
고발포용	**합성계면활성제포**소화약제	**1[%]형, 1.5[%]형, 2[%]형**

④ 발포배율에 따른 분류

구 분	팽창비
저발포	팽창비가 **20배 이하**
고발포	80배 이상 1,000배 미만

$$\text{팽창비} = \frac{\text{방출 후 포의 체적[L]}}{\text{방출 전 포수용액의 체적(포원액+물)[L]}} = \frac{\text{방출 후 포의 체적[L]}}{\dfrac{\text{원액의 양[L]}}{\text{농도[\%]}}}$$

(4) 25[%] 환원시간시험

채취한 포에서 환원하는 포수용액량이 실린더 내의 포에 함유되어 있는 전 포수용액량의 25[%](1/4)환원에 요하는 시간

포소화약제의 종류	25[%] 환원시간(분)
단백포소화약제	1
수성막포소화약제	1
합성계면활성제포소화약제	3

3. 이산화탄소소화약제

(1) 소화약제의 성상

① 상온에서 기체이다.

② 가스비중은 공기보다 **1.51배** 무겁다.

③ 화학적으로 안정하고 가연성, 부식성도 없다.

④ 이산화탄소의 허용농도는 **5,000[ppm](0.5[%])**이다.

(2) 소화약제의 물성

K=임계점(31.35[℃], 72.75[atm]) *T*=삼중점(−56.3[℃], 0.42[MPa])

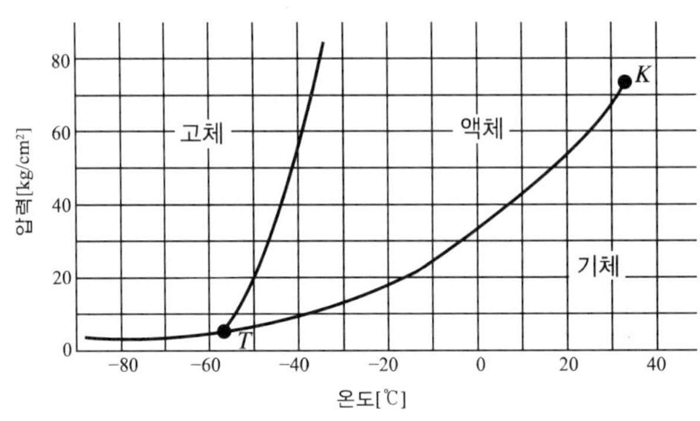

구 분	물성치
화학식	CO_2
삼중점	−56.3[℃](0.42[MPa])
임계압력	72.75[atm]
임계온도	31.35[℃]
충전비	1.5 이상

(3) 소화약제량 측정법

① **중량측정법** : 용기밸브 개방장치 및 조작관 등을 떼어낸 후 저울을 사용하여 가스용기의 총중량을 측정한 후 용기에 부착된 중량표(명판)와 비교하여 기재중량과 계량중량의 차가 충전량의 **10[%] 이내**가 되어야 한다.

② **액면측정법** : 액화가스미터기로 액면의 높이를 측정하여 약제량을 계산한다.

③ 비파괴검사법

> 임계온도 : 액체의 밀도와 기체의 밀도가 같아지는 온도(31.35[℃])

(4) 소화약제 소화효과

① **질식효과** : 산소의 농도를 21[%]에서 15[%]로 낮추어 소화하는 방법
② **냉각효과** : 이산화탄소 가스방출 시 기화열에 의한 방법
③ **피복효과** : 증기의 비중이 1.51배 무겁기 때문에 이산화탄소에 의한 방법

> 기체의 용해도는 압력이 증가하면 증가하고, 저온, 고압일 때 용해되기 쉽다.

4. 할론소화약제

(1) 소화약제의 특성

① 변질, 분해가 없다.
② 전기부도체이다.
③ **금속**에 대한 **부식성이 적다.**
④ 연소억제작용으로 부촉매소화효과가 크다.
⑤ 가연성 액체화재에도 소화속도가 매우 크다.
⑥ 가격이 비싸다는 단점이 있다.

(2) 소화약제의 구비조건

① 기화되기 쉬운 저비점 물질이어야 한다.
② 공기보다 무겁고 불연성이어야 한다.
③ 증발 잔유물이 없어야 한다.

(3) 할론소화약제의 성상

약 제	분자식	분자량	적응화재	성 상
할론 1301	CF_3Br	148.9	B, C급	• 메탄에 플루오린 3원자와 브롬 1원자가 치환된 약제 • 상온에서 **기체**이다. • 무색, 무취로 전기전도성이 없다. • 공기보다 5.1배 무겁다. • 21[℃]에서 약 **1.41[MPa]**의 압력을 가하면 액화할 수 있다.
할론 1211	CF_2ClBr	165.4	A, B, C급	• 메탄에 플루오린 2원자, 염소 1원자, 브롬 1원자가 치환된 약제 • 상온에서 **기체**이다. • 공기보다 5.7배 무겁다. • 비점이 −4[℃]로서 방출 시 액체상태로 방출된다.
할론 1011	CH_2ClBr	129.4	B, C급	• 메탄에 염소 1원자와 브롬 1원자가 치환된 약제 • 상온에서 **액체**이다. • 공기보다 4.5배 무겁다.
할론 2402	$C_2F_4Br_2$	259.8	B, C급	• 에탄에 플루오린 4원자, 브롬 2원자가 치환된 약제 • 상온에서 **액체**이다. • 공기보다 9.0배 무겁다.

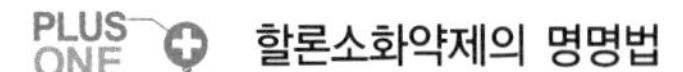

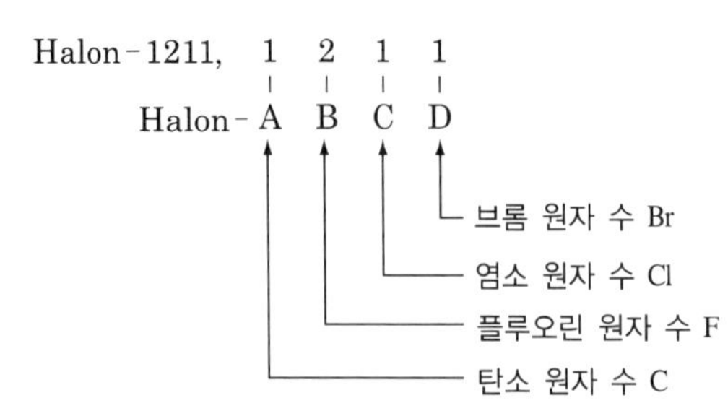

(4) 할론소화약제의 특성

물 성 \ 종 류	할론 1301	할론 1211	할론 2402
임계온도[℃]	37.0	153.8	214.6
임계압력[atm]	39.1	40.57	33.5
증기비중	5.1	5.7	9.0
증발잠열[kJ/kg]	119	130.6	105

- 할론소화약제의 **소화효과** : F < Cl < Br < I
- 할론소화약제의 **전기음성도** : F > Cl > Br > I
- **휴대용 소화기 : 할론 1211과 할론 2402는** 증기압이 낮아 사용

(5) 사염화탄소소화약제

이 약제는 염소 4원자를 치환시킨 약제로서 1988년에 사용금지된 소화약제이다.

① 공기 중 : $2CCl_4 + O_2 \rightarrow 2COCl_2 + 2Cl_2$

② 수분 중 : $CCl_4 + H_2O \rightarrow COCl_2 + 2HCl$

③ 탄산가스 중 : $CCl_4 + CO_2 \rightarrow 2COCl_2$

④ 금속접촉 중 : $3CCl_4 + Fe_2O_3 \rightarrow 3COCl_2 + 2FeCl_2$

⑤ 발연황산 중 : $2CCl_4 + H_2SO_4 + SO_3 \rightarrow 2COCl_2 + S_2O_5Cl_2 + 2HCl$

5. 할로겐화합물 및 불활성기체 소화약제

(1) 할로겐화합물 및 불활성기체 소화약제의 종류

소화약제	화학식
퍼플루오로부탄(이하 "FC-3-1-10"이라 한다)	C_4F_{10}
하이드로클로로플루오로카본혼화제 (이하 "HCFC BLEND A"라 한다)(상표명 : NAFSⅢ)	HCFC-123($CHCl_2CF_3$) : 4.75[%] HCFC-22($CHClF_2$) : 82[%] HCFC-124($CHClFCF_3$) : 9.5[%] $C_{10}H_{16}$: 3.75[%]
클로로테트라플루오로에탄(이하 "HCFC-124"라 한다)	$CHClFCF_3$

소화약제	화학식
펜타플루오로에탄(이하 "HFC-125"라 한다)	CHF_2CF_3
헵타플루오로프로판(이하 "HFC-227ea"라 한다)(상표명 : FM200)	CF_3CHFCF_3
트리플루오로메탄(이하 "HFC-23"이라 한다)	CHF_3
헥사플루오로프로판(이하 "HFC-236fa"라 한다)	$CF_3CH_2CF_3$
트리플루오로이오다이드(이하 "FIC-13I1"이라 한다)	CF_3I
불연성·불활성기체 혼합가스(이하 "IG-01"이라 한다)	Ar
불연성·불활성기체 혼합가스(이하 "IG-100"이라 한다)	N_2
불연성·불활성기체 혼합가스(이하 "IG-541"이라 한다)	N_2 : 52[%], Ar : 40[%], CO_2 : 8[%]
불연성·불활성기체 혼합가스(이하 "IG-55"라 한다)	N_2 : 50[%], Ar : 50[%]
도데카플루오로-2-메틸펜탄-3-원(이하 "FK-5-1-12"라 한다)	$CF_3CF_2C(O)CF(CF_3)_2$

(2) 할로겐화합물 및 불활성기체 소화약제의 특성

① 할로겐화합물(할론 1301, 할론 2402, 할론 1211은 제외) 및 불활성기체로서 전기적으로 비전도성이다.

② 휘발성이 있거나 증발 후 잔여물은 남기지 않는 액체이다.

③ 할론소화약제 대처용이다.

(3) 소화약제의 구분

① 할로겐화합물 계열

㉠ 분 류

계 열	정 의	해당 물질
HFC(Hydro Fluoro Carbons) 계열	C(탄소)에 F(플루오린)과 H(수소)가 결합된 것	HFC-125, HFC-227ea HFC-23, HFC-236fa
HCFC(Hydro Chloro Fluoro Carbons) 계열	C(탄소)에 Cl(염소), F(플루오린), H(수소)가 결합된 것	HCFC-BLEND A, HCFC-124
FIC(Fluoro Iodo Carbons) 계열	C(탄소)에 F(플루오린)과 I(아이오딘)이 결합된 것	FIC-13I1
FC(PerFluoro Carbons) 계열	C(탄소)에 F(플루오린)이 결합된 것	FC-3-1-10, FK-5-1-12

㉡ 명명법

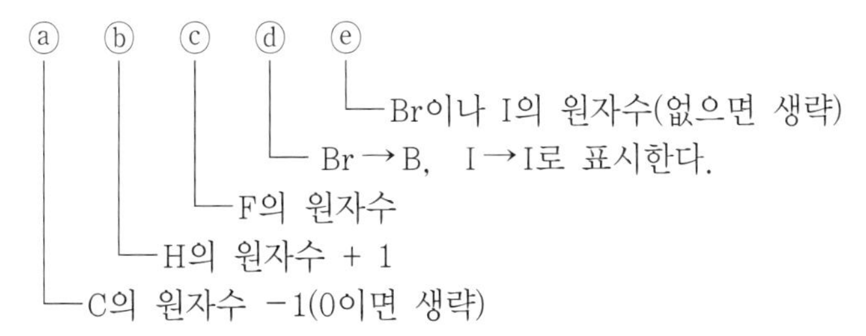

[예시]

- HFC계열(HFC－227, CF_3CHFCF_3)
  - ⓐ → C의 원자수(3 － 1 ＝ 2)
  - ⓑ → H의 원자수(1 ＋ 1 ＝ 2)
  - ⓒ → F의 원자수(7)
- HCFC계열(HCFC－124, $CHClFCF_3$)
  - ⓐ → C의 원자수(2 － 1 ＝ 1)
  - ⓑ → H의 원자수(1 ＋ 1 ＝ 2)
  - ⓒ → F의 원자수(4)
  - ※ 부족한 원소는 Cl로 채운다.
- FIC계열(FIC－13I1, CF_3I)
  - ⓐ → C의 원자수(1 － 1 ＝ 0, 생략)
  - ⓑ → H의 원자수(0 ＋ 1 ＝ 1)
  - ⓒ → F의 원자수(3)
  - ⓓ → I로 표기
  - ⓔ → I의 원자수(1)
- FC계열(FC－3－1－10, C_4F_{10})
  - ⓐ → C의 원자수(4 － 1 ＝ 3)
  - ⓑ → H의 원자수(0 ＋ 1 ＝ 1)
  - ⓒ → F의 원자수(10)

② 불활성기체 계열

㉠ 분 류

종 류	화학식
IG－01	Ar
IG－100	N_2
IG－55	N_2(50[%]), Ar(50[%])
IG－541	N_2(52[%]), Ar(40[%]), CO_2(8[%])

㉡ 명명법

ⓧ ⓨ ⓩ

- ⓩ － CO_2의 농도[%] : 첫째자리 반올림, 생략가능
- ⓨ － Ar의 농도[%] : 첫째자리 반올림
- ⓧ － N_2의 농도[%] : 첫째자리 반올림

[예시]

- IG－01
  - ⓧ → N_2의 농도(0[%] = 0)
  - ⓨ → Ar의 농도(100[%] = 1)
  - ⓩ → CO_2의 농도(0[%]) : 생략
- IG－100
  - ⓧ → N_2의 농도(100[%] = 1)
  - ⓨ → Ar의 농도(0[%] = 0)
  - ⓩ → CO_2의 농도(0[%] = 0)
- IG－55
  - ⓧ → N_2의 농도(50[%] = 5)
  - ⓨ → Ar의 농도(50[%] = 5)
  - ⓩ → CO_2의 농도(0[%]) : 생략
- IG－541
  - ⓧ → N_2의 농도(52[%] = 5)
  - ⓨ → Ar의 농도(40[%] = 4)
  - ⓩ → CO_2의 농도(8[%] → 10[%] = 1)

(4) 약제의 구비조건

① 독성이 낮고 설계농도는 NOAEL 이하일 것

② 오존파괴지수(ODP), 지구온난화지수(GWP)가 낮을 것

③ 소화효과 할론소화약제와 유사할 것

④ 비전도성이고 소화 후 증발잔유물이 없을 것
⑤ 저장 시 분해하지 않고 용기를 부식시키지 않을 것

(5) 소화효과

① 할로겐화합물 소화약제 : 질식, 냉각, 부촉매 효과
② 불활성기체 소화약제 : 질식, 냉각 효과

6. 분말소화약제

(1) 분말소화약제의 종류

① 제1종 분말소화약제 : 이 약제는 주방에서 사용하는 **식용유화재**에는 가연물과 반응하여 **비누화 현상**을 일으키므로 효과가 있다.

식용유 및 지방질유의 화재 : 제1종 분말소화약제

② 제2종 분말소화약제 : 칼륨염은 제1종 분말인 나트륨보다 흡습성이 강하고 고체화가 쉽게 되므로 제1종보다 소화효과는 약 1.67배나 크다. 식용유나 지방질 화재에는 적당하지 않다.
③ 제3종 분말소화약제 : 화재 시 열분해에 의해 메타인산, 암모니아, 수증기의 생성물이 되는데 메타인산(HPO_3)은 가연물의 표면에 부착되어 산소와 접촉을 차단하기 때문에 제1, 2종보다 소화효과는 20~30[%]가 크다.

차고, 주차장에 적합한 약제 : 제3종 분말소화약제

④ 제4종 분말소화약제 : 유기산, 무기산에 의해 방습가공된 것으로 현재는 거의 사용하지 않고 있다.

(2) 분말소화약제의 품질기준

① **제1종 분말**
㉠ 순도 : 90[%] 이상
㉡ 탄산나트륨 : 2[%] 이하
㉢ 첨가제 : 8[%] 이하

② **제2종 분말**
㉠ 순도 : 92[%] 이상
㉡ 첨가제 : 8[%] 이하

③ **제3종 분말**
㉠ 순도 : 75[%] 이상
㉡ 물에 불용해분 : 5[wt%] 이하
㉢ 물에 용해분 : 20[wt%] 이하

④ 분말도(입도)

PLUS ONE

분말소화약제의 입도

- 너무 커도, 너무 미세하여도 소화효과가 떨어진다.
- 미세도의 분포가 **골고루** 되어 있어야 한다.
- 입도의 크기 : 20~25[μm]

(3) 분말소화약제의 소화효과

① 수증기에 의하여 산소차단에 의한 **질식효과**

② 수증기에 의하여 흡수열에 의한 **냉각효과**

③ 유리된 NH_4^+에 의한 **부촉매효과**

④ 메타인산(HPO_3)에 의한 방진작용

⑤ 탈수효과

제 2 과목

소방유체역학

제 1 장 소방유체역학

1-1 유체의 일반적인 성질

1. 유체의 정의

(1) 유 체

어떤 힘을 작용하면 움직이려는 액체와 기체상태의 물질

(2) 압축성 유체

기체와 같이 압력을 가하면 체적이 변하는 성질을 가진 유체

(3) 비압축성 유체

액체와 같이 압력을 가해도 체적이 변하지 않는 성질을 가진 유체

- 이상유체 : 점성이 없는 비압축성 유체
- 실제유체 : 점성이 있는 압축성 유체, 유동 시 마찰이 존재하는 유체

2. 유체의 단위와 차원

차 원	중력단위 [차원]	절대단위 [차원]
길 이	[m] [L]	[m] [L]
시 간	[s] [T]	[s] [T]
질 량	$[kg_f \cdot s^2/m]$ $[FL^{-1}T^2]$	[kg] [M]
힘	$[kg_f]$ [F]	$[kg \cdot m/s^2]$ $[MLT^{-2}]$
밀 도	$[kg_f \cdot s^2/m^4]$ $[FL^{-4}T^2]$	$[kg/m^3]$ $[ML^{-3}]$
압 력	$[kg_f/m^2]$ $[FL^{-2}]$	$[kg/m \cdot s^2]$ $[ML^{-1}T^{-2}]$
속 도	[m/s] $[LT^{-1}]$	[m/s] $[LT^{-1}]$
가속도	$[m/s^2]$ $[LT^{-2}]$	$[m/s^2]$ $[LT^{-2}]$
점성계수	$[kg_f \cdot s/m^2]$ $[FTL^{-2}]$	$[kg/m \cdot s]$ $[ML^{-1}T^{-1}]$

(1) 온 도

① $[℃] = \frac{5}{9}([°F] - 32)$

② [°F] = 1.8[℃] + 32

③ [R] = 460 + [°F]

K = 273.16 + [℃]

(2) 힘

① $1[N] = 1[kg \cdot m/s^2]$

② $1[dyne] = 1[g \cdot cm/s^2]$

③ $1[kg_f] = 9.8[N] = 9.8 \times 10^5[dyne]$

(3) 열 량

① 1[BTU] = 252[cal]

② 1[cal] = 4.184[Joule]

(4) 일

① $1[Joule] = 1[N \cdot m] = [kg \cdot m/s^2 \times m] = [kg \cdot m^2/s^2]$

② $1[erg] = 1[dyne \cdot cm] = [g \cdot cm/s^2 \times cm] = [g \cdot cm^2/s^2]$

W(일) = F(힘) × S(거리)

(5) 일 률

① $1[PS] = 75[kg_f \cdot m/s] = 0.735[kW]$

② $1[HP] = 76[kg_f \cdot m/s] = 0.746[kW]$

$1[kW] = 102[kg_f \cdot m/s]$, 1[W] = 1[J/s]

(6) 부 피

① $1[m^3] = 1,000[L]$

② $1[L] = 1,000[cm^3]$

③ 1[barrel] = 42[gal] = 158.97[L]

(7) 압 력

압력 $P = \frac{F}{A}$ (F : 힘, A : 단면적)

PLUS ONE **표준대기압(0[℃], 1[atm])**

$1[atm] = 760[mmHg] = 10.332[mH_2O, mAq] = 1.0332[kg_f/cm^2] = 10,332[kg_f/m^2]$
$= 1,013[mbar] = 101,325[Pa, N/m^2] = 101.325[kPa, kN/m^2] = 0.101325[MPa]$
$= 14.7[PSI, lb_f/in^2]$

(8) 점 도

① 1[p](poise) = 1[g/cm · s] = 0.1[kg/m · s] = 1[dyne · s]/[cm^2] = 100[cp]

② 1[cp](centi poise) = 0.01[g/cm · s] = 0.001[kg/m · s]

> 물의 점도(25[℃])=1[cp](=0.01[g/cm · s])

③ 동점도 1[stokes] = 1[cm^2/s]

> 동점도 $\nu = \frac{\mu}{\rho}$(μ : 절대점도, ρ : 밀도)

(9) 비 중

$$비중(S) = \frac{물체의\ 무게}{4[℃]의\ 동체적의\ 물의\ 무게} = \frac{\gamma}{\gamma_w} = \frac{\rho}{\rho_w}$$

여기서, γ : 어떤 물질의 비중량　γ_w : 표준물질의 비중량
　　　ρ : 어떤 물질의 밀도　ρ_w : 표준물질의 밀도

(10) 비중량

$$\gamma = \frac{1}{V_s} = \frac{P}{RT} = \rho g$$

여기서, γ : 비중량[kg$_f$/m^3]　V_s : 비체적[m^3/kg]
　　　P : 압력[kg/m^2]　R : 기체상수
　　　T : 절대온도[K]　ρ : 밀도[kg/m^3]

> **물의 비중량(γ) = 1,000[kg$_f$/m^3]**

(11) 밀 도

단위체적당 질량 $\rho = \frac{W}{V}$(W : 질량, V : 체적)

> 물의 밀도(ρ)=1[g/cm^3]=1,000[kg/m^3]=1,000[N · s^2/m^4]=102[kg$_f$ · s^2 / m^4]

(12) 비체적

단위질량당 체적, 즉 밀도의 역수

$$V_s = \frac{1}{\rho}$$

3. Newton의 법칙

(1) Newton의 운동법칙

① 제1법칙(관성의 법칙)

물체는 외부에서 힘을 가하지 않는 한 정지해 있던 물체는 계속 정지해 있고 운동하던 물체는 계속 운동상태를 유지하려는 성질

② 제2법칙(가속도의 법칙)

물체에 힘을 가하면 가속도가 생기고 가한 힘의 크기는 질량과 가속도에 비례한다.

$$F = ma$$

여기서, F : 힘[dyne, N]　　m : 질량[gr]
a : 가속도[cm/s²]

③ 제3법칙(작용, 반작용의 법칙)

물체에 힘을 가하면 다른 물체에 반작용이 나타나고 동일 작용선상에는 크기가 같다.

(2) Newton의 점성법칙

① **난류** : 전단응력은 점성계수와 속도구배에 비례한다.

$$\text{전단응력 } \tau = \frac{F}{A} = \mu\frac{du}{dy}$$

여기서, τ : 전단응력[dyne/cm²]　　F : 힘[dyne]
A : 단면적[cm²]　　$\frac{du}{dy}$: 속도구배(속도기울기)

② **층류** : 수평원통형 관 내에 유체가 흐를 때 **전단응력**은 **중심선에서 0**이고 **반지름에 비례**하면서 관벽까지 직선적으로 증가한다.

$$\text{전단응력 } \tau = \frac{P_A - P_B}{l} \cdot \frac{r}{2}$$

여기서, τ : 전단응력[dyne/cm²]　　l : 길이[cm]
r : 반경[cm]

③ Newton 유체는 속도구배에 관계없이 점성계수가 일정하다.

4. 열역학의 법칙

(1) 열역학의 제1법칙

기체에 공급된 열에너지는 내부에너지 증가와 기체가 외부에서 한 일과 같다.

(2) 열역학의 제2법칙

① 외부에서 **열을 가하지 않는 한** 항상 **고온에서 저온으로** 흐른다.

열은 스스로 저온에서 고온으로 절대로 흐르지 않는다.

② 열을 완전히 일로 바꿀 수 있는 열기관을 만들 수 없다.
③ 자발적인 변화는 비가역적이다.
④ 엔트로피는 증가하는 방향으로 흐른다.

(3) 열역학의 제3법칙

순수한 물질이 1[atm]하에서 완전히 결정상태이면 그의 엔트로피는 0[K]에서 0이다.

5. 힘의 작용

(1) 수평면에 작용하는 힘

$$F = \gamma h A$$

여기서, γ : 비중량[kg_f/m^3] h : 깊이[m]
A : 면적[m^2]

(2) 경사면에 작용하는 힘

$$F = \gamma y A \sin\theta$$

여기서, γ : 비중량[kg_f/m^3] y : 면적의 도심
A : 면적[m^2] θ : 경사진 각도

(3) 물체의 무게

$$W = \gamma V$$

여기서, γ : 비중량[kg_f/m^3] V : 물체가 잠긴 체적[m^3]

6. 엔트로피, 엔탈피 등

(1) 엔트로피

$$\Delta S = \frac{dQ}{T}[\text{cal/g} \cdot \text{K}]$$

여기서, dQ : 변화한 열량[cal/g] T : 절대온도[K]

- **가역과정**에서 엔트로피는 0이다($\Delta S = 0$).
- **비가역과정**에서 엔트로피는 증가한다($\Delta S > 0$).
- **등엔트로피과정**은 **단열가역과정**이다.
- **가역과정**
  - **등엔트로피 과정**이다.
  - 항상 평형상태를 유지하면서 변화하는 과정
  - 마찰이 없는 노즐에서의 팽창
  - 실린더 내의 기체의 급팽창
  - 카르노의 순환
- 카르노사이클의 순서 : 등온팽창 → 단열팽창 → 등온압축 → 단열압축

(2) 엔탈피

$$H = E + PV$$

여기서, H : 엔탈피 　　E : 내부에너지
　　　P : 압력 　　V : 부피

완전기체의 엔탈피는 온도만의 함수이다.

(3) Gibbs의 자유에너지

$$G = H + TS$$

여기서, G : 자유에너지 　　H : 엔탈피
　　　T : 온도 　　S : 엔트로피

① 경로에 무관한 양 : 엔탈피, 내부에너지, 엔트로피, Helmholtz의 자유에너지, Gibbs의 자유에너지

② 경로에 관계있는 양 : 열량, 일

7. 특성치

(1) 시량특성치(Extensive Property, 용량성 상태량)

양에 따라 변하는 값(부피, 엔탈피, 엔트로피, 내부에너지)

(2) 시강특성치(Intensive Property)

양에 관계없이 일정한 값(**온도**, 압력, 밀도)

시량특성치(용량성 상태량) : 부피, 엔탈피, 엔트로피, 내부에너지

1-2 유체의 운동 및 압력

1. 유체의 흐름

(1) 정상류

임의의 한 점에서 속도, 온도, 압력, 밀도 등이 시간에 따라 변하지 않는 흐름

$$\frac{\partial V}{\partial t}=0,\ \frac{\partial \rho}{\partial t}=0,\ \frac{\partial p}{\partial t}=0,\ \frac{\partial T}{\partial t}=0$$

(2) 비정상류

임의의 한 점에서 속도, 온도, 압력, 밀도 등이 시간에 따라 변하는 흐름

$$\frac{\partial V}{\partial t}\neq 0,\ \frac{\partial \rho}{\partial t}\neq 0,\ \frac{\partial p}{\partial t}\neq 0,\ \frac{\partial T}{\partial t}\neq 0$$

2. 연속의 방정식

(1) 질량유량

$$\overline{m} = A_1 V_1 \rho_1 = A_2 V_2 \rho_2$$

여기서, $\overline{m}$: 질량유량[kg/s]　　A : 단면적[m^2]
V : 유속[m/s]　　ρ : 밀도[kg/m^3]

(2) 중량유량

$$G = A_1 V_1 \gamma_1 = A_2 V_2 \gamma_2$$

여기서, G : 중량유량[kg$_f$/s]　　A : 단면적[m^2]
V : 유속[m/s]　　γ : 비중량[kg$_f$/m^3]

(3) 체적(용량)유량

$$Q = A_1 V_1 = A_2 V_2$$

여기서, Q : 체적유량[m^3/s]　　A : 단면적[m^2]
V : 유속[m/s]

(4) 비압축성 유체

$$\frac{V_2}{V_1} = \frac{A_1}{A_2} = \left(\frac{D_1}{D_2}\right)^2$$

여기서, V : 유속[m/s]　　A : 단면적[m^2]
D : 내경 [m]

유속을 V나 u로 표현한다.

3. 유선, 유적선, 유맥선

(1) 유 선

유동장의 한 선상의 모든 점에서 **그은 접선**이 그 점의 **속도방향과 일치되는 선**

(2) 유적선

한 유체입자가 **일정기간 동안에 움직일 경로**

(3) 유맥선

공간 내의 한점을 지나는 모든 유체입자들의 순간 궤적

4. 오일러의 운동방정식

PLUS ONE

오일러(Euler)의 운동방정식의 적용조건

- 정상유동일 때
- 유선에 따라 입자가 운동할 때
- 유체의 마찰이 없을 때

5. 베르누이 방정식

(1) 베르누이 방정식의 적용조건

① 이상유체일 때

② 정상흐름일 때

③ 비압축성 흐름일 때

④ 비점성 흐름일 때

(2) 베르누이 방정식

$$\frac{V_1^2}{2g} + \frac{p_1}{\gamma} + Z_1 = \frac{V_2^2}{2g} + \frac{p_2}{\gamma} + Z_2 = \text{Const}$$

여기서, V : 유속[m/s]　　p : 압력[kg_f/m^2]　　γ : 비중량[kg_f/m^3]

Z : 높이[m]　　g : 중력가속도(9.8[m/s^2])

$\frac{V^2}{2g}$: 속도수두, $\frac{p}{\gamma}$: 압력수두, Z : 위치수두

6. 유체의 운동량 방정식

(1) 운동량 보정계수

$$\beta = \frac{1}{AV^2}\int_A u^2 dA$$

(2) 운동에너지 보정계수

$$\beta = \frac{1}{AV^3}\int_A u^3 dA$$

여기서, β : 운동량 보정계수　　A : 단면적　　V : 평균속도
　　　u : 유속　　dA : 미소단면적

(3) 힘

$$F = Q\rho V$$

여기서, F : 힘[kg_f, N]　　Q : 유량[m^3/s]
　　　ρ : 밀도(물 : 102[$kg_f \cdot s^2 / m^4$])　　V : 유속[m/s]

7. 토리첼리의 식

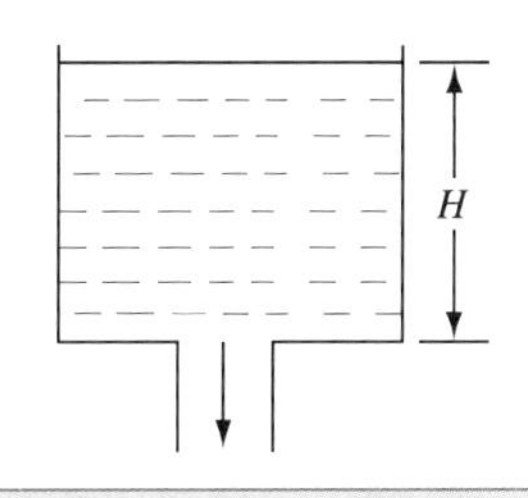

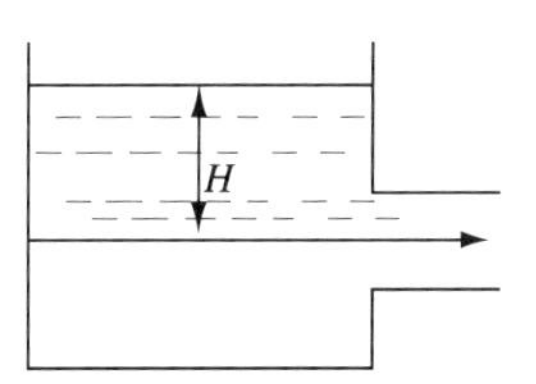

$$V = \sqrt{2gH}$$

8. 파스칼의 원리

밀폐된 용기에 들어 있는 유체에 작용하는 압력의 크기는 변하지 않고 모든 방향으로 전달된다.

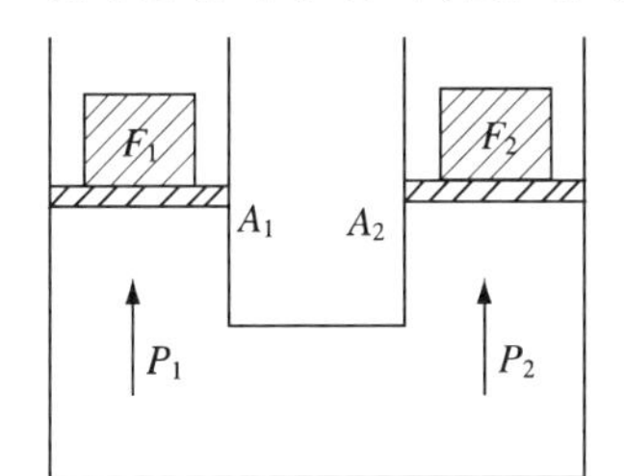

$$\frac{F_1}{A_1} = \frac{F_2}{A_2},\ P_1 = P_2$$

여기서, F : 가해진 힘　　A : 단면적

수압기 : 파스칼의 원리

9. 모세관현상과 표면장력

(1) 모세관현상

액체 속에 가는 관(모세관)을 넣으면 액체가 관을 따라 상승, 하강하는 현상

액체와 고체가 서로 접촉하면 상호 부착하려는 성질을 갖고 있는데 이 부착력과 액체의 응집력의 상대적 크기에 의해 일어나는 현상

(2) 표면장력

액체표면을 최소로 작게 하는 데 필요한 힘

> 온도가 높고 농도가 크면 표면장력은 작아진다.

10. 기체의 상태방정식

(1) 이상기체 상태방정식

$$PV = nRT = \frac{W}{M}RT,\ \rho = \frac{PM}{RT}$$

여기서, P : 압력[atm]

V : 부피[m³]

n : 몰수$(=\frac{\text{무게}}{\text{분자량}} = \frac{W}{M})$

R : 기체상수(0.08205[atm · m³/kg-mol · K])

T : 절대온도(273+[℃])

ρ : 밀도[kg/m³]

PLUS ONE 기체상수(R)의 값

- 0.08205[L · atm/g-mol · K]
- 0.08205[m³ · atm/kg-mol · K]
- 1.987[cal/g-mol · K]
- 0.7302[atm · ft³/lb-mol · R]
- 848.4[kg · m/kg-mol · K]
- 8.314×10⁷[erg/g-mol · K]

(2) 완전기체 상태방정식

$$PV = WRT = \rho RT,\ \rho = \frac{P}{RT}$$

여기서, P : 압력[kgf/m²]

V : 부피[m³]

W : 무게[kg]

ρ : 밀도[kg/m³]

R : 기체상수$\left(\frac{848}{M}[\text{kg} \cdot \text{m/kg} \cdot \text{K}]\right)$

T : 절대온도(273+[℃])

※ 기체상수(R)

① **공기**의 기체상수 = 287[J/kg · K] = 29.27[kg · m / kg · K]

② 질소의 기체상수 = 296[J / kg · K]

> **완전기체 : $P = \rho RT$**를 만족시키는 기체

11. 보일-샤를의 법칙

(1) 보일의 법칙

온도가 일정할 때 **기체의 부피**는 **압력**에 **반비례**한다.

$$P_1V_1 = P_2V_2$$

여기서, P : 압력[atm]

V : 부피[m³]

(2) 샤를의 법칙

압력이 일정할 때 기체가 차지하는 **부피**는 **절대온도**에 **비례**한다.

$$\frac{V_1}{T_1} = \frac{V_2}{T_2}$$

여기서, V : 부피[m³] T : 절대온도[K]

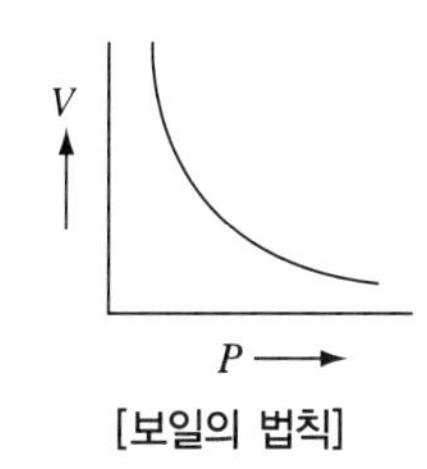

[보일의 법칙]

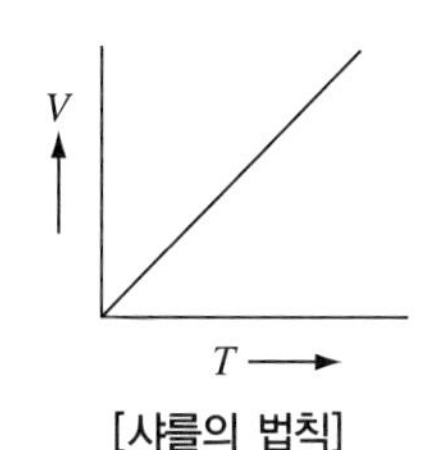

[샤를의 법칙]

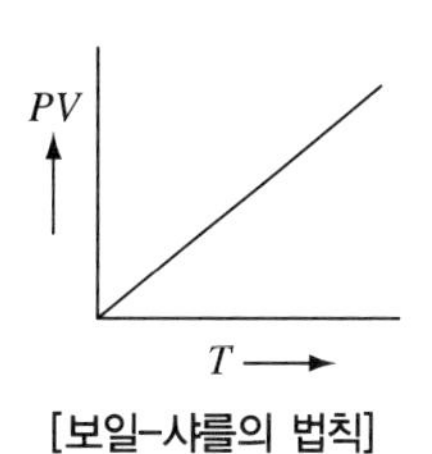

[보일-샤를의 법칙]

(3) 보일 - 샤를의 법칙

기체가 차지하는 **부피**는 **압력에 반비례**하고 **절대온도에 비례**한다.

$$\frac{P_1 V_1}{T_1} = \frac{P_2 V_2}{T_2}, \quad V_2 = V_1 \times \frac{P_1}{P_2} \times \frac{T_2}{T_1}$$

여기서, P : 압력[atm] V : 부피[m³]
T : 절대온도[K]

12. 체적탄성계수

압력 P일 때 체적 V인 유체에 압력을 ΔP만큼 증가시켰을 때 체적이 ΔV만큼 감소한다면 체적탄성계수(K)는

$$K = -\frac{\Delta P}{\Delta V / V} = \frac{\Delta P}{\Delta \rho / \rho}$$

여기서, P : 압력 V : 체적
ρ : 밀도 $\Delta V / V$: 체적변화(무차원)

압축률 $\beta = \frac{1}{K}$

• 등온변화 $K = P$ • 단열변화 $K = kP$(k : 비열비)

13. 유체의 압력

(1) 대기압

공기가 지구를 싸고 있는 압력

(2) 계기압력

국소대기압을 기준으로 측정한 압력

(3) 절대압력

완전진공을 기준으로 측정한 압력

절대압 = 대기압 + 계기압력, 절대압 = 대기압 − 진공압력

(4) 물속의 압력

$$P = P_o + \gamma H$$

여기서, P : 물속의 압력[kg_f/m^2]
P_o : 대기압[kg_f/m^2]
γ : 물의 비중량[kg_f/m^3]
H : 수두[m]

- 부력은 그 물체에 의해서 배제된 액체의 무게와 같다.
- 부력의 크기는 물체의 무게와 같지만 방향이 반대이다.

1-3 유체의 유동 및 측정

1. 유체의 마찰손실

다르시-바이스바흐(Darcy-Weisbach)식 : **곧고 긴 배관**에서의 손실수두 계산에 적용

$$H = \frac{\Delta P}{\gamma} = \frac{flV^2}{2gD}$$

여기서, H : 마찰손실[m]
ΔP : 압력차[kgf/m²]
γ : 비중량(물의 비중량=1,000[kgf/m³])
f : 관마찰계수
l : 관의 길이[m]
V : 유속[m/s]
g : 중력가속도(9.8[m/s²])
D : 내경[m]

2. 레이놀즈수

$$Re = \frac{DV\rho}{\mu} = \frac{DV}{\nu}$$

여기서, Re : 레이놀드수
D : 내경[cm]
V : 유속[cm/s]
ρ : 밀도[g/cm³]
E : 점도[g/cm · s]
ν : 동점도($\frac{\mu}{\rho}$ = [cm²/s])

PLUS ONE **임계레이놀즈수**

- **상임계**레이놀즈수 : **층류**에서 **난류**로 변할 때의 레이놀즈수(Re = 4,000)
- **하임계**레이놀즈수 : **난류**에서 **층류**로 변할 때의 레이놀즈수(Re = 2,100)

3. 유체흐름의 종류

(1) 층류(Laminar Flow)

유체입자가 질서정연하게 층과 층이 미끄러지면서 흐르는 흐름

(2) 난류(Turbulent Flow)

유체입자가 불규칙적으로 운동하면서 흐르는 흐름

PLUS ONE **유체의 흐름 구분**

- 층류 : Re < 2,100
- 임계영역 : 2,100 < Re < 4,000
- 난류 : Re > 4,000

(3) 임계레이놀드수

$$Re = \frac{DV\rho}{\mu} = \frac{DV}{\nu} \qquad 2{,}100 = \frac{DV\rho}{\mu} = \frac{DV}{\nu}$$

$$\therefore \text{ 임계유속 } V = \frac{2{,}100\mu}{D\rho} = \frac{2{,}100\nu}{D}$$

(4) 전이길이

유체의 흐름이 완전히 발달된 흐름이 될 때까지의 거리

4. 직관에서의 마찰손실

(1) 층류(Laminar Flow)

매끈하고 수평관 내를 층류로 흐를 때는 Hagen-Poiseuille법칙이 적용

$$H = \frac{\Delta P}{\gamma} = \frac{128\mu l Q}{r\pi d^4}$$

여기서, ΔP : 압력차[kg_f/m^2]
γ : 비중량(물의 비중량=1,000[kg_f/m^3])
μ : 점도[kg/m·s]
l : 관의 길이[m]

(2) 난류(Turbulent Flow)

불규칙적인 유체는 Fanning법칙이 적용

$$H = \frac{\Delta P}{\gamma} = \frac{2flV^2}{g_c D}$$

여기서, ΔP : 압력차[kg_f/m^2]
γ : 비중량(물의 비중량=1,000[kg_f/m^3])
f : 관마찰계수
l : 관의 길이[m]
g_c : 중력가속도(9.8[m/s^2])
D : 관의 내경[m]

구 분	층 류	난 류
레이놀드수	2,100 이하	4,000 이상
흐 름	정상류	비정상류
전단응력	$\tau = \frac{P_A - P_B}{l} \cdot \frac{\gamma}{2}$	$\tau = \frac{F}{A} = \mu\frac{du}{dy}$
평균속도	$V = 0.5 V_{\max}$	$V = 0.8 V_{\max}$
손실수두	$H = \frac{\Delta P}{\gamma} = \frac{128\mu l Q}{r\pi d^4}$	$H = \frac{\Delta P}{\gamma} = \frac{2flV^2}{g_c D}$
속도분포식	$V = V_{\max}\left[1 - \left(\frac{r}{r_o}\right)^2\right]$	–
관마찰계수	$f = \frac{64}{Re}$	–

(3) 관마찰계수(f)

- 층 류 : 상대조도와 무관하며 레이놀드수만의 함수이다.
- 임계영역 : **상대조도와 레이놀드수**의 함수이다.
- 난 류 : 상대조도와 무관하다.

층류일 때 $f = \frac{64}{Re}$

(4) 관의 상당길이

$$\text{층류일 때 } Le = \frac{Kd}{f}$$

여기서, Le : 관 상당길이　　K : 손실계수
　　　　d : 내경　　f : 관마찰계수

(5) 관마찰손실

주손실	**관로마찰**에 의한 손실
부차적 손실	급격한 확대, 급격한 축소, 관부속품에 의한 손실

① 급격한 축소관일 때

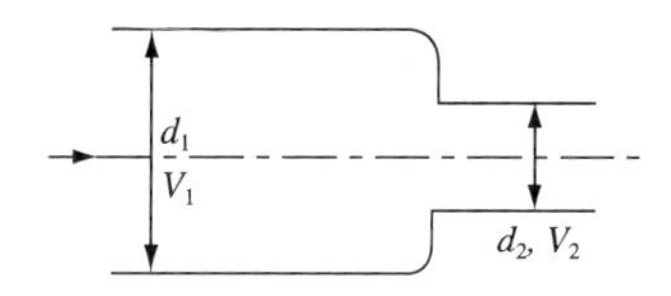

$$H = K\frac{V_2^2}{2g}[\text{m}]$$

여기서, H : 손실수두　　K : 축소손실계수
　　　　g : 중력가속도(9.8[m/s^2])

② 급격한 확대관일 때

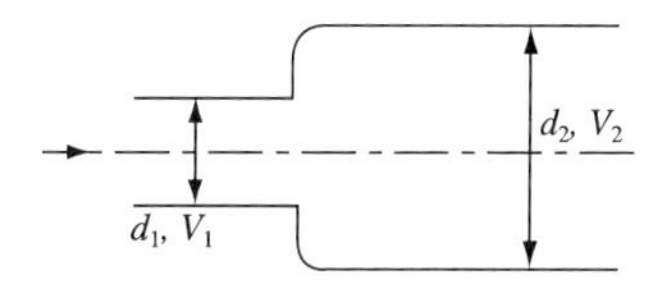

$$H = K\frac{(V_1 - V_2)^2}{2g}[\text{m}]$$

여기서, H : 손실수두　　K : 확대손실계수
　　　　V_1 : 축소관의 유속[m/s]　　V_2 : 확대관의 유속[m/s]
　　　　g : 중력가속도(9.8[m/s^2])

5. 수력반경과 수력도약

(1) 수력반경

면적을 접수 길이로 나눈 값

$$R_h = \frac{A}{l}$$

여기서, A : 단면적[m^2]　　l : 접수길이[m]

$$\text{원관일 때 } R_h = \frac{d}{4}$$

여기서, d : 내경[m]

$$\text{상대조도}\left(\frac{e}{d}\right) = \frac{e}{4R_h}$$

여기서, e : 상대조도　　R_h : 수력반경

(2) 수력도약

개수로에서 유체가 빠른 흐름에서 느린 흐름으로 변하면서 수심이 깊어지는 현상

개수로에서 흐르는 액체의 **운동에너지**가 **위치에너지**로 갑자기 변할 때 수력도약이 일어난다.

6. 무차원수

명 칭	무차원식	물리적인 의미
Reynold수	$Re = \frac{Du\rho}{\mu}$	$\frac{\text{관성력}}{\text{점성력}}$
Eluer수	$Eu = \frac{\Delta P}{\rho u^2}$	$\frac{\text{압축력}}{\text{관성력}}$
Weber수	$We = \frac{\rho L u^2}{\sigma}$	$\frac{\text{관성력}}{\text{표면장력}}$
Froude수	$Fr = \frac{u}{\sqrt{gL}}$	$\frac{\text{관성력}}{\text{중력}}$

7. 유체의 측정

(1) 압력 측정

① U자관 Manometer의 압력차

$$\Delta P = \frac{g}{g_c} R(\gamma_A - \gamma_B)$$

여기서, R : Manometer의 읽음　　γ_A : 유체의 비중량
γ_B : 물의 비중량

Manometer의 종류 : U자관, 경사마노미터, 압력차계

② **피에조미터**(Piezometer) : **유동하고 있는** 유체의 **정압** 측정

유동하고 있는 유체의 정압 측정 : 피에조미터, 정압관

③ **피토 - 정압관** : 전압과 정압의 차이, 즉 **동압**을 측정하는 장치

④ 시차액주계 : 두 개 탱크의 지점 간의 압력을 측정하는 장치

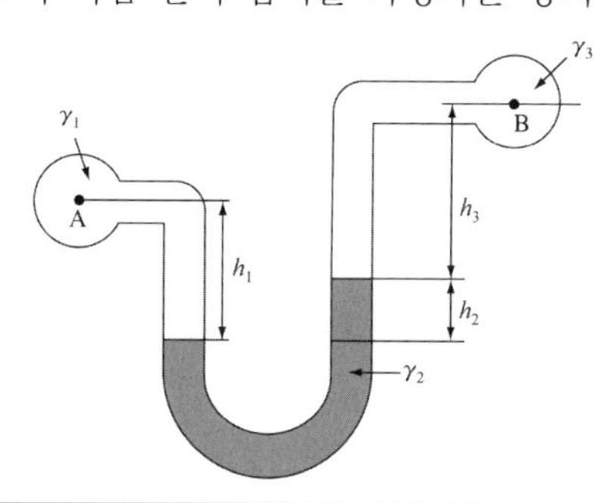

$$P_A + \gamma_1 h_1 = P_B + \gamma_2 h_2 + \gamma_3 h_3$$

여기서, P_A, P_B : A, B점의 압력 γ : 물의 비중량
h : 높이

(2) 유량 측정

① 벤투리미터(Venturi Meter) : 유량측정이 정확하고, 설치비가 고가이며 압력손실이 적은 배관에 적합하다.

$$\therefore\ Q = \frac{C_v A_2}{\sqrt{1-\left(\frac{D_2}{D_1}\right)^4}}\sqrt{\frac{2g(\rho_1-\rho_2)R}{\rho_2}}\ [\mathrm{m^3/s}]$$

② 오리피스미터(Orifice Meter) : 설치하기는 쉬우나 압력손실이 큰 배관에 적합하다.

$$Q = \frac{C_o A_2}{\sqrt{1-\left(\frac{D_2}{D_1}\right)^4}}\sqrt{\frac{2g(\rho_1-\rho_2)R}{\rho_2}}$$

③ 위어(Weir) : 다량의 유량을 측정할 때 사용한다.

- 위어(Weir) : 개수로의 유량측정에 사용
- V-notch의 유량 $Q = \frac{8}{15}C\sqrt{2g}\tan\frac{\theta}{2}H^{5/2}$

④ 로터미터(Rotameter) : 유체 속에 부자를 띄워서 **직접 눈으로** 유량을 읽을 수 있는 장치

(3) 유속 측정

① 피토관(Pitot Tube) : 유체의 국부속도를 측정하는 장치

$$V = k\sqrt{2gH}$$

여기서, V : 유속[m/s] k : 속도정수
g : 중력가속도(9.8[m/s^2]) H : 수두[m]

② 피토-정압관(Pitot-Static Tube) : 동압을 이용하여 유속을 측정하는 장치

1-4 유체의 배관 및 펌프

1. 유체의 배관

배관의 강도는 스케줄 수로 표시하며 스케줄 수가 클수록 배관은 두껍다.

$$\text{Schedule No} = \frac{\text{내부작업압력}[\text{kg}_f/\text{m}^2]}{\text{재료의 허용응력}[\text{kg}_f/\text{m}^2]} \times 1{,}000$$

2. 관부속품

① 두 개의 관을 연결할 때 : 플랜지(Flange), 유니언(Union), 니플(Nipple), 소켓(Socket), 커플링
② **관선의 직경**을 바꿀 때 : **리듀서**(Reducer), 부싱(Bushing)
③ 관선의 방향을 바꿀 때 : 엘보(Elbow), 티(Tee), 십자(Cross), Y자관
④ 유로를 차단할 때 : 플러그(Plug), 캡(Cap), 밸브(Valve)
⑤ 지선을 연결할 때 : 티(Tee), Y지관, 십자(Cross)

3. 펌프의 종류

(1) 원심펌프(Centrifugal Pump)

① **벌류트 펌프** : 회전차 주위에 **안내날개(가이드 베인)가 없고**, 양정이 낮고 양수량이 많은 곳에 사용
② 터빈펌프 : 회전차 주위에 안내날개(가이드 베인)가 있고, 양정이 높고 양수량이 적은 곳에 사용
③ 원심펌프의 전효율 E = 체적효율×기계효율×수력효율

PLUS ONE **원심펌프의 수력손실**
- 펌프의 흡입구로부터 토출구에 이르는 유로 전체에 발생하는 마찰손실
- 회전차, 안내깃, 와류실, 송출관 등에서 유체의 부차적 손실인 와류손실
- 회전차의 깃 입구와 출구에서의 유체입자들의 충돌손실

(2) 왕복펌프(Reciprocating Pump)

피스톤의 왕복운동에 의하여 유체를 수송하는 장치로서 피스톤펌프(저압), 플랜지펌프(고압)가 있다.

항 목 \ 종 류	원심펌프	왕복펌프
구 분	벌류트펌프, 터빈펌프	피스톤펌프, 플랜지펌프
구 조	간 단	복 잡
수송량	크 다	적 다
배출속도	연속적	불연속적
양정거리	적 다	크 다
운전속도	고 속	저 속

(3) 회전펌프

왕복펌프의 피스톤에 해당하는 부분을 회전운동하는 회전자로 바꾼 것으로서 회전수가 일정할 때에는 토출량이 증가함에 따라 양정이 감소하다가 어느 한도 내에서는 급격히 감소하는 펌프

① 기어펌프
  ㉠ 구조간단, 가격이 저렴
  ㉡ 운전보수가 용이
  ㉢ 고속운전 가능

② 베인펌프 : 베인(Vane)이 원심력 또는 스프링의 장력에 의하여 벽에 밀착되면서 회전하여 유체를 수송하는 펌프

> 베인펌프 : **회전속도**의 범위가 가장 **넓고** 효율이 가장 높다.

4. 펌프의 성능 및 양정

(1) 펌프의 성능

PLUS ONE

펌프 연결
- 2대 **직렬**연결 : 유량 Q, 양정 $2H$
- 2대 병렬연결 : 유량 $2Q$, 양정 H

(2) 펌프의 양정

① 흡입양정 : 흡입수면에서 펌프의 중심까지의 거리
② 토출양정 : 펌프의 중심에서 최상층의 송출수면까지의 수직거리
③ 실양정 : 흡입수면에서 최상층의 송출수면까지의 수직거리

> 실양정 = 흡입양정 + 토출양정

④ 전양정 : 실양정 + 관부속품의 마찰손실수두 + 직관의 마찰손실수두

5. 펌프의 동력

(1) 펌프의 수동력

펌프 내의 임펠러의 회전차에 의해서 펌프를 통과하는 유체에 주어진 동력으로 전달계수와 펌프의 효율을 고려하지 않는 것이다.

$$P[\text{kW}] = \frac{\gamma QH}{102},\ P[\text{HP}] = \frac{\gamma QH}{76},\ P[\text{PS}] = \frac{\gamma QH}{75}$$

여기서, γ : 물의 비중량(1,000[kg_f/m^3]) Q : 유량[m^3/s]
H : 양정[m]

(2) 펌프의 축동력

외부의 동력원으로부터 펌프의 회전차를 구동하는 데 필요한 동력으로 전달계수를 고려하지 않는 것이다.

$$P[\text{kW}] = \frac{\gamma \cdot Q \cdot H}{102 \times \eta}$$

$$P[\text{HP}] = \frac{\gamma \cdot Q \cdot H}{76 \times \eta}$$

$$P[\text{PS}] = \frac{\gamma \cdot Q \cdot H}{75 \times \eta}$$

여기서, γ : 물의 비중량(1,000[kg$_f$/m^3])　　Q : 유량[m^3/s]
H : 양정[m]　　η : 펌프의 효율
K : 여유율(전달계수)

(3) 펌프의 전동력

일반적으로 전달계수와 효율을 고려한 동력을 말한다.

$$P[\text{kW}] = \frac{\gamma \cdot Q \cdot H}{102 \times \eta} \times K, \quad P[\text{HP}] = \frac{\gamma \cdot Q \cdot H}{76 \times \eta} \times K, \quad P[\text{PS}] = \frac{\gamma \cdot Q \cdot H}{75 \times \eta} \times K$$

PLUS ONE **참고사항**

- 1[HP] = 76[kg$_f$ · m/s]
- 1[PS] = 75[kg$_f$ · m/s]
- 1[kW] = 102[kg$_f$ · m/s]

6. 펌프 관련 공식

(1) 펌프의 상사법칙

① 유량 $Q_2 = Q_1 \times \frac{N_2}{N_1} \times \left(\frac{D_2}{D_1}\right)^3$

② 양정 $H_2 = H_1 \times \left(\frac{N_2}{N_1}\right)^2 \times \left(\frac{D_2}{D_1}\right)^2$

③ 동력 $P_2 = P_1 \times \left(\frac{N_2}{N_1}\right)^3 \times \left(\frac{D_2}{D_1}\right)^5$

여기서, N : 회전수[rpm]
D : 내경[mm]

(2) 압축비

압축비 $r = \sqrt[\varepsilon]{\frac{P_2}{P_1}}$

여기서, ε : 단수
P_1 : 최초의 압력
P_2 : 최종의 압력

(3) 압력손실

Hazen－Williams 방정식

$$\Delta P_m = 6.053 \times 10^4 \times \frac{Q^{1.85}}{C^{1.85} \times d^{4.87}}$$

여기서, ΔP_m : 배관 1[m]당 압력손실[MPa·m]
Q : 유량[L/min]
C : 조도계수
d : 내경[mm]

7. 펌프에서 발생하는 현상

(1) 공동현상(Cavitation)

펌프의 흡입측 배관 내의 수온상승으로 물이 수증기로 변화하여 물이 펌프로 흡입되지 않는 현상

① **공동현상(Cavitation)의 발생원인**

㉠ 펌프의 마찰손실, 흡입측수두, **회전수(임펠러속도)**가 **클 때**
㉡ 펌프의 **흡입관경이 적을 때**
㉢ 펌프의 설치위치가 수원보다 높을 때
㉣ **펌프의 흡입압력**이 **유체의 증기압**보다 **낮을 때**
㉤ 유체가 고온일 때

② **공동현상(Cavitation)의 발생현상**

㉠ 소음과 진동발생
㉡ 관정부식
㉢ 임펠러 손상
㉣ 펌프의 성능 저하

③ **공동현상(Cavitation)의 방지대책**

㉠ 펌프의 마찰손실, 흡입측수두, **회전수(임펠러속도)**를 **작게 할 것**
㉡ 펌프의 **흡입관경이 크게 할 것**
㉢ 펌프의 설치위치가 수원보다 낮게 할 것
㉣ 펌프의 흡입압력이 유체의 증기압보다 높게 할 것
㉤ 양흡입 펌프를 사용할 것

- 공동현상(Cavitation)의 발생원인 : 무조건 암기
- 공동현상(Cavitation)의 방지대책 : 무조건 암기

(2) 수격현상(Water Hammering)

밸브를 차단할 때 유체가 감속되어 운동에너지가 압력에너지로 변하여 유체 내의 고압이 발생하여 압력변화를 가져와 벽면을 타격하는 현상

① **수격현상의 발생원인**

㉠ 펌프를 갑자기 정지시킬 때

㉡ 정상운전일 때 액체의 압력변동이 생길 때
㉢ 밸브를 급히 개폐할 때

② **수격현상 방지방법**

㉠ 관로 내의 **관경을 크게** 한다.
㉡ 관로 내의 **유속을 낮게** 한다.
㉢ 압력강하의 경우 Fly Wheel을 설치한다.
㉣ 수격방지기를 설치하여 적정압력을 유지한다.
㉤ Air Chamber를 설치한다.

(3) 맥동현상(Surging)

펌프의 입구측의 진공계나 연성계와 토출측의 압력계가 심하게 흔들려 유체가 일정하지 않는 현상

① **맥동현상의 발생원인**

㉠ 펌프의 양정곡선($Q-H$)이 산모양의 곡선으로 상승부에서 운전하는 경우
㉡ 수량조절밸브가 **수조의 후방**에서 행하여 질 때
㉢ 배관 중에 외부와 접촉할수 있는 **공기탱크나 물탱크**가 있을 때
㉣ 흐르는 배관의 **개폐밸브**가 잠겨 있을 때
㉤ 운전 중인 펌프를 정지시킬 때

② **맥동현상 방지방법**

㉠ 펌프 내의 양수량을 증가한다.
㉡ 임펠러의 회전수를 변화시킨다.
㉢ 배관 내의 공기를 제거한다.
㉣ 관로의 유속을 조절한다.
㉤ 배관 내의 불필요한 수조를 제거한다.

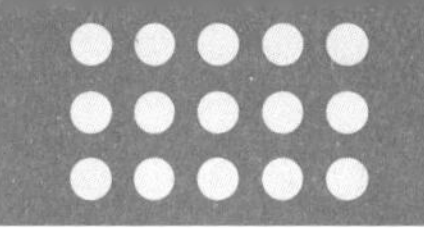

제 3 과목 소방관계법규

제 1 장 소방기본법, 영, 규칙

1-1 목 적

(1) 화재를 **예방 · 경계 · 진압**

(2) 화재, 재난, 재해, 그 밖의 위급한 상황에서의 구조 · 구급활동

(3) 국민의 **생명 · 신체** 및 **재산 보호**

(4) 공공의 안녕 및 질서유지와 복리증진에 이바지함

1-2 용어 정의

(1) **소방대상물** : 건축물, **차량, 선박**(항구 안에 매어둔 선박만 해당), **선박건조구조물, 산림** 그 밖의 인공구조물 또는 물건

(2) **관계지역** : **소방대상물이 있는 장소** 및 **그 이웃지역**으로서 화재의 예방 · 경계 · 진압, 구조 · 구급 등의 활동에 필요한 지역

(3) **관계인** : 소방대상물의 **소유자, 관리자, 점유자**

(4) **소방대**(消防隊) : 화재를 진압하고 화재, 재난 · 재해 그 밖의 위급한 상황에서의 구조 · 구급활동 등을 하기 위하여 구성된 조직체

> 소방대 : 소방공무원, 의무소방원, 의용소방대원

1-3 소방기관의 설치

(1) 소방업무를 수행하는 소방본부장 또는 소방서장의 지휘권자 : **시 · 도지사**

(2) 소방업무에 대한 책임 : 시 · 도지사

(3) 소방업무를 수행하는 소방기관의 설치에 필요한 사항 : **대통령령**

소방업무에 관한 종합계획 : 국가가 5년마다 수립 · 시행

1-4 119종합상황실

(1) 119종합상황실 설치 · 운영권자 : 소방청장, 소방본부장, 소방서장

(2) 119종합상황실의 설치와 운영에 필요한 사항 : 행정안전부령

(3) 보고발생사유

① **사망자 5명 이상, 사상자 10명 이상** 발생한 화재

② **이재민**이 **100명 이상** 발생한 화재

③ **재산피해액**이 **50억원 이상** 발생한 화재

④ 관공서, 학교, 정부미도정공장, 문화재, 지하철, 지하구의 화재

⑤ **관광호텔, 11층 이상**인 건축물, 지하상가, **시장, 백화점**, 지정수량의 3,000배 이상의 위험물제조소 · 저장소 · 취급소, 5층 이상이거나 객실 30실 이상인 숙박시설, 5층 이상이거나 병상 30개 이상인 종합병원, 정신병원, 한방병원, 요양소, 연면적이 15,000[m^2] 이상인 공장, 화재경계지구에서 발생한 **화재**

⑥ **다중이용업소**의 화재

1-5 소방박물관 등

(1) 소방박물관의 설립 · 운영권자 : 소방청장

(2) 소방체험관의 설립 · 운영권자 : 시 · 도지사

1-6 소방력의 기준

(1) 소방업무를 수행하는 데에 필요한 인력과 장비 등(소방력, 消防力)에 관한 기준 : 행정안전부령

(2) 관할 구역의 소방력을 확충하기 위하여 필요한 계획의 수립 · 시행권자 : **시 · 도지사**

1-7 소방장비 등에 대한 국고보조

(1) 국고보조의 대상사업의 범위와 기존 보조율 : **대통령령**

(2) 국고보조대상

① 소방활동장비와 설비의 구입 및 설치

㉠ **소방자동차**

㉡ **소방헬리콥터** 및 소방정

㉢ 소방전용통신설비 및 전산설비

㉣ 그 밖의 방열복 또는 방화복 등 소방활동에 필요한 소방장비

② 소방관서용 청사의 건축

> 소방의(소방복장)는 국고보조대상이 아니다.

1-8 소방용수시설의 설치 및 관리

(1) 소화용수시설의 설치, 유지 · 관리 : **시 · 도지사**

(2) **수도법**에 따라 소화전을 설치하는 일반수도사업자는 관할 소방서장과 사전협의를 거친 후 소화전을 설치하여야 하며, 설치 사실을 관할 소방서장에게 통지하고, 그 소화전을 **유지 · 관리**하여야 한다.

(3) **소방용수시설 설치의 기준** : 행정안전부령

(4) **소방용수시설 설치의 기준**

① 소방대상물과의 수평거리

㉠ **주거지역, 상업지역, 공업지역 : 100[m] 이하**

㉡ 그 밖의 지역 : 140[m] 이하

② **소방용수시설별 설치기준**

㉠ **소화전**의 설치기준 : 상수도와 연결하여 지하식 또는 지상식의 구조로 하고 소화전의 연결금속구의 구경은 65[mm]로 할 것

㉡ **급수탑** 설치기준

- 급수배관의 구경 : 100[mm] 이상
- 개폐밸브의 설치 : **지상에서 1.5[m] 이상 1.7[m] 이하**

㉢ **저수조 설치기준**

- 지면으로부터의 낙차가 **4.5[m] 이하**일 것
- 흡수 부분의 수심이 **0.5[m] 이상**일 것
- 소방펌프자동차가 쉽게 접근할 수 있을 것
- 흡수에 지장이 없도록 토사, 쓰레기 등을 제거할 수 있는 설비를 갖출 것

- 흡수관의 투입구가 사각형의 경우에는 한 변의 길이가 60[cm] 이상, 원형의 경우에는 지름이 60[cm] 이상일 것
- 저수조에 물을 공급하는 방법은 상수도에 연결하여 **자동으로 급수되는 구조**일 것

(5) 소방용수시설 및 지리조사

① 실시권자 : 소방본부장 또는 소방서장

② 실시횟수 : **월 1회 이상**

③ 조사내용

㉠ 소방용수시설에 대한 조사

㉡ 소방대상물에 인접한 **도로의 폭**, **교통상황**, 도로변의 **토지의 고저**, **건축물의 개황** 그 밖의 소방활동에 필요한 지리조사

④ 조사결과 보관 : 2년간

1-9 소방업무의 상호응원협정사항

(1) 소방활동에 관한 사항

① 화재의 경계・진압 활동

② 구조・구급 업무의 지원

③ 화재조사활동

(2) 응원출동대상지역 및 규모

(3) 소요경비의 부담에 관한 사항

① 출동대원의 수당・식사 및 피복의 수선

② 소방장비 및 기구의 정비와 연료의 보급

③ 그 밖의 경비

(4) 응원출동의 요청방법

(5) 응원출동훈련 및 평가

1-10 화재의 예방조치

(1) 화재의 예방조치 명령

① 불장난, 모닥불, 흡연, 화기(火氣) 취급, 풍등 등 소형 열기구 날리기, 그 밖에 화재 예방상 위험하다고 인정되는 행위의 금지 또는 제한

② 타고 남은 불 또는 화기(火氣)가 있을 우려가 있는 재의 처리

③ 함부로 버려두거나 그냥 둔 위험물 그 밖에 불에 탈 수 있는 물건을 옮기거나 치우게 하는 등의 조치

화재예방 조치권자 : 소방본부장이나 소방서장

(2) 소방본부장, 소방서장은 위험물 또는 물건 보관 시 : 그 날부터 **14일 동안** 소방본부 또는 소방서의 **게시판 공고** 후 공고기간 종료일 다음 날부터 **7일간 보관한 후 매각하여야 한다.**

1-11 화재경계지구

(1) 화재경계지구

화재가 발생할 우려가 높거나 화재가 발생하는 경우 그로 인하여 피해가 클 것으로 예상되는 지역

(2) 화재경계지구 지정권자 : **시·도지사**

(3) 화재경계지구의 지정지역

① **시장지역**

② 공장·창고가 밀집한 지역

③ **목조건물이 밀집한 지역**

④ 위험물의 저장 및 처리시설이 밀집한 지역

⑤ 석유화학제품을 생산하는 공장이 있는 지역

⑥ 소방시설·소방용수시설 또는 소방출동로가 없는 지역

(4) 화재경계지구 안의 소방특별조사 : 소방본부장, 소방서장

(5) 소방특별조사 내용 : 소방대상물의 **위치·구조·설비**

(6) 소방특별조사 횟수 : **연 1회 이상**

(7) 화재경계지구로 지정 시 소방훈련과 교육 : **연 1회 이상**

(8) 소방훈련과 교육 시 관계인에게 통보 : 훈련 및 교육 10일 전까지 통보

1-12 불을 사용하는 설비 등의 관리

(1) 보일러, 난로, 건조설비, 가스·전기시설 그 밖에 화재발생의 우려가 있는 설비 또는 기구 등의 위치·구조 및 관리와 화재예방을 위하여 불을 사용할 때 지켜야 하는 사항 : 대통령령

(2) 보일러 등의 위치·구조 및 관리와 화재예방을 위하여 불의 사용에 있어서 지켜야 하는 사항

종 류	내 용
보일러	1. 가연성 벽·바닥 또는 천장과 접촉하는 증기기관 또는 연통의 부분은 규조토·석면 등 난연성 단열재로 덮어씌워야 한다. 2. **경유·등유 등 액체연료**를 사용하는 경우에는 다음의 사항을 지켜야 한다. 가. 연료탱크는 보일러 본체로부터 수평거리 1[m] 이상의 간격을 두어 설치할 것 나. 연료탱크에는 화재 등 긴급 상황이 발생하는 경우 연료를 차단할 수 있는 개폐밸브를 연료탱크로부터 **0.5[m] 이내**에 설치할 것 다. 연료탱크 또는 연료를 공급하는 배관에는 여과장치를 설치할 것 라. 사용이 허용된 연료 외의 것을 사용하지 아니할 것 마. 연료탱크에는 불연재료로 된 받침대를 설치하여 연료탱크가 넘어지지 아니하도록 할 것 3. **기체연료**를 사용하는 경우에는 다음에 의한다. 가. 보일러를 설치하는 장소에는 환기구를 설치하는 등 가연성 가스가 머무르지 아니하도록 할 것 나. 연료를 공급하는 배관은 금속관으로 할 것 다. 화재 등 긴급 시 연료를 차단할 수 있는 개폐밸브를 연료용기 등으로부터 0.5[m] 이내에 설치할 것 라. 보일러가 설치된 장소에는 가스누설경보기를 설치할 것 4. **보일러와 벽·천장 사이의 거리는 0.6[m] 이상** 되도록 하여야 한다. 5. 보일러를 실내에 설치하는 경우에는 콘크리트바닥 또는 금속 외의 불연재료로 된 바닥 위에 설치하여야 한다.

1-13 특수가연물

(1) 종 류

품 명		수 량
면화류		200[kg] 이상
나무껍질 및 대팻밥		400[kg] 이상
넝마 및 종이부스러기		1,000[kg] 이상
사류(絲類)		1,000[kg] 이상
볏짚류		1,000[kg] 이상
가연성 고체류		**3,000[kg] 이상**
석탄·목탄류		10,000[kg] 이상
합성수지류	발포시킨 것	20[m³] 이상
	그 밖의 것	3,000[kg] 이상

(2) 특수가연물을 쌓아 저장하는 경우

다음 기준에 따라 쌓아 저장할 것. 다만, 석탄·목탄류를 발전용으로 저장하는 경우에는 그러하지 아니하다.

① 품명별로 구분하여 쌓을 것

② **쌓는 높이 : 10[m] 이하**

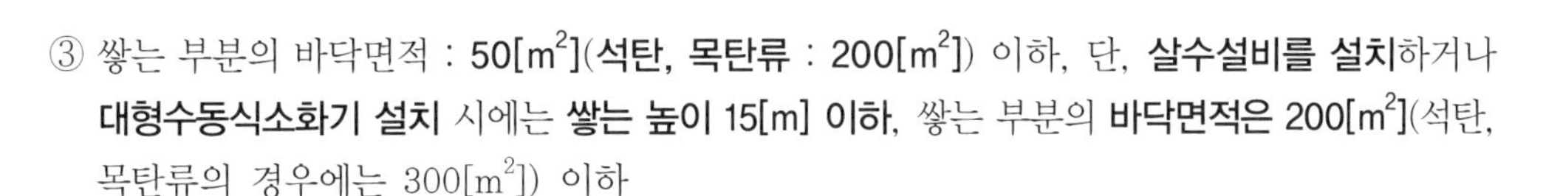

③ 쌓는 부분의 바닥면적 : **50[m^2]**(**석탄, 목탄류 : 200[m^2]**) 이하, 단, **살수설비를 설치**하거나 **대형수동식소화기 설치** 시에는 **쌓는 높이 15[m] 이하**, 쌓는 부분의 **바닥면적은 200[m^2]**(석탄, 목탄류의 경우에는 300[m^2]) 이하

④ 쌓는 부분의 바닥면적 사이는 **1[m] 이상**이 되도록 할 것

1-14 소방신호

(1) 정의 : **화재예방, 소방활동** 또는 **소방훈련**을 위하여 사용되는 신호

(2) 소방신호의 종류와 방법 : 행정안전부령

(3) 소방신호의 종류와 방법

신호종류	발령 시기	타종신호	사이렌신호
경계신호	화재예방상 필요하다고 인정되거나 **화재위험 경보 시 발령**	1타와 연 2타를 반복	5초 간격을 두고 30초씩 3회
발화신호	화재가 발생한 때 발령	난 타	5초 간격을 두고 5초씩 3회
해제신호	소화활동의 필요 없다고 인정할 때 발령	상당한 간격을 두고 1타씩 반복	1분간 1회
훈련신호	훈련상 필요하다고 인정할 때 발령	연 3타 반복	10초 간격을 두고 1분씩 3회

1-15 소방활동 등

(1) 소방자동차의 우선통행

① 모든 차와 사람은 소방자동차(지휘를 위한 자동차 및 구조・구급차를 포함)가 화재 진압 및 구조・구급활동을 위하여 출동을 할 때에는 이를 방해하여서는 아니 된다.

② **소방자동차**가 화재진압 및 구조・구급활동을 위하여 출동하거나 **훈련을 위하여** 필요한 때에는 **사이렌을 사용**할 수 있다.

(2) 소방활동구역

① 소방활동구역의 설정 및 출입제한권자 : **소방대장**

② 소방활동의 종사 명령권자 : 소방본부장・소방서장, 소방대장

③ 시・도지사는 규정에 따라 소방활동에 종사한 사람이 그로 인하여 사망하거나 부상을 입은 경우에는 보상하여야 한다.

④ 명령에 따라 소방활동에 종사한 사람은 시・도지사로부터 소방활동의 비용을 지급받을 수 있다.

PLUS ONE **소방활동의 비용을 지급받을 수 없는 사람**

- 소방대상물에 화재, 재난・재해 그 밖의 위급한 상황이 발생한 경우 그 관계인
- 고의 또는 과실로 인하여 화재 또는 구조・구급활동이 필요한 상황을 발생시킨 사람
- 화재 또는 구조・구급현장에서 물건을 가져간 사람

⑤ **소방활동구역의 출입자**

㉠ 소방활동구역 안에 있는 소방대상물의 **소유자, 관리자, 점유자**

㉡ **전기, 가스, 수도, 통신, 교통**의 업무에 종사하는 자로서 원활한 소방활동을 위하여 필요한 자

㉢ **의사 · 간호사** 그 밖의 구조 · 구급업무에 종사하는 자

㉣ 취재인력 등 **보도업무에 종사하는 자**

㉤ **수사업무에 종사하는 자**

㉥ 그 밖에 **소방대장**이 소방활동을 위하여 출입을 허가한 자

(3) 강제처분

① **소방본부장, 소방서장** 또는 **소방대장**은 사람을 구출하거나 불이 번지는 것을 막기 위하여 필요할 때에는 화재가 발생하거나 불이 번질 우려가 있는 소방대상물 및 토지를 일시적으로 사용하거나 그 사용의 제한 또는 소방활동에 필요한 처분을 할 수 있다.

② **소방본부장, 소방서장** 또는 **소방대장**은 사람을 구출하거나 불이 번지는 것을 막기 위하여 긴급하다고 인정할 때에는 ①에 따른 소방대상물 또는 토지 외의 소방대상물과 토지에 대하여 ①에 따른 처분을 할 수 있다.

③ 소방본부장, 소방서장 또는 소방대장은 소방활동을 위하여 긴급하게 출동할 때에는 소방자동차의 통행과 소방활동에 방해가 되는 주차 또는 정차된 차량 및 물건 등을 제거하거나 이동시킬 수 있다.

1-16 화재의 조사

(1) 화재의 원인 및 피해 조사권자 : **소방청장, 소방본부장** 또는 **소방서장**

(2) 소방청장, 소방본부장 또는 소방서장은 화재조사를 하기 위하여 필요하면 관계인에게 보고 또는 자료제출을 명하거나 관계공무원으로 하여금 화재의 원인과 피해의 상황을 조사하거나 관계인에게 질문하게 할 수 있다.

(3) **소방공무원**과 **국가경찰공무원**은 화재조사를 할 때에 **서로 협력**하여야 한다.

(4) **화재조사**는 관계공무원이 **화재사실을 인지하는 즉시** 장비를 활용하여 **실시**되어야 한다.

(5) 화재조사의 종류 및 조사의 범위

① 화재원인조사

종 류	조사범위
가. 발화원인조사	화재가 발생한 과정, 화재가 발생한 지점 및 불이 붙기 시작한 물질
나. 발견 · 통보 및 초기 소화상황조사	화재의 발견 · 통보 및 초기소화 등 일련의 과정
다. 연소상황조사	화재의 연소경로 및 확대원인 등의 상황
라. 피난상황조사	피난경로, 피난상의 장애요인 등의 상황
마. 소방시설 등 조사	소방시설의 사용 또는 작동 등의 상황

② 화재피해조사

종 류	조사범위
가. 인명피해조사	• 소방활동 중 발생한 사망자 및 부상자 • 그 밖에 화재로 인한 사망자 및 부상자
나. 재산피해조사	• 열에 의한 탄화, 용융, 파손 등의 피해 • 소화활동 중 사용된 물로 인한 피해 • 그 밖에 연기, 물품반출, 화재로 인한 폭발 등에 의한 피해

1-17 한국소방안전원

(1) 소방안전원의 업무

① 소방기술과 안전관리에 관한 교육 및 조사·연구

② 소방기술과 안전관리에 관한 각종 간행물의 발간

③ 화재예방과 안전관리의식의 고취를 위한 대 국민 홍보

④ 소방업무에 관하여 행정기관이 위탁하는 업무

(2) 소방안전원은 **정관을 변경하려면 소방청장의 인가**를 받아야 한다.

1-18 벌 칙

(1) 5년 이하의 징역 또는 5,000만원 이하의 벌금

① 제16조 제2항을 위반하여 다음의 어느 하나에 해당하는 행위를 한 사람

㉠ 위력(威力)을 사용하여 출동한 소방대의 화재진압, 인명구조 또는 구급활동을 방해하는 행위

㉡ 소방대가 화재진압, 인명구조 또는 구급활동을 위하여 현장에 출동하거나 현장에 출입하는 것을 고의로 방해하는 행위

㉢ 출동한 소방대원에게 폭행 또는 협박을 행사하여 화재진압, 인명구조 또는 구급활동을 방해하는 행위

㉣ 출동한 소방대의 소방장비를 파손하거나 그 효용을 해하여 화재진압, 인명구조 또는 구급활동을 방해하는 행위

② **소방자동차의 출동을 방해한 사람**

③ 사람을 구출하는 일 또는 불을 끄거나 불이 번지지 아니하도록 하는 일을 방해한 사람

④ 정당한 사유 없이 소방용수시설 또는 비상소화장치를 사용하거나 소방용수시설 또는 비상소화장치의 효용을 해치거나 그 정당한 사용을 방해한 사람

(2) 3년 이하의 징역 또는 3,000만원 이하의 벌금

강제처분을 방해한 사람 또는 정당한 사유 없이 그 처분에 따르지 아니한 사람

(3) 300만원 이하의 벌금

① 토지처분, 차량 또는 물건 이동, 제거의 규정에 따른 처분을 방해한 사람 또는 정당한 사유 없이 그 처분에 따르지 아니한 사람
② 관계인의 정당한 업무를 방해하거나 화재조사를 수행하면서 알게 된 비밀을 다른 사람에게 누설한 사람

(4) 200만원 이하의 벌금

① 정당한 사유 없이 화재의 예방조치 명령(정당한 사유 없이 불장난, 모닥불, 흡연, 화기취급, 풍등 등 연날리기의 행위)에 따르지 아니하거나 이를 방해한 사람
② 정당한 사유 없이 관계공무원의 출입 또는 조사를 거부·방해 또는 기피한 사람

(5) 100만원 이하의 벌금

① **화재경계지구** 안의 소방대상물에 대한 **소방특별조사를 거부·방해** 또는 기피한 사람
② 정당한 사유 없이 소방대의 생활안전활동을 방해한 사람
③ 정당한 사유 없이 소방대가 현장에 도착할 때까지 사람을 구출하는 조치 또는 불을 끄거나 불이 번지지 아니하도록 하는 조치를 하지 아니한 사람
④ 피난명령을 위반한 사람

(6) 500만원 이하의 과태료

화재 또는 구조·구급이 필요한 상황을 거짓으로 알린 사람

(7) 200만원 이하의 과태료

① 소방용수시설, 소화기구 및 설비 등의 설치 명령을 위반한 자
② 불을 사용할 때 지켜야 하는 사항 및 같은 조 제2항에 따른 특수가연물의 저장 및 취급 기준을 위반한 자
③ 한국119청소년단 또는 이와 유사한 명칭을 사용한 자
④ 소방활동구역을 출입한 사람
⑤ 출입·조사 등의 명령을 위반하여 보고 또는 자료 제출을 하지 아니하거나 거짓으로 보고 또는 자료 제출을 한 자
⑥ 한국소방안전원 또는 이와 유사한 명칭을 사용한 자

(8) 100만원 이하의 과태료

전용구역에 차를 주차하거나 전용구역에의 진입을 가로막는 등의 방해행위를 한 자

(9) 20만원 이하의 과태료

화재로 오인할 우려가 있는 불을 피우거나, 연막소독을 실시하는 사람이 소방본부장이나 소방서장에게 신고하지 아니하여 소방자동차를 출동하게 한 사람

제 2 장 소방시설공사업법, 영, 규칙

2-1 용어 정의

(1) **소방시설업** : 소방시설**설계업**, 소방시설**공사업**, 소방공사**감리업**, 방염처리업

(2) **소방시설설계업** : 소방시설공사에 기본이 되는 공사계획, 설계도면, 설계 설명서·기술계산서 및 이와 관련된 서류를 작성(설계)하는 영업

(3) **소방시설공사업** : 설계도서에 따라 소방시설을 신설, 증설, 개설, 이전 및 정비(시공)하는 영업

(4) **소방공사감리업** : 소방시설공사에 관한 발주자의 권한을 대행하여 소방시설공사가 설계도서와 관계법령에 따라 적법하게 시공되는지를 확인하고 품질·시공관리에 대한 기술 지도(감리)를 하는 영업

(5) **방염처리업** : 방염대상물품에 대하여 방염처리하는 영업

2-2 소방시설업

(1) **소방시설업의 등록** : **시·도지사**(특별시장, 광역시장, 특별자치시장, 도지사 또는 특별자치도지사)

> 등록요건 : 자본금(개인인 경우에는 자산평가액), 기술인력

(2) **소방시설업의 등록 결격사유**

① 피성년후견인

② 소방관련 4개 법령에 따른 금고 이상의 실형의 선고를 받고 그 집행이 끝나거나(집행이 끝난 것으로 보는 경우를 포함) 면제된 날부터 **2년**이 지나지 아니한 사람

③ 소방관련 4개 법령에 따른 금고 이상의 형의 집행유예 선고를 받고 그 **유예기간 중에 있는 사람**

④ 등록하려는 소방시설업 등록이 취소된 날부터 2년이 지나지 아니한 사람

(3) **등록사항의 변경신고** : **30일 이내**에 **시·도지사**에게 **신고**

(4) **등록사항 변경신고 사항**

① 상호(명칭) 또는 영업소소재지

② 대표자

③ 기술인력

(5) **등록사항 변경 시 제출서류**

① 상호(명칭) 또는 영업소 소재지 : 소방시설업등록증 및 등록수첩

② 대표자 변경
   ㉠ 소방시설업등록증 및 등록수첩
   ㉡ 변경된 대표자의 성명, 주민등록번호 및 주소지 등의 인적사항이 적힌 서류
③ 기술인력
   ㉠ 소방시설업 등록수첩
   ㉡ 기술인력 증빙서류

(6) 소방시설업자가 관계인에게 지체없이 알려야 하는 사실

① 소방시설업자의 지위를 승계한 경우
② 소방시설업의 등록취소처분 또는 영업정지처분을 받은 경우
③ 휴업하거나 폐업한 경우

(7) 등록의 취소와 시정이나 6개월 이내의 영업정지

① **거짓**이나 그 밖의 **부정한 방법**으로 **등록**한 경우(**등록취소**)
② 등록기준에 미달하게 된 후 30일이 경과한 경우
③ **등록 결격사유**에 해당하게 된 경우(**등록취소**)
④ 등록을 한 후 정당한 사유 없이 1년이 지날 때까지 영업을 시작하지 아니하거나 계속하여 1년 이상 휴업한 때
⑤ 다른 자에게 등록증 또는 등록수첩을 빌려준 경우
⑥ 영업정지 기간 중에 소방시설공사 등을 한 경우(**등록취소**)
⑦ 소방기술자를 공사현장에 배치하지 아니하거나 거짓으로 한 경우
⑧ 감리원 배치기준을 위반한 경우
⑨ 감리 결과를 알리지 아니하거나 거짓으로 알린 경우 또는 공사감리 결과보고서를 제출하지 아니하거나 거짓으로 제출한 경우
⑩ **동일인**이 **시공과 감리**를 함께 한 경우
⑪ 정당한 사유 없이 관계 공무원의 출입 또는 검사·조사를 거부·방해 또는 기피한 경우

(8) 소방시설업자의 지위승계 : 30일 이내에 시·도지사에게 신고

(9) 소방시설업자의 지위승계사유

① 소방시설업자가 사망한 경우 그 상속인
② 소방시설업자가 그 영업을 양도한 경우 그 양수인
③ 법인인 소방시설업자가 다른 법인과 합병한 경우 합병 후 존속하는 법인이나 합병으로 설립되는 법인

(10) 과징금 처분

① **과징금 처분권자 : 시·도지사**
② 영업의 정지가 그 이용자에게 심한 불편을 주거나 그 밖에 공익을 해칠 우려가 있는 때에는 영업정지 처분에 갈음하여 부과되는 과징금 : **3,000만원 이하**(2021년 6월 10일 이후 : 2억원 이하)

2-3 소방시설업의 업종별 등록기준

(1) 소방시설설계업

업종별 \ 항목		기술인력	영업범위
전문소방시설설계업		가. 주된 기술인력 : 소방기술사 1명 이상 나. **보조기술인력 : 1명 이상**	• 모든 특정소방대상물에 설치되는 소방시설의 설계
일반소방시설설계업	기계분야	가. 주된 기술인력 : 소방기술사 또는 기계분야 소방설비기사 1명 이상 나. **보조기술인력 : 1명 이상**	가. 아파트에 설치되는 기계분야 소방시설(제연설비를 제외)의 설계 나. **연면적 3만[m²](공장**의 경우에는 **1만[m²]) 미만**의 특정소방대상물(제연설비가 설치되는 특정소방대상물을 제외)에 설치되는 기계분야 소방시설의 설계 다. 위험물제조소 등에 설치되는 기계분야 소방시설의 설계
	전기분야	가. 주된 기술인력 : 소방기술사 또는 전기분야 소방설비기사 1명 이상 나. **보조기술인력 : 1명 이상**	가. 아파트에 설치되는 전기분야 소방시설의 설계 나. **연면적 3만[m²]**(공장의 경우에는 1만[m²]) 미만의 특정소방대상물에 설치되는 전기분야 소방시설의 설계 다. 위험물제조소 등에 설치되는 전기분야 소방시설의 설계

(2) 소방시설공사업

업종별 \ 항목		기술인력	자본금(자산평가액)	영업범위
전문소방시설공사업		• 주된 기술인력 : **소방기술사** 또는 기계분야와 전기분야의 소방설비기사 각 1명(**기계·전기분야의 자격을 함께 취득한 사람 1명**) 이상 • **보조기술인력 : 2명 이상**	• **법인 : 1억원** 이상 • **개인** : 자산평가액 1억원 이상	• 특정소방대상물에 설치되는 기계분야 및 전기분야의 소방시설의 공사·개설·이전 및 정비
일반소방시설공사업	기계분야	• 주된 기술인력 : 소방기술사 또는 기계분야 소방설비기사 1명 이상 • **보조기술인력** : 1명 이상	• **법인 : 1억원 이상** • **개인 : 자산평가액** 1억원 이상	• **연면적 10,000[m²]** 미만의 특정소방대상물에 설치되는 기계분야 소방시설의 공사·개설·이전 및 정비 • 위험물제조소 등에 설치되는 기계분야 소방시설의 공사·개설·이전 및 정비
	전기분야	• 주된 기술인력 : 소방기술사 또는 전기분야 소방설비기사 1명 이상 • **보조기술인력 : 1명 이상**	• 법인 : 1억원 이상 • 개인 : 자산평가액 1억원 이상	• 연면적 10,000[m²] 미만의 특정소방대상물에 설치되는 전기분야 소방시설의 공사·개설·이전 및 정비 • 위험물제조소 등에 설치되는 전기분야 소방시설의 공사·개설·이전 및 정비

(3) 소방공사감리업

업종별 \ 항목		기술인력	영업범위
전문 소방 공사 감리업		• **소방기술사 1명** 이상 • 기계분야 및 전기분야의 **특급감리원** 각 1명 이상(기계분야 및 전기분야의 자격을 함께 가지고 있는 사람이 있는 경우에는 그에 해당하는 사람 1명) • 기계분야 및 전기분야의 **고급감리원** 이상의 감리원 각 1명 이상 • 기계분야 및 전기분야의 **중급감리원** 이상의 감리원 각 1명 이상 • 기계분야 및 전기분야의 **초급감리원** 이상의 감리원 각 1명 이상	• 모든 특정소방대상물에 설치되는 소방시설공사 감리
일반 소방 공사 감리 업	기계 분야	• 기계분야 특급감리원 1명 이상 • 기계분야 고급감리원 또는 중급감리원 이상의 감리원 1명 이상 • 기계분야 초급감리원 이상의 감리원 1명 이상	• **연면적 30,000[m^2](공장은 10,000[m^2])** 미만의 특정소방대상물(제연설비는 제외)에 설치되는 기계분야 소방시설의 감리 • 아파트에 설치되는 기계분야 소방시설(제연설비는 제외)의 감리 • 위험물제조소 등에 설치되는 기계분야의 소방시설의 감리
	전기 분야	• 전기분야 특급감리원 1명 이상 • 전기분야 고급감리원 또는 중급감리원 이상의 감리원 1명 이상 • 전기분야 초급감리원 이상의 감리원 1명 이상	• 연면적 30,000[m^2](공장은 10,000[m^2]) 미만의 특정소방대상물에 설치되는 전기분야 소방시설의 감리 • 아파트에 설치되는 전기분야 소방시설의 감리 • 위험물제조소 등에 설치되는 전기분야의 소방시설의 감리

(4) 방염처리업

업종별 \ 항목	실험실	방염처리시설 및 시험기기	영업범위
섬유류 방염업	1개 이상 갖출 것	부표에 따른 섬유류 방염업의 방염처리시설 및 시험기기를 모두 갖추어야 한다.	커튼·카펫 등 섬유류를 주된 원료로 하는 방염대상물품을 제조 또는 가공 공정에서 방염처리
합성수지류 방염업		부표에 따른 합성수지류 방염업의 방염처리시설 및 시험기기를 모두 갖추어야 한다.	합성수지류를 주된 원료로 하는 방염대상물품을 제조 또는 가공 공정에서 방염처리
합판·목재류 방염업		부표에 따른 합판·목재류 방염업의 방염처리시설 및 시험기기를 모두 갖추어야 한다.	합판 또는 목재류를 제조·가공 공정 또는 설치 현장에서 방염처리

2-4 소방시설공사

(1) 착공신고 및 완공검사 : **소방본부장**이나 **소방서장**

(2) 소방시설공사의 착공신고 대상

① 특정소방대상물에 다음 어느 하나에 해당하는 설비를 **신설하는 공사**

- 옥내소화전설비(호스릴옥내소화전설비 포함), 옥외소화전설비, 스프링클러설비, 간이스프링클러설비(캐비닛형 간이스프링클러설비 포함), 화재조기진압형 스프링클러설비, 물분무 등 소화설비, 연결송수관설비, 연결살수설비, 제연설비, 소화용수설비 및 연소방지설비
- 자동화재탐지설비, 비상경보설비, 비상방송설비, 비상콘센트설비, 무선통신보조설비

> **물분무 등 소화설비** : 물분무소화설비, 미분무소화설비, 포소화설비, 이산화탄소소화설비, 할론소화설비, 할로겐화합물 및 불활성기체 소화설비, 분말소화설비, 강화액소화설비, 고체에어로졸소화설비

② 특정소방대상물에 다음 어느 하나에 해당하는 설비를 **증설하는 공사**

- 옥내·옥외소화전설비
- **스프링클러설비**, 간이스프링클러설비 또는 물분무 등 소화설비의 **방호구역, 자동화재탐지설비**의 **경계구역, 제연설비의 경계구역**, 연결살수설비의 살수구역, 연결송수관설비의 송수구역·비상콘센트설비의 전용회로, **연소방지설비의 살수구역**

③ 소방시설 등의 전부 또는 일부를 **교체·보수하는 공사**(긴급보수 또는 교체 시에는 제외)

- 수신반
- 소화펌프
- 동력(감시)제어반

(3) 착공신고 시 제출서류

① 공사업자의 소방시설공사업등록증 사본 1부 및 등록수첩 1부
② 기술인력의 기술등급을 증명하는 서류 사본 1부
③ 소방시설공사 계약서 사본 1부
④ 설계도서(설계설명서서 포함, 건축허가동의 시 제출된 설계도서에 변동이 있는 경우)
⑤ 소방시설공사 하도급통지서 사본(소방시설공사를 하도급하는 경우)

(4) 완공검사 : 소방본부장, 소방서장에게 완공검사를 받아야 한다.

(5) 완공검사를 위한 현장 확인 대상 특정소방대상물

① 문화 및 집회시설, 종교시설, 판매시설, **노유자시설**, 수련시설, 운동시설, **숙박시설**, 창고시설, 지하상가, **다중이용업소**
② 스프링클러설비 등, 물분무 등 소화설비(호스릴 방식은 제외)가 설치되는 특정소방대상물
③ **연면적 10,000[m^2] 이상**이거나 **11층 이상**인 특정소방대상물(아파트는 제외)
④ **가연성 가스**를 제조·저장 또는 취급하는 시설 중 지상에 노출된 가연성 가스탱크의 저장용량의 합계가 **1,000[t] 이상**인 시설

(6) 공사의 하자보수

관계인은 규정에 따른 기간 내에 소방시설의 하자가 발생한 때에는 공사업자에게 그 사실을 알려야 하며, 통보를 받은 공사업자는 **3일 이내**에 이를 보수하거나 보수일정을 기록한 하자보수계획을 관계인에게 서면으로 알려야 한다.

PLUS ONE 소방시설공사의 하자보수보증기간

- 2년 : **피난기구, 유도등, 유도표지, 비상경보설비**, 비상조명등, 비상방송설비 및 무선통신보조설비
- 3년 : **자동소화장치, 옥내소화전설비**, 스프링클러설비, 간이스프링클러설비, **물분무 등 소화설비**, 옥외소화전설비, **자동화재탐지설비**, 상수도 소화용수설비, **소화활동설비**(무선통신보조설비 제외)

2-5 소방공사감리

(1) 소방공사감리의 종류·방법 및 대상 : 대통령령

(2) 소방공사감리의 종류·방법 및 대상

종 류	대 상
상주 공사감리	1. 연면적 3만[m^2] 이상의 특정소방대상물(아파트는 제외한다)에 대한 소방시설의 공사 2. 지하층을 포함한 층수가 16층 이상으로서 500세대 이상인 아파트에 대한 소방시설의 공사
일반 공사감리	상주 공사감리에 해당하지 않는 소방시설의 공사

(3) 소방공사감리자 지정대상 특정소방대상물의 범위

① 옥내소화전설비를 신설·개설 또는 증설할 때
② 스프링클러설비 등(캐비닛형 간이스프링클러설비는 제외한다)을 신설·개설하거나 방호·방수 구역을 증설할 때
③ 물분무 등 소화설비(호스릴 방식의 소화설비는 제외한다)를 신설·개설하거나 방호·방수 구역을 증설할 때
④ 옥외소화전설비를 신설·개설 또는 증설할 때
⑤ **자동화재탐지설비**를 **신설** 또는 **개설**할 때
⑥ **비상방송설비**를 **신설** 또는 **개설**할 때
⑦ 통합감시시설을 신설 또는 개설할 때
⑧ **비상조명등**을 **신설** 또는 **개설**할 때
⑨ 소화용수설비를 신설 또는 개설할 때
⑩ 다음에 해당하는 소화활동설비를 시공할 때
   ㉠ **제연설비**를 **신설·개설**하거나 **제연구역을 증설**할 때
   ㉡ 연결송수관설비를 신설 또는 개설할 때
   ㉢ 연결살수설비를 신설·개설하거나 송수구역을 증설할 때
   ㉣ 비상콘센트설비를 신설·개설하거나 전용회로를 증설할 때
   ㉤ 무선통신보조설비를 신설 또는 개설할 때
   ㉥ 연소방지설비를 신설·개설하거나 살수구역을 증설할 때

(4) 관계인은 **공사감리자를 지정 또는 변경한 때**에는 변경일로부터 **30일 이내**에 **소방본부장** 또는 **소방서장에게 신고**하여야 한다.

(5) 소방공사감리원의 배치기준

감리원의 배치기준		소방시설공사 현장의 기준
책임감리원	보조감리원	
가. 행정안전부령으로 정하는 특급감리원 중 소방기술사	행정안전부령으로 정하는 초급감리원 이상의 소방공사 감리원(기계분야 및 전기분야)	1) 연면적 20만[m²] 이상인 특정소방대상물의 공사 현장 2) 지하층을 포함한 층수가 40층 이상인 특정소방대상물의 공사 현장
나. 행정안전부령으로 정하는 **특급감리원** 이상의 소방공사 감리원(기계분야 및 전기분야)	행정안전부령으로 정하는 초급감리원 이상의 소방공사 감리원(기계분야 및 전기분야)	1) **연면적 3만[m²] 이상 20만[m²] 미만**인 특정소방대상물(아파트는 제외)의 공사 현장 2) 지하층을 포함한 층수가 16층 이상 40층 미만인 특정소방대상물의 공사 현장
다. 행정안전부령으로 정하는 **고급감리원** 이상의 소방공사 감리원(기계분야 및 전기분야)	행정안전부령으로 정하는 초급감리원 이상의 소방공사 감리원(기계분야 및 전기분야)	1) 물분무 등 소화설비(호스릴 방식의 소화설비는 제외) 또는 제연설비가 설치되는 특정소방대상물의 공사 현장 2) **연면적 3만[m²] 이상 20만[m²] 미만인 아파트의 공사 현장**
라. 행정안전부령으로 정하는 중급감리원 이상의 소방공사 감리원(기계분야 및 전기분야)		연면적 5,000[m²] 이상 3만[m²] 미만인 특정소방대상물의 공사 현장
마. 행정안전부령으로 정하는 초급감리원 이상의 소방공사 감리원(기계분야 및 전기분야)		1) 연면적 5,000[m²] 미만인 특정소방대상물의 공사 현장 2) 지하구의 공사 현장

(6) 감리원의 배치기준

① 상주공사감리대상인 경우

㉠ 기계분야의 감리원 자격을 취득한 사람과 전기분야의 감리원 자격을 취득한 사람 각 1명 이상을 책임감리원으로 배치할 것. 다만, 기계분야 및 전기분야의 감리원 자격을 함께 취득한 사람이 있는 경우에는 그에 해당하는 사람 1명 이상을 배치할 수 있다.

㉡ 소방시설용 **배관(전선관을 포함한다)을 설치**하거나 **매립하는 때부터 소방시설 완공검사증명서를 발급받을 때까지** 소방공사감리현장에 **책임감리원을 배치**할 것

② 일반공사감리대상인 경우

㉠ 감리원은 **주 1회 이상** 소방공사감리현장에 배치되어 감리할 것

㉡ **1명의 감리원**이 담당하는 소방공사감리현장은 **5개 이하**(**자동화재탐지설비** 또는 **옥내소화전설비** 중 어느 하나만 설치하는 2개의 소방공사감리현장이 최단 차량주행거리로 30[km] 이내에 있는 경우에는 1개의 소방공사감리현장으로 본다)로서 감리현장 **연면적의 총합계**가 **10만[m²] 이하**일 것. 다만, 일반공사감리대상인 아파트의 경우에는 연면적의 합계에 관계없이 **1명의 감리원이 5개 이내의 공사현장**을 감리할 수 있다.

(7) 감리원의 배치 통보

① 감리원을 소방공사감리현장에 배치하는 경우에는 소방공사감리원 배치통보서(전자문서로 된 소방공사감리원 배치통보서를 포함한다)에, 배치한 감리원이 변경된 경우에는 소방공사감리원 배치변경통보서(전자문서로 된 소방공사감리원 배치변경통보서를 포함한다)에 다음의 구분에 따른 해당 서류(전자문서를 포함한다)를 첨부하여 감리원 배치일부터 **7일 이내**에 **소방본부장** 또는 **소방서장에게 알려야 한다.**

② 소방공사감리원 배치통보서에 첨부하는 서류(전자문서를 포함한다)
- ㉠ 감리원의 등급을 증명하는 서류
- ㉡ 소방공사 감리계약서 사본 1부

③ 소방공사감리원배치변경통보서에 첨부하는 서류(전자문서를 포함한다)
- ㉠ 변경된 감리원의 등급을 증명하는 서류(감리원을 배치하는 경우에만 첨부한다)
- ㉡ 변경 전 감리원의 등급을 증명하는 서류

(8) 감리결과의 통보

감리업자가 소방공사의 감리를 마쳤을 때에는 소방공사감리 결과보고(통보)서[전자문서로 된 소방공사감리 결과보고(통보)서를 포함한다]에 다음의 서류(전자문서를 포함한다)를 첨부하여 **공사가 완료된 날부터 7일 이내**에 특정소방대상물의 **관계인**, 소방시설공사의 **도급인** 및 특정소방대상물의 공사를 감리한 **건축사**에게 알리고, **소방본부장 또는 소방서장에게 보고**하여야 한다.

2-6 소방시설공사업의 도급

(1) 도급계약의 해지 사유

① 소방시설업이 등록취소되거나 영업정지된 경우
② 소방시설업을 **휴업하거나 폐업한 경우**
③ 정당한 사유 없이 **30일 이상 소방시설공사를 계속하지 아니하는 경우**
④ 하도급의 통지를 받은 경우 그 하수급인이 적당하지 아니하다고 인정되어 하수급인의 변경을 요구하였으나 정당한 사유 없이 따르지 아니하는 경우

(2) 동일한 특정소방대상물의 소방시설에 대한 시공 및 감리를 함께 할 수 없는 경우

① 공사업자와 감리업자가 같은 자인 경우
② 기업진단의 관계인 경우
③ 법인과 그 법인의 임직원의 관계인 경우
④ 친족 관계인 경우

(3) 하도급 통지 시 첨부서류

① 하도급계약서 1부
② 예정공정표 1부
③ 하도급내역서 1부
④ 하수급인의 소방시설공사업등록증 사본 1부

(4) 시공능력평가의 평가방법

① **시공능력평가액** = 실적평가액 + 자본금평가액 + 기술력평가액 + 경력평가액 ± 신인도평가액
② 실적평가액 = 연평균공사 실적액
③ 자본금평가액 = (실질자본금 × 실질자본금의 평점 + 출자・예치・담보금액) × 70/100
④ 기술력평가액 = 전년도공사업계의 기술자 1인당 평균생산액 × 보유기술인력가중치합계 × 30/100 + 전년도 기술개발투자액
⑤ **경력평가액 = 실적평가액 × 공사업 영위기간 평점 × 20/100**
⑥ 신인도평가액 = (실적평가액 + 자본금평가액 + 기술력평가액 + 경력평가액) × 신인도 반영비율 합계

시공능력 평가자 : 소방청장

2-7 감 독

(1) 청문 실시권자 : 시・도지사

(2) 청문 대상 : 소방시설업 등록취소처분이나 영업정지처분, 소방기술인정 자격취소의 처분

2-8 벌 칙

(1) 3년 이하의 징역 또는 3,000만원 이하의 벌금

소방시설업의 **등록을 하지 아니하고 영업을 한 자**

(2) 1년 이하의 징역 또는 1,000만원 이하의 벌금

① 영업정지처분을 받고 그 영업정지기간에 영업을 한 자
② 설계업자, 공사업자의 화재안전기준 규정을 위반하여 설계나 시공을 한 자
③ 감리업자의 **업무규정을 위반하여 감리를 하거나 거짓으로 감리한 자**
④ 감리업자가 **공사감리자를 지정하지 아니한 자**
⑤ 소방시설업자가 아닌 자에게 소방시설공사를 도급한 자
⑥ 하도급 규정을 위반하여 **도급받은 소방시설의 설계, 시공, 감리를 하도급한 자**
⑦ 하수급인이 하도급받은 소방시설공사를 제3자에게 다시 하도급한 자

(3) 300만원 이하의 벌금

① 다른 자에게 자기의 성명이나 상호를 사용하여 소방시설공사 등을 수급 또는 시공하게 하거나 소방시설업의 등록증이나 등록수첩을 빌려준 자
② 소방시설 공사현장에 **감리원을 배치하지 아니한 자**
③ 소방시설공사가 설계도서 또는 화재안전기준에 적합하지 아니하여 보완하도록 한 감리업자의 요구에 따르지 아니한 자

④ 공사감리계약을 해지하거나, 대가 지급을 거부하거나 지연시키거나 불이익을 준 자

⑤ 소방기술인정 자격수첩 또는 경력수첩을 빌려준 사람

⑥ **소방기술자**가 동시에 **둘 이상의 업체에 취업한 사람**

⑦ 관계인의 정당한 업무를 방해하거나 업무상 알게 된 비밀을 누설한 사람

(4) 100만원 이하의 벌금

① 소방시설업자 및 관계인의 보고 및 자료제출, 관계서류 검사 또는 질문 등 위반하여 보고 또는 자료제출을 하지 아니하거나 거짓으로 한 사람

② 소방시설업자 및 관계인의 보고 및 자료제출, 관계서류 검사 또는 질문 등 규정을 위반하여 정당한 사유 없이 관계공무원의 출입 또는 검사・조사를 거부・방해 또는 기피한 사람

(5) 200만원 이하의 과태료

① 등록사항의 변경신고, 소방시설업자의 지위승계, 소방시설공사의 착공신고, 공사업자의 변경신고, 감리업자의 지정신고 또는 변경신고를 하지 아니하거나 거짓으로 신고한 사람

② 관계인에게 지위승계, 행정처분 또는 휴업・폐업의 사실을 알리지 아니하거나 거짓으로 알린 사람

③ 공사업자가 소방기술자를 공사현장에 배치하지 아니한 사람

④ 공사업자가 완공검사를 받지 아니한 사람

⑤ 공사업자가 3일 이내에 보수하지 아니하거나 하자보수계획을 관계인에게 거짓으로 알린 사람

⑥ 감리 관계 서류를 인수・인계하지 아니한 자

⑦ 배치통보 및 변경통보를 하지 아니하거나 거짓으로 통보한 자

⑧ 방염성능기준 미만으로 방염을 한 자

과태료 부과권자 : 관할 시・도지사, 소방본부장, 소방서장

제 3 장 화재예방, 소방시설 설치·유지 및 안전관리에 관한 법률, 영, 규칙

3-1 용어 정의

(1) **소방시설** : 소화설비·경보설비·피난구조설비·소화용수설비 그 밖의 소화활동설비로서 대통령령으로 정하는 것

(2) **무창층** : 지상층 중 다음 요건을 갖춘 개구부의 면적의 합계가 해당 층의 바닥면적의 **1/30 이하**가 되는 층

① 크기는 지름 50[cm] 이상의 원이 내접할 수 있는 크기일 것
② 해당 층의 바닥면으로부터 개구부 밑부분까지의 높이가 1.2[m] 이내일 것
③ 도로 또는 차량이 진입할 수 있는 빈터를 향할 것
④ 화재 시 건축물로부터 쉽게 피난할 수 있도록 창살이나 그 밖의 장애물이 설치되지 아니할 것
⑤ 내부 또는 외부에서 쉽게 부수거나 열 수 있을 것

(3) **피난층** : **곧바로 지상으로 갈 수 있는 출입구가 있는 층**

> 비상구 : 가로 75[cm] 이상, 세로 150[cm] 이상의 출입구

3-2 소방시설의 종류

(1) **소화설비**

① **소화기구**
㉠ **소화기**
㉡ **간이소화용구** : 에어로졸식 소화용구, 투척용 소화용구, 소공간용 소화공구 및 소화약제 외의 것을 이용한 간이소화용구
㉢ 자동확산소화기

② **자동소화장치**
㉠ 주거용 주방자동소화장치
㉡ 상업용 주방자동소화장치
㉢ 캐비닛형 자동소화장치
㉣ 가스 자동소화장치
㉤ 분말 자동소화장치
㉥ 고체에어로졸 자동소화장치

③ 옥내소화전설비(호스릴 옥내소화전설비를 포함한다)
④ 스프링클러설비 등[스프링클러설비, 간이스프링클러설비(캐비닛형 간이스프링클러 설비 포함), 화재조기진압용 스프링클러설비]

⑤ **물분무 등 소화설비**

㉠ 물분무소화설비
㉡ 미분무소화설비
㉢ 포소화설비
㉣ 이산화탄소소화설비
㉤ 할론소화설비
㉥ 할로겐화합물 및 불활성기체 소화설비
㉦ 분말소화설비
㉧ 강화액소화설비
㉨ 고체에어로졸소화설비

⑥ 옥외소화전설비

> **물분무 등 소화설비** : 물분무소화설비, 미분무소화설비, 포소화설비, 이산화탄소소화설비, 할론소화설비, 할로겐화합물 및 불활성기체 소화설비, 분말소화설비, 강화액소화설비, 고체에어로졸소화설비

(2) 경보설비

① 단독경보형감지기
② 비상경보설비(비상벨설비, 자동식 사이렌설비)
③ 시각경보기
④ 자동화재탐지설비
⑤ 비상방송설비
⑥ 자동화재속보설비
⑦ 통합감시시설
⑧ 누전경보기
⑨ 가스누설경보기

(3) 피난구조설비

① **피난기구** : 미끄럼대, 피난사다리, 구조대, 완강기, 피난교, 피난교트랩, 간이완강기, 공기안전매트, 다수인 피난장비, 승강식 피난기 등
② 인명구조기구[방열복 또는 방화복(안전헬멧, 보호장갑, 안전화 포함), 공기호흡기, 인공소생기]
③ 유도등(피난유도선, 피난구유도등, 통로유도등, 객석유도등, 유도표지)
④ **비상조명등** 및 휴대용 비상조명등

(4) 소화용수설비

① 상수도 소화용수설비
② 소화수조, 저수조

(5) 소화활동설비

① 제연설비
② 연결송수관설비
③ 연결살수설비
④ 비상콘센트설비
⑤ 무선통신보조설비
⑥ 연소방지설비

3-3 특정소방대상물의 구분

(1) 근린생활시설

① **슈퍼마켓**과 일용품(식품, 잡화, 의류, 완구, 서적, 건축자재, 의약품, 의료기기 등) 등의 소매점으로서 같은 건축물(하나의 대지에 두 동 이상의 건축물이 있는 경우에는 이를 같은 건축물로 본다)에 해당 용도로 쓰는 **바닥면적의 합계가 1,000[m^2] 미만**인 것
② **휴게음식점**, 제과점, 일반음식점, **기원**, **노래연습장** 및 **단란주점**(같은 건축물에 해당 용도로 쓰는 바닥면적의 합계가 150[m^2] **미만**인 것만 해당한다)
③ **의원, 치과의원, 한의원**, 침술원, 접골원(接骨院), **조산원**(모자보건법 제2조 제11호에 따른 산후조리원을 포함한다) 및 **안마원**(의료법 제82조 제4항에 따른 **안마시술소**를 포함한다)
④ 탁구장, 테니스장, 체육도장, 체력단련장, **에어로빅장**, 볼링장, 당구장, **실내낚시터, 골프연습장**, 물놀이형 시설 및 그 밖에 이와 비슷한 것으로서 같은 건축물에 해당 용도로 쓰는 바닥면적의 합계가 500[m^2] **미만**인 것
⑤ **공연장**(**극장**, 영화상영관, 연예장, 음악당, 서커스장) 비디오물감상실업의 시설, **종교집회장**(교회, 성당, 사찰, 기도원, 수도원, 수녀원, 제실(祭室), 사당, 그 밖에 이와 비슷한 것을 말한다)으로서 같은 건축물에 해당 용도로 쓰는 바닥면적의 합계가 300[m^2] **미만**인 것
⑥ 사진관, 표구점, **학원**(같은 건축물에 해당 용도로 쓰는 바닥면적의 합계가 500[m^2] 미만인 것만 해당되며, **자동차학원 및 무도학원은 제외**한다), **독서실, 고시원**(다중이용업 중 고시원업의 시설로서 독립된 주거의 형태를 갖추지 않은 것으로서 같은 건축물에 해당 용도로 쓰는 바닥면적의 합계가 500[m^2] **미만**인 것을 말한다), **장의사, 동물병원**, 총포판매사

(2) 문화 및 집회시설

① 공연장으로서 **근린생활시설에 해당하지 않는 것**

> 근린생활시설에 해당하지 않는 것 : 바닥면적의 합계가 300[m^2] 이상

② **집회장 : 예식장, 공회당**, 회의장, 마권(馬券) 장외 발매소, 마권 전화투표소 및 그 밖에 이와 비슷한 것으로서 근린생활시설에 해당하지 않는 것
③ **관람장 : 경마장, 경륜장, 경정장**, 자동차 경기장, 그 밖에 이와 비슷한 것과 체육관 및 운동장으로서 관람석의 바닥면적의 합계가 1,000[m^2] **이상**인 것
④ **전시장 : 박물관**, 미술관, 과학관, 문화관, **체험관, 기념관, 산업전시장, 박람회장**
⑤ **동・식물원 : 동물원, 식물원, 수족관** 및 그 밖에 이와 비슷한 것

(3) 의료시설

① **병원** : 종합병원, 병원, 치과병원, 한방병원, 요양병원
② **격리병원** : 전염병원, **마약진료소** 및 그 밖에 이와 비슷한 것
③ **정신의료기관**
④ 장애인 의료재활시설

(4) 노유자시설

① **노인 관련시설** : **노인주거복지시설, 노인의료복지시설, 노인여가복지시설,** 주・야간보호서비스나 단기보호서비스를 제공하는 **재가노인복지시설**(재가장기요양기관을 포함한다), **노인보호전문기관**, 노인일자리지원기관, 학대피해노인 전용 쉼터
② **아동 관련시설** : 아동복지시설, **어린이집, 유치원**(**병설유치원은 제외**한다)
③ **장애인 관련시설** : 장애인 생활시설, 장애인 지역 사회시설(장애인 심부름센터, 수화통역센터, 점자도서 및 녹음서 출판시설 등 장애인이 직접 그 시설 자체를 이용하는 것을 주된 목적으로 하지 않는 시설은 제외한다), 장애인직업재활시설
④ **정신질환자 관련시설** : 정신질환자사회 복귀시설(정신질환자 생산품 판매시설을 제외한다), 정신요양시설
⑤ **노숙인 관련 시설** : 노숙인복지시설(노숙인일시보호시설, 노숙인자활시설, **노숙인재활시설,** 노숙인요양시설 및 쪽방상담소만 해당한다), 노숙인종합지원센터 및 그 밖에 이와 비슷한 것
⑥ 사회복지시설 중 결핵환자 또는 한센인 요양시설 등 다른 용도로 분류되지 않는 것

(5) 업무시설

① **공공업무시설** : 국가 또는 지방자치단체의 청사와 외국공관의 건축물로서 **근린생활시설에 해당하지 않는 것**
② **일반업무시설** : 금융업소, 사무소, 신문사, **오피스텔** 및 그 밖에 이와 비슷한 것으로서 **근린생활시설에 해당하지 않는 것**

근린생활시설에 해당하지 않는 것 : 바닥면적의 합계가 500[m^2] 이상

③ **주민자치센터**(동사무소), 경찰서, 지구대, 파출소, **소방서, 119안전센터**, 우체국, 보건소, 공공도서관, 국민건강보험공단
④ 마을공회당, 마을공동작업소, 마을공동구판장
⑤ **변전소**, 양수장, 정수장, 대피소, **공중화장실**

(6) 위락시설

① 단란주점으로서 **근린생활시설에 해당하지 않는 것**

근린생활시설에 해당하지 않는 것 : 바닥면적의 합계가 150[m^2] 이상

② **유흥주점**이나 그 밖에 이와 비슷한 것

③ 관광진흥법에 따른 유원시설업의 시설, 그 밖에 이와 비슷한 시설(근린생활시설에 해당하는 것은 제외한다)
④ **무도장** 및 **무도학원**
⑤ **카지노영업소**

(7) 지하가

지하의 인공구조물 안에 설치되어 있는 상점, 사무실 및 그 밖에 이와 비슷한 시설로서 연속하여 지하도에 면하여 설치된 것과 그 지하도를 합한 것
① **지하상가**
② **터널** : 차량(궤도차량용은 제외한다) 등의 통행을 목적으로 지하, 해저 또는 산을 뚫어서 만든 것

(8) 지하구

① 전력・통신용의 전선이나 가스・냉난방용의 배관 또는 이와 비슷한 것을 집합수용하기 위하여 설치한 지하인공구조물로서 사람이 점검 또는 보수하기 위하여 출입이 가능한 것 중 **폭 1.8[m] 이상**이고 **높이**가 **2[m] 이상**이며 **길이**가 **50[m] 이상**(**전력** 또는 **통신사업용**인 것은 **500[m] 이상**)인 것
② 국토의 계획 및 이용에 관한 법률 제2조 제9호에 따른 공동구

(9) 복합건축물

하나의 건축물 안에 다른 특정소방대상물 중 둘 이상의 용도로 사용되는 것

[비 고]
① 내화구조로 된 하나의 특정소방대상물이 개구부(건축물에서 채광・환기・통풍・출입목적으로 만든 창이나 출입구를 말한다)가 없는 내화구조의 바닥과 벽으로 구획되어 있는 경우(이하 "완전구획"이라 한다)에는 그 구획된 부분을 각각 **별개의 특정소방대상물**로 본다.
② 연결통로 또는 지하구와 소방대상물의 양쪽에 다음의 어느 하나에 적합한 경우에는 **각각 별개의 소방대상물**로 본다.
　㉠ 화재 시 경보설비 또는 자동소화설비의 작동과 연동하여 자동으로 닫히는 **방화셔터** 또는 **갑종방화문이 설치된 경우**
　㉡ 화재 시 자동으로 방수되는 방식의 **드렌처설비** 또는 **개방형 스프링클러헤드가 설치된 경우**
③ 둘 이상의 특정소방대상물이 다음의 어느 하나에 해당되는 구조의 복도 또는 통로(이하 "연결통로"라 한다)로 연결된 경우에는 이를 **하나의 소방대상물**로 본다.
　㉠ **내화구조로 된 연결통로**가 다음의 어느 하나에 해당되는 경우
　　㉮ **벽이 없는 구조**로서 그 길이가 **6[m] 이하**인 경우
　　㉯ **벽이 있는 구조**로서 그 길이가 **10[m] 이하**인 경우. 다만, 벽 높이가 바닥에서 천장 높이의 1/2분 이상인 경우에는 벽이 있는 구조로 보고, 벽 높이가 바닥에서 천장 높이의 1/2분 미만인 경우에는 벽이 없는 구조로 본다.
　㉡ **내화구조가 아닌 연결통로로 연결된 경우**
　㉢ **컨베이어로 연결되거나 플랜트설비의 배관 등으로 연결되어 있는 경우**
　㉣ **지하보도, 지하상가, 지하가로 연결된 경우**
　㉤ **방화셔터 또는 갑종방화문이 설치되지 않은 피트로 연결된 경우**
　㉥ **지하구로 연결된 경우**

3-4 소방특별조사

(1) 소방특별조사

① **소방특별조사권자 : 소방청장, 소방본부장, 소방서장**

② **소방특별조사의 항목**

㉠ 특정소방대상물 또는 공공기관의 **소방안전관리 업무 수행**에 관한 사항

㉡ **소방계획서의 이행**에 관한 사항

㉢ 소방시설 등의 **자체점검** 및 **정기적 점검** 등에 관한 사항

㉣ **화재의 예방조치** 등에 관한 사항

㉤ 불을 사용하는 설비 등의 관리와 특수가연물의 저장·취급에 관한 사항

㉥ 다중이용업소의 안전관리에 관한 사항

③ **관계인의 승낙 없이 해가 뜨기 전이나 해가 진 뒤에 할 수 있는 경우**

㉠ 화재, 재난·재해가 발생할 우려가 뚜렷하여 긴급하게 조사할 필요가 있는 경우

㉡ 소방특별조사의 실시를 사전에 통지하면 조사목적을 달성할 수 없다고 인정되는 경우

④ **소방청장, 소방본부장** 또는 **소방서장**은 소방특별조사를 하려면 **7일 전**에 관계인에게 **조사대상, 조사기간** 및 **조사사유** 등을 **서면으로 알려야 한다.**

PLUS ONE

7일 전까지 서면으로 알리지 않아도 되는 경우
- 화재, 재난·재해가 발생할 우려가 뚜렷하여 긴급하게 조사할 필요가 있는 경우
- 소방특별조사의 실시를 사전에 통지하면 조사목적을 달성할 수 없다고 인정되는 경우

(2) 소방특별조사 결과에 따른 조치명령

① 조치명령권자 : **소방청장, 소방본부장** 또는 **소방서장**

② 조치명령의 내용 : 소방대상물의 **위치·구조·설비** 또는 **관리**의 상황

③ 조치명령 시기 : 화재나 재난·재해 예방을 위하여 보완될 필요가 있거나 화재가 발생하면 인명 또는 재산의 피해가 클 것으로 예상되는 때

④ 조치사항 : 그 소방대상물의 **개수(改修)·이전·제거, 사용의 금지** 또는 **제한, 사용폐쇄, 공사의 정지** 또는 **중지**, 그 밖의 필요한 조치

⑤ 조치명령 **위반사실 등의 공개 절차**, 공개 기간, 공개 방법 등 필요한 사항 : **대통령령**

3-5 건축허가 등의 동의

(1) **건축허가 등의 동의권자** : 건축물 등의 시공지 또는 소재지 **관할하는 소방본부장**이나 **소방서장**

(2) **건축허가 등의 동의대상물의 범위**

① **연면적이 400[m^2] 이상**인 건축물. 다만, 다음 각 목의 어느 하나에 해당하는 시설은 해당 목에서 정한 기준 이상인 건축물로 한다.

㉠ 학교시설 : 100[m^2]

㉡ **노유자시설(老幼者施設) 및 수련시설 : 200[m^2]**

㉢ 정신의료기관(입원실이 없는 정신건강의학과 의원은 제외) : 300[m^2]

㉣ 장애인 의료재활시설(의료재활시설) : 300[m^2]

② 6층 이상인 건축물

③ 차고・주차장 또는 주차용도로 사용되는 시설로서 다음의 어느 하나에 해당하는 것

㉠ 차고・주차장으로 사용되는 바닥면적이 200[m^2] 이상인 층이 있는 건축물이나 주차시설

㉡ 승강기 등 기계장치에 의한 주차시설로서 자동차 20대 이상을 주차할 수 있는 시설

④ **항공기격납고**, 관망탑, 항공관제탑, 방송용 송수신탑

⑤ 지하층 또는 무창층이 있는 건축물로서 바닥면적이 150[m^2](**공연장**의 경우에는 **100[m^2]**) **이상**인 층이 있는 것

⑥ 위험물 저장 및 처리 시설, 지하구

⑦ ①에 해당하지 않는 노유자시설 중 다음 각 목의 어느 하나에 해당하는 시설(다만, ㉠의 ㉯ 및 ㉡목부터 ㉥목까지의 시설 중 건축법 시행령 별표 1의 단독주택 또는 공동주택에 설치되는 시설은 제외)

㉠ 노인 관련 시설 중 다음의 어느 하나에 해당하는 시설

㉮ 노인주거복지시설・노인의료복지시설 및 재가노인복지시설

㉯ 학대피해노인 전용 쉼터

㉡ 아동복지시설(아동상담소, 아동전용시설 및 지역아동센터는 제외)

㉢ 장애인 거주시설

㉣ 정신질환자 관련 시설(공동생활가정을 제외한 재활훈련시설, 종합시설 중 24시간 주거를 제공하지 아니하는 시설은 제외)

㉤ 노숙인 관련 시설 중 노숙인자활시설, 노숙인재활시설 및 노숙인요양시설

㉥ 결핵환자나 한센인이 24시간 생활하는 노유자시설

⑧ **요양병원**(정신의료기관 중 정신병원과 의료재활시설은 제외)

(3) **건축허가 등의 동의 여부에 대한 회신**

① 일반대상물 : **5일 이내**

② **특급소방안전관리대상물(30층 이상, 연면적 20만[m^2] 이상, 높이 120[m] 이상)인 경우 : 10일 이내**

3-6 소방시설 등의 종류 및 적용기준(자세한 내용은 법률시행령 참조)

(1) 소화기구 및 자동소화장치

① **소화기구** : **연면적 33[m²] 이상**, **지정문화재**, 가스시설, 터널

② **주거용 주방자동소화장치 : 아파트 등 및 30층 이상 오피스텔의 모든 층**

(2) 옥내소화전설비

① **연면적**이 **3,000[m²] 이상(터널은 제외)**, 지하층, 무창층(축사는 제외) 또는 4층 이상인 것 중 바닥면적이 600[m²] 이상인 층이 있는 것은 모든 층

② 지하가 중 **터널**의 경우 길이가 **1,000[m] 이상**

③ **근린생활시설**, 판매시설, 운수시설, 의료시설, **노유자시설**, **업무시설**, **숙박시설**, **위락시설**, 공장, 창고시설, 항공기 및 자동차 관련시설, 교정 및 군사시설 중 국방・군사시설, 방송통신시설, 발전시설, **장례시설** 또는 복합건축물로서 연면적 **1,500[m²] 이상**이거나 지하층・무창층 또는 층수가 4층 이상인 층 중 바닥면적이 300[m²] 이상인 층이 있는 것은 모든 층

④ 건축물의 옥상에 설치된 차고 또는 주차장으로서 바닥면적이 200[m²] 이상

(3) 스프링클러설비

① **문화 및 집회시설**(동・식물원 제외), 종교시설(주요구조부가 목조인 것은 제외), 운동시설(물놀이형 시설은 제외)로서 다음에 해당하는 모든 층

㉠ **수용인원**이 **100명 이상**

㉡ 영화상영관의 용도로 쓰이는 층의 바닥면적이 지하층 또는 무창층인 경우 500[m²] 이상, 그 밖의 층은 1,000[m²] 이상

㉢ 무대부가 지하층, 무창층, 4층 이상 : 무대부의 면적이 300[m²] 이상

㉣ 무대부가 그 밖의 층 : 무대부의 면적이 500[m²] 이상

② **판매시설**, 운수시설 및 **창고시설(물류터미널)**로서 바닥면적의 합계가 5,000[m²] 이상이거나 수용인원 500명 이상인 경우에는 모든 층

③ 층수가 **6층 이상**인 경우는 모든 층

④ 다음의 어느 하나에 해당하는 용도로 사용되는 시설의 바닥면적의 합계가 600[m²] 이상인 것은 모든 층

㉠ 의료시설 중 정신의료기관

㉡ 의료시설 중 종합병원, 병원, 치과병원, 한방병원 및 요양병원(정신병원은 제외)

㉢ 노유자시설

㉣ 숙박이 가능한 수련시설

⑤ 지하층・무창층(축사는 제외) 또는 층수가 4층 이상인 층으로서 바닥면적이 1,000[m²] 이상인 층

⑥ **지하가**(터널 제외)로서 연면적이 **1,000[m²] 이상**

⑦ 기숙사(교육연구시설・수련시설 내에 있는 학생 수용을 위한 것을 말한다) 또는 복합건축물로서 연면적 5,000[m²] 이상인 경우에는 모든 층

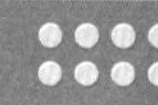

⑧ **보호감호소, 교도소**, 구치소, 보호관찰소, 갱생보호시설, 치료감호시설, 소년원 및 소년분류심사원의 수용거실, 보호시설(외국인 보호소의 경우에는 보호대상자의 생활공간)로 사용하는 부분

⑨ 유치장

(4) 간이스프링클러설비

① 근린생활시설로 사용되는 부분의 바닥면적의 합계가 1,000[m^2] 이상인 것은 모든 층

② 근린생활시설로서 의원, 치과의원 및 한의원으로서 입원실이 있는 거실

③ 교육연구시설 내에 있는 **합숙소**로서 연면적이 **100[m^2] 이상**

④ **노유자시설**로서

㉠ 노유자생활시설(시행령 제12조 제1항 제6호)

㉡ 바닥면적의 합계가 **300[m^2] 이상 600[m^2] 미만**인 시설

㉢ 바닥면적의 합계가 **300[m^2] 미만**이고 **창살이 설치된 시설**

⑤ 생활형 숙박시설로서 바닥면적의 합계가 600[m^2] 이상인 것

⑥ 복합건축물로서 연면적 1,000[m^2] 이상인 것은 모든 층

(5) 물분무 등 소화설비

① **항공기** 및 **항공기 격납고**

② 차고, **주차용 건축물** 또는 **철골 조립식 주차시설**로서 연면적 **800[m^2] 이상**

③ 건축물 내부에 설치된 차고 또는 주차장으로서 차고 또는 주차의 용도로 사용되는 부분의 바닥면적의 합계가 200[m^2] 이상

④ 기계장치에 의한 주차시설을 이용하여 **20대 이상의 차량**을 주차할 수 있는 것

⑤ **전기실, 발전실, 변전실**, 축전지실, 통신기기실, 전산실로서 **바닥면적**이 **300[m^2] 이상**

(6) 옥외소화전설비

① **지상 1층 및 2층**의 바닥면적의 합계가 **9,000[m^2] 이상**(이 경우 동일구내에 둘 이상의 특정소방대상물이 **행정안전부령으로 정하는 연소 우려가 있는 구조**인 경우에는 이를 하나의 특정소방대상물로 본다)

[행정안전부령으로 정하는 연소우려가 있는 구조]

1. 건축물대장의 건축물 현황도에 표시된 대지경계선 안에 둘 이상의 건축물이 있는 경우
2. 각각의 건축물이 다른 건축물의 외벽으로부터 수평거리가 **1층의 경우**에는 **6[m] 이하**, **2층 이상**의 층의 경우에는 **10[m] 이하**인 경우
3. 개구부(영 제2조 제1호에 따른 개구부를 말한다)가 다른 건축물을 향하여 설치되어 있는 경우

② 국보 또는 보물로 지정된 목조건축물

③ 공장 또는 창고시설로서 정하는 수량의 750배 이상의 특수가연물을 저장・취급하는 곳

(7) 비상경보설비

① 연면적이 **400[m^2] 이상**

② 지하층 또는 무창층의 바닥면적이 150[m^2] 이상(**공연장**은 **100[m^2] 이상**)

③ 지하가 중 **터널**로서 길이가 **500[m] 이상**
④ 50명 이상의 근로자가 작업하는 옥내작업장

(8) 비상방송설비(가스시설, 터널, 사람이 거주하지 않는 동물 및 식물관련시설, 축사, 지하구는 제외)

① 연면적 **3,500[m^2] 이상**
② **11층 이상**(지하층 제외)
③ **지하층**의 층수가 **3층** 이상

(9) 자동화재탐지설비

① **근린생활시설**(목욕장은 제외), **의료시설(정신의료기관, 요양병원은 제외), 숙박시설, 위락시설, 장례시설** 및 복합건축물로서 연면적 **600[m^2] 이상**
② **공동주택**, 근린생활 중 **목욕장**, 문화 및 집회시설, 종교시설, 판매시설, 운수시설, 운동시설, 업무시설, 공장, 창고시설, 위험물 저장 및 처리시설, 항공기 및 자동차관련시설, 교정 및 군사시설 중 국방・군사시설, 방송통신시설, 발전시설, 관광휴게시설, 지하가(터널은 제외)로서 **연면적 1,000[m^2] 이상**
③ **교육연구시설**(기숙사 및 합숙소를 포함), 수련시설(기숙사 및 합숙소를 포함하며 숙박시설이 있는 수련시설은 제외), 동물 및 식물관련시설(기둥과 지붕만으로 구성되어 외부와 기류가 통하는 장소는 제외), 분뇨 및 쓰레기 처리시설, 교정 및 군사시설(국방・군사시설은 제외), 묘지관련시설로서 **연면적 2,000[m^2] 이상**
④ 지하구
⑤ 길이 **1,000[m] 이상**인 **터널**
⑥ **노유자 생활시설**
⑦ ⑥에 해당하지 않는 노유자시설로서 연면적 400[m^2] 이상인 노유자시설 및 숙박시설이 있는 수련시설로서 수용인원 100명 이상인 것
⑧ 판매시설 중 전통시장

(10) 자동화재속보설비

① 업무시설, 공장, 창고시설, 교정 및 국방・군사시설, 발전시설(사람이 근무하지 않는 시간에는 무인경비시스템으로 관리하는 시설만 해당한다)로서 바닥면적 1,500[m^2] 이상(24시간 상주시에는 제외)
② **노유자 생활시설**
③ ②**에 해당되지 않는 노유자시설로서 바닥면적 500[m^2] 이상**(24시간 상주 시에는 제외)
④ **수련시설**(숙박시설이 있는 건축물에 한함)로서 **바닥면적 500[m^2] 이상**(24시간 상주 시에는 외)
⑤ **보물** 또는 **국보**로 지정된 목조건축물(다만, 사람이 24시간 상주 시 제외)
⑥ 근린생활시설 중 **의원, 치과의원 및 한의원**으로서 **입원실이 있는 시설**
⑦ 의료시설 중 다음의 어느 하나에 해당하는 시설
　㉠ 종합병원, 병원, 치과병원, 한방병원 및 요양병원(정신병원과 의료재활시설은 제외)
　㉡ **정신병원**과 **의료재활시설**로 사용되는 바닥면적의 합계가 **500[m^2] 이상**인 층이 있는 것

⑧ 판매시설 중 전통시장
⑨ ①부터 ⑧까지에 해당하지 않는 특정소방대상물 중 층수가 **30층 이상**인 것

(11) 단독경보형감지기

① 연면적 **1,000[m^2] 미만**의 **아파트 등, 기숙사**
② **교육연구시설** 또는 수련시설 내에 있는 합숙소 또는 기숙사로서 연면적 **2,000[m^2] 미만**
③ 연면적 600[m^2] 미만의 숙박시설
④ 연면적 400[m^2] 미만의 유치원

(12) 시각경보기

① 근린생활시설, **문화** 및 **집회시설**, 종교시설, 판매시설, 운수시설, 운동시설, 위락시설, 물류터미널
② **의료시설**, **노유자시설**, 업무시설, 숙박시설, 발전시설 및 **장례시설**
③ **도서관, 방송국**
④ 지하상가

(13) 가스누설경보기

① 판매시설, 운수시설, **노유자시설**, 숙박시설, 창고시설 중 물류터미널
② 문화 및 집회시설, 종교시설, 의료시설, 수련시설, 운동시설, **장례시설**

(14) 피난구조설비

① **피난기구 : 피난층, 지상1층, 지상2층, 11층 이상인 층**과 **가스시설, 터널, 지하구를 제외한** 특정대상물의 모든 층
② **인명구조기구**는 지하층을 포함하는 층수가 **7층 이상인 관광호텔[방열복 또는 방화복(안전헬멧, 보호장갑 및 안전화 포함), 인공소생기, 공기호흡기]** 및 **지하층을 포함한 5층 이상인 병원[방열복 또는 방화복(안전헬멧, 보호장갑 및 안전화 포함), 공기호흡기]**에 설치하여야 한다.
③ **공기호흡기**의 **설치대상**
　㉠ **수용인원 100명 이상**의 문화 및 집회시설 중 **영화상영관**
　㉡ 판매시설 중 **대규모점포**
　㉢ 운수시설 중 **지하역사**
　㉣ 지하가 중 **지하상가**
　㉤ 이산화탄소 소화설비를 설치하여야 하는 특정소방대상물
④ **유도등**
　㉠ 피난구유도등, 통로유도등, 유도표지 : 모든 소방대상물(지하구, 터널 제외)에 설치
　㉡ **객석유도등 : 유흥주점영업시설, 문화 및 집회시설, 종교시설, 운동시설**에 설치
⑤ **비상조명등**
　㉠ **5층(지하층 포함) 이상**으로 **연면적 3,000[m^2] 이상**
　㉡ 지하층 또는 무창층의 바닥면적이 450[m^2] 이상인 경우에는 그 지하층 또는 무창층
　㉢ 지하가 중 **터널의 길이**가 **500[m] 이상**

⑥ **휴대용 비상조명등**

㉠ **숙박시설**

㉡ 수용인원 100명 이상의 영화상영관, 판매시설 중 대규모 점포, 지하역사, 지하상가

(15) 상수도 소화용수설비

① 연면적 5,000[m^2] 이상(가스시설, 지하구, 터널은 제외)

② 가스시설로서 지상에 노출된 탱크의 저장용량의 합계가 100[t] 이상

(16) 소화활동설비

① **제연설비**

㉠ **문화 및 집회시설, 종교시설, 운동시설**로서 무대부의 바닥면적이 **200[m^2] 이상** 또는 **문화 및 집회시설** 중 **영화상영관**으로서 **수용인원 100명 이상**

㉡ 시외버스정류장, **철도** 및 **도시철도시설**, 공항시설 및 **항만시설의 대합실** 또는 휴게실로서 지하층 또는 무창층의 바닥면적이 1,000[m^2] 이상

㉢ **지하가**(터널 제외)로서 연면적이 **1,000[m^2] 이상**

② **연결송수관설비**

㉠ **5층 이상**으로서 **연면적 6,000[m^2] 이상**

㉡ 지하층을 포함한 층수가 **7층 이상**

㉢ 지하층의 층수가 3층 이상이고 지하층의 바닥면적의 합계가 1,000[m^2] 이상인 것

㉣ **터널**의 길이가 **1,000[m] 이상**

③ **연결살수설비**

㉠ 판매시설, 운수시설, 창고시설 중 물류터미널로서 바닥면적의 합계가 1,000[m^2] 이상

㉡ **지하층**으로서 바닥면적의 합계가 **150[m^2] 이상**[국민주택 규모 이하의 **아파트**의 지하층(대피시설로 사용하는 것만 해당)과 **학교의 지하층**은 **700[m^2] 이상**]

④ **비상콘센트설비**

㉠ **11층 이상은 11층 이상의 층**

㉡ **지하층**의 층수가 **3층 이상**이고 지하층의 바닥면적의 합계가 1,000[m^2] 이상인 것은 지하층의 모든 층

㉢ **터널**의 길이가 **500[m] 이상**

⑤ **무선통신보조설비**

㉠ **지하가(터널 제외)**로서 **연면적 1,000[m^2] 이상**

㉡ 지하층의 바닥면적의 합계가 3,000[m^2] 이상

㉢ 지하층의 층수가 3층 이상이고 지하층의 바닥면적의 합계가 1,000[m^2] 이상인 것은 지하층의 모든 층

㉣ 지하가 중 터널의 길이가 500[m] 이상

㉤ **공동구**

㉥ 층수가 **30층 이상**인 것으로서 **16층 이상 부분의 모든 층**

⑥ **연소방지설비**

지하구(전력 또는 통신사업용인 것만 해당)

3-7 수용인원 산정방법

(1) 숙박시설이 있는 특정소방대상물

① **침대가 있는 숙박시설 : 종사자수 + 침대의 수**(2인용 침대는 2인으로 산정)

② 침대가 없는 숙박시설 : 종사자수 + (바닥면적의 합계 ÷ 3[m^2])

(2) 그 외 특정소방대상물

① **강의실·교무실·상담실·실습실·휴게실 용도**로 쓰이는 특정소방대상물 : **바닥면적의 합계 ÷ 1.9[m^2]**

② **강당, 문화 및 집회시설, 운동시설, 종교시설 : 바닥면적의 합계 ÷ 4.6[m^2]**(관람석이 있는 경우 고정식 의자를 설치한 부분은 해당 부분의 의자수로 하고, 긴 의자의 경우에는 의자의 정면너비를 0.45[m]로 나누어 얻은 수)

③ 그 밖의 소방대상물 : 바닥면적의 합계 ÷ 3[m^2]

※ 바닥면적 산정 시 제외 : 복도, 계단, 화장실의 바닥면적

3-8 소방시설의 적용대상 및 면제

(1) 소급적용 대상

다음에 해당하는 소방시설의 경우에는 대통령령 또는 화재안전기준의 변경으로 **강화된 기준을 적용한다.**

① 다음 소방시설 중 대통령령으로 정하는 것

㉠ 소화기구

㉡ 비상경보설비

㉢ 자동화재속보설비

㉣ 피난구조설비

② 지하구에 설치하여야 하는 소방시설(공동구, 전력 또는 통신사업용 지하구)

③ 노유자시설, 의료시설에 설치하여야 하는 소방시설 중 대통령령으로 정하는 것

[대통령령으로 정하는 것]

1. 노유자시설에 설치하는 간이스프링클러설비, 자동화재탐지설비, 단독경보형감지기
2. 의료시설에 설치하는 간이스프링클러설비, 자동화재탐지설비, 스프링클러설비, 자동화재속보설비

PLUS ONE **내진설계를 하여야 하는 소방시설**

옥내소화전설비, 스프링클러설비, 물분무 등 소화설비

(2) 소방시설의 면제

화재안전기준에 적합하게 설치된 소방시설	면제 소방시설
물분무 등 소화설비	스프링클러설비
스프링클러설비	물분무 등 소화설비
스프링클러설비, 물분무소화설비, 미분무소화설비	간이스프링클러설비
자동화재탐지설비	비상경보설비, 단독경보형감지기
단독경보형감지기	비상경보설비
자동화재탐지설비, 비상경보설비	비상방송설비
스프링클러설비, 간이스프링클러설비, 물분무소화설비, 미분무소화설비	연결살수설비
피난구유도등, 통로유도등	비상조명등
스프링클러설비, 물분무소화설비, 미분무소화설비	연소방지설비
옥내소화전설비, 스프링클러설비, 간이스프링클러설비, 연결살수설비	연결송수관설비
스프링클러설비, 물분무 등 소화설비	자동화재탐지설비
국보 또는 보물로 지정된 목조문화재에 상수도 소화용수설비	옥외소화전설비

3-9 성능위주설계를 하여야 하는 특정소방대상물의 범위

(1) 연면적 20만[m^2] 이상인 특정소방대상물[단, 공동주택 중 주택으로 쓰이는 층수가 5층 이상인 주택(아파트 등)은 제외]

(2) 다음 각 목의 어느 하나에 해당하는 특정소방대상물(단, 아파트 등은 제외)

① 건축물의 높이가 100[m] 이상인 특정소방대상물

② 지하층을 포함한 층수가 30층 이상인 특정소방대상물

(3) 연면적 3만[m^2] 이상인 특정소방대상물로서 다음의 어느 하나에 해당하는 특정소방대상물

① 철도 및 도시철도 시설

② 공항시설

(4) 하나의 건축물에 영화상영관이 10개 이상인 특정소방대상물

3-10 임시소방시설의 종류와 설치기준

(1) 임시소방시설의 종류(영 별표 5의2)

① 소화기(소형소화기, 대형소화기, 자동확산소화기)

② 간이소화장치 : 물을 방사(放射)하여 화재를 진화할 수 있는 장치로서 **소방청장이 정하는 성능을 갖추고 있을 것**(공사현장에서 화재위험 작업 시 신속한 화재 진압이 가능하도록 물을 방수하는 이동식 또는 고정식 형태의 소화장치)

③ 비상경보장치 : 화재가 발생한 경우 주변에 있는 작업자에게 화재사실을 알릴 수 있는 장치로서 **소방청장이 정하는 성능을 갖추고 있을 것**[화재위험작업 공간 등에서 수동조작에 의해서 화재경보상황을 알려줄 수 있는 설비(비상벨, 사이렌, 휴대용확성기 등)]

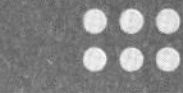

④ 간이피난유도선 : 화재가 발생한 경우 피난구 방향을 안내할 수 있는 장치로서 **소방청장이 정하는 성능을 갖추고 있을 것**(화재위험 작업 시 작업자의 피난을 유도할 수 있는 케이블 형태의 장치)

(2) 임시소방시설을 설치하여야 하는 공사의 종류와 규모(영 별표 5의2)

① 소화기 : 건축허가 등을 할 때 소방본부장 또는 소방서장의 동의를 받아야 하는 특정소방대상물의 건축·대수선·용도변경 또는 설치 등을 위한 공사 중 임시소방시설을 설치하여야 하는 작업을 하는 현장에 설치한다.

② 간이소화장치 : 다음의 어느 하나에 해당하는 공사의 작업현장에 설치한다.

㉠ 연면적 3,000[m^2] 이상

㉡ 지하층, 무창층 및 4층 이상의 층. 이 경우 해당 층의 바닥면적이 600[m^2] 이상인 경우만 해당한다.

③ 비상경보장치 : 다음의 어느 하나에 해당하는 공사의 작업현장에 설치한다.

㉠ 연면적 400[m^2] 이상

㉡ 지하층 또는 무창층. 이 경우 해당 층의 바닥면적이 150[m^2] 이상인 경우만 해당한다.

④ 간이피난유도선 : 바닥면적이 150[m^2] 이상인 지하층 또는 무창층의 작업현장에 설치한다.

3-11 소방기술심의위원회

(1) 중앙소방기술심의위원회(중앙위원회)

① 소속 : 소방청

② 심의사항

㉠ 화재안전기준에 관한 사항

㉡ 소방시설의 구조 및 원리 등에서 공법이 특수한 설계 및 시공에 관한 사항

㉢ 소방시설의 설계 및 공사감리의 방법에 관한 사항

㉣ 소방시설공사의 **하자를 판단하는 기준**에 관한 사항

㉤ 그 밖에 소방기술 등에 관하여 대통령령으로 정하는 사항

(2) 지방소방기술심의위원회(지방위원회)

① 소속 : 특별시·광역시·특별자치시·도 및 특별자치도

② 심의사항

㉠ 소방시설에 **하자가 있는지의 판단**에 관한 사항

㉡ 그 밖에 소방기술 등에 관하여 대통령령으로 정하는 사항

3-12 방염 등

(1) 방염성능기준 이상의 실내장식물 등 설치 특정소방대상물

① 근린생활시설 중 의원, 체력단련장, 공연장 및 종교집회장
② 건축물의 옥내에 있는 시설로서 다음의 시설
  ㉠ 문화 및 집회시설
  ㉡ 종교시설
  ㉢ 운동시설(**수영장은 제외**)
③ 의료시설
④ 교육연구시설 중 합숙소
⑤ **노유자시설**
⑥ 숙박이 가능한 수련시설
⑦ 숙박시설
⑧ 방송통신시설 중 방송국 및 촬영소
⑨ **다중이용업소**
⑩ 층수가 11층 이상인 것(아파트는 제외)

(2) 방염처리대상 물품

제조 또는 가공 공정에서 방염처리를 한 물품(합판・목재류의 경우에는 설치 현장에서 방염처리를 한 것을 포함)
① 창문에 설치하는 커튼류(블라인드를 포함)
② 카펫, **두께가 2[mm] 미만인 벽지류(종이벽지는 제외)**
③ 전시용 합판 또는 섬유판, 무대용 합판 또는 섬유판
④ 암막・무대막(영화상영관에 설치하는 스크린과 골프연습장업에 설치하는 스크린 포함)
⑤ 섬유류 또는 합성수지류 등을 원료로 하여 제작된 소파・의자(단란주점영업, 유흥주점영업 및 노래연습장업의 영업장에 설치하는 것만 해당)

(3) 방염성능기준

① 버너의 불꽃을 제거한 때부터 **불꽃을 올리며** 연소하는 상태가 그칠 때까지 시간 : **20초 이내(잔염시간)**
② 버너의 불꽃을 제거한 때부터 **불꽃을 올리지 아니하고** 연소하는 상태가 그칠 때까지 시간 : **30초 이내(잔신시간)**
③ **탄화면적 : 50[cm^2] 이내**
  탄화길이 : 20[cm] 이내
④ 불꽃에 완전히 녹을 때까지 불꽃의 접촉횟수 : 3회 이상
⑤ 발연량을 측정하는 경우 최대연기밀도 : 400 이하

[소방대상물의 방염물품 권장사항]
소방본부장 또는 소방서장은 다음에 해당하는 물품의 경우에는 방염처리된 물품을 사용하도록 권장할 수 있다.
① 다중이용업소, 의료시설, 노유자시설, 숙박시설 또는 장례식장에 사용하는 침구류, 소파 및 의자
② 건축물 내부의 천장 또는 벽에 부착하거나 설치하는 가구류

3-13 소방대상물의 안전관리

(1) 소방안전관리자 선임

① **소방안전관리자 및 소방안전관리보조자 선임권자 : 관계인**

② 소방안전관리자 선임 : **30일 이내에 선임**하고 선임한 날부터 **14일 이내**에 **소방본부장** 또는 **소방서방에게 신고**

③ 소방안전관리자 **선임 기준일**

㉠ 신축·증축·개축·재축·대수선 또는 용도 변경으로 **신규로 선임**하는 경우 : **완공일**

㉡ **증축** 또는 용도변경으로 **특급, 1급** 또는 **2급 소방안전관리 대상물**로 된 경우 : **증축공사의 완공일** 또는 용도변경사실을 건축물관리대장에 기재한 날

㉢ 양수, 경매, 환가, 매각 등 **관계인이 권리를 취득한 경우 : 해당 권리를 취득한 날** 또는 관할 소방서장으로부터 소방안전관리자 선임안내를 받은 날

㉣ **공동소방안전관리 특정소방대상물**의 경우 : 소방본부장 또는 소방서장이 **공동소방안전관리 대상으로 지정한 날**

㉤ 소방안전관리자 **해임한 경우** : 소방안전관리자를 **해임한 날**

(2) 관계인과 소방안전관리자의 업무

① **피난계획에 관한 사항**과 대통령령으로 정하는 사항이 포함된 **소방계획서의 작성 및 시행**

② **자위소방대 및 초기 대응체계의 구성·운영·교육**

③ **피난시설·방화구획** 및 **방화시설의 유지·관리**

④ **소방훈련** 및 **교육**

⑤ 소방시설이나 그 밖의 소방관련 시설의 유지·관리

⑥ **화기 취급의 감독**

※ ①, ②, ④의 업무는 소방안전관리대상물의 경우에만 해당한다.

PLUS ONE **소방계획서의 내용**

- 소방안전관리대상물의 위치, 구조, 연면적, 용도, 수용인원 등 일반현황
- 소방안전관리대상물에 설치하는 **소방시설**, **방화시설**, 전기시설, 가스시설, **위험물시설의 현황**
- 화재예방을 위한 **자체점검계획** 및 **진압대책**
- **소방시설·피난시설** 및 **방화시설의 점검·정비계획**
- 피난층 및 피난시설의 위치와 피난경로의 설정, 장애인 및 노약자의 피난계획 등을 포함한 피난계획
- **소방교육** 및 **훈련에 관한 계획**
- 특정소방대상물의 근무자 및 거주자의 자위소방대 조직과 대원의 임무(장애인 및 노약자의 피난 보조임무를 포함)에 관한 사항
- 증축, 개축, 재축, 이전, 대수선 중인 특정소방대상물의 공사장의 소방안전관리에 관한 사항
- **공동** 및 **분임소방안전관리에 관한 사항**
- 소화 및 연소방지에 관한 사항
- 위험물의 저장·취급에 관한 사항(**예방규정을 정하는 제조소 등은 제외**)

(3) 소방안전관리대상물

① 특급 소방안전관리대상물

동・식물원, 철강 등 불연성 물품을 저장·취급하는 창고, 위험물제조소 등, 지하구를 제외한 것

㉠ **50층 이상(지하층은 제외)**이거나 지상으로부터 높이가 **200[m] 이상인 아파트**

㉡ **30층 이상(지하층을 포함)**이거나 지상으로부터 높이가 **120[m] 이상**인 특정소방대상물 (아파트는 제외)

㉢ **연면적이 20만[m^2] 이상**인 특정소방대상물(아파트는 제외)

PLUS ONE **특급 소방안전관리대상물의 소방안전관리자 선임자격**
- **소방기술사** 또는 **소방시설관리사**의 자격이 있는 사람
- **소방설비기사**의 자격을 취득한 후 **5년 이상 1급 소방안전관리대상물**의 소방안전관리자로 근무한 실무경력(법 제20조 제3항에 따라 소방안전관리자로 선임되어 근무한 경력은 제외한다)이 있는 사람
- **소방설비산업기사**의 자격을 취득한 후 **7년 이상 1급 소방안전관리대상물**의 소방안전관리자로 근무한 실무경력이 있는 사람
- **소방공무원으로 20년 이상** 근무한 경력이 있는 사람

② 1급 소방안전관리대상물

동・식물원, 철강 등 불연성 물품을 저장・취급하는 창고, 위험물제조소 등, 지하구와 특급 소방안전관리대상물을 제외한 것

㉠ **30층 이상(지하층은 제외)**이거나 지상으로부터 높이가 **120[m] 이상인 아파트**

㉡ **연면적 15,000[m^2] 이상**인 특정소방대상물(아파트는 제외)

㉢ 층수가 **11층 이상**인 특정소방대상물(아파트는 제외)

㉣ 가연성 가스를 1,000[t] 이상 저장・취급하는 시설

PLUS ONE **1급 소방안전관리대상물의 소방안전관리자 선임자격**
- **소방설비기사** 또는 **소방설비산업기사**의 자격이 있는 사람
- **산업안전기사** 또는 **산업안전산업기사**의 자격을 취득한 후 **2년 이상 2급 소방안전관리 대상물 또는 3급 소방안전관리대상물의 소방안전관리자**로 근무한 실무경력이 있는 사람
- **소방공무원으로 7년 이상** 근무한 경력이 있는 사람
- **위험물기능장・위험물산업기사** 또는 **위험물기능사** 자격을 가진 사람으로서 **위험물안전관리자로 선임된 사람**
- 고압가스 안전관리법, 액화석유가스의 안전관리 및 사업법, 도시가스사업법에 따라 안전관리자로 선임된 사람
- 전기사업법에 따라 전기안전관리자로 선임된 사람

③ 2급 소방안전관리대상물

특급 소방안전관리대상물과 1급 소방안전관리대상물을 제외한 다음에 해당하는 것

㉠ **옥내소화전설비**, **스프링클러설비**, 간이스프링클러설비, **물분무 등 소화설비**가 설치된 특정소방대상물(호스릴방식의 물분무 등 소화설비만을 설치한 경우는 제외)

㉡ 가스 제조설비를 갖추고 도시가스사업의 허가를 받아야 하는 시설 또는 가연성 가스를 100[t] 이상 1,000[t] 미만 저장・취급하는 시설

㉢ **지하구**

㉣ **공동주택**

㉤ **보물** 또는 **국보로 지정된 목조건축물**

PLUS ONE **2급 소방안전관리대상물의 소방안전관리자 선임자격**

- 건축사 · 산업안전기사 · 산업안전산업기사 · 건축기사 · 건축산업기사 · 일반기계기사 · 전기기능장 · 전기기사 · 전기산업기사 · 전기공사기사 또는 전기공사산업기사 자격을 가진 사람
- **위험물기능장 · 위험물산업기사 또는 위험물기능사** 자격을 가진 사람
- 광산보안기사 또는 광산보안산업기사 자격을 가진 사람으로서 광산안전법에 따라 광산안전관리직원(안전관리자 또는 안전감독자만 해당한다)으로 선임된 사람
- **소방공무원으로 3년 이상** 근무한 경력이 있는 사람
- 소방청장이 실시하는 2급 소방안전관리대상물의 소방안전관리에 관한 시험에 합격한 사람. 이 경우 해당 시험은 다음 각 목의 어느 하나에 해당하는 사람만 응시할 수 있다.
  ㉮ 소방본부 또는 소방서에서 1년 이상 화재진압 또는 그 보조 업무에 종사한 경력이 있는 사람
  ㉯ **의용소방대원으로 3년 이상** 근무한 경력이 있는 사람
  ㉰ 군부대(주한 외국군부대를 포함한다) 및 의무소방대의 소방대원으로 1년 이상 근무한 경력이 있는 사람
  ㉱ 위험물안전관리법에 따른 **자체소방대의 소방대원**으로 **3년 이상** 근무한 경력이 있는 사람
  ㉲ **경찰공무원으로 3년 이상** 근무한 경력이 있는 사람

④ 3급 소방안전관리대상물

자동화재탐지설비가 설치된 특정소방대상물

PLUS ONE **3급 소방안전관리대상물의 소방안전관리자 선임자격**

- **소방공무원**으로 **1년 이상** 근무한 경력이 있는 사람
- 소방청장이 실시하는 3급 소방안전관리대상물의 소방안전관리에 관한 시험에 합격한 사람. 이 경우 해당 시험은 다음 각 목의 어느 하나에 해당하는 사람만 응시할 수 있다.
  ㉮ **의용소방대원**으로 **2년 이상** 근무한 경력이 있는 사람
  ㉯ 위험물안전관리법에 따른 **자체소방대의 소방대원**으로 **1년 이상** 근무한 경력이 있는 사람
  ㉰ **경찰공무원**으로 **2년 이상** 근무한 경력이 있는 사람

⑤ 소방안전관리보조자를 두어야 하는 특정소방대상물

특정소방대상물	보조자 선임기준
아파트(300세대 이상인 아파트만 해당)	1명 (단, 초과되는 300세대마다 1명 추가로 선임)
아파트를 제외한 연면적이 15,000[m²] 이상인 특정소방대상물	1명 [단, 초과되는 연면적 15,000[m²](방재실에 자위소방대가 24시간 상시 근무하고 소방자동차 중 소방장비(생략)를 운용하는 경우에는 30,000[m²]로 한다)마다 1명 추가로 선임]
공동주택 중 기숙사, 의료시설, 노유자시설, 수련시설, 숙박시설(숙박시설로 사용되는 바닥면적의 합계가 1,500[m²] 미만이고 관계인이 24시간 상시 근무하고 있는 숙박시설은 제외)	1명

(4) 공동소방안전관리자 선임대상물
① **고층건축물**(지하층을 제외한 **11층 이상**)
② **지하가**
③ **복합건축물**로서 **연면적**이 5,000[m^2] 이상 또는 **5층 이상**
④ **도매시장** 또는 **소매시장**
⑤ 특정소방대상물 중 소방본부장 또는 소방서장이 지정하는 것

3-14 소방시설 등의 자체점검

(1) 소방시설자체 점검자 : **관계인, 관리업자, 소방안전관리자로 선임된 소방시설관리사 및 소방기술사**

(2) 점검의 구분과 그 대상, 점검인력의 배치기준 및 점검자의 자격, 점검장비, 점검방법 및 횟수 등 필요한 사항 : **행정안전부령**

(3) 점검결과보고서 제출
① **작동기능점검 : 소방안전관리대상물, 공공기관에 작동기능점검을 실시한 자는 7일 이내** 작동기능점검결과보고서를 소방본부장 또는 소방서장에게 제출
② **종합정밀점검 : 7일 이내** 소방시설 등 점검결과보고서에 소방시설 등 점검표를 첨부하여 소방본부장 또는 소방서장에게 제출

(4) 소방시설 등의 자체점검의 구분 · 대상 · 점검자의 자격 · 점검방법 및 점검횟수
① 작동기능점검

구 분	내 용
정 의	소방시설 등을 인위적으로 조작하여 정상적으로 작동하는지를 점검하는 것
대 상	영 제5조에 따른 특정소방대상물을 대상으로 한다(다만, 다음 어느 하나에 해당하는 **특정소방대상물은 제외**). ① **위험물제조소** 등과 영 별표 5에 따라 **소화기구만**을 설치하는 특정소방대상물 ② 영 제22조 제1항 제1호에 해당하는 특정소방대상물(**30층 이상, 높이 120[m] 이상** 또는 **연면적 20만[m^2] 이상**인 특급소방안전관리대상물)
점검횟수	연 1회 이상 실시한다.

② 종합정밀점검

구 분	내 용
정 의	소방시설 등의 작동기능점검을 포함하여 소방시설 설비별 주요 구성 부품의 구조기준이 법 제9조 제1항에 따라 소방청장이 정하여 고시하는 화재안전기준 및 건축법 등 관련법령에서 정하는 기준에 적합한지 여부를 점검하는 것을 말한다.
대 상	① 스프링클러설비가 설치된 특정소방대상물 ② 물분무 등 소화설비(호스릴 방식은 제외)가 설치된 연면적 5,000[m^2] 이상인 특정소방대상물(위험물 제조소 등은 제외) ③ 다중이용업소의 안전관리에 관한 특별법 시행령 제2조 제1호 나목(단란주점영업과 유흥주점영업), 같은 조 제2호[영화상영관, 비디오물감상실업, 복합영상물제공업(비디오물소극장업은 제외)], 제6호(노래연습장업), 제7호(산후조리원업), 제7호의2(고시원업), 제7호의5(안마시술소)의 다중이용업의 영업장이 설치된 특정소방대상물로서 연면적이 2,000[m^2] 이상인 것 ④ 제연설비가 설치된 터널 ⑤ 공공기관의 소방안전관리에 관한 규정 제2조에 따른 공공기관 중 연면적(터널 · 지하구의 경우 그 길이와 평균폭을 곱하여 계산된 값을 말한다)이 1,000[m^2] 이상인 것으로서 옥내소화전설비 또는 자동화재탐지설비가 설치된 것(다만, 소방기본법 제2조 제5호에 따른 소방대가 근무하는 공공기관은 제외)
점검횟수	① 연 1회 이상(30층 이상, 높이 120[m] 이상 또는 연면적 20만[m^2] 이상인 특급소방대상물은 반기별로 1회 이상) 실시한다. ② ①에도 불구하고 소방본부장 또는 소방서장은 소방청장이 소방안전관리가 우수하다고 인정한 특정소방대상물에 대해서는 3년의 범위 내에서 소방청장이 고시하거나 정한 기간 동안 종합정밀점검을 면제할 수 있다(다만, 면제기간 중 화재가 발생한 경우는 제외).

3-15 소방시설관리사

(1) 소방시설관리사 시험 실시권자 : 소방청장

(2) 자격의 취소

① 거짓이나 그 밖의 부정한 방법으로 시험에 합격한 경우
② 소방시설관리사증을 다른 자에게 빌려준 경우
③ 동시에 둘 이상의 업체에 취업한 경우
④ 관리사의 결격사유에 해당하게 된 경우

(3) 관리사의 응시자격

① 소방기술사 · **위험물기능장** · 건축사 · 건축기계설비기술사 · 건축전기설비기술사 또는 공조냉동기계기술사
② **소방설비기사** 자격을 취득한 후 **2년 이상 소방청장**이 정하여 고시하는 소방에 관한 실무경력(이하 "소방실무경력"이라 한다)이 있는 사람
③ **소방설비산업기사** 자격을 취득한 후 **3년 이상** 소방실무경력이 있는 사람
④ 국가과학기술 경쟁력 강화를 위한 이공계지원 특별법 제2조 제1호에 따른 이공계(이하 "이공계"라 한다) 분야를 전공한 사람으로서 다음 각 목의 어느 하나에 해당하는 사람
㉠ **이공계 분야**의 **박사학위**를 취득한 사람
㉡ 이공계 분야의 **석사학위**를 취득한 후 **2년 이상** 소방실무경력이 있는 사람
㉢ 이공계 분야의 **학사학위**를 취득한 후 **3년 이상** 소방실무경력이 있는 사람

⑤ **소방안전공학**(소방방재공학, 안전공학을 포함한다) 분야를 전공한 후 다음 각 목의 어느 하나에 해당하는 사람
㉠ 해당 분야의 **석사학위** 이상을 취득한 사람
㉡ **2년 이상** 소방실무경력이 있는 사람
⑥ **위험물산업기사** 또는 **위험물기능사** 자격을 취득한 후 **3년 이상** 소방실무경력이 있는 사람
⑦ **소방공무원**으로 **5년 이상** 근무한 경력이 있는 사람
⑧ **소방안전 관련 학과의 학사학위를 취득**한 후 **3년 이상** 소방실무경력이 있는 사람
⑨ 산업안전기사 자격을 취득한 후 3년 이상 소방실무경력이 있는 사람
⑩ 다음 각 목의 어느 하나에 해당하는 사람
㉠ **특급 소방안전관리대상물**의 소방안전관리자로 **2년 이상** 근무한 실무경력이 있는 사람
㉡ **1급 소방안전관리대상물**의 소방안전관리자로 **3년 이상** 근무한 실무경력이 있는 사람
㉢ **2급 소방안전관리대상물**의 소방안전관리자로 **5년 이상** 근무한 실무경력이 있는 사람
㉣ **3급 소방안전관리대상물**의 소방안전관리자로 **7년 이상** 근무한 실무경력이 있는 사람
㉤ **10년 이상 소방실무경력**이 있는 사람

3-16 소방시설관리업

(1) 소방시설관리업의 등록

① 관리업의 업무 : 소방안전관리업무의 대행 또는 소방시설 등의 점검 및 유지·관리의 업
② 소방시설관리업의 등록 및 등록사항의 변경신고 : 시·도지사
③ 기술 인력, 장비 등 관리업의 등록기준에 관하여 필요한 사항 : 대통령령
④ 등록의 결격사유
㉠ 피성년후견인
㉡ 이 법, 소방기본법, 소방시설공사업법 또는 위험물 안전관리법에 따른 금고 이상의 실형을 선고받고 그 집행이 끝나거나(집행이 끝난 것으로 보는 경우를 포함한다) 집행이 면제된 날부터 2년이 지나지 아니한 사람
㉢ 이 법, 소방기본법, 소방시설공사업법 또는 위험물 안전관리법에 따른 금고 이상의 형의 집행유예를 선고받고 그 유예기간 중에 있는 사람
㉣ 관리업의 등록이 취소된 날부터 2년이 지나지 아니한 사람
⑤ 등록신청 시 첨부서류
㉠ 소방시설관리업 등록신청서
㉡ 기술인력연명부 및 기술자격증(자격수첩)

(2) 소방시설관리업의 등록기준

① 인력기준
㉠ 주된 기술인력 : **소방시설관리사 1명 이상**
㉡ 보조기술인력 : **2명 이상**

② 장비기준

※ 2016년 6월 30일 법 개정으로 인하여 내용이 삭제되었습니다.

(3) 등록사항의 변경신고 : 변경일로부터 30일 이내

(4) 등록사항의 변경신고 사항

① 명칭·상호 또는 영업소소재지

② 대표자

③ 기술인력

(5) 등록사항의 변경신고 시 첨부서류

① 명칭·상호 또는 영업소소재지를 변경하는 경우 : 소방시설관리업 등록증 및 등록수첩

② 대표자를 변경하는 경우 : 소방시설관리업등록증 및 등록수첩

③ 기술인력을 변경하는 경우

㉠ 소방시설관리업등록수첩

㉡ 변경된 기술인력의 기술자격증(자격수첩)

㉢ 기술인력연명부

(6) 지위승계 : 지위를 승계한 날부터 **30일 이내 시·도지사**에게 제출

(7) 소방시설관리업자가 관계인에게 사실을 통보하여야 할 경우

① 관리업자의 **지위를 승계한 경우**

② 관리업의 **등록취소** 또는 **영업정지 처분을 받은 경우**

③ **휴업** 또는 **폐업을 한 경우**

(8) 소방시설관리업의 등록의 취소와 6개월 이내의 영업정지

① 거짓이나 그 밖의 부정한 방법으로 등록을 한 경우(**등록취소**)

② 점검을 하지 아니하거나 점검결과를 거짓으로 보고한 경우

③ 등록기준에 미달하게 된 경우

④ 등록의 결격사유에 해당하게 된 경우(법인으로서 결격사유에 해당하게 된 날부터 2개월 이내에 그 임원을 결격사유가 없는 임원으로 바꾸어 선임한 경우는 제외한다)(**등록취소**)

⑤ 다른 자에게 등록증이나 등록수첩을 빌려준 경우(**등록취소**)

(9) 과징금 처분권자 : **시·도지사**

(10) 관리업자의 영업정지처분에 갈음하는 과징금 : **3,000만원 이하**

3-17 소방용품의 품질관리

(1) 소방용품의 형식승인 등

① **소방용품**을 **제조** 또는 **수입하려는 자** : **소방청장의 형식승인**을 받아야 한다(연구개발목적으로 제조 또는 수입하는 경우에는 예외).

② **형식승인의 방법 · 절차** 등과 제3항에 따른 **제품검사의 구분 · 방법 · 순서 · 합격표시** 등에 관한 사항 : **행정안전부령**

③ 형식승인의 내용 또는 행정안전부령으로 정하는 사항을 변경하려면 **소방청장**의 **변경승인**을 받아야 한다.

(2) 형식승인 소방용품

① **소화설비**를 구성하는 제품 또는 기기

㉠ 소화기구(소화약제 외의 것을 이용한 간이소화용구는 제외)

㉡ 자동소화장치(상업용 주방자동소화장치는 제외)

㉢ 소화설비를 구성하는 **소화전, 관창, 소방호스**, 스프링클러헤드, 기동용 수압개폐장치, 유수제어밸브 및 가스관선택밸브

② **경보설비**를 구성하는 제품 또는 기기

㉠ **누전경보기** 및 **가스누설경보기**

㉡ 경보설비를 구성하는 **발신기, 수신기**, 중계기, **감지기** 및 음향장치(경종만 해당한다)

③ **피난구조설비**를 구성하는 제품 또는 기기

㉠ 피난사다리, **구조대, 완강기**(간이완강기 및 지지대를 포함한다)

㉡ **공기호흡기**(충전기를 포함한다)

㉢ 피난구유도등, 통로유도등, 객석유도등 및 예비전원이 내장된 **비상조명등**

④ **소화용**으로 사용하는 제품 또는 기기

㉠ 소화약제(별표 1 제1호 나목 2)와 3)의 자동소화장치와 같은 호 마목 3)부터 8)까지의 소화설비용만 해당)

㉡ **방염제**(방염액 · 방염도료 및 방염성 물질)

(3) 소방용품의 우수품질 인증권자 : **소방청장**

3-18 소방안전관리자 등에 대한 교육

(1) 강습 또는 실무교육 실시권자 : **소방청장**(한국소방안전원장에게 위임)

(2) 소방안전관리자 등의 실무교육 : 2년마다 1회 이상 실시

3-19 청문실시

(1) 청문 실시권자 : 소방청장 또는 시·도지사

(2) 청문 실시 대상
① **소방시설관리사 자격의 취소 및 정지**
② **소방시설관리업의 등록취소 및 영업정지**
③ 소방용품의 **형식승인취소 및 제품검사 중지**
④ 성능인증 및 우수품질인증의 취소
⑤ 전문기관의 지정취소 및 업무정지

3-20 행정처분

(1) 소방시설관리사에 대한 행정처분

위반사항	근거법령	행정처분기준		
		1차	2차	3차
(1) 거짓이나 그 밖의 부정한 방법으로 시험에 합격한 경우	법 제28조 제1호	자격취소		
(2) 법 제20조 제6항에 따른 소방안전관리업무를 하지 않거나 거짓으로 한 경우	법 제28조 제2호	경고 (시정명령)	자격정지 6월	자격 취소
(3) 법 제25조에 따른 점검을 하지 않거나 거짓으로 한 경우	법 제28조 제3호	경고 (시정명령)	자격정지 6월	자격 취소
(4) 법 제26조 제6항을 위반하여 소방시설관리증을 다른 자에게 빌려준 경우	법 제28조 제4호	자격취소		
(5) 법 제26조 제7항을 위반하여 동시에 둘 이상의 업체에 취업한 경우	법 제28조 제5호	자격취소		
(6) 법 제26조 제8항을 위반하여 성실하게 자체점검업무를 수행하지 아니한 경우	법 제28조 제6호	경 고	자격정지 6월	자격취소
(7) 법 제27조의 어느 하나의 결격사유에 해당하게 된 경우	법 제28조 제7호	자격취소		

(2) 소방시설관리업에 대한 행정처분

위반사항	근거법조문	행정처분기준		
		1차	2차	3차
(1) 거짓, 그 밖의 부정한 방법으로 등록을 한 경우	법 제34조 제1항 제1호	등록취소		
(2) 법 제25조 제1항에 따른 **점검을 하지 않거나 거짓으로 한 경우**	법 제34조 제1항 제2호	**경고 (시정명령)**	**영업정지 3개월**	**등록 취소**
(3) 법 제29조 제2항에 따른 등록기준에 미달하게 된 경우. 다만, 기술인력이 퇴직하거나 해임되어 30일 이내에 재선임하여 신고하는 경우는 제외한다.	법 제34조 제1항 제3호	경고 (시정명령)	영업정지 3개월	등록 취소
(4) 법 제30조의 어느 하나의 등록의 결격사유에 해당하게 된 경우	법 제34조 제1항 제4호	등록취소		
(5) 법 제33조 제1항을 위반하여 다른 자에게 등록증 또는 등록수첩을 빌려준 경우	법 제34조 제1항 제7호	등록취소		

3-21 벌 칙

(1) 5년 이하의 징역 또는 5,000만원 이하의 벌금

소방시설에 폐쇄, 차단 등의 행위를 한 사람

(2) 7년 이하의 징역 또는 7,000만원 이하의 벌금

소방시설을 폐쇄·차단 등의 행위를 하여 사람을 상해에 이르게 한 때

(3) 10년 이하의 징역 또는 1억원 이하의 벌금

소방시설을 폐쇄·차단 등의 행위를 하여 사람을 사망에 이르게 한 때

(4) 3년 이하의 징역 또는 3,000만원 이하의 벌금

① 소방시설의 화재 안전기준, 피난시설 및 방화시설의 유지·관리의 필요한 조치, 임시소방시설의 필요한 조치, 방염성능기준 미달 및 방염대상물품 제거, 소방용품의 회수·교환·폐기, 판매중지 등 규정에 따른 명령을 정당한 사유 없이 위반한 사람

② **관리업**의 **등록을 하지 아니하고 영업을 한 사람**

③ 소방용품의 **형식승인을 받지 아니하고** 소방용품을 제조하거나 수입한 사람

④ 소방용품의 **제품검사를 받지 아니한 사람**

⑤ 규정을 위반하여 소방용품을 판매·진열하거나 소방시설공사에 사용한 사람

⑥ 거짓이나 그 밖의 부정한 방법으로 전문기관의 지정을 받은 사람

(5) 1년 이하의 징역 또는 1,000만원 이하의 벌금

① 관계인의 정당한 업무를 방해한 자, 조사·검사 업무를 수행하면서 알게 된 비밀을 제공 또는 누설하거나 목적 외의 용도로 사용한 사람

② 관리업의 등록증이나 등록수첩을 다른 자에게 빌려준 사람

③ 영업정지처분을 받고 그 영업정지기간 중에 관리업의 업무를 한 사람

④ 소방시설 등에 대한 **자체점검을 하지 아니하거나** 관리업자 등으로 하여금 정기적으로 점검하게 하지 아니한 사람

⑤ 소방시설관리사증을 다른 자에게 빌려주거나 동시에 둘 이상의 업체에 취업한 사람

⑥ 제품검사에 합격하지 아니한 제품에 합격표시를 하거나 합격표시를 위조 또는 변조하여 사용한 자

⑦ 형식승인의 변경승인을 받지 아니한 사람

(6) 300만원 이하의 벌금

① 소방특별조사를 정당한 사유 없이 거부·방해 또는 기피한 사람

② 방염성능검사에 합격하지 아니한 물품에 합격표시를 하거나 합격표시를 위조하거나 변조하여 사용한 사람

③ 규정을 위반하여 거짓 시료를 제출한 사람

④ **소방안전관리자**, 소방안전관리보조자, 공동소방안전관리자를 **선임하지 아니한 사람**

⑤ 소방시설 · 피난시설 · 방화시설 및 방화구획 등이 법령에 위반된 것을 발견하였음에도 필요한 조치를 할 것을 요구하지 아니한 소방안전관리자
⑥ 소방안전관리자에게 불이익한 처우를 한 관계인
⑦ 점검기록표를 거짓으로 작성하거나 해당 특정소방대상물에 부착하지 아니한 사람

(7) 300만원 이하의 과태료

① 화재안전기준을 위반하여 소방시설을 설치 또는 유지 · 관리한 사람
② 피난시설, 방화구획 또는 방화시설의 폐쇄 · 훼손 · 변경 등의 행위를 한 사람
③ 임시소방시설을 설치 · 유지 · 관리하지 아니한 사람

(8) 200만원 이하의 과태료

① 소방안전관리자의 선임신고기간, 관리업의 등록사항 변경신고, 관리업자의 지위승계신고를 하지 아니한 자 또는 거짓으로 신고한 사람
② 특정소방대상물의 소방안전관리 업무를 수행하지 아니한 사람
③ 소방안전관리 업무를 하지 아니한 특정소빙대상물의 관계인 또는 소방안전관리대상물의 소방안전관리자
④ 소방훈련 및 교육을 하지 아니한 사람
⑤ 공공기관의 소방안전관리 업무를 하지 아니한 사람
⑥ 소방시설 등의 점검결과를 보고하지 아니한 자 또는 거짓으로 보고한 사람
⑦ 지위승계, 행정처분 또는 휴업 · 폐업의 사실을 특정소방대상물의 관계인에게 알리지 아니하거나 거짓으로 알린 관리업자
⑧ 기술인력의 참여 없이 자체점검을 한 사람

제 4 장 위험물안전관리법, 영, 규칙

제1절 위험물안전관리법, 영, 규칙

1-1 목 적

(1) 위험물로 인한 위해 방지

(2) 공공의 안전 확보함

1-2 용어 정의

(1) **위험물** : **인화성** 또는 **발화성** 등의 성질을 가지는 것으로서 대통령령으로 정하는 물품

(2) **지정수량** : 위험물의 종류별로 위험성을 고려하여 대통령령으로 정하는 수량(제조소 등의 설치허가 등에 있어서 최저의 기준이 되는 수량)

(3) **제조소 등** : 제조소, 저장소, 취급소

1-3 취급소의 종류

(1) **주유취급소** : 고정된 주유설비에 의하여 자동차·항공기 또는 선박 등의 연료탱크에 직접 주유하기 위하여 위험물을 취급하는 장소

(2) **판매취급소** : 점포에서 위험물을 용기에 담아 판매하기 위하여 **지정수량의 40배 이하**의 위험물을 취급하는 장소

(3) **이송취급소** : 배관 및 이에 부속된 설비에 의하여 위험물을 이송하는 장소

(4) **일반취급소** : 주유취급소, 판매취급소, 이송취급소 외의 장소

1-4 위험물 및 지정수량

위험물				위험등급	지정수량
유 별	성 질	품 명			
제1류	산화성 고체	아염소산염류, 염소산염류, 과염소산염류, 무기과산화물		I	50[kg]
		브롬산염류, **질산염류**, 아이오딘산염류		II	**300[kg]**
		과망간산염류, 다이크롬산염류		III	1,000[kg]
제2류	가연성 고체	황화인, 적린, **유황**(순도 60[wt%] 이상)		II	100[kg]
		철분(53[μm]의 표준체통과 50[wt%] 미만은 제외) **금속분, 마그네슘**		III	500[kg]
		인화성 고체(고형알코올)		III	1,000[kg]
제3류	자연발화성 물질 및 금수성 물질	칼륨, 나트륨, 알킬알루미늄, 알킬리튬		I	10[kg]
		황 린		I	20[kg]
		알칼리금속 및 알칼리토금속, 유기금속화합물		II	50[kg]
		금속의 수소화물, 금속의 인화물, 칼슘 또는 알루미늄의 탄화물		III	**300[kg]**
제4류	인화성 액체	**특수인화물**		I	50[L]
		제1석유류(아세톤, 휘발유 등)	비수용성 액체	II	**200[L]**
			수용성 액체	II	**400[L]**
		알코올류(탄소원자의 수가 1~3개로서 농도가 60[%] 이상)		II	**400[L]**
		제2석유류(등유, 경유 등)	비수용성 액체	III	**1,000[L]**
			수용성 액체	III	2,000[L]
		제3석유류(중유, 크레오소트유 등)	비수용성 액체	III	2,000[L]
			수용성 액체	III	4,000[L]
		제4석유류(기어유, 실린더유 등)		III	6,000[L]
		동식물유류		III	10,000[L]
제5류	자기반응성 물질	**유기과산화물**, 질산에스테르류		I	10[kg]
		하이드록실아민, 하이드록실아민염류		II	100[kg]
		나이트로화합물, 나이트로소화합물, 아조화합물, 다이아조화합물, 하이드라진유도체		II	200[kg]
제6류	산화성 액체	**과염소산, 질산(비중 1.49 이상)** 과산화수소(농도 36[wt%] 이상)		I	**300[kg]**

※ **수용성 액체** : 온도 20[℃], 1기압에서 동일한 양의 증류수와 완만하게 혼합하여 혼합액의 유동이 멈춘 후 해당 혼합액이 균일한 외관을 유지하는 것

1-5 위험물의 저장 및 취급의 제한

(1) 제조소 등이 아닌 장소에서 지정수량 이상의 위험물을 취급할 수 있는 경우

① 지정수량 이상의 위험물을 **90일 이내**의 기간동안 **임시로 저장** 또는 **취급**하는 경우

② 군부대가 지정수량 이상의 위험물을 군사목적으로 임시로 저장 또는 취급하는 경우

임시로 저장 또는 취급하는 장소의 위치 구조 및 설비의 기준 : **시・도의 조례**

(2) **위험물안전관리법의 적용 제외** : **항공기, 선박, 철도** 및 **궤도**

(3) **지정수량 미만인 위험물의 저장·취급의 기준** : 특별시·광역시 및 도**(시·도)의 조례**

(4) 둘 이상의 위험물을 같은 장소에서 저장 또는 취급하는 경우에 있어서 해당 장소에서 저장 또는 취급하는 각 위험물의 수량을 그 위험물의 지정수량으로 각각 나누어 얻은 수의 합계가 1 이상인 경우 해당 위험물은 지정수량 이상의 위험물로 본다.

$$\text{지정수량의 배수} = \frac{\text{저장(취급)량}}{\text{지정수량}} + \frac{\text{저장(취급)량}}{\text{지정수량}} + \cdots$$

1-6 위험물시설의 설치 및 변경 등

(1) **제조소 등을 설치·변경 시 허가권자** : **시·도지사**

> 제조소 등의 변경 내용 : **위치, 구조, 설비**

(2) **허가받지 않고 위치, 구조 설비를 변경하는 경우와 신고하지 않고 품명, 수량, 지정수량의 배수를 변경하는 경우**

① 주택의 난방시설(**공동주택의 중앙난방시설을 제외한다**)을 위한 저장소 또는 취급소

② 농예용·축산용 또는 수산용으로 필요한 난방시설 또는 건조시설을 위한 지정수량 **20배 이하**의 저장소

(3) **위험물의 품명·수량 또는 지정수량의 배수 변경 시** : 변경하고자 하는 날의 **1일 전까지 시·도지사에게 신고**

1-7 완공검사

(1) **완공검사권자 :** 시·도지사(**소방본부장** 또는 **소방서장**에게 위임)

(2) **제조소 등의 완공검사 신청시기**

① **지하탱크가 있는 제조소 등**의 경우 : 해당 **지하탱크를 매설하기 전**

② **이동탱크저장소**의 경우 : **이동탱크를 완공하고 상치장소를 확보한 후**

③ **이송취급소**의 경우 : 이송배관 **공사의 전체** 또는 **일부를 완료한 후**(다만, 지하·하천 등에 매설하는 이송배관의 공사의 경우에는 이송배관을 매설하기 전)

④ **제조소 등**의 경우 : 제조소 등의 **공사를 완료한 후**

1-8 제조소 등의 지위승계, 용도폐지신고, 취소 사용정지 등

(1) 제조소 등의 설치자의 **지위**를 **승계한 자**는 승계한 날부터 **30일 이내**에 **시·도지사**에게 **신고**하여야 한다.

(2) 제조소 등의 **용도를 폐지한 때**에는 용도를 폐지한 날부터 **14일 이내**에 **시·도지사**에게 **신고**하여야 한다.

(3) 제조소 등의 과징금 처분

① 과징금 처분권자 : 시·도지사

② **과징금** 부과금액 : **2억원 이하**

③ 과징금을 부과하는 위반행위의 종별·정도의 과징금의 금액 그 밖의 필요한 사항 : 행정안전부령

1-9 위험물안전관리

(1) 제조소 등의 위치·구조 및 설비의 수리·개조 또는 이전을 명할 수 있는 사람 : **시·도지사, 소방본부장, 소방서장**

(2) 안전관리자 선임 : **관계인**

(3) 안전관리자 해임, 퇴직 시 : 해임하거나 퇴직한 날부터 **30일 이내**에 **안전관리자 재선임**

(4) 안전관리자 선임, 퇴직 시 : **14일 이내**에 **소방본부장, 소방서장에게 신고**

(5) 위험물취급자격자의 자격

위험물취급자격자의 구분	취급할 수 있는 위험물
국가기술자격법에 따라 위험물기능장, 위험물산업기사, 위험물기능사 자격을 취득한 사람	별표 1의 모든 위험물
안전관리교육이수자	제4류 위험물
소방공무원경력자(근무경력 3년 이상)	제4류 위험물

(6) 1인의 안전관리자를 중복하여 선임할 수 있는 저장소 등

① **10개 이하**의 **옥내저장소**

② **30개 이하**의 **옥외탱크저장소**

③ 옥내탱크저장소

④ 지하탱크저장소

⑤ 간이탱크저장소

⑥ **10개 이하**의 **옥외저장소**

⑦ **10개 이하**의 **암반탱크저장소**

1-10 위험물탱크 안전성능시험

(1) 탱크안전성능시험자의 등록 : 시·도지사

(2) 등록사항 : 기술능력, 시설, 장비

(3) 등록 중요사항 변경 시 : 그 날로부터 **30일 이내**에 시·도지사에게 변경신고

(4) 탱크시험자 등록의 결격사유

① 피성년후견인 또는 피한정후견인
② 4개 법령에 따른 금고 이상의 실형의 선고를 받고 그 집행이 끝나거나 집행이 면제된 날부터 2년이 지나지 아니한 사람
③ 4개 법령에 따른 금고 이상의 형의 집행유예 선고를 받고 그 유예기간 중에 있는 사람
④ 탱크시험자의 등록이 취소된 날부터 2년이 지나지 아니한 사람
⑤ 법인으로서 그 대표자가 ① 내지 ④에 해당하는 경우

(5) 등록취소나 업무정지권자 : 시·도지사

(6) 탱크안전성능검사의 대상 및 검사 신청시기

검사 종류	검사 대상	신청시기
기초·지반검사	100만[L] 이상인 액체 위험물을 저장하는 옥외탱크저장소	위험물 탱크의 기초 및 지반에 관한 공사의 개시 전
충수·수압검사	액체 위험물을 저장 또는 취급하는 탱크	위험물을 저장 또는 취급하는 탱크에 배관 그 밖의 부속설비를 부착하기 전
용접부 검사	100만[L] 이상인 액체 위험물을 저장하는 옥외탱크저장소	탱크본체에 관한 공사의 개시 전
암반탱크검사	액체 위험물을 저장 또는 취급하는 암반 내의 공간을 이용한 탱크	암반탱크의 본체에 관한 공사의 개시 전

1-11 예방 규정

(1) 작성자 : 관계인(소유자, 점유자, 관리자)

(2) 처리 : 제조소 등의 사용을 시작하기 전에 시·도지사에게 제출(변경 시 동일)

(3) 예방규정을 정하여야 할 제조소 등

① 지정수량의 **10배 이상**의 위험물을 취급하는 **제조소**
② 지정수량의 **10배 이상**의 위험물을 취급하는 **일반취급소**
③ 지정수량의 **100배 이상**의 위험물을 저장하는 **옥외저장소**
④ 지정수량의 **150배 이상**의 위험물을 저장하는 **옥내저장소**
⑤ 지정수량의 **200배 이상**의 위험물을 저장하는 **옥외탱크저장소**

⑥ 암반탱크저장소
⑦ 이송취급소

(4) 예방규정의 작성 내용

① 위험물의 안전관리업무를 담당하는 자의 직무 및 조직에 관한 사항
② 안전관리자가 여행 · 질병 등으로 인하여 그 직무를 수행할 수 없을 경우 그 직무의 대리자에 관한 사항
③ **자체소방대의 편성**과 화학소방자동차의 배치에 관한 사항
④ 위험물의 안전에 관계된 작업에 종사하는 자에 대한 안전교육에 관한 사항
⑤ 위험물시설 및 작업장에 대한 안전순찰에 관한 사항
⑥ **위험물시설 · 소방시설** 그 밖의 관련시설에 대한 **점검** 및 **정비**에 관한 사항
⑦ 위험물시설의 운전 또는 조작에 관한 사항
⑧ 위험물 **취급 작업의 기준**에 관한 사항
⑨ 위험물의 안전에 관한 기록에 관한 사항
⑩ 제조소 등의 위치 · 구조 및 설비를 명시한 서류와 도면의 정비에 관한 사항

1-12 정기점검 및 정기검사

(1) 정기점검 대상

① **예방규정**을 정하여야 하는 **제조소 등**
② **지하탱크저장소**
③ **이동탱크저장소**
④ 위험물을 취급하는 탱크로서 **지하에 매설된 탱크**가 있는 **제조소, 주유취급소, 일반취급소**

(2) 정기검사 대상

50만[L] 이상의 옥외탱크저장소(소방본부장 또는 소방서장으로부터 정기검사를 받아야 한다)

정기점검의 횟수 : 연 1회 이상

(3) 정기검사의 시기

① 정밀정기검사 : 다음 각 목의 어느 하나에 해당하는 기간 내에 1회
  ㉠ 특정 · 준특정옥외탱크저장소의 설치허가에 따른 완공검사필증을 발급받은 날부터 12년
  ㉡ 최근의 정밀정기검사를 받은 날부터 11년
② 중간정기검사 : 다음 각 목의 어느 하나에 해당하는 기간 내에 1회
  ㉠ 특정 · 준특정옥외탱크저장소의 설치허가에 따른 완공검사필증을 발급받은 날부터 4년
  ㉡ 최근의 정밀정기검사 또는 중간정기검사를 받은 날부터 4년

(4) 구조안전점검의 시기

① 특정・준특정옥외탱크저장소의 설치허가에 따른 완공검사필증을 발급받은 날부터 12년

② 최근의 정밀정기검사를 받은 날부터 11년

③ 특정・준특정옥외저장탱크에 안전조치를 한 후 구조안전점검시기 연장신청을 하여 해당 안전조치가 적정한 것으로 인정받은 경우에는 최근의 정밀정기검사를 받은 날부터 13년

1-13 자체소방대

(1) 자체소방대 설치 대상

① 제4류 위험물의 최대수량의 합이 지정수량의 3,000배 이상을 취급하는 제조소 또는 일반취급소(다만, 보일러로 위험물을 소비하는 일반취급소는 제외)

② 제4류 위험물의 최대수량이 지정수량의 50만배 이상을 저장하는 옥외탱크저장소(2022. 1. 1. 시행)

(2) 자체소방대에 두는 화학소방자동차 및 인원

사업소의 구분	화학소방자동차	자체소방대원의 수
1. 제조소 또는 일반취급소에서 취급하는 제4류 위험물의 최대수량의 합이 지정수량의 3,000배 이상 12만배 미만인 사업소	1대	5명
2. 제조소 또는 일반취급소에서 취급하는 제4류 위험물의 최대수량의 합이 지정수량의 12만배 이상 24만배 미만인 사업소	2대	10명
3. 제조소 또는 일반취급소에서 취급하는 제4류 위험물의 최대수량의 합이 지정수량의 24만배 이상 48만배 미만인 사업소	3대	15명
4. 제조소 또는 일반취급소에서 취급하는 제4류 위험물의 최대수량의 합이 지정수량의 48만배 이상인 사업소	4대	20명
5. 옥외탱크저장소에 저장하는 제4류 위험물의 최대수량이 지정수량의 50만배 이상인 사업소(2022. 1. 1. 시행)	2대	10명

(3) 화학소방자동차에 갖추어야 하는 소화능력 및 설비의 기준

화학소방자동차의 구분	소화능력 및 설비의 기준
포수용액 방사차	포수용액의 방사능력이 매분 2,000[L] 이상일 것
	소화약액탱크 및 소화약액혼합장치를 비치할 것
	10만[L] 이상의 포수용액을 방사할 수 있는 양의 소화약제를 비치할 것
분말 방사차	분말의 방사능력이 매초 35[kg] 이상일 것
	분말탱크 및 가압용 가스설비를 비치할 것
	1,400[kg] 이상의 분말을 비치할 것
할로겐화합물 방사차	할로겐화합물의 방사능력이 매초 40[kg] 이상일 것
	할로겐화합물탱크 및 가압용 가스설비를 비치할 것
	1,000[kg] 이상의 할로겐화합물을 비치할 것
이산화탄소 방사차	이산화탄소의 방사능력이 매초 40[kg] 이상일 것
	이산화탄소저장용기를 비치할 것
	3,000[kg] 이상의 이산화탄소를 비치할 것
제독차	가성소다 및 규조토를 각각 50[kg] 이상 비치할 것

1-14 벌 칙

(1) 1년 이상 10년 이하의 징역

제조소 등에서 위험물을 유출·방출 또는 확산시켜 사람의 생명·신체 또는 재산에 대하여 위험을 발생시킨 사람

(2) 무기 또는 5년 이상의 징역

제조소 등에서 위험물을 유출·방출 또는 확산시켜 사람을 **사망에 이르게 한 때**

(3) 무기 또는 3년 이상의 징역

제조소 등에서 위험물을 유출·방출 또는 확산시켜 사람을 **상해(傷害)에 이르게 한 때**

(4) 10년 이하의 징역 또는 금고나 1억원 이하의 벌금

업무상 과실로 제조소 등에서 위험물을 유출·방출 또는 확산시켜 사람을 사상(死傷)에 이르게 한 사람

(5) 7년 이하의 금고 또는 7,000만원 이하의 벌금

업무상 과실로 제조소 등에서 위험물을 유출·방출 또는 확산시켜 사람의 생명·신체 또는 재산에 대하여 위험을 발생시킨 사람

(6) 5년 이하의 징역 또는 1억원 이하의 벌금

제6조 제1항 전단을 위반하여 제조소 등의 설치허가를 받지 아니하고 제조소 등을 설치한 사람

(7) 3년 이하의 징역 또는 3,000만원 이하의 벌금

제5조 제1항을 위반하여 저장소 또는 제조소 등이 아닌 장소에서 지정수량 이상의 위험물을 저장 또는 취급한 사람

(8) 1년 이하의 징역 또는 1,000만원 이하의 벌금

① 탱크시험자로 등록하지 아니하고 탱크시험자의 업무를 한 사람
② 정기점검을 하지 아니하거나 점검기록을 허위로 작성한 관계인으로서 허가를 받은 사람
③ **정기검사를 받지 아니한 관계인**으로서 **허가를 받은 사람**
④ 자체소방대를 두지 아니한 관계인으로서 허가를 받은 사람
⑤ 운반용기에 대한 검사를 받지 아니하고 운반용기를 사용하거나 유통시킨 사람

(9) 1,500만원 이하의 벌금

① 위험물의 **저장** 또는 **취급에 관한 중요기준**에 따르지 아니한 사람
② **변경허가를 받지 아니하고 제조소 등을 변경한 사람**
③ 제조소 등의 완공검사를 받지 아니하고 위험물을 저장·취급한 사람
④ 제조소 등의 사용정지명령을 위반한 사람
⑤ 수리·개조 또는 이전의 명령에 따르지 아니한 사람

⑥ **안전관리자를 선임하지 아니한 관계인으로서 허가를 받은 사람**
⑦ 대리자를 지정하지 아니한 관계인으로서 허가를 받은 사람
⑧ 예방규정을 제출하지 아니하거나 변경명령을 위반한 관계인으로서 허가를 받은 사람

(10) 1,000만원 이하의 벌금

① 위험물의 취급에 관한 안전관리와 감독을 하지 아니한 사람
② **안전관리자** 또는 그 **대리자가 참여하지 아니한 상태에서 위험물을 취급한 사람**
③ 변경한 예방규정을 제출하지 아니한 관계인으로서 허가를 받은 사람
④ 위험물의 운반에 관한 중요기준에 따르지 아니한 사람
⑤ 규정을 위반하여 요건을 갖추지 아니한 위험물운반자
⑥ 규정을 위반한 위험물운송자

(11) 200만원 이하의 과태료

① 임시저장기간의 승인을 받지 아니한 사람
② 위험물의 **저장** 또는 **취급에 관한 세부기준**을 위반한 사람
③ 위험물의 품명 등의 변경신고를 기간 이내에 하지 아니하거나 허위로 한 사람
④ 위험물제조소 등의 지위승계신고를 기간 이내에 하지 아니하거나 허위로 한 사람
⑤ 제조소 등의 폐지신고, 안전관리자의 선임신고를 기간 이내에 하지 아니하거나 허위로 한 사람
⑥ 등록사항의 변경신고를 기간 이내에 하지 아니하거나 허위로 한 사람
⑦ 위험물제조소 등의 **정기 점검결과를 기록·보존 하지 아니한 사람**
⑧ 위험물의 운반에 관한 세부기준을 위반한 사람
⑨ 국가기술자격증 또는 교육수료증을 **지니지 아니하거나 위험물의 운송에 관한 기준을 따르지 아니한 사람**

제2절 제조소 등의 위치 · 구조 및 설비의 기준

2-1 위험물제조소

(1) 제조소의 안전거리

건축물	안전거리
사용전압 7,000[V] 초과 35,000[V] 이하의 특고압가공전선	3[m] 이상
사용전압 35,000[V]를 초과하는 특고압가공전선	5[m] 이상
주거용으로 사용되는 것(제조소가 설치된 부지 내에 있는 것을 제외)	10[m] 이상
고압가스, 액화석유가스, 도시가스를 저장 또는 취급하는 시설	20[m] 이상
학교, 병원급의료기관(종합병원, 병원, 치과병원, 한방병원 및 요양병원), **극장**, 공연장, 영화상영관으로서 수용인원 300명 이상 복지시설(아동복지시설, 노인복지시설, 장애인복지시설,한부모가족 복지시설), 어린이집, 성매매피해자 등을 위한 지원시설, 정신보건시설, 가정폭력피해자보호시설로서 수용인원 20명 이상	30[m] 이상
유형문화재, 지정문화재	50[m] 이상

(2) 제조소의 보유공지

취급하는 위험물의 최대수량	공지의 너비
지정수량의 10배 이하	3[m] 이상
지정수량의 10배 초과	5[m] 이상

(3) 제조소의 표지 및 게시판

① "위험물제조소"라는 표지를 설치
  ㉠ 표지의 크기 : 한 변의 길이 0.3[m] 이상, 다른 한 변의 길이 0.6[m] 이상
  ㉡ 표지의 색상 : **백색바탕**에 **흑색문자**

② 방화에 관하여 필요한 사항을 게시한 게시판 설치
  ㉠ 게시판의 크기 : 한 변의 길이 0.3[m] 이상, 다른 한 변의 길이 0.6[m] 이상
  ㉡ 기재 내용 : 위험물의 **유별 · 품명** 및 **저장최대수량** 또는 **취급최대수량**, **지정수량의 배수** 및 **안전관리자의 성명** 또는 **직명**, 주의사항
  ㉢ 게시판의 색상 : 백색바탕에 흑색문자

③ 주의시항을 표시한 게시판 설치

위험물의 종류	주의사항	게시판의 색상
제1류 위험물 중 **알칼리금속**의 **과산화물** 제3류 위험물 중 **금수성 물질**	물기엄금	청색바탕에 백색문자
제2류 위험물(인화성 고체는 제외)	화기주의	적색바탕에 백색문자
제2류 위험물 중 인화성 고체 제3류 위험물 중 **자연발화성 물질** **제4류 위험물** 제5류 위험물	화기엄금	적색바탕에 백색문자
제1류 위험물의 알칼리금속의 과산화물외의 것과 제6류 위험물	별도의 표시를 하지 않는다.	

(4) 건축물의 구조

① **지하층이 없도록** 하여야 한다.

② 벽・기둥・바닥・보・서까래 및 계단 : **불연재료**(연소 우려가 있는 **외벽** : 출입구 외의 개구부가 없는 **내화구조**의 벽)

③ 지붕은 폭발력이 위로 방출될 정도의 가벼운 **불연재료**로 덮어야 한다.

④ **액체의 위험물**을 취급하는 건축물의 바닥 : **적당한 경사**를 두고 그 최저부에 **집유설비**를 할 것

(5) 채광・조명 및 환기설비

① 채광설비 : 불연재료로 하고 연소의 우려가 없는 장소에 설치하되 **채광면적**을 **최소**로 할 것

② **환기설비**

㉠ 환기 : **자연배기방식**

㉡ **급기구**는 해당 급기구가 설치된 실의 바닥면적 **150[m^2]마다 1개 이상**으로 하되 **급기구의 크기**는 **800[cm^2] 이상**으로 할 것

[바닥면적 150[m^2] 미만인 경우의 급기구의 크기]

바닥면적	급기구의 면적
60[m^2] 미만	150[cm^2] 이상
60[m^2] 이상 90[m^2] 미만	300[cm^2] 이상
90[m^2] 이상 120[m^2] 미만	450[cm^2] 이상
120[m^2] 이상 150[m^2] 미만	600[cm^2] 이상

㉢ **급기구**는 **낮은 곳**에 **설치**하고 가는 눈의 **구리망**으로 **인화방지망**을 설치할 것

㉣ 환기구는 지붕 위 또는 지상 **2[m] 이상**의 높이에 회전식 고정 벤틸레이터 또는 루프팬방식으로 설치할 것

(6) 피뢰설비

지정수량의 **10배 이상**의 위험물을 제조소(**제6류 위험물**은 **제외**)에는 설치할 것

(7) 위험물 취급탱크(지정수량 1/5 미만은 제외)

① 위험물제조소의 **옥외에 있는 위험물 취급탱크**

㉠ 하나의 취급탱크 주위에 설치하는 **방유제의 용량** : 해당 **탱크용량**의 **50[%] 이상**

㉡ **2 이상**의 취급탱크 주위에 하나의 방유제를 설치하는 경우 **방유제의 용량** : 해당 탱크 중 용량이 **최대**인 것의 **50[%]**에 **나머지 탱크용량 합계**의 **10[%]**를 **가산한 양** 이상이 되게 할 것

② 위험물제조소의 **옥내에 있는 위험물 취급탱크**

㉠ 하나의 취급탱크의 주위에 설치하는 방유턱의 용량 : 해당 탱크용량 이상

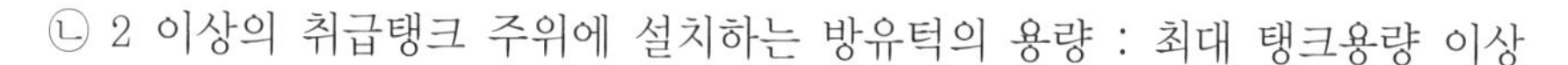

㉡ 2 이상의 취급탱크 주위에 설치하는 방유턱의 용량 : 최대 탱크용량 이상

방유제, 방유턱의 용량
- **위험물제조소의 옥외에 있는 위험물 취급탱크의 방유제의 용량**
  - 1기 일 때 : 탱크용량 × 0.5(50[%])
  - 2기 이상일 때 : (최대탱크용량×0.5) + (나머지 탱크 용량합계×0.1)
- **위험물제조소의 옥내에 있는 위험물 취급탱크의 방유턱의 용량**
  - 1기 일 때 : 탱크용량 이상
  - 2기 이상일 때 : 최대 탱크용량 이상
- **위험물옥외탱크저장소의 방유제의 용량**
  - 1기 일 때 : 탱크용량 × 1.1(110[%])(비인화성 물질×100[%])
  - 2기 이상일 때 : 최대 탱크용량 × 1.1(110[%])(비인화성 물질×100[%])

2-2 위험물 저장소

(1) 옥내저장소(위험물법 규칙 별표 5)

① 옥내저장소의 안전거리, 표지 및 게시판 : 제조소와 동일함

② 옥내저장소의 안전거리 제외 대상

㉠ **제4석유류** 또는 **동식물유류**의 위험물을 저장 또는 취급하는 옥내저장소로서 지정수량의 **20배 미만**인 것

㉡ **제6류 위험물**을 저장 또는 취급하는 옥내저장소

③ 옥내저장소의 보유공지

저장 또는 취급하는 위험물의 최대수량	공지의 너비	
	벽·기둥 및 바닥이 내화구조로 된 건축물	그 밖의 건축물
지정수량의 5배 이하		0.5[m] 이상
지정수량의 5배 초과 10배 이하	1[m] 이상	1.5[m] 이상
지정수량의 10배 초과 20배 이하	2[m] 이상	3[m] 이상
지정수량의 **20배 초과 50배 이하**	**3[m] 이상**	5[m] 이상
지정수량의 50배 초과 200배 이하	5[m] 이상	10[m] 이상
지정수량의 200배 초과	10[m] 이상	15[m] 이상

④ 옥내저장소의 저장창고

㉠ 저장창고는 지면에서 처마까지의 높이(처마높이)가 **6[m] 미만**인 **단층 건물**로 하고 그 바닥을 지반면보다 높게 하여야 한다.

㉡ 저장창고의 바닥면적

위험물을 저장하는 창고의 종류	바닥면적
㉮ 제1류 위험물 중 아염소산염류, 염소산염류, 과염소산염류, 무기과산화물, 그 밖에 지정수량이 50[kg]인 위험물 ㉯ 제3류 위험물 중 칼륨, 나트륨, 알킬알루미늄, 알킬리튬, 그밖에 지정수량이 10[kg]인 위험물 및 **황린** ㉰ 제4류 위험물 중 **특수인화물**, 제1석유류 및 알코올류 ㉱ 제5류 위험물 중 **유기과산화물, 질산에스테르류,** 그밖에 지정수량이 10[kg]인 위험물 ㉲ 제6류 위험물	1,000[m^2] 이하
㉮~㉱의 위험물 외의 위험물을 저장하는 창고	2,000[m^2] 이하

㉢ 저장창고에 **물의 침투**를 **막는 구조**로 하여야 하는 위험물
- 제1류 위험물 중 **알칼리금속의 과산화물**
- 제2류 위험물 중 **철분, 금속분, 마그네슘**
- 제3류 위험물 중 **금수성 물질**
- **제4류 위험물**

㉣ **피뢰침** 설치 : **지정수량**의 **10배 이상**의 저장창고(제6류 위험물은 제외)

(2) 옥외탱크저장소(위험물법 규칙 별표 6)

① 옥외탱크저장소의 보유공지

저장 또는 취급하는 위험물의 최대수량	공지의 너비
지정수량의 500배 이하	3[m] 이상
지정수량의 500배 초과 1,000배 이하	5[m] 이상
지정수량의 1,000배 초과 2,000배 이하	9[m] 이상
지정수량의 2,000배 초과 3,000배 이하	12[m] 이상
지정수량의 3,000배 초과 4,000배 이하	15[m] 이상
지정수량의 4,000배 초과	해당 탱크의 수평단면의 최대지름(횡형은 긴 변)과 높이 중 큰 것과 같은 거리 이상(단, 30[m] 초과 시 30[m] 이상으로, 15[m] 미만 시 15[m] 이상으로 할 것)

② 특정옥외탱크저장소 등

㉠ **특정옥외저장탱크** : 액체 위험물의 최대수량이 **100만[L] 이상**의 옥외저장탱크

㉡ **준특정옥외저장탱크** : 액체 위험물의 최대수량이 **50만[L] 이상**의 **100만[L] 미만**의 옥외저장탱크

㉢ **압력탱크** : 최대상용압력이 부압 또는 정압 5[kPa]를 초과하는 탱크

③ 옥외탱크저장소의 외부구조 및 설비

㉠ 옥외저장탱크
- 특정옥외저장탱크 및 준특정옥외저장탱크 외의 두께 : 3.2[mm] 이상의 강철판
- 시험방법
  - **압력탱크** : **최대상용압력의 1.5배**의 압력으로 **10분간** 실시하는 수압시험에서 이상이 없을 것
  - **압력탱크 외**의 탱크 : **충수시험**

> 압력탱크 : 최대상용압력이 대기압을 초과하는 탱크

㉡ 통기관
- **밸브 없는 통기관**
  - **직경은 30[mm] 이상**일 것
  - 선단은 수평면보다 **45도 이상** 구부려 **빗물 등의 침투를 막는 구조**로 할 것

㉢ 옥외저장탱크의 펌프설비
- **펌프설비**의 주위에는 너비 **3[m] 이상의 공지**를 **보유**할 것(제6류 위험물, 지정수량의 10배 이하 위험물은 제외)

• 펌프실의 바닥의 주위에는 **높이 0.2[m] 이상의 턱**을 만들고 그 최저부에는 집유설비를 설치할 것

㉣ 기타 설치기준

• **피뢰침 설치** : 지정수량의 **10배 이상**(단, 제6류 위험물은 제외)

• **이황화탄소**의 **옥외저장탱크**는 벽 및 바닥의 두께가 **0.2[m] 이상**이고 철근콘크리트의 수조에 넣어 보관한다.

④ 옥외탱크저장소의 방유제

㉠ 방유제의 용량

• 탱크가 **하나일 때** : 탱크 용량의 **110[%] 이상**(인화성이 없는 액체 위험물은 100[%])

• 탱크가 2기 이상일 때 : 탱크 중 용량이 최대인 것의 용량의 **110[%] 이상**(인화성이 없는 액체 위험물은 100[%])

㉡ **방유제의 높이 0.5[m] 이상 3[m] 이하, 두께 0.2[m] 이상, 지하매설깊이 1[m] 이상**

㉢ **방유제의 면적 : 80,000[m^2] 이하**

㉣ **방유제**는 탱크의 옆판으로부터 **일정 거리**를 유지할 것(단, 인화점이 200[℃] 이상인 위험물은 제외)

• 지름이 **15[m] 미만**인 경우 : **탱크 높이의 1/3 이상**

• 지름이 **15[m] 이상**인 경우 : **탱크 높이의 1/2 이상**

(3) 옥내탱크저장소(위험물법 규칙 별표 7)

① 옥내탱크저장소의 구조

㉠ **옥내저장탱크**의 탱크전용실은 **단층건축물**에 설치할 것

㉡ 옥내저장탱크와 **탱크전용실**의 **벽과의 사이** 및 **옥내저장탱크**의 **상호 간**에는 **0.5[m] 이상**의 간격을 유지할 것

㉢ 옥내저장탱크의 **용량**(동일한 탱크 전용실에 2 이상 설치하는 경우에는 각 탱크의 용량의 합계)은 **지정 수량의 40배**(제4석유류 및 동식물유류 외의 제4류 위험물 : 20,000[L]를 초과할 때에는 20,000[L]) 이하일 것

② 옥내탱크저장소의 표지 및 게시판 : 제조소와 동일함

③ 옥내탱크저장소의 탱크 전용실이 **단층 건축물 외에 설치하는 것**

㉠ 탱크전용실에 **펌프설비**를 설치하는 경우에는 불연재료로 된 턱을 **0.2[m] 이상**의 높이로 설치할 것

㉡ **옥내저장탱크의 용량**(동일한 탱크전용실에 옥내저장탱크를 2 이상 설치하는 경우에는 각 탱크의 용량의 합계)

• **1층 이하**의 층 : 지정수량의 **40배**(제4석유류, 동식물유류 외의 제4류 위험물은 해당수량이 20,000[L] 초과 시 **20,000[L]) 이하**

• **2층 이상**의 층 : 지정수량의 10배(제4석유류, 동식물유류 외의 제4류 위험물은 해당수량이 5,000[L] 초과 시 **5,000[L]) 이하**

(4) 지하탱크저장소(위험물법 규칙 별표 8)

① **탱크전용실**은 지하의 가장 가까운 벽·피트·가스관 등의 시설물 및 대지경계선으로부터 0.1[m] 이상 떨어진 곳에 설치하고, **지하저장탱크와 탱크전용실의 안쪽과의 사이**는 **0.1[m] 이상**의 간격을 유지하도록 하며, 해당 탱크의 주위에 마른모래 또는 습기 등에 의하여 응고되지 아니하는 입자지름 5[mm] 이하의 마른 자갈분을 채워야 한다.

② 지하저장탱크의 **윗부분**은 **지면으로부터 0.6[m] 이상** 아래에 있어야 한다.

③ 지하저장탱크를 2 이상 인접해 설치하는 경우에는 그 상호 간에 1[m](해당 2 이상의 지하저장탱크의 용량의 합계가 **지정수량의 100배 이하**인 때에는 **0.5[m]**) **이상의 간격**을 유지하여야 한다.

④ 지하저장탱크의 **재질**은 두께 **3.2[mm] 이상**의 강철판으로 할 것

⑤ 지하저장탱크의 주위에는 해당 탱크로부터의 액체 위험물의 누설을 검사하기 위한 관을 **4개소 이상** 적당한 위치에 설치하여야 한다.

(5) 간이탱크저장소(위험물법 규칙 별표 9)

① 설치장소 : 옥외에 설치

② 하나의 간이탱크저장소

㉠ **간이저장탱크 수 : 3 이하**

㉡ 동일한 품질의 위험물의 간이저장탱크를 2 이상 설치하지 아니하여야 한다.

③ 간이저장탱크의 용량 : **600[L] 이하**

④ 간이저장탱크는 두께 : **3.2[mm] 이상**의 **강판**으로 흠이 없도록 제작하여야 하며, 70[kPa]의 압력으로 10분간의 수압시험을 실시하여 새거나 변형되지 아니하여야 한다.

⑤ 간이저장탱크의 밸브 없는 통기관의 설치기준

㉠ **통기관의 지름**은 25[mm] **이상**으로 할 것

㉡ 통기관은 옥외에 설치하되, 그 선단의 높이는 지상 1.5[m] 이상으로 할 것

㉢ 통기관의 선단은 수평면에 대하여 아래로 45도 이상 구부려 빗물 등이 침투하지 아니하도록 할 것

㉣ 가는 눈의 구리망 등으로 인화방지장치를 할 것

(6) 이동탱크저장소(위험물법 규칙 별표 10)

① 이동탱크저장소의 상치장소

㉠ 옥외에 있는 **상치장소**는 화기를 취급하는 장소 또는 **인근의 건축물**로부터 **5[m] 이상**(인근의 건축물이 **1층**인 경우에는 **3[m] 이상**)의 거리를 확보하여야 한다.

㉡ 옥내에 있는 **상치장소**는 벽·바닥·보·서까래 및 지붕이 내화구조 또는 불연재료로 된 건축물의 **1층**에 **설치**하여야 한다.

② 이동저장탱크의 구조

㉠ **탱크의 두께 : 3.2[mm] 이상**의 **강철판**

㉡ 수압시험

- **압력탱크**(최대 상용압력이 46.7[kPa] 이상인 탱크) **외의 탱크 : 70[kPa]의 압력으로 10분간**
- **압력탱크 : 최대상용압력의 1.5배**의 압력으로 **10분간**

㉢ 이동저장탱크는 그 내부에 **4,000[L] 이하**마다 **3.2[mm] 이상**의 강철판 또는 이와 동등 이상의 강도·내열성 및 내식성이 있는 금속성의 것으로 **칸막이**를 설치하여야 한다.

㉣ 칸막이로 구획된 각 부분에 설치 : 맨홀, 안전장치, 방파판을 설치(용량이 2,000[L] 미만 : 방파판설치 제외)

- **안전장치의 작동 압력**
  - 상용압력이 **20[kPa] 이하**인 탱크 : **20[kPa] 이상 24[kPa] 이하의 압력**
  - 상용압력이 **20[kPa]**를 **초과 : 상용압력의 1.1배 이하**의 압력
- **방파판**
  - 두께 : **1.6[mm] 이상**의 강철판
  - 하나의 구획 부분에 2개 이상의 방파판을 이동탱크저장소의 진행방향과 평행으로 설치하되, 각 방파판은 그 높이 및 칸막이로부터의 거리를 다르게 할 것

㉤ **방호틀**의 두께 : **2.3[mm] 이상**의 강철판

(7) 옥외저장소(위험물법 규칙 별표 11)

① 옥외저장소의 기준

㉠ 선반 : 불연재료

㉡ **선반의 높이 : 6[m]**를 초과하지 말 것

㉢ 과산화수소, 과염소산 저장하는 옥외저장소 : 불연성 또는 난연성의 천막 등을 설치하여 햇빛을 가릴 것

② 옥외저장소에 저장할 수 있는 위험물(시행령 별표 2)

㉠ 제2류 위험물 중 **유황, 인화성 고체**(인화점이 0[℃] 이상인 것에 한함)

㉡ 제4류 위험물 중 **제1석유류**(인화점이 **0[℃] 이상**인 것에 한함), **제2석유류, 제3석유류, 제4석유류, 알코올류, 동식물유류**

㉢ **제6류 위험물**

2-3 위험물취급소

(1) 주유취급소(위험물법 규칙 별표13)

① 주유취급소의 주유공지

㉠ **주유공지** : 너비 15[m] 이상, 길이 6[m] 이상

㉡ 공지의 바닥 : 주위 지면보다 높게 하고, 적당한 기울기, 배수구, 집유설비, 유분리장치를 설치

② 주유취급소의 저장 또는 취급 가능한 탱크

㉠ 자동차 등에 주유하기 위한 **고정주유설비**에 직접 접속하는 전용탱크로서 **50,000[L] 이하**의 것

㉡ **고정급유설비**에 직접 접속하는 전용탱크로서 **50,000[L] 이하**의 것

㉢ **보일러** 등에 직접 접속하는 전용탱크로서 **10,000[L] 이하**의 것

㉣ 자동차 등을 점검・정비하는 작업장 등(주유취급소 안에 설치된 것에 한한다)에서 사용하는 폐유・윤활유 등의 위험물을 저장하는 탱크로서 용량(2 이상 설치하는 경우에는 각 용량의 합계를 말한다)이 2,000[L] 이하인 탱크(이하 "폐유탱크 등"이라 한다)

㉤ **고정주유설비** 또는 **고정급유설비**에 직접 접속하는 **3기 이하**의 **간이탱크**

③ 고정주유설비 등

㉠ 고정주유설비 또는 고정급유설비의 **주유관의 길이**(선단의 개폐밸브를 포함) : **5[m]**(현수식의 경우에는 지면 위 0.5[m]의 수평면에 수직으로 내려 만나는 점을 중심으로 반경 **3[m]) 이내**로 하고 그 선단에는 축적된 정전기를 유효하게 제거할 수 있는 장치를 설치할 것

㉡ 고정주유설비 또는 고정급유설비의 설치기준

- **고정주유설비**(중심선을 기점으로 하여)
  - **도로경계선**까지 : **4[m] 이상**
  - **부지경계선, 담** 및 **건축물**의 벽까지 : **2[m] 이상**(개구부가 없는 벽까지는 1[m] 이상)
- 고정급유설비(중심선을 기점으로 하여)
  - 도로 경계선까지 : 4[m] 이상
  - 부지경계선 및 담까지 : 1[m] 이상
  - 건축물의 벽까지 : 2[m] 이상(개구부가 없는 벽까지는 1[m] 이상)

④ 주유취급소에 설치할 수 있는 건축물

㉠ 주유 또는 등유・경유를 옮겨담기 위한 작업장

㉡ 주유취급소의 업무를 행하기 위한 사무소

㉢ 자동차 등의 **점검** 및 **간이정비**를 위한 작업장

㉣ 자동차 등의 **세정**을 위한 작업장

㉤ 주유취급소에 출입하는 사람을 대상으로 한 **점포・휴게음식점** 또는 **전시장**

㉥ 주유취급소의 관계자가 거주하는 **주거시설**

ⓢ 전기자동차용 충전설비

※ ⓛ, ⓒ, ⓜ의 면적의 합은 1,000[m²]을 초과하지 아니할 것

⑤ 고속국도 주유취급소의 특례 : **고속국도의 도로변**에 설치된 **주유취급소**의 **탱크의 용량** : 60,000[L] 이하

(2) 판매취급소(위험물법 규칙 별표 14)

① 제1종 판매취급소의 기준

㉠ **제1종 판매취급소**는 건축물의 **1층**에 설치할 것

㉡ 위험물 **배합실**의 기준

- 바닥면적은 **6[m²] 이상 15[m²] 이하**일 것
- **내화구조** 또는 **불연재료**로 된 벽으로 구획할 것
- **출입구**에는 수시로 열 수 있는 **자동폐쇄식**의 **갑종방화문**을 설치할 것
- 출입구 문턱의 높이는 바닥면으로부터 **0.1[m] 이상**으로 할 것

② 제2종 판매취급소의 기준

- **제1종** 판매취급소 : 지정수량의 **20배 이하** 저장 또는 취급
- **제2종** 판매취급소 : 지정수량의 **40배 이하** 저장 또는 취급

2-4 소방시설

(1) 소요단위의 계산방법

① **제조소** 또는 **취급소**의 건축물
　㉠ 외벽이 **내화구조** : 연면적 **100[m²]**를 1소요단위
　㉡ 외벽이 **내화구조가 아닌 것** : 연면적 **50[m²]**를 1소요단위
② **저장소**의 건축물
　㉠ 외벽이 **내화구조** : 연면적 **150[m²]**를 1소요단위
　㉡ 외벽이 **내화구조가 아닌 것** : 연면적 **75[m²]**를 1소요단위
③ **위험물**은 지정수량의 **10배** : 1소요단위

(2) 소화설비의 능력단위

소화설비	용 량	능력단위
소화전용(專用) 물통	8[L]	0.3
수조(소화전용 물통 3개 포함)	80[L]	1.5
수조(소화전용 물통 6개 포함)	190[L]	2.5
마른모래(삽 1개 포함)	50[L]	0.5
팽창질석 또는 **팽창진주암**(삽 1개 포함)	**160[L]**	**1.0**

(3) 소화설비의 설치기준

① 옥내소화전설비
　㉠ 하나의 호스 접속구까지의 **수평거리 : 25[m] 이하**
　㉡ 방수량 Q = N(최대 5개) × 260[L/min] 이상
　㉢ 수원의 수량 = N(최대 5개) × 260[L/min] × 30[min]
　　= N(최대 5개) × 7,800[L] = N(최대 5개) × 7.8[m³] 이상
　㉣ 방수압력 : 350[kPa](0.35[MPa]) 이상
② 옥외소화전설비
　㉠ 하나의 호스 접속구까지의 **수평거리 : 40[m]** 이하
　㉡ 방수량 Q = N(최대 4개) × 450[L/min] 이상
　㉢ 수원의 수량 = N(최대 4개) × 450[L/min]×30[min]
　　= N(최대 4개) × 13,500[L] = N(최대 4개) × 13.5[m³] 이상
　㉣ 방수압력 : 350[kPa](0.35[MPa]) 이상
　㉤ 옥외소화전설비에는 비상전원을 설치할 것
③ 스프링클러설비의 설치기준
　㉠ 수원의 수량
　　• 폐쇄형 스프링클러헤드 = 30(30개 미만은 설치개수) × 2.4[m³] 이상
　　• 개방형 스프링클러헤드 = 가장 많이 설치된 방사구역의 스프링클러헤드 설치개수 × 2.4[m³] 이상
　㉡ 방사압력 : 100[kPa](0.1[MPa]) 이상
　　방수량 : 80[L/min] 이상

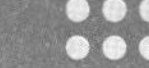

(4) 경보설비

① 제조소 등별로 설치하여야 하는 경보설비의 종류

제조소 등의 구분	제조소 등의 규모, 저장 또는 취급하는 위험물의 종류 및 최대수량 등	경보설비
가. 제조소 및 일반취급소	• 연면적이 500[m^2] 이상인 것 • 옥내에서 지정수량의 100배 이상을 취급하는 것(고인화점위험물만을 100[℃] 미만의 온도에서 취급하는 것은 제외) • 일반취급소로 사용되는 부분 외의 부분이 있는 건축물에 설치된 일반취급소(일반취급소와 일반취급소 외의 부분이 내화구조의 바닥 또는 벽으로 개구부 없이 구획된 것은 제외)	자동화재탐지설비
나. 옥내저장소	• 지정수량의 100배 이상을 저장 또는 취급하는 것(고인화점위험물만을 저장 또는 취급하는 것은 제외) • 저장창고의 연면적이 150[m^2]를 초과하는 것[연면적 150[m^2] 이내마다 불연재료의 격벽으로 개구부 없이 완전히 구획된 저장창고와 제2류 위험물(인화성고체는 제외) 또는 제4류 위험물(인화점이 70[℃] 미만인 것은 제외)만을 저장 또는 취급하는 저장창고는 그 연면적이 500[m^2] 이상인 것을 말한다] • 처마 높이가 6[m] 이상인 단층 건물의 것 • 옥내저장소로 사용되는 부분 외의 부분이 있는 건축물에 설치된 옥내저장소[옥내저장소와 옥내저장소 외의 부분이 내화구조의 바닥 또는 벽으로 개구부 없이 구획된 것과 제2류(인화성고체는 제외) 또는 제4류의 위험물(인화점이 70[℃] 미만인 것은 제외)만을 저장 또는 취급하는 것은 제외]	
다. 옥내탱크저장소	단층 건물 외의 건축물에 설치된 옥내탱크저장소로서 소화난이도등급 Ⅰ에 해당하는 것	
라. 주유취급소	옥내주유취급소	
마. 옥외탱크저장소	특수인화물, 제1석유류 및 알코올류를 저장 또는 취급하는 탱크의 용량이 1,000만[L] 이상인 것	• 자동화재탐지설비 • 자동화재속보설비
바. 가목부터 마목까지의 규정에 따른 자동화재탐지설비 설치 대상 제조소 등에 해당하지 않는 제조소 등(이송취급소는 제외)	지정수량의 10배 이상을 저장 또는 취급하는 것	자동화재탐지설비, 비상경보설비, 확성장치 또는 비상방송설비 중 1종 이상

② 자동화재탐지설비의 설치기준

㉠ 하나의 경계구역의 면적 : 600[m^2] 이하

㉡ 한 변의 길이 : 50[m](광전식분리형감지기를 설치할 경우에는 100[m]) 이하로 할 것

㉢ 건축물 그 밖의 공작물의 주요한 출입구에서 그 내부의 전체를 볼 수 있는 경우에 있어서는 그 면적을 1,000[m^2] 이하로 할 수 있다.

2-5 위험물의 저장 및 운반기준

(1) 위험물의 저장 기준(위험물법 규칙 별표 18)

① 옥내저장소 또는 옥외저장소에는 있어서 유별을 달리하는 위험물을 저장하는 경우 1[m] 이상 간격을 두고 아래 유별을 저장할 수 있다.

㉠ **제1류 위험물**(알칼리금속의 과산화물은 제외)과 **제5류 위험물**을 저장하는 경우

㉡ **제1류 위험물**과 **제6류 위험물**을 저장하는 경우

㉢ **제1류 위험물**과 **자연발화성 물품**(황린 포함)을 저장하는 경우

㉣ 제2류 위험물 중 **인화성 고체**와 **제4류 위험물**을 저장하는 경우

㉤ 제3류 위험물 중 알킬알루미늄등과 제4류 위험물(알킬알루미늄 또는 알킬리튬을 함유한 것에 한함)을 저장하는 경우

㉥ 제4류 위험물 중 유기과산화물과 제5류 위험물 중 유기과산화물을 저장하는 경우

[운반 시 위험물의 혼재 가능]

위험물의 구분	제1류	제2류	제3류	제4류	제5류	제6류
제1류		×	×	×	×	○
제2류	×		×	○	○	×
제3류	×	×		○	×	×
제4류	×	○	○		○	×
제5류	×	○	×	○		×
제6류	○	×	×	×	×	

1. "×"표시는 혼재할 수 없음을 표시한다.
2. "○"표시는 혼재할 수 있음을 표시한다.
3. 이 표는 지정수량의 $\frac{1}{10}$ 이하의 위험물에 대하여는 적용하지 아니한다.

② 옥내저장소에서 동일 품명의 위험물이더라도 **자연발화할 우려가 있는 위험물** 또는 **재해가 현저하게 증대할 우려가 있는 위험물**을 다량 저장하는 경우에는 지정수량의 **10배 이하**마다 구분하여 상호 간 0.3[m] 이상의 간격을 두어 저장하여야 한다.

③ 옥외저장소, 옥내저장소에 저장 시 높이(아래 높이를 초과하지 말 것)

㉠ **기계**에 의하여 **하역하는 구조**로 된 용기만을 겹쳐 쌓는 경우 : 6[m]

㉡ 제4류 위험물 중 **제3석유류, 제4석유류, 동식물유류**를 수납하는 용기만을 겹쳐 쌓는 경우 : 4[m]

㉢ **그 밖의 경우 : 3[m]**

④ 이동저장탱크로부터 위험물을 저장 또는 취급하는 탱크에 인화점이 **40[℃] 미만**인 위험물을 주입할 때에는 이동탱크저장소의 **원동기를 정지시킬 것**

(2) 위험물의 운반 기준(위험물법 규칙 별표 19)

① 운반용기의 재질

강판, 알루미늄판, 양철판, 유리, 금속판, 종이, 플라스틱, 섬유판, 고무류, 합성섬유, 삼, 짚, 나무

② 적재방법

㉠ **고체 위험물** : 운반용기 내용적의 **95[%] 이하**의 **수납률**로 수납할 것

㉡ **액체 위험물** : 운반용기 내용적의 **98[%] 이하**의 **수납률**로 수납하되, 55[℃]의 온도에서 누설되지 아니하도록 충분한 공간용적을 유지하도록 할 것

㉢ 적재위험물에 따른 조치

- **차광성**이 있는 것으로 피복
  - **제1류 위험물**
  - 제3류위험물 중 **자연발화성 물질**
  - 제4류 위험물 중 **특수인화물**
  - **제5류 위험물**
  - **제6류 위험물**
- **방수성**이 있는 것으로 피복
  - 제1류 위험물 중 **알칼리금속의 과산화물**
  - 제2류 위험물 중 **철분·금속분·마그네슘**
  - 제3류 위험물 중 **금수성 물질**

㉣ **운반용기**의 **외부 표시 사항**

- 위험물의 **품명, 위험등급, 화학명** 및 **수용성**(제4류 위험물의 수용성인 것에 한함)
- 위험물의 **수량**
- **주의사항**

PLUS ONE

주의사항

- 제1류 위험물
  - 알칼리금속의 과산화물 : 화기·충격주의, 물기엄금, 가연물접촉주의
  - 그 밖의 것 : 화기·충격주의, 가연물접촉주의
- 제2류 위험물
  - 철분·금속분·마그네슘 : 화기주의, 물기엄금
  - 인화성 고체 : 화기엄금
  - 그 밖의 것 : 화기주의
- 제3류 위험물
  - 자연발화성 물질 : 화기엄금, 공기접촉엄금
  - 금수성 물질 : 물기엄금
- 제4류 위험물 : 화기엄금
- 제5류 위험물 : 화기엄금, 충격주의
- 제6류 위험물 : 가연물접촉주의

③ 운반방법(지정수량 이상 운반 시)

㉠ 한 변의 길이가 0.3[m] 이상, 다른 한 변의 길이가 0.6[m] 이상인 직사각형의 판으로 할 것

㉡ **흑색 바탕**에 **황색의 반사도료** 그 밖의 반사성이 있는 재료로 "**위험물**"이라고 표시할 것

소요단위 = 저장(운반)수량 ÷ (지정수량 × 10)
[참고] 위험물은 지정수량의 10배를 1소요단위로 한다.

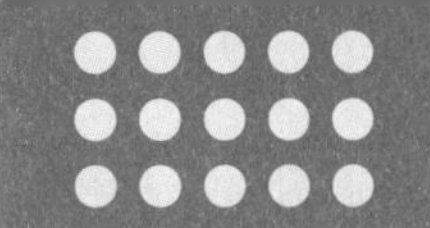

제4과목

소방기계시설의 구조 및 원리

제1장 소화설비

소화설비의 종류

① 소화기구
  ㉠ 소화기
  ㉡ 간이소화용구 : 에어로졸식 소화용구, 투척용 소화용구, 소공간용 소화용구 및 소화약제 외의 것을 이용한 간이소화용구
  ㉢ 자동확산소화기
② 자동소화장치
  ㉠ 주거용 주방자동소화장치
  ㉡ 상업용 주방자동소화장치
  ㉢ 캐비닛형 자동소화장치
  ㉣ 가스자동소화장치
  ㉤ 분말자동소화장치
  ㉥ 고체에어로졸자동소화장치
③ 옥내소화전설비(호스릴 옥내소화전설비 포함)
④ 스프링클러설비 등(스프링클러설비, 간이스프링클러설비(캐비닛형 간이스프링클러설비를 포함) 및 화재조기진압용 스프링클러설비)
⑤ 물분무 등 소화설비
⑥ 옥외소화전설비

물분무 등 소화설비 : 물분무소화설비, 미분무소화설비, 포소화설비, 이산화탄소소화설비, 할론소화설비, 할로겐화합물 및 불활성기체 소화설비, 분말소화설비, 강화액소화설비, 고체에어로졸소화설비

1-1 소화기

1. 소화기의 분류

(1) 소화능력단위에 의한 분류

① 소형소화기 : 능력단위 1단위 이상

② 대형소화기 : 능력단위가 A급 : 10단위 이상, B급 : 20단위 이상, 아래 표에 기재한 충전량 이상

종 별	충전량	종 별	충전량
포소화기	20[L] 이상	분말소화기	20[kg] 이상
강화액소화기	60[L] 이상	할론소화기	30[kg] 이상
물소화기	80[L] 이상	이산화탄소소화기	50[kg] 이상

(2) 가압방식에 의한 분류

① 축압식 : 소화기 용기 내부에 소화약제와 압축공기 또는 불연성 가스(N_2, CO_2)를 축압시켜 그 압력에 의해 약제를 방출하는 방식

② 가압식 : 소화약제의 방출을 위한 가압용 가스 용기를 소화기의 내부에 따로 부설하여 가압가스의 압력에서 소화약제가 방출되는 방식

가압식 소화기 : 수동펌프식, 화학반응식, 가스가압식

2. 소화기의 종류

소화기명	소화약제	종 류	적응화재	소화효과	비 고
물소화기	물	수동펌프식, 화학반응식, 가스가압식	A급	냉 각	유류화재 시 주수금지 : 화재면 확대
산·알칼리 소화기	H_2SO_4 $NaHCO_3$	파병식, 전도식	A급(무상 : C급)	냉 각	–
포소화기	$NaHCO_3$ $Al_2(SO_4)_3 \cdot 18H_2O$	보통전도식, 내통밀폐식, 내통밀봉식	A, B급	질식, 냉각	• 내약제 : $Al_2(SO_4)_3 \cdot 18H_2O$ • 외약제 : $NaHCO_3$
강화액소화기	H_2SO_4 K_2CO_3	축압식, 반응식, 가압식	A급 (무상 : A, B, C급)	냉각(무상 : 질식, 부촉매)	한랭지나 겨울철에 적합
이산화탄소 소화기	CO_2	고압가스법 적용	B, C급	질식, 냉각, 피복	약제함량 : 99.5[%] 이상 수분 : 0.05[%] 이하
할론소화기	할론 1301, 할론 1211 할론 1011, 할론 2402	수동펌프식, 축압식, 수동축압식	B, C급	질식, 냉각, 부촉매	전기화재에 적합
분말소화기	제1종 분말, 제2종 분말 제3종 분말, 제4종 분말	축압식, 가압식	B, C급	질식, 냉각, 부촉매	–

3. 자동차용 소화기

강화액소화기(안개모양으로 방사), **포소화기**, 이산화탄소소화기, 할론소화기, 분말소화기

PLUS ONE
자동차용 소화기
강화액소화기(안개모양으로 방사), **포소화기**, 이산화탄소소화기, 할론소화기, 분말소화기

4. 소화기의 사용온도

종 류	강화액소화기	분말소화기	그 밖의 소화기
사용온도	-20~40[℃]	-20~40[℃]	0~40[℃]

5. 소화기의 사용 후 처리

① **산·알칼리 소화기**는 유리파편을 제거하고 용기는 **물로 세척**한다.
② **강화액소화기**는 내액을 완전히 배출시키고 용기는 **물로 세척**한다.
③ 포소화기는 용기의 내면, 외면 및 호스를 물로 세척한다.
④ **분말소화기**는 거꾸로 하여 잔압에 의하여 **호스를 세척**한다.

1-2 옥내소화전설비

1. 옥내소화전설비의 계통도

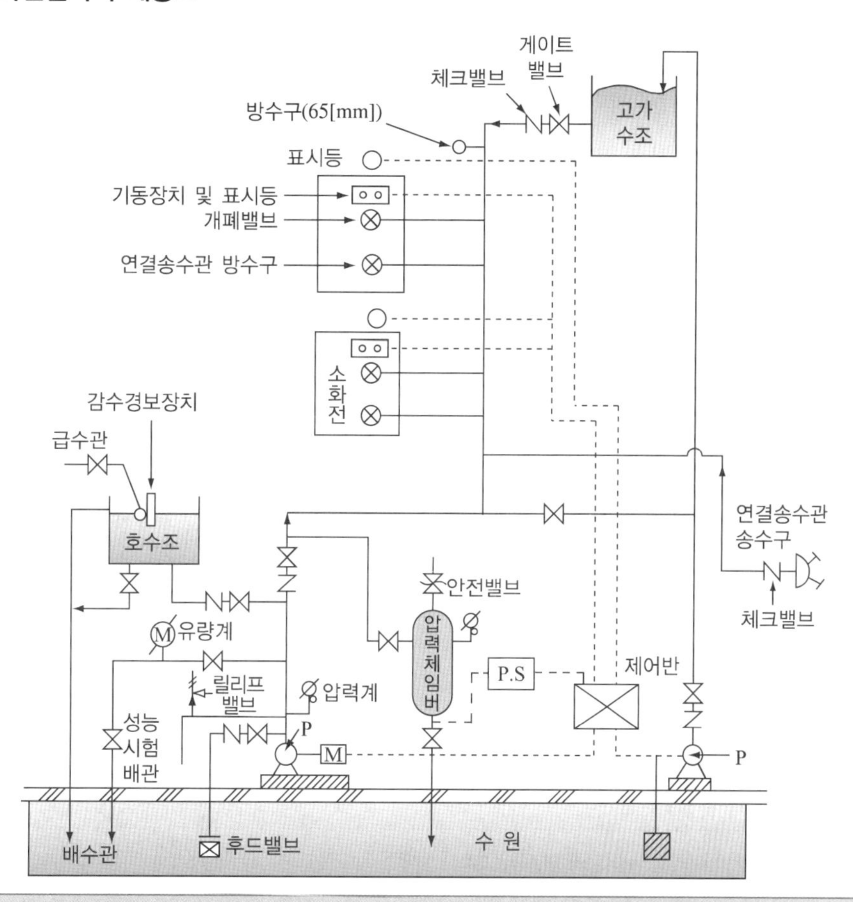

현장에서는 압력체임버 상단에는 안전밸브 또는 릴리프밸브가 설치되어 있다.

2. 수 원

(1) 수원의 용량

- 29층 이하일 때 수원의 양[L] = $N \times 2.6[m^3]$(130[L/min] × 20[min] = 2,600[L])(호스릴 옥내소화전설비를 포함)

[고층건축물(30층 이상, 높이 120[m] 이상)인 경우]

- 30층 이상 49층 이하일 때 수원의 양[L] = $N \times 5.2[m^3]$(130[L/min] × 40[min]= 5,200[L])
- 50층 이상일 때 수원의 양[L] = $N \times 7.8[m^3]$(130[L/min] × 60[min] = 7,800[L])

  ※ 1[m^3] = 1,000[L]

여기서, N : 가장 많이 설치된 층의 소화전 개수(최대 5개)

(2) 수원의 종류

① 고가수조
② 압력수조
③ 지하수조(펌프방식)
④ 가압수조

3. 가압송수장치

(1) 지하수조(펌프)방식

① 펌프의 토출량

> 펌프의 토출량 $Q \geq N \times 130$[L/min](호스릴 옥내소화전설비를 포함)

여기서, N : 가장 많이 설치된 층의 소화전 개수(최대 5개)

> 옥내소화전설비의 규정방수량 : 130[L/min], 방수압력 : 0.17[MPa] 이상
> (호스릴 옥내소화전설비를 포함)

② 펌프의 양정

> 펌프의 양정 $H \geq h_1 + h_2 + h_3 + 17$(호스릴 옥내소화전설비를 포함)

여기서, H : 전양정[m]
h_1 : 소방용 호스의 마찰손실수두[m]
h_2 : 배관의 마찰손실수두[m]
h_3 : 낙차[m]
17 : 노즐선단의 방수압력 환산수두

③ 펌프의 전동기 용량

$$P[\text{kW}] = \frac{\gamma \cdot Q \cdot H}{102 \times \eta} \times K \text{ 또는 } P[\text{kW}] = \frac{0.163 \times Q \times H}{\eta} \times K$$

여기서, γ : 물의 비중량(1,000[kg_f/m^3])
H : 양정[m]
K : 여유율(전달계수)
Q : 유량[m^3/s]
η : 펌프의 효율

또는 Q : 유량[m^3/min]
H : 양정[m]
K : 여유율(전달계수)
η : 펌프의 효율

④ 펌프의 설치 시 사항

> • 펌프의 **토출측**에는 압력계를 체크밸브 이전에 펌프토출측 플랜지에서 가까운 곳에 설치하고, **흡입측**에는 **연성계**나 **진공계**를 설치할 것
> • 충압펌프의 정격토출압력 = 자연압 + 0.2 이상 = 가압송수장치의 정격토출압력과 동일

⑤ 물올림장치(호수조, 물마중장치, Priming Tank)

수원의 수위가 펌프보다 낮은 위치에 있을 때 설치한다.

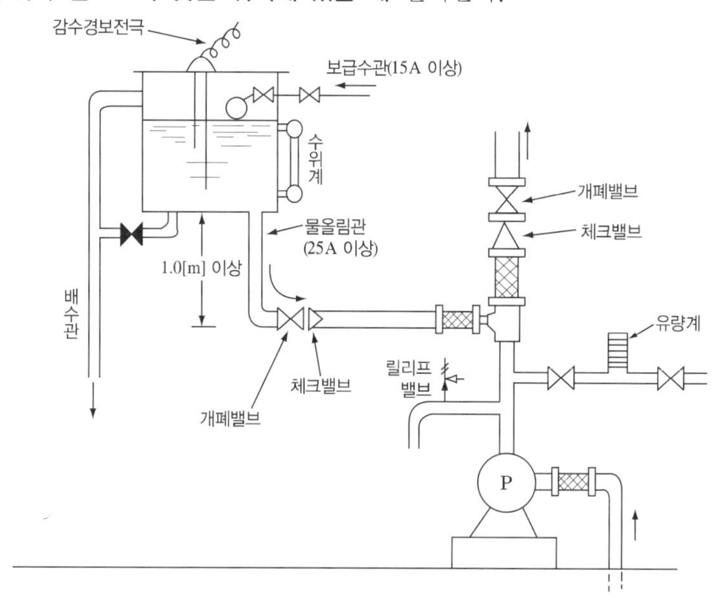

PLUS ONE **물올림장치**

- **물올림장치의 용량 : 100[L] 이상**
- 급수배관의 구경 : 15[mm] 이상
- 물올림배관의 구경 : 25[mm] 이상
- 오버플로관의 구경 : 50[mm] 이상
- 설치장소 : 수원이 펌프보다 낮게 설치되어 있을 때
- 설치 이유 : 펌프케이싱과 흡입측 배관에 항상 물을 충만하여 공기고임현상을 방지하기 위하여
- 물올림장치의 감수원인
  - 급수밸브의 차단
  - 자동급수장치의 고장
  - 배수밸브 개방

⑥ 순환배관

펌프 내의 체절운전 시 공회전에 의한 수온상승을 방지하기 위하여 설치하는 안전밸브(Relief Valve)가 있는 배관

㉠ 순환배관의 구경 : 20[mm] 이상

㉡ **분기점 : 펌프의 토출측 체크밸브 이전**에 분기

㉢ 설치 이유 : 체절운전 시 수온상승 방지

㉣ 순환배관상에 설치하는 Relief Valve의 작동압력 : 체절압력 미만

㉤ 순환배관의 토출량 : 정격토출량의 2~3[%]

㉥ **체절운전** : 펌프의 토출측 배관이 모두 잠긴 상태에서 펌프가 계속 작동하여 압력이 최상한점에 도달하여 더 이상 올라갈 수 없는 상태에서 펌프가 공회전하는 운전

⑦ 성능시험배관

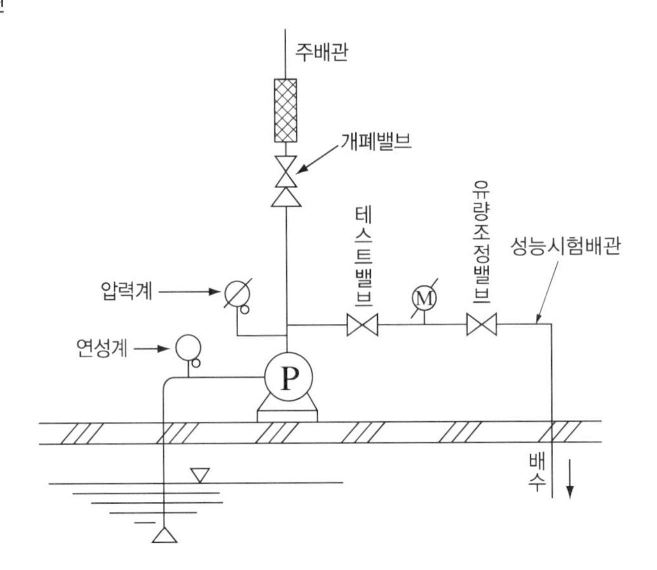

PLUS ONE 성능시험배관

- 분기점 : 펌프의 토출측 개폐밸브 이전에 분기
- 설치 이유 : 정격부하 운전 시 펌프의 성능을 시험하기 위하여
- 펌프의 성능 : 체절운전 시 정격토출압력의 140[%]를 초과하지 아니하고 정격토출량의 150[%]로 운전 시에 정격토출압력의 65[%] 이상이어야 한다.
- 성능시험배관의 관경 : $1.5Q = 0.6597D^2\sqrt{0.65 \times 10P}$ (D : 성능시험배관의 관경)
- 유량측정장치는 성능시험배관의 직관부에 설치하되 펌프의 정격 토출량의 175[%] 이상 측정할 수 있는 성능이 있을 것

⑧ 압력체임버(기동용 수압개폐장치)

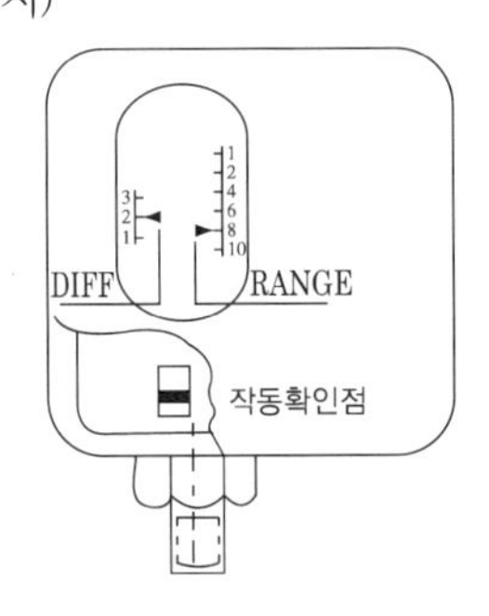

PLUS ONE 압력체임버(압력탱크)

- 압력체임버의 용량 : 100[L] 이상(100[L], 200[L])
- 설치 이유 : 충압펌프와 주펌프의 기동과 규격방수압력 유지
- Range : 펌프의 정지점
- Diff : Range에 설정된 압력에서 Diff에 설정된 만큼 떨어졌을 때 펌프가 작동하는 압력의 차이

(2) 고가수조방식

건축물의 옥상에 물탱크를 설치하여 낙차의 압력을 이용하는 방식이다.

$$H \geq h_1 + h_2 + 17 \text{(호스릴 옥내소화전설비를 포함)}$$

여기서, H : 필요한 낙차[m]
h_1 : 소방용 호스 마찰손실수두[m]
h_2 : 배관의 마찰손실수두[m]

고가수조 : 수위계, 배수관, 급수관, 오버플로관, 맨홀 설치

(3) 압력수조방식

탱크 내에 물을 넣고 탱크 내의 압축공기의 압력에 의하여 송수하는 방식

$$P \geq P_1 + P_2 + P_3 + 0.17 \text{(호스릴 옥내소화전설비를 포함)}$$

여기서, P : 필요한 압력[MPa]
P_1 : 소방용 호스의 마찰손실 수두압[MPa]
P_2 : 배관의 마찰손실 수두압[MPa]
P_3 : 낙차의 환산수두압[MPa]

압력수조 : 수위계, 급수관, 급기관, 맨홀, 압력계, 안전장치, **자동식 공기압축기 설치**

4. 배 관

(1) 배관의 기준

① 펌프의 **흡입측 배관**에는 **버터플라이 밸브**를 설치할 수 없다.
② 펌프의 토출측 주배관의 구경은 **유속**이 **4[m/s] 이하**가 될 수 있는 크기 이상으로 할 것
③ 옥내소화전 방수구와 연결되는 **가지배관**의 구경 **40[mm](호스릴 25[mm])** 이상
④ 주배관 중 **수직배관**의 구경 **50[mm]**(호스릴 32[mm]) **이상**으로 할 것

PLUS ONE **연결송수관설비의 배관과 겸용할 경우**
- **주배관**의 구경 : **100[mm]** 이상
- 방수구로 연결되는 배관 구경 : 65[mm] 이상

(2) 배관의 압력손실

Hazen-Williams 방정식

$$\Delta P_m = 6.053 \times 10^4 \times \frac{Q^{1.85}}{C^{1.85} \times d^{4.87}}$$

여기서, ΔP_m : 배관 1[m]당 압력손실[MPa·m]
Q : 유량[L/min]
C : 조도계수
d : 내경[mm]

5. 옥내소화전함 등

(1) 옥내소화전함의 구조

① 함의 재질 : 두께 **1.5[mm] 이상**의 **강판**, 두께 **4[mm] 이상**의 **합성수지재료**

② 문짝의 면적 : 0.5[m^2]

③ 위치표시등의 식별도 시험 : 부착면과 15도 이하의 각도로 발산되어야 하며, 주위의 밝기가 0[lx]인 장소에서 측정하여 10[m] 떨어진 위치에서 켜진 등이 확실히 식별되어야 한다.

> • **위치표시등** : 평상시 **적색등 점등**
> • 기동표시등 : 평상시에는 소등, 주펌프 기동 시에만 적색등 점등

(2) 옥내소화전방수구의 설치기준

① 방수구(개폐밸브)는 소방대상물의 층마다 설치하되 소방대상물의 각 부분으로부터 방수구까지의 **수평거리**는 **25[m]**(호스릴 옥내소화전설비 포함) **이하**가 되도록 할 것

② 바닥으로부터 **1.5[m] 이하**가 되도록 할 것

> 옥내소화전설비의 유효반경 : 수평거리 25[m] 이하

6. 방수량 및 방수압력 측정

옥내소화전의 수가 5개 이상일 때는 5개, 5개 이하일 때는 설치개수를 동시에 개방하여 노즐선단의 방수압력과 방수량을 측정한다.

$$Q = 0.6597CD^2\sqrt{10P}$$

여기서, Q : 분당토출량[L/min], C : 유량계수, D : 내경[mm], P : 방수압력[MPa]

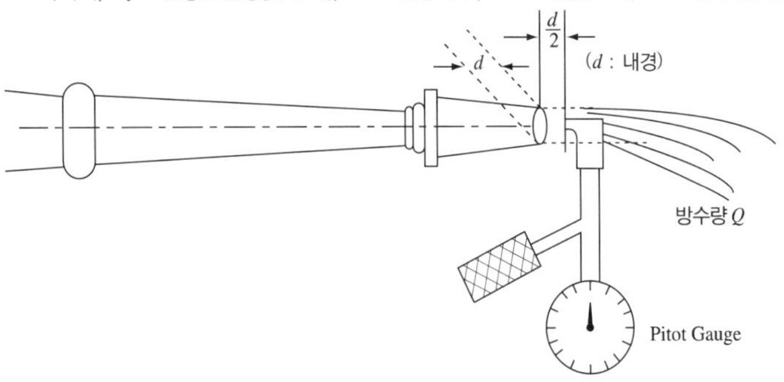

1-3 옥외소화전설비

1. 옥외소화전설비의 계통도

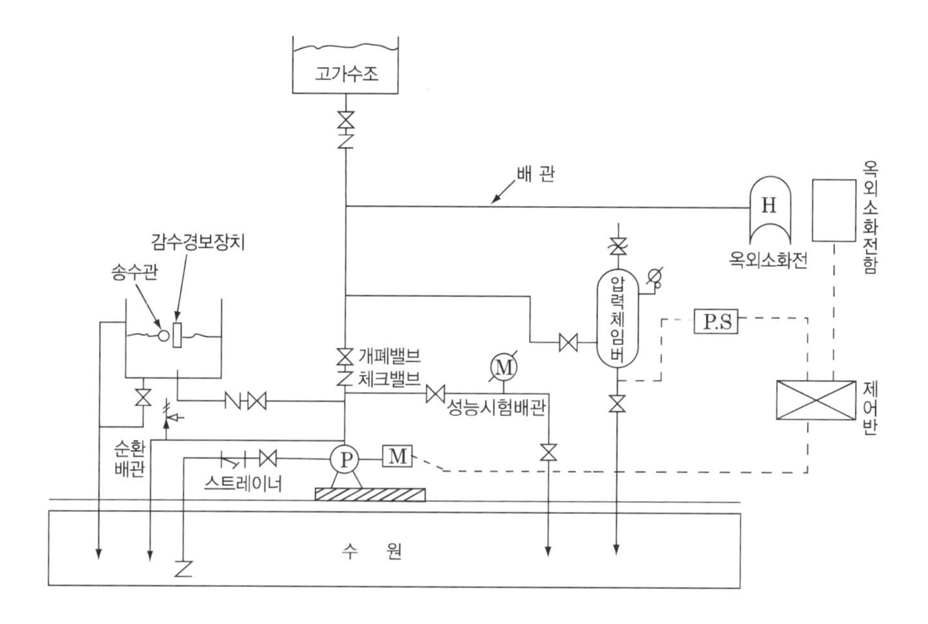

2. 수 원

(1) 수원의 용량

수원 ≧ $N \times 7[\mathrm{m}^3]$

여기서, N : 옥외소화전 개수(최대 2개)

(2) 수원의 종류

① 고가수조

② 압력수조

③ 지하수조(펌프방식)

3. 가압송수장치

(1) 지하수조(펌프)방식

① 펌프의 토출량

펌프의 토출량 $Q \geq N \times 350$[L/min]

여기서, N : 옥외소화전 개수(최대 2개)

옥외소화전설비의 규정방수량 : 350[L/min]

② 펌프의 양정

펌프의 양정 $H \geq h_1 + h_2 + h_3 + 25$

여기서, H : 전양정[m]
h_1 : 소방용 호스 마찰손실수두[m]
h_2 : 배관의 마찰손실수두[m]
h_3 : 낙차[m]
25 : 노즐선단의 방수압력 환산수두

옥외소화전설비의 규정방수압력 : 0.25[MPa] 이상

(2) 고가수조방식

$$H \geq h_1 + h_2 + 25$$

여기서, H : 필요한 낙차[m]
h_1 : 소방용 호스 마찰손실수두[m]
h_2 : 배관의 마찰손실수두[m]

(3) 압력수조방식

$$P \geq P_1 + P_2 + P_3 + 0.25$$

여기서, P : 필요한 압력[MPa]
P_1 : 소방용 호스의 마찰손실수두압[MPa]
P_2 : 배관의 마찰손실수두압[MPa]
P_3 : 낙차의 환산수두압[MPa]

4. 옥외소화전함 등

(1) 앵글밸브

앵글밸브는 구경 **65[mm]**로서 바닥으로부터 **1.5[m] 이하**에 설치한다.

옥외소화전설비의 유효반경 : 수평거리 **40[m] 이하**

(2) 소화전함

옥외소화전설비에는 옥외소화전으로부터 **5[m] 이내**에 소화전함을 설치하여야 한다.

소화전의 개수	소화전함의 설치기준
옥외소화전이 10개 이하	옥외소화전마다 5[m] 이내에 1개 이상 설치
옥외소화전이 11개 이상 30개 이하	11개 소화전함을 각각 분산 설치
옥외소화전이 **31개 이상**	옥외소화전 **3개마다 1개 이상** 설치

1-4 스프링클러설비

1. 스프링클러설비의 계통도

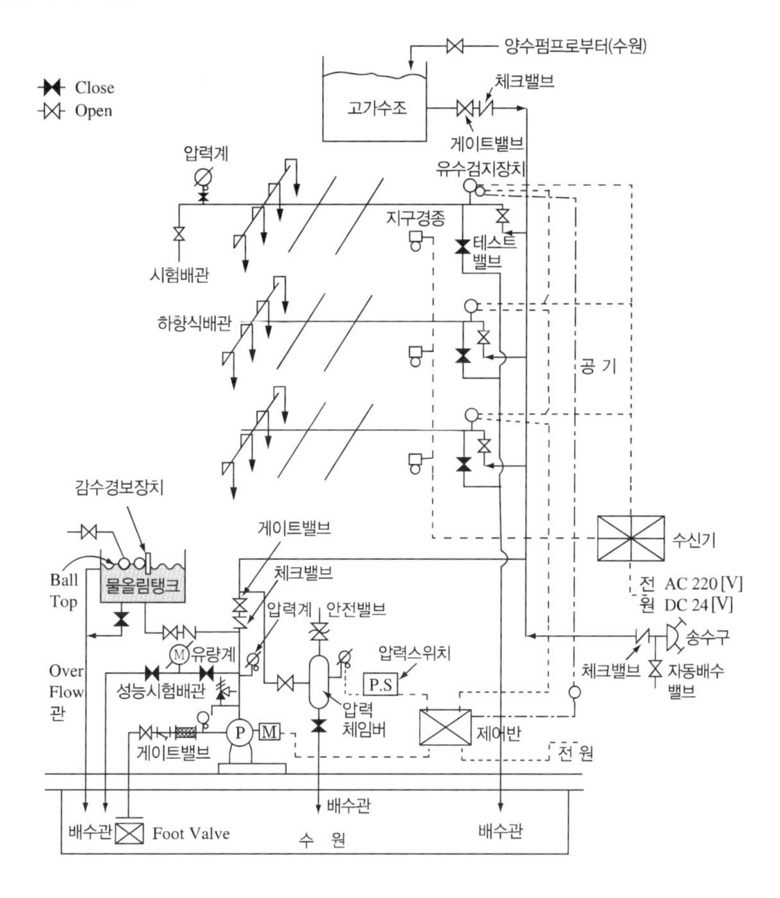

2. 스프링클러설비의 종류

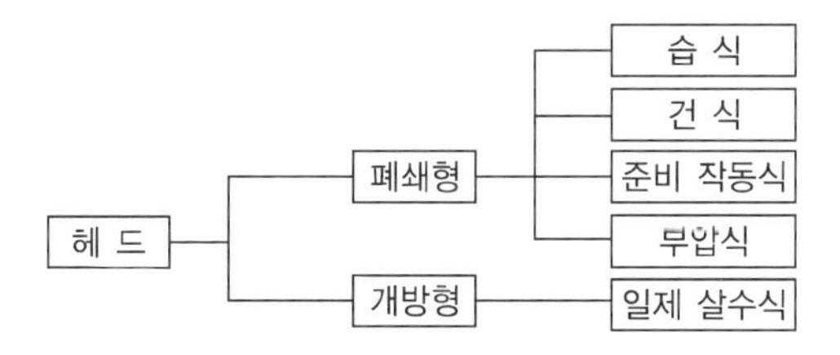

(1) 스프링클러설비의 비교

항 목 \ 종 류		습 식	건 식	부압식	준비작동식	일제살수식
사용헤드		폐쇄형	폐쇄형	폐쇄형	폐쇄형	개방형
배 관	1차측	가압수	가압수	가압수	가압수	가압수
	2차측	가압수	**압축공기**	부압수	대기압, 저압공기	대기압(개방)
경보밸브		알람밸브	건식밸브	준비작동밸브	준비작동밸브	일제개방밸브
감지기의 유무		無	無	有(단일회로)	有(교차회로)	有(교차회로)

(2) 스프링클러설비의 구성 부분

① **자동경보밸브(습식설비)** : 1차측과 2차측의 같은 압력을 유지하다가 헤드가 개방되면 2차측의 압력이 감소되면서 알람밸브가 개방되어 화재를 알리는 기능

> 리타딩체임버 : 오동작 방지, 배관 및 압력스위치의 손상보호

② **액셀레이터(건식설비)** : 건식밸브 개방 시 배관 내의 압축공기를 빼주어 속도를 증가시키기 위하여 설치로서 익져스터와 액셀레이터를 사용한다.

③ **드라이팬턴트형 헤드**(건식설비) : **하향형 헤드에만 설치**하는데 **동파 방지**

④ 감지기(준비작동식설비) : **교차회로방식**으로 설치

> 교차회로방식 : 하나의 밸브의 담당구역 내에 2 이상의 화재감지기회로를 설치하고 인접한 2 이상의 화재감지기가 동시에 감지되는 때에는 밸브가 개방·작동되는 방식

⑤ **탬퍼스위치** : 관로상의 주밸브인 게이트밸브에 요크를 걸어서 밸브의 개폐를 수신반에 전달하는 주밸브의 감시기능 스위치

3. 수 원

(1) 폐쇄형 스프링클러설비의 수원

PLUS ONE **수 원**

- 29층 이하 수원[m^3] = $N \times 80$[L/min] $\times$ 20[min] = $N \times 1.6$[m^3]
- 30층 이상 49층 이하 수원[m^3] = $N \times 80$[L/min] $\times$ 40[min] = $N \times 3.2$[m^3]
- 50층 이상 수원[m^3] = $N \times 80$[L/min] $\times$ 60[min] = $N \times 4.8$[m^3]

여기서, 헤드수 : 폐쇄형 헤드의 기준개수(단, 기준개수 이하일 때에는 설치개수)

소방대상물		기준개수	수 원
10층 이하인 소방대상물 (지하층 제외)	공장, 창고로서 특수가연물 저장, 취급	30	30 × 1.6[m^3] = 48[m^3]
	근린생활시설, 판매시설, 운수시설 또는 복합건축물[판매시설 또는 복합건축물(판매시설이 설치되는 복합건축물을 말한다)]	30	30 × 1.6[m^3] = 48[m^3]
	헤드의 부착높이 8[m] 이상	20	20 × 1.6[m^3] = 32[m^3]
	헤드의 부착높이 8[m] 미만	10	10 × 1.6[m^3] = 16[m^3]
지하층을 제외한 **11층 이상**(아파트는 제외), 지하가, 지하역사		30	30 × 1.6[m^3] = 48[m^3]
아파트		10	10 × 1.6[m^3] = 16[m^3]

(2) 개방형 스프링클러설비의 수원

① 헤드의 개수가 30개 이하

$$수원 \geq 헤드수 \times 1.6[m^3]$$

② 헤드의 개수가 30개 초과

$$수원[L] \geq 헤드수 \times K\sqrt{10P} \times 20[min]$$

여기서, K : 상수(15[mm] : 80, 20[mm] : 114) P : 방수압력[MPa]

(3) 펌프의 토출량

펌프의 토출량 = 헤드수×80[L/min]

4. 가압송수장치

(1) 가압송수장치의 설치기준

규격방사량	규격방사압력
80[L/min]	0.1[MPa] 이상 1.2[MPa] 이하

(2) 가압송수장치의 종류

① 지하수조(펌프)방식

펌프의 양정 $H = h_1 + h_2 + 10$

여기서, H : 전양정[m]
h_1 : 낙차(실양정, 펌프의 흡입양정+토출양정)[m]
h_2 : 배관의 마찰손실수두[m]

② 고가수조방식

$$H = h_1 + 10$$

여기서, H : 필요한 낙차[m]
h_1 : 배관의 마찰손실수두

③ 압력수조방식

$$P = P_1 + P_2 + 0.1$$

여기서, P : 필요한 압력[MPa]
P_1 : 낙차의 환산수두압[MPa]
P_2 : 배관의 마찰손실수두압[MPa]

5. 스프링클러헤드의 배치

(1) 헤드의 배치기준

① 스프링클러는 천장, 반자, 천장과 반자 사이 덕트, 선반 등에 설치하여야 한다. 단, 폭이 **9[m] 이하**인 실내에 있어서는 **측벽**에 설치하여야 한다.

② **무대부**, 연소우려가 있는 개구부 : **개방형 스프링클러헤드**를 설치

③ **조기반응형 스프링클러헤드**를 설치 대상물 : **공동주택 · 노유자시설의 거실, 오피스텔 · 숙박시설의 침실, 병원의 입원실**

설치장소	설치기준
무대부	수평거리 1.7[m] 이하
일반구조건축물	수평거리 2.1[m] 이하
내화구조건축물	수평거리 **2.3[m]** 이하
랙식 창고	수평거리 2.5[m] 이하
아파트	수평거리 3.2[m] 이하

(2) 헤드의 배치형태

① 정사각형(정방형)

$$S = 2R\cos 45° \qquad S = L$$

여기서, S : 헤드의 간격 R : 수평거리[m]
L : 배관간격

② 직사각형(장방형)

$$S = \sqrt{4R^2 - L^2}$$
$$(L = 2R\cos\theta)$$

③ 지그재그형(나란히꼴형)

$$a = 2R\cos 30° \qquad b = 2a\cos 30° \qquad L = \frac{b}{2}$$

여기서, a : 수평헤드간격 R : 수평거리[m]
b : 수직헤드간격 L : 배관간격

(3) 헤드의 설치기준

① 폐쇄형 헤드의 표시온도

설치장소의 최고주위온도	표시온도
39[℃] 미만	79[℃] 미만
39[℃] 이상 64[℃] 미만	79[℃] 이상 121[℃] 미만
64[℃] 이상 106[℃] 미만	**121[℃] 이상 162[℃] 미만**
106[℃] 이상	162[℃] 이상

② 스프링클러헤드와 부착면과의 거리 : **30[cm] 이하**

③ 스프링클러헤드의 반사판이 그 부착면과 **평행**하게 설치

④ 배관, 행거, 조명기구 등 살수를 방해하는 것이 있는 경우에는 그로부터 아래에 설치하여 살수에 장애가 없도록 할 것

(4) 헤드의 설치 제외 대상물

① 계단실 경사로, 승강기의 승강로, 비상용 승강기의 승강장 · 파이프덕트 및 덕트피트, **목욕실, 수영장(관람석 부분은 제외)**, 화장실 등 유사한 장소

② 발전실, 변전실, 변압기, 기타 **전기설비**가 설치되어 있는 장소

③ **병원의 수술실, 응급처치실**

④ 펌프실, 물탱크실, 엘리베이터권상기실 등

⑤ 아파트의 대피공간

6. 유수검지장치 및 방수구역

① 일제개방밸브가 담당하는 방호구역 : **3,000[m²]**

② 하나의 방호구역은 2개 층에 미치지 아니하여야 한다.

③ 유수검지장치의 설치 : 0.8[m] 이상 1.5[m] 이하

개방형 스프링클러설비에서 하나의 방수구역을 담당하는 헤드의 수 : **50개 이하**

7. 스프링클러설비의 배관

(1) 가지배관

① 가지배관의 배열은 토너먼트 방식이 아니어야 한다.

② 한쪽 **가지배관**에 설치하는 헤드의 개수 : **8개 이하**

(2) 교차배관

① 교차배관의 구경 : 40[mm] 이상

② 습식설비 또는 부압식 스프링클러설비 외의 설비에는 수평주행배관의 기울기 : **1/500 이상**

③ 습식설비 또는 부압식 스프링클러설비 외의 설비에는 가지배관의 기울기 : **1/250 이상**

④ 청소구 : 교차배관의 말단에 설치

8. 송수구

폐쇄형 헤드를 사용하는 스프링클러의 송수구는 하나의 층의 바닥면적이 3,000[m^2]를 넘을 때마다 1개 이상 설치

스프링클러설비의 송수구 : 65[mm]의 **쌍구형**

9. 드렌처설비

(1) 개 요

건축물의 외벽, 창 등 개구부의 실외의 부분에 유리창같이 깨지기 쉬운 부분에 살수하여 건축물의 외부화재를 막기 위한 방화설비이다.

(2) 설치기준

① 드렌처헤드는 개구부 위측에 **2.5[m] 이내**마다 **1개**를 설치하여야 한다.

② 제어밸브의 설치 : 바닥으로부터 0.8[m] 이상 1.5[m] 이하

③ 수원 : 설치헤드 수×1.6[m^3]

드렌처설비의 규정방수량 : 80[L/min], 규정방수압력 : 0.1[MPa]

1-5 간이스프링클러설비

1. 방수압력 및 방수량

① 가장 먼 가지배관에서 2개(영 별표 5 제1호 마목 1) 또는 6)과 7)에 해당하는 경우에는 5개)의 간이헤드 개방 시 압력 : **0.1[MPa] 이상**

> [별표 5 제1호 마목]
> 1) 근린생활시설 중 다음에 해당하는 것
>   가. 근린생활시설로 사용되는 부분의 바닥면적 합계가 1,000[m^2] 이상인 것은 모든 층
>   나. 의원, 치과의원 및 한의원으로서 입원실이 있는 시설
> 6) 생활형 숙박시설로서 해당 용도로 사용되는 바닥면적의 합계가 600[m^2] 이상인 것
> 7) 복합건축물(별표 2 제3호 나목의 복합건축물만 해당)로서 연면적이 1,000[m^2] 이상인 것은 모든 층

② 1개의 방수량 : 50[L/min] 이상

2. 수 원

적정방수량 및 방수압의 유지시간 : 10분(영 별표 5 제1호 마목 1) 또는 6)과 7)에 해당하는 경우에는 5개의 간이헤드에서 최소 20분) 이상

> 영 별표 5 제1호 마목 1) 또는 6)과 7)에 해당하는 특정소방대상물의 경우에는 상수도직결형 및 캐비닛형 간이스프링클러설비를 제외한 가압송수장치를 설치하여야 한다.

3. 배관 및 밸브류

① **상수도직결형**의 경우 : 수도배관 **호칭지름 32[mm] 이상**의 **배관**
② 가지배관의 유속은 6[m/s], 그 밖의 배관의 유속은 10[m/s]를 초과할 수 없다.
③ **연결송수관설비의 배관과 겸용**할 경우
  ㉠ **주배관**은 구경 : **100[mm] 이상**
  ㉡ **방수구로 연결되는 배관**의 구경 : **65[mm] 이상**
④ **유량측정장치**는 성능시험배관의 직관부에 설치하되, 펌프의 정격토출량의 **175[%] 이상** 측정할 수 있는 성능이 있을 것
⑤ 배관 및 밸브 등의 순서
  ㉠ **상수도직결형**의 경우 : 수도용 계량기 → 급수차단장치 → 개폐표시형 밸브 → 체크밸브 → 압력계 → 유수검지장치 → **2개의 시험밸브**
  ㉡ **펌프** 등의 가압송수장치를 이용하는 경우 : 수원 → 연성계(진공계) → 펌프 또는 압력수조 → 압력계 → 체크밸브 → **성능시험배관** → 개폐표시형 밸브 → 유수검지장치 → **시험밸브**
  ㉢ **가압수조**를 가압송수장치로 이용하는 경우 : 수원 → 가압수조 → 압력계 → 체크밸브 → 성능시험배관 → 개폐표시형 밸브 → 유수검지장치 → **2개의 시험밸브**
  ㉣ **캐비닛형**의 가압송수장치로 이용하는 경우 : 수원 → 연성계(진공계) → 펌프 또는 압력수조 → 압력계 → 체크밸브 → 개폐표시형 밸브 → **2개의 시험밸브**

⑥ 배관의 구경

① 캐비닛형 및 상수도직결형을 사용하는 경우 주배관은 32[mm], 수평주행배관은 32[mm], 가지배관은 25[mm] 이상으로 할 것

② **하나의 가지배관**에는 간이헤드를 **3개 이내**로 설치하여야 한다.

4. 간이헤드

① 폐쇄형 간이헤드를 사용할 것

② 간이헤드의 작동온도

주위천장온도	0~38[℃]	39~66[℃]
공칭작동온도	57~77[℃]	79~109[℃]

③ 간이헤드를 설치하는 천장·반자·천장과 반자 사이·덕트·선반 등의 각 부분으로부터 간이헤드까지의 수평거리는 **2.3[m] 이하**가 되도록 하여야 한다.

④ 상향식 간이헤드 또는 하향식 간이헤드의 경우에는

㉠ 간이헤드의 디플렉터에서 천장 또는 반자까지의 거리는 25[mm]에서 102[mm] 이내가 되도록 설치할 것

㉡ 측벽형 간이헤드의 경우에는 102[mm]에서 152[mm] 사이에 설치할 것

㉢ 플러시 스프링클러헤드의 경우에는 천장 또는 반자까지의 거리를 102[mm] 이하가 되도록 설치할 것

5. 송수구

① 송수구로부터 간이스프링클러설비의 주배관에 이르는 연결배관에 개폐밸브를 설치한 때에는 그 개폐상태를 쉽게 확인 및 조작할 수 있는 옥외 또는 기계실 등의 장소에 설치할 것

② 구경은 **65[mm]의 단구형** 또는 **쌍구형**으로 할 것

③ 송수배관의 안지름은 40[mm] 이상으로 할 것

④ 설치위치 : **0.5[m] 이상 1[m] 이하**

6. 비상전원

① 종류 : 비상전원, 비상전원수선실비

② 용량 : **10분 이상**(영 별표 5 제1호 마목 1) 또는 6)과 7)에 해당하는 경우에는 **20분**)

1-6 화재조기진압형 스프링클러설비

1. 설치장소의 구조

① 층의 높이 : 13.7[m] 이하
② 천장의 기울기 : 168/1,000을 초과하지 말 것(초과 시 반자를 지면과 수평으로 할 것)

2. 수 원

화재조기진압용 스프링클러설비의 수원은 수리학적으로 가장 먼 가지배관 3개에 각각 **4개의 스프링클러헤드가 동시에 개방**되었을 때 헤드선단의 압력이 **별표 3**에 의한 값 이상으로 **60분**간 방사할 수 있는 양으로 계산식은 다음과 같다.

$$\text{수원의 양} \quad Q = 12 \times 60 \times K\sqrt{10P}$$

여기서, Q : 수원의 양[L]
K : 상수[L/min/MPa$^{1/2}$]
P : 헤드선단의 압력[MPa]

3. 가압송수장치

① 펌프를 이용한 가압송수장치 : 스프링클러설비와 동일
② 고가수조를 이용한 가압송수장치

$$H = h_1 + h_2$$

여기서, H : 필요한 낙차[m]
h_1 : 배관의 마찰손실수두[m]
h_2 : 최소 방사압력의 환산수두[m]

③ 압력수조를 이용한 가압송수장치

$$P = p_1 + p_2 + p_3$$

여기서, P : 필요한 압력[MPa]
p_1 : 낙차의 환산수두압[MPa]
p_2 : 배관의 마찰손실수두압[MPa]
p_3 : 최소 방사압력[MPa]

4. 방호구역 유수검지장치

① 하나의 **방호구역 : 3,000[m^2] 초과하지 말 것**
② 하나의 방호구역은 2개 층에 미치지 아니하도록 할 것(1개 층에 설치된 헤드의 수가 10개 이하인 경우에는 3개 층 이내로 할 수 있다)
③ 유수검지장치 : 바닥으로부터 0.8[m] 이상 1.5[m] 이하에 설치
④ 유수검지장치 출입문의 크기 : 가로 0.5[m] 이상 세로 1[m] 이상

5. 배 관

① 연결송수관 배관과 겸용 시
㉠ **주배관** : 구경 **100[mm] 이상**
㉡ **방수구로 연결되는 배관** : 구경 **65[mm] 이상**

② 가지배관 사이의 거리 : 2.4[m] 이상 3.7[m] 이하(단, 천장높이 9.1[m] 이상 13.7[m] 이하 : 2.4[m] 이상 3.1[m] 이하)

③ 교차배관은 가지배관 밑에 수평으로 설치하고 최소구경은 40[mm] 이상으로 할 것

④ **수직배수배관**의 구경 : **50[mm] 이상**

⑤ 화재조기진압용 스프링클러설비배관을 **수평**으로 설치할 것

6. 헤 드

① 하나의 **방호면적 : 6.0[m^2] 이상 9.3[m^2] 이하**

② 가지배관의 헤드 사이의 거리
㉠ 천장의 높이 9.1[m] 미만 : 2.4[m] 이상 3.7[m] 이하
㉡ 천장의 높이 9.1[m] 이상 : 13.7[m] 이하 : 3.1[m] 이하

③ 헤드의 반사판은 천장 또는 반자와 평행하게 설치하고 저장물의 최상부와 914[mm] 이상 확보되도록 할 것

④ 하향식 헤드의 반사판의 위치는 천장이나 반자아래 125[mm] 이상 355[mm] 이하일 것

⑤ **헤드와 벽과의 거리**는 헤드 상호 간 거리의 2분의 1을 초과하지 않아야 하며 최소 **102[mm] 이상**일 것

⑥ 헤드의 작동온도는 **74[℃] 이하**일 것

7. 송수구

① 구경 : **65[mm]**의 쌍구형

② 설치위치 : 지면으로부터 **0.5[m] 이상 1[m] 이하**

8. 화재조기진압용 스프링클러의 설치 제외 대상

① **제4류 위험물**

② **타이어, 두루마리 종이** 및 **섬유류, 섬유제품 등** 연소 시 화염의 속도가 빠르고 방사된 물이 하부까지에 도달하지 못하는 것

1-7 물분무소화설비

1. 물분무헤드

(1) 물분무헤드의 종류

① 충돌형
② 분사형
③ 선회류형
④ 디플렉터형
⑤ 슬리트형

(2) 물분무헤드와 전기기기와의 이격거리

전압[kV]	거리[cm]	전압[kV]	거리[cm]
66 이하	70 이상	154 초과 181 이하	180 이상
66 초과 77 이하	80 이상	181 초과 220 이하	210 이상
77 초과 110 이하	110 이상	220 초과 275 이하	260 이상
110 초과 154 이하	150 이상	–	–

2. 펌프의 토출량 및 수원

소방대상물	펌프의 토출량[L/min]	수원[L]
특수가연물	바닥면적(최소 50[m^2])×10[L/min · m^2]	바닥면적(최소 50[m^2]) ×10[L/min · m^2]×20[min]
차고 · 주차장	바닥면적(최소 50[m^2])×20[L/min · m^2]	바닥면적(최소50[m^2]) ×20[L/min · m^2]×20[min]
절연유 봉입변압기	바닥 부분 제외한 표면적합계 ×10[L/min · m^2]	바닥 부분 제외한 표면적합계 ×10[L/min · m^2]×20[min]
케이블 트레이 · 케이블덕트	바닥면적[m^2]×12[L/min · m^2]	바닥면적[m^2]×12[L/min · m^2]×20[min]
컨베이어 벨트	바닥면적[m^2]×10[L/min · m^2]	바닥면적[m^2]×10[L/min · m^2]×20[min]

3. 가압송수장치

(1) 지하수조(펌프)방식

펌프의 양정 $H \geq h_1 + h_2$

여기서, H : 전양정[m]
h_1 : 물분무헤드의 설계압력 환산수두[m]
h_2 : 배관의 마찰손실수두[m]

(2) 고가수조방식

$$H \geq h_1 + h_2$$

여기서, H : 필요한 낙차[m]
h_1 : 물분무헤드의 설계압력 환산수두[m]
h_2 : 배관의 마찰손실수두[m]

고가수조 : 수위계, 배수관, 급수관, 오버플로관, 맨홀 설치

(3) 압력수조방식

$$P \geq P_1 + P_2 + P_3$$

여기서, P : 필요한 압력[MPa]
P_1 : 물분무헤드의 설계압력[MPa]
P_2 : 배관의 마찰손실수두압[MPa]
P_3 : 낙차의 환산수두압[MPa]

PLUS ONE **압력수조**
수위계, 배수관, 급수관, 급기관, 맨홀 압력계, 안전장치, **자동식 공기압축기** 설치

4. 배수설비

① 차량이 주차하는 곳에는 **10[cm] 이상**의 **경계턱**으로 배수구 설치
② 배수구에는 길이 **40[m] 이하마다** 집수관, 소화피트 등 **기름분리장치**를 설치

차량이 주차하는 바닥은 **배수구**를 향하여 기울기 : 2/100 이상

5. 소화효과

물분무소화설비의 소화효과 : 질식, 냉각, 희석, 유화효과

1-8 미분무소화설비

1. 압력에 따른 분류

① **저압 미분무소화설비** : 최고사용압력이 **1.2[MPa] 이하**
② **중압 미분무소화설비** : 사용압력이 **1.2[MPa]을 초과**하고 **3.5[MPa] 이하**
③ **고압 미분무소화설비** : 최저사용압력이 **3.5[MPa]을 초과**

2. 수 원

$$Q = N \times D \times T \times S + V$$

여기서, Q : 수원의 양[m^3]
N : 방호구역(방수구역) 내 헤드의 개수
D : 설계유량[m^3/min]
T : 설계방수시간[min]
S : 안전율(1.2 이상)
V : 배관의 총체적[m^3]

3. 배관 등

① **수직배수배관의 구경**은 **50[mm] 이상**으로 하여야 한다. 다만, 수직배관의 구경이 50[mm] 미만인 경우에는 수직배관과 동일한 구경으로 할 수 있다.
② **주차장의 미분무소화설비**는 **습식 외의 방식**으로 하여야 한다.
③ 배관의 기울기
㉠ 수평주행배관의 기울기 : 1/500 이상
㉡ 가지배관의 기울기 : 1/250 이상
④ **호스릴방식**은 하나의 호스접결구까지의 **수평거리**가 **25[m] 이하**가 되도록 할 것

4. 헤드의 표시온도

폐쇄형 미분무헤드는 그 설치장소의 평상시 최고주위온도에 따라 다음 식에 따른 표시온도의 것으로 설치하여야 한다.

$$T_a = 0.9\,T_m - 27.3[℃]$$

여기서, T_a : 최고주위온도
T_m : 헤드의 표시온도

1-9 포소화설비

1. 포소화설비의 계통도

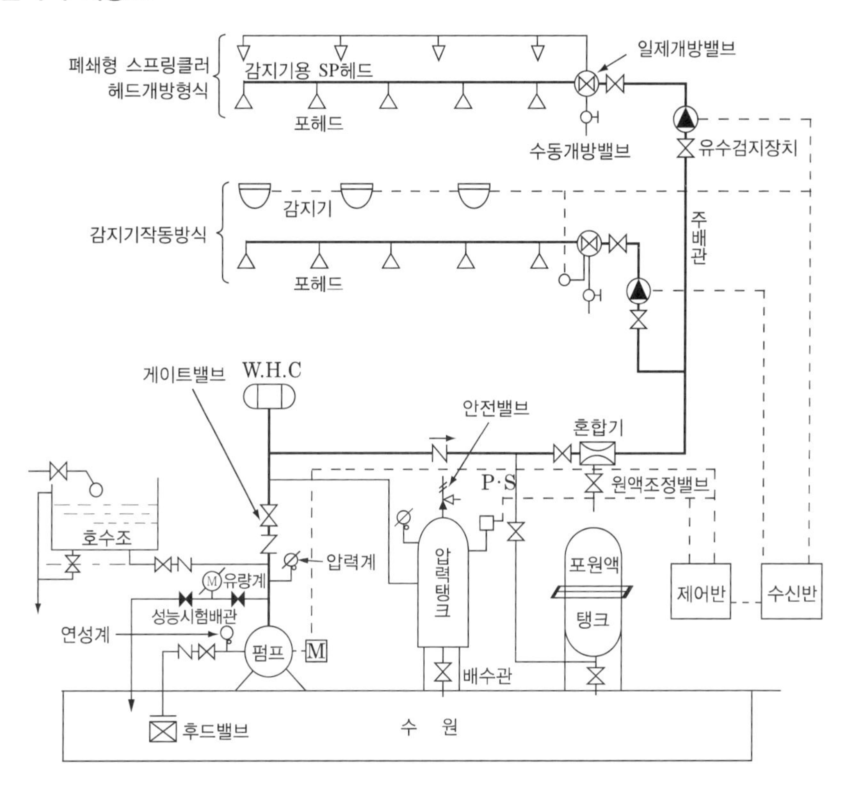

2. 포소화설비의 특징

① 포의 내화성이 커서 대규모 화재에 적합하다.
② 실외에서는 옥외소화전보다 소화효력이 크다.
③ 약제는 인체에 무해하다.
④ **기계포약제**는 **혼합기구**가 **복잡**하다.

> 기계포약제는 혼합기구가 복잡하다.

3. 포소화설비의 수원 및 약제량

(1) 옥내포소화전방식 또는 호스릴방식

구 분	소화약제량	수원의 양
옥내포소화전방식, 호스릴방식	$Q = N \times S \times 6{,}000$[L] N : 호스접결구 수(5개 이상은 5개) S : 포소화약제의 농도[%]	$Q_W = N \times 6{,}000$[L]

> **바닥면적이 200[m²] 미만일 때 호스릴 방식의 약제량 :** $Q = N \times S \times 6{,}000[\text{L}] \times 0.75$

(2) 고정포방출방식

구 분	약제량	수원의 양
① 고정포방출구	$Q = A \times Q_1 \times T \times S$ Q : 포소화약제의 양[L] A : 탱크의 액표면적[m^2] Q_1 : 단위포소화수용액의 양[$L/m^2 \cdot min$] T : 방출시간[포수용액의 양÷방출률(분)] S : 포소화약제 사용농도[%]	$Q_W = A \times Q_1 \times T$
② 보조소화전	$Q = N \times S \times 8,000$[L] Q : 포소화약제의 양[L] N : 호스접결구 수(3개 이상일 경우 3개) S : 포소화약제의 사용농도[%]	$Q_W = N \times 8,000$[L]
③ 배관보정	가장 먼 탱크까지의 송액관(내경 75[mm] 이하 제외)에 충전하기 위하여 필요한 양 $Q = Q_A \times S = \frac{\pi}{4} d^2 \times l \times S \times 1,000$ Q : 배관 충전 필요량[L] Q_A : 송액관 충전량[L] S : 포소화약제 사용농도[%]	$Q_W = Q_A$
※ 고정포방출방식 약제저장량 = ① + ② + ③		

4. 가압송수장치

(1) 지하수조(펌프)방식

$$\text{펌프의 양정} \quad H \geq h_1 + h_2 + h_3 + h_4$$

여기서, H : 전양정[m]
h_1 : 방출구 설계압력환산수두 및 노즐선단의 방사압력환산수두[m]
h_2 : 배관의 마찰손실수두[m]
h_3 : 낙차[m]
h_4 : 소방용 호스의 마찰손실수두[m]

(2) 고가수조방식

$$H \geq h_1 + h_2 + h_3$$

여기서, H : 필요한 낙차[m]
h_1 : 방출구 설계압력환산수두 및 노즐선단의 방사압력환산수두[m]
h_2 : 배관의 마찰손실수두[m]
h_3 : 소방용 호스의 마찰손실수두[m]

고가수조 : 수위계, 배수관, 급수관, 오버플로관, 맨홀 설치

(3) 압력수조방식

$$P \geq P_1 + P_2 + P_3 + P_4$$

여기서, P : 필요한 압력[MPa]
P_1 : 방출구 설계압력환산수두 및 노즐선단의 방사압력[MPa]
P_2 : 배관의 마찰손실수두압[MPa]
P_3 : 낙차의 환산수두압[MPa]
P_4 : 소방용 호스의 마찰손실수두압[MPa]

PLUS ONE **압력수조**

수위계, 급수관, 배수관, 급기관, 맨홀, 압력계, 안전장치, **공기압축기** 설치

5. 포헤드

① 팽창비율에 의한 분류

팽창비	포방출구의 종류
팽창비가 20 이하(저발포)	포헤드
팽창비가 80 이상 1,000 미만(고발포)	고발포용 고정포방출구

② 포워터 스프링클러헤드 : 바닥면적 8[m^2]마다 헤드 1개 이상 설치
③ 포헤드 : 바닥면적 9[m^2]마다 헤드 1개 이상 설치

6. 포혼합장치

(1) 펌프 프로포셔너방식

펌프의 토출관과 흡입관 사이의 배관 도중에 설치한 흡입기에 펌프에서 토출된 물의 일부를 보내고, 농도조절밸브에서 조정된 포소화약제의 필요량을 포소화약제 탱크에서 펌프 흡입측으로 보내어 이를 혼합하는 방식

(2) 라인 프로포셔너방식

펌프와 발포기의 중간에 설치된 벤투리관의 벤투리작용에 따라 포소화약제를 흡입・혼합하는 방식

(3) 프레셔 프로포셔너방식

펌프와 발포기의 중간에 설치된 벤투리관의 벤투리작용과 펌프가압수의 포소화약제 저장탱크에 대한 압력에 따라 포소화약제를 흡입・혼합하는 방식

(4) 프레셔 사이드 프로포셔너방식

펌프의 토출관에 압입기를 설치하여 포소화약제 압입용 펌프로 포소화약제를 압입시켜 혼합하는 방식

(5) 압축공기포 믹싱체임버방식

압축공기 또는 압축질소를 일정비율로 포 수용액에 강제 주입 혼합하는 방식

프레셔 사이드 프로포셔너방식과 **라인 프로포셔너방식**은 자주 출제됨

1-10 이산화탄소소화설비

1. 이산화탄소설비의 특징

① **심부화재**에 적합하다.
② 화재진화 후 깨끗하다.
③ 증거보존이 양호하여 화재원인의 조사가 쉽다.
④ 비전도성이므로 **전기화재**에 적합하다.
⑤ 고압이므로 방사 시 **소음이 크다.**

2. 이산화탄소설비의 분류

(1) 소화약제 방출방식에 의한 분류

① 전역방출방식 : 한 방호구역을 방사하여 소화하는 방식
② 국소방출방식 : 각 소방대상물을 방사하여 소화하는 방식
③ 이동식(호스릴식) : 호스와 노즐만 이동하면서 소화하는 방식

(2) 저장방식에 의한 분류

① 고압저장방식 : 15[℃], 5.3[MPa]로 저장
② 저압저장방식 : -18[℃], 2.1[MPa]로 저장

3. 이산화탄소설비의 계통도

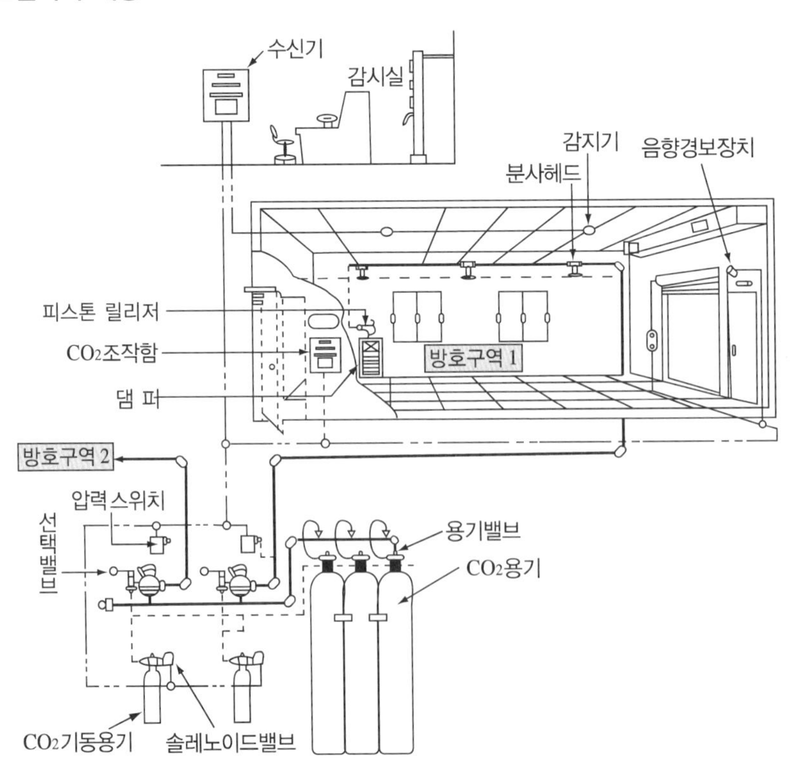

4. 저장용기와 용기밸브

(1) 저장용기의 충전비

$$충전비 = \frac{용기의\ 내용적[L]}{약제의\ 중량[kg]}$$

PLUS ONE **저장용기의 충전비**

CO_2는 68[L]의 용기에 약제의 충전량은 45[kg]이다(**충전비 : 1.5**).

- 고압식 : **1.5 이상 1.9 이하**
- 저압식 : 1.1 이상 1.4 이하

(2) 저압 저장용기

① 저압식 저장용기에는 안전밸브와 봉판을 설치할 것

- 안전밸브 : 내압시험 압력의 **0.64배부터 0.8배까지의 압력**에서 작동
- 봉판 : 내압시험 압력의 0.8배부터 내압시험압력에서 작동

② 저압식 저장용기에는 압력경보장치를 설치할 것

압력경보장치 : 2.3[MPa] 이상 1.9[MPa] 이하에서 작동

③ 저압식 저장용기에는 자동냉동장치를 설치할 것

자동냉동장치 : **-18[℃] 이하**에서 **2.1[MPa] 이상**의 압력유지

④ 저장용기는 **고압식**은 **25[MPa] 이상**, **저압식**은 **3.5[MPa] 이상**의 **내압시험**에 합격한 것으로 할 것

(3) 저장용기의 설치기준(할론, 분말저장용기와 동일)

① **방호구역 외의** 장소에 설치할 것(단, 방호구역 내에 설치한 경우에는 피난 및 조작이 용이하도록 피난구 부근에 설치)

② 온도가 **40[℃] 이하**이고, 온도변화가 적은 곳에 설치할 것

③ 직사광선 및 빗물의 침투할 우려가 없는 곳에 설치할 것

④ 갑종방화문 또는 을종방화문으로 구획된 실에 설치할 것

⑤ 용기의 설치장소에는 해당 용기가 설치된 곳임을 표시하는 표지를 할 것

⑥ **용기 간의 간격**은 점검에 지장이 없도록 **3[cm] 이상**의 간격을 유지할 것

⑦ 저장용기와 집합관을 연결하는 연결배관에는 체크밸브를 설치할 것

PLUS ONE **저장용기의 설치기준**

- 방호구역 외의 장소에 설치할 것
- 온도가 40[℃] 이하인 장소에 설치할 것

(4) 안전장치

저장용기와 선택밸브 또는 개폐밸브 사이에는 **내압시험압력 0.8배**에서 작동하는 **안전장치**를 설치하여야 한다.

5. 분사헤드

방출방식	기 준
전역방출방식	방사압력 **고압식** : 2.1[MPa], **저압식** : 1.05[MPa]
국소방출방식	**30초 이내** 약제 전량 방출
호스릴방식	하나의 노즐당 약제 방사량 : 60[kg/min] 이상

호스릴방식의 유효반경 : 수평거리 15[m] 이하

6. 기동장치

(1) 수동식 기동장치

① 전역방출방식은 방호구역마다, 국소방출방식은 방호대상물마다 설치할 것
② 방호구역의 출입구 부분 등 조작을 하는 자가 피난할 수 있는 장소에 설치할 것
③ 기동장치의 조작부는 바닥으로부터 0.8[m] 이상 1.5[m] 이하에 설치할 것
④ 전기를 사용하는 기동장치에는 전원표시등을 설치할 것

(2) 자동식 기동장치

① **7병 이상** 저장용기를 동시에 개방할 때에는 **2병 이상**의 **전자개방밸브**를 부착할 것
② 가스 압력식 기동장치의 설치기준
㉠ 용기에 사용하는 밸브는 25[MPa] 이상의 압력에 견딜 수 있을 것
㉡ 안전장치의 작동압력 : 내압시험압력 **0.8배**부터 내압시험압력 이하

PLUS ONE 기동용 가스용기
- 용적 : 5[L] 이상
- 충전가스 : 질소 등의 비활성기체
- 충전압력 : 6.0[MPa] 이상(21[℃] 기준)
- 압력게이지 설치할 것

7. 소화약제저장량

(1) 전역방출방식

① 표면화재방호대상물(가연성가스, 가연성 액체)

탄산가스저장량[kg] = 방호구역체적[m^3] × 소요가스량[kg/m^3] × 보정계수 + 개구부면적[m^2] × 가산량(5[kg/m^2])

[전역방출방식(표면화재)의 소요 가스양]

방호구역 체적	소요가스량[kg/m^3]	약제저장량의 최저한도량
45[m^3] 미만	1.00	45[kg]
45[m^3] 이상 150[m^3] 미만	0.90	45[kg]
150[m^3] 이상 1,450[m^3] 미만	0.80	135[kg]
1,450[m^3] 이상	0.75	1,125[kg]

참고 : ㉠ 방호구역체적[m^3]×소요가스량[kg/m^3]을 계산했을 때 약제량이 최저한도량 이하가 될 때에는 최저한도량으로 하여야 한다.
㉡ 자동폐쇄장치가 설치되어 있을 때는 개구부면적과 가산량은 계산하지 않는다.
㉢ 보정계수는 설계농도 도표는 생략하였음

② 심부화재방호대상물(종이, 목재, 석탄, 섬유류, 합성수지류)

탄산가스저장량[kg] = 방호구역체적[m^3] × 소요가스량[kg/m^3] + 개구부면적[m^2] × 가산량(10[kg/m^2])

[전역방출방식(심부화재)의 소요가스량]

방호대상물	방호구역의 체적 1[m^3]에 대한 소화약제의 양	설계농도[%]
유압기기를 제외한 전기설비, 케이블실	1.3[kg]	50
체적 55[m^3] 미만의 전기설비	1.6[kg]	50
서고, 전자제품창고, 목재가공품창고, 박물관	2.0[kg]	65
고무류 · **면화류 창고**, 모피 창고, 석탄창고, 집진설비	2.7[kg]	75

(2) 국소방출방식

소방대상물	소요가스저장량[kg]	
	고압식	저압식
특수가연물(윗면이 개방된 용기에 저장하는 경우와 화재 시 연소면이 1면으로 한정되고, 가연물이 비산할 우려가 없는 경우)	방호대상물의 표면적[m^2] × 13[kg/m^2] × 1.4	방호대상물의 표면적[m^2] × 13[kg/m^2] × 1.1
상기 이외의 것	방호공간의 체적[m^3] $\times\left(8-6\frac{a}{A}\right)$[kg/m^3] × 1.4	방호공간의 체적[m^3] $\times\left(8-6\frac{a}{A}\right)$[kg/m^3] × 1.1

(3) 호스릴방식

호스릴 이산화탄소의 하나의 노즐에 대하여 약제저장량 : **90[kg] 이상**

1-11 할론소화설비

1. 할론소화설비의 계통도

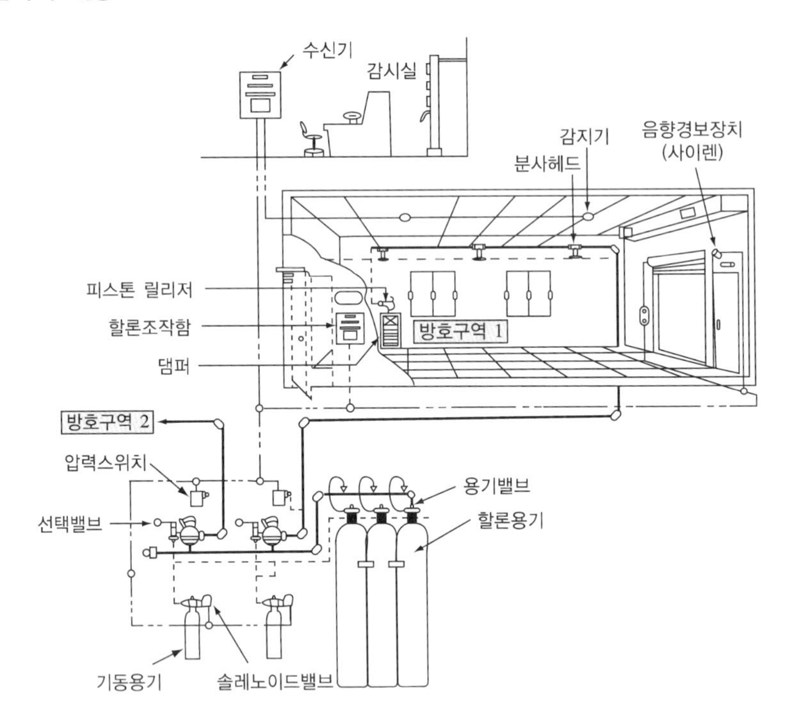

2. 할론소화설비의 특징

① **부촉매효과**에 의한 연소억제작용이 크다.
② 부식성이 적고 휘발성이 크다.
③ 변질, 분해 등이 없어 장기보존이 가능하다.
④ 소화약제의 가격이 다른 약제보다 비싸다.
⑤ 전기부도체이므로 **전기설비**에 적합하다.

3. 저장용기

(1) 축압식 저장용기의 압력

약 제	압 력	충전가스
할론 1211	1.1[MPa] 또는 2.5[MPa]	질소(N_2)
할론 1301	**2.5[MPa] 또는 4.2[MPa]**	**질소(N_2)**

(2) 저장용기의 충전비

약 제	할론 2402	할론 1211	할론 1301
충전비	가압식 : 0.51 이상 0.67 미만	0.7 이상 1.4 이하	**0.9 이상 1.6 이하**
	축압식 : **0.67 이상 2.75 이하**		

(3) 가압용 저장용기

2[MPa] **이하**의 압력으로 조정할 수 있는 **압력조정장치** 설치할 것

4. 소화약제저장량

(1) 전역방출방식

> 할론 가스저장량[kg]=방호구역체적[m^3]×소요가스량[kg/m^3]+개구부면적[m^2]×가산량[kg/m^2]

소방대상물 또는 그 부분		소화약제의 종별	방호구역의 체적 1[m^3]당 소화약제의 양	가산량(개구의 면적 1[m^2]당 소화약제의 양)
차고・주차장・전기실・통신기기실・전산실 기타 이와 유사한 전기설비가 설치되어 있는 부분		할론 1301	0.32[kg] 이상 0.64[kg] 이하	2.4[kg]
특수가연물을 저장・취급하는 소방 대상물 또는 그 부분	제1종 가연물 또는 제2종 가연물을 저장・취급하는 것	할론 2402	0.40[kg] 이상 1.1[kg] 이하	3.0[kg]
		할론 1211	0.36[kg] 이상 0.71[kg] 이하	2.7[kg]
		할론 1301	0.32[kg] 이상 0.64[kg] 이하	2.4[kg]
	고무류・목재가공품・톱밥・**면화류**・목모・대패밥・종이조각・사류 또는 볏짚류를 저장・취급하는 것	할론 1211	0.60[kg] 이상 0.71[kg] 이하	4.5[kg]
		할론 1301	**0.52[kg] 이상** **0.64[kg] 이하**	3.9[kg]
	합성수지류를 저장・취급하는 것	할론 1211	0.36[kg] 이상 0.71[kg] 이하	2.7[kg]
		할론 1301	0.32[kg] 이상 0.64[kg] 이하	2.4[kg]

(2) 국소방출방식

소화약제의 종별	소요가스저장량[kg]		
	할론 2402	할론 1211	할론 1301
특수가연물을 윗면이 개방된 용기에 저장하는 경우와 화재 시 연소면이 1면에 한정되고 가연물이 비산할 우려가 없는 경우	방호대상물의 표면적[m^2] ×8.8[kg/m^2]×1.1	방호대상물의 표면적[m^2] ×7.6[kg/m^2]×1.1	방호대상물의 표면적[m^2] ×6.8[kg/m^2]×1.25
상기 이외의 경우	방호공간의 체적[m^3] $\times\left(X-Y\frac{a}{A}\right)$[kg/$m^3$]×1.1	방호공간의 체적[m^3] $\times\left(X-Y\frac{a}{A}\right)$[kg/$m^3$]×1.1	방호공간의 체적[m^3] $\times\left(X-Y\frac{a}{A}\right)$[kg/$m^3$]×1.25

(3) 호스릴방식

소화약제의 종별	약제저장량	분당방사량
할론 2402	50[kg]	45[kg]
할론 1211	50[kg]	40[kg]
할론 1301	45[kg]	35[kg]

5. 분사헤드

(1) 전역 · 국소방출방식

① 할론 2402의 분사헤드는 약제가 무상으로 분무되는 것이어야 한다.

② 분사헤드의 방사압력

약 제	할론 2402	할론 1211	할론 1301
방사압력	0.1[MPa]	0.2[MPa]	0.9[MPa]

③ 소화약제는 **10초 이내**에 방사할수 있어야 한다.

(2) 호스릴방식

① 저장용기의 개방밸브는 호스릴의 설치장소에서 수동으로 개폐할 수 있는 것으로 할 것

② 소화약제의 저장용기는 호스릴을 설치하는 장소마다 설치할 것

호스릴 할론소화설비의 유효반경 : **수평거리 20[m] 이하**

1-12 할로겐화합물 및 불활성기체 소화설비

1. 소화약제의 설치 제외 장소

① 사람이 상주하는 곳으로 최대허용설계농도를 초과하는 장소
② 제3류 위험물 및 제5류 위험물을 사용하는 장소

2. 소화약제의 저장용기

① 온도가 **55[℃] 이하**이고 온도변화가 적은 곳에 설치할 것
② 저장용기의 표시사항
　㉠ 약제명
　㉡ 저장용기의 자체중량과 총중량
　㉢ 충전일시
　㉣ 충전압력
　㉤ 약제의 체적
③ 재충전 또는 교체 시기 : **약제량 손실**이 **5[%] 초과** 또는 **압력손실**이 **10[%] 초과** 시(단, **불활성기체 소화약제 : 압력손실**이 **5[%] 초과** 시)
④ 그 밖의 내용은 할론소화설비의 저장용기와 동일함

3. 할로겐화합물 및 불활성기체 소화약제의 저장량

(1) 할로겐화합물 소화약제

$$W = \frac{V}{S} \times \frac{C}{100 - C}$$

여기서, W : 소화약제의 무게[kg]
V : 방호구역의 체적[m³]
S : 소화약제별 선형상수($K_1 + K_2 \times t$)[m³/kg](표 생략)
C : 소화약제의 설계농도[%]
t : 방호구역의 최소예상온도[℃]

(2) 불활성기체 소화약제

$$X = 2.303 \frac{V_S}{S} \times \log_{10} \frac{100}{100 - C}$$

여기서, X : 공간용적에 더해진 소화약제의 부피[m³/m³]
S : 소화약제별 선형상수($K_1 + K_2 \times t$)[m³/kg](표 생략)
C : 소화약제의 설계농도[%]
[설계농도 = 소화농도[%]×안전계수(A, C급 화재 1.2, B급 화재 1.3)]
V_S : 20[℃]에서 소화약제의 비체적[m³/kg]
t : 방호구역의 최소예상온도[℃]

4. 할로겐화합물 및 불활성기체의 설치기준

① 기동장치의 조작부 : 0.8[m] 이상 1.5[m] 이하

② **분사헤드**의 설치 높이 : 방호구역의 바닥으로부터 **최소 0.2[m] 이상 최대 3.7[m] 이하**

③ 화재감지기의 회로 : 교차회로방식

④ 음향경보장치는 소화약제 방사 개시 후 1분 이상 경보를 계속할 것

⑤ 소화약제의 비상전원 : 20분 이상 작동

⑥ 배관의 구경

㉠ **할로겐화합물 소화약제 : 10초 이내**

㉡ **불활성기체 소화약제 : A·C급 화재 2분, B급 화재 1분 이내** 방호구역 각 부분에 최소 설계농도의 95[%] 이상에 해당하는 약제량이 방출되도록 하여야 한다.

1-13 분말소화설비

1. 분말소화설비의 계통도

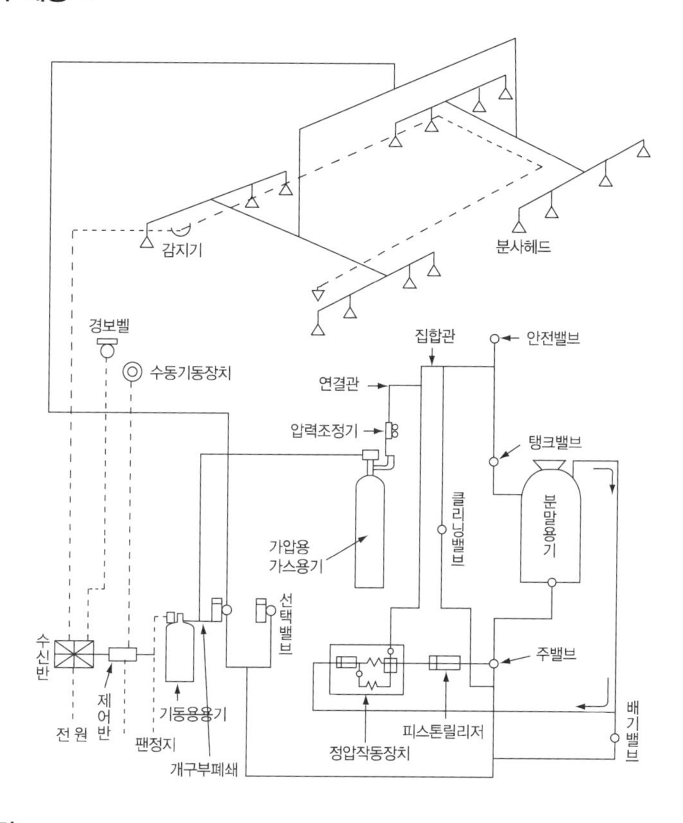

2. 소화약제 저장량

(1) 전역방출방식

분말 저장량[kg] = 방호구역체적[m^3] × 소요가스량[kg/m^3] + 개구부면적[m^2] × 가산량[kg/m^2]

약제의 종류	소요가스량[kg/m^3]	가산량[kg/m^2]
제1종 분말	0.60	4.5
제2종 또는 제3종 분말	0.36	2.7
제4종 분말	0.24	1.8

(2) 국소방출방식

$$Q = X - Y\frac{a}{A} \times 1.1$$

여기서, Q : 방호공간 1[m^3]에 대한 분말소화약제의 양[kg/m^3]
a : 방호대상물의 주변에 설치된 벽면적의 합계[m^2]
A : 방호공간의 벽면적의 합계[m^2]
X 및 Y : 수치(생략)

(3) 호스릴방식

소화약제 저장량 = 노즐수 × 소화약제량

소화약제의 종별	약제저장량	분당방사량
제1종 분말	50[kg]	45[kg]
제2종 분말 또는 제3종 분말	30[kg]	27[kg]
제4종 분말	20[kg]	18[kg]

호스릴 분말소화설비의 유효반경 : 수평거리 15[m] 이하

3. 저장용기

① 저장용기의 충전비

약 제	제1종 분말	제2종 · 제3종 분말	제4종 분말
충전비[L/kg]	0.8	1.0	1.25

② 안전밸브설치

㉠ 가압식 : 최고사용압력의 1.8배 이하

㉡ **축압식 : 내압시험압력**의 **0.8배 이하**

분말소화설비의 충전비 : **0.8 이상**

③ 청소장치설치 : 소화 후 잔류약제가 수분을 흡수하여 응고되므로 청소가 필요

4. 가압용 가스용기

① 가압용 가스용기를 **3병 이상 설치**한 경우에는 **2개 이상**의 용기에 **전자개방밸브**를 부착하여야 한다.

② 배관청소에 필요한 가스는 **별도의 용기**에 저장한다.

③ 분말용기에 도입되는 압력을 감압시키기 위하여 압력조정기를 설치하여야 한다.

④ 가압용 가스 저장량

가 스	저장량
질소(가압용)	소화약제[kg]×40[L/kg](35[℃], 1기압에서 환산량)
질소(축압용)	소화약제[kg]×10[L/kg](35[℃], 1기압에서 환산량)
이산화탄소(가압용 및 축압용)	소화약제[kg]×(20[g]+배관청소에 필요한 양, g)/[kg]

5. 정압작동장치

(1) 기 능

주밸브를 개방하여 **분말소화약제를 적절히** 내보내기 위하여 설치한다.

(2) 종 류

① 압력스위치방식

② 기계적인 방식
③ 시한릴레이방식

6. 배 관

① **동관 사용 시** : 고정압력 또는 최고사용압력의 **1.5배 이상**의 압력에 견딜 것
② 저장용기 등으로부터 배관의 절부까지의 거리는 배관 **내경의 20배 이상**으로 할 것
③ 주밸브에서 헤드까지의 배관의 분기는 **토너먼트 방식**으로 할 것

토너먼트방식으로 하는 이유 : 방사량과 방사압력을 일정하게 하기 위하여

제 2 장 소화활동설비

2-1 연결송수관설비

1. 가압송수장치

① 펌프의 **토출량**은 2,400[L/min] **이상**으로 할 것
② 펌프의 양정은 최상층에 설치된 노즐선단의 압력이 0.35[MPa] **이상**으로 할 것

습식설비 : **높이 31[m] 이상** 또는 **11층 이상**인 소방대상물

2. 송수구

① 송수구는 연결송수관의 수직배관마다 1개 이상을 설치할 것

송수구의 접합부위 : **암나사**, 방수구의 접합부위 : 수나사

② 송수구부근의 설치순서

구 분	설치순서
습 식	송수구 → 자동배수밸브 → 체크밸브
건 식	송수구 → 자동배수밸브 → 체크밸브 → 자동배수밸브

③ 구경 : 65[mm]의 **쌍구경**

3. 방수구

① **방수구**는 그 소방대상물의 층마다 설치하여야 한다(단, **아파트의 1층, 2층은 제외**).

아파트에는 방수구를 3층 이상에는 설치하여야 한다.

② **11층 이상**의 부분에 설치하는 방수구는 **쌍구형**으로 하여야 한다.
(단, 아파트의 용도로 사용되는 층은 제외)
③ 방수구의 호스접결구는 바닥으로부터 **높이 0.5[m] 이상 1[m] 이하**의 위치에 설치하여야 한다.

- 연결송수관설비의 방수구 구경 : 65[mm]의 것
- 연결송수관설비의 주배관의 구경 : 100[mm] 이상

2-2 연결살수설비

1. 송수구 등

① **송수구**는 구경 **65[mm]의 쌍구형**으로 할 것(단, 살수헤드수가 **10개 이하는 단구형**)
② 개방형 헤드를 사용하는 송수구의 호스접결구는 각 송수구역마다 설치할 것
③ 폐쇄형 헤드 사용 : 송수구 → 자동배수밸브 → 체크밸브의 순으로 설치
④ **개방형 헤드** 사용 : **송수구** → **자동배수밸브**

개방형 헤드의 하나의 송수구역에 설치하는 살수헤드의 수 : **10개 이하**

2. 배 관

하나의 배관에 부착하는 살수헤드의 수	1개	2개	3개	**4개 또는 5개**	6개 이상 10개 이하
배관의 구경[mm]	32	40	50	**65**	80

① 한쪽 가지배관의 설치 헤드의 개수 : 8개 이하
② 개방형 헤드 사용 시 수평주행배관은 헤드를 향하여 상향으로 **1/100 이상**의 **기울기**로 설치

3. 헤 드

① 천장 또는 반자의 실내에 면하는 부분에 설치할 것
② 천장 또는 반자의 각 부분으로부터 하나의 살수헤드까지의 수평거리
㉠ 연결살수설비 전용헤드의 경우 : 3.7[m] 이하
㉡ 스프링클러헤드의 경우 : 2.3[m] 이하

2-3 제연설비

1. 제연방식의 종류

2. 제연구획

① 거실과 통로는 상호 제연구획한다.

② 통로상의 제연구역은 보행중심선의 길이가 **60[m]**를 초과하지 아니할 것

③ 하나의 제연구역은 직경 60[m] 원 내에 들어갈 수 있을 것

> **하나의 제연구역의 면적 : 1,000[m^2] 이내**

④ 제연구획의 방식 : 회전식, 낙하식, 미닫이식

3. 배출기 및 배출풍도

(1) 배출기

① 배출능력은 각 예상 제연구역별 배출량 이상이 되도록 할 것

② 배출기와 배출풍도의 접속 부분에 사용하는 캔버스는 내열성(석면 제외)이 있는 것으로 할 것

③ 배출기의 전동기 부분과 배풍기 부분은 분리하여 설치하여야 하며 배풍기 부분은 내열처리할 것

(2) 배출풍도

① 배출풍도는 아연 도금강판 등 내식성·내열성의 단열재로 단열처리할 것

② 배출풍도의 강판의 두께는 0.5[mm] 이상으로 할 것

③ 배출기의 풍속은 다음과 같다.

> • **배출기의 흡입측 풍도 안의 풍속 : 15[m/s] 이하**
> **배출측 풍도 안의 풍속 : 20[m/s] 이하**

④ 유입풍도 안의 풍속 : 20[m/s] 이하

4. 배출기의 용량

$$P[\text{kW}] = \frac{Q \times P_r}{6{,}120 \times \eta} \times K$$

여기서, Q : 풍량[m^3/min]　　P_r : 풍압[mmAq]

η : 효율[%]　　K : 여유율(전달계수)

2-4 연소방지설비

1. 연소방지설비전용 헤드를 사용하는 경우

하나의 배관에 부착하는 살수헤드의 개수	1개	2개	3개	4개 또는 5개	6개 이상
배관의 구경[mm]	32	40	50	65	80

2. 연소방지설비의 배관

① **수평주행 배관**의 구경 : **100[mm] 이상**

② 연소방지설비 전용헤드 및 스프링클러헤드를 향하여 상향으로 **1/1,000 이상**의 **기울기**로 설치할 것

③ **교차배관** : 가지배관 밑에 수평으로 설치

④ **교차배관**의 구경 : **40[mm] 이상**

⑤ 청소구는 주배관 또는 교차배관 끝에 40[mm] 이상 크기의 개폐밸브를 설치할 것

⑥ 연소방지설비는 **습식 외의 방식**으로 한다.

3. 방수헤드

① 방수헤드 간의 수평거리

㉠ 연소방지설비 전용헤드 : 2[m] 이하

㉡ 스프링클러헤드 : 1.5[m] 이하

② 살수구역은 지하구의 길이방향으로 **350[m] 이하마다** 또는 환기구 등을 기준으로 **1개 이상** 설치하되 하나의 살수구역의 길이는 **3[m] 이상**으로 할 것

4. 송수구

① 구경 : **65[mm]**의 **쌍구형**

② 설치위치 : 지면으로부터 0.5[m] 이상 1[m] 이하

5. 산소지수

$$산소지수 = \frac{O_2}{O_2 + N_2} \times 100$$

여기서, O_2 : 산소유량[L/min]

N_2 : 질소유량[L/min]

※ 산소지수 : 평균 30 이상(난연테이프의 산소지수 평균 28 이상)

6. 발연량

발연량 측정하였을 때 최대연기밀도가 400 이하

제 3 장 피난구조설비

3-1 피난구조설비

1. 피난구조설비의 종류

① 피난기구 : 피난사다리, 완강기, 구조대, 미끄럼대, 피난교, 피난용트랩, 공기안전매트, 다수인 피난장비, 승강식피난기
② 인명구조기구[방열복 및 방화복(안전헬멧, 보호장갑, 안전화 포함), 공기호흡기, 인공소생기]
③ 피난유도선, 유도등(피난구유도등, 통로유도등, 객석유도등), 유도표지
④ 비상조명등, 휴대용 비상조명등

2. 피난사다리

① 고정식 사다리 : 수납식, 접는식, 신축식

> **금속성 고정사다리 : 4층 이상**에 설치

② 올림식 사다리

PLUS ONE 올림식 사다리
- 상부지지점 : 안전장치 설치
- 하부지지점 : 미끄러짐을 막는 장치설치
- **신축 구조 : 축제방지장치** 설치
- **접는 구조 : 접힘방지장치** 설치

③ 내림식 사다리 : 와이어식, 접는식, 체인식

3. 완강기

완강기는 주로 3층 이상에 사용하는 것으로 피난자의 중량에 의하여 로프의 강하속도를 조속기로 자동조절하여 강하하는 피난기구

① 완강기의 구성 부분 : **속도조절기, 로프, 벨트, 속도조절기의 연결부**
② 안전하강속도 : 16~150[cm/s]
③ 최대사용자수 : 완강기의 최대사용하중÷1,500[N]
④ 완강기 벨트의 너비 : 45[mm] 이상
⑤ 완강기 착용에 필요한 부분의 길이 : 160~180[cm] 이하

4. 구조대

구조대는 주로 3층 이상에 설치하는 것으로 건물의 창이나 발코니 등에서 지면까지 포대를 이용하여 활강하는 피난기구이다.

① 부대의 길이
　㉠ 경사형의 것(사강식) : 수직거리의 약 1.4배 길이를 뺀 길이
　㉡ 수직형의 것 : 수직거리로부터 1.3~1.5[m]를 뺀 길이
② 개구부의 크기 : 45[cm]×45[cm]
③ 창의 너비 및 높이 : 60[cm] 이상

5. 피난교

① **고정식**과 **이동식**이 있다.
② 피난교의 **폭**은 **60[cm]** 이상, **구배**는 **1/5 미만**으로 할 것
　(단, 1/5 이상의 구배일 때는 계단식으로 하고 바닥면은 미끄럼 방지를 할 것)
③ 피난교의 난간 높이는 110[cm] 이상으로 **간격은 18[cm] 이하**로 할 것

6. 피난기구의 적응성

층별 / 설치장소별 구분	지하층	1층	2층	3층	4층 이상 10층 이하
1. 노유자시설	피난용트랩	미끄럼대·구조대·피난교·다수인피난장비·승강식피난기	미끄럼대·구조대·피난교·다수인피난장비·승강식피난기	미끄럼대·구조대·피난교·다수인피난장비·승강식피난기	**피난교·다수인피난장비·승강식피난기**
2. 의료시설·근린생활시설 중 입원실이 있는 의원·접골원·조산원	피난용트랩	–	–	미끄럼대·구조대·피난교·피난용트랩·다수인피난장비·승강식피난기	구조대·피난교·피난용트랩·다수인피난장비·승강식피난기
3. 다중이용업소의 안전관리에 관한 특별법 시행령 제2조에 따른 다중이용업소로서 영업장의 위치가 4층 이하인 다중이용업소	–	–	미끄럼대·피난사다리·구조대·완강기·다수인피난장비·승강식피난기	미끄럼대·피난사다리·구조대·완강기·다수인피난장비·승강식피난기	미끄럼대·피난사다리·구조대·완강기·다수인피난장비·승강식피난기
4. 그 밖의 것	피난사다리·피난용트랩	–	–	미끄럼대·피난사다리·구조대·완강기·피난교·피난용트랩·간이완강기·공기안전매트·다수인피난장비·승강식피난기	피난사다리·구조대·완강기·피난교·간이완강기·공기안전매트·다수인피난장비·승강식피난기

※ 비고 : 간이완강기의 적응성은 숙박시설의 3층 이상에 있는 객실에, 공기안전매트의 적응성은 공동주택(공동주택관리법 시행령 제2조의 규정에 해당하는 공동주택)에 한한다.

3-2 유도등 유도표지

1. 피난구유도등

① 피난구유도등은 바닥으로부터 높이 **1.5[m] 이상**인 곳에 설치하여야 한다.

② 설치장소

㉠ 옥내로부터 직접 지상으로 통하는 출입구 및 그 부속실의 출입구

㉡ 직통계단 · 직통계단의 계단실 및 그 부속실의 출입구

㉢ 출입구에 이르는 복도 또는 통로로 통하는 출입구

㉣ 안전구획된 거실로 통하는 출입구

2. 통로유도등

① 복도통로유도등은 바닥으로부터 높이 1[m] 이하의 위치에 설치하여야 한다.

유도등	설치위치	설치장소
복도통로유도등	복 도	구부러진 모퉁이 및 보행거리 20[m]마다, 바닥으로부터 1[m] 이하
거실통로유도등	거실의 통로	구부러진 모퉁이 및 보행거리 20[m]마다, 바닥으로부터 1.5[m] 이상 (기둥이 설치된 경우에는 바닥으로부터 1.5[m] 이하)
계단통로유도등	경사로참 또는 계단참마다	바닥으로부터 1[m] 이하

② 조도는 바닥으로부터 0.5[m] 떨어진 지점에서 측정하여 1[lx] 이상이어야 한다.

③ 통로유도등은 백색바탕에 녹색표시로 할 것

3. 객석유도등

① 객석유도등은 객석의 통로, 바닥 또는 벽에 설치하여야 한다.

② 객석 내의 통로가 경사로 또는 수평로로 되어 있는 부분은 다음의 식에 따라 산출한 수(소수점 이하의 수는 1로 본다)의 유도등을 설치하여야 한다.

$$\text{설치개수} = \frac{\text{객석의 통로 직선부분의 길이[m]}}{4} - 1$$

4. 설치기준

① 피난구 유도표지는 출입구 상단에 설치하고, **통로유도표지**는 바닥으로부터 높이 **1.0[m] 이하**의 위치에 설치할 것

② 축광식 방식의 피난유도선은 바닥으로부터 높이 50[cm] 이하의 위치 또는 바닥면에 설치할 것

③ 축광식 방식의 피난유도선은 피난유도 표시부는 50[cm] 이내의 간격으로 연속되도록 설치할 것

④ 광원점등방식의 피난유도 표시부는 바닥으로부터 높이 1[m] 이하의 위치 또는 바닥면에 설치할 것

제 4 장 소화용수설비

4-1 소화수조 · 저수조

1. 소화수조 등

(1) 소화수조의 저수량

소방대상물의 구분	기준면적[m^2]
1층 및 2층의 바닥 면적의 합계가 15,000[m^2] 이상인 소방대상물	7,500
그 밖의 소방대상물	12,500

(2) 소화용수시설의 저수조 설치기준

① 지면으로부터 **낙차**가 **4.5[m] 이하**일 것
② 흡수 부분의 **수심**이 **0.5[m] 이상**일 것
③ 흡수관의 투입구가 사각형의 경우에는 한 변의 길이가 60[cm] 이상, 원형의 경우에는 지름이 60[cm] 이상일 것
④ 소방펌프자동차가 용이하게 접근할 수 있을 것
⑤ 소화수조, 저수조의 채수구 또는 흡수관 투입구는 소방차가 **2[m] 이내**의 지점까지 접근 가능한 위치에 설치할 것

채수구의 설치위치 : 지면으로부터 높이가 0.5[m] 이상 1.0[m] 이하

2. 가압송수장치

소화수조 또는 저수조가 지표면으로부터의 깊이가 **4.5[m] 이상**인 지하에 있는 경우에는 아래 표에 의하여 가압송수장치를 설치하여야 한다.

소요수량	20[m^3] 이상 40[m^3] 미만	40[m^3] 이상 100[m^3] 미만	100[m^3] 이상
1분당 양수량	1,100[L] 이상	2,200[L] 이상	3,300[L] 이상
채수구의 수	1개	2개	3개

더 많은 정보와 지식을
듣꾹담꾹

소방설비 기사 [필기] [기계편]

제 2 편

과년도 기출문제

소방설비 기사 [필기]

[기계편]

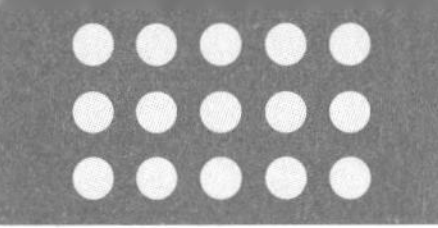

제 1 회 2008년 3월 2일 시행

제 1 과목 소방원론

01

일반적인 자연발화의 방지법이 아닌 것은?

① 습도를 높일 것
② 통풍을 원활하게 하여 열축적을 방지할 것
③ 저장실의 온도를 낮출 것
④ 발열반응에 정촉매작용을 하는 물질을 피할 것

해설 자연발화의 방지법
- 습도를 낮게 할 것
- 주위의 온도를 낮출 것
- 통풍을 잘 시킬 것
- 불활성 가스를 주입하여 공기와 접촉을 피할 것

02

방화구조에 대한 기준으로 틀린 것은?

① 철망모르타르로서 그 바름두께가 2[cm] 이상일 것
② 두께 2.5[cm] 이상의 석고판 위에 시멘트모르타르를 붙일 것
③ 두께 2[cm] 이상의 암면보온판 위에 석면시멘트판을 붙일 것
④ 심벽에 흙으로 맞벽치기 한 것

해설 방화구조
- 철망모르타르로서 그 바름두께가 2[cm] 이상인 것
- 석고판 위에 시멘트모르타르 또는 회반죽을 바른 것으로서 그 두께의 합계가 2.5[cm] 이상인 것
- 시멘트모르타르 위에 타일을 붙인 것으로서 그 두께의 합계가 2.5[cm] 이상인 것
- 심벽에 흙으로 맞벽치기한 것

03

다음 중 연소를 위한 필수조건이 아닌 것은?

① 가연물 ② 산 소
③ 점화에너지 ④ 부촉매

해설 연소의 3요소 : 가연물, 산소공급원(산소), 점화원(점화에너지)

04

이산화탄소소화설비의 적용대상으로 적당하지 않은 것은?

① 가솔린
② 전기설비
③ 인화성 고체 위험물
④ 나이트로셀룰로스

해설 이산화탄소소화설비 : 유류화재, 전기화재에 적합하다.

나이트로셀룰로스 : 제5류 위험물로서 냉각소화가 적합하다.

05

다음 중 화재하중을 나타내는 단위는?

① [kcal/kg] ② [℃/m^2]
③ [kg/m^2] ④ [kg/kcal]

해설 화재하중
단위면적당 가연성 수용물의 양으로서 건물화재 시 발열량 및 화재의 위험성을 나타내는 용어이고 화재의 규모를 결정하는 데 사용된다.

$$\text{화재하중 } Q = \frac{\Sigma(G_t \times H_t)}{H \times A} = \frac{Q_t}{4{,}500 \times A}[\text{kg/m}^2]$$

정답 01 ① 02 ③ 03 ④ 04 ④ 05 ③

여기서, G_t : 가연물의 질량
H_t : 가연물의 단위발열량[kcal/kg]
H : 목재의 단위발열량(4,500[kcal/kg])
A : 화재실의 바닥면적[m²]
Q_t : 가연물의 총량

06

에틸렌의 연소생성물에 속하지 않는 것은?(단, 에틸렌의 일부는 불완전 연소된다고 가정한다)

① 이산화탄소 ② 일산화탄소
③ 수증기 ④ 염화수소

해설 **에틸렌($CH_2 = CH_2$)의 연소생성물**
- 완전 연소 : 이산화탄소(CO_2)와 수증기(H_2O)
- 불완전 연소 : 일산화탄소(CO)

염화수소(HCl) : PVC(폴리염화비닐)의 연소 시 생성하는 물질

07

일반적으로 공기 중 산소농도를 [vol%] 이하로 감소시키면 연소상태의 중지 및 질식소화가 가능하겠는가?

① 15 ② 21
③ 25 ④ 31

해설 **질식소화** : 공기 중의 산소의 농도를 21[%]에서 15[%] 이하로 낮추어 소화하는 방법

질식소화 시 산소의 유효 한계농도 : 10~15[%]

08

산소를 함유하고 있어 공기 중의 산소가 없어도 자기연소가 가능한 것은?

① 이황화탄소 ② 톨루엔
③ 크실렌 ④ 다이나이트로톨루엔

해설 **자기연소** : 제5류 위험물인 다이나이트로톨루엔, 트라이나이트로톨루엔, 나이트로셀룰로스와 같이 산소를 함유하고 있어 공기 중의 산소가 없어도 연소하는 물질

이황화탄소, 톨루엔, 크실렌 : 제4류 위험물로서 인화성 액체

09

가연물에 대한 일반적인 설명으로 옳은 것은?

① 산소와 반응 시 흡열반응을 하는 것은 가연물이 될 수 없다.
② 구성 원소 중 산소가 포함된 유기물은 가연물이 될 수 없다.
③ 활성화 에너지가 클수록 가연물이 되기 쉽다.
④ 산소와 친화력이 작을수록 가연물이 되기 쉽다.

해설 **가연물에 대한 설명**
- 가연물 : 산소와 반응하여 발열반응하는 물질
- 탄소(C), 수소(H), 산소(O)가 함유된 물질은 가연물이다.
- 활성화 에너지가 적을수록 가연물이 되기 쉽다.
- 산소와 친화력이 클수록 가연물이 되기 쉽다.

10

물과 반응하여 위험성이 높아지는 물질이 아닌 것은?

① 칼 륨 ② 나이트로셀룰로스
③ 나트륨 ④ 수소화리튬

해설 나이트로셀룰로스는 화재 시 냉각소화인 물로서 진압한다.

- 칼륨 $2K+2H_2O \rightarrow 2KOH+H_2\uparrow$
- 나트륨 $2Na+2H_2O \rightarrow 2NaOH+H_2\uparrow$
- 수소화리튬 $LiH+H_2O \rightarrow LiOH+H_2\uparrow$

※ 물과 반응 시 가연성 가스인 수소가 발생하면 위험하다.

11

이산화탄소나 질소의 농도가 높아지면 연소속도에 어떠한 영향을 미치는가?

① 연소속도가 빨라진다.
② 연소속도가 느려진다.
③ 연소속도에는 변화가 없다.
④ 처음에는 느려지나 나중에는 빨라진다.

해설 이산화탄소나 질소의 농도가 높아지면 산소의 농도가 저하되므로 연소속도가 느려진다.

정답 06 ④ 07 ① 08 ④ 09 ① 10 ② 11 ②

12

인화점이 낮은 것부터 높은 순서로 옳게 나열된 것은?

① 아세톤 < 이황화탄소 < 에틸알코올
② 이황화탄소 < 에틸알코올 < 아세톤
③ 에틸알코올 < 아세톤 < 이황화탄소
④ 이황화탄소 < 아세톤 < 에틸알코올

해설 제4류 위험물의 인화점

종 류	이황화탄소	아세톤	에틸알코올
구 분	특수인화물	제1석유류	알코올류
인화점	−30[℃]	−18[℃]	13[℃]

13

건축물에 화재가 발생하여 일정 시간이 경과하게 되면 일정 공간 안에 열과 가연성 가스가 축적되어 한순간에 폭발적으로 화재가 확산되는 현상을 무엇이라 하는가?

① 보일오버현상　　② 플래시오버현상
③ 패닉현상　　④ 리프팅현상

해설 용어 설명

- 보일오버 : 중질유탱크에서 장시간 조용히 연소하다 탱크의 잔존기름이 갑자기 분출(Over Flow)하는 현상
- 플래시오버 : 축물에 화재가 발생하여 일정 시간이 경과하게 되면 일정 공간 안에 열과 가연성 가스가 축적되어 한순간에 폭발적으로 화재가 확산되는 현상
- 패닉 : 화재가 발생하여 실내에 가연성 가스와 연기나 열 등이 충만되어 있어 이성을 잃고 공포 분위기의 상태
- 리프팅(Lifting, 선화) : 연료가스의 **분출속도가 연소속도보다 빠를 때** 불꽃이 버너의 노즐에서 떨어져 나가서 연소하는 현상으로 완전 연소가 이루어지지 않으며 역화의 반대 현상이다(**분출속도>연소속도**).

14

화재 발생 시 소화작업에 주로 물을 이용한다. 물을 이용하는 주된 목적은 무엇 때문인가?

① 가연물질을 제거하기 위해서
② 물의 증발잠열을 이용하기 위해서
③ 상대적으로 물의 비중이 작기 때문에
④ 물의 현열을 이용하기 위해서

해설 물을 소화약제로 사용하는 주된 이유는 증발잠열과 비열이 크기 때문이다.

15

위험물의 혼재의 기준에서 혼재가 가능한 위험물로 짝지어진 것은?(단, 위험물은 지정수량의 10배를 가정한다)

① 질산칼륨과 가솔린
② 과산화수소와 황린
③ 철분과 유기과산화물
④ 등유와 과염소산

해설 위험물의 혼재 가능

- **위험물 운반 시 혼재 가능**(위험물안전관리법 시행규칙 별표 19)

위험물의 구분	제1류	제2류	제3류	제4류	제5류	제6류
제1류	＼	×	×	×	×	○
제2류	×	＼	×	○	○	×
제3류	×	×	＼	○	×	×
제4류	×	○	○	＼	○	×
제5류	×	○	×	○	＼	×
제6류	○	×	×	×	×	＼

[비고]
1. "×"표시는 혼재할 수 없음을 표시한다.
2. "○"표시는 혼재할 수 있음을 표시한다.
3. 이 표는 지정수량의 $\frac{1}{10}$ 이하의 위험물에 대하여는 적용하지 아니한다.

- 위험물 저장(옥내저장소, 옥외저장소) 시 혼재 가능(위험물안전관리법 시행규칙 별표 18)
유별을 달리하는 위험물은 동일한 저장소(내화구조의 격벽으로 완전히 구획된 실이 2 이상 있는 저장소에 있어서는 동일한 실)에 저장하지 아니하여야 한다. 다만, 옥내저장소 또는 옥외저장소에 있어서 다음의 규정에 의한 위험물을 저장하는 경우로서 위험물을 유별로 정리하여 저장하는 한편, 서로 1[m] 이상의 간격을 두는 경우에는 그러하지 아니하다.
  - 제1류 위험물(알칼리금속의 과산화물 또는 이를 함유한 것을 제외)과 제5류 위험물을 저장하는 경우

12 ④ 13 ② 14 ② 15 ③ 정답

- 제1류 위험물과 제6류 위험물을 저장하는 경우
- 제1류 위험물과 제3류 위험물 중 자연발화성 물질(황린 또는 이를 함유한 것)을 저장하는 경우
- 제2류 위험물 중 인화성 고체와 제4류 위험물을 저장하는 경우
- 제3류 위험물 중 알킬알루미늄 등과 제4류 위험물(알킬알루미늄 또는 알킬리튬을 함유한 것)을 저장하는 경우
- 제4류 위험물 중 유기과산화물 또는 이를 함유하는 것과 제5류 위험물 중 유기과산화물 또는 이를 함유한 것을 저장하는 경우

• 이 문제의 유별을 구분하여 출제자의 의도는 운반 시 혼재 가능을 질문하는 것 같으니 **5류, 2류, 4류는 혼재가 가능하다.**

종 류	질산칼륨	가솔린	과산화수소	황 린
유 별	제1류	제4류	제6류	제3류
종 류	철 분	유기과산화물	등 유	과염소산
유 별	제2류	제5류	제4류	제6류

혼재 가능이란 문제가 나올 때 운반인지 저장소인지를 정확히 하여야 한다.

16

소화방법 중 제거소화에 해당되지 않는 것은?

① 산불이 발생하면 화재의 진행방향을 앞질러 벌목함
② 방 안에서 화재가 발생하면 이불이나 담요로 덮음
③ 가스화재 시 밸브를 잠가 가스흐름을 차단함
④ 불타고 있는 장작더미 속에서 아직 타지 않은 것을 안전한 곳으로 운반

해설 방 안에서 화재가 발생하면 이불이나 담요로 덮어 소화하는 방법은 질식소화이다.

17

전기화재의 원인으로 가장 관계가 없는 것은?

① 단 락　② 과전류
③ 누 전　④ 절연 과다

해설 전기화재의 발생원인
합선(단락), 과전류, 누전, 스파크, 배선불량, 전열기구의 과열

18

다음 연소에 관한 설명 중 틀린 것은?

① 알코올은 증발연소를 한다.
② 목재, 석탄은 분해연소를 한다.
③ 고체의 표면에서 연소가 일어나는 경우 표면연소라 한다.
④ 나트륨, 유황의 연소형태는 자기연소이다.

해설 자기연소는 제5류 위험물의 연소인데 나트륨은 제3류 위험물, 유황은 제2류 위험물이다.

19

갑작스런 화재 발생 시 인간의 피난 특성으로 틀린 것은?

① 본능적으로 평상시 사용하는 출입구를 사용한다.
② 최초로 행동을 개시한 사람을 따라서 움직인다.
③ 공포감으로 인해서 빛을 피하여 어두운 곳으로 몸을 숨긴다.
④ 무의식 중에 발화 장소의 반대쪽으로 이동한다.

해설 화재 시 인간의 피난 행동 특성
- 귀소본능 : 평소에 사용하던 출입구나 통로 등 습관적으로 친숙해 있는 경로로 도피하려는 본능
- **지광본능** : 공포감으로 인해서 밝은 방향으로 도피하려는 본능
- 추종본능 : 화재 발생 시 최초로 행동을 개시한 사람에 따라 전체가 움직이는 본능(많은 사람들이 달아나는 방향으로 무의식적으로 안전하다고 느껴 위험한 곳임에도 불구하고 따라가는 경향)
- 퇴피본능 : 연기나 화염에 대한 공포감으로 화원의 반대방향으로 이동하려는 본능
- 좌회본능 : 좌측으로 통행하고 시계의 반대방향으로 회전하려는 본능

20

건축물의 주요구조부가 아닌 것은?

① 차 양　② 보
③ 기 둥　④ 바 닥

해설 주요구조부 : **내력벽, 기둥, 바닥, 보,** 지붕틀, 주계단

주요구조부 제외 : **사잇벽,** 사잇기둥, 최하층의 바닥, 작은 보, **차양, 옥외계단,** 기초

정답 16 ② 17 ④ 18 ④ 19 ③ 20 ①

제 2 과목 소방유체역학 및 약제화학

21

관마찰계수가 일정할 때 배관 속을 흐르는 유체의 손실수두에 관한 설명으로 옳은 것은?

① 관 길이에 반비례한다.
② 관 내경의 제곱에 반비례한다.
③ 유속의 제곱에 비례한다.
④ 유체의 밀도에 반비례한다.

해설 유체의 손실수두

$$h = \frac{\Delta P}{\gamma} = \frac{flu^2}{2gD}[\text{m}]$$

여기서, h : 마찰손실[m]
ΔP : 압력차[kg_f/m^2]
γ : 유체의 비중량
(물의 비중량 1,000[kg_f/m^3])
f : 관의 마찰계수
l : 관의 길이[m]
u : 유체의 유속[m/s]
D : 관의 내경[m]

※ 손실수두(h)는 유속(u)의 제곱에 비례한다.

22

그림과 같은 물탱크에 수면으로부터 6[m]되는 지점에 직경 15[cm]가 되는 노즐이 있을 경우 유출하는 유량은 몇 [m^3/s]인가?(단, 손실은 무시한다)

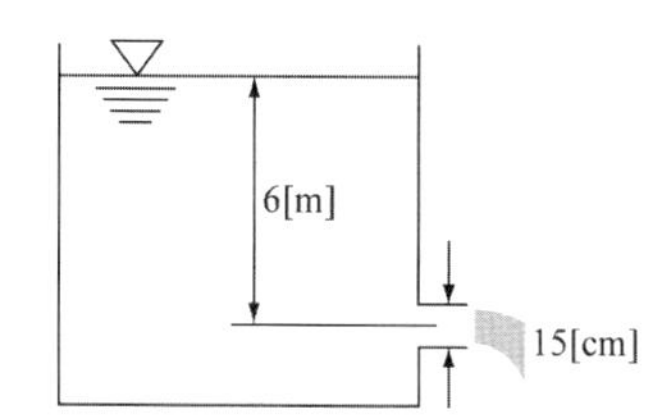

① 0.191 ② 0.591
③ 0.766 ④ 10.8

해설 유속 $V = \sqrt{2gH} = \sqrt{2 \times 9.8 \times 6[\text{m}]} = 10.84[\text{m/s}]$

유량 $Q = VA = 10.84 \times \frac{\pi}{4}(0.15[\text{m}])^2 = 0.191[\text{m}^3/\text{s}]$

23

소방설비에 사용되는 CO_2에 대해 틀린 설명은?

① 용기 내에 기상으로 가압되어 저장되고 있다.
② 상온, 상압에서는 기체 상태로 존재한다.
③ 용기로부터 방출되어 배관 내를 흐를 때 일부 액상이 되는 경우도 있다.
④ 무색무취이며 전기적으로 비전도성이고 공기보다 무겁다.

해설 이산화탄소(CO_2)는 용기 내에는 **액상**으로 **저장**한다.

24

그림의 액주계에서 밀도 ρ_1 = 1,000[kg/m^3], ρ_2 = 13,600[kg/m^3], 높이 h_1 = 500[mm], h_2 = 800[mm]일 때 관 중심 A의 계기압력은 몇 [kPa]인가?

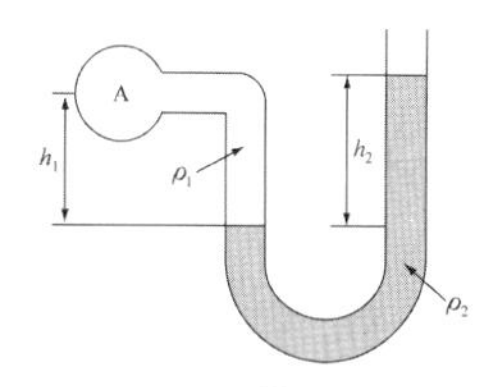

① 101.7 ② 109.6
③ 126.4 ④ 131.7

해설 $P_A + \rho_1 h_1 = P_B + \rho_2 h_2$

$P_A = P_B + \rho_2 h_2 - \rho_1 h_1$
$= 13.6[\text{g/cm}^3] \times 80[\text{cm}] - 1[\text{g/cm}^3] \times 50[\text{cm}]$
$= 1{,}038[\text{g/cm}^2]$
$= 1.038[\text{kg/cm}^2] \div 1.0332[\text{kg/cm}^2] \times 101.325[\text{kPa}]$
$= 101.80[\text{kPa}]$

25

용기 속의 물에 압력을 가했더니 물의 체적이 0.5[%] 감소하였다. 이때 가해진 압력은 몇 [Pa]인가?(단, 물의 압축률은 5×10^{-10}[1/Pa]이다)

① 10^7 ② 2×10^7
③ 10^9 ④ 2×10^9

해설 체적탄성계수 $K = \left(-\frac{\Delta P}{\Delta V/V}\right)$, 압축률 $\beta = \frac{1}{K}$

정답 21 ③ 22 ① 23 ① 24 ① 25 ①

압력변화 $\Delta P = -K\left(\frac{\Delta V}{V}\right) = -\frac{1}{\beta}\left(\frac{\Delta V}{V}\right)$

$= -\frac{1}{5\times10^{-10}}\times(-0.005)$

$= 10^{7}$[Pa]

26

다음 분말소화약제 중에서 ABC급 화재에 적응성이 있는 소화약제의 종류는?

① $NH_4H_2PO_4$ ② $NaHCO_3$
③ Na_2CO_3 ④ $KHCO_3$

해설 분말약제의 종류

종 별	소화약제	약제의 착색	적응 화재	열분해반응식
제1종 분말	중탄산나트륨 ($NaHCO_3$)	백 색	B, C급	$2NaHCO_3 \rightarrow Na_2CO_3 + CO_2 + H_2O$
제2종 분말	중탄산칼륨 ($KHCO_3$)	담회색	B, C급	$2KHCO_3 \rightarrow K_2CO_3 + CO_2 + H_2O$
제3종 분말	인산암모늄 ($NH_4H_2PO_4$)	담홍색, 황색	A, B, C급	$NH_4H_2PO_4 \rightarrow HPO_3 + NH_3 + H_2O$
제4종 분말	중탄산칼륨+요소 [$KHCO_3 + (NH_2)_2CO$]	회 색	B, C급	$2KHCO_3 + (NH_2)_2CO \rightarrow K_2CO_3 + 2NH_3 + 2CO_2$

27

열복사현상에 대한 이론적인 설명과 거리가 먼 것은?

① Fourier의 법칙
② Kirchhoff의 법칙
③ Stefan-Boltzmann의 법칙
④ Planck의 법칙

해설 Fourier의 법칙은 열전도의 기본법칙이다.

$$\frac{dQ}{d\theta} = -kA\frac{dt}{dl}\text{[kcal/h] 또는 [W]}$$

여기서, $dQ/d\theta$: 단위시간당 전달되는 열량 [kcal/h]
k : 열전도도([kcal/m · h · ℃] 또는 [W/m · ℃])
A : 물체의 단면적
dt/dl : 단위길이당 온도차로 온도구배 [℃/m]

28

배관에서 유량 및 유속의 일반적인 측정법이 아닌 것은?

① 벤투리관에 의한 방법
② 위어에 의한 방법
③ 피토관에 의한 방법
④ 오리피스에 의한 방법

해설 위어 : 개수로의 다량의 유량측정 시 사용

29

물의 성질에 관한 설명으로 틀린 것은?

① 0[℃]의 얼음 1[g]이 0[℃]의 액체 물로 변하는 데 필요한 용융열은 약 80[kcal/g]이다.
② 20[℃]의 물 1[g]을 100[℃]까지 가열하는 데 60[cal]의 열이 필요하다.
③ 100[℃]의 액체 물 1[g]을 100[℃]의 수증기로 만드는 데 필요한 증발잠열은 약 539[cal/g]이다.
④ 대기압하에서 100[℃]의 물이 액체에서 수증기로 바뀌면 체적은 1,700배 정도 증가한다.

해설 20[℃]의 물 1[g]을 100[℃]까지 가열하는 데 열량

$Q = mC\Delta t$
$= 1[g] \times 1[cal/g \cdot ℃] \times (100-20)[℃]$
$= 80[cal]$

30

수격작용을 방지하는 대책으로 관계가 없는 것은?

① 유량을 증가시킨다.
② 밸브 개폐 속도를 낮춘다.
③ 펌프의 회전수를 일정하게 조정한다.
④ 서지 탱크를 관로에 설치한다.

해설 수격현상의 방지대책

- 관로의 관경을 크게 하고 유속을 낮게 하여야 한다.
- 압력강하의 경우 Fly Wheel을 설치하여야 한다.
- 조압수조(Surge Tank) 또는 수격방지기(Water Hammering Cusion) 설치하여야 한다.
- Pump 송출구 가까이 송출밸브를 설치하여 압력상승 시 압력을 제어하여야 한다.
- 펌프의 회전수를 일정하게 조정한다.

정답 26 ① 27 ① 28 ② 29 ② 30 ①

31

압력이 1.38[MPa], 온도가 38[℃]인 공기의 밀도는 약 몇 [kg/m^3]인가?(단, 일반기체상수는 8.314 [kJ/kmol · K], 공기의 분자량은 28.97이다)

① 14.2 ② 15.5
③ 16.8 ④ 18.1

 이상기체상태방정식 $\frac{P}{\rho}=RT$에서

$$밀도\ \rho=\frac{P}{RT}=\frac{1.38\times10^6[\text{Pa}]}{\frac{8.314\times10^3[\text{J}]}{28.97}\times(273+38)}$$

$$=15.46[\text{kg/m}^3]$$

[N · m] = [J]

32

분말소화약제인 탄산수소나트륨($NaHCO_3$)이 열과 반응하여 생기는 가스는?

① 일산화탄소 ② 이산화탄소
③ 삼산화탄소 ④ 질 소

해설 제1종 분말약제의 분해반응식

$2NaHCO_3 \xrightarrow{\Delta} Na_2CO_3 + CO_2 + H_2O$

33

다음 중 폴리트로픽 지수(n)가 1인 과정은?

① 단열과정 ② 정압과정
③ 등온과정 ④ 정적과정

해설 폴리트로픽 지수(n)
- 등온과정 $n=1$
- 정압과정 $n=0$
- 정적과정 $n=\infty$
- 등엔트로피변화 $n=k$(비열비)

34

웨버수(Weber Number)의 물리적 의미는?

① 관성력/압력 ② 관성력/점성력
③ 관성력/표면장력 ④ 관성력/탄성력

해설 무차원식의 관계

명 칭	무차원식	물리적 의미
레이놀즈수	$Re=\frac{du\rho}{\mu}=\frac{du}{\nu}$	$Re=\frac{관성력}{점성력}$
오일러수	$Eu=\frac{\Delta P}{\rho u^2}$	$Eu=\frac{압축력}{관성력}$
웨버수	$We=\frac{\rho l u^2}{\sigma}$	$We=\frac{관성력}{표면장력}$
코시수	$Ca=\frac{\rho u^2}{K}$	$Ca=\frac{관성력}{탄성력}$
마하수	$M=\frac{u}{c}$	$M=\frac{유속}{음속}$
프루드수	$Fr=\frac{u}{\sqrt{gl}}$	$Fr=\frac{관성력}{중력}$

35

단위길이당 밀도와 단면적 증가율이 각각 0.5[%], 0.7[%]인 노즐 내 정상유통에서 단위길이당 속도증가율은?

① −1.2[%] ② −0.2[%]
③ −0.7[%] ④ +0.2[%]

해설 질량유량 $G=\rho Au$, $\rho_1=100[\%]$, $A_1=100[\%]$

$\rho_1A_1u_1=\rho_2A_2u_2$

$$u_2=\left(\frac{\rho_1}{\rho_2}\right)\times\left(\frac{A_1}{A_2}\right)\times u_1=\left(\frac{1}{1.005}\right)\times\left(\frac{1}{1.007}\right)\times u_1$$

$$=0.988u_1$$

u_1이 100[%]일 경우 u_2가 98.8[%]이므로 속도가 1.2[%] 감소한다.

36

그림과 같이 단면적이 A인 원형관으로 밀도가 ρ인 비압축성 유체가 V의 유속으로 들어와 직경이 $\frac{1}{3}D$인 원형노즐로 분출되고 있다. 제트에 의해서 평판에 작용하는 힘은?

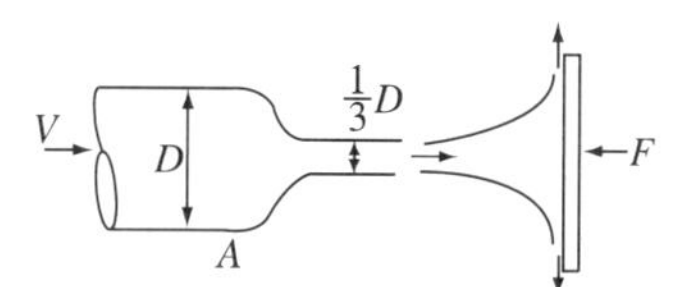

① $\rho V^2 A$　　② $3\rho V^2 A$
③ $9\rho V^2 A$　　④ $27\rho V^2 A$

해설
단면적 $A = \frac{\pi}{4} \times \left(\frac{1}{3}D\right)^2 = \frac{\pi}{4} \times D^2 \times \frac{1}{9}$,

$9A = \frac{\pi}{4}D^2$

평판에 작용하는 힘

$F = \rho QV = \rho(AV)V = \rho\left(\frac{\pi}{4}D^2\right)V^2 = 9\rho A V^2$

37

반지름 R_o인 원형파이프에 유체가 층류로 흐를 때, 중심으로부터 거리 R에서의 유속 U와 최대속도 $U_{\max}$의 비에 대한 분포식으로 옳은 것은?

① $\frac{U}{U_{\max}} = \left(\frac{R}{R_0}\right)^2$

② $\frac{U}{U_{\max}} = 2\left(\frac{R}{R_0}\right)^2$

③ $\frac{U}{U_{\max}} = \left(\frac{R}{R_0}\right)^2 - 2$

④ $\frac{U}{U_{\max}} = 1 - \left(\frac{R}{R_0}\right)^2$

해설 속도 분포식

$$U = U_{\max}\left[1 - \left(\frac{R}{R_o}\right)^2\right]$$

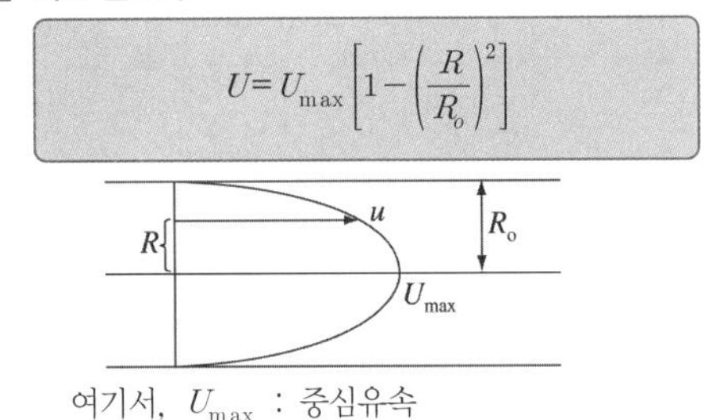

여기서, $U_{\max}$: 중심유속
R : 중심에서의 거리
R_o : 중심에서 벽까지의 거리

38

그림과 같이 지름 25[cm]인 수평관에 12[cm]의 오리피스가 설치되어 있으며, 물·수은 액주계가 오리피스판 양쪽에 연결되어 있다. 액주계의 높이 차이가 25[cm]일 때 유량은 몇 [m³/s]인가?(단, 수은의 비중은 13.6, 수축계수는 0.7, 속도계수(c_v)는 0.97이다)

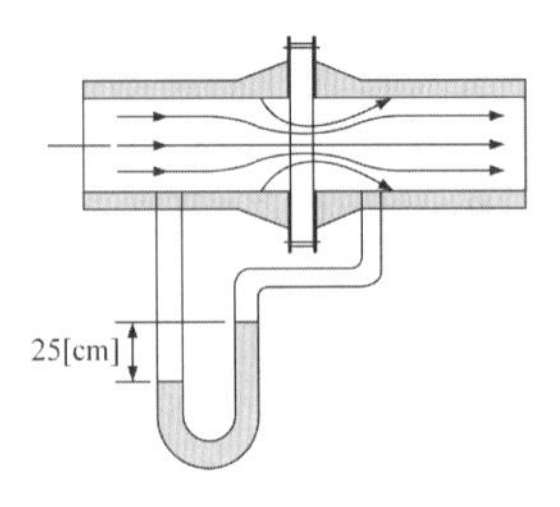

① 0.092　　② 0.108
③ 0.088　　④ 0.061

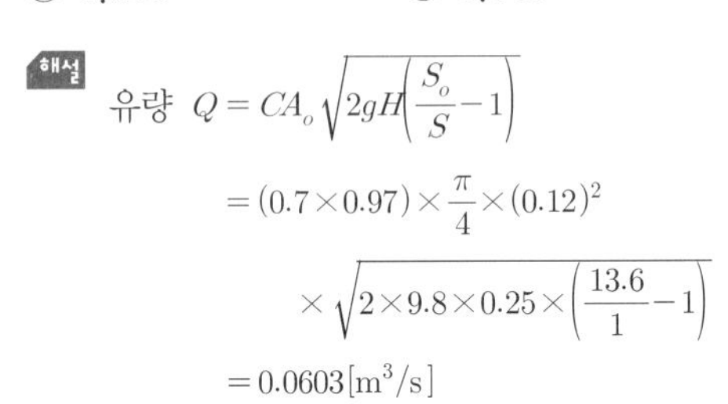
해설
유량 $Q = CA_o\sqrt{2gH\left(\frac{S_o}{S} - 1\right)}$

$= (0.7 \times 0.97) \times \frac{\pi}{4} \times (0.12)^2 \times \sqrt{2 \times 9.8 \times 0.25 \times \left(\frac{13.6}{1} - 1\right)}$

$= 0.0603[\text{m}^3/\text{s}]$

39

펌프의 상사성을 유지하면서 회전수는 변함없이 직경을 두 배로 증가시킬 때의 설명으로 틀린 것은?

① 유량은 8배로 증가한다.
② 수두는 4배로 증가한다.
③ 동력은 16배로 증가한다.
④ 효율은 변함없다.

해설 펌프의 상사법칙

- 유량 $Q_2 = Q_1 \times \frac{N_2}{N_1} \times \left(\frac{D_2}{D_1}\right)^3$
- 전양정(수두) $H_2 = H_1 \times \left(\frac{N_2}{N_1}\right)^2 \times \left(\frac{D_2}{D_1}\right)^2$
- 동력 $P_2 = P_1 \times \left(\frac{N_2}{N_1}\right)^3 \times \left(\frac{D_2}{D_1}\right)^5$

여기서, N : 회전수[rpm]　D : 내경[mm]

$\therefore P_2 = P_1 \times \left(\frac{D_2}{D_1}\right)^5 = 1 \times \left(\frac{2}{1}\right)^5 = 32$배

40

용량이 500[W]인 전열기로 2[kg]의 물을 10[℃]에서 100[℃]까지 가열하는 경우 전열기의 발생열 중 45[%]가 유효하게 이용된다면 가열에 필요한 시간은 몇 분인가?(단, 물의 평균비열은 4.18[kJ/kg·K]이다)

정답 37 ④　38 ④　39 ③　40 ②

① 57.2　② 55.7
③ 53.1　④ 51.2

해설
- 전열기 용량
  $500 \times 0.45 \times 10^{-3} \times T = 2 \times 4.18 \times (100-10)$
- 시 간
  $T = \dfrac{2 \times 4.18 \times (100-10)}{500 \times 0.45 \times 10^{-3}} = 3,344[\mathrm{s}] = 55.7[\mathrm{min}]$

제 3 과목 소방관계법규

41

산화성 고체이며 제1류 위험물에 해당하는 것은?

① 황화인　② 칼 륨
③ 유기과산화물　④ 염소산염류

해설 위험물의 분류

종 류	황화인	칼 륨	유기과산화물	염소산염류
유 별	제2류	제3류	제5류	제1류

[참고] 제1류 위험물 : 무기과산화물과 ~산염류이다.

42

소방시설 등의 자체점검과 관련하여 종합정밀점검 결과의 제출기간이 올바른 것은?

① 제출기간 30일 이내 ② 제출기간 14일 이내
③ 제출기간 10일 이내 ④ 제출기간 7일 이내

해설 소방시설 등의 자체점검
- **소방시설자체 점검자** : 관계인, 관리업자, 소방시설관리사, **소방기술사**
- **점검결과보고서 제출**(작동 및 종합점검)
  7일 이내 소방시설 등 점검결과보고서에 소방시설 등 점검표를 첨부하여 소방본부장이나 소방서장에게 제출

43

다음 중 화재경계지구의 지정대상지역과 가장 거리가 먼 것은?

① 목재건물이 밀집한 지역
② 시장지역
③ 소방용수시설이 없는 지역
④ 공장지역

해설 화재경계지구의 지정지역(기본법 시행령 제4조)
- 시장지역
- **공장**·창고가 **밀집한 지역**
- **목재건물**이 **밀집한 지역**
- 위험물저장 및 처리시설이 밀집한 지역
- 생산하는 공장이 있는 지역
- 소방시설·소방용수시설 또는 **소방출동로가 없는 지역**

44

항공기 격납고는 특정소방대상물 중 어느 시설에 해당하는가?

① 위험물저장 및 처리시설
② 항공기 및 자동차관련시설
③ 창고시설
④ 업무시설

해설 항공기 및 자동차관련시설
- 항공기 격납고
- 주차용 건축물, 차고 및 기계장치에 의한 주차시설
- 세차장·폐차장
- 자동차검사장, 자동차매매장, 자동차정비공장
- 자동차운전학원, 정비학원
- 주차장

45

다음 중 건축허가 등의 동의대상물의 범위에 속하지 않는 것은?

① 관망탑　② 방송용 송·수신탑
③ 항공기 격납고　④ 철 탑

해설 건축허가 등의 동의대상물의 범위
- 연면적이 $400[\mathrm{m}^2]$, 학교시설은 $100[\mathrm{m}^2]$, 노유자시설 및 수련시설은 $200[\mathrm{m}^2]$, 장애인의료재활시설과 정신의료기관(입원실이 없는 정신건강의학과의원은 제외)은 $300[\mathrm{m}^2]$ 이상
- 6층 이상인 건축물
- 차고·주차장 또는 주차용도로 사용되는 시설로서
  - 차고·주차장으로 사용되는 바닥면적이 $200[\mathrm{m}^2]$ 이상인 층이 있는 건축물이나 주차시설
  - 승강기 등 기계장치에 의한 주차시설로서 자동차 20대 이상을 주차할 수 있는 시설

41 ④ 42 ④ 43 ④ 44 ② 45 ④ 정답

- 항공기 격납고, 관망탑, 항공관제탑, 방송용 송·수신탑
- 지하층 또는 무창층이 있는 건축물로서 바닥면적이 150[m^2](공연장은 100[m^2]) 이상인 층이 있는 것
- 위험물저장 및 처리시설, 지하구
- 노유자시설 중 다음 각 목의 어느 하나에 해당하는 시설(단독주택 또는 공동주택에 설치되는 시설은 제외)
  - 노인관련시설(노인주거복지시설·노인의료복지시설 및 재가노인복지시설, 학대피해노인 전용쉼터)
  - 아동복지시설(아동상담소, 아동전용시설 및 지역아동센터는 제외)
  - 장애인 거주시설
  - 정신질환자 관련 시설
  - 노숙인자활시설, 노숙인재활시설 및 노숙인요양시설
  - 결핵환자나 한센인이 24시간 생활하는 노유자시설
- 요양병원(정신병원과 의료재활시설은 제외)

46

다음 중 소방활동에 필요한 소화전·급수탑·저수조를 설치하고 유지·관리하여야 하는 자로 알맞은 것은?(단, 수도법에 따라 설치되는 소화전은 제외한다)

① 소방파출소장　② 소방서장
③ 소방본부장　④ 시·도지사

해설 소방용수시설(소화전·급수탑·저수조)은 **시·도지사**가 **설치**하고 **유지·관리**하여야 한다.

47

다음 중 소방공사감리업자의 업무로 거리가 먼 것은?

① 해당 공사업 기술인력의 적법성 검토
② 피난·방화시설의 적법성 검토
③ 실내장식물의 불연화 및 방염물품의 적법성 검토
④ 소방시설 등 설계변경 사항의 적합성 검토

해설 **소방공사감리업자의 업무수행 내용(공사업법 제16조)**

- 소방시설 등의 설치계획표의 적법성 검토
- 소방시설 등 설계도서의 적합성(적법성 및 기술상의 합리성) 검토
- 소방시설 등 설계변경 사항의 적합성 검토
- 소방용품의 위치·규격 및 사용자재에 대한 적합성 검토
- 공사업자의 소방시설 등의 시공이 설계도서 및 화재안전기준에 적합한지에 대한 지도·감독
- 완공된 소방시설 등의 성능시험
- 공사업자가 작성한 시공 상세도면의 적합성 검토
- 피난·방화시설의 적법성 검토
- 실내장식물의 불연화 및 방염물품의 적법성 검토

48

다음 중 화재예방상 필요하다고 인정되거나 화재위험 경보시 발령하는 소방신호의 종류로 맞는 것은?

① 경계신호　② 발화신호
③ 경보신호　④ 훈련신호

해설 소방신호

신호 종류	발령 시기	타종신호	사이렌신호
경계 신호	화재예방상 필요하다고 인정 또는 **화재위험 경보 시 발령**	1타와 연 2타를 반복	5초 간격을 두고 30초씩 3회
발화 신호	화재가 발생한 때 발령	난 타	5초 간격을 두고 5초씩 3회
해제 신호	소화활동의 필요 없다고 인정할 때 발령	상당한 간격을 두고 1타씩 반복	1분간 1회
훈련 신호	훈련상 필요하다고 인정할 때 발령	연 3타 반복	10초 간격을 두고 1분씩 3회

49

구조대원은 소방공무원으로서 소방청장·소방본부장 또는 소방서장이 임명한다. 다음 중 구조대원의 자격으로 적합하지 않은 자는?

① 행정안전부령이 정하는 구조업무에 관한 교육을 받은 자
② 소방청장이 실시하는 인명구조사 교육을 수료하고 교육수료시험에 합격한 자
③ 국가·지방자치단체·공공기관에서 구조관련 분야의 근무경력이 1년 이상인 자
④ 응급의료에 관한 법률 제36조의 규정에 의하여 응급구조사의 자격을 취득한 자

해설 2011년 9월 6일 소방기본법 시행령이 개정되어 삭제되었으므로 현행법에 맞지 않는 문제임

정답 46 ④　47 ①　48 ①　49 ③

50

다음 중 화재조사전담부서의 설치·운영 등에 관련된 사항으로 바르지 못한 것은?

① 화재조사전담부서에는 발굴용구, 기록용기기, 감식용기기, 조명기기, 그 밖의 장비를 갖추어야 한다.
② 화재조사에 관한 시험에 합격한 자에게 1년마다 전문보수교육을 실시하여야 한다.
③ 화재의 원인과 피해조사를 위하여 소방청, 시·도의 소방본부와 소방서에 화재조사를 전담하는 부서를 설치·운영한다.
④ 화재조사는 화재사실을 인지하는 즉시 실시되어야 한다.

해설 **소방청장**은 화재조사에 관한 시험에 합격한 자에게 2년마다 **전문보수교육**을 실시하여야 한다.

51

방염대상물품에 대하여 방염처리를 하고자 하는 자는 어떤 절차를 거쳐야 하는가?

① 시·도지사에게 방염처리업의 등록
② 시·도지사에게 방염처리업의 허가
③ 소방서장에게 방염처리업의 등록
④ 소방서장에게 방염처리업의 허가

해설 **방염처리업**, 소방시설업, 소방시설관리업을 하고자 하는 자는 **시·도지사**에게 **등록**하여야 한다.

52

산업안전기사 또는 산업안전산업기사 자격을 가진 사람으로서 몇 년 이상 2급 소방안전관리 대상물의 관리자로 근무한 실무경력이 있는 경우 1급 소방안전관리대상물의 소방안전관리자로 선임할 수 있는가?

① 1년 이상 ② 1년 6개월 이상
③ 2년 이상 ④ 3년 이상

해설 1급 소방안전관리대상물의 소방안전관리자 선임자격
- 소방기술사, 소방시설관리사, 소방설비기사, 소방설비산업기사 자격이 있는 사람
- **산업안전기사, 산업안전산업기사**의 자격을 취득한 후 **2년 이상** 2급 또는 3급 소방안전관리 대상물의 소방안전관리자로 근무한 **실무경력**이 있는 사람
- 위험물기능장, 위험물산업기사, 위험물기능사 자격을 가진 사람으로서 위험물안전관리자로 선임된 사람
- 소방공무원으로 7년 이상 근무한 경력이 있는 사람

53

함부로 버려두거나 그냥 둔 위험물의 소유자·관리자 또는 점유자의 주소와 성명을 알 수 없어 필요한 명령을 할 수 없는 때에 소방본부장이나 소방서장이 취하는 조치로 옳지 않은 것은?

① 소속공무원으로 하여금 그 위험물을 옮기거나 치우게 할 수 있다.
② 옮기거나 치운 위험물을 보관하여야 한다.
③ 위험물을 보관하는 경우에는 그 날부터 7일 동안 소방본부 또는 소방서의 게시판에 이를 공고하여야 한다.
④ 보관기간이 종료된 위험물이 부패·파손 또는 이와 유사한 사유로 소정의 용도에 계속 사용할 수 없는 경우에는 폐기할 수 있다.

해설 화재예방 조치 등
- 화재의 예방조치 명령
  - 불장난, 모닥불, 흡연, 화기(火氣) 취급 그밖에 화재예방상 위험하다고 인정되는 행위의 금지 또는 제한
  - 타고 남은 불 또는 화기(火氣)가 있을 우려가 있는 재의 처리
  - 함부로 버려두거나 그냥 둔 위험물 그밖에 불에 탈 수 있는 물건을 옮기거나 치우게 하는 등의 조치

화재예방 조치권자 : 소방본부장이나 소방서장

- 소방본부장, 소방서장은 위험물 또는 물건 보관 시 : 그 날부터 **14일 동안** 소방본부 또는 소방서의 **게시판 공고** 후 공고기간 종료일 다음 날부터 7일간 보관한다.
- 위험물 또는 물건의 보관기간 및 보관기간 경과 후 처리 등 : 대통령령

54

소방대상물의 소방특별조사 결과에 따른 필요한 조치 명령권자는?

① 시·도지사 ② 소방본부장이나 소방서장
③ 군수·구청장 ④ 소방시설관리사

해설 소방대상물의 소방특별조사 결과에 따른 필요한 조치 명령권자 : 소방청장, 소방본부장이나 소방서장

50 ② 51 ① 52 ③ 53 ③ 54 ② 정답

55

위험물시설의 설치 및 변경, 안전관리에 대한 설명으로 옳지 않은 것은?

① 제조소 등의 설치자의 지위를 승계한 자는 승계한 날로부터 30일 이내에 시・도지사에게 신고하여야 한다.
② 제조소 등의 용도를 폐지한 때에는 폐지한 날로부터 30일 이내에 시・도지사에게 신고하여야 한다.
③ 위험물안전관리자가 퇴직한 때에는 퇴직한 날부터 30일 이내에 다시 위험물안전관리자를 선임하여야 한다.
④ 위험물안전관리자를 선임한 때에는 선임한 날부터 14일 이내에 소방본부장이나 소방서장에게 신고하여야 한다.

해설 신고기간
- 위험물제조소 등의 지위 승계 : 승계한 날로부터 30일 이내에 시・도지사에게 신고
- 위험물제조소 등의 **용도 폐지** : 폐지한 날로부터 **14일 이내**에 시・도지사에게 신고
- 위험물안전관리자 퇴직 : 퇴직한 날부터 30일 이내에 다시 위험물안전관리자를 선임
- 위험물안전관리자 선임 : 선임한 날부터 14일 이내에 소방본부장이나 소방서장에게 신고

56

다량의 위험물을 저장・취급하는 제조소 등으로서 대통령령이 정하는 제조소 등이 있는 동일한 사업소에서 대통령령이 정하는 수량 이상의 위험물을 저장 또는 취급하는 경우 해당 사업소의 관계인은 대통령령이 정하는 바에 따라 해당 사업소에 자체소방대를 설치하여야 한다. 여기서 "대통령령이 정하는 수량" 이란 지정수량의 몇 배를 말하는가?

① 2,000배　② 3,000배
③ 4,000배　④ 5,000배

해설 위험물제조소와 일반취급소에 지정수량의 **3,000배 이상**을 취급하면 **자체소방대**를 설치하여야 한다.

57

특정소방대상물로 위락시설에 해당되지 않는 것은?

① 무도학원
② 카지노업소
③ 무도장
④ 공연장

해설 위락시설
- 근린생활시설에 해당되지 아니하는 단란주점
- 유흥주점이나 그 밖에 이와 비슷한 것
- 유원 시설업의 시설
- 무도장 및 무도학원
- 카지노영업소

58

저장소 또는 제조소 등이 아닌 장소에서 지정수량 이상의 위험물을 저장 또는 취급한 자에 대한 벌칙은?

① 3년 이하 징역 또는 3천만원 이하의 벌금
② 2년 이하 징역 또는 1천만원 이하의 벌금
③ 1년 이하 징역 또는 2천만원 이하의 벌금
④ 2년 이하 징역 또는 2천만원 이하의 벌금

해설 제조소 등이 아닌 장소에서 지정수량 이상의 위험물을 저장 또는 취급한 자에 대한 벌칙 : 3년 이하 징역 또는 3천만원 이하의 벌금

59

다음 중 소방시설공사의 하자보수보증에 대한 사항으로 맞지 않는 것은?

① 스프링클러설비, 자동화재탐지설비의 하자보수보증기간은 3년이다.
② 계약금액이 300만원 이상인 소방시설 등의 공사를 하는 경우 하자보수의 이행을 보증하는 증서를 예치하여야 한다.
③ 금융기관에 예치하는 하자보수보증금은 소방시설공사금액의 100분의 3 이상으로 한다.
④ 관계인으로부터 소방시설의 하자발생을 통보받은 공사업자는 3일 이내에 이를 보수하거나 보수일정을 기록한 하자보수계획을 관계인에게 서면으로 알려야 한다.

정답 55 ② 56 ② 57 ④ 58 ① 59 ②

해설 공사의 하자보수

- 관계인은 규정에 따른 기간 내에 소방시설의 하자가 발생하였을 때에는 공사업자에게 그 사실을 알려야 하며, 통보를 받은 공사업자는 **3일 이내**에 이를 보수하거나 보수일정을 기록한 하자보수계획을 관계인에게 서면으로 알려야 한다.
- 관계인은 공사업자가 소방본부장이나 소방서장에게 알려야 하는 경우
  - 규정에 따른 기간 내에 하자보수를 이행하지 아니하는 경우
  - 규정에 따른 기간 내에 하자보수계획을 서면으로 알리지 아니하는 경우
  - 하자보수계획이 불합리하다고 인정되는 경우

PLUS ONE 소방시설공사의 하자보수보증기간

- 2년 : 피난기구, 유도등, 유도표지, 비상경보설비, 비상조명등, 비상방송설비 및 무선통신보조설비
- 3년 : 자동소화장치, 옥내소화전설비, **스프링클러설비**, 간이스프링클러설비, 물분무등 소화설비, 옥외소화전설비, **자동화재탐지설비**, 상수도 소화용수설비, 소화활동설비(무선통신보조설비 제외)

※ 법 개정으로 인해 현행법에 맞지 않는 문제임

60

소방시설의 종류에 대한 설명으로 옳은 것은?

① 소화기구, 옥외소화전설비는 소화설비에 해당된다.
② 유도등, 비상조명등은 경보설비에 해당된다.
③ 소화수조, 저수조는 소화활동설비에 해당된다.
④ 연결송수관설비는 소화용수설비에 해당된다.

해설 소방시설의 분류

종 류	분 류
소화기구, 옥외소화전설비	소화설비
유도등, 비상조명등	피난구조설비
소화수조, 저수조	소화용수설비
연결송수관 설비	소화활동설비

제 4 과목 소방기계시설의 구조 및 원리

61

국소방출방식의 할론소화설비의 분사헤드 설치기준으로 옳은 것은?

① 소화약제의 방사에 의하여 가연물이 비산하는 장소에 설치할 것
② 할론 1301을 방사하는 분사헤드는 해당 소화약제가 무상으로 분무되는 것으로 할 것
③ 분사헤드의 방사압력은 할론 2402로 방사하는 것에 있어서는 0.05[MPa] 이상이 되도록 할 것
④ 기준저장량의 소화약제를 10초 이내에 방사할 수 있는 것으로 할 것

해설 국소방출방식의 할론소화설비의 분사헤드의 설치기준

- 소화약제의 방사에 따라 가연물이 비산하지 아니하는 장소에 설치할 것
- 할론 2402를 방사하는 분사헤드는 해당 소화약제가 무상으로 분무되는 것으로 할 것
- 분사헤드의 방사압력은 **할론 2402**를 방사하는 것은 **0.1[MPa] 이상**, 할론 1211을 방사하는 것은 0.2[MPa] 이상, 할론 1301을 방사하는 것은 0.9[MPa] 이상으로 할 것
- 규정에 따른 기준저장량의 소화약제를 10초 이내에 방사할 수 있는 것으로 할 것

62

펌프 본체 중의 액체가 외부로 누설되는 것을 방지하기 위한 장치와 관계가 없는 것은?

① 글랜드패킹방식 ② 메케니컬실방식
③ 오일실방식 ④ 다이어프램방식

해설 펌프 본체 중의 액체가 외부로 누설되는 것을 방지하기 위한 장치 : 글랜드패킹방식, 메케니컬실방식, 오일실방식

60 ① 61 ④ 62 ④ **정답**

63

이산화탄소소화약제의 저장용기에 관한 설치기준 설명 중 틀린 것은?

① 저장용기의 충전비는 고압식과 저압식 모두 1.1 이상 1.4 이하로 해야 한다.
② 저압식 저장용기에는 내압시험압력의 0.64배 내지 0.8배의 압력에서 작동하는 안전밸브를 설치해야 한다.
③ 저압식 저장용기에는 액면계 및 압력계와 2.3[MPa] 이상 1.9[MPa] 이하의 압력에서 작동하는 압력경보장치를 설치해야 한다.
④ 저장용기는 고압식은 25[MPa] 이상, 저압식은 3.5[MPa] 이상의 내압시험압력에 합격한 것을 사용해야 한다.

해설 **이산화탄소소화약제의 저장용기의 설치기준**
- 저장용기의 충전비는 **고압식**은 **1.5 이상 1.9 이하**, **저압식**은 **1.1 이상 1.4 이하**로 할 것
- 저압식 저장용기에는 **내압시험압력**의 **0.64배부터 0.8배까지**의 압력에서 작동하는 **안전밸브**와 내압시험압력의 0.8배부터 내압시험압력에서 작동하는 **봉판**을 설치할 것
- 저압식 저장용기에는 액면계 및 압력계와 2.3[MPa] 이상 1.9[MPa] 이하의 압력에서 작동하는 압력경보장치를 설치할 것
- 저압식 저장용기에는 용기 내부의 온도가 영하 18[℃] 이하에서 2.1[MPa]의 압력을 유지할 수 있는 자동냉동장치를 설치할 것
- 저장용기는 고압식은 25[MPa] 이상, 저압식은 3.5[MPa] 이상의 내압시험압력에 합격한 것으로 할 것

64

분말소화설비의 배관 청소용 가스는 어떻게 저장 유지 관리하여야 하는가?

① 축압용 가스용기에 가산 저장 유지
② 가압용 가스용기에 가산 저장 유지
③ 별도 용기에 저장 유지
④ 필요시에만 사용하므로 평소에 저장 불필요

해설 분말소화설비의 배관 청소용 가스는 **별도 용기**에 **저장**한다.

65

2개의 방수구역으로서 하나의 제어밸브에 8개씩 드렌처헤드가 설치되어 있는 드렌처설비의 경우 법적인 수원의 수량은?

① 3.2[m^3] 이상 ② 6.4[m^3] 이상
③ 12.80[m^3] 이상 ④ 10.6[m^3] 이상

해설 드렌처설비의 수원 = 헤드수×1.6[m^3] = 8×1.6[m^3]
= 12.8[m^3] 이상

66

항공기 격납고에 적용하는 고정식 포소화설비로서 가장 적당한 것은?

① 포워터 스프링클러설비
② 스프링클러설비
③ 포워터 스프레이설비
④ 드렌처설비

해설 항공기 격납고 : 포워터 스프링클러설비

67

스프링클러설비를 설치해야 할 소방대상물에 있어서 스프링클러헤드를 설치하지 아니할 수 있는 장소 중 맞는 것은?

① 계단, 병실, 목욕실, 통신기기실, 아파트
② 발전실, 수술실, 응급처치실, 통신기기실
③ 발전실, 변전실, 병실, 목욕실, 아파트
④ 수술실, 병실, 변전실, 발전실, 아파트

해설 **헤드의 설치 제외 장소**
- 계단실(특별피난계단의 부속실을 포함한다)・경사로・승강기의 승강로・비상용 승강기의 승강장・파이프덕트 및 덕트피트・목욕실・수영장(관람석 부분을 제외한다)・화장실・직접 외기에 개방되어 있는 복도・기타 이와 유사한 장소
- **통신기기실**・전자기기실・기타 이와 유사한 장소
- **발전실**・변전실・변압기・기타 이와 유사한 전기설비가 설치되어 있는 장소
- 병원의 **수술실**・**응급처치실**・기타 이와 유사한 장소
- 천장과 반자 양쪽이 불연재료로 되어 있는 경우로서 그 사이의 거리 및 구조가 다음의 어느 하나에 해당하는 부분

정답 63 ① 64 ③ 65 ③ 66 ① 67 ②

- 천장과 반자 사이의 거리가 2[m] 미만인 부분
- 천장과 반자 사이의 벽이 불연재료이고 천장과 반자 사이의 거리가 2[m] 이상으로서 그 사이에 가연물이 존재하지 아니하는 부분

• 천장·반자 중 한쪽이 불연재료로 되어있고 천장과 반자 사이의 거리가 1[m] 미만인 부분
• 천장 및 반자가 불연재료 외의 것으로 되어 있고 천장과 반자 사이의 거리가 0.5[m] 미만인 부분
• 펌프실·물탱크실·엘리베이터 권상기실 그 밖의 이와 비슷한 장소
• 현관 또는 로비 등으로서 바닥으로부터 높이가 20[m] 이상인 장소
• 영하의 냉장창고의 냉장실 또는 냉동창고의 냉동실
• 고온의 노가 설치된 장소 또는 물과 격렬하게 반응하는 물품의 저장 또는 취급장소
• 공동주택 중 아파트의 대피공간

68

옥외소화전설비의 설명 중 틀린 것은?

① 옥외소화전설비의 수원은 옥외소화전의 설치개수(2개 이상인 경우에 2개)에 3.5[m^3]을 곱한 양 이상이 되도록 한다.
② 노즐선단의 방수압은 0.25[MPa] 이상
③ 호스접결구는 각 소방대상물로부터 하나의 호스 접결구까지 수평거리 40[m] 이하
④ 호스는 구경 65[mm]의 것으로 하여야 함

해설 옥외소화전설비의 수원의 용량

$$수원의\ 양[L] = N \times 350[L/min] \times 20[min] = N \times 7[m^3]$$

69

스모크타워식 자연제연방식에 관한 설명 중 옳지 않은 것은?

① 제연 샤프트의 굴뚝효과를 이용한다.
② 고층 빌딩에 적당하다.
③ 제연기를 사용하는 기계제연의 일종이다.
④ 모든 층의 일반 거실 화재에 이용할 수 있다.

해설 제연방식은 밀폐제연방식, 자연제연방식, 스모크타워제연방식, 기계제연방식이 있다.

70

연결살수설비의 배관시공에 관한 설명 중 옳지 않은 것은?

① 개방형 헤드를 사용하는 연결살수설비에 있어서의 수평주행배관은 헤드를 향하여 상향으로 100분의 1 이상의 기울기로 설치한다.
② 가지배관 또는 교차배관을 설치하는 경우에는 가지배관의 배열은 토너먼트방식이어야 한다.
③ 가지배관은 교차배관 또는 주배관에서 분기되는 지점을 기점으로 한 쪽 가지배관에 설치되는 헤드의 개수는 8개 이하로 하여야 한다.
④ 배관은 배관용 탄소강관 또는 압력배관용 탄소강관이나 이와 동등 이상의 강도·내식성 및 내열성을 가진 것으로 하여야 한다.

해설 연결살수설비의 배관은 가지배관 또는 교차배관을 설치하는 경우에는 가지배관의 배열은 토너먼트방식이 아니어야 하며, 가지배관은 교차배관 또는 주배관에서 분기되는 지점을 기점으로 한 쪽 가지배관에 설치되는 헤드의 개수는 **8개 이하**로 하여야 한다.

71

다음 중 소화기의 설치 장소별 적응성에서 통신기기실에 적응성이 없는 소화기는?

① 이산화탄소소화기
② 할론소화기(1301)
③ 액체소화기
④ 할로겐화합물 및 불활성기체소화기

해설 통신기기실, 전기실 등 전기설비에 적합한 소화기 : 가스계 소화기(이산화탄소소화기, 할론소화기 등)

72

차고 또는 주차장에 설치하는 물분무소화설비의 배수설비에 대한 설명이다. 옳지 않은 것은?

① 높이 5[cm] 이상의 경계턱으로 배수설비를 설치하여야 한다.
② 길이 40[m] 이하마다 기름분리장치를 설치하여야 한다.

68 ① 69 ③ 70 ② 71 ③ 72 ① 정답

③ 차량이 주차하는 바닥은 배수구 쪽으로 2/100의 기울기를 유지하여야 한다.
④ 배수설비는 가압송수장치의 최대송수능력의 수량을 유효하게 배수할 수 있는 크기 및 기울기로 하여야 한다.

해설 **차고 또는 주차장에 설치하는 물분무소화설비의 배수설비의 설치기준**
- 차량이 주차하는 장소의 적당한 곳에 높이 **10[cm] 이상**의 **경계턱**으로 **배수구**를 설치할 것
- 배수구에는 새어나온 기름을 모아 소화할 수 있도록 길이 40[m] 이하마다 집수관·소화피트 등 기름분리장치를 설치할 것
- 차량이 주차하는 바닥은 배수구를 향하여 100분의 2 이상의 기울기를 유지할 것
- 배수설비는 가압송수장치의 최대송수능력의 수량을 유효하게 배수할 수 있는 크기 및 기울기로 할 것

73

바닥면적이 1,300[m²]인 판매시설에 소화기구를 설치하려 한다. 소화기구의 최소 능력단위는?(단, 주요구조부의 내화구조이고, 벽 및 반자의 실내와 면하는 부분이 불연재료이다)

① 7단위 ② 9단위
③ 10단위 ④ 13단위

해설 **소방대상물별 소화기구의 능력단위기준**

소방대상물	소화기구의 능력단위
1. 위락시설	해당 용도의 바닥면적 30[m²]마다 능력단위 1단위 이상
2. **공연장·집회장·관람장·문화재·장례식장** 및 의료시설	해당 용도의 바닥면적 **50[m²]마다** 능력단위 1단위 이상
3. 근린생활시설·**판매시설**·운수시설·숙박시설·노유자시설·전시장·공동주택·업무시설·방송통신시설·공장·창고시설·항공기 및 자동차관련시설 및 관광휴게시설	해당 용도의 바닥면적 100[m²]마다 능력단위 1단위 이상
4. 그 밖의 것	해당 용도의 바닥면적 200[m²]마다 능력단위 1단위 이상

소화기구의 능력단위를 산출함에 있어서 건축물의 주요구조부가 내화구조이고, 벽 및 반자의 실내에 면하는 부분이 불연재료·준불연재료 또는 난연재료로 된 특정소방대상물에 있어서는 위 표의 기준면적의 2배를 해당 특정소방대상물의 기준면적으로 한다.
※ 1,300[m²] ÷ 200[m²](내화구조는 기준면적에 2배) = 6.5 ⇒ 7단위

74

연결송수관설비에서 주 배관은 얼마의 구경으로 하여야 하는가?

① 65[mm] 이상 ② 80[mm] 이상
③ 90[mm] 이상 ④ 100[mm] 이상

해설 연결송수관설비의 주 배관의 구경 : **100[mm] 이상**

75

소화용수설비에서 소방펌프차가 채수구로부터 어느 거리 이내까지 접근할 수 있도록 설치하여야 하는가?

① 5[m] 이내 ② 3[m] 이내
③ 2[m] 이내 ④ 1[m] 이내

해설 소화용수설비에서 소방펌프차가 **채수구**로부터 **2[m] 이내**까지 접근할 수 있도록 설치하여야 한다.

76

화재안전기준에 의하면 각 소방시설 또는 장치 등의 사용에 지장이 없는 경우 각각의 것을 합치거나 겸용하여 사용할 수 있다. 아래 사항 중 겸용에 관하여 규정되어 있지 않은 것은?

① 급수배관
② 수 원
③ 가압송수장치의 펌프
④ 방수구

해설 각 소방시설 또는 장치 등의 사용에 지장이 없는 경우 각각의 것을 합치거나 겸용하여 사용할 수 있는데 방수구는 할 수 없다.

77

건식 연결송수관설비의 송수구 부근에 설치하는 기기 순서로 맞는 것은?

① 송수구 → 자동배수밸브 → 체크밸브 → 자동배수밸브
② 송수구 → 체크밸브 → 자동배수밸브 → 체크밸브
③ 송수구 → 자동배수밸브 → 체크밸브
④ 송수구 → 체크밸브 → 자동배수밸브

정답 73 ① 74 ④ 75 ③ 76 ④ 77 ①

해설 **송수구의 부근에 자동배수밸브 또는 체크밸브 설치순서**
- 습식 : 송수구 → 자동배수밸브 → 체크밸브
- 건식 : 송수구 → 자동배수밸브 → 체크밸브 → 자동배수밸브

78

분말소화설비의 저장용기 내부압력이 설정압력이 될 때 주밸브를 개방하는 것은?

① 한시계전기　② 지시압력계
③ 압력조정기　④ 정압작동장치

해설 **정압작동장치**
저장용기 내부압력이 설정압력이 될 때 주밸브를 개방하기 위한 장치

79

소화용수설비의 설치기준 중 맞지 않는 것은?

① 채수구는 지표면으로부터 높이가 0.8[m] 이상 1.0[m] 이하의 위치에 설치한다.
② 유량 0.8[m^3/min] 이상인 유수를 사용할 수 있는 경우에는 소화수조를 설치하지 않을 수 있다.
③ 소화수조 또는 저수조가 지표면으로부터 깊이가 4.5[m] 이상인 경우 가압송수장치를 설치한다.
④ 흡수관 투입구는 직경이 0.6[m] 이상으로 하여야 한다.

해설 **채수구의 설치 : 0.5[m] 이상 1[m] 이하**

80

소화용수설비에 설치하는 소화수조의 소요수량이 80[m^3]일 때 설치하는 흡수관 투입구 및 채수구의 수는?

① 흡수관투입구 → 1개 이상, 채수구 → 1개
② 흡수관투입구 → 1개 이상, 채수구 → 2개
③ 흡수관투입구 → 2개 이상, 채수구 → 2개
④ 흡수관투입구 → 2개 이상, 채수구 → 3개

해설 **소화용수설비**
- 소화수조 또는 저수조가 지표면으로부터의 깊이(수조내부바닥까지 길이)가 4.5[m] 이상인 지하에 있는 경우에는 표에 의하여 가압송수장치를 설치할 것

소요수량	20[m^3] 이상 40[m^3] 미만	40[m^3] 이상 100[m^3] 미만	100[m^3] 이상
채수구의 수	1개	2개	3개
가압송수장치의 1분당 양수량	1,100[L] 이상	2,200[L] 이상	3,300[L] 이상

- 지하에 설치하는 소화용수 설비의 **흡수관 투입구**
  - 한 변이 0.6[m] 이상, 직경이 0.6[m] 이상인 것으로 할 것
  - 소요수량이 80[m^3] 미만인 것에 있어서는 1개 이상, **80[m^3] 이상**인 것에 있어서는 **2개 이상**을 설치할 것
  - "흡수관 투입구"라고 표시한 표지를 할 것

78 ④　79 ①　80 ③ 정답

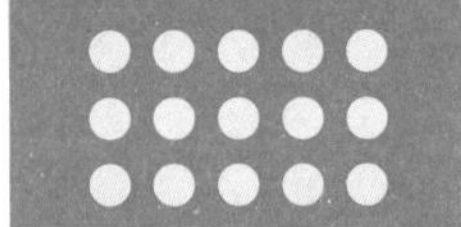

제 2 회 2008년 5월 11일 시행

제 1 과목 소방원론

01

다음 중 피난자의 집중으로 패닉현상이 일어날 우려가 가장 큰 형태는 어느 것인가?

① T형　② X형
③ Z형　④ H형

해설 피난방향 및 경로

구 분	구 조	특 징
T형		피난자에게 피난경로를 확실히 알려주는 형태
X형		양방향으로 피난할 수 있는 확실한 형태
H형		중앙코어방식으로 피난자의 집중으로 **패닉현상**이 일어날 우려가 있는 형태
Z형		중앙복도형 건축물에서의 피난경로로서 코어식 중 제일 안전한 형태

02

피난대책의 일반적인 원칙이 아닌 것은?

① 피난경로는 간단명료하게 한다.
② 피난구조설비는 고정식 설비보다 이동식 설비를 위주로 설치한다.
③ 간단한 그림이나 색채를 이용하여 표시한다.
④ 두 방향의 피난통로를 확보한다.

해설 피난대책의 일반적인 원칙
- 피난경로는 간단명료하게 할 것
- 피난구조설비는 고정식 설비를 위주로 할 것
- 피난수단은 원시적 방법에 의한 것을 원칙으로 할 것
- 2방향 이상의 피난통로를 확보할 것

03

다음 중 연소의 3요소가 아닌 것은?

① 가연물　② 촉 매
③ 산소공급원　④ 점화원

해설 연소의 3요소 : 가연물, 산소공급원, 점화원

04

우리나라에서의 화재 급수와 그에 따른 화재 분류가 틀린 것은?

① A급 - 일반화재
② B급 - 유류화재
③ C급 - 가스화재
④ D급 - 금속화재

해설 화재분류

구 분 \ 급 수	A급	B급	C급	D급
화재의 종류	일반화재	유류화재	**전기화재**	금속화재
표시색	백 색	황 색	청 색	무 색

05

자연발화에 대한 예방책으로 적당하지 않은 것은?

① 열의 축적을 방지한다.
② 황린은 물속에 저장한다.
③ 주위 온도를 낮게 유지한다.
④ 가능한 한 물질을 분말상태로 저장한다.

정답 01 ④　02 ②　03 ②　04 ③　05 ④

해설 자연발화 방지대책
- 습도를 낮게 할 것
- 주위의 온도를 낮출 것
- 통풍을 잘 시킬 것
- 불활성 가스를 주입하여 공기와 접촉을 피할 것
- 가능한 입자를 크게 할 것

06

다음 중 연소와 가장 관련이 있는 화학반응은?

① 산화반응 ② 환원반응
③ 치환반응 ④ 중화반응

해설 연 소
가연물이 공기 중에서 산소와 반응하여 열과 빛을 동반하는 급격한 **산화현상**

07

건축물의 주요구조부에 해당되지 않는 것은?

① 기 둥 ② 작은 보
③ 지 붕 ④ 바 닥

해설 주요구조부 : **내력벽, 기둥, 바닥, 보, 지붕틀,** 주계단

> 주요구조부 제외 : **샛벽,** 사잇기둥, 최하층의 바닥, **작은 보,** 차양, **옥외계단**

08

1기압, 100[℃]에서의 물 1[g]의 기화잠열은 몇 [cal]인가?

① 425 ② 539
③ 647 ④ 734

해설 물의 기화잠열 : 539[cal/g]

09

다음 중 주수소화를 할 수 없는 물질은?

① 리 튬 ② 염소산칼륨
③ 유 황 ④ 적 린

해설 리튬(Li)은 물과 반응하면 수소가스를 발생하므로 주수소화를 금하고 있다.

> $2Li + 2H_2O \rightarrow 2LiOH + H_2\uparrow$

10

피난계획의 일반원칙 중 Fool Proof 원칙이란 무엇인가?

① 한 가지가 고장이 나도 다른 수단을 이용하는 원칙
② 두 방향의 피난동선을 항상 확보하는 원칙
③ 피난수단을 이동식 시설로 하는 원칙
④ 피난수단을 조작이 간편한 원시적 방법으로 하는 원칙

해설 피난계획의 일반원칙
- Fool Proof : 비상시 머리가 혼란하여 판단능력이 저하되는 상태로 누구나 알 수 있도록 문자나 그림 등을 표시하여 직감적으로 작용하는 것
- Fail Safe : 하나의 수단이 고장으로 실패하여도 다른 수단에 의해 구제할 수 있도록 고려하는 것으로 양 방향 피난로의 확보와 예비전원을 준비하는 것

11

다음 중 방화구조의 기준으로 틀린 것은?

① 철망모르타르로서 그 바름 두께가 2[cm] 이상인 것
② 두께 2.5[cm] 이상의 석고판 위에 시멘트모르타르를 바른 것
③ 시멘트모르타르 위에 타일을 붙인 것으로서 그 두께의 합계가 1.5[cm] 이상인 것
④ 심벽에 흙으로 맞벽치기한 것

해설 방화구조의 기준
- 철망모르타르로서 그 바름두께가 2[cm] 이상인 것
- 석고판 위에 시멘트모르타르 또는 회반죽을 바른 것으로서 그 두께의 합계가 2.5[cm] 이상인 것
- 시멘트모르타르 위에 타일을 붙인 것으로서 그 두께의 합계가 2.5[cm] 이상인 것
- 심벽에 흙으로 맞벽치기한 것

06 ① 07 ② 08 ② 09 ① 10 ④ 11 ③ 정답

12

다음 중 위험물의 유별 분류가 나머지 셋과 다른 것은?

① 트라이에틸알루미늄 ② 황 린
③ 칼 륨 ④ 벤 젠

해설 위험물의 분류

종 류	분 류
트라이에틸알루미늄	제3류 위험물
황 린	제3류 위험물
칼 륨	제3류 위험물
벤 젠	제4류 위험물

13

공기 중에서 연소범위가 가장 넓은 물질은?

① 수 소 ② 이황화탄소
③ 아세틸렌 ④ 에테르

해설 연소범위

종 류	수 소	이황화탄소	아세틸렌	에테르
분 류	4.0~75[%]	1.0~44[%]	2.5~81[%]	1.9~48[%]

14

가스 A가 40[vol%], 가스 B가 60[vol%]로 혼합된 가스의 연소하한계는 몇 [vol%]인가?(단, 가스 A의 연소하한계는 4.9[vol%]이며, 가스 B의 연소하한계는 4.15[vol%]이다)

① 1.82 ② 2.02
③ 3.22 ④ 4.42

해설 혼합가스의 폭발범위

$$L_m = \frac{100}{\frac{V_1}{L_1} + \frac{V_2}{L_2}}$$

$$L_m(\text{하한값}) = \frac{100}{\frac{V_1}{L_1} + \frac{V_2}{L_2}} = \frac{100}{\frac{40}{4.9} + \frac{60}{4.15}} = 4.42$$

15

목재 화재 시 다량의 물을 뿌려 소화하고자 한다. 이때 가장 큰 소화효과는?

① 제거소화효과 ② 냉각소화효과
③ 부촉매소화효과 ④ 희석소화효과

해설 냉각소화

화재현장에 물을 주수하여 발화점 이하로 온도를 낮추어 열을 제거하여 소화하는 방법으로 목재 화재 시 다량의 물을 뿌려 소화하는 것이다.

16

화재에서 휘적색 불꽃의 온도는 약 몇 [℃]인가?

① 500 ② 950
③ 1,300 ④ 1,500

해설 연소의 색과 온도

색 상	온도[℃]	색 상	온도[℃]
담암적색	520	황적색	1,100
암적색	700	백적색	1,300
적 색	850	휘백색	1,500 이상
휘적색	950		

17

다음 중 주된 연소형태가 표면연소인 것은?

① 알코올 ② 숯
③ 목 재 ④ 에테르

해설 고체의 연소

- **표면연소**(직접연소) : 목탄, 코크스, **숯**, 금속분 등이 열분해나 증발은 하지 않고 표면에서 산소와 급격히 산화 반응하여 연소하는 현상, 즉 목탄과 같이 열분해하여 가연성 가스는 발생하지 않고 그 물질 자체가 연소하는 현상
- 분해연소 : 석탄, 종이, 목재, 플라스틱 등의 연소 시 열분해에 의해 발생된 가스(CO, H_2, CH_4, 탄화수소, 알데하이드류 등)와 공기가 혼합하여 연소하는 현상
- 증발연소 : 황, 나프탈렌, 왁스, 파라핀(양초) 등과 같이 고체를 가열하면 열분해는 일어나지 않고 고체가 액체로 되어 일정온도가 되면 액체가 기체로 변화하여 기체가 연소하는 현상

정답 12 ④ 13 ③ 14 ④ 15 ② 16 ② 17 ②

• 자기연소(내부연소) : 제5류 위험물인 나이트로셀룰로스, 질화면 등 그 물질이 가연물과 산소를 동시에 가지고 있는 가연물이 연소하는 현상

18

가장 간단한 형태의 탄화수소로서 도시가스의 주성분은?

① 부 탄 ② 에 탄
③ 메 탄 ④ 프로판

해설 도시가스의 주성분 : 메탄(CH_4)

19

다음 물질 중 물과 반응하여 가연성 기체를 발생하지 않는 것은?

① 칼 륨 ② 인화아연
③ 산화칼슘 ④ 탄화알루미늄

해설 산화칼슘(CaO, 생석회)은 물과 반응하면 많은 열은 발생하고 가스는 발생하지 않는다.
$CaO + H_2O \rightarrow Ca(OH)_2 + Q$[kcal]

• 칼륨과 물의 반응
$2K + 2H_2O \rightarrow 2KOH + H_2\uparrow + 92.8$[kcal]
• 인화아연과 물의 반응
$Zn_3P_2 + 6H_2O \rightarrow 3Zn(OH)_2 + 2PH_3\uparrow$
• 탄화알루미늄과 물의 반응
$Al_4C_3 + 12H_2O \rightarrow 4Al(OH)_3 + 3CH_4\uparrow + 360$[kcal]

20

Halon 1301의 증기비중은 약 얼마인가?(단, 원자량은 C 12, F 19, Br 80, Cl 35.5이고, 공기의 평균분자량은 29이다)

① 4.14 ② 5.14
③ 6.14 ④ 7.14

해설 Halon 1301의 분자식 CF_3Br = 148.9이므로
증기비중 = 분자량/29 = 149/29 = 5.14

제 2 과목 소방유체역학 및 약제화학

21

무게가 430[kN]이고, 길이 14[m], 폭 6.2[m], 높이 2[m]인 상자형의 바지(Barge)선이 물 위에 떠있다. 이때 상자형 바지선의 잠긴 부분의 높이는 약 몇 [m]인가?

① 0.64 ② 0.60
③ 0.56 ④ 0.51

해설 물체가 받는 힘 = 액체의 부력

$$\frac{430\times10^3[\mathrm{N}]}{14[\mathrm{m}]\times6.2[\mathrm{m}]} = 9{,}800[\mathrm{N/m^3}]\times H$$

$$\text{높이 } H = \frac{430\times10^3}{14\times6.2\times9{,}800} = 0.506[\mathrm{m}]$$

22

동일 펌프 내에서 회전수를 변경시켰을 때 유량과 회전수의 관계로서 옳은 것은?

① 유량은 회전수에 비례한다.
② 유량은 회전수 제곱에 비례한다.
③ 유량은 회전수 세제곱에 비례한다.
④ 유량은 회전수 제곱근에 비례한다.

해설 펌프의 상사법칙

• 유량 $Q_2 = Q_1 \times \frac{N_2}{N_1} \times \left(\frac{D_2}{D_1}\right)^3$

• 전양정(수두) $H_2 = H_1 \times \left(\frac{N_2}{N_1}\right)^2 \times \left(\frac{D_2}{D_1}\right)^2$

• 동력 $P_2 = P_1 \times \left(\frac{N_2}{N_1}\right)^3 \times \left(\frac{D_2}{D_1}\right)^5$

여기서, N : 회전수[rpm], D : 내경[mm]

23

지름이 5[cm]인 소방 노즐에서 물 제트가 40[m/s]의 속도로 건물 벽에 수직으로 충돌하고 있다. 벽이 받는 힘은 약 몇 [N]인가?

① 320 ② 2,451
③ 2,570 ④ 3,141

정답 18 ③ 19 ③ 20 ② 21 ④ 22 ① 23 ④

해설 힘 $F=\rho Au \cdot u$[N], 물의 밀도 $\rho=1{,}000[kg/m^3]$

$$F=1{,}000\times\left(\frac{\pi}{4}\times0.05^2\times40\right)\times40=3{,}141.6[N]$$

24

펌프 중심으로부터 2[m] 아래에 있는 물을 펌프 중심 위 15[m] 송출 수면으로 양수하려 한다. 관로의 전 손실수두가 6[m]이고, 송출수량이 1[m^3/min]라면 필요한 펌프의 동력은 약 몇 [W]인가?(단, 물의 비중량은 9,800[N/m^3]이다)

① 2,777　② 3,103
③ 3,430　④ 3,757

해설 펌프동력

$$L=\frac{\gamma HQ}{60}=\frac{9{,}800\times(15+2+6)\times1}{60}=3{,}756.7[W]$$

단위환산 $L=\frac{\gamma HQ}{60}=\frac{[N]}{[m^3]}\times\frac{[m]}{1}\times\frac{[m^3]}{[s]}$
$=\frac{[N\cdot m]}{[s]}=\frac{[J]}{[s]}[Watt]$

25

배관 속의 물에 압력을 가하였더니 물의 체적이 0.5[%] 감소하였다. 이때 가해진 압력은 몇 [MPa]인가?(단, 물의 체적탄성계수는 2[GPa]이다)

① 10　② 98
③ 100　④ 980

해설
- 체적탄성계수

$$K=\left(-\frac{\Delta P}{\Delta V/V}\right)=\frac{1}{\beta}\left(\text{압축률 }\beta=\frac{1}{K}\right)$$

- 압력변화

$$\Delta P=-K\frac{\Delta V}{V}=-2\times1{,}000\times(-0.005)$$
$$=10[MPa]$$

26

가역단열과정에서 엔트로피 변화 ΔS는?

① $\Delta S>1$　② $0<\Delta S<1$
③ $\Delta S=1$　④ $\Delta S=0$

해설 가역단열과정에서 엔트로피 변화 $\Delta S=0$

27

커다란 탱크의 밑면에서 물이 0.05[m^3/s]로 일정하게 흘러나가고, 위에서는 단면적 0.025[m^2], 분출속도가 8[m/s]의 노즐을 통하여 탱크로 유입되고 있다. 탱크 내 물은 몇 [m^3/s]으로 늘어나는가?

① 0.15　② 0.0145
③ 0.3　④ 0.03

해설 들어오는 물의 양(Q) = 흘러나가는 물의 양(Q_1) + 탱크 내에 남아있는 물의 양(Q_2)

$$Q_2=Q-Q_1=0.025\times8-0.05=0.15[m^3/s]$$

28

할론 1301의 화학식은 어느 것인가?

① CF_3Br　② CBr_2F_2
③ $CBrClF_2$　④ $CBrClF_3$

해설 할론 1301의 화학식 : CF_3Br

29

다음 중 배관의 유량을 측정하는 계측장치가 아닌 것은?

① 로터미터(Rotameter)
② 유동노즐(Flow Nozzle)
③ 마노미터(Manometer)
④ 오리피스(Orifice)

해설 마노미터는 압력을 측정하는 장치이다.

30

분말소화약제의 취급 시 주의사항으로 옳지 않은 것은?

① 습도가 높은 공기 중에 노출되면 고화되므로 항상 주의를 기울인다.
② 충진 시 다른 소화약제와 혼합을 피하기 위하여 종별로 각각 다른 색으로 착색되어 있다.

정답 24 ④　25 ①　26 ④　27 ①　28 ①　29 ③　30 ④

③ 실내에서 다량 방사하는 경우 분말을 흡입하지 않도록 한다.
④ 분말소화약제와 수성막포를 함께 사용할 경우 포의 소포현상을 발생시키므로 병용해서는 안 된다.

해설 **분말소화약제**와 **수성막포**를 함께 사용할 수 있다.

31

체적 2[m³], 온도 20[℃]의 기체 1[kg]를 정압하에서 체적을 5[m³]으로 팽창시켰다. 가한 열량은 약 몇 [kJ]인가?(단, 기체의 정압 비열은 2.06[kJ/kg·K], 기체 상수는 0.488[kJ/kg·K]로 한다)

① 954 ② 905
③ 889 ④ 863

해설 기체상수 $R = C_P - C_V$

비열비 $k = \dfrac{C_P}{C_P - R} = \dfrac{2.06}{2.06 - 0.488} = 1.31$

압력 $P = \dfrac{GRT}{V}$

$= \dfrac{1 \times 0.488 \times 10^3 \times (273 + 20)}{2}$

$= 71,492[\text{Pa}]$

열량 $Q = \dfrac{k}{k-1} P(V_2 - V_1)$

$= \dfrac{1.31}{1.31 - 1} \times 71,492 \times (5 - 2)$

$= 906,334[\text{J}] = 906[\text{kJ}]$

$[\text{N} \cdot \text{m}] = [\text{J}]$

32

증기압에 대한 설명으로 틀린 것은?

① 기압계에 수은을 이용하는 것이 적합한 이유는 증기압이 높기 때문이다.
② 쉽게 증발하는 휘발성 액체는 증기압이 높다.
③ 증기압은 밀폐된 용기 내의 액체 표면을 탈출하는 증기의 양이 액체 속으로 재침투하는 증기의 양과 같을 때의 압력이다.
④ 유동하는 액체 내부에서 압력이 증기압보다 낮아지면 액체가 기화하는 공동현상(Cavitation)이 발생한다.

해설 수은은 비중이 커서 응집력이 부착력보다 크게 되어 액면이 하강하므로 증기압이 낮아진다.

33

다음 중 뉴턴의 점성법칙을 기초로 한 점도계는?

① 맥마이클(MacMichael) 점도계
② 오스트발트(Ostwald) 점도계
③ 낙구식 점도계
④ 세이볼트(Saybolt) 점도계

해설 점도계
- **맥마이클**(MacMichael) **점도계 : 뉴턴의 점성법칙**
- 오스트발트(Ostwald) 점도계, 세이볼트(Saybolt) 점도계 : 하겐-포아젤법칙
- 낙구식 점도계 : 스토크스법칙

34

진공 압력이 19[kPa], 20[℃]인 기체가 계기압력 800[kPa]으로 등온 압축되었다면 처음 체적에 대한 최후의 체적비는?(단, 대기압은 730[mmHg]이다)

① $\dfrac{1}{11.1}$ ② $\dfrac{1}{9.8}$
③ $\dfrac{1}{8.4}$ ④ $\dfrac{1}{7.8}$

해설
- 절대압(P_1) = 대기압 − 진공

$= \left(\dfrac{730[\text{mmHg}]}{760[\text{mmHg}]} \times 101.325[\text{kPa}]\right) - 19[\text{kPa}]$

$= 78.3[\text{kPa}]$

- 절대압(P_2) = 대기압 + 게이지압

$= \left(\dfrac{730}{760} \times 101.325[\text{kPa}]\right) + 800[\text{kPa}]$

$= 897.3[\text{kPa}]$

∴ 등온 압축일 때 $V_2 = V_1 \times \dfrac{P_1}{P_2}$

$= 1 \times \dfrac{78.3}{897.3} = \dfrac{1}{11.46}$

35

관로에서 관마찰에 의한 손실수두가 속도수두와 같게 될 때의 관로의 길이는 약 몇 [m]인가?(단, 관의 지름은 400[mm]이고, 관마찰계수는 0.041이다)

① 9.76 ② 10.05
③ 10.24 ④ 10.45

해설

손실수두 $h_L = f \times \dfrac{l}{d} \times \dfrac{u^2}{2g}$

속도수두 $h_V = \dfrac{u^2}{2g}$, $h_V = h_L$

$$\frac{h_L}{h_V} = f \times \frac{l}{d} = 1$$

관로의 길이 $l = \dfrac{d}{f} = \dfrac{0.4[\mathrm{m}]}{0.041} = 9.76[\mathrm{m}]$

36

u를 x 방향의 속도성분, v를 y 방향의 속도성분이라 할 때 다음 속도장 중에서 연속방정식을 만족시키는 비압축성 유체의 흐름은 어느 것인가?

① $u = 2x^2 - y^2$, $v = -2xy$
② $u = x^2 - y^2$, $v = 2xy$
③ $u = x^2 - y^2$, $v = -4xy$
④ $u = x^2 - y^2$, $v = -2xy$

해설

비압축성 유체의 **유동 해석** $\dfrac{\partial u}{\partial x} + \dfrac{\partial v}{\partial y} = 0$

① $4x - 2x \neq 0$
② $2x + 2x \neq 0$
③ $2x - 4x \neq 0$
④ $2x - 2x = 0$

37

포소화약제가 갖추어야 할 조건과 가장 관계가 먼 것은?

① 부착성이 있을 것
② 유동성을 가지고 내열성이 있을 것
③ 응집성과 안정성이 있을 것
④ 파포성을 가지고 기화가 용이할 것

해설 **포소화약제의 구비조건**

- 포의 안정성과 유동성이 좋을 것
- 독성이 적을 것
- 유류와의 접착성이 좋을 것
- 내열성과 응집성이 좋을 것

38

다음 중 무차원수의 물리적 의미로 틀린 것은?

① 레이놀즈수(Re) = 관성력/점성력
② 프루드수(Fr) = 관성력/중력
③ 웨버수(We) = 관성력/탄성력
④ 오일러수(Eu) = 압축력/관성력

해설 **무차원식의 관계**

명 칭	무차원식	물리적 의미
레이놀즈수	$Re = \dfrac{du\rho}{\mu} = \dfrac{du}{\nu}$	$Re = \dfrac{\text{관성력}}{\text{점성력}}$
오일러수	$Eu = \dfrac{\Delta P}{\rho u^2}$	$Eu = \dfrac{\text{압축력}}{\text{관성력}}$
웨버수	$We = \dfrac{\rho l u^2}{\sigma}$	$We = \dfrac{\text{관성력}}{\text{표면장력}}$
코시수	$Ca = \dfrac{\rho u^2}{K}$	$Ca = \dfrac{\text{관성력}}{\text{탄성력}}$
마하수	$M = \dfrac{u}{c}$	$M = \dfrac{\text{유속}}{\text{음속}}$
프루드수	$Fr = \dfrac{u}{\sqrt{gl}}$	$Fr = \dfrac{\text{관성력}}{\text{중력}}$

39

"FM200"이라는 상품명을 가지며 오존파괴지수(ODP)가 0인 할론 대체소화약제는 다음 중 어느 계열인가?

① HFC 계열
② HCFC 계열
③ FC 계열
④ Blend 계열

해설 FM200은 HFC 계열로서 오존층파괴지수가 0이다.

정답 35 ① 36 ④ 37 ④ 38 ③ 39 ①

40

그림과 같은 수문이 열리지 않도록 하기 위하여 그 하단 A점에서 받쳐 주어야 할 최소 힘 F_p는 몇 [kN]인가?(단, 수문의 폭 : 1[m], 유체의 비중량 : 9,800 [N/m^3])

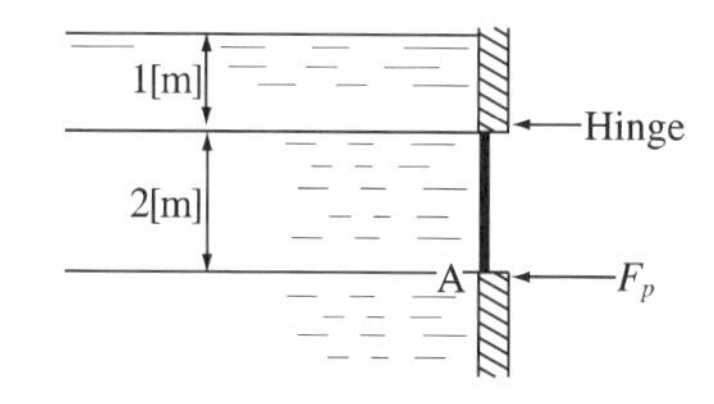

① 43 ② 27
③ 23 ④ 13

해설 힘 $F=\gamma \bar{h} A$

$=9,800\times(1+1)\times(2\times1)=39,200[N]$

$$\overline{y_F}-\overline{y_{FP}}=\frac{\frac{1\times 2^3}{12}}{2\times 2}=0.167$$

따라서, 힘(F)의 위치는 힌지로부터 0.167[m]의 거리에 있게 되므로 힌지에 작용하는 모멘트를 구하면 다음과 같다.

$39,200\times(1+0.167)=F_P\times 2$

$$F_P=\frac{1.167}{2}\times 39,200=22,873.2[N]=23[kN]$$

제 3 과목 소방관계법규

41

다음 중 소방시설업에 대한 설명으로 옳지 않은 것은?

① 소방시설업에는 소방시설설계업, 소방시설공사업, 소방공사감리업이 있다.
② 소방시설업을 하고자 하는 자는 시·도지사에게 소방시설업의 등록을 하여야 한다.
③ 감리원이란 소방시설공사업에 소속된 기술자로서 감리능력이 있는 자를 말한다.
④ 소방시설업자는 등록증 또는 등록수첩을 다른 자에게 빌려주어서는 아니 된다.

해설 감리원

소방공사감리업에 소속된 소방기술자로서 해당 소방시설공사의 감리를 수행하는 자

42

다음 소방시설 중 하자보수보증기간이 다른 것은?

① 옥내소화전설비 ② 비상방송설비
③ 자동화재탐지설비 ④ 상수도 소화용수설비

해설 하자보수보증기간

- 2년 : 비상경보설비, 비상조명등, **비상방송설비**, 유도등, 유도표지, 피난기구, 무선통신보조설비
- 3년 : 자동소화장치, **옥내소화전설비**, 스프링클러설비, 간이스프링클러설비, 물분무 등 소화설비, 옥외소화전설비, **자동화재탐지설비**, **상수도 소화용수설비**, 소화활동설비(무선통신보조설비 제외)

43

다음 중 특정소방대상물의 소방안전관리자의 업무로서 가장 거리가 먼 것은?

① 소방시설이나 그 밖의 소방관련시설의 유지·관리
② 관련규정에 따른 피난시설·방화구획 및 소방안전시설의 유지·관리
③ 위험물의 취급에 관한 안전관리와 감독
④ 화기취급의 감독

해설 소방안전관리자의 업무

- 피난계획에 관한 사항과 대통령령으로 정하는 사항이 포함된 소방계획서의 작성 및 시행
- 자위소방대(自衛消防隊)의 조직 및 초기대응체계의 구성·운영·교육
- 피난시설·방화구획 및 소방안전시설의 유지·관리
- 소방훈련 및 교육
- 소방시설이나 그 밖의 소방관련시설의 유지·관리
- 화기(火氣) 취급의 감독
- 그 밖에 소방안전관리상 필요한 업무

44

다음 중 화재경계지구의 지정권자는?

① 시·도지사 ② 소방본부장
③ 소방서장 ④ 경찰서장

해설 화재경계지구 지정권자 : **시·도지사(기본법 제13조)**

PLUS ONE **화재경계지구의 지정지역**
- 시장지역
- 공장, 창고가 밀집한 지역
- 목재건물이 밀집한 지역
- 위험물저장 및 처리시설이 밀집한 지역
- 석유화학제품을 생산하는 공장이 있는 지역
- 소방시설, 소방용수시설 또는 소방출동로가 없는 지역

45

소방자동차가 화재진압이나 인명구조를 위하여 출동하는 때 소방자동차의 출동을 방해한 자의 벌칙으로 알맞은 것은?

① 10년 이하의 징역 또는 5,000만원 이하의 벌금에 처함
② 5년 이하의 징역 또는 5,000만원 이하의 벌금에 처함
③ 3년 이하의 징역 또는 2,000만원 이하의 벌금에 처함
④ 2년 이하의 징역 또는 1,500만원 이하의 벌금에 처함

해설 **5년 이하의 징역 또는 5천만원 이하의 벌금**
- 제16조 제2항을 위반하여 다음에 해당하는 행위를 한 사람
  - 위력(威力)을 사용하여 출동한 소방대의 화재진압, 인명구조 또는 구급활동을 방해하는 행위
  - 소방대가 화재진압, 인명구조 또는 구급활동을 위하여 현장에 출동하거나 현장에 출입하는 것을 고의로 방해하는 행위
  - 출동한 소방대원에게 폭행 또는 협박을 행사하여 화재진압, 인명구조 또는 구급활동을 방해하는 행위
  - 출동한 소방대의 소방장비를 파손하거나 그 효용을 해하여 화재진압, 인명구조 또는 구급활동을 방해하는 행위
- **소방자동차의 출동을 방해한 사람**
- 사람을 구출하는 일 또는 불을 끄거나 불이 번지지 아니하도록 하는 일을 방해한 사람
- 정당한 사유 없이 소방용수시설을 사용하거나 소방용수시설의 효용을 해하거나 그 정당한 사용을 방해한 사람

46

소방시설관리업의 기술인력으로 등록된 소방기술자가 받아야 하는 실무교육의 주기 및 회수는?

① 매년 1회 이상
② 매년 2회 이상
③ 2년마다 1회 이상
④ 3년마다 1회 이상

해설 소방기술자의 실무교육 : **2년마다 1회** 이상 실시

47

다음 중 무창층의 요건으로서 거리가 먼 것은?

① 크기는 지름 50[cm] 이상의 원이 내접할 수 있는 크기일 것
② 해당 층의 바닥면으로부터 개구부 밑부분까지의 높이가 1.2[m] 이상일 것
③ 개구부는 도로 또는 차량이 진입할 수 있는 빈터를 향할 것
④ 내부 또는 외부에서 쉽게 부수거나 열 수 있을 것

해설 **무창층**
지상층 중 다음 요건을 갖춘 개구부의 면적의 합계가 해당 층의 바닥면적의 **1/30 이하**가 되는 층
- 크기는 지름 50[cm] 이상의 원이 내접할 수 있는 크기일 것
- 해당 층의 바닥면으로부터 개구부의 밑부분까지의 높이가 **1.2[m] 이내**일 것
- 도로 또는 차량이 진입할 수 있는 빈터를 향할 것
- 화재 시 건축물로부터 쉽게 피난할 수 있도록 창살이나 그 밖의 장애물이 설치되지 아니할 것
- 내부 또는 외부에서 부수거나 열 수 있을 것

48

문화재보호법의 규정에 의한 유형문화재와 기념물 중 지정문화재에 대한 위험물제조소의 안전거리는 몇 [m] 이상이어야 하는가?

① 30[m] ② 50[m]
③ 100[m] ④ 200[m]

정답 45 ② 46 ③ 47 ② 48 ②

해설 소방대상물별 안전거리

건축물	안전거리
사용전압 7,000[V] 초과 35,000[V] 이하의 특고압가공전선	3[m] 이상
사용전압 35,000[V]를 초과하는 특고압가공전선	5[m] 이상
규정에 의한 것 외의 건축물 **그 밖의 공작물**로서 **주거용으로 사용되는 것**(제조소가 설치된 부지 내에 있는 것을 제외) • **그 밖의 공작물** : 컨테이너, 비닐하우스 등을 주거용으로 사용하는 것 • **주거용으로 사용되는 것 : 전용주택, 공동주택, 점포겸용주택, 작업장겸용주택**	10[m] 이상
고압가스, 액화석유가스, 도시가스를 저장 또는 취급하는 시설	20[m] 이상
학교, 병원(종합병원, 병원, 치과병원, 한방병원 및 요양병원), **극장**, 공연장, 영화상영관으로서 수용인원 300명 이상 수용, 복지시설(아동복지시설, 노인복지시설, 장애인복지시설, 한부모가족복지시설), 어린이집, 성매매피해자 등을 위한 지원시설, 정신보건시설, 가정폭력피해자 보호시설로서 수용인원 20명 이상 수용	30[m] 이상
유형문화재, 지정문화재	50[m] 이상

49

위험물제조소의 탱크용량이 100[m³] 및 180[m³] 인 2개의 탱크 주위에 하나의 방유제를 설치하고자 하는 경우 방유제의 용량은 몇 [m³] 이상이어야 하는가?

① 100[m³] ② 140[m³]
③ 180[m³] ④ 280[m³]

해설 **위험물제조소의 옥외에 있는 위험물 취급탱크(지정수량의 1/5 미만인 용량은 제외)**

- **하나의 취급탱크** 주위에 설치하는 방유제의 용량 : 해당 **탱크용량의 50[%] 이상**
- **2 이상의 취급탱크** 주위에 하나의 방유제를 설치하는 경우 방유제의 용량 : 해당 탱크 중 용량이 **최대인 것의 50[%]에 나머지 탱크용량 합계**의 **10[%]**를 가산한 양 이상이 되게 할 것(이 경우 방유제의 용량은 해당 방유제의 내용적에서 용량이 최대인 탱크 외의 탱크의 방유제 높이 이하 부분의 용적, 해당 방유제 내에 있는 모든 탱크의 지반면 이상 부분의 기초의 체적, 간막이 둑의 체적 및 해당 방유제 내에 있는 배관 등의 체적을 뺀 것으로 한다)

∴ 방유제 용량 = (180[m³] × 0.5) + (100[m³] × 0.1)
= 100[m³]

50

소방업무를 수행하는 소방본부장이나 소방서장은 그 소재지를 관할하는 누구의 지휘와 감독을 받는가?

① 국회의원
② 특별시장·광역시장 또는 도지사
③ 구청장
④ 종합상황실장

해설 소방업무를 수행하는 **소방본부장**이나 **소방서장**은 그 소재지를 관할하는 **특별시장·광역시장** 또는 **도지사**(이하 "시·도지사"라 한다)의 **지휘와 감독**을 받는다(기본법 제3조).

51

화재예방을 위하여 보일러와 벽·천장 사이의 거리는 몇 [m] 이상이 되도록 하여야 하는가?

① 0.5[m] ② 0.6[m]
③ 0.9[m] ④ 1.2[m]

해설 보일러와 벽·천장 사이의 거리는 **0.6[m] 이상**이 되도록 하여야 한다.

52

위험물안전관리자가 퇴직한 때에는 퇴직한 날부터 며칠 이내에 다시 위험물안전관리자를 선임하여야 하는가?

① 7일 이내 ② 15일 이내
③ 30일 이내 ④ 45일 이내

해설 **안전관리자의 선임 신고**

- 선임 : 안전관리자의 퇴직 시에는 퇴직한 날부터 **30일 이내**
- 안전관리자의 신고
  - 선임신고 : 선임일로부터 14일 이내

53

다음은 무엇에 관한 성질을 설명한 것인가?

"고체 또는 액체로서 폭발의 위험성 또는 가열분해의 격렬함을 판단하기 위하여 고시로 정하는 성질과 상태를 나타내는 것을 말한다."

① 특수인화물 ② 자기반응성 물질
③ 복수성상물품 ④ 인화성 고체

49 ① 50 ② 51 ② 52 ③ 53 ② 정답

해설 **자기반응성 물질**

고체 또는 액체로서 폭발의 위험성 또는 가열분해의 격렬함을 판단하기 위하여 고시로 정하는 시험에서 고시로 정하는 성질과 상태를 나타내는 것

54

다음 특정소방대상물 중 노유자시설에 속하지 않는 것은?

① 유치원 ② 정신의료기관
③ 아동복지시설 ④ 장애인관련시설

해설 **노유자시설**

- **노인관련시설** : 노인주거복지시설, 노인의료복지시설, 노인여가복지시설, 주·야간보호서비스나 단기보호서비스를 제공하는 재가노인복지시설(재가 장기요양기관을 포함한다), 노인보호전문기관, 노인일자리지원기관, 학대피해노인 전용 쉼터
- **아동관련시설** : 아동복지시설, 어린이집, **유치원**(병설유치원은 제외한다) 및 그 밖에 이와 비슷한 것
- **장애인시설** : **장애인 생활시설, 장애인 지역사회시설**(장애인 심부름센터, 수화통역센터, 점자도서 및 녹음서 출판시설 등 장애인이 직접 그 시설 자체를 이용하는 것을 주된 목적으로 하지 않는 시설은 제외한다), 장애인직업재활시설 및 그 밖에 이와 비슷한 것
- 정신질환자 관련시설 : 정신질환자사회복귀시설, 정신요양시설
- 노숙인관련시설 : 노숙인복지시설, 노숙인 종합지원센터

정신의료기관 : 의료시설

55

위험물제조소에서 "위험물제조소"라는 표시를 한 표지의 바탕색은?

① 청 색 ② 적 색
③ 흑 색 ④ 백 색

해설 **제조소의 표지 및 게시판**

- **"위험물제조소"** 라는 표지를 설치
  - 표지의 크기 : 한 변의 길이 0.3[m] 이상, 다른 한 변의 길이 0.6[m] 이상
  - 표지의 색상 : **백색바탕**에 **흑색문자**
- 방화에 관하여 필요한 사항을 게시한 게시판 설치
  - 게시판의 크기 : 한 변의 길이 0.3[m] 이상, 다른 한 변의 길이 0.6[m] 이상
  - 기재 내용 : 위험물의 유별·품명 및 저장최대수량 또는 취급최대수량, 지정수량의 배수 및 안전관리자의 성명 또는 직명
  - 게시판의 색상 : 백색바탕에 흑색문자

56

특정소방대상물에 설치하여야 하는 소방시설 가운데 기능과 성능이 유사한 소방시설을 설치한 경우 그 설비의 유효 범위 내에서의 설치가 면제되는 소방시설에 포함되지 않는 것은?

① 간이스프링클러설비 ② 비상경보설비
③ 비상콘센트설비 ④ 비상방송설비

해설 소방시설설치·유지법률 시행령 별표 6 참조

57

다음 중 소방시설설치유지 및 안전관리에 관한 관계 법령상 소방용품에 해당하는 것으로 알맞은 것은?

① 시각경보기 ② 공기안전매트
③ 비상콘센트설비 ④ 가스누설경보기

해설 가스누설경보기는 소방용품에 해당된다(설치·유지 법률 시행령 별표 3).

58

건축허가 등을 함에 있어서 미리 소방본부장이나 소방서장의 동의를 받아야 하는 건축물 등의 범위에 속하지 않는 것은?

① 차고·주차장으로 사용되는 층 중 바닥면적이 200[m^2] 이상인 층이 있는 시설
② 승강기 등 기계장치에 의한 주차시설로서 자동차 10대 이상을 주차할 수 있는 시설
③ 항공기 격납고, 관망탑, 항공관제탑, 방송용 송·수신탑
④ 지하층 또는 무창층이 있는 건출물로서 바닥면적이 150[m^2](공연장의 경우에는 100[m^2]) 이상인 층이 있는 것

정답 54 ② 55 ④ 56 ③ 57 ④ 58 ②

해설 건축허가 등의 동의대상물의 범위

- 연면적이 400[m^2](학교시설은 100[m^2], 노유자시설 및 수련시설은 200[m^2], 장애인의료재활시설과 정신의료기관(입원실이 없는 정신건강의학과의원은 제외)은 300 [m^2] 이상)
- 6층 이상인 건축물
- 차고·주차장 또는 주차용도로 사용되는 시설로서
  - 차고·주차장으로 사용되는 바닥면적이 200[m^2] 이상인 층이 있는 건축물이나 주차시설
  - **승강기 등 기계장치에 의한 주차시설**로서 자동차 **20대 이상**을 주차할 수 있는 시설
- 항공기 격납고, 관망탑, 항공관제탑, 방송용 송·수신탑
- 지하층 또는 무창층이 있는 건축물로서 바닥면적이 150[m^2](공연장은 100[m^2]) 이상인 층이 있는 것
- 위험물저장 및 처리시설, 지하구
- 노유자시설 중 다음 각 목의 어느 하나에 해당하는 시설(단독주택 또는 공동주택에 설치되는 시설은 제외)
  - 노인관련시설(노인주거복지시설·노인의료복지시설 및 재가노인복지시설, 학대피해노인 전용 쉼터)
  - 아동복지시설(아동상담소, 아동전용시설 및 지역아동센터는 제외)
  - 장애인 거주시설
  - 정신질환자 관련 시설
  - 노숙인자활시설, 노숙인재활시설 및 노숙인요양시설
  - 결핵환자나 한센인이 24시간 생활하는 노유자시설
- 요양병원(정신병원과 의료재활시설은 제외)

59

터널을 제외한 지하가로서 연면적이 1,500[m^2]인 경우 설치하지 않아도 되는 소방시설은?

① 비상방송설비 ② 스프링클러설비
③ 무선통신보조설비 ④ 제연설비

해설 지하가와 터널의 설치하는 소방시설

구분	기준	소방시설
지하가(터널 제외)의 연면적에 따른 설치 소화설비	연면적 1,000[m^2] 이상	스프링클러설비, 제연설비, 무선통신보조설비
지하가 중 터널의 길이에 따른 설치 소화설비	터널길이 500[m] 이상	비상경보설비, 비상조명등, 비상콘센트설비, 무선통신보조설비
	터널길이 1,000[m] 이상	옥내소화전설비, 연결송수관설비, 자동화재탐지설비

60

다음 중 소방시설의 경보설비에 속하지 않는 것은?

① 자동화재탐지설비 및 시각경보기
② 통합감시시설
③ 무선통신보조설비
④ 자동화재속보설비

해설 무선통신보조설비 : **소화활동설비**

제4과목 소방기계시설의 구조 및 원리

61

스프링클러헤드 설치 시 유지하여야 할 수평거리 중 옳지 않은 것은?

① 무대부에 있어서는 1.7[m] 이하
② 랙식 창고에 있어서는 2.5[m] 이하
③ 아파트에 있어서는 3.2[m] 이하
④ 연소우려 있는 부분의 개구부에는 3.0[m] 이하

해설 스프링클러헤드의 배치기준

설치장소		설치기준
폭 1.2[m] 초과하는 천장, 반자, 덕트, 선반 기타 이와 유사한 부분	무대부, 특수가연물	수평거리 1.7[m] 이하
	일반건축물	수평거리 2.1[m] 이하
	내화건축물	수평거리 2.3[m] 이하
	랙식 창고	수평거리 2.5[m] 이하
	아파트	수평거리 3.2[m] 이하
랙식 창고	특수가연물	높이 4[m] 이하마다
	그 밖의 것	높이 6[m] 이하마다

62

전기전자기기실 등에 방사 후 이물질로 인한 피해를 방지하기 위해서 사용하는 소화기는 무엇인가?

① 분말소화기 ② 포소화기
③ 강화액소화기 ④ 이산화탄소소화기

해설 전기전자기기실, 통신기기실 : 이산화탄소소화기, 할론소화기

59 ① 60 ③ 61 ④ 62 ④ 정답

63

물분무소화설비에서 차량이 주차하는 장소의 바닥면은 배수구를 향하여 얼마 이상의 기울기를 유지하여야 하는가?

① $\frac{1}{100}$ ② $\frac{2}{100}$
③ $\frac{3}{100}$ ④ $\frac{5}{100}$

해설 배수설비 기울기 : 2/100 이상

64

옥외소화전설비의 소화전함 표면에 일반적으로 부착되는 것이 아닌 것은?

① 비상전원확인등 ② 펌프기동표시등
③ 위치표시등 ④ 옥외소화전표지

해설 옥외소화전함에 설치

- 옥외소화전이라고 표시한 표지
- 펌프기동표시등
- 위치표시등

65

분말소화약제 중 일반화재에도 적응성이 있는 인산염을 주성분으로 사용하는 약제는 몇 종 소화약제인가?

① 제1종 분말 ② 제2종 분말
③ 제3종 분말 ④ 제4종 분말

해설 분말소화약제의 성상

종 별	소화약제	약제의 착색	적응 화재	열분해반응식
제1종 분말	중탄산나트륨 ($NaHCO_3$)	백 색	B, C급	$2NaHCO_3 \rightarrow Na_2CO_3 + CO_2 + H_2O$
제2종 분말	중탄산칼륨 ($KHCO_3$)	담회색	B, C급	$2KHCO_3 \rightarrow K_2CO_3 + CO_2 + H_2O$
제3종 분말	제일인산암모늄, 인산염 ($NH_4H_2PO_4$)	담홍색, 황색	A, B, C급	$NH_4H_2PO_4 \rightarrow HPO_3 + NH_3 + H_2O$
제4종 분말	중탄산칼륨+요소 [$KHCO_3 + (NH_2)_2CO$]	회 색	B, C급	$2KHCO_3 + (NH_2)_2CO \rightarrow K_2CO_3 + 2NH_3 + 2CO_2$

66

5층 건물의 연면적이 65,000[m^2]인 소방대상물에 설치되어야 하는 소화수조 또는 저수조의 저수량은? (단, 각층의 바닥면적은 동일하다)

① 180[m^3] 이상 ② 240[m^3] 이상
③ 200[m^3] 이상 ④ 220[m^3] 이상

해설 소화수조 또는 저수조의 저수량은 소방대상물의 연면적을 다음 표에 의한 기준면적으로 나누어 얻은 수(소수점 이하의 수는 1로 본다)에 20[m^3]를 곱한 양 이상이 되도록 할 것

소방대상물의 구분	기준면적[m^2]
1층 및 2층의 바닥면적의 합계가 15,000[m^2] 이상인 소방대상물	7,500
그 밖의 소방대상물	12,500

$65,000 \div 7,500 = 8.6 (\Rightarrow 9)$

∴ 수원의 양 $= 9 \times 20$[m^3] $= 180$[m^3]

67

연결살수설비전용헤드를 사용하는 연결살수설비에서 배관의 구경이 32[mm]인 경우 하나의 배관에 부착할 수 있는 살수헤드의 개수는?

① 1 ② 2
③ 3 ④ 4

해설 연결살수설비전용헤드를 사용하는 경우에는 다음 표에 따른 구경 이상으로 할 것

하나의 배관에 부착하는 살수헤드의 개수	1개	2개	3개	4개 또는 5개	6개 이상 10개 이하
배관의 구경 [mm]	32	40	50	65	80

68

11층 이상 소방대상물의 옥내소화전설비에는 다음의 기준에 의하여 자가발전설비 또는 축전지설비에 의한 비상전원을 설치하여야 한다. 틀린 것은?

① 비상전원은 해당 옥내소화전설비를 유효하게 40분 이상 작동할 수 있어야 한다.
② 비상전원 설치장소는 다른 장소와 방화구획한다.

정답 63 ② 64 ① 65 ③ 66 ① 67 ① 68 ①

③ 사용전원으로부터 전력공급이 중단된 때에는 자동적으로 비상전원으로 전환되는 것으로 한다.
④ 비상전원의 실내설치장소에는 점검 및 조작에 필요한 비상조명등을 설치하여야 한다.

해설 옥내소화전설비의 비상전원 용량 : **20분 이상** 작동

69

할론소화약제의 저장용기는 어떠한 장소에 설치 유지하여야 가장 좋은가?

① 온도에 무관하니까 아무 곳이나 좋다.
② 0[℃] 이상인 장소는 다 적당하다.
③ 상온 이하이면 다 좋다.
④ 온도가 40[℃] 이하이고, 온도변화가 적은 곳이 좋다.

해설 **저장용기의 설치장소기준**

- 방호구역 외의 장소에 설치할 것(단, 방호구역 내에 설치할 경우에는 조작이 용이하도록 피난구 부근에 설치)
- 온도가 40[℃] 이하이고, 온도변화가 적은 곳에 설치할 것
- 직사광선 및 빗물이 침투할 우려가 없는 곳에 설치할 것
- 방화문으로 구획된 실에 설치할 것
- 용기의 설치장소에는 해당 용기가 설치된 곳임을 표시하는 표지를 할 것
- 용기 간의 간격은 점검에 지장이 없도록 3[cm] 이상의 간격을 유지할 것
- 저장용기와 집합관을 연결하는 연결배관에는 체크밸브를 설치할 것(단, 저장용기가 하나의 방호구역만을 담당하는 경우에는 예외)

70

소화설비의 가압송수장치로 설치하는 펌프성능시험배관의 설치기준으로서 옳은 것은?

① 성능시험배관은 펌프의 토출측에 설치된 개폐밸브 이후에 분기하여 설치할 것
② 성능시험배관은 유량측정장치를 기준으로 전단 직관부에 유량조절밸브를 설치할 것
③ 유량측정장치는 펌프의 정격토출량의 175[%] 이상 측정할 수 있는 성능이 있을 것
④ 성능시험배관은 유량측정장치를 기준으로 후단 직관부에는 개폐밸브를 설치할 것

해설 펌프의 성능은 체절운전 시 정격토출압력의 140[%]를 초과하지 아니하고, 정격토출량의 150[%]로 운전시 정격토출압력의 65[%] 이상이 되어야 하며, 펌프의 성능시험배관은 다음의 기준에 적합하여야 한다.

- **성능시험배관**은 펌프의 토출측에 설치된 **개폐밸브 이전**에서 **분기**하여 설치하고, 유량측정장치를 기준으로 **전단 직관부**에 **개폐밸브**를 **후단 직관부**에는 **유량조절밸브**를 설치할 것
- **유량측정장치**는 성능시험배관의 직관부에 설치하되, 펌프의 정격토출량의 **175[%] 이상** 측정할 수 있는 성능이 있을 것

71

제연설비의 설치장소에 따른 제연구역의 구획을 설명한 것 중 틀린 것은?

① 하나의 제연구역의 면적은 1,000[m^2] 이내로 한다.
② 하나의 제연구역은 3개 이상 층에 미치지 아니하도록 한다.
③ 통로상의 제연구역은 보행중심선의 길이가 60[m]를 초과하지 아니한다.
④ 하나의 제연구역은 직경 60[m] 원 내에 들어갈 수 있게 한다.

해설 **제연구역의 구획기준**

- 하나의 제연구역의 면적은 1,000[m^2] 이내로 할 것
- 거실과 통로(복도를 포함한다. 이하 같다)는 상호제연구획할 것
- 통로상의 제연구역은 보행중심선의 길이가 60[m]를 초과하지 아니할 것
- 하나의 제연구역은 직경 60[m] 원 내에 들어갈 수 있을 것
- 하나의 제연구역은 **2개 이상 층**에 미치지 아니하도록 할 것. 다만, 층의 구분이 불분명한 부분은 그 부분을 다른 부분과 별도로 제연구획하여야 한다.

72

차고 및 주차장에 단백포소화약제를 사용하는 포소화설비를 하려고 한다. 바닥면적 1[m^2]에 대한 포소화약제의 1분당 방사량은?

① 5.0[L] 이상 ② 6.5[L] 이상
③ 8.0[L] 이상 ④ 3.7[L] 이상

69 ④ 70 ③ 71 ② 72 ② 정답

해설 포헤드는 소방대상물별 분당 방사량

소방대상물	포소화약제의 종류	바닥면적 1[m^2]당 방사량
차고·주차장 및 항공기 격납고	단백포소화약제	6.5[L] 이상
	합성계면활성제포소화약제	8.0[L] 이상
	수성막포소화약제	3.7[L] 이상
소방기본법시행령 별표 2의 특수가연물을 저장·취급하는 소방대상물	단백포소화약제	6.5[L] 이상
	합성계면활성제포소화약제	6.5[L] 이상
	수성막포소화약제	6.5[L] 이상

73

이산화탄소소화설비에 사용되는 고압식 이산화탄소 소화약제 저장용기의 충전비는 얼마인가?

① 1.5 이상 1.9 이하 ② 1.2 이상 1.5 이하
③ 1.0 이상 1.3 이하 ④ 0.8 이상 1.0 이하

해설 저장용기의 충전비

구 분	저압식	고압식
충전비	1.1 이상 1.4 이하	1.5 이상 1.9 이하

74

다음 방호대상물 중 스프링클러설비를 설치할 수 있는 소방대상물은?

① 전기설비
② 제1류 과산화물
③ 제2류 위험물(철분, 금속분)
④ 제5류 위험물

해설 제5류 위험물은 냉각소화(옥내소화전설비, 옥외소화전설비, 스프링클러설비)로 소화할 수 있다.

75

다음 중 스프링클러헤드를 설치하지 않아도 되는 곳은?

① 천장 및 반자가 가연재료로 되어 있고 거리가 2[m] 미만인 부분
② 냉동, 냉장실 외의 사무실
③ 병원의 수술실, 응급처치실
④ 바닥으로부터 높이가 10[m]인 로비, 현관

해설 스프링클러헤드의 설치 제외 대상물

- 계단실·경사로·승강기의 승강로·비상용 승강기의 승강장·파이프덕트 및 덕트피트·목욕실·화장실, 직접 외기에 개방되어 있는 복도, 기타 이와 유사한 장소
- 통신기기실·전자기기실 기타 이와 유사한 장소
- 발전실·변전실·변압기 기타 이와 유사한 전기 설비가 설치되어 있는 장소
- **병원의 수술실·응급처치실** 기타 이와 유사한 장소
- 천장·반자 중 한쪽이 불연재료로 되어 있고 천장과 반자 사이의 거리 1[m] 미만인 부분
- 천장 및 반자가 불연재료 외의 것으로 되어 있고 천장과 반자 사이의 거리 0.5[m] 미만인 부분
- 펌프실·물탱크실·엘리베이터 권상기실, 그 밖의 이와 비슷한 장소
- 현관 또는 로비 등으로서 **바닥으로부터 높이가 20[m] 이상인 장소**
- 영하의 냉장창고의 냉장실 또는 냉동창고의 냉동실
- 공동주택 중 아파트의 대피공간

76

체적 50[m^3]의 변전실에 전역방출방식의 할론소화설비를 설치하는 경우 할론 1301의 저장량은 최소 몇 [kg] 이상이어야 하는가?(단, 변전실에는 자동폐쇄장치가 부착된 개구부가 있음)

① 5 ② 10
③ 13 ④ 16

해설 가스저장량[kg] = 방호구역체적[m^3] × 필요가스량[kg/m^3] + 개구부면적[m^2] × 가산량[kg/m^2]
= 50[m^3] × 0.32[kg/m^3]
= 16[kg] 이상

PLUS ONE 가스계소화설비의 약제량 계산 시 주의사항
- 자동폐쇄장치 부착 시 약제량 :
 방호구역체적[m^3] × 필요가스량[kg/m^3]
- 자동폐쇄장치 미부착 시 약제량 :
 방호구역체적[m^3] × 필요가스량[kg/m^3] + 개구부면적[m^2] × 가산량[kg/m^2]

정답 73 ① 74 ④ 75 ③ 76 ④

77

상수도 소화용수설비의 소화전 설치 시 소화전은 소방대상물의 수평투영면 각 부분으로부터 유효거리는 몇 [m] 이하가 되도록 하여야 하는가?

① 140 ② 150
③ 160 ④ 200

해설 **상수도 소화용수설비**
- 호칭지름 75[mm] 이상의 수도배관에 호칭지름 100[mm] 이상의 소화전을 접속할 것
- 소화전은 소방자동차 등의 진입이 쉬운 도로변 또는 공지에 설치할 것
- 소화전은 소방대상물의 수평투영면의 각 부분으로부터 **140[m] 이하**가 되도록 설치할 것

78

다음 소화기구 중 금속나트륨이나 칼륨화재에 가장 적합한 것은?

① 산, 알칼리소화기 ② 물소화기
③ 포소화기 ④ 팽창질석

해설 나트륨이나 칼륨은 물은 가연성 가스가 발생하므로 절대 안 되고 팽창질석이나 팽창진주암은 적합하다.

79

변전실을 방호하기 위한 물소화설비로서는 물분무설비가 가능하다. 그 이유로서 옳은 것은?

① 물분무설비는 다른 물소화설비에 비하여 신속한 소화를 보여주기 때문이다.
② 물분무설비는 다른 물소화설비에 비하여 물의 소모량이 적기 때문이다.
③ 분무상태의 물은 전기적으로 비전도성을 보여주기 때문이다.
④ 물분무 입자 역시 물이므로 전기전도성은 있으나 전기시설물을 젖게 하지는 않기 때문이다.

해설 물분무소화설비는 분무상태의 물로서 비전도성이므로 전기시설물에 적합하다.

80

제연설비의 배출기와 배출풍도에 관한 설명 중 틀린 것은?

① 배출기와 배출 풍도의 접속 부분에 사용하는 캔버스는 내열성이 있는 것으로 할 것
② 배출기의 전동기 부분과 배풍기 부분은 분리하여 설치할 것
③ 배출기 흡입측 풍도 안의 풍속은 15[m/s] 이상으로 할 것
④ 배출기의 배출측 풍도 안의 풍속은 20[m/s] 이하로 할 것

해설 **배출기 및 배출풍도**
- 배출기
  - 배출기와 배출풍도의 접속부분에 사용하는 캔버스는 내열성(석면 재료는 제외)이 있는 것으로 할 것
  - 배출기의 전동기 부분과 배풍기 부분은 분리하여 설치하여야 하며 배풍기 부분은 유효한 내열처리 할 것
- 배출풍도
  - 배출풍도는 아연도금강판 등 내식성·내열성이 있는 것으로 할 것
  - 배출기 **흡입측 풍도 안의 풍속**은 **15[m/s] 이하**로 하고, **배출측의 풍속**은 **20[m/s] 이하**로 할 것

77 ① 78 ④ 79 ③ 80 ③ 정답

제 4 회 2008년 9월 7일 시행

제 1 과목 소방원론

01

"자연발화성 물질 및 금수성 물질"은 제 몇 류 위험물에 해당하는가?

① 제1류 위험물 ② 제2류 위험물
③ 제3류 위험물 ④ 제4류 위험물

해설 위험물의 분류

유 별	성 질	품 명	위험등급	지정수량
제1류	산화성 고체	1. 아염소산염류, **염소산염류, 과염소산염류, 무기과산화물**	Ⅰ	50[kg]
		2. 브롬산염류, 질산염류, 아이오딘산염류	Ⅱ	300[kg]
		3. 과망간산염류, 다이크롬산염류	Ⅲ	1,000[kg]
제2류	가연성 고체	1. 황화인, 적린, 유황(60[%] 이상)	Ⅱ	100[kg]
		2. **철분**(53[μm] 통과하는 것이 50[%] 이상), 금속분 **마그네슘**(2[mm] 이상은 제외)	Ⅲ	500[kg]
		3. 인화성 고체(인화점 40[℃] 미만인 고체)	Ⅲ	1,000[kg]
제3류	자연발화성 물질 및 금수성 물질	1. **칼륨, 나트륨, 알킬알루미늄, 알킬리튬**	Ⅰ	10[kg]
		2. **황 린**	Ⅰ	20[kg]
		3. 알칼리금속(칼륨 및 나트륨을 제외한다) 및 알칼리토금속, 유기금속화합물(알킬알루미늄 및 알킬리튬을 제외한다)	Ⅱ	50[kg]
		4. 금속의 수소화물, 금속의 인화물, 칼슘 또는 알루미늄의 탄화물	Ⅲ	300[kg]
제4류	인화성 액체	1. **특수인화물**(인화점 −20[℃] 이하, 발화점 100[℃] 이하)	Ⅰ	50[L]
		2. **제1석유류**(인화점 20[℃] 미만) **비수용성 액체**	Ⅱ	200[L]
		2. 제1석유류(인화점 20[℃] 미만) 수용성 액체	Ⅱ	400[L]
		3. **알코올류**(C_1~C_3**의 포화 1가 알코올**로서 농도 **60[%] 이상**)	Ⅱ	400[L]
		4. 제2석유류(인화점이 21~70[℃] 미만) 비수용성 액체	Ⅲ	1,000[L]
		4. 제2석유류(인화점이 21~70[℃] 미만) 수용성 액체	Ⅲ	2,000[L]
		5. 제3석유류(인화점이 70~200[℃] 미만) 비수용성 액체	Ⅲ	2,000[L]
		5. 제3석유류(인화점이 70~200[℃] 미만) 수용성 액체	Ⅲ	4,000[L]
		6. 제4석유류(인화점이 200~250[℃] 미만)	Ⅲ	6,000[L]
		7. 동식물유류	Ⅲ	10,000[L]
제5류	자기반응성 물질	1. **유기과산화물, 질산에스테르류**	Ⅰ	10[kg]
		2. 하이드록실아민, 하이드록실아민염류	Ⅱ	100[kg]
		3. 나이트로화합물, 나이트로소화합물, 아조화합물, 디아조화합물, 하이드라진유도체	Ⅱ	200[kg]
제6류	산화성 액체	과염소산, **과산화수소(36[%] 이상), 질산(비중 1.49 이상)**	Ⅰ	300[kg]

02

연소가스 중 많은 양을 차지하고 있으며 가스 그 자체의 독성은 없으나 다량이 존재할 경우, 사람의 호흡속도를 증가시키고 이로 인하여 화재가스에 혼합된 유해가스의 흡입을 증가시켜 위험을 가중시키는 가스는?

① CO ② CO_2
③ SO_2 ④ NH_3

정답 01 ③ 02 ②

해설 이산화탄소(CO_2) : 연소가스 중 많은 양을 차지하고 있으며 가스 그 자체의 독성은 없으나 다량이 존재할 경우, 사람의 호흡속도를 증가시키고 이로 인하여 화재가스에 혼합된 유해가스의 흡입을 증가시켜 위험을 가중시키는 가스

03

다음 중 분진폭발을 일으킬 가능성이 가장 낮은 것은?

① 마그네슘분말 ② 알루미늄분말
③ 종이분말 ④ 석회석분말

해설 분진폭발하는 물질 : 마그네슘, 유황, 알루미늄, 종이분말

04

다음 중 인화점이 가장 낮은 것은?

① 경 유 ② 메틸알코올
③ 이황화탄소 ④ 등 유

해설 인화점

종 류	경 유	메틸알코올	이황화탄소	등 유
인화점	50~70[℃]	11[℃]	−30[℃]	40~70[℃]

05

연면적이 1,000[m²] 이상인 건축물에 설치하는 방화벽이 갖추어야 할 기준으로 틀린 것은?

① 내화구조로서 자립할 수 있는 구조일 것
② 방화벽의 양쪽 끝과 위쪽 끝을 건축물의 외벽면 및 지붕면으로부터 0.1[m] 이상 튀어나오게 할 것
③ 방화벽에 설치하는 출입문의 너비는 2.5[m] 이하로 할 것
④ 방화벽에 설치하는 출입문의 높이는 2.5[m] 이하로 할 것

해설 방화벽
화재 시 연소의 확산을 막고 피해를 줄이기 위해 주로 목재건축물에 설치하는 벽

대상건축물	구획단지	방화벽의 구조
주요구조부가 내화구조 또는 불연재료가 아닌 연면적 1,000[m²] 이상인 건축물	연면적 1,000[m²] 미만마다 구획	• 내화구조로서 홀로 설 수 있는 구조로 할 것 • 방화벽의 양쪽 끝과 위쪽 끝을 건축물의 외벽면 및 지붕면으로부터 0.5[m] 이상 튀어 나오게 할 것 • 방화벽에 설치하는 출입문의 너비 및 높이는 각각 2.5[m] 이하로 하고 갑종 방화문을 설치할 것

06

다음 위험물 중 특수인화물이 아닌 것은?

① 아세톤 ② 다이에틸에테르
③ 산화프로필렌 ④ 아세트알데하이드

해설 **제4류 위험물의 특수인화물** : 다이에틸에테르(에테르), 산화프로필렌, 아세트알데하이드, 이황화탄소 등

아세톤 : 제1석유류

07

다음 중 물리적 방법에 의한 소화라고 볼 수 없는 것은?

① 부촉매의 연쇄반응 억제작용에 의한 방법
② 냉각에 의한 방법
③ 공기와의 접촉 차단에 의한 방법
④ 가연물 제거에 의한 방법

해설 화학적인 소화방법 : 부촉매의 연쇄반응 억제작용에 의한 방법

08

다음 중 화재발생 가능성이 가장 낮은 경우는?

① 주위 온도가 높을 때
② 인화점이 낮을 때
③ 활성화에너지가 클 때
④ 폭발하한계가 낮을 때

해설 **활성화에너지**가 **적을 때** 연소가 잘되므로 위험하다.

03 ④ 04 ③ 05 ② 06 ① 07 ① 08 ③ 정답

09

질식소화 시 공기 중의 산소농도는 일반적으로 몇 [vol%] 이하로 하여야 하는가?

① 25 ② 21
③ 19 ④ 15

해설 질식소화 : 공기 중의 산소의 농도를 21[%]에서 **15[%] 이하**로 낮추어 소화하는 방법

10

드럼통 속의 이황화탄소가 타고 있는 경우 물로 소화가 가능하다. 이때 주된 소화효과에 해당하는 것은?

① 제거소화 ② 질식소화
③ 촉매소화 ④ 부촉매소화

해설 드럼통 속의 이황화탄소가 타고 있는 경우 물로 소화가 가능한 것은 공기와 접촉을 차단하는 방법이므로 질식소화이다.

11

지하층이란 건축물의 바닥이 지표면 아래에 있는 층으로서 바닥에서 지표면까지의 평균높이가 해당 층 높이의 얼마 이상인 것을 말하는가?

① $\frac{1}{2}$ ② $\frac{1}{3}$
③ $\frac{1}{4}$ ④ $\frac{1}{5}$

해설 **지하층** : 건축물의 바닥이 지표면 아래에 있는 층으로서 바닥에서 지표면까지의 평균높이가 해당 층 높이의 1/2 이상인 것

12

건축물에서 주요구조부가 아닌 것은?

① 차 양 ② 주계단
③ 내력벽 ④ 기 둥

해설 주요구조부 : **내력벽, 기둥, 바닥, 보, 지붕틀,** 주계단

주요구조부 제외 : **샛벽, 사잇기둥, 최하층의 바닥, 작은 보, 차양, 옥외계단**

13

자연발화의 방지방법이 아닌 것은?

① 통풍이 잘 되도록 한다.
② 퇴적 및 수납 시 열이 쌓이지 않게 한다.
③ 높은 습도를 유지한다.
④ 저장실의 온도를 낮게 한다.

해설 **자연발화의 방지대책**

- 습도를 낮게 할 것(습도를 낮게 해야 한 지점의 열의 확산을 잘 시킨다)
- 주위(저장실)의 온도를 낮출 것
- 통풍을 잘 시킬 것
- 불활성 가스를 주입하여 공기와 접촉을 피할 것

14

다음 가스에서 공기 중 연소범위가 가장 넓은 것은?

① 메 탄 ② 프로판
③ 에 탄 ④ 아세틸렌

해설 **연소범위**

종 류	메 탄	프로판	에 탄	아세틸렌
연소범위	5~15.0[%]	2.1~9.5[%]	3~12.4[%]	2.5~81[%]

15

가연물의 제거와 관련이 없는 소화방법은?

① 촛불을 입김으로 불어서 끈다.
② 산불화재 시 나무를 잘라 없앤다.
③ 팽창진주암을 사용하여 진화한다.
④ 가스화재 시 중간밸브를 잠근다.

해설 팽창진주암을 사용하여 진화하는 것은 **질식소화**이다.

16

피난계획의 일반원칙 중 Fool Proof 원칙이란 무엇인가?

① 저지능인 상태에서도 쉽게 식별이 가능하도록 그림이나 색채를 이용하는 원칙
② 피난구조설비를 반드시 이동식으로 하는 원칙

정답 09 ④ 10 ② 11 ① 12 ① 13 ③ 14 ④ 15 ③ 16 ①

③ 한 가지 피난기구가 고장이 나도 다른 수단을 이용할 수 있도록 고려하는 원칙
④ 피난구조설비를 첨단화된 전자식으로 하는 원칙

해설 **피난계획의 일반원칙**

- Fool Proof : 비상시 머리가 혼란하여 판단능력이 저하되는 상태로 누구나 알 수 있도록 문자나 그림 등 을 표시하여 직감적으로 작용하는 것
- Fail Safe : 하나의 수단이 고장으로 실패하여도 다른 수단에 의해 구제할 수 있도록 고려하는 것으로 양 방향 피난로의 확보와 예비전원을 준비하는 것

17

물체의 표면온도가 250[℃]에서 650[℃]로 상승하면 열복사량은 약 몇 배 정도 상승하는가?

① 2.5　② 5.7
③ 7.5　④ 9.7

해설 **복사열**은 **절대온도**의 **4승**에 비례한다.
250[℃]에서 열량을 Q_1, 650[℃]에서 열량을 Q_2

$$\frac{Q_2}{Q_1} = \frac{(650+273)^4[K]}{(250+273)^4[K]} = 9.7$$

18

유류저장탱크에 화재 발생 시 열류층에 의해 탱크 하부에 고인 물 또는 에멀션이 비점 이상으로 가열되어 부피가 팽창되면서 유류를 탱크 외부로 분출시켜 화재를 확대시키는 현상은?

① 보일오버　② 롤오버
③ 백드래프트　④ 플래시오버

해설 **용어정의**

- **보일오버**(Boil Over) : 유류저장탱크에 화재 발생 시 열류층에 의해 탱크 하부에 고인 물 또는 에멀션이 비점 이상으로 가열되어 부피가 팽창되면서 유류를 탱크 외부로 분출시켜 화재를 확대시키는 현상
- 롤오버(Roll Over) : 화재 발생 시 천장부근에 축적된 가연성 가스가 연소범위에 도달하면 천장 전체의 연소가 시작하여 불덩어리가 천장을 굴러다니는 것처럼 뿜어져 나오는 현상
- 백드래프트(Back Draft) : 밀폐된 공간에서 화재 발생 시 산소 부족으로 불꽃을 내지 못하고 가연성 가스만 축적되어 있는 상태에서 갑자기 문을 개방하면 신선한 공기 유입으로 폭발적인 연소가 시작되는 현상

19

다음 중 비열이 가장 큰 것은?

① 물　② 금
③ 수 은　④ 철

해설 물의 비열은 1[cal/g·℃]로서 가장 크다.

20

황이나 나프탈렌 같은 고체 위험물의 주된 연소 형태는?

① 표면연소
② 증발연소
③ 자기연소
④ 분해연소

해설 증발연소 : **황**, **나프탈렌**, 왁스, 파라핀 등과 같이 고체를 가열하면 열분해는 일어나지 않고 고체가 액체로 되어 일정온도가 되면 액체가 기체로 변화하여 기체가 연소하는 현상

제 2 과목 소방유체역학 및 약제화학

21

액체가 0.02[m^3]의 체적을 갖는 강체의 실린더 속에서 730[kPa]의 압력을 받고 있다. 압력이 1,030[kPa]로 증가되었을 때 액체의 체적이 0.019[m^3]으로 축소되었다. 이때 이 액체의 체적탄성계수는 약 몇 [kPa]인가?

① 3,000　② 4,000
③ 5,000　④ 6,000

해설 **체적탄성계수**

$$K = -\frac{\Delta P}{\Delta V/V}$$

여기서, ΔP : 압력 변화, $\Delta V/V$: 부피 변화

$$\therefore K = -\frac{\Delta P}{\Delta V/V} = \frac{(1,030-730)[kPa]}{\frac{0.019-0.02}{0.02}} = 6,000[kPa]$$

17 ④ 18 ① 19 ① 20 ② 21 ④ 정답

22

유체에서의 압력을 P, 체적유량을 Q라고 했을 때, 압력×체적유량($P \times Q$)과 같은 차원을 갖는 물리량은?

① 부력(Buoyancy Force)
② 일(Work)
③ 동력(Power)
④ 표면장력(Surface Tension)

해설 동력=압력×체적 유량

$$= \frac{[kg]}{[m^2]} \times \frac{[m^3]}{[s]} = [kg \cdot m/s]$$ (동력단위)

23

소화약제로 사용되는 할로겐원소에 해당하는 것은?

① H ② C
③ Na ④ Br

해설 **할로겐원소** : F(플루오린), Cl(염소), Br(브롬, 취소), I(아이오딘, 요오드)

24

보통의 파이프 내 난류 유동의 유량을 오리피스유량계, 노즐유량계, 벤투리유량계로 측정할 때 송출계수(유량계수)가 가장 작은 것은?

① 오리피스유량계 ② 노즐유량계
③ 벤투리유량계 ④ 모두 동일하다.

해설 파이프 내 난류 유동의 유량을 측정할 때 유량계수가 가장 작은 것은 오리피스유량계이다.

25

분말소화약제의 열분해반응식 중 틀린 것은?

① $2KHCO_3 \rightarrow K_2CO_3 + CO_2 + H_2O$
② $2NaHCO_3 \rightarrow 2NaCO_3 + 2CO_2 + H_2O$
③ $NH_4H_2PO_4 \rightarrow HPO_3 + NH_3 + H_2O$
④ $2KHCO_3 + (NH_2)_2CO \rightarrow K_2CO_3 + 2NH_3 + 2CO_2$

해설 분말소화약제의 열분해반응식

종 별	소화약제	약제의 착색	적응 화재	열분해반응식
제1종 분말	탄산수소나트륨 ($NaHCO_3$)	백 색	B, C급	$2NaHCO_3 \rightarrow Na_2CO_3 + CO_2 + H_2O$
제2종 분말	탄산수소칼륨 ($KHCO_3$)	담회색	B, C급	$2KHCO_3 \rightarrow K_2CO_3 + CO_2 + H_2O$
제3종 분말	제일인산암모늄 ($NH_4H_2PO_4$)	담홍색, 황색	A, B, C급	$NH_4H_2PO_4 \rightarrow HPO_3 + NH_3 + H_2O$
제4종 분말	중탄산칼륨+요소 [$KHCO_3 + (NH_2)_2CO$]	회 색	B, C급	$2KHCO_3 + (NH_2)_2CO \rightarrow K_2CO_3 + 2NH_3 + 2CO_2$

26

비중이 2인 유체가 정상 유동하고 있다. 동압이 400[kPa]이라면 이 유체의 유속은 몇 [m/s]인가?

① 10 ② 14.1
③ 20 ④ 28.3

해설 유체의 비중량

$\gamma = s \times \gamma_w = 2 \times 9{,}800 = 19{,}600[N/m^3]$

동압 $P = \frac{V^2}{2g} \times \gamma$에서 속도

$$V = \sqrt{\frac{2 \times 9.8 \times 400 \times 10^3}{19{,}600}} = 20[m/s]$$

27

수은의 비중이 13.55일 때 비체적은 몇 [m³/kg]인가?

① 13.55 ② $\frac{1}{13.55} \times 10^{-3}$
③ $\frac{1}{13.55}$ ④ 13.55×10^{-3}

해설 비체적(V_s)

$$V_s = \frac{1}{\rho} = \frac{1}{13{,}550[kg/m^3]} = \frac{1}{13.55} \times 10^{-3}[m^3/kg]$$

비중이 13.55이면 밀도(ρ) = $13.55[g/cm^3] = 13{,}550[kg/m^3]$

정답 22 ③ 23 ④ 24 ① 25 ② 26 ③ 27 ②

28

매우 긴 직선 원형 관 속에 물이 마찰계수가 일정하다고 가정되는 완전 난류로 흘러가고 있을 때 마찰손실에 대하여 올바르게 설명한 것을 모두 고른 것은?

> ㉠ 마찰손실은 평균 유속의 제곱(V^2)에 비례한다.
> ㉡ 마찰손실은 관 내벽의 요철이 작을수록 증가한다.
> ㉢ 유량이 일정할 때 마찰손실은 관 안지름이 3제곱(D^3)에 반비례한다.

① ㉠ ② ㉠, ㉢
③ ㉡, ㉢ ④ ㉠, ㉡, ㉢

해설 매우 긴 직선 원형 관 속에 물이 마찰계수가 일정하다고 가정되는 완전 난류로 흘러가고 있을 때 마찰손실은 평균 유속의 **제곱**(V^2)에 **비례**한다.

29

단백포소화약제의 특징이 아닌 것은?

① 내열성이 우수하다.
② 유류에 대한 유동성이 나쁘다.
③ 변질의 우려가 없어 저장 유효기간의 제한이 없다.
④ 가스계 소화약제에 비해 소화 속도가 늦다.

해설 단백포는 변질의 우려가 있어 장기간 보관이 어려워 **주기적**으로 **교체**가 필요하다.

30

수압기에서 피스톤의 반지름이 각각 20[cm]와 10[cm]이다. 작은 피스톤에서 19.6[N]의 힘을 가하면 큰 피스톤에는 몇 [N]의 하중을 올릴 수 있는가?

① 4.9 ② 9.8
③ 68.4 ④ 78.4

해설 Pascal의 원리에서 피스톤 A_1의 반지름을 r_1, 피스톤 A_2의 반지름을 r_2라 하면

$$\frac{F_1}{A_1}=\frac{F_2}{A_2},\quad \frac{19.6[\text{N}]}{\frac{\pi}{4}(5)^2}=\frac{F_2}{\frac{\pi}{4}(10)^2}$$

$\therefore F_2=78.4[\text{N}]$

31

파이프 내를 흐르는 유체의 유량을 측정하는 장치가 아닌 것은?

① 벤투리미터 ② 사각위어
③ 오리피스미터 ④ 로터미터

해설 사각위어 : 개수로의 유량을 측정하는 장치

32

온도가 T인 유체가 정압이 P인 상태로 관 속을 흐를 때 공동현상이 발생하는 조건으로 가장 적절한 것은? (단, 유체 온도 T에 해당하는 포화증기압을 P_s라 한다)

① $P > P_s$ ② $P > 2\times P_s$
③ $P < P_s$ ④ $P < 2\times P_s$

해설 공동현상이 발생하는 조건 : 포화증기압이 정압보다 클 때($P < P_s$)

33

그림과 같이 물탱크에서 2[m²]의 단면적을 가진 파이프를 통해 터빈으로 물이 공급되고 있다. 송출되는 터빈은 탱크 내의 물 높이보다 30[m] 아래에 위치하고, 유량은 10[m³/s]이고 터빈 효율이 80[%]일 때 터빈 출력은 약 몇 [kW]인가?(단, 관 전체의 손실계수 K는 2로 가정한다)

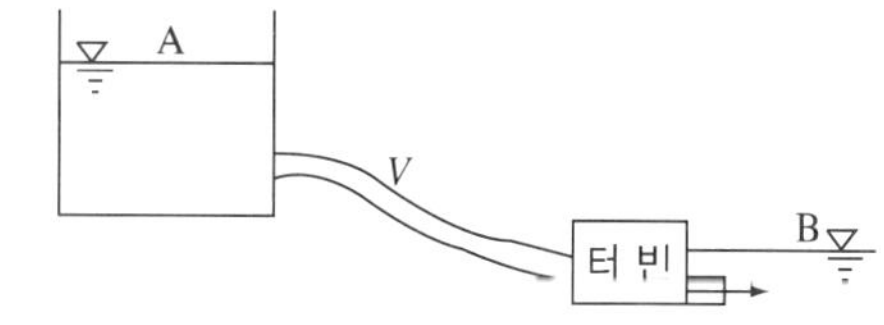

① 220 ② 2,690
③ 2,152 ④ 3,363

해설 속도 $V=\frac{Q}{A}=\frac{10}{2}=5[\text{m/s}]$

손실수두 $h_L = K\frac{V^2}{2g}= 2\times\frac{5^2}{2\times 9.8}=2.551[\text{m}]$

베르누이방정식

$$\frac{P_1}{\gamma}+\frac{V_1^2}{2g}+Z_1=\frac{P_2}{\gamma}+\frac{V_2^2}{2g}+h_L+Z_2+H_T$$

$$0+0+30=0+\frac{5^2}{2\times 9.8}+2.551+0+H_T$$

총손실수두 $H_T = 26.173[\text{m}]$

터빈출력 $L = \gamma H_T Q = 9,800 \times 10^{-3}[\text{kN/m}^3]$
$\times 26.173 \times 10 \times 0.8$
$= 2,052[\text{kW}]$

34

뉴턴(Newton)의 점성법칙을 이용한 회전원통식 점도계는?

① 세이볼트(Saybolt) 점도계
② 오스트발트(Ostwald) 점도계
③ 레드우드(Redwood) 점도계
④ 스토머(Stormer) 점도계

해설 **점도계**

- 맥마이클(MacMichael) 점도계, **스토머**(Stormer) **점도계 : 뉴턴**(Newton)의 **점성법칙**
- 오스트발트(Ostwald) 점도계, 세이볼트(Saybolt) 점도계 : 하겐-포아젤법칙
- 낙구식 점도계 : 스토크스법칙

35

전도는 서로 접촉하고 있는 물체의 온도차에 의하여 발생하는 열전달현상이다. 다음 중 단위 면적당의 열전달률[W/m²]을 설명한 것 중 옳은 것은?

① 전열면에 직각인 방향의 온도 기울기에 비례한다.
② 전열면과 평행한 방향의 온도 기울기에 비례한다.
③ 전열면에 직각인 방향의 온도 기울기에 반비례한다.
④ 전열면과 평행한 방향의 온도 기울기에 반비례한다.

해설 단위면적당의 **열전달률**[W/m²]은 전열면에 직각인 방향의 온도 기울기에 비례한다.

36

그림과 같이 속도 V인 유체가 정지하고 있는 곡면 깃에 부딪혀 θ의 각도로 유동 방향이 바뀐다. 유체가 곡면에 가하는 힘의 x, y성분의 크기를 $|F_x|$와 $|F_y|$라 할 때, $|F_x|/|F_y|$는?(단, 유동 단면적은 일정하고, $0° < \theta < 90°$이다)

① $\dfrac{1-\cos\theta}{\sin\theta}$

② $\dfrac{\sin\theta}{1-\cos\theta}$

③ $\dfrac{1-\sin\theta}{\cos\theta}$

④ $\dfrac{\cos\theta}{1-\sin\theta}$

해설

$-F_x = \rho Q(V\cos\theta - V)$

$F_x = \rho Q(V - V\cos\theta)$

$F_y = \rho Q(V\sin\theta - 0)$

$$\frac{F_y}{F_x} = \frac{\rho Q(V\sin\theta - 0)}{\rho Q(V - V\cos\theta)} = \frac{\sin\theta}{1-\cos\theta}$$

37

할로겐화합물소화설비에 사용하는 소화약제가 아닌 것은?

① 할론 2402 ② 할론 1211
③ 할론 1301 ④ 할론 1311

해설 할로겐화합물소화약제 : 할론 2402, 할론 1211, 할론 1301

38

호수 수면에서 지름 d[cm]인 공기 방울이 수면으로 올라오면서 지름이 1.5배로 팽창하였다. 공기방울의 최초 위치는 수면에서부터 몇 [m]되는 곳인가?(단, 이 호수의 대기압은 750[mmHg], 수은의 비중은 13.6, 공기방울 내부의 공기는 Boyle의 법칙에 따른다고 한다)

① 34.4 ② 23.2
③ 12.0 ④ 43.3

해설 초기 기포의 지름이 d라고 하면 $V_1 = \frac{4}{3}\pi d^3$

수면에서 기포의 지름은

$V_2 = \frac{4}{3}\pi(1.5d^3) = 3.375V_1$

보일의 법칙을 적용하면

$P_1V_1 = P_2V_2$에서 $P_1 = 3.375P_2$

수면의 압력 $P_o(=P_2)$,

지름이 d[cm]인 공기의 기포의 수심을 h라고 하면

$P_1 = P_o + \gamma h = 3.375P_o$

정답 34 ④ 35 ① 36 ② 37 ④ 38 ②

$$\therefore h = \frac{2.275P_o}{\gamma}$$

$$= \frac{2.275 \times 13.6 \times 1{,}000[kg/m^3] \times \frac{750[mmHg]}{760[mmHg]} \times 0.76[mHg]}{1{,}000[kg/m^3]}$$

$=23.2[m]$

39

이상기체의 정압비열 C_P와 정적비열 C_V의 관계식으로 옳은 것은?(단, R은 기체상수이다)

① $C_V - C_P = R$ ② $C_P - C_V = R$

③ $C_P = C_V$ ④ $C_P < C_V$

해설 이상기체의 정압비열 C_P와 정적비열 C_V의 관계식 : $C_P - C_V = R$

40

다음 중 연속방정식을 가장 적절하게 설명한 것은?

① 뉴턴의 제2운동법칙이 유체 중의 모든 점에서 만족하는 것이다.

② 에너지와 일 사이의 관계를 나타낸 것이다.

③ 한 유선 위의 두 점에 대한 단위 체적당의 운동량 관계를 나타낸 것이다.

④ 질량보존의 법칙을 유체 유동에 적용한 것이다.

해설 연속방정식은 질량보존의 법칙을 유체 유동에 적용한 것이다.

제 3 과목 소방관계법규

41

제4류 위험물을 저장하는 위험물제조소의 주의사항을 표시한 게시판의 내용으로 적합한 것은?

① 물기주의 ② 물기엄금

③ 화기주의 ④ 화기엄금

해설 **위험물제조소 등의 주의사항**

품 명	주의사항	게시판표시
제2류 위험물(인화성 고체), 제3류 위험물(자연발화성 물질), 제4류 위험물, 제5류 위험물	화기엄금	적색바탕에 백색문자
제1류 위험물(알칼리금속의 과산화물), 제3류 위험물(금수성 물질)	물기엄금	청색바탕에 백색문자
제2류 위험물(인화성 고체 외의 2류 위험물)	화기주의	적색바탕에 백색문자

42

보일러 등의 위치·구조 및 관리와 화재예방을 위하여 불의 사용에 있어서 지켜야 하는 사항과 관련하여 보일러의 사용에 관한 설명 중 바르지 못한 것은?

① 보일러와 벽·천장 사이는 0.5[m] 이상 되도록 할 것

② 보일러를 실내에 설치할 경우에는 콘크리트바닥 또는 금속 외의 불연재료로 된 바닥 위에 설치할 것

③ 기체연료를 사용하는 경우 화재 등 긴급 시 연료를 차단할 수 있는 개폐밸브를 연료용기 등으로부터 0.5[m] 이내에 설치할 것

④ 경유·등유 등 액체연료를 사용하는 경우 연료탱크는 보일러 본체로부터 수평거리 1[m] 이상의 간격을 두어 설치할 것

해설 보일러와 벽·천장 사이는 0.6[m] 이상이 되도록 할 것

43

다음 시설 중 하자보수의 보증기간이 다른 것은?

① 피난기구

② 옥내소화전설비

③ 상수도 소화용수설비

④ 자동화재탐지설비

해설 **하자보수대상 소방시설과 하자보수보증기간(영 제6조)**

- **2년** : 비상경보설비, 비상조명등, 비상방송설비, 유도등, 유도표지, **피난기구**, 무선통신보조설비
- **3년** : **자동소화장치**, 옥내소화전설비, 스프링클러설비, 간이스프링클러설비, 물분무 등 소화설비, 옥외소화전설비, **자동화재탐지설비**, **상수도 소화용수설비**, 소화활동설비(무선통신보조설비 제외)

39 ② 40 ④ 41 ④ 42 ① 43 ① 정답

44

지하층을 포함한 층수가 16층 이상 40층 미만인 특정소방대상물의 소방시설공사현장에 배치하여야 할 소방공사 책임감리원의 배치기준으로 알맞은 것은?

① 초급감리원 이상의 소방감리원 1명 이상
② 특급감리원 이상의 소방감리원 1명 이상
③ 고급감리원 이상의 소방감리원 1명 이상
④ 중급감리원 이상의 소방감리원 1명 이상

해설 **소방공사감리원의 배치기준(영 별표 4)**

감리원의 배치기준		소방시설공사 현장의 기준
책임감리원	보조감리원	
1. 행정안전부령으로 정하는 특급감리원 중 소방기술사	행정안전부령으로 정하는 초급감리원 이상의 소방공사감리원(기계분야 및 전기분야)	가. 연면적 20만[m^2] 이상인 특정소방대상물의 공사현장 나. 지하층을 포함한 층수가 40층 이상인 특정소방대상물의 공사 현장
2. 행정안전부령으로 정하는 특급감리원 이상의 소방공사 감리원(기계분야 및 전기분야)	행정안전부령으로 정하는 초급 감리원 이상의 소방공사감리원(기계분야 및 전기분야)	가. 연면적 3만[m^2] 이상 20만[m^2] 미만인 특정소방대상물(아파트는 제외)의 공사 현장 나. 지하층을 포함한 층수가 16층 이상 40층 미만인 특정소방대상물의 공사현장
3. 행정안전부령으로 정하는 고급감리원 이상의 소방공사 감리원(기계분야 및 전기분야)	행정안전부령으로 정하는 초급 감리원 이상의 소방공사 감리원(기계분야 및 전기분야)	가. 물분무 등 소화설비(호스릴 방식의 소화설비는 제외) 또는 제연설비가 설치되는 특정소방대상물의 공사 현장 나. 연면적 3만[m^2] 이상 20만[m^2] 미만인 아파트의 공사 현장
4. 행정안전부령으로 정하는 중급감리원 이상의 소방공사 감리원(기계분야 및 전기분야)		연면적 5,000[m^2] 이상 3만[m^2] 미만인 특정소방대상물의 공사 현장
5. 행정안전부령으로 정하는 초급감리원 이상의 소방공사 감리원(기계분야 및 전기분야)		가. 연면적 5,000[m^2] 미만인 특정소방대상물의 공사 현장 나. 지하구의 공사 현장

45

점포에서 위험물을 용기에 담아 판매하기 위하여 지정수량의 40배 이하의 위험물을 취급하는 장소는?

① 일반취급소　② 주유취급소
③ 판매취급소　④ 이송취급소

해설 **판매취급소**
점포에서 위험물을 용기에 담아 판매하기 위하여 지정수량의 40배 이하의 위험물을 취급하는 장소로서 제1종 판매취급소는 지정수량의 20배 이하, 제2종 판매취급소는 지정수량의 **40배 이하**를 취급한다.

46

소방기본법에서 사용하는 용어의 정의 중 소방대상물에 해당되지 않는 것은?

① 산 림　② 항해 중인 선박
③ 선박건조구조물　④ 차 량

해설 **소방대상물**
건축물, **차량, 선박(항구 안에 매어둔 선박), 선박건조구조물, 산림** 그 밖의 인공구조물 또는 물건

47

다음 특정소방대상물 중 노유자시설에 속하지 않는 것은?

① 보건소　② 영유아보육시설
③ 아동복지시설　④ 장애인생활시설

해설 노유자시설 : 영유아보육시설(어린이집), 아동복지시설, 장애인생활시설

보건소 : **업무시설**

48

소방서장이나 소방본부장은 원활한 소방활동을 위하여 월1회 이상 소방용수시설에 대한 조사를 하는데 그 조사결과를 몇 년간 보관하여야 하는가?

① 1년　② 2년
③ 3년　④ 4년

정답 44 ② 45 ③ 46 ② 47 ① 48 ②

해설 소방용수시설 및 지리조사(기본법 규칙 제7조)

- 실시권자 : 소방본부장이나 소방서장
- 실시횟수 : 월 1회 이상
- 조사내용
  - 소방용수시설에 대한 조사
  - 소방대상물에 인접한 도로의 폭, 교통상황, 도로변의 토지의 고저, 건축물의 개황 그 밖의 소방활동에 필요한 지리조사
- **조사내용 보관 : 2년간**

49

다음 중 인명구조기구를 설치하여야 할 특정소방대상물에 속하는 것은?

① 지하층을 포함하는 층수가 16층 이상인 아파트 및 7층 이상인 백화점
② 지하층을 포함하는 층수가 7층 이상인 관광호텔 및 5층 이상인 병원
③ 지하층을 포함하는 층수가 5층 이상인 무도학원 및 7층 이상인 영화관
④ 지하층을 포함하는 층수가 5층 이상인 오피스텔 및 관광휴게시설

해설 인명구조기구 설치대상(화재안전기준 별표 1)

특정소방대상물	인명구조기구의 종류	설치수량
지하층을 포함하는 층수가 7층 이상인 관광호텔 및 5층 이상인 병원	• 방열복 또는 방화복(헬멧, 보호장갑 및 안전화 포함) • 공기호흡기 • 인공소생기	각 2개 이상 비치할 것(다만, 병원의 경우에는 인공소생기를 설치하지 않을 수 있다)
• 문화 및 집회시설 중 수용인원 100명 이상의 영화상영관 • 판매시설 중 대규모 점포 • 운수시설 중 지하역사 • 지하가 중 지하상가	공기호흡기	층마다 2개 이상 비치할 것(다만, 각 층마다 갖추어 두어야 할 공기호흡기 중 일부를 직원이 상주하는 인근 사무실에 갖추어 둘 수 있다)
물분무 등 소화설비 중 이산화탄소소화설비를 설치하여야 하는 특정소방대상물	공기호흡기	이산화탄소소화설비가 설치된 장소의 출입구 외부 인근에 1대 이상 비치할 것

50

소방대상물의 소방특별조사에 관한 설명 중 옳지 않은 것은?

① 관계인에게 필요한 보고 또는 자료의 제출을 명할 수 있다.
② 관계 공무원으로 하여금 관계지역에 출입하여 소방대상물의 위치, 구조, 설비 또는 관리의 상황을 검사하게 할 수 있다.
③ 개인의 주거에 있어서는 어떠한 경우에도 조사하여서는 아니되며, 개인 주거의 관리자에게 정기적인 조사를 하도록 통보만 하여야 한다.
④ 소방특별조사를 하고자 하는 때에는 일반적인 경우 7일 전에 관계인에게 서면으로 알려야 한다.

해설 **개인의 주거**에 있어서는 관계인의 승낙이 있거나 화재발생의 우려가 뚜렷하여 긴급한 필요가 있는 때에 한한다.

51

소방시설공사에 관한 발주자의 권한을 대행하여 소방시설공사가 설계도서 및 관계법령에 따라 적법하게 시공되는지 여부의 확인과 품질·시공관리에 대한 기술지도를 수행하는 영업은?

① 소방시설공사업
② 소방시설관리업
③ 소방공사감리업
④ 소방시설설계업

해설 **소방공사감리업** : 소방시설공사에 관한 발주자의 권한을 대행하여 소방시설공사가 설계도서 및 관계법령에 따라 적법하게 시공되는지를 확인하고 품질·시공관리에 대한 기술지도를 하는 영업

49 ② 50 ③ 51 ③ 정답

52

다음 중 위험물제조소의 위치 · 구조 및 설비의 기준으로 알맞은 것은?

① 안전거리는 지정문화재에 있어서는 50[m] 이상 두어야 한다.

② 보유공지의 너비는 취급하는 위험물의 최대수량이 지정수량의 10배 이하일 때는 5[m] 이상 보유해야 한다.

③ 옥외설비의 바닥의 둘레는 높이 0.1[m] 이상의 턱을 설치하여 위험물이 외부로 흘러나가지 아니하도록 한다.

④ 배출설비의 1시간당 배출능력은 전역방식의 경우에는 바닥면적 1[m^2]당 16[m^3] 이상으로 할 수 있다.

해설 **위험물제조소 등**

- 안전거리는 지정문화재 또는 유형문화재에 있어서는 50[m] 이상 두어야 한다.
- 보유공지

취급하는 위험물의 최대수량	공지의 너비
지정수량의 10배 이하	3[m] 이상
지정수량의 10배 초과	5[m] 이상

- 옥외설비의 바닥의 둘레는 높이 0.15[m] 이상의 턱을 설치하여 위험물이 외부로 흘러나가지 아니하도록 한다.
- 배출능력은 1시간당 배출장소 용적의 20배 이상인 것으로 할 것(전역방출방식 : 바닥면적 1[m^2]당 18[m^3] 이상)

53

다음 중 1급 소방안전관리대상물에 두어야 할 소방안전관리자로 선임될 수 없는 사람은?

① 위험물기능사 자격을 가진 자로서 관련 규정에 따라 위험물안전관리자로 선임된 사람

② 소방설비기사 또는 소방설비산업기사 자격을 가진 사람

③ 소방공무원으로 3년 이상 근무한 경력이 있는 사람

④ 소방안전관리학과를 전공하고 졸업한 사람으로서 3년 이상 2급 소방안전관리 대상물의 소방안전관리에 관한 실무경력이 있는 사람

해설 **1급 소방안전관리대상물의 선임자격(영 제23조)**

- 소방설비기사 또는 소방설비산업기사의 자격이 있는 사람
- 산업안전기사 또는 산업안전산업기사의 자격을 가지고 2년 이상 2급 또는 3급 소방안전관리대상물의 소방안전관리자로 근무한 실무경력이 있는 사람
- **소방공무원**으로 **7년 이상** 근무한 경력이 있는 사람
- 위험물기능장 · 위험물산업기사 또는 위험물기능사 자격을 가진 사람으로서 위험물안전관리법 제15조 제1항에 따라 위험물안전관리자로 선임된 사람
- 고압가스 안전관리법, 액화석유가스의 안전관리 및 사업법 또는 도시가스사업법에 따라 안전관리자로 선임된 사람
- 전기사업법에 따라 전기안전관리자로 선임된 사람
- 소방청장이 실시하는 1급 소방안전관리대상물의 소방안전관리에 관한 시험에 합격한 사람

54

다음 중 의용소방대 설치에 관한 사항으로 알맞은 것은?

① 소방본부장이나 소방서장은 특별시 · 광역시 · 시 · 읍 · 면에 의용소방대를 둔다.

② 의용소방대의 설치 · 명칭 · 구역 · 조직 등 필요한 사항은 행정안전부령으로 정한다.

③ 의용소방대원이 소방업무 및 소방관련 교육 · 훈련을 수행한 때에는 행정안전부령에 따라 수당을 지급한다.

④ 의용소방대원이 소방업무 및 소방관련 교육 · 훈련으로 인하여 질병에 걸리거나 부상을 입거나 사망한 때에는 소방청장의 고시에 따라 보상금을 지급한다.

해설 법 개정으로 맞지 않는 문제임

55

다음 소방시설 중 소화설비에 속하지 않는 것은?

① 옥내소화전설비

② 스프링클러설비

③ 소화약제에 의한 간이소화용구

④ 연결살수설비

해설 연결살수설비 : 소화활동설비

정답 52 ① 53 ③ 54 없음 55 ④

56

다음 중 소방신호의 종류에 속하지 않는 것은?

① 훈련신호 ② 발화신호
③ 해제신호 ④ 경보신호

해설 **소방신호의 종류(규칙 제10조)**

- 경계신호 : 화재예방상 필요하다고 인정되거나 법 제14조의 규정에 의한 화재위험경보 시 발령
- 발화신호 : 화재가 발생한 때 발령
- 해제신호 : 소화활동이 필요없다고 인정되는 때 발령
- 훈련신호 : 훈련상 필요하다고 인정되는 때 발령

57

다음 중 건축허가 등의 동의대상물에 속하지 않는 것은?

① 연면적 400[m^2] 이상인 건축물
② 노유자시설 및 수련시설로서 연면적 150[m^2] 이상인 건축물
③ 차고·주차장으로 사용되는 층 중 바닥면적이 200[m^2] 이상인 층이 있는 시설
④ 지하층이 있는 건축물로서 바닥면적이 150[m^2] 이상인 층이 있는 것

해설 연면적이 400[m^2](학교시설은 100[m^2], 노유자시설 및 수련시설은 200[m^2], 장애인의료재활시설, 정신의료기관(입원실이 없는 정신건강의학과의원은 제외)은 300[m^2]) 이상인 건축물은 건축허가 등의 동의대상물이다(영 제12조).

58

인화성 액체 위험물(이황화탄소는 제외)의 옥외서상 탱크 주위에는 기준에 따라 방유제를 설치해야 하는데 다음 중 잘못 설명된 것은?

① 방유제의 높이는 1[m] 이상 4[m] 이하로 할 것
② 방유제 내의 면적은 8만[m^2] 이하로 할 것
③ 방유제의 용량은 방유제 안에 설치된 탱크가 하나인 경우에는 그 탱크용량의 110[%] 이상으로 할 것
④ 방유제의 용량은 방유제 안에 설치된 탱크가 2기 이상인 경우 그 탱크 중 용량이 최대인 것의 용량의 110[%] 이상으로 할 것

해설 방유제의 높이 : 0.5[m] 이상 3[m] 이하

59

소방용수표지와 관련하여 다음 (㉠), (㉡)에 들어갈 내용으로 알맞은 것은?

> 지하에 설치하는 (㉠) 또는 (㉡)의 경우 맨홀뚜껑은 지름 648[mm] 이상으로 하고 뚜껑에는 "(㉠)·주차금지" 또는 "(㉡)·주차금지"의 표시를 할 것

① ㉠ 급수탑, ㉡ 저수조
② ㉠ 소화전, ㉡ 소화기
③ ㉠ 소화전, ㉡ 저수조
④ ㉠ 급수탑, ㉡ 소화기

해설 **지하에 설치하는 소화전 또는 저수조의 경우**

- 맨홀뚜껑은 지름 648[mm] 이상의 것으로 할 것
- 맨홀뚜껑에는 "**소화전**·주차금지" 또는 "**저수조**·주차금지"의 표시를 할 것
- 맨홀뚜껑 부근에는 황색반사도료로 폭 15[cm]의 선을 그 둘레를 따라 칠할 것

60

소방공사감리업자가 감리원을 소방공사감리현장에 배치하는 경우 감리원 배치일부터 며칠 이내에 누구에게 통보하여야 하는가?

① 7일 이내, 소방본부장이나 소방서장
② 14일 이내, 소방본부장이나 소방서장
③ 7일 이내, 시·도지사
④ 14일 이내, 시·도지사

해설 소방공사감리업자는 감리원을 소방공사감리현장에 배치하거나 감리원이 변경된 경우에는 감리원 배치일부터 **7일 이내**에 **소방본부장**이나 **소방서장**에게 알려야 한다(이 경우 소방본부장이나 소방서장은 통보된 내용을 7일 이내에 소방기술자 인정자에게 통보하여야 한다).

56 ④ 57 ② 58 ① 59 ③ 60 ① **정답**

제 4 과목 소방기계시설의 구조 및 원리

61

상수도 소화용수설비의 채수용 소화전은 소방대상물의 수평투영면의 각 부분으로부터 몇 [m] 이하가 되도록 설치하는가?

① 25[m] ② 40[m]
③ 100[m] ④ 140[m]

해설 상수도 소화용수설비 설치기준
- 호칭지름 75[mm] 이상의 수도배관에 호칭지름 100[mm] 이상의 소화전을 접속할 것
- 소화전은 소방자동차 등의 진입이 쉬운 도로변 또는 공지에 설치할 것
- 소화전은 소방대상물의 수평투영면의 각 부분으로부터 140[m] 이하가 되도록 설치할 것

62

스프링클러헤드 설치방법 중 살수가 방해되지 않게 하기 위해서는 헤드로부터 반경 몇 [cm] 이상의 공간을 보유해야 하는가?

① 30[cm] ② 40[cm]
③ 50[cm] ④ 60[cm]

해설 스프링클러헤드는 살수가 방해되지 않게 하기 위해서는 헤드로부터 반경 **60[cm] 이상**의 공간을 보유한다.

63

포소화설비에 사용되는 펌프의 양정(H)은 다음 식에 따라 산출한 수치 이상이 되도록 해야 한다. $H = h_1 + h_2 + h_3 + h_4$ 각 요소에 해당하는 설명으로 가장 거리가 먼 것은?

① h_1은 방출구의 설계압력 환산수두 또는 노즐선단의 방사압력 환산수두
② h_2는 배관의 마찰손실수두
③ h_3은 펌프흡입구의 하단에서 최상부에 있는 포방출구까지의 수직거리, 즉 낙차
④ h_4는 헤드의 마찰손실수두

해설 포소화설비의 양정

$$H = h_1 + h_2 + h_3 + h_4$$

여기서, H : 펌프의 양정[m]
h_1 : 방출구의 설계압력 환산수두 또는 노즐 선단의 방사압력 환산수두[m]
h_2 : 배관의 마찰손실수두[m]
h_3 : 낙차[m]
h_4 : 소방용 호스의 마찰손실수두[m]

64

간이스프링클러설비에 설치하는 간이형 스프링클러헤드 하나의 방호면적은 몇 [m^2] 이하로 하는가?

① 13.4 ② 14.3
③ 14.5 ④ 15.4

해설 간이형 스프링클러헤드 하나의 방호면적 : 13.4[m^2] 이하
※ 화재안전기준개정으로 맞지 않는 문제임

65

연소할 우려가 있는 부분에 드렌처설비를 설치하였다. 한 개 회로에 드렌처헤드 5개씩 2개 회로를 설치하였을 경우에 드렌처설비에 필요한 수원의 수량은 얼마 이상이어야 하는가?

① 2[m^3] ② 4[m^3]
③ 8[m^3] ④ 16[m^3]

해설 드렌처설비의 수원 = 헤드수 × 1.6[m^3]
= 5 × 1.6[m^3] = 8[m^3]

66

대형소화기를 설치할 때에 소방대상물의 각 부분으로부터 1개의 대형소화기까지의 보행거리가 몇 [m] 이내가 되도록 배치하여야 하는가?

① 20 ② 25
③ 30 ④ 40

해설 소화기의 설치기준
- 소형소화기 : 보행거리 20[m] 이내마다 1개 이상 설치
- **대형소화기** : 보행거리 **30[m] 이내**마다 1개 이상 설치

정답 61 ④ 62 ④ 63 ④ 64 ① 65 ③ 66 ③

67

분말소화설비에 사용되는 소화약제의 주성분이 아닌 것은?

① 중탄산나트륨 ② 제1인산암모늄
③ 중탄산칼륨 ④ 중탄산마그네슘

해설 **분말소화약제**

종 별	주성분
제1종 분말	탄산수소나트륨, 중탄산나트륨($NaHCO_3$)
제2종 분말	탄산수소칼륨, 중탄산칼륨($KHCO_3$)
제3종 분말	제일인산암모늄($NH_4H_2PO_4$)
제4종 분말	탄산수소칼륨＋요소[$KHCO_3$＋$(NH_2)_2CO$]

68

소화용수설비에 설치하는 소화수조의 소요수량이 50[m³]인 경우 가압송수장치의 1분당 송수량은 몇 [m³/min] 이상이어야 하는가?

① 1.1 ② 2.2
③ 3.3 ④ 5.5

해설 **소화수조의 소요수량에 따른 분당 송수량**

소요수량	20[m³] 이상 40[m³] 미만	40[m³] 이상 100[m³] 미만	100[m³] 이상
가압송수장치의 1분당 양수량	1,100[L] 이상	2,200[L] (2.2[m³]) 이상	3,300[L] 이상

69

이산화탄소소화기에서 소화기구의 설치장소별 적응대상에 해당하지 않는 것은?

① 가연성 액체류
② 가연성 고체류
③ 알칼리금속의 과산화물
④ 가연성 가스

해설 이산화탄소소화기는 수분이 0.05[%] 이하로서 알칼리금속의 과산화물(과산화칼륨, 과산화나트륨)에는 부적합하다.

70

소방대상물의 설치장소가 지하층에 적응하는 피난기구는 어느 것인가?

① 피난사다리 ② 미끄럼대
③ 구조대 ④ 피난교

해설 **지하층**에는 **피난사다리**와 **피난용 트랩**이 적합하다.

71

옥내소화전설비 중 펌프의 성능은 체절운전(Shut Off) 시 정격토출압력의 몇 [%]를 초과하지 않아야 하는가?

① 65 ② 75
③ 100 ④ 140

해설 옥내소화전설비 중 펌프의 성능은 체절운전(Shut Off) 시 정격토출압력의 **140[%]**를 초과하지 않아야 한다.

72

이산화탄소소화설비의 기동장치에 대한 기준 중 틀린 것은?

① 수동식 기동장치의 조작부는 바닥으로부터 높이 0.8[m] 이상 1.5[m] 이하에 설치한다.
② 자동식 기동장치에는 수동으로도 기동할 수 있는 구조로 할 필요는 없다.
③ 가스압력식 기동장치에서 기동용 가스용기 및 해당 용기에 사용하는 밸브는 25[MPa] 이상의 압력에 견디어야 한다.
④ 전기식 기동장치로서 7병 이상의 저장용기를 동시에 개방하는 설비에는 2병 이상의 저장용기에 전자개방밸브를 설치한다.

해설 **이산화탄소소화설비의 기동장치 설치기준**

- 수동식 기동장치
  - 전역방출방식은 방호구역마다, 국소방출방식은 방호대상물마다 설치할 것
  - 해당 방호구역의 출입구 부분 등 조작을 하는 자가 쉽게 피난할 수 있는 장소에 설치할 것
  - 기동장치의 조작부는 바닥으로부터 높이 0.8 [m] 이상 1.5[m] 이하의 위치에 설치하고, 보호판 등에 따른 보호장치를 설치할 것

67 ④ 68 ② 69 ③ 70 ① 71 ④ 72 ② 정답

- 기동장치에는 그 가까운 곳의 보기 쉬운 곳에 "이산화탄소소화설비 기동장치"라고 표시한 표지를 할 것
- 전기를 사용하는 기동장치에는 전원표시등을 설치할 것
- 기동장치의 방출용 스위치는 음향경보장치와 연동하여 조작될 수 있는 것으로 할 것

• 이산화탄소소화설비의 자동식 기동장치
- **자동식 기동장치에는 수동으로도 기동할 수 있는 구조로 할 것**
- 전기식 기동장치로서 7병 이상의 저장용기를 동시에 개방하는 설비에 있어서는 2병 이상의 저장용기에 전자 개방밸브를 부착할 것
- 가스압력식 기동장치는 다음의 기준에 따를 것
  ⓐ 기동용 가스용기 및 해당 용기에 사용하는 밸브는 25[MPa] 이상의 압력에 견딜 수 있는 것으로 할 것
  ⓑ 기동용 가스용기에는 내압시험압력의 0.8배부터 내압시험압력 이하에서 작동하는 안전장치를 설치할 것
  ⓒ 기동용 가스용기의 용적은 5[L] 이상으로 하고, 해당 용기에 저장하는 질소 등의 비활성기체는 6.0[MPa] 이상(21[℃] 기준)의 압력으로 충전할 것
  ⓓ 기동용 가스용기에는 충전여부를 확인할 수 있는 압력게이지를 설치할 것
- 기계식 기동장치에 있어서는 저장용기를 쉽게 개방할 수 있는 구조로 할 것

73

물분무헤드의 설치 제외 대상이 아닌 것은?

① 운전 시에 표면의 온도가 200[℃] 이상으로 되는 등 직접분무 시 손상우려가 있는 기계장치 장소
② 고온의 물질 및 증류범위가 넓어 끓어 넘치는 위험이 있는 물질을 저장 또는 취급하는 장소
③ 물에 심하게 반응하는 물질을 저장 또는 취급하는 장소
④ 물과 반응하여 위험한 물질을 생성하는 물질을 저장 또는 취급하는 장소

해설 **물분무 헤드의 설치 제외 대상**
• 물에 심하게 반응하는 물질 또는 물과 반응하여 위험한 물질을 생성하는 물질을 저장 또는 취급하는 장소
• 고온의 물질 및 증류범위가 넓어 끓어 넘치는 위험이 있는 물질을 저장 또는 취급하는 장소
• 운전 시에 표면의 온도가 **260[℃] 이상**으로 되는 등 직접 분무를 하는 경우 그 부분에 손상을 입힐 우려가 있는 기계장치 등이 있는 장소

74

280[m^2]의 발전실에 부속용도별로 추가하여야 할 적응성이 있는 소화기 수량은 몇 개 이상이어야 하는가?

① 2개
② 4개
③ 6개
④ 12개

해설 **부속용도별로 추가하여야 할 소화기구(NFSC 101 별표 4)**
해당 용도의 바닥면적 **50[m^2]마다** 적응성이 있는 소화기 1개 이상(다만, 통신기기실·전자기기실을 제외한 장소에 있어서는 교류 600[V] 또는 직류 750[V] 이상의 것에 한한다)
∴ 280[m^2] ÷ 50[m^2] = 5.6 ⇒ **6개**

75

지하가의 바닥면적이 3,500[m^2]이다. 연결송수관설비의 방수구는 소방대상물 각 부분으로부터 수평거리 몇 [m] 이하가 되도록 설치하여야 하는가?

① 25[m]
② 30[m]
③ 40[m]
④ 50[m]

해설 **방수구**는 **아파트** 또는 **바닥면적이 1,000[m^2] 미만인 층**에 있어서는 **계단**(계단의 부속실을 포함하며 계단이 2 이상 있는 경우에는 그 중 1개의 계단을 말한다)으로부터 **5[m] 이내**에, **바닥면적 1,000[m^2] 이상인 층**(아파트를 제외한다)에 있어서는 각 계단(계단의 부속실을 포함하며 계단이 3 이상 있는 층의 경우에는 그 중 2개의 계단을 말한다)으로부터 **5[m] 이내**에 설치하되, 그 방수구로부터 그 층의 각 부분까지의 거리가 다음의 기준을 초과하는 경우에는 그 기준 이하가 되도록 방수구를 추가하여 설치할 것
① 지하가(터널은 제외) 또는 지하층의 바닥면적의 합계가 **3,000[m^2] 이상**인 것은 **수평거리 25[m]**
② ①에 해당하지 아니하는 것은 수평거리 50[m]

정답 73 ① 74 ③ 75 ①

76

할론 1301소화약제의 소화효과와 가장 거리가 먼 것은?

① 냉각소화 ② 질식소화
③ 가연물 제거소화 ④ 연쇄반응의 억제소화

해설 가연물 제거는 **제거소화**이므로 할론 1301과는 거리가 멀다.

77

스프링클러설비의 배관에 대한 설명으로 옳지 않은 것은?

① 주차장의 스프링클러설비는 습식 이외의 방식으로 한다.
② 습식 스프링클러설비는 헤드를 향하여 상향으로 수평주행배관의 기울기를 1/500 이상으로 한다.
③ 급수배관에 설치되는 탬퍼스위치는 감시제어반 또는 수신기에서 동작의 유무 확인을 할 수 있어야 한다.
④ 일제개방밸브를 사용하는 스프링클러설비에서는 일제개방밸브 2차측에 개폐표시형 밸브를 설치하여야 한다.

해설 **습식 스프링클러설비 외의 설비**에는 헤드를 향하여 상향으로 **수평주행배관**의 기울기를 **500분의 1 이상, 가지배관**의 기울기를 **250분의 1 이상**으로 할 것. 다만, 배관의 구조상 기울기를 줄 수 없는 경우에는 배수를 원활하게 할 수 있도록 배수밸브를 설치하여야 한다.

78

이산화탄소소화설비의 자동식 기동장치 설치기준으로 적합하지 않은 것은?

① 기동장치는 자동화재탐지설비의 감지기의 작동과 연동하여야 할 것
② 자동식 기동장치에는 수동으로도 기동할 수 있는 구조로 할 것
③ 가스 압력식 기동용 가스용기의 용적은 5[L] 이상으로 할 것
④ 기동용 가스용기에 저장하는 이산화탄소의 충전비는 1.3 이상으로 할 것

해설 이산화탄소소화설비의 자동식 기동장치

- **자동식 기동장치에는 수동으로도 기동할 수 있는 구조로 할 것**
- 전기식 기동장치로서 7병 이상의 저장용기를 동시에 개방하는 설비에 있어서는 2병 이상의 저장용기에 전자 개방밸브를 부착할 것
- 가스압력식 기동장치는 다음의 기준에 따를 것
  - 기동용 가스용기 및 해당 용기에 사용하는 밸브는 25[MPa] 이상의 압력에 견딜 수 있는 것으로 할 것
  - 기동용 가스용기에는 내압시험압력의 0.8배 내지 내압시험압력 이하에서 작동하는 안전장치를 설치할 것
  - 기동용 가스용기의 용적은 5[L] 이상으로 하고, 해당 용기에 저장하는 질소 등의 비활성기체는 6.0[MPa] 이상(21[℃] 기준)의 압력으로 충전할 것
  - 기동용 가스용기에는 충전여부를 확인할 수 있는 압력게이지를 설치할 것
- 기계식 기동장치에 있어서는 저장용기를 쉽게 개방할 수 있는 구조로 할 것

79

연결살수설비에 관한 설명 중 맞지 않는 것은?

① 송수구는 반드시 65[mm]의 쌍구형으로만 하여야 한다.
② 선택밸브는 화재 시 연소의 우려가 없는 장소에 설치한다.
③ 헤드는 천정 또는 반자의 실내에 면하는 부분에 설치한다.
④ 개방형 헤드 사용 시 주배관 중 물이 잘 빠질 수 있는 위치에 자동배수밸브를 설치한다.

해설 연결살수설비의 **송수구**는 구경 **65[mm]의 쌍구형**으로 설치할 것. 다만, 하나의 송수구역에 부착하는 살수헤드의 수가 **10개 이하**인 것에 있어서는 **단구형**의 것으로 할 수 있다.

76 ③ 77 ② 78 ④ 79 ① 정답

80

특별피난계단 부속실 등에 설치하는 급기가압방식 제연설비의 측정, 시험, 조정 항목을 열거한 것이다. 맞지 않는 것은?

① 출입문의 크기, 개폐방향이 설계도면과 일치하는지 여부 확인
② 출입문과 바닥 사이의 틈새가 균일한지 여부 확인
③ 화재감지기 동작에 의한 설비 작동 여부 확인
④ 피난구의 설치 위치 및 크기의 적정 여부 확인

해설 **급기가압방식 제연설비의 측정, 시험, 조정 항목**
- 출입문의 크기, 개폐방향이 설계도면과 일치하는지 여부 확인
- 출입문과 바닥 사이의 틈새가 균일한지 여부 확인
- 화재감지기 동작에 의한 설비 작동 여부 확인

정답 80 ④

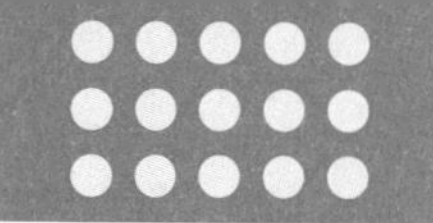

제 1 회 2009년 3월 1일 시행

제 1 과목 소방원론

01

알킬알루미늄의 소화에 가장 적합한 소화약제는?

① 마른모래
② 물
③ 할 론
④ 이산화탄소

해설 **알킬알루미늄의 소화약제** : 마른모래, 팽창질석, 팽창진주암

02

액화석유가스에 대한 성질을 설명한 것으로 틀린 것은?

① 무색무취이다.
② 물에는 녹지 않으나 에테르에 용해된다.
③ 공기 중에서 쉽게 연소, 폭발하지 않는다.
④ 천연고무를 잘 녹인다.

해설 **LPG(액화석유가스, Liquefied Petroleum Gas)의 특성**

- 무색무취
- 물에 불용, 유기용제에 용해
- 석유류, 동식물류, 천연고무를 잘 녹인다.
- 공기 중에서 쉽게 연소 폭발한다.

$$C_3H_8 + 5O_2 \rightarrow 3CO_2 + 4H_2O$$

- 액체상태에서 기체로 될 때 체적은 약 250배로 된다.
- 액체상태는 물보다 가볍고(약 0.5배), 기체상태는 공기보다 무겁다(약 1.5~2.0배).

03

다음 중 증기비중이 가장 큰 것은?

① 이산화탄소　② 할론 1301
③ 할론 2402　④ 할론 1211

해설 **증기비중**

$$증기비중 = \frac{분자량}{29}$$

- 분자량

종 류	이산화탄소	할론 1301	할론 2402	할론 1211
화학식	CO_2	CF_3Br	$C_2F_4Br_2$	CF_2ClBr
분자량	44	148.9	259.8	165.4

- 증기비중
  이산화탄소 = 44/29 = 1.52
  할론 1301 = 148.9/29 = 5.13
  할론 2402 = 259.8/29 = 8.95
  할론 1211 = 165.4/29 = 5.70

04

증기압에 대한 설명으로 옳은 것은?

① 표면장력에 의해 물체를 들어 올리는 힘을 말한다.
② 원자의 중량에 비례하는 압력을 말한다.
③ 증기가 액체와 평형상태에 있을 때 증기가 새어 나가려는 압력을 말한다.
④ 같은 온도와 압력에서 기체와 같은 부피의 순수공기 무게를 말한다.

해설 **증기압**
증기가 액체와 평형상태에 있을 때 증기가 새어 나가려는 압력

정답 01 ① 02 ③ 03 ③ 04 ③

05

물속에 넣어 저장하는 것이 안전한 물질은?

① 나트륨 ② 이황화탄소
③ 칼 륨 ④ 탄화칼슘

해설 **저장방법**

- 황린, **이황화탄소 : 물속에 저장**
- 칼륨, 나트륨 : 석유(등유), 경유 속에 저장
- 나이트로셀룰로스 : 물 또는 알코올 속에 저장
- 아세틸렌 : DMF(다이메틸폼아미드), 아세톤에 저장(분해폭발방지)

06

건물 내에서 연기의 수직방향 이동속도는 약 몇 [m/s]인가?

① 0.1~0.2 ② 0.3~0.8
③ 2~3 ④ 10~20

해설 **연기의 이동속도**

방 향	수평방향	수직방향	실내계단
이동속도	0.5~1.0[m/s]	2.0~3.0[m/s]	3.0~5.0[m/s]

07

다음 중 표면연소와 관계되는 것은?

① 코크스의 연소 ② 휘발유의 연소
③ 화약의 연소 ④ 나프탈렌의 연소

해설 **연 소**

- 고체의 연소
  - **표면연소 : 목탄, 코크스, 숯, 금속분** 등이 열분해에 의하여 가연성 가스를 발생하지 않고 그 물질 자체가 연소하는 현상
  - 분해연소 : 석탄, 종이, 목재, 플라스틱 등의 연소 시 열분해에 의해 발생된 가스와 공기가 혼합하여 연소하는 현상
  - 증발연소 : 황, 나프탈렌, 왁스, 파라핀 등과 같이 고체를 가열하면 열분해는 일어나지 않고 고체가 액체로 되어 일정온도가 되면 액체가 기체로 변화하여 기체가 연소하는 현상
  - 자기연소(내부연소) : 제5류 위험물인 나이트로셀룰로스, 질화면 등 그 물질이 가연물과 산소를 동시에 가지고 있는 가연물이 연소하는 현상
- 액체의 연소
  - 증발연소 : 아세톤, 휘발유, 등유, 경유와 같이 액체를 가열하면 증기가 되어 증기가 연소하는 현상
  - 액적연소 : 벙커C유와 같이 가열하여 점도를 낮추어 버너 등을 사용하여 액체의 입자를 안개상으로 분출하여 연소하는 현상

08

건물의 화재 시 피난자들의 집중으로 패닉(Panic) 현상이 일어날 수 있는 피난방향은?

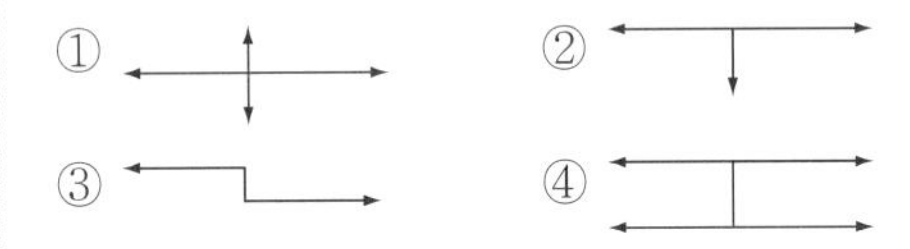

해설 **피난방향**

구 분	구 조	특 징
T형		피난자에게 피난경로를 확실히 알려주는 형태
X형		양방향으로 피난할 수 있는 확실한 형태
H형		중앙코어방식으로 피난자의 집중으로 **패닉현상**이 일어날 우려가 있는 형태
Z형		중앙복도형 건축물에서의 피난경로로서 코어식 중 제일 안전한 형태

09

기체나 액체, 고체에서 나오는 분해가스의 농도를 엷게 하여 소화하는 방법은?

① 냉각소화 ② 제거소화
③ 부촉매소화 ④ 희석소화

해설 **소화의 종류**

- 냉각소화 : 화재현장에 물을 주수하여 발화점 이하로 온도를 낮추어 소화하는 방법
- 질식소화 : 공기 중의 산소의 농도를 21[%]에서 15[%] 이하로 낮추어 소화하는 방법
- 제거소화 : 화재현장에서 가연물을 없애주어 소화하는 방법

정답 05 ② 06 ③ 07 ① 08 ④ 09 ④

- 화학소화(부촉매효과) : 연쇄반응을 차단하여 소화하는 방법
- **희석소화** : 알코올, 에테르, 에스테르, 케톤류 등 수용성 물질에 다량의 물을 방사하여 가연물의 농도를 낮추어 소화하는 방법
- 유화효과 : 물분무소화설비를 중유에 방사하는 경우 유류표면에 엷은 막으로 유화층을 형성하여 화재를 소화하는 방법

10

다음 중 제2류 위험물이 아닌 것은?

① 철 분　② 유 황
③ 적 린　④ 황 린

해설 위험물의 종류

종 류	철 분	유 황	적 린	황 린
구 분	제2류 위험물	제2류 위험물	제2류 위험물	**제3류 위험물**

11

피난에 유효한 건축계획으로 잘못된 것은?

① 피난경로는 단순하게 하고 미로를 만들지 않아야 한다.
② 피난통로는 불연화하여야 한다.
③ 1방향 피난로만 만들어야 한다.
④ 정전 시에도 피난방향을 알 수 있게 하여야 한다.

해설 피난대책의 일반적인 원칙

- 피난경로는 간단명료하게 할 것
- 피난구조설비는 고정식 설비를 위주로 할 것
- 피난수단은 원시적 방법에 의한 것을 원칙으로 할 것
- **2방향 이상**의 **피난통로**를 확보할 것
- 피난통로는 불연화로 할 것

12

정전기의 발생가능성이 가장 낮은 경우는?

① 접지를 하지 않은 경우
② 탱크에 석유류를 빠르게 주입하는 경우
③ 공기 중의 습도가 높은 경우
④ 부도체를 마찰시키는 경우

해설 정전기 방지법

- 접지할 것
- 상대습도를 70[%] 이상으로 할 것
- 공기를 이온화할 것

13

내화구조의 철근콘크리트조 기둥은 그 작은 지름을 최소 몇 [cm] 이상으로 하는가?

① 10　② 15
③ 20　④ 25

해설 내화구조의 기준

내화구분		내화구조의 기준
벽	모든 벽	① **철근콘크리트조** 또는 철골·철근콘크리트조로서 두께가 **10[cm]** 이상인 것 ② 골구를 철골조로 하고 그 양면을 두께 4[cm] 이상의 철망모르타르로 덮은 것 ③ 두께 5[cm] 이상의 콘크리트 블록·벽돌 또는 석재로 덮은 것 ④ 철재로 보강된 콘크리트블록조·벽돌조 또는 석조로서 철재에 덮은 콘크리트 블록 등의 두께가 5[cm] 이상인 것
	외벽 중 비내력벽	① **철근콘크리트조** 또는 철골·철근콘크리트조로서 두께가 **7[cm]** 이상인 것 ② 골구를 철골조로 하고 그 양면을 두께 3[cm] 이상의 철망모르타르로 덮은 것 ③ 두께 4[cm] 이상의 콘크리트 블록·벽돌 또는 석재로 덮은 것 ④ 무근콘크리트조·콘크리트블록조·벽돌조 또는 석조로서 두께가 7[cm] 이상인 것
기 둥 (작은 지름이 25[cm] 이상인 것)		① 철근콘크리트조 또는 철골·철근콘크리트조 ② 철골을 두께 6[cm] 이상의 철망모르타르로 덮은 것 ③ 철골을 두께 7[cm] 이상의 콘크리트 블록·벽돌 또는 석재로 덮은 것 ④ 철골을 두께 5[cm] 이상의 콘크리트로 덮은 것

14

열의 3대 전달방법이라고 볼 수 없는 것은?

① 전 도　② 분 해
③ 대 류　④ 복 사

해설 **열전달방법** : 전도, 대류, 복사

10 ④ 11 ③ 12 ③ 13 ④ 14 ② 정답

15

연소 시 백적색의 온도는 약 몇 [℃] 정도되는가?

① 400　② 650
③ 750　④ 1,300

해설 연소 시 온도

색 상	담암적색	암적색	적 색	휘적색
온도[℃]	520	700	850	950
색 상	황적색	백적색	휘백색	
온도[℃]	1,100	1,300	1,500 이상	

16

연기의 농도표시방법 중 단위체적당 연기입자의 개수를 나타내는 것은?

① 중량농도법　② 입자농도법
③ 투과율법　④ 상대농도법

해설 연기의 농도측정법
- 중량농도법 : 단위체적당 연기의 입자무게를 측정하는 방법[mg/m^3]
- **입자농도법** : 단위체적당 연기의 입자개수를 측정하는 방법[개/m^3]
- 감광계수법 : 연기 속을 투과하는 빛의 양을 측정하는 방법(투과율)

17

수소의 공기 중 연소범위는 약 몇 [vol%]인가?

① 0.4~4　② 1~12.5
③ 4~75　④ 67~92

해설 공기 중의 연소범위

가스의 종류	하한계[%]	상한계[%]
아세틸렌(C_2H_2)	2.5	81.0
수소(H_2)	**4.0**	**75.0**
일산화탄소(CO)	12.5	74.0
암모니아(NH_3)	15.0	28.0
메탄(CH_4)	5.0	15.0
에탄(C_2H_6)	3.0	12.4
프로판(C_3H_8)	2.1	9.5
부탄(C_4H_{10})	1.8	8.4

18

제3종 분말소화약제의 주성분은?

① 인산암모늄　② 탄산수소칼륨
③ 탄산수소나트륨　④ 탄산수소칼륨과 요소

해설 분말소화약제

종 별	소화약제	약제의 착색	적응 화재	열분해반응식
제1종 분말	중탄산나트륨 ($NaHCO_3$)	백 색	B, C급	$2NaHCO_3 \rightarrow Na_2CO_3 + CO_2 + H_2O$
제2종 분말	중탄산칼륨 ($KHCO_3$)	담회색	B, C급	$2KHCO_3 \rightarrow K_2CO_3 + CO_2 + H_2O$
제3종 분말	인산암모늄 ($NH_4H_2PO_4$)	**담홍색, 황색**	**A, B, C급**	$NH_4H_2PO_4 \rightarrow HPO_3 + NH_3 + H_2O$
제4종 분말	중탄산칼륨+요소 [$KHCO_3 + (NH_2)_2CO$]	회 색	B, C급	$2KHCO_3 + (NH_2)_2CO \rightarrow K_2CO_3 + 2NH_3 + 2CO_2$

19

표면온도가 300[℃]에서 안전하게 작동하도록 설계된 히터의 표면온도가 360[℃]로 상승하면 300[℃]에 비하여 약 몇 배의 열을 방출할 수 있는가?

① 1.1배　② 1.5배
③ 2.0배　④ 2.5배

해설 **복사열**은 **절대온도**의 **4승**에 비례한다.
300[℃]에서 열량을 Q_1, 360[℃]에서 열량을 Q_2라고 하면

$$\frac{Q_2}{Q_1} = \frac{(360+273)^4\,[K]}{(300+273)^4\,[K]} = 1.5\text{배}$$

20

방화구조의 기준을 옳게 나타낸 것은?

① 철망모르타르로서 그 바름 두께가 2[cm] 이상인 것
② 시멘트모르타르 위에 타일을 붙인 것으로서 그 두께의 합계가 1.5[cm] 이하인 것
③ 두께 1.5[cm] 이상의 암면보온판 위에 석면시멘트판을 붙인 것
④ 두께 1.2[cm] 미만의 석고판 위에 석면시멘트판을 붙인 것

정답 15 ④ 16 ② 17 ③ 18 ① 19 ② 20 ①

해설 방화구조의 기준
- 철망모르타르로서 그 바름두께가 2[cm] 이상인 것
- 석고판 위에 시멘트모르타르 또는 회반죽을 바른 것으로서 그 두께의 합계가 2.5[cm] 이상인 것
- 시멘트모르타르 위에 타일을 붙인 것으로서 그 두께의 합계가 2.5[cm] 이상인 것
- 심벽에 흙으로 맞벽치기한 것

제 2 과목 소방유체역학 및 약제화학

21

비중병이 무게가 비었을 때는 2[N]이고 액체로 충만하여 있을 때는 8[N]이다. 액체의 체적이 0.5[L]이면 이 액체의 비중량은 몇 [N/m^3]인가?

① 11,000　② 11,500
③ 12,000　④ 12,500

해설 액체의 무게 $W = 8[N] - 2[N] = 6[N]$

$\therefore$ 액체의 비중량 : $\gamma = \frac{W}{V} = \frac{6[N]}{0.5[L] \times 10^{-3}}$

$= 12{,}000[N/m^3]$

22

이상기체의 정압비열 C_P와 정적비열 C_V와의 관계식으로 옳은 것은?(단, R은 가스 상수이다)

① $C_P = C_V$　② $C_P < C_V$
③ $C_P - C_V = R$　④ $\frac{C_V}{C_P} = 1.4$

해설 이상기체일 때 $C_P - C_V = R$

23

소화설비에 적용되는 할로겐화합물 및 불활성기체가 아닌 것은?

① IG-100　② HFC-125
③ FC-3-1-10　④ HCFC-125

해설 할로겐화합물 및 불활성기체의 종류

소화약제	화학식
퍼플루오로프로탄 (이하 "FC-2-1-8"라 한다)	C_3F_8
퍼플루오로부탄 (이하 "FC-3-1-10"이라 한다)	C_4F_{10}
하이드로클로로플루오로카본혼화제 (이하 "HCFC BLEND A"라 한다)	HCFC-123($CHCl_2CF_3$) : 4.75[%] HCFC-22($CHClF_2$) : 82[%] HCFC-124($CHClCF_3$) : 9.5[%] $C_{10}H_{16}$: 3.75[%]
클로로테트라플루오로에탄 (이하 "HCFC-124"라 한다)	$CHClFCF_3$
펜타플루오로에탄 (이하 "HFC-125"라 한다)	CHF_2CF_3
헵타플루오로프로판 (이하 "HFC-227ea"라 한다)	CF_3CHFCF_3
트리플루오로메탄 (이하 "HFC-23"이라 한다)	CHF_3
헥사플로오르프로판 (이하 "HFC-236fa"라 한다)	$CF_3CH_2CF_3$
트리플루오로이오다이드 (이하 "FIC-13I1"이라 한다)	CF_3I
불연성·불활성기체 혼합가스 (이하 "IG-01"이라 한다)	Ar
불연성·불활성기체 혼합가스 (이하 "IG-100"이라 한다)	N_2
불연성·불활성기체 혼합가스 (이하 "IG-541"이라 한다)	N_2 : 52[%], Ar : 40[%], CO_2 : 8[%]
불연성·불활성기체 혼합가스 (이하 "IG-55"라 한다)	N_2 : 50[%], Ar : 50[%]
도데카플루오로-2-메틸펜탄-3-원 (이하 "FK-5-1-12"라 한다)	$CF_3CF_2C(O)CF(CF_3)_2$

24

그림과 같이 수평원관 속을 점성유체가 층류정상상태로 흐르고 있다. 전단응력의 크기를 바르게 나타낸 것은?

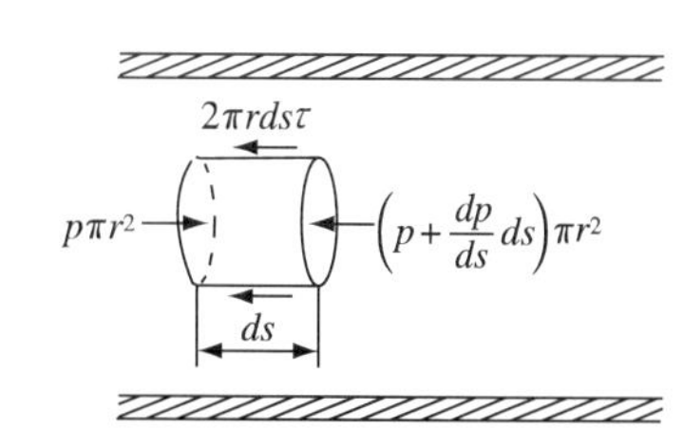

21 ③　22 ③　23 ④　24 ④ 정답

① $\tau = -\frac{dp}{ds} \cdot \frac{\pi r}{2}$　② $\tau = -\frac{dp}{ds} \cdot \frac{\pi r}{4}$

③ $\tau = -r\frac{dp}{ds}$　④ $\tau = -\frac{dp}{ds} \cdot \frac{r}{2}$

해설 층류일 때

수평 원통형 관 내에 유체가 흐를 때 전단응력은 중심선에서 0이고 반지름에 비례하면서 관 벽까지 직선적으로 증가한다.

$$\tau = -\frac{dp}{ds} \cdot \frac{r}{2} = \frac{P_A - P_B}{s} \cdot \frac{r}{2}$$

여기서, P : 압력　s : 길이
r : 반지름

25

펌프의 압력계가 출구쪽에서 440[kPa], 입구쪽에서 −30[kPa]을 나타내고 출구쪽 압력계는 입구쪽의 것보다 60[cm] 높은 곳에 설치되어 있으며, 흡입관과 송출관의 지름은 같다. 도중에 에너지 손실이 없고 펌프의 유량이 3[m^3/min]일 때 펌프의 동력은 약 몇 [kW]인가?

① 22　② 24
③ 26　④ 28

해설

$$P[\text{kW}] = \frac{\gamma QH}{102 \times \eta}$$

$$= \frac{1{,}000[\text{kg}_f/\text{m}^3] \times 3[\text{m}^3]/60[\text{s}] \times \left\{\frac{440-(-30)}{101.325} \times 10.332[\text{mH}_2\text{O}] + 0.6[\text{m}]\right\}}{102 \times 1}$$

$= 23.79[\text{kW}]$

26

그림과 같이 수평과 30° 경사된 폭 50[cm]인 수문 AB가 A점에서 힌지(Hinge)로 되어 있다. 이 문을 열기 위한 최소한의 힘 F(수문에 직각 방향)는 약 몇 [kN] 정도인가?(단, 수문의 무게는 무시하고, 유체의 비중은 1이다)

① 11.5
② 7.4
③ 5.5
④ 2.7

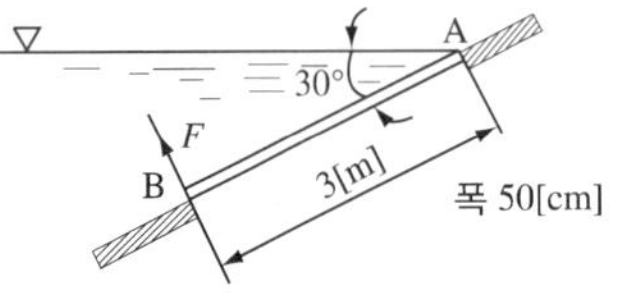

해설 수문에 작용하는 압력 F는

$F = \gamma \bar{y} \sin\theta A = 9{,}800 \times \frac{3}{2} \times \sin 30^\circ \times (0.5 \times 3)$

$= 11{,}025[\text{N}]$

압력중심 y_p는

$$y_p = \frac{I_C}{\bar{y}A} + \bar{y} = \frac{\frac{0.5 \times 3^3}{12}}{1.5 \times 1.5} + 1.5 = 2[\text{m}]$$

오른쪽 자유물체도에서 모멘트의 합은 0이므로

$\sum M_A = 0$

$F_B \times 3 - F \times 2 = 0$

$\therefore F_B = \frac{2}{3}F = \frac{2}{3} \times 11{,}025$

$= 7{,}350[\text{N}] = 7.35[\text{kN}]$

27

다음 물리량의 차원을 질량[M], 길이[L], 시간[T]으로 표시할 때 잘못 표시된 것은?

① 힘 : MLT^{-2}　② 압력 : $ML^{-2}T^{-2}$
③ 에너지 : ML^2T^{-2}　④ 밀도 : ML^{-3}

해설 단위와 차원

차 원	중력 단위[차원]	절대 단위[차원]
길 이	[m], [L]	[m], [L]
시 간	[s], [T]	[s], [T]
질 량	[kg·s^2/m], [$FL^{-1}T^2$]	[kg], [M]
힘	[kg$_f$], [F]	[kg·m/s^2], [MLT^{-2}]
밀 도	[kg·s^2/m^4], [$FL^{-4}T^2$]	[kg/m^3], [ML^{-3}]
압 력	[kg/m^2], [FL^{-2}]	**[kg/m·s^2], [$ML^{-1}T^{-2}$]**
속 도	[m/s], [LT^{-1}]	[m/s], [LT^{-1}]
가속도	[m/s^2], [LT^{-2}]	[m/s^2], [LT^{-2}]
에너지	[kg·m], [FL]	[kg·m^2/s^2], [ML^2T^{-2}]

28

비중이 2인 유체가 지름 10[cm]인 곧은 원 관에서 층류로 흐를 수 있는 유체의 최대 평균속도는 몇 [m/s]인가?(단, 임계레이놀즈(Reynolds)수는 2,000이고, 점성계수 = 2[N·s/m^2]이다)

① 20　② 40
③ 200　④ 400

정답 25 ②　26 ②　27 ②　28 ①

해설 레이놀즈수

$$Re = \frac{Du\rho}{\mu} = \frac{Du}{\nu} = [\text{무차원}]$$

여기서, D : 관의 내경[cm]

$u(\text{유속}) = \frac{Q}{A} = \frac{4Q}{\pi D^2}$

ρ : 유체의 밀도[gr/cm^3]

μ : 유체의 점도=2[N·s/m^2]

$$= 2\frac{[\text{kg}\cdot\frac{\text{m}}{\text{s}^2}\cdot\text{s}]}{[\text{m}^2]}$$

$$= 2[\text{kg/m}\cdot\text{s}]$$

ν(동점도) : 절대점도를 밀도로 나눈 값 $\left(\frac{\mu}{\rho} = [\text{cm}^2/\text{s}]\right)$

$$\therefore u = \frac{Re\cdot\mu}{D\rho} = \frac{2{,}000 \times 2[\text{kg/m}\cdot\text{s}]}{0.1[\text{m}] \times 2{,}000[\text{kg/m}^3]} = 20[\text{m/s}]$$

29

단단한 가스탱크에 10[℃], 500[kPa]의 공기 10[kg]이 채워져 있다. 온도가 37[℃]로 상승할 경우, 압력증가량은 약 몇 [kPa]인가?

① 24 ② 48

③ 72 ④ 96

해설 체적이 일정하므로 $\frac{P_1}{T_1} = \frac{P_2}{T_2}$ 를 적용하면

$$P_2 = 500 \times \frac{273+37}{273+10} = 547.7[\text{kPa}]$$

압력증가율 $\Delta P = P_2 - P_1 = 547.7 - 500 = 47.7[\text{kPa}]$

30

손실과 표면장력의 영향을 무시할 때 그림과 같은 분류의 반지름에 대한 식을 H와 y의 항으로 표시하면?

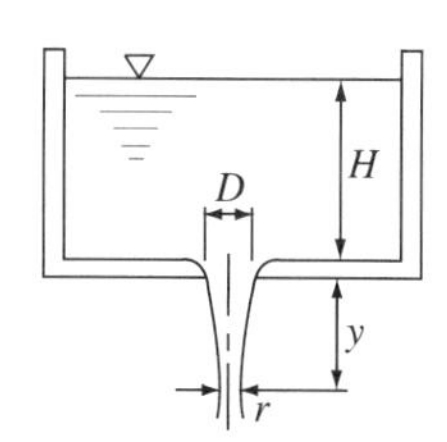

① $r = \frac{D}{2}\left(\frac{H}{H+y}\right)$ ② $r = \frac{D}{2}\left(\frac{H}{H+y}\right)^{\frac{1}{2}}$

③ $r = \frac{D}{2}\left(\frac{H}{H+y}\right)^{\frac{1}{3}}$ ④ $r = \frac{D}{2}\left(\frac{H}{H+y}\right)^{\frac{1}{4}}$

해설 유속은 토리첼리식에 의하면

$V_1 = \sqrt{2gH}$

$V_2 = \sqrt{2g(H+y)}$

1지점과 2지점에 연속방정식을 적용하면

$$\frac{\pi D^2}{4}\sqrt{2gH} = \pi r^2\sqrt{2g(H+y)}$$

r을 풀면

$$r^2 = \frac{D^2}{4}\sqrt{\frac{H}{H+y}}$$

$$\therefore r = \frac{D}{2}\left(\frac{H}{H+y}\right)^{\frac{1}{4}}$$

31

공동현상(Cavitation)에 대한 설명으로 맞는 것은?

① 흐르는 물을 갑자기 정지시킬 때 수압이 급격히 변화하는 현상을 말한다.

② 유로의 어느 부분의 압력이 대기압과 같아지면 수중에 증기가 발생하는 현상을 말한다.

③ 유로의 어느 부분의 압력이 그 수온의 포화증기압보다 낮아지면 수중에 증기가 발생하는 현상을 말한다.

④ 펌프의 입구와 출구의 진공계, 압력계의 지침이 흔들리고 동시에 송출유량이 변화하는 현상을 말한다.

해설 공동현상

Pump이 흡입측 배관 내에서 발생하는 것으로 배관 내의 수온 상승으로 물이 수증기로 변화하여 물이 Pump로 흡입되지 않는 현상

- 공동현상의 발생원인
  - Pump의 흡입측 수두가 클 때
  - Pump의 마찰손실이 클 때
  - Pump의 Impeller 속도가 클 때
  - Pump의 흡입관경이 적을 때
  - Pump의 설치위치가 수원보다 높을 때
  - 관 내의 유체가 고온일 때
  - Pump의 흡입압력이 유체의 증기압보다 낮을 때

29 ② 30 ④ 31 ③ 정답

- 공동현상의 발생현상
  - 소음과 진동 발생
  - 관정 부식
  - Impeller의 손상
  - Pump의 성능 저하(토출량, 양정, 효율감소)
- 공동현상의 방지 대책
  - Pump의 흡입측 수두, 마찰손실을 적게 한다.
  - Pump Impeller 속도를 적게 한다.
  - Pump 흡입관경을 크게 한다.
  - Pump 설치위치를 수원보다 낮게 하여야 한다.
  - Pump 흡입압력을 유체의 증기압보다 높게 한다.
  - 양흡입 Pump로 부족 시 펌프를 2대로 나눈다.

32

유체의 점성계수는 온도의 상승에 따라 어떻게 변하는가?

① 모든 유체에서 증가한다.
② 모든 유체에서 감소한다.
③ 액체에서는 증가하고 기체에서는 감소한다.
④ 액체에서는 감소하고 기체에서는 증가한다.

해설 유체의 점성계수는 액체에서는 감소하고 기체에서는 증가한다.

33

소화용수로 사용되는 물의 동결방지제로 부적절한 것은?

① 글리세린 ② 염화나트륨
③ 에틸렌글리콜 ④ 프로필렌글리콜

해설 **물의 동결방지제** : 글리세린, 에틸렌글리콜, 프로필렌글리콜

염화나트륨(NaCl, 소금)은 온도는 낮출 수 있으나 배관을 부식시키므로 부적합하다.

34

수은이 채워진 U자관에 어떤 액체를 넣었다. 액체측 자유표면으로부터 깊이가 24[cm]인 곳과 수은측 자유표면으로부터 깊이가 10[cm]인 곳의 높이가 같다면 이 액체의 비중은 약 얼마인가?(단, 수은의 비중은 13.6이다)

① 5.67 ② 6.81
③ 13.6 ④ 32.6

해설 액체의 비중

$S_1H_1 = S_2H_2$

$\therefore S_2 = S_1 \times \frac{H_1}{H_2} = 13.6 \times \frac{10}{24} = 5.67$

35

원심식 송풍기에서 회전수를 변화시킬 때 동력변화를 구하는 식으로 맞는 것은?(단, 변화 전후의 회전수를 각각 N_1, N_2, 동력을 L_1, L_2로 표시한다)

① $L_2 = L_1 \times \left(\frac{N_1}{N_2}\right)^3$

② $L_2 = L_1 \times \left(\frac{N_1}{N_2}\right)^2$

③ $L_2 = L_1 \times \left(\frac{N_2}{N_1}\right)^3$

④ $L_2 = L_1 \times \left(\frac{N_2}{N_1}\right)^2$

해설 펌프의 상사법칙

- 유량 $Q_2 = Q_1 \times \frac{N_2}{N_1} \times \left(\frac{D_2}{D_1}\right)^3$
- 전양정 $H_2 = H_1 \times \left(\frac{N_2}{N_1}\right)^2 \times \left(\frac{D_2}{D_1}\right)^2$
- 동력 $L_2 = L_1 \times \left(\frac{N_2}{N_1}\right)^3 \times \left(\frac{D_2}{D_1}\right)^5$

여기서, N : 회전수[rpm], D : 내경[mm]

36

표준상태에서 1.5×10^{23}개의 산소분자가 차지하는 체적은 약 몇 [L]인가?(단, 아보가드로의 수는 6.02×10^{23}이다)

① 3.82 ② 4.69
③ 5.58 ④ 6.30

해설 1[g-mol]이 차지하는 기체의 부피는 22.4[L]

$22.4[L] : 6.02 \times 10^{23} = x : 1.5 \times 10^{23}$

$x = 5.581[L]$

정답 32 ④ 33 ② 34 ① 35 ③ 36 ③

37

피토관을 사용하여 일정속도로 흐르고 있는 물의 유속(V)을 측정하기 위해 그림과 같이 비중 S인 유체를 갖는 액주계를 설치하였다. $S=2$일 때 액주의 높이 차이가 $H=h$가 되면 $S=3$일 때 액주의 높이 차(H)는 얼마가 되는가?

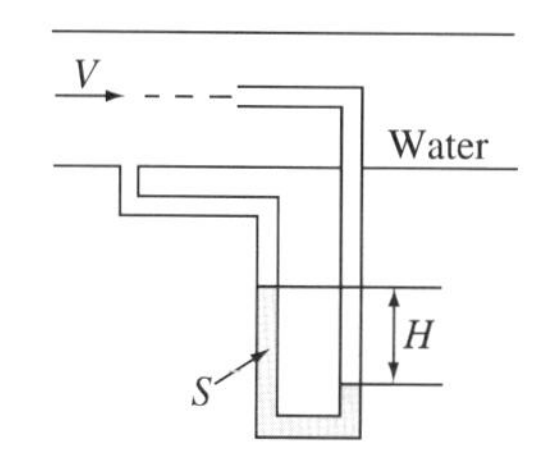

① $\frac{h}{9}$　② $\frac{h}{\sqrt{3}}$

③ $\frac{h}{3}$　④ $\frac{h}{2}$

해설 피토관에서 유속을 측정하면

$$V=\sqrt{2gh\left(\frac{S}{S_W}-1\right)}$$

물의 비중 $S_W=1$, $S=2$일 때 $H=h$가 되면

$$V=\sqrt{2gh\left(\frac{2}{1}-1\right)}=\sqrt{2gh}$$

피토관에서 물의 유속은 일정하며 $S=3$일 때 액주의 높이 H는

$$\sqrt{2gh}=\sqrt{2gH\left(\frac{3}{1}-1\right)}$$

$$\sqrt{2gh}=\sqrt{4gH}$$

$$2gh=4gH$$

$$\therefore H=\frac{h}{2}$$

38

탄산수소나트륨($NaHCO_3$)이 주성분인 분말소화약제는?

① 제1종 분말
② 제2종 분말
③ 제3종 분말
④ 제4종 분말

해설 분말소화약제

종 별	소화약제	약제의 착색	적응 화재	열분해반응식
제1종 분말	중탄산나트륨 ($NaHCO_3$)	백 색	B, C급	$2NaHCO_3 \rightarrow Na_2CO_3+CO_2+H_2O$
제2종 분말	중탄산칼륨 ($KHCO_3$)	담회색	B, C급	$2KHCO_3 \rightarrow K_2CO_3+CO_2+H_2O$
제3종 분말	인산암모늄 ($NH_4H_2PO_4$)	담홍색, 황색	A, B, C급	$NH_4H_2PO_4 \rightarrow HPO_3+NH_3+H_2O$
제4종 분말	중탄산칼륨+요소 [$KHCO_3+(NH_2)_2CO$]	회 색	B, C급	$2KHCO_3+(NH_2)_2CO \rightarrow K_2CO_3+2NH_3+2CO_2$

39

소화약제 중 강화액소화약제의 응고점은 몇 [℃] 이하이어야 하는가?

① 20[℃]　② −20[℃]

③ 30[℃]　④ −30[℃]

해설 강화액 소화약제의 응고점 : −20[℃] 이하

40

길이가 2[m]이고 반경이 각각 50[cm], 51[cm]인 두 개의 등심 실린더 사이에 유체가 채워져 있다. 바깥쪽 실린더를 고정시키고 안쪽 실린더를 3[rpm]으로 회전시키는 데 필요한 토크는 약 몇 [N·m]인가?(단, 유체는 점성계수가 5[N·s/m^2]인 Newton 유체이며, 유체 유동은 속도분포가 선형적인 Couette 유동이라고 가정한다)

① 147　② 247

③ 347　④ 447

해설 토 크

- 내부실린더의 접선속도

$$u=r\omega=0.5\times\frac{2\pi\times3}{60}=0.157[\mathrm{m/s}]$$

- 속도구배 $\frac{u}{y}=\frac{0.157}{0.01}=15.7[\mathrm{s}^{-1}]$
- 점성계수 $\mu=5[\mathrm{N\cdot m/m^2}]$
- 전단응력 $\tau=\mu\frac{u}{y}=5\times15.7=78.5[\mathrm{N/m^2}]$

$\therefore$ 토크 $T=\tau Ar$

$$=78.5\times(2\pi\times0.5\times2)\times0.5$$

$$=246.6[\mathrm{N\cdot m}]$$

37 ④　38 ①　39 ②　40 ② 정답

제 3 과목 소방관계법규

41

다음은 소방대상물 중 지하구에 대한 설명이다. (㉠), (㉡), (㉢)에 들어갈 내용으로 알맞은 것은?

> "전력 · 통신용의 전선이나 가스 · 냉난방용의 배관을 집합 수용하기 위하여 설치한 지하공작물로서 사람이 점검 또는 보수하기 위하여 출입이 가능한 것 중 폭 (㉠) 이상이고 높이가 (㉡) 이상이며 길이가 (㉢) 이상인 것"

① ㉠ 1.8[m], ㉡ 2.0[m], ㉢ 50[m]
② ㉠ 2.0[m], ㉡ 2.0[m], ㉢ 500[m]
③ ㉠ 2.5[m], ㉡ 3.0[m], ㉢ 600[m]
④ ㉠ 3.0[m], ㉡ 5.0[m], ㉢ 700[m]

해설 **지하구**

전력 · 통신용의 전선이나 가스 · 냉난방용의 배관 또는 이와 비슷한 것을 집합수용하기 위하여 설치한 지하공작물로서 사람이 점검 또는 보수하기 위하여 출입이 가능한 것 중 **폭 1.8[m] 이상**이고 **높이가 2[m] 이상**이며 **길이가 50[m] 이상**(전력 또는 통신사업용인 것은 500[m] 이상)인 것

42

다음은 화재예방, 소방시설 설치 · 유지 및 안전관리에 관한 법률에서 사용하는 용어의 정의에 관한 사항이다. (　)에 들어갈 내용으로 알맞은 것은?

> "소방용품이란 소방시설 등을 구성하거나 소방용으로 사용되는 제품 또는 기기로서 (　)으로 정하는 것을 말한다."

① 대통령령　② 행정안전부령
③ 소방청령　④ 시의 조례

해설 "소방용품"이란 소방시설 등을 구성하거나 소방용으로 사용되는 제품 또는 기기로서 대통령령으로 정하는 것을 말한다.

43

특정소방대상물 중 업무시설에 해당하지 않는 것은?

① 전신전화국
② 변전소
③ 소방서
④ 국민건강보험공단

해설 **업무시설**

- 공공업무시설 : 국가 또는 지방자치단체의 청사와 외국공관의 건축물로서 근린생활시설에 해당하지 않는 것
- **일반업무시설** : 금융업소, 사무소, 신문사, **오피스텔**(업무를 주로 하며, 분양하거나 임대하는 구획 중 일부의 구획에서 숙식을 할 수 있도록 한 건축물) 및 그 밖에 이와 비슷한 것으로서 근린생활시설에 해당하지 않는 것
- **주민자치센터(동사무소)**, 경찰서, 지구대, 파출소, **소방서**, **119안전센터**, 우체국, **보건소**, 공공도서관, **국민건강보험공단**, 그 밖에 이와 비슷한 용도로 사용하는 것
- 마을공회당, 마을공동작업소, 마을공동구판장 및 그 밖에 이와 유사한 용도로 사용되는 것
- **변전소**, 양수장, 정수장, 대피소, **공중화장실** 및 그 밖에 이와 유사한 용도로 사용되는 것

> 전신전화국 : 방송통신시설

44

공공기관의 자체점검 중 작동기능점검을 실시한 경우 점검결과는 몇 년간 자체 보관하여야 하는가?

① 1년　② 2년
③ 3년　④ 5년

해설 **공공기관의 자체점검(규칙 제19조)**

작동기능점검결과 : 2년간 자체 보관

45

다음 중 위험물탱크 안전성능시험자로 등록하기 위하여 갖추어야 할 사항에 포함되지 않는 것은?

① 자본금　② 기술능력
③ 시 설　④ 장 비

정답 41 ① 42 ① 43 ① 44 ② 45 ①

해설 **탱크시험자의 등록신청 시 등록사항(규칙 제60조)**
- 기술능력자 연명부 및 기술자격증
- 안전성능시험장비의 명세서
- 보유장비 및 시험방법에 대한 기술검토를 공사로부터 받은 경우에는 그에 대한 자료
- 원자력안전법에 의한 방사성동위원소이동사용허가증 또는 방사선발생장치 이동사용허가증의 사본 1부
- 사무실의 확보를 증명할 수 있는 서류

46

특정소방대상물의 규모 등에 따라 갖추어야 하는 소방시설 등의 종류 중 주방자동소화장치를 설치하여야 하는 것은?

① 아파트 ② 터 널
③ 지정문화재 ④ 가스시설

해설 **설치대상물**
(1) 소화기구 설치대상
① 연면적 33[m^2] 이상인 것(노유자시설의 경우에는 투척용 소화용구 등을 화재안전기준에 따라 산정된 소화기 수량의 1/2 이상으로 설치할 수 있다)
② ①에 해당하지 아니하는 시설로서 지정문화재 및 가스시설
③ 터 널
(2) **주거용 주방자동소화장치**를 설치하여야 하는 것 : **아파트 등** 및 30층 이상 오피스텔의 모든 층

47

다음 중 소방공사감리 및 하자보수대상 소방시설과 하자보수보증기간에 대한 설명으로 옳지 않은 것은?

① 특정소방대상물의 관계인은 공사감리자의 변경이 있을 때에는 변경일로부터 14일 이내에 소방공사감리자변경신청서를 소방본부장이나 소방서장에게 제출하여야 한다.
② 소방본부장이나 소방서장은 공사감리자의 변경신고를 받은 때에는 3일 이내에 처리하고 공사감리자의 수첩에 배치되는 감리원의 등급·감리현장의 명칭·소재지 및 현장배치기간을 기재하여 교부하여야 한다.
③ 하자보수의 보증기간은 유도등은 2년, 스프링클러설비는 3년이다.
④ 하자보수의 보증기간은 무선통신보조설비는 2년, 자동소화장치는 3년이다.

해설 소방공사감리업자는 배치한 감리원의 변경이 있는 경우에는 배치일로부터 **7일 이내**에 소방본부장이나 소방서장에게 통보하여야 한다.

48

다음 소방시설 중 경보설비에 속하지 않는 것은?

① 통합감시시설 ② 자동화재탐지설비
③ 자동화재속보설비 ④ 무선통신보조설비

해설 무선통신보조설비 : 소화활동설비

49

다음 중 소방안전관리자를 30일 이내에 선임하여야 하는 기준일로 옳지 않은 것은?

① 신축 등으로 신규로 소방안전관리자를 선임하여야 하는 경우에는 완공일
② 증축으로 1급 또는 2급 소방안전관리대상물이 된 경우에는 증축공사의 완공일
③ 용도변경으로 소방안전관리등급이 변경된 경우에는 건축허가일
④ 소방안전관리자를 해임한 경우 소방안전관리자를 해임한 날

해설 **소방안전관리자의 선임신고 시 기준일(30일 이내에 선임)**
- 신축·증축·개축·재축·대수선 또는 용도변경으로 해당 특정소방대상물의 소방안전관리자를 신규로 선임하여야 하는 경우 : 해당 특정소방대상물의 완공일
- **증축 또는 용도변경**으로 인하여 특정소방대상물이 소방안전관리대상물로 된 경우 : **증축공사의 완공일** 또는 **용도변경 사실을 건축물관리대장에 기재한 날**
- 특정소방대상물을 양수하거나 민사집행법에 의한 경매, 채무자 회생 및 파산에 관한 법률에 의한 환가, 국세징수법·관세법 또는 지방세법에 의한 압류재산의 매각 그 밖에 이에 준하는 절차에 의하여 관계인의 권리를 취득한 경우 : 해당 권리를 취득한 날 또는 관할 소방서장으로부터 소방안전관리자 선임 안내를 받은 날. 다만, 새로 권리를 취득한 관계인이 종전의 특정소방대상물의 관계인이 선임신고한 소방안전관리자를 해임하지 아니하는 경우를 제외한다.

46 ① 47 ① 48 ④ 49 ③ **정답**

- 공동소방안전관리 대상물의 경우 : 소방본부장이나 소방서장이 공동소방안전관리 대상으로 지정한 날
- 소방안전관리자를 해임한 경우 : 소방안전관리자를 해임한 날

50

보일러 등의 위치 · 구조 및 관리와 화재예방을 위하여 불의 사용에 있어서 지켜야 하는 사항 중 보일러에 경유 · 등유 등 액체연료를 사용하는 경우에 연료탱크에는 화재 등 긴급 상황이 발생하는 경우 연료를 차단할 수 있는 개폐밸브를 연료탱크로부터 몇 [m] 이내에 설치하여야 하는가?

① 0.5[m] ② 0.6[m]
③ 1.0[m] ④ 1.5[m]

해설 **보일러 등**의 위치 · 구조 및 관리와 화재예방을 위하여 불의 사용에 있어서 지켜야 하는 사항(시행령 별표 1)
- 가연성 벽 · 바닥 또는 천장과 접촉하는 증기기관 또는 연통의 부분은 규조토 · 석면 등 난연성 단열재로 덮어씌워야 한다.
- 경유 · 등유 등 액체연료를 사용하는 경우
  - 연료탱크는 보일러본체로부터 수평거리 1[m] 이상의 간격을 두어 설치할 것
  - 연료탱크에는 화재 등 긴급 상황이 발생하는 경우 연료를 차단할 수 있는 개폐밸브를 연료탱크로부터 **0.5[m] 이내**에 설치할 것
  - 연료탱크 또는 연료를 공급하는 배관에는 여과장치를 설치할 것
  - 사용이 허용된 연료 외의 것을 사용하지 아니할 것
  - 연료탱크에는 불연재료로 된 받침대를 설치하여 연료탱크가 넘어지지 아니하도록 할 것
- **기체연료를 사용하는 경우**
  - 보일러를 설치하는 장소에는 환기구를 설치하는 등 가연성 가스가 머무르지 아니하도록 할 것
  - 연료를 공급하는 배관은 금속관으로 할 것
  - 화재 등 긴급 시 연료를 차단할 수 있는 개폐밸브를 연료용기 등으로부터 0.5[m] 이내에 설치할 것
  - 보일러가 설치된 장소에는 가스누설경보기를 설치할 것
  - 보일러와 벽 · 천장 사이의 거리는 0.6[m] 이상 되도록 하여야 한다.
  - 보일러를 실내에 설치하는 경우에는 콘크리트바닥 또는 금속 외의 불연재료로 된 바닥 위에 설치하여야 한다.

51

다음 중 그 성질이 자연발화성 물질 및 금수성 물질인 제3류 위험물에 속하지 않는 것은?

① 황 린 ② 칼 륨
③ 나트륨 ④ 황화인

해설 제2류 위험물(가연성 고체) : 황화인

52

소방시설관리업의 등록기준에서는 인력기준을 주된 기술인력과 보조기술인력으로 구분하고 있다. 다음 중 보조기술인력에 속하지 않는 것은?

① 소방시설관리사
② 소방설비기사
③ 소방공무원으로 3년 이상 근무한 자로서 소방기술인정자격수첩을 교부받은 사람
④ 소방설비산업기사

해설 **소방시설관리업의 인력기준**
(1) **주된 기술인력 : 소방시설관리사** 1명 이상
(2) 보조 기술인력 : 다음에 해당하는 자 2명 이상. 다만, ② 내지 ④에 해당하는 사람은 소방시설공사업법 제28조 제2항의 규정에 의한 소방시설인정자격 수첩을 교부받은 사람이어야 한다.
① 소방설비기사 또는 소방설비산업기사
② 소방공무원으로 3년 이상 근무한 사람
③ 소방 관련 학과의 학사학위를 취득한 사람
④ 행정안전부령으로 정하는 소방기술과 관련된 자격 · 경력 및 학력이 있는 사람

53

소방대상물의 위치 · 구조설비 또는 관리의 상황이 화재나 재해예방을 위하여 보완이 필요한 경우 소방특별조사를 할 수 있는 자는?

① 행정안전부장관
② 소방시설관리사
③ 시 · 도지사
④ 소방본부장이나 소방서장

해설 소방특별조사를 할 수 있는 사람 : 소방청장, 소방본부장 또는 소방서장

정답 50 ① 51 ④ 52 ① 53 ④

54

위험물제조소에는 보기 쉬운 곳에 기준에 따라 "위험물제조소"라는 표시를 한 표지를 설치하여야 하는데 다음 중 표지의 기준으로 적합한 것은?

① 표지의 한 변의 길이는 0.3[m] 이상, 다른 한 변의 길이는 0.6[m] 이상인 직사각형으로 하되 표지의 바탕은 백색으로 문자는 흑색으로 한다.
② 표지의 한 변의 길이는 0.2[m] 이상, 다른 한 변의 길이는 0.4[m] 이상인 직사각형으로 하되 표지의 바탕은 백색으로 문자는 흑색으로 한다.
③ 표지의 한 변의 길이는 0.2[m] 이상, 다른 한 변의 길이는 0.4[m] 이상인 직사각형으로 하되 표지의 바탕은 흑색으로 문자는 백색으로 한다.
④ 표지의 한 변의 길이는 0.3[m] 이상, 다른 한 변의 길이는 0.6[m] 이상인 직사각형으로 하되 표지의 바탕은 흑색으로 문자는 백색으로 한다.

해설 제조소의 표지 및 게시판

- "위험물제조소"라는 표지를 설치
  - 표지의 크기 : 한 변의 길이 **0.3[m] 이상**, 다른 한 변의 길이 **0.6[m] 이상**
  - 표지의 색상 : **백색바탕에 흑색문자**
- 방화에 관하여 필요한 사항을 게시한 게시판 설치
  - 게시판의 크기 : 한 변의 길이 0.3[m] 이상, 다른 한 변의 길이 0.6[m] 이상
  - 기재 내용 : 위험물의 유별·품명 및 저장최대수량 또는 취급최대수량, 지정수량의 배수 및 안전관리자의 성명 또는 직명
  - 게시판의 색상 : 백색바탕에 흑색문자

55

방염성능기준 이상의 실내장식물 등을 설치하여야 할 특정소방대상물로 옳지 않은 것은?

① 의료시설 중 정신의료기관
② 건축물의 옥내에 있는 운동시설로서 수영장
③ 노유자시설
④ 방송통신시설 중 방송국 및 촬영소

해설 운동시설로서 건축물의 옥내에 있는 수영장은 방염성능기준 이상의 실내장식물에서 제외된다.

56

다음 위험물 중 자기반응성 물질인 것은?

① 황 린 ② 염소산염류
③ 특수인화물 ④ 질산에스테르류

해설 위험물의 분류

종류	황 린	염소산염류	특수인화물	질산에스테르류
성질	자연발화성 물질	산화성 고체	인화성 액체	자기반응성 물질
유별	제3류 위험물	제1류 위험물	제4류 위험물	제5류 위험물

57

다음 중 특수가연물에 해당되지 않는 것은?

① 나무껍질 500[kg]
② 가연성 고체류 2,000[kg]
③ 목재가공품 15[m^3]
④ 가연성 액체류 3[m^2]

해설 특수가연물

품 명		수 량
면화류		200[kg] 이상
나무껍질 및 **대팻밥**		**400[kg] 이상**
넝마 및 종이부스러기		1,000[kg] 이상
사류(絲類)		1,000[kg] 이상
볏짚류		1,000[kg] 이상
가연성 고체류		**3,000[kg] 이상**
석탄·목탄류		10,000[kg] 이상
가연성 액체류		**2[m^3] 이상**
목재가공품 및 나무부스러기		**10[m^3] 이상**
합성수지류	발포시킨 것	20[m^3] 이상
	그 밖의 것	3,000[kg] 이상

58

다음 중 소방용수시설에 대한 설명으로 옳은 것은?

① 시·도지사는 소방용수시설을 설치하고 유지·관리하여야 한다.
② 주거지역·상업지역 및 공업지역에 설치하는 경우에는 소방대상물과의 수평거리를 140[m] 이하가 되도록 하여야 한다.

54 ① 55 ② 56 ④ 57 ② 58 ① 정답

③ 저수조는 지면으로부터의 낙차가 4.5[m] 이상이어야 한다.
④ 흡수관의 투입구가 사각형의 경우에는 한 변의 길이가 30[cm] 이상이어야 한다.

해설 **소방용수시설의 설치기준**

(1) 시・도지사는 소방용수시설을 설치하고 유지・관리하여야 한다.
(2) 공통기준
① **주거지역・상업지역** 및 **공업지역**에 설치하는 경우 : 소방대상물과의 수평거리를 **100[m] 이하**가 되도록 할 것
② ① 외의 지역에 설치하는 경우 : 소방대상물과의 수평거리를 **140[m] 이하**가 되도록 할 것
(3) 저수조의 설치기준
① 지면으로부터의 **낙차**가 **4.5[m] 이하**일 것
② 흡수 부분의 **수심**이 **0.5[m] 이상**일 것
③ 소방펌프자동차가 쉽게 접근할 수 있도록 할 것
④ 흡수에 지장이 없도록 토사 및 쓰레기 등을 제거할 수 있는 설비를 갖출 것
⑤ 흡수관의 투입구가 **사각형**의 경우에는 한 변의 길이가 **60[cm] 이상**, 원형의 경우에는 지름이 60[cm] 이상일 것
⑥ 저수조에 물을 공급하는 방법은 상수도에 연결하여 자동으로 급수되는 구조일 것

59

다음 중 방염대상물품에 대한 방염성능기준으로 적합한 것은?

① 불꽃에 완전히 녹을 때까지 불꽃의 접촉횟수는 3회 이상
② 버너의 불꽃을 제거한 때부터 불꽃을 올리며 연소하는 상태가 그칠 때까지 시간은 30초 이내
③ 버너의 불꽃을 제거한 때부터 불꽃을 올리지 아니하고 연소하는 상태가 그칠 때까지 시간은 20초 이내
④ 탄화한 면적은 20[cm^2] 이내, 탄화한 길이는 50[cm] 이내

해설 **방염성능기준**

- 버너의 불꽃을 제거한 때부터 불꽃을 올리며 연소하는 상태가 그칠 때까지 시간은 20초 이내
- 버너의 불꽃을 제거한 때부터 불꽃을 올리지 아니하고 연소하는 상태가 그칠 때까지 시간은 30초 이내
- 탄화한 면적은 50[cm^2] 이내, 탄화한 길이는 20[cm] 이내
- 불꽃에 완전히 녹을 때까지 불꽃의 접촉횟수는 3회 이상
- 소방청장이 정하여 고시한 방법으로 발연량을 측정하는 경우 최대연기밀도는 400 이하

60

다음 중 소방신호의 종류 및 방법으로 적절하지 않은 것은?

① 경계신호는 화재발생 지역에 출동할 때 발령
② 발화신호는 화재가 발생한 때 발령
③ 해제신호는 소화활동이 필요없다고 인정되는 때 발령
④ 훈련신호는 훈련상 필요하다고 인정되는 때 발령

해설 **소방신호의 종류 및 방법**

- **경계신호** : 화재예방상 필요하다고 인정되거나 화재위험경보시 발령
- 발화신호 : 화재가 발생한 때 발령
- 해제신호 : 소화활동이 필요없다고 인정되는 때 발령
- 훈련신호 : 훈련상 필요하다고 인정되는 때 발령

제 4 과목 소방기계시설의 구조 및 원리

61

옥내소화전설비에 사용되는 전동기의 용량을 구하는 식 $P[\text{kW}] = \dfrac{0.163 \times Q \times H}{E} \times K$의 설명으로 틀린 것은?

① Q : 정격토출량[m^3/min]
② H : 전양정[m]
③ E : 토출관의 지름[mm]
④ K : 동력전달계수

정답 59 ① 60 ① 61 ③

해설 전동기의 용량

$$P[\text{kW}] = \frac{0.163 \times Q \times H}{E} \times K$$

여기서, Q : 정격토출량[m^3/min]
H : 전양정[m] E : 펌프의 효율[%]
K : 동력전달계수

62

불활성기체 중에서 IG-541의 혼합가스 성분비는?

① Ar 52[%], N_2 40[%], CO_2 8[%]
② N_2 52[%], Ar 40[%], CO_2 8[%]
③ CO_2 52[%], Ar 40[%], N_2 8[%]
④ N_2 10[%], Ar 40[%], CO_2 50[%]

해설 할로겐화합물 및 불활성기체의 종류

소화약제	화학식
퍼플루오로프로판 (이하 "FC-2-1-8"이라 한다)	C_3F_8
퍼플루오로부탄 (이하 "FC-3-1-10"이라 한다)	C_4F_{10}
하이드로클로로플루오로카본혼화제 (이하 "HCFC BLEND A"라 한다)	HCFC-123($CHCl_2CF_3$) : 4.75[%] HCFC-22($CHClF_2$) : 82[%] HCFC-124($CHClCF_3$) : 9.5[%] $C_{10}H_{16}$: 3.75[%]
클로로테트라플루오로에탄 (이하 "HCFC-124"라 한다)	$CHClFCF_3$
펜타플루오로에탄 (이하 "HFC-125"라 한다)	CHF_2CF_3
헵타플루오로프로판 (이하 "HFC-227ea"라 한다)	CF_3CHFCF_3
트리플루오로메탄 (이하 "HFC-23"이라 한다)	CHF_3
헥사플로오르프로판 (이하 "HFC-236fa"라 한다)	$CF_3CH_2CF_3$
트리플루오로이오다이드 (이하 "FIC-13I1"이라 한다)	CF_3I
불연성·불활성기체 혼합가스 (이하 "IG-01"이라 한다)	Ar
불연성·불활성기체 혼합가스 (이하 "IG-100"이라 한다)	N_2
불연성·불활성기체 혼합가스 (이하 "**IG-541**"이라 한다)	**N_2 : 52[%], Ar : 40[%], CO_2 : 8[%]**
불연성·불활성기체 혼합가스 (이하 "IG-55"라 한다)	N_2 : 50[%], Ar : 50[%]
도데카플루오로-2-메틸펜탄-3-원 (이하 "FK-5-1-12"라 한다)	$CF_3CF_2C(O)CF(CF_3)_2$

63

포소화설비용 설비에 대한 설명 중 틀린 것은?

① 포소화펌프의 성능은 정격토출량의 150[%]로 운전 시 정격토출압력의 65[%] 이상이 되어야 한다.
② 포소화펌프의 성능시험배관은 펌프의 토출측 개폐밸브 이전에서 분기한다.
③ 포소화펌프의 성능은 체절운전 시 정격토출압력의 140[%]를 초과하지 않아야 한다.
④ 유량측정장치는 펌프의 정격토출량의 157[%]까지 측정할 수 있는 성능이 있어야 한다.

해설 **유량측정장치**는 성능시험배관의 직관부에 설치하되 펌프의 정격토출량의 **175[%]**까지 **측정**할 수 있는 성능이 있어야 한다.

64

통신기기실에 비치하는 소화기로 가장 적합한 것은?

① 포소화기 ② 이산화탄소소화기
③ 강화액소화기 ④ 산·알칼리소화기

해설 통신기기실, 변전실, 발전기실 : 이산화탄소, 할론, 할로겐화합물 및 불활성기체 소화기가 적합

65

스프링클러설비의 펌프실을 점검하였다. 펌프의 토출측 배관에 설치되는 부속장치 중에서 펌프와 체크밸브(또는 개폐밸브) 사이에 설치하여서는 안 되는 배관은?

① 기동용 압력체임버배관
② 성능시험배관
③ 물올림장치배관
④ 릴리프밸브배관

해설 **기동용 압력체임버배관**은 **개폐밸브 이후**에 **설치**하여야 한다.

62 ② 63 ④ 64 ② 65 ① 정답

66

높이가 31[m] 이상인 건축물로서 지하층을 제외한 연면적이 60,000[m^2]일 경우에 소화용수설비의 저수량은 얼마 이상이어야 하는가?(단, 1층 및 2층의 바닥면적 합계가 6,000[m^2]이다)

① 160[m^3] ② 100[m^3]
③ 80[m^3] ④ 60[m^3]

해설 **소화용수설비의 저수량**

소화수조 또는 저수조의 저수량은 소방대상물의 연면적을 다음 표에 따른 기준면적으로 나누어 얻은 수(소수점 이하의 수는 1로 본다)에 20[m^3]를 곱한 양 이상이 되도록 하여야 한다.

소방대상물의 구분	면 적
① 1층 및 2층의 바닥면적 합계가 15,000[m^2] 이상인 소방대상물	7,500[m^2]
② ①에 해당되지 아니하는 그 밖의 소방대상물	12,500[m^2]

$$\therefore \text{ 수원} = \frac{60,000[m^2]}{12,500[m^2]} = 4.8$$

$$\Rightarrow 5 \times 20[m^3] = 100[m^3]$$

67

제연설비의 설치장소를 제연구역으로 구획할 경우 틀린 것은?

① 거실과 통로는 상호 제연구획할 것
② 통로상의 제연구역은 보행중심선의 길이가 60[m]를 초과하지 아니할 것
③ 하나의 제연구역은 직경 60[m] 원내에 들어갈 수 있을 것
④ 하나의 제연구역의 면적은 500[m^2] 이내로 할 것

해설 **제연구역의 기준**

- 하나의 **제연구역**의 면적은 **1,000[m^2] 이내**로 할 것
- 거실과 통로(복도를 포함한다)는 상호 제연구획할 것
- 통로상의 제연구역은 보행중심선의 길이가 60[m]를 초과하지 아니할 것
- 하나의 제연구역은 직경 60[m] 원 내에 들어갈 수 있을 것
- 하나의 제연구역은 2개 이상 층에 미치지 아니하도록 할 것. 다만, 층의 구분이 불분명한 부분은 그 부분을 다른 부분과 별도로 제연구획하여야 한다.

68

물분무소화설비가 부적합한 위험물은?

① 제5류 위험물 ② 제6류 위험물
③ 제3류 위험물 ④ 제4류 위험물

해설 제3류 위험물(자연발화성 및 금수성 물질)은 물과 반응하면 가연성 가스를 발생하므로 위험하다.

69

스프링클러설비의 헤드설치기준에 대한 설명으로 틀린 것은?

① 공동주택의 거실에는 조기반응형 스프링클러헤드를 설치한다.
② 무대부 또는 연소할 우려가 있는 개구부에는 개방형 스프링클러헤드를 설치한다.
③ 습식 스프링클러 외의 설비에서 동파의 우려가 없는 경우에는 하향식 스프링클러헤드 설치가 가능하다.
④ 아파트 거실의 천장, 반자 등 각 부분으로부터 하나의 스프링클러헤드까지 수평거리는 1.7[m] 이하로 설치한다.

해설 스프링클러헤드를 설치하는 천장·반자·천장과 반자 사이·덕트·선반 등의 각 부분으로부터 하나의 스프링클러헤드까지의 수평거리는 다음과 같이 하여야 한다.

① 무대부는 소방기본법 시행령 별표 2의 특수가연물을 저장 또는 취급하는 장소에 있어서는 1.7[m] 이하
② 랙식 창고에 있어서는 2.5[m] 이하. 다만, 특수가연물을 저장 또는 취급하는 랙식 창고의 경우에는 1.7[m] 이하
③ **공동주택(아파트) 세대 내의 거실**에 있어서는 **3.2[m] 이하**(스프링클러헤드의 형식승인 및 제품검사의 기술기준 유효반경의 것으로 한다)
④ ① 내지 ③ 외의 소방대상물에 있어서는 2.1[m] 이하(내화구조로 된 경우에는 2.3[m] 이하)

정답 66 ② 67 ④ 68 ③ 69 ④

70

소방대상물의 설치장소에 마른모래 50[L]짜리 5포와 삽을 상비한 상태일 때 간이소화용구의 능력단위는 얼마인가?

① 1.5단위 ② 2단위
③ 2.5단위 ④ 4단위

해설 간이소화용구의 능력단위(제4조 제1항 제2호 관련)

간이소화용구		능력단위
마른모래	삽을 상비한 50[L] 이상의 것 1포	0.5단위
팽창질석 또는 팽창진주암	삽을 상비한 80[L] 이상의 것 1포	

∴ 삽을 상비한 **50[L] 이상**의 것 1포가 0.5단위이므로 50[L]의 것 5포, $0.5 \times 5 = 2.5$단위

71

가연성 가스의 저장, 취급시설에 설치하는 연결살수설비헤드에 관한 설명이다. 틀린 것은?

① 폐쇄형 스프링클러헤드를 설치할 수 있다.
② 가스저장탱크, 가스홀더 및 가스발생기 주위에 설치한다.
③ 헤드 상호 간의 거리는 3.7[m] 이하로 되어야 한다.
④ 헤드의 살수범위는 가스저장탱크, 가스홀더 및 가스발생기 몸체의 중간 윗부분이 모두 포함되어야 한다.

해설 **가연성 가스의 저장·취급시설에 설치하는 연결살수설비의 헤드의 설치기준**
- 연결살수설비 전용의 **개방형 헤드**를 설치할 것
- 가스저장탱크·가스홀더 및 가스발생기의 주위에 설치하되, 헤드상호 간의 거리는 3.7[m] 이하로 할 것
- 헤드의 살수범위는 가스저장탱크·가스홀더 및 가스발생기의 몸체의 중간 윗부분의 모든 부분이 포함되도록 하여야 하고 살수된 물이 흘러내리면서 살수범위에 포함되지 아니한 부분에도 모두 적셔질 수 있도록 할 것

72

제연설비에 사용하는 송풍기의 종류와 관계 없는 것은?

① 다익형 송풍기
② 터보형 송풍기
③ 리미트 로드형 송풍기
④ 왕복형 송풍기

해설 제연설비에 사용하는 송풍기
- 다익형 송풍기
- 터보형 송풍기
- 리미트 로드형 송풍기

73

소화활동설비가 아닌 것은?

① 제연설비 ② 연결살수설비
③ 연결송수관설비 ④ 소화용수설비

해설 **소화활동설비** : 제연설비, 연결송수관설비, 연결살수설비, 비상콘센트설비, 무선통신보조설비, 연소방지설비

74

스프링클러설비의 배관에 관한 설명 중 틀린 것은?

① 급수배관의 구경은 25[mm] 이상으로 한다.
② 수직배수관의 구경은 50[mm] 이상으로 한다.
③ 지하매설배관은 소방용 합성수지배관으로 설치할 수 있다.
④ 교차배관의 최소구경은 65[mm] 이상으로 한다.

해설 교차배관의 최소구경 : 40[mm] 이상

70 ③ 71 ① 72 ④ 73 ④ 74 ④ 정답

75

사무실 용도의 장소에 스프링클러를 설치할 경우 교차배관에서 분기되는 지점을 기준으로 한쪽의 가지배관에 설치되는 하향식 스프링클러헤드는 몇 개 이하로 설치하는가?(단, 수리 역학적 배관방식의 경우는 제외한다)

① 8개
② 10개
③ 12개
④ 16개

해설 한쪽의 가지배관의 헤드수 : 8개 이하

76

호스릴 이산화탄소설비의 설치기준으로 틀린 것은?

① 노즐당 소화약제 방출량은 20[℃]에서 60초에 60[kg] 이상이어야 한다.
② 소화약제 저장용기는 호스릴 2개마다 1개 이상 설치해야 한다.
③ 소화약제 저장용기의 가장 가까운 보기 쉬운 곳에 표시등을 설치해야 한다.
④ 약제개방밸브는 호스의 설치장소에서 수동으로 개폐할 수 있어야 한다.

해설 **호스릴 이산화탄소소화설비의 설치기준**

- 방호대상물의 각 부분으로부터 하나의 호스접결구까지의 수평거리가 15[m] 이하가 되도록 할 것
- 노즐은 20[℃]에서 하나의 노즐마다 60[kg/min] 이상의 소화약제를 방사할 수 있는 것으로 할 것
- 소화약제 **저장용기**는 **호스릴을 설치하는 장소마다** 설치할 것
- 소화약제 저장용기의 개방밸브는 호스의 설치장소에서 수동으로 개폐할 수 있는 것으로 할 것
- 소화약제 저장용기의 가장 가까운 곳의 보기 쉬운 곳에 표시등을 설치하고, 호스릴 이산화탄소소화설비가 있다는 뜻을 표시한 표지를 할 것

77

분말소화약제의 가압용 가스용기의 설치기준에 대한 설명으로 틀린 것은?

① 가압용 가스는 질소가스 또는 이산화탄소로 한다.
② 가압용 가스용기를 3병 이상 설치한 경우에 있어서는 2개 이상의 용기에 전자 개방밸브를 부착한다.
③ 분말소화약제의 가스용기는 분말소화약제의 저장용기에 접속하여 설치한다.
④ 분말소화약제의 가압용 가스용기에는 2.5[MPa] 이상의 압력에서 압력 조정이 가능한 압력조정기를 설치한다.

해설 분말소화약제의 가압용 가스용기에는 **2.5[MPa] 이하**의 압력에서 압력 조정이 가능한 압력조정기를 설치한다.

78

이산화탄소화약제 저장용기와 선택밸브 또는 개폐밸브 사이에는 내압시험압력 몇 배에서 작동하는 안전장치를 설치하여야 하는가?

① 0.1배
② 0.3배
③ 0.5배
④ 0.8배

해설 이산화탄소소화약제 저장용기와 **선택밸브 또는 개폐밸브** 사이에는 **내압시험압력 0.8배**에서 작동하는 **안전장치**를 설치하여야 한다.

정답 75 ① 76 ② 77 ④ 78 ④

79

소방대상물에 따라 적응하는 포소화설비의 종류 및 적응성에 관한 설명으로 틀린 것은?

① 항공기 격납고에는 포워터 스프링클러설비・포헤드설비를 설치한다.
② 완전 개방된 옥상주차장에는 호스릴 포소화설비 또는 포소화전설비를 설치한다.
③ 자동차 차고에는 포워터 스프링클러설비・포헤드설비를 설치한다.
④ 소방기본법 시행령 별표 2의 특수가연물을 저장・취급하는 공장에는 호스릴 포소화설비를 설치한다.

해설 **포소화설비의 적응성**

- 소방기본법 시행령 별표 2의 **특수가연물**을 저장・취급하는 공장 또는 창고 : **포워터 스프링클러설비・포헤드설비** 또는 **고정포방출설비, 압축공기포소화설비**
- 차고 또는 주차장 : 포워터 스프링클러설비・포헤드설비 또는 고정포방출설비, 압축공기포소화설비. 다만, 다음의 어느 하나에 해당하는 차고・주차장의 부분에는 호스릴 포소화설비 또는 포소화전설비를 설치할 수 있다.
  - **완전 개방된 옥상주차장 또는 고가 밑의 주차장으로서 주된 벽이 없고 기둥뿐이거나 주위가 위해방지용 철주 등으로 둘러싸인 부분**
  - **지상 1층으로서 지붕이 없는 부분**
- 항공기 격납고 : 포워터 스프링클러설비・포헤드설비 또는 고정포방출설비, 압축공기포소화설비. 다만, 바닥면적의 합계가 1,000[m^2] 이상이고 항공기의 격납위치가 한정되어 있는 경우에는 그 한정된 장소 외의 부분에 대하여는 호스릴 포소화설비를 설치할 수 있다.
- 발전기실, 엔진펌프실, 변압기, 전기케이블실, 유압설비 : 바닥면적의 합계가 300[m^2] 미만의 장소에는 고정식 압축공기포소화설비를 설치할 수 있다.

80

금속제 피난사다리의 분류로서 적당한 것은?

① 고정식 사다리, 내림식 사다리, 미끄럼식 사다리
② 고정식 사다리, 올림식 사다리, 내림식 사다리
③ 올림식 사다리, 내림식 사다리, 수납식 사다리
④ 신축식 사다리, 수납식 사다리, 접는식 사다리

해설 금속제 피난사다리의 분류 : 고정식 사다리, 올림식 사다리, 내림식 사다리

79 ④ 80 ② 정답

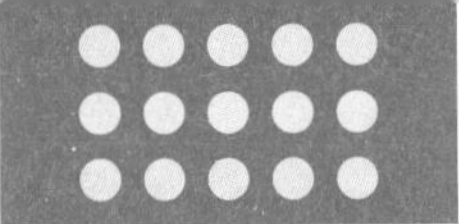

제 2 회 2009년 5월 10일 시행

제 1 과목 소방원론

01

제2석유류에 해당하는 것으로만 나열된 것은?

① 에테르, 이황화탄소 ② 아세톤, 벤젠
③ 아세트산, 아크릴산 ④ 중유, 아닐린

해설 제4류 위험물의 분류
- 특수인화물 : 에테르, 이황화탄소
- 제1석유류 : 아세톤, 벤젠
- 제2석유류 : 아세트산, 아크릴산
- 제3석유류 : 중유, 아닐린

02

슈테판-볼츠만의 법칙에 따르면 복사열은 절대온도와 어떤 관계에 있는가?

① 절대온도의 제곱에 비례한다.
② 절대온도의 4제곱에 비례한다.
③ 절대온도의 제곱에 반비례한다.
④ 절대온도의 4제곱에 반비례한다.

해설 슈테판-볼츠만 법칙 : **복사열**은 **절대온도차**의 **4제곱**에 **비례**하고 열전달면적에 비례한다.

03

가연물의 주된 연소형태를 잘못 연결한 것은?

① 자기연소 - 석탄 ② 분해연소 - 목재
③ 증발연소 - 유황 ④ 표면연소 - 숯

해설 연소형태

종류	자기연소	분해연소	증발연소	표면연소
연소형태	나이트로셀룰로스, 셀룰로이드 등, 제5류 위험물	종이, 목재, 석탄, 플라스틱	유황, 나프탈렌, 파라핀, 왁스, 제4류 위험물	목탄, 코크스, 숯, 금속분

04

햇볕에 장시간 노출된 기름걸레가 자연발화하였다. 그 원인으로 가장 적당한 것은?

① 산소의 결핍 ② 산화열 축적
③ 단열 압축 ④ 정전기 발생

해설 기름걸레는 햇볕에 장시간 방치하면 산화열의 축적으로 자연발화한다.

05

화재에서 휘적색의 불꽃온도는 섭씨 몇 도 정도인가?

① 325 ② 550
③ 950 ④ 1,300

해설 연소의 색과 온도

색 상	담암적색	암적색	적 색	휘적색
온도[℃]	520	700	850	950
색 상	황적색	백적색	휘백색	
온도[℃]	1,100	1,300	1,500 이상	

정답 01 ③ 02 ② 03 ① 04 ② 05 ③

06

동식물유류에서 "아이오딘값이 크다"라는 의미를 옳게 설명한 것은?

① 불포화도가 높다.
② 불건성유이다.
③ 자연발화성이 낮다.
④ 산소와의 결합이 어렵다.

해설 동식물유류의 아이오딘값

- 정의 : 아이오딘값 : 유지 100[g]에 부가되는 아이오딘의 [g]수
- 종 류

구 분	아이오딘값	반응성	불포화도	종 류
건성유	130 이상	크 다	크 다	해바라기유, 동유, 아마인유, 정어리기름, 들기름
반건성유	100~130	중 간	중 간	채종유, 목화씨기름, 참기름, 콩기름
불건성유	100 이하	적 다	적 다	야자유, 올리브유, 피마자유, 동백유

- 아이오딘값이 크면 불포화도가 높다.

07

화재 시에 나타나는 인간의 피난특성으로 볼 수 없는 것은?

① 최초로 행동한 사람을 따른다.
② 발화지점의 반대방향으로 이동한다.
③ 평소에 사용하던 문, 통로를 사용한다.
④ 어두운 곳으로 대피한다.

해설 화재 시 인간의 피난 행동특성

- 귀소본능 : 평소에 사용하던 출입구나 통로 등 습관적으로 친숙해 있는 경로로 도피하려는 본능
- **지광본능** : 화재 발생 시 연기와 정전 등으로 가시거리가 짧아져 시야가 흐리면 **밝은 방향**으로 **도피**하려는 본능
- 추종본능 : 화재 발생 시 최초로 행동을 개시한 사람에 따라 전체가 움직이는 본능(많은 사람들이 달아나는 방향으로 무의식적으로 안전하다고 느껴 위험한 곳임에도 불구하고 따라가는 경향)
- 퇴피본능 : 연기나 화염에 대한 공포감으로 화원의 반대방향으로 이동하려는 본능
- 좌회본능 : 좌측으로 통행하고 시계의 반대방향으로 회전하려는 본능

08

다음 중 기계적 점화원으로만 되어 있는 것은?

① 마찰열, 기화열　② 용해열, 연소열
③ 압축열, 마찰열　④ 정전기열, 연소열

해설 열에너지(열원)의 종류

- **화학열**
  - 연소열 : 어떤 물질이 완전히 산화되는 과정에서 발생하는 열
  - 분해열 : 어떤 화합물이 분해할 때 발생하는 열
  - 용해열 : 어떤 물질이 액체에 용해될 때 발생하는 열
  - 자연발화 : 어떤 물질이 외부열의 공급 없이 온도가 상승하여 발화점 이상에서 연소하는 현상
- **전기열**
  - 저항열 : 도체에 전류가 흐르면 전기저항 때문에 전기에너지의 일부가 열로 변할 때 발생하는 열
  - 유전열 : 누설전류에 의해 절연물질이 가열하여 절연이 파괴되어 발생하는 열
  - 유도열 : 도체 주위에 변화하는 자장이 존재하면 전위차를 발생하고 이 전위차로 전류의 흐름이 일어나 도체의 저항 때문에 열이 발생하는 것
  - 정전기열 : 정전기가 방전할 때 발생하는 열
  - 아크열 : 아크의 온도는 매우 높기 때문에 가연성이나 인화성 물질을 점화시킬 수 있다.
- **기계열**
  - **마찰열** : 두 물체를 마주대고 마찰시킬 때 발생하는 열
  - **압축열** : 기체를 압축할 때 발생하는 열
  - 마찰스파크열 : 금속과 고체물체가 충돌할 때 발생하는 열

09

경유화재가 발생했을 때 주수소화가 오히려 위험할 수 있는 이유는?

① 경유는 물보다 비중이 가벼워 화재면의 확대 우려가 있으므로
② 경유는 물과 반응하여 유독가스를 발생하므로
③ 경유의 연소열로 인하여 산소가 방출되어 연소를 돕기 때문에
④ 경유가 연소할 때 수소가스를 발생하여 연소를 돕기 때문에

해설 경유는 물보다 가볍고 섞이지 않으므로 주수소화를 하면 화재면이 확대할 우려가 있어 위험하다.

06 ① 07 ④ 08 ③ 09 ① **정답**

10

다음 중 분진폭발의 위험성이 가장 낮은 것은?

① 알루미늄분 ② 유 황
③ 팽창질석 ④ 소맥분

해설 팽창질석, 팽창진주암 : 소화약제

11

다음 중 열전도율이 가장 작은 것은?

① 알루미늄 ② 철 재
③ 은 ④ 암면(광물섬유)

해설 알루미늄(Al), 철재, 은(Ag)은 열전도율이 크고 암면은 열전도율이 적다.

12

다음 중 소화약제로 물을 사용하는 주된 이유는?

① 촉매역할을 하기 때문에
② 증발잠열이 크기 때문에
③ 연소작용을 하기 때문에
④ 제거작용을 하기 때문에

해설 물은 비열과 증발(기화)잠열이 크기 때문에 소화약제로 사용하며 냉각효과가 뛰어나다.

13

유류탱크화재에서 비점이 낮은 다른 액체가 밑에 있는 경우에 열류층이 탱크 아래의 비점이 낮은 액체에 도달할 때 급격히 부피가 팽창하여 다량의 유류가 외부로 넘치는 현상은?

① 백드래프트(Back Draft)
② 블로오프(Blow Off)
③ 보일오버(Boil Over)
④ 백파이어(Back Fire)

해설 **보일오버(Boil Over)** : 유류탱크화재에서 비점이 낮은 다른 액체가 밑에 있는 경우에 열류층이 탱크 아래의 비점이 낮은 액체에 도달할 때 급격히 부피가 팽창하여 다량의 유류가 외부로 넘치는 현상

14

연기에 의한 감광계수가 0.1[m^{-1}], 가시거리가 20~30[m]일 때의 상황을 옳게 설명한 것은?

① 건물 내부에 익숙한 사람이 피난에 지장을 느낄 정도
② 연기감지기가 작동할 정도
③ 어둠침침한 것을 느낄 정도
④ 앞이 거의 보이지 않을 정도

해설 **연기농도와 가시거리**

감광계수	가시거리 [m]	상 황
0.1	20~30	**연기감지기**가 **작동**할 때의 정도
0.3	5	건물 내부에 익숙한 사람이 피난에 지장을 느낄 정도
0.5	3	어둠침침한 것을 느낄 정도
1	1~2	거의 앞이 보이지 않을 정도
10	0.2~0.5	화재 **최성기** 때의 정도

15

내화구조의 건축물이라고 할 수 없는 것은?

① 철골조의 계단
② 철근콘크리트조의 지붕
③ 철근콘크리트조로서 두께 10[cm] 이상의 벽
④ 철골철근콘크리트조로서 두께 5[cm] 이상의 바닥

해설 **내화구조**

내화구분	내화구조의 기준
바 닥	• 철근콘크리트조 또는 철골・철근콘크리트조로서 두께가 **10[cm] 이상**인 것 • 철재로 보강된 콘크리트블록조・벽돌조 또는 석조로서 철재에 덮은 두께가 5[cm] 이상인 것 • 철재의 양면을 두께 5[cm] 이상의 철망모르타르 또는 콘크리트로 덮은 것

16

열의 3대 전달방법이 아닌 것은?

① 흡 수 ② 전 도
③ 복 사 ④ 대 류

정답 10 ③ 11 ④ 12 ② 13 ③ 14 ② 15 ④ 16 ①

해설 **열의 전달방법** : 전도, 대류, 복사

17

정전기 발생방지방법으로 적합하지 않은 것은?

① 접지를 한다.
② 습도를 높인다.
③ 공기 중의 산소농도를 늘인다.
④ 공기를 이온화한다.

해설 **정전기의 방지대책**
- 접지할 것
- 상대습도 70[%] 이상 유지할 것
- 공기이온화할 것

18

위험물의 유별에 따른 대표적인 성질의 연결이 틀린 것은?

① 제1류 – 산화성 고체
② 제2류 – 가연성 고체
③ 제4류 – 인화성 액체
④ 제5류 – 산화성 액체

해설 **위험물의 성질**

종 류	제1류 위험물	제2류 위험물	제3류 위험물
성 질	산화성 고체	가연성 고체	자연발화성 및 금수성 물질
종 류	제4류 위험물	제5류 위험물	제6류 위험물
성 질	인화성 액체	자기반응성 물질	산화성 액체

19

고층건물의 방화계획 시 고려해야 할 사항이 아닌 것은?

① 발화요인을 줄인다.
② 화재 확대방지를 위해 구획한다.
③ 자동소화장치를 설치한다.
④ 복도 끝에는 계단보다 엘리베이터를 집중 배치한다.

해설 **고층건축물의 방화계획**
- 발화요인을 줄인다.
- 화재 확대방지를 위하여 구획한다.
- 자동소화장치를 설치한다.
- 복도 끝에는 계단이나 피난구조설비를 설치한다.

20

연소의 3요소가 아닌 것은?

① 가연물　　② 촉 매
③ 산 소　　④ 점화원

해설 **연소의 3요소** : 가연물, 산소공급원, 점화원

제 2 과목 소방유체역학 및 약제화학

21

10[℃]와 300[℃] 사이에서 작동하는 카르노사이클의 열효율은 얼마인가?

① 45.6[%]　　② 50.6[%]
③ 70.5[%]　　④ 96.7[%]

해설 카르노사이클의 열효율

$$\eta = 1 - \frac{T_2}{T_1} = 1 - \frac{(10+273)[K]}{(300+273)[K]} = 1 - 0.4939$$
$$= 0.506 \Rightarrow 50.6[\%]$$

22

−15[℃]얼음 10[g]을 100[℃]의 증기로 만드는 데 필요한 열량은 몇 [kJ]인가?(단, 얼음의 융해열은 335[kJ/kg], 물의 증발잠열은 2,256[kJ/kg], 얼음의 평균 비열은 2.1[kJ/kg · K]이고, 물의 평균 비열은 4.18[kJ/kg · K]이다)

① 7.85　　② 27.1
③ 30.4　　④ 35.2

17 ③ 18 ④ 19 ④ 20 ② 21 ② 22 ③ 정답

해설 • 얼음의 현열

$Q = mC\Delta t$

$= 0.01[\text{kg}] \times 2.1[\text{kJ/kg}\cdot\text{K}] \times \{0-(-15)\}[\text{K}]$

$= 0.315[\text{kJ}]$

• 0[℃] 얼음의 융해잠열

$Q = \gamma \cdot m$

$= 335[\text{kJ/kg}] \times 0.01[\text{kg}]$

$= 3.35[\text{kJ}]$

• 물의 현열

$Q = mC\Delta t$

$= 0.01[\text{kg}] \times 4.18[\text{kJ/kg}\cdot\text{K}] \times (100-0)[\text{K}]$

$= 4.18[\text{kJ}]$

• 100[℃] 물의 증발잠열

$Q = \gamma \cdot m = 2{,}256 \times 0.01$

$= 22.56[\text{kJ}]$

따라서, 전열량

$Q = 0.315 + 3.35 + 4.18 + 22.56$

$= 30.405[\text{kJ}]$

23

표준상태에서 60[m³]의 용적을 가진 이산화탄소 가스를 액화하여 얻을 수 있는 액화 탄산가스의 무게[kg]는 얼마인가?

① 110 ② 117.8
③ 127 ④ 130

해설 표준상태(0[℃], 1[atm])에서
기체(가스) 1[g-mol]이 차지하는 부피 : 22.4[L]
기체(가스) 1[kg-mol]이 차지하는 부피 : 22.4[m³]

∴ 액화 탄산가스 무게 $= \dfrac{60[\text{m}^3]}{22.4[\text{m}^3]} \times 44[\text{kg}]$

$= 117.8[\text{kg}]$

이산화탄소(CO_2)분자량 : 44

24

공기 중에서 무게가 450[N]인 돌의 무게가 물속에서는 70[N]이었다면 이 돌의 비중은 약 얼마인가?

① 1.67 ② 1.18
③ 1.95 ④ 2.11

해설 힘의 평형도를 고려하면

$70[\text{N}] + F_B = 450[\text{N}]$

$F_B = 380[\text{N}]$

$F_B = \gamma V = 9{,}800[V]$에서

체적 $V = \dfrac{380}{9{,}800} = 0.0388[\text{m}^3]$

돌의 비중량 $\gamma = \dfrac{W}{V} = \dfrac{450}{0.0388} = 11{,}597.9[\text{N/m}^3]$

비중 $s = \dfrac{\gamma}{\gamma_w} = \dfrac{11{,}597.9}{9{,}800} = 1.18$

25

회전속도 800[rpm], 송출량 9[m³/min], 전양정 16[m]인 원심펌프가 있다. 비속도가 동일한 펌프가 송출량 27[m³/min], 전양정 4[m]일 때 펌프의 회전속도는 약 몇 [rpm]인가?

① 137.2 ② 142.7
③ 154.2 ④ 163.3

해설 펌프의 비속도

$$n_s = N \times \frac{\sqrt{Q}}{H^{3/4}}$$

비속도가 일정하면

$$N_1 \times \frac{\sqrt{Q_1}}{H_1^{3/4}} = N_2 \times \frac{\sqrt{Q_2}}{H_2^{3/4}}$$

펌프의 회전속도

$$N_2 = 800 \times \frac{4^{3/4}}{16^{3/4}} \times \frac{\sqrt{9}}{\sqrt{27}} = 163.3[\text{rpm}]$$

26

수격현상에 대한 다음 설명 중 틀린 것은?

① 수격현상은 유체의 유속변화로 인한 압력변화에 의해 발생한다.
② 밸브의 급개방 혹은 급 폐쇄 시 발생한다.
③ 서지탱크를 설치함으로써 수격현상을 방지할 수 있다.
④ 관 내 유속이 느린 경우에 잘 발생한다.

해설 수격현상은 관 내의 유속이 빠를 때 발생한다.

정답 23 ② 24 ② 25 ④ 26 ④

27

유체의 흐름에 적용되는 다음과 같은 베르누이 방정식에 관한 설명으로 옳은 것은?(단, γ : 비중량, P : 압력, V : 속도, Z : 높이)

$$\frac{P}{\gamma}+\frac{V^2}{2g}+Z=C\,(\text{일정})$$

① 비정상상태의 흐름에 대해 적용된다.
② 동일한 유선상이 아니더라도 흐름 유체의 임의 점에 대해 항상 적용된다.
③ 흐름 유체의 마찰효과가 충분히 고려된다.
④ 압력수두, 속도수두, 위치수두의 합이 일정함을 표시한다.

해설 베르누이 방정식은 압력수두$\left(\frac{P}{r}\right)$, 속도수두$\left(\frac{V^2}{2g}\right)$, 위치수두($Z$)의 합은 일정하다.

28

펌프의 입구에서 진공계의 압력은 −160[mmHg], 출구에서 압력계의 계기압력은 300[kPa], 송출 유량은 10[m^3/min]일 때 펌프의 수동력은 약 몇 [kW]인가?(단, 진공계와 압력계 사이의 수직거리는 2[m]이고, 흡입관과 송출관의 직경은 같으며, 손실은 무시한다)

① 5.7　　② 56.8
③ 557　　④ 3,400

해설 수동력 : 전달계수와 펌프의 효율을 무시하는 동력

$$P[\text{kW}]=\frac{\gamma\times Q\times H}{102}$$

여기서, γ : 물의 비중량(1,000[kgf/m^3])
Q : 방수량(10[m^3]/60[s])
H : 펌프의 양정

$$\left[\left(\frac{160}{760}\times10.332\right)+\left(\frac{300}{101.325}\times10.332\right)+2=34.77[\text{m}]\right]$$

∴ 수동력 P[kW]

$$=\frac{1{,}000\times10[\text{m}^3]/60[\text{s}]\times34.77[\text{m}]}{102}=56.81[\text{kW}]$$

29

유량측정장치 중에서 단면이 점차로 축소 및 확대하는 관을 사용하여 축소하는 부분에서 유체를 가속하여 압력강하를 일으킴으로써 유량을 측정하는 것은?

① 오리피스미터　　② 벤투리미터
③ 로터미터　　④ 위 어

해설 **벤투리미터** : 단면이 점차로 축소 및 확대하는 관을 사용하여 축소하는 부분에서 유체를 가속하여 압력강하를 일으킴으로써 유량을 측정하는 장치

30

할로겐족원소 중 전기음성도가 가장 큰 것은?

① F　　② Br
③ Cl　　④ I

해설 전기음성도 : F > Cl > Br > I

31

점성계수 0.2[N · s/m^2], 밀도 800[kg/m^3]인 유체의 동점성계수는 몇 [m^2/s]인가?

① 2.5×10^{-4}　　② 2.5
③ 2.5×10^{2}　　④ 2.5×10^{4}

해설 **동점성계수**

$$\nu=\frac{\mu}{\rho}$$

여기서, $\rho(\text{밀도})=\frac{\gamma}{g}=\frac{800\times9.8[\text{N/m}^3]}{9.8[\text{m/s}^2]}=800[\text{N}\cdot\text{s}^2/\text{m}^4]$

$$\therefore\ \nu=\frac{\mu}{\rho}=\frac{0.2[\text{N}\cdot\text{s/m}^2]}{800[\text{N}\cdot\text{s}^2/\text{m}^4]}=0.00025[\text{m}^2/\text{s}]$$

32

어떤 이상기체 5[kg]이 압력 200[kPa], 온도 25[℃]상태에서 체적 1.2[m^3]을 나타낸다면 기체상수는 약 몇 [kJ/kg · K]인가?

① 0.161　　② 0.228
③ 0.357　　④ 0.421

해설 $PV = WRT$에서

$$R = \frac{PV}{WT}$$

$$= \frac{\left(\frac{200}{101.325} \times 10.332[\text{kg}_f/\text{m}^2]\right) \times 1.2[\text{m}^3]}{5[\text{kg}] \times 298[\text{K}]}$$

$$= 16.42[\text{kg}_f \cdot \text{m/kg} \cdot \text{K}]$$

이 단위를 [kJ/kg · K]로 환산하면

$$16.42\frac{[\text{kg}_f \cdot \text{m}]}{[\text{kg} \cdot \text{K}]} = 16.43 \times 9.8\frac{[\text{N} \cdot \text{m}]}{[\text{kg} \cdot \text{K}]} \times 10^{-3}$$

$$= 0.161[\text{kJ/kg} \cdot \text{K}]$$

$[\text{N} \cdot \text{m}] = [\text{J}],\ 1[\text{kJ}] = 1{,}000[\text{J}]$

33

피토관으로 측정된 동압이 두 배가 되면 유속은 약 몇 배인가?

① 2배 ② $\sqrt{2}$배

③ 4배 ④ $\frac{1}{\sqrt{2}}$배

해설 동압 $P = \frac{V^2}{2 \times 9.8} \times \gamma$를 적용하면

$P \simeq V^2$이므로 $\frac{P_2}{P_1} = \frac{V_2^2}{V_1^2}$에서

$P_2 = 2P_1$

$$\left(\frac{V_2}{V_1}\right)^2 = \frac{2P_1}{P_1}$$

$V_2 = \sqrt{2}\, V_1$

34

견고한 용기 안에 들어 있는 암모니아의 가역과정에 대하여 올바른 것은?(단, Q : 열전달량, P : 압력, V : 체적, U : 내부 에너지, H : 엔탈피이고, δ 또는 d는 미소변화량을 뜻한다)

① $\delta Q = PdV$

② $\delta Q = VdP$

③ $\delta Q = dU$

④ $\delta Q = dH$

해설 가역과정 : $\delta Q = dU$

35

다음 그림은 단면적이 A와 $2A$인 U자형 관에 밀도 d인 기름을 담은 모양이다. 지금 그 한쪽 관에 관벽과는 마찰이 없는 물체를 기름 위에 놓았더니 두 관의 액면 차가 h_1으로 되어 평형을 이루었다. 이때 이 물체의 질량은?

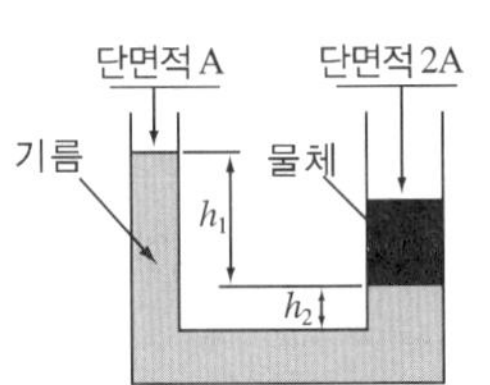

① Ah_1d

② $2Ah_1d$

③ $Ah_1d + Ah_2d$

④ $2(Ah_1d + Ah_2d)$

해설 파스칼의 원리를 적용하면

$$\frac{W_1}{A_1} = \frac{W_2}{A_2}$$

$$W_2 = \frac{A_2}{A_1} W_1 = 2W_1 (A_1 = A,\ A_2 = 2A_1)$$

$W_1 = dV = Ah_1d$

따라서, $W_2 = 2W_1 = 2Ah_1 d$

36

다음 그림은 이산화탄소의 상태도이다. 그림 중 각 번호의 순서에 따라 상태를 옳게 나타낸 것은?

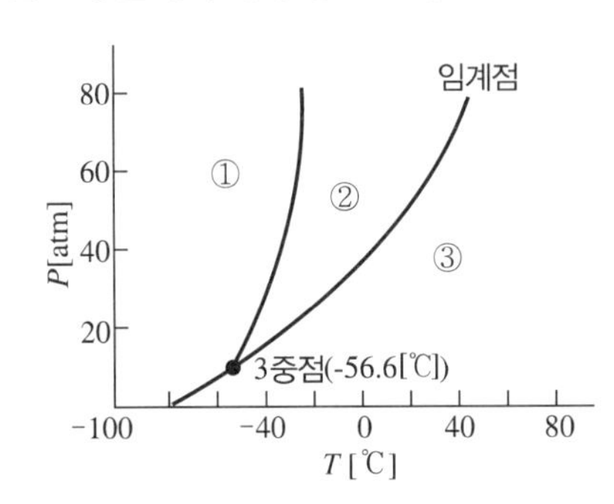

① ㉠ 고체, ㉡ 액체, ㉢ 기체

② ㉠ 액체, ㉡ 고체, ㉢ 기체

③ ㉠ 고체, ㉡ 기체, ㉢ 액체

④ ㉠ 기체, ㉡ 액체, ㉢ 고체

해설 ㉠ 고 체

㉡ 액 체

㉢ 기 체

정답 33 ② 34 ③ 35 ② 36 ①

37

물리량을 질량(M), 길이(L), 시간(T)의 기본 차원으로 나타냈을 때 틀린 것은?

① 에너지 : ML^2T^{-2} ② 응력 : $ML^{-1}T^{-2}$
③ 운동량 : MLT^{-1} ④ 표면장력 : MT^{-2}

해설 운동량의 단위 = (질량의 단위)×(속도의 단위)
= [kg・m/s][MLT^{-1}]

38

제1종 분말소화약제와 제2종 분말소화약제의 소화성능에 대한 설명으로 옳은 것은?

① 제2종 분말소화약제가 모든 화재에서 소화성능이 우수하다.
② 식용유화재에서는 제1종 분말소화약제의 소화성능이 우수하다.
③ 차고나 주차장의 소화설비에는 제2종 분말소화약제만 사용한다.
④ 제1종 분말소화약제가 제2종 분말소화약제보다 소화능력이 우수하다.

해설 **분말약제**
- 제2종 분말소화약제는 유류화재(B급)와 전기화재(C급)에 적합하다.
- **식용유화재**에서는 **제1종 분말**소화약제의 소화성능이 우수하다.
- 차고나 주차장의 소화설비에는 제3종 분말소화약제만 사용한다.
- 소화능력은 제4종 > 제3종 > 제2종 > 제1종 분말약제 순이다.

39

일반적인 단백포소화약제의 특성이 아닌 것은?

① 내열성이 우수하다.
② 유면 봉쇄성이 좋다.
③ 변질될 수 있다.
④ 유동성이 좋다.

해설 단백포소화약제는 유동성이 좋지 않다.

40

지름 0.5[m]의 관 속을 물이 평균속도 5[m/s]로 흐르고 있을 때 관의 길이 100[m]에 대한 마찰손실수두는 약 몇 [m]인가?(단, 관마찰계수는 0.020이다)

① 5.1 ② 6.4
③ 7.3 ④ 8.9

해설 **마찰손실수두**

$$h=\frac{\Delta P}{\gamma}=\frac{flu^2}{2gD}[\text{m}]$$

여기서, h : 마찰손실[m]
ΔP : 압력차[kg_f/m^2]
γ : 유체의 비중량
(물의 비중량 1,000[kg_f/m^3])
f : 관의 마찰계수
l : 관의 길이[m]
u : 유체의 유속[m/s]
D : 관의 내경[m]

$$\therefore H=\frac{0.02\times100[\text{m}]\times(5[\text{m/s}])^2}{2\times9.8[\text{m/s}^2]\times0.5[\text{m}]}=5.10[\text{m}]$$

제 3 과목 소방관계법규

41

소방용수시설의 설치기준과 관련된 소화전의 설치기준에서 소방용 호스와 연결하는 소화전의 연결금속구의 구경은 몇 [mm]로 하여야 하는가?

① 45[mm] ② 50[mm]
③ 65[mm] ④ 100[mm]

해설 소화전의 연결금속구의 구경 : 65[mm]

42

소방시설의 종류에 대한 설명으로 옳은 것은?

① 소화기구, 옥내・외소화전설비는 소화설비에 해당된다.
② 유도등, 비상조명등설비는 경보설비에 해당된다.

37 ③ 38 ② 39 ④ 40 ① 41 ③ 42 ① 정답

③ 소화수조, 저수조는 소화활동설비에 해당된다.
④ 연결송수관설비는 소화용수설비에 해당된다.

해설 소방시설의 종류
- 소화기구 : 옥내·외소화전설비
- 피난구조설비 : 유도등, 비상조명등
- 소화용수설비 : 소화수조, 저수조
- 소화활동설비 : 연결송수관설비, 연결살수설비, 제연설비, 연소방지설비, 무선통신보조설비, 비상콘센트설비

43

소방본부장이나 소방서장이 소방특별조사를 실시할 때 중점적으로 검사하여야 할 장소를 선정하는 기준으로 가장 적절히 표현된 것은?

① 소방안전관리자의 주요 근무장소
② 화재 시 인명피해의 발생이 우려되는 층이나 장소
③ 고가품이 많이 배치되어 있는 장소
④ 건축물 관리자가 요청하는 장소

해설 소방특별조사 시 화재 발생 시 인명피해가 큰 장소나 층을 주로 하여야 한다.

44

소방시설공사업자가 소방대상물의 일부분에 대한 공사를 마친 경우로서 전체시설의 준공 전에 부분사용이 필요한 때에 그 일부분에 대하여 소방본부장이나 소방서장에게 신청하는 검사를 무엇이라 하는가?

① 부분용도검사 ② 부분완공검사
③ 부분사용검사 ④ 부분준공검사

해설 공사업자가 소방대상물의 일부분에 대한 소방시설공사를 마친 경우로서 전체시설의 준공 전에 부분사용이 필요한 때에는 그 일부분에 대하여 소방본부장이나 소방서장에게 완공검사를 신청할 수 있다.

45

다음 중 화재예방, 소방시설 설치·유지 및 안전관리에 관한 법령상 소방용품에 속하지 않는 것은?

① 방염도료
② 피난사다리
③ 휴대용 비상조명등
④ 가스누설경보기

해설 예비전원이 내장된 비상전원은 소방용품이고 휴대용 비상조명등은 소방용품이 아니다.

46

다음 중 위험물의 지정수량으로 옳지 않은 것은?

① 질산염류 300[kg]
② 황린 10[kg]
③ 알킬알루미늄 10[kg]
④ 과산화수소 300[kg]

해설 지정수량

종 류	질산염류	황 린	알킬알루미늄	과산화수소
분 류	제1류 위험물	제3류 위험물	제3류 위험물	제6류 위험물
지정수량	300[kg]	20[kg]	10[kg]	300[kg]

47

무창층에서 개구부란 해당층의 바닥면으로부터 개구부 밑부분까지의 높이가 몇 [m] 이내를 말하는가?

① 1.0[m] 이내 ② 1.2[m] 이내
③ 1.5[m] 이내 ④ 1.7[m] 이내

해설 "**무창층**(無窓層)"이란 지상층 중 다음의 요건을 모두 갖춘 개구부(건축물에서 채광·환기·통풍 또는 출입 등을 위하여 만든 창·출입구 그 밖에 이와 비슷한 것)의 면적의 합계가 해당 층의 바닥면적의 **1/30 이하**가 되는 층을 말한다.
- 크기는 지름 50[cm] 이상의 원이 내접할 수 있는 크기일 것
- 해당 층의 바닥면으로부터 개구부 밑부분까지의 높이가 **1.2[m] 이내**일 것
- 도로 또는 차량이 진입할 수 있는 빈터를 향할 것
- 화재 시 건축물로부터 쉽게 피난할 수 있도록 창살이나 그 밖의 장애물이 설치되지 아니할 것
- 내부 또는 외부에서 쉽게 부수거나 열 수 있을 것

정답 43 ② 44 ② 45 ③ 46 ② 47 ②

48

다음 중 소방기본법상 소방용수시설이 아닌 것은?

① 저수조
② 급수탑
③ 소화전
④ 고가수조

해설 소방용수시설 : 소화전, 저수조, 급수탑

49

특정소방대상물로서 숙박시설에 해당되지 않는 것은?

① 호 텔
② 모 텔
③ 휴양콘도미니엄
④ 오피스텔

해설 **숙박시설**
- 일반형 숙박시설
- 생활형 숙박시설
- 고시원(근린생활시설에 해당되지 않는 것 : 바닥면적이 1,000[m^2] 이상인 것)

오피스텔 : 업무시설

50

제조소 등의 위치 · 구조 또는 설비의 변경 없이 해당 제조소 등에서 저장하거나 취급하는 위험물의 품명 · 수량 또는 지정수량의 배수를 변경하고자 하는 자는 변경하고자 하는 날의 며칠 전까지 행정안전부령이 정하는 바에 따라 시 · 도지사에게 신고하여야 하는가?

① 1일 ② 3일
③ 7일 ④ 14일

해설 위험물의 품명, 수량, 지정수량의 배수 변경 시 : 변경일로부터 **1일 이내**에 시 · 도지사에게 신고(법 제6조)

51

주거지역 · 상업지역 및 공업지역 이외에 있어서 소방용수시설을 설치하고자 하는 경우 소방대상물과의 수평거리는 몇 [m] 이하가 되도록 하여야 하는가?

① 140[m] ② 160[m]
③ 180[m] ④ 200[m]

해설 **소방용수시설의 설치기준**
- **주거지역 · 상업지역** 및 **공업지역**에 설치하는 경우 : 소방대상물과의 수평거리를 **100[m] 이하**가 되도록 할 것
- **기타 지역에 설치하는 경우** : 소방대상물과의 수평거리를 **140[m] 이하**가 되도록 할 것

52

다음 중 소방기본법의 목적에 속하지 않는 것은?

① 환경보호와 기초질서 유지
② 국민의 생명 · 신체 및 재산보호
③ 공공의 안녕 및 질서유지와 복리증진
④ 위급한 상황에서의 구조 · 구급활동

해설 소방기본법은 화재를 예방 · 경계하거나 진압하고 화재, 재난 · 재해 그 밖의 위급한 상황에서의 구조 · 구급활동 등을 통하여 국민의 생명 · 신체 및 재산을 보호함으로써 공공의 안녕 및 질서유지와 복리증진에 이바지함을 목적으로 한다.

53

위험물을 취급함에 있어 정전기가 발생할 우려가 있는 설비에 정전기를 유효하게 제거하기 위한 방법과 거리가 먼 것은?

① 접지에 의한 방법
② 공기 중의 상대습도를 70[%] 이상으로 하는 방법
③ 공기를 이온화하는 방법
④ 제습기를 가동시키는 방법

해설 **정전기 방지대책**
- 접지에 의한 방법
- 공기 중의 상대습도를 70[%] 이상으로 하는 방법
- 공기를 이온화하는 방법

48 ④ 49 ④ 50 ① 51 ① 52 ① 53 ④ **정답**

54

화재경계지구 안의 소방대상물의 위치·구조 및 설비 등에 대한 소방특별조사 실시 주기는?

① 월 1회 이상　② 분기별 1회 이상
③ 반기별 1회 이상　④ 연 1회 이상

해설 **화재경계지구**
- **소방특별조사**
  - 조사권자 : 소방본부장, 소방서장
  - **조사주기 : 연 1회 이상**
- 소방훈련 및 교육
  - 실시권자 : 소방본부장, 소방서장
  - 실시주기 : 연 1회 이상
  - 실시대상 : 관계인

55

제4류 위험물의 성질로 알맞은 것은?

① 인화성 액체　② 산화성 고체
③ 가연성 고체　④ 산화성 액체

해설 제4류 위험물 : 인화성 액체

56

소방본부장이나 소방서장은 소방특별조사를 하고자 하는 때에는 며칠 전에 관계인에게 알려야 하는가?

① 2일　② 3일
③ 5일　④ 7일

해설 **소방특별조사**를 하고자 할 때에는 **7일 전**에 관계인에게 조사대상, 조사기간, 조사사유를 서면으로 알려야 한다.

57

소방기본법 시행규칙에서 정하는 소방신호의 종류로 맞지 않는 것은?

① 화재신호　② 훈련신호
③ 해제신호　④ 경계신호

해설 **소방신호의 종류**
- 경계신호 : 화재예방상 필요하다고 인정되거나 화재위험경보 시 발령
- 발화신호 : 화재가 발생한 때 발령
- 해제신호 : 소화활동이 필요 없다고 인정되는 때 발령
- 훈련신호 : 훈련상 필요하다고 인정되는 때 발령

58

거짓이나 부정한 방법으로 소방시설업을 등록한 경우 받게 되는 행정처분은?

① 영업정지 6개월　② 경고처분
③ 영업정지 1년　④ 등록취소

해설 거짓이나 부정한 방법으로 소방시설업에 등록을 한 경우의 행정처분 : 등록취소(공사업법 제9조)

59

일반공사감리 대상의 경우 감리현장 연면적의 총합계가 10만[m^2] 이하일 때 1인의 책임감리원이 담당하는 소방공사감리현장은 몇 개 이하인가?

① 2개　② 3개
③ 4개　④ 5개

해설 1인의 책임감리원이 담당하는 소방공사감리현장의 수 : 5개 이하

60

소방시설 등의 자체점검에 대한 설명으로 옳지 않은 것은?

① 소방시설관리사·소방기술사 자격을 가진 소방안전관리자는 종합정밀점검에 대한 업무를 수행할 수 있다.
② 작동기능점검은 연 1회 이상 실시하되 종합정밀점검대상은 종합정밀점검을 받은 달부터 6월이 되는 달에 실시하여야 한다.
③ 자체점검에 따른 수수료는 엔지니어링산업진흥법 제31조에 따른 엔지리어링사업대가의 기준 가운데 행정안전부령으로 정하는 방식에 따라 산정한다.
④ 작동기능점검을 실시한 자는 그 점검결과를 소방본부장이나 소방서장에게 30일 이내에 제출하고 3년간 자체 보관하여야 한다.

정답 54 ④　55 ①　56 ④　57 ①　58 ④　59 ④　60 ④

해설 **작동기능점검**을 실시한 자는 작동기능점검실시결과 보고서를 **7일 이내**에 소방본부장 또는 소방서장에게 제출하고 **종합정밀점검**을 실시한 자는 **7일 이내**에 소방시설 등 종합정밀점검결과보고서에 소방청장이 정하여 고시하는 소방시설 등 점검표를 첨부하여 **소방본부장**이나 **소방서장에게 제출**하여야 한다(시행규칙 제19조).

제 4 과목 소방기계시설의 구조 및 원리

61

스프링클러소화설비의 배관 내 압력이 얼마 이상일 때 압력배관용 탄소강관을 사용해야 하는가?

① 0.1[MPa]　② 0.5[MPa]
③ 0.8[MPa]　④ 1.2[MPa]

해설 **스프링클러설비의 배관**

- **배관 내 사용압력이 1.2[MPa] 미만일 경우**
  - 배관용 탄소강관(KS D 3507)
  - 이음매 없는 구리 및 구리합금관(KS D 5301). 다만, 습식의 배관에 한한다.
  - 배관용 스테인리스강관(KS D 3576) 또는 일반배관용 스테인리스강관(KS D 3595)
- **덕타일 주철관(KS D 4311)**
- **배관 내 사용압력이 1.2[MPa] 이상일 경우**
  압력배관용 탄소강관(KS D 3562)
- **배관용 아크용접 탄소강강관(KS D 3583)**

62

옥외소화전설비가 5개 설치되어 있을 때에 필요한 저수량은?

① 7[m^3]　② 13[m^3]
③ 14[m^3]　④ 35[m^3]

해설 **옥외소화전설비의 저수량[L]**

= N(최대 2개) × 350[L/min] × 20[min]
= N(최대 2개) × 7[m^3]
= 2개 × 7[m^3]
= 14[m^3]

63

소화용수설비의 소화수조는 소방차가 채수구로부터 (A) 이내 지점까지 접근할 수 있는 위치에 설치하여, 옥상 또는 옥탑에 설치 시는 지상에 설치된 채수구에서의 압력이 (B) 이상 되도록 한다. (A), (B)에 맞는 것은?

① A : 3[m], B : 0.1[MPa]
② A : 2[m], B : 0.15[MPa]
③ A : 3[m], B : 0.2[MPa]
④ A : 2[m], B : 0.25[MPa]

해설 **소화수조 등의 설치기준**

- 소화수조, 저수조의 채수구 또는 흡수관투입구는 소방차가 **2[m] 이내**의 지점까지 접근할 수 있는 위치에 설치하여야 한다.
- 소화수조가 옥상 또는 옥탑의 부분에 설치된 경우에는 지상에 설치된 채수구에서의 압력이 **0.15[MPa]** 이상이 되도록 하여야 한다.

64

습식 스프링클러설비에서 시험배관을 설치하는 이유로서 옳은 것은?

① 정기적인 배관의 통수소제를 위해
② 배관 내 수압의 정상상태 여부를 수시 확인하기 위해
③ 실제로 헤드를 개방하지 않고도 방수압력을 측정하기 위해
④ 유수검지장치의 기능을 점검하기 위해

해설 **시험배관**

- 유수검지장치의 기능을 점검하기 위하여 설치한다.
- 유수검지장치에서 가장 먼 가지배관의 끝으로부터 연결하여 설치할 것
- 시험장치 배관의 구경은 유수검지장치에서 가장 먼 가지배관의 구경과 동일한 구경으로 하고, 그 끝에 개폐밸브 및 개방형 헤드를 설치할 것. 이 경우 개방형 헤드는 반사판 및 프레임을 제거한 오리피스만으로 설치할 수 있다.
- 시험배관의 끝에는 물받이통 및 배수관을 설치하여 시험 중 방사된 물이 바닥에 흘러내리지 아니하도록 할 것. 다만, 목욕실·화장실 또는 그 밖의 곳으로서 배수처리가 쉬운 장소에 시험배관을 설치한 경우에는 그러하지 아니하다.

61 ④ 62 ③ 63 ② 64 ④ 정답

65

분말소화설비의 정압작동장치에서 가압용 가스가 저장용기 내에 가압되어 압력스위치가 동작되면 솔레노이드밸브가 동작되어 주밸브를 개방시키는 방식은?

① 압력스위치식　② 봉판식
③ 기계식　④ 스프링식

해설 정압작동장치의 종류

- **압력스위치에 의한 방식** : 약제탱크 내부의 압력에 의해서 움직이는 압력스위치를 설치하여 일정한 압력에 도달했을 때 압력스위치가 닫혀 전자밸브(솔레노이드밸브)가 동작되어 주밸브를 개방시켜 가스를 보내는 방식
- 기계적인 방식 : 약제탱크의 내부의 압력에 부착된 밸브의 코크를 잡아 당겨서 가스를 열어서 주밸브를 개방시켜 가스를 보내는 방식
- 시한릴레이 방식 : 약제탱크의 내부압력이 일정한 압력에 도달하는 시간을 추정하여 기동과 동시에 시한릴레이를 움직여 일정시간 후에 릴레이가 닫혔을 때 전자밸브(솔레노이드밸브)가 동작되어 주밸브를 개방시켜 가스를 보내는 방식

66

배기를 위한 유효한 개구부가 없는 지하층이나 무창층 또는 밀폐된 거실로서 그 바닥면적이 20[m^2] 미만인 장소에서 사용(취급)하여도 되는 소화기용 소화약제는 어느 것인가?

① 할론 1211　② HFC-125
③ 할론 2402　④ 탄산가스(CO_2)

해설 **이산화탄소** 또는 **할론**을 방사하는 소화기구(자동확산소화기를 제외한다)는 **지하층**이나 **무창층** 또는 **밀폐된 거실**로서 그 **바닥면적**이 **20[m^2] 미만의 장소**에는 **설치할 수 없다**. 다만, 배기를 위한 유효한 개구부가 있는 장소인 경우에는 그러하지 아니하다.

67

호스릴 이산화탄소소화설비의 설치에 대한 설명으로 틀린 것은?

① 소화약제의 저장용기는 호스릴을 설치하는 장소마다 설치한다.
② 소화약제 저장용기의 개방밸브는 호스의 설치장소에서 자동으로 개폐할 수 있다.
③ 방호대상물의 각 부분으로부터 하나의 호스접결구까지의 수평거리가 15[m] 이하가 되게 설치한다.
④ 소화약제 저장용기의 가장 가까운 곳의 보기 쉬운 곳에 표시등을 설치한다.

해설 호스릴 이산화탄소소화설비의 설치기준

- 방호대상물의 각 부분으로부터 하나의 호스접결구까지의 수평거리가 **15[m] 이하**가 되도록 할 것
- 노즐은 20[℃]에서 하나의 노즐마다 60[kg/min] 이상의 소화약제를 방사할 수 있는 것으로 할 것
- 소화약제 저장용기는 호스릴을 설치하는 장소마다 설치할 것
- 소화약제 저장용기의 개방밸브는 호스의 설치장소에서 **수동으로 개폐**할 수 있는 것으로 할 것
- 소화약제 저장용기의 가장 가까운 곳의 보기 쉬운 곳에 표시등을 설치하고, 호스릴 이산화탄소소화설비가 있다는 뜻을 표시한 표지를 할 것

68

다음 중 조기반응형 스프링클러헤드를 설치하여야 하는 장소로 맞지 않는 것은?

① 공동주택　② 오피스텔
③ 병원의 입원실　④ 강의실

해설 조기반응형 스프링클러헤드 설치장소

- 공동주택·노유자시설의 거실
- 오피스텔·숙박시설의 침실, 병원의 입원실

69

특별피난계단의 계단실 및 부속실 제연설비에 대한 안전기준 내용으로 틀린 것은?

① 제연구역과 옥내와의 사이에 유지하여야 하는 최소차압은 40[Pa] 이상으로 하여야 한다.

정답 65 ① 66 ② 67 ② 68 ④ 69 ②

② 제연설비가 가동되었을 경우 출입문의 개방에 필요한 힘은 110[N] 이상으로 하여야 한다.
③ 계단실과 부속실을 동시에 재연하는 경우 부속실의 기압은 계단실과 같게 하거나 압력 차이가 5[Pa] 이하가 되도록 하여야 한다.
④ 계단실 및 부속실을 동시에 제연하는 것 또는 계단실만 제연할 때의 방연풍속은 0.5[m/s] 이상이어야 한다.

해설 차압 등의 기준

- 제연구역과 옥내와의 사이에 유지하여야 하는 **최소 차압**은 **40[Pa]**(옥내에 스프링클러설비가 설치된 경우에는 12.5[Pa]) **이상**으로 하여야 한다.
- 제연설비가 가동되었을 경우 **출입문의 개방에 필요한 힘**은 **110[N] 이하**로 하여야 한다.
- 출입문이 일시적으로 개방되는 경우 개방되지 아니하는 제연구역과 옥내와의 차압은 기준에 따른 차압의 70[%] 미만이 되어서는 아니 된다.
- 계단실과 부속실을 동시에 제연하는 경우 부속실의 기압은 계단실과 같게 하거나 계단실의 기압보다 낮게 할 경우에는 부속실과 계단실의 압력 차이는 **5[Pa] 이하**가 되도록 하여야 한다.

70

지하층을 제외한 층수가 10층인 병원건물에 습식 스프링클러설비가 설치되어 있다면, 스프링클러설비에 필요한 수원의 양은 얼마 이상이어야 하는가? (단, 헤드는 각층별로 200개씩 설치되어 있고, 헤드의 부착높이는 3[m] 이하이다)

① $16[m^3]$ ② $24[m^3]$
③ $32[m^3]$ ④ $48[m^3]$

해설 설치장소에 따른 헤드의 수

스프링클러설비 설치장소			기준개수
지하층을 제외한 층수가 10층 이하인 소방대상물	공장 또는 창고(랙식 창고를 포함한다)	특수가연물을 저장·취급하는 것	30
		그 밖의 것	20
	근린생활시설·판매시설·운수시설 또는 복합건축물	판매시설 또는 복합건축물(판매시설이 설치된 복합건축물을 말한다)	30
		그 밖의 것	20
	그 밖의 것	헤드의 부착높이가 8[m] 이상인 것	20
		헤드의 부착높이가 8[m] 미만인 것	**10**

스프링클러설비 설치장소	기준개수
아파트	10
지하층을 제외한 층수가 11층 이상인 소방대상물(아파트를 제외한다)·지하가 또는 지하역사	30

비고 : 하나의 소방대상물이 2 이상의 "스프링클러헤드의 기준개수"란에 해당하는 때에는 기준개수가 많은 난을 기준으로 한다. 다만, 각 기준개수에 해당하는 수원을 별도로 설치하는 경우에는 그러하지 아니하다.

$$\therefore \text{수원} = \text{헤드수} \times 1.6[m^3] = 10\text{개} \times 1.6[m^3] = 16[m^3]$$

71

부촉매효과로 연쇄반응억제가 뛰어나서 소화력이 우수하지만, CFC 계열의 오존층파괴물질로 현재 사용에 제한을 하는 소화약제를 이용한 소화설비는?

① 이산화탄소소화설비
② 할론소화설비
③ 분말소화설비
④ 포소화설비

해설 오존층파괴로 환경오염의 주범인 할론소화설비는 사용을 제한하고 있다.

72

간이소화용구 중 삽을 상비한 80[L] 이상의 팽창질석 1포의 능력단위는?

① 0.5단위
② 1단위
③ 1.5단위
④ 2단위

해설 간이소화용구의 능력단위

간이소화용구		능력단위
1. 마른모래	삽을 상비한 50[L] 이상의 것 1포	0.5단위
2. **팽창질석 또는 팽창진주암**	삽을 상비한 **80[L] 이상**의 것 1포	

70 ① 71 ② 72 ① 정답

73

가연성 가스의 저장 · 취급시설에 설치하는 연결살수설비의 헤드설치기준으로 옳은 것은?

① 헤드의 살수범위는 살수된 물이 흘러내리면서 살수범위에 포함된 부분만 모두 적셔질 수 있도록 한다.
② 연결살수설비 전용의 개방형 헤드를 설치한다.
③ 가스저장탱크 · 가스홀더 및 가스발생기의 주위에 설치하되, 헤드상호 간의 거리는 2.3[m] 이하로 한다.
④ 헤드의 살수범위에 가스홀더 및 가스발생기의 몸체의 중간 윗부분은 포함되지 않도록 한다.

해설 **가연성 가스의 저장 · 취급시설에 설치하는 연결살수설비의 헤드의 설치기준**

- 연결살수설비 전용의 개방형 헤드를 설치할 것
- 가스저장탱크 · 가스홀더 및 가스발생기의 주위에 설치하되, 헤드 상호 간의 거리는 **3.7[m] 이하**로 할 것
- 헤드의 살수범위는 가스 저장탱크 · 가스홀더 및 가스 발생기의 몸체의 **중간 윗부분**의 모든 부분이 **포함되도록 하여야 하고** 살수된 물이 흘러내리면서 살수범위에 포함되지 아니한 부분에도 모두 적셔질 수 있도록 할 것

74

연결살수설비의 배관구경이 65[mm]일 경우 하나의 배관에 부착하는 살수헤드의 개수는 몇 개인가?(단, 연결살수설비 전용헤드를 사용한다)

① 1개
② 3개
③ 5개
④ 7개

해설 **연결살수설비의 배관의 구경**

하나의 배관에 부착하는 살수헤드의 개수	1개	2개	3개	4개 또는 5개	6개 이상 10개 이하
배관의 구경[mm]	32	40	50	65	80

75

바닥면적이 45[m^2]인 지하 주차장에 50[m^2]마다 구역을 나누어 물분무소화설비를 설치하려고 한다. 물분무헤드의 표준 방사량이 분당 80[L]일 경우 1개 방수구역당 설치해야 할 헤드 수는 얼마 이상이어야 하는가?

① 7개　　② 13개
③ 14개　　④ 15개

해설 **물분무소화설비의 방사량**

= 바닥면적(50[m^2] 이하는 50[m^2]) × 20[L/min · m^2] (차고, 주차장)
= 50[m^2] × 20[L/min · m^2]
= 1,000[L/min]

$\therefore$ 헤드수 $= \dfrac{1{,}000[\text{L/min}]}{80[\text{L/min}]} = 12.5 = 13$개

76

고정포방출구를 설치한 위험물탱크 주위에 보조포소화전이 6개 설치되어 있을 때, 혼합비 3[%]의 원액을 사용한다면 보조포소화전에 필요한 소요 원액량은 최저 얼마 이상이어야 하는가?

① 720[L]　　② 1,060[L]
③ 1,200[L]　　④ 1,440[L]

해설 **보조포소화전의 포 원액량**

$Q = N \times S \times 8{,}000$[L]

여기서, Q : 포소화약제의 양[L]
N : 호스접결구 수(3개 이상일 경우 3개)
S : 포소화약제의 사용농도[%]

$\therefore$ $Q = 3 \times 0.03 \times 8{,}000$[L] = 720[L]

77

구조대의 형식승인 및 제품검사의 기술기준에서 정한 구조대의 작동시험은 구조대를 몇 도로 설치하고 활강시험을 실시하는가?

① 30도　　② 45도
③ 60도　　④ 90도

해설 구조대의 **작동시험**은 구조대를 **45도**로 설치한 후 모형을 활강시킬 때 정지하지 아니하여야 하며 그 평균속도는 8[m/s] 이하, 순간 최대속도는 9[m/s] 이하이어야 한다.

정답 73 ② 74 ③ 75 ② 76 ① 77 ②

78

옥내소화전설비에 설치하는 가압송수장치의 설치기준으로 틀린 것은?

① 화재 및 침수 등의 재해로 인한 피해를 받을 우려가 없는 곳에 설치하여야 한다.
② 소방대상물의 어느 층에서도 해당 층의 옥내소화전(5개 이상인 경우에는 5개)을 동시에 사용할 경우 각 소화전의 노즐선단에서의 방수압력이 0.15[MPa] 이상, 방수량은 150[L/min] 이상으로 하여야 한다.
③ 기동용 수압개폐장치(압력체임버)를 사용할 경우 그 용적은 100[L] 이상의 것으로 한다.
④ 가압송수장치에는 정격부하 운전 시 펌프의 성능을 시험하기 위한 배관을 설치하여야 한다.

해설 소방대상물의 어느 층에 있어서도 해당 층의 **옥내소화전**(5개 이상 설치된 경우에는 **5개의 옥내소화전**)을 동시에 사용할 경우 각 소화전의 노즐선단에서의 **방수압력**이 **0.17[MPa]**(**호스릴 옥내소화전설비**를 포함한다) **이상**이고, **방수량**이 **130[L/min]**(**호스릴 옥내소화전설비**를 포함한다) 이상이 되는 성능의 것으로 할 것. 다만, 하나의 옥내소화전을 사용하는 노즐선단에서의 방수압력이 0.7[MPa]을 초과할 경우에는 호스접결구의 인입측에 감압장치를 설치하여야 한다.

79

포헤드를 소방대상물의 천장 또는 반자에 설치하여야 할 경우 헤드 1개가 방호되어야 할 최대한의 바닥면적은 몇 [m^2]인가?

① 3[m^2] ② 5[m^2]
③ 7[m^2] ④ 9[m^2]

해설 **포헤드의 설치기준**

- 포워터 스프링클러헤드
  - 소방대상물의 천장 또는 반자에 설치할 것
  - 바닥면적 8[m^2]마다 1개 이상 설치할 것
- **포헤드**
  - 소방대상물의 천장 또는 반자에 설치할 것
  - 바닥면적 **9[m^2]마다 1개 이상**으로 설치할 것

80

전역방출방식의 할론소화설비의 분사헤드 설치기준에 관한 설명 중 틀린 것은?

① 할론 2402를 방사하는 분사헤드의 방사압력은 0.1[MPa] 이상으로 할 것
② 할론 1211을 방사하는 분사헤드의 방사압력은 0.2[MPa] 이상으로 할 것
③ 할론 1301을 방사하는 분사헤드의 방사압력은 0.3[MPa] 이상으로 할 것
④ 할론 2402를 방출하는 분사헤드는 해당 소화약제가 무상으로 분무되는 것으로 할 것

해설 **분사헤드의 방사압력**

약 제	방사압력
할론 2402	0.1[MPa] 이상
할론 1211	0.2[MPa] 이상
할론 1301	**0.9[MPa] 이상**

78 ② 79 ④ 80 ③ **정답**

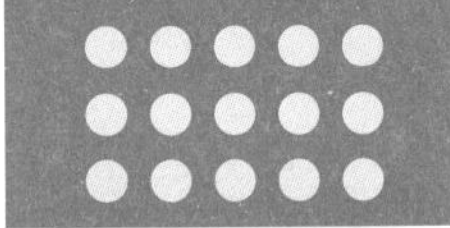

제4회 2009년 8월 23일 시행

제 1 과목 소방원론

01

피난계획의 일반원칙 중 Fool Proof 원칙이란 무엇인가?

① 한 가지가 고장이 나도 다른 수단을 이용하는 원칙
② 두 방향의 피난동선을 항상 확보하는 원칙
③ 피난수단을 이동식 시설로 하는 원칙
④ 피난수단을 조작이 간편한 원시적 방법으로 하는 원칙

해설 Fool Proof
비상시 머리가 혼란하여 판단능력이 저하되는 상태로 누구나 알 수 있도록 문자나 그림으로 표시하여 피난수단을 조작이 간편한 원시적인 방법으로 하는 원칙

02

다음 물질 중 공기 중에서의 연소범위가 가장 넓은 것은?

① 부 탄　　② 프로판
③ 메 탄　　④ 수 소

해설 공기 중의 연소범위

가 스	하한계[%]	상한계[%]
아세틸렌(C_2H_2)	2.5	81.0
수소(H_2)	4.0	75.0
메탄(CH_4)	5.0	15.0
프로판(C_3H_8)	2.1	9.5
부탄(C_4H_{10})	1.8	8.4

03

물의 소화력을 보강하기 위해 첨가하는 약제로서 물의 표면장력을 낮추어 침투효과를 높이기 위한 첨가제는?

① 증점제　　② 강화액
③ 침투제　　④ 유화제

해설 물의 소화성능을 향상시키기 위해 첨가하는 첨가제
: 침투제, 증점제, 유화제
- **침투제** : 물의 표면장력을 낮추어 침투효과를 높이기 위한 첨가제
- 증점제 : 물의 점도를 증가시키는 Viscosity Agent
- 유화제 : 기름의 표면에 유화(에멀션)효과를 위한 첨가제(분무주수)

04

다음 중 연소와 가장 관계 깊은 화학반응은?

① 중화반응　　② 치환반응
③ 환원반응　　④ 산화반응

해설 **연소** : 가연물이 공기 중에서 산소와 반응하여 열과 빛을 동반하는 급격한 산화현상

05

다음 중 고체가연물이 덩어리보다 가루일 때 연소되기 쉬운 이유로 가장 적합한 것은?

① 발열량이 작아지기 때문이다.
② 공기와 접촉면이 커지기 때문이다.
③ 열전도율이 커지기 때문이다.
④ 활성에너지가 커지기 때문이다.

해설 고체의 가연물이 가루일 때에는 공기와 접촉면적이 크기 때문에 연소가 잘 된다.

정답 01 ④ 02 ④ 03 ③ 04 ④ 05 ②

06

다음 중 제2류 위험물에 해당하는 것은?

① 유 황　　② 질산칼륨
③ 칼 륨　　④ 톨루엔

해설 위험물의 분류

종 류	성 질	유 별
유 황	가연성 고체	제2류 위험물
질산칼륨	산화성 고체	제1류 위험물 (질산염류)
칼 륨	자연발화성 물질 및 금수성 물질	제3류 위험물
톨루엔	인화성 액체	제4류 위험물 (제1석유류)

07

인화점이 20[℃]인 액체 위험물을 보관하는 창고의 인화 위험성에 대한 설명 중 옳은 것은?

① 여름철에 창고 안이 더워질수록 인화의 위험성이 커진다.
② 겨울철에 창고 안이 추워질수록 인화의 위험성이 커진다.
③ 20[℃]에서 가장 안전하고 20[℃]보다 높아지거나 낮아질수록 인화의 위험성이 커진다.
④ 인화의 위험성은 계절의 온도와는 상관없다.

해설 인화점이 20[℃](피리딘)이 액체는 20[℃]가 되면 증기가 발생하여 점화원이 있으면 화재가 일어난다는 것이므로 창고 안의 온도가 높을수록 인화의 위험성은 크다.

08

그림에 표현된 불꽃연소의 기본요소 중 (　) 안에 해당되는 것은?

① 열분해 증발고체
② 기 체
③ 순조로운 연쇄반응
④ 풍 속

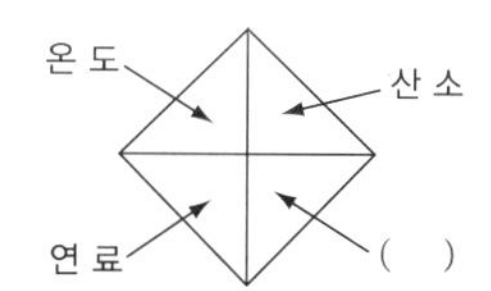

해설 불꽃연소의 4요소 : 가연물, 산소, 점화원(열), 순조로운 연쇄반응

09

다음 중 자연발화가 일어나기 쉬운 조건이 아닌 것은?

① 열전도율이 클 것
② 적당량의 수분이 존재할 것
③ 주위의 온도가 높을 것
④ 표면적이 넓을 것

해설 자연발화의 조건
- 주위의 온도가 높을 것
- 열전도율이 적을 것
- 발열량이 클 것
- 표면적이 넓을 것
- 수분을 높게 할 것

10

물은 100[℃]에서 기화될 때 체적이 증가하는데 다음 중 이로 인해 기대할 수 있는 가장 큰 소화효과는?

① 타격효과　　② 촉매효과
③ 제거효과　　④ 질식효과

해설 물을 100[℃]에서 기화할 때 체적이 증가하는데 이때 질식효과를 기대할 수 있다.

11

철근콘크리트조로서 내화구조 벽이 기준은 두께 몇 [cm] 이상이어야 하는가?

① 10　　② 15
③ 20　　④ 25

해설 내화구조 벽

내화구분	내화구조의 기준
모든 벽	• 철근콘크리트조 또는 철골 · 철근콘크리트조로서 두께가 10[cm] 이상인 것 • 골구를 철골조로 하고 그 양면을 두께 4[cm] 이상의 철망모르타르로 덮은 것 • 두께 5[cm] 이상의 콘크리트 블록 · 벽돌 또는 석재로 덮은 것 • 철재로 보강된 콘크리트블록조 · 벽돌조 또는 석조로서 철재에 덮은 콘크리트 블록 등의 두께가 5[cm] 이상인 것

06 ① 07 ① 08 ③ 09 ① 10 ④ 11 ① 정답

외벽 중 비내력벽	• **철근콘크리트조** 또는 철골·철근콘크리트조로서 두께가 7[cm] 이상인 것 • 골구를 철골조로 하고 그 양면을 두께 3[cm] 이상의 철망모르타르로 덮은 것 • 두께 4[cm] 이상의 콘크리트 블록·벽돌 또는 석재로 덮은 것 • 무근콘크리트조·콘크리트블록조·벽돌조 또는 석조로서 두께가 7[cm] 이상인 것

12

화재의 소화원리에 따른 소화방법의 적용이 잘못된 것은?

① 냉각소화 : 스프링클러설비
② 질식소화 : 이산화탄소소화설비
③ 제거소화 : 포소화설비
④ 억제소화 : 할론소화설비

해설 포소화설비 : 질식소화, 냉각소화

13

다음 중 인화성 액체의 화재에 해당되는 것은?

① A급 화재 ② B급 화재
③ C급 화재 ④ D급 화재

해설 **화재의 종류**

구 분 \ 급 수	A급	B급	C급	D급
화재의 종류	일반 화재	**유류 화재**	전기 화재	금속 화재
표시색	백 색	황 색	청 색	무 색

14

물질의 증기비중을 옳게 나타낸 것은?(단, 수식에서 분자, 분모의 단위는 모두 [g/mol]이다)

① $\frac{분자량}{22.4}$ ② $\frac{분자량}{29}$
③ $\frac{분자량}{44.8}$ ④ $\frac{분자량}{100}$

해설 증기비중 $= \frac{분자량}{29}$

15

내화건축물과 비교한 목조건축물 화재의 일반적인 특징을 옳게 나타낸 것은?

① 고온, 단시간형
② 저온, 단시간형
③ 고온, 장시간형
④ 저온, 장시간형

해설 **건축물의 화재성상**

• 내화건축물의 화재성상 : 저온, 장기형
• **목조건축물**의 화재성상 : **고온, 단기형**

16

가연성 가스이면서도 독성 가스인 것은?

① 질 소 ② 수 소
③ 메 탄 ④ 황화수소

해설 **황화수소**(H_2S), **암모니아**(NH_3), 벤젠(C_6H_6)은 가연성 가스이면서 독성이다.

17

다음 중 알킬알루미늄 화재 시 가장 적합한 소화방법은?

① 물을 주수하여 냉각소화한다.
② 이산화탄소를 방사하여 질식소화한다.
③ 팽창질석으로 질식소화한다.
④ 할론 약제를 사용하여 억제소화한다.

해설 알킬알루미늄, 알킬리튬의 소화약제 : 마른모래, 팽창질석, 팽창진주암

18

정전기에 의한 발화를 방지하기 위한 예방대책으로 옳지 않은 것은?

① 접지시설을 한다.
② 습도를 일정수준 이상으로 유지한다.
③ 공기를 이온화한다.
④ 부도체 물질을 사용한다.

정답 12 ③ 13 ② 14 ② 15 ① 16 ④ 17 ③ 18 ④

해설 정전기 방지대책
- 접지할 것
- 상대습도를 70[%] 이상으로 할 것
- 공기를 이온화할 것

19

공기의 요동이 심하면 불꽃이 노즐에 정착하지 못하고 떨어지게 되어 꺼지는 연상을 무엇이라 하는가?

① 역 화 ② 블로오프
③ 불완전 연소 ④ 플래시오버

해설 연소의 이상현상
- 역화(Back Fire) : 연료가스의 분출속도가 연소속도보다 느릴 때 불꽃이 연소기의 내부로 들어가 혼합관 속에서 연소하는 현상

PLUS ONE 역화의 원인
- 버너가 과열될 때
- 혼합가스량이 너무 적을 때
- 연료의 분출속도가 연소속도보다 느릴 때
- 압력이 높을 때
- 노즐의 부식으로 분출 구멍이 커진 경우

- 선화(Lifting) : 연료가스의 분출속도가 연소속도보다 빠를 때 불꽃이 버너의 노즐에서 떨어져 나가서 연소하는 현상으로 완전 연소가 이루어지지 않으며 역화의 반대현상이다.
- **블로오프**(Blow-off)**현상** : 선화상태에서 연료가스의 분출속도가 증가하거나 주위 공기의 유동이 심하면 **화염**이 노즐에서 연소하지 못하고 **떨어져서 화염이 꺼지는 현상**

20

화재 시에 발생하는 연소생성물을 크게 4가지로 분류할 수 있다. 이에 해당되지 않는 것은?

① 연 기 ② 화 염
③ 열 ④ 산 소

해설 연소생성물 : 연소가스, 연기, 화염, 열

제 2 과목 소방유체역학 및 약제화학

21

그림과 같은 고정베인(Vane)에 대하여 제트가 속도 V, 유입각 α, 유출각 β로 작용할 때 베인을 고정시키는데 필요한 x 방향 성분의 힘 F_x는?(단, Q는 유량, ρ는 유체의 밀도이다)

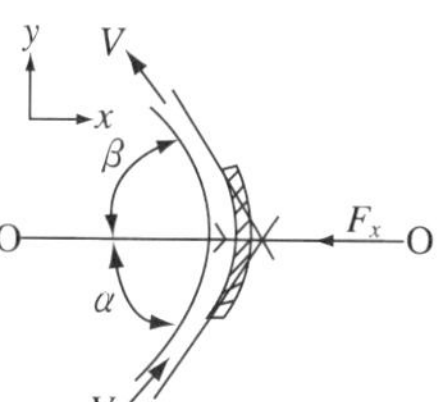

① $\rho QV(\cos\alpha - \cos\beta)$
② $\rho QV(\cos\alpha + \cos\beta)$
③ $\rho QV(\sin\alpha - \sin\beta)$
④ $\rho QV(\sin\alpha + \sin\beta)$

해설 x방향 운동량방정식에서 $-F_x = \rho Q(V_{x_2} - V_{x_1})$
여기서, $V_{x_2} = -V\cos\beta$, $V_{x_2} = V\cos\alpha$이므로
$\therefore$ 힘 $F_x = \rho QV(\cos\alpha + \cos\beta)$

22

다음 중 증발잠열[kJ/kg]이 가장 큰 것은?

① 질 소 ② 할론 1301
③ 이산화탄소 ④ 물

해설 증발잠열

소화약제	질 소	이산화탄소	할론 1301	물
증발잠열 [kJ/kg]	48	576.6	119	539[kcal/kg] × 4.184[kJ/kcal] = 2,255[kJ/kg]

23

다음 설명 중 틀린 것은?

① 수중의 임의의 점이 받는 정수압의 크기는 수심이 깊어질수록 커진다.
② 정지 유체에서의 한 점에 작용하는 압력은 모든 방향에서 같다.
③ 표준대기압은 그 지방의 고도에 따라 달라진다.
④ 계기압력은 절대압력에서 대기압을 뺀 값이다.

해설 표준대기압은 0[℃], 1[atm]은 고도에 따라 변하지 않는다.

19 ② 20 ④ 21 ② 22 ④ 23 ③ **정답**

24

주사기로부터 연직상방향으로 주사액이 분출될 때 주사기 내, 주사기 바늘 끝, 주사액의 최고높이에서 주력에너지를 차례로 표시한 것은?

① 운동에너지 - 압력에너지 - 포텐셜에너지
② 압력에너지 - 포텐셜에너지 - 운동에너지
③ 압력에너지 - 운동에너지 - 포텐셜에너지
④ 운동에너지 - 운동에너지 - 포텐셜에너지

해설 주력에너지 = 압력에너지(주사기 내) - 운동에너지(주사기 바늘 끝) - 위치에너지(주사액의 최고높이)

25

그림에서 1[m]×3[m]의 평판이 수면과 45°기울어져 물에 잠겨 있다. 한쪽 면에 작용하는 유체력의 크기(F)와 작용점의 위치(y_f)는 각각 얼마인가?

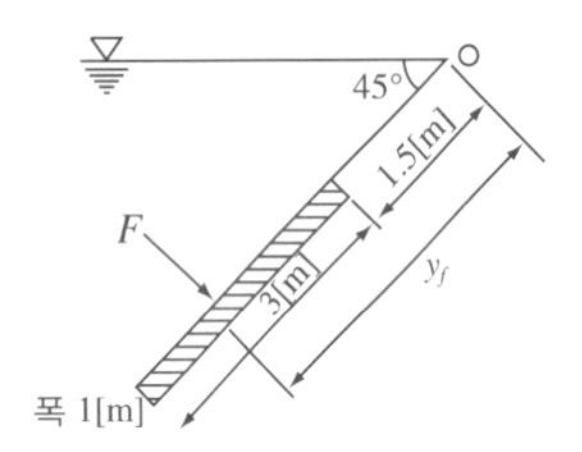

① F = 62.4[kN], y_f = 2.38[m]
② F = 62.4[kN], y_f = 3.25[m]
③ F = 88.2[kN], y_f = 3.25[m]
④ F = 132.3[kN], y_f = 4.67[m]

해설 **한쪽 면에 작용하는 힘**

$$F = \gamma \bar{y} \sin\theta A$$
$$= 9{,}800 \times \left(1.5 + \frac{3}{2}\right) \sin 45° \times (1 \times 3)$$
$$= 62{,}366.8[\text{N}] = 62.4[\text{kN}]$$

작용점 $y_f = \dfrac{I_c}{\bar{y}A} + \bar{y} = \dfrac{\dfrac{1 \times 3^3}{12}}{3 \times (1 \times 3)} + 3 = 3.25[\text{m}]$

26

다음 그림과 같이 단면 1, 2에서 수은의 높이 차가 h[m]이다. 압력차 $P_1 - P_2$는 몇 [Pa]인가?(단, 축소관에서의 부차적 손실은 무시하고 수은의 비중은 13.5, 물의 비중량은 9,800[N/m^3]이다)

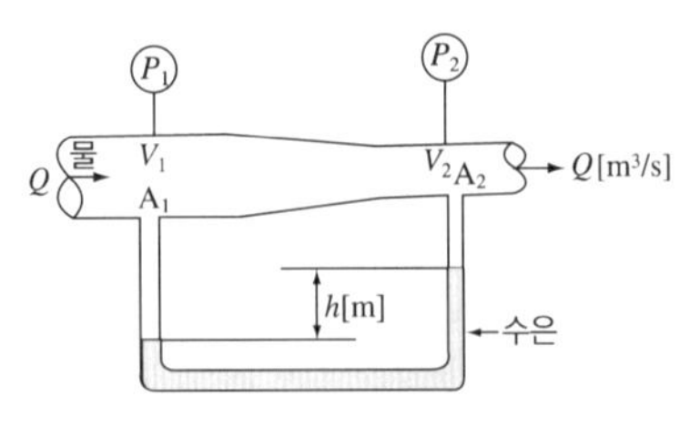

① 122,500h　　② 12.25h
③ 132,500h　　④ 13.25h

해설 **압 력**

$$P_1 - P_2 = (\gamma_{Hg} - \gamma)h$$
$$= (13.5 - 1) \times 9{,}800[\text{N/m}^3] \times h[\text{m}]$$
$$= 122{,}500h[\text{Pa}]$$

27

주수소화 시 물의 표면장력을 약화시켜 연소물에 침투속도를 향상시키는 침투제를 무엇이라 하는가?

① Ethylene Oxide
② Sodium Carboxy Methyl Cellulose
③ Wetting Agent
④ Viscosity Agent

해설 Wetting Agent : 물의 표면장력을 감소시켜 연소물에 침투속도를 향상시키는 침투제

28

분말소화약제의 특성에 관한 설명 중 틀린 것은?

① 차고, 주차장에서는 제3종 분말소화약제를 사용할 수 없다.
② 제1인산염을 주성분으로한 분말은 담홍색으로 착색되어 있다.
③ CDC(Compatible Dry Chemical)는 포와 함께 사용할 수 있다.
④ 최적의 소화를 나타내는 분말의 입도는 20~25[μm] 정도이다.

해설 **차고, 주차장 : 제3종 분말소화약제**

정답 24 ③ 25 ② 26 ① 27 ③ 28 ①

29

이산화탄소를 방사하여 산소의 체적 농도를 12[%] 되게 하려면 상대적으로 이산화탄소의 농도는 얼마가 되어야 하는가?

① 25.40[%] ② 28.70[%]
③ 38.35[%] ④ 42.86[%]

해설 이산화탄소의 농도

$$\text{이산화탄소 농도[\%]} = \frac{21-O_2}{21} \times 100$$

$$\therefore CO_2\text{의 농도} = \frac{21-12}{21} \times 100 = 42.86[\%]$$

30

펌프의 일과 손실을 고려할 때 베르누이 수정방정식을 바르게 나타낸 것은?(단, H_P와 H_L은 펌프의 수두와 손실수두를 나타내며, 하첨자 1, 2는 각각 펌프의 전후 위치를 나타낸다)

① $\frac{V_1^2}{2g}+\frac{P_1}{\gamma}+z_1+H_P=\frac{V_2^2}{2g}+\frac{P_2}{\gamma}+z_2+H_L$

② $\frac{V_1^2}{2g}+\frac{P_1}{\gamma}+z_1+H_P=\frac{V_2^2}{2g}+\frac{P_2}{\gamma}+H_L$

③ $\frac{V_1^2}{2g}+\frac{P_1}{\gamma}+H_P=\frac{V_2^2}{2g}+\frac{P_2}{\gamma}+z_2+H_L$

④ $\frac{V_1^2}{2g}+\frac{P_1}{\gamma}+z_1=\frac{V_2^2}{2g}+\frac{P_2}{\gamma}+H_L$

해설 베르누이 수정방정식

$$\frac{V_1^2}{2g}+\frac{P_1}{\gamma}+z_1+H_P=\frac{V_2^2}{2g}+\frac{P_2}{\gamma}+z_2+H_L$$

31

유체가 매끈한 원 관 속을 흐를 때 레이놀즈수가 1,200이라면 관마찰계수는 얼마인가?

① 0.0254 ② 0.00128
③ 0.0059 ④ 0.053

해설 층류일 때 Re No는 $f=\frac{64}{Re}=\frac{64}{1,200}=0.053$

32

다음 중 절대단위계(MLT계)에서 힘의 차원을 바르게 표현한 것은?(단, M : 질량, L : 길이, T : 시간)

① MLT^{-2} ② $ML^{-1}T^{-1}$
③ MLT^2 ④ MLT

해설 단위와 차원

차 원	중력 단위[차원]	절대 단위[차원]
길 이	[m], [L]	[m], [L]
시 간	[s], [T]	[s], [T]
질 량	[kg · s^2/m], [$FL^{-1}T^2$]	[kg], [M]
힘	[kg_f], [F]	**[kg · m/s^2], [MLT^{-2}]**
밀 도	[kg · s^2/m^4], [$FL^{-4}T^2$]	[kg/m^3], [ML^{-3}]
압 력	[kg/m^2], [FL^{-2}]	[kg/m · s^2], [$ML^{-1}T^{-2}$]
속 도	[m/s], [LT^{-1}]	[m/s], [LT^{-1}]
가속도	[m/s^2], [LT^{-2}]	[m/s^2], [LT^{-2}]

33

낙구식 점도계에서 측정되는 점성계수 μ와 낙구의 속도 V의 관계는?

① $\mu \propto V$ ② $\mu \propto V^2$
③ $\mu \propto \frac{1}{V}$ ④ $\mu \propto \frac{1}{\sqrt{V}}$

해설 낙구식 점도계의 점성계수

$$\text{점성계수 } \mu = \frac{d^2(\gamma_s-\gamma_t)}{18V}$$

여기서, d : 강구의 지름
γ_s : 강구의 비중량
γ_t : 액체의 비중량
V : 낙하속도

34

토출량이 0.65[m^3/min]인 펌프를 사용하는 경우 펌프의 축동력은 약 몇 [kW]인가?(단, 전양정은 40[m]이고, 펌프의 효율은 50[%]이다)

① 4.25 ② 8.49
③ 17.0 ④ 509

해설 축동력

$$P[\text{kW}] = \frac{0.163 \times Q \times H}{\eta} \times K$$

29 ④ 30 ① 31 ④ 32 ① 33 ③ 34 ② **정답**

여기서, 0.163 : 1,000 ÷ 60 ÷ 102

Q : 유량[m^3/min]

H : 전양정[m]

K : 전달계수(여유율)

η : 펌프효율

$$\therefore P[\text{kW}] = \frac{0.163 \times 0.65[\text{m}^3/\text{min}] \times 40[\text{m}]}{0.5} \times 1 = 8.48$$

35

원관 속의 흐름에서 관의 직경, 유체의 속도, 유체의 밀도, 유체의 점성계수가 각각 D, V, ρ, μ로 표시될 때 층류흐름의 마찰계수 f는 어떻게 표현될 수 있는가?

① $f = \dfrac{64\mu}{DV\rho}$　② $f = \dfrac{64\rho}{DV\mu}$

③ $f = \dfrac{64D}{V\rho\mu}$　④ $f = \dfrac{64}{DV\rho\mu}$

해설 층류일 때 관마찰계수(f)

$$f = \frac{64}{Re} = \frac{64}{\dfrac{DV\rho}{\mu}} = \frac{64\mu}{DV\rho}$$

36

이상기체의 정압과정에 해당하는 것은?(단, P는 압력, T는 절대온도, ν는 비체적, k는 비열비를 나타낸다)

① $\dfrac{P}{T}$=일정　② $P\nu$=일정

③ $P\nu^k$=일정　④ $\dfrac{\nu}{T}$=일정

해설 이상기체의 정압과정

$$\frac{\nu}{T} = \text{일정}$$

37

펌프의 캐비테이션을 방지하기 위한 방법으로 틀린 것은?

① 흡입 양정을 짧게 한다.
② 흡입 손실수두를 줄인다.
③ 펌프의 회전속도를 높여 흡입 속도를 크게 한다.
④ 2대 이상의 펌프를 사용한다.

해설 공동현상 방지대책

- Pump의 흡입측 수두, 마찰손실을 적게 한다.
- **Pump Impeller 속도를 적게 한다.**
- Pump 흡입관경을 크게 한다.
- Pump 설치위치를 수원보다 낮게 하여야 한다.
- Pump 흡입압력을 유체의 증기압보다 높게 한다.
- 양흡입 Pump를 사용하여야 한다.
- 양흡입 Pump로 부족 시 펌프를 2대로 나눈다.

38

이상기체의 운동론에 대한 다음의 설명 중 옳은 것은?

① 분자 자신의 체적은 거의 무시할 수 있다.
② 분자가 충돌할 때 에너지의 손실이 있다.
③ 분자 사이에 척력이 항상 작용한다.
④ 분자 사이에 인력이 항상 작용한다.

해설 이상기체

- 분자 자신의 체적을 거의 무시할 수 있다.
- 분자 상호 간의 인력을 무시한다.
- 아보가드로 법칙을 만족하는 기체이다.

39

유량이 4[m^3/min]인 펌프가 3,000[rpm]의 회전으로 100[m]의 양정이 필요하다면 비속도 530~560[m^3/min · m · rpm] 범위에 속하는 다단펌프를 사용할 경우 몇 단의 펌프를 사용하여야 하는가?

① 2단　② 3단
③ 4단　④ 5단

해설 비속도

$$N_s = \frac{N \cdot Q^{1/2}}{\left(\dfrac{H}{n}\right)^{3/4}}$$

여기서, N : 회전수[rpm]

Q : 유량[m^3/min]

H : 양정[m]

n : 단수

$$\therefore 536(530 \sim 560) = \frac{3{,}000 \times 4[\text{m}^3/\text{min}]^{1/2}}{\left(\dfrac{100}{n}\right)^{3/4}}$$

$\therefore n = 4$

정답 35 ① 36 ④ 37 ③ 38 ① 39 ③

40

다음 설명 중 틀린 것은?

① 열역학 제1법칙은 에너지 보존에 대한 것이다.
② 이상기체는 이상기체 상태방정식을 만족한다.
③ 가역단열과정은 엔트로피가 증가하는 과정이다.
④ 마찰은 비가역성의 원인이 될 수 있다.

해설 가역단열과정 : 등엔트로피과정

제 3 과목 소방관계법규

41

인화성 액체인 제4류 위험물의 품명별 지정수량이다. 다음 중 옳지 않은 것은?

① 특수인화물 50[L]
② 제1석유류 중 비수용성 액체는 200[L], 수용성 액체는 400[L]
③ 알코올류 300[L]
④ 제4석유류 6,000[L]

해설 제4류 위험물의 종류

성 질	품 명		위험등급	지정수량
인화성 액체	1. 특수인화물		I	50[L]
	2. 제1석유류	비수용성 액체	II	200[L]
		수용성 액체	II	400[L]
	3. 알코올류		II	400[L]
	4. 제2석유류	비수용성 액체	III	1,000[L]
		수용성 액체	III	2,000[L]
	5. 제3석유류	비수용성 액체	III	2,000[L]
		수용성 액체	III	4,000[L]
	6. 제4석유류		III	6,000[L]
	7. 동식물유류		III	10,000[L]

42

화재, 재난·재해 그 밖의 위급한 상황이 발생한 현장에는 소방활동에 필요한 사람으로 그 구역에 출입하는 것을 제한할 수 있다. 다음 중 소방활동구역의 설정권자는?

① 소방청장 ② 시·도지사
③ 소방대장 ④ 시장, 군수

해설 소방활동구역의 설정권자 : 소방대장

43

연소할 우려가 있는 구조에 대한 설명으로 다음 (㉠), (㉡)에 들어갈 수치로 알맞은 것은?

> 행정안전부령으로 정하는 연소우려가 있는 건축물의 구조
> - 건축물대장의 건축물 현황도에 표시된 대지경계선 안에 둘 이상의 건축물이 있는 경우
> - 각각의 건축물이 다른 건축물의 외벽으로부터 수평거리가 1층의 경우에는 (㉠)[m] 이하, 2층 이상의 층의 경우에는 (㉡)[m] 이하인 경우
> - 개구부(영 제2조 제1호에 따른 개구부를 말한다)가 다른 건축물을 향하여 설치되어 있는 경우

① ㉠ 5, ㉡ 10 ② ㉠ 6, ㉡ 10
③ ㉠ 10, ㉡ 5 ④ ㉠ 10, ㉡ 6

해설 연소우려가 있는 건축물의 구조(설치유지법률 규칙 제7조)
- 건축물대장의 건축물 현황도에 표시된 대지경계선 안에 둘 이상의 건축물이 있는 경우
- 각각의 건축물이 다른 건축물의 외벽으로부터 수평거리가 1층의 경우에는 6[m] 이하, 2층 이상의 층의 경우에는 10[m] 이하인 경우
- 개구부(영 제2조 제1호에 따른 개구부)가 다른 건축물을 향하여 설치되어 있는 경우

44

신축·증축·개축·재축·대수선 또는 용도변경으로 해당 특정소방대상물의 소방안전관리자를 신규로 선임하는 경우 해당 특정소방대상물의 관계인은 특정소방대상물의 완공일로부터 며칠 이내에 소방안전관리자를 선임하여야 하는가?

① 7일 이내 ② 14일 이내
③ 30일 이내 ④ 60일 이내

40 ③ 41 ③ 42 ③ 43 ② 44 ③ 정답

해설 소방안전관리자 재선임기간 : 30일 이내

45

소방본부장이나 소방서장은 연면적 20,000[m^2]인 건축물의 건축허가 등의 동의요구서류를 접수한 날부터 며칠 이내에 건축허가 등의 동의 여부를 회신하여야 하는가?

① 3일 이내 ② 5일 이내
③ 10일 이내 ④ 14일 이내

해설 **건축허가 등의 동의 회신 여부(시행규칙 제4조)**
동의요구를 받은 소방본부장 또는 소방서장은 건축허가 등의 동의요구서류를 접수한 날부터 **5일**(허가를 신청한 건축물 등이 **특급소방안전관리대상물에 해당하는 경우**에는 **10일**) **이내**에 건축허가 등의 동의 여부를 회신하여야 한다.

46

소방자동차의 우선통행에 관한 사항으로 다음 중 옳지 않은 것은?

① 소방자동차가 화재진압 및 구조・구급활동을 위하여 출동할 때는 사이렌을 사용할 수 있다.
② 소방자동차가 소방훈련을 위하여 필요한 때에는 사이렌을 사용할 수 있다.
③ 소방자동차의 우선통행에 관하여는 소방청장이 정하는 바에 따른다.
④ 모든 차와 사람은 소방자동차가 화재진압 및 구조・구급활동을 위하여 출동할 때에는 이를 방해하여서는 아니 된다.

해설 **소방자동차의 우선통행 등**
- 모든 차와 사람은 소방자동차(지휘를 위한 자동차 및 구조・구급차를 포함한다. 이하 같다)가 화재진압 및 구조・구급활동을 위하여 출동을 하는 때에는 이를 방해하여서는 아니 된다.
- 소방자동차의 **우선통행**에 관하여는 **도로교통법**이 정하는 바에 따른다.
- 소방자동차가 화재진압 및 구조・구급활동을 위하여 출동하거나 훈련을 위하여 필요한 때에는 사이렌을 사용할 수 있다.

47

다음 중 소방기본법상의 벌칙으로 5년 이하의 징역 또는 5,000만원 이하의 벌금에 해당하지 않는 것은?

① 소방자동차가 화재진압 및 구조・구급활동을 위하여 출동하는 때에 그 출동을 방해한 사람
② 사람을 구출하거나 불이 번지는 것을 막기 위하여 소방대상물 및 토지의 사용제한의 강제처분을 방해한 사람
③ 화재 등 위급한 상황이 발생한 현장에서 사람을 구출하거나 불을 끄거나 불이 번지지 아니하도록 하는 일을 방해한 사람
④ 정당한 사유 없이 소방용수시설의 효용을 해하거나 그 정당한 사용을 방해한 사람

해설 사람을 구출하거나 불이 번지는 것을 막기 위하여 소방대상물 및 토지의 사용제한의 강제처분을 방해한 자는 3년 이하의 징역 또는 3,000만원 이하의 벌금

48

다음 하자보수대상 소방시설 중 하자보수보증기간이 다른 것은?

① 유도표지 ② 무선통신보조설비
③ 비상경보설비 ④ 자동화재탐지설비

해설 **하자보수보증기간**
- 피난기구・유도등・**유도표지**・**비상경보설비**・비상조명등・비상방송설비 및 **무선통신보조설비** : 2년
- 자동소화장치・옥내소화전설비・스프링클러설비・간이스프링클러설비・물분무 등 소화설비・옥외소화전설비・**자동화재탐지설비**・상수도 소화용수설비 및 소화활동설비(무선통신보조설비 제외) : **3년**

49

소방기본법상 소방활동에 필요한 소화전・급수탑・저수조를 설치하고 유지・관리하여야 하는 자는?

① 관계인 ② 소방대장
③ 시・도지사 ④ 소방산업기술원장

해설 소방용수시설(소화전, 저수조, 급수탑)의 설치・유지 및 관리 : 시・도지사

정답 45 ② 46 ③ 47 ② 48 ④ 49 ③

50

소방시설공사업 등록신청 시 제출하여야 할 자산평가액 또는 기업진단보고서는 신청일 전 최근 며칠 이내에 작성한 것이어야 하는가?

① 90일　② 120일
③ 150일　④ 180일

해설 **소방시설업의 등록신청**
다음에 해당하는 자가 신청일 전 최근 **90일 이내**에 작성한 **자산평가액** 또는 기업진단보고서(소방시설공사업에 한한다)
- 공인회계사법 제7조에 따라 재정경제부장관에게 등록한 공인회계사
- 건설산업기본법 제49조 제2항에 따른 전문경영진단기관

51

터널을 제외한 지하가로서 연면적이 1,500[m^2]인 경우 설치하지 않아도 되는 소방시설은?

① 비상방송설비　② 스프링클러설비
③ 제연설비　④ 무선통신보조설비

해설 비상방송설비는 지하가에는 설치할 필요가 없다.

52

다음은 소방기본법의 목적을 기술한 것이다. (㉠), (㉡), (㉢)에 들어갈 내용으로 알맞은 것은?

> "화재를 (㉠)·(㉡)하거나 (㉢)하고 화재, 재난·재해 그 밖의 위급한 상황에서의 구조·구급활동 등을 통하여 국민의 생명·신체 및 재산을 보호함으로써 공공의 안녕 및 질서유지와 복리 증진에 이바지함을 목적으로 한다."

① ㉠ 예방, ㉡ 경계, ㉢ 복구
② ㉠ 경보, ㉡ 소화, ㉢ 복구
③ ㉠ 예방, ㉡ 경계, ㉢ 진압
④ ㉠ 경계, ㉡ 통제, ㉢ 진압

해설 **소방기본법의 목적** : 이 법은 화재를 **예방·경계**하거나 **진압**하고 화재, 재난·재해 그 밖의 위급한 상황에서의 **구조·구급활동** 등을 통하여 **국민의 생명·신체** 및 **재산**을 보호함으로써 **공공의 안녕 및 질서유지**와 **복리 증진**에 이바지함을 목적으로 한다.

53

다음은 소방시설공사업자의 시공능력평가액 산정을 위한 산식이다. (　)에 들어갈 내용으로 알맞은 것은?

> "시공능력평가액 = 실적평가액+자본금평가액+기술력평가액+(　) ± 신인도평가액"

① 기술개발평가액　② 경력평가액
③ 자본투자평가액　④ 평균공사실적평가액

해설 **소방시설공사업자의 시공능력평가 산정**
시공능력평가액=실적평가액+자본금평가액+기술력평가액+(경력평가액)±신인도평가액

54

탱크시험자의 등록취소 처분을 하고자 하는 경우에 청문실시권자가 아닌 것은?

① 시·도지사
② 소방서장
③ 소방본부장
④ 행정안전부장관

해설 탱크시험자의 등록취소 : 시·도지사, 소방본부장, 소방서장

55

소방용수시설의 급수탑의 설치기준에 관한 사항이다. 다음 중 개폐밸브의 설치위치로 알맞은 것은?

① 지상에서 0.5[m] 이상 1[m] 이하
② 지상에서 0.8[m] 이상 1.2[m] 이하
③ 지상에서 1.0[m] 이상 1.5[m] 이하
④ 지상에서 1.5[m] 이상 1.7[m] 이하

50 ① 51 ① 52 ③ 53 ② 54 ④ 55 ④ 정답

해설 **소방용수시설별 설치기준**

- 소화전의 설치기준 : 상수도와 연결하여 지하식 또는 지상식의 구조로 하고, 소방용 호스와 연결하는 소화전의 연결금속구의 구경은 65[mm]로 할 것
- 급수탑의 설치기준 : 급수배관의 구경은 100[mm] 이상으로 하고, **개폐밸브**는 지상에서 **1.5[m] 이상 1.7[m] 이하**의 위치에 설치하도록 할 것

56

소방안전관리업무의 대행 또는 소방시설 등의 점검 및 유지·관리의 업을 하고자 하는 자는 누구에게 등록하여야 하는가?

① 한국소방안전원장
② 관할 소방서장
③ 소방산업기술원장
④ 시·도지사

해설 **소방안전관리업무**의 **대행** 또는 **소방시설 등의 점검** 및 **유지·관리의 업**을 하고자 하는 자는 **시·도지사**에게 소방시설관리업의 **등록**을 하여야 한다.

57

위험물제조소 등의 관계인이 화재 등 재해발생 시의 비상조치를 위하여 정하여야 하는 예방규정에 관한 설명으로 바른 것은?

① 위험물안전관리자가 선임되지 아니하였을 경우에 정하여 시행한다.
② 제조소 등을 사용하기 시작한 후 30일 이내에 예방규정을 시행한다.
③ 예방규정을 정하여 한국소방안전협회의 검토를 받아 시행한다.
④ 예방규정을 정하고 해당 제조소 등의 사용을 시작하기 전에 시·도지사에게 제출한다.

해설 대통령령이 정하는 제조소 등의 관계인은 해당 제조소 등의 화재예방과 화재 등 재해발생 시의 비상조치를 위하여 행정안전부령이 정하는 바에 따라 **예방규정**을 정하여 해당 제조소 등의 사용을 시작하기 전에 **시·도지사**에게 **제출**하여야 한다. 예방규정을 변경한 때에도 또한 같다.

58

위험물 중 성질이 인화성 액체로서 기어유, 실린더유 그 밖에 1기압에서 인화점이 200[℃] 이상 250[℃] 미만인 것은?

① 제1석유류 ② 제2석유류
③ 제3석유류 ④ 제4석유류

해설 **제4류 위험물의 분류**

- 특수인화물(다이에틸에테르, 이황화탄소, 아세트알데하이드, 산화프로필렌)
  - 1기압에서 발화점이 100[℃] 이하인 것
  - 인화점이 영하 20[℃] 이하이고 비점이 40[℃] 이하인 것
- 제1석유류 : 아세톤, 휘발유 등 1기압에서 인화점이 섭씨 21도 미만인 것
- 알코올류 : 1분자를 구성하는 탄소원자의 수가 1개부터 3개까지인 포화1가 알코올(변성알코올 포함)
- 제2석유류 : 등유, 경유 등 1기압에서 인화점이 21[℃] 이상 70[℃] 미만인 것
- 제3석유류 : 중유, 크레오소트유 등 1기압에서 인화점이 70[℃] 이상 200[℃] 미만인 것
- 제4석유류 : 기어유, 실린더유 등 1기압에서 인화점이 200[℃] 이상 250[℃] 미만의 것
- 동식물유류 : 동물의 지육 등 또는 식물의 종자나 과육으로부터 추출한 것으로서 1기압에서 인화점이 250[℃] 미만인 것

59

특정소방대상물과 관련하여 다음 중 운수시설에 포함되지 않는 것은?

① 공항시설 ② 도시철도시설
③ 주차장 ④ 항만시설

해설 **운수시설**

- 여객자동차터미널
- 철도 및 도시철도 시설(정비창 등 관련시설을 포함한다)
- 공항시설(항공관제탑을 포함한다)
- 항만시설 및 종합여객시설

주차장 : 항공기 및 자동차 관련시설

정답 56 ④ 57 ④ 58 ④ 59 ③

60

소방안전관리업무를 수행하지 아니한 특정소방대상물의 관계인의 벌칙기준은?

① 200만원 이하의 과태료
② 100만원 이하의 벌금
③ 500만원 이하의 과태료
④ 300만원 이하의 벌금

해설 소방안전관리업무 태만 : 200만원 이하의 과태료

제 4 과목 소방기계시설의 구조 및 원리

61

분말소화설비의 화재안전기준상 제1종 분말을 사용한 전역방출방식의 분말소화설비에 있어서 방호구역 체적 1[m^3]에 대한 소화약제는 몇 [kg]인가?

① 0.60　　② 0.36
③ 0.24　　④ 0.72

해설 **전역방출방식 소화약제량**

> 소화약제저장량[kg]=방호구역 체적[m^3]×소화약제량[kg/m^3]+개구부의 면적[m^2]×가산량[kg/m^2]

※ 개구부의 면적은 자동폐쇄장치가 설치되어 있지 않는 면적이다.

약제의 종류	소화약제량	가산량
제1종 분말	0.60[kg/m^3]	4.5[kg/m^2]
제2종 또는 제3종 분말	0.36[kg/m^3]	2.7[kg/m^2]
제4종 분말	0.24[kg/m^3]	1.8[kg/m^2]

62

옥외소화전설비의 가압송수장치에 대한 설명으로 틀린 것은?

① 펌프는 전용으로 한다.
② 해당 소방대상물에 설치된 옥외소화전을 동시에 사용할 경우 각 옥외소화전의 노즐선단 방수압력은 3.5[MPa] 이상이어야 한다.
③ 해당 소방대상물에 설치된 옥외소화전을 동시에 사용할 경우 각 옥외소화전의 노즐선단 방수량은 350[L/min] 이상이어야 한다.
④ 펌프의 토출측에는 압력계를 체크밸브 이전에 설치한다.

해설 **옥외소화전설비의 가압송수장치**

해당 소방대상물에 설치된 옥외소화전(2개 이상 설치된 경우에는 2개의 옥외소화전)을 동시에 사용할 경우 각 옥외소화전의 노즐선단에서의 방수압력이 **0.25[MPa] 이상**이고, 방수량이 350[L/min] 이상이 되는 성능의 것으로 할 것. 이 경우 하나의 옥외소화전을 사용하는 노즐선단에서의 방수압력이 0.7[MPa]을 초과할 경우에는 호스접결구의 인입측에 감압장치를 설치하여야 한다.

63

다음 연결살수설비에 대한 시설기준에서 ( ) 안에 적합한 것은?

> 송수구는 구경 65[mm]의 쌍구형으로 설치할 것. 다만, 하나의 송수구역에 부착하는 살수헤드의 수가 (　)개 이하일 경우에 있어서는 단구형의 것으로 할 수 있다.

① 4　　② 5
③ 9　　④ 10

해설 **연결살수설비의 송수구 설치기준**

- 소방차가 쉽게 접근할 수 있고 노출된 장소에 설치할 것. 이 경우 가연성 가스의 저장·취급시설에 설치하는 연결살수설비의 송수구는 그 방호대상물로부터 20[m] 이상의 거리를 두거나 방호대상물에 면하는 부분이 높이 1.5[m] 이상 폭 2.5[m] 이상의 철근콘크리트벽으로 가려진 장소에 설치하여야 한다.
- 송수구는 **구경 65[mm]의 쌍구형**으로 설치할 것. 다만, 하나의 송수구역에 부착하는 살수헤드의 수가 **10개 이하**인 것에 있어서는 단구형의 것으로 할 수 있다.
- 개방형 헤드를 사용하는 송수구의 호스접결구는 각 송수구역마다 설치할 것. 다만, 송수구역을 선택할 수 있는 선택밸브가 설치되어 있고 각 송수구역의 주요구조부가 내화구조로 되어 있는 경우에는 그러하지 아니하다.
- 지면으로부터 높이가 0.5[m] 이상 1[m] 이하의 위치에 설치할 것

60 ① 61 ① 62 ② 63 ④ 정답

- 송수구로부터 주배관에 이르는 연결배관에는 개폐밸브를 설치하지 아니 할 것. 다만, 스프링클러설비·물분무소화설비·포소화설비 또는 연결송수관설비의 배관과 겸용하는 경우에는 그러하지 아니하다.
- 송수구의 부근에는 "연결살수설비송수구"라고 표시한 표지와 송수구역 일람표를 설치할 것. 다만, 제2항의 규정에 따른 선택밸브를 설치한 경우에는 그러하지 아니하다.
- 송수구에는 이물질을 막기 위한 마개를 씌워야 한다.

64

건축물의 주요구조부가 내화구조이고, 벽, 반자 등 실내에 면하는 부분이 불연재료로 시공된 바닥면적이 600[m^2]인 노유자시설에 필요한 소화기구의 소화능력 단위는 얼마 이상으로 하여야 하는가?

① 2단위 ② 3단위
③ 4단위 ④ 6단위

해설 소방대상물별 소화기구의 능력단위기준

소방대상물	소화기구의 능력단위
1. 위락시설	해당 용도의 바닥면적 30[m^2]마다 능력단위 1단위 이상
2. 공연장·집회장·관람장·문화재·장례식장 및 의료시설	해당 용도의 바닥면적 50[m^2]마다 능력단위 1단위 이상
3. 근린생활시설·판매시설·운수시설·숙박시설·**노유자시설**·전시장·공동주택·업무시설·방송통신시설·공장·창고시설·항공기 및 자동차관련시설 및 관광휴게시설	해당 용도의 바닥면적 **100[m^2]마다** 능력단위 1단위 이상
4. 그 밖의 것	해당 용도의 바닥면적 200[m^2]마다 능력단위 1단위 이상

(주) 소화기구의 능력단위를 산출함에 있어서 건축물의 **주요구조부**가 **내화구조**이고, 벽 및 반자의 실내에 면하는 부분이 **불연재료**·준불연재료 또는 난연재료로 된 소방대상물에 있어서는 위 표의 **기준면적의 2배**를 해당 소방대상물의 기준면적으로 한다.

∴ 해당 용도의 바닥면적 100[m^2]마다(능력단위 1단위 이상)
⇒ 주요구조부가 내화구조이므로 200[m^2]이다.
면적이 600[m^2] ÷ 200[m^2] = 3단위

65

포소화약제의 혼합장치 중 펌프의 토출관에 압입기를 설치하여 포소화약제 압입용 펌프로 포소화약제를 압입시켜 혼합하는 방식은?

① 펌프 프로포셔너방식
② 프레셔 사이드 프로포셔너방식
③ 라인 프로포셔너방식
④ 프레셔 프로포셔너방식

해설 포소화약제의 혼합장치

- 펌프 프로포셔너방식(Pump Proportioner, 펌프혼합방식) : 펌프의 토출관과 흡입관 사이의 배관 도중에 설치한 흡입기에 펌프에서 토출된 물의 일부를 보내고 농도조절밸브에서 조정된 포소화약제의 필요량을 포소화약제 탱크에서 펌프 흡입측으로 보내어 약제를 혼합하는 방식
- 라인 프로포셔너방식(Line Proportioner, 관로혼합방식) : 펌프와 발포기의 중간에 설치된 벤투리관의 벤투리작용에 따라 포소화약제를 흡입·혼합하는 방식. 이 방식은 옥외소화전에 연결 주로 1층에 사용하며 원액 흡입력 때문에 송수압력의 손실이 크고, 토출측 호스의 길이, 포원액 탱크의 높이 등에 민감하므로 아주 정밀설계와 시공을 요한다.
- 프레셔 프로포셔너방식(Pressure Proportioner, 차압혼합방식) : 펌프와 발포기의 중간에 설치된 벤투리관의 벤투리작용과 펌프 가압수의 포소화약제 저장탱크에 대한 압력에 따라 포소화약제를 흡입 혼합하는 방식. 현재 우리나라에서는 3[%] 단백포 차압혼합방식을 많이 사용하고 있다.
- **프레셔 사이드 프로포셔너방식**(Pressure Side Proportioner, 압입혼합방식) : 펌프의 토출관에 압입기를 설치하여 포소화약제압입용 펌프로 포소화약제를 압입시켜 혼합하는 방식

66

분말소화설비의 가압식 저장용기에 설치하는 안전밸브의 작동압력은 몇 [MPa] 이하인가?(단, 내압시험압력은 25.0[MPa], 최고사용압력은 5.0[MPa]로 한다)

① 4.0 ② 9.0
③ 13.9 ④ 20.0

해설 분말소화설비의 저장용기에는 **가압식**의 것은 **최고사용압력의 1.8배 이하**, **축압식**의 것은 용기의 **내압시험압력의 0.8배 이하**의 압력에서 작동하는 **안전밸브**를 설치할 것

정답 64 ② 65 ② 66 ②

∴ 가압식일 때 안전밸브의 작동압력
= 5.0[MPa] × 1.8 = 9.0[MPa]

67

다음 중에서 연결송수관설비의 배관을 습식 설비로 설치하여야 하는 소방대상물은?

① 지상 5층으로 연면적 6,000[m^2]인 소방대상물
② 지상 11층 이상인 소방대상물
③ 지면으로부터 높이가 30[m] 이상 또는 지상 10층인 소방대상물
④ 지면으로부터 높이가 70[m] 이상인 소방대상물

해설 **연결송수관설비의 배관**
- 주배관의 구경은 100[mm] 이상의 것으로 할 것
- 지면으로부터의 높이가 **31[m] 이상**인 소방대상물 또는 **지상 11층 이상**인 소방대상물에 있어서는 습식 설비로 할 것

68

판매시설의 지하층에 유용한 피난기구로만 조합된 것은?

① 피난용 트랩, 피난교
② 피난사다리, 미끄럼대
③ 피난교, 미끄럼대
④ 피난용 트랩, 피난사다리

해설 **피난기구의 적응성**
아래 표 참조

피난기구의 적응성

층별 \ 설치장소별 구분	1. 노유자시설	2. 의료시설 · 근린생활시설 중 입원실이 있는 의원 · 접골원 · 조산원	3. 다중이용업소의 안전관리에 관한 특별법 시행령 제2조에 따른 다중이용업소로서 영업장의 위치가 4층 이하인 다중이용업소	4. 그 밖의 것
지하층	피난용트랩	피난용트랩	–	피난사다리 · 피난용트랩
1층	미끄럼대 · 구조대 · 피난교 · 다수인피난장비 · 승강식피난기	–	–	–
2층	미끄럼대 · 구조대 · 피난교 · 다수인피난장비 · 승강식피난기	–	미끄럼대 · 피난사다리 · 구조대 · 완강기 · 다수인피난장비 · 승강식피난기	–
3층	미끄럼대 · 구조대 · 피난교 · 다수인피난장비 · 승강식피난기	미끄럼대 · 구조대 · 피난교 · 피난용트랩 · 다수인피난장비 · 승강식피난기	미끄럼대 · 피난사다리 · 구조대 · 완강기 · 다수인피난장비 · 승강식피난기	미끄럼대 · 피난사다리 · 구조대 · 완강기 · 피난교 · 피난용트랩 · 간이완강기 · 공기안전매트 · 다수인피난장비 · 승강식피난기
4층 이상 10층 이하	피난교 · 다수인피난장비 · 승강식피난기	구조대 · 피난교 · 피난용트랩 · 다수인피난장비 · 승강식피난기	미끄럼대 · 피난사다리 · 구조대 · 완강기 · 다수인피난장비 · 승강식피난기	피난사다리 · 구조대 · 완강기 · 피난교 · 간이완강기 · 공기안전매트 · 다수인피난장비 · 승강식피난기

※ 비고 : 간이완강기의 적응성은 숙박시설의 3층 이상에 있는 객실에, 공기안전매트의 적응성은 공동주택에 한한다.

67 ② 68 ④ 정답

69

전동기에 의한 펌프를 이용하는 스프링클러설비의 가압송수장치에 대한 설치 기준으로 옳은 것은?

① 기동용 수압개폐장치(압력체임버)를 사용할 경우 그 용적은 80[L] 이상의 것으로 한다.
② 물올림장치 설치는 유효수량 100[L] 이상으로 한다.
③ 정격토출압력은 하나의 헤드선단에 0.01[MPa] 이상, 0.12[MPa] 이하의 방수압력이 될 수 있는 크기로 한다.
④ 충압펌프의 정격토출압력은 그 설비의 최고위 살수장치의 자연압보다 적어도 0.1[MPa]과 같게 하거나 가압송수장치의 정격토출압력보다 크게 한다.

해설 **스프링클러설비의 가압송수장치**

- 기동용 수압개폐장치(압력체임버)를 사용할 경우 그 용적은 **100[L] 이상**의 것으로 할 것
- 물올림장치의 유효수량은 **100[L] 이상**으로 하되, 구경 15[mm] 이상의 급수배관에 따라 해당 수조에 물이 계속 보급되도록 할 것
- 가압송수장치의 정격토출압력은 하나의 헤드선단에 0.1[MPa] 이상 1.2[MPa] 이하의 방수압력이 될 수 있게 하는 크기일 것
- 충압펌프의 토출압력은 그 설비의 최고위 살수장치(일제개방밸브의 경우는 그 밸브)의 자연압보다 적어도 0.2[MPa]이 더 크도록 하거나 가압송수장치의 정격토출압력과 같게 할 것

70

연결송수관설비의 방수구 설치에서 연결송수관설비의 전용방수구 또는 옥내소화전방수구로서 구경은 몇 [mm]의 것으로 설치하는가?

① 40 ② 50
③ 65 ④ 100

해설 연결송수관설비의 방수구 : 65[mm]

71

폐쇄형 스프링클러헤드를 사용하는 설비의 방호구역·유수 검지장치는 하나의 방호구역의 바닥면적의 기준은 몇 [m^2]를 초과하지 않아야 하는가?

① 1,500 ② 2,000
③ 2,500 ④ 3,000

해설 폐쇄형 스프링클러헤드를 사용하는 설비의 하나의 방호구역의 바닥면적은 **3,000[m^2]**를 초과하지 아니할 것

72

특수가연물의 고무제품의 운동화를 저장하는 창고에 물분무설비를 하려고 한다. 필요한 수원은 몇 [m^3] 이상이어야 하는가?(단, 창고의 높이는 7[m]이고 바닥면적은 50[m^2]이다)

① 16 ② 14
③ 12 ④ 10

해설 **물분무소화설비의 수원의 양 산출**

소방대상물	펌프의 토출량 [L/min]	수원의 양[L]
특수가연물 저장, 취급	바닥면적 (최소 50[m^2]) ×10[L/min·m^2]	바닥면적(최소 50[m^2]) ×10[L/min·m^2] ×20[min]
차고, 주차장	바닥면적 (최소 50[m^2]) ×20[L/min·m^2]	바닥면적(최소 50[m^2]) ×20[L/min·m^2] ×20[min]
컨베이어 벨트	벨트 부분의 바닥면적 ×10[L/min·m^2]	벨트 부분의 바닥면적 ×10[L/min·m^2] ×20[min]

∴ 수원의 양[L] = 바닥면적(50[m^2] 이하는 50[m^2]) × 10[L/min·m^2] × 20[min]
= 50[m^2] × 10[L/min·m^2] × 20[min]
= 10,000[L] = 10[m^3]

정답 69 ② 70 ③ 71 ④ 72 ④

73

액화천연가스(LNG)를 사용하는 아파트에 주방자동소화장치를 설치하려 한다. 공기보다 가벼운 가스를 사용하고자 할 때 주거용 주방자동소화장치의 탐지부 설치위치로 알맞은 것은?

① 천장 면으로부터 30[cm] 이하의 위치에 설치한다.
② 소화약제분사 노즐로부터 30[cm] 이상의 위치에 설치한다.
③ 바닥 면으로부터 30[cm] 이상의 위치에 설치한다.
④ 가스차단장치로부터 30[cm] 이상의 위치에 설치한다.

해설 **주거용 주방자동소화장치의 설치기준**

- 소화약제 방출구는 환기구(주방에서 발생하는 열기류 등을 밖으로 배출하는 장치를 말한다)의 청소부분과 분리되어 있어야 하며, 형식승인받은 유효설치 높이 및 방호면적에 따라 설치할 것
- 감지부는 형식승인받은 유효한 높이 및 위치에 설치할 것
- 가스차단장치(전기 또는 가스)는 상시 확인 및 점검이 가능하도록 설치할 것
- 가스용 주방자동소화장치를 사용하는 경우 탐지부는 수신부와 분리하여 설치하되, **공기보다 가벼운 가스**(LNG)를 사용하는 경우에는 **천장면으로부터 30[cm] 이하**의 위치에 설치하고, 공기보다 무거운 가스(LPG)를 사용하는 장소에는 바닥면으로부터 30[cm] 이하의 위치에 설치할 것

> LNG의 증기비중 = 분자량/29 = 16/29 = 0.55
> (LNG의 주성분은 CH_4로서 분자량 : 16이다)

- 수신부는 주위의 열기류 또는 습기 등과 주위온도에 영향을 받지 아니하고 사용자가 상시 볼 수 있는 장소에 설치할 것

74

소화용수설비를 설치하여야 할 소방대상물에 유수를 사용할 수 있는 경우에는 유수의 양이 1분당 몇 [m³] 이상이면 소화수조를 설치하지 않아도 되는가?

① 0.3　② 0.5
③ 0.6　④ 0.8

해설 소화용수설비를 설치하여야 할 소방대상물에 있어서 유수의 양이 0.8[m³/min] 이상인 유수를 사용할 수 있는 경우에는 소화수조를 설치하지 아니할 수 있다.

75

경유 10,000[L]를 저장하는 옥외탱크저장소에 고정포방출구를 설치할 때 다음 조건에 의해 포소화약제의 최소 저장량은 몇 [L]인가?

> [조 건]
> 탱크액 표면적 20[m²], 고정포방출구 1개, 보조포소화전수 2개(호스접결구 수 4개), 소화약제 농도 3[%]형, 단위 포소화수용액의 양 4[L/m² · min], 방출시간 0.5시간

① 432　② 552
③ 612　④ 792

해설 **고정포방출방식의 약제저장량**

구 분	약제량	수원의 양
㉠ 고정포 방출구	$Q = A \times Q_1 \times T \times S$ Q : 포소화약제의 양[L] A : 탱크의 액표면적[m²] Q_1 : 단위포소화 수용액의 양 [L/m² · 분] T : 방출시간[분] S : 포소화약제 사용농도[%]	$Q_w = A \times Q_1 \times T$
㉡ 보조 포소화전	$Q = N \times S \times 8{,}000$[L] Q : 포소화약제의 양[L] N : 호스 접결구수(3개 이상일 경우 3개) S : 포소화약제의 사용농도[%]	$Q_w = N \times 8{,}000$[L]
㉢ 배관 보정	가장 먼 탱크까지의 송액관(내경 75[mm] 이하 제외)에 충전하기 위하여 필요한 양 $Q = Q_A \times S$ $= \frac{\pi}{4} d^2 \times l \times S \times 1{,}000$ Q : 배관 충전 필요량[L] Q_A : 송액관 충전량[L] S : 포소화약제 사용농도[%]	$Q_w = Q_A$

※ 고정포방출방식 약제저장량 = ㉠ + ㉡ + ㉢

문제에서 배관보정은 필요없으므로 ㉠과 ㉡만 계산하면

㉠ 고정포방출구의 약제량

$Q = A \times Q_1 \times T \times S$
$= 20[m^2] \times 4[L/min \cdot m^2] \times 30[min] \times 0.03$
$= 72[L]$

㉡ 보조포소화전의 약제량

$Q = N \times S \times 8{,}000[L]$
$= 3 \times 0.03 \times 8{,}000[L] = 720[L]$

∴ 포소화약제 저장량 = 72[L] + 720[L] = 792[L]

76

분말소화설비에서 분말소화약제 1[kg]당 저장용기의 내용적 기준 중 틀린 것은?

① 제1종 분말 : 0.8[L] ② 제2종 분말 : 1.0[L]
③ 제3종 분말 : 1.0[L] ④ 제4종 분말 : 1.0[L]

해설 분말소화약제의 충전비

소화약제의 종별	충전비
제1종 분말	0.80[L/kg]
제2종 분말	1.00[L/kg]
제3종 분말	1.00[L/kg]
제4종 분말	1.25[L/kg]

77

자동차 차고나 주차장에 할론 1301 소화약제로 전역방출방식의 소화설비를 할 경우 방호구역의 체적 1[m^3]당 얼마의 소화약제가 필요한가?

① 0.4[kg] 이상, 1.10[kg] 이하
② 0.32[kg] 이상, 0.64[kg] 이하
③ 0.36[kg] 이상, 0.71[kg] 이하
④ 0.60[kg] 이상, 0.71[kg] 이하

해설 방호구역 체적당 약제량

소방대상물 또는 그 부분		소화약제의 종별	방호구역의 체적 1[m^3]당 소화약제의 양
차고·주차장·전기실·통신기기실·전산실 기타 이와 유사한 전기설비가 설치되어 있는 부분		할론 1301	0.32[kg] 이상 0.64[kg] 이하
소방기본법 시행령 별표 2의 특수가연물을 저장·취급하는 소방대상물 또는 그 부분	가연성 고체류·가연성 액체류	할론 2402	0.40[kg] 이상 1.1[kg] 이하
		할론 1211	0.36[kg] 이상 0.71[kg] 이하
		할론 1301	0.32[kg] 이상 0.64[kg] 이하
	면화류·나무껍질 및 대팻밥·넝마 및 종이부스러기·사류·볏짚류·목재가공품 및 나무부스러기를 저장·취급하는 것	할론 1211	0.60[kg] 이상 0.71[kg] 이하
		할론 1301	0.52[kg] 이상 0.64[kg] 이하
	합성수지류를 저장·취급하는 것	할론 1211	0.36[kg] 이상 0.71[kg] 이하
		할론 1301	0.32[kg] 이상 0.64[kg] 이하

78

경사강하식 구조대에 대한 내용 중 잘못된 것은?

① 구조대는 연속하여 활강할 수 있는 구조이어야 한다.
② 구조대 본체는 강하방향으로 봉합부가 설치되지 아니하여야 한다.
③ 본체의 포지는 하부지지 장치에 인장력이 균등하게 걸리도록 부착하여야 한다.
④ 입구틀의 크기는 지름 60[cm] 이상의 구체가 통과할 수 있어야 한다.

해설 경사강하식구조대의 구조

- 연속하여 활강할 수 있는 구조로 안전하고 쉽게 사용할 수 있어야 한다.
- **입구틀** 및 취부틀의 입구는 **지름 50[cm] 이상**의 구체가 통과할 수 있어야 한다.
- 포지는 사용 시에 수직방향으로 현저하게 늘어나지 아니하여야 한다.
- 포지, 지지틀, 취부틀 그 밖의 부속장치 등은 견고하게 부착되어야 한다.
- 구조대 본체는 강하방향으로 봉합부가 설치되지 아니하여야 한다.
- 구조대 본체의 활강부는 낙하방지를 위해 포를 2중구조로 하거나 또는 망목의 변의 길이가 8[cm] 이하인 망을 설치하여야 한다. 다만, 구조상 낙하방지의 성능을 갖고있는 구조대의 경우에는 그러하지 아니하다.
- 본체의 포지는 하부지지장치에 인장력이 균등하게 걸리도록 부착하여야 하며 하부지지장치는 쉽게 조작할 수 있어야 한다.
- 손잡이는 출구 부근에 좌우 각 3개 이상 균일한 간격으로 견고하게 부착하여야 한다.
- 구조대본체의 끝부분에는 길이 4[m] 이상, 지름 4[mm] 이상의 유도선을 부착하여야 하며, 유도선 끝에는 중량 3[N](300[g]) 이상의 모래주머니 등을 설치하여야 한다.
- 땅에 닿을 때 충격을 받는 부분에는 완충장치로서 받침포 등을 부착하여야 한다.

정답 76 ④ 77 ② 78 ④

79

다음은 상수도소화전의 설비의 설치기준에 대한 설명이다. 괄호 안에 알맞은 것은?

> 1. 호칭지름 (㉠)의 수도배관에는 호칭지름 (㉡)의 소화전을 접속하여야 한다.
> 2. 소화전은 소방대상물의 수평투영면의 각 부분으로부터 (㉢)가(이) 되도록 한다.

① ㉠ 75[mm] 이상, ㉡ 100[mm] 이하, ㉢ 140[mm] 이상
② ㉠ 75[mm] 이상, ㉡ 100[mm] 이상, ㉢ 140[mm] 이하
③ ㉠ 75[mm] 이하, ㉡ 100[mm] 이하, ㉢ 140[mm] 이상
④ ㉠ 75[mm] 이하, ㉡ 100[mm] 이상, ㉢ 180[mm] 이하

해설 **상수도 소화용수설비의 설치기준**

- 호칭지름 **75[mm] 이상**의 수도배관에 호칭지름 **100[mm] 이상**의 소화전을 접속할 것
- 소화전은 소방자동차 등의 진입이 쉬운 도로변 또는 공지에 설치할 것
- 소화전은 소방대상물의 수평투영면의 각 부분으로부터 **140[m] 이하**가 되도록 설치할 것

80

옥내소화전설비의 배관에 관한 설명으로 틀린 것은?

① 유량측정장치는 정격토출량의 150[%]까지 측정할 수 있는 성능이 있어야 한다.
② 펌프 흡입측 배관에 설치하는 급수차단용 개폐밸브는 버터플라이밸브 외의 개폐표시형 밸브를 설치하여야 한다.
③ 펌프 흡입측 배관에는 여과장치를 설치한다.
④ 수온상승방지를 위한 배관에는 릴리프밸브를 설치한다.

해설 **옥내소화전설비의 배관**

유량측정장치는 성능시험배관의 직관부에 설치하되, 펌프의 정격토출량의 **175[%] 이상** 측정할 수 있는 성능이 있을 것

79 ② 80 ① 정답

제 1 회 2010년 3월 7일 시행

제 1 과목 소방원론

01

건축물의 주요구조부가 아닌 것은?

① 차 양　　② 보
③ 기 둥　　④ 바 닥

해설 주요구조부 : **내력벽, 기둥, 바닥, 보, 지붕틀**, 주계단

> 주요구조부 제외 : **사잇벽**, 사잇기둥, 최하층의 바닥, 작은 보, 차양, **옥외계단**

02

다음의 물질 중 공기에서의 위험도(H) 값이 가장 큰 것은?

① 에테르　　② 수 소
③ 에틸렌　　④ 프로판

해설 위험성이 큰 것은 위험도가 크다는 것이다.

- 각 물질의 연소범위

가 스	하한계[%]	상한계[%]
에테르($C_2H_5OC_2H_5$)	1.9	48.0
수소(H_2)	4.0	75.0
에틸렌(C_2H_4)	2.7	36.0
프로판(C_3H_8)	2.1	9.5

- 위험도 계산식

$$위험도(H) = \frac{U-L}{L} = \frac{폭발상한계-폭발하한계}{폭발하한계}$$

- 위험도 계산
  - 에테르 $H = \frac{48.0-1.9}{1.9} = 24.26$
  - 수소 $H = \frac{75.0-4.0}{4.0} = 17.75$
  - 에틸렌 $H = \frac{36.0-2.7}{2.7} = 12.33$
  - 프로판 $H = \frac{9.5-2.1}{2.1} = 3.52$

03

촛불의 연소형태에 해당하는 것은?

① 표면연소　　② 분해연소
③ 증발연소　　④ 자기연소

해설 고체연소의 형태

- 표면연소 : 목탄, 코크스, 숯, 금속분 등이 열분해에 의하여 가연성 가스를 발생하지 않고 그 물질 자체가 연소하는 현상
- 분해연소 : 석탄, 종이, 목재, 플라스틱 등의 연소 시 열분해에 의해 발생된 가스와 공기가 혼합하여 연소하는 현상
- **증발연소** : 황, 나프탈렌, **촛불**, 파라핀 등과 같이 고체를 가열하면 열분해는 일어나지 않고 고체가 액체로 되어 일정온도가 되면 액체가 기체로 변화하여 기체가 연소하는 현상
- 자기연소(내부연소) : 제5류 위험물인 나이트로셀룰로스, 질화면 등 그 물질이 가연물과 산소를 동시에 가지고 있는 가연물이 연소하는 현상

04

제1종 분말소화약제의 주성분으로 옳은 것은?

① $KHCO_3$　　② $NaHCO_3$
③ $NH_4H_2PO_4$　　④ $Al_2(SO_4)_3$

정답 01 ① 02 ① 03 ③ 04 ②

해설 분말소화약제의 성상

종 별	소화약제	약제의 착색	적응 화재	열분해반응식
제1종 분말	중탄산나트륨 ($NaHCO_3$)	백 색	B, C급	$2NaHCO_3 \rightarrow Na_2CO_3 + CO_2 + H_2O$
제2종 분말	중탄산칼륨 ($KHCO_3$)	담회색	B, C급	$2KHCO_3 \rightarrow K_2CO_3 + CO_2 + H_2O$
제3종 분말	인산암모늄 ($NH_4H_2PO_4$)	담홍색, 황색	A, B, C급	$NH_4H_2PO_4 \rightarrow HPO_3 + NH_3 + H_2O$
제4종 분말	중탄산칼륨+요소 [$KHCO_3 + (NH_2)_2CO$]	회 색	B, C급	$2KHCO_3 + (NH_2)_2CO \rightarrow K_2CO_3 + 2NH_3 + 2CO_2$

05

Halon 1301의 분자식에 해당하는 것은?

① CCl_3H ② CH_3Cl
③ CF_3Br ④ $C_2F_2Br_2$

해설 할로겐화합물소화약제

구 분 \ 종 류	할론 1301	할론 1211	할론 2402	할론 1011
분자식	CF_3Br	CF_2ClBr	$C_2F_4Br_2$	CH_2ClBr
분자량	148.9	165.4	259.8	129.4

06

공기 또는 물과 반응하여 발화할 위험이 높은 물질은?

① 벤 젠 ② 이황화탄소
③ 트라이에틸알루미늄 ④ 톨루엔

해설 물과의 반응

- 벤젠과 톨루엔은 물과 반응을 하지 않고 분리된다.
- 이황화탄소는 물속에 저장한다.
- 트라이에틸알루미늄[$(C_2H_5)_3Al$]은 공기 또는 물과 반응을 한다.

> • 공기와의 반응
> $2(C_2H_5)_3Al + 21O_2 \rightarrow Al_2O_3 + 15H_2O + 12CO_2 \uparrow$
> • 물과의 반응
> $(C_2H_5)_3Al + 3H_2O \rightarrow Al(OH)_3 + 3C_2H_6 \uparrow$

07

플래시오버(Flash Over)에 대한 설명으로 옳은 것은?

① 건물 화재에서 가연물이 착화하여 연소하기 시작하는 단계이다.
② 축적된 가연성 가스가 일시에 인화하여 화염이 확대되는 단계이다.
③ 건물 화재에서 화재가 쇠퇴기에 이른 단계이다.
④ 건물 화재에서 가연물의 연소가 끝난 단계이다.

해설 플래시오버(Flash Over)

- 가연성 가스를 동반하는 연기와 유독가스가 방출하여 실내의 급격한 온도상승으로 실내 전체가 순간적으로 연기가 충만해지는 현상
- 옥내화재가 서서히 진행되어 열이 축적되었다가 일시에 화염이 크게 발생하는 상태

08

건물 내 피난동선의 조건으로 옳지 않은 것은?

① 2개 이상의 방향으로 피난할 수 있어야 한다.
② 가급적 단순한 형태로 한다.
③ 통로의 말단은 안전한 장소이어야 한다.
④ 수직동선은 금하고 수평동선만 고려한다.

해설 피난동선의 조건

- 수평동선과 수직동선으로 구분한다.
- 가급적 단순형태가 좋다.
- 상호반대방향으로 다수의 출구와 연결되는 것이 좋다.
- 어느 곳에서도 2개 이상의 방향으로 피난할 수 있으며 그 말단은 화재로부터 안전한 장소이어야 한다.

09

열전도율을 표시하는 단위에 해당하는 것은?

① $[kcal/m^2 \cdot h \cdot ℃]$ ② $[kcal \cdot m^2 \cdot /h \cdot ℃]$
③ $[W/m \cdot K]$ ④ $[J/m^3 \cdot K]$

해설 열전도율은 물리학에서 어떤 물질의 열전달을 나타내는 수치로서 단위는 [W/m·K]이다.

$$[W/m \cdot K] = [\frac{J/s}{m \cdot K}] = [\frac{J}{m \cdot s \cdot K}] = [\frac{cal}{cm \cdot s \cdot ℃}]$$

05 ③ 06 ③ 07 ② 08 ④ 09 ③ 정답

10

다음 물질 중 인화점이 가장 낮은 것은?

① 에틸알코올 ② 등 유
③ 경 유 ④ 다이에틸에테르

해설 제4류 위험물의 인화점

종 류		에틸알코올	등 유	경 유	다이에틸에테르
분류	품 명	알코올류	제2석유류	제2석유류	특수인화물
분류	인화점	-	21[℃] 이상 70[℃] 미만	21[℃] 이상 70[℃] 미만	-20[℃] 이하
인화점[℃]		13[℃]	40~70[℃]	50~70[℃]	-45[℃]

11

분말소화약제의 소화효과로 가장 거리가 먼 것은?

① 방사열의 차단효과 ② 부촉매효과
③ 제거효과 ④ 질식효과

해설 분말소화약제의 소화효과 : 질식효과, 냉각효과 부촉매(억제)효과

12

다음 중 착화 온도가 가장 낮은 것은?

① 에틸알코올 ② 톨루엔
③ 등 유 ④ 가솔린

해설 착화 온도

종 류	에틸알코올	톨루엔	등 유	가솔린
착화 온도	423[℃]	552[℃]	220[℃]	약 300[℃]

13

목재의 상태를 기준으로 했을 때 다음 중 연소속도가 가장 느린 것은?

① 거칠고 얇은 것 ② 각이 있고 얇은 것
③ 매끄럽고 둥근 것 ④ 수분이 적고 거친 것

해설 거칠고 얇은 것, 각이 있는 것, 수분이 적고 거친 것은 연소속도가 빠르다.

14

정전기로 인한 피해발생의 방지대책이 아닌 것은?

① 접지실시
② 공기의 이온화
③ 부도체사용
④ 70[%] 이상의 상대습도 유지

해설 정전기 방지대책
- 접지할 것
- 공기를 이온화할 것
- 상대습도를 70[%] 이상으로 할 것

15

다음 중 제3류 위험물로서 자연발화성만 있고 금수성이 없기 때문에 물속에 보관하는 물질은?

① 염소산암모늄 ② 황 린
③ 칼 륨 ④ 질 산

해설 제3류 위험물인 황린(P_4)은 포스핀의 생성을 방지하기 위하여 물속에 저장한다.

16

다음 중 연소현상과 관계가 없는 것은?

① 부탄가스라이터에 불을 붙였다.
② 황린을 공기 중에 방치했더니 불이 붙었다.
③ 알코올램프에 불을 붙였다.
④ 공기 중에 노출된 쇠못이 붉게 녹이 슬었다.

해설 공기 중에 노출된 쇠못이 붉게 녹이 슬었다는 산화현상이고, 연소현상은 가연물이 산소와 반응하여 **열과 빛을 동반하는 급격한 산화현상**이다.

17

자연발화의 예방을 위한 대책으로 옳지 않은 것은?

① 열의 축적을 방지한다.
② 주위 온도를 낮게 유지한다.
③ 열전도성을 나쁘게 한다.
④ 산소와의 접촉을 차단한다.

정답 10 ④ 11 ③ 12 ③ 13 ③ 14 ③ 15 ② 16 ④ 17 ③

해설 자연발화의 방지대책
- 습도를 낮게 할 것
- 주위의 온도를 낮출 것(열의 축적을 방지한다)
- 통풍을 잘 시킬 것
- 불활성 가스를 주입하여 공기와 접촉을 피할 것
- 열전도성을 좋게 할 것

18

다음 원소 중 할로겐족 원소인 것은?

① Ne ② Ar
③ Cl ④ Xe

해설 할로겐족 원소(17족 원소) : F(플루오린, 불소), Cl(염소), Br(브롬, 취소), I(아이오딘, 옥소)

> 18족 원소(불활성기체) : He(헬륨), Ne(네온), Ar(아르곤), Kr(크립톤) Xe(제논), Rn(라돈)

19

목재화재 시 다량의 물을 뿌려 소화하고자 한다. 이때 가장 큰 소화효과는?

① 제거소화효과
② 냉각소화효과
③ 부촉매소화효과
④ 희석소화효과

해설 냉각소화
목재화재 시 다량의 물을 방수하여 불이 붙는 온도 이하로 낮추어 소화하는 방법

20

건축물 내부에 설치하는 피난계단의 구조로 옳지 않은 것은?

① 계단실은 창문・출입구 기타 개구부를 제외한 해당 건축물의 다른 부분과 내화구조의 벽으로 구획할 것
② 계단실의 실내에 접하는 부분의 마감은 불연재료로 할 것
③ 계단실에는 예비전원에 의한 조명설비를 할 것
④ 계단은 피난층 또는 지상까지 직접 연결되지 않도록 할 것

해설 피난계단의 설치기준
- **건축물의 내부에 설치하는 피난계단의 구조**
  - **계단실**은 창문・출입구 기타 개구부(이하 "창문 등"이라 한다)를 제외한 해당 건축물의 다른 부분과 **내화구조의 벽**으로 구획할 것
  - 계단실의 실내에 접하는 부분(바닥 및 반자 등 실내에 면한 모든 부분을 말한다)의 마감은 **불연재료**로 할 것
  - **계단실**에는 예비전원에 의한 **조명설비**를 할 것 계단실의 바깥쪽과 접하는 창문 등(망이 들어 있는 유리의 붙박이창으로서 그 면적이 각각 1[m^2] 이하인 것을 제외)은 해당 건축물의 다른 부분에 설치하는 창문 등으로부터 2[m] 이상의 거리를 두고 설치할 것
  - 건축물의 내부와 접하는 계단실의 창문 등(출입구를 제외한다)은 망이 들어 있는 유리의 붙박이창으로서 그 면적을 각각 1[m^2] 이하로 할 것
  - 건축물의 내부에서 계단실로 통하는 출입구의 유효너비는 0.9[m] 이상으로 하고, 그 출입구에는 피난의 방향으로 열 수 있는 것으로서 언제나 닫힌 상태를 유지하거나 화재 시 연기의 발생 또는 온도의 상승에 의하여 자동적으로 닫히는 구조로 된 제26조의 규정에 의한 갑종방화문 또는 을종방화문을 설치할 것
  - 계단은 내화구조로 하고 **피난층** 또는 **지상까지 직접 연결되도록 할 것**
- **건축물의 바깥쪽에 설치하는 피난계단의 구조**
  - 계단은 그 계단으로 통하는 출입구 외의 창문 등(망이 들어 있는 유리의 붙박이창으로서 그 면적이 각각 1[m^2] 이하인 것을 제외한다)으로부터 2[m] 이상의 거리를 두고 설치할 것
  - 건축물의 내부에서 계단으로 통하는 출입구에는 제26조의 규정에 의한 갑종방화문 또는 을종방화문을 설치할 것
  - 계단의 유효너비는 0.9[m] 이상으로 할 것
  - 계단은 내화구조로 하고 지상까지 직접 연결되도록 할 것

18 ③ 19 ② 20 ④ **정답**

제 2 과목 소방유체역학 및 약제화학

21

그림의 액주계(Manometer)에서 비중 $S_1 = S_3 = 0.90$, $S_2 = 13.6$, $h_1 = 30[\text{cm}]$, $h_3 = 15[\text{cm}]$일 때 A점의 압력과 B점의 압력이 같게 되는 h_2는 약 몇 [cm]인가?

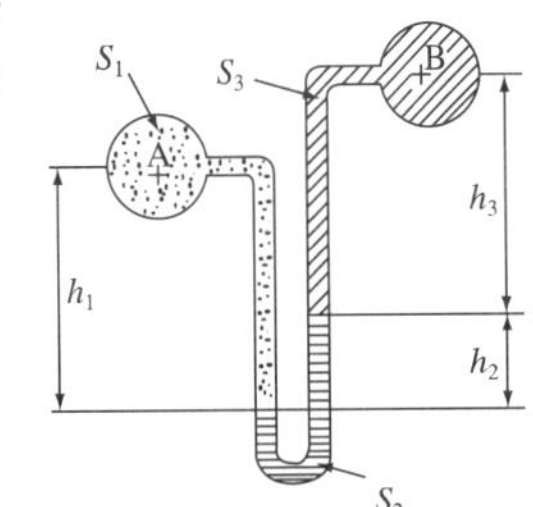

① 1
② 3
③ 5
④ 7

해설 압력을 구하는 식에서 h_2를 구하면

$P_A + \gamma_1 h_1 = P_B + \gamma_2 h_2 + \gamma_3 h_3$

$P_A - P_B = \gamma_2 h_2 + \gamma_3 h_3 - \gamma_1 h_1$

여기서 P_A와 P_B가 같으므로

$0 = (13.6 \times 1{,}000[\text{kg}_f/\text{m}^3] \times h_2)$
$\quad + (0.90 \times 1{,}000 \times 0.15[\text{m}])$
$\quad - (0.90 \times 1{,}000 \times 0.30[\text{m}])$

$13{,}600 h_2 = 270 - 135$

$h_2 = 0.00993[\text{m}] = 0.99[\text{cm}] \fallingdotseq 1[\text{cm}]$

22

그림과 같이 밑면이 2[m]×2[m]인 탱크에 비중이 0.8인 기름과 물이 각각 2[m]씩 채워져 있다. 기름과 물이 벽면 AB에 작용하는 힘은 약 몇 [kN]인가?

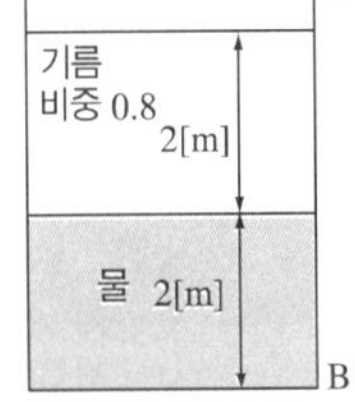

① 39
② 70
③ 102
④ 133

해설 • 각 부분의 중심에서 압력

$P_1 = \gamma_{기름} \overline{h_1} = 0.8 \times 9{,}800 \times 1$
$\quad = 7{,}840[\text{N/m}^2]$

$P_2 = \gamma_{기름} h + \gamma_{물} (\overline{h_2} - 2)$
$\quad = 0.8 \times 9{,}800 \times 2 + 9{,}800 \times (3-2)$
$\quad = 25{,}480[\text{N/m}^2]$

• 각 부분에 작용하는 힘

$F_1 = P_1 A_1 = 7{,}840 \times (2 \times 2) = 31{,}360[\text{N}]$

$F_2 = P_2 A_2 = 25{,}480 \times (2 \times 2) = 101{,}920[\text{N}]$

• AB면에 작용하는 힘

$F = F_1 + F_2 = 31{,}360 + 101{,}920 = 133{,}280[\text{N}]$
$\quad = 133.3[\text{kN}]$

23

경사진 관로의 유체흐름에서 수력기울기선(Hydraulic Grade Line ; HGL)의 위치로 옳은 것은?

① 언제나 에너지선보다 위에 있다.
② 에너지선보다 속도수도만큼 아래에 있다.
③ 항상 수평이 된다.
④ 개수로의 수면보다 속도수도만큼 위에 있다.

해설 수력구배선(수력기울기선)은 항상 에너지선보다 속도수두 $\left(\dfrac{u^2}{2g}\right)$만큼 아래에 있다.

> • 전수두선 : $\dfrac{P}{\gamma} + \dfrac{u^2}{2g} + Z$를 연결한 선
>
> • 수력구배선 : $\dfrac{P}{\gamma} + Z$를 연결한 선

24

깊이 1[m]까지 물을 넣은 물탱크의 밑에 오피리스가 있다. 수면에 대기압이 작용할 때의 2배 유속으로 오리피스에서 물을 유출시키려면 수면에는 몇 [kPa]의 압력을 더 가하면 되는가?(단, 손실은 무시한다)

① 9.8　　② 19.6
③ 29.4　　④ 39.2

해설 $u_1 = \sqrt{2gH} = \sqrt{2 \times 9.8 \times 1[\text{m}]} = 4.43[\text{m/s}]$

$u_2 = 2u_1 = 2 \times 4.43 = 8.86[\text{m/s}]$

$H = \dfrac{u_2^2}{2g} = \dfrac{(8.86)^2}{2 \times 9.8} = 4[\text{m}]$

$\therefore P = \gamma H = 1{,}000[\text{kg}_f/\text{m}^3] \times (4-1)[\text{m}]$
$\quad = 3{,}000[\text{kg}_f/\text{m}^2]$

이것을 단위환산하면

$\dfrac{3{,}000[\text{kg}_f/\text{m}^2]}{10{,}332[\text{kg}_f/\text{m}^2]} \times 101.325[\text{kPa}] = 29.42[\text{Pa}]$

정답 21 ① 22 ④ 23 ② 24 ③

25

동점성계수가 $0.8\times10^{-6}[m^2/s]$인 유체가 내경 20[cm]인 배관 속을 평균유속 2[m/s]로 흐를 때의 레이놀즈(Reynolds)수는 얼마인가?

① 3.5×10^5 ② 5.0×10^5
③ 6.5×10^5 ④ 7.0×10^5

해설 레이놀즈수를 구하면

$$Re = \frac{DV}{\nu} = \frac{0.2[m]\times 2[m/s]}{0.8\times10^{-6}[m^2/s]} = 5\times10^5$$

26

그림과 같이 노즐에서 분사되는 물의 속도가 V= 12[m/s]이고, 분류에 수직인 평판은 속도 U= 4[m/s]로 움직일 때, 평판이 받는 힘은 몇 [N]인가? (단, 노즐(분류)의 단면적은 $0.01[m^2]$이다)

① 640
② 960
③ 1,280
④ 1,440

해설 평판이 받는 힘

$F = Q\rho\Delta V$

$= 0.08[m^3/s]\times1{,}000[N\cdot s^2/m^4]\times(12-4)[m/s]$

$= 640[N]$

여기서,

Q(유량) $= A(V-u) = 0.01\times(12-4) = 0.08[m^3/s]$

ρ(밀도) $= 1{,}000[N\cdot s^2/m^4] = 1{,}000[kg/m^3]$

$$\frac{1{,}000[N\cdot s^2]}{[m^4]} = 1{,}000\frac{[kg\cdot \frac{m}{s^2}\times s^2]}{[m^4]} = 1{,}000[kg/m^3]$$

27

직경이 15[cm]인 배관에 $5[m^3/min]$로 물이 정상류로 흐르고 있을 때, 물의 평균유속은 약 몇 [m/s]인가?

① 4.7 ② 5.7
③ 6.7 ④ 7.7

해설 $Q = uA$

$$u = \frac{Q}{A} = \frac{5[m^3]/60[s]}{\frac{\pi}{4}(0.15[m])^2} = 4.7[m/s]$$

28

수압기에서 피스톤의 지름이 각각 10[mm], 50[mm]이고, 큰 피스톤에 1,000[N]의 하중을 올려놓으면 작은 쪽 피스톤에 몇 [N]의 힘이 작용하게 되는가?

① 40 ② 400
③ 25,000 ④ 245,000

해설 $\frac{W_1}{A_1} = \frac{W_2}{A_2}$

$$\frac{1{,}000[N]}{\frac{\pi}{4}(50)^2} = \frac{W_2}{\frac{\pi}{4}(10)^2}$$

$\therefore W_2 = 40[N]$

29

공기가 채워진 어떤 구형(球形)기구의 반지름이 5[m]이고, 내부 압력이 100[kPa], 온도는 20[℃]일 때, 기구 내에 채워진 공기의 몰수는 약 몇 [kmol]인가? (단, 공기의 분자량은 20[kg/kmol]이고, 기체상수는 287[J/kg·k]이다)

① 20.1 ② 21.5
③ 22.3 ④ 23.6

해설 공기의 몰수

이상기체방정식 $PV = WRT$ $n = \frac{무게}{분자량}$

- 구의 체적 $V = \frac{\pi}{6}\times d^3 = \frac{\pi}{6}\times10^3 = 523.6[m^3]$
- 무게 $W = \frac{PV}{RT} = \frac{100\times10^3\times523.6}{287\times(273+20)} = 622.66[kg]$

$\therefore$ 몰수 $n = \frac{무게}{분자량} = \frac{622.66}{29} = 21.47[mol]$

30

직경이 40[mm]인 비누 방울의 내부 초과압력이 150[Pa]일 때, 표면장력은 몇 [N/m]인가?

① 0.75 ② 1.5
③ 2.0 ④ 2.5

해설 $$a = \frac{Pd}{4} = \frac{150[N/m^2]\times0.04[m]}{4} = 1.5[N/m]$$

25 ② 26 ① 27 ① 28 ① 29 ② 30 ② **정답**

31

체적 2[m³], 온도 20[℃]의 이상기체 1[kg]을 정압하에서 체적을 5[m³]으로 팽창시켰다. 가한 열량은 약 몇 [kJ]인가?(단, 기체의 정압 비열은 2.06[kJ/kg · K], 기체상수는 0.488[kJ/kg · K]로 한다)

① 954 ② 906
③ 889 ④ 863

해설
- 정압일 경우 $\frac{V_1}{T_1} = \frac{V_2}{T_2}$ 에서

$T_2 = T_1 \times \left(\frac{V_2}{V_1}\right) = (273+20) \times \left(\frac{5}{2}\right) = 732.5[\text{K}]$

- 가열량 $Q = G(h_2 - h_1) = GC_P(T_2 - T_1)$
$= 1 \times 2.06 \times (732.5 - 293)$
$= 905.37[\text{kJ}]$

32

반지름 r인 뜨거운 금속 구를 실에 매달아 선풍기 바람으로 식힌다. 표면에서의 평균 열전달계수를 h, 공기와 금속의 열전도계수를 k_a와 k_b라고 할 때, 구의 표면 위치에서 금속에서의 온도 기울기와 공기에서의 온도 기울기비는?

① $k_a : k_b$ ② $k_b : k_a$
③ $(rh - k_a) : k_b$ ④ $k_a : (k_b - rh)$

해설 공기와 금속의 열전도계수를 k_a와 k_b라 할 때 온도의 기울기는 k_a와 k_b는 같은 비율이다.

33

지름이 일정한 관 내의 점성유동장에 관한 일반적인 설명 중 맞는 것은?

① 층류인 경우 전단응력은 밀도의 함수이다.
② 층류인 경우 중앙에서 전단응력이 가장 크다.
③ 벽면에서 난류의 속도기울기는 층류보다 작다.
④ 전단응력은 난류가 층류보다 크다.

해설 난류유동에서 벽면 근처를 제외하고는 난류전단응력 $\left(\tau = \eta \frac{du}{dy}\right)$이 점성에 의한 전단응력$\left(\tau = \mu \frac{du}{dy}\right)$보다 월등히 크다.

34

물이 흐르는 지름 40[cm]인 관에 게이트밸브(K=10)와 Tee(K=2)가 설치되어 있다. 관마찰계수가 0.04일 때, 게이트밸브와 Tee에 대한 관의 상당길이는 몇 [m]인가?(단, K는 표에서 얻어진 손실계수이다)

① 100 ② 120
③ 260 ④ 370

해설 관의 상당길이 $Re = \frac{Kd}{f} = \frac{(10+2) \times 0.4[\text{m}]}{0.04}$
$= 120[\text{m}]$

35

펌프의 공동현상(Cavitation)을 방지하기 위한 방법에 관한 사항으로 틀린 것은?

① 펌프의 설치 위치를 수원보다 낮게 한다.
② 펌프의 흡입측을 가압한다.
③ 펌프의 흡입 관경을 크게 한다.
④ 펌프의 회전수를 크게 한다.

해설 **공동현상의 방지대책**
- 펌프의 **회전수, 마찰손실, 흡입측 수두**를 **작게** 한다.
- 펌프의 설치위치를 수원보다 낮춘다.
- 흡입관경을 크게 한다.
- 단흡입펌프를 양흡입으로 바꾼다.

36

낙구식 점도계는 어떤 법칙을 이론적 근거로 하는가?

① Stokes의 법칙
② 열역학 제1법칙
③ Hagen-Poiseuille의 법칙
④ Boyle의 법칙

해설 **점도계**
- 맥마이클(MacMichael) 점도계, **스토머**(Stomer) **점도계 : 뉴턴**(Newton)의 **점성법칙**
- 오스트발트(Ostwald) 점도계, 세이볼트(Saybolt) 점도계 : 하겐-포아젤법칙
- **낙구식 점도계 : 스토크스법칙**

정답 31 ② 32 ① 33 ④ 34 ② 35 ④ 36 ①

37

다음 중 동점성계수의 차원을 옳게 표현한 것은?(단, 질량 M, 길이 L, 시간 T로 표시한다)

① $[ML^{-1}T^{-1}]$　② $[L^2T^{-1}]$
③ $[ML^{-2}T^{-2}]$　④ $[ML^{-1}T^{-2}]$

해설 동점도 $\nu = \frac{\mu}{\rho}([cm^2/s],\ L^2/T = L^2T^{-1})$

38

정용적형 베인펌프의 회전속도가 1,500[rpm]이고, 압력상승이 6.86[MPa], 송출량이 53[L/min]일 때, 소비된 축동력은 7.4[kW]이다. 이 펌프의 전효율은 약 몇 [%]인가?

① 94.6　② 79.8
③ 80.3　④ 81.9

해설 축동력 P[kW]

$$P[\text{kW}] = \frac{\gamma QH}{102 \times \eta}$$

$$7.4[\text{kW}] = \frac{\gamma QH}{102 \times \eta}$$

$$= \frac{1{,}000[\text{kg}_f/\text{m}^3] \times 0.053/60 \times \left(\frac{6.86}{0.1013} \times 10.332[\text{mH}_2\text{O}]\right)}{102 \times \eta}$$

$\therefore\ \eta = 0.819 = 81.9[\%]$

39

다음 중 비속도에 관한 설명 중 맞는 것은?(단, 회전속도는 n[rpm], 송출량은 Q[m^3/min], 전양정은 H[m]이다)

① 축류펌프는 원심펌프에 비해 높은 비속도를 가진다.
② 같은 종류의 펌프는 운전조건이 달라도 비속도의 값이 같다.
③ 저용량 고수두용 펌프는 큰 비속도의 값을 가진다.
④ $\frac{nQ^{1/2}}{H^{3/4}}$로 정의된 비속도는 무차원수이다.

해설 비속도, 비교회전도(Specific Speed)

• 공 식

$$n_s = \frac{N \cdot Q^{1/2}}{\left(\frac{H}{n}\right)^{3/4}} = \frac{N\sqrt{Q}}{H^{\frac{3}{4}}}$$

여기서, $N(n)$: 회전수[rpm]
Q : 유량[m^3/min]
H : 양정[m]
n : 단수

• 축류펌프는 원심펌프에 비해 높은 비속도를 가진다.
• 비속도는 미끄럼계수가 작을수록 증가하고 깃의 수가 적어지고 길이가 짧아진다.
• 비속도는 무차원이 아니므로 유량, 양정, 회전수에 따라서 값이 달라진다.

40

물을 개방된 용기에 넣고 대기압하에서 계속 열을 가하여도 액체의 물이 남아있는 한 물의 온도가 100[℃] 이상 온도가 올라가지 않는 것과 가장 관계가 있는 것은?

① 공급된 열이 모두 물의 내부 에너지로 저장되기 때문이다.
② 공급되는 열, 물의 온도 및 주위 온도와의 사이에서 열이 평형상태에 있기 때문이다.
③ 물이 100[℃]에서 비등하기 때문이다.
④ 공급되는 열량이 100[℃]에서 한계에 도달하였기 때문이다.

해설 물의 비점(끓는 점, Boiling Point)은 100[℃]이므로 아무리 가열하여도 100[℃] 이상은 올라가지 않는다.

제 3 과목 소방관계법규

41

제4류 인화성 액체 위험물 중 품명 및 지정수량이 맞게 짝지어진 것은?

① 제1석유류(수용성 액체) - 100[L]
② 제2석유류(수용성 액체) - 500[L]
③ 제3석유류(수용성 액체) - 1,000[L]
④ 제4석유류 - 6,000[L]

해설 위험물의 지정수량

유별	제1석유류		제2석유류		제3석유류		제4석유류
	수용성	비수용성	수용성	비수용성	수용성	비수용성	
지정수량	400[L]	200[L]	2,000[L]	1,000[L]	4,000[L]	2,000[L]	6,000[L]

37 ② 38 ④ 39 ① 40 ③ 41 ④ 정답

42

단독경보형감지기를 설치하여야 하는 특정소방대상물에 속하지 않는 것은?

① 연면적 600[m^2] 미만의 숙박시설
② 연면적 1,000[m^2] 미만의 아파트
③ 연면적 1,000[m^2] 미만의 기숙사
④ 교육연구시설 내에 있는 연면적 3,000[m^2] 미만의 합숙소

해설 단독경보형감지기를 설치하여야 하는 특정소방대상물
- 연면적 1,000[m^2] 미만의 아파트 등
- 연면적 1,000[m^2] 미만의 기숙사
- 교육연구시설 또는 수련시설 내에 있는 **합숙소** 또는 **기숙사**로서 **연면적 2,000[m^2] 미만**인 것
- 연면적 600[m^2] 미만의 숙박시설
- 연면적 400[m^2] 미만의 유치원

43

자동화재탐지설비의 설치면제요건에 관한 사항이다. (　)에 들어갈 내용으로 알맞은 것은?

"자동화재탐지설비의 기능(감지·수신·경보기능)과 성능을 가진 (　)를 화재안전기준에 적합하게 설치한 경우에는 그 설비의 유효한 범위 안의 부분에서 자동화재탐지설비의 설치가 면제된다."

① 비상경보설비
② 연소방지설비
③ 옥내소화전설비
④ 준비작동식 스프링클러설비

해설 설치면제요건

설치가 면제되는 소방시설	설치면제요건
비상경보설비	비상경보설비를 설치하여야 하는 특정소방대상물에 **단독경보형감지기**를 2개 이상의 단독경보형감지기와 연동하여 설치하는 경우에는 그 설비의 유효범위 안의 부분에서 설치가 면제된다.
연소방지설비	연소방지설비를 설치하여야 하는 특정소방대상물에 스프링클러설비 또는 물분무소화설비를 화재안전기준에 적합하게 설치한 경우에는 그 설비의 유효범위 안의 부분에서 설치가 면제된다.
물분무 등 소화설비	물분무 등 소화설비를 설치하여야 하는 차고·주차장에 스프링클러설비를 화재안전기준에 적합하게 설치한 경우에는 그 설비의 유효범위 안의 부분에서 설치가 면제된다.
자동화재탐지설비	자동화재탐지설비의 기능(감지·수신·경보기능을 말한다)과 성능을 가진 **스프링클러설비** 또는 물분무 등 소화설비를 화재안전기준에 적합하게 설치한 경우에는 그 설비의 유효범위 안의 부분에서 설치가 면제된다.

44

소방기본법상 소방대의 구성원에 속하지 않는 자는?

① 소방공무원법에 따른 소방공무원
② 의무소방대설치법 제3조의 규정에 따라 임용된 의무소방원
③ 소방기본법 제37조의 규정에 따른 의용소방대원
④ 위험물안전관리법 제19조의 규정에 따른 자체소방대원

해설 소방대(消防隊)
화재를 진압하고 화재, 재난·재해 그 밖의 위급한 상황에서의 구조·구급활동 등을 하기 위하여 다음의 사람으로 구성된 조직체를 말한다.
- **소방공무원**
- **의무소방원**(義務消防員)
- **의용소방대원**(義勇消防隊員)

45

소방안전관리자를 선임하지 아니한 소방안전관리대상물의 관계인에 대한 벌칙은?

① 100만원 이하의 벌금
② 300만원 이하의 벌금
③ 1,000만원 이하의 벌금
④ 3,000만원 이하의 벌금

해설 **소방안전관리자 미선임시 벌칙 : 300만원 이하의 벌금**

위험물안전관리자 미선임 : 1,500만원 이하의 벌금

정답 42 ④ 43 ④ 44 ④ 45 ②

46

위험물안전관리법상 제6류 위험물은?

① 유 황　② 칼 륨
③ 황 린　④ 질 산

해설 위험물의 분류

종 류	유 황	칼 륨	황 린	질 산
유 별	제2류 위험물	제3류 위험물	제3류 위험물	제6류 위험물
성 질	가연성 고체	자연발화성 및 금수성 물질	자연발화성 및 금수성 물질	산화성 액체

47

소방기본법상 소방대상물의 소유자 · 관리자 또는 점유자로 정의되는 자는?

① 관리인　② 관계인
③ 사용자　④ 등기자

해설 **관계인** : 소방대상물의 소유자, 점유자, 관리자

48

소방시설 중 연결살수설비는 어떤 설비에 속하는가?

① 소화설비　② 구조설비
③ 피난구조설비　④ 소화활동설비

해설 소화활동설비 : 제연설비, 연결살수설비, 연결송수관설비, 연소방지설비, 비상콘센트설비, 무선통신보조설비

49

하자보수를 하여야 하는 소방시설과 하자보수보증기간이 옳지 않은 것은?

① 피난기구 - 2년
② 유도표지 - 2년
③ 자동화재탐지설비 - 3년
④ 무선통신보조설비 - 3년

해설 하자보수보증기간

보증기간	시설의 종류
2년	피난기구 · 유도등 · 유도표지 · 비상경보설비 · 비상조명등 · 비상방송설비 및 **무선통신보조설비**
3년	자동소화장치 · 옥내소화전설비 · 스프링클러설비 · 간이스프링클러설비 · 물분무 등 소화설비 · 옥외소화전설비 · 자동화재탐지설비 · 상수도 소화용수설비 및 소화활동설비(무선통신보조설비를 제외)

50

특정소방대상물에 사용하는 물품으로 제조 또는 가공 공정에서 방염대상물품에 해당하지 않는 것은?

① 가구류
② 창문에 설치하는 커튼류
③ 무대용 합판
④ 종이벽지를 제외한 두께가 2[mm] 미만인 벽지류

해설 **제조 또는 가공공정에서 방염대상물품**

- 창문에 설치하는 **커튼류**(블라인드를 포함한다)
- 카펫 두께가 **2[mm] 미만**인 **벽지류**로서 **종이벽지를 제외한 것**
- 전시용 합판 또는 섬유판, **무대용 합판** 또는 섬유판
- 암막 · 무대막(영화 및 비디오물의 진흥에 관한 법률에 따른 영화상영관에 설치하는 스크린을 포함)
- 소파 · 의자(단란주점영업, 유흥주점영업, 노래연습장업의 영업장에 설치하는 것만 해당)

51

소방시설의 종류 중 피난구조설비에 속하지 않는 것은?

① 제연설비　② 공기안전매트
③ 유도등　④ 공기호흡기

해설 **피난구조설비** : 화재가 발생할 경우 피난하기 위하여 사용하는 기구 또는 설비로서 다음의 것

- 피난기구(미끄럼대 · 피난사다리 · 구조대 · 완강기 · 피난교 · 공기안전매트, 다수인 피난장비)
- 인명구조기구(방열복 또는 방화복, 공기호흡기 및 인공소생기)
- 유도등(피난유도선, 피난구유도등, 통로유도등, 객석유도등, 유도표지)
- 비상조명등 및 휴대용 비상조명등

제연설비 : 소화활동설비

46 ④ 47 ② 48 ④ 49 ④ 50 ① 51 ① **정답**

52

소방시설공사업의 등록기준이 되는 항목에 해당되지 않는 것은?

① 공사도급실적 ② 자본금
③ 기술인력 ④ 장 비

해설 **소방시설공사업의 등록기준**
- 항목 : 자본금, 기술인력
- 누구에게 : 시·도지사에게 등록

53

소방시설업 등록 후 정당한 사유없이 1년이 지날 때까지 영업을 개시하지 않거나 계속하여 1년 이상 휴업을 한 경우의 2차 행정처분의 기준은?

① 경고(시정명령) ② 영업정지 3월
③ 영업정지 6월 ④ 등록취소

해설 **소방시설업에 대한 행정처분기준**

위반사항	근거 법조문	행정처분기준		
		1차	2차	3차
등록한 후 정당한 사유없이 1년이 지날 때까지 영업을 개시하지 않거나 계속하여 1년 이상 휴업한 경우	법 제9조	경고(시정명령)	등록취소	

54

소화기를 설치하여야 할 특정소방대상물은 연면적이 몇 [m^2] 이상인 것인가?

① 10[m^2] ② 33[m^2]
③ 300[m^2] ④ 600[m^2]

해설 소화기 설치기준 : **연면적 33[m^2] 이상**

55

중앙소방기술심의위원회의 심의사항이 아닌 것은?

① 화재안전기준에 관한 사항
② 소방시설의 구조와 원리 등에 있어서 공법이 특수한 설계 및 시공에 관한 사항
③ 소방시설의 설계 및 공사감리의 방법에 관한 사항
④ 소방시설에 대한 하자가 있는지의 판단에 관한 사항

해설 **지방소방기술심의위원회의 심의사항** : ④가 해당된다.

56

소방청장, 소방본부장, 소방서장이 소방특별조사를 하고자 할 때에는 며칠 전에 관계인에게 서면으로 알려야 하는가?

① 1일 ② 3일
③ 7일 ④ 14일

해설 소방특별조사 : 7일 전에 서면으로 관계인에게 통보

57

위험물시설의 설치 및 변경, 안전관리에 대한 설명으로 옳지 않은 것은?

① 제조소 등의 설치자의 지위를 승계한 자는 승계한 날로부터 30일 이내에 시·도지사에게 신고하여야 한다.
② 제조소 등의 용도를 폐지한 때에는 폐지한 날부터 30일 이내에 시·도지사에게 신고하여야 한다.
③ 위험물안전관리자가 퇴직한 때에는 퇴직한 날부터 30일 이내에 다시 위험물관리자를 선임하여야 한다.
④ 위험물안전관리자를 선임한 때에는 선임한 날부터 14일 이내에 소방본부장이나 소방서장에게 신고하여야 한다.

해설 **위험물의 신고**
- 제조소 등의 지위승계 : 승계한 날부터 30일 이내에 시·도지사에게 신고
- 제조소 등의 **용도폐지** : 폐지한 날부터 **14일 이내**에 **시·도지사에게 신고**
- 위험물안전관리자 재선임 : 퇴직한 날부터 30일 이내에 안전관리자 재선임
- 위험물안전관리자 선임 신고 : 선임 또는 퇴직한 날부터 14일 이내에 소방본부장이나 소방서장에게 신고

정답 52 ①, ④ 53 ④ 54 ② 55 ④ 56 ③ 57 ②

58

액체 위험물을 저장 또는 취급하는 옥외탱크저장소 중 몇 [L] 이상의 옥외탱크저장소는 정기검사의 대상이 되는가?

① 1만[L] 이상 ② 10만[L] 이상
③ 50만[L] 이상 ④ 1,000만[L] 이상

해설 **50만[L] 이상**의 **옥외탱크저장소 정기검사 대상**이다.

59

관계인이 예방규정을 정하여야 하는 옥외저장소는 지정수량의 몇 배 이상의 위험물을 저장하는 것을 말하는가?

① 10배 ② 100배
③ 150배 ④ 200배

해설 **관계인이 예방규정을 정하여야 하는 제조소 등**
- 지정수량의 10배 이상의 위험물을 취급하는 제조소, 일반취급소
- 지정수량의 **100배 이상**의 위험물을 저장하는 **옥외저장소**
- 지정수량의 150배 이상의 위험물을 저장하는 옥내저장소
- 지정수량의 200배 이상의 위험물을 저장하는 옥외탱크저장소
- 암반탱크저장소
- 이송취급소

60

소방본부장이나 소방서장이 화재조사 결과 방화 또는 실화의 혐의가 있다고 인정하는 때 지체 없이 그 사실을 알려야 할 대상은?

① 시・도지사
② 검찰청장
③ 소방청장
④ 관할 경찰서장

해설 **소방본부장**이나 **소방서장**이 화재조사 결과 방화 또는 실화의 혐의가 있다고 인정되면 지체없이 그 사실을 관할 **경찰서장**에게 알려야 한다.

제 4 과목 소방기계시설의 구조 및 원리

61

분말소화설비의 배관과 선택밸브의 설치기준에 대한 내용으로 옳지 않은 것은?

① 배관은 겸용으로 설치할 것
② 강관은 아연도금에 따른 배관용 탄소강관을 사용할 것
③ 동관은 고정압력 또는 최고사용압력의 1.5배 이상의 압력에 견딜 수 있는 것을 사용할 것
④ 선택밸브는 방호구역 또는 방호대상물마다 설치할 것

해설 **분말소화설비의 설치기준**
- 배관의 설치기준
  - **배관**은 **전용으로 할 것**
  - 강관을 사용하는 경우의 배관은 아연도금에 따른 배관용 탄소강관(KS D 3507)이나 이와 동등 이상의 강도・내식성 및 내열성을 가진 것으로 할 것. 다만, 축압식 분말소화설비에 사용하는 것 중 20[℃]에서 압력이 2.5[MPa] 이상 4.2[MPa] 이하인 것에 있어서는 압력배관용 탄소강관(KS D 3562) 중 이음이 없는 스케줄 40 이상의 것 또는 이와 동등 이상의 강도를 가진 것으로서 아연도금으로 방식처리된 것을 사용하여야 한다.
  - 동관을 사용하는 경우의 배관은 고정압력 또는 최고사용압력의 1.5배 이상의 압력에 견딜 수 있는 것을 사용할 것
  - 밸브류는 개폐위치 또는 개폐방향을 표시한 것으로 할 것
  - 배관의 관부속 및 밸브류는 배관과 동등 이상의 강도 및 내식성이 있는 것으로 할 것
- 선택밸브 : 하나의 소방대상물 또는 그 부분에 2 이상의 방호구역 또는 방호대상물이 있어 분말소화설비 저장용기를 공용하는 경우에는 다음의 기준에 따라 선택밸브를 설치하여야 한다.
  - 방호구역 또는 방호대상물마다 설치할 것
  - 각 선택밸브에는 그 담당방호구역 또는 방호대상물을 표시할 것

58 ③ 59 ② 60 ④ 61 ① 정답

62

의료시설에 구조대를 설치하여야 할 층은?

① 지하 2층 ② 지하 1층
③ 지상 1층 ④ 지상 3층

해설 피난기구의 화재안전기준 별표 1 참조

63

스프링클러설비의 배관에 대한 내용 중 잘못된 것은?

① 습식 설비의 청소용으로 교차배관 끝에 설치하는 개폐밸브는 40[mm] 이상으로 설치한다.
② 급수배관 중 가지배관의 배열은 토너먼트방식이 아니어야 한다.
③ 수직배수배관의 구경은 50[mm] 이하로 하여야 한다.
④ 습식 스프링클러설비 외의 설비에는 헤드를 향하여 상향으로 가지배관의 기울기를 250분의 1 이상으로 한다.

해설 **스프링클러설비의 배관기준**
- 교차배관은 가지배관과 수평으로 설치하거나 또는 가지배관 밑에 설치하고, 그 구경은 최소구경이 **40[mm]** 이상이 되도록 할 것
- 가지배관의 배열은 **토너먼트(Tournament)방식이 아닐 것**
- 연결송수관설비의 배관과 겸용할 경우의 **주배관**은 **구경 100[mm] 이상**, 방수구로 연결되는 배관의 구경은 65[mm] 이상의 것으로 하여야 한다.
- 습식 스프링클러설비 또는 부압식스프링클러설비 외의 설비에는 헤드를 향하여 상향으로 수평주행배관의 기울기를 500분의 1 이상, **가지배관**의 기울기를 **250분의 1 이상**으로 할 것
- 수직배수배관의 구경 : 50[mm] 이상

64

대형소화기의 능력단위 기준 및 보행거리 배치기준이 적절하게 표시된 것은?

① A급 화재 : 10단위 이상, B급 화재 : 20단위 이상, 보행거리 : 30[m] 이내
② A급 화재 : 20단위 이상, B급 화재 : 20단위 이상, 보행거리 : 30[m] 이내
③ A급 화재 : 10단위 이상, B급 화재 : 20단위 이상, 보행거리 : 40[m] 이내
④ A급 화재 : 20단위 이상, B급 화재 : 20단위 이상, 보행거리 : 40[m] 이내

해설 **소화기의 기준**

구 분	능력단위 기준	보행거리 배치기준
대형소화기	A급 화재 : 10단위 이상 B급 화재 : 20단위 이상	보행거리 30[m] 이내
소형소화기	대형소화기 미만	보행거리 20[m] 이내

65

연결송수관설비의 송수구에 대한 설치기준으로 틀린 것은?

① 하나의 건축물에 설치된 각 수직배관이 중간에 개폐밸브가 설치되지 아니한 배관으로 상호 연결되어 있는 경우에는 건축물마다 1개씩 설치할 수 있다.
② 연결배관에 개폐밸브를 설치 시는 그 개폐상태를 쉽게 확인 및 조작할 수 있는 옥외 또는 기계실 등에 설치한다.
③ 건식의 경우에 송수구, 자동배수밸브, 체크밸브, 자동배수밸브의 순으로 설치한다.
④ 송수구는 가까운 곳의 보기 쉬운 곳에 "연결송수관설비송수구"라고 표시한 표지와 송수구역 일람표를 설치한다.

해설 **연결송수관설비의 송수구 설치기준**
- 소방차가 쉽게 접근할 수 있고 노출된 장소에 설치할 것
- 지면으로부터 높이가 0.5[m] 이상 1[m] 이하의 위치에 설치할 것
- 송수구는 화재층으로부터 지면으로 떨어지는 유리창 등이 송수 및 그 밖의 소화작업에 지장을 주지 아니하는 장소에 설치할 것
- 송수구로부터 연결송수관설비의 주배관에 이르는 연결배관에 개폐밸브를 설치한 때에는 그 개폐상태를 쉽게 확인 및 조작할 수 있는 옥외 또는 기계실 등의 장소에 설치할 것
- 구경 65[mm]의 쌍구형으로 할 것
- **송수구에는** 그 가까운 곳의 보기 쉬운 곳에 **송수압력 범위를 표시한 표지**를 할 것
- 송수구는 연결송수관의 수직배관마다 1개 이상을 설

정답 62 ④ 63 ③ 64 ① 65 ④

치할 것. 다만, 하나의 건축물에 설치된 각 수직배관이 중간에 개폐밸브가 설치되지 아니한 배관으로 상호 연결되어 있는 경우에는 건축물마다 1개씩 설치할 수 있다.

- 송수구의 부근에는 자동배수밸브 및 체크밸브를 다음의 기준에 따라 설치할 것. 이 경우 자동배수밸브는 배관 안의 물이 잘빠질 수 있는 위치에 설치하되, 배수로 인하여 다른 물건이나 장소에 피해를 주지 아니하여야 한다.
  - 습식의 경우에는 송수구 · 자동배수밸브 · 체크밸브의 순으로 설치할 것
  - 건식의 경우에는 송수구 · 자동배수밸브 · 체크밸브 · 자동배수밸브의 순으로 설치할 것
- 송수구에는 가까운 곳의 보기 쉬운 곳에 "**연결송수관설비송수구**"라고 표시한 표지를 설치할 것
- 송수구에는 이물질을 막기 위한 마개를 씌울 것

66

가연성 가스의 저장 · 취급시설에 설치하는 연결살수설비의 송수구는 그 방호대상물로부터 얼마 이상의 거리를 두어야 하는가?

① 10[m] 이상　② 15[m] 이상
③ 20[m] 이상　④ 25[m] 이상

해설 연결살수설비의 송수구 설치기준

① 소방차가 쉽게 접근할 수 있고 노출된 장소에 설치할 것. 이 경우 가연성 가스의 저장 · 취급시설에 설치하는 **연결살수설비**의 **송수구**는 그 방호대상물로부터 **20[m] 이상의 거리**를 두거나 방호대싱물에 면하는 부분이 높이 1.5[m] 이상 폭 2.5[m] 이상의 철근콘크리트벽으로 가려진 장소에 설치하여야 한다.
② 송수구는 구경 65[mm]의 쌍구형으로 설치할 것. 다만, 하나의 송수구역에 부착하는 살수헤드의 수가 10개 이하인 것에 있어서는 단구형의 것으로 할 수 있다.
③ 개방형 헤드를 사용하는 송수구의 호스접결구는 각 송수구역마다 설치할 것. 다만, 송수구역을 선택할 수 있는 선택밸브가 설치되어 있고 각 송수구역의 주요구조부가 내화구조로 되어 있는 경우에는 그러하지 아니하다.
④ 지면으로부터 높이가 0.5[m] 이상 1[m] 이하의 위치에 설치할 것
⑤ 송수구로부터 주배관에 이르는 연결배관에는 개폐밸브를 설치하지 아니 할 것 다만, 스프링클러설비 · 물분무소화설비 · 포소화설비 또는 연결송수관설비의 배관과 겸용하는 경우에는 그러하지 아니하다.
⑥ 송수구의 부근에는 "연결살수설비송수구"라고 표시한 표지와 송수구역 일람표를 설치할 것. 다만, ②의 규정에 따른 선택밸브를 설치한 경우에는 그러하지 아니하다.
⑦ 송수구에는 이물질을 막기 위한 마개를 씌워야 한다.

67

포소화설비의 자동식 기동장치로 폐쇄형 스프링클러헤드를 사용하고자하는 경우, ㉠ 부착면의 높이[m]와 ㉡ 1개의 스프링클러헤드의 경계면적[m^2]기준은?

① ㉠ 바닥으로부터 높이 5[m] 이하, ㉡ 18[m^2] 이하
② ㉠ 바닥으로부터 높이 5[m] 이하, ㉡ 20[m^2] 이하
③ ㉠ 바닥으로부터 높이 4[m] 이하, ㉡ 1[m^2] 이하
④ ㉠ 바닥으로부터 높이 4[m] 이하, ㉡ 20[m^2] 이하

해설 포소화설비의 자동식 기동장치

- 폐쇄형 스프링클러헤드를 사용하는 경우에는 다음에 따를 것
  - 표시온도가 79[℃] 미만인 것을 사용하고, 1개의 스프링클러헤드의 경계면적은 **20[m^2] 이하**로 할 것
  - 부착면의 높이는 바닥으로부터 **5[m] 이하**로 하고, 화재를 유효하게 감지할 수 있도록 할 것
  - 하나의 감지장치 경계구역은 하나의 층이 되도록 할 것
- 화재감지기를 사용하는 경우에는 다음에 따를 것
  - 화재감지기는 자동화재탐지설비의 화재안전기준(NFSC 203) 제7조의 기준에 따라 설치할 것
  - 화재감지기 회로에는 다음 기준에 따른 발신기를 설치할 것
    - ⓐ 조작이 쉬운 장소에 설치하고, 스위치는 바닥으로부터 0.8[m] 이상 1.5[m] 이하의 높이에 설치할 것
    - ⓑ 소방대상물의 층마다 설치하되, 해당 소방대상물의 각 부분으로부터 수평거리가 25[m] 이하가 되도록 할 것. 다만, 복도 또는 별도로 구획된 실로서 보행거리가 40[m] 이상일 경우에는 추가로 설치하여야 한다.
    - ⓒ 발신기의 위치를 표시하는 표시등은 함의 상부에 설치하되, 그 불빛은 부착면으로부터 15° 이상의 범위 안에서 부착지점으로부터 10[m] 이내의 어느 곳에서도 쉽게 식별할 수 있는 적색등으로 할 것
- 동결우려가 있는 장소의 포소화설비의 자동식 기동장치는 자동화재탐지설비와 연동으로 할 것

66 ③　67 ② 정답

68

물분무소화설비의 화재안전기준에 대한 설명 중 틀린 것은?

① 차량이 주차하는 바닥은 배수구를 향해 1/100 이상의 기울기를 유지할 것
② 배수구에서 새어나온 기름을 모아 소화할 수 있도록 길이 40[m] 이하마다 집수관, 소화피트 등 기름분리장치를 설치할 것
③ 차량이 주차하는 장소의 적당한 곳에 높이 10[cm] 이상의 경계턱으로 배수구를 설치할 것
④ 케이블트레이에 적용하는 펌프의 분당 방수량은 투영된 바닥면적 1[m^2]에 대하여 12[L] 이상으로 할 것

해설 **물분무소화설비(차고, 주차장)의 배수설비 설치기준**

- 차량이 주차하는 장소의 적당한 곳에 높이 10[cm] 이상의 경계턱으로 배수구를 설치할 것
- 배수구에는 새어나온 기름을 모아 소화할 수 있도록 길이 40[m] 이하마다 집수관・소화피트 등 기름분리장치를 설치할 것
- 차량이 주차하는 바닥은 배수구를 향하여 **100분의 2 이상**의 기울기를 유지할 것
- 배수설비는 가압송수장치의 최대송수능력의 수량을 유효하게 배수할 수 있는 크기 및 기울기로 할 것

69

폐쇄형 스프링클러헤드를 사용하는 경우 설치장소별 헤드의 기준개수로 옳지 않은 것은?

① 지하층을 제외한 층수가 10층 이하인 소방대상물로서 소매시장의 경우는 20개
② 지하층을 제외한 층수가 11층 이상인 소방대상물(아파트를 제외한다)의 경우는 30개
③ 지하층을 제외한 층수가 10층 이하인 소방대상물로서 공장(특수가연물을 저장・취급하는 것)의 경우는 30개
④ 지하층을 제외한 층수가 10층 이하인 소방대상물로서 창고(랙식 창고 포함, 특수가연물을 저장・취급하는 것)의 경우는 30개

해설 헤드의 설치기준

<table>
<tr><th colspan="3">스프링클러설비 설치장소</th><th>기준 개수</th></tr>
<tr><td rowspan="6">지하층을 제외한 층수가 10층 이하인 소방대상물</td><td rowspan="2">공장 또는 창고(랙식 창고를 포함)</td><td>특수가연물을 저장・취급하는 것</td><td>30</td></tr>
<tr><td>그 밖의 것</td><td>20</td></tr>
<tr><td rowspan="2">근린생활시설・판매시설・운수시설 또는 복합건축물</td><td>판매시설 또는 복합건축물(판매시설이 설치된 복합건축물을 말한다)</td><td>30</td></tr>
<tr><td>그 밖의 것</td><td>20</td></tr>
<tr><td rowspan="2">그 밖의 것</td><td>헤드의 부착높이가 8[m] 이상인 것</td><td>20</td></tr>
<tr><td>헤드의 부착높이가 8[m] 미만인 것</td><td>10</td></tr>
<tr><td colspan="3">아파트</td><td>10</td></tr>
<tr><td colspan="3">지하층을 제외한 층수가 11층 이상인 소방대상물(아파트를 제외한다)・지하가 또는 지하역사</td><td>30</td></tr>
</table>

비고 : 하나의 소방대상물이 2 이상의 "스프링클러헤드의 기준개수" 란에 해당하는 때에는 기준개수가 많은 난을 기준으로 한다. 다만, 각 기준개수에 해당하는 수원을 별도로 설치하는 경우에는 그러하지 아니하다.

70

주차장에 필요한 분말소화약제 120[kg]을 저장하려고 한다. 이때 필요한 저장용기의 내용적[L]으로서 맞는 것은?

① 96　　② 120
③ 150　　④ 180

해설 차고, 주차장에 설치하는 것은 제3종 분말약제이다. 제3종 분말약제의 충전비는 1.0[L/kg]이므로

$$충전비 = \frac{내용적[L]}{약제의\ 중량[kg]}이므로$$

$$1.0 = \frac{x}{120[kg]}$$

$$\therefore x = 120[L]$$

71

옥내소화전설비가 각층에 5개씩 설치되어 있을 때 해당 건물의 옥내소화전 전용유효수량은 얼마 이상 확보하여야 하는가?(단, 29층 이하의 건축물이다)

① 2.6[m^3] 이상　　② 13[m^3] 이상
③ 10.4[m^3] 이상　　④ 65[m^3] 이상

해설 옥내소화전의 수원 = 소화전수(최대 5개) × 2.6[m^3]
= 13[m^3] 이상

정답 68 ① 69 ① 70 ② 71 ②

72

할론소화설비 전역방출방식의 분사헤드에 관한 내용으로 틀린 것은?

① 할론 2402를 방출하는 분사헤드는 해당 소화약제가 무상(霧狀)으로 분무되는 것으로 할 것
② 할론 1211의 방사압력은 0.2[MPa] 이상으로 할 것
③ 할론 1301의 방사압력은 0.3[MPa] 이상으로 할 것
④ 할론 2402의 방사압력은 0.1[MPa] 이상으로 할 것

해설 분사헤드의 방사압력

약제의 종류	할론 2402	할론 1211	할론 1301
방사압력	0.1[MPa] 이상	0.2[MPa] 이상	0.9[MPa] 이상

73

호스릴 이산화탄소소화설비는 섭씨 20[℃]에서 하나의 노즐마다 분당 몇 [kg] 이상의 소화약제를 방사할 수 있어야 하는가?

① 40 ② 50
③ 60 ④ 80

해설 호스릴 이산화탄소소화설비
- **분당 방사량 : 60[kg] 이상**
- 약제저장량 : 90[kg] 이상

74

포소화설비의 유지관리에 관한 기준으로 틀린 것은?

① 수동식 기동장치의 조작부는 바닥으로부터 높이 0.8[m] 이상 1.5[m] 이하의 위치에 설치할 것
② 기동장치의 조작부에는 가까운 곳의 보기 쉬운 곳에 "기동장치의 조작부"라고 표시한 표지를 설치할 것
③ 항공기 격납고의 경우 수동식 기동장치는 각 방사구역마다 1개 이상 설치할 것
④ 호스접결구에는 가까운 곳의 보기 쉬운 곳에 "접결구"라고 표시한 표지를 설치할 것

해설 포소화설비의 수동식 기동장치 설치기준
- 직접조작 또는 원격조작에 따라 가압송수장치·수동식 개방밸브 및 소화약제 혼합장치를 기동할 수 있는 것으로 할 것
- 2 이상의 방사구역을 가진 포소화설비에는 방사구역을 선택할 수 있는 구조로 할 것
- 기동장치의 조작부는 화재 시 쉽게 접근할 수 있는 곳에 설치하되, 바닥으로부터 0.8[m] 이상 1.5[m] 이하의 위치에 설치하고, 유효한 보호장치를 설치할 것
- 기동장치의 조작부 및 호스 접결구에는 가까운 곳의 보기 쉬운 곳에 각각 "기동장치의 조작부" 및 "접결구"라고 표시한 표지를 설치할 것
- 차고 또는 주차장에 설치하는 포소화설비의 수동식 기동장치는 방사구역마다 1개 이상 설치할 것
- **항공기 격납고**에 설치하는 포소화설비의 **수동식 기동장치**는 각 방사구역마다 **2개 이상**을 설치하되, 그 중 1개는 각 방사구역으로부터 가장 가까운 곳 또는 조작에 편리한 장소에 설치하고, 1개는 화재감지수신기를 설치한 감시실 등에 설치할 것

75

옥외소화전설비에는 옥외소화전마다 그로부터 얼마의 거리에 소화전함을 설치하여야 하는가?

① 5[m] 이내 ② 6[m] 이내
③ 7[m] 이내 ④ 8[m] 이내

해설 옥외소화전설비에는 옥외소화전마다 **5[m] 이내**에 소화전함을 설치하여야 한다.

76

바닥면적이 80[m²]인 특수가연물 저장소에 물분무소화설비를 설치하려고 한다. 펌프의 1분당 토출량의 기준은 1[m²]에 몇 [L]를 곱한 양 이상이 되어야 하는가?

① 10 ② 16
③ 20 ④ 32

해설 물분무소화설비의 수원

소방대상물	펌프의 토출량[L/min]	수원의 양[L]
특수가연물 저장, 취급	바닥면적(50[m²] 이하는 50[m²]로) ×10[L/min·m²]	바닥면적(50[m²] 이하는 50[m²]로) ×10[L/min·m²] ×20[min]
차고, 주차장	바닥면적(50[m²] 이하는 50[m²]로) ×20[L/min·m²]	바닥면적(50[m²] 이하는 50[m²]로) ×20[L/min·m²] ×20[min]

72 ③ 73 ③ 74 ③ 75 ① 76 ① 정답

소방대상물	펌프의 토출량[L/min]	수원의 양[L]
절연유 봉입변압기	표면적(바닥 부분 제외) ×10[L/min · m^2]	표면적(바닥 부분 제외) ×10[L/min · m^2] ×20[min]
케이블트레이, 덕트	투영된 바닥면적 ×12[L/min · m^2]	투영된 바닥면적 ×12[L/min · m^2] ×20[min]
컨베이어 벨트	벨트 부분의 바닥면적 ×10[L/min · m^2]	벨트 부분의 바닥면적 ×10[L/min · m^2] ×20[min]

77

연결살수설비의 헤드를 스프링클러헤드로 설치하고자 할 경우 건축물의 천장 또는 반자의 각 부분으로부터 하나의 살수헤드까지의 수평거리의 기준은?

① 1.7[m] 이하
② 2.1[m] 이하
③ 2.3[m] 이하
④ 3.7[m] 이하

해설 **연결살수설비의 헤드**

- 연결살수설비의 헤드는 연결살수설비 전용헤드 또는 스프링클러헤드로 설치하여야 한다.
- 건축물에 설치하는 연결살수설비의 헤드는 다음의 기준에 따라 설치하여야 한다.
  - 천장 또는 반자의 실내에 면하는 부분에 설치할 것
  - 천장 또는 반자의 각 부분으로부터 하나의 살수헤드까지의 수평거리가 연결살수설비 전용헤드의 경우는 3.7[m] 이하, **스프링클러헤드의 경우는 2.3[m] 이하**로 할 것. 다만, 살수헤드의 부착면과 바닥과의 높이가 2.1[m] 이하인 부분에 있어서는 살수헤드의 살수분포에 따른 거리로 할 수 있다.

78

제연설비의 설치장소에 따른 제연구역의 구획으로서 그 기준에 옳지 않은 것은?

① 거실과 통로는 상호 제연구획할 것
② 하나의 제연구역의 면적은 600[m^2] 이내로 할 것
③ 하나의 제연구역은 직경 60[m] 원 내에 들어갈 수 있을 것
④ 하나의 제연구역은 2개 이상 층에 미치지 아니하도록 할 것

해설 **제연구역의 구획기준**

- 하나의 제연구역의 면적은 **1,000[m^2] 이내**로 할 것
- 거실과 통로(복도를 포함한다)는 상호 제연구획할 것
- 통로상의 제연구역은 보행중심선의 길이가 60[m]를 초과하지 아니할 것
- 하나의 제연구역은 직경 60[m] 원 내에 들어갈 수 있을 것
- 하나의 제연구역은 2개 이상 층에 미치지 아니하도록 할 것. 다만, 층의 구분이 불분명한 부분은 그 부분을 다른 부분과 별도로 제연구획하여야 한다.

79

지상 5층 복합건축물에 폐쇄형 스프링클러헤드를 30개 설치하려고 한다. 이때 필요한 최소 수원의 양은 얼마인가?

① 16[m^3]　　② 24[m^3]
③ 32[m^3]　　④ 48[m^3]

해설 수원 = 헤드수×1.6[m^3] = 30×1.6[m^3] = 48[m^3]

80

상수도 소화용수설비의 소화전과 수도배관의 호칭지름이 옳게 연결된 것은?

① 40[mm] 이상 – 75[mm] 이상
② 65[mm] 이상 – 75[mm] 이상
③ 80[mm] 이상 – 75[mm] 이상
④ 100[mm] 이상 – 75[mm] 이상

해설 **상수도 소화용수설비의 소화전 접속기준**

호칭지름 75[mm] 이상의 수도배관에 호칭지름 100[mm] 이상의 소화전을 접속할 것

정답 77 ③ 78 ② 79 ④ 80 ④

제 2 회 2010년 5월 9일 시행

제 1 과목 소방원론

01

보일오버(Boil Over)현상에 대한 설명으로 옳은 것은?

① 아래층에서 발생한 화재가 위층으로 급격히 옮겨가는 현상
② 연소유의 표면이 급격히 증발하는 현상
③ 탱크 저부의 물이 급격히 증발하여 기름이 탱크 밖으로 화재를 동반하여 방출하는 현상
④ 기름이 뜨거운 물표면 아래에서 끓는 현상

해설 보일오버 : 탱크 저부의 물이 급격히 증발하여 기름이 탱크 밖으로 화재를 동반하여 방출하는 현상

02

감광계수(m^{-1})에 대한 설명으로 옳은 것은?

① 0.5는 거의 앞이 보이지 않을 정도이다.
② 10은 화재 최성기 때의 정도이다.
③ 0.5는 가시거리가 20~30[m] 정도이다.
④ 10은 연기감지기가 작동하기 직전의 정도이다.

해설 **감광계수에 따른 상황**

감광계수	가시거리[m]	상 황
0.1	20~30	**연기감지기**가 **작동**할 때의 정도
0.3	5	건물 내부에 익숙한 사람이 피난에 지장을 느낄 정도
0.5	3	어두침침한 것을 느낄 정도
1	1~2	거의 앞이 보이지 않을 정도
10	0.2~0.5	**화재 최성기** 때의 정도

03

할로겐화합물 및 불활성기체 중 HCFC-22가 82[%]인 것은?

① HCFC BLEND A ② IG-541
③ HCFC-227ea ④ IG-55

해설 **할로겐화합물 및 불활성기체의 종류**

소화약제	화학식
퍼플루오로부탄(FC-3-1-10)	C_4F_{10}
하이드로클로로플루오로카본 혼화제(HCFC BLEND A)	HCFC-123($CHCl_2CF_3$) : 4.75[%] **HCFC-22($CHClF_2$) : 82[%]** HCFC-124($CHClFCF_3$) : 9.5[%] $C_{10}H_{16}$: 3.75[%]
클로로테트라플루오로에탄(HCFC-124)	$CHClFCF_3$
펜타플루오로에탄(HFC-125)	CHF_2CF_3
헵타플루오로프로판(HFC-227ea)	CF_3CHFCF_3
트리플루오로메탄(HFC-23)	CHF_3
헥사플루오로프로판(HFC-236fa)	$CF_3CH_2CF_3$
트리플루오로이오다이드(FIC-13I1)	CF_3I
불연성·불활성기체 혼합가스(IG-01)	Ar
불연성·불활성기체 혼합가스(IG-100)	N_2
불연성·불활성기체 혼합가스(IG-541)	N_2 : 52[%], Ar : 40[%], CO_2 : 8[%]
불연성·불활성기체 혼합가스(IG-55)	N_2 : 50[%], Ar : 50[%]

정답 01 ③ 02 ② 03 ①

04

다음 중 조연성 가스에 해당하는 것은?

① 천연가스　② 산 소
③ 수 소　④ 부 탄

해설 **조연성 가스** : 자신은 연소하지 않고 연소를 도와주는 가스로서 **산소, 공기, 오존, 염소, 플루오린** 등이 있다.

05

마그네슘의 화재 시 이산화탄소소화약제를 사용하면 안되는 이유는?

① 마그네슘과 이산화탄소가 반응하여 흡열반응을 일으키기 때문이다.
② 마그네슘과 이산화탄소가 반응하여 가연성 가스인 일산화탄소가 생성되기 때문이다.
③ 마그네슘이 이산화탄소에 녹기 때문이다.
④ 이산화탄소에 의한 질식의 우려가 있기 때문이다.

해설 마그네슘은 이산화탄소와 반응하면 산화마그네슘과 가연성 가스인 일산화탄소(CO)를 발생한다.
$Mg + CO_2 \rightarrow MgO + CO$

06

제2류 위험물에 해당하지 않는 것은?

① 유 황　② 황화인
③ 적 린　④ 황 린

해설 **황린**은 **제3류 위험물**로서 물속에 저장한다.

07

다음 중 불연재료에 해당하지 않는 것은?

① 기 와　② 아크릴
③ 유 리　④ 콘크리트

해설 **불연재료 등**

- **불연재료** : **콘크리트**, 석재, 벽돌, **기와**, 석면판, 철강, **유리**, 알루미늄, 시멘트모르타르, 회 등 불에 타지 않는 성질을 가진 재료(난연 1급)
- 준불연재료 : 불연재료에 준하는 성질을 가진 재료(난연 2급)
- 난연재료 : 불에 잘 타지 않는 성질을 가진 재료(난연 3급)

08

소방시설의 구분에서 피난구조설비에 해당하지 않는 것은?

① 무선통신보조설비　② 완강기
③ 구조대　④ 공기안전매트

해설 **무선통신보조설비 : 소화활동설비**

09

소방설비에 사용되는 CO_2에 대한 설명으로 틀린 것은?

① 용기 내에 기상으로 저장되어 있다.
② 상온, 상압에서는 기체 상태로 존재한다.
③ 공기보다 무겁다.
④ 무색무취이며 전기적으로 비전도성이다.

해설 이산화탄소는 액상으로 저장되어 있고 화재 발생 시 작동하면 기화되어 기체로 방출된다.

10

인화점이 낮은 것부터 높은 순서로 옳게 나열된 것은?

① 아세톤 < 이황화탄소 < 에틸알코올
② 이황화탄소 < 에틸알코올 < 아세톤
③ 에틸알코올 < 아세톤 < 이황화탄소
④ 이황화탄소 < 아세톤 < 에틸알코올

해설 **인화점**

종 류	이황화탄소	아세톤	에틸알코올
인화점[℃]	-30	-18	13

11

다음 중 인화성 물질이 아닌 것은?

① 기어유　② 질 소
③ 이황화탄소　④ 에테르

해설 **질소**는 **불연성 물질**이다.

정답 04 ② 05 ② 06 ④ 07 ② 08 ① 09 ① 10 ④ 11 ②

12

불꽃의 색상을 저온으로부터 고온 순서로 옳게 나열한 것은?

① 암적색, 휘백색, 황적색
② 휘백색, 암적색, 황적색
③ 암적색, 황적색, 휘백색
④ 휘백색, 황적색, 암적색

해설 연소의 색과 온도

색 상	담암적색	암적색	적 색	휘적색
온도[℃]	520	700	850	950
색 상	황적색	백적색	휘백색	
온도[℃]	1,100	1,300	1,500 이상	

13

강화액에 대한 설명으로 옳은 것은?

① 침투제가 첨가된 물을 말한다.
② 물에 첨가하는 계면활성제의 총칭이다.
③ 물이 고온에서 쉽게 증발하게 하기 위해 첨가한다.
④ 알칼리 금속염을 사용한 것이다.

해설 **강화액**은 **알칼리 금속염**의 수용액에 황산을 반응시킨 약제이다.

$$H_2SO_4 + K_2CO_3 \rightarrow K_2SO_4 + H_2O + CO_2 \uparrow$$

강화액은 −20[℃]에서도 동결하지 않으므로 한랭지에서도 보온의 필요가 없을 뿐만 아니라 탈수, 탄화작용으로 목재, 종이 등을 불연화하고 재연방지의 효과도 있다.

14

이산화탄소소화약제 고압식 저장용기의 충전비를 옳게 나타낸 것은?

① 1.5 이상, 1.9 이하 ② 1.1 이상, 1.9 이하
③ 1.1 이상, 1.4 이하 ④ 1.4 이상, 1.5 이하

해설 이산화탄소 저장용기의 충전비

구 분	저압식	고압식
충전비	1.1 이상 1.4 이하	1.5 이상 1.9 이하

15

다음 중 분진폭발의 위험성이 가장 낮은 것은?

① 소석회 ② 알루미늄분
③ 석탄분말 ④ 밀가루

해설 **분진폭발** : 유황, **알루미늄분**, **석탄분말**, 마그네슘분, **밀가루** 등

분진폭발하지 않는 물질 : 소석회[$Ca(OH)_2$], 생석회(CaO), 시멘트분

16

연료로 사용하는 가스에 관한 설명 중 틀린 것은?

① 도시가스, LPG는 모두 공기보다 무겁다.
② 1[m^3]의 CH_4를 완전 연소시키는 데 필요한 공기량은 약 9.52[m^3]이다.
③ 메탄의 공기 중 폭발범위는 약 5~15[%] 정도이다.
④ 부탄의 공기 중 폭발범위는 약 1.9~8.5[%] 정도이다.

해설 도시가스와 LPG

$$증기비중 = \frac{분자량}{29}$$

- 도시가스의 주성분은 메탄(CH_4)이므로 증기비중 =16/29 = 0.55이므로 공기보다 가볍다.
- LPG의 주성분은 프로판(C_3H_8), 부탄(C_4H_{10})이므로 공기보다 무겁다.
  - 프로판 증기비중 = 44/29 = 1.517
  - 부탄 증기비중 = 58/29 = 2.0

17

알킬알루미늄 화재 시 사용할 수 있는 소화제로 가장 적당한 것은?

① 물 ② 팽창진주암
③ 이산화탄소 ④ Halon 1301

해설 **알킬알루미늄**의 소화약제 : 마른모래, **팽창진주암**, 팽창질석

12 ③ 13 ④ 14 ① 15 ① 16 ① 17 ② 정답

18

무창층이 개구부로서 갖추어야 할 조건으로 옳은 것은?

① 크기는 지름 30[cm]의 원이 내접할 수 있는 크기일 것
② 해당 층의 바닥면으로부터 개구부 밑부분까지의 높이가 1.5[m]인 것
③ 내부 또는 외부에서 쉽게 부수거나 열 수 있을 것
④ 창에 방범을 위하여 40[cm] 간격으로 창살을 설치할 것

해설 **무창층(無窓層)**

지상층 중 다음의 요건을 모두 갖춘 개구부(건축물에서 채광·환기·통풍 또는 출입 등을 위하여 만든 창·출입구 그 밖에 이와 비슷한 것을 말한다)의 면적의 합계가 해당 층의 바닥면적의 **1/30 이하**가 되는 층을 말한다.

- **크기**는 **지름 50[cm] 이상**의 원이 내접할 수 있을 크기일 것
- 해당 층의 바닥면으로부터 개구부 밑부분까지의 높이가 **1.2[m] 이내**일 것
- 도로 또는 차량이 진입할 수 있는 빈터를 향할 것
- 화재 시 건축물로부터 쉽게 피난할 수 있도록 창살이나 그 밖의 장애물이 설치되지 아니할 것
- 내부 또는 외부에서 쉽게 부수거나 열 수 있을 것

19

소화기구의 구분에서 간이소화용구에 해당되지 않는 것은?

① 이산화탄소소화기 ② 마른모래
③ 팽창질석 ④ 팽창진주암

해설 간이소화용구 : 마른모래, 팽창질석, 팽창진주암

20

다음 중 가연성 물질이 산소와 급격히 화합할 때 열과 빛을 내는 현상에 해당하는 것은?

① 복 사 ② 기 화
③ 응 고 ④ 연 소

해설 **용어의 정의**

- 복사(Radiation) : 양지바른 곳에 햇볕을 쬐면 따듯함을 느끼는 현상
- 기화 : 액체가 기체로 될 때 발생하는 열로서 물의 기화(증발)잠열은 539[cal/g]이다.
- 응고 : 물이 얼음이 될 때 발생하는 열로서 얼음의 응고열은 80[cal/g]이다.
- 연소 : 가연성 물질이 산소와 급격히 화합할 때 열과 빛을 내는 현상

제 2 과목 소방유체역학 및 약제화학

21

그림에서 d_1, d_2는 각각 300[mm], 200[mm]이고, l_1, l_2는 600[m], 900[m]이며 마찰계수 f_1, f_2가 0.03, 0.02라고 할 때, 직경 d_1인 관 길이 l_1을 직경 d_2인 관으로 환산한 등가 길이 L_e는 몇 [m]인가?

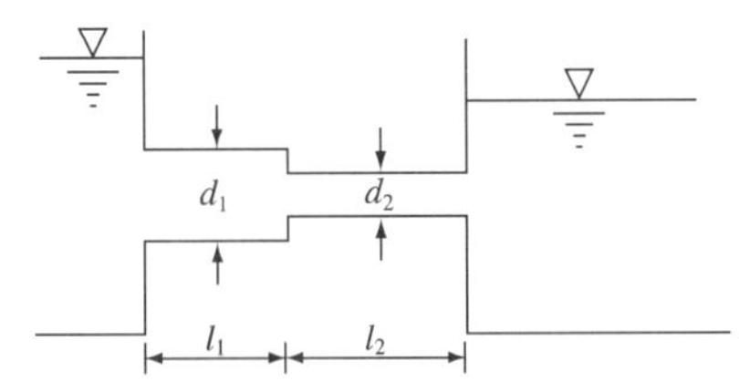

① 118.5 ② 121.2
③ 134.2 ④ 142.3

해설

등가길이 $L_e = l_1 \times \left(\frac{f_1}{f_2}\right) \times \left(\frac{d_2}{d_1}\right)^5$

$= 600 \times \left(\frac{0.03}{0.02}\right) \times \left(\frac{0.2}{0.3}\right)^5 = 118.5[\text{m}]$

22

압력을 일정하게 하고 증기를 계속 가열하면 온도가 포화온도보다 높아지며 체적은 더욱 증가한다. 이와 같이 포화온도 이상으로 가열된 증기를 무엇이라 하는가?

① 습포화증기 ② 과열증기
③ 건포화증기 ④ 불포화증기

해설 **과열증기**

포화온도 이상으로 가열된 증기를 말하며 압력을 일정하게 하고 증기를 계속 가열하면 온도가 포화온도보다 높아지며 체적은 더욱 증가한다.

정답 18 ③ 19 ① 20 ④ 21 ① 22 ②

23

폭 2[m]의 수로 위에 그림과 같이 높이 3[m]의 판이 수직으로 설치되어 있다. 유속이 매우 느리고 상류의 수위는 3.5[m], 하류의 수위는 2.5[m]일 때, 물이 판에 작용하는 힘은 약 몇 [kN]인가?

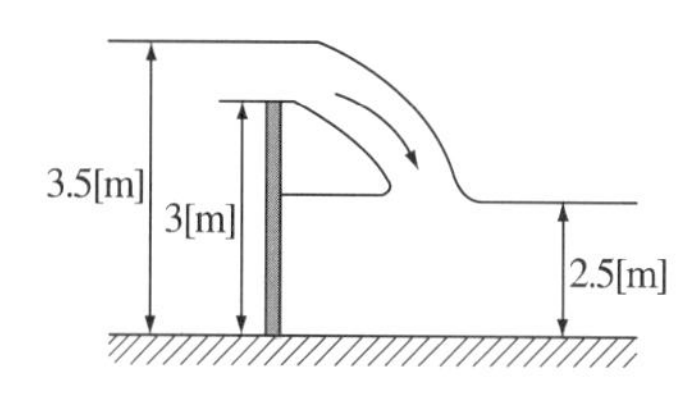

① 26.9 ② 56.4
③ 76.2 ④ 96.8

해설
- 상류에서 작용하는 힘
  $F_1 = \gamma \bar{y} A = 9{,}800 \times (0.5 + 1.5) \times (2 \times 3)$
  $= 117.6[\text{kN}]$
- 하류에서 작용하는 힘
  $F_2 = \gamma \bar{y} A = 9{,}800 \times (2.5 \div 2) \times (2 \times 2.5)$
  $= 61.25[\text{kN}]$
- 판에 작용하는 힘
  $F = F_1 + F_2 = 117.6 - 61.25 = 56.35[\text{kN}]$

24

피스톤-실린더로 구성된 용기 안에 140[kPa], 10[℃]의 공기(이상기체)가 들어있다. 이 기체가 플리트로픽 과정($PV^{1.5}$=일정)을 거쳐 800[kPa]까지 압축되었다. 이때 공기의 온도는 약 몇 [℃]인가?

① 158[℃] ② 287[℃]
③ 233[℃] ④ 506[℃]

해설

$$\frac{T_2}{T_1} = \left(\frac{P_2}{P_1}\right)^{\frac{n-1}{n}} = \left(\frac{V_1}{V_2}\right)^{n-1} \text{에서}$$

압축 후의 온도 $T_2 = T_1 \times \left(\frac{P_2}{P_1}\right)^{\frac{n-1}{n}}$

$$= (273 + 10) \times \left(\frac{800}{140}\right)^{\frac{1.5-1}{1.5}}$$

$$= 505.95[\text{K}] = 232.95[℃]$$

25

소방호스의 노즐로부터 유속 4.9[m/s]로 방사되는 물제트에 피토관의 흡입구를 갖다 대었을 때, 피토관의 수직부에 나타나는 수주의 높이는 약 몇 [m]인가? (단, 중력가속도는 9.8[m/s^2]이고, 손실은 무시한다)

① 1.22 ② 0.25
③ 2.69 ④ 3.69

해설 유 속

$$u = \sqrt{2gH}$$

여기서, u : 유속
g : 중력가속도
H : 수주의 높이

$$\therefore H = \frac{u^2}{2g} = \frac{(4.9[\text{m/s}])^2}{2 \times 9.8[\text{m/s}^2]} = 1.225[\text{m}]$$

26

곧은 원관 내 완전난류유동에 대한 마찰손실수두에 대한 설명으로 틀린 것은?

① 속도의 제곱에 비례한다.
② 관의 길이에 비례한다.
③ 관경에 비례한다.
④ 마찰계수에 비례한다.

해설 Darcy-Weisbach식에서

$$H = \frac{\Delta P}{\gamma} = \frac{flu^2}{2gD}$$

여기서, f : 관마찰계수
l : 배관의 길이[m]
u : 유속[m/s]
g : 중력가속도 9.8[m/s^2]
D : 내경[m]

※ **마찰손실수두**는 **관경**에 **반비례**한다.

27

지름의 비가 1 : 2인 두 원형 물 제트가 정지한 수직평판의 양쪽에 수직으로 부딪혀서 평형을 이루려면 분출 속도의 비는?

① 1 : 1 ② 2 : 1
③ 4 : 1 ④ 8 : 1

23 ② 24 ③ 25 ① 26 ③ 27 ② 정답

해설 힘 $F=\rho Qu=\rho Au^2$[N]에서 힘의 평형을 이루고 있으므로 $F_1=F_2$이다.

직경 d_1, $d_2=2d_1$

• 분출속도 $u_1=\sqrt{\dfrac{F_1}{\rho\dfrac{\pi}{4}\times d_1^2}}$

• 분출속도 $u_2=\sqrt{\dfrac{F_2}{\rho\dfrac{\pi}{4}\times(2d_1)^2}}=\dfrac{1}{2}u_1$

따라서, 분출속도비는 $u_1 : u_2 = 1 : \dfrac{1}{2}$

즉, $u_1 : u_2 = 2 : 1$이다.

28

직경이 D인 원형 축과 슬라이딩 베어링 사이(간격 = t, 길이 = l)에 점성계수가 μ인 유체가 채워져 있다. 축을 ω의 각속도로 회전시킬 때 필요한 토크를 구하면?(단, $t < D$)

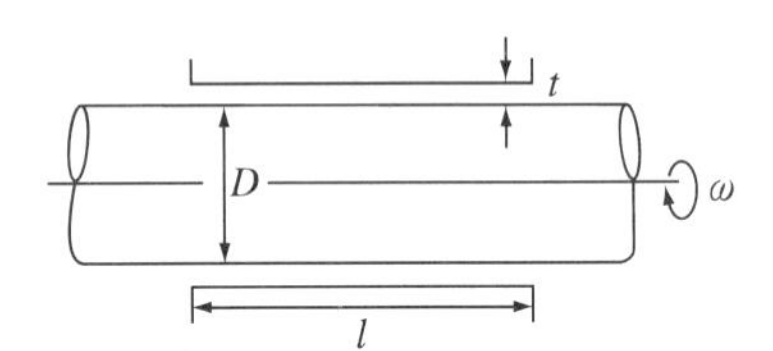

① $T=\mu\dfrac{\omega D}{2t}$ ② $T=\dfrac{\pi\mu\omega D^2 l}{2t}$

③ $T=\dfrac{\pi\mu\omega D^3 l}{2t}$ ④ $T=\dfrac{\pi\mu\omega D^3 l}{4t}$

해설 토크를 구하면

토크 $T=\tau Ar=\left(\mu\times\dfrac{2\pi r}{t}\times\dfrac{N}{60}\right)\times(2\pi rl)\times r$

$=\dfrac{2\pi\mu\omega r^3 l}{t}=\dfrac{2\pi\mu\omega\left(\dfrac{D}{2}\right)^3 l}{t}$

$=\dfrac{2\pi\mu\omega D^3 l}{8t}=\dfrac{\pi\mu\omega D^3 l}{4t}$

여기서, 반지름 $r=\dfrac{D}{2}$ 각속도 $w=\dfrac{2\pi N}{60}$

전단응력 : τ 면적 : A

간격 : t 길이 : l

점성계수 : μ

29

어떤 이상기체의 압력이 10[%] 낮아지고 온도가 30[℃]내려갔을 때, 밀도변화가 없다면 초기온도는 몇 [℃]인가?

① 27[℃] ② 57[℃]

③ 227[℃] ④ 270[℃]

해설 압력 $P_2=0.9P_1$, 온도 $T_2=T_1-30$[℃]에서 밀도변화가 없는 경우

$\dfrac{P_1}{T_1}=\dfrac{P_2}{T_2}$에서 $\dfrac{P_1}{T_1}=\dfrac{0.9P_1}{T_1-30}$,

$\dfrac{T_1-30}{T_1}=\dfrac{0.9P_1}{P_1}$, $1-\dfrac{30}{T_1}=0.9$

$\therefore T_1=300[\text{K}]=27$[℃]

30

주사기 통의 단면적이 A이고, 바늘의 단면적이 A_n인 주사기 내에 밀도가 ρ인 유체를 플런저 속도 V로 밀어주기 위해 가해야 하는 힘을 구하면?(단, 점성효과는 무시하고 준정상 상태로 가정한다)

① $\dfrac{1}{2}\rho A\left[\dfrac{A^2}{(A_n)^2}-1\right]V^2$

② $\rho A\left[\dfrac{A^2}{(A_n)^2}-1\right]V^2$

③ $\dfrac{1}{2}\rho A\left[1-\dfrac{(A_n)^2}{A^2}\right]V^2$

④ $\rho A\left[1-\dfrac{(A_n)^2}{A^2}\right]V^2$

해설 힘 $F=\dfrac{1}{2}\rho A\left[\dfrac{A^2}{(A_n)^2}-1\right]V^2$

31

공기 중에서 무게가 941[N]인 돌의 무게가 물속에서 500[N]이면, 이 돌의 체적은 몇 [m^3]인가?(단, 공기의 부력은 무시한다)

① 0.045 ② 0.034

③ 0.028 ④ 0.012

정답 28 ④ 29 ① 30 ① 31 ①

해설 1[kgf] = 9.8[N]

$\frac{500}{9.8} + F = \frac{941}{9.8}$

$F = 45[kg_f]$

$\therefore F = 1{,}000[V] = 45[kg_f]$

$V = \frac{45[kg_f]}{1{,}000[kg/m^3]} = 0.045[m^3]$

500[N]
941[N]
F

32

노즐의 계기압력 400[kPa]로 방사되는 옥내소화전에서 저수조의 수량이 10[m³]이라면, 저수조의 물이 전부 소비되는 데 걸리는 시간은?(단, 노즐의 직경은 10[mm]이다)

① 약 75분 ② 약 95분
③ 약 150분 ④ 약 180분

해설 방수량 $Q = 0.6597D^2\sqrt{10P}$
$= 0.6597 \times 10^2 \times \sqrt{10 \times 0.4[MPa]}$
$= 131.94[L/min]$

$\therefore$ 10,000[L]÷131.94[L/min] = 75.79[min]

33

수조바닥보다 5[m] 높은 곳에서 작동하는 소방펌프의 흡입측에 설치된 진공계가 280[mmHg]를 가리키고 있다. 이때 수조 내 수면의 높이는 약 몇 [m]인가?(단, 흡입관에서의 마찰손실은 무시한다)

① 1.2 ② 2.8
③ 3.2 ④ 4.0

해설 진공계 280[mmHg]를 수두로 환산하면

$\frac{280[mmHg]}{760[mmHg]} \times 10.332[m] = 3.80[m]$

$\therefore$ 수면의 높이 = 5[m]−3.8[m] = 1.2[m]

34

동점성계수가 $0.6 \times 10^{-6}[m^2/s]$인 유체가 내경 30[cm]인 파이프 속을 평균유속 3[m/s]로 흐른다면 이 유체의 레이놀즈수는 얼마인가?

① 1.5×10^6 ② 2.0×10^6
③ 2.5×10^6 ④ 3.0×10^6

해설 $Re = \frac{Du}{\nu} = \frac{0.3[m] \times 3[m/s]}{0.6 \times 10^{-6}[m^2/s]} = 1.5 \times 10^6$

35

액체분자들 사이의 응집력과 고체면에 대한 부착력의 차이에 의하여 관 내 액체표면과 자유표면 사이에 높이 차이가 나타나는 것과 가장 관계가 깊은 것은?

① 관성력
② 점 성
③ 뉴턴의 마찰법칙
④ 모세관현상

해설 모세관현상
액체 속에 가는 관(모세관)을 넣으면 액체가 관을 따라 상승, 하강하는 현상으로 응집력이 부착력보다 크면 액면이 내려가고, 부착력이 응집력보다 크면 액면이 올라간다.

36

열전도도(Thermal Conductivity)가 가장 낮은 것은?

① 은 ② 철
③ 물 ④ 공 기

해설 공기는 다른 물질에 비하여 열전도도(열전도율)는 0.025[W/m·K]로 낮다.

37

호주에서 무게가 20[N]인 어느 물체를 한국에서 재어보니 19.8[N]이었다면, 한국에서의 중력가속도는 약 몇 [m/s²]인가?(단, 호주에서의 중력가속도는 9.82[m/s²]이다)

① 9.80 ② 9.78
③ 9.75 ④ 9.72

해설 19.8[N] : 20[N] = x : 9.82[m/s²]
x = 9.72[m/s²]

32 ① 33 ① 34 ① 35 ④ 36 ④ 37 ④ 정답

38

그림의 역 U자관 Manometer에서 압력차 $p_x - p_y$는 몇 [Pa]인가?

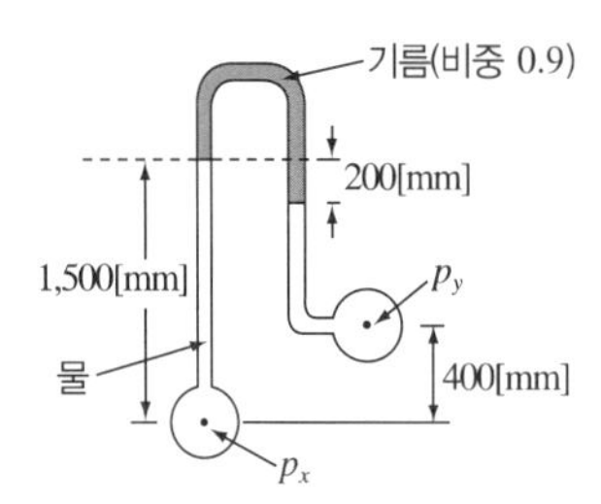

① 2,826 ② 3,215
③ 4,116 ④ 5,045

해설 압력차를 구하면

$P_x - 1{,}000[\mathrm{kg_f/m^3}] \times 1.5[\mathrm{m}]$
$= P_y - 1{,}000[\mathrm{kg_f/m^3}](1.5 - 0.2 - 0.4)[\mathrm{m}]$
$- 0.9 \times 1{,}000[\mathrm{kg_f/m^3}] \times 0.2[\mathrm{m}]$

$P_x - P_y = 1{,}500 - 900 - 180 ≒ 420[\mathrm{kg_f/m^2}]$

$[\mathrm{kg_f/m^2}]$을 [Pa]로 환산하면

$$\frac{420}{10{,}332} \times 101{,}325[\mathrm{Pa}] = 4{,}118.9[\mathrm{Pa}]$$

39

어떤 팬이 1,750[rpm]으로 회전할 때의 전압은 155[mmAq], 풍량은 240[m^3/min]이다. 이것과 상사한 팬을 만들어 1,650[rpm], 전압 200[mmAq]로 작동할 때, 풍량은 약 몇 [m^3/min]인가?(단, 비속도는 같다)

① 356 ② 368
③ 386 ④ 396

해설 풍 량

$$\text{풍량 : } Q = \left(H^{3/4} \times \frac{n_s}{n}\right)^2$$

여기서, 비속도 $n_s = n \times \dfrac{Q^{1/2}}{H^{3/4}}$

$$= 1{,}750 \times \frac{240^{1/2}}{155^{3/4}} = 617.16$$

$$\therefore \text{ 풍량 } Q = \left(H^{3/4} \times \frac{n_s}{n}\right)^2 = \left(200^{3/4} \times \frac{617.16}{1{,}650}\right)^2 = 395.7[\mathrm{m^3/min}]$$

40

다음 식 중에서 연속방정식이 아닌 것은?

① $\dfrac{dA}{A} + \dfrac{d\rho}{\rho} + \dfrac{dV}{V} = 0$

② $V \times dr = 0$

③ $d(\rho A V) = 0$

④ $\dfrac{\delta \rho}{\delta t} + \nabla \cdot (\rho V) = 0$

해설 연속의 방정식

- $\dfrac{dA}{A} + \dfrac{d\rho}{\rho} + \dfrac{dV}{V} = 0$
- $d(\rho A V) = 0$
- $\dfrac{\partial}{\partial t}(\rho A) + \dfrac{\partial}{\partial s}(\rho A V) = 0$
- $\rho_1 A_1 V_1 = \rho_2 A_2 V_2$

제 3 과목 소방관계법규

41

연면적이 33[m^2]가 되지 않아도 소화기 또는 간이 소화용구를 설치하여야 하는 특정소방대상물은?

① 지정문화재
② 판매시설
③ 유흥주점영업소
④ 변전실

해설 설치기준

- 소화기구 설치대상
  - 연면적 33[m^2] 이상인 것
  - **지정문화재** 및 **가스시설**
  - **터 널**
- 주거용 주방자동소화장치 : **아파트 등** 및 30층 이상 오피스텔의 모든 층

42

소방신호의 종류에 속하지 않는 것은?

① 경계신호 ② 해제신호
③ 경보신호 ④ 훈련신호

정답 38 ③ 39 ④ 40 ② 41 ① 42 ③

해설 소방신호의 종류 및 방법

- **경계신호** : 화재예방상 필요하다고 인정되거나 법 제14조의 규정에 의한 화재위험 경보 시 발령
- **발화신호** : 화재가 발생한 때 발령
- **해제신호** : 소화활동이 필요 없다고 인정되는 때 발령
- **훈련신호** : 훈련상 필요하다고 인정되는 때 발령

43

무창층을 정의할 때 사용되는 개구부의 요건과 거리가 먼 것은?

① 크기는 지름 50[cm] 이상의 원이 내접할 수 있는 크기일 것
② 해당 층의 바닥면으로부터 개구부 밑부분까지의 높이가 1.2[m] 이내일 것
③ 도로 또는 차량이 진입할 수 있는 빈터를 향할 것
④ 내부 또는 외부에서 쉽게 부수거나 열 수 없을 것

해설 무창층(無窓層)

지상층 중 다음의 요건을 모두 갖춘 개구부(건축물에서 채광·환기·통풍 또는 출입 등을 위하여 만든 창·출입구 그 밖에 이와 비슷한 것을 말한다)의 면적의 합계가 해당 층의 바닥면적의 **1/30 이하**가 되는 층을 말한다.

- 크기는 지름 50[cm] 이상의 원이 내접할 수 있는 크기일 것
- 해당 층의 바닥면으로부터 개구부 밑부분까지의 높이가 1.2[m] 이내일 것
- 도로 또는 차량이 진입할 수 있는 빈터를 향할 것
- 화재 시 건축물로부터 쉽게 피난할 수 있도록 창살이나 그 밖의 장애물이 설치되지 아니할 것
- 내부 또는 외부에서 쉽게 부수거나 열 수 있을 것

44

위험물을 취급함에 있어서 정전기가 발생할 우려가 있는 설비는 공기 중의 상대습도를 몇 [%] 이상으로 하는 방법으로 정전기를 유효하게 제거할 수 있는 설비를 설치하여야 하는가?

① 30[%] ② 55[%]
③ 70[%] ④ 90[%]

해설 정전기 방지대책

- 접지할 것
- 상대습도를 **70[%] 이상**으로 할 것
- 공기를 이온화할 것

45

소방공사감리를 함에 있어 규정을 위반하여 감리를 하거나 거짓으로 감리한 자에 대한 벌칙은?

① 1년 이하의 징역 또는 1천만원 이하의 벌금
② 1년 이하의 징역 또는 2천만원 이하의 벌금
③ 2년 이하의 징역 또는 1천만원 이하의 벌금
④ 3년 이하의 징역 또는 3천만원 이하의 벌금

해설 규정을 위반하여 감리를 하거나 거짓으로 감리를 한 자 : 1년 이하의 징역 또는 1,000만원 이하의 벌금

46

의용소방대의 운영과 처우 등에 대한 경비를 부담하여야 하는 자는?

① 소방청장 ② 의용소방대장
③ 임면권자 ④ 구조대장

해설 의용소방대의 설치 등

※ 법 개정으로 인해 맞지 않은 문제임

47

소방대상물의 방염성능 기준으로 옳지 않은 것은?

① 버너의 불꽃을 제거한 때부터 불꽃을 올리지 아니하고 연소하는 상태가 그칠 때까지 시간은 30초 이내
② 탄화한 면적은 50[cm^2] 이내, 탄화의 길이는 20[cm] 이내
③ 불꽃에 완전히 녹을 때까지 불꽃의 접촉횟수는 5회 이상
④ 버너의 불꽃을 제거한 때부터 불꽃을 올리며 연소하는 상태가 그칠 때까지 시간은 20초 이내

해설 방염성능의 기준

- 버너의 불꽃을 제거한 때부터 불꽃을 올리며 연소하는 상태가 그칠 때까지 시간은 20초 이내
- 버너의 불꽃을 제거한 때부터 불꽃을 올리지 아니하고 연소하는 상태가 그칠 때까지 시간은 30초 이내

43 ④ 44 ③ 45 ① 46 ③ 47 ③ 정답

- 탄화한 면적은 50[cm^2] 이내, 탄화한 길이는 20[cm] 이내
- 불꽃에 완전히 녹을 때까지 **불꽃의 접촉횟수는 3회 이상**
- 소방청장이 정하여 고시한 방법으로 발연량을 측정하는 경우 최대연기밀도는 400 이하

48

지정수량의 몇 배 이상의 위험물을 취급하는 제조소는 관계인이 예방규정을 정하여야 하는가?

① 5배 ② 10배
③ 100배 ④ 200배

해설 예방규정을 정하여야 하는 제조소 등

- 지정수량의 **10배 이상**의 위험물을 취급하는 **제조소**, 일반취급소
- 지정수량의 100배 이상의 위험물을 저장하는 옥외저장소
- 지정수량의 150배 이상의 위험물을 저장하는 옥내저장소
- 지정수량의 200배 이상의 위험물을 저장하는 옥외탱크저장소
- 암반탱크저장소, 이송취급소

49

지정수량 미만인 위험물의 저장 또는 취급에 관한 기술상의 기준은 무엇으로 정하는가?

① 위험물제조소 등의 내규로 정한다.
② 행정안전부령으로 정한다.
③ 소방청의 내규로 정한다.
④ 시・도의 조례로 정한다.

해설 위험물의 기준

- **지정수량 미만 : 시・도의 조례**
- 지정수량 이상 : 위험물안전관리법 적용

50

면적이나 구조에 관계없이 물분무 등 소화설비를 반드시 설치하여야 하는 특정소방대상물은?

① 통신기기실 ② 항공기 격납고
③ 전산실 ④ 주차용 건축물

해설 물분무 등 소화설비 설치대상물(가스시설, 지하구는 제외)

- **항공기, 자동차 관련시설 중 항공기 격납고**
- 주차용 건축물로서 연면적 800[m^2] 이상인 것
- 건축물 내부에 설치된 차고 또는 주차장으로서 차고 또는 주차의 용도로 사용되는 부분의 바닥면적의 합계가 200[m^2] 이상인 것
- 기계식 주차장으로서 20대 이상의 차량을 주차할 수 있는 것
- 전기실・발전실・변전실(가연성 절연유를 사용하지 않는 변압기・전류차단기 등의 전기기기와 가연성 피복을 사용하지 않는 전선 및 케이블만을 설치한 전기실・발전실 및 변전실을 제외한다)・축전지실・통신기기실 또는 전산실로서 바닥면적이 300[m^2] 이상인 것
- 소화수를 수집・처리하는 설비가 설치되어 있지 않은 중・저준위방사성폐기물의 저장시설. 다만, 이 경우에는 이산화탄소소화설비・할론소화설비 또는 할로겐화합물 및 불활성기체 소화설비를 설치하여야 한다.
- 지하가 중 예상 교통량, 경사도 등 터널의 특성을 고려하여 행정안전부령으로 정하는 터널. 다만 이 경우에는 물분무소화설비를 설치하여야 한다.

51

방염처리업의 등록기준에 관한 사항으로 시험실의 전용면적은 몇 [m^2] 이상이어야 하는가?

① 20[m^2] ② 30[m^2]
③ 100[m^2] ④ 200[m^2]

해설 방염처리업의 등록기준에서 **전용면적은 삭제되고** 현재는 시험실 1개 이상을 갖출 것(현행법에 맞지 않는 문제임)

52

건축허가 등의 동의 대상물의 범위로 옳지 않은 것은?

① 연면적이 400[m^2] 이상인 건축물
② 항공기 격납고
③ 방송용 송・수신탑
④ 지하층 또는 무창층이 있는 건축물로서 바닥면적이 50[m^2] 이상인 층이 있는 것

해설 건축허가 등의 동의대상물의 범위

- 연면적이 400[m^2](학교시설은 100[m^2], 노유자시설 및 수련시설은 200[m^2], 장애인의료재활시설과 정신의료기관(입원실이 없는 정신건강의학과의원은 제외)은 300 [m^2] 이상)
- 6층 이상인 건축물

정답 48 ② 49 ④ 50 ② 51 ① 52 ④

- 차고 · 주차장 또는 주차용도로 사용되는 시설로서
  - 차고 · 주차장으로 사용되는 바닥면적이 200[m²] 이상인 층이 있는 건축물이나 주차시설
  - 승강기 등 기계장치에 의한 주차시설로서 자동차 **20대 이상**을 주차할 수 있는 시설
- 항공기 격납고, 관망탑, 항공관제탑, 방송용 송 · 수신탑
- 지하층 또는 무창층이 있는 건축물로서 바닥면적이 150[m²](공연장은 100[m²]) 이상인 층이 있는 것
- 위험물저장 및 처리시설, 지하구
- 노유자시설 중 다음 각 목의 어느 하나에 해당하는 시설(단독주택 또는 공동주택에 설치되는 시설은 제외)
  - 노인관련시설(노인주거복지시설 · 노인의료복지시설 및 재가노인복지시설, 학대피해노인 전용 쉼터)
  - 아동복지시설(아동상담소, 아동전용시설 및 지역아동센터는 제외)
  - 장애인 거주시설
  - 정신질환자 관련 시설
  - 노숙인자활시설, 노숙인재활시설 및 노숙인요양시설
  - 결핵환자나 한센인이 24시간 생활하는 노유자시설
- 요양병원(정신병원과 의료재활시설은 제외)

53

소방용수시설을 주거지역에 설치하고자 하는 경우 소방대상물과 수평거리는 몇 [m] 이하가 되도록 하여야 하는가?

① 50[m] ② 100[m]
③ 150[m] ④ 200[m]

해설 **소방용수시설의 설치기준**

(1) 공통기준
 ① **주거지역** · 상업지역 및 공업지역에 설치하는 경우 : 소방대상물과의 수평거리를 **100[m] 이하**가 되도록 할 것
 ② ① 외의 지역에 설치하는 경우 : 소방대상물과의 수평거리를 140[m] 이하가 되도록 할 것
(2) 소방용수시설별 설치기준
 ① 소화전의 설치기준 : 상수도와 연결하여 지하식 또는 지상식의 구조로 하고, 소방용 호스와 연결하는 소화전의 연결금속구의 구경은 65[mm]로 할 것
 ② 급수탑의 설치기준 : 급수배관의 구경은 100[mm] 이상으로 하고, 개폐밸브는 지상에서 1.5[m] 이상 1.7[m] 이하의 위치에 설치하도록 할 것

54

형식승인대상 소방용품에 속하지 않는 것은?

① 방염제 ② 구조대
③ 완강기 ④ 휴대용 비상조명등

해설 휴대용 비상조명등은 형식승인대상인 소방용품이 아니다.

55

도시의 건물 밀집지역 등 화재가 발생할 우려가 높거나 화재가 발생하는 경우 그로 인하여 피해가 클 것으로 예상되는 일정한 구역으로서 대통령령으로 정하는 지역에 대하여 시 · 도지사가 지정하는 것은?

① 화재경계지구 ② 화재경계구역
③ 방화경계구역 ④ 재난재해지역

해설 **시 · 도지사**는 도시의 건물밀집지역 등 화재가 발생할 우려가 높거나 화재가 발생하는 경우 그로 인하여 피해가 클 것으로 예상되는 일정한 구역으로서 대통령령으로 정하는 지역을 **화재경계지구**(火災警戒地區)로 **지정**할 수 있다(기본법 제13조).

56

소방시설 중 화재를 진압하거나 인명구조 활동을 위하여 사용하는 설비로 나열된 것은?

① 상수도 소화용수설비, 연결송수관설비
② 연결살수설비, 제연설비
③ 연소방지설비, 피난구조설비
④ 무선통신보조설비, 통합감시시설

해설 **소화활동설비** : 화재를 진압하거나 인명구조 활동을 위하여 사용하는 설비
- **제연설비**
- 연결송수관설비
- **연결살수설비**
- 비상콘센트설비
- 무선통신보조설비
- 연소방지설비

57

하자보수보증기간이 2년이 아닌 소방시설은?

① 유도등 ② 피난기구
③ 무선통신보조설비 ④ 옥내소화전설비

해설 **하자보수보증기간**
- 2년 : 비상경보설비, 비상조명등, **비상방송설비, 유도등**, 유도표지, **피난기구, 무선통신보조설비**
- **3년 : 자동소화장치, 옥내소화전설비**, 스프링클러설비, 간이스프링클러설비, 물분무 등 소화설비, 옥외소화전설비, **자동화재탐지설비, 상수도 소화용수설비**, 소화활동설비(무선통신보조설비 제외)

53 ② 54 ④ 55 ① 56 ② 57 ④ 정답

58

제4류 위험물을 저장하는 위험물제조소의 주의사항을 표시한 게시판의 내용으로 적합한 것은?

① 화기엄금 ② 물기엄금
③ 화기주의 ④ 물기주의

해설 위험물제조소 등의 주의사항

위험물의 종류	주의사항	게시판의 색상
제1류 위험물 중 알칼리금속의 과산화물 제3류 위험물 중 **금수성 물질**	물기엄금	청색바탕에 백색문자
제2류 위험물(인화성 고체는 제외)	화기주의	적색바탕에 백색문자
제2류 위험물 중 **인화성 고체** 제3류 위험물 중 **자연발화성 물질** **제4류 위험물** 제5류 위험물	화기엄금	적색바탕에 백색문자

59

방염처리업자의 지위를 승계한 자는 그 지위를 승계한 날부터 며칠 이내에 관련서류를 시·도지사에게 제출하여야 하는가?

① 10일 ② 15일
③ 30일 ④ 60일

해설 방염처리업자의 지위승계 : 승계한 날로부터 30일 이내에 시·도지사에게 신고

60

소방기본법령상 화재가 발생한 때 화재의 원인 및 피해 등에 대한 조사를 하여야 하는 자는?

① 시·도지사 또는 소방본부장
② 소방청장·소방본부장이나 소방서장
③ 행정안전부장관·소방본부장이나 소방파출소장
④ 시·도지사, 소방서장이나 소방파출소장

해설 화재의 원인 및 피해조사 : 소방청장, 소방본부장, 소방서장

제4과목 소방기계시설의 구조 및 원리

61

소화용수가 지표면으로부터 내부수조바닥까지의 깊이가 몇 [m] 이상인 지하에 있는 경우에 가압송수장치를 설치해야 하는가?

① 4 ② 4.5
③ 5 ④ 5.5

해설 소화수조 또는 저수조가 지표면으로부터의 깊이(수조 내부바닥까지 길이)가 **4.5[m] 이상**인 지하에 있는 경우에는 **가압송수장치**를 설치하여야 한다.

62

유압기기를 제외한 전기설비, 케이블실에 이산화탄소소화설비를 전역방출방식으로 설치할 경우, 방호구역의 체적이 600[m³]이라면 이산화탄소소화약제 저장량은 몇 [kg]인가?(단, 이때 설계농도는 50[%]이고, 개구부 면적은 무시한다)

① 780 ② 960
③ 1,200 ④ 1,620

해설

심부화재 방호대상물(종이, 목재, 석탄, 섬유류, 합성수지류 등)
탄산가스저장량[kg] = 방호구역체적[m³] × 필요가스량[kg/m³] + 개구부면적[m²]×가산량(10[kg/m²])

[전역방출방식의 필요가스량(심부화재)]

방호대상물	필요가스량	설계농도
유압기기를 제외한 **전기설비, 케이블실**	1.3[kg/m³]	50[%]
체적 55[m³] 미만의 전기설비	1.6[kg/m³]	50[%]
서고, 전자제품창고, 목재가공품창고, 박물관	2.0[kg/m³]	65[%]
고무류·면화류 창고, 모피 창고, 석탄창고, 집진설비	2.7[kg/m³]	75[%]

※ 약제저장량 = 방호구역체적[m³] × 필요가스량[kg/m³]
= 600[m³] × 1.3[kg/m³] = 780[kg]

정답 58 ① 59 ③ 60 ② 61 ② 62 ①

63

연결살수설비의 송수구 설치기준에 대한 내용으로 맞는 것은?

① 폐쇄형 헤드를 사용하는 설비의 경우에는 송수구·자동배수밸브·체크밸브의 순으로 설치할 것
② 폐쇄형 헤드를 사용하는 송수구의 호스접결구는 각 송수구역마다 설치할 것
③ 개방형 헤드를 사용하는 연결살수설비에 있어서 하나의 송수구역에 설치하는 살수헤드의 수는 20개 이하가 되도록 할 것
④ 송수구는 높이가 0.5[m] 이하의 위치에 설치할 것

해설 **연결살수설비의 송수구 등**

- 소방차가 쉽게 접근할 수 있고 노출된 장소에 설치할 것
- 송수구는 구경 65[mm]의 쌍구형으로 할 것(단, 살수 헤드의 수가 10개 이하인 것은 단구형)
- 개방형 헤드를 사용하는 송수구의 호스접결구는 각 송수구역마다 설치할 것(단, 선택밸브가 설치되어 있고 주요구조부가 내화구조일 때에는 예외)
- 송수구로부터 주 배관에 이르는 연결 배관에는 개폐밸브를 설치하지 아니할 것
- 송수구는 지면으로부터 높이가 0.5[m] 이상 1[m] 이하의 위치에 설치할 것
- 송수구 부근의 설치기준
- **폐쇄형 헤드** 사용 : **송수구 → 자동배수밸브 → 체크밸브**
- 개방형 헤드 사용 : 송수구 → 자동배수밸브
- 개방형 헤드를 사용하는 연결살수설비에 있어서 하나의 송수구역에 설치하는 살수헤드의 수는 10개 이하가 되도록 할 것

64

화재조기진압용 스프링클러설비의 수원은 화재 시 기준압력과 기준수량 및 천장높이 조건에서 몇 분간 방사할 수 있어야 하는가?

① 20 ② 30
③ 40 ④ 60

해설 화재조기진압용 스프링클러설비의 수원은 수리학적으로 가장 먼 가지배관 3개에 각각 **4개의 스프링클러헤드가 동시에 개방**되었을 때 헤드선단의 압력이 **별표 3**에 의한 값 이상으로 **60분**간 방사할 수 있는 양으로 계산식은 다음과 같다.

$$Q = 12 \times 60 \times K\sqrt{10p}$$

여기서, Q : 수원의 양[L]
K : 상수[L/min/(MPa)$^{1/2}$]
p : 헤드선단의 압력[MPa]

65

부속용도로 사용하고 있는 통신기기실의 경우 몇 [m^2]마다 소화기 1개 이상을 추가로 비치하여야 하는가?

① 30 ② 40
③ 50 ④ 60

해설 **부속용도별로 추가하여야 할 소화기구(제4조 제1항 제3호 관련)**

용도별	소화기구의 능력단위
1. 다음의 시설. 다만, 스프링클러설비·간이스프링클러설비·물분무 등 소화설비 또는 상업용 주방자동소화장치가 설치된 경우에는 자동확산소화기를 설치하지 아니할 수 있다. 가. 보일러실(아파트의 경우 방화구획된 것을 제외)·건조실·세탁소·대량화기취급소 나. 음식점(지하가의 음식점을 포함)·다중이용업소·호텔·기숙사·노유자시설·의료시설·업무시설·공장·장례식장·교육연구시설·교정 및 군사시설의 주방. 다만, 의료시설·업무시설 및 공장의 주방은 공동취사를 위한 것에 한한다. 다. 관리자의 출입이 곤란한 변전실·송전실·변압기실 및 배전반실(불연재료로된 상자 안에 징치된 것을 세외) 라. 지하구의 제어반 또는 분전반	1. 해당 용도의 바닥면적 25[m^2]마다 능력단위 1단위 이상의 소화기로 하고, 그 외에 자동확산소화기를 바닥면적 10[m^2] 이하는 1개, 10[m^2] 초과는 2개를 설치할 것. 다만, 지하구의 제어반 또는 분전반의 경우에는 제어반 또는 분전반마다 그 내부에 가스·분말·고체에어로졸 자동소화장치를 설치하여야 한다. 2. 나목의 주방의 경우 1호에 의하여 설치하는 소화기중 1개 이상은 주방화재용 소화기(K급)를 설치하여야 한다.
2. **발전실·변전실·송전실·변압기실**·배전반실·**통신기기실·전산기기실**·기타 이와 유사한 시설이 있는 장소. 다만, 제1호 다목의 장소를 제외한다.	해당 용도의 바닥면적 50[m^2]**마다** 적응성이 있는 소화기 1개 이상 또는 유효설치방호체적 이내의 가스·분말·고체에어로졸 자동소화장치, 캐비닛형 자동소화장치(다만, 통신기기실·전자기기실을 제외한 장소에 있어서는 교류 600[V] 또는 직류 750[V] 이상의 것에 한한다)

정답 63 ① 64 ④ 65 ③

66

옥내소화전이 1층에 4개, 2층에 4개, 3층에 2개가 설치된 소방대상물이 있다. 옥내소화전설비를 위해 필요한 최소 수원의 수량은?

① 2.6[m³]　② 10.4[m³]
③ 13[m³]　④ 36[m³]

해설 옥내소화전의 수원 = N(소화전의 수, 최대 5개)×2.6[m³]
= 4×2.6[m³] = 10.4[m³]

67

연결송수관설비의 가압송수장치를 기동하는 방법 및 기동스위치에 대한 설치기준으로 틀린 것은?

① 가압송수장치는 방수구가 개방될 때 자동으로 기동되거나 수동스위치의 조작에 따라 기동되도록 할 것
② 수동스위치는 2개 이상을 설치하되 그 중 1개는 송수구로부터 5[m] 이내의 보기 쉬운 장소에 바닥으로부터 높이 0.8[m] 이상 1.5[m] 이하로 설치할 것
③ 수동스위치는 2개 이상을 설치하되 그 중 1개는 송수구 부근에 1.5[mm] 이상의 강판함에 수납하여 설치할 것
④ 가압송수장치의 기동을 표시하는 표시등을 설치할 것

해설 **연결송수관설비의 가압송수장치 등**

- 가압송수장치는 방수구가 개방될 때 자동으로 기동되거나 또는 수동스위치의 조작에 따라 기동되도록 할 것. 이 경우 수동스위치는 2개 이상을 설치하되, 그 중 1개는 다음의 기준에 따라 송수구의 부근에 설치하여야 한다.
  - 송수구로부터 5[m] 이내의 보기 쉬운 장소에 바닥으로부터 높이 0.8[m] 이상 1.5[m] 이하로 설치할 것
  - 1.5[mm] 이상의 강판함에 수납하여 설치할 것. 이 경우 문짝은 불연재료로 설치할 수 있다.
  - 한국전기설비규정에 따라 접지하고 빗물 등이 들어가지 아니하는 구조로 할 것
- 가압송수장치가 기동이 된 경우에는 자동으로 정지되지 아니하도록 하여야 한다. 다만, 충압펌프의 경우에는 그러하지 아니하다.

68

방호체적 550[m³]인 전기실에 할론 1301 설비를 할 때 필요한 소화약제의 양[kg]은 최소 얼마 이상으로 하여야 하는가?(단, 가로 2[m], 세로 0.8[m]인 유리창 2개소와 가로 1[m], 세로 2[m]의 자동폐쇄장치가 설치된 방화문이 있다)

① 176.0　② 188.48
③ 183.68　④ 330.0

해설 할론 저장량[kg]
= 방호구역체적[m³]×필요가스량[kg/m³]
+ 개구부면적[m²]×가산량[kg/m²]

소방대상물 또는 그 부분	소화약제	필요가스량 [kg/m³]	가산량[kg/m²] (자동폐쇄장치 미설치 시)
차고·주차장·전기실·통신기기실·전산실 등	할론 1301	0.32~0.64	2.4
가연성 고체류·석탄류·목탄류·가연성 액체류	할론 2402	0.40~1.1	3.0
	할론 1211	0.36~0.71	2.7
	할론 1301	0.32~0.64	2.4
면화류·나무껍질 및 대패밥·넝마 및 종이부스러기·사류 및 볏짚류	할론 1211	0.60~0.71	4.5
	할론 1301	0.52~0.64	3.9
합성수지류	할론 1211	0.36~0.71	2.7
	할론 1301	0.32~0.64	2.4

∴ 저장량
= (550[m³]×0.32[kg/m³]) + (2×0.8[m]×2개)
×2.4[kg/m²]
= 183.68[kg]

69

연소방지설비의 설치기준, 구조 등에 관한 설명으로 틀린 것은?

① 송수구로부터 1[m] 이내에 살수구역 안내표지를 설치할 것
② 송수구는 구경 65[mm]의 쌍구형으로 설치할 것
③ 지하구 안에 설치된 내화배선, 케이블 등에는 연소방지용 도료를 도포할 것
④ 방수헤드는 천장 또는 벽면에 설치할 것

정답 66 ② 67 ④ 68 ③ 69 ③

해설 연소방지설비의 설치기준
- 송수구
  - 소방펌프 자동차가 쉽게 접근할 수 있는 노출된 장소에 설치하되, 눈에 띄기 쉬운 보도 또는 차도에 설치할 것
  - **송수구**는 구경 **65[mm]의 쌍구형**으로 할 것
  - 송수구로부터 **1[m] 이내**에 **살수구역 안내표지**를 설치할 것
- **방수헤드**
  - **천장** 또는 **벽면에 설치**할 것
  - 방수헤드 간의 수평거리는 연소방지설비 전용헤드의 경우에는 2.0[m] 이하, 스프링클러헤드의 경우에는 1.5[m] 이하로 할 것
  - 살수구역은 지하구의 길이방향으로 350[m] 이하마다 또는 환기구를 기준으로 1개 이상 설치할 것
  - 하나의 살수구역의 길이는 3[m] 이상으로 할 것

70

제연설비의 설치장소에 따른 제연구역의 구획에 대한 내용 중 틀린 것은?

① 하나의 제연구역의 면적은 1,000[m^2] 이내로 할 것
② 하나의 제연구역은 3개 이상 층에 미치지 아니하도록 할 것
③ 통로상의 제연구역은 보행중심선의 길이가 60[m]를 초과하지 아니할 것
④ 하나의 제연구역은 직경 60[m] 원 내에 들어갈 수 있을 것

해설 제연구획의 구획기준
- 하나의 제연구역의 면적은 1,000[m^2] 이내로 할 것
- 거실과 통로(복도를 포함한다)는 상호 제연구획할 것
- 통로상의 제연구역은 보행중심선의 길이가 60[m]를 초과하지 아니할 것
- 하나의 제연구역은 직경 60[m] 원 내에 들어갈 수 있을 것
- 하나의 제연구역은 **2개 이상 층**에 미치지 아니하도록 할 것. 다만, 층의 구분이 불분명한 부분은 그 부분을 다른 부분과 별도로 제연구획하여야 한다.

71

아파트에 설치하는 주거용 주방자동소화장치의 설치기준 중 부적합한 것은?

① 아파트의 각 세대별 주방에 설치한다.
② 소화약제 방출구는 환기구의 청소 부분과 분리되어 있어야 한다.
③ 가스차단장치는 감지부와 1[m] 이내에 위치한다.
④ 탐지부는 수신부와 분리하여 설치하되, 공기보다 무거운 가스 사용 시는 바닥면으로부터 30[cm] 이하에 위치한다.

해설 주거용 주방자동소화장치의 **가스차단장치(전기 또는 가스)**는 상시 확인 및 점검이 가능하도록 설치할 것

72

폐쇄형 스프링클러헤드를 사용하는 포소화설비 자동기동장치에 대한 설명으로 잘못된 것은?

① 하나의 감지장치 경계구역은 하나의 층이 되도록 할 것
② 표시 온도가 79[℃] 미만인 것을 사용할 것
③ 1개의 스프링클러헤드의 경계 면적은 20[m^2] 이하로 할 것
④ 부착면의 높이는 바닥으로부터 3[m] 이하로 할 것

해설 자동식 기동장치의 설치기준(폐쇄형 스프링클러헤드 사용)
- 표시 온도가 79[℃] 미만인 것을 사용하고, 1개의 스프링클러헤드의 경계면적은 20[m^2] 이하로 할 것
- 부착면의 높이는 바닥으로부터 **5[m] 이하**로 할 것
- 하나의 감지장치 경계구역은 하나의 층이 되도록 할 것

73

스프링클러설비의 급수배관 설계를 수리계산으로 할 경우, 가지배관의 유속은 (　)[m/s], 그 밖의 배관의 유속은 (　)[m/s]를 초과할 수 없다. 빈 칸의 값을 순서대로 맞게 나타낸 것은?

① 3, 6　　② 3, 10
③ 6, 10　　④ 10, 12

해설 스프링클러설비의 배관의 구경은 제5조 제1항 제10호의 규정에 적합하도록 수리계산에 의하거나 별표 1의 기준에 따라 설치할 것. 다만, 수리계산에 따르는 경우 **가지배관**의 유속은 **6[m/s]**, 그 밖의 배관의 유속은 **10[m/s]**를 초과할 수 없다.

70 ② 71 ③ 72 ④ 73 ③ 정답

74

물분무소화설비의 화재안전기준에서 차고 또는 주차장에서의 방수량은 바닥면적 1[m^2]에 대하여 매 분당 얼마 이상이어야 하는가?

① 10[L] ② 20[L]
③ 30[L] ④ 40[L]

해설 방수량

소방대상물	펌프의 토출량[L/min]	수원의 양[L]
특수가연물 저장, 취급	바닥면적(50[m^2] 이하는 50[m^2]로) ×10[L/min·m^2]	바닥면적(50[m^2] 이하는 50[m^2]로) ×10[L/min·m^2] ×20[min]
차고, 주차장	바닥면적(50[m^2] 이하는 50[m^2]로) ×20[L/min·m^2]	바닥면적(50[m^2] 이하는 50[m^2]로) ×20[L/min·m^2] ×20[min]
절연유 봉입변압기	표면적(바닥 부분 제외) ×10[L/min·m^2]	표면적(바닥 부분 제외) ×10[L/min·m^2] ×20[min]
케이블 트레이, 덕트	투영된 바닥면적 ×12[L/min·m^2]	투영된 바닥면적 ×12[L/min·m^2] ×20[min]
컨베이어 벨트	벨트 부분의 바닥면적 ×10[L/min·m^2]	벨트 부분의 바닥면적 ×10[L/min·m^2] ×20[min]

75

제연설비의 배출기와 배출풍도에 관한 설명 중 틀린 것은?

① 배출기와 배출 풍도의 접속 부분에 사용하는 캔버스는 내열성이 있는 것으로 할 것
② 배출기의 전동기 부분과 배풍기 부분은 분리하여 설치할 것
③ 배출기 흡입측 풍도 안의 풍속은 15[m/s] 이상으로 할 것
④ 배출기의 배출측 풍도 안의 풍속은 20[m/s] 이하로 할 것

해설 배출기 및 배출풍도

- 배출기
  - 배출기와 배출풍도의 접속 부분에 사용하는 캔버스는 내열성(석면 재료는 제외)이 있는 것으로 할 것
  - 배출기의 전동기 부분과 배풍기 부분은 분리하여 설치하여야 하며 배풍기 부분은 유효한 내열처리할 것
- 배출풍도
  - 배출풍도는 아연도금강판 등 내식성·내열성이 있는 것으로 할 것
  - 배출기 흡입측 풍도 안의 풍속은 15[m/s] 이하로 하고, 배출측의 풍속은 20[m/s] 이하로 할 것

배출기 흡입측 풍도 안의 풍속 : 15[m/s] 이하

76

층수가 10층인 일반창고에 습식의 폐쇄형 스프링클러헤드가 설치되어 있다면 이 설비에 필요한 수원의 양은 얼마 이상이어야 하는가?(단, 이 창고는 특수가연물을 저장·취급하지 않는 일반물품을 적용한다)

① 16[m^3] ② 24[m^3]
③ 32[m^3] ④ 48[m^3]

해설 스프링클러설비의 헤드

소방대상물			헤드의 기준개수	수원의 양
10층 이하 소방대상물	공장, 창고	특수가연물 저장·취급	30	30개×1.6[m^3] =48m^3]
		그 밖의 것	20	20×1.6[m^3] =32[m^3]
	근린생활시설 판매시설, 운수시설, 복합건축물	판매시설 또는 복합건축물(판매시설의 설치된 복합건축물을 말한다)	30	30×1.6[m^3] =48[m^3]
		그 밖의 것	20	20×1.6[m^3] =32[m^3]
	그 밖의 것	헤드의 부착높이 8[m] 이상	20	20×1.6[m^3] =32[m^3]
		헤드의 부착높이 8[m] 미만	10	10×1.6[m^3] =16[m^3]
아파트			10	10×1.6[m^3] =16[m^3]
11층 이상인 소방대상물(아파트는 제외), 지하가, 지하역사			30	30×1.6[m^3] =48[m^3]

∴ 수원 = N(헤드 수)×1.6[m^3] = 20개×1.6[m^3]
= 32[m^3]

정답 74 ② 75 ③ 76 ③

77

연결살수설비의 설치대상이 아닌 것은?

① 판매시설 용도 건물로 바닥면적의 합계가 700[m^2]인 것
② 백화점 용도 건물의 지하층으로서 바닥면적의 합계가 700[m^2]인 것
③ 학교용도 건물의 지하층으로서 700[m^2]인 것
④ 탱크의 용량이 40[t]인 지상 노출 가스탱크 시설

해설 **연결살수설비의 설치대상물**

- **판매시설**, 운수시설, 물류터미널로서 바닥면적의 합계가 **1,000[m^2] 이상**인 것
- 지하층으로서 바닥면적의 합계가 150[m^2] 이상인 것(단, 국민주택 규모 이하인 아파트의 지하층(대피시설로 사용하는 것)과 학교의 지하층에 있어서는 700[m^2] 이상인 것)
- 가스시설 중 지상에 노출된 탱크의 용량이 30[t] 이상인 탱크시설
- 특정소방대상물에 부속된 연결통로

78

스프링클러헤드의 방수구에서 유출되는 물을 세분시키는 작용을 하는 것은?

① 클래퍼 ② 워터모터공
③ 리타딩체임버 ④ 디플렉터

해설 **반사판(디플렉터)** : 스프링클러헤드의 방수구에서 유출되는 물을 세분시키는 작용을 하는 것

79

숙박시설 · 노유지시설 및 의료시설로 사용되는 층에 있어서의 피난기구는 그 층의 바닥면적이 몇 [m^2]마다 1개 이상을 설치하여야 하는가?

① 300 ② 500
③ 800 ④ 1,000

해설 **피난기구의 설치기준**

① 층마다 설치하되, **숙박시설 · 노유자시설 및 의료시설**로 사용되는 층에 있어서는 그 층의 **바닥면적 500[m^2]마다**, 위락시설 · 문화집회 및 운동시설 · 판매시설로 사용되는 층 또는 복합용도의 층에 있어서는 그 층의 바닥면적 800[m^2]마다, 계단실형 아파트에 있어서는 각 세대마다, 그 밖의 용도의 층에 있어서는 그 층의 바닥면적 1,000[m^2]마다 1개 이상 설치할 것
② ①의 규정에 따라 설치한 피난기구 외에 **숙박시설**(휴양콘도미니엄을 제외한다)의 경우에는 **추가로 객실마다 완강기 또는 둘 이상의 간이완강기**를 설치할 것
③ ①의 규정에 따라 설치한 피난기구 외에 공동주택의 경우에는 하나의 관리주체가 관리하는 공동주택 구역마다 공기안전매트 1개 이상을 추가로 설치할 것. 다만, 옥상으로 피난이 가능하거나 인접세대로 피난할 수 있는 구조인 경우에는 추가로 설치하지 아니할 수 있다.

80

방수구가 각층에 2개씩 설치된 소방대상물에 연결송수관 가압송수장치를 설치하려 한다. 가압송수장치의 설치대상과 최상층 말단의 노즐에서 요구되는 최소 방사압력, 토출량이 적합한 것은?

① 설치대상 : 높이 60[m] 이상인 소방대상물, 방사압력 : 0.25[MPa] 이상, 토출량 : 2,200[L/min] 이상
② 설치대상 : 높이 70[m] 이상인 소방대상물, 방사압력 : 0.25[MPa] 이상, 토출량 : 2,200[L/min] 이상
③ 설치대상 : 높이 60[m] 이상인 소방대상물, 방사압력 : 0.35[MPa] 이상, 토출량 : 2,400[L/min] 이상
④ 설치대상 : 높이 70[m] 이상인 소방대상물, 방사압력 : 0.35[MPa] 이상, 토출량 : 2,400[L/min] 이상

해설 **연결송수관설비의 가압송수장치**

- 지표면에서 최상층 방수구의 **높이가 70[m] 이상**의 소방대상물에는 **가압송수장치**를 설치하여야 한다.
- 펌프의 토출량은 **2,400[L/min]**(계단식 아파트 : 1,200[L/mm]) 이상이 되는 것으로 할 것. 다만, 해당 층에 설치된 방수구가 3개 초과(5개 이상은 5개)하는 경우에는 1개마다 800[L]를 가산한 양이 될 것
- 펌프의 양정은 최상층에 설치된 노즐선단의 압력이 **0.35[MPa] 이상**일 것

77 ① 78 ④ 79 ② 80 ④ 정답

제4회 2010년 9월 5일 시행

제1과목 소방원론

01

제1종 분말소화약제인 탄산수소나트륨은 어떤 색으로 착색되어 있는가?

① 백 색 ② 담회색
③ 담홍색 ④ 회 색

해설 분말소화약제의 성상

종 별	소화약제	약제의 착색	적응 화재	열분해반응식
제1종 분말	탄산수소나트륨 ($NaHCO_3$)	백 색	B, C급	$2NaHCO_3 \rightarrow Na_2CO_3 + CO_2 + H_2O$
제2종 분말	탄산수소칼륨 ($KHCO_3$)	담회색	B, C급	$2KHCO_3 \rightarrow K_2CO_3 + CO_2 + H_2O$
제3종 분말	제일인산암모늄 ($NH_4H_2PO_4$)	담홍색, 황색	A, B, C급	$NH_4H_2PO_4 \rightarrow HPO_3 + NH_3 + H_2O$
제4종 분말	중탄산칼륨+요소 [$KHCO_3 + (NH_2)_2CO$]	회 색	B, C급	$2KHCO_3 + (NH_2)_2CO \rightarrow K_2CO_3 + 2NH_3 + 2CO_2$

02

수소의 공기 중 폭발범위에 가장 가까운 것은?

① 12.5~54[vol%]
② 4~75[vol%]
③ 5~15[vol%]
④ 1.05~6.7[vol%]

해설 가스의 폭발범위(공기 중)

가스의 종류	하한계[%]	상한계[%]
아세틸렌(C_2H_2)	2.5	81.0
수소(H_2)	4.0	75.0
일산화탄소(CO)	12.5	74.0
암모니아(NH_3)	15.0	28.0
메탄(CH_4)	5.0	15.0
에탄(C_2H_6)	3.0	12.4
프로판(C_3H_8)	2.1	9.5
부탄(C_4H_{10})	1.8	8.4

03

나이트로셀룰로스에 대한 설명으로 잘못된 것은?

① 질화도가 낮을수록 위험성이 크다.
② 물을 첨가하여 습윤시켜 운반한다.
③ 화약의 연료로 쓰인다.
④ 고체이다.

해설 나이트로셀룰로스(Nitro Cellulose ; NC)의 특성

화학식	분해온도	착화점
$[C_6H_7O_2(ONO_2)_3]_n$	130[℃]	180[℃]

- 셀룰로스에 진한 황산과 진한 질산의 혼산으로 반응시켜 제조한 것이다.
- 저장 중에 물 또는 알코올로 습윤시켜 저장한다(통상적으로 아이소프로필알코올 30[%] 습윤시킴).
- 가열, 마찰, 충격에 의하여 격렬히 연소, 폭발한다.
- 130[℃]에서는 서서히 분해하여 180[℃]에서 불꽃을 내면서 급격히 연소한다.
- **질화도가 클수록 폭발성이 크다.**

정답 01 ① 02 ② 03 ①

04

실내온도 15[℃]에서 화재가 발생하여 900[℃]가 되었다면 기체의 부피는 약 몇 배로 팽창되었는가? (단, 압력은 1기압으로 일정하다)

① 2.23 ② 4.07
③ 6.45 ④ 8.05

해설 보일-샤를의 법칙 : 기체가 차지하는 부피는 압력에 반비례하고 절대온도에 비례한다.

$$\frac{P_1V_1}{T_1} = \frac{P_2V_2}{T_2},\ V_2 = V_1 \times \frac{P_1}{P_2} \times \frac{T_2}{T_1}$$

$$\therefore\ V_2 = V_1 \times \frac{P_1}{P_2} = 1 \times \frac{(273+900)[K]}{(273+15)[K]} = 4.07$$

05

포소화설비의 국가화재안전기준에서 정한 포의 종류 중 저발포라 함은?

① 팽창비가 20 이하인 것
② 팽창비가 120 이하인 것
③ 팽창비가 250 이하인 것
④ 팽창비가 1,000 이하인 것

해설 발포배율에 따른 분류

구 분	팽창비
저발포용	20배 이하
고발포용	80배 이상 1,000배 미만

$$팽창비 = \frac{방출\ 후\ 포의\ 체적[L]}{방출\ 전\ 포수용액의\ 체적(포원액+물)[L]} = \frac{방출\ 후\ 포의\ 체적[L]}{\frac{원액의\ 양[L]}{농도[\%]}}$$

06

분자식이 CF_2BrCl인 할론소화약제는?

① Halon 1301 ② Halon 1211
③ Halon 2402 ④ Halon 2021

해설 화학식

물성 \ 종류	할론 1301	할론 1211	할론 2402	할론 1011
분자식	CF_3Br	CF_2ClBr	$C_2F_4Br_2$	CH_2ClBr
분자량	148.9	165.4	259.8	129.4

07

재료와 그 특성의 연결이 옳은 것은?

① PVC 수지 – 열가소성
② 페놀 수지 – 열가소성
③ 폴리에틸렌 수지 – 열경화성
④ 멜라민 수지 – 열가소성

해설 수지의 종류
- **열가소성 수지** : 열에 의하여 변형되는 수지로서 **폴리에틸렌, PVC**, 폴리스타이렌 수지 등
- 열경화성 수지 : 열에 의하여 굳어지는 수지로서 **페놀 수지, 요소 수지, 멜라민 수지**

08

목조건축물에서 화재가 최성기에 이르면 천장, 대들보 등이 무너지고 강한 복사열을 발생한다. 이때 나타낼 수 있는 최고 온도는 약 몇 [℃]인가?

① 300 ② 600
③ 900 ④ 1,300

해설 온도가 1,300[℃]가 되면 목조건축물에서 화재가 최성기에 이르면 천장, 대들보 등이 무너지고 강한 복사열을 발생한다.

09

다음 중 표면연소에 대한 설명으로 올바른 것은?

① 목재가 산소와 결합하여 일어나는 불꽃연소현상
② 종이가 정상적으로 화염을 내면서 연소하는 현상
③ 오일이 기화하여 일어나는 연소현상
④ 코크스나 숯의 표면에서 산소와 접촉하여 일어나는 연소현상

04 ② 05 ① 06 ② 07 ① 08 ④ 09 ④ 정답

해설 고체의 연소

- **표면연소** : **목탄, 코크스, 숯, 금속분** 등이 열분해에 의하여 가연성 가스를 발생하지 않고 그 물질 자체가 연소하는 현상
- 분해연소 : 석탄, 종이, 목재, 플라스틱 등의 연소 시 열분해에 의해 발생된 가스와 공기가 혼합하여 연소하는 현상
- 증발연소 : 황, 나프탈렌, 왁스, 파라핀 등과 같이 고체를 가열하면 열분해는 일어나지 않고 고체가 액체로 되어 일정온도가 되면 액체가 기체로 변화하여 기체가 연소하는 현상
- 자기연소(내부연소) : 제5류 위험물인 나이트로셀룰로스, 질화면 등 그 물질이 가연물과 산소를 동시에 가지고 있는 가연물이 연소하는 현상

10

물의 기화열을 이용하여 열을 흡수하는 방식으로 소화하는 방법은?

① 냉각소화 ② 질식소화
③ 제거소화 ④ 촉매소화

해설 소화의 종류

- **냉각소화** : 화재현장에 물을 주수하여 발화점 이하로 온도를 낮추어 소화하는 방법
- 질식소화 : 공기 중의 산소의 농도를 21[%]에서 15[%] 이하로 낮추어 소화하는 방법
- 제거소화 : 화재현장에서 가연물을 없애주어 소화하는 방법
- 화학소화(부촉매효과) : 연쇄반응을 차단하여 소화하는 방법
- 희석소화 : 알코올, 에테르, 에스테르, 케톤류 등 수용성 물질에 다량의 물을 방사하여 가연물의 농도를 낮추어 소화하는 방법
- 유화효과 : 물분무소화설비를 중유에 방사하는 경우 유류표면에 엷은 막으로 유화층을 형성하여 화재를 소화하는 방법
- 피복효과 : 이산화탄소 약제방사 시 가연물의 구석까지 침투하여 피복하므로 연소를 차단하여 소화하는 방법

11

건축물의 화재 발생 시 인간의 피난 특성으로 틀린 것은?

① 평상시 사용하는 출입구나 통로를 사용하는 경향이 있다.
② 화재의 공포감으로 인하여 빛을 피해 어두운 곳으로 몸을 숨기는 경향이 있다.
③ 화염, 연기에 대한 공포감으로 발화지점의 반대방향으로 이동하는 경향이 있다.
④ 화재 시 최초로 행동을 개시한 사람을 따라 전체가 움직이는 경향이 있다.

해설 화재 시 인간의 피난행동 특성

- 귀소본능 : 평소에 사용하던 출입구나 통로 등 습관적으로 친숙해 있는 경로로 도피하려는 본능
- **지광본능** : 화재 발생 시 연기와 정전 등으로 가시거리가 짧아져 시야가 흐리면 **밝은 방향**으로 도피하려는 본능
- 추종본능 : 화재 발생 시 최초로 행동을 개시한 사람에 따라 전체가 움직이는 본능(많은 사람들이 달아나는 방향으로 무의식적으로 안전하다고 느껴 위험한 곳임에도 불구하고 따라가는 경향)
- 퇴피본능 : 연기나 화염에 대한 공포감으로 화원의 반대방향으로 이동하려는 본능
- 좌회본능 : 좌측으로 통행하고 시계의 반대방향으로 회전하려는 본능

12

탄화칼슘이 물과 반응할 때 발생되는 기체는?

① 일산화탄소 ② 아세틸렌
③ 황화수소 ④ 수 소

해설 탄화칼슘

- 카바이드라고 하며, 분자식 CaC_2, 융점은 2,300[℃]이다.
- 순수한 것은 무색투명하나 보통은 회백색의 덩어리 상태이다.
- 공기 중에서 안정하지만 350[℃] 이상에서는 산화된다.
- 습기가 없는 밀폐용기에 저장하고 용기에는 질소가스 등 불연성 가스를 봉입시킬 것

> - 물과의 반응
> $CaC_2 + 2H_2O \rightarrow Ca(OH)_2 + C_2H_2\uparrow$
>   (소석회, 수산화칼슘) (**아세틸렌**)
> - 약 700[℃] 이상에서 반응
> $CaC_2 + N_2 \rightarrow CaCN_2 + C$
>   (석회질소) (탄소)
> - 아세틸렌가스와 금속과 반응
> $C_2H_2 + 2Ag \rightarrow Ag_2C_2 + H_2\uparrow$
>   (은아세틸레이트 : 폭발물질)

정답 10 ① 11 ② 12 ②

13

건축물의 피난·방화구조 등의 기준에 관한 규칙에서 건축물의 바깥쪽에 설치하는 피난계단의 유효너비는 몇 [m] 이상으로 하여야 하는가?

① 0.6 ② 0.7
③ 0.9 ④ 1.2

해설 건축물의 바깥쪽에 설치하는 피난계단의 유효너비 : 0.9[m] 이상

14

탄산가스에 대한 일반적인 설명으로 옳은 것은?

① 산소와 반응 시 흡열반응을 일으킨다.
② 산소와 반응하여 불연성 물질을 발생시킨다.
③ 산화하지 않으나 산소와는 반응한다.
④ 산소와 반응하지 않는다.

해설 탄산가스(CO_2)는 산소와 반응하지 않으므로 불연성 가스이다.

15

건축물에 화재가 발생하여 일정 시간이 경과하게 되면 일정 공간 안에 열과 가연성 가스가 축적되고 한순간에 폭발적으로 화재가 확산되는 현상을 무엇이라 하는가?

① 보일오버현상 ② 플래시오버현상
③ 패닉현상 ④ 리프팅현상

해설 **현 상**
- 보일오버현상 : 중질유탱크에서 장시간 조용히 연소하다가 탱크의 잔존기름이 갑자기 분출(Over Flow)하는 현상
- **플래시오버현상** : 가연성 가스를 동반하는 연기와 유독가스가 방출하여 실내의 급격한 온도상승으로 실내 전체가 순간적으로 연기가 충만하는 현상
- 패닉현상 : 열과 연기가 충만한 상태에서 이성을 잃어버리는 현상
- 리프팅(Lifting)현상 : 연료가스의 분출속도가 연소속도보다 빠를 때 불꽃이 버너의 노즐에서 떨어져 나가서 연소하는 현상으로 완전 연소가 이루어지지 않으며 역화의 반대현상
- 역화(Back Fire) : 연료가스의 분출속도가 연소속도보다 느릴 때 불꽃이 연소기의 내부로 들어가 혼합관 속에서 연소하는 현상
- 블로오프(Blow-off)현상 : 선화상태에서 연료가스의 분출속도가 증가하거나 주위 공기의 유동이 심하면 화염이 노즐에서 연소하지 못하고 떨어져서 화염이 꺼지는 현상

16

표준상태에 있는 메탄가스의 밀도는 몇 [g/L]인가?

① 0.21 ② 0.41
③ 0.71 ④ 0.91

해설 메탄(CH_4)의 분자량은 16이므로

$$증기밀도 = \frac{분자량}{22.4[L]} = \frac{16[g]}{22.4[L]} = 0.714[g/L]$$

17

위험물의 유별 성질이 가연성 고체인 위험물은 제 몇 류 위험물인가?

① 제1류 위험물 ② 제2류 위험물
③ 제3류 위험물 ④ 제4류 위험물

해설 **위험물의 분류**

유 별	제1류 위험물	제2류 위험물	제3류 위험물
성 질	산화성 고체	가연성 고체	자연발화성 및 금수성 물질
유 별	제4류 위험물	제5류 위험물	제6류 위험물
성 질	인화성 액체	자기반응성 물질	산화성 액체

18

피난계획의 일반적 원칙이 아닌 것은?

① 피난경로는 간단명료할 것
② 2방향의 피난동선을 확보하여 둘 것
③ 피난수단은 이동식 시설을 원칙으로 할 것
④ 인간의 특성을 고려하여 피난계획을 세울 것

해설 **피난대책의 일반적인 원칙**
- 피난경로는 간단명료하게 할 것
- 피난구조설비는 고정식 설비를 위주로 할 것
- **피난수단은 원시적 방법**에 의한 것을 원칙으로 할 것
- 2방향 이상의 피난통로를 확보할 것

13 ③ 14 ④ 15 ② 16 ③ 17 ② 18 ③ **정답**

19

다음 중 제4류 위험물에 적응성이 있는 것은?

① 옥내소화전설비 ② 옥외소화전설비
③ 봉상수소화기 ④ 물분무소화설비

해설 **제4류 위험물**은 인화성 액체로서 **물분무소화설비**(질식효과, 냉각효과, 유화효과, 희석효과)가 적합하다.

20

물의 기화열이 539[cal]인 것은 어떤 의미인가?

① 0[℃]의 물 1[g]이 얼음으로 변화하는 데 539[cal]의 열량이 필요하다.
② 0[℃]의 얼음 1[g]이 물로 변화하는 데 539[cal]의 열량이 필요하다.
③ 0[℃]의 물 1[g]이 100[℃]의 물로 변화하는 데 539[cal]의 열량이 필요하다.
④ 100[℃]의 물 1[g]이 수증기로 변화하는 데 539[cal]의 열량이 필요하다.

해설 물의 기화열이 539[cal]란 100[℃]의 물 1[g]이 수증기로 변화하는 데 539[cal]의 열량이 필요하다.

제 2 과목 소방유체역학 및 약제화학

21

시간 Δt 사이에 물체의 운동량이 ΔP 만큼 변했을 때 $\frac{\Delta P}{\Delta t}$ 는 무엇을 뜻하는가?

① 운동량의 변화 ② 충격량의 변화
③ 가속도 ④ 힘

해설 시간 Δt 사이에 물체의 운동량이 ΔP 만큼 변했을 때 $\frac{\Delta P}{\Delta t}$ 는 힘이다.

22

비중이 0.8인 물질이 흐르는 배관에 수은 마노미터를 설치하여 한쪽 끝은 대기에 노출시켰다. 내부게이지 압력이 58.8[kPa]이라면 수은주의 높이 차이는 약 몇 [cm]인가?

① 0.441 ② 0.469
③ 44.1 ④ 46.9

해설 수은마노미터

$$\Delta P = P_2 - P_1 = \frac{g}{g_c} R(\gamma_A - \gamma_B)$$

여기서, R : 마노미터 읽음, γ_A : 액체의 비중량
γ_B : 유체의 비중량

$$\frac{58.8[\text{kPa}]}{101.3[\text{kPa}]} \times 10{,}332[\text{kg}_f/\text{m}^2]$$
$$= R(13.6 - 0.8) \times 1{,}000[\text{kg}_f/\text{m}^3]$$
$$\therefore\ R = 0.4685[\text{m}] = 46.85[\text{cm}]$$

23

물을 0.025[m³/s]의 유량으로 퍼 올리고 있는 펌프가 있다. 흡입측 계기압력은 −3[kPa]이고 이 보다 100[m] 위에 위치한 곳의 계기압력은 100[kPa]이었다. 배관에서 발생하는 마찰손실이 14[m]라 할 때 펌프가 물에 가해야 할 동력은 약 몇 [kW]인가?(단, 흡입, 송출측 관지름은 모두 100[mm]이고 물의 밀도 ρ = 1,000[kg/m³]이다)

① 10.3 ② 16.7
③ 21.8 ④ 30.5

해설 동 력

$$P[\text{kW}] = \frac{\gamma \times Q \times H}{102 \times \eta} \times K$$

여기서, γ : 물의 비중량(1,000[kgf/m³])
Q : 유량(0.025[m³/s])
H : 전양정[m]

$$\left[\left(\frac{3[\text{kPa}]}{101.3[\text{kPa}]} \times 10.332[\text{m}]\right) + 100[\text{m}] + \left(\frac{100[\text{kPa}]}{101.3[\text{kPa}]} \times 10.332[\text{m}]\right) + 14[\text{m}]\right] = 124.5[\text{m}]$$

여기서, K : 전달계수(여유율), η : 펌프효율

$$\therefore\ P[\text{kW}] = \frac{\gamma \times Q \times H}{102 \times \eta} \times K = \frac{1{,}000 \times 0.025 \times 124.5}{102 \times 1} = 30.5[\text{kW}]$$

정답 19 ④ 20 ④ 21 ④ 22 ④ 23 ④

24

열전달 면적이 A이고 온도 차이가 10[℃], 벽의 열전도율이 10[W/(m · K)], 두께 25[cm]인 벽을 통한 열전달률이 100[W]이다. 동일한 열전달 면적인 상태에서 온도 차이가 2배, 벽의 열전도율이 4배가 되고 벽의 두께가 2배가 되는 경우 열전달률은 몇 [W]인가?

① 50 ② 200
③ 400 ④ 800

해설 열전달률

열전달열량 $Q=\frac{\lambda}{l}A\Delta t$

열전달열량 $100[W]=\frac{10}{0.25}\times A\times 10$

$A=0.25[m^2]$

$\therefore$ 열전달열량 $Q=\frac{4\times 10}{2\times 0.25}\times 0.25\times(2\times 10)$

$=400[W]$

25

지름이 10[cm]인 실린더 속에 유체가 흐르고 있다. 내벽에 수직거리 y에서의 속도가 $u=5y-y^2[m/s]$로 표시된다. 벽면에서의 마찰전단 응력은 몇 $[kg/m^2]$인가?(단, 유체의 $\mu=3.9\times 10^{-3}[kg \cdot s/m^2]$)

① 1.95 ② 3.9
③ 0.0195 ④ 3.82

해설 전단응력 $\tau=\mu\frac{du}{dy}$

문제에서 $u=5y-y^2$, $\frac{du}{dy}=5-2y(y=0)=5s^{-1}$

$\therefore \tau=3.9\times 10^{-3}\times 5=0.0195[kg/m^2]$

26

커다란 탱크의 밑면에서 물이 $0.05[m^3/s]$로 일정하게 흘러나가고, 위에서는 단면적 $0.025[m^2]$, 분출속도가 8[m/s]의 노즐을 통하여 탱크로 유입되고 있다. 탱크 내 물은 몇 $[m^3/s]$로 늘어나는가?

① 0.15 ② 0.0145
③ 0.3 ④ 0.03

해설 유량 $Q=uA=8[m/s]\times 0.025[m^2]=0.2[m^3/s]$

$\therefore 0.2[m^3/s]-0.05[m^3/s]=0.15[m^3/s]$

27

물속 같은 깊이에 수평으로 잠겨있는 원형 평판의 지름과 정사각형 평판의 한 변의 길이가 같을 때 두 평판의 한쪽 면이 받는 정수력학적 힘의 비는?

① 1 : 1 ② 1 : 1.13
③ 1 : 1.27 ④ 1 : 1.62

해설
- 원형평판의 직경 d=정사각형 한 변의 길이 a라 하면
- 압력 $P=\gamma H=\frac{F}{A}$에서 힘 $F=\gamma HA$

$F_1 : F_2=\gamma H\left(\frac{\pi}{4}d^2\right) : \gamma Ha^2$

$F_1 : F_2=\frac{\pi}{4} : 1$

따라서, F_1이 "1"일 경우

$F_1 : F_2=1 : \frac{4}{\pi}$

$F_1 : F_2=1 : 1.273$

28

용량 2,000[L]의 탱크에 물을 가득 채운 소방차가 화재현장에 출동하여 노즐압력 390[kPa](계기압력), 노즐구경 2.5[cm]를 사용하여 방수한다면 소방차 내의 물이 전부 방수되는 데 걸리는 시간은?

① 약 2분 30초 ② 약 3분 30초
③ 약 4분 30초 ④ 약 5분 30초

해설 $Q=0.6597D^2\sqrt{10P}$

$=0.6597\times(25[mm])^2\times\sqrt{10\times 0.39[MPa]}$

$=814.25[L/min]$

$\therefore 2[t]=2[m^3]=2,000[L]$

2,000[L] ÷ 814.25[L/min] = 2.46분 ≒ 2분 30초

29

일반적으로 베르누이 방정식을 적용할 수 있는 조건으로 구성된 것은?

① 비압축성 흐름, 점성 흐름, 정상 유동
② 압축성 흐름, 비점성 흐름, 정상 유동

정답 24 ③ 25 ③ 26 ① 27 ③ 28 ① 29 ④

③ 비압축성 흐름, 비점성 흐름, 비정상 유동
④ 비압축성 흐름, 비점성 흐름, 정상 유동

해설 베르누이 방정식을 적용할 수 있는 조건
- 비압축성 흐름
- 비점성 흐름
- 정상 유동

30

압력 $P_1 = 100$[kPa], 온도 $T_1 = 300$[K], 체적 $V_1 = 1.0$[m^3]인 밀폐계(Closed System)의 이상기체가 $PV^{1.3}$ = 일정인 폴리트로픽 과정(Polytropic Process)을 거쳐 압력 $P_2 = 300$[kPa]까지 압축된다면 최종상태의 온도 T_2는 대략 얼마인가?

① 350[K] ② 390[K]
③ 430[K] ④ 470[K]

해설
$\frac{T_2}{T_1} = \left(\frac{P_2}{P_1}\right)^{\frac{n-1}{n}} = \left(\frac{V_1}{V_2}\right)^{n-1}$ 에서

압축 후의 온도

$$T_2 = T_1 \times \left(\frac{P_2}{P_1}\right)^{\frac{n-1}{n}} = 300 \times \left(\frac{300}{100}\right)^{\frac{1.3-1}{1.3}}$$
$$= 386.6[\text{K}]$$

31

두 물체를 접촉시켰더니 잠시 후 두 물체가 열평형 상태에 도달하였다. 이 열평형 상태는 무엇을 의미하는가?

① 두 물체의 온도가 서로 같으며 더 이상 변화하지 않는 상태
② 한 물체에서 잃은 열량이 다른 물체에서 얻은 열량과 같은 상태
③ 두 물체의 비열은 다르나 열용량이 서로 같아진 상태
④ 두 물체의 열용량은 다르나 비열이 서로 같아진 상태

해설 열평형상태 : 두 물체의 온도가 서로 같으며 더 이상 변화하지 않는 상태

32

아래 그림과 같이 단위 중량이 각각 γ_A, $\gamma_B(\gamma_A > \gamma_B)$인 두 개의 섞이지 않는 액체가 용기에 담겨져 있다. 액체의 계기압력의 연직 분포를 정확하게 묘사하고 있는 그림은?

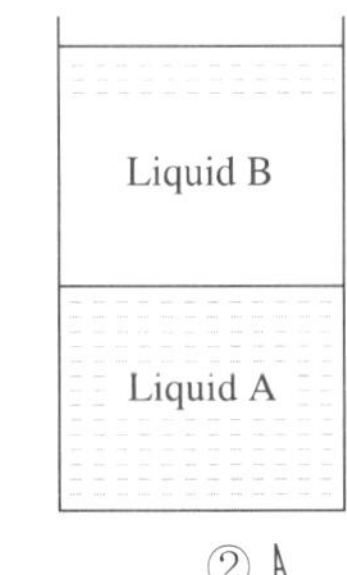

①
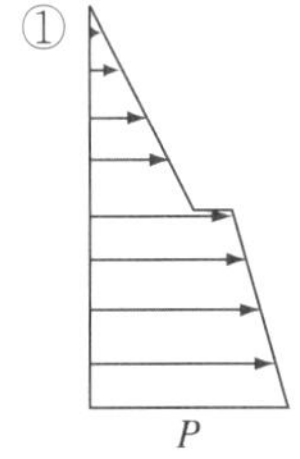

②
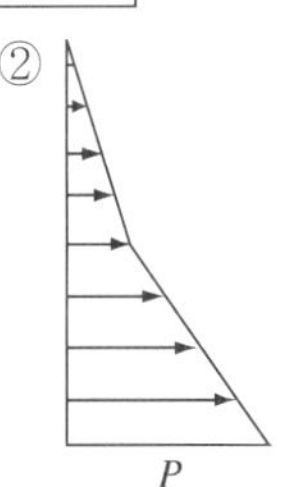

③
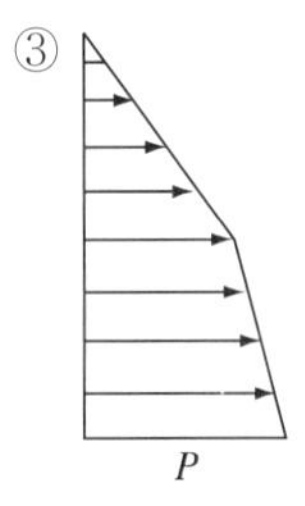

④
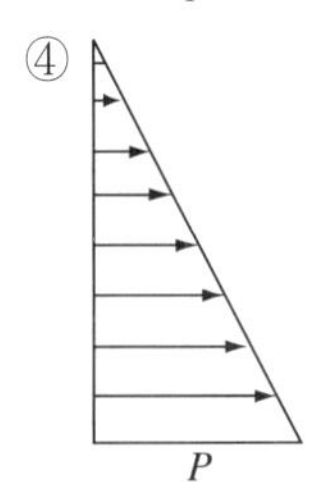

해설 압력 $P = \gamma H$[Pa]
- 압력분포는 액체의 높이(H)에 따라 선형적으로 변화한다.
- 액체 A의 비중량(γ_A)이 액체 B의 비중량(γ_B)보다 더 크기 때문에 액체 A의 압력분포가 더 크게 된다.

33

국소대기압이 98.6[kPa]인 곳에서 펌프에 의하여 흡입되는 물의 압력을 진공계로 측정하였다. 진공계가 7.3[kPa]을 가리켰을 때 절대 압력은 몇 [kPa]인가?

① 0.93 ② 9.3
③ 91.3 ④ 105.9

해설 절대압력 = 대기압 − 진공
= 98.6 − 7.3
= 91.3[kPa]

정답 30 ② 31 ① 32 ② 33 ③

34

유동 단면이 30[cm]×40[cm]인 사각 덕트를 통하여 비중 0.86, 점성계수 0.027[kg/m · s]인 기름이 2[m/s]의 유속으로 흐른다. 이때 수력직경에 기초한 레이놀즈수는?

① 18,670 ② 21,850
③ 32,150 ④ 33,290

해설 **레이놀즈수(Reynolds Number, Re)**

$$Re = \frac{Du\rho}{\mu} = \frac{Du}{\nu}\ [\text{무차원}]$$

여기서, D : 수력반경[m]

수력반경 $R_h = \frac{\text{가로}\times\text{세로}}{(\text{가로}\times 2)+(\text{세로}\times 2)}$

$= \frac{30\times 40}{(30\times 2)+(40\times 2)}$

$= 8.57[\text{cm}] = 0.0857[\text{m}]$

∴ 반경 $D = 4R_h = 4\times 0.0857[\text{m}] = 0.3428[\text{m}]$

여기서, u : 유속(2[m/s])
ρ : 유체의 밀도(860[kg/m³])
μ : 유체의 점도(0.027[kg/m · s])
ν(동점도) : 절대점도를 밀도로 나눈 값 $(\frac{\mu}{\rho} = [\text{cm}^2/\text{s}])$

$$\therefore\ Re = \frac{Du\rho}{\mu} = \frac{0.3428\times 2\times 860}{0.027} = 21,838$$

35

두 개의 견고한 밀폐용기 A, B가 밸브로 연결되어 있다. 용기 A에는 온도 300[K], 압력 100[kPa]의 공기 1[m³], 용기 B에는 온도 300[K], 압력 330[kPa]의 공기 2[m³]가 들어있다. 밸브를 열어 두 용기 안에 들어있는 공기(이상기체)를 혼합한 후 장시간 방치하였다. 이때 주위온도는 300[K]로 일정하다. 내부공기의 최종 압력은 약 몇 [kPa]인가?

① 177 ② 210
③ 215 ④ 253

해설

혼합압력 $P = \frac{P_A V_A + P_B V_B}{V_A + V_B}$

$= \frac{100\times 1 + 330\times 2}{1+2}$

$= 253.33[\text{kPa}]$

36

유체의 압축률에 대한 기술로서 틀린 것은?

① 체적탄성계수의 역수에 해당한다.
② 유체의 압축률이 작을수록 압축하기 힘들다.
③ 압축률은 단위압력변화에 대한 체적의 변형률을 말한다.
④ 체적의 감소는 밀도의 감소와 같은 뜻을 갖는다.

해설 **유체의 압축률**

- 체적탄성계수의 역수
- 체적탄성계수가 클수록 압축하기 힘들다.
- 압축률 : 단위압력변화에 대한 체적의 변형률

37

펌프 운전 중에 펌프 입구와 출구에 설치된 진공계, 압력계의 지침이 흔들리고 동시에 토출 유량이 변화하는 현상으로 송출압력과 송출유량 사이에 주기적인 변동이 일어나는 이와 같은 현상은?

① 수격현상 ② 서징현상
③ 공동현상 ④ 와류현상

해설 **맥동현상(Surging)**

- 정의 : Pump의 입구와 출구에 부착된 진공계와 압력계의 침이 흔들리고 동시에 토출유량이 변화를 가져오는 현상
- 맥동현상의 발생원인
  - Pump의 양정곡선($Q-H$) 산(山) 모양의 곡선으로 상승부에서 운전하는 경우
  - 유량조절밸브가 배관 중 수조의 위치 후방에 있을 때
  - 배관 중에 수조가 있을 때
  - 배관 중에 기체상태의 부분이 있을 때
  - 운전 중인 Pump를 정지할 때
- 맥동현상의 방지대책
  - Pump 내의 양수량을 증가시키거나 Impeller의 회전수를 변화시킨다.
  - 관로 내의 잔류공기 제거하고 관로의 단면적 유속 · 저장을 조절한다.

38

관 내의 흐름에서 부차적 손실에 해당되지 않는 것은?

① 관 단면의 급격한 확대에 의한 손실
② 유동단면의 장애물에 의한 손실

③ 직선 원관 내의 손실
④ 곡선부에 의한 손실

해설 관마찰손실
- 주 손실 : 관로마찰에 의한 손실
- 부차적 손실 : 급격한 확대, 축소, 관부속품에 의한 손실

39

다음 중 점성계수 μ의 차원은 어느 것인가?(단, M : 질량, L : 길이, T : 시간의 차원이다)

① $[ML^{-1}T^{-2}]$　② $[ML^{-2}T^{-1}]$
③ $[M^{-1}L^{-1}T]$　④ $[ML^{-1}T^{-1}]$

해설 단위와 차원

차 원	중력 단위[차원]	절대 단위[차원]
길 이	[m], [L]	[m], [L]
시 간	[s], [T]	[s], [T]
질 량	$[kg \cdot s^2/m]$, $[FL^{-1}T^2]$	[kg], [M]
힘	$[kg_f]$, [F]	$[kg \cdot m/s^2]$, $[MLT^{-2}]$
밀 도	$[kg \cdot s^2/m^4]$, $[FL^{-4}T^2]$	$[kg/m^3]$, $[ML^{-3}]$
압 력	$[kg/m^2]$, $[FL^{-2}]$	$[kg/m \cdot s^2]$, $[ML^{-1}T^{-2}]$
속 도	[m/s], $[LT^{-1}]$	[m/s], $[LT^{-1}]$
가속도	$[m/s^2]$, $[LT^{-2}]$	$[m/s^2]$, $[LT^{-2}]$
점성계수	$[kg_f \cdot s/m^2]$, $[FTL^{-2}]$	$[kg/m \cdot s]$, $[ML^{-1}T^{-1}]$

40

관 내에 물이 흐르고 있을 때, 그림과 같이 액주계를 설치하였다. 관 내에서 물의 평균유속은 약 몇 [m/s]인가?

① 2.6
② 7
③ 11.7
④ 137.2

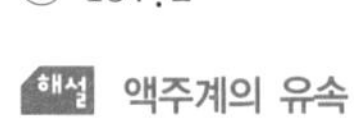

해설 액주계의 유속

$$u = \sqrt{2gH}$$

여기서, H : 수주의 높이

$\therefore u = \sqrt{2gH}$
$= \sqrt{2 \times 9.8[m/s^2] \times (9-2)[m]}$
$= 11.7[m/s]$

제 3 과목 소방관계법규

41

화재경계지구의 지정 등에 관한 설명으로 잘못된 것은?

① 화재경계지구는 소방본부장이나 소방서장이 지정한다.
② 화재가 발생우려가 높거나 화재가 발생하는 경우 그로 인하여 피해가 클 것으로 예상되는 지역을 지정할 수 있다.
③ 소방본부장은 화재의 예방과 경계를 위하여 필요하다고 인정하는 때에는 관계인에 대하여 소방용수시설 또는 소화기구의 설치를 명할 수 있다.
④ 소방서장은 화재경계지구 안의 관계인에 대하여 소방상 필요한 훈련 및 교육을 실시할 수 있다.

해설 화재경계지구의 지정권자 : 시·도지사

42

소방시설 중 "화재를 진압하거나 인명구조활동을 위하여 사용하는 설비"로 구분되는 것은?

① 피난구조설비　② 소화설비
③ 소화용 설비　④ 소화활동설비

해설 소화활동설비 : 화재를 진압하거나 인명구조 활동을 위하여 사용하는 설비로서 다음의 것
- 제연설비
- 연결송수관설비
- 연결살수설비
- 비상콘센트설비
- 무선통신보조설비
- 연소방지설비

43

제1류 위험물로서 성질상 산화성 고체에 해당되지 않는 것은?

① 아염소산염류
② 무기과산화물
③ 다이크롬산염류
④ 과염소산

해설 과염소산($HClO_4$) : 제6류 위험물(산화성 액체)

정답 39 ④ 40 ③ 41 ① 42 ④ 43 ④

44

화재예방, 소방시설 설치·유지 및 안전관리에 관한 법령상 형식승인대상 소방용품에 포함되지 않는 것은?

① 구조대
② 완강기
③ 공기호흡기
④ 휴대용 비상조명등

해설 휴대용 비상조명등은 소방용품에서 제외된다.

45

화재예방, 소방시설 설치·유지 및 안전관리에 관한 법령상 소방특별조사자의 자격으로 알맞은 것은?

① 소방기술사 자격을 취득한 자
② 소방시설관리사 자격을 취득한 자
③ 소방설비기사 자격을 취득한 자
④ 소방공무원으로서 위험물기능사 자격을 취득한 자

해설 **소방특별조사자**는 소방공무원으로서 일정자격이 되면 할 수 있다.

46

중앙소방기술심의위원회의 위원의 자격으로 잘못된 것은?

① 소방시설관리사
② 석사 이상의 소방관련 학위를 소지한 사람
③ 소방관련단체에서 소방관련업무에 5년 이상 종사한 사람
④ 대학교·연구소에서 소방과 관련된 교육이나 연구에 3년 이상 종사한 사람

해설 **중앙소방기술심의위원회의 위원의 자격(규칙 제18조의 4)**
- 과장급 직위 이상의 소방공무원
- 소방기술사
- 석사 이상의 소방관련 학위 소지한 사람
- 소방시설관리사
- 소방관련 법인·단체에서 소방관련업무에 5년 이상 종사한 사람
- **소방공무원 교육기관, 대학교** 또는 **연구소**에서 소방과 관련된 교육이나 연구에 **5년 이상** 종사한 사람

47

위험물안전관리법령에서 정한 게시판의 주의사항으로 잘못된 것은?

① 제2류 위험물(인화성 고체 제외) : 화기주의
② 제3류 위험물 중 자연발화성 물질 : 화기엄금
③ 제4류 위험물 : 화기주의
④ 제5류 위험물 : 화기엄금

해설 **게시판의 주의사항**

위험물의 종류	주의사항	게시판의 색상
제1류 위험물 중 **알칼리금속의 과산화물** 제3류 위험물 중 **금수성 물질**	물기엄금	청색바탕에 백색문자
제2류 위험물(인화성 고체는 제외)	화기주의	적색바탕에 백색문자
제2류 위험물 중 **인화성 고체** 제3류 위험물 중 **자연발화성 물질** **제4류 위험물** **제5류 위험물**	화기엄금	적색바탕에 백색문자

48

소방시설공사업법에서 "소방시설업"에 포함되지 않는 것은?

① 소방시설설계업
② 소방시설공사업
③ 소방공사감리업
④ 소방시설점검업

해설 **소방시설업**
- 소방시설설계업 : 소방시설공사에 기본이 되는 공사계획, 설계도면, 설계설명서, 기술계산서 및 이와 관련된 서류를 작성하는 영업
- 소방시설공사업 : 설계도서에 따라 소방시설을 신설, 증설, 개설, 이전 및 정비하는 영업
- 소방공사감리업 : 소방시설공사에 관한 발주자의 권한을 대행하여 소방시설공사가 설계도서 및 관계법령에 따라 적법하게 시공되는지 확인하고 품질·시공관리에 대한 기술지도를 하는 영업
- 방염처리업

44 ④ 45 ④ 46 ④ 47 ③ 48 ④ 정답

49

소방시설 등에 대한 자체점검을 하지 아니하거나, 관리업자 등으로 하여금 정기적으로 점검하게 하지 아니한 자의 벌칙은?

① 3년 이하의 징역 또는 1천 500만원 이하의 벌금
② 300만원 이하의 벌금
③ 1년 이하의 징역 또는 1천만원 이하의 벌금
④ 6개월 이상의 징역 또는 1천만원 이하의 벌금

해설 **1년 이하의 징역 또는 1천만원 이하의 벌금**
- **방염업** 또는 **관리업**의 **등록증**이나 **등록수첩**을 **다른 자에게 빌려준 자**
- 영업정지처분을 받고 그 영업정지기간 중에 관리업의 업무를 한 자
- 소방시설 등에 대한 **자체점검**을 하지 아니하거나 관리업자 등으로 하여금 **정기적**으로 **점검하게 하지 아니한 자**
- **소방시설관리사증**을 **다른 자에게 빌려주거나** 같은 조 제6항을 위반하여 동시에 **둘 이상의 업체에 취업한 사람**
- **형식승인의 변경승인을 받지 아니한 자**
- 성능인증의 변경인증을 받지 아니한 자

50

다음 중 연 1회 이상 소방시설관리업자 또는 소방안전관리자로 선임된 소방시설관리사, 소방기술사가 종합정밀점검을 의무적으로 실시하여야 하는 것은?

① 옥내소화전설비가 설치된 연면적 1,000[m^2] 이상인 특정소방대상물
② 호스릴할론소화설비가 설치된 연면적 3,000[m^2] 이상인 특정소방대상물
③ 물분무 등 소화설비가 설치된 연면적 5,000[m^2] 이상인 특정소방대상물
④ 10층 이상의 아파트

해설 **종합정밀점검대상**
- 스프링클러설비가 설치된 특정소방대상물
- 물분무 등 소화설비(호스릴 방식은 제외)가 설치된 연면적 5,000[m^2] 이상인 특정소방대상물(위험물 제조소 등을 제외)
- 다중이용업의 영업장으로서 연면적이 2,000[m^2] 이상인 것(8개 다중이용업소)
- 제연설비가 설치된 터널
- 공공기관 중 연면적이 1,000[m^2] 이상인 것으로서 옥내소화전설비 또는 자동화재탐지설비가 설치된 것

51

방염성능기준 이상의 실내장식물 등을 설치하여야 하는 특정소방대상물에 속하지 않는 것은?

① 숙박시설
② 노유자시설
③ 운동시설로서 옥내에 있는 수영장
④ 종합병원

해설 건축물의 **옥내에 있는 운동시설로서 수영장**은 **제외**한다.

52

특정소방대상물에 소방시설이 화재안전기준에 따라 설치되지 아니한 때 특정소방대상물의 관계인에게 필요한 조치를 명할 수 있는 명령권자는?

① 관할구역 구청장
② 시・도지사
③ 소방본부장이나 소방서장
④ 소방안전관리자를 감독할 수 있는 위치에 있는 특정소방대상물의 관계인

해설 소방본부장이나 소방서장은 특정소방대상물에 소방시설이 화재안전기준에 따라 설치되지 아니한 때 특정소방대상물의 관계인에게 필요한 조치를 명할 수 있다.

53

국제구조대를 편성・운영함에 있어 국제구조대의 편성에 속하지 않는 것은?

① 운영반
② 탐색반
③ 안전평가반
④ 항공반

해설 2011년 9월 6일 소방기본법 시행령 개정으로 현행법에 맞지 않는 문제임

정답 49 ③ 50 ③ 51 ③ 52 ③ 53 ①

54

소방자동차의 출동을 방해한 사람에 대한 벌칙은?

① 1년 이하의 징역 또는 1천만원 이하의 벌금
② 3년 이하의 징역 또는 2천만원 이하의 벌금
③ 5년 이하의 징역 또는 5천만원 이하의 벌금
④ 10년 이하의 징역 또는 5천만원 이하의 벌금

해설 소방자동차의 출동을 방해한 사람은 5년 이하의 징역 또는 5천만원 이하의 벌금

55

하자보수대상 소방시설과 하자보수보증기간을 나타낸 것으로 잘못된 것은?

① 피난기구 – 2년
② 비상경보설비 – 2년
③ 무선통신보조설비 – 3년
④ 주방용 자동소화장치 – 3년

해설 **하자보수보증기간**

- 2년 : **비상경보설비**, 비상조명등, 비상방송설비, 유도등, 유도표지, **피난기구**, **무선통신보조설비**
- 3년 : **자동소화장치**, 옥내소화전설비, 스프링클러설비, 간이스프링클러설비, 물분무 등 소화설비, 옥외소화전설비, 자동화재탐지설비, 상수도 소화용수설비, 소화활동설비(무선통신보조설비 제외)

56

위험물안전관리법상 과징금 처분에서 위험물제조소 등에 대한 사용의 정지가 공익을 해칠 우려가 있을 때, 사용정지처분에 갈음하여 얼마의 과징금을 부과할 수 있는가?

① 5천만원 이하 ② 1억원 이하
③ 2억원 이하 ④ 3억원 이하

해설 **과징금**

- 위험물안전관리법 : 2억원 이하
- 소방시설공사업법, 화재예방, 소방시설설치·유지 및 안전관리에 관한 법률 : 3,000만원 이하

57

화재를 예방·경계하거나 진압하고 화재, 재난·재해 그 밖의 위급한 상황에서의 구조·구급활동 등을 통하여 국민의 생명·신체 및 재산을 보호함으로써 공공의 안녕 및 질서유지와 복리증진에 이바지함을 목적으로 하는 것은?

① 소방시설설치유지 및 안전관리에 관한 법률
② 다중이용업소의 안전관리에 관한 특별법
③ 소방시설공사업법
④ 소방기본법

해설 **소방기본법의 목적**

화재를 예방·경계하거나 진압하고 화재, 재난·재해 그 밖의 위급한 상황에서의 구조·구급활동 등을 통하여 국민의 생명·신체 및 재산을 보호함으로써 공공의 안녕 및 질서유지와 복리증진에 이바지함을 목적으로 한다.

58

위험물을 저장 또는 취급하는 탱크의 용적의 산정기준에서 탱크의 용량은?

① 해당 탱크의 내용적에 공간용적을 더한 용적
② 해당 탱크의 내용적에서 공간용적을 뺀 용적
③ 해당 탱크의 내용적에서 공간용적을 곱한 용적
④ 해당 탱크의 내용적에서 공간용적을 나눈 용적

해설 탱크의 용량 = 탱크의 내용적 – 공간용적(탱크 내용적의 5/100 이상 10/100 이하)

59

옥외탱크저장소의 액체 위험물탱크 중 그 용량이 얼마 이상인 탱크는 기초·지반검사를 받아야 하는가?

① 10만[L] 이상 ② 30만[L] 이상
③ 50만[L] 이상 ④ 100만[L] 이상

해설 옥외탱크저장소의 액체 위험물탱크 중 용량이 **100만[L] 이상**인 탱크는 기초·지반검사를 받아야 한다.

54 ③ 55 ③ 56 ③ 57 ④ 58 ② 59 ④ **정답**

60

다음 특정소방대상물 중 노유자시설에 속하지 않는 것은?

① 아동관련시설
② 장애인관련시설
③ 노인관련시설
④ 정신의료기관

해설 **노유자시설**

- 노인관련시설 : 노인주거복지시설, 노인의료복지시설, 노인여가복지시설, 주・야간보호서비스나 단기보호서비스를 제공하는 재가노인복지시설(재가 장기요양기관을 포함한다) 노인보호전문기관, 노인일자리지원기관, 학대피해노인 전용 쉼터, 그 밖에 이와 비슷한 것
- 아동관련시설 : 아동복지시설, 어린이집, **유치원**(병설유치원은 제외한다), 노인보호전문기관, 노인일자리지원기관, 확대피해노인 전용쉼터, 그 밖에 이와 비슷한 것
- 장애인시설 : **장애인 생활시설, 장애인 지역사회시설**(장애인 심부름센터, 수화통역센터, 점자도서 및 녹음서 출판시설 등 장애인이 직접 그 시설 자체를 이용하는 것을 주된 목적으로 하지 않는 시설은 제외한다), 장애인직업재활시설 및 그 밖에 이와 비슷한 것
- 정신질환자 관련시설 : 정신질환자사회복귀시설, 정신요양시설
- 노숙인관련시설

정신의료기관 : 의료시설

제 4 과목 소방기계시설의 구조 및 원리

61

폐쇄형 스프링클러헤드에 대하여 급격한 수압을 고려해야 하는 시험은?

① 수격시험 ② 강도시험
③ 장기누수시험 ④ 작동시험

해설 **수격시험**

폐쇄형 스프링클러헤드에 대하여 급격한 수압을 고려해야 하는 시험

62

분말소화설비의 호스릴방식에 있어서 하나의 노즐당 1분간에 방사하는 약제량으로 옳지 않은 것은?

① 제1종 분말은 45[kg]
② 제2종 분말은 27[kg]
③ 제3종 분말은 27[kg]
④ 제4종 분말은 20[kg]

해설 **호스릴의 노즐당 방사량**

소화약제의 종별	1분당 방사량
제1종 분말	45[kg]
제2종 분말 또는 제3종 분말	27[kg]
제4종 분말	**18[kg]**

63

연결송수관설비의 송수구에 관하여 설명한 것이다. 옳은 것은?

① 지면으로부터 높이가 0.8~1.5[m] 이하의 위치에 설치할 것
② 연결송수관의 수직배관마다 2개 이상을 설치할 것
③ 구경 65[mm]의 쌍구형으로 할 것
④ 습식의 경우에는 송수구・자동배수밸브・체크밸브・자동배수밸브의 순으로 설치할 것

해설 **연결송수관설비의 송수구**

- 송수구는 외벽에 설치하여 소방호스를 연결하여 외부의 물을 공급할 수 있는 접속구로서
- **구경**은 **65[mm]**의 **나사식**의 쌍구형으로 되어 있다.
- 송수구는 연결송수관의 **수직배관마다 1개 이상**을 설치할 것
- 송수구의 부근에 자동배수밸브 및 체크밸브를 설치 순서
  - 습식 : 송수구 → 자동배수밸브 → 체크밸브
  - 건식 : 송수구 → 자동배수밸브 → 체크밸브 → 자동배수밸브
- 송수구의 **설치위치 : 0.5[m] 이상 1[m] 이하**

정답 60 ④ 61 ① 62 ④ 63 ③

64

다음 피난기구 중 지하층에 설치하는 피난기구는 어느 것이 적당한가?

① 피난교 ② 완강기
③ 미끄럼대 ④ 피난사다리

해설 지하층에 설치하는 피난기구 : 피난사다리

65

할로겐화합물 및 불활성기체 소화설비의 분사헤드 설치기준 중 잘못된 것은?

① 천장의 높이가 3.7[m]를 초과할 경우에는 추가로 다른 열의 분사헤드를 설치한다.
② 분사헤드의 설치높이는 방호구역의 바닥으로부터 최소 0.2[m] 이상 최대 3.7[m] 이하로 하여야 한다.
③ 분사헤드의 오리피스의 면적은 분사헤드가 연결되는 배관구경 면적의 80[%]를 초과하여서는 안 된다.
④ 분사헤드의 부식방지조치를 하여야 하며 오리피스의 크기, 제조일자, 제조업체가 표시되도록 한다.

해설 **할로겐화합물 및 불활성기체의 분사헤드**

- 분사헤드의 설치 높이는 방호구역의 바닥으로부터 최소 0.2[m] 이상 최대 3.7[m] 이하로 하여야 하며 천장높이가 3.7[m]를 초과할 경우에는 추가로 다른 열의 분사헤드를 설치할 것. 다만, 분사헤드의 성능인정 범위 내에서 설치하는 경우에는 그러하지 아니하다.
- 분사헤드의 개수는 방호구역에 제10조 제3항의 규정이 충족되도록 설치할 것
- 분사헤드에는 부식방지조치를 하여야 하며 오리피스의 크기, 제조일자, 제조업체가 표시되도록 할 것
- 분사헤드의 방출율 및 방출압력은 제조업체에서 정한 값으로 한다.
- 분사헤드의 **오리피스의 면적**은 분사헤드가 연결되는 배관구경면적의 **70[%]를 초과하여서는 아니 된다.**

66

케이블트레이에 물분무소화설비를 설치할 때 저장하여야 할 수원의 양은 몇 [m^3]인가?(단, 케이블트레이의 투영된 바닥면적은 70[m^2]이다)

① 28 ② 12.4
③ 14 ④ 16.8

해설 펌프의 토출량과 수원의 양

소방대상물	펌프의 토출량[L/min]	수원의 양[L]
특수가연물 저장, 취급	바닥면적(50[m^2] 이하는 50[m^2]로) ×10[L/min·m^2]	바닥면적(50[m^2] 이하는 50[m^2]로) ×10[L/min·m^2] ×20[min]
차고, 주차장	바닥면적(50[m^2] 이하는 50[m^2]로) ×20[L/min·m^2]	바닥면적(50[m^2] 이하는 50[m^2]로) ×20[L/min·m^2] ×20[min]
절연유 봉입변압기	표면적(바닥 부분 제외) ×10[L/min·m^2]	표면적(바닥 부분 제외) ×10[L/min·m^2] ×20[min]
케이블트레이, 덕트	투영된 바닥면적 ×12[L/min·m^2]	투영된 바닥면적 ×12[L/min·m^2] ×20[min]
컨베이어 벨트	벨트 부분의 바닥면적 ×10[L/min·m^2]	벨트 부분의 바닥면적 ×10[L/min·m^2] ×20[min]

∴ 투영된 바닥면적×12[L/min·m^2]×20[min]
=70[m^2]×12[L/min·m^2]×20[min]=16,800[L]
=16.8[m^3]

67

옥내소화전방수구는 소방대상물의 층마다 설치하되, 해당 소방대상물의 각 부분으로부터 하나의 옥내소화전방수구까지의 수평거리가 몇 [m] 이하가 되도록 하는가?

① 20[m] ② 25[m]
③ 30[m] ④ 40[m]

해설 방수구까지의 수평거리

- **옥내소화전설비 : 25[m]**
- 옥외소화전설비 : 40[m]

64 ④ 65 ③ 66 ④ 67 ② 정답

68

스프링클러설비의 화재안전기준에서 스프링클러헤드를 설치할 경우 살수에 방해가 되지 아니하도록 스프링클러헤드로부터 반경 몇 [cm] 이상의 공간을 확보하여야 하는가?

① 20 ② 40
③ 60 ④ 90

해설 **스프링클러헤드의 설치기준**

- 살수가 방해되지 아니하도록 스프링클러헤드로부터 반경 **60[cm] 이상**의 **공간을 보유**할 것. 다만, 벽과 스프링클러헤드 간의 공간은 10[cm] 이상으로 한다.
- 스프링클러헤드와 그 부착면(상향식 헤드의 경우에는 그 헤드의 직상부의 천장・반자 또는 이와 비슷한 것을 말한다. 이하 같다)과의 거리는 30[cm] 이하로 할 것
- 배관・행가 및 조명기구 등 살수를 방해하는 것이 있는 경우에는 규정에 불구하고 그로부터 아래에 설치하여 살수에 장애가 없도록 할 것. 다만, 스프링클러헤드와 장애물과의 이격거리를 장애물 폭의 3배 이상 확보한 경우에는 그러하지 아니하다.
- 스프링클러헤드의 반사판은 그 부착면과 평행하게 설치할 것. 다만, 측벽형 헤드 또는 규정에 따른 연소할 우려가 있는 개구부에 설치하는 스프링클러헤드의 경우에는 그러하지 아니하다.

69

특별피난계단의 부속실 등에 설치하는 급기가압방식 제연설비의 측정, 시험, 조정 항목을 열거한 것이다. 이에 속하지 않는 것은?

① 배연구의 설치 위치 및 크기의 적정 여부 확인
② 화재감지기 동작에 의한 제연설비의 작동 여부 확인
③ 출입문의 크기와 열리는 방향이 설계 시와 동일한지 여부 확인
④ 출입문마다 그 바닥 사이의 틈새가 평균적으로 균일한지 여부 확인

해설 **급기가압방식 제연설비의 측정, 시험, 조정 항목**

- 화재감지기 동작에 의한 제연설비의 작동 여부 확인
- 출입문의 크기와 열리는 방향이 설계 시와 동일한지 여부 확인
- 출입문마다 그 바닥 사이의 틈새가 평균적으로 균일한지 여부 확인

70

소화수조 또는 저수조가 지표면으로부터의 깊이가 지하 5[m]인 곳에 설치된 가압송수장치에서 소화용수량이 100[m^3]일 때 가압송수장치의 1분당 양수량은?

① 1,000[L] 이상
② 1,100[L] 이상
③ 2,200[L] 이상
④ 3,300[L] 이상

해설 **소화용수량과 가압송수장치 분당 양수량**

소요수량	20[m^3] 이상 40[m^3] 미만	40[m^3] 이상 100[m^3] 미만	100[m^3] 이상
채수구의 수	1개	2개	3개
가압송수장치의 1분당 양수량	1,100[L] 이상	2,200[L] 이상	3,300[L] 이상

71

소화수조 및 저수조의 화재안전기준에서 지하에 설치하는 소화용수설비의 흡수관 투입구와 소화용수설비에 설치하는 채수구는 소화수조의 소요수량이 80[m^3]일 때 각각 몇 개를 설치하는가?

① 흡수관투입구 → 1개 이상, 채수구 → 1개
② 흡수관투입구 → 1개 이상, 채수구 → 2개
③ 흡수관투입구 → 2개 이상, 채수구 → 2개
④ 흡수관투입구 → 2개 이상, 채수구 → 3개

해설 문제 70번 참조

72

물분무헤드의 설치에서 전압이 110[kV] 초과 154[kV] 이하일 때 전기기기와 물분무헤드 사이에 몇 [cm] 이상의 거리를 확보하여 설치하여야 하는가?

① 80[cm] ② 110[cm]
③ 150[cm] ④ 180[cm]

정답 68 ③ 69 ① 70 ④ 71 ③ 72 ③

해설 물분무헤드와 전기기기와의 이격거리

전압[kV]	거리[cm]	전압[kV]	거리[cm]
66 이하	70 이상	154 초과 181 이하	180 이상
66 초과 77 이하	80 이상	181 초과 220 이하	210 이상
77 초과 110 이하	110 이상	220 초과 275 이하	260 이상
110 초과 154 이하	150 이상	–	

73

연결살수설비의 배관 중 하나의 배관에 부착하는 살수헤드의 수가 8개인 경우 배관의 구경은 몇 [mm] 이상의 것을 사용하여야 하는가?

① 65[mm] ② 80[mm]
③ 100[mm] ④ 125[mm]

해설 배관구경에 따른 헤드 수

하나의 배관에 부착하는 살수헤드의 개수	1개	2개	3개	4개 또는 5개	6개 이상 10개 이하
배관의 구경[mm]	32	40	50	65	80

74

소방대상물 내의 보일러실에 제1종 분말소화약제를 사용하여 전역방출방식인 분말소화설비를 설치할 때 필요한 약제량[kg]으로서 맞는 것은?(단, 방호구역의 개구부에 자동개폐장치를 설치하지 아니한 경우로 방호구역의 체적은 120[m^3], 개구부의 면적은 20[m^2]이다)

① 84 ② 120
③ 140 ④ 162

해설 전역방출방식인 분말소화설비

> 소화약제 저장량[kg]
> =방호구역 체적[m^3]×소화약제량[kg/m^3]+개구부의 면적[m^2]×가산량[kg/m^2]

※ 개구부의 면적은 자동폐쇄장치가 설치되어 있지 않는 면적이다.

약제의 종류	소화약제량	가산량
제1종 분말	0.60[kg/m^3]	4.5[kg/m^2]
제2종 또는 제3종 분말	0.36[kg/m^3]	2.7[kg/m^2]
제4종 분말	0.24[kg/m^3]	1.8[kg/m^2]

∴ 소화약제 저장량[kg]
= 방호구역 체적[m^3] × 소화약제량[kg/m^3] + 개구부의 면적[m^2] × 가산량[kg/m^2]
= 120[m^3]×0.6[kg/m^3]+20[m^2]×4.5[kg/m^2]
= 162[kg]

75

호스릴 이산화탄소소화설비에 있어서는 하나의 노즐에 대하여 몇 [kg] 이상 저장하여야 하는가?

① 45[kg] 이상
② 60[kg] 이상
③ 90[kg] 이상
④ 120[kg] 이상

해설 호스릴 이산화탄소소화설비
- 저장량 : 90[kg] 이상
- 약제방출량 : 60[kg/min] 이상

76

다음과 같이 간이소화용구를 비치하였을 경우 능력단위의 합은?

> • 삽을 상비한 마른모래 50[L]포 2개
> • 삽을 상비한 팽창질석 160[L]포 1개

① 1단위 ② 2단위
③ 2.5단위 ④ 3단위

해설 간이소화용구의 능력단위

간이소화용구		능력단위
1. 마른모래	삽을 상비한 50[L] 이상의 것 1포	0.5단위
2. 팽창질석 또는 팽창진주암	삽을 상비한 80[L] 이상의 것 1포	

- 삽을 상비한 마른모래 50[L] 포 2개 : 0.5단위×2 = 1단위
- 삽을 상비한 팽창질석 80[L] 1포가 0.5단위이므로 160[L] 포 1개 : 1단위

∴ 합계 = 1단위 + 1단위 = 2단위

73 ② 74 ④ 75 ③ 76 ② **정답**

77

다음 중 연결송수관설비의 배관을 습식으로 하여야 할 소방대상물의 최소 기준으로 맞는 것은?

① 지하 3층 이상
② 지상 10층 이상
③ 연면적 15,000[m^2] 이상
④ 지면으로부터 높이가 31[m] 이상

해설 **습식 설비방식**
송수구로부터 층마다 설치된 방수구까지의 배관 내에 물이 항상 들어있는 방식으로서 높이 **31[m] 이상**인 건축물 또는 **11층 이상**의 건축물에 설치하며 습식방식은 옥내소화전설비의 입상관과 같이 연결하여 사용한다.

78

상수도 소화용수설비 소화전의 설치에서 호칭지름 75[mm]의 수도배관에 호칭지름 100[mm]의 소화전을 접속할 때 소화전은 소방대상물의 수평투영면의 각 부분으로부터 몇 [m] 이하가 되도록 설치하여야 하는가?

① 40[m] ② 80[m]
③ 100[m] ④ 140[m]

해설 **상수도 소화용수설비**
- 호칭지름 75[mm] 이상의 수도배관에 호칭지름 100[mm] 이상의 소화전을 접속할 것
- 소화전은 소방자동차 등의 진입이 쉬운 도로변 또는 공지에 설치할 것
- 소화전은 소방대상물의 수평투영면의 각 부분으로부터 **140[m] 이하**가 되도록 설치할 것

79

예상제연구역의 공기유입량이 시간당 30,000[m^3]이고 유입구를 60[cm]×60[cm]의 크기로 사용할 때 공기유입구의 최소설치수량은 몇 개인가?

① 4개 ② 5개
③ 6개 ④ 7개

해설 예상제연구역에 대한 공기유입구의 크기는 해당 예상제연구역 배출량 1[m^3/min]에 대하여 35[cm^2] 이상으로 하여야 한다.

$$\frac{30,000[m^3]}{[h]} \Rightarrow \frac{30,000[m^3]}{60[min]} = 500[m^3/min]$$

$\frac{1[m^3]}{[min]}$일 때 35[cm^2] 이상이므로

$$\frac{1[m^3]}{[min]} : 35[cm^2] = 500[m^3/min] : x$$

$$x = 17,500[cm^2]$$

$$\therefore \frac{17,500[cm^2]}{3,600[cm^2]} = 4.86\text{개} \Rightarrow 5\text{개}$$

80

옥외소화전설비의 시공 시 사용되는 배관이 아닌 것은?

① 배관용 탄소강관
② 압력배관용 탄소강관
③ 콘크리트배관(지하매설 시)
④ 소방용 합성수지배관(지하매설 시)

해설 **옥외소화전설비의 배관**
배관은 배관용 탄소강관(KS D 3507) 또는 배관 내 사용압력이 1.2[MPa] 이상일 경우에는 압력배관용 탄소강관(KS D 3562) 또는 이음매 없는 동 및 동합금(KS D 5301)의 배관용 동관이나 이와 동등 이상의 강도·내식성 및 내열성을 가진 것으로 하여야 한다. 다만, 다음의 어느 하나에 해당하는 장소에는 소방청장이 정하여 고시하는 성능시험기술기준에 적합한 소방용 합성수지배관으로 설치할 수 있다.
- 배관을 지하에 매설하는 경우
- 다른 부분과 내화구조로 구획된 덕트 또는 피트의 내부에 설치하는 경우
- 천장(상층이 있는 경우에는 상층바닥의 하단을 포함한다. 이하 같다)과 반자를 불연재료 또는 준불연재료로 설치하고 그 내부에 습식으로 배관을 설치하는 경우

정답 77 ④ 78 ④ 79 ② 80 ③

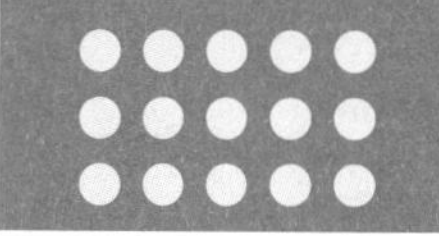

제 1 회 2011년 3월 20일 시행

제 1 과목 소방원론

01

소화기구(자동확산소화기를 제외한다)는 바닥으로부터 높이 몇 [m] 이하의 곳에 비치하여야 하는가?

① 0.5　② 1.0
③ 1.5　④ 2.0

해설 소화기구(자동확산소화기를 제외한다)는 바닥으로부터 높이 1.5[m] 이하의 곳에 비치하고 **소화기**에 있어서는 **소화기, 투척용 소화용구**에 있어서는 **투척용 소화용구, 마른모래**에 있어서는 **소화용 모래, 팽창진주암** 및 **팽창질석**에 있어서는 **소화질석**이라고 표시한 표지를 보기 쉬운 곳에 게시할 것

02

불연성 기체나 고체 등으로 연소물을 감싸 산소공급원을 차단하는 소화방법은?

① 질식소화　② 냉각소화
③ 연쇄반응차단소화　④ 제거소화

해설 **소화방법의 종류**

- 냉각소화 : 화재현장에 물을 주수하여 발화점 이하로 온도를 낮추어 소화하는 방법
- **질식소화** : 불연성 기체나 고체 등으로 연소물을 감싸 산소의 농도를 21[%]에서 15[%] 이하로 낮추어 소화하는 방법
- 제거소화 : 화재현장에서 가연물을 없애주어 소화하는 방법
- 화학소화(부촉매효과) : 연쇄반응을 차단하여 소화하는 방법
- 희석소화 : 알코올, 에테르, 에스테르, 케톤류 등 수용성 물질에 다량의 물을 방사하여 가연물의 농도를 낮추어 소화하는 방법
- 유화효과 : 물분무소화설비를 중유에 방사하는 경우 유류표면에 엷은 막으로 유화층을 형성하여 화재를 소화하는 방법
- 피복효과 : 이산화탄소 약제방사 시 가연물의 구석까지 침투하여 피복하므로 연소를 차단하여 소화하는 방법

03

BLEVE현상을 가장 옳게 설명한 것은?

① 물이 뜨거운 기름표면 아래서 끓을 때 화재를 수반하지 않고 Over Flow되는 현상
② 물이 연소유의 뜨거운 표면에 들어갈 때 발생되는 Over Flow현상
③ 탱크바닥에 물과 기름의 에멀션이 섞여 있을 때 물의 비등으로 인하여 급격하게 Over Flow되는 현상
④ 탱크 주위 화재로 탱크 내 인화성 액체가 비등하고 가스 부분의 압력이 상승하여 탱크가 파괴되고 폭발을 일으키는 현상

해설 ① Froth Over
② Slop Over
③ Boil Over
④ BLEVE 현상
①, ②, ③은 유류 탱크에서 발생하는 현상이고, ④는 가연성 액화가스 탱크에서 발생하는 현상이다.

04

소화방법 중 제거소화에 해당되지 않는 것은?

① 산불이 발생하면 화재의 진행방향을 앞질러 벌목함
② 방 안에서 화재가 발생하면 이불이나 담요로 덮음
③ 가스화재 시 밸브를 잠가 가스흐름을 차단함
④ 불타고 있는 장작더미 속에서 아직 타지 않은 것을 안전한 곳으로 운반

해설 방 안에서 화재가 발생하면 이불이나 **담요**로 덮어 소화하는 것은 **질식소화**이다.

01 ③　02 ①　03 ④　04 ② 정답

05

화재의 소화원리에 따른 소화방법의 적용이 잘못된 것은?

① 냉각소화 : 스프링클러설비
② 질식소화 : 이산화탄소소화설비
③ 제거소화 : 포소화설비
④ 억제소화 : 할론소화설비

해설 포소화설비 : 질식효과, 냉각효과

06

이산화탄소에 대한 설명으로 틀린 것은?

① 불연성 가스로서 공기보다 무겁다.
② 임계온도는 97.5[℃]이다.
③ 고체의 형태로 존재할 수 있다.
④ 상온, 상압에서 기체상태로 존재한다.

해설 이산화탄소의 임계온도 : 31.35[℃]

07

화재에 관한 설명으로 옳은 것은?

① PVC 저장창고에서 발생하는 화재는 D급 화재이다.
② PVC 저장창고에서 발생하는 화재는 B급 화재이다.
③ 연소의 색상과 온도와의 관계를 고려할 때 일반적으로 암적색보다 휘적색의 온도가 높다.
④ 연소의 색상과 온도와의 관계를 고려할 때 일반적으로 휘백색보다 휘적색의 온도가 높다.

해설 **연소의 색과 온도**

색 상	담암적색	암적색	적 색	휘적색
온도[℃]	520	700	850	950
색 상	황적색	백적색	휘백색	
온도[℃]	1,100	1,300	1,500 이상	

08

고층건축물에서 연기의 제어 및 차단은 중요한 문제이다. 연기제어의 기본방법이 아닌 것은?

① 희 석 ② 차 단
③ 배 기 ④ 복 사

해설 연기의 제어방식 : 희석, 배기, 차단

열전달방식 : 전도, 대류, 복사

09

가연물의 주된 연소형태를 틀리게 나타낸 것은?

① 목재 : 표면연소
② 섬유 : 분해연소
③ 유황 : 증발연소
④ 피크르산 : 자기연소

해설 **고체의 연소**

- **표면연소 : 목탄, 코크스, 숯, 금속분** 등이 열분해에 의하여 가연성 가스를 발생하지 않고 그 물질 자체가 연소하는 현상
- **분해연소 : 석탄, 종이, 목재, 플라스틱** 등의 연소 시 열분해에 의해 발생된 가스와 공기가 혼합하여 연소하는 현상
- **증발연소 : 유황, 나프탈렌, 왁스, 파라핀** 등과 같이 고체를 가열하면 열분해는 일어나지 않고 고체가 액체로 되어 일정온도가 되면 액체가 기체로 변화하여 기체가 연소하는 현상
- **자기연소(내부연소) : 제5류 위험물인 피크르산, 나이트로셀룰로스, 질화면** 등 그 물질이 가연물과 산소를 동시에 가지고 있는 가연물이 연소하는 현상

10

다음 연소생성물 중 인체에 가장 독성이 높은 것은?

① 이산화탄소
② 일산화탄소
③ 황화수소
④ 포스겐

해설 포스겐은 사염화탄소가 산소, 물과 반응할 때 발생하는 맹독성 가스로서 인체에 대한 독성이 가장 높다.

정답 05 ③ 06 ② 07 ③ 08 ④ 09 ① 10 ④

11

목재건축물의 화재성상은 내화건물에 비하여 어떠한가?

① 저온장기형이다.
② 저온단기형이다.
③ 고온장기형이다.
④ 고온단기형이다.

해설 목재건축물 : 고온단기형

내화건축물 : 저온장기형

12

다음 중 인화점이 가장 낮은 것은?

① 산화프로필렌 ② 이황화탄소
③ 메틸알코올 ④ 등 유

해설 **제4류 위험물의 인화점**

종 류	산화프로필렌	이황화탄소	메틸알코올	등 유
구 분	특수인화물	특수인화물	알코올류	제2석유류
인화점	-37[℃]	-30[℃]	11[℃]	40~70[℃]

13

황린에 대한 설명으로 틀린 것은?

① 발화점이 매우 낮아 자연발화의 위험이 높다.
② 자연발화를 위해 강알칼리 수용액에 저장한다.
③ 독성이 강하고 지정수량은 20[kg]이다.
④ 연소 시 오산화인의 흰 연기를 낸다.

해설 황린은 자연발화를 방지하기 위하여 물속에 저장한다.

14

제1종 분말소화약제가 요리용 기름이나 지방질 기름의 화재 시 소화효과가 탁월한 이유에 대한 설명으로 가장 옳은 것은?

① 비누화반응을 일으키기 때문이다.
② 아이오딘화반응을 일으키기 때문이다.
③ 브롬화반응을 일으키기 때문이다.
④ 질화반응을 일으키기 때문이다.

해설 **제1종 분말소화약제(중탄산나트륨, 중조, NaHCO3)**
- 약제의 주성분 : 중탄산나트륨(탄산수소나트륨) + 스테아린산염 또는 실리콘
- 약제의 착색 : 백색
- 적응화재 : 유류, 전기화재
- 식용유화재 : 주방에서 사용하는 식용유화재에는 가연물과 반응하여 비누화현상을 일으키므로 질식소화 및 재발 방지까지 하므로 효과가 있다.

15

자연발화의 원인이 되는 열의 발생 형태가 다른 것은?

① 기름종이
② 고무분말
③ 석 탄
④ 퇴 비

해설 **자연발화의 형태**
- 산화열에 의한 발화 : 석탄, 건성유, 고무분말
- 분해열에 의한 발화 : 나이트로셀룰로스
- **미생물**에 의한 발화 : **퇴비**, 먼지
- 흡착열에 의한 발화 : 목탄, 활성탄

16

물리적 방법에 의한 소화라고 볼 수 없는 것은?

① 부촉매의 연쇄반응 억제작용에 의한 방법
② 냉각에 의한 방법
③ 공기와의 접촉 차단에 의한 방법
④ 가연물 제거에 의한 방법

해설 부촉매의 연쇄반응 억제작용에 의한 방법 : 화학적인 소화방법

17

화재의 일반적인 특성이 아닌 것은?

① 확대성 ② 정형성
③ 우발성 ④ 불안정성

해설 화재의 일반적인 특성 : 확대성, 우발성, 불안정성

11 ④ 12 ① 13 ② 14 ① 15 ④ 16 ① 17 ② 정답

18

화재 발생 시 피난기구로 직접 활용할 수 없는 것은?

① 완강기
② 구조대
③ 피난사다리
④ 무선통신보조설비

해설 무선통신보조설비 : 소화활동설비

19

건물화재 시 패닉(Panic)의 발생원인과 직접적인 관계가 없는 것은?

① 연기에 의한 시계제한
② 유독가스에 의한 호흡장애
③ 외부와 단절되어 고립
④ 건물의 불연내장재

해설 건물의 불연내장재는 패닉의 발생원인과는 관계가 없다.

20

제1종 분말소화약제의 열분해반응식으로 옳은 것은?

① $2NaHCO_3 \rightarrow Na_2CO_3 + CO_2 + H_2O$
② $2KHCO_3 \rightarrow K_2CO_3 + CO_2 + H_2O$
③ $2NaHCO_3 \rightarrow Na_2CO_3 + 2CO_2 + H_2O$
④ $2KHCO_3 \rightarrow K_2CO_3 + 2CO_2 + H_2O$

해설 **분말소화약제의 성상**

종 별	소화약제	약제의 착색	적응 화재	열분해반응식
제1종 분말	중탄산나트륨 ($NaHCO_3$)	백 색	B, C급	$2NaHCO_3 \rightarrow Na_2CO_3 + CO_2 + H_2O$
제2종 분말	중탄산칼륨 ($KHCO_3$)	담회색	B, C급	$2KHCO_3 \rightarrow K_2CO_3 + CO_2 + H_2O$
제3종 분말	제일인산암모늄, 인산염 ($NH_4H_2PO_4$)	담홍색, 황색	A, B, C급	$NH_4H_2PO_4 \rightarrow HPO_3 + NH_3 + H_2O$
제4종 분말	중탄산칼륨+요소 [$KHCO_3 + (NH_2)_2CO$]	회 색	B, C급	$2KHCO_3 + (NH_2)_2CO \rightarrow K_2CO_3 + 2NH_3 + 2CO_2$

제 2 과목 소방유체역학

21

절대온도, 비체적이 각각 T_1, v_1인 이상기체 1[kg]을 압력을 P로 일정하게 유지한 상태로 가열하여 절대온도를 $4T_1$까지 상승시킨다. 이상기체가 한 일은 얼마인가?

① Pv_1　② $2Pv_1$
③ $3Pv_1$　④ $4Pv_1$

해설

등압과정이므로 $\dfrac{T_2}{T_1} = \dfrac{v_2}{v_1}$ 이다.

따라서, $\dfrac{4T_1}{T_1} = \dfrac{v_2}{v_1}$, $v_2 = 4v_1$

∴ 외부에 한 일

$w_{12} = P(v_2 - v_1) = P(4v_1 - v_1) = 3Pv_1$

22

지름 30[cm]인 원형 관과 지름 45[cm]인 원형 관이 급격하게 면적이 확대되도록 직접 연결되어 있을 때 작은 관에서 큰 관 쪽으로 매초 230[L]의 물을 보내면 연결부의 손실수두는 약 몇 [m]인가?(단, 면적이 A_1에서 A_2로 급확대될 때 작은 관을 기준으로 한 손실계수는 $\left(1 - \dfrac{A_1}{A_2}\right)^2$ 이다)

① 0.025　② 0.125
③ 0.135　④ 0.167

해설 **확대관의 손실수두**

$$H = k\frac{(u_1 - u_2)^2}{2g} = \frac{(3.254 - 1.446)^2}{2 \times 9.8[\mathrm{m/s^2}]} = 0.167[\mathrm{m}]$$

여기서, $Q = uA$

$$u_1 = \frac{Q}{A} = \frac{0.23[\mathrm{m^3/s}]}{\frac{\pi}{4}(0.3[\mathrm{m}])^2} = 3.254[\mathrm{m/s}]$$

$$u_2 = \frac{Q}{A} = \frac{0.23[\mathrm{m^3/s}]}{\frac{\pi}{4}(0.45[\mathrm{m}])^2} = 1.446[\mathrm{m/s}]$$

정답 18 ④ 19 ④ 20 ① 21 ③ 22 ④

23

견고한 밀폐용기 안에 어떤 물질 1[kg]이 압력 2[MPa], 온도 250[℃] 상태에 있으며 압축성 인자($Z = PV/RT$)값은 0.9232이다. 이 물질의 기체상수가 0.4615[kJ/kg·K]일 때 용기의 체적은 약 몇 [m^3]인가?

① 0.0532
② 0.0577
③ 0.1114
④ 0.1207

해설 용기의 체적을 구하면

$$PV = ZWRT$$

여기서, P : 압력(2[MPa]=2,000[kPa] =2,000[kN/m^2])
V : 체적[m^3]
Z : 압축인자(0.9232)
W : 무게(1[kg])
R : 기체상수(0.4615[kJ/kg·K] = 0.4615[kN·m/kg·K])
T : 온도(273+250=523[K])

$$\therefore V = \frac{ZWRT}{P}$$

$$= \frac{0.9232 \times 1[\text{kg}] \times 0.4615[\text{kN}\cdot\text{m/kg}\cdot\text{K}] \times (273+250)[\text{K}]}{2 \times 1,000[\text{kN/m}^2]}$$

$$= 0.1114[\text{m}^3]$$

24

다음 설명 중 틀린 것은?

① 일반적인 베르누이 방정식은 마찰이 없는 비압축성 정상유동에서 유선따라 성립한다.
② 베르누이 방정식은 질량보존의 법칙만으로 유도될 수 있다.
③ 에너지선은 수력기울기선보다 속도수두만큼 위에 있다.
④ 수력기울기선은 위치수두와 압력수두의 합을 나타낸다.

해설 질량보존의 법칙 : 연속의 방정식

25

1[mm]의 간격을 가진 2개의 평행 평판 사이에 물이 채워져 있는데 아래 평판은 고정시키고 위 평판을 1[m/s]의 속도로 움직였다. 평판 사이 물의 속도 분포는 직선적이고 물의 동점성계수가 0.804×10^{-6}[m^2/s]일 때 평판의 단위면적(1[m^2])에 걸리는 전단력은 약 몇 [N]인가?

① 0.6　② 0.7
③ 0.8　④ 0.9

해설 전단력을 구하면

$$\tau = \mu \frac{du}{dy}$$

여기서, τ : 전단력[N/m^2]
μ : 절대점도($\nu \times \rho = 0.804 \times 10^{-6}[\text{m}^2/\text{s}] \times 1,000[\text{kg/m}^3]$)

$$\frac{du}{dy} = \frac{1[\text{m/s}]}{0.001[\text{m}]}$$

$$\therefore \tau = 0.804 \times 10^{-6}[\text{m}^2/\text{s}] \times 1,000[\text{kg/m}^3] \times \frac{1[\text{m/s}]}{0.001[\text{m}]} = 0.804[\text{N/m}^2]$$

τ의 단위를 보면

$$\frac{[\text{m}^2]}{[\text{s}]} \times \frac{[\text{kg}]}{[\text{m}^3]} \times \frac{\frac{[\text{m}]}{[\text{s}]}}{[\text{m}]} = [\text{kg} \cdot \frac{\text{m}}{\text{s}^2}] \times [\frac{\text{m}^2}{\text{m}^3} \cdot \frac{1}{\text{m}}]$$

$$= [\text{kg} \cdot \text{m/s}^2 \cdot \text{m}^2]$$

$$= [\text{N/m}^2]$$

26

대기압의 크기는 760[mmHg]이고, 수은의 비중은 13.6일 때 240[mmHg]의 절대압력은 계기압력으로 약 몇 [kPa]인가?

① −32.0　② 32.0
③ −69.3　④ 69.3

해설 절대압 = 대기압 + 계기압력
= 240[mmHg]−760[mmHg]
= −520[mmHg]

∴ [mmHg]를 [kPa]로 환산하면

$$\frac{-520[\text{mmHg}]}{760[\text{mmHg}]} \times 101.325[\text{kPa}] = -69.33[\text{kPa}]$$

23 ③　24 ②　25 ③　26 ③ **정답**

27

연속방정식에 대한 설명으로 가장 적합한 것은?

① 질량보존의 법칙을 만족한다.
② 뉴턴의 제2법칙을 만족시키는 방정식이다.
③ 단면적과 유량은 서로 반비례한다는 관계를 구할 수 있다.
④ 연속방정식에 따르면 실제 유체의 경계면에서 속도는 상대적으로 0이어야 한다.

해설 연속방정식은 질량보존의 법칙으로부터 유도된 방정식이다.

28

지름 20[cm], 속도 1[m/s]인 물 제트가 그림에서와 같이 넓은 평판에 60° 경사지게 충돌한다. 제트가 평판에 수직으로 작용하는 힘 F_N은 약 몇 [N]인가?(단, 중력은 무시한다)

1[m/s]
ϕ20[cm]
60°
F_N

① 2.72
② 3.14
③ 27.2
④ 31.4

해설 **수직으로 작용하는 힘**

운동량 방정식 $\sum F = \rho Q(V_{y2} - V_{y1})$

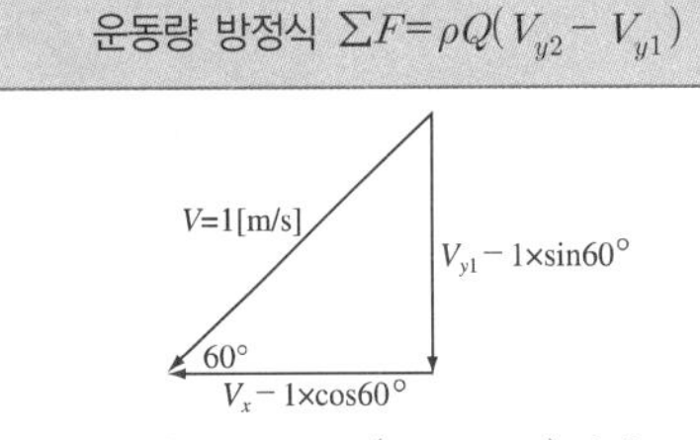

힘을 구하면 $-F_N = \rho Q(V_{y2} - V_{y1})$에서

$$-F_N = 1{,}000 \times \left(\frac{\pi}{4} \times 0.2^2 \times 1\right) \times (0 - 1 \times \sin 60°)$$

$$F_N = 27.2[\text{N}]$$

여기서, 물의 밀도

$\rho = 102[\text{kg}_f \cdot \text{s}^2/\text{m}^4] \times 9.8[\text{N/kg}_f] = 1{,}000[\text{N} \cdot \text{s}^2/\text{m}^4]$

29

펌프 입구의 진공계 및 출구의 압력계 지침이 흔들리고 송출유량도 주기적으로 변화하는 이상현상은?

① 공동현상(Cavitation)
② 수격작용(Water Hammering)
③ 맥동현상(Surging)
④ 언밸런스(Unbalance)

해설 **맥동현상(Surging)** : 펌프 입구의 진공계 및 출구의 압력계 지침이 흔들리고 송출유량도 주기적으로 변화하는 현상

30

소방호스의 마찰손실에 대한 설명으로 가장 옳은 것은?

① 마찰손실은 호스길이에 반비례한다.
② 호스지름이 클수록 마찰손실이 크다.
③ 속도가 빠를수록 마찰손실이 크다.
④ 마찰손실은 호스의 거칠기(조도)와 무관하다.

해설 **다르시-바이스바흐 방정식**

$$H = \frac{flu^2}{2gD}$$

여기서, f : 관마찰계수
l : 길이
u : 유속
g : 중력가속도(9.8[m/s²])
D : 내경

- 마찰손실은 호스길이에 비례한다.
- 마찰손실은 호스지름이 클수록 작다.
- 마찰손실은 속도가 빠를수록 크다.
- 마찰손실은 호스의 거칠기(조도)와 관계가 있다.

31

동점성계수 1×10^{-6}[m²/s]인 유체가 지름 2[cm]의 원관 속을 흐르고 있다. 원관 내 유체의 평균속도가 5[cm/s]라면 마찰계수는?

① 0.064 ② 0.64
③ 0.032 ④ 0.32

해설 레이놀즈수를 구하면

$$Re = \frac{Du}{\nu} = \frac{0.02[\text{m}] \times 0.05[\text{m/s}]}{1 \times 10^{-6}[\text{m/s}]}$$

$= 1{,}000$(층류)

$\therefore$ 층류일 때 마찰계수 $f = \frac{64}{Re} = \frac{64}{1{,}000} = 0.064$

정답 27 ① 28 ③ 29 ③ 30 ③ 31 ①

32

그림과 같은 액주계에서 원형 파이프 중심의 절대압력은 약 몇 [kPa]인가?(단, 대기압은 101[kPa]이다)

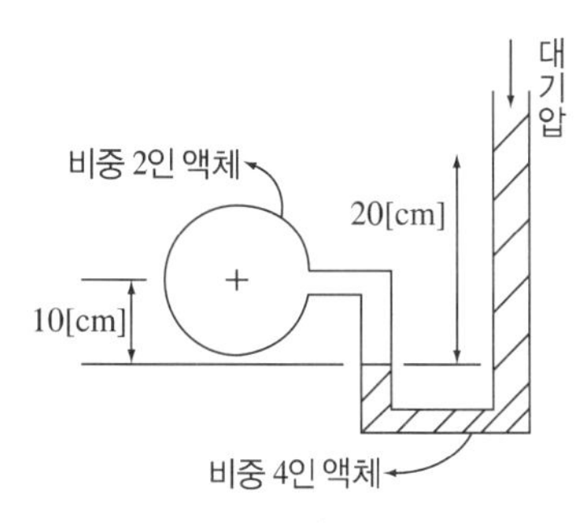

① 10 ② 107
③ 95 ④ 111

해설 원 중심의 압력 A라 하고 비중이 4인 액체를 B라 하면 $P_A = P_B + \gamma_2 h_2 - \gamma_1 h_1$

$$= 101[\text{kPa}] + \left(\frac{4\times10^{-3}\times20[\text{kg}_f/\text{cm}^2]}{1.0332[\text{kg}_f/\text{cm}^2]}\times101.3[\text{kPa}]\right)$$
$$-\left(\frac{2\times10^{-3}\times10[\text{kg}_f/\text{cm}^2]}{1.0332[\text{kg}_f/\text{cm}^2]}\times101.3[\text{kPa}]\right)$$
$$= 106.88[\text{kPa}]$$

33

다음은 어떤 열역학법칙을 설명한 것인가?

> "열은 그 스스로 저열원체에서 고열원체로 이동할 수 없다."

① 열역학 제0법칙 ② 열역학 제1법칙
③ 열역학 제2법칙 ④ 열역학 제3법칙

해설 열역학 제2법칙 : 열은 외부에서 작용을 받지 아니하고 저열원체에서 고열원체로 이동할 수 없다.

34

다음 중 유체의 밀도를 측정하는 방법과 가장 관계가 없는 것은?

① 비중계를 이용하는 방법
② 질량을 알고 있는 추를 이용하는 방법
③ 이미 알고 있는 체적의 용기를 이용하여 액체의 질량을 재는 방법
④ 작은 관으로 액체를 통과시켜 일정량의 액체가 통과하는 데 요하는 시간으로 측정하는 방법

해설 **유체의 밀도를 측정하는 방법**
- 비중계를 이용하는 방법
- 질량을 알고 있는 추를 이용하는 방법
- 이미 알고 있는 체적의 용기를 이용하여 액체의 질량을 재는 방법

> 밀도 $\rho = \dfrac{W}{V}$

여기서, W : 무게, V : 부피

35

회전속도 N[rpm]일 때 송출량 Q[m³/min], 전양정 H[m]인 원심펌프를 상사한 조건에서 회전속도를 $1.4N$[rpm]으로 바꾸어 작동할 때 유량 및 전양정은?

① $1.4Q$, $1.4H$ ② $1.4Q$, $1.96H$
③ $1.96Q$, $1.4H$ ④ $1.96Q$, $1.96H$

해설 **펌프의 상사법칙**

- 유량 $Q_2 = Q_1 \times \dfrac{N_2}{N_1} \times \left(\dfrac{D_2}{D_1}\right)^3$
  $= Q_1 \times \dfrac{1.4}{1} = 1.4Q$
- 전양정(수두) $H_2 = H_1 \times \left(\dfrac{N_2}{N_1}\right)^2 \times \left(\dfrac{D_2}{D_1}\right)^2$
  $= H_1 \times \left(\dfrac{1.4}{1}\right)^2 = 1.96H$

여기서, N : 회전수[rpm], D : 내경[mm]

36

10[kW]의 전열기를 3시간 사용하였다. 전 발열량은 몇 [kJ]인가?

① 12,810 ② 16,170
③ 25,600 ④ 108,000

해설 방열량[kJ] = [kW] × [s]
= 10[kW] × (3 × 3,600[s])
= 108,000[kJ]

> [kJ] = [kW] × [s]

32 ② 33 ③ 34 ④ 35 ② 36 ④ 정답

37

그림과 같은 수문 AB가 받는 수평성분 F_H와 수직성분 F_V는 각각 약 몇 [N]인가?

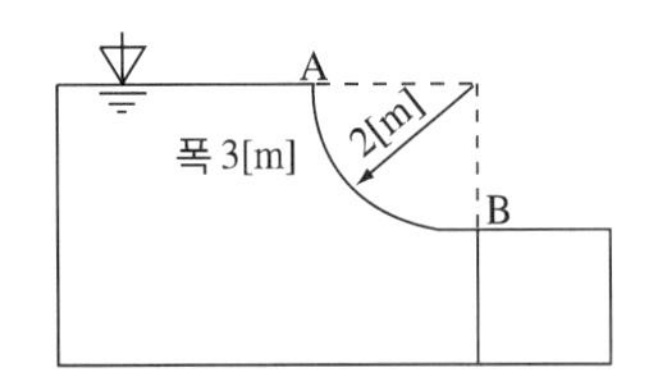

① $F_H = 24,400$, $F_V = 46,181$
② $F_H = 58,800$, $F_V = 46,181$
③ $F_H = 58,800$, $F_V = 92,363$
④ $F_H = 24,400$, $F_V = 923,631$

해설 수평성분과 수직성분을 구하면

- 수평성분 F_H는 곡면 AB의 수평투영면적에 작용하는 힘과 같다.

  $F_H = \gamma\bar{h}A = 9,800[\text{N/m}^3] \times 1[\text{m}] \times (2\times3)[\text{m}^2]$
  $= 58,800[\text{N}]$
- 수직성분 F_V는 AB 위에 있는 가상의 물무게와 같다.

  $F_V = \gamma V = 9,800[\text{N/m}^3] \times \left(\dfrac{\pi\times2^2}{4} \times 3[\text{m}]\right)$
  $= 92,363[\text{N}]$

38

비중이 1.03인 바닷물에 전체 부피의 15[%]가 수면 위에 떠 있는 빙산이 있다. 이 빙산의 비중은 얼마 정도인가?

① 0.876　② 0.927
③ 1.927　④ 0.155

해설 바닷물에 잠겨 있는 부분은 85[%]이므로
$1.03 \times 0.85 = 0.8755$

39

내경 27[mm]의 배관 속을 정상류의 물이 매분 150[L] 흐를 때 속도수두는 약 몇 [m]인가?

① 1.11　② 0.97
③ 0.77　④ 0.56

해설 속도수두

$$H = \frac{u^2}{2g}$$

여기서, $u(\text{유속}) = \dfrac{Q}{A} = \dfrac{Q}{\frac{\pi}{4}D^2}$

$= \dfrac{0.15[\text{m}^3]/60[\text{s}]}{\frac{\pi}{4}(0.027[\text{m}])^2}$

$= 4.37[\text{m/s}]$

$\therefore H = \dfrac{(4.37)^2}{2\times9.8[\text{m/s}^2]} = 0.97[\text{m}]$

40

그림과 같은 펌프가 물을 낮은 저수조에서 높은 저수조로 직경 20[cm]인 관을 통하여 350[m³/h]로 전달된다. 관마찰손실은 대략 $h_f = \dfrac{25V^2}{2g}$ (V : 관 내 평균유속)이고, 펌프동력과 효율이 각각 90[kW]와 75[%]일 때 두 수조의 높이 차는 약 몇 [m]인가?(단, 물의 비중량은 9,790[N/m³]이고, 기타 부차손실은 무시한다)

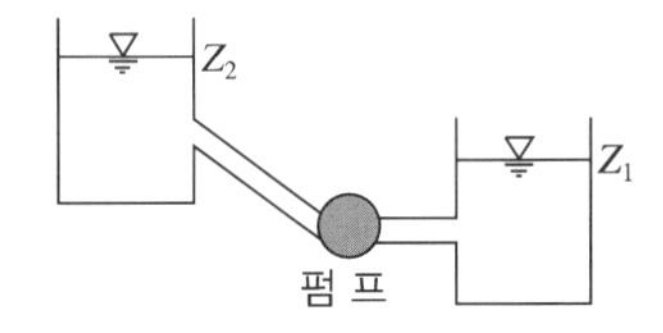

① 8.7　② 18.7
③ 38.7　④ 58.7

해설 두 수조의 높이 차

$$\text{펌프동력 } L = \frac{\gamma HQ}{\eta}[\text{W}]$$

여기서, 펌프동력 $L = 90[\text{kW}] = 90,000[\text{W}]$
유량 $Q = 350[\text{m}^3/\text{h}] = 0.0972[\text{m}^3/\text{s}]$
펌프효율 $\eta = 0.75$
직경 $d = 0.2[\text{m}]$

- 전양정 $H = \dfrac{L\cdot\eta}{\gamma Q} = \dfrac{90,000\times0.75}{9,790\times0.0972} = 70.93[\text{m}]$
- 평균유속 $V = \dfrac{4Q}{\pi D^2} = \dfrac{4\times0.0972}{\pi\times0.2^2} = 3.094[\text{m/s}]$
- 관마찰손실수두

  $h_f = \dfrac{25V^2}{2g} = \dfrac{25\times3.094^2}{2\times9.8} = 12.21[\text{m}]$

∴ 두 수조의 높이 차
$h = H - h_f = 70.93 - 12.21 = 58.72[\text{m}]$

정답 37 ③　38 ①　39 ②　40 ④

제 3 과목 소방관계법규

41

소방시설공사업자는 소방시설공사 결과 소방시설에 하자가 있는 경우 하자보수를 하여야 한다. 다음 중 하자보수를 하여야 하는 소방시설과 소방시설별 하자보수보증기간이 잘못 나열된 것은?

① 유도등 : 2년
② 자동화재탐지설비 : 3년
③ 스프링클러설비 : 3년
④ 무선통신보조설비 : 3년

해설 **하자보수보증기간**

- **2년** : 피난기구, 유도등, 유도표지, 비상경보설비, 비상조명등, 비상방송설비 및 **무선통신보조설비**
- 3년 : 자동소화장치, 옥내소화전설비, 스프링클러설비, 간이스프링클러설비, 물분무 등 소화설비, 옥외소화전설비, 자동화재탐지설비, 상수도 소화용수설비, 소화활동설비(무선통신보조설비 제외)

42

위험물 간이저장탱크 설비기준에 대한 설명으로 맞는 것은?

① 통기관은 지름 최소 40[mm] 이상으로 한다.
② 용량은 600[L] 이하이어야 한다.
③ 탱크의 주위에 너비는 최소 1.5[m] 이상의 공지를 두어야 한다.
④ 수압시험은 50[kPa]의 압력으로 10분간 실시하여 새거나 변형되지 아니하여야 한다.

해설 **간이저장탱크 설비기준**

- 통기관은 지름 최소 25[mm] 이상으로 한다.
- **저장탱크의 용량**은 **600[L] 이하**이어야 한다.
- 탱크의 주위에 너비는 최소 1[m] 이상의 공지를 두어야 한다.
- 간이저장탱크의 두께는 3.2[mm] 이상의 강판으로 흠이 없도록 제작하여야 하며, 70[kPa]의 압력으로 10분간의 수압시험을 실시하여 새거나 변형되지 아니하여야 한다.

43

다음 중 경보설비에 해당되지 않는 것은?

① 자동화재탐지설비 ② 무선통신보조설비
③ 통합감시시설 ④ 누전경보기

해설 **소화활동설비**

- 제연설비
- 연결송수관설비
- 연결살수설비
- 비상콘센트설비
- 무선통신보조설비
- 연소방지설비

44

다음 용어 설명 중 옳은 것은?

① "소방시설"이란 소화설비 · 경보설비 · 피난구조설비 · 소화용수설비 그 밖에 소화활동설비로서 대통령령으로 정하는 것을 말한다.
② "소방시설 등"이란 소방시설과 비상구 그 밖에 소방 관련 시설로서 행정안전부령으로 정하는 것을 말한다.
③ "특정소방대상물"이란 소방시설을 설치하여야 하는 소방대상물로서 소방청장이 정하는 것을 말한다.
④ "소방용품"이란 소방시설 등을 구성하거나 소방용으로 사용되는 제품 또는 기기로서 행정안전부령으로 정하는 것을 말한다.

해설 **용어 정의**

- "**소방시설**"이란 소화설비 · 경보설비 · 피난구조설비 · 소화용수설비 그 밖에 소화활동설비로서 **대통령령**으로 정하는 것을 말한다.
- "**소방시설 등**"이란 소방시설과 비상구 그 밖에 소방 관련 시설로서 **대통령령**으로 정하는 것을 말한다.
- "**특정소방대상물**"이란 소방시설을 설치하여야 하는 소방대상물로서 **대통령령**으로 정하는 것을 말한다.
- "**소방용품**"이란 소방시설 등을 구성하거나 소방용으로 사용되는 제품 또는 기기로서 **대통령령**으로 정하는 것을 말한다.

45

소화활동 및 화재조사를 원활히 수행하기 위해 화재현장에 출입을 통제하기 위하여 설정하는 것은?

① 화재경계지구 지정 ② 소방활동구역 설정
③ 방화제한구역 설정 ④ 화재통제구역 설정

41 ④ 42 ② 43 ② 44 ① 45 ② 정답

해설 **소방활동구역의 설정**

- 소방대장은 화재, 재난·재해 그 밖의 위급한 상황이 발생한 현장에 소방활동 구역을 정하여 소방활동에 필요한 사람으로서 대통령령으로 정하는 사람 외의 자에 대하여는 그 구역에 출입을 제한할 수 있다.
- 경찰공무원은 소방대가 ①의 규정에 따른 소방활동 구역에 있지 아니하거나 소방대장의 요청이 있을 때에는 ①에 따른 조치를 할 수 있다.

46

다음 특정소방대상물 중 주거용 주방자동소화장치를 설치하여야 하는 것은?

① 아파트
② 지하가 중 터널로서 길이가 1,000[m] 이상인 터널
③ 지정문화재 및 가스시설
④ 항공기 격납고

해설 **설치기준**

- 소화기구 : 연면적 33[m^2] 이상, 지정문화재, 가스시설, 터널
- 주거용 주방자동소화장치 : **아파트 등** 및 30층 이상 오피스텔의 모든 층

47

화재에 관한 위험경보를 발령할 수 있는 자는?

① 행정안전부장관　② 소방서장
③ 시·도지사　④ 소방청장

해설 **화재에 관한 위험경보**

소방본부장이나 소방서장은 기상법 제13조 제1항에 따른 이상기상(異常氣象)의 예보 또는 특보가 있을 때에는 화재에 관한 경보를 발령하고 그에 따른 조치를 할 수 있다.

48

소방용품에 해당되는 것은?

① 휴대용 비상조명등
② 방염액 및 방염도료
③ 이산화탄소소화약제
④ 화학반응식 거품소화기

해설 방염액 및 방염도료는 소방용품이다(설치유지법률 영 별표 3).

49

다음 중 소방기본법 시행령에서 규정하는 화재경계지구의 지정대상지역에 해당되는 기준과 가장 거리가 먼 것은?

① 시장지역
② 공장·창고가 밀집한 지역
③ 소방시설·소방용수시설 또는 소방출동로가 없는 지역
④ 금융업소가 밀집한 지역

해설 **화재경계지구의 지정대상지역**

- 시장지역
- 공장·창고가 밀집한 지역
- 목조건물이 밀집한 지역
- 위험물의 저장 및 처리시설이 밀집한 지역
- 석유화학제품을 생산하는 공장이 있는 지역
- 소방시설·소방용수시설 또는 소방출동로가 없는 지역

50

특정소방대상물 중 근린생활시설과 가장 거리가 먼 것은?

① 안마시술소　② 찜질방
③ 한의원　④ 무도학원

해설 위락시설 : 무도장 및 무도학원

51

다음 중 소화활동설비가 아닌 것은?

① 제연설비　② 연결송수관설비
③ 비상방송설비　④ 연소방지설비

해설 비상방송설비 : 경보설비

정답 46 ① 47 ② 48 ② 49 ④ 50 ④ 51 ③

52

다음 중 소방기본법상 소방대상물이 아닌 것은?

① 산 림
② 선박건조구조물
③ 항공기
④ 차 량

해설 **소방대상물 : 건축물, 차량, 선박**(항구 안에 매어둔 선박만 해당), **선박건조구조물, 산림** 그 밖의 인공구조물 또는 물건을 말한다.

53

소방시설업의 등록 결격사유에 해당하지 않는 것은?

① 피성년후견인
② 소방시설업의 등록이 취소된 날로부터 2년이 지난 사람
③ 위험물안전관리법에 따른 금고 이상의 형의 집행유예의 선고를 받고 그 유예기간 중에 있는 사람
④ 위험물안전관리법에 따른 금고 이상의 실형의 선고를 받고 그 집행이 종료되거나 집행이 면제된 날로부터 2년이 지나지 아니한 사람

해설 **소방시설업 등록의 결격사유**
- 피성년후견인
- 이 법, 소방기본법, 소방시설공사업법, 위험물안전관리법에 따른 금고 이상의 실형의 선고를 받고 그 집행이 끝나거나 집행이 면제된 날로부터 2년이 지나지 아니한 사람
- 이 법, 소방기본법, 소방시설공사업법, 위험물안전관리법에 따른 금고 이상의 형의 집행유예의 선고를 받고 그 유예기간 중에 있는 사람
- 등록하려는 소방시설업의 등록이 취소된 날로부터 2년이 지나지 아니한 사람

54

다른 시 · 도 간 소방업무에 관한 상호응원협정을 체결하고자 할 때 포함되어야 할 사항이 아닌 것은?

① 응원출동의 요청방법
② 소방신호방법의 통일
③ 소요경비의 부담에 관한 내용
④ 응원출동 대상지역 및 규모

해설 **소방업무의 상호응원협정 사항**
- 소방활동에 관한 사항
  - 화재의 경계 · 진압활동
  - 구조 · 구급업무의 지원
  - 화재조사활동
- 응원출동대상지역 및 규모
- 소요경비의 부담사항
  - 출동대원의 수당 · 식사 및 피복의 수선
  - 소방장비 및 기구의 정비와 연료의 보급
- 응원출동의 요청방법
- 응원출동훈련 및 평가

55

소방관서에서 실시하는 화재원인조사 범위에 해당하는 것은?

① 소방활동 중 발생한 사망자 및 부상자
② 소방시설의 사용 또는 작동 등의 상황
③ 열에 의한 탄화, 용융, 파손 등의 피해
④ 소방활동 중 사용된 물로 인한 피해

해설 **화재조사의 종류 및 조사의 범위**
- **화재원인조사**
  - 발화원인 조사 : 화재발생과정, 화재발생지점 및 불이 붙기 시작한 물질
  - 발견, 통보 및 초기소화상황 조사 : 화재의 발견 · 통보 및 초기소화 등 일련의 과정
  - 연소상황 조사 : 화재의 연소경로 및 확대원인 등의 상황
  - 피난상황 조사 : 피난경로, 피난상의 장애요인 등의 상황
  - 소방시설 등 조사 : 소방시설의 사용 또는 작동 등의 상황
- **화재피해조사**
  - 인명피해조사
  - 재산피해조사

56

특수가연물의 저장 및 취급의 기준을 위반한 자가 2차 위반 시 과태료 금액은?

① 20만원　② 50만원
③ 100만원　④ 150만원

52 ③　53 ②　54 ②　55 ②　56 ② 정답

해설 과태료 부과기준

위반사항	근거 법조문	과태료 금액(만원)			
		1회	2회	3회	4회 이상
가. 법 제13조 제3항에 따른 소방용수시설·소화기구 및 설비 등의 설치명령을 위반한 경우	법 제56조 제1항 제1호	50	100	150	200
나. 법 제15조 제1항에 따른 불의 사용에 있어서 지켜야 하는 사항을 위반한 경우	법 제56조 제1항 제2호				
(1) 위반행위로 인하여 화재가 발생한 경우		100	150	200	200
(2) 위반행위로 인하여 화재가 발생하지 않는 경우		50	100	150	200
다. 법 제15조 제2항에 따른 **특수가연물의 저장 및 취급의 기준**을 위반한 경우	법 제56조 제1항 제2호	20	**50**	100	200
라. 법 제19조 제1항을 위반하여 화재 또는 구조·구급이 필요한 상황을 허위로 알린 경우	법 제56조 제1항 제3호	100	150	200	200
마. 법 제23조 제1항을 위반하여 소방활동구역 출입한 경우	법 제56조 제1항 제4호	100			
바. 법 제 30조 제1항에 따른 명령을 위반하여 보고 또는 자료 제출을 하지 아니하거나 거짓으로 보고 또는 자료제출을 한 경우	법 제56조 제1항 제5호	50	100	150	200

57

특정소방대상물의 관계인은 소방안전관리자가 퇴직한 날부터 며칠 이내에 선임하여야 하는가?

① 10일 ② 20일
③ 30일 ④ 90일

해설 소방안전관리자 퇴직 시 재선임 : 퇴직일로부터 30일 이내

58

제4류 위험물로서 제1석유류인 수용성 액체의 지정수량은 몇 [L]인가?

① 100 ② 200
③ 300 ④ 400

해설 제4류 위험물의 지정수량

품 명		위험등급	지정수량
1. 특수인화물		I	50[L]
2. 제1석유류	비수용성 액체	II	200[L]
	수용성 액체	II	**400[L]**
3. 알코올류		II	400[L]
4. 제2석유류	비수용성 액체	III	1,000[L]
	수용성 액체	III	2,000[L]
5. 제3석유류	비수용성 액체	III	2,000[L]
	수용성 액체	III	4,000[L]
6. 제4석유류		III	6,000[L]
7. 동식물유류		III	10,000[L]

59

다음 중에서 소방안전관리자를 두어야 할 특정소방대상물로서 1급 소방안전관리대상물이 아닌 것은?

① 지하구
② 연면적이 15,000[m^2] 이상인 것
③ 건물의 층수가 11층 이상인 것
④ 1,000[t] 이상의 가연성 가스저장시설

해설 **1급 소방안전관리대상물**
동·식물원, 철강 등 불연성 물품을 저장·취급하는 창고, 위험물제조소 등, 지하구와 특급소방안전관리대상물을 제외한 것
- 30층 이상(지하층은 제외)이거나 지상으로부터 높이가 120[m] 이상인 아파트
- 연면적 15,000[m^2] 이상인 특정소방대상물(아파트는 제외)
- 층수가 11층 이상인 특정소방대상물(아파트는 제외)
- 가연성 가스를 1,000[t] 이상 저장·취급하는 시설

60

특정소방대상물의 증축 또는 용도변경 시의 소방시설기준 적용의 특례에 관한 설명 중 옳지 않은 것은?

① 증축되는 경우에는 기존 부분을 포함한 전체에 대하여 증축 당시의 소방시설의 설치에 관한 대통령령 또는 화재안전기준을 적용하여야 한다.
② 증축 시 기존 부분과 증축되는 부분이 내화구조로 된 바닥과 벽으로 구획되어 있는 경우에는 기존 부분에 대하여는 증축 당시의 소방시설의 설치에 관한 대통령령 또는 화재안전기준을 적용하지 아니한다.

정답 57 ③ 58 ④ 59 ① 60 ③

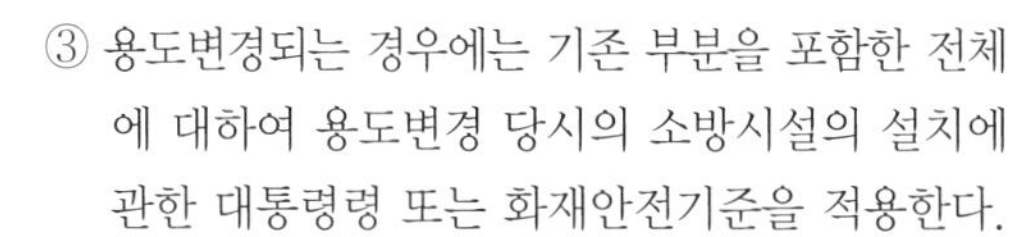

③ 용도변경되는 경우에는 기존 부분을 포함한 전체에 대하여 용도변경 당시의 소방시설의 설치에 관한 대통령령 또는 화재안전기준을 적용한다.
④ 용도변경 시 특정소방대상물의 구조 · 설비가 화재연소 확대요인이 적어지거나 피난 또는 화재진압활동이 쉬워지도록 용도변경되는 경우에는 전체에 용도변경되기 전의 소방시설 등의 설치에 관한 대통령령 또는 화재안전기준을 적용한다.

해설 **특정소방대상물의 증축 또는 용도변경시의 소방시설기준 적용의 특례**(시행령 제17조)

- 소방본부장이나 소방서장은 **특정소방대상물이 증축되는 경우**에는 기존 부분을 포함한 특정소방대상물의 전체에 대하여 증축 당시의 소방시설의 설치에 관한 대통령령 또는 화재안전기준을 적용하여야 한다. 다만, 다음의 어느 하나에 해당하는 경우에는 기존 부분에 대하여는 증축 당시의 소방시설의 설치에 관한 대통령령 또는 화재안전기준을 적용하지 아니한다.
  - 기존 부분과 증축 부분이 내화구조로 된 바닥과 벽으로 구획된 경우
  - 기존 부분과 증축 부분이 건축법 시행령 제64조에 따른 갑종방화문(국토교통부장관이 정하는 기준에 적합한 자동방화셔터를 포함한다)으로 구획되어 있는 경우
  - 자동차생산 공장 등 화재위험이 낮은 특정소방대상물 내부에 연면적 33[m^2] 이하의 직원휴게실을 증축하는 경우
  - 자동차생산 공장 등 화재위험이 낮은 특정소방대상물에 캐노피(3면 이상에 벽이 없는 구조의 캐노피를 말한다)를 설치하는 경우
- 소방본부장이나 소방서장은 **특정소방대상물이 용도변경되는 경우**에는 **용도 변경되는 부분**에 한하여 **용도변경 당시**의 소방시설의 설치에 관한 **대통령령** 또는 **화재안전기준을 적용**한다. 다만, 다음에 해당하는 경우에는 특정소방대상물 전체에 대하여 용도변경되기 전에 해당 특정소방대상물에 적용되던 소방시설의 설치에 관한 대통령령 또는 화재안전기준을 적용한다.
  - 특정소방대상물의 구조 · 설비가 화재연소 확대요인이 적어지거나 피난 또는 화재진압활동이 쉬워지도록 변경되는 경우
  - 문화 및 집회시설 중 공연장 · 집회장 · 관람장 · 판매시설 · 운수시설 · 창고시설 중 물류터미널이 불특정다수인이 이용하지 아니하고 일정한 근무자가 이용하는 용도로 변경되는 경우
  - 용도변경으로 인하여 천정 · 바닥 · 벽 등에 고정되어 있는 가연성 물질의 양이 감소되는 경우
  - 다중이용업, 문화 및 집회시설, 종교시설, 판매시설, 운수시설, 의료시설, 노유자시설, 수련시설, 운동시설, 숙박시설, 위락시설, 창고시설 중 물류터미널, 위험물 저장 및 처리 시설 중 가스시설, 장례식장이 각각에 규정된 시설 외의 용도로 변경되는 경우

제 4 과목 소방기계시설의 구조 및 원리

61

스프링클러헤드의 설치에 있어 층고가 낮은 사무실의 양측 측면 상단에 측벽형 스프링클러헤드를 설치하여 방호하려고 한다. 사무실의 폭이 몇 [m] 이하일 때 헤드의 포용이 가능한가?

① 9[m] 이하　② 10.8[m] 이하
③ 12.6[m] 이하　④ 15.5[m] 이하

해설 스프링클러헤드는 소방대상물의 천장 · 반자 · 천장과 반자 사이 · 덕트 · 선반 기타 이와 유사한 부분(폭이 1.2[m]를 초과하는 것에 한한다)에 설치하여야 한다. 다만, **폭이 9[m] 이하**인 **실내**에 있어서는 **측벽**에 설치할 수 있다.

62

인산염을 주성분으로 한 분말소화약제를 사용하는 분말소화설비의 소화약제 저장용기의 내용적은 소화약제 1[kg]당 얼마이어야 하는가?

① 0.8[L]　② 0.92[L]
③ 1[L]　④ 1.25[L]

해설 **분말소화약제의 충전비**

소화약제의 종별	충전비
제1종 분말	0.80[L/kg]
제2종 분말	1.00[L/kg]
제3종 분말(인산염)	**1.00[L/kg]**
제4종 분말	1.25[L/kg]

$$\therefore \text{충전비} = \frac{\text{용기의 내용적[L]}}{\text{약제의 중량[kg]}}$$

61 ① 62 ③ 정답

63

이산화탄소소화설비의 배관에 관한 사항으로 옳지 않은 것은?

① 강관을 사용하는 경우 고압저장방식에서는 압력배관용 탄소강관 스케줄 중 80 이상의 것을 사용한다.
② 강관을 사용하는 경우 저압저장방식에서는 압력배관용 탄소강관 스케줄 중 40 이상의 것을 사용한다.
③ 동관을 사용하는 경우 이음이 없는 것으로서 고압저장방식에서는 내압 15[MPa] 이상의 압력에 견딜 수 있는 것을 사용한다.
④ 동관을 사용하는 경우 이음매 없는 것으로서 저압저장방식에서는 내압 3.75[MPa] 이상의 압력에 견딜 수 있는 것을 사용한다.

해설 **이산화탄소소화설비의 배관설치기준**

- 배관은 전용으로 할 것
- 강관 사용 : 압력배관용 탄소강관(KS D 3562) 중 스케줄 80(저압식에 있어서는 스케줄 40) 이상
- **동관 사용** : 배관은 이음이 없는 동 및 동합금관(KS D 5301)으로서 **고압식**은 **16.5[MPa] 이상**, 저압식 3.75[MPa] 이상의 압력에 견딜 수 있는 것을 사용할 것

64

펌프의 토출관과 흡입관 사이의 배관 도중에 설치한 흡입기에 펌프토출량의 일부를 보내어 농도 조절밸브에서 조정된 포소화약제의 필요량을 포소화약제 탱크에서 펌프 흡입측으로 보내어 조합하는 방식은?

① 프레셔 사이드 프로포셔너방식
② 라인 프로포셔너방식
③ 프레셔 프로포셔너방식
④ 펌프 프로포셔너방식

해설 **펌프 프로포셔너방식**

펌프의 토출관과 흡입관 사이의 배관 도중에 설치한 흡입기에 펌프 토출량의 일부를 보내어 농도 조절밸브에서 조정된 포소화약제의 필요량을 포소화약제 탱크에서 펌프 흡입측으로 보내어 조합하는 방식

65

포소화설비의 화재안전기준에서 고정포방출구방식으로 소화약제를 방출하기 위하여 필요한 양을 산출하는 다음 공식에 대한 설명으로 틀린 것은?

$$Q = A \times Q_1 \times T \times S$$

① Q : 포소화약제의 양[L]
② T : 방출시간[min]
③ A : 탱크의 체적[m^3]
④ S : 포소화약제의 사용농도[%]

해설 A : 탱크의 액 표면적[m^2]

66

11층 건축물의 주위에 옥외소화전이 5개 설치되어 있다. 필요한 수원의 저수량은?

① 7[m^3] ② 14[m^3]
③ 28[m^3] ④ 35[m^3]

해설 수원의 양 = 옥외소화전수(최대 2개)×350[L/min] ×20[min]
= 2×7,000[L] = 14,000[L]
= 14[m^3]

$$1[\text{m}^3] = 1{,}000[\text{L}]$$

67

연결송수관설비의 배관설치 내용으로 적합한 것은?

① 주배관으로 설치한 구경 80[mm]의 배관
② 옥내소화전설비의 배관과 구경 125[mm]인 주배관을 겸용
③ 스프링클러설비의 배관과 구경 90[mm]인 주배관을 겸용
④ 물분무소화설비의 배관과 구경 80[mm]인 주배관을 겸용

해설 연결송수관설비의 배관은 주배관의 구경이 100[mm] 이상인 옥내소화전설비・스프링클러설비 또는 물분무 등 소화설비의 배관과 겸용할 수 있다.

정답 63 ③ 64 ④ 65 ③ 66 ② 67 ②

68

소화용수설비의 저수조 소요수량이 120[m^3]인 경우 채수구는 최소 몇 개를 설치하여야 하는가?

① 1개 ② 2개
③ 3개 ④ 4개

해설 소화용수량과 가압송수장치 분당 양수량

소요수량	채수구의 수	가압송수장치의 1분당 양수량
20[m^3] 이상 40[m^3] 미만	1개	1,100[L] 이상
40[m^3] 이상 100[m^3] 미만	2개	2,200[L] 이상
100[m^3] 이상	3개	3,300[L] 이상

69

제연설비의 배출구를 설치할 때 예상제연구역의 각 부분으로부터 하나의 배출구까지의 수평거리는 몇 [m] 이내가 되어야 하는가?

① 5[m] ② 10[m]
③ 15[m] ④ 20[m]

해설 제연설비의 배출구는 예상제연구역의 각 부분으로부터 하나의 배출구까지의 **수평거리**는 **10[m] 이내**이어야 한다.

70

연결살수설비 전용헤드를 사용하는 연결살수설비에 배관의 구경이 32[mm]인 경우 하나의 배관에 부착할 수 있는 살수헤드의 개수는?

① 1개 ② 2개
③ 3개 ④ 4개

해설 연결살수설비 전용헤드를 사용하는 경우에는 다음 표에 따른 구경 이상으로 할 것

하나의 배관에 부착하는 살수헤드의 개수	배관의 구경 [mm]
1개	32
2개	40
3개	50
4개 또는 5개	65
6개 이상 10개 이하	80

71

제연설비의 화재안전기준상 제연설비의 제연구역 구획에 대한 내용 중 잘못된 것은?

① 통로상의 제연구역은 보행중심선의 길이가 60[m]를 초과하지 아니할 것
② 하나의 제연구역은 직경이 최대 50[m]인 원 안에 들어갈 수 있을 것
③ 하나의 제연구역 면적은 1,000[m^2] 이내로 할 것
④ 거실과 통로는 상호제연구획할 것

해설 제연구역의 기준

- 하나의 제연구역의 면적을 1,000[m^2] 이내로 할 것
- 거실과 통로(복도포함)는 상호 제연구획할 것
- 통로상의 제연구역은 보행 중심선의 길이가 60[m]를 초과하지 아니할 것
- **하나의 제연구역**은 **직경 60[m] 원 내**에 들어갈 수 있을 것
- 하나의 구역은 2개 이상 층에 미치지 아니하도록 할 것

72

백화점의 7층에 적용되지 않는 피난기구는 다음 어느 것인가?

① 구조대 ② 피난밧줄
③ 피난교 ④ 완강기

해설 피난밧줄은 2015년 1월 23일 개정으로 피난기구에서 삭제됨

73

할론소화설비의 축압식 저장용기에는 질소가스를 가압하여 충진한다. 20[℃]를 기준으로 했을 때 이 저장용기 내 질소가스의 축압의 기준은?

① 할론 1211은 2.2[MPa] 또는 5[MPa]
② 할론 1301은 2.5[MPa] 또는 4.2[MPa]
③ 할론 1211은 0.7[MPa] 이상 1.4[MPa] 이하
④ 할론 1301은 0.9[MPa] 이상 1.6[MPa] 이하

해설 **가압용 가스용기**는 **질소가스**가 충전된 것으로 하고, 그 압력은 **2.5[MPa]** 또는 **4.2[MPa]**이 되도록 할 것

68 ③ 69 ② 70 ① 71 ② 72 ② 73 ② 정답

74

차고 및 주차장에 단백포소화약제를 사용하는 포소화설비를 하려고 한다. 바닥면적 1[m^2]에 대한 포소화약제의 1분당 방사량의 기준은?

① 5.0[L] 이상 ② 6.5[L] 이상
③ 8.0[L] 이상 ④ 3.7[L] 이상

해설 포소화약제의 1분당 방사량

소방대상물	포소화약제의 종류	바닥면적 1[m^2]당 방사량
차고 · 주차장 및 항공기 격납고	단백포소화약제	6.5[L] 이상
	합성계면활성제 포소화약제	8.0[L] 이상
	수성막포소화약제	3.7[L] 이상
소방기본법시행령 별표 2의 특수가연물을 저장 · 취급하는 소방대상물	단백포소화약제	6.5[L] 이상
	합성계면활성제 포소화약제	6.5[L] 이상
	수성막포소화약제	6.5[L] 이상

75

지표면에서 최상층 방수구의 높이가 70[m] 이상의 소방대상물에 습식 연결송수관설비 펌프를 설치할 때 최상층에 설치된 노즐선단의 최소 압력으로 적합한 것은?

① 0.15[MPa] 이상 ② 0.25[MPa] 이상
③ 0.35[MPa] 이상 ④ 0.45[MPa] 이상

해설 **높이 70[m] 이상**의 소방대상물에서 연결송수관설비의 최상층의 노즐선단 방수압력 : **0.35[MPa] 이상**

76

상수도 소화용수설비의 설치에 있어 호칭지름 75[mm] 이상의 수도배관에 소화전을 접속할 때 소화전의 최소 구경은 몇 [mm] 이상인가?

① 75[mm] ② 80[mm]
③ 100[mm] ④ 125[mm]

해설 **상수도 소화용수설비의 설치기준**

- 호칭지름 75[mm] 이상의 수도배관에 호칭지름 100[mm] 이상의 소화전을 접속할 것
- 소화전은 소방자동차 등의 진입이 쉬운 도로변 또는 공지에 설치할 것
- 소화전은 소방대상물의 수평투영면의 각 부분으로부터 140[m] 이하가 되도록 설치할 것

77

옥내소화전이 하나의 층에는 6개로 또 다른 하나의 층에는 3개로, 나머지 모든 층에는 4개씩으로 설치되어 있다. 수원[m^3]의 최소 기준은?(단, 29층 이하인 건물이다)

① 7.8[m^3] 이상 ② 10.4[m^3] 이상
③ 13[m^3] 이상 ④ 15.6[m^3] 이상

해설 옥내소화전의 수원 = 소화전수(최대 5개) × 2.6[m^3]
= 5 × 2.6[m^3]
= 13[m^3]

78

스프링클러설비의 헤드 설치높이가 10[m] 이상인 지하철 대합실의 경우 수원[m^3]의 최소 기준량은?

① 25[m^3] ② 32[m^3]
③ 16[m^3] ④ 48[m^3]

해설 지하역사에 설치하는 헤드수 : 30개
∴ 스프링클설비의 수원 = 헤드수 × 1.6[m^3]
= 30 × 1.6[m^3]
= 48[m^3]

79

옥내소화전설비에서 옥상수조를 설치하지 아니하는 경우에 해당되지 않는 것은?

① 지하층만 있는 건축물
② 고가수조를 가압송수장치로 설치한 옥내소화전설비
③ 수원이 건축물의 최상층에 설치된 방수구보다 높은 위치에 설치된 경우
④ 건물의 높이가 지표면으로부터 최상층 바닥까지 10[m] 이하인 경우

정답 74 ② 75 ③ 76 ③ 77 ③ 78 ④ 79 ④

해설 옥상수조 설치 예외 규정

- 지하층만 있는 건축물
- 고가수조를 가압송수장치로 설치한 옥내소화전설비
- 수원이 건축물의 최상층에 설치된 방수구보다 높은 위치에 설치된 경우
- 건축물의 높이가 **지표면으로부터 10[m] 이하**인 경우
- 주펌프와 동등 이상의 성능이 있는 별도의 펌프로서 내연기관의 기동과 연동하여 작동되거나 비상전원을 연결하여 설치한 경우
- 학교・공장・창고시설(옥상수조를 설치한 대상은 제외한다)로서 동결의 우려가 있는 장소에 있어서는 기동스위치에 보호판을 부착하여 옥내소화전함 내에 설치하는 경우(ON-OFF방식)
- 가압수조를 가압송수장치로 설치한 옥내소화전설비

80

연소할 우려가 있는 개구부에 드렌처설비를 설치할 경우 스프링클러헤드를 설치하지 아니할 수 있다. 이 경우 드렌처설비 설치기준으로 잘못된 것은?

① 드렌처헤드는 개구부 위측에 2.5[m] 이내마다 1개를 설치한다.

② 제어밸브는 소방대상물 층마다에 바닥면으로부터 0.5[m] 이상 1.5[m] 이하의 위치에 설치한다.

③ 드렌처설비는 드렌처헤드가 가장 많이 설치된 제어밸브에 설치된 드렌처헤드를 동시에 사용하는 경우에 방수량이 80[L/min] 이상이어야 한다.

④ 드렌처설비는 드렌처헤드가 가장 많이 설치된 제어밸브에 설치된 드렌처헤드를 동시에 사용하는 경우의 헤드선단에 방수압력이 0.1[MPa] 이상이어야 한다.

해설 드렌처설비의 설치기준

- 드렌처헤드는 개구부 위측에 2.5[m] 이내마다 1개를 설치할 것
- **제어밸브**는 소방대상물 층마다에 바닥면으로부터 **0.8[m] 이상 1.5[m] 이하**의 위치에 설치할 것
- 수원의 수량은 드렌처헤드가 가장 많이 설치된 제어밸브의 드렌처헤드의 설치개수에 1.6[m^3]를 곱하여 얻은 수치 이상이 되도록 할 것
- 드렌처설비의 방수 압력이 0.1[MPa] 이상, 방수량이 80[L/min] 이상일 것

80 ② 정답

제 2 회 2011년 6월 12일 시행

제 1 과목 소방원론

01

유황의 주된 연소 형태는?

① 확산연소
② 증발연소
③ 분해연소
④ 자기연소

해설 증발연소 : 황, 나프탈렌

02

화재 시 이산화탄소를 사용하여 화재를 진압하려고 할 때 산소의 농도를 13[%]로 낮추어 진압하려면 공기 중 이산화탄소의 농도는 약 몇 [vol%]가 되어야 하는가?

① 18.1 ② 28.1
③ 38.1 ④ 48.1

해설 이산화탄소의 농도

$$CO_2[\%] = \frac{21 - O_2[\%]}{21} \times 100$$

$$\therefore CO_2 \text{ 농도}[\%] = \frac{21 - O_2}{21} \times 100 = \frac{21 - 13}{21} \times 100 = 38.09[\%]$$

03

제1종 분말소화약제의 색상으로 옳은 것은?

① 백 색 ② 담자색
③ 담홍색 ④ 청 색

해설 제1종 분말소화약제 : 백색

04

화재에 대한 설명으로 옳지 않은 것은?

① 인간이 이를 제어하여 인류의 문화, 문명의 발달을 가져오게 한 근본적인 존재를 말한다.
② 불을 사용하는 사람의 부주의와 불안정한 상태에서 발생되는 것을 말한다.
③ 불로 인하여 사람의 신체, 생명 및 재산상의 손실을 가져다주는 재앙을 말한다.
④ 실화, 방화로 발생하는 연소현상을 말하며 사람에게 유익하지 못한 해로운 불을 말한다.

해설 **화재** : 사람의 부주의, 사람에게 유익하지 못한 해로운 불로서 사람의 신체, 생명 및 재산상의 손실을 가져다주는 재앙

05

일반적으로 화재의 진행상황 중 플래시오버는 어느 시기에 발생하는가?

① 화재발생 초기
② 성장기에서 최성기로 넘어가는 분기점
③ 성장기에서 감쇄기로 넘어가는 분기점
④ 감쇄기 이후

해설 플래시오버는 성장기에서 최성기로 넘어가는 분기점에서 발생한다.

06

황린과 적린이 서로 동소체라는 것을 증명하는 데 가장 효과적인 실험은?

① 비중을 비교한다.
② 착화점을 비교한다.
③ 유기용제에 대한 용해도를 비교한다.
④ 연소생성물을 확인한다.

정답 01 ② 02 ③ 03 ① 04 ① 05 ② 06 ④

해설 동소체 : 같은 원소로 되어 있으나 성질과 모양이 다른 것으로 연소생성물을 확인한다.

원 소	동소체	연소생성물
탄소(C)	다이아몬드, 흑연	이산화탄소(CO_2)
황(S)	사방황, 단사황, 고무상황	이산화황(SO_2)
인(P)	적린, 황린	오산화인(P_2O_5)
산소(O)	산소, 오존	–

07

화씨 95도를 켈빈(Kelvin)온도로 나타내면 약 몇 [K]인가?

① 368　② 308
③ 252　④ 178

해설 [℃]를 구해서 [K]를 구한다.

• [°F] = 1.8[℃] + 32

$$\therefore [℃] = \frac{[°F]-32}{1.8} = \frac{95-32}{1.8} = 35[℃]$$

• [K] = 273 + [℃] = 273 + 35 = 308[K]

08

유류저장탱크에 화재 발생 시 열유층에 의해 탱크 하부에 고인 물 또는 에멀션이 비점 이상으로 가열되어 부피가 팽창하면서 유류를 탱크 외부로 분출시켜 화재를 확대시키는 현상은?

① 보일오버
② 롤오버
③ 백드래프트
④ 플래시오버

해설 **보일오버(Boil Over)**

• 중질유탱크에서 장시간 조용히 연소하다가 탱크의 잔존기름이 갑자기 분출(Over Flow)하는 현상
• 유류탱크 바닥에 물 또는 물-기름에 에멀전이 섞여 있을 때 화재가 발생하는 현상
• 연소유면으로부터 100[℃] 이상의 열파가 탱크저부에 고여 있는 물을 비등하게 하면서 연소유를 탱크 밖으로 비산하며 연소하는 현상

09

다음 중 증기비중이 가장 큰 것은?

① Halon 1301　② Halon 2402
③ Halon 1211　④ Halon 104

해설 증기비중 = 분자량/29이므로 분자량이 크면 증기비중이 크다.

종 류	할론 1301	할론 1211	할론 2402	할론 104
분자식	CF_3Br	CF_2ClBr	$C_2F_4Br_2$	CCl_4
분자량	148.9	165.4	259.8	154

10

연소점에 관한 설명으로 옳은 것은?

① 점화원 없이 스스로 불이 붙는 최저온도
② 산화하면서 발생된 열이 축적되어 불이 붙는 최저온도
③ 점화원에 의해 불이 붙는 최저온도
④ 인화 후 일정시간 이상 연소상태를 계속 유지할 수 있는 온도

해설 **연소점** : 인화한 후 점화원을 제거하여도 계속 연소되는 최저온도

11

다음 중 증발잠열[kJ/kg]이 가장 큰 것은?

① 질 소　② 할론 1301
③ 이산화탄소　④ 물

해설 **증발잠열**

소화약제	질 소	할론 1301	이산화탄소	물
증발잠열 [kJ/kg]	48	119	576.6	2,255.2

※ 물의 증발잠열은 539[kcal/kg]이고 1[kcal] = 4.184[kJ]이다.

12

소화약제로 사용될 수 없는 물질은?

① 탄산수소나트륨　② 인산암모늄
③ 다이크롬산나트륨　④ 탄산수소칼륨

07 ② 08 ① 09 ② 10 ④ 11 ④ 12 ③ 정답

해설 • 제1종 분말 : 탄산수소나트륨
• 제2종 분말 : 탄산수소칼륨
• 제3종 분말 : 인산암모늄

13

동식물유류에서 '아이오딘값이 크다'라는 의미를 옳게 설명한 것은?

① 불포화도가 높다.
② 불건성유이다.
③ 자연발화성이 낮다.
④ 산소와의 결합이 어렵다.

해설 아이오딘값이 크면 건성유로서 불포화도가 높다.

14

가연물질이 되기 위한 구비조건 중 적합하지 않은 것은?

① 산소와 반응이 쉽게 이루어진다.
② 연쇄반응을 일으킬 수 있다.
③ 산소와의 접촉면적이 작다.
④ 발열량이 크다.

해설 표면적이 클수록 산소와의 접촉면적이 커서 가연물이 되기 쉽다.

15

다음 중 인화점이 가장 낮은 것은?

① 경 유 ② 메틸알코올
③ 이황화탄소 ④ 등 유

해설 인화점

종 류	경 유	메틸알코올	이황화탄소	등 유
인화점	50~70[℃]	11[℃]	−30[℃]	40~70[℃]

16

분말소화기의 소화약제로 사용하는 탄산수소나트륨이 열분해하여 발생하는 가스는?

① 일산화탄소 ② 이산화탄소
③ 사염화탄소 ④ 산 소

해설 제1종 분말(탄산수소나트륨)의 열분해반응

$2NaHCO_3 \rightarrow Na_2CO_3 + CO_2$(이산화탄소)$+ H_2O$

17

버너의 불꽃을 제거한 때부터 불꽃을 올리지 아니하고 연소하는 상태가 그칠 때까지의 시간은?

① 방진시간 ② 방염시간
③ 잔진시간 ④ 잔염시간

해설 **잔진시간** : 버너의 불꽃을 제거한 때부터 불꽃을 올리지 아니하고 연소하는 상태가 그칠 때까지의 시간

18

목재건축물의 화재진행과정을 순서대로 나열한 것은?

① 무염착화 – 발염착화 – 발화 – 최성기
② 무염착화 – 최성기 – 발염착화 – 발화
③ 발염착화 – 발화 – 최성기 – 무염착화
④ 발염착화 – 최성기 – 무염착화 – 발화

해설 **목조건축물의 화재진행과정**
화원 → 무염착화 → 발염착화 → 발화(출화) → 최성기 → 연소낙하 → 소화

19

이산화탄소에 대한 설명으로 틀린 것은?

① 무색, 무취의 기체이다.
② 비전도성이다.
③ 공기보다 가볍다.
④ 분자식은 CO_2이다.

해설 이산화탄소는 공기보다 1.5배(44/29=1.517) 무겁다.

20

화재 시 계단실 내 수직방향의 연기상승 속도범위는 일반적으로 몇 [m/s]의 범위에 있는가?

① 0.05~0.1 ② 0.8~1.0
③ 3~5 ④ 10~20

정답 13 ① 14 ③ 15 ③ 16 ② 17 ③ 18 ① 19 ③ 20 ③

해설 연기의 이동속도

방 향	수평방향	수직방향	계단실 내
이동속도	0.5~1.0[m/s]	2~3[m/s]	3~5[m/s]

제 2 과목 소방유체역학

21

직경 20[cm]의 소화용 호스에 물이 질량유량 100[kg/s]로 흐른다. 이때의 평균유속은 약 몇 [m/s]인가?

① 1 ② 1.5
③ 2.18 ④ 3.18

해설 $\overline{m} = Au\rho$ 에서

$$u = \frac{\overline{m}}{A\rho} = \frac{100[\text{kg/s}]}{\frac{\pi}{4}(0.2[\text{m}])^2 \times 1{,}000[\text{kg/m}^3]} = 3.18[\text{m/s}]$$

22

유량이 $0.5[\text{m}^3/\text{min}]$일 때 손실수두가 5[m]인 관로를 통하여 20[m] 높이 위에 있는 저수조로 물을 이송하고자 한다. 펌프의 효율이 90[%]라고 할 때 펌프에 공급해야 하는 전력은 약 몇 [kW]인가?

① 0.45 ② 1.84
③ 2.27 ④ 136

해설 전동기 용량

$$P[\text{kW}] = \frac{\gamma \times Q \times H}{102 \times \eta} \times K = \frac{1{,}000 \times 0.5/60 \times 25}{102 \times 0.9} = 2.27[\text{kW}]$$

여기서, γ : 물의 비중량($1{,}000[\text{kg}_f/\text{m}^3]$)
Q : 유량($0.5[\text{m}^3]/60[\text{s}]$)
H : 전양정(5[m]+20[m]=25[m])
η : Pump 효율(90[%]=0.9)

23

이상기체를 온도변화 없이 압축시키는 경우 열의 출입 및 내부에너지의 변화를 옳게 표현한 것은?

① 열 방출, 내부에너지 감소
② 열 방출, 내부에너지 불변
③ 열 흡수, 내부에너지 증가
④ 열 흡수, 내부에너지 불변

해설 이상기체를 온도변화 없이 압축시키는 경우에 열은 방출하고, 내부에너지는 불변이다.

24

다음 중 유체의 점성과 가장 관련이 적은 것은?

① 중 력 ② 분자운동
③ 분자의 응집력 ④ 분자의 운동량 수송

해설 유체의 점성은 분자운동, 분자의 응집력, 분자의 운동량 수송과 관련이 있다.

25

다음 계측기 중 측정하고자 하는 것이 다른 것은?

① Bourdon 압력계 ② U자관 마노미터
③ 피에조미터 ④ 열선풍속계

해설 **열선풍속계** : 유동하는 유체의 동압을 Wheatstone브리지의 원리를 이용하여 전압을 측정하고 그 값을 속도로 환산하여 유속을 측정하는 장치

26

표준대기압 상태인 어떤 지방이 호수 속에 있던 공기의 기포가 수면으로 올라가면서 지름이 2배로 팽창하였다. 이때 기포의 최초 위치는 수면으로부터 약 몇 [m]인가?(단, 기포 내의 공기는 Boyle의 법칙에 따른다)

① 36 ② 72
③ 108 ④ 144

해설 초기 기포의 지름이 d라고 하면 $V_1 = \frac{4}{3}\pi d^3$

수면에서 기포의 지름은 $V_2 = \frac{4}{3}\pi(2d^3) = 8V_1$

정답 21 ④ 22 ③ 23 ② 24 ① 25 ④ 26 ②

보일의 법칙을 적용하면

$P_1V_1 = P_2V_2$에서 $P_1 = 8P_2$

수면의 압력 $P_o(=P_2)$, 지름이 d[cm]인 공기의 기포의 수심을 h라고 하면

$P_1 = P_o + \gamma h = 8P_o$

$$h = \frac{7P_o}{\gamma} = \frac{7(13.6\times 1{,}000[\mathrm{kg_f/m^3}]\times 0.76[\mathrm{mHg}])}{1{,}000[\mathrm{kg_f/m^3}]}$$

$= 72.4[\mathrm{m}]$

27

그림에서 호 AB면에 작용하는 수직분력은 약 몇 [kN]인가?

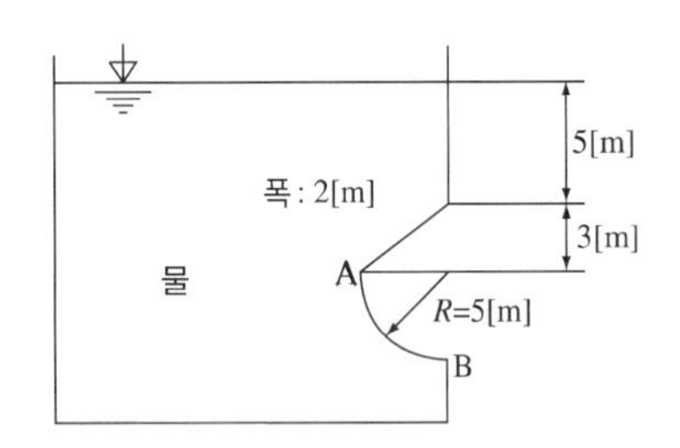

① 1168.8 ② 2323.4
③ 976.4 ④ 568.34

해설 수직분력 $F = \gamma V$에서

$$F = 9{,}800[\mathrm{N/m^3}]\times\left(5\times5 + 5\times3 + \frac{\pi}{4}\times5^2\right)[\mathrm{m^2}]\times 2[\mathrm{m}]$$

$= 1{,}168{,}845[\mathrm{N}] = 1{,}168.8[\mathrm{kN}]$

28

압축률에 대한 설명으로 틀린 것은?

① 압축률은 체적탄성계수의 역수이다.
② 유체의 감소는 밀도의 감소와 같은 뜻을 갖는다.
③ 압축률은 단위압력변화에 대한 체적의 변형률을 의미한다.
④ 압축률이 작은 것은 압축하기 어렵다.

해설 **유체의 압축률**
- 체적탄성계수의 역수
- 체적탄성계수가 클수록 압축하기 힘들다.
- 압축률 : 단위압력변화에 대한 체적의 변형률

29

베르누이 방정식 $\left[\dfrac{P}{\gamma} + \dfrac{V^2}{2g} + Z = C\right]$을 유도할 때 가정으로 올바르지 못한 것은?

① 마찰이 없는 흐름이다.
② 정상상태의 흐름이다.
③ 비압축성 유체의 흐름이다.
④ 유동장 내 임의의 두 점에 대하여 성립한다.

해설 **베르누이 방정식을 적용조건**
- 비압축성 흐름
- 비점성 흐름
- 정상 유동

30

이상기체의 정압비열 C_P와 정적비열 C_V의 관계식으로 옳은 것은?(단, R은 기체상수이다)

① $C_V - C_P = R$ ② $C_P - C_V = R$
③ $C_P = C_V$ ④ $C_P < C_V$

해설 이상기체의 정압비열 C_P와 정적비열 C_V의 관계식 : $C_P - C_V = R$

31

글로브밸브에 의한 손실을 지름이 10[cm]이고 관마찰계수가 0.025인 관의 길이로 환산한다면 상당 길이는 몇 [m]인가?(단, 글로브밸브의 부차적 손실계수는 10이다)

① 20 ② 25
③ 40 ④ 80

해설 상당 길이 $L_e = \dfrac{Kd}{f} = \dfrac{10\times 0.1[\mathrm{m}]}{0.025} = 40[\mathrm{m}]$

32

다음 중 같은 단위가 아닌 것은?

① [J] ② [kg · m²/s²]
③ [Pa · m³] ④ [N · s]

정답 27 ① 28 ② 29 ④ 30 ② 31 ③ 32 ④

해설 단위 해설

- J(일의 단위) = 1[Joule] = [N · m] = [kg · m/s² × m] = [kg · m²/s²]
- Pa · m³(일의 단위) = [N/m² · m³] = [N · m]

33

어떤 기체를 20[℃]에서 등온압축하여 압력이 0.2[MPa]에서 1[MPa]으로 변할 때 처음과 나중의 체적비는 얼마인가?

① 8 : 1　　② 5 : 1
③ 3 : 1　　④ 1 : 1

해설

등온압축일 때 $\frac{V_1}{V_2} = \frac{P_2}{P_1}$ 에서

$\therefore \frac{V_1}{V_2} = \frac{1}{0.2} = \frac{5}{1}$ 따라서 $V_1 = 5$일 때, $V_2 = 1$이다.

34

저장용기로부터 20[℃]의 물을 길이 300[m], 직경 900[mm]인 콘크리트 수평원관을 통하여 공급하고 있다. 유량이 1.25[m³/s]일 때 원관에서의 압력강하는 몇 [kPa]인가?(단, 물의 동점성계수는 1.31×10^{-6}[m²/s]이고 관마찰계수는 0.023이다)

① 16.1　　② 14.8
③ 12.3　　④ 11.9

해설

$$\Delta P = \frac{flu^2\gamma}{2gD} = \frac{0.023 \times 300 \times (1.965)^2 \times 1{,}000}{2 \times 9.8 \times 0.9[\text{m}]}$$

$= 1{,}510.3[\text{kg}_f/\text{m}^2]$

여기서, 유속 $u = \frac{Q}{A} = \frac{Q}{\frac{\pi}{4}d^2} = \frac{1.25[\text{m}^3/\text{s}]}{\frac{\pi}{4}(0.9)^2}$

$= 1.965[\text{m/s}]$

단위환산하면 $\frac{1{,}510.3}{10{,}332} \times 101.325[\text{kPa}] = 14.81[\text{kPa}]$

35

두께가 5[mm]인 창유리의 내부온도가 15[℃], 외부온도가 5[℃]이다. 창의 크기는 1[m]×3[m]이고 유리의 열전도율이 1.4[W/m · K]이라면 창을 통한 열전달률은 몇 [kW]인가?

① 1.4　　② 5.0
③ 5.7　　④ 8.4

해설

열전달률 $q = \frac{\lambda}{l}A(t_2 - t_1)$

$= \frac{1.4}{0.005} \times (1[\text{m}] \times 3[\text{m}]) \times (15 - 5)$

$= 8{,}400[\text{W}] = 8.4[\text{kW}]$

36

물의 압력파에 의한 수격작용을 방지하기 위한 방법 중 적합하지 않은 것은?

① 관로 내의 관경을 축소시킨다.
② 관로 내 유체의 유속을 낮게 한다.
③ 수격방지기를 설치한다.
④ 펌프의 속도가 급격히 변화하는 것을 방지한다.

해설 수격현상의 방지대책

- 관로의 **관경을 크게** 하고 **유속을 낮게** 하여야 한다.
- 압력강하의 경우 Fly Wheel을 설치하여야 한다.
- 조압수조(Surge Tank) 또는 수격방지기(Water Hammering Cushion) 설치하여야 한다.
- Pump 송출구 가까이 송출밸브를 설치하여 압력상승 시 압력을 제어하여야 한다.

37

그림과 같이 속도 V인 유체가 정지하고 있는 곡면 깃에 부딪혀 θ의 각도로 유동 방향이 바뀐다. 유체가 곡면에 가하는 힘의 x, y성분의 크기를 $|F_x|$와 $|F_y|$라 할 때, $|F_x|/|F_y|$는?(단, 유동 단면적은 일정하고, $0° < \theta < 90°$이다)

① $\frac{1-\cos\theta}{\sin\theta}$

② $\frac{\sin\theta}{1-\cos\theta}$

③ $\frac{1-\sin\theta}{\cos\theta}$

④ $\frac{\cos\theta}{1-\sin\theta}$

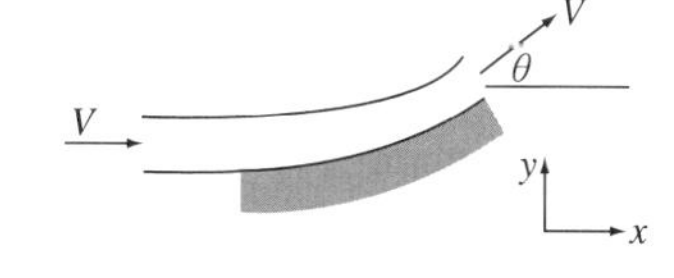

해설

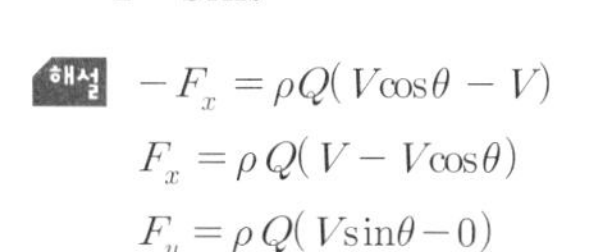

$-F_x = \rho Q(V\cos\theta - V)$

$F_x = \rho Q(V - V\cos\theta)$

$F_y = \rho Q(V\sin\theta - 0)$

$\frac{F_y}{F_x} = \frac{\rho Q(V\sin\theta - 0)}{\rho Q(V - V\cos\theta)} = \frac{\sin\theta}{1-\cos\theta}$

33 ② 34 ② 35 ④ 36 ① 37 ② 정답

38

물의 유속을 측정하기 위하여 피토 정압관(Pitot Static Tube)을 사용하였더니 정압과 정체압의 차이가 5[cmHg]이다. 수은의 비중이 13.6이라면 유속은 몇 [m/s]인가?

① 3.65　② 5.16
③ 7.30　④ 13.3

해설 유속을 구하면

$$u=\sqrt{2gh}$$

$$\therefore u=\sqrt{2gH}$$
$$=\sqrt{2\times 9.8[\text{m/s}^2]\times\left(\frac{5[\text{cmHg}]}{76[\text{cmHg}]}\times 10.332[\text{m}]\right)}$$
$$=3.65[\text{m/s}]$$

39

관의 지름이 45[cm]이고 관로에 설치된 오리피스의 지름이 3[cm]이다. 이 관로에 물이 유동하고 있을 때 오리피스의 전후 압력수두 차이가 12[cm]이었다. 유량을 계산하면?(단, 유량계수는 0.66이다)

① 0.03725[m^3/s]　② 0.0675[m^3/s]
③ 0.000715[m^3/s]　④ 0.00855[m^3/s]

해설 유속 $u=C_o\times\sqrt{2gH}$
$$=0.66\times\sqrt{2\times 9.8\times 0.12[\text{m}]}=1.012[\text{m/s}]$$
$\therefore$ 유량 $Q=uA=1.012\times\frac{\pi}{4}(0.03[\text{m}])^2$
$$=0.000715[\text{m}^3/\text{s}]$$

40

회전속도 1,000[rpm]일 때 송출량 Q[m^3/min], 전양정 H[m]인 원심펌프가 상사한 조건에서 송출량이 $1.1Q$[m^3/min]가 되도록 회전속도를 증가시킬 때 전양정은?

① $0.91H$　② H
③ $1.1H$　④ $1.21H$

해설 **펌프의 상사법칙**

- 송출량이 $1.1Q$[m^3/min]일 때 회전속도를 구하면

유량 $Q_2=Q_1\times\frac{N_2}{N_1}$ $\Rightarrow$ $1.1=1\times\frac{x}{1,000}$

$\therefore x=1,100$[rpm]

- 전양정을 구하면

전양정 $H_2=H_1\times\left(\frac{N_2}{N_1}\right)^2$
$$=H[\text{m}]\times\left(\frac{1,100}{1,000}\right)^2=1.21H[\text{m}]$$

제 3 과목 소방관계법규

41

다음 중 소방기본법상 소방대가 아닌 것은?

① 소방공무원　② 의무소방원
③ 자위소방대원　④ 의용소방대원

해설 **소방대** : 화재를 진압하고 화재, 재난・재해 그 밖의 위급한 상황에서 구조・구급활동 등을 하기 위하여 소방공무원, 의무소방원 또는 의용소방대원으로 편성된 조직체(기본법 제2조)

42

특정소방대상물의 소방안전관리자의 업무가 아닌 것은?

① 소방시설이나 그 밖의 소방관련시설의 유지・관리
② 의용소방대의 조직
③ 피난시설・방화구획 및 방화시설의 유지・관리
④ 화기취급의 감독

해설 자위소방대의 조직은 소방안전관리자의 업무이다.

43

소방서장이나 소방본부장은 원활한 소방활동을 위하여 소방용수시설 및 지리조사 등을 실시하여야 한다. 실시기간 및 조사회수가 옳은 것은?

① 1년 1회 이상　② 6월 1회 이상
③ 3월 1회 이상　④ 월 1회 이상

해설 **소방용수시설 및 지리조사**(규칙 제7조)
- 실시권자 : 소방본부장이나 소방서장
- 실시횟수 : 월 1회 이상

정답 38 ① 39 ③ 40 ④ 41 ③ 42 ② 43 ④

44

다음 중 화재를 진압하거나 인명구조 활동을 위하여 사용하는 소화활동설비에 포함되지 않는 것은?

① 비상콘센트설비
② 무선통신보조설비
③ 연소방지설비
④ 자동화재속보설비

해설 **소화활동설비**
제연설비, 연결송수관설비, 연결살수설비, 비상콘센트설비, 무선통신보조설비, 연소방지설비

45

소방시설공사 착공신고 후 소방시설의 종류를 변경한 경우에 조치사항으로 적절한 것은?

① 건축주는 변경일부터 30일 이내에 소방본부장이나 소방서장에게 신고하여야 한다.
② 소방시설공사업자는 변경일부터 30일 이내에 소방본부장이나 소방서장에게 신고하여야 한다.
③ 건축주는 변경일부터 7일 이내에 소방본부장이나 소방서장에게 신고하여야 한다.
④ 소방시설공사업자는 변경일부터 7일 이내에 소방본부장이나 소방서장에게 신고하여야 한다.

해설 소방시설공사업자는 변경일부터 **30일 이내**에 해당서류를 첨부하여 소방본부장이나 소방서장에게 신고하여야 한다(공사업법 시행규칙 제12조).

46

근린생활시설 중 일반목욕장인 경우 연면적 몇 [m^2] 이상이면 자동화재탐지설비를 설치해야 하는가?

① 500 ② 1,000
③ 1,500 ④ 2,000

해설 공동주택, 목욕장, 문화 및 집회시설, 종교시설, 판매시설, 운수시설, 운동시설, 업무시설, 공장, 창고시설, 위험물 저장 및 처리시설, 항공기 및 자동차 관련 시설, 국방·군사시설, 방송통신시설, 발전시설, 관광휴게시설, 지하가(터널 제외)로서 연면적 1,000 [m^2] 이상이면 자동화재탐지설비를 설치하여야 한다.

47

소방시설공사가 완공되고 나면 누구에게 완공검사를 받아야 하는가?

① 소발시설 설계업자
② 소방시설 사용자
③ 소방본부장이나 소방서장
④ 시·도지사

해설 완공검사 : 소방본부장이나 소방서장

48

소방대장은 화재, 재난·재해 그 밖의 위급한 상황이 발생한 현장에 소방활동구역을 정하여 소방활동에 필요한 자로서 대통령령이 정하는 자 외의 자에 대하여는 그 구역에의 출입을 제한할 수 있다. 다음 중 소방활동구역에 출입할 수 없는 자는?

① 소방활동구역 안에 있는 소방대상물의 소유자, 관리자 또는 점유자
② 전기, 가스, 수도, 통신, 교통의 업무에 종사하는 자로서 원활한 소방활동을 위하여 필요한 자
③ 의사·간호사 그 밖의 구조·구급업무에 종사하는 자와 취재인력 등 보도업무에 종사하는 자
④ 소방대장의 출입허가를 받지 않는 소방대상물 소유자의 친척

해설 **소방활동 구역 출입자(기본법 시행령 제8조)**
- **소방활동구역 안**에 있는 소방대상물의 **소유자, 관리자, 점유자**
- 전기, 가스, 수도, 통신, 교통의 업무에 종사하는 자로서 원활한 소방활동을 위하여 필요한 자
- **의사·간호사** 그 밖의 **구조·구급업무**에 **종사하는 자**
- 취재인력 등 보도업무에 종사하는 자
- **수사업무**에 **종사하는 자**
- 그 밖에 소방대장이 소방활동을 위하여 출입을 허가한 자

49

화재의 예방조치 등을 위한 옮긴 위험물 또는 물건의 보관기간은 규정에 따라 소방본부나 소방서의 게시판에 공고한 후 어느 기간까지 보관하여야 하는가?

① 공고기간 종료일 다음날부터 5일
② 공고기간 종료일로부터 5일

44 ④ 45 ② 46 ② 47 ③ 48 ④ 49 ③ 정답

③ 공고기간 종료일 다음날부터 7일
④ 공고기간 종료일로부터 7일

해설 위험물 또는 물건을 보관하는 경우에는 그 날부터 14일 동안 소방본부 또는 소방서의 게시판에 그 사실을 공고한 후 공고기간의 종료일 다음 날부터 7일간 보관한 후 매각하여야 한다.

50

특정소방대상물로서 숙박시설에 해당되지 않는 것은?

① 호 텔 ② 모 텔
③ 휴양콘도미니엄 ④ 오피스텔

해설 오피스텔 : 업무시설

51

다음 중 화재예방, 소방시설설치·유지 및 안전관리에 관한 법률 시행령에서 규정하는 소방대상물의 개수명령의 대상이 아닌 것은?

① 문화 및 집회시설
② 노유자(老幼者)시설
③ 공동주택
④ 의료시설

해설 법 개정으로 인하여 맞지 않는 문제임

52

특수가연물의 품명과 수량기준이 바르게 짝지어진 것은?

① 면화류 – 200[kg] 이상
② 대팻밥 – 300[kg] 이상
③ 가연성 고체류 – 1,000[kg] 이상
④ 발포시킨 합성수지류 – 10[m³] 이상

해설 **특수가연물의 기준수량**

종류	면화류	대팻밥	가연성 고체류	발포시킨 합성수지류
기준수량	200[kg] 이상	400[kg] 이상	3,000[kg] 이상	20[m³] 이상

53

다음의 건축물 중에서 건축허가 등을 함에 따라 미리 소방본부장이나 소방서장의 동의를 받아야 하는 범위에 속하는 것은?

① 바닥면적 100[m²]으로 주차장 층이 있는 시설
② 연면적 100[m²]으로 수련시설이 있는 건축물
③ 바닥면적 100[m²]으로 무창층 공연장이 있는 건축물
④ 연면적 100[m²]의 노유자시설이 있는 건축물

해설 **건축허가 등의 동의대상물의 범위**(설치유지법률 영 제12조)
- 연면적이 400[m²](학교시설은 100[m²], 노유자시설 및 수련시설은 200[m²], 장애인의료재활시설 및 정신의료기관(입원실이 없는 정신건강의학과의원은 제외)는 300[m²] 이상
- 6층 이상인 건물
- 차고·주차장 또는 주차용도로 사용되는 시설로서
  - 차고·주차장으로 사용되는 바닥면적이 200[m²] 이상인 층이 있는 건축물이나 주차시설
  - 승강기 등 기계장치에 의한 주차시설로서 자동차 20대 이상을 주차할 수 있는 시설
- 항공기 격납고, 관망탑, 항공관제탑, 방송용 송·수신탑
- **지하층** 또는 **무창층**이 있는 건축물로서 바닥면적이 150[m²], **공연장**은 **100[m²]** 이상인 층이 있는 것
- 위험물 저장 및 처리시설, 지하구
- 노유자시설(법령 참조)

54

다음 위험물 중 자기반응성 물질은 어느 것인가?

① 황 린 ② 염소산염류
③ 알칼리토금속 ④ 질산에스테르류

해설 질산에스테르류는 제5류 위험물(자기반응성 물질)이다.

55

둘 이상의 위험물을 같은 장소에서 저장 또는 취급하는 경우에 있어서 해당 장소에서 저장 또는 취급하는 각 위험물의 수량을 그 위험물의 지정수량으로 각각 나누어 얻은 수의 합계가 얼마 이상인 경우 해당 위험물은 지정수량 이상의 위험물로 보는가?

① 0.5 ② 1
③ 2 ④ 3

정답 50 ④ 51 ③ 52 ① 53 ③ 54 ④ 55 ②

해설 둘 이상의 위험물을 취급할 경우 저장량을 지정수량으로 나누어 1 이상이면 위험물로 보므로 위험물안전관리법에 규제를 받는다.

위험물이라면 허가를 받아야 하고 위험물안전관리자를 선임하고 법에 규제를 받는다.

56

소방시설공사업자가 소방시설공사를 하고자 할 때 다음 중 옳은 것은?

① 건축허가와 동의만 받으면 된다.
② 시공 후 완공검사만 받으면 된다.
③ 소방시설 착공신고를 하여야 한다.
④ 건축허가만 받으면 된다.

해설 소방시설공사를 하려면 그 공사의 내용, 시공장소, 그 밖에 필요한 사항을 소방본부장이나 소방서장에게 착공신고를 하여야 한다(공사업법 제13조).

57

공공의 소방활동에 필요한 소화전, 급수탑, 저수조는 누가 설치하고 유지·관리하여야 하는가?

① 소방청장 ② 행정안전부장관
③ 시·도지사 ④ 소방본부장

해설 소방용수시설(소화전, 급수탑, 저수조)은 시·도지사가 설치하고 유지·관리하여야 한다. 다만, 수도법에 의한 소화전을 설치하는 일반수도사업자는 관할 소방서장과 사전협의를 거친 후 소화전을 설치하여야 하며 설치 사실을 관할 소방서장에게 통지하고 그 소화전을 유지·관리하여야 한다.

58

소방대상물이 공장이 아닌 경우 일반 소방시설설계업의 영업범위는 연면적 몇 [m^2] 미만인 경우인가?

① 5,000 ② 10,000
③ 20,000 ④ 30,000

해설 소방시설설계업(기계분야, 전기분야)의 영업범위 : 연면적 30,000[m^2] 미만

59

자동화재탐지설비 등 대통령령으로 정하는 소방시설에 하자가 있을 때 관계인에 의해 하자 발생에 관한 통보를 받은 공사업자는 며칠 이내에 이를 보수하거나 보수일정을 기록한 하자보수계획을 관계인에게 서면으로 알려야 하는가?

① 1일 ② 3일
③ 5일 ④ 7일

해설 관계인은 소방시설의 하자가 발생하였을 때에는 공사업자에게 그 사실을 알려야 하며 통보받은 공사업자는 **3일 이내**에 **하자를 보수**하거나 하자보수계획을 관계인에게 서면으로 알려야 한다(공사업법 제15조).

60

특정소방대상물의 소방안전관리대상 관계인이 소방안전관리자를 선임한 날부터 며칠 이내에 소방본부장이나 소방서장에게 신고하여야 하는 기간은?

① 7일 이내 ② 14일 이내
③ 20일 이내 ④ 30일 이내

해설 소방안전관리자 선임 시 : 선임한 날부터 **14일 이내**에 소방본부장이나 소방서장에게 신고

제 4 과목 소방기계시설의 구조 및 원리

61

스프링클러헤드의 배치에서 랙식 창고에서는 방호대상물의 각 부분으로부터 수평거리(헤드의 살수반경)는 몇 [m] 이하인가?

① 1.7 ② 2.3
③ 2.5 ④ 3.2

해설 **스프링클러헤드의 수평거리**

- 무대부, 특수가연물을 저장 또는 취급하는 장소 : 1.7[m] 이하
- **랙식 창고 : 2.5[m] 이하**(특수가연물을 저장 또는 취급하는 랙식 창고 : 1.7[m] 이하)

56 ③ 57 ③ 58 ④ 59 ② 60 ② 61 ③ 정답

- 공동주택(아파트) 세대 내의 거실 : 3.2[m] 이하
- 비내화구조 : 2.1[m] 이하(내화구조 : 2.3[m] 이하)

62

이산화탄소소화설비의 자동식 기동장치 설치기준으로 적합하지 않은 것은?

① 기동장치는 자동화재탐지설비의 감지기의 작동과 연동하여야 할 것
② 자동식 기동장치에는 수동으로도 기동할 수 있는 구조로 할 것
③ 가스압력식 기동용 가스용기의 용적은 5[L] 이상으로 할 것
④ 기동용 가스용기에 저장하는 질소 등의 비활성기체는 5.0[MPa] 이상일 것

해설 기동용 가스용기의 충전압력 : 6.0[MPa] 이상(21[℃] 기준)

63

거실제연설비의 배출량 기준이다. ( )에 맞는 것은?

> 거실의 바닥면적이 400[m^2] 미만으로 구획된 예상제연구역에 대해서는 바닥면적 1[m^2]당 (㉠)[m^3/min] 이상으로 하되, 예상제연구역 전체에 대한 최저배출량은 (㉡)[m^3/h] 이상으로 하여야 한다. 다만, 예상제연구역이 다른 거실의 피난을 위한 경유 거실인 경우에는 그 예상제연구역의 배출량은 이 기준량의 (㉢)배 이상으로 하여야 한다.

① ㉠ 0.5[m^3/min], ㉡ 10,000[m^3/min], ㉢ 1.5배
② ㉠ 1[m^3/min], ㉡ 5,000[m^3/min], ㉢ 1.5배
③ ㉠ 1.5[m^3/min], ㉡ 15,000[m^3/min], ㉢ 2배
④ ㉠ 2[m^3/min], ㉡ 5,000[m^3/min], ㉢ 2배

해설 거실의 바닥면적이 **400[m^2] 미만으로 구획된 예상제연구역**에 대해서는 바닥면적 **1[m^2]당 1[m^3/min] 이상**으로 하되, 예상제연구역 전체에 대한 **최저 배출량은 5,000[m^3/h] 이상**으로 할 것. 다만, 예상제연구역이 다른 거실의 피난을 위한 경유거실인 경우에는 그 예상제연구역의 배출량은 이 기준량의 **1.5배 이상**으로 하여야 한다.

64

포소화설비의 포헤드를 설치하고자 한다. 방호대상 바닥면적이 40[m^2]일 때 필요한 최소 포헤드 수는?

① 4개 ② 5개
③ 6개 ④ 8개

해설 **포헤드의 설치기준**
- 포워터 스프링클러헤드 : 바닥면적 8[m^2]마다 1개 이상 설치
- **포헤드 : 바닥면적 9[m^2]마다 1개 이상** 설치

$\therefore$ 40[m^2] ÷ 9[m^2] = 4.44 ⇒ 5개

65

아파트의 각 세대별로 주방에 설치되는 주거용 주방자동소화장치의 설치기준에 적합하지 않는 항목은?

① 감지부는 형식승인 받은 유효한 높이 및 위치에 설치
② 탐지부는 수신부와 분리하여 설치
③ 차단장치는 주방배관의 개폐밸브로부터 5[m] 이하의 위치에 설치
④ 수신부는 열기류 또는 습기 등과 주위온도에 영향을 받지 아니하는 장소에 설치

해설 차단장치(전기 또는 가스)는 상시 확인 및 점검이 가능하도록 설치할 것

66

할론소화약제의 저장용기에서 가압용 가스용기는 질소가스가 충전된 것으로 하고, 그 압력은 21[℃]에서 최대 얼마의 압력으로 축압되어야 하는가?

① 2.2[MPa]
② 3.2[MPa]
③ 4.2[MPa]
④ 5.2[MPa]

해설 **가압용 가스용기**는 **질소가스**가 충전된 것으로 하고, 그 압력은 21[℃]에서 **2.5[MPa]** 또는 **4.2[MPa]**이 되도록 하여야 한다.

정답 62 ④ 63 ② 64 ② 65 ③ 66 ③

67

배관 내에 헤드까지 물이 항상 차 있어 가압된 상태에 있는 스프링클러설비는?

① 폐쇄형 습식
② 폐쇄형 건식
③ 개방형 습식
④ 개방형 건식

해설 폐쇄형 습식 : 배관 내에 헤드까지 물이 항상 차 있어 가압된 상태에 있는 설비

68

제연구획은 소화활동 및 피난상 지장을 가져오지 않도록 단순한 구조로 하여야 하며 하나의 제연구역의 면적은 얼마로 하여야 하는가?

① 700[m^2] 이내
② 1,000[m^2] 이내
③ 1,300[m^2] 이내
④ 1,500[m^2] 이내

해설 하나의 제연구역의 면적 : 1,000[m^2] 이내

69

건식 연결송수관설비에서 설치순서로 적당한 것은?

① 송수구 – 자동배수밸브 – 체크밸브
② 송수구 – 체크밸브 – 자동배수밸브
③ 송수구 – 자동배수밸브 – 체크밸브 – 자동배수밸브
④ 송수구 – 체크밸브 – 자동배수밸브 – 체크밸브

해설 **송수구 부근의 설치순서**
- **습식의 경우 : 송수구 – 자동배수밸브 – 체크밸브**
- **건식의 경우 : 송수구 – 자동배수밸브 – 체크밸브 – 자동배수밸브**

70

분말소화설비의 배관청소용 가스는 어떻게 저장 유지 관리하여야 하는가?

① 축압용 가스용기에 가산 저장유지
② 가압용 가스용기에 가산 저장유지
③ 별도 용기에 저장유지
④ 필요시에만 사용하므로 평소에 저장 불필요

해설 배관청소용 가스는 별도 용기에 저장하여야 한다.

71

물분무소화설비의 배관재료로서 가장 부적합한 재료는?

① 연 관
② 배관용 탄소강관(백관)
③ 배관용 탄소강관(흑관)
④ 압력배관용 탄소강관

해설 **물분무소화설비의 배관재료**
- 배관용 탄소강관(KS D 3507)
- 배관 내 사용압력이 1.2[MPa] 이상 : 압력배관용 탄소강관(KS D 3562) 또는 이음매 없는 동 및 동합금(KS D 5301)의 배관용 동관

72

제연설비에서 통로상의 제연구역은 최대 얼마까지로 할 수 있는가?

① 수평거리로 70[m]까지
② 직경거리로 50[m]까지
③ 직선거리로 30[m]까지
④ 보행중심선의 길이로 60[m]까지

해설 통로상의 제연구역은 **보행중심선의 길이**가 **60[m]**를 초과하지 아니할 것

67 ① 68 ② 69 ③ 70 ③ 71 ① 72 ④ 정답

73

소방대상물의 설치장소별 피난기구 중 의료시설, 근린생활시설 중 입원실이 있는 의원 등의 시설에 적응성이 가장 떨어지는 피난기구는?

① 피난교
② 구조대(수직강하식)
③ 피난사다리(금속제)
④ 미끄럼대

해설 **피난기구의 적응성**
하단 표 참조

74

11층 이상의 소방대상물에 설치하는 연결송수관설비의 방수구를 단구형으로 설치하여도 되는 것은?

① 스프링클러설비가 유효하게 설치되어 있고 방수구가 2개소 이상 설치된 층
② 오피스텔의 용도로 사용되는 층
③ 스프링클러설비가 설치되어 있지 않는 층
④ 아파트의 용도 이외로 사용되는 층

해설 **11층 이상**의 부분에 설치하는 **방수구**는 **쌍구형**으로 하여야 하는데, **단구형으로 설치**할 수 있는 경우
- 아파트의 용도로 사용되는 층
- 스프링클러설비가 유효하게 설치되어 있고 방수구가 2개소 이상 설치된 층

75

연결송수관설비의 방수구 설치에서 지하가 또는 지하층의 바닥면적의 합계가 3,000[m^2] 이상일 때 이 층의 각 부분으로부터 방수구까지의 수평거리 기준은?

① 25[m] ② 50[m]
③ 65[m] ④ 100[m]

해설 **방수구 추가 설치대상**
① 지하가(터널은 제외한다) 또는 지하층의 바닥면적의 합계가 **3,000[m^2] 이상**인 것 : **수평거리 25[m]**
② ①에 해당하지 아니하는 것 : 수평거리 50[m]

피난기구의 적응성

층 별 / 설치장소별 구분	지하층	1층	2층	3층	4층 이상 10층 이하
1. 노유자시설	피난용트랩	미끄럼대·구조대·피난교·다수인피난장비·승강식피난기	미끄럼대·구조대·피난교·다수인피난장비·승강식피난기	미끄럼대·구조대·피난교·다수인피난장비·승강식피난기	피난교·다수인피난장비·승강식피난기
2. 의료시설·근린생활시설 중 입원실이 있는 의원·접골원·조산원	피난용트랩	–	–	미끄럼대·구조대·피난교·피난용트랩·다수인피난장비·승강식피난기	구조대·피난교·피난용트랩·다수인피난장비·승강식피난기
3. 다중이용업소의 안전관리에 관한 특별법 시행령 제2조에 따른 다중이용업소로서 영업장의 위치가 4층 이하인 다중이용업소	–	–	미끄럼대·피난사다리·구조대·완강기·다수인피난장비·승강식피난기	미끄럼대·피난사다리·구조대·완강기·다수인피난장비·승강식피난기	미끄럼대·피난사다리·구조대·완강기·다수인피난장비·승강식피난기
4. 그 밖의 것	피난사다리·피난용트랩	–	–	미끄럼대·피난사다리·구조대·완강기·피난교·피난용트랩·간이완강기·공기안전매트·다수인피난장비·승강식피난기	피난사다리·구조대·완강기·피난교·간이완강기·공기안전매트·다수인피난장비·승강식피난기

※ 비고 : 간이완강기의 적응성은 숙박시설의 3층 이상에 있는 객실에, 공기안전매트의 적응성은 공동주택에 한한다.

정답 73 ③ 74 ① 75 ①

76

다음 중 소화기의 설치장소별 적응성에서 통신기기실에 적응성이 없는 소화기는?

① 이산화탄소소화기
② 할론소화기(할론 1301)
③ 액체소화기
④ 할로겐화합물 및 불활성기체 소화기

해설 통신기기실, 전산실 등 전기설비의 적응성 소화기 : 가스계소화기, 분말소화기

77

연결송수관설비의 가압송수장치 설치에서 방수구의 수량이 가장 많이 설치된 층이 3개라면 이때 필요한 펌프의 분당 토출량은 얼마 이상이어야 하는가?(단, 소방대상물은 지표면에서 최상층 방수구의 높이가 70[m] 이상인 일반건물이다)

① 3,600[L] ② 3,000[L]
③ 2,800[L] ④ 2,400[L]

해설 **펌프의 토출량**은 **2,400[L/min]**(계단식 아파트의 경우에는 1,200[L/min]) **이상**이 되는 것으로 할 것. 다만, 해당 층에 설치된 방수구가 3개를 초과(방수구가 5개 이상인 경우에는 5개)하는 것에 있어서는 1개마다 800[L/min](계단식 아파트의 경우에는 400[L/min])을 가산한 양이 되는 것으로 할 것

78

5층 건물의 연면적이 65,000[m^2]인 소방대상물에 설치되어야 하는 소화수조 또는 저수조의 저수량은 최소 얼마 이상이 되도록 하여야 하는가?(단, 각층의 바닥면적은 동일하다)

① 180[m^3] 이상 ② 240[m^3] 이상
③ 200[m^3] 이상 ④ 220[m^3] 이상

해설 저수조의 저수량

소방대상물의 구분	면 적
1. 1층 및 2층의 **바닥면적 합계가 15,000[m^2] 이상**인 소방대상물	7,500[m^2]
2. 제1호에 해당되지 아니하는 그 밖의 소방대상물	12,500[m^2]

$\therefore$ 65,000[m^2] ÷ 7,500[m^2] = 8.67

$\Rightarrow$ 9 × 20[m^3] = 180[m^3] 이상

79

어느 소방대상물에 옥외소화전이 6개가 설치되어 있다. 옥외소화전설비를 위해 필요한 최소 수원의 수량은?

① 10[m^3] ② 14[m^3]
③ 21[m^3] ④ 35[m^3]

해설 수원 = 소화전수(최대 2개) × 7[m^3] = 14[m^3]

80

연결살수설비를 전용헤드로 건축물의 실내에 설치할 경우 헤드 간의 거리는 약 몇 [m]인가?(단, 헤드의 설치는 정방향 간격이다)

① 2.3[m] ② 3.5[m]
③ 3.7[m] ④ 5.2[m]

해설 천장 또는 반자의 각 부분으로부터 하나의 살수헤드까지의 수평거리가 **연결살수설비전용헤드**의 경우는 **3.7[m] 이하**, **스프링클러헤드**의 경우는 **2.3[m] 이하**로 할 것

$\therefore$ 헤드 간의 거리

$S = 2r\cos\theta = 2 \times 3.7 \times \cos 45°$

$= 5.23$[m]

76 ③ 77 ④ 78 ① 79 ② 80 ④ 정답

제 4 회 2011년 10월 2일 시행

제 1 과목 소방원론

01

다음 중 분진폭발을 일으킬 가능성이 가장 낮은 것은?

① 마그네슘 분말　　② 알루미늄 분말
③ 종이 분말　　④ 석회석 분말

해설 분진폭발을 일으키는 물질 : 마그네슘 분말, 알루미늄 분말, 종이, 밀가루 등

02

불활성 가스에 해당하는 것은?

① 수증기　　② 일산화탄소
③ 아르곤　　④ 황 린

해설 헬륨(He), 네온(Ne), 아르곤(Ar), 크립톤(Kr), 제논(Xe), 라돈(Rn)

03

제1류 위험물에 해당하는 것은?

① 염소산나트륨　　② 과염소산
③ 나트륨　　④ 황 린

해설 위험물의 분류

종 류	염소산나트륨	과염소산	나트륨	황 린
유 별	제1류 위험물 (염소산염류)	제6류 위험물	제3류 위험물	제3류 위험물

04

메탄 80[vol%], 에탄 15[vol%], 프로판 5[vol%]인 혼합가스의 공기 중 폭발하한계는 약 몇 [vol%]인가?(단, 메탄, 에탄, 프로판의 공기 중 폭발하한계는 5.0[%], 3.0[%], 2.1[%]이다)

① 3.23　　② 3.61
③ 4.02　　④ 4.28

해설 혼합가스의 폭발범위

$$L_m = \frac{100}{\frac{V_1}{L_1} + \frac{V_2}{L_2} + \frac{V_3}{L_3}}$$

여기서, L_1, L_2, L_3 : 가연성 가스의 폭발한계[vol%]
V_1, V_2, V_3 : 가연성 가스의 용량[vol%]
L_m : 혼합가스의 폭발한계[vol%]

$$\therefore L_m(\text{하한값}) = \frac{100}{\frac{V_1}{L_1} + \frac{V_2}{L_2} + \frac{V_3}{L_3}} = \frac{100}{\frac{80}{5.0} + \frac{15}{3.0} + \frac{5}{2.1}} = 4.28[\text{vol\%}]$$

05

탄화칼슘의 화재 시 물을 주수하였을 때 발생하는 가스로 옳은 것은?

① C_2H_2　　② H_2
③ C_2　　④ C_2H_6

해설 탄화칼슘(카바이드)은 물과 반응하면 수산화칼슘(소석회)과 아세틸렌(C_2H_2)가스를 발생한다.

$$CaC_2 + 2H_2O \rightarrow Ca(OH)_2 + C_2H_2\uparrow$$

정답 01 ④ 02 ③ 03 ① 04 ④ 05 ①

06

탄산수소나트륨이 주성분인 분말소화약제는 몇 종인가?

① 제1종 ② 제2종
③ 제3종 ④ 제4종

해설 제1종 분말 : $NaHCO_3$(탄산수소나트륨, 중탄산나트륨)

07

건축물의 피난·방화구조 등의 기준에 관한 규칙에 따르면 철망모르타르로서 그 바름두께가 최소 몇 [cm] 이상인 것을 방화구조로 규정하는가?

① 2 ② 2.5
③ 3 ④ 3.5

해설 **방화구조의 기준**

- **철망모르타르**로서 그 바름두께가 **2[cm] 이상**인 것
- 석고판 위에 시멘트모르타르 또는 회반죽을 바른 것으로서 그 두께의 합계가 2.5[cm] 이상인 것
- 시멘트모르타르 위에 타일을 붙인 것으로서 그 두께의 합계가 2.5[cm] 이상인 것
- 심벽에 흙으로 맞벽치기한 것
- 산업표준화법에 따른 한국산업표준이 정하는 바에 따라 시험한 결과 방화 2급 이상에 해당하는 것

08

피난계획의 일반원칙 중 Fool Proof 원칙에 해당하는 것은?

① 저지능인 상태에서도 쉽게 식별이 가능하도록 그림이나 색채를 이용하는 원칙
② 피난구조설비를 반드시 이동식으로 하는 원칙
③ 한 가지 피난기구가 고장이 나도 다른 피난수단을 이용할 수 있도록 고려하는 원칙
④ 피난구조설비를 첨단화된 전자식으로 하는 원칙

해설 **피난계획의 일반원칙**

- Fool Proof : 비상시 머리가 혼란하여 판단능력이 저하되는 상태로 누구나 알 수 있도록 문자나 그림 등을 표시하여 직감적으로 작용하는 것
- Fail Safe : 하나의 수단이 고장으로 실패하여도 다른 수단에 의해 구제할 수 있도록 고려하는 것으로 양 방향 피난로의 확보와 예비전원을 준비하는 것

09

갑작스런 화재 발생 시 인간의 피난 특성으로 틀린 것은?

① 본능적으로 평상시 사용하는 출입구를 사용한다.
② 최초로 행동을 개시한 사람을 따라서 움직인다.
③ 공포감으로 인해서 빛을 피하여 어두운 곳으로 몸을 숨긴다.
④ 무의식 중에 발화장소의 반대쪽으로 이동한다.

해설 **지광본능** : 화재 발생 시 연기와 정전 등으로 가시거리가 짧아져 시야가 흐리면 밝은 방향으로 도피하려는 본능

10

0[℃], 1기압에서 44.8[m³]의 용적을 가진 이산화탄소를 액화하여 얻을 수 있는 액화탄산가스의 무게는 몇 [kg]인가?

① 88 ② 44
③ 22 ④ 11

해설 이상기체 상태방정식을 적용하면

$$PV = nRT = \frac{W}{M}RT \qquad W = \frac{PVM}{RT}$$

여기서, P : 압력(1[atm])
V : 부피(44.8[m^3])
n : mol수(무게/분자량)
W : 무게[kg]
M : 분자량(이산화탄소 CO_2=44)
R : 기체상수
(0.08205[m^3·atm/kg-mol·K])
T : 절대온도(273+0[℃]=273[K])

$$\therefore\ W = \frac{PVM}{RT} = \frac{1 \times 44.8 \times 44}{0.08025 \times 273} = 88.0[kg]$$

11

열에너지가 물질을 매개로 하지 않고 전자파의 형태로 옮겨지는 현상은?

① 복 사 ② 대 류
③ 승 화 ④ 전 도

해설 **복사** : 열에너지가 물질을 매개로 하지 않고 전자파의 형태로 옮겨지는 현상

06 ① 07 ① 08 ① 09 ③ 10 ① 11 ① **정답**

12

피난계획의 기본 원칙에 대한 설명으로 옳지 않은 것은?

① 2방향의 피난로를 확보하여야 한다.
② 환자 등 신체적으로 장애가 있는 재해 약자를 고려한 계획을 하여야 한다.
③ 안전구획을 설정하여야 한다.
④ 안전구획은 화재층에서 연기전파를 방지하기 위하여 수직 관통부에서의 방화, 방연성능이 요구된다.

해설 **피난계획의 기본원칙**

- 2방향 이상의 피난로 확보
- 피난경로 구성
- 안전구획의 설정
- 피난시설의 방화, 방연-비화재층으로부터 연기전파를 방지하기 위하여 수직 관통부와 방화, 방연성능이 요구된다.
- 재해 약자를 배려한 계획
- 인간의 심리, 생리를 배려한 계획

13

화재 급수에 따른 화재분류가 틀린 것은?

① A급 - 일반화재 ② B급 - 유류화재
③ C급 - 가스화재 ④ D급 - 금속화재

해설 C급 - 전기화재

14

금수성 물질에 해당하는 것은?

① 트라이나이트로톨루엔 ② 이황화탄소
③ 황 린 ④ 칼 륨

해설 **위험물의 성질**

종 류	트라이나이트로톨루엔	이황화탄소	황 린	칼 륨
유 별	제5류 위험물	제4류 위험물	제3류 위험물	제3류 위험물
성 질	자기반응성 물질	인화성 액체	자연발화성 물질	금수성 물질

15

건축물의 주요구조부에 해당되지 않는 것은?

① 내력벽 ② 기 둥
③ 주계단 ④ 작은 보

해설 주요구조부 : **내력벽, 기둥, 바닥, 보, 지붕틀, 주계단**

> 주요구조부 제외 : 사잇벽, 사잇기둥, 최하층의 바닥, 작은 보, 차양, **옥외계단**

16

가연물이 되기 쉬운 조건으로 가장 거리가 먼 것은?

① 열전도율이 클 것
② 산소와 친화력이 좋을 것
③ 표면적이 넓을 것
④ 활성화에너지가 작을 것

해설 열전도율이 작을수록 열이 축적되어 가연물이 되기 쉽다.

17

위험물안전관리법령상 과산화수소는 그 농도가 몇 [wt%] 이상인 경우 위험물에 해당하는가?

① 1.49 ② 30
③ 36 ④ 60

해설 **과산화수소**는 **36[%] 이상**이면 제6류 위험물로 본다.

> 질산의 비중 : 1.49 이상

18

소화효과를 고려하였을 경우 화재 시 사용할 수 있는 물질이 아닌 것은?

① 이산화탄소 ② 아세틸렌
③ Halon 1211 ④ Halon 1301

해설 아세틸렌 : 가연성 가스

정답 12 ④ 13 ③ 14 ④ 15 ④ 16 ① 17 ③ 18 ②

19

일반적으로 공기 중 산소농도를 몇 [vol%] 이하로 감소시키면 연소상태의 중지 및 질식소화가 가능하겠는가?

① 15 ② 21
③ 25 ④ 31

해설 질식소화 : 산소의 농도를 15[vol%] 이하로 낮추어 소화하는 방법

20

공기의 평균분자량이 29일 때 이산화탄소의 기체비중은 얼마인가?

① 1.44 ② 1.52
③ 2.88 ④ 3.24

해설 이산화탄소는 CO_2로서 분자량이 44이다.

$$\text{증기비중} = \frac{\text{분자량}}{29}$$

$\therefore$ 이산화탄소의 증기비중 $= \frac{44}{29} = 1.517 \Rightarrow 1.52$

제 2 과목 소방유체역학

21

그림과 같이 화살표방향으로 물이 흐르고 있는 호칭구경 100[mm]의 배관에 압력계와 전압 측정을 위한 피도계가 설치되어 있다. 입력게와 피토계의 지시바늘이 각각 392[kPa], 402[kPa]을 가리키고 있다면 유속은 약 몇 [m/s]인가?

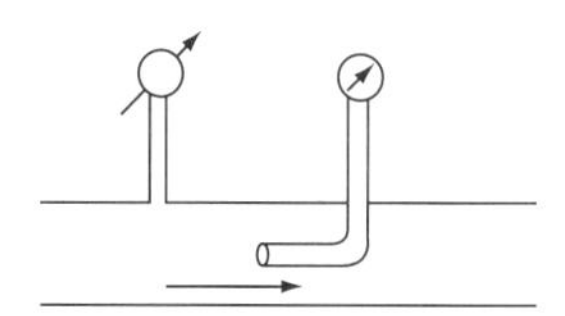

① 2.24 ② 3.16
③ 4.47 ④ 6.32

해설 먼저 수두를 구하면

$H = (402 - 392)[\text{kPa}] \div 101.325[\text{kPa}] \times 10.332[\text{mH}_2\text{O}] = 1.0197[\text{m}]$

$u = \sqrt{2gH} = \sqrt{2 \times 9.8[\text{m/s}^2] \times 1.0197[\text{m}]} = 4.47[\text{m/s}]$

22

기준면보다 10[m] 높은 곳에서 물의 속도가 2[m/s]이다. 이곳의 압력이 900[Pa]이라면 전수두는 약 몇 [m]인가?

① 18.3 ② 15.3
③ 10.3 ④ 8.6

해설 베르누이 방정식에서

- 속도수두 $= \frac{u^2}{2g} = \frac{2^2}{2 \times 9.8} = 0.20[\text{m}]$
- 압력수두 $= \frac{p}{\gamma}$

$$= \frac{\frac{900[\text{Pa}]}{101,300[\text{Pa}]} \times 10,332[\text{kg}_f/\text{m}^2]}{1,000[\text{kg}_f/\text{m}^3]} = 0.09[\text{m}]$$

- 위치수두 = 10[m]

$\therefore$ 전수두 = 속도수두 + 압력수두 + 위치수두
= 0.20 + 0.09 + 10
= 10.29[m]

23

물이 상온, 대기압에서 완전히 증발하여 같은 조건의 수증기로 바뀌었다면 부피는 약 몇 배로 증가하는가?(단, 물의 밀도는 1,000[kg/m^3], 상온 대기압에서 수증기 1몰의 부피는 22.4[L]이다)

① 1,250 ② 1,400
③ 1,550 ④ 1,650

해설 밀도 $\rho = \frac{W}{V}$에서 체적 $V = \frac{W}{\rho}$이며

질량 W = 1[kg]이다.

- 수증기의 밀도 $\rho_1 = \frac{\text{분자량}}{22.4} = \frac{18}{22.4} = 0.804[\text{kg/m}^3]$
- 물의 밀도 $\rho_2 = 1,000[\text{kg/m}^3]$

$$\therefore \frac{\text{수증기의 체적}}{\text{물의 체적}} = \frac{\dfrac{\text{질량}}{\text{수증기의 밀도}}}{\dfrac{\text{질량}}{\text{물의 밀도}}} = \frac{\text{물의 밀도}}{\text{수증기의 밀도}}$$

$$= \frac{1{,}000}{0.804} = 1243.8\text{배}$$

24

지름이 5[cm]인 원관 속에 비중이 0.55인 유체가 0.01[m³/s]의 유량으로 흐르고 있다. 이 유체의 동점성계수가 1×10⁻⁵[m²/s]일 때 이 유체의 흐름은 어떤 상태인가?

① 층 류 ② 임계흐름
③ 난 류 ④ 천이유동

해설 $Q = uA$

$$u = \frac{Q}{A} = \frac{0.01}{\frac{\pi}{4}(0.05)^2} = 5.093[\text{m/s}]$$

$$\therefore Re = \frac{Du}{\nu} = \frac{0.05 \times 5.093}{1 \times 10^{-5}} = 25{,}465(\text{난류})$$

25

점성계수와 동점성계수에 관한 설명으로 올바른 것은?

① 동점성계수 = 점성계수 × 밀도
② 점성계수 = 동점성계수 × 중력가속도
③ 동점성계수 = 점성계수/밀도
④ 점성계수 = 점성계수/중력가속도

해설 ν(동점성계수) : 점성계수(절대점도)를 밀도로 나눈 값$\left(\frac{\mu}{\rho} = [\text{cm}^2/\text{s}]\right)$

26

그림과 같은 관을 흐르는 유체의 연속방정식을 맞게 기술한 것은?

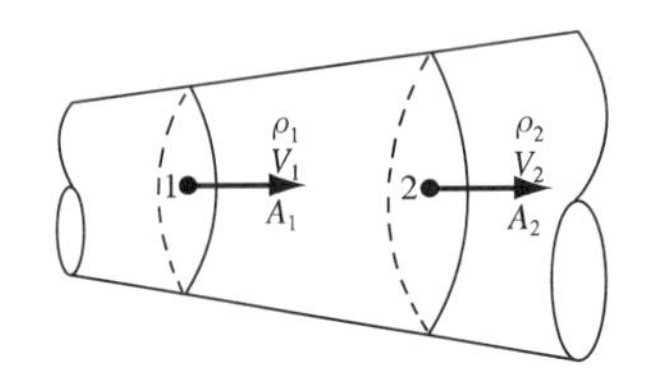

① 방정식은 $\rho_1 A_1 u_1 = \rho_2 A_2 u_2$로 표시된다.
② 배관 내의 속도가 일정하다.
③ 방정식은 $\rho_1 A_1 = \rho_2 A_2$로 표시된다.
④ 방정식은 $\rho_1 u_1 = \rho_2 u_2$로 표시된다.

해설 연속의 방정식은 $\rho_1 A_1 u_1 = \rho_2 A_2 u_2$로 나타낸다.

27

부차손실계수가 $K = 5$인 밸브를 관마찰계수 $f = 0.025$, 지름 2[cm]인 관으로 환산한다면 등가 길이는 몇 [m]인가?

① 2 ② 2.5
③ 4 ④ 5

해설 등가 길이 $L_e = \frac{Kd}{f} = \frac{5 \times 0.02[\text{m}]}{0.025} = 4[\text{m}]$

28

온도 5[℃]인 물속에서의 음속은 약 몇 [m/s]인가? (단, 물은 5[℃]에서 밀도 $\rho = 999.1[\text{kg/m}^3]$, 점성계수 $\mu = 1.14 \times 10^{-3}[\text{kg/m} \cdot \text{s}]$, 체적탄성계수 $K = 2.11 \times 10^9[\text{N/m}^2]$이다)

① 980 ② 1,023
③ 1,400 ④ 1,453

해설 음 속

$$\alpha = \sqrt{\frac{K}{\rho}}$$

여기서, K(체적탄성계수) $= 2.11 \times 10^9[\text{N/m}^2 = \text{Pa}]$

$$= \frac{2.11 \times 10^9[\text{Pa}]}{101{,}300[\text{Pa}]} \times 10{,}332[\text{kg}_f/\text{m}^2]$$

$$= 2.15 \times 10^8[\text{kg}_f/\text{m}^2]$$

$$[\text{N/m}^2] = \left[\frac{\text{kg} \cdot \frac{\text{m}}{\text{s}^2}}{\text{m}^2}\right] = \left[\frac{\text{kg} \cdot \text{m}}{\text{s}^2 \cdot \text{m}^2}\right] = \left[\frac{\text{kg}}{\text{m} \cdot \text{s}^2}\right]$$

$$\rho(\text{밀도}) = \frac{999.1[\text{kg/m}^3]}{9.8[\text{m/s}^2]} = 101.95[\text{kg}_f \cdot \text{s}^2/\text{m}^4]$$

$$\therefore \alpha = \sqrt{\frac{K}{\rho}} = \sqrt{\frac{2.15 \times 10^8}{101.95}} = 1{,}452.2[\text{m/s}]$$

정답 24 ③ 25 ③ 26 ① 27 ③ 28 ④

29

판의 절대온도 T가 시간 t에 따라 $T = Ct^{1/2}$로 변하고 있다. 이 판의 흑체방사도는 시간에 따라 어떻게 변하는가?(단, σ는 Stefan-Boltzmann 상수이다)

① σC ② σC^4
③ $\sigma C^4 t$ ④ $\sigma^4 C^4 t$

해설 흑체방사도 $W = \sigma T^4$이므로
절대온도 T가 시간 t에 따라 $T = Ct^{1/2}$로 주어지면
흑체방사도 $W = \sigma^4 C^4 t$

30

질량이 3[kg]인 공기(이상기체)가 온도 323[K]로 일정하게 유지되면서 체적이 4배로 되었다면 이 계(System)가 한 일은 약 몇 [kJ]인가?(단, 공기의 기체상수는 287[J/kg·K]이다)

① 48 ② 96
③ 193 ④ 386

해설 등온과정일 때 팽창일 $W = GRT\ln\frac{V_2}{V_1}$이고
$V_2 = 4V_1$이므로
$\therefore W = 3 \times 287 \times 323 \times \ln\frac{4V_1}{V_1} = 385,533[J]$
$= 385.5[kJ]$

31

액체추진 로켓을 발사하기 위하여 고온, 고압의 배기가스를 배출한다. 단면적, 온도와 압력 등 모든 조건이 같은 상태에서 배출속도만 2배로 높이면 추진력은 몇 배가 되는가?

① $\sqrt{2}$ ② 2
③ $2\sqrt{2}$ ④ 4

해설 운동량 방정식에서 추진력

$$F = \rho Q u = \rho A u^2$$

여기서, ρ : 밀도, Q : 유량
A : 분출면적, u : 분사속도
∴ 추진력은 분사속도의 제곱에 비례하므로 배출속도를 2배로 하면 추진력 4배가 된다.

32

캐비테이션의 방지법이 아닌 것은?

① 흡입관 내면의 마찰저항을 될 수 있으면 적게 한다.
② 펌프의 흡입양정을 될 수 있으면 길게 하여 유입이 순조롭게 한다.
③ 펌프 흡입관의 직경을 펌프 구경보다 크게 한다.
④ 회전속도를 낮추어 흡입속도를 줄인다.

해설 **공동현상의 방지 대책**
- Pump의 **흡입측 수두(양정)**, 마찰손실을 **적게 한다.**
- Pump Impeller 속도를 적게 한다.
- Pump 흡입관경을 크게 한다.
- Pump 설치위치를 수원보다 낮게 하여야 한다.
- Pump 흡입압력을 유체의 증기압보다 높게 한다.

33

물탱크의 바닥에 설치된 수도꼭지를 통해 흘러나오는 체적유량은 물 깊이의 제곱근에 비례한다($Q = K\sqrt{h}$). 비례상수 K의 차원을 M^a, L^b, T^c로 나타낼 때 $a+b+c$는 얼마인가?(단, M은 질량 L은 길이, T는 시간의 차원이다)

① 1/2 ② 1
③ 3/2 ④ 2

해설 체적유량 $Q = K\sqrt{h}\,[m^3/s]$이므로

$Q = L^3T^{-1}$, $\sqrt{h} = L^{\frac{1}{2}}$

$L^3T^{-1} = KL^{\frac{1}{2}}$에서

$K = \frac{L^3T^{-1}}{L^{\frac{1}{2}}} = L^3 \cdot L^{-\frac{1}{2}} \cdot T^{-1} = L^{\left(\frac{6}{2}-\frac{1}{2}\right)} \cdot T^{-1}$

$= L^{\frac{5}{2}}T^{-1}$

$\therefore a+b+c = \frac{5}{2} + (-1) = \frac{5}{2} - \frac{2}{2} = \frac{3}{2}$

34

비중이 0.95인 물체를 비중이 1.023인 바닷물에 띄우면 전체 체적의 몇 [%]가 물속에 잠기겠는가?

① 95[%] ② 93[%]
③ 90[%] ④ 88[%]

29 ④ 30 ④ 31 ④ 32 ② 33 ③ 34 ② 정답

해설 물체의 체적 V, 물체가 잠긴 체적을 V_1이라고 하면,
물체의 무게 = 부력
$0.95\times1{,}000\times V=1.023\times1{,}000\times V_1$

$$\therefore \frac{V_1}{V}=\frac{950}{1{,}023}=0.9286 \fallingdotseq 0.93 \fallingdotseq 93[\%]$$

35

송풍기의 입구와 출구의 압력은 각각 −35[mmHg], 110[kPa]이고, 송출유량은 8[m³/min]일 때 공기 동력은 몇 [kW]인가?(단, 흡입관과 송출관의 직경은 같다)

① 15.3 ② 7.5
③ 150 ④ 204

해설 공기의 동력

$$\text{동력[kW]}=\frac{Q[\text{m}^3/\text{s}]\times P_r[\text{kg}_\text{f}/\text{m}^2]}{102\times\eta}$$

여기서, Q : 풍량(8[m³/min]=8[m³]/60[s]=0.133[m³/s])

P_r : 압력$\left(35[\text{mmHg}]+\frac{110[\text{kPa}]}{101.3[\text{kPa}]}\times760[\text{mmHg}]=860.27[\text{mmHg}]\right)$

[mmHg]를 [kg$_f$/m²]으로 환산하면

$$\frac{860.27}{760}\times10{,}332[\text{kg}_\text{f}/\text{m}^2]=11{,}695.14[\text{kg}_\text{f}/\text{m}^2]$$

$$\therefore \text{동력 } P[\text{kW}]=\frac{0.133\times11{,}695.14}{102\times1}=15.25[\text{kW}]$$

36

안지름이 10[cm]인 수평 원관의 층류유동으로 2,000[m] 떨어진 곳에 원유(점성계수 μ= 0.02[N · s/m²], 비중 s = 0.86)를 0.12[m³/min]의 유량으로 수송하려 할 때 펌프에 필요한 동력은 약 몇 [W]인가?(단, 펌프의 효율은 100[%]로 가정한다)

① 55 ② 65
③ 73 ④ 82

해설 동력을 구하기 위하여

$$[\text{kW}]=\frac{\gamma QH}{102\times\eta}\times K$$

- 원유의 비중량 γ[s] = 0.86 = 860[kg$_f$/m³]
- 유량 Q=0.12[m³/min]=0.12[m³]/60[s]=0.002[m³/s]
- 전양정(H)

$$H=\frac{flu^2}{2gD}$$

- 유속 $u=\frac{Q}{A}=\frac{0.002[\text{m}^3/\text{s}]}{\frac{\pi}{4}\times(0.1[\text{m}])^2}=0.255[\text{m/s}]$
- 관마찰계수(f)를 구하기 위하여

$$R_e=\frac{Du\rho}{\mu}=\frac{0.1[\text{m}]\times0.255[\text{m/s}]\times860[\text{kg/m}^3]}{0.02[\text{kg/m}\cdot\text{s}]}=1{,}096.5(\text{층류})$$

점성계수 $\mu=0.02[\text{N}\cdot\text{s/m}^2]$

$$=0.02\frac{[\text{kg}\cdot\frac{\text{m}}{\text{s}^2}]\times[\text{s}]}{[\text{m}^2]}=0.02[\text{kg/m}\cdot\text{s}]$$

$$\therefore f=\frac{64}{R_e}=\frac{64}{1{,}096.5}=0.058$$

- 중력가속도 g=9.8[m/s²]을 대입하면

$$\therefore H=\frac{flv^2}{2gD}=\frac{0.058\times2{,}000[\text{m}]\times(0.255[\text{m/s}])^2}{2\times9.8[\text{m/s}^2]\times0.1[\text{m}]}=3.85[\text{m}]$$

※ 동력 $[\text{kW}]=\frac{\gamma QH}{102\times\eta}\times K=\frac{860\times0.002\times3.85}{102\times1}\times1=0.0649[\text{kW}]=64.9[\text{W}]$

37

그림과 같이 수평면에 대하여 60° 기울어진 경사관에 비중 S= 13.6인 수은이 채워져 있으며 A와 B에는 물이 채워져 있다. A의 압력이 250[kPa], B의 압력이 200[kPa]일 때 길이 L은 몇 [cm]인가?

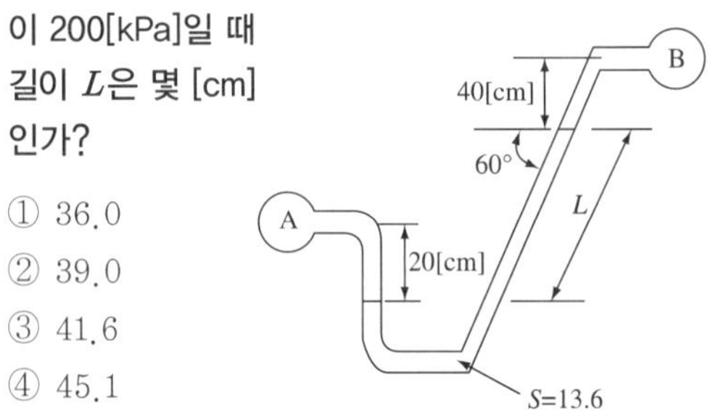

① 36.0
② 39.0
③ 41.6
④ 45.1

해설 압력평형 $P_A+\gamma_1h_1=P_B+\gamma_2h_2+\gamma_3h_3$에서
$P_A-P_B=\gamma_2h_2+\gamma_3h_3-\gamma_1h_1$

정답 35 ① 36 ② 37 ③

$(250-200)\times10^3[N/m^2]=(0.4\times9,800)$
$+(13.6\times9,800\times h_3)-(0.2\times9,800)$

수직 상승높이 $h_3=0.3604[m]=36.04[cm]$

$\therefore \sin\theta=\frac{h_3}{L}$이므로, 길이 $L=\frac{36.04}{\sin60°}=41.62[cm]$

38

온도가 20[℃]인 이산화탄소 3[kg]이 체적 0.3[m³]인 용기에 가득 차 있다. 가스의 압력은 몇 [kPa]인가?(단, 이산화탄소는 기체상수가 189[J/kg·K]인 이상기체로 가정한다)

① 23.4 ② 113.3
③ 519.3 ④ 553.8

해설 가스의 압력

$$PV=WRT \qquad P=\frac{WRT}{V}$$

여기서, P : 압력[kPa]
W : 무게 3[kg]
V : 부피[m³]
R : 기체상수
(189[J/kg·K]=189[N·m/kg·K])
T : 절대온도[K]

$\therefore P=\frac{WRT}{V}=\frac{3\times189\times293}{0.3}$
$=553,770[N/m^2=Pa]=553.77[kPa]$

39

다음 그림과 같이 매끄러운 유리관에 물이 채워져 있다면 이론상승높이 h를 주어진 조건을 참조하여 구하면?

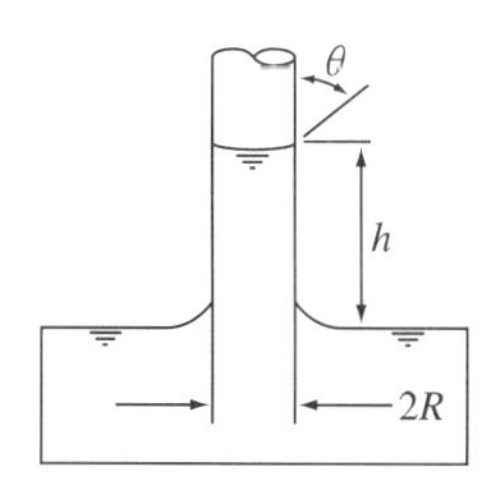

[조 건]
- 표면장력 σ = 0.073[N/m]
- R=1[mm]
- 매끄러운 유리관의 접촉각 $\theta\approx0°$

① 0.007[m] ② 0.015[m]
③ 0.07[m] ④ 0.15[m]

해설 상승높이(h)

$$h=\frac{4\sigma\cos\theta}{\gamma d}$$

여기서, σ : 표면장력[N/m]
θ : 각도
γ : 비중량(9,800[N/m³])
d : 직경[m]

$\therefore h=\frac{4\times0.073[N/m]\times\cos\theta}{9,800\times0.002[m]}=0.0149[m]$

40

다음 유체 기계들의 압력 상승이 일반적으로 큰 것부터 순서대로 바르게 나열된 것은?

① 압축기(Compressor) – 블로어(Blower) – 팬(Fan)
② 블로어(Blower) – 압축기(Compressor) – 팬(Fan)
③ 팬(Fan) – 블로어(Blower) – 압축기(Compressor)
④ 팬(Fan) – 압축기(Compressor) – 블로어(Blower)

해설 기체의 수송장치
- 압축기(Compressor) : 1[kg/cm²] 이상
- 블로어(Blower) : 1,000[mmAq] 이상 1[kg/cm²] 미만
- 팬(Fan) : 0~1,000[mmAq] 미만

제 3 과목 소방관계법규

41

소방용품 중 우수품질에 내하여 우수품실인승을 할 수 있는 사람은?

① 소방청장
② 한국소방안전원장
③ 소방본부장이나 소방서장
④ 시·도지사

해설 우수품질인증권자 : 소방청장(설치유지법률 제40조)

38 ④ 39 ② 40 ① 41 ① **정답**

42

한국소방안전원의 업무와 거리가 먼 것은?

① 소방기술과 안전관리에 관한 각종 간행물의 발간
② 소방기술과 안전관리에 관한 교육 및 조사・연구
③ 화재보험가입에 관한 업무
④ 화재예방과 안전관리의식의 고취를 위한 대국민 홍보

해설 한국소방안전원에서는 화재보험가입에 관한 업무를 할 수 없다.

43

소방시설관리업의 등록기준 중 보조기술인력에 해당되지 않는 사람은?

① 소방설비기사 자격 소지자
② 소방공무원으로 2년 이상 근무한 사람
③ 소방설비산업기사 자격 소지자
④ 대학에서 소방관련학과를 졸업한 사람으로서 소방기술 인정자격수첩을 발급받은 사람

해설 **소방시설관리업의 등록기준 중 인력기준**
- 주된 기술인력 : 소방시설관리사 1명 이상
- 보조 기술인력 : 다음의 어느 하나에 해당하는 사람 2명 이상. 다만, ② 내지 ④에 해당하는 사람은 소방시설공사업법 제28조 제2항의 규정에 따른 소방기술 인정자격수첩을 발급받은 사람이어야 한다.
  ① 소방설비기사 또는 소방설비산업기사
  ② **소방공무원**으로 **3년 이상** 근무한 사람
  ③ 소방 관련학과의 학사학위를 취득한 사람
  ④ 행정안전부령으로 정하는 소방기술과 관련된 자격・경력 및 학력이 있는 사람

44

연면적 5,000[m^2] 미만의 특정소방대상물에 대한 소방공사감리원의 배치기준은?

① 특급 소방공사감리원 1명 이상
② 초급 이상 소방공사감리원 1명 이상
③ 중급 이상 소방공사감리원 1명 이상
④ 고급 이상 소방공사감리원 1명 이상

해설 소방공사감리원의 배치기준(영 별표 4, 제11조)

감리원의 배치기준		소방시설공사 현장의 기준
책임감리원	보조감리원	
1. 행정안전부령으로 정하는 특급감리원 중 소방기술사	행정안전부령으로 정하는 초급감리원 이상의 소방공사감리원(기계분야 및 전기분야)	가. 연면적 20만[m^2] 이상인 특정소방대상물의 공사현장 나. 지하층을 포함한 층수가 40층 이상인 특정소방대상물의 공사 현장
2. 행정안전부령으로 정하는 특급감리원 이상의 소방공사 감리원(기계분야 및 전기분야)	행정안전부령으로 정하는 초급 감리원 이상의 소방공사감리원(기계분야 및 전기분야)	가. 연면적 3만[m^2] 이상 20만[m^2] 미만인 특정소방대상물(아파트는 제외)의 공사 현장 나. 지하층을 포함한 층수가 16층 이상 40층 미만인 특정소방대상물의 공사현장
3. 행정안전부령으로 정하는 고급감리원 이상의 소방공사 감리원(기계분야 및 전기분야)	행정안전부령으로 정하는 초급 감리원 이상의 소방공사 감리원(기계분야 및 전기분야)	가. 물분무 등 소화설비(호스릴 방식의 소화설비는 제외) 또는 제연설비가 설치되는 특정소방대상물의 공사 현장 나. 연면적 3만[m^2] 이상 20만[m^2] 미만인 아파트의 공사 현장
4. 행정안전부령으로 정하는 중급감리원 이상의 소방공사 감리원(기계분야 및 전기분야)		연면적 5,000[m^2] 이상 3만[m^2] 미만인 특정소방대상물의 공사 현장
5. 행정안전부령으로 정하는 초급감리원 이상의 소방공사 감리원(기계분야 및 전기분야)		가. 연면적 5,000[m^2] 미만인 특정소방대상물의 공사 현장 나. 지하구의 공사 현장

45

제4류 위험물을 저장하는 위험물제조소의 주의사항을 표시한 게시판의 내용으로 적합한 것은?

① 화기엄금 ② 물기엄금
③ 화기주의 ④ 물기주의

해설 **제4류 위험물 : 화기엄금**(적색바탕에 백색문자)

정답 42 ③ 43 ② 44 ② 45 ①

46

소방안전관리대상물의 관계인은 소방훈련과 교육을 실시한 때에는 그 실시결과를 소방훈련 · 교육실시결과기록부에 기재하고 이를 몇 년간 보관하여야 하는가?

① 1년 ② 2년
③ 3년 ④ 4년

해설 소방훈련 · 교육실시결과기록부 보관기간 : 2년

47

특정소방대상물의 근린생활시설에 해당되는 것은?

① 기 원 ② 전시장
③ 기숙사 ④ 유치원

해설 특정소방대상물

대상물	기 원	전시장	기숙사	유치원
분 류	근린생활시설	문화 및 집회시설	공동주택	노유자시설

48

위험물제조소에는 보기 쉬운 곳에 기준에 따라 "위험물제조소"라는 표시를 한 표지를 설치하여야 하는데 다음 중 표지의 기준으로 적합한 것은?

① 표지는 한 변의 길이가 0.3[m] 이상, 다른 한 변의 길이가 0.6[m] 이상인 직사각형으로 하되 표지의 바탕은 백색으로 문자는 흑색으로 한다.
② 표지는 한 변의 길이가 0.2[m] 이상, 다른 한 변의 길이가 0.4[m] 이상인 직사각형으로 하되 표지의 바탕은 백색으로 문자는 흑색으로 한다.
③ 표지는 한 변의 길이가 0.2[m] 이상, 다른 한 변의 길이가 0.4[m] 이상인 직사각형으로 하되 표지의 바탕은 흑색으로 문자는 백색으로 한다.
④ 표지는 한 변의 길이가 0.3[m] 이상, 다른 한 변의 길이가 0.6[m] 이상인 직사각형으로 하되 표지의 바탕은 흑색으로 문자는 백색으로 한다.

해설 제조소의 표지
- 크기 : 한 변의 길이가 0.3[m] 이상, 다른 한 변의 길이가 0.6[m] 이상인 직사각형
- 색상 : 표지의 **바탕은 백색**으로 **문자는 흑색**

49

소방시설공사의 착공신고 대상이 아닌 것은?

① 무선통신설비의 증설공사
② 자동화재탐지설비의 경계구역이 증설되는 공사
③ 1개 이상의 옥외소화전을 증설하는 공사
④ 연결살수설비의 살수구역을 증설하는 공사

해설 특정소방대상물에 다음의 어느 하나에 해당하는 설비 또는 구역 등을 **증설**하는 **공사**
- 옥내 · **옥외소화전설비**
- 스프링클러설비 · 간이스프링클러설비 또는 물분무등 소화설비의 방호구역, **자동화재탐지설비의 경계구역**, 제연설비의 제연구역, **연결살수설비의 살수구역**, 연결송수관설비의 송수구역, 비상콘센트설비의 전용회로, 연소방지설비의 살수구역

50

특수가연물에 해당되지 않는 물품은?

① 볏짚류(1,000[kg] 이상)
② 나무껍질(400[kg] 이상)
③ 목재가공품(10[m^3] 이상)
④ 가연성 기체류(2[m^3] 이상)

해설 특수가연물에는 가연성 고체류(3,000[kg] 이상)와 가연성 액체류(2[m^3] 이상)가 있다.

51

종합상황실의 업무와 직접적으로 관련이 없는 것은?

① 재난상황의 전파 및 보고
② 재난상황의 발생 신고접수
③ 재난상황이 발생한 현장에 대한 지휘 및 피해조사
④ 재난상황의 수습에 필요한 정보수집 및 제공

46 ② 47 ① 48 ① 49 ① 50 ④ 51 ③ 정답

해설 종합상황실의 업무

- 화재, 재난・재해 그 밖에 구조・구급이 필요한 상황(이하 "재난상황"이라 한다)의 발생의 신고접수
- 접수된 재난상황을 검토하여 가까운 소방서에 인력 및 장비의 동원을 요청하는 등의 사고수습
- 하급소방기관에 대한 출동지령 또는 동급 이상의 소방기관 및 유관기관에 대한 지원요청
- 재난상황의 전파 및 보고
- 재난상황이 발생한 현장에 대한 지휘 및 피해현황의 파악
- 재난상황의 수습에 필요한 정보수집 및 제공

52

소방기본법에 의하여 5년 이하의 징역 또는 5천만원 이하의 벌금에 해당하는 위반사항이 아닌 것은?

① 불이 번질 우려가 있는 소방대상물 및 토지를 일시적으로 사용하거나 그 사용의 제한 또는 소방활동에 필요한 처분을 방해한 사람
② 정당한 사유 없이 소방용수시설을 사용하거나 소방용수시설의 효용을 해치거나 그 정당한 사용을 방해한 사람
③ 화재현장에서 사람을 구출하는 일 또는 불을 끄거나 불이 번지지 아니하도록 하는 일을 방해한 사람
④ 화재진압을 위하여 출동하는 소방자동차의 출동을 방해한 사람

해설 5년 이하의 징역 또는 5천만원 이하의 벌금

- 다음에 해당하는 행위를 한 사람
  - 위력(威力)을 사용하여 출동한 소방대의 화재진압・인명구조 또는 구급활동을 방해하는 행위
  - 소방대가 화재진압・인명구조 또는 구급활동을 위하여 현장에 출동하거나 현장에 출입하는 것을 고의로 방해하는 행위
  - 출동한 소방대원에게 폭행 또는 협박을 행사하여 화재진압・인명구조 또는 구급활동을 방해하는 행위
  - 출동한 소방대의 소방장비를 파손하거나 그 효용을 해하여 화재진압・인명구조 또는 구급활동을 방해하는 행위
- 소방자동차의 출동을 방해한 사람
- 화재현장에서 사람을 구출하는 일 또는 불을 끄거나 불이 번지지 아니하도록 하는 일을 방해한 사람
- 정당한 사유 없이 소방용수시설을 사용하거나 소방용수시설의 효용을 해치거나 그 정당한 사용을 방해한 사람

53

제조소 등의 위치・구조 또는 설비의 변경없이 해당 제조소 등에서 저장하거나 취급하는 위험물의 품명・수량 또는 지정수량의 배수를 변경하고자 할 때에는 누구에게 신고하여야 하는가?

① 행정안전부장관　② 시・도지사
③ 관할 소방협회장　④ 관할 소방서장

해설 제조소 등의 위치・구조 또는 설비의 변경 없이 해당 제조소 등에서 저장하거나 취급하는 **위험물의 품명・수량** 또는 **지정수량의 배수**를 **변경하고자 하는 자**는 변경하고자 하는 날의 **1일 전까지** 행정안전부령이 정하는 바에 따라 **시・도지사**에게 **신고**하여야 한다.

54

특정소방대상물이 증축되는 경우 소방시설기준 적용에 관한 설명 중 옳은 것은?

① 기존 부분을 포함한 특정소방대상물의 전체에 대하여 증축 당시의 화재안전기준을 적용한다.
② 기존 부분을 포함한 특정소방대상물의 전체에 대하여 증축 전에 화재안전기준을 적용한다.
③ 특정소방대상물의 기존 부분은 증축 전에 적용되던 화재안전기준을 적용하고 증축 부분은 증축 당시의 화재안전기준을 적용한다.
④ 특정소방대상물의 증축 부분은 증축 전에 적용되던 화재안전기준을 적용하고 기존 부분은 증축 당시의 화재안전기준을 적용한다.

해설 특정소방대상물이 증축되는 경우에는 **기존 부분을 포함한 특정소방대상물의 전체**에 대하여 증축 당시의 화재안전기준을 적용한다.

정답 52 ① 53 ② 54 ①

55

형식승인을 받지 아니하고 소방용품을 수입한 자의 벌칙으로 옳은 것은?

① 3년 이하의 징역 또는 3,000만원 이하의 벌금
② 2년 이하의 징역 또는 1,500만원 이하의 벌금
③ 1년 이하의 징역 또는 1,000만원 이하의 벌금
④ 1년 이하의 징역 또는 500만원 이하의 벌금

해설 소방용품의 형식승인을 받지 아니하고 소방용품을 제조하거나 수입한 자는 3년 이하의 징역 또는 3,000만원 이하의 벌금에 처한다.

56

위험물안전관리법에 의하여 자체소방대을 두는 제조소로서 제4류 위험물의 최대 수량의 합이 지정수량 24만배 이상 48만배 미만인 경우 보유하여야 할 화학소방차와 자체 소방대원의 기준으로 옳은 것은?

① 2대, 10명 ② 3대, 10명
③ 3대, 15명 ④ 4대, 20명

해설 **자체소방대에 두는 화학소방자동차 및 인원(제18조 제3항 관련)**

사업소의 구분	화학소방 자동차	자체소방 대원의 수
1. 제조소 또는 일반취급소에서 취급하는 제4류 위험물의 최대수량의 합이 지정수량의 3,000배 이상 12만배 미만인 사업소	1대	5명
2. 제조소 또는 일반취급소에서 취급하는 제4류 위험물의 최대수량의 합이 지정수량의 12만배 이상 24만배 미만인 사업소	2대	10명
3. 제조소 또는 일반취급소에서 취급하는 제4류 위험물의 최대수량의 합이 지정수량의 24만배 이상 48만배 미만인 사업소	3대	15명
4. 제조소 또는 일반취급소에서 취급하는 제4류 위험물의 최대수량의 합이 지정수량의 48만배 이상인 사업소	4대	20명
5. 옥외탱크저장소에 저장하는 제4류 위험물의 최대수량이 지정수량의 50만배 이상인 사업소 (2022. 1. 1. 시행)	2대	10명

57

스프링클러설비 또는 물분무 등 소화설비가 설치된 연면적 5,000[m^2] 이상인 특정소방대상물(위험물 제조소 등을 제외한다)에 대한 종합정밀점검을 할 수 있는 주인력으로 옳지 않은 것은?

① 소방시설관리업자로 선임된 소방기술사
② 소방안전관리자로 선임된 소방기술사
③ 소방안전관리자로 선임된 소방시설관리사
④ 소방안전관리자로 선임된 기계·전기분야를 함께 취득한 소방설비기사

해설 종합정밀점검은 소방시설관리업사, 소방안전관리자로 선임된 소방기술사와 소방시설관리사만 할 수 있다.

58

소방본부장이나 소방서장은 건축허가 등의 동의 요구서류를 접수한 날부터 며칠 이내에 건축허가 등의 동의 여부를 회신하여야 하는가?(단, 허가 신청한 건축물 등의 특급소방안전관리대상물이다)

① 7일 ② 10일
③ 14일 ④ 30일

해설 **건축허가동의 회신**
- 일반대상물 : 5일 이내
- 특급소방안전관리대상물 : 10일 이내

59

제4류 위험물제조소의 경우 사용전압이 22[kV]인 특고압가공전선이 지나갈 때 제조소의 외벽과 가공전선 사이의 수평거리(안전거리)는 몇 [m] 이상이어야 하는가?

① 2[m] ② 3[m]
③ 5[m] ④ 10[m]

해설 **제조소등의 안전거리**
- 사용전압이 7,000[V] 초과 35,000[V] 이하의 특고압가공전선에 있어서는 3[m] 이상
- 사용전압이 35,000[V]를 초과하는 특고압가공전선에 있어서는 5[m] 이상

55 ① 56 ③ 57 ④ 58 ② 59 ② 정답

60

방염성능기준 이상의 실내장식물을 설치하여야 하는 대상물로서 틀린 것은?

① 다중이용업의 영업장
② 숙박이 가능한 수련시설
③ 방송통신시설 중 전화통신용시설
④ 근린생활시설 중 체력단련장

해설 방염성능기준 이상의 실내장식물 등 설치 특정소방대상물

- 근린생활시설 중 의원, **체력단련장**, 공연장 및 종교집회장
- 건축물의 옥내에 있는 시설로서 다음의 시설
  - 문화 및 집회시설
  - 종교시설
  - 운동시설(수영장은 제외)
- 의료시설
- 교육연구시설 중 합숙소
- 노유자시설
- **숙박이 가능한 수련시설**
- 숙박시설
- 방송통신시설 중 **방송국** 및 **촬영소**
- **다중이용업소**
- 층수가 11층 이상인 것(아파트는 제외)

제 4 과목 소방기계시설의 구조 및 원리

61

상수도 소화용수설비 설치소방대상물로서 적합한 것은?

① 연면적 5,000[m^2] 이상인 사무소 건물
② 가스시설로서 연면적 5,000[m^2] 이상인 것
③ 가스시설로서 지상에 노출된 탱크의 저장용량 합계가 50[t]인 것
④ 지하층을 제외한 11층 이상인 건축물로 연면적 3,000[m^2]인 판매시설

해설 상수도 소화용수설비 설치대상물

- **연면적 5,000[m^2] 이상**인 것(다만, 위험물 저장 및 처리시설 중 가스시설, 지하가 중 터널 또는 지하구의 경우에는 그러하지 아니하다)
- 가스시설로서 지상에 노출된 탱크의 저장용량의 합계가 100[t] 이상인 것

62

특수가연물(제1종 가연물 또는 제2종 가연물에 한한다)을 윗면이 개방된 용기에 저장하는 경우 외의 경우에 사용하는 아래의 할론소화약제 산출식에서 A는 무엇을 의미하는가?

$$Q = X - Y\frac{a}{A}$$

① 방호공간 1[m^3]에 대한 할론소화약제의 양
② 방호대상물 주위에 설치된 벽면적의 합계
③ 방호공간의 벽면적의 합계
④ 개구부 면적의 합계

해설 국소방출방식의 공식

$$Q = X - Y\frac{a}{A}$$

여기서, Q : 방호공간 1[m^3]에 대한 할로겐화합물 소화약제의 양[kg/m^3]
a : 방호대상물의 주위에 설치된 벽의 면적의 합계[m^2]
A : **방호공간의 벽면적**(벽이 없는 경우에는 벽이 있는 것으로 가정한 해당 부분의 면적)의 합계[m^2]
X 및 Y : 다음 표의 수치

소화약제의 종별	X의 수치	Y의 수치
할론 2402	5.2	3.9
할론 1211	4.4	3.3
할론 1301	4.0	3.0

63

절연유 봉입변압기에 있어서 물분무소화설비를 적용할 경우에 바닥면적을 제외한 표면적을 합한 면적 1[m^2]당 20분간 방수할 수 있는 양 이상으로 하려면 물분무살수기준량은 몇 [L/min]인가?

① 4.0　② 8.5
③ 10.0　④ 12.0

정답 60 ③ 61 ① 62 ③ 63 ③

해설 펌프의 토출량과 수원의 양

소방대상물	펌프의 토출량 [L/min]	수원의 양[L]
특수가연물 저장, 취급	바닥면적(50[m²] 이하는 50[m²]로) ×10[L/min·m²]	바닥면적(50[m²] 이하는 50[m²]로) ×10[L/min·m²] ×20[min]
차고, 주차장	바닥면적(50[m²] 이하는 50[m²]로) ×20[L/min·m²]	바닥면적(50[m²] 이하는 50[m²]로) ×20[L/min·m²] ×20[min]
절연유 봉입변압기	표면적(바닥 부분 제외) ×10[L/min·m²]	표면적(바닥 부분 제외) ×10[L/min·m²] ×20[min]
케이블트레이, 덕트	투영된 바닥면적 ×12[L/min·m²]	투영된 바닥면적 ×12[L/min·m²] ×20[min]
컨베이어 벨트	벨트 부분의 바닥면적 ×10[L/min·m²]	벨트 부분의 바닥면적 ×10[L/min·m²] ×20[min]

64

폐쇄형 헤드를 사용하는 연결살수설비의 주배관과 연결하여야 하는 대상으로 적절치 않은 것은?

① 옥내소화전설비의 주배관
② 수도배관
③ 옥상에 설치된 물탱크
④ 스프링클러설비의 주배관

해설 **폐쇄형 헤드를 사용하는 연결살수설비의 주배관**은 **옥내소화전설비의 주배관**(옥내소화전설비가 설치된 경우에 한한다) 및 **수도배관**(연결살수설비가 설치된 건축물 안에 설치된 수도배관 중 구경이 가장 큰 배관을 말한다) 또는 **옥상에 설치된 수조**(다른 설비의 수조를 포함한다)에 접속하여야 한다. 이 경우 연결살수설비의 주배관과 옥내소화전설비의 주배관·수도배관·옥상에 설치된 수조의 접속 부분에는 체크밸브를 설치하되, 점검하기 쉽게 하여야 한다.

65

다음 ( ) 안에 맞는 수치는?

> 분말소화설비 가압용 가스의 설치는 가압용 가스에 이산화탄소를 사용하는 것에 있어서의 이산화탄소는 소화약제 1[kg]에 대하여 ( )[g]에 배관의 청소에 필요한 양을 가산한 양 이상으로 할 것

① 10 ② 20
③ 30 ④ 40

해설 **가압용 가스 또는 축압용 가스의 설치기준**
- 가압용 가스 또는 축압용 가스는 질소가스 또는 이산화탄소로 할 것
- **가압용 가스**에 **질소가스를 사용하는 것**에 있어서의 **질소가스**는 소화약제 1[kg]마다 **40[L]**(35[℃]에서 1기압의 압력상태로 환산한 것) 이상, **이산화탄소**를 사용하는 것에 있어서의 이산화탄소는 소화약제 1[kg]에 대하여 **20[g]**에 배관의 청소에 필요한 양을 가산한 양 이상으로 할 것
- **축압용 가스**에 질소가스를 사용하는 것에 있어서의 **질소가스**는 소화약제 1[kg]에 대하여 **10[L]**(35[℃]에서 1기압의 압력상태로 환산한 것) 이상, **이산화탄소**를 사용하는 것에 있어서의 이산화탄소는 소화약제 1[kg]에 대하여 **20[g]**에 배관의 청소에 필요한 양을 가산한 양 이상으로 할 것
- **배관의 청소에 필요한 양**의 가스는 **별도의 용기**에 저장할 것

66

옥외소화전설비에서 가압송수장치로 압력수조를 이용한 최소압력은 몇 [MPa]인가?(단, P : 필요한 압력[MPa], p_1 : 소방용 호스의 마찰손실수두압[MPa], p_2 : 배관의 마찰손실수두압[MPa], p_3 : 낙차의 환산수두압[MPa]이다)

① $P = p_1 + p_2 + p_3 + 0.25$
② $P = p_1 + p_2 + p_3 + 0.17$
③ $P = p_1 + p_2 + p_3 + 0.13$
④ $P = p_1 + p_2 + p_3 + 0.10$

64 ④ 65 ② 66 ① 정답

해설 옥외소화전설비의 압력수조

$$P = p_1 + p_2 + p_3 + 0.25$$

여기서, P : 필요한 압력[MPa]
p_1 : 소방용 호스의 마찰손실수두압[MPa]
p_2 : 배관의 마찰손실수두압[MPa]
p_3 : 낙차의 환산수두압[MPa]

67

연결송수관설비의 배관 및 방수구에 관한 설치기준 중 맞지 않는 것은?

① 주배관의 구경은 100[mm] 이상의 것으로 한다.
② 지상 11층 이상인 소방대상물은 습식 설비로 한다.
③ 배관은 옥내소화전설비, 스프링클러설비, 포소화설비의 배관과 겸용할 수 없다.
④ 전용방수구의 구경은 65[mm]의 것으로 설치한다.

해설 연결송수관설비의 배관 및 방수구

- 주배관의 구경은 100[mm] 이상의 것으로 할 것
- 지면으로부터의 높이가 31[m] 이상인 소방대상물 또는 지상 11층 이상인 소방대상물은 습식 설비로 할 것
- 연결송수관설비의 배관은 **주배관의 구경이 100[mm] 이상인 옥내소화전설비 · 스프링클러설비** 또는 **물분무 등 소화설비**의 **배관과 겸용할 수 있다.**
- 방수구는 연결송수관설비의 전용방수구 또는 옥내소화전방수구로서 구경 65[mm]의 것으로 설치할 것

68

제연설비에 있어서 거실 내 유입공기의 배출방식으로서 맞지 않는 것은?

① 수직풍도에 따른 배출
② 배출구에 따른 배출
③ 플랩댐퍼에 따른 배출
④ 제연설비에 따른 배출

해설 유입공기의 배출방식

- **수직풍도에 따른 배출** : 옥상으로 직통하는 전용의 배출용 수직풍도를 설치하여 배출하는 것으로서 다음에 해당하는 것
  - 자연배출식 : 굴뚝효과에 따라 배출하는 것
  - 기계배출식 : 수직풍도의 상부에 전용의 배출용 송풍기를 설치하여 강제로 배출하는 것
- **배출구에 따른 배출** : 건물의 옥내와 면하는 외벽마다 옥외와 통하는 배출구를 설치하여 배출하는 것
- **제연설비에 따른 배출** : 거실제연설비가 설치되어 있고 해당 옥내로부터 옥외로 배출하여야 하는 유입공기의 양을 거실제연설비의 배출량에 합하여 배출하는 경우 유입공기의 배출은 해당 거실제연설비에 따른 배출로 갈음할 수 있다.

69

16층의 아파트에 각 세대마다 12개의 폐쇄형 스프링클러헤드를 설치하였다. 이때 소화 펌프의 토출량은 몇 [L/min] 이상인가?

① 800　② 960
③ 1,600　④ 2,400

해설 아파트의 토출량(아파트의 헤드의 기준개수 : 10개)

∴ 토출량 $Q = N$(헤드수) $\times 80$[L/min]
$= 10 \times 80$[L/min] $= 800$[L/min]

70

자동식 소화설비의 누수로 인한 유수검지장치의 오작동을 방지하기 위한 목적으로 설치되는 것은?

① 솔레노이드　② 리타딩체임버
③ 물올림장치　④ 성능시험배관

해설 리타딩체임버 : 유수검지장치의 오작동 방지

71

분말소화설비의 저장용기에 설치된 밸브 중 잔압방출 시 열림, 닫힘 상태가 맞게 된 것은?

① 가스도입밸브 – 닫힘
② 주밸브(방출밸브) – 열림
③ 배기밸브 – 닫힘
④ 클리닝밸브 – 열림

해설 잔압방출 시 개폐 상태

- 가스도입밸브 : 닫힘
- 주밸브 : 닫힘
- 배기밸브 : 열림
- 클리닝밸브 : 닫힘
- 선택밸브 : 열림

정답 67 ③ 68 ③ 69 ① 70 ② 71 ①

72

옥내·옥외소화전노즐에 사용되는 적합한 호스 결합금구의 호칭구경은 각각 몇 [mm] 이상으로 하여야 하는가?

① 40, 50 ② 40, 65
③ 50, 55 ④ 50, 60

해설 **결합금속구의 구경**

- 옥내소화전설비의 구경 : 40[mm] 이상
- 옥외소화전설비의 구경 : 65[mm] 이상

73

포소화설비의 배관에 대한 설명으로 틀린 것은?

① 송액관은 적당한 기울기를 유지하고 그 낮은 부분에 배액밸브를 설치한다.
② 포헤드설비의 가지배관의 배열은 토너먼트 방식으로 한다.
③ 송액관은 전용으로 한다.
④ 포워터 스프링클러설비의 한쪽 가지배관에 설치하는 헤드의 수는 8개 이하로 한다.

해설 **포소화설비의 배관**

- 송액관은 포의 방출 종료 후 배관 안의 액을 배출하기 위하여 적당한 기울기를 유지하도록 하고 그 낮은 부분에 배액밸브를 설치하여야 한다.
- 포워터 스프링클러설비 또는 포헤드설비의 **가지배관의 배열은 토너먼트 방식이 아니어야 하며**, 교차배관에서 분기하는 지점을 기점으로 한쪽 가지배관에 설치하는 헤드의 수는 8개 이하로 한다.
- 송액관은 전용으로 하여야 한다.

74

소방시설관리업의 등록기준에 의한 소화기구의 장비기준에 해당되는 것은?

① 저 울
② 내부조명기, 반사경
③ 비커, 캡스패너
④ 메스실린더, 헤드취부렌치

해설 **소방시설관리업의 장비등록기준**

※ 2016년 6월 30일 법 개정으로 인하여 내용이 삭제되었습니다.

75

급기가압방식으로 실내를 가압할 때 그 실의 문 틈새를 통하여 누출되는 공기의 양에 대한 설명 중 옳은 것은?

① 문의 틈새면적에 비례한다.
② 문을 경계로 한 실내 외의 가압차에 비례한다.
③ 문의 틈새면적에 반비례한다.
④ 문을 경계로 한 실내외의 가압차에 반비례한다.

해설 실내를 가압할 때 그 실의 문 틈새를 통하여 누출되는 공기의 양은 문의 틈새면적에 비례한다.

76

굽도리판이 탱크 벽면으로부터 내부로 0.5[m] 떨어져서 설치된 직경 20[m]의 플로팅루프탱크에 고정포방출구가 설치되어 있다. 고정포방출구로부터의 포방출량은 약 몇 [L/min] 이상이어야 하는가?(단, 포방출량은 탱크벽면과 굽도리판 사이의 환상면적 [m^2]당 4[L/min] 이상을 기준으로 한다)

① 1,134.5 ② 1,256.5
③ 91.5 ④ 122.5

해설 탱크의 표면적 $= \pi r^2 = 3.14 \times (10)^2 = 314[m^2]$

포를 방출해야 할 면적 $= 314[m^2] - (3.14 \times 9.5 \times 9.5)$
$= 30.62[m^2]$

포방출량 $= 30.62[m^2] \times 4[L/m^2 \cdot min]$
$= 122.48[L/min]$

77

개방형 헤드를 사용하는 연결살수설비에서 하나의 송수구역에 설치하는 살수헤드의 수는 몇 개인가?

① 10개 이하 ② 15개 이하
③ 20개 이하 ④ 30개 이하

해설 개방형 헤드를 사용하는 연결살수설비에서 **하나의 송수구역**에 설치하는 살수헤드는 **10개 이하**로 할 것

72 ② 73 ② 74 ① 75 ① 76 ④ 77 ① **정답**

78

포소화설비를 표면하 주입방식으로 설치하는 경우에 대한 설명으로 적당하지 않은 것은?

① 상부주입식의 경우에 탱크화재 시 고정포 방출구가 파손되는 단점을 보완할 수 있다.
② 탱크의 직경이 크고 점도가 낮은 위험물 저장탱크의 방호에 적합하다.
③ 콘루프(원추 지붕) 탱크의 형태 및 수용성 위험물 탱크에는 적용할 수 없다.
④ 발포기의 허용배압이 위험물에 가해지는 압력보다 클수록 발포기의 크기를 적게 할 수 있다.

해설 Ⅲ형 포방출구 : 표면하 주입식, 콘루프탱크(Cone Roof Tank)

- Ⅰ형, Ⅱ형 또는 특형방출구와는 달리 탱크하부에서 포를 탱크에 방출하여 포가 탱크 안의 유류를 통해서 표면으로 떠올라 소화작용을 하도록 된 포방출구를 말한다.
- 탱크화재 시 폭발에 의하여 고정포방출구가 파괴되는 결점을 보완한 형태이다.
- 내유성이 큰 수성막포와 불화단백포가 적합하다.

79

개방형 스프링클러설비의 방수구역 및 일제개방밸브에서 하나의 방수구역을 담당하는 헤드의 기준개수는 몇 개 이하인가?

① 30　② 40
③ 50　④ 60

해설 개방형 스프링클러설비의 방수구역 및 일제개방밸브에서 하나의 방수구역을 담당하는 헤드의 수 : **50개 이하**

80

하향식 폐쇄형 스프링클러헤드는 살수에 방해가 되지 않도록 헤드주위 반경 몇 [cm] 이상의 살수공간을 확보하여야 하는가?

① 40[cm]　② 45[cm]
③ 50[cm]　④ 60[cm]

해설 하향식 폐쇄형 스프링클러헤드는 살수에 방해가 되지 아니하도록 헤드로부터 반경 60[cm] 이상의 공간을 확보하여야 한다. 다만, 벽과 스프링클러헤드 간의 공간은 10[cm] 이상으로 한다.

정답 78 ③　79 ③　80 ④

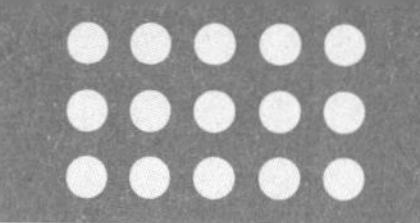

제 1 회 2012년 3월 4일 시행

제 1 과목 소방원론

01

다음 중 피난자의 집중으로 패닉현상이 일어날 우려가 가장 큰 형태는?

① T형 ② X형
③ Z형 ④ H형

해설 피난방향 및 경로

구 분	구 조	특 징
T형		피난자에게 피난경로를 확실히 알려주는 형태
X형		양방향으로 피난할 수 있는 확실한 형태
H형		중앙코어방식으로 피난자의 집중으로 패닉현상이 일어날 우려가 있는 형태
Z형		중앙복도형 건축물에서의 피난경로로서 코어식 중 제일 안전한 형태

02

할론 가스 45[kg]과 함께 기동가스로 질소 2[kg]을 충전하였다. 이때 질소가스의 몰분율은 약 얼마인가?(단, 할론 가스의 분자량은 149이다)

① 0.19 ② 0.24
③ 0.31 ④ 0.39

해설 몰분율을 구하면

$$몰 = \frac{무게}{분자량}$$

$$\therefore 질소가스의\ 몰분율 = \frac{\frac{2[kg]}{28}}{\frac{2[kg]}{28} + \frac{45[kg]}{149}} = 0.191$$

03

분자 자체 내에 포함하고 있는 산소를 이용하여 연소하는 형태를 무슨 연소라 하는가?

① 증발연소 ② 자기연소
③ 분해연소 ④ 표면연소

해설 자기연소 : 제5류 위험물의 연소로서 분자 자체 내에 포함하고 있는 산소를 이용하여 연소하는 형태

04

다음 중 연소속도와 가장 관계가 깊은 것은?

① 증발속도 ② 환원속도
③ 산화속도 ④ 혼합속도

해설 연소 : 가연물이 산소와 반응하여 열과 빛을 동반하는 급격한 산화현상

05

일반적인 방폭구조의 종류에 해당하지 않는 것은?

① 내압방폭구조 ② 유입방폭구조
③ 내화방폭구조 ④ 안전증방폭구조

정답 01 ④ 02 ① 03 ② 04 ③ 05 ③

해설 방폭구조 : 내압방폭구조, 압력방폭구조, 유입방폭구조, 안전증방폭구조, 본질안전방폭구조, 특수방폭구조

06

표준상태에서 11.2[L]의 기체질량이 22[g]이었다면 이 기체의 분자량은 얼마인가?(단, 이상기체를 가정한다)

① 22　② 35
③ 44　④ 56

해설 이상기체상태방정식

$$PV = \frac{W}{M}RT \qquad M = \frac{WRT}{PV}$$

여기서, P : 압력[atm]
V : 부피(11.2[L])
M : 분자량[g]
W : 무게(22[g])
R : 기체상수 (0.08205[L · atm/g-mol · K])
T : 절대온도(273[K])

$$\therefore M = \frac{WRT}{PV} = \frac{22 \times 0.08205 \times 273}{1 \times 11.2} = 44$$

07

방화벽에 설치하는 출입문의 너비는 얼마 이하로 하여야 하는가?

① 2.0[m]　② 2.5[m]
③ 3.0[m]　④ 3.5[m]

해설 방화벽에 설치하는 출입문의 너비 : 2.5[m] 이하

08

다음 중 착화 온도가 가장 낮은 것은?

① 아세톤　② 휘발유
③ 이황화탄소　④ 벤 젠

해설 착화 온도

종 류	아세톤	휘발유	이황화탄소	벤 젠
착화 온도	538[℃]	약 300[℃]	100[℃]	562[℃]

09

상온, 상압상태에서 기체로 존재하는 할론 약제의 Halon 번호로만 나열된 것은?

① 2402, 1211　② 1211, 1011
③ 1301, 1011　④ 1301, 1211

해설 할론 1301과 할론 1211은 상온에서 기체상태로 존재한다.

10

다음 원소 중 수소와의 결합력이 가장 큰 것은?

① F　② Cl
③ Br　④ I

해설 플루오린(F)은 전기음성도와 수소와의 결합력이 가장 크다.

11

CO_2 소화약제의 장점으로 가장 거리가 먼 것은?

① 한랭지에서도 사용이 가능하다.
② 자체압력으로도 방사가 가능하다.
③ 전기적으로 비전도성이다.
④ 인체에 무해하고 GWP가 0이다.

해설 CO_2 소화약제의 장점
- 한랭지에서도 사용이 가능하다.
- 자체압력으로도 방사가 가능하다.
- 전기적으로 비전도성이다.
- 고농도의 이산화탄소는 인체에 독성이 있다.

12

연소 시 암적색 불꽃의 온도는 약 몇 [℃] 정도인가?

① 700　② 950
③ 1,100　④ 1,300

해설 연소의 색과 온도

색 상	담암적색	암적색	적 색	휘적색
온도[℃]	520	700	850	950
색 상	황적색	백적색	휘백색	
온도[℃]	1,100	1,300	1,500 이상	

정답 06 ③　07 ②　08 ③　09 ④　10 ①　11 ④　12 ①

13

분말소화약제 중 A급, B급, C급에 모두 사용할 수 있는 것은?

① 제1종 분말 ② 제2종 분말
③ 제3종 분말 ④ 제4종 분말

해설 분말소화약제의 성상

종 별	소화약제	약제의 착색	적응 화재	열분해반응식
제1종 분말	중탄산나트륨 ($NaHCO_3$)	백 색	B, C급	$2NaHCO_3 \rightarrow Na_2CO_3+CO_2+H_2O$
제2종 분말	중탄산칼륨 ($KHCO_3$)	담회색	B, C급	$2KHCO_3 \rightarrow K_2CO_3+CO_2+H_2O$
제3종 분말	제일인산암모늄 ($NH_4H_2PO_4$)	담홍색, 황색	A, B, C급	$NH_4H_2PO_4 \rightarrow HPO_3+NH_3+H_2O$
제4종 분말	중탄산칼륨+요소 [$KHCO_3+(NH_2)_2CO$]	회 색	B, C급	$2KHCO_3+(NH_2)_2CO \rightarrow K_2CO_3+2NH_3+2CO_2$

14

30[℃]는 랭킨(Rankine)온도로 나타내면 몇 도인가?

① 546도 ② 515도
③ 498도 ④ 463도

해설 온도를 환산하면

- $[℃] = \frac{5}{9}([°F]-32)$
- $[°F] = 1.8[℃]+32$
- $[K] = 273.16+[℃]$
- $[R] = 460+[°F]$

먼저 $[°F] = 1.8[℃] + 32 = (1.8 \times 30) + 32 = 86[°F]$
$\therefore [R] = 460 + [°F] = 460 + 86 = 546$도

15

연소를 위한 가연물의 조건으로 옳지 않은 것은?

① 산소와 친화력이 크고 발열량이 클 것
② 열전도율이 작을 것
③ 연소 시 흡열반응을 할 것
④ 활성화에너지가 작을 것

해설 연소 시 발열반응을 하여야 가연물이 될 수 있다.

16

프로판가스의 연소범위[vol%]에 가장 가까운 것은?

① 9.8~28.4 ② 2.5~81
③ 4.0~75 ④ 2.1~9.5

해설 연소범위

가스종류	아세틸렌	수 소	프로판
연소범위	2.5~81[%]	4.0~75[%]	2.1~9.5[%]

17

다음 분말소화약제의 열분해반응식에서 ( ) 안에 알맞는 화학식은?

$$2NaHCO_3 \rightarrow Na_2CO_3 + H_2O + (\ \ )$$

① CO ② CO_2
③ Na ④ Na_2

해설 제1종 분말약제의 열분해반응식

$$2NaHCO_3 \rightarrow Na_2CO_3+CO_2+H_2O$$

18

화재의 분류방법 중 유류화재를 나타낸 것은?

① A급 화재 ② B급 화재
③ C급 화재 ④ D급 화재

해설 화재의 종류

구 분 \ 급 수	A급	B급	C급	D급
화재의 종류	일반화재	유류화재	전기화재	금속화재
표시색	백 색	황 색	청 색	무 색

19

포소화설비의 주된 소화작용은?

① 질식작용 ② 희석작용
③ 유화작용 ④ 촉매작용

해설 포소화설비의 주된 소화 : 질식작용

정답 13 ③ 14 ① 15 ③ 16 ④ 17 ② 18 ② 19 ①

20

연기농도에서 감광계수 0.1[m^{-1}]은 어떤 현상을 의미하는가?

① 출화실에서 연기가 분출될 때의 연기농도
② 화재 최성기의 연기농도
③ 연기감지기가 작동하는 정도의 농도
④ 거의 앞이 보이지 않을 정도의 농도

해설 연기농도와 가시거리

감광계수	가시거리[m]	상 황
0.1	20~30	**연기감지기**가 **작동**할 때의 정도
0.3	5	건물 내부에 익숙한 사람이 피난에 지장을 느낄 정도
0.5	3	어둠침침한 것을 느낄 정도
1	1~2	거의 앞이 보이지 않을 정도
10	0.2~0.5	화재 **최성기** 때의 정도

제 2 과목 **소방유체역학**

21

그림과 같은 수조에 1.0[m]×0.3[m] 크기의 사각수문을 통하여 유출되는 유량은 몇 [m^3/s]인가?(단, 마찰손실은 무시하고 수조의 크기는 매우 크다고 가정하시오)

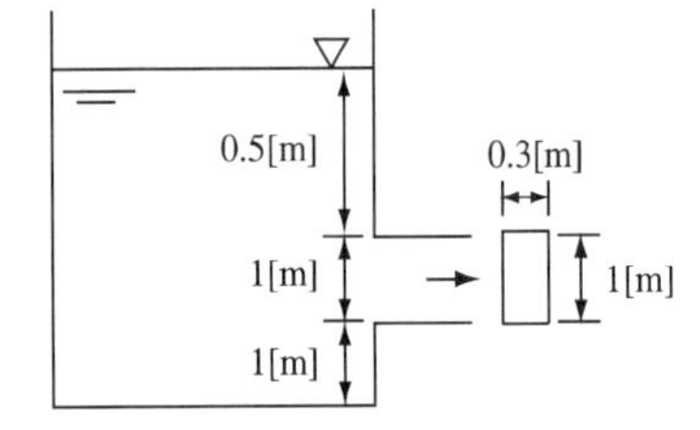

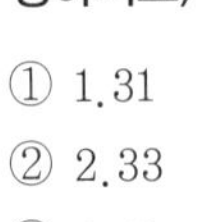

① 1.31
② 2.33
③ 3.13
④ 4.43

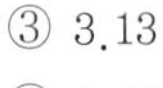

해설 유 량

$$Q = uA$$

여기서, Q : 유량[m^3/s]

u : 유속($u = \sqrt{2gH}$

$= \sqrt{2 \times 9.8[\text{m/s}^2] \times \left(0.5 + \frac{1}{2}\right)[\text{m}]}$

$= 4.43[\text{m/s}]$)

A : 면적[m^2]

$\therefore\ Q = uA = 4.43[\text{m/s}] \times (1.0[\text{m}] \times 0.3[\text{m}])$
$= 1.329[\text{m}^3/\text{s}]$

22

압력 200[kPa], 온도 60[℃]의 공기 1[kg]이 이상적인 폴리트로픽 과정으로 압축되어 압력 2[MPa], 온도 250[℃]로 변화하였을 때 이 과정 동안의 일의 양은 약 몇 [kJ]인가?(단, 기체상수는 0.287[kJ/kg·K]이다)

① 224 ② 228
③ 232 ④ 236

해설 압축일 $W_{12} = \frac{GR}{k-1}(T_1 - T_2)$

- 단열과정에서 $\frac{T_2}{T_1} = \left(\frac{P_2}{P_1}\right)^{\frac{n-1}{n}}$에서 폴리트로픽지수 n을 구하면

$\frac{273+250}{273+60} = \left(\frac{2,000}{200}\right)^{\frac{n-1}{n}}$, 양변에 log를 취하면

$\log\left(\frac{523}{333}\right) = \log\left(\frac{2,000}{200}\right)^{\frac{n-1}{n}}$,

$\log\left(\frac{523}{333}\right) = \frac{n-1}{n}\log\left(\frac{2,000}{200}\right)$,

$\log 1.57 = \frac{n-1}{n}\log 10$, $\log 10 = 1$이므로

$1 - \frac{1}{n} = \log 1.57$, $\frac{1}{n} = 1 - 0.196$

폴리트로픽지수 $n = 1.244$

- 압축일 $W_{12} = \frac{1 \times 0.287}{1.244 - 1}(333 - 523)$
$= -223.48[\text{kJ}]$

23

물이 아래 그림과 같이 수평 벤투리관을 통과하고 있다. B단면의 면적이 단면 A, C의 1/4이라고 하면 연속방정식과 에너지보존법칙을 고려할 때 어느 것이 맞는가?

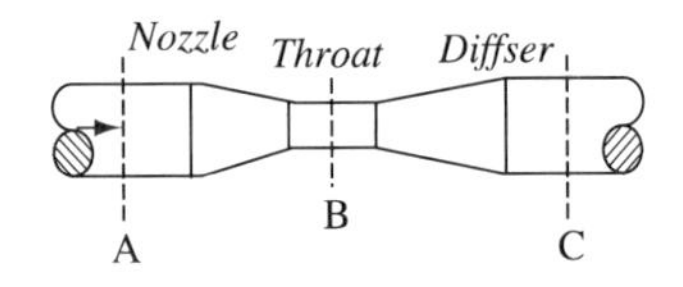

① B에서 압력이 증가한다.
② B에서 유속이 감소한다.
③ B에서 압력에너지가 감소한다.
④ B에서 운동에너지가 감소한다.

정답 20 ③ 21 ① 22 ① 23 ③

해설 • 연속방정식

$Q = AV$에서 $\frac{\pi}{4}d_A^2 V_A = \frac{\pi}{4}d_B^2 V_B$ 이다.

$d_B = \frac{1}{4}d_A$ 이므로

$\frac{\pi}{4}d_A^2 V_A = \frac{\pi}{4}\left(\frac{1}{4}d_A\right)^2 V_B$

따라서, $V_B = 16V_A$ 이다.

따라서 A보다 B가 더 유속이 빠르다.

• 베르누이 방정식

$\frac{P_A}{\gamma} + \frac{V_A^2}{2g} + Z_A = \frac{P_B}{\gamma} + \frac{V_B^2}{2g} + Z_B$ 에서

$Z_A = Z_B$ 이므로

$\frac{P_A}{\gamma} + \frac{V_A^2}{2g} = \frac{P_B}{\gamma} + \frac{16V_A^2}{2g}$, $P_A = P_B + \frac{15V_A^2}{2g}\gamma$

따라서, B에서 유속(운동에너지)이 증가하므로 압력(압력에너지)이 감소한다.

24

다음의 펌프 운전 특성에 관한 설명 중 옳지 않은 것은?

① 원심펌프를 기동할 때에는 송출구 쪽의 밸브를 잠근 상태에서 시동을 한 후에 밸브를 열어가는 방법을 쓴다.

② 축류펌프를 가동할 때에는 입출구 쪽의 모든 밸브를 연 상태에서 시동을 하여야 한다.

③ 원심펌프의 가동 시 양정이 부족하면 2대의 펌프로 병렬연합 운전하여 부족한 양정을 보완할 수 있다.

④ 축류펌프의 가동익을 적용하는 경우에는 송출량이나 양정에 따라 날개의 각도를 조정할 수 있으므로 축동력을 일정하게 유지할 수 있다.

해설 펌프 2대 연결 시

• 병렬연결 : 같은 양정에서 유량이 2배로 증가
• 직렬연결 : 같은 유량에서 양정이 2배로 증가

25

유체에서의 압력을 P, 체적유량을 Q라고 했을 때 압력×체력유량($P \times Q$)과 같은 차원을 갖는 물리량은?

① 부력(Buoyancy Force)
② 일(Work)
③ 동력(Power)
④ 표면장력(Surface Tension)

해설 압력×체적유량 $= [\frac{kg_f}{m^2}] \times [\frac{m^3}{s}] = [kg_f \cdot m/s]$(동력 단위)

• 1[HP] = 76[kg_f · m/s]
• 1[PS] = 75[kg_f · m/s]
• 1[kW] = 102[kg_f · m/s]

26

한 변이 8[cm]인 정육면체를 물에 담그니 6[cm]가 잠겼다. 이 정육면체를 비중이 1.26인 글리세린에 수직방향으로 눌러 완전히 잠그게 하는 데 필요한 힘은 약 몇 [N]인가?

① 2.56　② 5.12
③ 6.33　④ 12.6

해설 • 정육면체의 무게

$W = \gamma A x_1$[N]에서

$W = 9{,}800 \times 0.08^2 \times 0.06 = 3.7632$[N]

• 힘의 평형에서

정육면체의 무게(W)+누르는 힘(F)=부력(F_B)

$F = F_B - W = \gamma A x_2 - W$

$= (1.26 \times 9{,}800) \times 0.08^2 \times 0.08 - 3.7632$

$= 2.559$[N]

27

온도 80[℃]인 고체표면을 40[℃]의 공기로 강제 대류 열전달에 의해서 냉각한다. 대류 열전달계수를 20[W/m^2 · K]라고 할 때 고체표면의 열유속은 몇 [W/m^2]인가?

① 785　② 790
③ 795　④ 800

해설 열유속 $q_x = k\Delta t$

$= 20[\frac{W}{m^2 \cdot K}] \times [(273+80) - (273+40)][K] = 800[W/m^2]$

24 ③ 25 ③ 26 ① 27 ④ 정답

28

다음 설명 중 맞는 것은?

① 에너지선은 항상 수력 기울기선 아래에 있다.
② 질량과 속도의 곱을 운동량이라 한다.
③ 베르누이 방정식은 질량보존의 법칙을 나타낸다.
④ 레이놀즈수의 물리적 의미는 점성력과 표면장력의 비를 나타내는 것이다.

해설 ① 에너지선은 수력기울기선보다 속도수두만큼 위에 있다.
③ 연속의 방정식은 질량보존의 법칙으로부터 유도된 방정식이다.
④ 레이놀즈수 = 관성력/점성력

29

그림에서 1[m]×3[m]의 평판이 수면과 45° 기울어져 물에 잠겨 있다. 한쪽 면에 작용하는 유체력의 크기(F)와 작용점의 위치(y_f)는 각각 얼마인가?

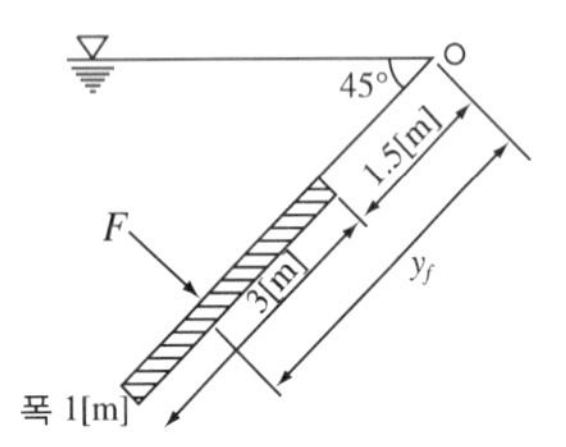

① F=62.4[kN], y_f =2.38[m]
② F=62.4[kN], y_f =3.25[m]
③ F=88.2[kN], y_f =3.25[m]
④ F=132.3[kN], y_f =4.67[m]

해설 한쪽 면에 작용하는 힘

$$F=\gamma\bar{y}\sin\theta A$$
$$=9{,}800\times\left(1.5+\frac{3}{2}\right)\sin45°\times(1\times3)$$
$$=62{,}366.8[\text{N}]=62.4[\text{kN}]$$

작용점 $y_f=\dfrac{I_c}{\bar{y}A}+\bar{y}$

$$=\frac{\frac{1\times3^3}{12}}{3\times(1\times3)}+3=3.25[\text{m}]$$

30

안지름 1[mm]의 모세관을 표면장력 0.075[N/m]의 물속에 세울 때 물이 올라가는 높이는 약 몇 [mm]인가?(단, 접촉각은 매우 작다고 가정한다)

① 10 ② 30
③ 50 ④ 80

해설 상승높이(h)

$$h=\frac{4\sigma\cos\theta}{\gamma d}$$

여기서, σ : 표면장력[N/m]
θ : 각도
γ : 비중량(9,800[N/m^3])
d : 직경[m]

$$\therefore\ h=\frac{4\times0.075[\text{N/m}]\times1}{9{,}800\times0.001[\text{m}]}=0.0306[\text{m}]$$
$$=30.6[\text{mm}]$$

31

Newton의 점성법칙을 틀리게 설명한 것은?

① 전단응력은 점성계수와 속도기울기의 곱이다.
② 전단응력은 속도기울기에 비례한다.
③ 속도기울기가 0인 곳에서 전단응력은 0이다.
④ 전단응력은 점성계수에 반비례한다.

해설 뉴턴의 점성법칙에서
전단응력 $\tau=\mu\dfrac{du}{dy}$ (전단응력은 점성계수에 비례한다)

32

유적선(Path Line)에 대한 설명으로 맞는 것은?

① 유선으로 이루어진 군을 말한다.
② 일정한 시간 내에 유체입자가 흘러간 궤적을 말한다.
③ 유체의 내부에 한 폐곡선을 생각하여 이 위의 각 점을 지나는 유선으로 1개의 관을 만들 때 이 관을 말한다.
④ 각 점에 대한 접선이 그 점에서의 속도벡터의 방향과 일치하는 곡선을 말한다.

정답 28 ② 29 ② 30 ② 31 ④ 32 ②

해설 유선, 유적선, 유맥선

- **유선(流線)** : 유동장 내의 모든 점에서 속도벡터의 방향과 일치하도록 그려진 가상곡선

$$\frac{dx}{u} = \frac{dy}{v} = \frac{dz}{w}$$

- 유적선(流跡線) : 한 유체입자가 일정기간 동안에 움직인 경로(궤적)
- 유맥선(流脈線) : 공간 내의 한 점을 지나는 모든 유체 입자들의 순간궤적

33

어떤 기체 1[kg]이 압력 50[kPa], 체적 2.0[m³]의 상태에서 압력 1,000[kPa], 체적 0.2[m³]의 상태로 변화하였다. 이때 내부 에너지의 변화가 없다고 하면 엔탈피(Enthalpy)의 증가량은 몇 [kJ]인가?

① 100　　② 115
③ 120　　④ 0

해설 $\Delta h = P_2V_2 - P_1V_1 = (1{,}000 \times 0.2) - (50 \times 2)$
$= 100[\text{kJ}]$

34

직경이 10[cm]인 원관 속에 비중이 0.85인 기름이 0.01[m³/s]의 율로 흐르고 있다. 이 기름의 동점성계수가 1.0×10^{-4}[m²/s]일 때 이 흐름의 상태는?

① 층 류　　② 난 류
③ 천이구역　　④ 비정상류

해설 레이놀즈수

$$Re = \frac{Du}{\nu}$$

여기서, D : 직경[m]
ν : 동점성계수[m²/s]
u : 유속

$$\left[u = \frac{Q}{A} = \frac{0.01[\text{m}^3/\text{s}]}{\frac{\pi}{4}(0.1[\text{m}])^2} = 1.27[\text{m/s}]\right]$$

$$\therefore Re = \frac{Du}{\nu} = \frac{0.1[\text{m}] \times 1.27[\text{m/s}]}{1.0 \times 10^{-4}[\text{m}^2/\text{s}]} = 1{,}270(\text{층류})$$

레이놀즈수	Re <2,100	2,100< Re < 4,000	Re >4,000
유체의 흐름	층 류	전이영역 (임계영역)	난 류

35

다음의 (㉠), (㉡)에 알맞은 것은?

> 파이프 속을 유체가 흐를 때 파이프 끝의 밸브를 갑자기 닫으면 유체의 (㉠) 에너지가 압력으로 변환되면서 밸브 직전에서 높은 압력이 발생하고 상류로 압축파가 전달되는 (㉡)현상이 발생한다.

① ㉠ 운동, ㉡ 서징(Surging)
② ㉠ 운동, ㉡ 수격작용(Water Hammering)
③ ㉠ 위치, ㉡ 서징(Surging)
④ ㉠ 위치, ㉡ 수격작용(Water Hammering)

해설 파이프 속을 유체가 흐를 때 파이프 끝의 밸브를 갑자기 닫으면 유체의 (운동) 에너지가 압력으로 변환되면서 밸브 직전에서 높은 압력이 발생하고 상류로 압축파가 전달되는 (수격)현상이 발생한다.

36

측정되는 압력에 의하여 생기는 금속의 탄성변형을 기계식으로 확대 지시하여 유체의 압력을 재는 계기는 무엇인가?

① 기압계(Barometer)
② 마노미터(Manometer)
③ 시차액주계(Differential Manometer)
④ 부르동(Bourdon) 압력계

해설 부르동(Bourdon) 압력계 : 측정되는 압력에 의하여 생기는 금속의 탄성변형을 기계식으로 확대 지시하여 유체의 압력을 재는 계기

37

카르노 사이클로 작동하는 열기관이 800[K]의 고온 열원과 300[K]의 저온 열원 사이에서 작동할 때 이 열기관의 효율은?

① 37.5[%]　　② 50[%]
③ 62.5[%]　　④ 66.7[%]

33 ① 34 ① 35 ② 36 ④ 37 ③ **정답**

해설 열기관의 효율

$$\eta = \frac{T_1 - T_2}{T_1}$$

여기서, T_1 : 고온, T_2 : 저온

$\therefore \ \eta = \frac{T_1 - T_2}{T_1} = \frac{800[K] - 300[K]}{800[K]} = 0.625$

$\Rightarrow 62.5[\%]$

38

펌프의 출구와 입구에서 높이 차이와 속도 차이는 매우 작고 압력 차이는 ΔP일 때 비중량 γ인 액체를 체적유량 Q로 송출하기 위하여 필요한 펌프의 최소 동력은?

① $\gamma Q \Delta P$　　② $\frac{Q\Delta P}{\gamma}$

③ $Q\Delta P$　　④ $\frac{\gamma}{2} Q^2 \Delta P$

해설 동력의 단위 $[kg_f \cdot m/s]$이므로 ③을 단위환산하면

$Q\Delta P$(체적유량×압력) $= [\frac{m^3}{s} \times \frac{kg_f}{m^2}] = [kg_f \cdot m/s]$

39

그림과 같이 안지름 10[cm], 바깥지름 18[cm]인 매끈한 동심 2중관(Annular Pipe)에 물이 가득 차 흐르고 있다. 동심관에 흐르는 물의 평균 유속이 1[m/s]라 하면 길이 100[m]에 대하여 손실수두는 약 몇 [m]인가?(단, 동점성계수 $\nu = 10^{-6}[m^2/s]$, 관마찰계수 $f = 0.0188$이다)

① 1.2
② 2.4
③ 5.2
④ 4.8

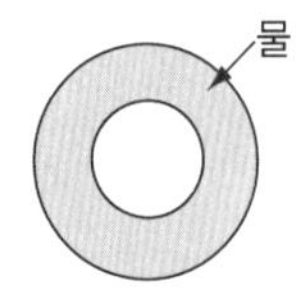

해설 Darcy-Weisbach방정식을 적용하면

$$H = \frac{f \cdot l \cdot u^2}{2g \cdot 4R_h}$$

여기서, f : 관마찰계수(0.018)
l : 길이(100[m])
u : 유속(1[m/s])
g : 중력가속도(9.8[m/s²])
R_h : 수력반경

$\left(\frac{\frac{\pi d_2^2}{4} - \frac{\pi d_1^2}{4}}{\pi d_2 + \pi d_1} = \frac{d_2 - d_1}{4} = \frac{18-10}{4} = 2[cm] = 0.02[m] \right)$

$\therefore \ H = \frac{f \cdot l \cdot u^2}{2g \cdot 4R_h} = \frac{0.0188 \times 100 \times (1)^2}{2 \times 9.8 \times 4 \times 0.02} = 1.2[m]$

40

그림과 같은 큰 탱크에 연결된 길이 100[m], 직경 20[cm]인 원관에 부차적 손실계수가 5인 밸브 A가 부착되어 있다. 탱크 수면으로부터 관 출구까지의 전체 손실수두에 가장 가까운 것은?(단, 관 입구에서의 부차적 손실계수는 0.5, 관마찰계수는 0.02이고 평균속도는 V이다)

① $5.5\frac{V^2}{2g}$
② $14.5\frac{V^2}{2g}$
③ $15\frac{V^2}{2g}$
④ $15.5\frac{V^2}{2g}$

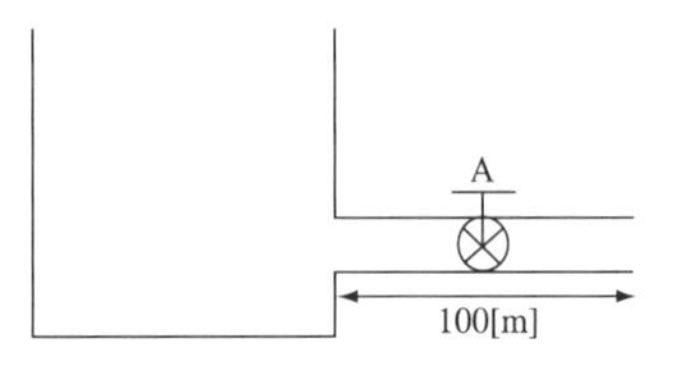

해설 손실수두

$$H = K\frac{V^2}{2g}$$

여기서, K : 손실계수($Le = \frac{Kd}{f}$

$K = Le \times f/d = \frac{100 \times 0.02}{0.2[m]} = 10$)

$\therefore \ H = K\frac{V^2}{2g} = (10 + 5 + 0.5)\frac{V^2}{2g} = 15.5\frac{V^2}{2g}$

정답 38 ③ 39 ① 40 ④

제 3 과목 소방관계법규

41

소방시설의 종류 중 경보설비에 속하지 않는 것은?

① 비화재보방지기 ② 자동화재속보설비
③ 종합감시시설 ④ 가스누설경보기

해설 **경보설비** : 화재발생사실을 통보하는 기계 · 기구 또는 설비로서 다음의 것
- 단독경보형감지기
- 비상경보설비(비상벨설비 및 자동식 사이렌설비)
- 시각경보기
- 자동화재탐지설비
- 비상방송설비
- 자동화재속보설비
- 통합감시시설
- 누전경보기
- 가스누설경보기

42

다음 중 화재가 발생할 경우 피난하기 위하여 사용하는 기구 또는 설비인 피난구조설비에 속하지 않는 것은?

① 완강기 ② 인공소생기
③ 피난유도선 ④ 연소방지설비

해설 **피난구조설비** : 화재가 발생할 경우 피난하기 위하여 사용하는 기구 또는 설비로서 다음의 것
- 피난기구 : 미끄럼대 · 피난사다리 · 구조대 · 완강기 · 피난교 · 공기안전매트 · 다수인 피난장비
- 인명구조기구 : 방열복 또는 방화복(안전헬멧, 보호장갑, 안전화 포함), 공기호흡기 및 인공소생기
- 유도등 : 피난유도선, 피난구유도등, 통로유도등, 객석유도등, 유도표지
- 비상조명등 및 휴대용 비상조명등

연소방지설비 : 소화활동설비

43

제4류 위험물의 지정수량을 나타낸 것으로 잘못된 것은?

① 특수인화물 - 50[L]
② 알코올류 - 400[L]
③ 동식물유류 - 1,000[L]
④ 제4석유류 - 6,000[L]

해설 동식물유류 - 10,000[L](제1류~제6류까지의 숫자상으로는 10,000이 가장 크다)

44

하자보수의 이행보증과 관련하여 소방시설공사업을 등록한 공사업자가 금융기관에 예치하여야 하는 하자보수보증금은 소방시설공사금액의 얼마 이상으로 하여야 하는가?

① 100분의 1 이상 ② 100분의 2 이상
③ 100분의 3 이상 ④ 100분의 5 이상

해설 하자보수보증금 : 소방시설공사금액의 3/100 이상

45

소방안전관리대상물의 관계인은 소방훈련과 교육을 실시한 때에는 관련 규정에 의하여 그 실시결과를 소방훈련 · 교육실시 결과기록부에 기재하고 이를 몇 년간 보관하여야 하는가?

① 1년 ② 2년
③ 3년 ④ 5년

해설 소방훈련 · 교육실시 결과기록부 : 2년간 보관

46

보일러 등의 위치 · 구조 및 관리와 화재예방을 위하여 불의 사용에 있어서 지켜야 하는 사항으로 잘못된 것은?

① 보일러와 벽 · 천장 사이의 거리는 0.5[m] 이상 되도록 하여야 한다.
② 가연성 벽 · 바닥 또는 천장과 접촉하는 증기기관 또는 연통의 부분은 규조토 · 석면 등 난연성 단열재로 덮어씌워야 한다.
③ 기체연료를 사용하는 경우 보일러가 설치된 장소에는 가스누설경보기를 설치하여야 한다.
④ 경유 · 등유 등 액체연료를 사용하는 경우 연료탱크는 보일러본체로부터 수평거리 1[m] 이상의 간격을 두어 설치하여야 한다.

해설 **보일러와 벽 · 천장 사이의 거리는 0.6[m] 이상** 되도록 하여야 한다.

41 ① 42 ④ 43 ③ 44 ③ 45 ② 46 ① 정답

47

특정소방대상물에 설치하는 소방시설 등의 유지·관리 등에 있어 대통령령 또는 화재안전기준의 변경으로 그 기준이 강화되는 경우 변경 전의 대통령령 또는 화재안전기준이 적용되지 않고 강화된 기준이 적용되는 것은?

① 자동화재속보설비
② 옥내소화전설비
③ 간이스프링클러설비
④ 옥외소화선설비

해설 대통령령 또는 화재안전기준의 변경으로 강화된 기준을 적용하는 경우**(소급 적용대상)**
- 다음 시설 중 대통령령으로 정하는 것(소화기구, 비상경보설비, 자동화재속보설비, 피난구조설비)
- 지하구에 설치하여야 하는 소방시설(공동구, 전력 또는 통신사업용 지하구)
- 노유자(老幼者)시설, 의료시설에 설치하여야 하는 소방시설 중 대통령령으로 정하는 것

48

다음 (　) 안에 들어갈 숫자로 알맞은 것은?

> 공기호흡기는 지하층을 포함하는 층수가 (㉠)층 이상인 관광호텔 및 (㉡)층 이상인 병원에 설치하여야 한다.

① ㉠ 11, ㉡ 7　　② ㉠ 7, ㉡ 7
③ ㉠ 7, ㉡ 5　　④ ㉠ 5, ㉡ 5

해설 공기호흡기는 지하층을 포함하는 층수가 7층 이상인 관광호텔, 5층 이상 병원에 설치하여야 한다.

49

의용소방대의 설치 및 의용소방대원의 처우 등에 대한 설명으로 틀린 것은?

① 소방본부장이나 소방서장은 소방업무를 보조하게 하기 위하여 특별시·광역시·시·읍·면에 의용소방대(義勇消防隊)를 둔다.
② 의용소방대의 운영과 처우 등에 대한 경비는 그 대원(隊員)의 임면권자가 부담한다.
③ 의용소방대원이 소방업무 및 소방 관련 교육·훈련을 수행하였을 때에는 시·도의 조례로 정하는 바에 따라 수당을 지급한다.
④ 의용소방대원이 소방업무 및 소방 관련 교육·훈련으로 인하여 질병에 걸리거나 부상을 입거나 사망하였을 때에는 행정안전부령이 정하는 바에 따라 보상금을 지급한다.

해설 법령 개정으로 맞지 않는 문제임

50

위험물제조소 등의 용도를 폐지한 때에는 용도를 폐지한 날부터 며칠 이내에 시·도지사에게 신고하여야 하는가?

① 7일　　② 14일
③ 21일　　④ 30일

해설 **제조소용도폐지 신고** : 폐지한 날부터 **14일 이내**에 시·도지사에게 신고

51

다음 중 위험물별 성질로서 옳지 않은 것은?

① 제1류 – 산화성 고체
② 제2류 – 가연성 고체
③ 제4류 – 인화성 액체
④ 제6류 – 인화성 고체

해설 제6류 위험물 : 산화성 액체

52

소방특별조사대상선정위원회의 위원이 될 수 없는 사람은?

① 소방기술사
② 소방시설관리사
③ 소방 관련 단체에서 소방 관련 업무에 3년 이상 종사한 사람
④ 과장급 직위 이상의 소방공무원

정답 47 ① 48 ③ 49 ④ 50 ② 51 ④ 52 ③

해설 **소방특별조사대상선정위원회의 위원**
- 과장급 직위 이상의 소방공무원
- 소방기술사
- 소방시설관리사
- 소방 관련 석사 학위 이상을 취득한 사람
- 소방 관련 법인 또는 단체에서 소방 관련 업무에 5년 이상 종사한 사람
- 소방공무원 교육기관, 대학 또는 연구소에서 소방과 관련한 교육 또는 연구에 **5년 이상 종사**한 사람

53

위험물안전관리법령상 위험물을 저장하기 위한 저장소 구분에 해당되지 않는 것은?

① 일반저장소　② 이동탱크저장소
③ 간이탱크저장소　④ 옥외저장소

해설 저장소 : 옥내저장소, 옥외저장소, 옥내탱크저장소, 옥내탱크저장소, 지하탱크저장소, 이동탱크저장소, 간이탱크저장소, 암반탱크저장소

54

방염처리업의 종류에 속하지 않는 것은?

① 섬유류 방염업
② 위험물류 방염업
③ 합판·목재류 방염업
④ 합성수지류 방염업

해설 방염처리업의 종류 : 섬유류 방염업·합판·목재류 방염업·합성수지류 방염업

55

옥내주유취급소에 있어서 해당 사무소 등의 출입구 및 피난구와 해당 피난구로 통하는 통로, 계단 및 출입구에 설치하여야 하는 피난구조설비는?

① 유도등　② 자동식 사이렌설비
③ 제연설비　④ 소화기

해설 유도등 : 피난구조설비

56

소방대상물의 방염 등에 있어 제조 또는 가공공정에서 방염대상물품에 해당되지 않는 것은?

① 목재, 책상
② 카 펫
③ 창문에 설치하는 커튼류
④ 전시용합판

해설 **제조 또는 가공공정에서 방염물품 대상(설치유지법률 시행령 제20조)**
- 창문에 설치하는 커튼류(블라인드를 포함한다)
- 카펫, 두께가 2[mm] 미만인 벽지류(종이벽지는 제외한다)
- 전시용 합판 또는 섬유판, 무대용 합판 또는 섬유판
- 암막·무대막(영화상영관에 설치하는 스크린과 골프연습장에 설치하는 스크린을 포함한다)
- 소파·의자(단란주점영업, 유흥주점영업, 노래연습장업의 영업장에 설치하는 것만 해당)

57

소방청의 중앙소방기술심의위원회의 심의사항에 해당하지 않는 것은?

① 소방시설공사의 하자를 판단하는 기준에 관한 사항
② 소방시설에 하자가 있는지의 판단에 관한 사항
③ 소방시설의 설계 및 공사감리의 방법에 관한 사항
④ 소방시설의 구조 및 원리 등에서 공법이 특수한 설계 및 시공에 관한 사항

해설 **소방기술심의위원회의 심의사항**
- **중앙소방기술심의위원회**의 심의사항
  - 화재안전기준에 관한 사항
  - 소방시설의 구조 및 원리 등에서 공법이 특수한 설계 및 시공에 관한 사항
  - 소방시설의 설계 및 공사감리의 방법에 관한 사항
  - 소방시설공사의 **하자를 판단하는 기준**에 관한 사항
- **지방소방기술심의위원회**의 심의사항
  - 소방시설에 **하자가 있는지의 판단**에 관한 사항
  - 그 밖에 소방기술 등에 관하여 대통령령으로 정하는 사항

53 ① 54 ② 55 ① 56 ① 57 ② 정답

58

특정소방대상물의 관계인은 그 특정소방대상물에 대하여 소방안전관리업무를 수행하여야 한다. 그 업무에 속하지 않는 것은?

① 피난시설, 방화구획 및 방화시설의 유지·관리
② 화재에 관한 위험정보
③ 화기(火氣) 취급의 감독
④ 소방시설이나 그 밖의 소방관련시설의 유지·관리

해설 특정소방대상물(소방안전관리대상물은 제외한다)의 관계인과 소방안전관리대상물의 소방안전관리자의 업무(다만, **제1호·제2호 및 제4호의 업무는 소방안전관리대상물의 경우에만 해당한다**)

- 피난계획에 관한 사항과 대통령령으로 정하는 사항이 포함된 소방계획서의 작성 및 시행
- 자위소방대(自衛消防隊) 및 초기 대응 체계의 구성·운영·교육
- 제10조에 따른 피난시설, 방화구획 및 방화시설의 유지·관리
- 제22조에 따른 소방훈련 및 교육
- 소방시설이나 그 밖의 소방 관련 시설의 유지·관리
- 화기(火氣) 취급의 감독
- 그 밖에 소방안전관리에 필요한 업무

59

소방기본법령상 특수가연물로서 가연성 고체에 대한 설명으로 틀린 것은?

① 고체로서 인화점이 40[℃] 이상 100[℃] 미만인 것
② 고체로서 인화점이 100[℃] 이상 200[℃] 미만이고, 연소열량이 1[g]당 8[kcal] 이상인 것
③ 고체로서 인화점이 200[℃] 이상이고 연소열량이 1[g]당 8[kcal] 이상인 것으로서 융점이 200[℃] 미만인 것
④ 1기압과 20[℃] 초과 40[℃] 이하에서 액상인 것으로서 인화점이 70[℃] 이상 200[℃] 미만인 것

해설 **가연성 고체류**

① 인화점이 40[℃] 이상 100[℃] 미만인 것
② 인화점이 100[℃] 이상 200[℃] 미만이고, 연소열량이 1[g]당 8[kcal] 이상인 것
③ 인화점이 200[℃] 이상이고 연소열량이 1[g]당 8[kcal] 이상인 것으로서 융점이 100[℃] 미만인 것
④ 1기압과 20[℃] 초과 40[℃] 이하에서 액상인 것으로서 인화점이 70[℃] 이상 200[℃] 미만이거나 ② 또는 ③에 해당하는 것

60

소방신호의 종류가 아닌 것은?

① 진화신호 ② 발화신호
③ 경계신호 ④ 해제신호

해설 소방신호 : 경계신호, 발화신호, 해제신호, 훈련신호

제4과목 소방기계시설의 구조 및 원리

61

연결살수설비 전용헤드의 경우 소방대상물의 각 부분으로부터 하나의 헤드까지의 수평거리는?

① 2.3[m] 이하 ② 2.5[m] 이하
③ 3.2[m] 이하 ④ 3.7[m] 이하

해설 **연결살수헤드의 수평거리**

- 연결살수설비 전용헤드의 경우 : 3.7[m] 이하
- 스프링클러헤드의 경우 : 2.3[m] 이하

62

다음은 할론소화설비의 수동식 기동장치 점검내용이다. 이중 가장 잘못된 것은?

① 방호구역마다 설치되어 있는가
② 방출지연용 비상스위치가 설치되어 있는가
③ 화재감지기와 연동되어 있는가
④ 조작부는 바닥으로부터 0.8[m] 이상 1.5[m] 이하의 위치에 설치되어 있는가

해설 자동식 기동장치는 자동화재탐지설비의 화재감지기와 연동되어 있어야 한다.

정답 58 ② 59 ③ 60 ① 61 ④ 62 ③

63

다음 중 스프링클러설비의 배관에 설치되는 행거에 대한 설명으로 잘못된 것은?

① 가지배관에는 헤드의 설치지점 사이마다 1개 이상의 행거를 설치
② 가지배관에서 상향식 헤드의 경우 헤드와 행거 사이에 8[cm] 이상 간격을 둘 것
③ 가지배관에서 헤드 간의 간격이 3.5[m]를 초과하는 경우에는 3.5[m] 이내마다 행거를 1개 이상 설치
④ 교차배관에는 가지배관 사이의 거리가 4.5[m]를 초과하는 경우 3.5[m] 이내마다 행거를 1개 이상 설치

해설 **스프링클러설비의 배관에 설치하는 행거**

- 가지배관
  가지배관에는 헤드의 설치지점 사이마다 1개 이상의 행거를 설치하되 헤드 간의 거리가 **3.5[m]**를 초과하는 경우에는 **3.5[m]** 이내마다 **1개 이상**을 설치한다. 상향식 헤드의 경우에는 그 헤드와 행거 사이에는 **8[cm] 이상**의 간격을 두어야 한다.
- 교차배관
  교차배관에는 가지배관과 가지배관 사이에 1개 이상의 행거를 설치하되 가지배관 사이의 거리가 4.5[m]를 초과하는 경우에는 **4.5[m]** 이내마다 **1개 이상** 설치하여야 한다.
- 수평주행배관에는 **4.5[m]** 이내마다 1개 이상 설치하여야 한다.

64

부촉매효과로 연쇄반응억제가 뛰어나서 소화력이 우수하지만 CFC계열의 오존층파괴물질로 현재 사용에 제한을 하는 소화약제를 이용한 소화설비는?

① 이산화탄소소화설비
② 할론소화설비
③ 분말소화설비
④ 포소화설비

해설 할론소화설비 : 오존층파괴물질로 생산, 사용을 제한하고 있다.

65

분말소화설비의 화재안전기준상 제1종 분말을 사용한 전역방출방식의 분말소화설비에 있어서 방호구역 체적 1[m³]에 대한 소화약제는 몇 [kg]인가?

① 0.60　　② 0.36
③ 0.24　　④ 0.72

해설 **분말소화약제의 소화약제량**

약제의 종류	소화약제량	가산량
제1종 분말	0.60[kg/m³]	4.5[kg/m²]
제2종 또는 제3종 분말	0.36[kg/m³]	2.7[kg/m²]
제4종 분말	0.24[kg/m³]	1.8[kg/m²]

66

다음 중 소화기의 사용방법으로 맞는 것은?

① 소화기는 안전장치를 푸는 동작을 제외하는 경우에 1동작 이내로 방사할 수 있어야 한다.
② 바람이 불 때는 바람이 불어오는 방향으로 방사하여야 한다.
③ 불길의 윗부분에 약제를 방출하고 가까이에서 전방으로 향하여 방사한다.
④ 개방되어 있는 실내에서는 질식의 우려가 있으므로 사용하지 않는다.

해설 **소화기의 사용방법**

- 소화기는 안전장치를 푸는 동작을 제외하는 경우에 1동작 이내로 방사할 수 있어야 한다.
- 바람이 불 때는 바람을 등지고 풍상에서 풍하로 방사하여야 한다.
- 성능에 따라 불 가까이 가서 약제를 방출하여야 한다.
- 소화기는 밀폐 또는 개방되어 있는 실내에서 사용할 수 있다.

67

스프링클러설비에 있어서 정방형으로 배치하는 경우 헤드에서 헤드까지의 설치거리를 산출하는 식으로 옳은 것은?(단, r : 수평거리이다)

① $S = r\cos 45°$　　② $S = 2r\cos 45°$
③ $S = r\sqrt{45}$　　④ $S = 2r\sqrt{2}$

해설 정방형 헤드 간의 거리 $S = 2r\cos 45°$

63 ④ 64 ② 65 ① 66 ① 67 ② 정답

68

스프링클러헤드에 있어서의 용어를 설명한 것이다. 내용이 적합하지 않은 것은?

① "방수압력"이란 정류통에 의하여 측정한 방수시의 정압을 말한다.
② "퓨지블링크"란 감열체 중 이융성 금속으로 융착되거나 이융성 물질에 의해 조립된 것을 말한다.
③ "유리벌브"란 감열체 중 유리구 안에 액체나 기체 등을 넣어 봉한 것을 말한다.
④ "스프링클러헤드"란 화재 시의 가압된 물이 내뿜어져 분산됨으로써 소화기능을 하는 헤드를 말한다.

해설 유리벌브 : 감열체 중 유리구 안에 액체 등을 넣어 봉한 것

69

물분무소화설비에서 압력수조를 이용한 가압송수장치의 압력수조에 설치하여야 되는 것이 아닌 것은?

① 수위계
② 급기관
③ 수동식 에어컴프레서
④ 맨 홀

해설 압력수조 설치 부속물 : **수위계 · 급수관 · 배수관 · 급기관 · 맨홀 · 압력계 · 안전장치, 자동식 공기압축기**

70

이산화탄소소화설비의 기동장치에 대한 내용 중 맞는 것은?

① 자동식 기동장치는 자동화재탐지설비의 감지기의 작동과 꼭 연동할 필요는 없다.
② 전역방출방식에 있어서 수동식 기동장치는 저장용기실에 조작이 편하도록 설치한다.
③ 가스압력식 자동기동장치의 기동용 가스용기 용적은 0.6[L] 이상이어야 한다.
④ 수동식 기동장치의 부근에는 방출지연을 위한 비상스위치를 설치한다.

해설 이산화탄소소화설비의 기동장치

- 자동식 기동장치는 자동화재탐지설비의 감지기의 작동과 연동하여야 한다.
- 전역방출방식에 있어서 수동식 기동장치는 방호구역마다 설치하는데 방호구역 외부에 설치한다.
- 가스압력식 자동기동장치의 기동용 가스용기
  - 용적 : 5[L] 이상
  - 충전가스 : 질소 등의 비활성기체
  - 충전압력 : 6.0[MPa] 이상(21[℃] 기준)
  - 압력게이지 설치할 것

71

연결송수관설비의 방수구 설치기준에 관련된 사항이다. 적절하지 않은 항목은?

① 10층 이상의 층에는 쌍구형으로 설치하여야 한다.
② 호스접결구는 바닥으로부터 높이 0.5[m] 이상 1[m] 이하의 위치에 설치하여야 한다.
③ 구경이 65[mm]의 것으로 하여야 한다.
④ 방수구는 개폐기능을 가진 것으로 하여야 한다.

해설 연결송수관설비의 방수구는 **11층 이상의 층**에는 **쌍구형**으로 설치하여야 한다.

PLUS ONE **11층 이상으로서 단구형으로 할 수 있는 경우**
- 아파트의 용도로 사용되는 층
- 스프링클러설비가 유효하게 설치되어 있고 방수구가 2개소 이상 설치된 층

72

바닥면적이 180[m^2]인 호스릴방식의 포소화설비를 설치한 건축물 내부에 호스접결구가 2개이고 약제농도 3[%]형을 사용할 때 포약제의 최소필요량은 몇 [L]인가?

① 720　　② 360
③ 270　　④ 180

해설 바닥면적이 200[m^2] 미만일 때 호스릴방식의 약제량

$$Q = N \times S \times 6{,}000[\text{L}] \times 0.75$$

여기서, N : 호스접결구수(5개 이상은 5개)
S : 포소화약제의 농도[%]

$\therefore\ Q = N \times S \times 6{,}000[\text{L}] \times 0.75$
$= 2 \times 0.03 \times 6{,}000 \times 0.75 = 270[\text{L}]$

정답 68 ③　69 ③　70 ④　71 ①　72 ③

73

주차장에 설치하는 포소화설비에 있어서 포헤드의 설치 배관방식 중 가장 올바른 것은?(단, ⏚ 표시는 홈헤드, EL은 엘보, T는 티를 가리킨다)

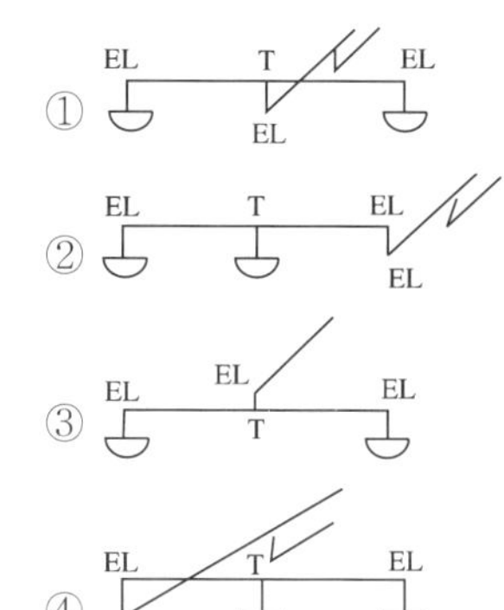

해설 마찰손실을 줄이기 위해서는 ③의 방법이 적합하다.

74

현재 국내 및 국제적으로 적용되고 있는 할로겐화합물 및 불활성기체 소화설비 중 약제의 저장용기 내에서 저장상태가 기체상태의 압축가스인 약제는?

① IG-541　　② HCFC Blend A
③ HFC-227ea　　④ HFC-23

해설 **할로겐화합물 및 불활성기체**

약제종류	상 태	약제 성분		
		질 소	아르곤	탄산가스
IG-01	기 체	–	100[%]	–
IG-100	기 체	100[%]	–	–
IG-541	기 체	52[%]	40[%]	8[%]
IG-55	기 체	50[%]	50[%]	–

75

상수도 소화용수설비 설치대상물은 지상에 노출된 가스시설 저장용량의 합계가 몇 [t] 이상이어야 하는가?

① 10[t]　　② 50[t]
③ 60[t]　　④ 100[t]

해설 **상수도 소화용수설비 설치대상물**

- 연면적이 5,000[m^2] 이상인 것(단, 위험물 저장 및 처리시설 중 가스시설, 터널 또는 지하구는 제외)
- 가스시설로서 지상에 노출된 탱크의 저장용량의 합계가 100[t] 이상인 것

76

이산화탄소소화설비, 할론소화설비 등의 가스계 소화설비와 분말소화설비의 국소방출방식에 대한 설명 중 옳은 것은?

① 고정된 분사헤드에서 특정 방호대상물에 직접 소화약제를 분사하는 방식이다.
② 내화구조 등의 벽 등으로 구획된 방호대상물로서 고정한 분사헤드에서 공간 전체로 소화약제를 분사하는 방식이다.
③ 호스 선단에 부착된 노즐을 이동하여 방호대상물에 직접 소화약제를 분사하는 방식이다.
④ 소화약제 용기 노즐 등을 운반기구에 적재하고 방호대상물에 직접 소화약제를 분사하는 방식이다.

해설 **방출방식**

- 전역방출방식 : 고정식 이산화탄소 공급장치에 배관 및 분사헤드를 고정 설치하여 밀폐 방호구역 내에 이산화탄소를 방출하는 설비
- **국소방출방식** : 고정식 이산화탄소 공급장치에 배관 및 분사헤드를 설치하여 직접 화점에 이산화탄소를 방출하는 설비로 화재발생 부분에만 집중적으로 소화약제를 방출하도록 설치하는 방식
- 호스릴방식 : 분사헤드가 배관에 고정되어 있지 않고 소화약제 저장용기에 호스를 연결하여 사람이 직접 화점에 소화약제를 방출하는 이동식 소화설비

77

상수도 소화설비의 소화전은 구경이 얼마 이상인 상수도용 배관에 직접 접속하여야 하는가?

① 50[mm]　　② 65[mm]
③ 75[mm]　　④ 100[mm]

해설 상수도 소화설비는 호칭지름 75[mm] 이상의 수도배관에 호칭지름 100[mm] 이상의 소화전을 접속하여야 한다.

73 ③　74 ①　75 ④　76 ①　77 ③ **정답**

78

소화기구에 적용되는 능력단위에 대한 설명이다. 맞지 않는 항목은?

① 소화기구의 소화능력을 나타내는 수치이다.
② 화재종류(A급, B급 등)별로 구분하여 표시된다.
③ 소화기구의 적용기준은 소방대상물의 소요능력단위 이상의 수량을 적용하여야 한다.
④ 간이소화용구에는 적용되지 않는다.

해설 간이소화용구에도 능력단위는 적용된다.

79

다음 중 옥외소화전설비를 설치하여야 하는 특정소방대상물은?

① 1개 층의 바닥면적이 3,000[m^2]인 지상 15층의 특정소방대상물
② 1개 층의 바닥면적이 3,000[m^2](1개의 건축물 기준)인 지상 3층의 특정소방대상물이 동일 구내에 연소우려가 있는 구조로 2개 건축(2개의 특정소방대상물)
③ 1개 층의 바닥면적이 1,000[m^2](1개의 건축물 기준)인 지상 30층의 특정소방대상물이 동일 구내에 연소우려가 있는 구조로 2개 건축(2개의 특정소방대상물)
④ 1개 층의 바닥면적이 1,000[m^2]인 지상 30층의 특정소방대상물이 무창층으로 건축

해설 **옥외소화전설비**를 설치하여야 하는 특정소방대상물(아파트, 위험물저장 및 처리시설 중 가스시설, 지하구 또는 지하가 중 터널은 제외한다)

- **지상 1층 및 2층의 바닥면적의 합계가 9,000[m^2] 이상**인 것. 이 경우 **동일구내에 둘 이상의 특정소방대상물이 행정안전부령으로 정하는 연소 우려가 있는 구조인 경우에는 이를 하나의 특정소방대상물로 본다.**
- 국보 또는 보물로 지정된 목조건축물
- 공장 또는 창고시설로서 소방기본법 시행령 별표 2에서 정하는 수량의 750배 이상의 특수가연물을 저장・취급하는 것

∴ 2개의 특정소방대상물인데 연소 우려가 있는 구조인 경우에는 이를 하나의 특정소방대상물로 보기 때문에 1개의 대상물의 1층과 2층의 바닥면적의 합계는 6,000[m^2](3,000 + 3,000)이고 다른 하나의 건축물도 6,000[m^2](3,000 + 3,000)이므로 합계는 6,000 + 6,000 = 12,000[m^2]이므로 옥외소화전설비 설치대상이다.

80

연결송수관설비에 대하여 틀린 것은?

① 연결송수관설비는 소방대원들이 각 층에서 소화작업을 하게 되는 소화활동설비이다.
② 하나의 건축물에 설치된 각 수직배관이 중간에 개폐밸브가 설치되지 아니한 배관으로 상호 연결되어 있을 때 건축물마다 1개의 송수구를 설치할 수 있다.
③ 주배관의 구경은 100[mm] 이상으로 하고 지면으로부터 높이가 31[m] 이상인 소방대상물에서는 습식으로 한다.
④ 아파트가 아닌 11층 이상의 건축물에 방수구가 1개소가 설치된 층에는 방수구를 단구형으로 할 수 있다.

해설 **11층 이상**의 부분에 설치하는 방수구는 **쌍구형**으로 할 것(단, 아파트는 단구형으로 설치할 수 있다)

정답 78 ④ 79 ② 80 ④

제 2 회 2012년 5월 20일 시행

제 1 과목 소방원론

01

다음 중 발화점이 가장 낮은 것은?

① 황화인 ② 적 린
③ 황 린 ④ 유 황

해설 발화점

종 류	황화인(삼황화인)	적 린	황 린	유황(고무상황)
착화 온도	100[℃]	260[℃]	34[℃]	360[℃]

02

1[kcal]의 열은 약 몇 [J]에 해당하는가?

① 5,262 ② 4,184
③ 3,943 ④ 3,330

해설 1[cal] = 4.184[J]이니까 1[kcal] = 4,184[J]

03

자연발화가 일어나기 쉬운 조건이 아닌 것은?

① 열전도율이 클 것
② 적당량의 수분이 존재할 것
③ 주위의 온도가 높을 것
④ 표면적이 넓을 것

해설 열전도율이 적을수록 자연발화가 잘 일어난다.

04

할론 1301의 화학식에 해당하는 것은?

① CF_3Br ② CBr_2F_2
③ $CBrClF_2$ ④ $CBrClF_3$

해설 화학식

종 류	CF_3Br	CBr_2F_2	$CBrClF_2$	$CBrClF_3$
명 칭	할론 1301	할론 1202	할론 1211	할론 1311

05

마그네슘의 화재에 주수하였을 때 물과 마그네슘의 반응으로 인하여 생성하는 가스는?

① 일산화탄소 ② 이산화탄소
③ 수 소 ④ 산 소

해설 마그네슘은 물과 반응하면 수소가스를 발생한다.

$$Mg + 2H_2O \rightarrow Mg(OH)_2 + H_2\uparrow$$

06

0[℃]의 물 1[g]이 100[℃]의 수증기가 되려면 몇 [cal]의 열량이 필요한가?

① 539 ② 639
③ 719 ④ 819

해설 열 량

$$Q = mc\Delta t + \gamma \cdot m$$

여기서, m : 무게[g]
c : 비열[cal/g · ℃]
Δt : 온도차[℃]
γ : 물의 기화잠열(539[cal/g])

$\therefore\ Q = mc\Delta t + \gamma \cdot m$
$= 1[g] \times 1[cal/g \cdot ℃] \times (100-0)[℃] + 539[cal/g] \times 1[g] = 639[cal]$

정답 01 ③ 02 ② 03 ① 04 ① 05 ③ 06 ②

07

불티가 바람에 날리거나 또는 화재현장에서 상승하는 열기류 중심에 휩쓸려 원거리 가연물에 착화하는 현상을 무엇이라 하는가?

① 비 화 ② 전 도
③ 대 류 ④ 복 사

해설 **비화** : 불티가 바람에 날리어 인접 가연물에 옮겨 붙는 현상

08

표면온도가 300[℃]에서 안전하게 작동하도록 설계된 히터의 표면온도가 360[℃]로 상승하면 300[℃] 때 방출하는 복사열에 비해 약 몇 배의 복사열을 방출하는가?

① 1.2 ② 1.5
③ 2 ④ 2.5

해설 **복사열**은 **절대온도**의 **4승**에 비례한다. 300[℃]에서 열량을 Q_1, 360[℃]에서 열량을 Q_2라고 하면

$$\frac{Q_2}{Q_1} = \frac{(360+273)^4\,[\text{K}]}{(300+273)^4\,[\text{K}]} = 1.5\text{배}$$

09

제3종 분말소화약제의 주성분은?

① 인산암모늄
② 탄산수소칼륨
③ 탄산수소나트륨
④ 탄산수소칼륨과 요소

해설 **분말소화약제**

종 별	소화약제	약제의 착색	적응 화재	열분해반응식
제1종 분말	중탄산나트륨 ($NaHCO_3$)	백 색	B, C급	$2NaHCO_3 \rightarrow Na_2CO_3 + CO_2 + H_2O$
제2종 분말	중탄산칼륨 ($KHCO_3$)	담회색	B, C급	$2KHCO_3 \rightarrow K_2CO_3 + CO_2 + H_2O$
제3종 분말	제일인산암모늄 ($NH_4H_2PO_4$)	담홍색, 황색	A, B, C급	$NH_4H_2PO_4 \rightarrow HPO_3 + NH_3 + H_2O$
제4종 분말	중탄산칼륨+요소 [$KHCO_3 + (NH_2)_2CO$]	회 색	B, C급	$2KHCO_3 + (NH_2)_2CO \rightarrow K_2CO_3 + 2NH_3 + 2CO_2$

10

목재 연소 시 일반적으로 발생할 수 있는 연소가스로 가장 관계가 먼 것은?

① 포스겐 ② 수증기
③ CO_2 ④ CO

해설 목재의 연소 시 물(수증기)과 이산화탄소(CO_2), 일산화탄소(CO)는 발생하고 포스겐은 사염화탄소가 물과 공기 등과 반응할 때 발생한다.

11

지하층이라 함은 건축물의 바닥이 지표면 아래에 있는 층으로서 바닥에서 지표면까지의 평균높이가 해당 층 높이의 얼마 이상인 것을 말하는가?

① $\frac{1}{2}$ ② $\frac{1}{3}$
③ $\frac{1}{4}$ ④ $\frac{1}{5}$

해설 **지하층** : 건축물의 바닥이 지표면 아래에 있는 층으로서 바닥에서 지표면까지의 평균높이가 해당 층 높이의 1/2 이상인 것

12

질소 79.2[%], 산소 20.8[%]로 이루어진 공기의 평균분자량은?(단, 질소 및 산소의 원자량은 각각 14 및 16이다)

① 15.4 ② 20.21
③ 28.83 ④ 36.00

해설 공기의 평균분자량
(28×0.792) + (32×0.208)=28.83

[분자량]
- 질소(N_2)=28
- 산소(O_2)=32

13

주된 연소형태가 표면연소인 가연물로만 나열된 것은?

① 숯, 목탄
② 석탄, 종이
③ 나프탈렌, 파라핀
④ 나이트로셀룰로스, 질화면

정답 07 ① 08 ② 09 ① 10 ① 11 ① 12 ③ 13 ①

해설 **표면연소** : **목탄, 코크스, 숯, 금속분** 등이 열분해에 의하여 가연성 가스를 발생하지 않고 그 물질 자체가 연소하는 현상

14

이산화탄소를 방출하여 산소농도가 13[%]되었다면 공기 중 이산화탄소의 농도는 약 몇 [%]인가?

① 0.095[%] ② 0.3809[%]
③ 9.5[%] ④ 38.09[%]

해설 **이산화탄소의 농도**

$$\text{이산화탄소의 농도[\%]} = \frac{21 - O_2}{21} \times 100$$

$$\therefore \text{이산화탄소의 농도[\%]} = \frac{21 - 13}{21} \times 100 = 38.09[\%]$$

15

건축물의 화재 발생 시 인간의 피난 특성으로 틀린 것은?

① 평상시 사용하는 출입구나 통로를 사용하는 경향이 있다.
② 화재의 공포감으로 인하여 빛을 피해 어두운 곳으로 몸을 숨기는 경향이 있다.
③ 화염, 연기에 대한 공포감으로 발화지점의 반대방향으로 이동하는 경향이 있다.
④ 화재 시 최초로 행동을 개시한 사람을 따라 전체가 움직이는 경향이 있다.

해설 **화재 시 인간의 피난 행동 특성**

- **귀소본능** : 평소에 사용하던 출입구나 통로 등 습관적으로 친숙해 있는 경로로 도피하려는 본능
- **지광본능** : 화재 발생 시 연기와 정전 등으로 가시거리가 짧아져 시야가 흐리면 **밝은 방향으로 도피**하려는 본능
- **추종본능** : 화재 발생 시 최초로 행동을 개시한 사람에 따라 전체가 움직이는 본능(많은 사람들이 달아나는 방향으로 무의식적으로 안전하다고 느껴 위험한 곳임에도 불구하고 따라가는 경향)
- **퇴피본능** : 연기나 화염에 대한 공포감으로 화원의 반대방향으로 이동하려는 본능
- 좌회본능 : 좌측으로 통행하고 시계의 반대방향으로 회전하려는 본능

16

인화점이 20[℃]인 액체 위험물을 보관하는 창고의 인화 위험성에 대한 설명 중 옳은 것은?

① 여름철에 창고 안이 더워질수록 인화의 위험성이 커진다.
② 겨울철에 창고 안이 추워질수록 인화의 위험성이 커진다.
③ 20[℃]에서 가장 안전하고 20[℃]보다 높아지거나 낮아질수록 인화의 위험성이 커진다.
④ 인화의 위험성은 계절의 온도와는 상관없다.

해설 인화점이 20[℃]이면 20[℃]가 되면 불이 붙으므로 창고 안의 온도가 높으면 위험하다.

17

알칼리금속의 과산화물을 취급할 때 주의사항으로 옳지 않은 것은?

① 충격, 마찰을 피한다.
② 가연물질과의 접촉을 피한다.
③ 분진발생을 방지하기 위해 분무상의 물을 뿌려준다.
④ 강한 산성류와의 접촉을 피한다.

해설 알칼리금속의 과산화물(Na_2O_2, K_2O_2)은 물과 반응하면 산소를 발생하므로 위험하다.

$$2Na_2O_2 + 2H_2O \rightarrow 4NaOH + O_2$$

18

피난계획의 일반원칙 중 Fool Proof 원칙이란 무엇인가?

① 1가지가 고장이 나도 다른 수단을 이용하는 원칙
② 2방향의 피난동선을 항상 확보하는 원칙
③ 피난수단을 이동식 시설로 하는 원칙
④ 피난수단을 조작이 간편한 원시적 방법으로 하는 원칙

해설 **Fool Proof** : 비상시 머리가 혼란하여 판단능력이 저하되는 상태로 누구나 알 수 있도록 문자나 그림으로 표시하여 피난수단을 조작이 간편한 원시적인 방법으로 하는 원칙

14 ④ 15 ② 16 ① 17 ③ 18 ④ 정답

19

위험물의 유별 성질이 가연성 고체인 위험물은 제 몇 류 위험물인가?

① 제1류 위험물　② 제2류 위험물
③ 제3류 위험물　④ 제4류 위험물

해설 제2류 위험물 : 가연성 고체

20

할로겐원소에 해당하지 않는 것은?

① 플루오린　② 염 소
③ 아이오딘　④ 비 소

해설 할로겐원소(7족 원소) : F(플루오린), Cl(염소), Br(브롬, 취소), I(아이오딘, 옥소)

제 2 과목 소방유체역학

21

그림과 같은 벤투리관에 유량 3[m³/min]으로 물이 흐르고 있다. 단면 1의 직경이 20[cm], 단면 2의 직경이 10[cm]일 때 벤투리효과에 의한 물의 높이 차 Δh는 약 몇 [m]인가?(단, 모든 손실은 무시한다)

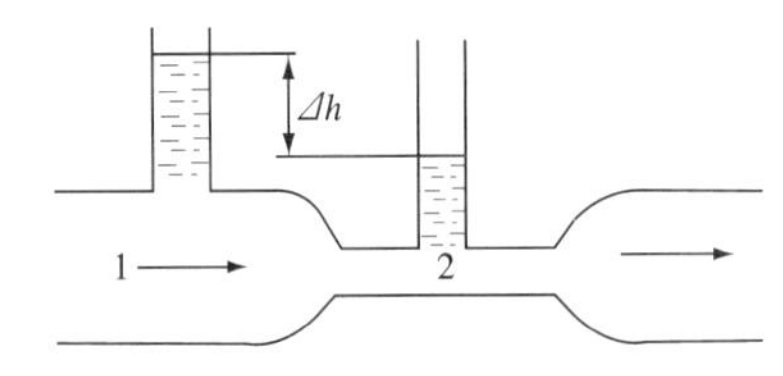

① 6.37　② 1.94
③ 1.61　④ 1.2

해설 풀이방법은 2가지 있는데 쉬운 방법으로 수험생께서는 이해하시기 바랍니다.

(1) 방법 I

① $V_1 = \dfrac{Q}{A_1} = \dfrac{3[\text{m}^3]/60[\text{s}]}{\dfrac{\pi}{4}(0.2[\text{m}])^2} = 1.59[\text{m/s}]$

② $V_2 = \dfrac{Q}{A_2} = \dfrac{3[\text{m}^3]/60[\text{s}]}{\dfrac{\pi}{4}(0.1[\text{m}])^2} = 6.37[\text{m/s}]$

1과 2에 베르누이 방정식을 적용하면

$$\frac{P_1}{\gamma} + \frac{V_1^2}{2g} = \frac{P_2}{\gamma} + \frac{V_2^2}{2g}$$

$$\frac{P_1 - P_2}{\gamma} = \frac{V_2^2 - V_1^2}{2g}$$

$$\Delta h = \frac{(6.37[\text{m/s}])^2 - (1.59[\text{m/s}])^2}{2 \times 9.8[\text{m/s}]}$$

$$= 1.94[\text{m}]$$

(2) 방법 II

손실이 없는 벤투리관의 Δh를 구하면

$$V_2 = \frac{Q}{A_2} = \frac{1}{\sqrt{1 - \left(\dfrac{A_2}{A_1}\right)^2}} \sqrt{2g\Delta h}$$

여기서, $V_2 = \dfrac{Q}{A_2} = \dfrac{3[\text{m}^3]/60[\text{s}]}{\dfrac{\pi}{4}(0.1[\text{m}])^2} = 6.37[\text{m/s}]$

$$\frac{A_2}{A_1} = \frac{\dfrac{\pi}{4}(0.1[\text{m}])^2}{\dfrac{\pi}{4}(0.2[\text{m}])^2} = 0.25$$

여기서, g : 중력가속도(9.8[m/s²])

$$\therefore 6.37[\text{m/s}] = \frac{1}{\sqrt{1 - (0.25)^2}} \sqrt{2 \times 9.8[\text{m/s}] \times \Delta h}$$

$$6.37 = \frac{1}{\sqrt{0.9375}} \sqrt{19.6 \times \Delta h}$$

$$6.37 = \frac{1}{0.9682} \sqrt{19.6 \times \Delta h}$$

$$6.167 = \sqrt{19.6 \times \Delta h}$$

$$\Delta h = 1.94[\text{m}]$$

22

어떤 액체의 동점성계수가 2[stokes]이며 비중량이 8×10^3[N/m³]이다. 이 액체의 점성계수는 약 몇 [N · s/m²]인가?

① 0.163　② 0.263
③ 16.3　④ 26.3

해설 점성계수를 구하면

$$\nu = \frac{\mu}{\rho}$$

점성계수 $\mu = \nu \cdot \rho$

여기서, ν(동점도) = 2[stokes] = 2[cm²/s] = 2×10^{-4}[m²/s]

정답 19 ② 20 ④ 21 ② 22 ①

$$\rho(\text{밀도}) = \frac{\gamma}{g} = \frac{8\times 10^3[\text{N/m}^3]}{9.8[\text{m/s}^2]}$$
$$= 816.33[\text{N}\cdot\text{s}^2/\text{m}^4]$$

$$\therefore \mu = \nu\cdot\rho$$
$$= 2\times 10^{-4}[\text{m}^2/\text{s}]\times 816.33[\text{N}\cdot\text{s}^2/\text{m}^4]$$
$$= 0.163[\text{N}\cdot\text{s/m}^2]$$

23

수은이 채워진 U자관에 어떤 액체를 넣었다. 수은과 액체의 계면으로부터 액체측 자유표면까지의 높이가 24[cm], 수은측 자유표면까지의 높이가 10[cm]일 때 이 액체의 비중은 약 얼마인가?(단, 수은의 비중은 13.6이다)

① 5.67 ② 6.81
③ 13.6 ④ 32.6

해설 액체의 비중

$$s_1h_1 = s_2h_2$$

여기서, s_1 : 액체의 비중, h_1 : 액체의 높이
s_2 : 수은의 비중, h_2 : 수은의 높이

$\therefore 24\times x = 13.6\times 10$
$x = 5.67$

24

고도(h)에 따른 기체의 압력(p)을 구하는 미분방정식은 $\frac{dp}{dh} = -\gamma$이다(γ= 기체의 비중량). 고도에 관계없이 일정온도 T= 300[K]를 유지하는 이상기체에서 h= 0에서의 압력이 100[kPa]이면 h= 300[m]에서의 압력은 몇 [kPa]인가?(단, 기체상수 R= 0.287[kJ/kg · K]이다)

① 85.5 ② 89.2
③ 93.1 ④ 96.6

해설 이상기체상태방정식 $\frac{P}{\rho} = RT$에서

밀도 $\rho = \frac{P}{RT} = \frac{100}{0.287\times 300} = 1.1614[\text{kg/m}^3]$

비중량 $\gamma = \rho g = 1.1614\times 9.8 = 11.382[\text{N/m}^3]$

미분방정식 $dP = -\gamma dh$에서 양변에 적분을 취하면

$$\int_1^2 dP = \int_0^{300} -\gamma dh,\ [P]_1^2 = -\gamma[h]_0^{300}$$

$$P_2 - (100\times 10^3) = -11.382\times(300-0)$$
$$\therefore P_2 = -3414.6 + (100\times 10^3) = 96,585.4[\text{Pa}]$$
$$= 96.59[\text{kPa}]$$

25

밀도가 1,030[kg/m^3]이고 체적탄성계수가 2.34[GPa]인 바닷물 속에서 음속은 약 몇 [m/s]인가?

① 47.7 ② 1,066
③ 1,507 ④ 2,131

해설 음속 $a = \sqrt{\frac{K}{\rho}}$ [m/s]에서

$$a = \sqrt{\frac{2.34\times 10^9}{1,030}} = 1,507.26[\text{m/s}]$$

26

1[MPa]에서 작동하는 장치 내로 포화액 상태의 물 m[kg]이 유입되어 건도 x의 습증기로 유출할 때 필요한 열량[kJ]을 구하는 식으로 옳은 것은?(단, 1[MPa]에 해당하는 포화액의 엔탈피는 h_f[kJ/kg]이고 포화증기의 엔탈피는 h_g[kJ/kg]이다)

① $m(1-x)(h_g-h_f)$ ② mxh_g
③ $m(h_g-h_f)$ ④ $mx(h_g-h_f)$

해설 필요한 열량 $Q = mx(h_g - h_f)$[kJ]

27

부피 1[m^3]인 용기 내의 기체압력이 200[kPa]였다면 이 기체 전부를 내용적 3[m^3]인 용기로 옮겼을 때 기체의 압력은 약 몇 [kPa]인가?(단, 기체온도는 일정하며 기체는 이상기체로 간주한다)

① 33.3 ② 50
③ 66.7 ④ 600

해설 보일의 법칙을 적용하면

$$V_2 = V_1\times\frac{P_1}{P_2} \qquad P_2 = P_1\times\frac{V_1}{V_2}$$

$$\therefore P_2 = P_1\times\frac{V_1}{V_2} = 200[\text{kPa}]\times\frac{1}{3} = 66.7[\text{kPa}]$$

23 ① 24 ④ 25 ③ 26 ④ 27 ③ 정답

28

다음 중 옳은 것을 모두 고른 것은?

> ㉠ 일반적으로 축류펌프의 비속도가 반경류 펌프의 비속도보다 크다.
> ㉡ 회전수와 양정이 같을 때 유량이 큰 펌프의 비속도가 더 크다.
> ㉢ 회전수와 유량이 같을 때 양정이 큰 펌프의 비속도가 더 작다.

① ㉠　② ㉠, ㉡
③ ㉡, ㉢　④ ㉠, ㉡, ㉢

해설 ㉠, ㉡, ㉢은 모두 맞는 설명이다.

29

표준대기압인 1기압과 다른 것은?

① 1.0332[kg/cm^2]　② 10.33[mAq]
③ 101.325[bar]　④ 760[mmHg]

해설 **표준대기압(1[atm])**

1[atm] = 760[mmHg] = 76[cmHg]
= 29.92[inHg](수은주 높이) = 1033.2[cmH_2O]
= 10.332[mH_2O = mAq](물기둥의 높이)
= 1.0332[kg$_f$/cm^2] = 10,332[kg$_f$/m^2]
= 14.7[psi = lb$_f$/in^2] = 1.013[bar]
= 101.325[Pa = N/m^2] = 101.325[kPa = kN/m^2]
= 0.101325[MPa = MN/m^2]

30

그림과 같은 사이펀에서 마찰손실을 무시할 때 흐를 수 있는 최대유속은 몇 [m/s]인가?

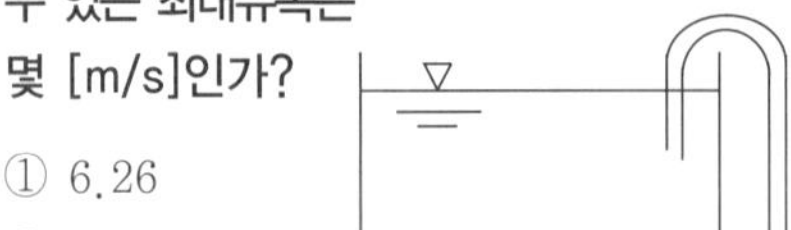

① 6.26
② 7.67
③ 8.85
④ 9.90

해설 베르누이 방정식을 적용하면

$$\frac{P_1}{\gamma}+\frac{V_1^2}{2g}+Z_1=\frac{P_2}{\gamma}+\frac{V_2^2}{2g}+Z_2$$

여기서, $P_1=P_2=0$, $V_1=0$, $Z_1-Z_2=2$[m]이다.

$$\therefore\ V_2=\sqrt{2g(Z_1-Z_2)}=\sqrt{2\times 9.8[\mathrm{m/s}]\times 2[\mathrm{m}]}$$
$$=6.26[\mathrm{m/s}]$$

31

지름 400[mm]의 원관으로 100[m] 떨어진 곳에 물을 수송하려고 한다. 2시간에 300[m^3]의 물을 보내기 위하여 극복해야 하는 압력손실은 약 몇 [Pa]인가?(단, 관마찰계수는 0.02이다)

① 27.5　② 275
③ 2,750　④ 27,500

해설 **다르시-바이스바흐 방정식**

$$H=\frac{P}{\gamma}=\frac{flu^2}{2gD},\quad P=\frac{flu^2}{2gD}\cdot\gamma$$

여기서, f : 관마찰계수(0.02)
l : 길이(100[m])
u : 유속 $=\dfrac{Q}{A}=\dfrac{Q}{\frac{\pi}{4}D^2}$
$=\dfrac{300[\mathrm{m}]/7{,}200[\mathrm{s}]}{\frac{\pi}{4}(0.4[\mathrm{m}])^2}$
$=0.3316[\mathrm{m/s}]$
g : 중력가속도(9.8[m/s^2])
D : 내경(0.4[m])
γ : 물의 비중량(1,000[kg$_f$/m^3])

$$\therefore\ P=\frac{flu^2}{2gD}\cdot\gamma=\frac{0.02\times 100\times(0.3316)^2}{2\times 9.8\times 0.4}\times 1{,}000$$
$$=28.05[\mathrm{kg_f/m^2}]$$

단위환산하면
28.05[kg$_f$/m^2]÷10,332[kg$_f$/m^2]×101,325[Pa]
=275.08[Pa]

32

물탱크의 바닥에 직경 10[cm]의 구멍이 생겨서 물이 12[m/s]의 속도로 방출되고 있다. 물탱크의 수면의 높이는 바닥으로부터 약 몇 [m]인가?(단, 속도 보정계수는 0.98이다)

① 7.20　② 7.35
③ 7.65　④ 73.5

해설 수면의 높이

$Q=Au=C_uA\sqrt{2gH}$ 의 공식에서 H를 구하면

$$\frac{\pi}{4}(0.1[\mathrm{m}])^2\times 12[\mathrm{m/s}]=0.98\times\frac{\pi}{4}(0.1[\mathrm{m}])^2\times\sqrt{2\times 9.8\times h}$$

$\therefore\ h=7.65$

정답 28 ④　29 ③　30 ①　31 ②　32 ③

33

다음 설명 중 틀린 것은?

① 정상유동은 유동장에서 유체흐름의 특성이 시간에 따라 변하지 않는 흐름을 말한다.
② 직관로 속의 어느 지점에서 항상 일정한 유속을 가지는 물의 흐름은 정상류로 볼 수 있다.
③ 연속방정식은 질량보존의 법칙을 나타낸 것이다.
④ 체적유량이 일정하다는 것은 압축성 유체에 적용하는 연속방정식이다.

해설 체적유량이 일정하다는 것은 비압축성 유체에 적용하는 연속방정식이다.

34

온도 차이 ΔT, 열전도율 k, 두께 x, 열전달면적 A인 벽을 통한 열전달율이 Q이다. 다른 조건은 동일한 상태에서 벽의 열전도율 4배가 되고 벽의 두께가 2배가 되는 경우 열전달율은 Q의 몇 배가 되는가?

① 1/2　② 1
③ 2　④ 4

해설 **열전달율(Q)**

$$Q = \frac{\Delta t}{R} = \frac{\Delta t}{\frac{x}{kA}} = \frac{kA\Delta t}{x}$$

여기서, k : 열전도율[kcal/m · h · ℃=W/m · ℃]
A : 열전달면적[m^2]
Δt : 온도차[℃]
x : 두께[m]

$\therefore Q = \frac{kA\Delta t}{x} = \frac{4 \times A\Delta t}{2} = 2$배

35

펌프 운전 중 발생하는 수격작용의 발생을 예방하기 위한 방법에 해당되지 않는 것은?

① 서지탱크를 관로에 설치한다.
② 회전체의 관성모멘트를 크게 한다.
③ 펌프 송출구에 체크밸브를 달아 역류를 방지한다.
④ 관 내의 유속을 낮게 한다.

해설 **펌프계통의 수격작용(Water Hammer)**

- 원 인
  - 밸브의 급폐쇄 : 펌프의 토출측에 설치되는 체크밸브가 완전히 닫히기 전에 역류가 발생되면 밸브에 슬래밍(Slamming, 거친 바다 위를 항해하는 선체와 물결의 상대운동에 의해 선수부 바닥이나 선측에 심한 충격이 발생하는 현상) 현상이 발생하여 밸브를 급격히 닫을 때와 동일하게 심각한 수격작용이 발생한다.
  - 펌프의 급정지 : 펌프의 급정지 시 송수관 내에 물이 역류하게 되어 체크밸브가 급폐쇄되어 유체의 흐름이 급격히 멈추게 된다. 이때 체크밸브 상단부에 압력이 상승하고 이것이 충격파로 되어 관 내를 왕복하면서 수격현상을 발생한다.
- 방지방법
  - 관경을 크게 하여 관 내 유속을 낮춘다.
  - 급격한 펌프속도의 변화를 감소시키기 위하여 펌프에 플라이 휠을 부착하여 회전체의 관성모멘트를 크게 한다.
  - 압력이 저하하는 곳에 물을 보급하도록 서지탱크를 관로에 설치한다.
  - 밸브를 펌프 송출구에 가까이 달고 밸브 조작을 적절히 한다.
  - 수격방지기를 설치한다.
  - 부압이 되기 전에 압축공기로 방지하기 위하여 공기실을 설치한다.
  - 밸브가 완전히 조적되도록 완폐형(스모렌스키) 체크밸브를 설치한다.

36

100[kPa], 400[K]의 공기(기체상수 287[J/kg · K]) 0.2[m^3]과 150[kPa], 450[K]의 미지 기체 0.3[m^3]의 질량의 합이 0.7[kg]이라면 미지 기체의 기체상수는 약 몇 [J/kg · K]인가?(단, 공기 및 미지 기체는 모두 이상기체로 가정한다)

① 95　② 189
③ 284　④ 378

해설 이상기체상태방정식 $PV = GRT$에서

- 공기의 질량

$$G_1 = \frac{PV}{RT} = \frac{100 \times 10^3 \times 0.2}{287 \times 400} = 0.174[\text{kg}]$$

- 미지 기체의 질량

$$G_2 = G - G_1 = 0.7[\text{kg}] - 0.174[\text{kg}] = 0.526[\text{kg}]$$

- 미지 기체의 기체상수

$$R = \frac{PV}{GT} = \frac{150 \times 10^3 \times 0.3}{0.526 \times 450} = 190.1[\text{kg}]$$

33 ④ 34 ③ 35 ③ 36 ② 정답

37

원판을 줄에 매달아 놓고 양쪽에서 물 제트를 중심으로 향하도록 쏘아서 평형을 유지한다. 제트 지름의 비가 4 : 5라면 속도의 비는?

① 16 : 25　② 4 : 5
③ 5 : 4　④ 25 : 16

해설 힘 $F=\rho Qu=\rho Au^2=\rho\left(\frac{\pi}{4}d^2\right)u^2$에서 평형을 유지하기 위하여 힘은 일정하다.
지름의 비가 4 : 5일 경우
속도비 $\rho\left(\frac{\pi}{4}\times 4^2\right)u_1^2=\rho\left(\frac{\pi}{4}\times 5^2\right)u_2^2$
$u_1=5,\ u_2=4$

38

길이 2[m], 폭 1.6[m]인 직사각형 수문이 수면과 수직으로 그 상단이 수면 아래 2[m]의 깊이에 설치되어 있다. 수문에 작용하는 압력의 작용점의 위치는 수면으로부터 몇 [m]인가?

① 3.51　② 3.39
③ 3.21　④ 3.11

해설 압력 중심(압력의 작용점)

$$y_P=\frac{I_c}{\bar{y}A}+\bar{y}=\frac{\frac{1.6\times 2^3}{12}}{(2+1)\times 1.6\times 2}+(2+1)$$
$$=3.11[\text{m}]$$

39

토출량과 토출 압력이 각각 Q[L/min], P[kPa]이고, 특성곡선이 서로 같은 두 대의 소화 펌프를 병렬 연결하여 두 펌프를 동시 운전하였을 경우 총토출량과 총토출압력은 각각 어떻게 되는가?(단, 토출측 배관의 마찰손실은 무시한다)

① 총토출량 Q[L/min], 총토출압력 P[kPa]
② 총토출량 $2Q$[L/min], 총토출압력 $2P$[kPa]
③ 총토출량 Q[L/min], 총토출압력 $2P$[kPa]
④ 총토출량 $2Q$[L/min], 총토출압력 P[kPa]

해설 펌프의 성능

펌프 2대 연결 방법		직렬 연결	병렬 연결
성 능	유 량(Q)	Q	$2Q$
	양정(H)(=압력, P)	$2H(2P)$	$H(P)$

40

직사각형 덕트에서 가로는 반으로 줄이고 세로는 2배로 늘리면 수력직경은 몇 배가 되는가?

① 1.25
② 2
③ 2.5
④ 주어진 정보로 알 수 없다.

해설 예제와 같이 덕트의 가로 및 세로의 크기가 변할 경우 수력직경 또한 달라진다. 따라서, ①, ②, ③ 중에 주어진 정보로 정확하게 수력직경을 구할 수 없음을 알 수 있다.

예제 1

덕트 가로 $W_1=4[\text{m}],\ W_2=\frac{1}{2}W_1=2[\text{m}]$

덕트 세로 $H_1=1[\text{m}],\ H_2=2H_1=2[\text{m}]$

수력직경 $D_h=\frac{4A}{P}$에서

$$\frac{D_{h2}}{D_{h1}}=\frac{\frac{4\times(2\times 2)}{2\times(2+2)}}{\frac{4\times(4\times 1)}{2\times(4+1)}}=1.25$$

예제 2

덕트 가로 $W_1=0.6[\text{m}],\ W_2=\frac{1}{2}W_1=0.3[\text{m}]$

덕트 세로 $H_1=0.4[\text{m}],\ H_2=2H_1=0.8[\text{m}]$

수력직경 $D_h=\frac{4A}{P}$에서

$$\frac{D_{h2}}{D_{h1}}=\frac{\frac{4\times(0.3\times 0.8)}{2\times(0.3+0.8)}}{\frac{4\times(0.6\times 0.4)}{2\times(0.6+0.4)}}=0.91$$

정답 37 ③　38 ④　39 ④　40 ④

제 3 과목 소방관계법규

41

다음 중 그 성질이 자연발화성 물질 및 금수성 물질인 제3류 위험물에 속하지 않는 것은?

① 황 린 ② 칼 륨
③ 나트륨 ④ 황화인

해설 제3류 위험물 : 황린, 칼륨, 나트륨

황화인 : 제2류 위험물

42

다음 중 화재예방, 소방시설 설치·유지 및 안전관리에 관한 법률 시행령에서 규정하는 특정소방대상물의 분류가 잘못된 것은?

① 자동차검사장 : 운수시설
② 동·식물원 : 문화 및 집회시설
③ 무도장 및 무도학원 : 위락시설
④ 전신전화국 : 방송통신시설

해설 **항공기 및 자동차 관련 시설**

- 항공기 격납고
- 주차용 건축물·차고 및 기계장치에 의한 주차시설
- 세차장
- 폐차장
- **자동차검사장**
- 자동차매매장
- 자동차정비공장
- 운전학원·정비학원·주차장

43

자동화재탐지설비의 화재안전기준을 적용하기 어려운 특정소방대상물로 볼 수 없는 것은?

① 정수장
② 수영장
③ 어류양식용 시설
④ 펄프공장의 작업장

해설 소방시설을 설치하지 아니할 수 있는 특정소방대상물 및 소방시설의 범위(설치유지법률 영 별표 7)

구 분	특정소방대상물	소방시설
1. 화재 위험도가 낮은 특정소방대상물	석재·불연성 금속·불연성 건축재료 등의 가공공장·기계조립공장·주물공장 또는 불연성 물품을 저장하는 창고	옥외소화전 및 연결살수설비
	소방기본법 제2조 제5호의 규정에 의한 소방대가 조직되어 24시간 근무하고 있는 청사 및 차고	옥내소화전설비, 스프링클러설비, 물분무 등 소화설비, 비상방송설비, 피난기구, 소화용수설비, 연결송수관설비, 연결살수설비
2. 화재안전기준을 적용하기가 어려운 특정소방대상물	**펄프공장의 작업장**·음료수공장의 세정 또는 충전하는 작업장 그 밖에 이와 비슷한 용도로 사용하는 것	**스프링클러설비, 상수도 소화용수설비 및 연결살수설비**
	정수장, 수영장, 목욕장, 농예·축산·**어류양식용시설** 그 밖에 이와 비슷한 용도로 사용되는 것	**자동화재탐지설비**, 상수도 소화용수설비 및 연결살수설비
3. 화재안전기준을 달리 적용하여야 하는 특수한 용도 또는 구조를 가진 특정소방대상물	원자력발전소, 핵폐기물처리시설	연결송수관설비 및 연결살수설비
4. 위험물안전관리법 제19조의 규정에 의한 자체소방대가 설치된 특정소방대상물	자체소방대가 설치된 위험물제조소 등에 부속된 사무실	옥내소화전설비, 소화용수설비, 연결살수설비 및 연결송수관설비

44

위험물의 제조소 등을 설치하고자 하는 자는 누구의 허가를 받아야 하는가?

① 시·도지사
② 한국소방산업기술원장
③ 소방본부장 또는 소방서장
④ 행정안전부장관

해설 위험물제조소 등의 설치허가권자 : 시·도지사

41 ④ 42 ① 43 ④ 44 ① 정답

45

특정소방대상물의 소방시설 자체점검에 관한 설명 중 종합정밀점검 대상이 아닌 항목은?

① 스프링클러설비가 설치된 연면적 5,000[m^2] 이상인 특정소방대상물
② 옥내소화전설비가 설치된 연면적 5,000[m^2] 이상인 특정소방대상물
③ 물분무설비가 설치된 연면적 5,000[m^2] 이상인 특정소방대상물
④ 스프링클러설비가 설치된 11층 이상인 아파트

해설 **종합정밀점검**

구분	내 용
대상	1) 스프링클러설비가 설치된 특정소방대상물 2) 물분무 등 소화설비(호스릴 방식은 제외)가 설치된 연면적 5,000[m^2] 이상인 특정소방대상물(위험물 제조소 등은 제외) 3) 다중이용업의 영업장이 설치된 특정소방대상물로서 연면적이 2,000[m^2] 이상인 것(8개 다중이용업소) 4) 제연설비가 설치된 터널 5) 공공기관 중 연면적이 1,000[m^2] 이상인 것으로서 옥내소화전설비 또는 자동화재탐지설비가 설치된 것

※ 스프링클러설비가 설치되어 있으면 층수나 면적에 관계없이 종합정밀점검 대상이다.

46

다음 중 제조 또는 가공공정에서 방염대상물품이 아닌 것은?

① 암막 및 무대막
② 전시용합판, 섬유판
③ 두께가 2[mm] 미만인 종이벽지
④ 창문에 설치하는 커튼류, 블라인드

해설 제조 또는 가공공정에서 방염대상물품은 카펫, 두께가 2[mm] 미만인 벽지류로서 종이벽지를 제외한다.

47

다음 (㉠), (㉡)에 들어갈 내용으로 알맞은 것은?

> "이동탱크저장소에는 차량의 전면 및 후면의 보기 쉬운 곳에 횡형 사각형의 (㉠)바탕에 (㉡)의 반사도료로 '위험물'이라고 표시한 표지를 설치하여야 한다."

① ㉠ 흑색, ㉡ 황색
② ㉠ 황색, ㉡ 흑색
③ ㉠ 백색, ㉡ 적색
④ ㉠ 적색, ㉡ 백색

해설 **이동탱크저장소의 표지** : 이동탱크저장소에는 차량의 전면 및 후면의 보기 쉬운 곳에 횡사각형(30cm × 60cm 이상)의 **흑색바탕에 황색의 반사도료**로 "위험물"이라고 표시한 표지를 설치하여야 한다.

48

소방기본법에 다른 소방대상물에 해당되지 않는 것은?

① 건축물
② 항해 중인 선박
③ 차 량
④ 산 림

해설 **소방대상물** : **건축물, 차량, 선박**(항구에 매어둔 선박), **선박건조구조물, 산림** 인공 구조물 또는 물건

49

다음 중 중앙소방기술심의위원회의 심의를 받아야 하는 사항으로 옳지 않은 것은?

① 연면적 5만[m^2] 이상의 특정소방대상물에 설치된 소방시설의 설계·시공·감리의 하자 여부에 관한 사항
② 화재안전기준에 관한 사항
③ 소방시설의 설계 및 공사감리의 방법에 관한 사항
④ 소방시설의 구조 및 원리 등에 있어서 공법이 특수한 설계 및 시공에 관한 사항

정답 45 ② 46 ③ 47 ① 48 ② 49 ①

해설 중앙소방기술 심의위원회의 심의사항
- 화재안전기준에 관한 사항
- 소방시설의 구조 및 원리 등에서 공법이 특수한 설계 및 시공에 관한 사항
- 소방시설의 설계 및 공사감리의 방법에 관한 사항
- 소방시설공사의 하자를 판단하는 기준에 관한 사항
- 그 밖에 소방기술 등에 관하여 대통령령으로 정하는 사항
  - 연면적 10만[m^2] 이상의 특정소방대상물에 설치된 소방시설의 설계・시공・감리의 하자 유무에 관한 사항
  - 새로운 소방시설과 소방용품의 도입 여부에 관한 사항

50

다음 중 소화활동설비에 해당하는 것은?

① 옥내소화전설비
② 무선통신보조설비
③ 통합감시시설
④ 비상방송설비

해설 **소화활동설비** : 제연설비, 연결송수관설비, 연결살수설비, 비상콘센트설비, 무선통신보조설비, 연소방지설비

51

층수가 20층인 아파트인 경우 스프링클러설비를 설치하여야 하는 층수는?

① 6층 이상 ② 11층 이상
③ 16층 이상 ④ 모든 층

해설 스프링클러설비는 층수가 6층 이상인 특정소방대상물의 경우에는 모든 층에 설치하여야 한다.

52

우수품질인증을 받지 아니한 소방용품에 우수품질인증 표시를 하거나 우수품질인증 표시를 위조 또는 변조하여 사용한 자에 대한 벌칙은?

① 500만원 이하의 벌금
② 2,000만원 이하의 벌금
③ 1년 이하 징역 또는 1,000만원 이하의 벌금
④ 3년 이하 징역 또는 3,000만원 이하의 벌금

해설 제40조 제1항에 따른 우수품질인증을 받지 아니한 제품에 우수품질인증 표시를 하거나 우수품질인증 표시를 위조하거나 변조하여 사용한 자 : 1년 이하의 징역 또는 1,000만원 이하의 벌금

53

도시의 건물 밀집지역 등 화재가 발생할 우려가 높아 그로 인한 피해가 클 것으로 예상되는 일정한 구역을 화재경계지구로 지정할 수 있는 사람은?

① 소방서장 ② 소방청장
③ 시・도지사 ④ 소방본부장

해설 화재경계지구 지정권자 : 시・도지사

54

소방관계법에서 피난층의 정의를 가장 올바르게 설명한 것은?

① 지상 1층을 말한다.
② 2층 이하로 쉽게 피난할 수 있는 층을 말한다.
③ 지상으로 통하는 계단이 있는 층을 말한다.
④ 곧바로 지상으로 갈 수 있는 출입구가 있는 층을 말한다.

해설 피난층 : 곧바로 지상으로 갈 수 있는 출입구가 있는 층

55

소방서장은 소방특별조사결과 소방대상물의 보완될 필요가 있는 경우 관계인에게 개수, 이전, 제거 등의 필요조치를 명할 수 있다. 이와 같이 소방특별조사 결과에 따른 조치명령 위반자에 대한 벌칙사항은?

① 100만원 이하의 벌금
② 300만원 이하의 벌금
③ 1년 이하의 징역 또는 1,000만원 이하의 벌금
④ 3년 이하의 징역 또는 3,000만원 이하의 벌금

해설 소방특별조사 결과에 따른 조치명령 위반자 : 3년 이하의 징역 또는 3,000만원 이하의 벌금

50 ② 51 ④ 52 ③ 53 ③ 54 ④ 55 ④ 정답

56

비상경보설비를 설치하여야 할 특정소방대상물이 아닌 것은?

① 지하가 중 터널로서 길이가 500[m] 이상인 것
② 사람이 거주하고 있는 연면적 400[m^2] 이상인 건축물
③ 지하층의 바닥면적이 100[m^2] 이상으로 공연장인 건축물
④ 35명의 근로자가 작업하는 옥내작업장

해설 50명 이상의 근로자가 작업하는 옥내작업장에는 비상경보설비를 설치하여야 한다.

57

위험물시설의 설치 및 변경, 안전관리에 대한 설명으로 옳지 않은 것은?

① 제조소 등의 용도를 폐지한 때에는 폐지한 날부터 30일 이내에 시・도지사에게 신고하여야 한다.
② 제조소 등의 설치자의 지위를 승계한 자는 승계한 날부터 30일 이내에 시・도지사에게 신고하여야 한다.
③ 위험물안전관리자가 퇴직한 때에는 퇴직한 날부터 30일 이내에 다시 위험물안전관리자를 선임하여야 한다.
④ 위험물안전관리자가 선임한 때에는 선임한 날부터 14일 이내에 소방본부장 또는 소방서장에게 신고하여야 한다.

해설 **제조소 등의 용도 폐지신고** : 폐지한 날부터 **14일 이내**에 시・도지사에게 신고

58

소방기관이 소방업무를 수행하는데 인력과 장비 등에 관한 기준은 다음 어느 것으로 정하는가?

① 대통령령 ② 행정안전부령
③ 시・도의 조례 ④ 소방청장령

해설 소방기관이 소방업무를 수행하는데 인력과 장비 등에 관한 기준 : 행정안전부령

59

다음 중 특수가연물의 종류에 해당되지 않는 것은?

① 목탄류 ② 석유류
③ 면화류 ④ 볏짚류

해설 석유류(제1석유류, 제2석유류, 제3석유류, 제4석유류) : 제4류 위험물(인화성 액체)

60

하자보수를 하여야 하는 소방시설과 소방시설별 하자보수보증기간이 알맞은 것은?

① 비상경보설비 : 3년
② 옥내소화전설비 : 2년
③ 스프링클러설비 : 3년
④ 자동화재탐지설비 : 2년

해설 **소방시설별 하자보수보증기간(공사업법 시행령 제6조)**

소화설비	보수기간
피난기구, 유도등, 유도표지, **비상경보설비**, **비상조명등**, **비상방송설비**, 무선통신보조설비	2년
자동소화장치, **옥내・외소화전설비**, **스프링클러설비**, 간이스프링클러설비, **물분무 등 소화설비**, **자동화재탐지설비**, **상수도 소화용수설비**, 소화활동설비(무선통신보조설비는 제외)	3년

제 4 과목 소방기계시설의 구조 및 원리

61

다음은 분말소화설비의 수동식 기동장치의 부근에 설치하는 비상스위치에 관한 설명이다. 맞는 것은?

① 자동복귀형 스위치로서 수동식 기동장치의 타이머를 순간 정지시키는 기능의 스위치를 말한다.
② 자동복귀형 스위치로서 수동식 기동장치가 수신기를 순간 정지시키는 기능의 스위치를 말한다.
③ 수동복귀형 스위치로서 수동식 기동장치의 타이머를 순간 정지시키는 기능의 스위치를 말한다.

정답 56 ④ 57 ① 58 ② 59 ② 60 ③ 61 ①

④ 수동복귀형 스위치로서 수동식 기동장치의 수신기를 순간 정지시키는 기능의 스위치를 말한다.

해설 비상스위치 : 자동복귀형 스위치로서 수동식 기동장치의 타이머를 순간 정지시키는 기능의 스위치

62

280[m^2]의 발전실에 부속용도별로 추가하여야 할 적응성이 있는 소화기의 최소 수량은 몇 개인가?

① 2개 ② 4개
③ 6개 ④ 12개

해설 **부속용도별로 추가하여야 할 소화기구(별표 4)**

용도별	소화기구의 능력단위
발전실·변전실·송전실·변압기실·배전반실·**통신기기실·전산기기실**·기타 이와 유사한 시설이 있는 장소	해당 용도의 바닥면적 **50[m^2]마다 적응성이 있는 소화기 1개 이상** 또는 가스·분말·고체에어로졸 자동소화장치 방호체적 이상(다만, 통신기기실·전자기기실을 제외한 장소에 있어서는 교류 600[V] 또는 직류 750[V] 이상의 것에 한한다)

$\therefore 280[m^2] \div 50[m^2] = 5.6 \Rightarrow$ 6개

63

주요구조부가 내화구조이고 건널 복도가 설치된 층의 피난기구 수의 설치의 감소방법으로 적합한 것은?

① 원래의 수에서 $\frac{1}{2}$을 감소한다.
② 원래의 수에서 건널 복도수를 더한 수로 한다.
③ 피난기구의 수에서 해당 건널 복도수의 2배의 수를 뺀 수로 한다.
④ 피난기구를 설치하지 아니할 수 있다.

해설 피난기구를 설치하여야 할 소방대상물 중 주요구조부가 내화구조이고 다음의 기준에 적합한 건널 복도가 설치되어 있는 층에는 제4조 제2항에 따른 **피난기구의 수에서 해당 건널 복도의 수의 2배의 수를 뺀 수로 한다.**

- 내화구조 또는 철골조로 되어 있을 것
- 건널 복도 양단의 출입구에 자동폐쇄장치를 한 갑종방화문(방화셔터를 제외한다)이 설치되어 있을 것
- 피난·통행 또는 운반의 전용 용도일 것

64

펌프의 토출관에 압입기를 설치하여 포소화약제 압입용 펌프로 포소화약제를 압입시켜 혼합하는 방식은?

① 라인 프로포셔너방식
② 펌프 프로포셔너방식
③ 석션 프로포셔너방식
④ 프레셔 사이드 프로포셔너방식

해설 **포혼합방식**

- 펌프 프로포셔너방식 : 펌프의 토출관과 흡입관 사이의 배관 도중에 설치한 흡입기에 펌프에서 토출된 물의 일부를 보내고, 농도조정밸브에서 조정된 포소화약제의 필요량을 포소화약제 탱크에서 펌프 흡입측으로 보내어 이를 혼합하는 방식
- 프레셔 프로포셔너방식 : 펌프와 발포기의 중간에 설치된 벤투리관의 벤투리작용과 펌프 가압수의 포소화약제 저장탱크에 대한 압력에 따라 포소화약제를 흡입·혼합하는 방식을 말한다.
- 라인 프로포셔너방식 : 펌프와 발포기의 중간에 설치된 벤투리관의 벤투리작용에 따라 포소화약제를 흡입·혼합하는 방식
- 프레셔 사이드 프로포셔너방식 : 펌프의 토출관에 압입기를 설치하여 포소화약제 압입용 펌프로 포소화약제를 압입시켜 혼합하는 방식

65

다음은 물분무소화설비의 가압송수장치에 관한 화재안전기준이다. 틀린 것은?

① 가압송수장치가 기동이 된 경우에는 자동으로 정지되지 아니하도록 하여야 한다.
② 가압송수장치(충압펌프 포함)에는 순환배관을 설치하여야 한다.
③ 가압송수장치에는 펌프의 성능을 시험하기 위한 배관을 설치하여야 한다.
④ 가압송수장치는 점검이 편리하고 화재 등의 재해로 인한 피해를 받을 우려가 없는 곳에 설치하여야 한다.

해설 가압송수장치에는 체절운전 시 수온의 상승을 방지하기 위하여 순환배관을 설치하여야 한다(단, 충압펌프는 그러하지 아니하다).

62 ③ 63 ③ 64 ④ 65 ② 정답

66

분말소화설비가 작동한 후 배관 내 잔여분말의 클리닝(Cleaning)으로 사용되는 가스로 짝지어진 것은?

① 질소, 건조공기　② 질소, 이산화탄소
③ 이산화탄소, 아르곤　④ 건조공기, 아르곤

해설 클리닝으로 사용되는 가스 : 질소, 이산화탄소

67

할로겐화합물 및 불활성기체 소화설비의 화재안전기준상 할로겐화합물 소화약제 산출공식은?(단, W : 소화약제의 무게[kg], V : 방호구역의 체적[m^3], S : 소화약제별선형 상수($K_1 + K_2 \times t$)[m^3/kg], C : 체적에 따른 소화약제의 설계농도[%], t : 방호구역의 최소예상온도[℃]이다)

① $W = V/S \times [C/(100-C)]$
② $W = V/S \times [(100-C)/C]$
③ $W = S/V \times [C/(100-C)]$
④ $W = S/V \times [(100-C)/C]$

해설 할로겐화합물 소화약제 산출공식
$W = V/S \times [C/(100-C)]$

68

이산화탄소소화약제 저장용기와 선택밸브 또는 개폐밸브 사이에는 내압시험압력 몇 배에서 작동하는 안전장치를 설치하여야 하는가?

① 0.8　② 1.5
③ 1.9　④ 2.1

해설 이산화탄소소화약제 저장용기와 **선택밸브 또는 개폐밸브** 사이에는 **내압시험압력 0.8배**에서 작동하는 **안전장치**를 설치하여야 한다.

69

바닥면적이 1,000[m^2] 이상인 근린생활시설에 간이 스프링클러설비를 설치하고자 한다. 이때 비상전원은 몇 분 이상 스프링클러설비를 유효하게 작동할 수 있는 것으로 설치하여야 하는가?

① 5분　② 10분
③ 15분　④ 20분

해설 **근린생활시설(바닥면적 1,000[m^2] 이상) 비상전원** : 20분 이상 작동

70

다음 중 조기반응형 스프링클러헤드를 설치하여야 하는 장소는?

① 보일러실
② 노래방
③ 노유자시설의 거실
④ 위험물 취급장소

해설 **조기반응형 스프링클러헤드의 설치장소**
- 공동주택 · **노유자시설의 거실**
- 오피스텔 · 숙박시설의 침실, 병원의 입원실

71

제연경계벽의 설치에 대한 설명 중 틀린 것은?

① 제연경계는 제연경계의 폭이 0.6[m] 이상으로 하여야 한다.
② 수직거리는 2[m] 이내이어야 한다.
③ 천정 또는 반자로부터 그 수직하단까지의 거리를 수직거리라 한다.
④ 재질은 불연재료 또는 내화재료로 하여야 하며 가동벽, 셔터, 방화문이 포함된다.

해설 제연구역의 구획은 보 · 제연경계벽(이하 "제연경계"라 한다) 및 벽(화재 시 자동으로 구획되는 가동벽 · 셔터 · 방화문을 포함한다)으로 하되, 다음의 기준에 적합하여야 한다.
- 재질은 내화재료, 불연재료 또는 제연경계벽으로 성능을 인정받은 것으로서 화재 시 쉽게 변형 · 파괴되지 아니하고 연기가 누설되지 않는 기밀성 있는 재료로 할 것
- 제연경계는 제연경계의 폭이 0.6[m] 이상이고, 수직거리는 2[m] 이내이어야 한다. 다만, 구조상 불가피한 경우는 2[m]를 초과할 수 있다.
- 제연경계벽은 배연 시 기류에 따라 그 하단이 쉽게 흔들리지 아니하여야 하며, 또한 가동식의 경우에는 급속히 하강하여 인명에 위해를 주지 아니하는 구조일 것
- **수직거리** : 제연경계의 바닥으로부터 그 수직하단까지의 거리

정답 66 ② 67 ① 68 ① 69 ④ 70 ③ 71 ③

72

소화기구 중 금속나트륨이나 칼륨화재의 소화에 가장 적합한 것은?

① 산·알칼리소화기
② 물소화기
③ 포소화기
④ 팽창질석

해설 나트륨이나 칼륨의 소화약제 : 마른모래, 팽창질석, 팽창진주암

73

다음 중 옥내소화전의 비상전원을 설치해야 하는 소방대상물은?

① 층수가 3층 이상이고 연면적 3,000[m²] 이상인 것
② 층수가 5층 이상이고 연면적 3,500[m²] 이상인 것
③ 층수가 7층 이상이고 연면적 2,000[m²] 이상인 것
④ 옥내소화전설비가 되어 있는 모든 소방대상물에는 비상전원을 설치한 것

해설 옥내소화전설비의 비상전원 : 층수가 7층 이상이고 연면적 2,000[m²] 이상인 것

74

소화수조, 저수조의 채수구 또는 흡수관투입구는 소방차가 몇 [m] 이내의 지점까지 접근할 수 있도록 규정하고 있는가?

① 0.5[m] ② 1[m]
③ 2[m] ④ 2.4[m]

해설 채수구 또는 흡수관투입구는 소방차가 2[m] 이내의 지점까지 접근할 수 있어야 한다.

75

아래 그림에서 피난기구의 설치 위치로서 가장 적합한 곳은?(단, ◉표는 설치위치이다)

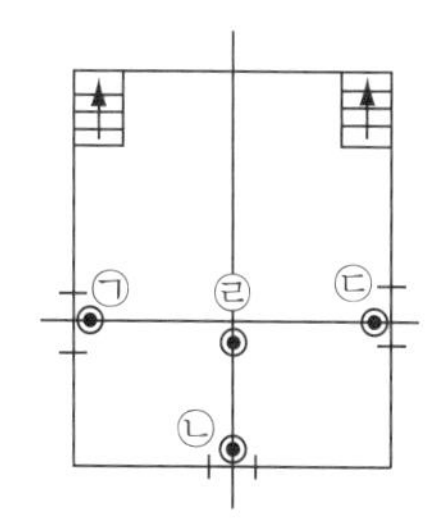

① ㉠ ② ㉡
③ ㉢ ④ ㉣

해설 피난기구는 보기 쉬운 장소에 설치하여야 피난하기가 편리하다.

76

스프링클러헤드를 설치하는 천장, 반자, 천장과 반자 사이, 덕트, 선반 등의 각 부분으로부터 하나의 스프링클러헤드까지의 수평거리 적용기준으로 잘못된 항목은?

① 특수가연물 저장 랙식 창고 : 2.5[m] 이하
② 공동주택(아파트) 세대 내의 거실 : 3.2[m] 이하
③ 내화구조의 사무실 : 2.3[m] 이하
④ 비 내화구조의 판매시설 : 2.1[m] 이하

해설 랙식 창고 : 2.5[m] 이하(**특수가연물** 저장 또는 취급하는 **랙식 창고 : 1.7[m] 이하**)

77

개방형 헤드를 사용하는 연결살수설비에 있어서 하나의 송수구역에 설치하는 연결살수 전용헤드의 수는 몇 개 이하이어야 하는가?

① 8 ② 10
③ 12 ④ 14

해설 **개방형 헤드**를 사용하는 연결살수설비에 있어서 하나의 송수구역에 설치하는 살수헤드의 수는 **10개 이하**가 되도록 하여야 한다.

72 ④ 73 ③ 74 ③ 75 ② 76 ① 77 ② 정답

78

전역방출방식 고발포용 고정포방출구의 설비기준으로 옳은 것은?

① 해당 방호구역의 관포체적 1[m^3]에 대한 1분당 포수용액 방출량은 1[L] 이상으로 할 것
② 고정포방출구는 바닥면적 600[m^2]마다 1개 이상으로 할 것
③ 포방출구는 방호대상물의 최고 부분보다 낮은 위치에 설치할 것
④ 개구부에 자동폐쇄장치를 설치할 것

해설 **전역방출방식 고발포용 고정포방출구의 설비기준**

- 해당 방호구역의 관포체적 1[m^3]에 대한 1분당 포수용액 방출량

소방대상물	포의 팽창비	1[m^3]에 대한 분당 포수용액 방출량
항공기 격납고	팽창비 80 이상 250 미만의 것	2.00[L]
	팽창비 250 이상 500 미만의 것	0.50[L]
	팽창비 500 이상 1,000 미만의 것	0.29[L]
차고 또는 주차장	팽창비 80 이상 250 미만의 것	1.11[L]
	팽창비 250 이상 500 미만의 것	0.28[L]
	팽창비 500 이상 1,000 미만의 것	0.16[L]
특수가연물을 저장 또는 취급하는 소방대상물	팽창비 80 이상 250 미만의 것	1.25[L]
	팽창비 250 이상 500 미만의 것	0.31[L]
	팽창비 500 이상 1,000 미만의 것	0.18[L]

- 고정포방출구는 바닥면적 500[m^2]마다 1개 이상으로 할 것
- 포방출구는 방호대상물의 최고 부분보다 높은 위치에 설치할 것
- 개구부에 자동폐쇄장치(갑종방화문 · 을종방화문 또는 불연재료로 된 문으로 포수용액이 방출되기 직전에 개구부가 자동적으로 폐쇄될 수 있는 장치를 말한다)를 설치할 것

79

다음 중 물분무소화설비의 설치 장소별 1[m^2]에 대한 수원의 최소 수량이 바르게 연결된 것은?

① 케이블트레이 : 12[L/min · m^2] × 20[min] × 투영된 바닥면적
② 절연유 봉입 변압기 : 15[L/min · m^2] × 20[min] × 표면적
③ 차고 : 30[L/min · m^2] × 20[min] × 바닥면적
④ 컨베이어벨트 : 37[L/min · m^2] × 20[min] × 바닥면적

해설 **펌프의 토출량과 수원의 양**

소방대상물	펌프의 토출량 [L/min]	수원의 양[L]
특수가연물 저장, 취급	바닥면적(50[m^2] 이하는 50[m^2]로) × 10[L/min · m^2]	바닥면적(50[m^2] 이하는 50[m^2]로) × 10[L/min · m^2] × 20[min]
차고, 주차장	바닥면적 (50[m^2] 이하는 50[m^2]로) × 20[L/min · m^2]	바닥면적(50[m^2] 이하는 50[m^2]로) × 20[L/min · m^2] × 20[min]
절연유 봉입변압기	표면적(바닥 부분 제외) ×10[L/min · m^2]	표면적(바닥 부분 제외) × 10[L/min · m^2] × 20[min]
케이블트레이, 덕트	투영된 바닥면적 × 12[L/min · m^2]	투영된 바닥면적 × 12[L/min · m^2] × 20[min]
컨베이어 벨트	벨트 부분의 바닥면적 × 10[L/min · m^2]	벨트 부분의 바닥면적 × 10[L/min · m^2] × 20[min]

80

특별피난계단의 계단실 및 부속실 제연설비의 화재안전기준에서 거실의 바닥면적이 400[m^2] 미만으로 구획된 예상 제연구역에 대한 배출량은 바닥면적 1[m^2]당 1[m^3/min] 이상으로 하되 예상제연구역 전체에 대한 최저 배출량은 얼마로 정하고 있는가?

① 4,800[m^3/h] 이상 ② 5,000[m^3/h] 이상
③ 7,200[m^3/h] 이상 ④ 10,000[m^3/h] 이상

해설 거실의 바닥면적이 400[m^2] 미만으로 구획(제연경계에 따른 구획을 제외한다. 다만, 거실과 통로와의 구획은 그러하지 아니하다)된 예상제연구역에 대한 배출량 바닥면적 1[m^2]당 1[m^3/min] 이상으로 하되, 예상제연구역 전체에 대한 **최저 배출량**은 **5,000[m^3/h] 이상**으로 할 것. 다만, 예상제연구역이 다른 거실의 피난을 위한 경유거실인 경우에는 그 예상제연구역의 배출량은 이 기준량의 1.5배 이상으로 하여야 한다.

정답 78 ④ 79 ① 80 ②

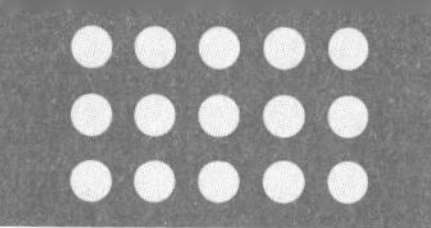

제4회 2012년 9월 15일 시행

제1과목 소방원론

01

공기를 기준으로 한 CO_2가스 비중은 약 얼마인가? (단, 공기의 분자량은 29이다)

① 0.81 ② 1.52
③ 2.02 ④ 2.51

해설 비중 = 분자량/29 = 44/29 = 1.517

02

연소 시 백적색의 온도는 약 몇 [℃] 정도 되는가?

① 400 ② 650
③ 750 ④ 1,300

해설 연소의 색과 온도

색 상	담암적색	암적색	적 색	휘적색
온도[℃]	520	700	850	950
색 상	황적색	백적색	휘백색	
온도[℃]	1,100	1,300	1,500 이상	

03

다음 중 착화 온도가 가장 낮은 것은?

① 에틸알코올 ② 톨루엔
③ 등 유 ④ 가솔린

해설 착화 온도

종 류	에틸알코올	톨루엔	등 유	가솔린
온도[℃]	423	552	220	약 300

04

휘발유 화재 시 물을 사용하여 소화할 수 없는 이유로 가장 옳은 것은?

① 인화점이 물보다 낮기 때문이다.
② 비중이 물보다 작아 연소면이 확대되기 때문이다.
③ 수용성이므로 물에 녹아 폭발이 일어나기 때문이다.
④ 물과 반응하여 수소가스를 발생하기 때문이다.

해설 제4류 위험물인 휘발유 화재 시 물을 사용하면 물과 섞이지 않고 비중이 물보다 작아 연소면을 확대시키므로 적합하지 않다.

05

다음 할로겐원소 중 원자번호가 가장 작은 것은?

① F ② Cl
③ Br ④ I

해설 할로겐원소

종 류	F	Cl	Br	I
원자번호	9	17	35	53

06

건축물의 피난 · 방화구조 등의 기준에 관한 규칙에 따른 바닥의 내화구조 기준으로 (   )에 알맞은 수치는?

철근콘크리트조 또는 철골철근콘크리트조로서 두께가 (   )[cm] 이상인 것

① 4 ② 5
③ 7 ④ 10

01 ② 02 ④ 03 ③ 04 ② 05 ① 06 ④ 정답

해설 내화구조의 기준

내화구분	내화구조의 기준
바 닥	• 철근콘크리트조 또는 철골 · 철근콘크리트조로서 두께가 10[cm] 이상인 것 • 철재로 보강된 콘크리트블록조 · 벽돌조 또는 석조로서 철재에 덮은 두께가 5[cm] 이상인 것 • 철재의 양면을 두께 5[cm] 이상의 철망모르타르 또는 콘크리트로 덮은 것

07

피난동선에 대한 계획으로 옳지 않은 것은?

① 피난동선은 가급적 일상 동선과 다르게 계획한다.
② 피난동선은 적어도 2개소의 안전장소를 확보한다.
③ 피난동선의 말단은 안전장소이어야 한다.
④ 피난동선은 간단명료해야 한다.

해설 피난동선은 평상시 숙지된 동선으로 일상 동선과 같게 하여야 한다.

08

연기감지기가 작동할 정도이고 가시거리가 20~30[m]에 해당하는 감광계수는 얼마인가?

① $0.1[m^{-1}]$ ② $1.0[m^{-1}]$
③ $2.0[m^{-1}]$ ④ $10[m^{-1}]$

해설 연기농도와 가시거리

감광계수	가시거리[m]	상 황
0.1	20~30	연기감지기가 작동할 때의 정도
0.3	5	건물 내부에 익숙한 사람이 피난에 지장을 느낄 정도
0.5	3	어두침침한 것을 느낄 정도
1	1~2	거의 앞이 보이지 않을 정도
10	0.2~0.5	화재 최성기 때의 정도

09

마그네슘의 화재 시 이산화탄소소화약제를 사용하면 안 되는 주된 이유는?

① 마그네슘과 이산화탄소가 반응하여 흡열반응을 일으키기 때문이다.
② 마그네슘과 이산화탄소가 반응하여 가연성 가스인 일산화탄소가 생성되기 때문이다.
③ 마그네슘이 이산화탄소에 녹기 때문이다.
④ 이산화탄소에 의한 질식의 우려가 있기 때문이다.

해설 마그네슘은 이산화탄소가 반응하여 가연성 가스인 일산화탄소가 생성되기 때문에 소화약제로 적합하지 않다.

$$Mg + CO_2 \rightarrow MgO + CO$$

10

할로겐화합물소화설비에서 Halon 1211약제의 분자식은?

① CF_2BrCl ② CBr_2ClF
③ CCl_2BrF ④ BrC_2ClF

해설 Halon 1211의 분자식 : CF_2BrCl

11

분말소화약제의 주성분이 아닌 것은?

① 황산알루미늄
② 탄산수소나트륨
③ 탄산수소칼륨
④ 제1인산암모늄

해설 황산알루미늄은 화학포소화약제의 주성분이다.

$$6NaHCO_3 + Al_2(SO_4)_3 \cdot 18H_2O \rightarrow 3Na_2SO_4 + 2Al(OH)_3 + 6CO_2 + 18H_2O$$

12

다음 중 비열이 가장 큰 것은?

① 물
② 금
③ 수 은
④ 철

해설 물의 비열은 1[cal/g · ℃]로서 가장 크다.

정답 07 ① 08 ① 09 ② 10 ① 11 ① 12 ①

13

22[℃]의 물 1[t]을 소화약제로 사용하여 모두 증발시켰을 때 얻을 수 있는 냉각효과는 몇 [kcal]인가?

① 539　② 617
③ 539,000　④ 617,000

해설 열량 $Q = mC_p\Delta t + \gamma \cdot m$
$= 1{,}000[\text{kg}] \times 1[\text{kcal/kg}\cdot℃] \times (100-22)[℃] + (539[\text{kcal/kg}] \times 1{,}000[\text{kg}])$
$= 617{,}000[\text{kcal}]$

14

목재화재 시 다량의 물을 뿌려 소화하고자 한다. 이때 가장 큰 소화효과는?

① 제거소화효과　② 냉각소화효과
③ 부촉매소화효과　④ 희석소화효과

해설 냉각소화 : 목재화재 시 다량의 물을 뿌려 발화점 이하로 낮추어 소화하는 방법

15

다음 중 분진폭발의 위험성이 가장 낮은 것은?

① 알루미늄분　② 유 황
③ 팽창질석　④ 소맥분

해설 팽창질석은 소화약제이다.

16

공기와 할론 1301의 혼합기체에서 할론 1301에 비해 공기의 확산속도는 약 몇 배인가?(단, 공기의 평균분자량은 29, 할론 1301의 분자량은 149이다)

① 2.27배　② 3.85배
③ 5.17배　④ 6.46배

해설 **확산속도**

$$\frac{U_B}{U_A} = \sqrt{\frac{M_A}{M_B}}$$

$$U_B = U_A \times \sqrt{\frac{M_A}{M_B}} = 1 \times \sqrt{\frac{149}{29}} = 2.27$$

17

메탄이 완전 연소할 때의 연소생성물의 옳게 나열한 것은?

① H_2O, HCl　② SO_2, CO_2
③ SO_2, HCl　④ CO_2, H_2O

해설 메탄이 완전 연소하면 이산화탄소(CO_2)와 물(H_2O)이 생성된다.

$$CH_4 + O_2 \rightarrow CO_2 + 2H_2O$$

18

주된 연소의 형태가 분해연소인 물질은?

① 코크스　② 알코올
③ 목 재　④ 나프탈렌

해설 **분해연소** : 석탄, 종이, 목재, 플라스틱 등의 연소 시 열분해에 의해 발생된 가스와 공기가 혼합하여 연소하는 현상

종 류	코크스	알코올	목 재	나프탈렌
연소형태	표면연소	증발연소	분해연소	증발연소

19

제2류 위험물에 해당하지 않는 것은?

① 유 황　② 황화인
③ 적 린　④ 황 린

해설 **위험물의 분류**

종 류	유 황	황화인	적 린	황 린
유 별	제2류 위험물	제2류 위험물	제2류 위험물	제3류 위험물

20

조연성 가스에 해당하는 것은?

① 수 소　② 일산화탄소
③ 산 소　④ 에 탄

해설 조연성 가스 : 산소, 염소와 같이 자신은 연소하지 않고 연소를 도와주는 가스

13 ④ 14 ② 15 ③ 16 ① 17 ④ 18 ③ 19 ④ 20 ③ 정답

제 2 과목 소방유체역학

21

다음 그림의 단면적이 A와 $2A$인 U자형 관에 밀도 d인 기름을 담은 모양이다. 지금 그 한쪽 관에 관벽과는 마찰이 없는 물체를 기름 위에 놓았더니 두 관의 액면차가 h_1으로 되어 평형을 이루었다. 이때 이 물체의 질량은?

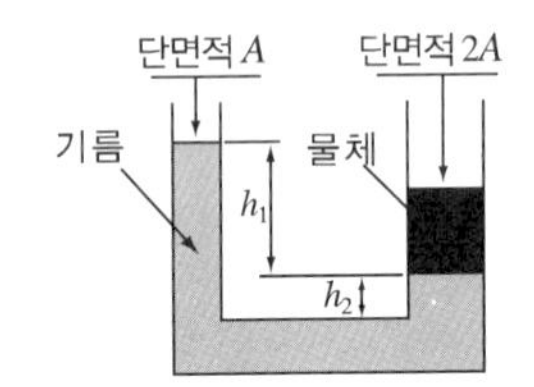

① Ah_1d
② $2Ah_1d$
③ $Ah_1d + Ah_2d$
④ $2(Ah_1d + Ah_2d)$

해설 파스칼의 원리에서 $P_1 = P_2$

즉, $\dfrac{F_1}{A_1} = \dfrac{F_2}{A_2}$ 이다.

$F_1 = Ah_1d$, $F_2 = W$, $A_1 = A$, $A_2 = 2A$

$\dfrac{Ah_1d}{A} = \dfrac{W}{2A}$ 에서

물체의 질량 $W = 2Ah_1d$

22

검사표면에 있는 지름 2[cm]의 구멍을 통하여 물이 3[m/s]로 분출될 때, 구멍을 통한 운동량 유출률은 약 몇 [N]인가?

① 0.94 ② 1.41
③ 2.83 ④ 8.48

해설 $F = Q \cdot \rho \cdot u = u \cdot A \cdot \rho \cdot u$

$= 3[\text{m/s}] \times \dfrac{\pi}{4}(0.02[\text{m}])^2 \times 1{,}000[\text{kg/m}^3] \times 3[\text{m/s}]$

$= 2.827[\text{kg} \cdot \text{m/s}^2] = 2.83[\text{N}]$

23

관에서의 마찰손실이 다르시(Darcy)의 식으로 표현될 때, 마찰계수 f_1, 직경 d_1, 유속 V_1, 길이 L_1인 관에서의 손실수두와 같은 크기의 손실수두를 갖는 마찰계수 f_2, 직경 d_2, 유속 V_2인 관의 길이 L_2는?

① $L_2 = L_1 \dfrac{f_1}{f_2} \dfrac{d_1}{d_2} \left(\dfrac{V_1}{V_2}\right)^2$

② $L_2 = L_1 \dfrac{f_1}{f_2} \dfrac{V_2}{V_1} \left(\dfrac{d_1}{d_2}\right)^2$

③ $L_2 = L_1 \dfrac{f_2}{f_1} \dfrac{V_1}{V_2} \left(\dfrac{d_1}{d_2}\right)^2$

④ $L_2 = L_1 \dfrac{f_1}{f_2} \dfrac{d_2}{d_1} \left(\dfrac{V_1}{V_2}\right)^2$

해설 다르시의 방정식을 이용하면

$H = \dfrac{fLV^2}{2gD}$ 이므로 길이 $L = \dfrac{H2gD}{fV^2}$ 이므로 길이는 관마찰계수(f)와 유속의 제곱에 반비례하고 내경에 비례한다.

$\therefore L_2 = L_1 \dfrac{f_1}{f_2} \dfrac{d_2}{d_1} \left(\dfrac{V_1}{V_2}\right)^2$

24

체적 0.2[m^3]인 물체를 물속에 잠겨 있게 하는데 300[N]의 힘이 필요하다. 만약 이 물체를 어떤 유체 속에 잠겨 있게 하는데 200[N]의 힘이 필요하다면 이 유체의 비중은?(단, 물의 밀도는 1,000[kg/m^3]이다)

① 0.67 ② 0.85
③ 0.95 ④ 1.05

해설 • 부 력

$F_B = \gamma V = \rho g V = 1{,}000 \times 9.8 \times 0.2 = 1{,}960[\text{N}]$

• 힘의 평형을 고려하면 부력(F_B) = 물체의 무게(W) + 누르는 힘(F)이다.

$F_B = W + 300$에서

물체의 무게 $W = 1{,}960 - 300 = 1{,}660[\text{N}]$

• 유체에서의 부력 $F_B = \gamma V$

• 힘의 평형을 고려하면 $\gamma V = W + F$에서

비중량 $\gamma = \dfrac{1{,}660 + 200}{0.2} = 9{,}300[\text{N/m}^3]$

• 비중 $s = \dfrac{\gamma}{\gamma_w} = \dfrac{9{,}300}{9{,}800} = 0.949$

정답 21 ② 22 ③ 23 ④ 24 ③

25

내경이 50[mm]인 소화배관에 물이 260[L/min]으로 흐른다. 압력이 400[kPa]이고 배관의 중심선이 기준면보다 20[m] 높은 곳에서 소화수가 갖는 전수두는 약 몇 [m]인가?

① 61 ② 40
③ 20 ④ 12

해설 전수두 H = 속도수두 + 압력수두 + 위치수두

$$= \frac{u^2}{2g} + \frac{p}{\gamma} + Z$$

• 유속을 구하면

$Q = uA$

$$u = \frac{Q}{A} = \frac{0.26[\mathrm{m^3}]/60[\mathrm{s}]}{\frac{\pi}{4}(0.05[\mathrm{m}])^2} = 2.21[\mathrm{m/s}]$$

• 압력[kPa]를 $[\mathrm{kg_f/m^2}]$으로 환산하면

$(400/101.3) \times 10,332[\mathrm{kg_f/m^2}] = 40,787.56[\mathrm{kg_f/m^2}]$

$$\therefore H = \frac{(2.21[\mathrm{m/s}])^2}{2 \times 9.8[\mathrm{m/s^2}]} + \frac{40,787.56[\mathrm{kg_f/m^2}]}{1,000[\mathrm{kg_f/m^3}]} + 20[\mathrm{m}]$$

$$= 61.04[\mathrm{m}]$$

26

소방호스의 노즐로부터 유속 4.9[m/s]로 방사되는 물제트에 피토관의 흡입구를 갖다 대었을 때 피토관의 수직부에 나타나는 수주의 높이는 약 몇 [m]인가? (단, 중력가속도는 9.8[m/s²]이고, 손실은 무시한다)

① 0.25 ② 1.22
③ 2.69 ④ 3.69

해설 속도수두

$$\therefore H = \frac{u^2}{2g} = \frac{(4.9[\mathrm{m/s}])^2}{2 \times 9.8[\mathrm{m/s^2}]} = 1.225[\mathrm{m}]$$

27

실내의 난방용 방열기(물-공기 열교환기)에는 대부분 방열 핀(Fin)이 달려 있다. 그 주된 이유는?

① 열전달 면적이 증가된다.
② 복사 열전달이 촉진된다.
③ 재료비를 절감할 수 있다.
④ 겨울철 동파를 막는다.

해설 실내의 난방용 방열기에 방열 핀(Fin)이 달려 있으면 열전달 면적이 증가된다.

28

교축과정(Throttling Process)에 대한 설명 중 맞는 것은?

① 압력이 변하지 않는다.
② 온도가 변하지 않는다.
③ 엔트로피가 변하지 않는다.
④ 엔탈피가 변하지 않는다.

해설 교축과정은 엔탈피가 변하지 않는다.

29

압력 7[MPa], 온도 150[℃] 상태에서 프로판의 압축성 인자 값은 0.55이다. 프로판의 비체적[m³/kg]은 얼마인가?(단, 기체상수 R= 0.1886[kJ/kg·K]이다)

① 0.00222 ② 0.00404
③ 0.00627 ④ 0.0114

해설 이상기체상태방정식 $\frac{P}{\rho} = ZRT$에서

밀도 $\rho = \frac{P}{ZRT}$

$$= \frac{7,000[\mathrm{kPa}]}{0.55 \times 0.1886 \times (273+150)[\mathrm{K}]}$$

$$= 159.53[\mathrm{kg/m^3}]$$

• 1[MPa] = 1,000[kPa = kN/m²]
• [kJ] = [kN · m]

비체적은 밀도의 역수이다.

$$\therefore V_s = \frac{1}{\rho} = \frac{1}{159.53} = 0.00627[\mathrm{m^3/kg}]$$

30

등엔트로피과정에 해당하는 것은?

① 가역단열과정 ② 가역등온과정
③ 비가역단열과정 ④ 비가역등온과정

해설 등엔트로피과정 : 가역단열과정

정답 25 ① 26 ② 27 ① 28 ④ 29 ③ 30 ①

31

소방 펌프차가 화재현장에 출동하여 그 곳에 설치되어 있는 수조에서 물을 흡입하였다. 이때 펌프 입구의 진공계가 60[kPa]을 표시하였다면 손실을 무시할 때 수면에서 펌프까지의 높이는 약 몇 [m]인가?

① 0.542 ② 0.612
③ 5.42 ④ 6.12

해설 [kPa]를 [mH_2O]로 환산하면

$$\frac{60[\text{kPa}]}{101.3[\text{kPa}]}\times 10.332[\text{m}] = 6.12[\text{m}]$$

32

다음 중 물리량과 차원의 연결이 옳은 것은?(단, P : 압력, ρ : 밀도, V : 속도, H : 높이를 나타내고, M : 질량, L : 길이, T : 시간의 차원을 나타낸다)

① ρ − ML^3 ② ρV^2 − $\text{ML}^{-1}\text{T}^{-1}$
③ $\rho g H$ − $\text{ML}^{-1}\text{T}^{-2}$ ④ $\frac{\rho V^2}{P}$ − $\text{ML}^{-1}\text{T}^{-1}$

해설 물리량과 차원을 풀이하면

① $\rho = \frac{\text{kg}}{\text{m}^3} \rightarrow \frac{\text{M}}{\text{L}^3} = \text{ML}^{-3}$

② $\rho V^2 = \left[\frac{\text{kg}}{\text{m}^3}\right]\times\left(\left[\frac{\text{m}}{\text{s}}\right]\right)^2 = \left[\frac{\text{kg}}{\text{m}\cdot\text{s}^2}\right]$

$\rightarrow \frac{\text{M}}{\text{L}\cdot\text{T}^2} = \text{ML}^{-1}\text{T}^{-2}$

③ $\rho g H = \left[\frac{\text{kg}}{\text{m}^3}\right]\times\left[\frac{\text{m}}{\text{s}^2}\right]\times[\text{m}] = \left[\frac{\text{kg}}{\text{m}\cdot\text{s}^2}\right]$

$\rightarrow \frac{\text{M}}{\text{L}\cdot\text{T}^2} = \text{ML}^{-1}\text{T}^{-2}$

④ $\frac{\rho V^2}{P} = \frac{\left[\frac{\text{kg}}{\text{m}^3}\right]\times\left(\left[\frac{\text{m}}{\text{s}}\right]\right)^2}{\left[\frac{\text{kg}}{\text{m}^2}\right]} = \frac{\left[\frac{\text{kg}}{\text{m}^3}\right]\times\left[\frac{\text{m}^2}{\text{s}^2}\right]}{\left[\frac{\text{kg}}{\text{m}^2}\right]} = \left[\frac{\text{m}}{\text{s}^2}\right]$

$\rightarrow \frac{\text{L}}{\text{T}^2} = \text{LT}^{-2}$

33

안지름 100[mm]인 파이프를 통해 5[m/s]의 속도로 흐르는 물의 유량은 몇 [m^3/min]인가?

① 23.55 ② 2.355
③ 0.517 ④ 5.170

해설 유량 $Q = uA = 5[\text{m/s}]\times\frac{60[\text{min}]}{[\text{s}]}\times\frac{\pi}{4}(0.1[\text{m}])^2$

$= 2.356[\text{m}^3/\text{min}]$

34

다음 중 음속에 대한 일반적인 설명으로 틀린 것은?

① 동일한 이상기체에서의 음속은 이상기체의 온도가 높은 경우의 음속이 온도가 낮은 경우의 음속보다 빠르다.
② 동일한 온도 및 비열비를 가질 때, 분자량이 큰 이상 기체에서의 음속이 분자량이 작은 이상기체에서의 음속보다 빠르다.
③ 밀도가 동일한 경우 체적탄성계수가 큰 액체에서의 음속은 체적탄성계수가 작은 액체에서의 음속보다 빠르다.
④ 체적탄성계수가 동일한 경우 밀도가 큰 액체에서의 음속은 밀도가 작은 액체에서의 음속보다 느리다.

해설 동일한 온도 및 비열비를 가질 때 분자량이 큰 이상기체에서의 음속이 분자량이 작은 이상기체에서의 음속보다 느리다.

35

0.02[m^3/s]의 유량으로 직경 50[cm]인 주철 관속을 기름이 흐르고 있다. 길이 1,000[m]에 대한 손실수두는 몇 [m]인가?(단, 기름의 점성계수는 0.103[N · s/m^2], 비중은 0.90이다)

① 0.15 ② 0.3
③ 0.45 ④ 0.6

해설 **다르시 방정식**

$$H = \frac{\Delta P}{\gamma} = \frac{flu^2}{2gD} \qquad \Delta P = \frac{flu^2\cdot\gamma}{2gD}$$

여기서,
- f(관마찰계수)는 레이놀즈수를 구하여 층류와 난류로 구분하여 관마찰계수를 구한다.
  - 레이놀즈수

$$Re = \frac{Du\rho}{\mu}\text{[무차원]}$$

정답 31 ④ 32 ③ 33 ② 34 ② 35 ①

여기서, D : 관의 내경[cm]

u : 유속($\frac{Q}{A} = \frac{4Q}{\pi D^2} = \frac{4 \times 0.02}{\pi \times (0.5[\text{m}])^2}$

$= 0.10[\text{m/s}]$)

ρ : 유체의 밀도

($0.9[\text{gr/cm}^3] = 900[\text{kg/m}^3]$)

μ : 유체의 점도($0.103[\text{N} \cdot \text{s/m}^2]$

$= 0.103[\frac{\text{kg} \cdot \frac{\text{m}}{\text{s}^2} \cdot \text{s}}{\text{m}^2}]$

$= 0.103[\text{kg/m} \cdot \text{s}]$)

$\therefore Re = \frac{Du\rho}{\mu}$

$= \frac{0.5[\text{m}] \times 0.10[\text{m/s}] \times 900[\text{kg/m}^3]}{0.103[\text{kg/m} \cdot \text{s}]}$

$= 436.9$(층류)

– 관마찰계수 $f = \frac{64}{Re} = \frac{64}{436.9} = 0.146$

- l : 길이(1,000[m])
- u : 유속(0.10[m/s])

$\therefore H = \frac{flu^2}{2gD} = \frac{0.146 \times 1,000 \times (0.1)^2}{2 \times 9.8 \times 0.5}$

$= 0.149[\text{m}]$

36

옥내소화전설비의 노즐선단 방수압력을 피토관으로 측정한 결과 490[kPa](계기압력)이었다. 본 설비에 사용한 노즐의 구경이 13[mm]인 경우 방수량은 몇 [m³/min]인가?

① 0.125 ② 0.249
③ 0.498 ④ 0.996

해설 방수량

$$Q = 0.6597 d^2 \sqrt{10 \cdot P}$$

$Q = 0.6597 \times (13)^2 \times \sqrt{10 \times 0.49[\text{MPa}]}$

$= 246.79[\text{L/min}] = 0.247[\text{m}^3/\text{min}]$

37

펌프의 성능해석에 사용되는 속도삼각형($\vec{V} = \vec{W} + \vec{U}$)을 그림으로 나타낸 것이다. $\vec{V}$를 펌프로 유입되는 물의 속도라고 할 때, 이들을 알맞게 설명한 것은?

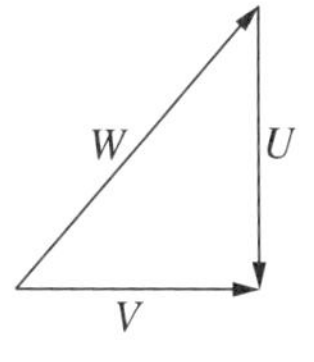

① $\vec{V}$: 상대속도, $\vec{W}$: 절대속도, $\vec{U}$: 날개(원주)속도
② $\vec{V}$: 절대속도, $\vec{W}$: 상대속도, $\vec{U}$: 날개(원주)속도
③ $\vec{V}$: 절대속도, $\vec{W}$: 상대속도, $\vec{U}$: 케이싱속도
④ $\vec{V}$: 상대속도, $\vec{W}$: 절대속도, $\vec{U}$: 케이싱속도

해설 펌프의 회전자 속도선도에서

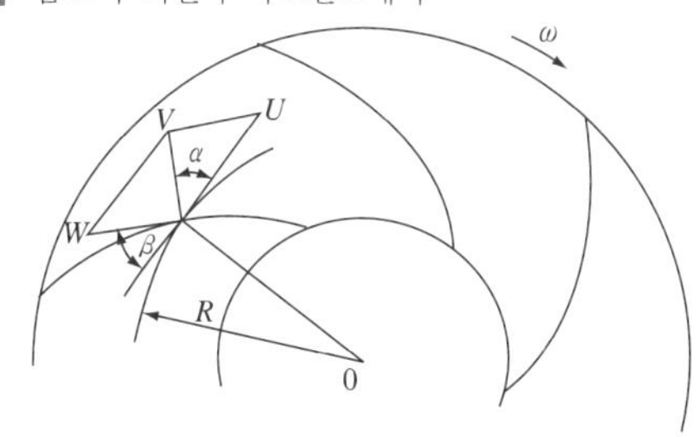

- 절대속도($\vec{V}$) : 유체입자의 지면과 상대적인 속도
- 상대속도($\vec{W}$) : 회전자와 상대적인 속도
- 원주속도($\vec{U}$) : 회전하고 있는 회전자 둘레 위의 임의의 점의 지점에 대한 상대적인 속도

따라서, 속도삼각형을 보면 회전자 속에서의 흐름상태가 2차원일 때 절대속도($\vec{V}$)는 상대속도($\vec{W}$)와 원주속도($\vec{U}$)와의 벡터 합과 같다.

38

그림과 같이 밑면이 2[m]×3[m]인 탱크와 이 탱크에 연결된 단면적이 1[m²]인 관에 물과 비중이 0.9인 기름이 들어있다. 대기압을 무시할 때 밑면 AB에 작용하는 힘은 약 몇 [kN]인가?

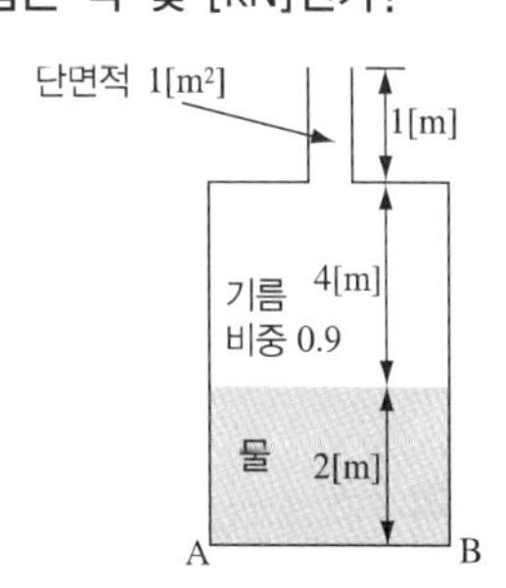

① 64 ② 329
③ 382 ④ 412

해설 AB면에 작용하는 압력

$P_{AB} = [9,800[\text{N/m}^3] \times 0.9 \times (4+1)] + (9,800 \times 2)$

$= 63,700[\text{N/m}^2]$

$\therefore$ AB면에 작용하는 힘

$F = PA = 63,700[\text{N/m}^2] \times (2 \times 3)$

$= 382,200[\text{N}] = 382.2[\text{kN}]$

36 ② 37 ② 38 ③ 정답

39

직경 5[cm]의 수평원관에 10[℃]의 물이 평균속도 0.6[m/s]로 흐를 때 레이놀즈수와 유동 상태는?(단, 10[℃]일 때 물의 동점성계수는 1.31×10^{-6}[m^2/s]이다)

① 22.9(층류) ② 22.9(난류)
③ 22,900(층류) ④ 22,900(난류)

해설 $Re = \frac{DV}{\nu} = \frac{0.05[\mathrm{m}] \times 0.6[\mathrm{m/s}]}{1.31 \times 10^{-6}[\mathrm{m^2/s}]}$
$= 22,900.76$(난류)

40

평행한 평판 사이로 유체가 압력차에 의해 층류로 흐르고 있을 때, 유체가 받는 전단응력은 어떻게 변화되는가?

① 중심에서 0이고, 벽면으로 직선형태의 응력변화를 가진다.
② 중심에서 벽면으로 곡선형태의 응력변화를 가진다.
③ 벽면에서 0이고, 중심으로 직선형태의 응력변화를 가진다.
④ 벽면에서 중심으로 곡선형태의 응력변화를 가진다.

해설 평행한 평판 사이로 유체가 받는 전단응력은 중심에서 0이고, 벽면으로 직선형태의 응력변화를 가진다.

제 3 과목 소방관계법규

41

특정소방대상물의 소방계획서의 작성 및 실시에 관한 지도·감독권자로 옳은 것은?

① 소방청장
② 소방본부장 또는 소방서장
③ 시·도지사
④ 행정안전부장관

해설 소방계획서의 작성 및 실시에 관한 지도·감독권자 : 소방본부장 또는 소방서장

42

지정수량의 몇 배 이상의 위험물을 저장하는 옥내저장소에는 화재예방을 위한 예방규정을 정하여야 하는가?

① 10배 ② 100배
③ 150배 ④ 200배

해설 **예방규정을 정하여야 하는 제조소 등**
- 지정수량의 10배 이상의 위험물을 취급하는 제조소, 일반취급소
- 지정수량의 100배 이상의 위험물을 저장하는 옥외저장소
- 지정수량의 **150배 이상**의 위험물을 저장하는 **옥내저장소**
- 지정수량의 200배 이상의 위험물을 저장하는 옥외탱크저장소
- 암반탱크저장소, 이송취급소

43

다음 중 소방시설관리업의 등록이 불가능한 자는?

① 관리업 등록이 취소된 날부터 1년이 지난 사람
② 소방기본법의 위반으로 실형을 선고받고 그 집행이 끝난 후 3년이 지난 사람
③ 소방시설공사업법 위법으로 금고형의 실형을 선고받고 그 집행이 면제된 날부터 2년이 지난 사람
④ 위험물안전관리법 위반으로 집행유예를 선고받고 집행유예기간이 끝난 날부터 6개월이 지난 사람

해설 관리업의 등록이 취소된 날부터 **2년이 지나지 아니한 사람**은 등록할 수 없다.

44

소방시설관리업자가 기술인력을 변경해야 하는 경우 제출하지 않아도 되는 서류는?

① 소방시설관리업 등록수첩
② 변경된 기술인력의 기술자격증(자격수첩)
③ 기술인력 연명부
④ 사업자등록증 사본

해설 **관리업의 변경신고**
- 변경신고 : 변경일로부터 30일 이내에 서류(전자문서를 포함한다)를 첨부하여 시·도지사에게 제출

정답 39 ④ 40 ① 41 ② 42 ③ 43 ① 44 ④

- 첨부서류
  - 명칭·상호 또는 영업소 소재지를 변경하는 경우 : 소방시설관리업 등록증 및 등록수첩
  - 대표자를 변경하는 경우 : 소방시설관리업등록증 및 등록수첩
  - **기술인력을 변경하는 경우**
    ⓐ 소방시설관리업등록수첩
    ⓑ 변경된 기술인력의 기술자격증(자격수첩)
    ⓒ 기술인력연명부

45

다음 ( ) 안의 알맞은 내용을 바르게 나타낸 것은?

> 위험물제조소 등의 설치자의 지위를 승계한 자는 (㉠)이 정하는 바에 따라 승계한 날로부터 (㉡) 이내에 (㉢)에게 신고하여야 한다.

① ㉠ 대통령령 ㉡ 14일 ㉢ 시·도지사
② ㉠ 대통령령 ㉡ 30일 ㉢ 소방본부장·소방서장
③ ㉠ 행정안전부령 ㉡ 14일 ㉢ 소방본부장·소방서장
④ ㉠ 행정안전부령 ㉡ 30일 ㉢ 시·도지사

해설 제조소 등의 지위승계 : 승계한 날로부터 30일 이내에 시·도지사에게 신고

46

소방시설을 구분하는 경우 소화설비에 해당되지 않는 것은?

① 옥내소화전설비 ② 제연설비
③ 간이소화용구 ④ 소화기

해설 제연설비는 소화활동설비이다.

47

1급 소방안전관리대상물의 관계인이 소방안전관리자를 선임하고자 한다. 다음 중 1급 소방안전관리대상물의 소방안전관리자로 선임될 수 없는 사람은?

① 소방설비기사 또는 소방설비산업기사의 자격이 있는 사람
② 산업안전기사 또는 산업안전산업기사를 자격을 가지고 2년 이상 2급 소방안전관리대상물의 소방안전관리자로 근무한 실무경력이 있는 사람
③ 소방공무원으로 7년 이상 근무한 경력이 있는 사람
④ 대학에서 소방안전관리학과를 전공하고 졸업한 사람으로서 2년 이상 2급 소방안전관리대상물의 소방안전관리자로 근무한 실무경력이 있는 사람

해설 대학에서 소방안전관리학과를 전공하고 졸업한 사람으로서 2년 이상 2급 또는 3급 소방안전관리대상물의 소방안전관리관리자로 근무한 실무경력이 있는 사람으로서 소방청장이 실시하는 **1급 소방안전관리대상물의 소방안전관리에 관한 시험에 합격한 사람**

48

함부로 버려두거나 그냥 둔 위험물의 소유자·관리자·점유자의 주소·성명을 알 수 없어 필요한 명령을 할 수 없는 때에 소방본부장 또는 소방서장이 취하여야 하는 조치로 맞는 것은?

① 시·도지사에게 보고하여야 한다.
② 경찰서장에게 통보하여 위험물을 처리하도록 하여야한다.
③ 소속공무원으로 하여금 그 위험물을 옮기거나 치우게 할 수 있다.
④ 소유자가 나타날 때가지 기다린다.

해설 함부로 버려두거나 소유자를 모를 경우 소방본부장 또는 소방서장은 소속공무원으로 하여금 그 위험물을 옮기거나 치우게 할 수 있다.

49

소방안전관리자에 대한 강습교육을 실시하고자 할 때 한국소방안전원장은 강습교육 며칠 전까지 교육실시에 관하여 필요한 사항을 인터넷 홈페이지 및 게시판에 공고하여야 하는가?

① 14일 ② 20일
③ 30일 ④ 45일

해설 **강습교육**
- 실시권자 : 한국소방안전원장
- 교육공고 : 20일 전

45 ④ 46 ② 47 ④ 48 ③ 49 ② 정답

50

시 · 도의 화재 예방 · 경계 · 진압 및 조사와 화재, 재난 · 재해, 그 밖의 위급한 상황에서의 구조 · 구급 등의 소방업무를 수행하는 소방기관의 설치에 필요한 사항은 어떻게 정하는가?

① 시 · 도지사가 정한다.
② 행정안전부령으로 정한다.
③ 소방청장이 정한다.
④ 대통령령으로 정한다.

해설 소방업무를 수행하는 소방기관의 설치에 필요한 사항 : 대통령령

51

화재가 발생하는 경우 화재의 확대가 빠른 고무류 · 면화류 · 석탄 및 목탄 등 특수가연물의 저장 및 취급 기준을 설명한 것 중 옳지 않은 것은?

① 취급 장소에는 품명 · 최대수량 및 화기취급의 금지표지를 설치할 것
② 품명별로 구분하여 쌓아 저장할 것
③ 쌓는 높이는 10[m] 이하가 되도록 하고 쌓는 부분의 바닥면적은 100[m^2](석탄 · 목탄류의 경우에는 200[m^2]) 이하가 되도록 할 것
④ 쌓는 부분의 바닥면적 사이는 1[m] 이상이 되도록 할 것

해설 특수가연물의 쌓는 높이는 10[m] 이하가 되도록 하고 쌓는 부분의 바닥면적은 **50[m^2]**(석탄 · 목탄류의 경우에는 200[m^2]) 이하가 되도록 할 것

52

위험물을 취급함에 있어서 정전기가 발생할 우려가 있는 설비에는 정전기를 유효하게 제거할 수 있는 설비를 설치하여야 한다. 다음 중 정전기를 제거하는 방법에 속하지 않는 것은?

① 공기 중의 상대습도를 70[%] 이상으로 하는 방법
② 절연도가 높은 플라스틱을 사용하는 방법
③ 접지에 의한 방법
④ 공기를 이온화하는 방법

해설 **정전기 제거방법**
- 접지에 의한 방법
- 상대습도를 70[%] 이상으로 하는 방법
- 공기를 이온화하는 방법

53

특정소방대상물에 설치하는 물품 중 제조 또는 가공 공정에서 방염처리 대상이 아닌 것은?

① 창문에 설치하는 블라인드
② 두께가 2[mm] 미만인 종이벽지
③ 무대용 섬유판
④ 영화상영관에 설치된 스크린

해설 두께가 2[mm] 미만인 종이벽지류는 제조 또는 가공 공정에서 방염처리 대상에서 제외된다.

54

위험물안전관리법에서 정하는 위험물질에 대한 설명으로 다음 중 옳은 것은?

① 철분이란 철의 분말로서 53[μm]의 표준체를 통과하는 것이 60[wt%] 미만인 것은 제외한다.
② 인화성 고체란 고형알코올 그 밖에 1기압에서 인화점이 21[℃] 미만인 고체를 말한다.
③ 유황은 순도가 60[wt%] 이상인 것을 말한다.
④ 과산화수소는 그 농도가 36[wt%] 이하인 것에 한한다.

해설 **위험물의 정의**
- 철분 : 철의 분말로서 53[μm]의 표준체를 통과하는 것이 50[wt%] 미만인 것은 제외한다.
- 인화성 고체 : 고형알코올 그 밖에 1기압에서 인화점이 40[℃] 미만인 고체
- 유황 : 순도가 60[wt%] 이상인 것
- 과산화수소 : 농도가 36[wt%] 이상인 것

55

소방시설공사업의 등록사항 변경신고는 변경이 있는 날로부터 며칠 이내에 하여야 하는가?

① 7일 ② 15일
③ 30일 ④ 3개월

정답 50 ④ 51 ③ 52 ② 53 ② 54 ③ 55 ③

해설 소방시설공사업의 등록사항 변경신고 : 변경이 있는 날로부터 30일 이내

56

피난시설 및 방화시설 유지·관리에 대한 관계인의 잘못된 행위가 아닌 것은?

① 피난시설·방화시설을 수리하는 행위
② 방화시설을 폐쇄하는 행위
③ 피난시설 및 방화시설을 변경하는 행위
④ 방화시설 주위에 물건을 쌓아두는 행위

해설 **피난시설 및 방화시설 유지·관리 시 금지행위**
- 피난시설, 방화구획 및 방화시설을 폐쇄하거나 훼손하는 등의 행위
- 피난시설, 방화구획 및 방화시설의 주위에 물건을 쌓아두거나 장애물을 설치하는 행위
- 피난시설, 방화구획 및 방화시설의 용도에 장애를 주거나 소방기본법 제16조에 따른 소방활동에 지장을 주는 행위
- 그 밖에 피난시설, 방화구획 및 방화시설을 변경하는 행위

57

소화활동설비에서 제연설비를 설치하여야 하는 특정소방대상물의 기준으로 틀린 것은?

① 문화집회 및 운동시설로부터 무대부의 바닥면적이 200[m^2] 이상인 것
② 지하층에 설치된 근린생활시설·판매시설, 운수시설, 숙박시설, 위락시설로서 바닥면적의 합계가 1,000[m^2] 이상인 것
③ 지하가(터널을 제외한다)로서 연면적 1,000[m^2] 이상인 것
④ 지하가 중 터널로서 길이가 300[m] 이상인 것

해설 지하가 중 예상 교통량, 경사도 등 **터널**의 특성을 고려하여 행정안전부령으로 정하는 터널은 제연설비를 설치하여야 한다.

58

화재경계지구 안의 소방대상물에 대한 소방특별조사를 거부·방해 또는 기피한자에 대한 벌칙은?

① 100만원 이하의 벌금
② 200만원 이하의 벌금
③ 300만원 이하의 벌금
④ 500만원 이하의 벌금

해설 화재경계지구 안의 소방특별조사를 거부·방해 또는 기피한 자에 대한 벌칙 : 100만원 이하 벌금

59

성능위주설계를 할 수 있는 자가 보유하여야 하는 기술인력의 기준은?

① 소방기술사 2명 이상
② 소방기술사 1명 및 소방설비기사 2명(기계 및 전기분야 각 1명) 이상
③ 소방분야 공학박사 2명 이상
④ 소방기술사 1명 및 소방분야 공학박사 1명 이상

해설 성능위주설계를 할 수 있는 기술인력 : 소방기술사 2명 이상

60

건축허가 등을 함에 있어서 소방본부장 또는 소방서장의 동의를 받아야 하는 건축물 등의 범위가 아닌 것은?

① 차고·주차장으로 사용되는 층 중 바닥면적 150[m^2] 이상인 층이 있는 건축물
② 항공기 격납고, 관망탑, 항공관제탑, 방송용 송·수신탑
③ 지하층 또는 무창층이 있는 건축물로서 바닥면적이 150[m^2] 이상인 층인 있는 것
④ 승강기 등 기계장치에 의한 주차시설로서 자동차 20대 이상을 주차할 수 있는 시설

해설 차고·주차장으로 사용되는 층 중 바닥면적이 **200[m^2] 이상인 층**이 있는 건축물이나 주차시설은 건축허가 동의 대상이다.

56 ① 57 ④ 58 ① 59 ① 60 ① 정답

제 4 과목 소방기계시설의 구조 및 원리

61

다음 중 옥내소화전 유효수량을 1/3을 옥상에 설치하여야 하는 것은?

① 지하층만 있는 특정소방대상물
② 건축물의 높이가 지표면으로부터 15[m]인 특정소방대상물
③ 수원이 건축물의 지붕보다 높은 위치에 설치된 특정소방대상물
④ 주펌프와 동등 이상의 성능이 있는 별도의 펌프로서 내연기관의 기동과 연동하여 작동되거나 비상전원을 연결하여 설치한 경우

해설 건축물의 높이가 지표면으로부터 10[m] 이하인 경우에는 옥상에 1/3을 설치할 필요가 없다.

62

다음 중 연결송수관설비의 구조와 관계가 없는 것은?

① 송수구
② 방수기구함
③ 방수구
④ 유수검지장치

해설 **연결송수관설비의 구성 부분** : 송구구, 방수구, 방수기구함, 가압송수장치(70[m] 이상)

63

바닥면적이 400[m^2] 미만이고 예상제연구역이 벽으로 구획되어있는 배출구의 설치위치로 옳은 것은?

① 천장 또는 반자와 바닥 사이의 중간 윗부분
② 천장 또는 반자와 바닥 사이의 중간 아랫부분
③ 천장, 반자 또는 이에 가까운 부분
④ 천장 또는 반자와 바닥 사이의 중간 부분

해설 배출구의 설치기준

- **바닥면적 400[m^2] 미만**인 예상제연구역(통로인 예상제연구역은 제외)에 대한 배출구의 설치기준
  - **예상제연구역이 벽으로 구획되어 있는 경우의 배출구**는 **천장 또는 반자와 바닥 사이의 중간 윗부분**에 설치할 것
  - 예상제연구역 중 어느 한부분이 제연경계로 구획되어 있는 경우에는 천장·반자 또는 이에 가까운 벽의 부분에 설치할 것. 다만, 배출구를 벽에 설치하는 경우에는 배출구의 하단이 해당 예상제연구역에서 제연경계의 폭이 가장 짧은 제연경계의 하단보다 높이되도록 하여야 한다.
- 통로인 예상제연구역과 바닥 면적 **400[m^2] 이상인 통로 외의 예상제연구역에 대한 배출구의 위치 기준**
  - 예상제연구역이 벽으로 구획되어 있는 경우의 배출구는 천장·반자 또는 이에 가까운 벽의 부분에 설치할 것. 다만, 배출구를 벽에 설치한 경우에는 배출구의 하단과 바닥 간의 최단거리가 2[m] 이상이어야 한다.
  - 예상제연구역 중 어느 한부분이 제연경계로 구획되어 있을 경우에는 천장·반자 또는 이에 가까운 벽의 부분(제연경계를 포함한다)에 설치할 것. 다만, 배출구를 벽 또는 제연경계에 설치하는 경우에는 배출구의 하단이 해당 예상제연구역에서 제연경계의 폭이 가장 짧은 제연경계의 하단보다 높이 되도록 설치하여야 한다.
- 예상제연구역의 각 부분으로부터 하나의 배출구까지의 수평거리는 10[m] 이내가 되도록 하여야 한다.

정답 61 ② 62 ④ 63 ①

64

피난기구 종류의 선정기준과 관계없는 사항은?

① 층의 용도(설치장소별 구분)
② 지하층 유무
③ 층 수
④ 층의 면적

해설 하단 참조

65

차고 및 주차창에 포소화설비를 설치하고자 할 때 포헤드는 바닥면적 얼마마다 1개 이상 설치하여야 하는가?

① 6[m^2] ② 8[m^2]
③ 9[m^2] ④ 10[m^2]

해설 포헤드의 설치기준

- 포워터스프링클러헤드 : 천장 또는 반자에 설치하되, 바닥면적 8[m^2]마다 1개 이상 설치
- 포헤드 : 천장 또는 반자에 설치하되, 바닥면적 9[m^2]마다 1개 이상 설치

해설 피난기구의 화재안전기준

- 소방대상물의 설치장소별 피난기구의 적응성(제4조 제1항 관련 [별표 1])

설치장소별 구분 / 층 별	1. 노유자시설	2. 의료시설 · 근린생활시설 중 입원실이 있는 의원 · 접골원 · 조산원	3. 다중이용업소의 안전관리에 관한 특별법 시행령 제2조에 따른 다중이용업소로서 영업장의 위치가 4층 이하인 다중이용업소	4. 그 밖의 것
지하층	피난용트랩	피난용트랩	–	피난사다리 · 피난용트랩
1층	미끄럼대 · 구조대 · 피난교 · 다수인피난장비 · 승강식피난기	–	–	–
2층	미끄럼대 · 구조대 · 피난교 · 다수인피난장비 · 승강식피난기	–	미끄럼대 · 피난사다리 · 구조대 · 완강기 · 다수인피난장비 · 승강식피난기	–
3층	미끄럼대 · 구조대 · 피난교 · 다수인피난장비 · 승강식피난기	미끄럼대 · 구조대 · 피난교 · 피난용트랩 · 다수인피난장비 · 승강식피난기	미끄럼대 · 피난사다리 · 구조대 · 완강기 · 다수인피난장비 · 승강식피난기	미끄럼대 · 피난사다리 · 구조대 · 완강기 · 피난교 · 피난용트랩 · 간이완강기 · 공기안전매트 · 다수인피난장비 · 승강식피난기
4층 이상 10층 이하	피난교 · 다수인피난장비 · 승강식피난기	구조대 · 피난교 · 피난용트랩 · 다수인피난장비 · 승강식피난기	미끄럼대 · 피난사다리 · 구조대 · 완강기 · 다수인피난장비 · 승강식피난기	피난사다리 · 구조대 · 완강기 · 피난교 · 간이완강기 · 공기안전매트 · 다수인피난장비 · 승강식피난기

※ 비고 : 간이완강기의 적응성은 숙박시설의 3층 이상에 있는 객실에, 공기안전매트의 적응성은 공동주택에 한한다.

- 적응 및 설치개수(제4조)

층마다 설치하되, **숙박시설 · 노유자시설 및 의료시설**로 사용되는 층에 있어서는 그 층의 바닥면적 500[m^2]마다, 위락시설 · **문화 및 집회시설, 운동시설 · 판매시설**로 사용되는 층 또는 복합용도의 층에 있어서는 그 층의 바닥면적 800[m^2]마다, **계단실형 아파트**에 있어서는 **각 세대마다**, 그 밖의 용도의 층에 있어서는 그 층의 바닥면적 1,000[m^2]마다 1개 이상 설치할 것

※ 위의 표에서 **설치장소별 구분, 층수**(지하층, 3층, 4층 이상 10층 이하)가 해당되며 적응 및 설치개수에서 **바닥면적에 따라** 특정소방대상물이 분류가 되고 분류된 특정소방대상물의 층수에 따라 피난기구를 결정한다.

64 ② 65 ③ 정답

66

판매시설의 지하층에 유용한 피난기구로만 조합된 것은?

① 피난용 트랩, 피난교
② 피난사다리, 미끄럼대
③ 피난교, 미끄럼대
④ 피난용 트랩, 피난사다리

해설 판매시설의 지하층에 유용한 피난기구 : 피난용 트랩, 피난사다리

67

항공기 격납고에 수성막포를 사용하여 포헤드방식의 포소화설비를 하고자 한다. 이때 포소화약제는 바닥면적 1[m^2]당 몇 [L] 이상으로 방사하여야 하는가?

① 수성막포원액 3.7[L]
② 수성막포소화약제 3.7[L]
③ 수성막포원액 6.5[L]
④ 수성막포수용액 6.5[L]

해설 **포헤드 분당 방사량**

소방대상물	포소화약제의 종류	바닥면적 1[m^2]당 방사량
차고·주차장 및 항공기 격납고	단백포소화약제	6.5[L] 이상
	합성계면활성제포소화약제	8.0[L] 이상
	수성막포소화약제	**3.7[L] 이상**
소방기본법시행령 별표 2의 특수가연물을 저장·취급하는 소방대상물	단백포소화약제	6.5[L] 이상
	합성계면활성제포소화약제	6.5[L] 이상
	수성막포소화약제	6.5[L] 이상

68

스프링클러설비에 있어서 자동경보밸브에 리타딩체임버를 설치하는 목적으로 옳은 것은?

① 자동경보밸브의 오보를 방지한다.
② 자동배수를 한다.
③ 경보를 발하기까지 시간만을 조절한다.
④ 압력수의 압력 조절을 행한다.

해설 리타딩체임버 : 자동경보밸브의 오보를 방지

69

이산화탄소소화설비의 저장용기의 설치장소에 관한 화재안전기준이다. 틀린 것은?

① 저장용기를 방호구역 내에 설치할 경우에는 피난 및 조작이 용이한 피난구 부근에 설치하여야 한다.
② 온도가 40[℃] 이하이고, 온도변화가 적은 곳에 설치하여야 한다.
③ 방화문으로 구획된 실에 설치하여야 한다.
④ 용기가 저장된 용기저장실에는 출입구 등 보기 쉬운 곳에 소화약제의 방사를 표시하는 표시등을 설치해야 한다.

해설 기동장치는 이산화탄소소화설비가 설치된 부분의 출입구 등의 보기 쉬운 곳에 소화약제의 방사를 표시하는 표시등을 설치하여야 한다(헤드가 설치된 장소에 약제를 방출한다).

70

특정소방대상물의 어느 층에서도 해당 층의 옥내소화전을 동시에 사용할 경우 호스릴 옥내소화전의 각 노즐선단에서의 방수압력은 몇 [MPa] 이상인가?

① 0.13 ② 0.17
③ 0.25 ④ 0.7

해설 옥내소화전설비(호스릴 포함)의 방수압력 : 0.17[MPa] 이상

정답 66 ④ 67 ② 68 ① 69 ④ 70 ②

71

연결송수관의 주배관이 옥내소화전 또는 스프링클러 설비의 배관과 겸용할 수 있는 경우는?

① 구경이 100[mm] 이상인 경우
② 준비작동식 스프링클러설비인 경우
③ 건물의 층고 31[m] 이하인 경우
④ 가압펌프가 따로 설치되어 있는 경우

해설 옥내소화전 또는 스프링클러설비의 배관은 **연결송수관설비의 배관과 겸용할 경우**의 주배관은 **구경 100[mm] 이상**, 방수구로 연결되는 배관의 구경은 65[mm] 이상의 것으로 하여야 한다.

72

다음의 위험물에서 할로겐화합물 및 불활성기체 소화설비를 적용할 수 없는 대상물은 어느 것인가?

① 제1류 위험물
② 제2류 위험물
③ 제3류 위험물
④ 제4류 위험물

해설 **할로겐화합물 및 불활성기체 소화설비 설치 제외**
- 사람이 상주하는 곳으로써 제7조 제2항의 최대허용설계농도를 초과하는 장소
- 제3류 위험물 및 제5류 위험물을 사용하는 장소 다만, 소화성능이 인정되는 위험물은 제외한다.

73

다음 중 스프링클러헤드를 설치하지 않아도 되는 곳은?

① 천장 및 반자가 가연재료로 되어 있고 거리가 2[m] 미만인 부분
② 냉동, 냉장실 외의 사무실
③ 병원의 수술실, 응급처치실
④ 바닥으로부터 높이가 10[m]인 로비, 현관

해설 **스프링클러헤드 설치 제외 장소**
- 병원의 수술실·응급처치실·기타 이와 유사한 장소
- 천장과 반자 양쪽이 불연재료로 되어 있는 경우로서 그 사이의 거리 및 구조가 다음의 어느 하나에 해당하는 부분
  - 천장과 반자 사이의 거리가 2[m] 미만인 부분
  - 천장과 반자 사이의 벽이 불연재료이고 천장과 반자 사이의 거리가 2[m] 이상으로서 그 사이에 가연물이 존재하지 아니하는 부분
- 현관 또는 로비 등으로서 바닥으로부터 높이가 20[m] 이상인 장소
- 영하의 냉장창고의 냉장실 또는 냉동창고의 냉동실

74

호스릴 분말소화설비에서 하나의 노즐마다 1분당 방사하여야 할 소화약제의 양으로 맞는 것은?

① 제1종 분말 – 50[kg]
② 제2종 분말 – 30[kg]
③ 제3종 분말 – 27[kg]
④ 제4종 분말 – 20[kg]

해설 **호스릴분말소화설비 노즐당 분당 방사량**

소화약제의 종별	소화약제의 양
제1종 분말	45[kg]
제2종 분말 또는 **제3종 분말**	**27[kg]**
제4종 분말	18[kg]

75

폐쇄형 스프링클러 70개를 담당할 수 있는 급수관의 구경은 몇 [mm]인가?

① 65 ② 80
③ 90 ④ 100

해설 **스프링클러헤드 수별 급수관의 구경(단위 : [mm])**

구분 \ 급수관의 구경	25	32	40	50	65
가	2	3	5	10	30
나	2	4	7	15	30
다	1	2	5	8	15

구분 \ 급수관의 구경	80	90	100	125	150
가	60	80	100	160	161 이상
나	60	65	100	160	161 이상
다	27	40	55	90	91 이상

※ 폐쇄형 스프링클러헤드 설치 시에는 '가'란의 헤드수에 따를 것

71 ① 72 ③ 73 ③ 74 ③ 75 ③ 정답

76

물분무소화설비의 감시제어반이 갖추어야 할 조건으로 틀린 것은?

① 물분무소화펌프의 작동 여부를 확인할 수 있는 표시등 및 음향경보기능이 있어야 한다.
② 물분무소화펌프를 기동 및 중단시키는 기능을 갖추어야하며 수동으로 작동시키거나 중단시키는 기능은 꼭 갖출 필요는 없다.
③ 비상전원을 설치한 경우에는 상용전원 및 비상전원의 공급 여부를 확인할 수 있어야 한다.
④ 예비전원이 확보되고 예비전원의 적합 여부를 확인할 수 있어야 한다.

해설 각 펌프를 자동 및 수동으로 작동시키거나 중단시킬 수 있어야 한다.

77

상수도 소화용수설비의 소화전 설치간격은 특정소방대상물의 수평투영면의 각 부분으로부터 몇 [m] 이하가 되게 설치하여야 하는가?(단, 호칭지름 75[mm] 이상의 수도배관에 호칭지름 100[mm] 이상의 소화전을 접속한다)

① 100[m] ② 120[m]
③ 130[m] ④ 140[m]

해설 상수도 소화용수설비의 소화전 설치간격은 특정소방대상물의 수평투영면의 각 부분으로부터 140[m] 이하가 되도록 설치하여야 한다.

78

예상제연구역 바닥면적 400[m^2] 이상 거실의 공기유입구의 설치기준으로 맞는 것은?(단, 제연경계에 따른 구획을 제외한다)

① 천정에 설치하되 배출구와 10[m] 거리를 둔다.
② 바닥으로부터 1.5[m] 이하의 높이에 설치한다.
③ 천정과 바닥에 관계없이 배출구와 5[m] 이상의 직선거리만 확보한다.
④ 바닥으로부터 1[m] 이상의 높이에 설치한다.

해설 **공기유입구**의 설치기준에서 **바닥면적이 400[m^2] 이상의 거실인 예상제연구역**(제연경계에 따른 구획을 제외한다. 다만, 거실과 통로와의 구획은 그러하지 아니하다)

- 바닥으로부터 **1.5[m] 이하**의 높이에 설치할 것
- 그 주변 2[m] 이내에는 가연성 내용물이 없도록 할 것

79

22,900[V]의 유입식 변압기에 물분무설비를 설치할 때 이격거리는 얼마로 해야 하는가?

① 70[cm] 이상 ② 80[cm] 이상
③ 110[cm] 이상 ④ 150[cm] 이상

해설 물분무헤드와 전기기기와의 이격거리

전압[kV]	거리[cm]	전압[kV]	거리[cm]
66 이하	70 이상	154 초과 181 이하	180 이상
66 초과 77 이하	80 이상	181 초과 220 이하	210 이상
77 초과 110 이하	110 이상	220 초과 275 이하	260 이상
110 초과 154 이하	150 이상	–	

80

분말소화설비에서 분말소화약제 1[kg]당 저장용기의 내용적 기준 중 틀린 것은?

① 제1종 분말 : 0.8[L]
② 제2종 분말 : 1.0[L]
③ 제3종 분말 : 1.0[L]
④ 제4종 분말 : 1.0[L]

해설 분말소화약제의 저장용기의 내용적

소화약제의 종별	소화약제 1[kg]당 저장용기의 내용적
제1종 분말(탄산수소나트륨을 주성분으로 한 분말)	0.8[L]
제2종 분말(탄산수소칼륨을 주성분으로 한 분말)	1[L]
제3종 분말(인산염을 주성분으로 한 분말)	1[L]
제4종 분말(탄산수소칼륨과 요소가 화합된 분말)	1.25[L]

정답 76 ② 77 ④ 78 ② 79 ① 80 ④

제 1 회 2013년 3월 10일 시행

제 1 과목 소방원론

01

물이 소화약제로서 사용되는 장점으로 가장 거리가 먼 것은?

① 가격이 저렴하다.
② 많은 양을 구할 수 있다.
③ 증발잠열이 크다.
④ 가연물과 화학반응이 일어나지 않는다.

해설 물을 소화약제로 사용하는 장점
- 구하기 쉽고 가격이 저렴하다.
- 비열과 증발잠열이 크다.
- 냉각효과가 뛰어나다.
- 많은 양을 구할 수 있다.

02

가연물의 종류에 따라 분류하면 섬유류 화재는 무슨 화재인가?

① A급 화재 ② B급 화재
③ C급 화재 ④ D급 화재

해설 A급 화재 : 종이, 목재, 섬유류, 플라스틱 등

03

포소화설비의 국가화재안전기준에서 정한 포의 종류 중 저발포라 함은?

① 팽창비가 20 이하인 것
② 팽창비가 120 이하인 것
③ 팽창비가 520 이하인 것
④ 팽창비가 1,000 이하인 것

해설 팽창비

구 분	팽창비
저발포용	20배 이하
고발포용	80배 이상 1,000배 미만

04

다음 중 제거소화 방법과 무관한 것은?

① 산불의 확산방지를 위하여 산림의 일부를 벌채한다.
② 화학반응기의 화재 시 원료 공급관의 밸브를 잠근다.
③ 유류화재 시 가연물을 포(泡)로 덮는다.
④ 유류탱크 화재 시 주변에 있는 유류탱크의 유류를 다른 곳으로 이동시킨다.

해설 질식소화 : 유류화재 시 가연물을 포(泡)로 덮어 산소의 농도를 15[%] 이하로 낮추어 소화하는 방법

05

1기압, 0[℃]의 어느 밀폐된 공간 1[m^3] 내에 Halon 1301약제가 0.32[kg] 방사되었다. 이때 Halon 1301의 농도는 약 몇 [vol%]인가?(단, 원자량은 C 12, F 19, Br 80, Cl 35.5이다)

① 4.88[%] ② 5.5[%]
③ 8[%] ④ 10[%]

해설 할론 1301의 농도
- 표준상태(1기압, 0[℃])일 때 기체 1[kg-mol]이 차지하는 부피 : 22.4[m^3]

∴ Halon 1301 약제 0.32[kg]을 부피로 환산하면

$$\frac{0.32[kg]}{149[kg]} \times 22.4[m^3] = 0.0481[m^3]$$

정답 01 ④ 02 ① 03 ① 04 ③ 05 ①

• 산소의 농도를 구하면

$$할론가스량[m^3] = \frac{21 - O_2}{O_2} \times V$$

$$0.0481[m^3] = \frac{21 - O_2}{O_2} \times 1[m^3]$$

$$0.0481[m^3]O_2 = 21 - 1O_2$$

$$1.0481[m^3]O_2 = 21$$

$$\therefore O_2 = 20.04[\%]$$

• 할론의 농도를 구하면

$$할론농도[\%] = \frac{21 - O_2}{21} \times 100$$

$$\therefore 할론농도[\%] = \frac{21 - 20.04}{21} \times 100 = 4.57[\%]$$

06

연면적이 1,000[m²] 이상인 건축물에 설치하는 방화벽이 갖추어야 할 기준으로 틀린 것은?

① 내화구조로서 홀로 설 수 있는 구조일 것
② 방화벽의 양쪽 끝과 위쪽 끝을 건축물의 외벽면 및 지붕면으로부터 0.1[m] 이상 튀어 나오게 할 것
③ 방화벽에 설치하는 출입문의 너비는 2.5[m] 이하로 할 것
④ 방화벽에 설치하는 출입문의 높이는 2.5[m] 이하로 할 것

해설 **방화벽** : 화재 시 연소의 확산을 막고 피해를 줄이기 위해 주로 목조건축물에 설치하는 벽

• 내화구조로서 홀로 설 수 있는 구조일 것
• 방화벽의 양쪽 끝과 위쪽 끝을 건축물의 외벽면 및 지붕면으로부터 **0.5[m] 이상** 튀어 나오게 할 것
• 방화벽에 설치하는 출입문의 너비 및 높이는 각각 2.5[m] 이하로 하고, 해당 출입문에는 제26조에 따른 갑종방화문을 설치할 것

07

Halon 1301의 증기비중은 약 얼마인가?(단, 원자량은 C 12, F 19, Br 80, Cl 35.5이고, 공기의 평균분자량은 29이다)

① 4.14 ② 5.14
③ 6.14 ④ 7.14

해설 증기비중

$$증기비중 = \frac{분자량}{공기의\ 평균분자량} = \frac{분자량}{29}$$

$$\therefore 증기비중 = \frac{149}{29} = 5.14$$

08

분말소화약제의 주성분이 아닌 것은?

① $C_2F_4Br_2$ ② $NaHCO_3$
③ $KHCO_3$ ④ $NH_4H_2PO_4$

해설 소화약제

종 류	$C_2F_4Br_2$	$NaHCO_3$	$KHCO_3$	$NH_4H_2PO_4$
명 칭	할론 2402	중탄산 나트륨	중탄산 칼륨	제일인산 암모늄
구 분	할론소화약제	제1종 분말	제2종 분말	제3종 분말

09

실내에서 화재가 발생하여 실내의 온도가 21[℃]에서 650[℃]로 되었다면 공기의 팽창은 처음의 약 몇 배가 되는가?(단, 대기압은 공기가 유동하여 화재 전후가 같다고 가정한다)

① 3.14 ② 4.27
③ 5.69 ④ 6.01

해설 샤를의 법칙을 적용하면

$$V_2 = V_1 \times \frac{T_2}{T_1}$$

$$\therefore V_2 = V_1 \times \frac{T_2}{T_1} = 1 \times \frac{(273+650)[K]}{(273+21)[K]} = 3.14$$

정답 06 ② 07 ② 08 ① 09 ①

10

제4류 위험물의 성질에 해당되는 것은?

① 가연성 고체 ② 산화성 고체
③ 인화성 액체 ④ 자기반응성 물질

해설 **위험물의 성질**

종 류	제2류 위험물	제1류 위험물	제4류 위험물	제5류 위험물
성 질	가연성 고체	산화성 고체	인화성 액체	자기반응성 물질

11

위험물안전관리법령에 의한 제2류 위험물이 아닌 것은?

① 철 분 ② 유 황
③ 적 린 ④ 황 린

해설 **황린** : 제3류 위험물

12

건축물의 내화구조에서 바닥의 경우에는 철근콘크리트조의 두께가 몇 [cm] 이상이어야 하는가?

① 7 ② 10
③ 12 ④ 15

해설 **내화구조**

내화구분	내화구조의 기준
바 닥	• 철근콘크리트조 또는 철골·철근콘크리트조로서 두께가 **10[cm] 이상**인 것 • 철재로 보강된 콘크리트블록조·벽돌조 또는 석조로서 철재에 덮은 두께가 5[cm] 이상인 것 • 철재의 양면을 두께 5[cm] 이상의 철망 모르타르 또는 콘크리트로 덮은 것

13

화재의 위험에 대한 설명으로 옳지 않은 것은?

① 인화점 및 착화점이 낮을수록 위험하다.
② 착화에너지가 작을수록 위험하다.
③ 비점 및 융점이 높을수록 위험하다.
④ 연소범위는 넓을수록 위험하다.

해설 비점 및 융점이 낮을수록 위험하다.

14

연소에 대한 설명으로 옳은 것은?

① 환원반응이 이루어진다.
② 산소를 발생한다.
③ 빛과 열을 수반한다.
④ 연소생성물은 액체이다.

해설 **연소** : 가연물이 산소와 반응하여 열과 빛을 동반하는 급격한 산화현상

15

열원으로서 화학적 에너지에 해당되지 않는 것은?

① 연소열 ② 분해열
③ 마찰열 ④ 용해열

해설 **기계적 에너지** : 마찰열, 압축열

16

칼륨에 화재가 발생할 경우에 주수를 하면 안 되는 이유로 가장 옳은 것은?

① 수소가 발생하기 때문에
② 산소가 발생하기 때문에
③ 질소가 발생하기 때문에
④ 수증기가 발생하기 때문에

해설 칼륨은 물과 반응하면 수소가스를 발생하므로 위험하다.

$$2K + 2H_2O \rightarrow 2KOH + H_2\uparrow$$

17

건축물에 화재가 발생하여 일정 시간이 경과하게 되면 일정 공간 안에 열과 가연성 가스가 축적되고 한 순간에 폭발적으로 화재가 확산하는 현상을 무엇이라 하는가?

① 보일오버현상 ② 플래시오버현상
③ 패닉현상 ④ 리프팅현상

10 ③ 11 ④ 12 ② 13 ③ 14 ③ 15 ③ 16 ① 17 ② 정답

해설 플래시오버(Flash Over) : 화재가 발생하여 일정 시간이 경과하게 되면 일정 공간 안에 열과 가연성 가스가 축적되고 한 순간에 폭발적으로 화재가 확산하는 현상

18

화재를 소화하는 방법 중 물리적 방법에 의한 소화라고 볼 수 없는 것은?

① 억제소화 ② 제거소화
③ 질식소화 ④ 냉각소화

해설 **화학적인 소화방법** : 억제소화(부촉매소화)

19

내화건축물 화재의 진행과정으로 가장 옳은 것은?

① 화원 → 최성기 → 성장기 → 감퇴기
② 화원 → 감퇴기 → 성장기 → 최성기
③ 초기 → 성장기 → 최성기 → 감퇴기 → 종기
④ 초기 → 감퇴기 → 최성기 → 성장기 → 종기

해설 **내화건축물 화재의 진행과정** : 초기 → 성장기 → 최성기 → 감퇴기 → 종기

20

물과 반응하여 가연성 기체를 발생하지 않는 것은?

① 칼 륨 ② 인화아연
③ 산화칼슘 ④ 탄화알루미늄

해설 산화칼슘(CaO, 생석회)은 물과 반응하면 많은 열을 발생하고 가스는 발생하지 않는다.

$CaO + H_2O \rightarrow Ca(OH)_2 + Q$[kcal]

- 칼륨과 물과의 반응
  $2K + 2H_2O \rightarrow 2KOH + H_2\uparrow$
- 인화아연과 물과의 반응
  $Zn_3P_2 + 6H_2O \rightarrow 3Zn(OH)_2 + 2PH_3\uparrow$
- 탄화알루미늄과 물과의 반응
  $Al_4C_3 + 12H_2O \rightarrow 4Al(OH)_3 + 3CH_4\uparrow$

제 2 과목 소방유체역학

21

그림과 같이 단면적이 A인 원형관으로 밀도가 ρ인 비압축성 유체가 V의 유속으로 들어와 직경이 $\frac{1}{3}D$인 원형노즐로 분출되고 있다. 제트에 의해서 평판에 작용하는 힘은?

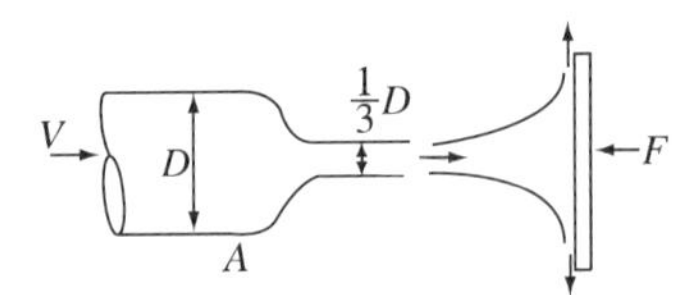

① $\rho V^2 A$ ② $3\rho V^2 A$
③ $9\rho V^2 A$ ④ $27\rho V^2 A$

해설

단면적 $A = \frac{\pi}{4} \times \left(\frac{1}{3}D\right)^2 = \frac{\pi}{4} \times D^2 \times \frac{1}{9}$

$9A = \frac{\pi}{4}D^2$

평판에 작용하는 힘

$F = \rho QV = \rho(AV)V = \rho\left(\frac{\pi}{4}D^2\right)V^2 = 9\rho A V^2$

22

뉴턴(Newton)의 점성법칙을 이용하여 만든 회전 원통식 점도계는?

① 세이볼트(Saybolt) 점도계
② 오스트발트(Ostwald)점도계
③ 레드우드(Redwood)점도계
④ 맥마이클(MacMichael)점도계

해설 점도계

- **맥마이클**(MacMichael)**점도계, 스토머**(Stomer) **점도계 : 뉴턴**(Newton)의 **점성법칙**
- 오스트발트(Ostwald)점도계, 세이볼트(Saybolt) 점도계 : 하겐-포아젤 법칙
- **낙구식 점도계 : 스토크스 법칙**

정답 18 ① 19 ③ 20 ③ 21 ③ 22 ④

23

대기 중에 개방된 탱크 속의 액면이 점선의 위치에서 현재 액면 위치 D까지 서서히 내려왔다. 파이프 끝 C 에서 대기 중으로 방출될 때 유출속도 V_c는 약 [m/s]인가?(단, 관에서의 마찰은 무시한다)

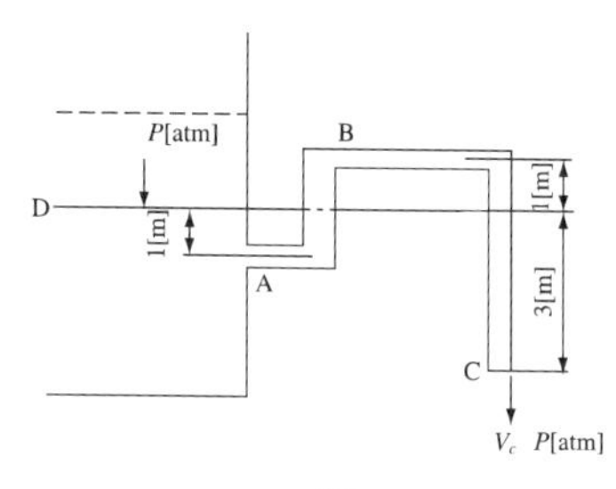

① 3.1　② 6.2
③ 7.7　④ 9.9

해설 베르누이방정식을 이용하면

$$\frac{V_D^2}{2g} + \frac{P_D}{\gamma} + Z_D = \frac{V_C^2}{2g} + \frac{P_C}{\gamma} + Z_C$$

$$P_D = P_C = p_{atm} \quad V_D = 0, \ Z_C = 0$$

$$Z_D = \frac{V_C^2}{2g}$$

$$V_C = \sqrt{2gZ_D} = \sqrt{2 \times 9.8[\text{m/s}^2] \times 3[\text{m}]} = 7.7[\text{m/s}]$$

24

그림에서 탱크차가 받는 추력은 약 몇 [N]인가?(단, 노즐의 단면적은 0.03[m²]이며 마찰은 무시한다)

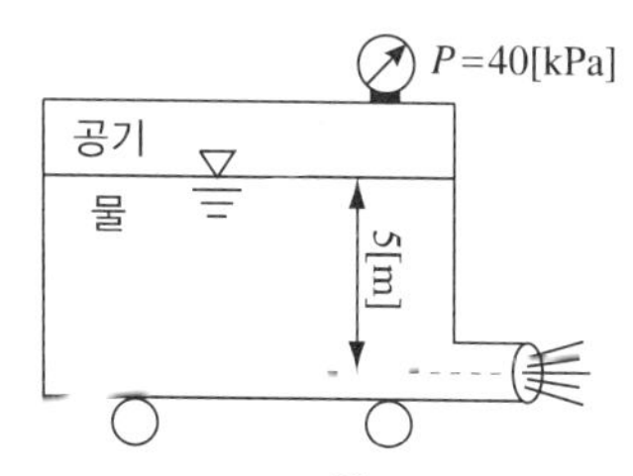

① 800　② 1,480
③ 2,700　④ 5,340

해설 베르누이방정식을 적용하면

$$\frac{P_1}{\gamma} + \frac{V_1^2}{2g} + z_1 = \frac{P_2}{\gamma} + \frac{V_2^2}{2g} + z_2$$

$$\frac{40 \times 10^3[\text{N/m}^2]}{9,800[\text{N/m}^3]} + 0 + 5[\text{m}] = 0 + \frac{V_2^2}{2 \times 9.8[\text{m/s}^2]} + 0$$

$$9.082 = \frac{V_2^2}{2 \times 9.8}$$

노즐의 출구속도

$$V_2 = \sqrt{2 \times 9.8 \times 9.082} = 13.34[\text{m/s}]$$

유량

$$Q = AV = 0.03[\text{m}^2] \times 13.34[\text{m/s}] = 0.4[\text{m}^3/\text{s}]$$

추력

$$F = Q\rho u$$
$$= 0.4[\text{m}^3/\text{s}] \times 1,000[\text{kg/m}^3] \times 13.34[\text{m/s}]$$
$$= 5,336[\text{kg} \cdot \text{m/s}^2]$$
$$= 5,336[\text{N}]$$

25

부차적 손실계수 K=2인 관 부속품에서의 손실수두가 2[m]라면 이때의 유속은 약 몇 [m/s]인가?

① 4.43　② 3.14
③ 2.21　④ 2.00

해설 부차적 손실수두

$$H = K\frac{u^2}{2g} \qquad u = \sqrt{\frac{2gH}{K}}$$

$$\therefore u = \sqrt{\frac{2gH}{K}} = \sqrt{\frac{2 \times 9.8 \times 2}{2}} = 4.43[\text{m/s}]$$

26

다음 그림과 같이 설치한 피토 정압관의 액주계 눈금 R = 100[mm]일 때 ①에서의 물의 유속은 약 몇 [m/s]인가?(단, 액주계에 사용된 수은의 비중은 13.6이다)

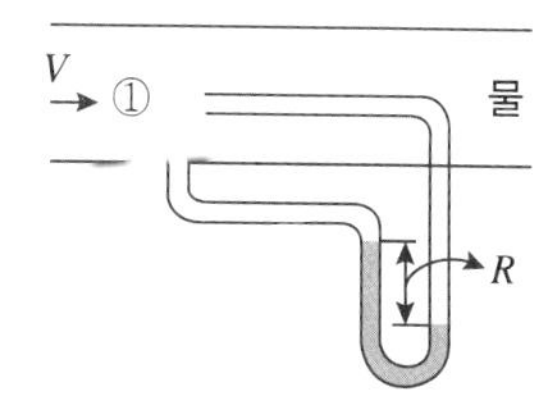

① 15.7　② 5.35
③ 5.16　④ 4.97

해설 유 속

$$u = \sqrt{2gR\left(\frac{\rho_0}{\rho} - 1\right)}$$

정답 23 ③ 24 ④ 25 ① 26 ④

$$\therefore\ u = \sqrt{2gR\left(\frac{\rho_0}{\rho} - 1\right)}$$
$$= \sqrt{2\times 9.8\times 0.1[\text{m}]\times\left(\frac{13.6}{1} - 1\right)}$$
$$= 4.97[\text{m/s}]$$

27

온도 차이 20[℃], 열전도율 5[W/m · K], 두께 20[cm]인 벽을 통한 열유속(Heat Flux)과 온도 차이 40[℃], 열전도율 10[W/m · K], 두께 t[cm]인 같은 면적을 가진 벽을 통한 열유속이 같다면 두께 t는 몇 [cm]인가?

① 10 ② 20
③ 40 ④ 80

해설 열전달률

$$\text{열전달열량 } Q = \frac{\lambda}{l}A\Delta t$$

여기서, λ : 열전도율[W/m · K]
l : 두께[m]
A : 면적
Δt : 온도차

$$\therefore\ \frac{5[\text{W/m}\cdot\text{K}]}{0.2[\text{m}]}\times 20[℃] = \frac{10[\text{W/m}\cdot\text{K}]}{x}\times 40[℃]$$
$$x = 0.8[\text{m}] = 80[\text{cm}]$$

28

유량이 2[m^3/min]인 5단 펌프가 2,000[rpm]에서 50[m]의 양정이 필요하다면 비속도([m^3/min · rpm · m])는?

① 403 ② 503
③ 425 ④ 525

해설 비교 회전도(Specific Speed, 비속도)

$$N_s = \frac{N\sqrt{Q}}{\left(\frac{H}{n}\right)^{3/4}}$$

여기서, N : 회전수[rpm]
Q : 유량[m^3/min]
H : 양정[m]
n : 단수

$$\therefore\ N_s = \frac{N\sqrt{Q}}{\left(\frac{H}{n}\right)^{3/4}} = \frac{2{,}000\times\sqrt{2}}{\left(\frac{50}{5}\right)^{3/4}}$$
$$= 502.97[\text{m}^3/\text{min}\cdot\text{rpm}\cdot\text{m}]$$

29

그림과 같이 물이 유량 Q로 저수조로 들어가고 속도 $V = \sqrt{2gH}$로 저수조 바닥에 있는 면적 A_2의 구멍을 통하여 나간다. 저수조의 수면 높이의 변화 속도 $\frac{dh}{dt}$는?

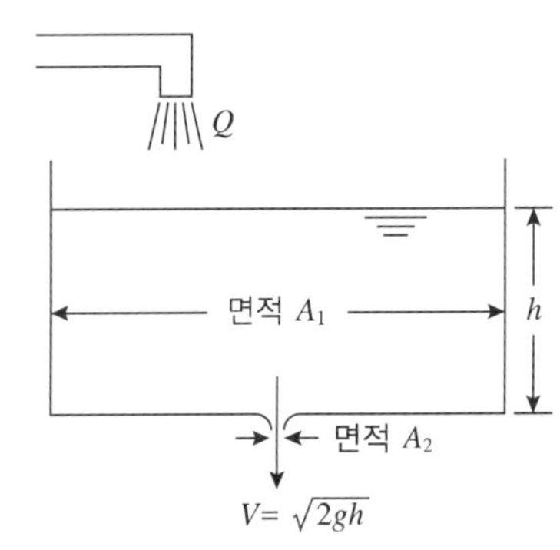

① $\frac{Q}{A_2}$ ② $\frac{A_2\sqrt{2gh}}{A_1}$
③ $\frac{Q - A_2\sqrt{2gh}}{A_2}$ ④ $\frac{Q - A_2\sqrt{2gh}}{A_1}$

해설 $\frac{dh}{dt} = V_i - V_o = \frac{Q - A_2\sqrt{2gh}}{A_1}$

30

주어진 물리량의 단위로 옳지 않은 것은?

① 펌프의 양정 : [m]
② 동압 : [MPa]
③ 속도수두 : [m/s]
④ 밀도 : [kg/m^3]

해설 속도수두 : [m]

정답 27 ④ 28 ② 29 ④ 30 ③

31

이상적인 열기관 사이클인 카르노사이클(Carnot Cycle)의 특징으로 맞는 것은?

① 비가역 사이클이다.
② 공급열량과 방출열량의 비는 고온부의 절대온도와 저온부의 절대온도 비와 같지 않다.
③ 이론 열효율은 고열원 및 저열원의 온도만으로 표시된다.
④ 두 개의 등압변화와 두 개의 단열변화로 둘러싸인 사이클이다.

해설 **카르노사이클(Carnot Cycle)의 특징**
- 가역 사이클이다.
- 공급열량과 방출열량의 비는 고온부의 절대온도와 저온부의 절대온도 비와 같다.
- 이론 열효율은 고열원 및 저열원의 온도만으로 표시된다.
- 두 개의 등온변화와 두 개의 단열변화로 구성된 사이클이다.

$$\text{열효율 } \eta_c = \frac{AW}{Q_1} = \frac{Q_1 - Q_2}{Q_2} = 1 - \frac{Q_2}{Q_1} = 1 - \frac{T_2}{T_1}$$

32

유체의 압축률에 관한 설명으로 옳은 것은?

① 압축률 = 밀도×체적탄성계수
② 압축률 = 1/체적탄성계수
③ 압축률 = 밀도/체적탄성계수
④ 압축률 = 체적탄성계수/밀도

해설 압력이 P일 때 체적 V인 유체에 압력을 ΔP만큼 증가시켰을 때 체적이 ΔV만큼 감소한다면 체적탄성계수 K는

$$K = -\frac{\Delta P}{\Delta V/V} = \frac{\Delta P}{\Delta \rho/\rho}$$

여기서, P : 압력, V : 체적
ρ : 밀도, $\Delta V/V$: 무차원
K : 압력단위

- 압축률 $\beta = \frac{1}{K}$
- 등온변화일 때 $K = P$
- 단열변화일 때 $K = kP$(k : 비열비)

33

원관에서의 유체 흐름에 대한 일반적인 설명으로 맞는 것은?

① 수평 원관에서 일정한 물이 층류상태로 흐를 때 관 직경을 2배로 하면 손실수두는 1/2로 감소한다.
② 원관에서 유체가 층류로 흐를 때 평균속도는 최대속도의 1/2이다.
③ 원관에서 유체가 층류로 흐를 때 속도는 관 중심에서 0이고 관벽까지 직선적으로 증가한다.
④ 수평 원관 속의 층류 흐름에서 압력손실은 유량에 반비례한다.

해설 **유체의 흐름**
- 층류상태로 흐를 때 관 직경을 2배로 하면 손실수두는 1/16로 감소한다.

$$H = \frac{\Delta P}{\gamma} = \frac{128\mu l Q}{r\pi d^4}$$

- 층류로 흐를 때 평균속도는 최대속도의 1/2이다 $\left(u = \frac{1}{2}u_{\max}\right)$.
- 원관에서 유체가 층류로 흐를 때 전단응력은 관 중심에서 0이고 반지름에 비례하면서 관벽까지 직선적으로 증가한다.
- 수평 원관 속의 층류 흐름에서 압력손실은 **유량에 비례한다.**

$$\text{압력손실 } \Delta P = \frac{128\mu l Q}{\pi d^4}$$

34

펌프 및 송풍기에서 발생하는 현상을 잘못 설명한 것은?

① 캐비테이션은 압력이 낮은 부분에서 발생할 수 있다.

31 ③ 32 ② 33 ② 34 ④ 정답

② 캐비테이션이나 수격작용은 펌프나 배관을 파괴하는 경우도 있다.
③ 송풍기의 운전 중 송출압력과 유량이 주기적으로 변화하는 현상을 서징이라 한다.
④ 송풍기에서 캐비테이션의 발생으로 회전차의 수명이 단축될 수 있다.

해설 캐비테이션(공동현상)은 펌프에서 발생한다.

35

−15[℃]얼음 10[g]을 100[℃]의 증기로 만드는데 필요한 열량은 몇 [kJ]인가?(단, 얼음의 융해열은 335[kJ/kg], 물의 증발잠열은 2,256[kJ/kg], 얼음의 평균 비열은 2.1[kJ/kg · K]이고, 물의 평균 비열은 4.18[kJ/kg · K]이다)

① 7.85 ② 27.1
③ 30.4 ④ 35.2

해설
- 얼음의 현열
  $Q = mC\Delta t$
  $= 0.01[\text{kg}] \times 2.1[\text{kJ/kg}\cdot\text{K}] \times \{0-(-15)\}[\text{K}] = 0.315[\text{kJ}]$
- 0[℃] 얼음의 융해잠열
  $Q = \gamma \cdot m = 335[\text{kJ/kg}] \times 0.01[\text{kg}] = 3.35[\text{kJ}]$
- 물의 현열
  $Q = mC\Delta t$
  $= 0.01[\text{kg}] \times 4.18[\text{kJ/kg}\cdot\text{K}] \times (100-0)[\text{K}]$
  $= 4.18[\text{kJ}]$
- 100[℃] 물의 증발잠열
  $Q = \gamma \cdot m = 2{,}256 \times 0.01 = 22.56[\text{kJ}]$

∴ 전열량
$Q = 0.315 + 3.35 + 4.18 + 22.56 = 30.405[\text{kJ}]$

36

유량 2[m³/min], 전양정 25[m]인 원심펌프를 설계하고자 할 때 펌프의 축동력은 약 몇 [kW]인가?(단, 펌프의 전효율은 0.78이다)

① 9.52 ② 10.47
③ 11.52 ④ 13.47

해설 축동력

$$P[\text{kW}] = \frac{\gamma \times Q \times H}{102 \times \eta}$$

여기서, γ : 물의 비중량(1,000[kg$_f$/m^3]
Q : 유량[m^3/s]
H : 전양정[m]
η : 펌프효율

$$\therefore P[\text{kW}] = \frac{1{,}000 \times 2[\text{m}^3]/60[\text{s}] \times 25[\text{m}]}{102 \times 0.78} = 10.47[\text{kW}]$$

37

그림과 같은 오리피스에서 h_m은 0.1[m], γ은 물의 비중량이고 γ_m은 수은(비중 13.6)의 비중량일 때 오리피스의 전후의 압력차는 약 몇 [kPa]인가?

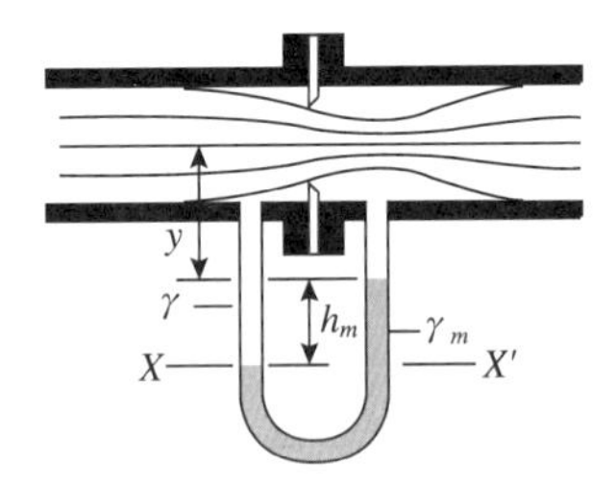

① 1.43 ② 14.31
③ 13.33 ④ 12.35

해설 오리피스

$$\Delta P = \frac{g}{g_c} R(\gamma_A - \gamma_B)$$

여기서, R : 마노미터 읽음
γ_A : 액체의 비중량
γ_B : 유체의 비중량

$$\therefore \Delta P = \frac{g}{g_c} R(\gamma_A - \gamma_B)$$
$$= 0.1[\text{m}] \times (13{,}600 - 1{,}000)[\text{kg}_f/\text{m}^3]$$
$$= 1{,}260[\text{kg}_f/\text{m}^2]$$

이것을 [kPa]로 환산하면

$$\frac{1{,}260[\text{kg}_f/\text{m}^2]}{10{,}332[\text{kg}_f/\text{m}^2]} \times 101.325[\text{kPa}] = 12.36[\text{kPa}]$$

정답 35 ③ 36 ② 37 ④

38

−10[℃], 6기압의 이산화탄소 10[kg]이 분사노즐에서 1기압까지 가역 단열팽창하였다면 팽창 후의 온도는 몇 [℃]가 되겠는가?(단, 이산화탄소의 비열비는 k = 1.289이다)

① −85　② −97
③ −105　④ −115

해설 단열팽창 후의 온도

$$T_2 = T_1 \times \left(\frac{P_2}{P_1}\right)^{\frac{k-1}{k}}$$

여기서, T_1 : 팽창 전의 온도
P_1 : 팽창 전의 압력
P_2 : 팽창 후의 압력
k : 비열비

$$\therefore\ T_2 = (273-10) \times \left(\frac{1}{6}\right)^{\frac{1.289-1}{1.289}}$$
$$= 176[\text{K}] = -97[℃]$$

$$[\text{K}] = 273 + [℃]$$

39

표준대기압하에서 게이지압력 190[kPa]을 절대압력으로 환산하면 몇 [kPa]이 되겠는가?

① 88.7　② 190
③ 291.3　④ 120

해설 절대압 = 대기압 + 게이지압력
= 101.325[kPa] + 190[kPa]
= 291.325[kPa]

40

직경 25[cm]의 매끈한 원관을 통해서 물을 초당 100[L]를 수송하고 있다. 관의 길이 5[m]에 대한 손실수두는 약 몇 [m]인가?(단, 관마찰계수 f는 0.03이다)

① 0.013　② 0.13
③ 1.3　④ 13

해설 다르시-바이스바흐 방정식

$$h = \frac{flu^2}{2gD}[\text{m}]$$

여기서, h : 마찰손실[m]
f : 관의 마찰계수(0.03)
l : 관의 길이 5[m]
D : 관의 내경 0.25[m]
u : 유체의 유속[m/s]$= \frac{Q}{A}$

$$= \frac{0.1[\text{m}^3/\text{s}]}{\frac{\pi}{4}(0.25[\text{m}])^2} = 2.04[\text{m/s}]$$

$$\therefore\ h = \frac{flu^2}{2gD} = \frac{0.03 \times 5 \times (2.04)^2}{2 \times 9.8 \times 0.25} = 0.127[\text{m}]$$

제 3 과목 소방관계법규

41

소방기술자가 소방시설공사업법에 따른 명령을 따르지 아니하고 업무를 수행한 경우의 벌칙은?

① 100만원 이하의 벌금
② 300만원 이하의 벌금
③ 1년 이하의 징역 또는 1,000만원 이하의 벌금
④ 3년 이하의 징역 또는 1,500만원 이하의 벌금

해설 1년 이하의 징역 또는 1,000만원 이하의 벌금

- 영업정지처분을 받고 그 영업정지 기간에 영업을 한 자
- 규정을 위반하여 설계나 시공을 한 자
- 규정을 위반하여 감리를 하거나 거짓으로 감리한 자
- 규정을 위반하여 공사감리자를 지정하지 아니한 자
- 규정을 소방설비업자가 아닌 자에게 소방시설공사를 도급한 자
- 규정을 제3자에게 소방시설공사 시공을 하도급한 자
- 제27조제1항을 위반하여 같은 항에 따른 법 또는 명령을 따르지 아니하고 업무를 수행한 자

38 ② 39 ③ 40 ② 41 ③ 정답

42

소방시설관리업의 보조기술인력으로 등록할 수 없는 사람은?

① 소방설비기사 자격증 소지자
② 산업안전기사 자격증 소지자
③ 대학의 소방관련학과를 졸업하고 소방기술 인정자격 수첩을 발급받은 사람
④ 소방공무원으로 3년 이상 근무하고 소방기술 인정자격 수첩을 발급받은 사람

해설 **소방시설관리업의 보조 기술인력(2명 이상)**

②부터 ④까지의 어느 하나에 해당하는 사람은 소방시설공사업법 제28조 제2항에 따른 소방기술인정자격수첩을 발급받은 사람이어야 한다.
① 소방설비기사 또는 소방설비산업기사
② 소방공무원으로 3년 이상 근무한 사람
③ 소방 관련학과의 학사학위를 취득한 사람
④ 행정안전부령으로 정하는 소방기술과 관련된 자격·경력 및 학력이 있는 사람
※ ②, ③, ④는 소방기술인정자격수첩을 발급 받은 사람

43

한국소방안전원의 업무가 아닌 것은?

① 화재 예방과 안전관리의식 고취를 위한 대국민 홍보
② 소방기술과 안전관리에 관한 각종 간행물의 발간
③ 소방용 기계·기구에 대한 검정기준의 개정
④ 소방기술과 안전관리에 관한 교육 및 조사·연구

해설 **한국소방안전원의 업무**

- 소방기술과 안전관리에 관한 교육 및 조사·연구
- 소방기술과 안전관리에 관한 각종 간행물 발간
- 화재 예방과 안전관리의식 고취를 위한 대국민 홍보
- 소방업무에 관하여 행정기관이 위탁하는 업무
- 그 밖에 회원의 복리 증진 등 정관으로 정하는 사항

44

방염업자가 다른 사람에게 등록증을 빌려준 경우 1차 행정처분으로 옳은 것은?

① 6개월 이내의 영업정지
② 9개월 이내의 영업정지
③ 12개월 이내의 영업정지
④ 등록취소

해설 **소방시설업(방염처리법)의 등록증을 빌려준 경우 행정처분**

1차 : 영업정지 6개월, 2차 : 등록취소

45

위험물안전관리법에서 정하는 제4류 위험물 중 석유류별에 따른 분류로 옳은 것은?

① 제1석유류 : 아세톤, 휘발유
② 제2석유류 : 중유, 크레오소트유
③ 제3석유류 : 기어유, 실린더유
④ 제4석유류 : 등유, 경유

해설 **제4류 위험물의 분류**

- **특수인화물 : 이황화탄소, 다이에틸에테르** 그 밖에 1기압에서 발화점이 100[℃] 이하인 것 또는 인화점이 −20[℃] 이하이고 비점이 40[℃] 이하인 것
- **제1석유류 : 아세톤, 휘발유** 그 밖에 1기압에서 인화점이 21[℃] 미만인 것
- 알코올류 : 1분자를 구성하는 탄소원자의 수가 1개부터 3개까지인 포화1가 알코올(변성알코올을 포함한다)
- **제2석유류 : 등유, 경유** 그 밖에 1기압에서 인화점이 21[℃] 이상 70[℃] 미만인 것
- **제3석유류 : 중유, 크레오소트유** 그 밖에 1기압에서 인화점이 70[℃] 이상 200[℃] 미만인 것
- **제4석유류 : 기어유, 실린더유** 그 밖에 1기압에서 인화점이 200[℃] 이상 250[℃] 미만의 것
- 동식물유류 : 동물의 지육 등 또는 식물의 종자나 과육으로부터 추출한 것으로서 1기압에서 인화점이 250[℃] 미만인 것

46

다음 중 연 1회 이상 소방시설관리업자 또는 소방안전관리자로 선임된 소방시설관리사, 소방기술사 1명 이상을 점검자로 하여 종합정밀점검을 의무적으로 실시하여야 하는 것은?(단, 위험물제조소 등은 제외한다)

① 옥내소화전설비가 설치된 연면적 5,000[m^2] 이상인 특정소방대상물
② 옥내소화전설비가 설치된 연면적 3,000[m^2] 이상인 특정소방대상물
③ 물분무소화설비가 설치된 연면적 5,000[m^2] 이상인 특정소방대상물
④ 10층 이상인 아파트

정답 42 ② 43 ③ 44 ① 45 ① 46 ③

해설 종합정밀점검

구 분	내 용
대 상	1) 스프링클러설비가 설치된 특정소방대상물 2) 물분무 등 소화설비(호스릴 방식은 제외)가 설치된 연면적 5,000[m^2] 이상인 특정소방대상물(위험물 제조소 등은 제외) 3) 다중이용업의 영업장(8개)이 설치된 특정소방대상물로서 연면적이 2,000[m^2] 이상인 것 4) 제연설비가 설치된 터널 5) 공공기관 중 연면적이 1,000[m^2] 이상인 것으로서 옥내소화전설비 또는 자동화재탐지설비가 설치된 것
점검자의 자격	소방시설관리업자 또는 소방안전관리자로 선임된 소방시설관리사 및 소방기술사가 실시할 수 있다. 이 경우 별표 2에 따른 점검인력 배치기준을 따라야 한다.

47

화재를 진압하거나 인명구조활동을 위하여 특정소방대상물에는 소화활동설비를 설치하여야 한다. 다음 중 소화활동설비에 해당되지 않는 것은?

① 제연설비, 비상콘센트설비
② 연결송수관설비, 연결살수설비
③ 무선통신보조설비, 연소방지설비
④ 자동화재속보설비, 통합감시시설

해설 **소화활동설비** : 제연설비, 연결송수관설비, 연결살수설비, 비상콘센트설비, 무선통신보조설비, 연소방지설비

자동화재속보설비, 통합감시시설 : 경보설비

48

소방본부장이나 소방서장은 특정소방대상물에 설치하는 소방시설 가운데 기능과 성능이 유사한 물분무 소화설비, 간이스프링클러설비, 비상경보설비 및 비상방송설비 등 소방시설의 경우 유사한 소방시설의 설치 면제를 어떻게 정하는가?

① 소방청장이 정한다.
② 시·도의 조례로 정한다.
③ 행정안전부령으로 정한다.
④ 대통령령으로 정한다.

해설 **유사한 소방시설의 경우 설치 면제** : 대통령령으로 정한다.

49

특정소방대상물의 규모에 관계없이 물분무 등 소화설비를 설치하여야 하는 대상은?(단, 위험물 저장 및 처리시설 중 가스시설 또는 지하구는 제외한다)

① 주차용 건축물
② 전산실 및 통신기기실
③ 전기실 및 발전실
④ 항공기격납고

해설 **물분무 등 소화설비 설치 대상물**

- 항공기 및 자동차 관련 시설 중 **항공기격납고**
- **주차용 건축물**(주차장법 제2조제3호에 따른 기계식 주차장을 포함한다)로서 **연면적 800[m^2] 이상**인 것
- 건축물 내부에 설치된 차고 또는 주차장으로서 차고 또는 주차의 용도로 사용되는 부분(건축법 시행령 제119조 제1항 제3호 다목의 필로티를 주차용도로 사용하는 경우를 포함한다)의 바닥면적의 합계가 200[m^2] 이상인 것
- **기계식 주차장치**를 이용하여 **20대 이상**의 차량을 주차할 수 있는 것
- 특정소방대상물에 설치된 **전기실·발전실·변전실**(가연성 절연유를 사용하지 않는 변압기·전류차단기 등의 전기기기와 가연성 피복을 사용하지 않은 전선 및 케이블만을 설치한 전기실·발전실 및 변전실은 제외한다)·**축전지실·통신기기실** 또는 **전산실**, 그 밖에 이와 비슷한 것으로서 **바닥면적이 300[m^2] 이상**인 것

50

소방공사의 감리를 완료하였을 경우 소방공사감리 결과를 통보하는 대상으로 옳지 않은 것은?

① 특정소방대상물의 관계인
② 특정소방대상물의 설계업자
③ 소방시설공사의 도급인
④ 특정소방대상물의 공사를 감리한 건축사

47 ④ 48 ④ 49 ④ 50 ② 정답

해설 공사감리결과 서면 통보
- 특정소방대상물의 관계인
- 소방시설공사의 도급인
- 특정소방대상물의 공사를 감리한 건축사

51

특수가연물을 저장 또는 취급하는 장소에 설치하는 표지의 기재사항이 아닌 것은?

① 품 명 ② 안전관리자 성명
③ 최대수량 ④ 화기취급의 금지

해설 특수가연물을 저장 또는 취급하는 장소의 표지의 기재사항
- 품 명
- 최대수량
- 화기취급의 금지

52

위험물안전관리법에서 정하는 용어의 정의에 대한 설명 중 틀린 것은?

① 위험물이란 인화성 또는 발화성 등의 성질을 가지는 것으로서 행정안전부령이 정하는 물품을 말한다.
② 지정수량이란 위험물의 종류별로 위험성을 고려하여 제조소 등의 설치허가 등에 있어서 최저기준이 되는 수량을 말한다.
③ 제조소란 위험물을 제조할 목적으로 지정수량 이상의 위험물을 취급하기 위하여 위험물설치허가를 받은 장소를 말한다.
④ 취급소란 지정수량 이상의 위험물을 제조 외의 목적으로 취급하기 위하여 위험물설치 허가를 받은 장소를 말한다.

해설 위험물 : **인화성** 또는 **발화성** 등의 성질을 가지는 것으로서 **대통령령이 정하는 물품**

53

다음 중 소방대에 속하지 않는 사람은?

① 의용소방대원 ② 의무소방원
③ 소방공무원 ④ 소방시설공사업자

해설 소방대(消防隊) : 화재를 진압하고 화재, 재난・재해, 그 밖의 위급한 상황에서 구조・구급 활동 등을 하기 위하여 다음 각 목의 사람으로 구성된 조직체를 말한다.
- 소방공무원
- 의무소방원(義務消防員)
- 의용소방대원(義勇消防隊員)

54

건축 허가 등을 할 때 미리 소방본부장 또는 소방서장의 동의를 받아야 하는 대상 건축물 등의 범위로서 옳지 않은 것은?

① 승강기 등 기계장치에 의한 주차시설로서 자동차 20대 이상을 주차할 수 있는 시설
② 지하층 또는 무창층이 있는 모든 건축물
③ 노유자시설 및 수련시설로서 연면적이 200[m^2] 이상인 건축물
④ 항공기격납고, 관망탑, 항공관제탑 등

해설 건축허가 등의 동의 대상 범위
- 연면적이 400[m^2] 이상인 건축물.
  다만, 다음 시설은 해당 목에서 정한 기준 이상인 건축물로 한다.
  - 학교시설 : 100[m^2]
  - 노유자시설(老幼者施設) 및 수련시설 : 200[m^2]
  - 장애인 의료재활시설, 정신의료기관(입원실이 없는 정신건강의학과의원은 제외한다) : 300[m^2]
- 6층 이상인 건축물
- 차고・주차장 또는 주차용도로 사용되는 시설로서 다음 각목의 어느 하나에 해당하는 것
  - 차고・주차장으로 사용되는 바닥면적이 200[m^2] 이상인 층이 있는 건축물이나 주차시설
  - 승강기 등 기계장치에 의한 주차시설로서 자동차 20대 이상을 주차할 수 있는 시설
- 항공기격납고, 관망탑, 항공관제탑, 방송용 송・수신탑
- 지하층 또는 무창층이 있는 건축물로서 바닥면적이 150[m^2](공연장의 경우에는 100[m^2]) 이상인 층이 있는 것
- 별표 2의 특정소방대상물 중 위험물 저장 및 처리 시설, 지하구
- 노유자시설 중 다음의 어느 하나에 해당하는 시설(단독주택 또는 공동주택에 설치되는 시설은 제외)

정답 51 ② 52 ① 53 ④ 54 ②

- 노인관련시설(노인주거복지시설 · 노인의료복지시설 및 재가노인복지시설, 학대피해노인 전용 쉼터)
- 아동복지시설(아동상담소, 아동전용시설 및 지역아동센터는 제외)
- 장애인 거주시설
- 정신질환자 관련 시설
- 노숙인자활시설, 노숙인재활시설 및 노숙인요양시설
- 결핵환자나 한센인이 24시간 생활하는 노유자시설

• 요양병원(정신병원과 의료재활시설은 제외)

55

화학소방자동차의 소화능력 및 설비 기준에서 분말 방사차의 분말의 방사능력은 매초 몇 [kg] 이상이어야 하는가?

① 25[kg] ② 30[kg]
③ 35[kg] ④ 40[kg]

해설 화학소방자동차에 갖추어야 하는 소화능력 및 설비의 기준

화학소방 자동차의 구분	소화능력 및 설비의 기준
포수용액 방사차	포수용액의 방사능력이 매분 2,000[L] 이상일 것
	소화약액탱크 및 소화약액혼합장치를 비치할 것
	10만[L] 이상의 포수용액을 방사할 수 있는 양의 소화약제를 비치할 것
분말 방사차	분말의 방사능력이 매초 35[kg] 이상일 것
	분말탱크 및 가압용 가스설비를 비치할 것
	1,400[kg] 이상의 분말을 비치할 것
할로겐화합물 방사차	할로겐화합물의 방사능력이 매초 40[kg] 이상일 것
	할로겐화합물탱크 및 가압용 가스설비를 비치할 것
	1,000[kg] 이상의 할로겐화합물을 비치할 것
이산화탄소 방사차	이산화탄소의 방사능력이 매초 40[kg] 이상일 것
	이산화탄소저장용기를 비치할 것
	3,000[kg] 이상의 이산화탄소를 비치할 것
제독차	가성소다 및 규조토를 각각 50[kg] 이상 비치할 것

56

소방시설공사업의 명칭 · 상호를 변경하고자 하는 경우 민원인이 반드시 제출하여야 하는 서류는?

① 소방시설업등록증 및 등록수첩
② 법인 등기부등본 및 소방기술인력 연명부
③ 기술인력의 기술자격증 및 자격수첩
④ 사업자등록증 및 기술인력의 기술자격증

해설 등록사항의 변경신고 등

• 명칭 · 상호 또는 영업소 소재지를 변경하는 경우
  - 소방시설업등록증 및 등록수첩
• 대표자를 변경하는 경우
  - 소방시설업등록증 및 등록수첩
  - 변경된 대표자 성명, 주민등록번호 및 주소지 등의 인적사항이 적힌 서류
  - 외국인의 경우 우리나라 영사가 확인한 서류
• 기술인력을 변경하는 경우
  - 소방시설업 등록수첩
  - 기술인력 증빙서류

57

방염업자가 사망하거나 그 영업을 양도한 때 방염업자의 지위를 승계한자의 법적 절차는?

① 시 · 도지사에게 신고하여야 한다.
② 시 · 도지사의 허가를 받는다.
③ 시 · 도지사의 인가를 받는다.
④ 시 · 도지사에게 통지한다.

해설 방염업자의 지위승계 : 시 · 도지사에게 신고

58

특정소방대상물에 소방시설이 화재안전기준에 따라 설치 또는 유지 · 관리 되지 아니한 때 특정소방대상물의 관계인에게 필요한 조치를 명할 수 있는 사람은?

① 소방본부장 또는 소방서장
② 소방청장
③ 시 · 도지사
④ 종합상황실의 실장

해설 특정소방대상물의 관계인에게 필요한 조치명령권자 : 소방본부장 또는 소방서장

55 ③ 56 ① 57 ① 58 ① 정답

59

소방용수시설의 저수조에 대한 설치기준으로 옳지 않은 것은?

① 지면으로부터의 낙차가 4.5[m] 이하일 것
② 흡수 부분의 수심이 0.3[m] 이상일 것
③ 흡수관의 투입구가 사각형의 경우에는 한 변의 길이가 60[cm] 이상일 것
④ 흡수관의 투입구가 원형의 경우에는 지름이 60[cm] 이상일 것

해설 **저수조의 설치기준**
- 지면으로부터의 **낙차**가 **4.5[m] 이하**일 것
- 흡수 부분의 **수심**이 **0.5[m] 이상**일 것
- 소방펌프자동차가 쉽게 접근할 수 있도록 할 것
- 흡수에 지장이 없도록 토사 및 쓰레기 등을 제거할 수 있는 설비를 갖출 것
- 흡수관의 투입구가 **사각형**의 경우에는 **한 변의 길이**가 **60[cm] 이상**, **원형**의 경우에는 지름이 **60[cm] 이상**일 것
- 저수조에 물을 공급하는 방법은 상수도에 연결하여 **자동**으로 **급수되는 구조**일 것

60

소방시설공사의 설계와 감리에 관한 약정을 함에 있어서 그 대가를 산정하는 기준으로 옳은 것은?

① 발주자와 도급자 간의 약정에 따라 산정한다.
② 국가를 당사자로 하는 계약에 관한 법률에 따라 산정한다.
③ 민법에서 정하는 바에 따라 산정한다.
④ 엔지니어링산업 진흥법에 따른 실비정액 가산방식으로 산정한다.

해설 **기술용역의 대가 기준(엔지니어링산업 진흥법에 따른 기준)**
- 소방시설 설계의 대가 : 통신부문에 적용하는 공사비 요율에 따른 방식
- 소방공사 감리의 대가 : 실비정액 가산방식

제4과목 소방기계시설의 구조 및 원리

61

상수도 소화용수설비의 소화전은 소방대상물의 수평투영면의 각 부분으로부터 몇 [m] 이하가 되도록 설치하는가?

① 75　② 100
③ 125　④ 140

해설 상수도 소화용수설비의 소화전은 소방대상물의 수평투영면의 각 부분으로부터 140[m] 이하가 되도록 설치하여야 한다.

62

이산화탄소 소화약제의 저장용기에 관한 설치기준 설명 중 틀린 것은?

① 저장용기의 충전비는 고압식은 1.9 이상 2.1 이하로 한다.
② 저압식 저장용기에는 내압시험압력의 0.64배부터 0.8배까지의 압력에서 작동하는 안전밸브를 설치한다.
③ 저압식 저장용기에는 액면계 및 압력계와 2.3[MPa] 이상 1.9[MPa] 이하의 압력에서 작동하는 압력경보장치를 설치한다.
④ 저장용기는 고압식은 25[MPa] 이상, 저압식은 3.5[MPa] 이상의 내압시험압력에 합격한 것을 사용한다.

해설 **저장용기의 충전비**
- 고압식 : 1.5 이상 1.9 이하
- 저압식 : 1.1 이상 1.4 이하

63

제연설비의 설치장소를 제연구역으로 구획할 경우 틀린 것은?

① 거실과 통로는 상호 제연 구획할 것
② 하나의 제연구역의 면적은 1,500[m^2] 이내로 할 것
③ 하나의 제연구역은 직경 60[m] 원 내에 들어갈 수 있을 것
④ 통로상의 제연구역은 보행중심선의 길이가 60[m]를 초과하지 아니할 것

정답 59 ② 60 ④ 61 ④ 62 ① 63 ②

해설 제연구역의 구획기준

- 하나의 제연구역의 면적은 1,000[m²] 이내로 할 것
- 거실과 통로(복도를 포함한다)는 상호 제연 구획할 것
- 통로상의 제연구역은 보행중심선의 길이가 60[m]를 초과하지 아니할 것
- 하나의 제연구역은 직경 60[m] 원 내에 들어갈 수 있을 것
- 하나의 제연구역은 2개 이상 층에 미치지 아니하도록 할 것. 다만, 층의 구분이 불분명한 부분은 그 부분을 다른 부분과 별도로 제연구획하여야 한다.

64

연결살수설비 전용헤드를 사용하는 배관의 구경이 50[mm]일 때 하나의 배관에 부착하는 살수헤드는 몇 개인가?

① 1개 ② 2개
③ 3개 ④ 4개

해설 배관구경에 따른 부착 헤드수

하나의 배관에 부착하는 살수헤드의 개수	1개	2개	3개	4개 또는 5개	6개 이상 10개 이하
배관의 구경[mm]	32	40	50	65	80

65

다음 차고 또는 주차장에 호스릴 포소화설비를 설치할 수 있는 기준으로 맞는 것은?

① 완전 개방된 옥상주차장
② 지상 1층으로서 지붕이 있는 부분
③ 지상에서 수동 또는 원격조작에 따라 개방이 가능한 개구부의 유효면적의 합계가 바닥면적의 10[%] 이상인 부분
④ 고가 밑의 주차장으로서 주된 벽이 있고 기둥뿐인 부분

해설 차고 · 주차장의 부분에 호스릴포소화설비 또는 포소화전설비를 설치할 수 있는 경우

- 완전 개방된 옥상주차장 또는 고가 밑의 주차장으로서 주된 벽이 없고 기둥뿐이거나 주위가 위해방지용 철주 등으로 둘러싸인 부분
- 지상 1층으로서 지붕이 없는 부분

66

다음 중 물분무소화설비 송수구의 설치기준으로 옳지 않은 것은?

① 송수구에는 이물질을 막기 위한 마개를 씌울 것
② 지면으로부터 높이가 0.8[m] 이상 1.5[m] 이하의 위치에 설치할 것
③ 송수구의 가까운 부분에 자동배수밸브 및 체크밸브를 설치할 것
④ 송수구는 하나의 층의 바닥면적이 3,000[m²]를 넘을 때마다 1개 이상을 설치할 것

해설 송수구의 설치기준

- 송수구는 화재층으로부터 지면으로 떨어지는 유리창 등이 송수 및 그 밖의 소화작업에 지장을 주지 아니하는 장소에 설치할 것
- 송수구로부터 물분무소화설비의 주배관에 이르는 연결배관에 개폐밸브를 설치한 때에는 그 개폐상태를 쉽게 확인 및 조작할 수 있는 옥외 또는 기계실 등의 장소에 설치할 것
- 구경 65[mm]의 쌍구형으로 할 것
- 송수구에는 그 가까운 곳의 보기 쉬운 곳에 송수압력범위를 표시한 표지를 할 것
- 송수구는 하나의 층의 바닥면적이 3,000[m²]를 넘을 때마다 1개(5개를 넘을 경우에는 5개로 한다) 이상을 설치할 것
- 지면으로부터 높이가 **0.5[m] 이상 1[m] 이하**의 위치에 설치할 것
- 송수구의 가까운 부분에 자동배수밸브(또는 직경 5[mm]의 배수공) 및 체크밸브를 설치할 것. 이 경우 자동배수밸브는 배관 안의 물이 잘 빠질 수 있는 위치에 설치하되, 배수로 인하여 다른 물건 또는 장소에 피해를 주지 아니하여야 한다.
- 송수구에는 이물질을 막기 위한 마개를 씌울 것

67

물분무소화설비의 가압송수장치로 압력수조의 압력을 산출할 때 필요한 압력이 아닌 것은?

① 낙차의 환산수두압
② 물분무헤드의 설계압력
③ 배관의 마찰손실 수두압
④ 소방용 호스의 마찰손실 수두압

64 ③ 65 ① 66 ② 67 ④ 정답

해설 압력수조의 압력

$$P = p_1 + p_2 + p_3$$

여기서, P : 필요한 압력[MPa]
p_1 : 물분무헤드의 설계압력[MPa]
p_2 : 배관의 마찰손실 수두압[MPa]
p_3 : 낙차의 환산수두압[MPa]

68

수동으로 조작하는 대형소화기에서 B급 소화기의 능력단위는 어느 것인가?

① 10단위 이상
② 15단위 이상
③ 20단위 이상
④ 30단위 이상

해설 대형소화기

- A급 화재 : 10단위 이상
- B급 화재 : 20단위 이상
- 다음 표에서 정한 수량 이상

종 별	소화약제의 충전량
포	20[L]
강화액	60[L]
물	80[L]
분 말	20[kg]
할 론	30[kg]
이산화탄소	50[kg]

69

천장의 기울기가 10분이 1을 초과할 경우 가지관의 최상부에 설치되는 톱날지붕의 스프링클러 헤드는 천장의 최상부로부터의 수직거리가 몇 [cm] 이하가 되도록 설치하여야 하는가?

① 50
② 70
③ 90
④ 120

해설 천장의 기울기가 10분이 1을 초과할 경우 가지관의 최상부에 설치되는 톱날지붕의 스프링클러 헤드는 천장의 최상부로부터의 수직거리가 **90[cm] 이하**가 되도록 설치하여야 한다.

70

피난기구의 설치 및 유지에 관한 사항 중 옳지 않은 것은?

① 피난기구를 설치하는 개구부는 동일 직선상의 위치에 있을 것
② 설치장소에는 피난기구의 위치를 표시하는 발광식 또는 축광식 표지와 그 사용방법을 표시한 표지를 부착할 것
③ 피난기구는 소방대상물의 기둥・바닥・보 기타 구조상 견고한 부분에 볼트조임・매입・용접 기타의 방법으로 견고하게 부착할 것
④ 피난기구는 계단・피난구 기타 피난시설로부터 적당한 거리에 있는 안전한 구조로 된 피난 또는 소화활동상 유효한 개구부에 고정하여 설치할 것

해설 피난기구를 설치하는 **개구부**는 서로 **동일직선상이 아닌 위치**에 있을 것. 다만, 피난교・피난용트랩 또는 간이완강기・아파트에 설치되는 피난기구(다수인 피난장비는 제외한다) 기타 피난상 지장이 없는 것에 있어서는 그러하지 아니하다.

71

전역방출방식의 할론소화설비의 분사헤드를 설치할 때 기준저장량의 소화약제를 방사하기 위한 시간은 몇 초 이내인가?

① 20초 이내
② 15초 이내
③ 10초 이내
④ 5초 이내

해설 할론소화설비의 분사헤드의 방사시간

- 전역방출방식 : 10초 이내
- 국소방출방식 : 10초 이내

정답 68 ③ 69 ③ 70 ① 71 ③

72

지하가 또는 지하 역사에 설치된 폐쇄형 스프링클러 설비의 수원은 얼마 이상이어야 하는가?(단, 폐쇄형 스프링클러 헤드의 기준개수를 적용한다)

① 16[m³]　② 32[m³]
③ 24[m³]　④ 48[m³]

해설 수원 = 헤드수 × 80[L/min] × 20[min]
= 30개 × 1,600[L] = 30 × 1.6[m³]
= 48[m³]

73

체적 55[m³]의 통신기기실에 전역방출방식의 할론 소화설비를 설치하고자 하는 경우에 할론 1301의 저장량은 최소 몇 [kg]이어야 하는가?(단, 통신기기실의 총 개구부 크기는 4[m²]이며 자동폐쇄장치는 설치되어 있지 아니하다)

① 26.2[kg]　② 27.2[kg]
③ 28.2[kg]　④ 29.2[kg]

해설 자동폐쇄장치는 설치되어 있지 아니하는 약제저장량

저장량[kg]=방호체적[m³]×소화약제량[kg/m³]
+개구부의 면적[m²]×가산량[kg/m²]

소방대상물 또는 그 부분	소화약제	필요가스량	가산량(자동폐쇄장치 미설치 시)
차고·주차장·전기실·**통신기기실**, 전산실 등	할론 1301	0.32 ~0.64[kg/m³]	2.4[kg/m²]
가연성고체류·석탄류·목탄류·가연성 액체류	할론 2402	0.40 ~1.1[kg/m³]	3.0[kg/m²]
	할론 1211	0.36 ~0.71[kg/m³]	2.7[kg/m²]
	할론 1301	0.32 ~0.64[kg/m³]	2.4[kg/m²]
면화류·나무껍질 및 대패밥·넝마 및 종이부스러기·사류 및 볏짚류	할론 1211	0.60 ~0.71[kg/m³]	4.5[kg/m²]
	할론 1301	0.52 ~0.64[kg/m³]	3.9[kg/m²]
합성수지류	할론 1211	0.36 ~0.71[kg/m³]	2.7[kg/m²]
	할론 1301	0.32 ~0.64[kg/m³]	2.4[kg/m²]

∴ 저장량[kg]=방호체적[m³]×소화약제량[kg/m³] + 개구부의 면적[m²]×가산량[kg/m²]
= 55[m³]×0.32[kg/m³] + 4[m²]×2.4[kg/m²]
= 27.2[kg]

74

호스릴 분말소화설비 설치 시 하나의 노즐이 1분당 방사하는 제4종 분말소화약제의 기준량은 몇 [kg]인가?

① 45　② 27
③ 18　④ 9

해설 호스릴 분말소화설비의 약제저장량과 방사량

소화약제의 종별	약제 저장량	분당 방사량
제1종 분말	50[kg]	45[kg]
제2종 분말 또는 제3종 분말	30[kg]	27[kg]
제4종 분말	20[kg]	18[kg]

75

소화약제가 가스인 할론소화기의 적응 대상물로 부적합한 것은?

① 전기실
② 가연성 고체
③ 건축물, 기타 공작물
④ 금속성 물질

해설 금속성 물질(D급 화재)은 할론소화기가 적합하지 않다.

76

옥외소화전설비에서 성능시험배관의 직관부에 설치된 유량측정장치는 펌프 정격토출량의 몇 [%] 이상 측정할 수 있는 성능이 있어야 하는가?

① 175[%]　② 150[%]
③ 75[%]　④ 50[%]

해설 유 량
장치는 성능시험배관의 직관부에 설치하되 펌프의 정격토출량의 175[%] 이상 측정할 수 있는 성능이 있을 것

72 ④ 73 ② 74 ③ 75 ④ 76 ① 정답

77

다음 중 소화기구의 설치에서 이산화탄소 소화기를 설치할 수 없는 곳의 설치기준으로 옳은 것은?

① 밀폐된 거실로서 바닥면적이 35[m^2] 미만인 곳
② 무창층 또는 밀폐된 거실로서 바닥면적이 20[m^2] 미만인 곳
③ 밀폐된 거실로서 바닥면적이 25[m^2] 미만인 곳
④ 무창층 또는 밀폐된 거실로서 바닥면적이 30[m^2] 미만인 곳

해설 **이산화탄소 또는 할론을 방사하는 소화기구(자동확산소화기는 제외)를 설치할 수 없는 장소**

- 지하층
- 무창층
- 밀폐된 거실로서 그 바닥면적이 20[m^2] 미만의 장소

78

포 소화설비에서 소화약제 압입용 펌프를 따로 가지고 있는 방식은?

① 라인 프로포셔너방식
② 펌프 프로포셔너방식
③ 프레셔 프로포셔너방식
④ 프레셔 사이드 프로포셔너방식

해설 **포소화약제의 혼합방식**

- 펌프 프로포셔너방식(Pump Proportioner, 펌프혼합방식) : 펌프의 토출관과 흡입관 사이의 배관 도중에 설치한 흡입기에 펌프에서 토출된 물의 일부를 보내고 농도조절밸브에서 조정된 포소화약제의 필요량을 포소화약제탱크에서 펌프흡입측으로 보내어 약제를 혼합하는 방식
- 라인 프로포셔너방식(Line Proportioner, 관로혼합방식) : 펌프와 발포기의 중간에 설치된 벤투리관의 벤투리작용에 따라 포소화약제를 흡입・혼합하는 방식
- 프레셔 프로포셔너방식(Pressure Proportioner, 차압 혼합방식) : 펌프와 발포기의 중간에 설치된 벤투리관의 벤투리작용과 펌프 가압수의 포소화약제 저장탱크에 대한 압력에 따라 포소화약제를 흡입 혼합하는 방식
- 프레셔 사이드 프로포셔너방식(Pressure Side Proportioner, 압입 혼합방식) : 펌프의 토출관에 압입기를 설치하여 포소화약제 압입용 펌프로 포소화약제를 압입시켜 혼합하는 방식

79

다음 중 스프링클러 헤드를 설치해야 되는 곳은?

① 발전실
② 보일러실
③ 병원의 수술실
④ 직접 외기에 개방된 복도

해설 **스프링클러 헤드 설치제외대상**

- 계단실(특별피난계단의 부속실 포함)・경사로・승강기의 승강로・비상용 승강기의 승강장・파이프덕트 및 덕트피트・목욕실・수영장(관람석부분 제외)・화장실・**직접 외기에 개방되어 있는 복도**・기타 이와 유사한 장소
- 통신기기실・전자기기실・기타 이와 유사한 장소
- **발전실**・변전실・변압기・기타 이와 유사한 전기설비가 설치되어 있는 장소
- **병원의 수술실・응급처치실**・기타 이와 유사한 장소

80

연결송수관설비의 설치기준 중 적합하지 않는 것은?

① 방수기구함은 5개층마다 설치
② 방수구는 전용방수구로서 구경 65[mm]의 것으로 설치
③ 송수구는 구경 65[mm]의 쌍구형으로 설치
④ 주배관의 구경은 100[mm] 이상의 것으로 설치

해설 **연결송수관설비의 설치기준**

- 방수기구함은 3개층마다 설치하되 그 층의 방수구마다 보행거리 5[m] 이내에 설치할 것
- 방수구는 연결송수관설비의 전용방수구 또는 옥내소화전 방수구로서 구경 65[mm]의 것으로 설치할 것
- 송수구는 구경 65[mm]의 쌍구형으로 설치할 것
- 주배관의 구경은 100[mm] 이상의 것으로 설치할 것

정답 77 ② 78 ④ 79 ② 80 ①

제 2 회 2013년 6월 2일 시행

제 1 과목 소방원론

01

위험물안전관리법령상 위험물의 적재 시 혼재기준에서 다음 중 혼재가 가능한 위험물로 짝지어진 것은? (단, 각 위험물은 지정수량의 10배로 가정한다)

① 질산칼륨과 가솔린
② 과산화수소와 황린
③ 철분과 유기과산화물
④ 등유와 과염소산

해설 위험물의 혼재 가능

- **위험물 운반 시 혼재 가능**(위험물안전관리법 시행규칙 별표 19)

위험물의 구분	제1류	제2류	제3류	제4류	제5류	제6류
제1류		×	×	×	×	○
제2류	×		×	○	○	×
제3류	×	×		○	×	×
제4류	×	○	○		○	×
제5류	×	○	×	○		×
제6류	○	×	×	×	×	

[비고]
1. "×"표시는 혼재할 수 없음을 표시한다.
2 ."○"표시는 혼재할 수 있음을 표시한다.
3. 이 표는 지정수량의 $\frac{1}{10}$ 이하의 위험물에 대하여는 적용하지 아니한다.

- **위험물 저장(옥내저장소, 옥외저장소) 시 혼재가능**(위험물안전관리법 시행규칙 별표 18)
유별을 달리하는 위험물은 동일한 저장소(내화구조의 격벽으로 완전히 구획된 실이 2 이상 있는 저장소에 있어서는 동일한 실)에 저장하지 아니하여야 한다. 다만, 옥내저장소 또는 옥외저장소에 있어서 다음의 각목의 규정에 의한 위험물을 저장하는 경우로서 위험물을 유별로 정리하여 저장하는 한편, 서로 1[m] 이상의 간격을 두는 경우에는 그러하지 아니하다.
  - 제1류 위험물(알칼리금속의 과산화물 또는 이를 함유한 것을 제외)과 제5류 위험물을 저장하는 경우
  - 제1류 위험물과 제6류 위험물을 저장하는 경우
  - 제1류 위험물과 제3류 위험물 중 자연발화성 물질(황린 또는 이를 함유한 것)을 저장하는 경우
  - 제2류 위험물 중 인화성 고체와 제4류 위험물을 저장하는 경우
  - 제3류 위험물 중 알킬알루미늄 등과 제4류 위험물(알킬알루미늄 또는 알킬리튬을 함유한 것)을 저장하는 경우
  - 제4류 위험물 중 유기과산화물 또는 이를 함유하는 것과 제5류 위험물 중 유기과산화물 또는 이를 함유한 것을 저장하는 경우

※ 이 문제의 유별을 구분하여 출제자의 의도는 운반 시 혼재 가능을 질문하는 것 같으니 5류, 2류, 4류는 혼재가 가능하다.

종 류	유 별
질산칼륨	제1류
가솔린	제4류
과산화수소	제6류
황 린	제3류
철 분	제2류
유기과산화물	제5류
등 유	제4류
과염소산	제6류

혼재 가능이란 문제가 나올 때 운반인지 저장소인지를 정확히 구분하여야 한다.

01 ③ 정답

02

다음 위험물 중 물과 접촉 시 위험성이 가장 높은 것은?

① $NaClO_3$ ② P
③ TNT ④ Na_2O_2

해설 과산화나트륨은 물과 반응하면 조연성 가스인 산소를 발생한다.

$$2Na_2O_2 + 2H_2O \rightarrow 4NaOH + O_2 \uparrow + 발열$$

03

Twin Agent System으로 분말소화약제와 병용하여 소화효과를 증진시킬 수 있는 소화약제로 다음 중 가장 적합한 것은?

① 수성막포 ② 이산화탄소
③ 단백포 ④ 합성계면활성포

해설 수성막포는 분말소화약제와 병용하여 소화효과를 증진시킬 수 있는 소화약제이다.

04

다음 물질 중 공기 중에서 연소범위가 가장 넓은 것은?

① 부 탄 ② 프로판
③ 메 탄 ④ 수 소

해설 연소(폭발)범위

종 류	부 탄	프로판	메 탄	수 소
연소범위	1.8~8.4[%]	2.1~9.5[%]	5.0~15.0[%]	4.0~75[%]

05

다음 중 제1류 위험물로 그 성질이 산화성 고체인 것은?

① 황 린 ② 아염소산염류
③ 금속분 ④ 유 황

해설 위험물의 분류

종 류	황 린	아염소산염류	금속분	유 황
유 별	제3류 위험물	제1류 위험물	제2류 위험물	제2류 위험물
성 질	자연발화성 물질	산화성 고체	가연성 고체	가연성 고체

06

화재에 관한 설명으로 옳은 것은?

① PVC저장창고에서 발생한 화재는 D급 화재이다.
② PVC저장창고에서 발생한 화재는 B급 화재이다.
③ 연소의 색상과 온도와의 관계를 고려할 때 일반적으로 암적색보다는 휘적색의 온도가 높다.
④ 연소의 색상과 온도와의 관계를 고려할 때 일반적으로 휘백색보다는 휘적색의 온도가 높다.

해설 화재와 연소온도

- PVC저장창고에서 발생한 화재 A급 화재이다.
- 연소의 색과 온도

색 상	온도[℃]
담암적색	520
암적색	700
적 색	850
휘적색	950
황적색	1,100
백적색	1,300
휘백색	1,500 이상

07

Halon 1301의 화학기호에 해당하는 것은?

① CF_3Br ② CClBr
③ CF_2ClBr ④ $C_2F_4Br_2$

해설 할론소화약제

구 분 \ 종 류	할론 1301	할론 1211	할론 2402	할론 1011
분자식	CF_3Br	CF_2ClBr	$C_2F_4Br_2$	CH_2ClBr
분자량	148.9	165.4	259.8	129.4

정답 02 ④ 03 ① 04 ④ 05 ② 06 ③ 07 ①

08

물체의 표면온도가 250[℃]에서 650[℃]로 상승하면 열 복사량은 약 몇 배 정도 상승하는가?

① 2.5 ② 5.7
③ 7.5 ④ 9.7

해설 **복사열**은 **절대온도**의 **4승**에 비례한다.
250[℃]에서 열량을 Q_1, 650[℃]에서 열량을 Q_2 라고 하면

$$\frac{Q_2}{Q_1} = \frac{(650+273)^4\ [K]}{(250+273)^4\ [K]} = 9.7배$$

09

물질의 연소 시 산소공급원이 될 수 없는 것은?

① 탄화칼슘
② 과산화나트륨
③ 질산나트륨
④ 압축공기

해설 **산소공급원**
- 제1류 위험물(산화성 고체 : 과산화나트륨, 질산나트륨)
- 제6류 위험물(산화성 액체 : 질산, 과염소산, 과산화수소)
- 압축공기, 산소

10

LNG와 LPG에 대한 설명으로 틀린 것은?

① LNG는 증기비중이 1보다 크기 때문에 유출되면 바닥에 가라앉는다.
② LNG의 주성분은 메탄이고 LPG의 주성분은 프로판이다.
③ LPG는 원래 냄새는 없으나 누설 시 쉽게 알 수 있도록 부취제를 넣는다.
④ LNG는 Liquefied Natural Gas의 약자이다.

해설 LNG와 LPG의 비교

종 류 / 구 분	LNG	LPG
원 명	Liquefied Natural Gas	Liquefied Petroleum Gas
주성분	메탄(CH_4)	프로판(C_3H_8)
증기비중	16/29 = 0.55	44/29 = 1.52
누설 시	천장으로 상승한다.	바닥에 가라앉는다.

11

담홍색으로 착색된 분말소화약제의 주성분은?

① 황산알루미늄 ② 탄산수소나트륨
③ 제1인산암모늄 ④ 과산화나트륨

해설 분말소화약제의 성상

종 별	소화약제	약제의 착색	적응 화재	열분해반응식
제1종 분말	중탄산나트륨 ($NaHCO_3$)	백 색	B, C급	$2NaHCO_3 \rightarrow Na_2CO_3 + CO_2 + H_2O$
제2종 분말	중탄산칼륨 ($KHCO_3$)	담회색	B, C급	$2KHCO_3 \rightarrow K_2CO_3 + CO_2 + H_2O$
제3종 분말	제일인산암모늄, 인산염 ($NH_4H_2PO_4$)	담홍색, 황색	A, B, C급	$NH_4H_2PO_4 \rightarrow HPO_3 + NH_3 + H_2O$
제4종 분말	중탄산칼륨+요소 [$KHCO_3 + (NH_2)_2CO$]	회 색	B, C급	$2KHCO_3 + (NH_2)_2CO \rightarrow K_2CO_3 + 2NH_3 + 2CO_2$

12

건물의 주요구조부에 해당되지 않는 것은?

① 바 닥 ② 천 장
③ 기 둥 ④ 주계단

해설 주요구조부 : **내력벽, 기둥, 바닥, 보, 지붕틀**, 주계단

주요구조부 제외 : 사잇벽, 사잇기둥, 최하층의 바닥, 작은 보, 차양, 옥외계단, 천장

08 ④ 09 ① 10 ① 11 ③ 12 ② 정답

13

다음 중 인화성 액체의 발화원으로 가장 거리가 먼 것은?

① 전기불꽃 ② 냉 매
③ 마찰스파크 ④ 화 염

해설 **발화원** : 전기불꽃, 마찰스파크, 화염

14

방화구조에 대한 기준으로 틀린 것은?

① 철망모르타르로서 그 바름두께가 2[cm] 이상인 것
② 석고판 위에 시멘트모르타르를 바른 것으로서 그 두께의 합계가 2.5[cm] 이상인 것
③ 시멘트모르타르 위에 타일을 붙인 것으로서 그 두께의 합계가 2[cm] 이상인 것
④ 심벽에 흙으로 맞벽치기한 것

해설 **방화구조의 기준**
- 철망모르타르로서 그 바름두께가 2[cm] 이상인 것
- 석고판 위에 시멘트모르타르 또는 회반죽을 바른 것으로서 그 두께의 합계가 2.5[cm] 이상인 것
- **시멘트모르타르** 위에 타일을 붙인 것으로서 그 두께의 합계가 **2.5[cm] 이상**인 것
- 심벽에 흙으로 맞벽치기한 것
- 산업표준화법에 따른 한국산업표준이 정하는 바에 따라 시험한 결과 방화 2급 이상에 해당하는 것

15

열경화성 플라스틱에 해당하는 것은?

① 폴리에틸렌 ② 염화비닐수지
③ 페놀수지 ④ 폴리스타이렌

해설 **수지의 종류**
- **열경화성 수지** : 열에 의해 굳어지는 수지로서 **페놀수지**, 요소수지, 멜라민수지
- **열가소성 수지** : 열에 의해 변형되는 수지로서 **폴리에틸렌수지, 폴리스타이렌수지, PVC수지**

16

발화온도 500[℃]에 대한 설명으로 다음 중 가장 옳은 것은?

① 500[℃]로 가열하면 산소 공급 없이 인화한다.
② 500[℃]로 가열하면 공기 중에서 스스로 타기 시작한다.
③ 500[℃]로 가열하여도 점화원이 없으면 타지 않는다.
④ 500[℃]로 가열하면 마찰열에 의하여 연소한다.

해설 발화온도 500[℃]란 점화원이 없어도 500[℃]가 되면 공기 중에서 스스로 타기 시작한다.

17

다음 중 플래시오버(Flash Over)를 가장 옳게 설명한 것은?

① 도시가스의 폭발적인 연소를 말한다.
② 휘발유 등 가연성 액체가 넓게 흘러서 발화한 상태를 말한다.
③ 옥내 화재가 서서히 진행하여 열 및 가연성 기체가 축적되었다가 일시에 연소하여 화염이 크게 발생한 상태를 말한다.
④ 화재층의 불이 상부층으로 올라가는 현상을 말한다.

해설 **플래시오버(Flash Over)** : 옥내화재가 서서히 진행하여 열 및 가연성 기체가 축적되었다가 일시에 연소하여 화염이 크게 발생한 상태

18

1기압, 100[℃]에서의 물 1[g]의 기화잠열은 약 몇 [cal]인가?

① 425 ② 539
③ 647 ④ 734

해설 **물의 기화(증발)잠열** : 539[cal/g]
얼음의 융해잠열 : 80[cal/g]

정답 13 ② 14 ③ 15 ③ 16 ② 17 ③ 18 ②

19

화재 발생 시 주수소화를 할 수 없는 물질은?

① 부틸리튬
② 질산에틸
③ 나이트로셀룰로스
④ 적 린

해설 부틸리튬(알킬리튬)은 물과 반응하면 가연성 가스인 수소를 발생한다.

20

이산화탄소의 물성으로 옳은 것은?

① 임계온도 : 31.35[℃], 증기비중 : 0.52
② 임계온도 : 31.35[℃], 증기비중 : 1.52
③ 임계온도 : 0.35[℃], 증기비중 : 1.52
④ 임계온도 : 0.35[℃], 증기비중 : 0.52

해설 이산화탄소의 물성
- 임계온도 : 31.35[℃]
- 증기비중 : 1.52

제 2 과목 소방유체역학

21

경사마노미터의 눈금이 38[mm]일 때 압력 P를 계기압력으로 표시하면?

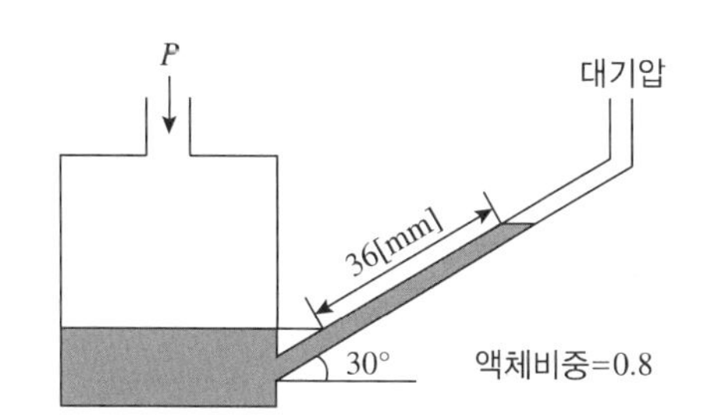

① 15.2[Pa]
② 149[Pa]
③ 186[Pa]
④ 298[Pa]

해설 경사마노미터

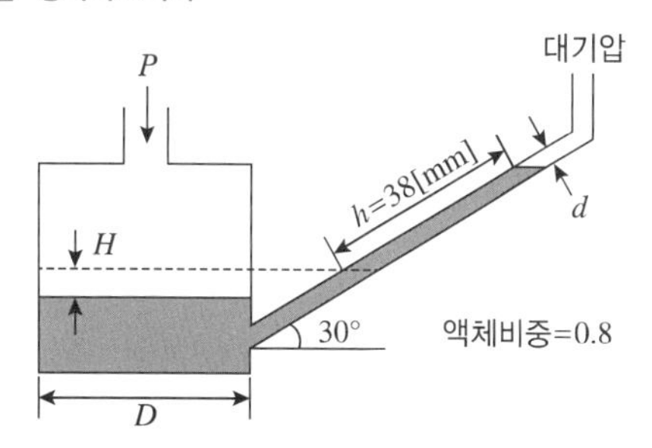

$$P_1 - P_{atm} = \gamma(h\sin\theta + H)$$

액주계 내의 체적은 일정하므로 탱크 내에 줄어든 체적은 경사액주계로 올라간 체적과 같다.

$$H \times A_{탱크} = H \times A_{액주계}$$

$$H = h\frac{A_{액주계}}{A_{탱크}} = h\left(\frac{d}{D}\right)^2$$

$$P_1 - P_{atm} = \gamma\left[h\sin\theta + h\left(\frac{d}{D}\right)^2\right] = \gamma h\left[\sin\theta + \left(\frac{d}{D}\right)^2\right]$$

여기서, h : 38[mm] = 0.038[m]
d(액주계의 직경)와 D(탱크의 직경)는 데이터가 주어지지 않았다.

$$\therefore\ P = \gamma h\sin\theta = (0.8 \times 1{,}000[\mathrm{kg_f/m^3}]) \times 0.038[\mathrm{m}] \times \sin 30° = 15.2[\mathrm{kg_f/m^2}]$$

$[\mathrm{kg_f/m^2}]$을 [Pa]로 환산하면

$$\frac{15.2[\mathrm{kg_f/m^2}]}{10{,}332[\mathrm{kg_f/m^2}]} \times 101{,}325[\mathrm{Pa}] = 149.07[\mathrm{Pa}]$$

22

진공압력이 40[mmHg]일 경우 절대압력은 약 몇 [kPa]인가?(단, 대기압은 101.3[kPa]이고 수은의 비중은 13.6이다)

① 53
② 96
③ 106
④ 196

해설 절대압력 = 대기압 − 진공 = 101.3[kPa] $-\left(\frac{40[\mathrm{mmHg}]}{760[\mathrm{mmHg}]} \times 101.325[\mathrm{kPa}]\right)$ = 95.97[kPa]

23

다음 관 유동에 대한 일반적인 설명 중 올바른 것은?

① 관의 마찰손실은 유속의 제곱에 반비례한다.
② 관의 부차적 손실은 주로 관벽과의 마찰에 의해 발생한다.
③ 돌연확대관의 손실수두는 속도수두에 비례한다.
④ 부차적 손실수두는 압력의 제곱에 비례한다.

해설 관 유동

- 관의 마찰손실은 유속의 제곱에 비례한다.

$$H=\frac{P}{\gamma}=\frac{flu^2}{2gD}$$

- 관의 부차적 손실은 주로 엘보, 밴드 등의 관부속의 마찰에 의해 발생한다.
- 돌연확대관의 손실수두는 속도수두에 비례한다.

$$H=\frac{(u_1-u_2)^2}{2g}$$

- 부차적 손실수두는 유속의 제곱에 비례한다.

$$H=\frac{u^2}{2g}$$

24

어떤 펌프의 회전수와 유량이 각각 10[%]와 20[%] 늘어났을 때 원래 펌프와 기하학적으로 상사한 펌프가 되려면 지름은 얼마나 늘어나야 하는가?

① 1.5[%] ② 2.9[%]
③ 5.0[%] ④ 7.1[%]

해설 상사법칙

$$Q_2=Q_1\times\left(\frac{N_2}{N_1}\right)\times\left(\frac{D_2}{D_1}\right)^3$$

초기상태를 1로 하고 회전수 10[%], 유량 20[%]를 늘리면

$$1.2=1.0\times\frac{1.1}{1}\times\left(\frac{D_2}{1}\right)^3$$

$$\frac{1.2}{1.1}=(D_2)^3$$

$$D_2=\left(\frac{1.2}{1.1}\right)^{\frac{1}{3}}=1.029-1=0.029\Rightarrow 2.9[\%]$$

25

직경이 150[mm]인 배관을 통해 8[m/s]의 속도로 흐르는 물의 유량은 약 몇 [m³/min]인가?

① 0.14
② 8.48
③ 33.9
④ 42.4

해설 유 량

$$Q=uA$$

$$\therefore Q=uA$$
$$=8[\text{m/s}]\times 60[\text{s/min}]\times\frac{\pi}{4}(0.15[\text{m}])^2$$
$$=8.48[\text{m}^3/\text{min}]$$

26

천이구역에서의 관마찰계수 f는?

① 언제나 레이놀즈수만의 함수가 된다.
② 상대조도와 오일러수의 함수가 된다.
③ 마하수와 코시수의 함수가 된다.
④ 레이놀즈와 상대조도의 함수가 된다.

해설 관마찰계수(f)

- 층류구역($Re<2,100$) : f는 상대조도에 관계없이 레이놀즈수만의 함수이다.

$$f=\frac{64}{Re}$$

- 천이구역[임계영역, $2,100<Re<4,000$)] : f는 상대조도와 레이놀즈수만의 함수이다.
- 난류구역($Re>4,000$) : f는 상대조도와 무관하고 레이놀즈수에 대하여 좌우되는 영역은 브라시우스 식을 제시한다.

$$f=0.3164Re^{-\frac{1}{4}}$$

정답 23 ③ 24 ② 25 ② 26 ④

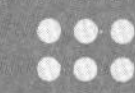

27

아래 그림과 같은 폭이 3[m]인 곡면의 수문 AB가 받는 수평분력은 약 몇 [N]인가?

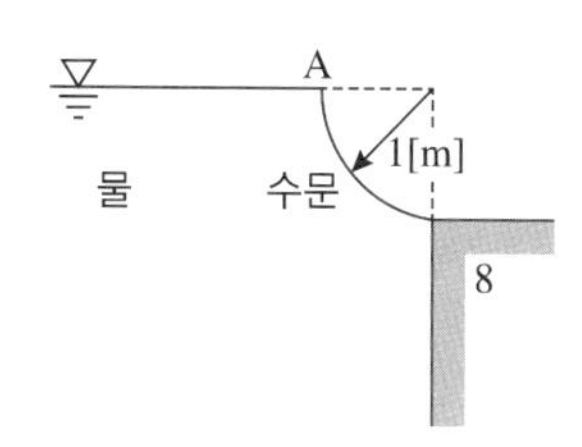

① 7,350　　② 14,700
③ 23,079　　④ 29,400

해설 수평분력 F는 곡면 AB의 수평투영면적에 작용하는 힘과 같다.

$\therefore F = \gamma \bar{h} A = 9{,}800[\mathrm{N/m^3}] \times 0.5[\mathrm{m}] \times (1[\mathrm{m}] \times 3[\mathrm{m}]) = 14{,}700[\mathrm{N}]$

28

점성계수가 0.9[poise]이고 밀도가 950[kg/m^3]인 유체의 동점성 계수는 몇 [stokes]인가?

① 9.47×10^{-2}　　② 9.47×10^{-4}
③ 9.47×10^{-1}　　④ 9.47×10^{-3}

해설 동점성계수

$$\nu = \frac{\mu}{\rho}$$

여기서, μ(절대점도) $= 0.9[\mathrm{poise}] = 0.9[\mathrm{g/cm \cdot s}]$

ρ(밀도) $= 950[\mathrm{kg/m^3}] = 0.95[\mathrm{g/cm^3}]$

$\therefore \nu = \dfrac{\mu}{\rho} = \dfrac{0.9[\mathrm{g/cm \cdot s}]}{0.95[\mathrm{g/cm^3}]} = 0.947[\mathrm{cm^2/s}] = 0.947[\mathrm{stokes}]$

29

물통에서 유출하는 물의 속도를 V라 하고, 동압을 P라 하면, V와 P의 관계는?

① $V^2 \propto P$　　② $V \propto P^2$
③ $V \propto 1/P$　　④ $V \propto 1/P^2$

해설 V와 P의 관계

$$\text{동압 } P = \frac{V^2}{2g} \times \gamma,\quad V^2 = \frac{P \times 2g}{\gamma}$$

여기서, V : 유속, γ : 물의 비중량

∴ 유속(V^2)은 동압(P)에 비례한다.

30

피스톤-실린더로 구성된 용기 안에 온도 638.5[K], 압력 1,372[kPa] 상태의 공기(이상기체)가 들어있다. 정적과정으로 이 시스템을 가열하여 최종 온도가 1,200[K]가 되었다. 공기의 최종 압력은 약 몇 [kPa]인가?

① 730　　② 1,372
③ 1,730　　④ 2,579

해설 최종압력

$$P_2 = P_1 \times \frac{T_2}{T_1}$$

$\therefore P_2 = P_1 \times \dfrac{T_2}{T_1} = 1{,}372[\mathrm{kPa}] \times \dfrac{1{,}200[\mathrm{K}]}{638.5[\mathrm{K}]} = 2{,}578.5[\mathrm{kPa}]$

31

출구 단면적이 0.02[m^2]인 수평 노즐을 통하여 물이 수평방향으로 8[m/s]의 속도로 노즐 출구에 놓여있는 수직평판에 분사될 때 평판에 작용하는 힘은 몇 [N]인가?

① 80　　② 1,280
③ 2,560　　④ 12,544

해설 힘(F)

$$F = Q\rho u$$

여기서, Q(유량) $= uA = 8[\mathrm{m/s}] \times 0.02[\mathrm{m^2}] = 0.16[\mathrm{m^3/s}]$

ρ(밀도) $= 102[\mathrm{kg_f \cdot s^2/m^4}]$

$\therefore F = Q\rho u = 0.16[\mathrm{m^3/s}] \times 102[\mathrm{kg_f \cdot s^2/m^4}] \times 8[\mathrm{m/s}] = 130.56[\mathrm{kg_f}]$

$[\mathrm{kg_f}]$를 [N]으로 환산하면 $1[\mathrm{kg_f}] = 9.8[\mathrm{N}]$이므로

$F = 130.56 \times 9.8[\mathrm{N}] = 1{,}279.5[\mathrm{N}]$

27 ② 28 ③ 29 ① 30 ④ 31 ② **정답**

32

다음은 펌프에서의 공동현상(Cavitation)에 대한 일반적인 설명이다. 항목 중에서 올바르게 설명한 것을 모두 고른 것은?

> ㉠ 액체의 온도가 높아지면 공동현상이 일어나기 쉽다.
> ㉡ 흡입양정을 작게 하는 것은 공동현상 방지에 효과가 있다.
> ㉢ 공동현상은 유체내의 국소 압력이 포화 증기압 이상일 때 일어난다.

① ㉠ ② ㉠, ㉡
③ ㉡, ㉢ ④ ㉠, ㉡, ㉢

해설 공동현상(Cavitation)의 발생원인
- 온도가 높을 때
- Pump 흡입측 수두(양정)가 클 때
- Pump 마찰손실이나 임펠러속도가 클 때
- Pump 흡입관경이 적을 때
- Pump 설치위치가 수원(물탱크)보다 높을 때
- 물의 정압(Pump의 흡입압력)이 유체의 증기압보다 낮을 때

33

물체의 표면 온도가 100[℃]에서 400[℃]로 상승하였을 때 물체 표면에서 방출하는 복사에너지는 약 몇 배가 되겠는가?(단, 물체의 방사율은 일정하다고 가정한다)

① 2 ② 4
③ 10.6 ④ 256

해설 복사에너지는 절대온도의 4제곱에 비례한다.

$$T_1 : T_2 = [273+100]^4 : [273+400]^4$$
$$= 1.935\times10^{10} : 2.05\times10^{11}$$
$$= 1 : 10.60$$

34

배연설비의 배관을 흐르는 공기의 유속을 피토정압관으로 측정할 때 정압단과 정체압단에 연결된 U자관의 수은기둥 높이 차가 0.03[m]이었다. 이때 공기의 속도는 약 몇 [m/s] 인가?(단, 공기의 비중은 0.00122, 수은의 비중 13.6이다)

① 81 ② 86
③ 91 ④ 96

해설 공기의 속도

$$u = \sqrt{2gR\left(\frac{S_o}{s}-1\right)}$$

$$\therefore\ u = \sqrt{2gR\left(\frac{S_o}{s}-1\right)}$$
$$= \sqrt{2\times9.8[\mathrm{m/s^2}]\times0.03[\mathrm{m}]\times\left(\frac{13.6}{0.00122}-1\right)}$$
$$= 80.96[\mathrm{m/s}]$$

35

어떤 정지 유체의 비중량이 깊이의 2차 함수로 주어진다면 압력분포는 깊이의 몇 차 함수인가?

① 0(일정) ② 1
③ 2 ④ 3

해설 정지유체의 비중량의 깊이의 2차 함수이면 압력분포는 깊이의 3차 함수가 된다.

36

동일한 유체의 물성치로 볼 수 없는 것은?

① 밀도 $1.5\times10^3[\mathrm{kg/m^3}]$
② 비중 1.5
③ 비중량 $1.47\times10^4[\mathrm{N/m^3}]$
④ 비체적 $6.67\times10^{-3}[\mathrm{m^3/kg}]$

해설 비중이 1.5이라면
- 밀도 $= 1.5[\mathrm{g/cm^3}]$ $= 1{,}500[\mathrm{kg/m^3}]$
- 비중량 $= 1.5\times9{,}800[\mathrm{N/m^3}]$ $= 14{,}700[\mathrm{N/m^3}]$ $= 1.47\times10^4[\mathrm{N/m^3}]$
- 비체적 $V_s = \frac{1}{\rho} = \frac{1}{1.5\times10^3}$ $= 6.67\times10^{-4}[\mathrm{m^3/kg}]$

정답 32 ② 33 ③ 34 ① 35 ④ 36 ④

37

비중 0.8, 점성계수가 0.03[kg/m · s]인 기름이 안지름 450[mm]의 파이프를 통하여 0.3[m³/s]의 유량으로 흐를 때 레이놀즈수는?(단, 물의 밀도는 1,000[kg/m³]이다)

① 5.66×10^4　② 2.26×10^4
③ 2.83×10^4　④ 9.04×10^4

해설 레이놀즈수(Reynolds Number, *Re*)

$$Re = \frac{Du\rho}{\mu}\text{[무차원]}$$

여기서, D(관의 내경) : 0.45[m]

$$u(\text{유속}) = \frac{Q}{A} = \frac{4Q}{\pi D^2} = \frac{4 \times 0.3[\text{m}^3/\text{s}]}{\pi \times (0.45[\text{m}])^2} = 1.89[\text{m/s}]$$

$$\rho(\text{유체의 밀도}) = 0.8[\text{g/cm}^3] = 800[\text{kg/m}^3]$$

$$\mu(\text{유체의 점도}) = 0.03[\text{kg/m} \cdot \text{s}]$$

$$\therefore Re = \frac{Du\rho}{\mu} = \frac{0.45[\text{m}] \times 1.89[\text{m/s}] \times 800[\text{kg/m}^3]}{0.03[\text{kg/m}\cdot\text{s}]} = 22,680$$

38

효율이 50[%]인 펌프를 이용하여 저수지의 물을 1초에 10[L]씩 30[m] 위쪽에 있는 논으로 퍼올리는 데 필요한 동력은 약 몇 [kW]인가?

① 10.0　② 20.0
③ 2.94　④ 5.88

해설 동력

$$P[\text{kW}] = \frac{\gamma \times Q \times H}{102 \times \eta}$$

여기서, γ : 물의 비중량(1,000[$\text{kg}_\text{f}/\text{m}^3$])
Q : 방수량(10[L/s] = 0.01[m³/s])
H : 펌프의 양정(30[m])
η : pump의 효율(50[%] = 0.5)

$$\therefore P[\text{kW}] = \frac{\gamma \times Q \times H}{102 \times \eta} = \frac{1,000[\text{kg}_\text{f}/\text{m}^3] \times 0.01[\text{m}^3/\text{s}] \times 30[\text{m}]}{102 \times 0.5} = 5.88[\text{kW}]$$

39

역 Carnot 사이클로 작동하는 냉동기가 300[K]의 고온열원과 250[K]의 저온 열원 사이에서 작동할 때 이 냉동기의 성능계수는 얼마인가?

① 2　② 3
③ 5　④ 6

해설 냉동기의 성능계수

$$\epsilon = \frac{T_2}{T_1 - T_2}$$

$$\therefore \epsilon = \frac{T_2}{T_1 - T_2} = \frac{250[\text{K}]}{300[\text{K}] - 250[\text{K}]} = 5$$

40

다음 중 열역학 1, 2법칙과 관련하여 틀린 것을 모두 고른 것은?

㉠ 단열과정에서 시스템의 엔트로피는 변하지 않는다.
㉡ 일을 100[%] 열로 변환시킬 수 있다.
㉢ 일을 가하면 저온부로부터 고온부로 열을 이동시킬 수 있다.
㉣ 사이클 과정에서 시스템(계)이 한 총 일은 시스템이 받은 총 열량과 같다.

① ㉠　② ㉠, ㉡
③ ㉡, ㉣　④ ㉢, ㉣

해설 열역학 제1, 2법칙

- 열역학 제1법칙(에너지보존의 법칙)
  기체에 공급된 열에너지는 기체 내부에너지의 증가와 기체가 외부에 한 일의 합과 같다.

$$\text{공급된 열에너지 } Q = \Delta u + P\Delta V = \Delta w$$

여기서, u : 내부에너지
$P\Delta V$: 일
Δw : 기체가 외부에 한 일

- 열역학 제2법칙
  - 열은 외부에서 작용을 받지 아니하고 저온에서 고온으로 이동시킬 수 없다.
  - 열을 완전히 일로 바꿀 수 있는 열기관을 만들 수 없다(열효율이 100[%]인 열기관은 만들 수 없다).
  - 자발적인 변화는 비가역적이다.
  - 엔트로피는 증가하는 방향으로 흐른다.

37 ② 38 ④ 39 ③ 40 ① 정답

제 3 과목 소방관계법규

41

소방기본법에 규정한 한국소방안전원의 회원이 될 수 없는 사람은?

① 소방관련 박사 또는 석사학위를 취득한 사람
② 소방공무원으로 3년 이상 근무한 경력이 있는 사람
③ 소방청장이 정하는 소방관련학과를 졸업한 사람
④ 소방설비기사 자격을 취득한 사람

해설 **한국소방안전원의 회원**

- 화재예방, 소방시설 설치·유지 및 안전관리에 관한 법률, 소방시설 공사업법 또는 위험물안전관리법에 따라 등록을 하거나 허가를 받은 사람으로서 회원이 되려는 사람
- 화재예방, 소방시설 설치·유지 및 안전관리에 관한 법률, 소방시설 공사업법 또는 위험물안전관리법에 따라 소방안전관리자, 소방기술자 또는 위험물안전관리자로 선임되거나 채용된 사람으로서 회원이 되려는 사람
- 그 밖에 소방에 관한 학식과 경험이 풍부한 사람으로서 대통령령으로 정하는 사람 가운데 회원이 되려는 사람

42

소방대상물에 대한 소방특별조사결과 화재가 발생되면 인명 또는 재산의 피해가 클 것으로 예상되는 경우 소방본부장 또는 소방서장이 소방대상물 관계인에게 조치를 명할 수 있는 사항과 가장 거리가 먼 것은?

① 이전명령 ② 개수명령
③ 사용금지명령 ④ 증축명령

해설 **소방특별조사 결과에 따른 조치명령**

- 조치명령권자 : **소방청장, 소방본부장, 소방서장**
- 조사 대상 : 소방대상물의 **위치·구조·설비** 또는 **관리**의 상황
- 조치명령 : **개수**(改修)·**이전·제거, 사용의 금지** 또는 **제한, 사용폐쇄, 공사의 정지** 또는 **중지**

43

스프링클러설비를 설치하여야 할 대상의 기준으로 옳지 않은 것은?

① 문화 및 집회시설로서 수용인원이 100명 이상인 것
② 판매시설, 운수시설로서 층수가 3층 이하인 건축물로서 바닥면적 합계가 6,000[m^2] 이상인 모든 층
③ 숙박이 가능한 수련시설로서 해당용도로 사용되는 바닥면적의 합계가 600[m^2] 이상인 모든 층
④ 지하가(터널은 제외)로서 연면적 800[m^2] 이상인 것

해설 **지하가**(터널은 제외한다)로서 연면적 **1,000**[m^2] **이상**인 것에는 스프링클러설비를 설치하여야 한다.

44

위험물을 취급함에 있어서 정전기가 발생할 우려가 있는 설비는 공기 중의 상대습도를 몇 [%] 이상으로 하는 방법으로 정전기를 유효하게 제거할 수 있는 설비를 설치하여야 하는가?

① 30[%] ② 60[%]
③ 70[%] ④ 90[%]

해설 **정전기 방지법**

- 접지할 것
- 상대습도를 70[%] 이상으로 할 것
- 공기를 이온화 할 것

45

다음의 특정소방대상물 중 의료시설에 해당되지 않는 것은?

① 마약진료소
② 노인의료복지시설
③ 장애인 의료재활시설
④ 한방병원

해설 **의료시설**

- 병원 : 종합병원, 병원, 치과병원, 한방병원, 요양병원
- 격리병원 : 전염병원, 마약진료소 및 그 밖에 이와 비슷한 것
- 정신의료기관

정답 41 ② 42 ④ 43 ④ 44 ③ 45 ②

- 장애인복지법 제58조 제1항 제4호에 따른 장애인의료 재활시설

노인의료복지시설 : 노유자 시설

46

소방안전관리자를 두어야 하는 특정소방대상물로서 1급 소방안전관리대상물에 해당하는 것은?

① 자동화재탐지설비를 설치하는 연면적 10,000[m^2]인 소방대상물
② 전력용 또는 통신용 지하구
③ 스프링클러설비를 설치하는 연면적 3,000[m^2]인 소방대상물
④ 가연성 가스를 1,000[t] 이상 저장·취급하는 시설

해설 **1급 소방안전관리대상물**
동·식물원, 철강 등 불연성 물품을 저장·취급하는 창고, 위험물제조소 등, 지하구와 특급소방안전관리대상물을 제외한 것
- 30층 이상(지하층은 제외)이거나 지상으로부터 높이가 120[m] 이상인 아파트
- 연면적 15,000[m^2] 이상인 특정소방대상물(아파트는 제외)
- 층수가 11층 이상인 특정소방대상물(아파트는 제외)
- 가연성 가스를 1,000[t] 이상 저장·취급하는 시설

47

규정에 의한 지정수량 10배 이상의 위험물을 저장 또는 취급하는 제조소 등에 설치하는 경보설비로 옳지 않은 것은?

① 자동화재탐지설비 ② 자동화재속보설비
③ 비상경보설비 ④ 확성장치

해설 **위험물제조소 등에 설치하는 경보설비(지정수량 10배 이상일 때)**
- 자동화재탐지설비
- 비상경보설비
- 비상방송설비
- 확성장치

48

소방안전관리대상물의 소방안전관리자로 선임된 자가 실시하여야 할 업무가 아닌 것은?

① 소방계획서의 작성
② 자위소방대의 조직
③ 소방시설 공사
④ 소방훈련 및 교육

해설 **소방안전관리자의 업무**
(①, ②, ④의 업무는 소방안전관리대상물의 경우에만 해당한다)
① 피난계획에 관한 사항과 대통령령으로 정하는 사항이 포함된 소방계획서의 작성 및 시행
② 자위소방대(自衛消防隊) 및 초기대응체계의 구성·운영·교육
③ 제10조에 따른 피난시설, 방화구획 및 방화시설의 유지·관리
④ 제22조에 따른 소방훈련 및 교육
⑤ 소방시설이나 그 밖의 소방 관련 시설의 유지·관리
⑥ 화기(火氣) 취급의 감독

49

소방안전교육사는 누가 실시하는 시험에 합격하여야 하는가?

① 소방청장
② 행정안전부장관
③ 소방본부장 또는 소방서장
④ 시·도지사

해설 **소방안전교육사, 소방시설관리사의 시험실시권자**
: 소방청장

50

소방시설관리업의 기술인력으로 등록된 소방기술자가 받아야 하는 실무교육의 주기 및 회수는?

① 매년 1회 이상
② 매년 2회 이상
③ 2년마다 1회 이상
④ 3년마다 1회 이상

46 ④ 47 ② 48 ③ 49 ① 50 ③ 정답

해설 소방기술인력의 실무교육
- 실시권자 : 한국소방안전원장
- 주기 : 2년마다 1회 이상

51

원활한 소방활동을 위하여 소방용수시설에 대한 조사를 실시하는 사람은?

① 소방청장
② 시・도지사
③ 소방본부장 또는 소방서장
④ 행정안전부장관

해설 **소방용수시설의 조사권자** : 소방본부장 또는 소방서장

52

소방본부장 또는 소방서장은 화재경계지구 안의 관계인에 대하여 소방상 필요한 훈련 및 교육을 실시하고자 하는 때에는 관계인에게 며칠 전까지 그 사실을 통보하여야 하는가?

① 5일　② 10일
③ 15일　④ 20일

해설 **화재경계지구 안의 소방훈련 및 교육** : 관계인에게 10일 전까지 통보

53

제조 또는 가공공정에서 방염대상물품에 해당되지 않는 것은?

① 창문에 설치하는 블라인드
② 두께가 2[mm] 미만인 종이벽지
③ 카 펫
④ 전시용합판 또는 섬유판

해설 **제조 또는 가공공정에서 방염대상물품**
- 창문에 설치하는 커튼류(블라인드를 포함한다)
- 카펫, 두께가 2[mm] 미만인 벽지류(종이벽지는 제외한다)
- 전시용 합판 또는 섬유판, 무대용 합판 또는 섬유판
- 암막・무대막(영화 및 비디오물의 진흥에 관한 법률 제2조 제10호에 따른 영화상영관에 설치하는 스크린과 다중이용업소의 안전관리에 관한 특별법 시행령 제2조 제7호의4에 따른 골프 연습장업에 설치하는 스크린을 포함한다)
- 섬유류 또는 합성수지류 등을 원료로 하여 제작된 소파・의자(단란주점영업, 유흥주점영업, 노래연습장업의 영업장에 설치하는 것만 해당한다)

54

소방청장 등은 관할 구역에 있는 소방대상물에 대하여 소방특별조사를 실시할 수 있다. 특별조사 대상과 거리가 먼 것은?(단, 개인 주거에 대하여는 관계인의 승낙을 득한 경우이다)

① 화재경계지구에 대한 소방특별조사 등 다른 법률에서 소방특별조사를 실시하도록 한 경우
② 관계인이 법령에 따라 실시하는 소방시설등, 방화시설, 피난시설 등에 대한 자체점검 등이 불성실하거나 불완전하다고 인정되는 경우
③ 화재가 발생할 우려는 없으나 소방대상물의 정기점검이 필요한 경우
④ 국가적 행사 등 주요 행사가 개최되는 장소에 대하여 소방안전관리 실태를 점검할 필요가 있는 경우

해설 **소방특별조사를 실시할 수 있는 경우**

① 관계인이 이 법 또는 다른 법령에 따라 실시하는 소방시설 등, 방화시설, 피난시설 등에 대한 자체점검 등이 불성실하거나 불완전하다고 인정되는 경우
② 소방기본법 제13조에 따른 화재경계지구에 대한 소방특별조사 등 다른 법률에서 소방특별조사를 실시하도록 한 경우
③ 국가적 행사 등 주요 행사가 개최되는 장소 및 그 주변의 관계 지역에 대하여 소방안전관리 실태를 점검할 필요가 있는 경우
④ 화재가 자주 발생하였거나 발생할 우려가 뚜렷한 곳에 대한 점검이 필요한 경우
⑤ 재난예측정보, 기상예보 등을 분석한 결과 소방대상물에 화재, 재난・재해의 발생 위험이 높다고 판단되는 경우
⑥ ①부터 ⑤까지에서 규정한 경우 외에 화재, 재난・재해, 그 밖의 긴급한 상황이 발생할 경우 인명 또는 재산 피해의 우려가 현저하다고 판단되는 경우

정답 51 ③ 52 ② 53 ② 54 ③

55

연면적이 3만[m^2] 이상 20만[m^2] 미만인 특정소방대상물(아파트는 제외) 또는 지하층을 포함한 층수가 16층 이상 40층 미만인 특정소방대상물의 공사현장인 경우 소방공사 책임감리원의 배치기준은?

① 특급감리원 이상의 소방공사감리원 1명 이상
② 고급감리원 이상의 소방공사감리원 1명 이상
③ 중급감리원 이상의 소방공사감리원 1명 이상
④ 초급감리원 이상의 소방공사감리원 1명 이상

해설 **소방공사감리원의 배치 기준(영 별표 4, 제11조)**

감리원의 배치기준		소방시설공사 현장의 기준
책임감리원	보조감리원	
1. 행정안전부령으로 정하는 특급 감리원 중 소방기술사	행정안전부령으로 정하는 초급감리원 이상의 소방공사 감리원(기계분야 및 전기분야)	가. 연면적 20만[m^2] 이상인 특정소방대상물의 공사 현장 나. 지하층을 포함한 층수가 40층 이상인 특정소방대상물의 공사 현장
2. 행정안전부령으로 정하는 특급감리원 이상의 소방공사 감리원(기계분야 및 전기분야)	행정안전부령으로 정하는 초급감리원 이상의 소방공사감리원(기계분야 및 전기분야)	가. 연면적 3만[m^2] 이상 20만[m^2] 미만인 특정소방대상물(아파트는 제외)의 공사 현장 나. 지하층을 포함한 층수가 16층 이상 40층 미만인 특정소방대상물의 공사 현장
3. 행정안전부령으로 정하는 고급감리원 이상의 소방공사 감리원(기계분야 및 전기분야)	행정안전부령으로 정하는 초급감리원 이상의 소방공사 감리원(기계분야 및 전기분야)	가. 물분무 등 소화설비(호스릴 방식의 소화설비는 제외) 또는 제연설비가 설치되는 특정소방대상물의 공사 현장 나. 연면적 3만[m^2] 이상 20만[m^2] 미만인 아파트의 공사 현장
4. 행정안전부령으로 정하는 중급감리원 이상의 소방공사 감리원(기계분야 및 전기분야)		연면적 5,000[m^2] 이상 3만[m^2] 미만인 특정소방대상물의 공사 현장
5. 행정안전부령으로 정하는 초급감리원 이상의 소방공사 감리원(기계분야 및 전기분야)		가. 연면적 5,000[m^2] 미만인 특정소방대상물의 공사 현장 나. 지하구의 공사 현장

56

다음 중 위험물탱크 안전성능시험자로 시・도지사에게 등록하기 위하여 갖추어야 할 사항이 아닌 것은?

① 자본금 ② 기술능력
③ 시 설 ④ 장 비

해설 **위험물탱크 안전성능시험자의 등록사항**
기술능력, 시설, 장비

57

다음 중 소방용품의 우수품질에 대한 인증업무를 담당하고 있는 기관은?

① 한국기술표준원 ② 한국소방산업기술원
③ 한국방재시험연구원 ④ 건설기술연구원

해설 **소방용품의 우수품질에 대한 인증업무**
: 한국소방산업기술원

58

소방활동 종사 명령으로 소방활동에 종사한 사람이 사망하거나 부상을 입은 경우 보상하여야 하는 사람은?

① 행정안전부장관
② 소방청장
③ 소방본부장 또는 소방서장
④ 시・도지사

해설 시・도지사는 소방활동에 종사한 사람이 사망하거나 부상을 입은 경우 보상하여야 한다.

59

제조소 등에 설치하여야 할 자동화재탐지설비의 설치기준으로 옳지 않은 것은?

① 하나의 경계구역의 면적은 600[m^2] 이하로 하고 그 한 변의 길이는 50[m] 이하로 한다.
② 경계구역은 건축물 그 밖의 공작물의 2 이상의 층에 걸치지 아니하도록 한다.
③ 건축물의 그 밖의 공작물의 주요한 출입구에서 그 내부의 전체를 볼 수 있는 경우에 경계구역의 면적을 1,000[m^2] 이하로 할 수 있다.

55 ① 56 ① 57 ② 58 ④ 59 ④ 정답

④ 계단·경사로·승강기의 승강로 그 밖에 이와 유사한 장소에 열기감지기를 설치하는 경우 3개의 층에 걸쳐 경계구역을 설정할 수 있다.

해설 자동화재탐지설비의 설치기준
- 자동화재탐지설비의 경계구역(화재가 발생한 구역을 다른 구역과 구분하여 식별할 수 있는 최소단위의 구역을 말한다)은 건축물 그 밖의 공작물의 2 이상의 층에 걸치지 아니하도록 할 것. 다만, 하나의 경계구역의 면적이 500[m^2] 이하이면서 당해 경계구역이 두개의 층에 걸치는 경우이거나 계단·경사로·승강기의 승강로 그 밖에 이와 유사한 장소에 연기감지기를 설치하는 경우에는 그러하지 아니하다.
- 하나의 경계구역의 면적은 600[m^2] 이하로 하고 그 한 변의 길이는 50[m](광전식분리형 감지기를 설치할 경우에는 100[m]) 이하로 할 것. 다만, 당해 건축물 그 밖의 공작물의 주요한 출입구에서 그 내부의 전체를 볼 수 있는 경우에 있어서는 그 면적을 1,000[m^2] 이하로 할 수 있다.
- 자동화재탐지설비의 감지기는 지붕(상층이 있는 경우에는 상층의 바닥) 또는 벽의 옥내에 면한 부분(천장이 있는 경우에는 천장 또는 벽의 옥내에 면한 부분 및 천장의 뒷 부분)에 유효하게 화재의 발생을 감지할 수 있도록 설치할 것
- 자동화재탐지설비에는 비상전원을 설치할 것

60

소방기본법이 정하는 목적을 설명한 것으로 거리가 먼 것은?

① 풍수해의 예방, 경계, 진압에 관한 계획, 예산의 지원 활동
② 화재, 재난·재해, 그 밖의 위급한 상황에서의 구조·구급 활동
③ 구조·구급 활동 등을 통한 국민의 생명·신체 및 재산의 보호
④ 구조·구급 활동 등을 통한 공공의 안녕 및 질서의 유지

해설 소방기본법의 목적
화재를 예방·경계하거나 진압하고 화재, 재난·재해, 그 밖의 위급한 상황에서의 구조·구급 활동 등을 통하여 국민의 생명·신체 및 재산을 보호함으로써 공공의 안녕 및 질서 유지와 복리증진에 이바지함을 목적으로 한다.

제 4 과목 소방기계시설의 구조 및 원리

61

거실 제연설비 설계 중 배출풍량 선정에 있어서 고려하지 않아도 되는 사항 중 맞는 것은?

① 예상제연구역의 수직거리
② 예상제연구역의 면적과 형태
③ 공기의 유입방식과 배출방식
④ 자동식 소화설비 및 피난구조설비의 설치 유무

해설 배출풍량 선정 시 고려사항
- 예상제연구역의 통로보행중심선의 길이 및 수직거리
- 예상제연구역의 바닥면적과 형태
- 공기의 유입방식과 배출방식

62

소방대상물에 따라 적용하는 포소화설비의 종류 및 적응성에 관한 설명으로 틀린 것은?

① 소방기본법시행령 별표 2의 특수가연물을 저장·취급하는 공장에는 호스릴포소화설비를 설치한다.
② 완전 개방된 옥상주차장으로 주된 벽이 없고 기둥뿐이거나 주위가 위해 방지용 철주 등으로 둘러싸인 부분에는 호스릴포소화설비를 설치할 수 있다.
③ 자동차 차고에는 포워터스프링클러설비·포헤드설비 또는 고정포방출설비를 설치한다.
④ 항공기 격납고에는 포워터스프링클러설비·포헤드설비 또는 고정포방출설비를 설치한다.

해설 소방대상물에 따른 적용설비

소방대상물	적용설비
특수 가연물을 저장·취급하는 공장 또는 창고	포워터 스프링클러설비, 포헤드설비
	고정포방출설비, 압축공기포소화설비

정답 60 ① 61 ④ 62 ①

차고·주차장	포워터 스프링클러설비, 포헤드설비, 고정포방출설비, 압축공기포소화설비
	호스릴 포소화설비, 포소화전설비를 설치할 수 있는 경우 ① 완전 개방된 옥상주차장 또는 고가 밑의 주차장으로서 주된 벽이 없고 기둥뿐이거나 주위가 위해방지용 철주 등으로 둘러싸인 부분 ② 지상 1층으로서 지붕이 없는 부분
항공기 격납고	포워터 스프링클러 설비, 포헤드설비, 고정포방출설비, 압축공기포소화설비(다만, 바닥면적의 합계가 1,000[m^2] 이상이고 항공기의 격납위치가 한정되어 있는 경우에는 그 한정된 장소 외의 부분에 대하여는 **호스릴포소화설비**를 설치할 수 있다)
발전기실, 엔진펌프실, 변압기, 전기이블실, 유압설비	바닥면적의 합계가 300[m^2] 미만의 장소에는 압축공기포소화설비를 설치할 수 있다.

63

피난기구의 위치를 표시하는 축광식 표지의 적용기준으로 적합하지 않은 내용은?

① 방사성 물질을 사용하는 위치표지는 쉽게 파괴되지 않는 재질로 처리할 것
② 조도 0[lx]에서 60분간 발광 후 10[m] 떨어진 위치에서 쉽게 식별 가능할 것
③ 위치표지의 표지면의 휘도는 주위조도 0[lx]에서 20분간 발광 후 50[mcd/m^2]로 할 것
④ 위치표지의 표지면은 쉽게 변형, 변질, 변색되지 않을 것

해설 위치표지의 표지면의 휘도는 주위조도 0[lx]에서 60분간 발광 후 7[mcd/m^2]로 할 것

64

전역전출방식의 할론소화설비의 분사헤드에 대한 내용 중 잘못된 것은?

① 할론 1211을 방사하는 분사헤드 방사압력은 0.2[MPa] 이상이어야 한다.
② 할론 1301을 방사하는 분사헤드 방사압력은 1.3[MPa] 이상이어야 한다.
③ 할론 2402를 방출하는 분사헤드는 약제가 무상으로 분무되어야 한다.
④ 할론 2402를 방사하는 분사헤드 방사압력이 0.1[MPa] 이상이어야 한다.

해설 **분사헤드의 방사압력**

약 제	방사압력
할론 2402	0.1[MPa] 이상
할론 1211	0.2[MPa] 이상
할론 1301	0.9[MPa] 이상

65

지하층을 제외한 층수가 11층 이상인 특정소방대상물로서 폐쇄형 스프링클러헤드의 설치개수가 40개일 때의 수원은 몇 [m^3] 이상이어야 하는가?

① 16[m^3]　② 32[m^3]
③ 48[m^3]　④ 64[m^3]

해설 수원 =30개×80[L/min]×20[min]=48,000[L]
=48[m^3]

66

케이블 트레이에 물분무소화설비를 설치할 때 저장하여야 할 수원의 양은 몇 [m^3]인가?(단, 케이블 트레이에 투영된 바닥면적은 70[m^2]이다)

① 12.4　② 14
③ 16.8　④ 28

해설 **펌프의 토출량과 수원의 양**

소방대상물	펌프의 토출량[L/min]	수원의 양[L]
특수가연물 저장, 취급	바닥면적(50[m^2] 이하는 50[m^2]로) ×10[L/min·m^2]	바닥면적(50[m^2] 이하는 50[m^2]로) ×10[L/min·m^2] ×20[min]
차고, 주차장	바닥면적(50[m^2] 이하는 50[m^2]로) ×20[L/min·m^2]	바닥면적(50[m^2] 이하는 50[m^2]로) ×20[L/min·m^2] ×20[min]
절연유 봉입변압기	표면적(바닥 부분 제외) ×10[L/min·m^2]	표면적(바닥 부분 제외) ×10[L/min·m^2] ×20[min]

63 ③ 64 ② 65 ③ 66 ③ 정답

소방대상물	펌프의 토출량 [L/min]	수원의 양[L]
케이블트레이, 덕트	투영된 바닥면적 ×12[L/min · m²]	투영된 바닥면적 ×12[L/min · m²] ×20[min]
컨베이어 벨트	벨트 부분의 바닥면적 ×10[L/min · m²]	벨트 부분의 바닥면적 ×10[L/min · m²] ×20[min]

∴ 수원 = 투영된 바닥면적 × 12[L/min · m²] × 20[min]
= 70[m²] × 12[L/min · m²] × 20[min]
= 16,800[L] = 16.8[m³]

67

다음은 스프링클러설비의 음향장치에 대한 화재안전기준이다. 맞는 것은?

① 경종으로 음향장치를 하여야 하고, 사이렌은 음향장치로 사용할 수 없다.
② 사이렌으로 음향장치를 하여야 하고, 경종은 음향장치로 사용할 수 없다.
③ 주 음향장치는 수신기의 내부 또는 그 직근에 설치할 수 없다.
④ 경종 또는 사이렌으로 하되 다른 용도의 경보와 구별이 가능하게 설치한다.

해설 **음향장치 및 기동장치의 설치기준**

- 습식유수검지장치 또는 건식유수검지장치를 사용하는 설비에 있어서는 헤드가 개방되면 유수검지장치가 화재신호를 발신하고 그에 따라 음향장치가 경보되도록 할 것
- 준비작동식유수검지장치 또는 일제개방밸브를 사용하는 설비에는 화재감지기의 감지에 따라 음향장치가 경보되도록 할 것. 이 경우 화재감지기회로를 **교차회로방식**(하나의 준비작동식유수검지장치 또는 일제개방밸브의 담당구역 내에 2 이상의 화재감지기회로를 설치하고 인접한 2 이상의 화재감지기가 동시에 감지되는 때에 준비작동식유수검지장치 또는 일제개방밸브가 개방 · 작동되는 방식을 말한다)으로 하는 때에는 하나의 화재감지기회로가 화재를 감지하는 때에도 음향장치가 경보되도록 하여야 한다.
- 음향장치는 유수검지장치 및 일제개방밸브 등의 담당구역마다 설치하되 그 구역의 각 부분으로부터 하나의 음향장치까지의 수평거리는 25[m] 이하가 되도록 할 것
- **음향장치는 경종 또는 사이렌(전자식 사이렌을 포함한다)으로 하되, 주위의 소음 및 다른 용도의 경보와 구별이 가능한 음색으로 할 것.** 이 경우 경종 또는 사이렌은 자동화재탐지설비 · 비상벨설비 또는 자동식사이렌설비의 음향장치와 겸용할 수 있다.
- 주 음향장치는 수신기의 내부 또는 그 직근에 설치할 것
- 경보를 발하여야 하는 층
  - **층수가 5층 이상으로서 연면적이 3,000[m²]를 초과하는 특정소방대상물**

발화층	경보를 발하여야 하는 층
2층 이상의 층	발화층, 그 직상층
1층	발화층, 그 직상층, 지하층
지하층	발화층, 그 직상층, 기타의 지하층

  - **30층 이상의 고층건축물**

발화층	경보를 발하여야 하는 층
2층 이상의 층	발화층, 그 직상4개층
1층	발화층, 그 직상4개층, 지하층
지하층	발화층, 그 직상4개층, 기타의 지하층

- 음향장치는 다음 각목의 기준에 따른 구조 및 성능의 것으로 할 것
  - 정격전압의 80[%] 전압에서 음향을 발할 수 있는 것으로 할 것
  - 음량은 부착된 음향장치의 중심으로부터 1[m] 떨어진 위치에서 90[dB] 이상이 되는 것으로 할 것

68

숙박시설 · 노유자시설 및 의료시설로 사용되는 층에 있어서의 피난기구는 그 층의 바닥면적이 몇 [m²]마다 1개 이상을 설치하여야 하는가?

① 300　　② 500
③ 800　　④ 1,000

해설 **피난기구의 개수 설치기준**

층마다 설치하되 아래 기준에 의하여 설치하여야 한다.

소방대상물	설치기준(1개 이상)
숙박시설, 노유자시설 및 의료시설	바닥면적 500[m²]마다
위락시설 · 문화 및 집회시설, 운동시설, 판매시설	바닥면적 800[m²]마다
계단실형 아파트	각 세대마다
그 밖의 용도의 층	바닥면적 1,000[m²]마다

※ 숙박시설(휴양콘도미니엄은 제외)은 추가로 객실마다 완강기 또는 둘 이상의 간이완강기를 설치할 것

정답 67 ④　68 ②

69

특고압의 전기시설을 보호하기 위한 물소화설비로서는 물분무소화설비가 가능하다. 그 주된 이유로서 옳은 것은?

① 물분무 설비는 다른 물 소화설비에 비하여 신속한 소화를 보여주기 때문이다.
② 물분무 설비는 다른 물 소화설비에 비하여 물의 소모량이 적기 때문이다.
③ 분무상태의 물은 전기적으로 비전도성이기 때문이다.
④ 물분무입자 역시 물이므로 전기전도성이 있으나 전기시설물을 젖게 하지 않기 때문이다.

해설 분무상태의 물은 전기적으로 비전도성이기 때문에 전기시설에 소화가 가능하다.

70

물계통(옥내)소화설비 펌프의 구경이 100[mm]인 유량계 1개를 부착하고자 한다. 다음 중 유량계 1차측 개폐밸브로부터 유량계까지의 배관길이는 최소 몇 [m] 이상으로 하는 것이 가장 적합한가?

① 0.1 ② 0.3
③ 0.5 ④ 0.8

해설 ※ 화재안전기준 개정으로 현행법에 맞지 않는 문제임

71

이산화탄소소화설비 설명 중 옳은 것은?

① 강관을 사용하는 경우 고압식 스케줄 80 이상, 저압식 스케줄 50 이상의 것을 사용할 것
② 동관을 사용하는 경우 고압식은 16.5[MPa] 이상, 저압식은 3.75[MPa] 이상의 압력에 견딜 수 있는 것을 사용할 것
③ 이산화탄소 소요량이 합성수지류, 목재류 등 심부화재 방호대상물을 저장하는 경우에는 5분 이내에 방사할 수 있을 것
④ 전역방출방식 분사헤드의 방사압력이 1[MPa](저압식은 0.9[MPa]) 이상의 것으로 할 것

해설 **이산화탄소소화설비**
- 강관을 사용하는 경우 고압식 스케줄 80 이상, 저압식 스케줄 40 이상의 것을 사용할 것
- 동관을 사용하는 경우 고압식은 16.5[MPa] 이상, 저압식은 3.75[MPa] 이상의 압력에 견딜 수 있는 것을 사용할 것
- 이산화탄소 소요량이 종이, 목재, 석탄, 섬유류, 합성수지류등 심부화재 방호대상물을 저장하는 경우에는 7분 이내에 방사할 수 있을 것
- 전역방출방식 분사헤드의 방사압력이 2.1[MPa](저압식은 1.05[MPa]) 이상의 것으로 할 것

72

제1석유류의 옥외탱크 저장소의 저장탱크 및 포방출구로 가장 적합한 것은?

① 부상식 루프탱크(Floating Roof Tank), 특형 방출구
② 부상식 루프탱크, Ⅱ형 방출구
③ 원추형 루프탱크(Cone Roof Tank), 특형 방출구
④ 원추형 루프탱크, Ⅰ형 방출구

해설 **특형** : 부상지붕구조의 탱크(Floating Roof Tank)에 상부포주입법을 이용하는 것으로 부상지붕의 부상 부분상에 높이 0.9[m] 이상의 금속제의 칸막이를 탱크옆판의 내측으로부터 1.2[m] 이상 이격하여 설치하고 탱크옆판과 칸막이에 의하여 형성된 환상 부분에 포를 주입하는 것이 가능한 구조의 반사판을 갖는 포방출구로서 인화점이 낮은 제4류 위험물의 특수인화물이나 제1석유류에 적합하다.

73

건축물에 연결살수설비 헤드로서 스프링클러 헤드를 설치할 경우, 천장 또는 반자의 각 부분으로부터 하나의 헤드까지의 수평거리 기준은 얼마이어야 하는가?

① 3.7[m] 이하 ② 2.3[m] 이하
③ 2.7[m] 이하 ④ 3.2[m] 이하

해설 **건축물에 설치하는 연결살수설비의 헤드 설치기준**
- 천장 또는 반자의 실내에 면하는 부분에 설치할 것
- 천장 또는 반자의 각 부분으로부터 하나의 살수헤드까지의 수평거리
  - 연결살수설비 전용 헤드의 경우 : 3.7[m] 이하
  - **스프링클러헤드의 경우 : 2.3[m] 이하**

69 ③ 70 ④ 71 ② 72 ① 73 ② 정답

74

소화기구의 화재안전기준에 따라 대형소화기를 설치할 때 특정소방대상물의 각 부분으로부터 1개의 소화기까지의 보행거리가 몇 [m] 이내가 되도록 배치하여야 하는가?

① 20 ② 25
③ 30 ④ 40

해설 **소화기의 설치기준**

각층마다 설치하되,

- 소형소화기 : 보행거리 20[m] 이내
- **대형소화기 : 보행거리 30[m] 이내**가 되도록 배치할 것

75

다음 중 분말소화설비에서 사용하지 않는 밸브는?

① 드라이밸브 ② 클리닝밸브
③ 안전밸브 ④ 배기밸브

해설 **드라이밸브(건식밸브)** : 스프링클러설비의 유수검지장치

76

제연설비의 설치장소에 따른 제연구역의 구획에 대한 내용 중 틀린 것은?

① 하나의 제연구역의 면적은 1,000[m^2] 이내로 할 것
② 하나의 제연구역은 직경 60[m] 원 내에 들어갈 수 있을 것
③ 하나의 제연구역은 3개 이상 층에 미치지 아니하도록 할 것
④ 통로상의 제연구역은 보행중심선의 길이가 60[m]를 초과하지 아니할 것

해설 **제연구역의 구획기준**

- 하나의 제연구역의 면적을 1,000[m^2] 이내로 할 것
- 거실과 통로(복도포함)는 상호제연 구획할 것
- 통로상의 제연구역은 보행중심선의 길이가 60[m]를 초과하지 아니할 것
- 하나의 제연구역은 직경 60[m] 원 내에 들어갈 수 있을 것
- 하나의 구역은 2개 이상 층에 미치지 아니하도록 할 것

77

분말소화설비에 대한 기준 중 맞는 것은?

① 축압식의 경우 20[℃]에서 압력이 2.5[MPa] 이상 4.2[MPa] 이하인 것에 있어서는 압력배관용 탄소강관 중 이음이 없는 Sch 80 이상을 사용한다.
② 동관의 경우 최고사용압력의 1.8배 이상의 압력에 견딜 수 있어야 한다.
③ 기동장치의 조작부는 바닥으로부터 높이 0.5[m] 이상 1.5[m] 이하의 위치에 설치하고, 보호판 등에 따른 보호장치를 설치한다.
④ 저장용기의 충전비는 0.8 이상으로 한다.

해설 **분말소화설비의 설치기준**

- 강관을 사용하는 경우의 배관은 아연도금에 따른 배관용 탄소강관(KS D 3507)이나 이와 동등 이상의 강도·내식성 및 내열성을 가진 것으로 할 것. 다만, 축압식 분말소화설비에 사용하는 것 중 20[℃]에서 압력이 2.5[MPa] 이상 4.2[MPa] 이하인 것은 압력배관용 탄소강관(KS D 3562) 중 이음이 없는 스케줄 40 이상의 것 또는 이와 동등 이상의 강도를 가진 것으로서 아연도금으로 방식처리된 것을 사용하여야 한다.
- 동관을 사용하는 경우의 배관은 고정압력 또는 최고사용압력의 1.5배 이상의 압력에 견딜 수 있는 것을 사용할 것
- 기동장치의 조작부는 바닥으로부터 높이 0.8[m] 이상 1.5[m] 이하의 위치에 설치하고, 보호판 등에 따른 보호장치를 설치할 것
- 저장용기의 충전비는 0.8 이상으로 할 것

78

간이소화용구로서 능력단위 2단위의 마른모래를 설치하고자 할 때 얼마를 설치하여야 하는가?

① 삽을 상비한 50[L] 이상의 것 2포
② 삽을 상비한 50[L] 이상의 것 4포
③ 삽을 상비한 160[L] 이상의 것 2포
④ 삽을 상비한 160[L] 이상의 것 4포

정답 74 ③ 75 ① 76 ③ 77 ④ 78 ②

해설 간이소화용구의 능력단위

간이소화용구		능력단위
1. 마른모래	삽을 상비한 50[L] 이상의 것 1포	0.5단위
2. 팽창 질석 또는 팽창진주암	삽을 상비한 80[L] 이상의 것 1포	

∴ 50[L] 이상의 것 1포가 0.5단위이므로 50[L] 이상의 것 4포가 2단위이다.

79

스프링클러설비의 배관에 대한 내용 중 잘못된 것은?

① 수직배수배관의 구경은 65[mm] 이상으로 하여야 한다.
② 급수배관 중 가지배관의 배열은 토너먼트 방식이 아니어야 한다.
③ 교차배관의 청소구는 교차배관 끝에 개폐밸브를 설치한다.
④ 습식스프링클러설비 외의 설비에는 헤드를 향하여 상향으로 가지배관의 기울기를 250분의 1 이상으로 한다.

해설 **수직배수배관의 구경** : 50[mm] 이상(단, 수직배관의 구경이 50[mm] 미만인 경우에는 수직배관과 동일한 구경으로 할 수 있다)

80

다음 상수도 소화용수설비 상수도소화전의 설치기준은?(단, 호칭지름 75[mm] 이상의 수도배관에 호칭지름 100[mm] 이상의 소화전을 접속했을 때이다)

① 보행거리 120[m] 이하
② 보행거리 140[m] 이하
③ 특정소방대상물의 수평투영면의 각 부분으로부터 120[m] 이하
④ 특정소방대상물의 수평투영면의 각 부분으로부터 140[m] 이하

해설 상수도소화전은 특정소방대상물의 수평투영면의 각 부분으로부터 140[m] 이하가 되도록 설치할 것

79 ① 80 ④ 정답

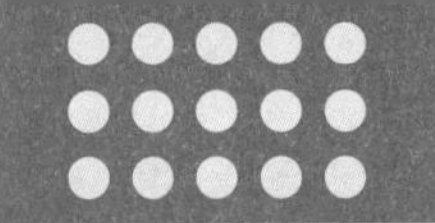

제 4 회 2013년 9월 28일 시행

제 1 과목 소방원론

01

표면온도가 350[℃]인 전기히터의 표면온도 750[℃]로 상승시킬 경우, 복사에너지는 처음보다 약 몇 배로 상승되는가?

① 1.64　　② 2.14
③ 4.58　　④ 7.27

해설 복사열은 절대온도의 4승에 비례한다.
350[℃]에서 열량을 Q_1, 750[℃]에서 열량을 Q_2라고 하면

$$\therefore \frac{Q_2}{Q_1} = \frac{(750+273)^4\ [\mathrm{K}]}{(350+273)^4\ [\mathrm{K}]} = \frac{1.095\times10^{12}}{1.506\times10^{11}} = 7.27\text{배}$$

02

다음 중 인화성 물질이 아닌 것은?

① 기어유　　② 질 소
③ 이황화탄소　　④ 에테르

해설 위험물의 분류

종류	기어유	질 소	이황화탄소	에테르
유별	제4류 위험물	–	제4류 위험물	제4류 위험물
품명	제4석유류	–	특수인화물	특수인화물
성질	인화성 액체	불연성 가스	인화성 액체	인화성 액체

03

다음 중 화재하중을 나타내는 단위는?

① [kcal/kg]　　② [℃/m^2]
③ [kg/m^2]　　④ [kg/kcal]

해설 화재하중 : 단위면적당 중량[kg/m^2]

04

상온, 상압에서 액체인 물질은?

① CO_2　　② Halon 1301
③ Halon 1211　　④ Halon 2402

해설 소화약제의 상태

종 류	상 태
CO_2	기 체
Halon 1301	기 체
Halon 1211	기 체
Halon 2402	액 체

05

가스 A가 40[vol%], 가스 B가 60[vol%]로 혼합된 가스의 연소하한계는 몇 [vol%]인가?(단, 가스 A의 연소하한계는 4.9[vol%] 이며, 가스 B의 연소하한계는 4.15[vol%]이다)

① 1.82　　② 2.02
③ 3.22　　④ 4.42

해설 혼합가스의 폭발범위

$$L_m = \frac{100}{\dfrac{V_1}{L_1}+\dfrac{V_2}{L_2}}$$

$$L_m(\text{하한값}) = \frac{100}{\dfrac{V_1}{L_1}+\dfrac{V_2}{L_2}} = \frac{100}{\dfrac{40}{4.9}+\dfrac{60}{4.15}} = 4.42$$

정답 01 ④　02 ②　03 ③　04 ④　05 ④

06

가연성의 기체나 액체, 고체에서 나오는 분해가스의 농도를 엷게 하여 소화하는 방법은?

① 냉각소화　② 제거소화
③ 부촉매소화　④ 희석소화

해설 **희석소화** : 가연물에서 나오는 가스나 액체의 농도를 묽게 하여 소화하는 방법

07

화재 분류에서 C급 화재에 해당하는 것은?

① 전기화재　② 차량화재
③ 일반화재　④ 유류화재

해설 **화재의 종류**

급 수 / 구 분	A급	B급	C급	D급
화재의 종류	일반 화재	유류 화재	전기 화재	금속 화재
표시색	백 색	황 색	청 색	무 색

08

나이트로셀룰로스에 대한 설명으로 잘못된 것은?

① 질화도가 낮을수록 위험성이 크다.
② 물을 첨가하여 습윤시켜 운반한다.
③ 화약의 원료로 쓰인다.
④ 고체이다.

해설 **나이트로셀룰로스(Nitro Cellulose, NC)**

- 특 성

화학식	분해온도	착화점
$[C_6H_7O_2(ONO_2)_3]_n$	130[℃]	180[℃]

- 셀룰로스에 진한 황산과 진한질산의 혼산으로 반응시켜 제조한 것이다.
- 저장 중에 물 또는 알코올로 습윤시켜 저장한다(통상적으로 이소프로필알코올 30[%] 습윤시킴).
- 가열, 마찰, 충격에 의하여 격렬히 연소, 폭발한다.
- 130[℃]에서는 서서히 분해하여 180[℃]에서 불꽃을 내면서 급격히 연소한다.
- 질화도가 클수록 폭발성이 크다.

09

소화약제로서 물 1[g]이 1기압, 100[℃]에서 모두 증기로 변할 때 열의 흡수량은 몇 [cal]인가?

① 429　② 499
③ 539　④ 639

해설 **물의 증발(기화)잠열** : 539[cal/g]
물의 융해잠열 : 80[cal/g]

10

다음 중 인화점이 가장 낮은 물질은?

① 메틸에틸케톤　② 벤 젠
③ 에탄올　④ 다이에틸에테르

해설 **인화점**

종 류	메틸에틸 케톤	벤 젠	에탄올	다이에틸 에테르
품 명	제1 석유류	제1 석유류	알코올류	특수 인화물
인화점	−7[℃]	−11[℃]	13[℃]	−45[℃]

[제4류 위험물의 분류]
- 특수인화물 : 인화점이 영하 20[℃] 이하이고 비점이 40[℃] 이하인 것
- 제1석유류 : 인화점이 21[℃] 미만인 것
- 제2석유류 : 인화점이 21[℃] 이상 70[℃] 미만인 것
- 제3석유류 : 인화점이 70[℃] 이상 200[℃] 미만인 것
- 제4석유류 : 인화점이 200[℃] 이상 250[℃] 미만의 것

※ 제4류 위험물의 인화점은 정확히 몰라도 품명(제1석유류, 제2석유류) 구분하면 문제를 풀 수 있습니다.

11

건물 내부의 화재 시 발생한 연기의 농도(감광계수)와 가시거리의 관계를 나타낸 것으로 틀린 것은?

① 감광계수 0.1일 때 가시거리는 20~30[m]이다.
② 감광계수 0.3일 때 가시거리는 10~20[m]이다.
③ 감광계수 1.0일 때 가시거리는 1~2[m]이다.
④ 감광계수 10일 때 가시거리는 0.2~0.5[m]이다.

06 ④　07 ①　08 ①　09 ③　10 ④　11 ② 정답

해설 연기농도와 가시거리

감광계수	가시거리[m]	상 황
0.1	20~30	연기감지기가 작동할 때의 정도
0.3	5	건물 내부에 익숙한 사람이 피난에 지장을 느낄 정도
0.5	3	어둠침침한 것을 느낄 정도
1	1~2	거의 앞이 보이지 않을 정도
10	0.2~0.5	화재 최성기 때의 정도

12

일반적인 화재에서 연소 불꽃 온도가 1,500[℃]이었을 때의 연소 불꽃의 색상은?

① 적 색 ② 휘백색
③ 휘적색 ④ 암적색

해설 연소의 색과 온도

색 상	담암적색	암적색	적 색	휘적색
온도[℃]	520	700	850	950
색 상	황적색	백적색	휘백색	
온도[℃]	1,100	1,300	1,500 이상	

13

소화의 원리로 가장 거리가 먼 것은?

① 가연성 물질을 제거한다.
② 불연성 가스의 공기 중 농도를 높인다.
③ 가연성 물질을 냉각시킨다.
④ 산소의 공급을 원활히 한다.

해설 소화는 연소의 3요소 중 한 가지 이상을 제거하는 것인데 산소를 공급하면 연소를 도와주는 현상이다.

14

Halon 2402의 화학식은?

① $C_2H_4Cl_2$ ② $C_2Br_4F_2$
③ $C_2Cl_4Br_2$ ④ $C_2F_4Br_2$

해설 할론소화약제의 물성

물 성 \ 종 류	할론 1301	할론 1211	할론 2402
분자식	CF_3Br	CF_2ClBr	$C_2F_4Br_2$
분자량	148.93	165.4	259.8
임계 온도[℃]	67.0	153.8	214.6
임계 압력[atm]	39.1	40.57	33.5
상 태(20[℃])	기 체	기 체	액 체
오존층 파괴지수	14.1	2.4	6.6
밀 도[g/cm³]	1.57	1.83	2.18
증기비중	5.1	5.7	9.0
증발잠열[kJ/kg]	119	130.6	105

15

건물의 피난동선에 대한 설명으로 옳지 않은 것은?

① 피난동선은 가급적 단순한 형태가 좋다.
② 피난동선은 가급적 상호 반대방향으로 다수의 출구와 연결되는 것이 좋다.
③ 피난동선은 수평동선과 수직동선으로 구분된다.
④ 피난동선은 복도, 계단을 제외한 엘리베이터와 같은 피난전용 통행구조를 말한다.

해설 피난동선의 조건

- 수평동선과 수직동선으로 구분한다.
- 가급적 단순형태가 좋다.
- 상호반대방향으로 다수의 출구와 연결되는 것이 좋다.
- 어느 곳에서도 2개 이상의 방향으로 피난할 수 있으며 그 말단은 화재로부터 안전한 장소이어야 한다.

16

건축물에서 주요구조부가 아닌 것은?

① 차 양 ② 주계단
③ 내력벽 ④ 기 둥

해설 주요구조부 : 내력벽, 기둥, 바닥, 보, 지붕틀, 주계단

> **주요구조부 제외** : 사잇벽, 사잇기둥, 최하층의 바닥, 작은 보, 차양, 옥외계단

정답 12 ② 13 ④ 14 ④ 15 ④ 16 ①

17

기온이 20[℃]인 실내에서 인화점이 70[℃]인 가연성의 액체표면에 성냥불 한 개를 던지면 어떻게 되는가?

① 즉시 불이 붙는다.
② 불이 붙지 않는다.
③ 즉시 폭발한다.
④ 즉시 불이 붙고 3~5초 후에 폭발한다.

해설 기온이 20[℃]인 실내에서 인화점이 70[℃]인 가연성의 액체표면에 점화원(성냥불)이 있으면 불이 붙지 않는다.

> 액체 위험물은 인화점 이상이 되면 불이 붙는다.

18

위험물안전관리법령상 위험물에 해당하지 않는 물질은?

① 질 산 ② 과염소산
③ 황 산 ④ 과산화수소

해설 **제6류 위험물의 분류**

종 류	분 류
질 산	제6류 위험물
과염소산	제6류 위험물
황 산	유독물
과산화수소	제6류 위험물

※ 황산은 2004년 법 개정으로 삭제됨(2004년 이전에는 제6류 위험물이었음)

19

공기 중의 산소를 필요로 하지 않고 물질 자체에 포함되어 있는 산소에 의하여 연소하는 것은?

① 확산연소 ② 분해연소
③ 자기연소 ④ 표면연소

해설 **자기연소** : 공기 중의 산소를 필요로 하지 않고 제5류 위험물처럼 물질 자체에 포함되어 있는 산소에 의하여 연소하는 것

20

밀폐된 공간에 이산화탄소를 방사하여 산소의 체적농도를 12[%] 되게 하려면 상대적으로 방사된 이산화탄소의 농도는 얼마가 되어야 하는가?

① 25.40[%] ② 28.70[%]
③ 38.35[%] ④ 42.86[%]

해설 **이산화탄소 소요량과 농도**

> • 방출된 탄산가스량[m³] $= \dfrac{21 - O_2}{O_2} \times V$
>
> • 탄산가스농도[%] $= \dfrac{21 - O_2}{21} \times 100$

여기서, O_2 : 연소한계 산소농도[%]
V : 방호체적[m³]

∴ 탄산가스의 농도

$$= \frac{21 - O_2}{21} \times 100 = \frac{21 - 12}{21} \times 100 = 42.86[\%]$$

제 2 과목 소방유체역학

21

지름이 65[mm]인 배관 내로 물이 2.8[m/s]의 속도로 흐를 때의 유동형태는?(단, 물의 밀도는 998[kg/m³], 점성계수는 0.01139[kg/m·s]이다)

① 천이유동 ② 층 류
③ 난 류 ④ 와 류

해설

> $Re = \dfrac{Du\rho}{\mu}$ [무차원]

여기서, D : 관의 내경(0.065[m])
u : 유속(2.8[m/s])
ρ : 유체의 밀도(998[kg/m³])
μ : 유체의 점도(0.01139[kg/m·s])

$$\therefore Re = \frac{Du\rho}{\mu} = \frac{0.065 \times 2.8 \times 998}{0.01139} = 15{,}947\text{(난류)}$$

> **[유체의 흐름]**
> • 층류 : $Re < 2{,}100$
> • 전이영역 : $2{,}100 < Re < 4{,}000$
> • 난류 : $Re > 4{,}000$

22

수면의 면적이 10[m²]인 저수조에 계속적으로 1[m³/min]의 유량으로 물이 채워지고 있다. 화재 초기에 수심은 2[m]였고 진화를 위해 2[m³/min]의 물을 계속 사용한다면 이 저수조가 고갈될 때까지 약 몇 분이 걸리겠는가?

① 15　② 20
③ 25　④ 30

해설 (10×2)[m³] ÷ 1[m³/min] = 20[min]

23

다음 중 표준대기압을 표시한 것으로 틀린 것은?

① 10.33[mAq]
② 1.033[kg_f/m^2]
③ 760[mmHg]
④ 1.013[bar]

해설 **표준대기압**

1[atm] = 760[mmHg] = 760[cmHg]
= 29.92[inHg](수은주 높이)
= 1033.2[cmH_2O]
= 10.332[mH_2O](mAq)(물기둥의 높이)
= 1.0332[kg_f/cm^2] = 10.332[kg_f/m^2]
= 1.013[bar]

24

지름 0.7[m]의 관 속에 5[m/s]의 평균속도로 물이 흐르고 있을 때 관의 길이 700[m]에 대한 마찰손실수두는 약 몇 [m]인가?(단, 관마찰계수는 0.03이다)

① 19　② 27
③ 30　④ 38

해설 손실수두 $H = \frac{flu^2}{2gD}$

여기서, f(관마찰계수) : 0.03
l(길이) : 700[m]
u(유속) : 5[m/s]
D(지름) : 0.7[m]

$\therefore H = \frac{flu^2}{2gD} = \frac{0.03 \times 700 \times (5)^2}{2 \times 9.8 \times 0.7} = 38.27[\text{m}]$

25

폴리트로픽 변화의 일반식(PV^n = 정수)에서 n = 0이면 어느 변화인가?

① 등압변화　② 등온변화
③ 단열변화　④ 폴리트로픽팽창

해설 **폴리트로픽 변화**

PV^n = 정수(C)

n = 0이면 정압(등압)변화
n = 1이면 등온변화
n = k이면 단열변화
n = ∞이면 정적변화

26

어떤 물체가 공기 중에서 무게는 588[N]이고 수중에서 무게는 98[N]이었다. 이 물체의 체적(V)과 비중(S)은?

① V : 0.05[m³], S : 1.2
② V : 50[cm³], S : 1.0
③ V : 0.5[m³], S : 0.85
④ V : 0.01[m³], S : 0.98

해설 힘의 평형도를 고려하면

$98[\text{N}] + F_B = 588[\text{N}]$
$F_B = 490[\text{N}]$
$F_B = \gamma V = 9{,}800\,V$에서 체적
$V = \frac{490}{9{,}800} = 0.05[\text{m}^3]$
물체의 비중량 $\gamma = \frac{W}{V} = \frac{588}{0.05} = 11{,}760[\text{N/m}^3]$
비중 $S = \frac{\gamma}{\gamma_w} = \frac{11{,}760}{9{,}800} = 1.2$

27

양 끝이 열린 가는 유리관을 물에 수직으로 세우면 표면장력에 의하여 물이 상승하지만 수은에서는 오히려 하강한다. 이러한 차이가 나타나는 원인은?

① 밀도의 차이
② 접촉각의 차이
③ 공기와 액체분자의 부착력 차이
④ 점성계수의 차이

정답 22 ② 23 ② 24 ④ 25 ① 26 ① 27 ②

해설 양 끝이 열린 가는 유리관을 물에 수직으로 세우면 표면장력에 의하여 물이 상승하지만 수은에서는 오히려 하강하는 것은 접촉각의 차이에서 나타난다.

28

피토관을 사용하여 일정속도로 흐르고 있는 물의 유속(V)을 측정하기 위해 그림과 같이 비중 S인 유체를 갖는 액주계를 설치하였다. $S=2$일 때 액주의 높이 차이가 $H=h$가 되면 $S=3$일 때 액주의 높이 차(H)는 얼마가 되는가?

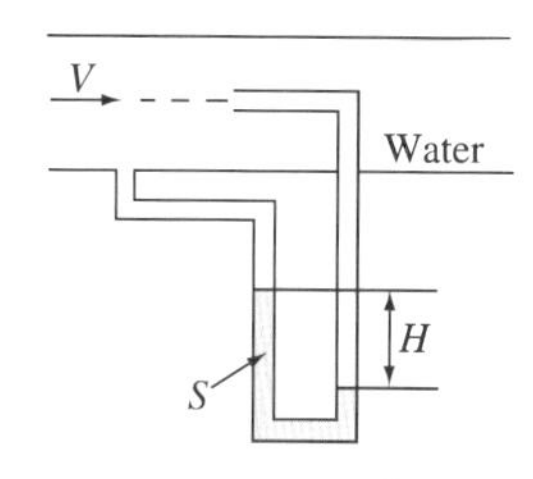

① $\frac{h}{9}$　② $\frac{h}{\sqrt{3}}$
③ $\frac{h}{3}$　④ $\frac{h}{2}$

해설 피토관에서 유속을 측정하면

$V=\sqrt{2gh\left(\frac{S}{S_W}-1\right)}$

물의 비중 $S_W=1$, $S=2$일 때 $H=h$가 되면

$V=\sqrt{2gh\left(\frac{2}{1}-1\right)}=\sqrt{2gh}$

피토관에서 물의 유속은 일정하며 $S=3$일 때 액주의 높이 H는

$\sqrt{2gh}=\sqrt{2gH\left(\frac{3}{1}-1\right)}$

$\sqrt{2gh}=\sqrt{4gH}$

$2gh=4gH$

$\therefore H=\frac{h}{2}$

29

커다란 탱크의 밑면에서 물이 0.05[m³/s]로 일정하게 흘러나가고, 위에서는 단면적 0.025[m²], 분출속도가 8[m/s]의 노즐을 통하여 탱크로 유입되고 있다. 탱크 내 물은 몇 [m³/s]으로 늘어나는가?

① 0.15　② 0.0145
③ 0.3　④ 0.03

해설 들어오는 물의 양(Q) = 흘러나가는 물의 양(Q_1) + 탱크 내에 남아있는 물의 양(Q_2)

$Q_2 = Q - Q_1 = 0.025\times 8 - 0.05 = 0.15[\mathrm{m^3/s}]$

30

물을 개방된 용기에 넣고 대기압하에서 계속 열을 가하여도 액체의 물이 남아 있는 한 물의 온도가 100[℃] 이상 온도가 올라가지 않는 것과 가장 관계가 있는 것은?

① 공급된 열이 모두 물의 내부에너지로 저장되기 때문이다.
② 공급되는 열, 물의 온도 및 주위 온도와의 사이에서 열이 평형상태에 있기 때문이다.
③ 물이 100[℃]에서 비등하기 때문이다.
④ 공급되는 열량이 100[℃]에서 한계에 도달하였기 때문이다.

해설 물의 끓는점은 100[℃]이므로 100[℃] 이상이 되어도 온도는 더 이상 올라가지 않는다.

31

다음 중에서 2차원 비압축성 유동의 연속방정식을 만족하지 않는 속도벡터는?(단, i, j는 각각 x, y 방향의 단위벡터를 나타낸다)

① $V=(16y-12x)i+(12y-9x)j$
② $V=(-5x)i+(5y)j$
③ $V=(2x^2+y^2)i+(-4xy)j$
④ $V=(4xy+y^2)i+(6xy+3x)j$

해설 2차원 비압축성 유동의 속도벡터는 $\frac{\partial u}{\partial x}+\frac{\partial v}{\partial y}=0$의 연속방정식을 만족해야 한다.

④ $\frac{\partial u}{\partial x}+\frac{\partial v}{\partial y}=\frac{\partial}{\partial x}(4xy+y^2)+\frac{\partial}{\partial y}(6xy+3x)$
$=4y+6x\neq 0$이므로 만족하지 않는다.

28 ④ 29 ① 30 ③ 31 ④ 정답

32

터보기계 해석에 사용되는 속도 삼각형에 직접 포함되지 않는 것은?

① 날개속도 : U
② 날개에 대한 상대속도 : W
③ 유체의 실제속도 : V
④ 날개의 각속도 : ω

해설 속도삼각형
- 날개속도
- 상대속도
- 유체의 실제속도

33

펌프의 흡입양정이 클 때 발생되는 현상은?

① 공동현상(Cavitation)
② 서징현상(Surging)
③ 역회전현상
④ 수격현상(Water Hammering)

해설 펌프의 흡입양정이 클 때(흡입양정이 크면 마찰손실도 크다) 공동현상이 발생한다.

34

그림과 같이 반지름이 0.8[m]이고 폭이 2[m]인 곡면 AB가 수문으로 이용된다. 물에 의한 힘의 수평성분의 크기는 약 몇 [kN]인가?

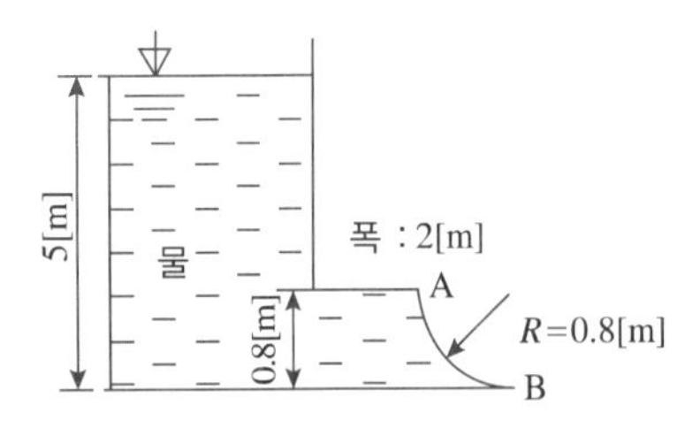

① 72.1 ② 84.7
③ 90.2 ④ 95.4

해설 수평성분의 크기

$$F_H = \gamma \bar{h} A = 9{,}800[\mathrm{N/m^3}] \times \left((5-0.8[\mathrm{m}]) + \frac{0.8}{2}[\mathrm{m}]\right) \times (0.8\times 2)[\mathrm{m^2}] = 72{,}128[\mathrm{N}] = 72.13[\mathrm{kN}]$$

35

입구면적이 0.1[m²], 출구면적이 0.02[m²]인 수평한 노즐을 이용하여 공기(밀도 1.23[kg/m³])를 대기로 10[m/s]의 속도로 분출하려 한다. 마찰을 무시하고 입출구에서 균일한 속도분포를 갖는다면 이때 필요한 노즐 입구의 계기압은?

① 59[Pa] ② 590[Pa]
③ 5.9[kPa] ④ 59[kPa]

해설 계기압

$$\frac{P_1}{\gamma} + \frac{u_1^2}{2g} + z_1 = \frac{P_2}{\gamma} + \frac{u_2^2}{2g} + z_2$$

여기서,

$\gamma = \rho g = 1.23[\mathrm{kg/m^3}] \times 9.8[\mathrm{m/s^2}] = 12.05[\mathrm{N/m^3}]$

$Q = uA = 10[\mathrm{m/s}] \times 0.02[\mathrm{m^2}] = 0.2[\mathrm{m^3/s}]$

$u_1 = \frac{Q}{A_1} = \frac{0.2[\mathrm{m^3/s}]}{0.1[\mathrm{m^2}]} = 2[\mathrm{m/s}]$

P_2(대기압) $= 0$

$\therefore \frac{P_1}{12.05} + \frac{(2)^2}{2\times 9.8} = \frac{(10)^2}{2\times 9.8}$ $\quad P_1 = 59.04[\mathrm{Pa}]$

36

다음 그림과 같이 단면 1, 2에서 수은의 높이 차가 h[m]이다. 압력차 $P_1 - P_2$는 몇 [Pa]인가?(단, 축소관에서의 부차적 손실은 무시하고 수은의 비중은 13.5, 물의 비중량은 9,800[N/m³]이다)

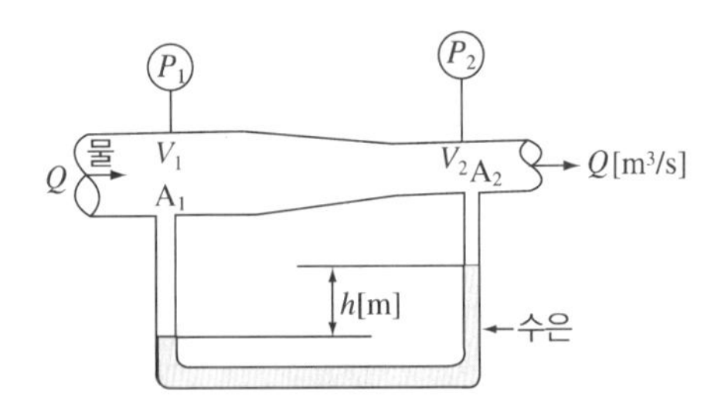

① 122,500h ② 12.25h
③ 132,500h ④ 13.25h

해설 압 력

$P_1 - P_2 = (\gamma_{Hg} - \gamma)h$
$= 9{,}800[\mathrm{N/m^3}](13.5-1)h$
$= 122{,}500h[\mathrm{Pa}]$

정답 32 ④ 33 ① 34 ① 35 ① 36 ①

37

그림과 같이 평형상태를 유지하고 있을 때 오른쪽 관에 있는 유체의 비중 S는?

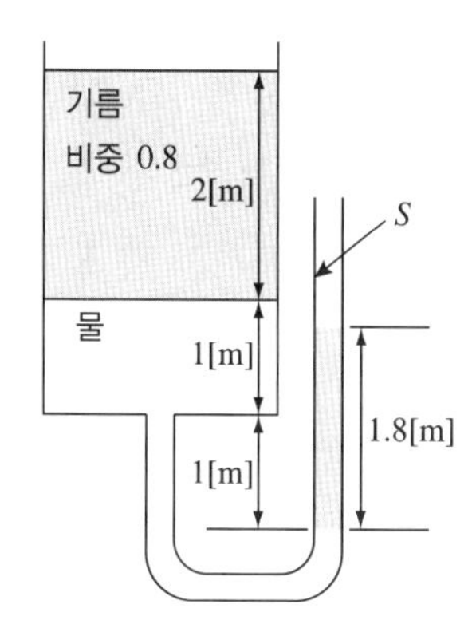

① 0.9 ② 1.8
③ 2.0 ④ 2.2

해설 비중을 구하면

$$\gamma_2 h_2 + \gamma_3 h_3 = \gamma_1 h$$

$\therefore 0.8 \times 1{,}000[\text{kg}_f/\text{m}^3] \times 2[\text{m}] + 1 \times 1{,}000[\text{kg}_f/\text{m}^3] \times (1+1[\text{m}]) = S(\gamma_1) \times 1{,}000[\text{kg}_f/\text{m}^3] \times 1.8[\text{m}]$

$S(\gamma_1)$를 구하면 $S(\gamma_1) = 2$

38

온도 150[℃], 95[kPa]에서 2[kg/m^3]의 밀도를 갖는 기체의 분자량은?(단, 일반기체상수는 8,314[J/kmol · K]이다)

① 26 ② 70
③ 74 ④ 90

해설 이상기체상태방정식을 적용하면

$$PV = \frac{W}{M}RT, \quad PM = \frac{W}{V}$$

$$RT = \rho RT, \quad M = \frac{\rho RT}{P}$$

여기서, P : 압력(95[kPa] = 95,000[Pa])
V : 부피([m^3])
n : mol수(무게/분자량)
W : 무게
M : 분자량
R : 기체상수(8,314[J/kmol · K] = 8,314[N · m/kmol · K])
T : 절대온도(273+150[℃] = 423[K])

$$\therefore M = \frac{\rho RT}{P} = \frac{2 \times 8{,}314 \times 423}{95{,}000} = 74.04$$

39

유속 6[m/s] 로 정상류의 물이 화살표 방향으로 흐르는 배관에 압력계와 피토계가 설치되어 있다. 이때 압력계의 계기압력이 300[kPa]이었다면 피토계의 계기압력은 몇 [kPa]인가?(단, 중력가속도는 9.8 [m/s^2]이다)

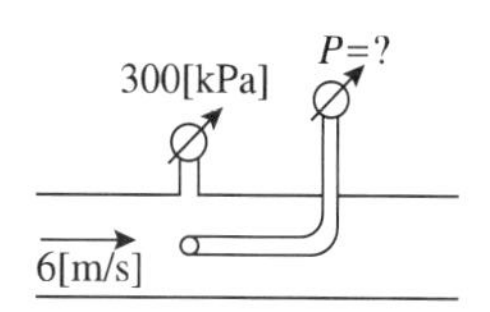

① 180 ② 280
③ 318 ④ 336

해설

$u = \sqrt{2gH}$ 에서 $H = \frac{u^2}{2g}$ 를 풀면

$$H = \frac{u^2}{2g} = \frac{(6[\text{m/s}])^2}{2 \times 9.8[\text{m/s}^2]} = 1.84[\text{m}]$$

∴ 이것을 압력으로 환산하면

$$\frac{1.84[\text{m}]}{10.332[\text{m}]} \times 101.325[\text{kPa}] = 18.04[\text{kPa}]$$

피토계의 계기압력
= 300[kPa]+18.04[kPa]
= 318.04[kPa]

40

점성계수에 대한 설명 중 옳지 않은 것은?(단, M은 질량, L은 길이, T는 시간을 나타낸다)

① 차원은 $ML^{-1}T^{-1}$이다.
② 전단응력과 전단변형율이 선형적인 관계를 갖는 유체를 Newton유체라고 한다.
③ 온도의 변화에 따라 변화한다.
④ 공기의 점성계수가 물보다 크다.

해설 **점성계수**

- 차원 : [g/cm · s]($ML^{-1}T^{-1}$)
- Newton유체 : 전단응력과 전단변형율이 선형적인 관계를 갖는 유체
- 점성계수는 온도에 따라 변한다.

37 ③ 38 ③ 39 ③ 40 ④ 정답

• 점성계수(20[℃])
  – 물 : 1[cP]
  – 공기 : 0.18[cP]

제 3 과목 소방관계법규

41

지정수량의 10배 이상의 위험물을 저장 또는 취급하는 제조소 등(이동탱크저장소를 제외한다)에서 화재 발생 시 이를 알릴 수 있는 경보설비를 설치하여야 한다. 이 경보설비의 종류로서 옳지 않은 것은?

① 확성장치(휴대용확성기 포함)
② 비상방송설비
③ 자동화재탐지설비
④ 자동화재속보설비

해설 제조소 등별로 설치하여야 하는 경보설비의 종류

제조소 등의 구분	제조소 등의 규모, 저장 또는 취급하는 위험물의 종류 및 최대수량 등	경보설비
가. 제조소 및 일반취급소	• 연면적이 500[m^2] 이상인 것 • 옥내에서 지정수량의 100배 이상을 취급하는 것(고인화점위험물만을 100[℃] 미만의 온도에서 취급하는 것은 제외) • 일반취급소로 사용되는 부분 외의 부분이 있는 건축물에 설치된 일반취급소(일반취급소와 일반취급소 외의 부분이 내화구조의 바닥 또는 벽으로 개구부 없이 구획된 것은 제외)	자동화재탐지설비
나. 옥내저장소	• 지정수량의 100배 이상을 저장 또는 취급하는 것(고인화점위험물만을 저장 또는 취급하는 것은 제외) • 저장창고의 연면적이 150[m^2]를 초과하는 것[연면적 150[m^2] 이내마다 불연재료의 격벽으로 개구부 없이 완전히 구획된 저장창고와 제2류 위험물(인화성고체는 제외) 또는 제4류 위험물(인화점이 70[℃] 미만인 것은 제외)만을 저장 또는 취급하는 저장창고는 그 연면적이 500[m^2] 이상인 것을 말한다] • 처마 높이가 6[m] 이상인 단층 건물의 것 • 옥내저장소로 사용되는 부분 외의 부분이 있는 건축물에 설치된 옥내저장소[옥내저장소와 옥내저장소 외의 부분이 내화구조의 바닥 또는 벽으로 개구부 없이 구획된 것과 제2류(인화성고체는 제외) 또는 제4류의 위험물(인화점이 70[℃] 미만인 것은 제외)만을 저장 또는 취급하는 것은 제외]	자동화재탐지설비
다. 옥내탱크저장소	단층 건물 외의 건축물에 설치된 옥내탱크저장소로서 소화난이도등급 Ⅰ에 해당하는 것	자동화재탐지설비
라. 주유취급소	옥내주유취급소	
마. 옥외탱크저장소(2021. 7. 1. 시행)	특수인화물, 제1석유류 및 알코올류를 저장 또는 취급하는 탱크의 용량이 1,000만[L] 이상인 것	• 자동화재탐지설비 • 자동화재속보설비
바. 가목부터 마목까지의 규정에 따른 자동화재탐지설비 설치 대상 제조소 등에 해당하지 않는 제조소 등(이송취급소는 제외)	지정수량의 10배 이상을 저장 또는 취급하는 것	자동화재탐지설비, 비상경보설비, 확성장치 또는 비상방송설비 중 1종 이상

42

소방대상물의 관계인은 소방대상물에 화재, 재난·재해 등이 발생한 경우 소방대가 현장에 도착할 때까지 사람을 구출하는 조치 또는 불을 끄거나 불이 번지지 않도록 조치를 하여야 한다. 정당한 사유 없이 이를 위반한 관계인에 대한 벌칙은?

① 1년 이하의 징역
② 1,000만원 이하의 벌금
③ 500만원 이하의 벌금
④ 100만원 이하의 벌금

해설 100만원 이하의 벌금

• 제13조 제2항에 따른 화재경계지구 안의 소방대상물에 대한 소방특별조사를 거부·방해 또는 기피한 자
• 정당한 사유 없이 소방대가 현장에 도착할 때까지 사람을 구출하는 조치 또는 불을 끄거나 불이 번지지 아니하도록 하는 조치를 하지 아니한 사람
• 피난명령을 위반한 사람
• 정당한 사유 없이 물의 사용이나 수도의 개폐장치의 사용 또는 조작을 하지 못하게 하거나 방해한 자

정답 41 ④ 42 ④

43

전문소방시설공사업의 법인의 자본금은?

① 5,000만원 이상 ② 1억원 이상
③ 2억원 이상 ④ 3억원 이상

해설 자본금

종 류	자본금	
	법 인	개 인
전문소방시설공사업	**1억원 이상**	자산평가액 2억원 이상
일반소방시설공사업	5천만원 이상	자산평가액 1억원 이상

44

소방청장·소방본부장 또는 소방서장은 소방업무를 전문적이고 효과적으로 수행하기 위하여 소방대원에게 필요한 교육·훈련을 실시하여야 하는데, 다음 설명 중 옳지 않은 것은?

① 소방교육·훈련은 2년마다 1회 이상 실시하되, 교육훈련기간은 2주 이상으로 한다.
② 법령에서 정한 것 이외의 소방교육·훈련의 실시에 관하여 필요한 사항은 소방청장이 정한다.
③ 교육·훈련의 종류는 화재진압훈련, 인명구조훈련, 응급처치훈련, 민방위훈련, 현장지휘훈련이 있다.
④ 현장지휘훈련은 소방위·소방경·소방령 및 소방정을 대상으로 한다.

해설 소방대원의 교육 및 훈련

- **화재진압훈련** : 화재진압업무를 담당하는 소방공무원과 화재 등 현장활동의 보조임무를 수행하는 의무소방원 및 의용소방대원
- **인명구조훈련** : 구조업무를 담당하는 소방공무원과 화재 등 현장활동의 보조임무를 수행하는 의무소방원 및 의용소방대원
- **응급처치훈련** : 구급업무를 담당하는 소방공무원, 의무소방원 및 의용소방대원
- **인명대피훈련** : 소방공무원과 의무소방원 및 의용소방대원
- **현장지휘훈련** : 소방위·소방경·소방령 및 소방정

> • 소방안전교육과 훈련 실시 : 2년마다 1회 이상
> • 교육·훈련기간 : 2주 이상
> • 소방교육·훈련의 실시에 관하여 필요한 사항은 소방청장이 정한다.

45

특정소방대상물의 각 부분으로부터 수평거리 140[m] 이내에 공공의 소방을 위해 소화전이 화재안전기준이 정하는 바에 따라 적합하게 설치되어 있는 경우에 설치가 면제되는 것은?

① 옥외소화전 ② 연결송수관
③ 연소방지설비 ④ 상수도소화용수설비

해설 특정소방대상물의 소방시설 설치의 면제기준(제16조 관련)

설치가 면제되는 소방시설	설치면제 요건
1. 상수도 소화용수 설비	가. 상수도소화용수설비를 설치하여야 하는 특정소방대상물의 각 부분으로부터 수평거리 **140[m] 이내**에 공공의 소방을 위한 소화전이 화재안전기준에 적합하게 설치되어 있는 경우에는 설치가 면제된다. 나. 소방본부장 또는 소방서장이 상수도소화용수설비의 설치가 곤란하다고 인정하는 경우로서 화재안전기준에 적합한 소화수조 또는 저수조가 설치되어 있거나 이를 설치하는 경우에는 그 설비의 유효범위에서 설치가 면제된다.
2. 연소방지설비	연소방지설비를 설치하여야 하는 특정소방대상물에 **스프링클러설비**, **물분무소화설비** 또는 **미분무소화설비**를 화재안전기준에 적합하게 설치한 경우에는 그 설비의 유효범위에서 설치가 면제된다.
3. 연결송수관설비	연결송수관설비를 설치하여야 하는 소방대상물에 옥외에 연결송수구 및 옥내에 방수구가 부설된 **옥내소화전설비·스프링클러설비·간이스프링클러설비** 또는 **연결살수설비**를 화재안전기준에 적합하게 설치한 경우에는 그 설비의 유효범위에서 설치가 면제된다. 다만, 지표면에서 최상층 방수구의 높이가 70[m] 이상인 경우에는 설치하여야 한다.
4. 옥외소화전설비	옥외소화전설비를 실시하여야 하는 보물 또는 국보로 지정된 목조문화재에 **상수도소화용수설비**를 옥외소화전설비의 화재안전기준에서 정하는 방수압력·방수량·옥외소화전함 및 호스의 기준에 적합하게 설치한 경우에는 설치가 면제된다.

43 ② 44 ③ 45 ④ 정답

46

소방시설관리업의 등록기준 중 이산화탄소 소화설비의 장비기준에 맞는 것은?

① 검량계
② 헤드결합렌치
③ 반사경
④ 저 울

해설 **소방시설관리업의 등록기준**
※ 2016년 6월 30일 법 개정으로 인하여 내용이 삭제되었습니다.

47

소방안전교육사와 관련된 내용으로 옳지 않은 것은?

① 소방안전교육사의 자격시험 실시권자는 행정안전부장관이다.
② 소방안전교육사는 소방안전교육의 기획・진행・분석・평가 및 교수업무를 수행한다.
③ 피성년후견인은 소방안전교육사가 될 수 없다.
④ 소방안전교육사를 소방청에 배치할 수 있다.

해설 **소방안전교육사의 자격시험 실시권자** : 소방청장

48

소방안전관리자 선임에 관한 설명 중 옳은 것은?

> 소방안전관리대상물의 관계인이 소방안전관리자를 선임한 경우에는 행정안전부령이 정하는 바에 따라 선임한 날부터 (㉠) 이내에 (㉡)에게 신고하여야 한다.

① ㉠ 14일 ㉡ 시・도지사
② ㉠ 14일 ㉡ 소방본부장이나 소방서장
③ ㉠ 30일 ㉡ 시・도지사
④ ㉠ 30일 ㉡ 소방본부장이나 소방서장

해설 **소방안전관리자 선임**
- 선임신고 : 선임한 날부터 14일 이내
- 신고 : 소방본부장 또는 소방서장

49

화재예방, 소방시설 설치・유지 및 안전관리에 관한 법률 시행령에서 규정하는 소화활동설비에 속하지 않는 것은?

① 제연설비　② 연결송수관설비
③ 무선통신보조설비　④ 비상방송설비

해설 **소화활동설비**
- 제연설비
- 연결송수관설비
- 연결살수설비
- 비상콘센트설비
- 무선통신보조설비
- 연소방지설비

50

"소방용품"이란 소방시설 등을 구성하거나 소방용으로 사용되는 기기를 말하는데, 피난구조설비를 구성하는 제품 또는 기기에 속하지 않는 것은?

① 피난사다리　② 소화기구
③ 공기호흡기　④ 유도등

해설 **소방용품(설치유지법률 영 별표 3)**
- **소화설비**를 구성하는 제품 또는 기기
  - 별표 1 제1호 가목의 **소화기구**(소화약제 외의 것을 이용한 간이소화용구는 제외한다)
  - 별표 1 제1호 나목의 자동소화장치
  - 소화설비를 구성하는 소화전, 관창(菅槍), 소방호스, 스프링클러헤드, 기동용 수압개폐장치, 유수제어밸브 및 가스관선택밸브
- 경보설비를 구성하는 제품 또는 기기
  - 누전경보기 및 가스누설경보기
  - 경보설비를 구성하는 발신기, 수신기, 중계기, 감지기 및 음향장치(경종만 해당한다)
- **피난구조설비를 구성하는 제품 또는 기기**
  - **피난사다리**, 구조대, 완강기(간이완강기 및 지지대를 포함한다)
  - **공기호흡기**(충전기를 포함한다)
  - 피난구유도등, 통로유도등, 객석유도등 및 예비전원이 내장된 비상조명등
- 소화용으로 사용하는 제품 또는 기기
  - 소화약제(별표 1 제1호 나목 2)와 3)의 자동소화장치와 같은 호 마목 3)부터 8)까지의 소화설비에만 해당한다)
  - 방염제(방염액・방염도료 및 방염성 물질)

정답 46 ① 47 ① 48 ② 49 ④ 50 ②

51

다음 중 소방안전관리자를 두어야 하는 1급 소방안전관리대상물에 속하지 않는 것은?

① 층수가 15층인 건물
② 연면적이 20,000[m²]인 건물
③ 10층인 건물로서 연면적 10,000[m²]인 건물
④ 가연성가스 1,500[t]을 저장·취급하는 시설

해설 **1급 소방안전관리대상물**

동·식물원, 철강 등 불연성 물품을 저장·취급하는 창고, 위험물제조소 등, 지하구와 특급소방안전관리 대상물을 제외한 것

- 30층 이상(지하층은 제외)이거나 지상으로부터 높이가 120[m] 이상인 아파트
- 연면적 15,000[m²] 이상인 특정소방대상물(아파트는 제외)
- 층수가 11층 이상인 특정소방대상물(아파트는 제외)
- 가연성 가스를 1,000[t] 이상 저장·취급하는 시설

52

건축물 등의 신축·증축·개축·재축 또는 이전의 허가·협의 및 사용승인의 권한이 있는 행정기관은 건축허가 등을 함에 있어서 미리 그 건축물 등의 공사시 공지 또는 소재지를 관할하는 소방본부장 또는 소방서장의 동의를 받아야 한다. 다음 중 건축허가 등의 동의대상물의 범위로서 옳지 않은 것은?

① 주차장으로 사용되는 층 중 바닥면적이 200[m²] 이상인 층이 있는 시설
② 무창층이 있는 건축물로서 바닥면적이 150[m²] 이상인 층이 있는 것
③ 승강기 등 기계장치에 의한 주차시설로서 자동차 10대 이상을 주차할 수 있는 시설
④ 수련시설로서 연면적 200[m²] 이상인 건축물

해설 **건축허가 등의 동의대상물의 범위 등**

(1) 연면적이 400[m²] 이상인 건축물. 다만, 다음 각 목의 어느 하나에 해당하는 시설은 해당 목에서 정한 기준 이상인 건축물로 한다.
  ① 학교시설 : 100[m²]
  ② 노유자시설(老幼者施設) 및 수련시설 : 200[m²]
  ③ 의료재활시설, 정신의료기관(입원실이 없는 정신건강의학과의원은 제외한다) : 300[m²]
(2) 6층 이상인 건축물
(3) 차고·주차장 또는 주차용도로 사용되는 시설로서 다음 각목의 어느 하나에 해당하는 것
  ① 차고·주차장으로 사용되는 바닥면적이 200[m²] 이상인 층이 있는 건축물이나 주차시설
  ② 승강기 등 **기계장치에 의한 주차시설**로서 **자동차 20대 이상**을 주차할 수 있는 시설
(4) 항공기격납고, 관망탑, 항공관제탑, 방송용 송·수신탑
(5) 지하층 또는 무창층이 있는 건축물로서 바닥면적이 150[m²](공연장의 경우에는 100[m²]) 이상인 층이 있는 것
(6) 별표 2의 특정소방대상물 중 위험물 저장 및 처리 시설, 지하구
(7) (1)에 해당하지 않는 노유자시설 중 다음 각 목의 어느 하나에 해당하는 시설. 다만, ①의 ㉡ 및 ②부터 ⑥까지의 시설 중 건축법 시행령 별표 1의 단독주택 또는 공동주택에 설치되는 시설은 제외한다.
  ① 노인관련시설
    ㉠ 노인주거복지시설, 노인의료복지시설, 재가노인복지시설
    ㉡ 학대피해노인 전용 쉼터
  ② 아동복지시설(아동상담소, 아동전용시설 및 지역아동센터는 제외한다)
  ③ 장애인 거주시설
  ④ 정신질환자 관련 시설(공동생활가정을 제외한 정신질환자지역사회재활시설, 같은 항 제3호에 따른 정신질환자직업재활시설, 정신질환자종합시설 중 24시간 주거를 제공하지 아니하는 시설은 제외한다)
  ⑤ 노숙인관련시설
  ⑥ 결핵환자나 한센인이 24시간 생활하는 노유자시설
(8) 요양병원(정신병원과 의료재활시설은 제외)

53

소방안전관리대상물의 소방계획서에 포함되어야 할 내용으로 옳지 않은 것은?

① 소방안전관리대상물의 위치·구조·연면적·용도 및 수용인원 등의 일반현황
② 화재예방을 위한 자체점검계획 및 진압대책
③ 재난방지계획 및 민방위조직에 관한 사항
④ 특정소방대상물의 근무자 및 거주자의 자위소방대 조직과 대원의 임무에 관한 사항

51 ③ 52 ③ 53 ③ **정답**

해설 소방계획서 포함사항
- 소방안전관리대상물의 위치・구조・연면적・용도 및 수용인원 등 일반현황
- 소방안전관리대상물에 설치한 소방시설・방화시설(防火施設), 전기시설・가스시설 및 위험물시설의 현황
- 화재예방을 위한 자체점검계획 및 진압대책
- 소방시설・피난시설 및 방화시설의 점검・정비계획
- 피난층 및 피난시설의 위치와 피난경로의 설정, 장애인 및 노약자의 피난계획 등을 포함한 피난계획
- 방화구획・제연구획・건축물의 내부마감재료(불연재료・준불연재료 또는 난연재료로 사용된 것을 말한다) 및 방염물품의 사용현황 그 밖의 방화구조 및 설비의 유지・관리계획
- 법 제22조에 따른 소방훈련 및 교육에 관한 계획
- 법 제22조를 적용을 받는 특정소방대상물의 근무자 및 거주자의 자위소방대 조직과 대원의 임무(장애인 및 노약자의 피난 보조 임무를 포함한다)에 관한 사항
- 증축・개축・재축・이전・대수선 중인 특정소방대상물의 공사장의 소방안전관리에 관한 사항
- 공동 및 분임소방안전관리에 관한 사항
- 소화와 연소방지에 관한 사항
- 위험물의 저장・취급에 관한 사항(위험물안전관리법 제17조에 따라 예방규정을 정하는 제조소 등은 제외한다)

54

제조 또는 가공공정에서 방염대상물품 중 제조 또는 가공공정에서 방염처리를 하여야 하는 물품이 아닌 것은?

① 암 막
② 두께가 2[mm] 미만인 종이벽지
③ 무대용 합판
④ 창문에 설치하는 블라인드

해설 제조 또는 가공공정에서 방염대상물품
- 창문에 설치하는 커튼류(블라인드를 포함한다)
- 카펫, 두께가 **2[mm] 미만인 벽지류(종이벽지는 제외한다)**
- 전시용 합판 또는 섬유판, 무대용 합판 또는 섬유판
- 암막・무대막(영화상영관에 설치하는 스크린과 골프연습장업에 설치하는 스크린을 포함한다)
- 섬유류 또는 합성수지류 등을 원료로 하여 제작된 소파・의자(단란주점영업, 유흥주점영업, 노래연습장업의 영업장에 설치하는 것만 해당)

55

인화성 액체인 제4류 위험물의 품명별 지정수량으로 옳지 않은 것은?

① 특수인화물 - 50[L]
② 제1석유류 중 비수용성 액체 - 200[L]
③ 알코올류 - 300[L]
④ 제4석유류 - 6,000[L]

해설 제4류 위험물인 알코올류의 지정수량 : 400[L]

56

소방시설공사업자는 소방시설공사를 하려면 소방시설 착공(변경)신고서 등의 서류를 첨부하여 소방본부장 또는 소방서장에게 언제까지 신고하여야 하는가?

① 착공 전까지
② 착공 후 7일 이내
③ 착공 후 14일 이내
④ 착공 후 30일 이내

해설 착공신고
소방시설공사업자는 소방시설공사를 하려면 해당 소방시설공사의 **착공 전까지** 별지 제14호서식의 소방시설공사 착공(변경)신고서[전자문서로 된 소방시설공사 착공(변경)신고서를 포함한다]에 다음 각 호의 서류(전자문서를 포함한다)를 첨부하여 소방본부장 또는 소방서장에게 신고하여야 한다.
- 공사업자의 소방시설공사업등록증 사본 및 등록수첩 사본
- 해당 소방시설공사의 책임시공 및 기술관리를 하는 기술인력의 기술등급을 증명하는 서류
- 소방시설공사 계약서
- 설계도서(설계설명서를 포함하되, 건축허가 동의 시 제출된 설계도서가 변경된 경우에만 첨부한다)
- 별지 제31호서식의 소방시설공사 하도급통지서 사본(소방시설공사를 하도급하는 경우에만 첨부한다)

정답 54 ② 55 ③ 56 ①

57

다음 중 소방시설 등의 자체점검업무에 관한 종합정밀 점검 시 점검자의 자격이 될 수 없는 사람은?

① 소방시설관리업자(소방시설관리사가 참여한 경우)
② 소방안전관리자로 선임된 소방시설관리사
③ 소방안전관리자로 선임된 소방기술사
④ 소방설비기사

해설 **종합정밀점검**

구 분	내 용
대 상	1) 스프링클러설비가 설치된 특정소방대상물 2) 물분무 등 소화설비(호스릴 방식은 제외)가 설치된 연면적 5,000[m^2] 이상인 특정소방대상물(위험물 제조소 등은 제외) 3) 8개의 다중이용업의 영업장이 설치된 특정소방대상물로서 연면적이 2,000[m^2] 이상인 것 4) 제연설비가 설치된 터널 5) 공공기관 중 연면적이 1,000[m^2] 이상인 것으로서 옥내소화전설비 또는 자동화재탐지설비가 설치된 것
점검자의 자격	종합정밀점검은 소방시설관리업자 또는 소방안전관리자로 선임된 소방시설관리사 및 소방기술사가 실시 할 수 있다. 이 경우 별표 2에 따른 점검인력 배치기준에 따라야 한다.

※ 소방설비기사는 주된 기술인력이 아니고 보조기술인력이다.

58

다음 중 대통령령으로 정하는 화재경계지구의 지역대상지역으로 옳지 않은 것은?

① 소방통로가 있는 지역
② 목조건물이 밀집한 지역
③ 공장 · 창고가 밀집한 지역
④ 시장지역

해설 **화재경계지구의 지정대상지역**

- 시장지역
- 공장 · 창고가 밀집한 지역
- 목조건물이 밀집한 지역
- 위험물의 저장 및 처리시설이 밀집한 지역
- 석유화학제품을 생산하는 공장이 있는 지역
- 소방시설 · 소방용수시설 또는 **소방출동로가 없는 지역**

59

소방본부장 또는 소방서장 등이 화재현장에서 소방활동을 원활히 수행하기 위하여 규정하고 있는 사항으로 틀린 것은?

① 화재경계지구의 지정 ② 강제처분
③ 소방활동 종사명령 ④ 피난명령

해설 **화재현장에서 소방활동을 원활히 수행하기 위한 규정 사항**

- 소방활동 종사명령
- 강제처분
- 피난명령
- 위험시설 등에 대한 긴급조치

60

위험물시설의 설치 및 변경 등에 있어서 허가를 받지 아니하고 당해 제조소 등을 설치하거나 그 위치 · 구조 또는 설비를 변경할 수 있으며, 신고를 하지 아니하고 위험물의 품명 · 수량 또는 지정수량의 배수를 변경할 수 있는 경우의 제조소 등으로 옳지 않은 것은?

① 주택의 난방시설을 위한 저장소 또는 취급소
② 공동주택의 중앙난방시설을 위한 저장소 또는 취급소
③ 수산용으로 필요한 건조시설을 위한 지정수량 20배 이하의 저장소
④ 농예용으로 필요한 난방시설을 위한 지정수량 20배 이하의 저장소

해설 다음 각 호에 해당하는 제조소 등의 경우에는 허가를 받지 아니하고 당해 제조소 등을 설치하거나 그 위치 · 구조 또는 설비를 변경할 수 있으며, **신고를 하지 아니하고** 위험물의 품명 · 수량 또는 지정수량의 배수를 **변경**할 수 있다.

- 주택의 난방시설(**공동주택의 중앙난방시설을 제외한다**)을 위한 저장소 또는 취급소
- **농예용 · 축산용** 또는 수산용으로 필요한 난방시설 또는 건조시설을 위한 지정수량 **20배 이하의 저장소**

57 ④ 58 ① 59 ① 60 ② 정답

제 4 과목 소방기계시설의 구조 및 원리

61

스프링클러설비 배관에 대한 내용 중 잘못된 것은?

① 습식설비의 교차배관에 설치하는 청소구 헤드설치는 최소구경이 25[mm] 이상의 것으로 한다.
② 가지배관의 배열은 토너먼트 방식이 아니어야 한다.
③ 습식설비에서 하향식 헤드는 가지배관으로부터 헤드에 이르는 헤드 접속배관은 가지관 상부에서 분기한다.
④ 수직 배수배관의 구경은 50[mm] 이상으로 하여야 한다.

해설 교차배관 끝에 청소구를 설치하므로 교차배관은 40[mm] 이상으로 하여야 한다.

62

포워터 스프링클러헤드는 바닥면적 몇 [m²]마다 1개 이상으로 설치하는가?

① 7[m²] ② 8[m²]
③ 9[m²] ④ 10[m²]

해설 **포헤드의 설치기준**
- 포워터 스프링클러헤드
  - 소방대상물의 천장 또는 반자에 설치할 것
  - 바닥면적 8[m²]마다 1개 이상 설치할 것
- **포헤드**
  - 소방대상물의 천장 또는 반자에 설치할 것
  - 바닥면적 **9[m²]마다 1개 이상**으로 설치할 것

63

연결살수설비의 배관 설치기준으로 적합하지 않는 것은?

① 연결살수설비 전용헤드를 사용하는 경우 배관의 구경 80[mm]일 때 하나의 배관에 부착되는 살수헤드의 개수는 6개 이상 10개 이하이다.
② 폐쇄형 헤드를 사용하는 경우의 시험배관은 송수구의 가장 먼 가지배관의 끝으로부터 연결하여 설치하여야 한다.
③ 개방형 헤드를 사용하는 경우 수평주행배관은 헤드를 향하여 1/100 이상의 기울기로 설치한다.
④ 가지배관 또는 교차배관을 설치하는 경우에는 가지배관은 교차배관 또는 주배관에서 분기되는 지점을 기점으로 한쪽 가지배관에 설치하는 헤드의 개수는 10개 이하로 한다.

해설 가지배관 또는 교차배관을 설치하는 경우에는 가지배관의 배열은 토너멘트방식이 아니어야 하며, 가지배관은 교차배관 또는 주배관에서 분기되는 지점을 기점으로 한쪽 가지배관에 설치되는 헤드의 개수는 **8개 이하**로 하여야 한다.

64

포소화설비의 자동식 기동장치에 사용되는 1개의 폐쇄형 스프링클러 헤드의 기준 경계면적은 얼마 이하인가?

① 9[m²] ② 15[m²]
③ 20[m²] ④ 25[m²]

해설 **폐쇄형 스프링클러헤드를 사용하는 경우**
- 표시온도가 79[℃] 미만인 것을 사용하고, 1개의 스프링클러 헤드의 경계면적은 20[m²] 이하로 할 것
- 부착면의 높이는 바닥으로부터 5[m] 이하로 하고, 화재를 유효하게 감지할 수 있도록 할 것
- 하나의 감지장치 경계구역은 하나의 층이 되도록 할 것

65

송풍기 등을 사용하여 건축물 내부에 발생한 연기를 제연구획까지 풍도를 설치하여 강제로 제연하는 방식은?

① 밀폐 제연방식
② 자연 제연방식
③ 기계 제연방식
④ 스모크타워 제연방식

해설 **기계 제연방식** : 건축물 내부에 발생한 연기를 배연구획까지 풍도를 설치하여 강제로 제연하는 방식

정답 61 ① 62 ② 63 ④ 64 ③ 65 ③

66

할로겐화합물 및 불활성기체의 저장용기의 설치기준 설명 중 틀린 것은?

① 방화문으로 구획된 실에 설치한다.
② 용기간의 간격은 3[cm] 이상의 간격으로 유지한다.
③ 온도가 40[℃] 이하이고, 온도의 변화가 작은 곳에 설치한다.
④ 저장용기와 집합관을 연결하는 연결배관에는 체크밸브를 설치한다.

해설 **할로겐화합물 및 불활성기체의 저장용기의 설치기준**

- 방호구역 외의 장소에 설치할 것. 다만, 방호구역내에 설치할 경우에는 피난 및 조작이 용이하도록 피난구 부근에 설치하여야 한다.
- 온도가 **55[℃] 이하**이고 온도의 변화가 작은 곳에 설치할 것
- 직사광선 및 빗물이 침투할 우려가 없는 곳에 설치할 것
- 저장용기를 방호구역 외에 설치한 경우에는 방화문으로 구획된 실에 설치할 것
- 용기의 설치장소에는 해당 용기가 설치된 곳임을 표시하는 표지를 할 것
- 용기 간의 간격은 점검에 지장이 없도록 3[cm] 이상의 간격을 유지할 것
- 저장용기와 집합관을 연결하는 연결배관에는 체크밸브를 설치할 것. 다만, 저장용기가 하나의 방호구역만을 담당하는 경우에는 그러하지 아니하다.

67

이산화탄소 소화설비 배관의 구경은 이산화탄소의 소요량이 몇 분 이내에 방사되어야 하는가?(단, 전역방출방식에 있어서 합성수지류의 심부화재 방호대상물의 경우이다)

① 1분 ② 3분
③ 5분 ④ 7분

해설 **방사시간**

소방대상물	시 간
가연성 액체 또는 가연성 가스 등 표면화재 방호 대상물	1분
종이, 목재, 석탄, 섬유류, **합성수지류 등 심부화재방호대상물**(설계농도가 2분 이내에 30[%] 도달)	7분
국소방출방식	30초

68

다음 중 옥내소화전 방수구를 설치하여야 하는 곳은?

① 냉장창고의 냉장실 ② 식물원
③ 수영장의 관람석 ④ 수족관

해설 **옥내소화전 방수구의 설치제외**

- 냉장창고 중 온도가 영하인 냉장실 또는 냉동창고의 냉동실
- 고온의 노가 설치된 장소 또는 물과 격렬하게 반응하는 물품의 저장 또는 취급 장소
- 발전소 · 변전소 등으로서 전기시설이 설치된 장소
- 식물원 · 수족관 · 목욕실 · **수영장(관람석 부분은 제외)**, 그 밖의 이와 비슷한 장소
- 야외음악당 · 야외극장 또는 그 밖의 이와 비슷한 장소

69

피난기구의 화재안전기준상 피난기구를 설치하여야 할 소방대상물 중 피난기구의 2분의 1을 감소할 수 있는 조건이 아닌 것은?

① 주요구조부가 내화구조로 되어 있을 것
② 비상용 엘리베이터(Elevator)가 설치되어 있을 것
③ 직통계단인 피난계단이 2 이상 설치되어 있을 것
④ 직통계단인 특별피난계단이 2 이상 설치되어 있을 것

해설 **피난기구의 1/2로 감소할 수 있는 조건**

- 주요구조부가 내화구조로 되어 있을 것
- 직통계단인 피난계단 또는 특별피난계단이 2 이상 설치되어 있을 것

70

전역방출방식의 분말소화설비에 있어서 방호구역의 용적이 500[m^3]일 때 적합한 분사헤드의 수는?(단, 제1종 분말이며 체적 1[m^3]당 소화약제양은 0.60[kg]이며, 분사헤드 1개의 분당 표준방사량은 18[kg]이다)

① 34개 ② 134개
③ 17개 ④ 30개

해설 소화약제량 = 방호구역×0.6[kg/m^3]
= 500[m^3]×0.6[kg/m^3]
= 300[kg]

∴ 분사헤드수 = 300[kg] ÷ 18[kg/분 · 개]×2
= 33.3개
= 34개

66 ③ 67 ④ 68 ③ 69 ② 70 ① 정답

계산식에서 2는 30초 이내에 방사하여야 하므로 분으로 환산하면 2로 계산된다.

71

국내 규정상 단위 옥내소화전설비 가압송수장치의 최소 시설기준으로 다음과 같은 항목을 맞게 열거한 것은(단, 순서는 법정 최소방사량[L/min]-법정 최소 방출압력[MPa]-법정 최소방출시간(분)이다)

① 130[L/min] - 1.0[MPa] - 30분
② 350[L/min] - 2.5[MPa] - 30분
③ 130[L/min] - 0.17[MPa] - 20분
④ 350[L/min] - 3.5[MPa] - 20분

해설 소화설비의 방사량, 방사압력 등

항 목 구 분	방사량	방사압력	토출량	수 원	비상전원
옥내소화전설비	130[L/min]	0.17[MPa]	N(최대 5개) × 130[L/min]	N(최대 5개)×2.6[m³] (130[L/min] ×20[min])	20분
옥외소화전설비	350[L/min]	0.25[MPa]	N(최대 2개) × 350[L/min]	N(최대 2개)×7[m³] (350[L/min] ×20[min])	-
스프링클러설비	80[L/min]	0.1[MPa]	헤드수 × 80[L/min]	헤드수×1.6[m³] (80[L/min] ×20[min])	20분

72

연결송수관설비의 송수구에 관한 설명 가운데 옳지 않은 것은?

① 송수구 부근에 설치하는 체크밸브 등은 습식의 경우 송수구, 자동배수밸브, 체크밸브 순으로 설치하여야 한다.
② 연결송수관의 수직배관마다 1개 이상을 설치하여야 한다.
③ 지면으로부터의 높이가 0.5[m] 이상 1[m] 이하의 위치가 되도록 설치하여야 한다.
④ 구경 65[mm]의 단구형으로 설치하여야 한다.

해설 연결송수관설비의 송수구 설치기준
- 송수구는 **65[mm]의 나사식 쌍구형**으로 할 것
- 송수구 부근의 설치 기준
  - 습식 : 송수구 → 자동배수밸브 → 체크밸브
  - **건식 : 송수구 → 자동배수밸브 → 체크밸브 → 자동배수밸브**
- 소방자동차가 쉽게 접근할 수 있고 노출된 장소에 설치할 것
- 지면으로부터 높이가 0.5[m] 이상 1.0[m] 이하의 위치에 설치할 것
- 송수구는 연결송수관의 수직배관마다 1개 이상을 설치할 것
- 주배관의 구경 : 100[mm] 이상

73

물분무소화설비의 배수설비를 차고 및 주차장에 설치하고자 할 때 설치기준에 맞지 않는 것은?

① 차량이 주차하는 장소의 적당한 곳에 높이 10[cm] 이상의 경계턱으로 배수구를 설치할 것
② 길이 40[m] 이하마다 집수관·소화피트 등 기름 분리장치를 설치할 것
③ 차량이 주차하는 바닥은 배수구를 향하여 100분의 1 이상의 기울기를 유지할 것
④ 배수설비는 가압송수장치의 최대송수능력의 수량을 유효하게 배수할 수 있는 크기 및 기울기로 할 것

해설 물분무소화설비(차고, 주차장)의 배수설비 설치기준
- 차량이 주차하는 장소의 적당한 곳에 높이 10[cm] 이상의 경계턱으로 배수구를 설치할 것
- 배수구에는 새어나온 기름을 모아 소화할 수 있도록 길이 40[m] 이하마다 집수관·소화피트 등 기름분리장치를 설치할 것
- 차량이 주차하는 바닥은 배수구를 향하여 **100분의 2 이상**의 기울기를 유지할 것
- 배수설비는 가압송수장치의 최대송수능력의 수량을 유효하게 배수할 수 있는 크기 및 기울기로 할 것

74

스프링클러 헤드의 감도를 반응시간지수(RTI) 값에 따라 구분할 때 RTI 값이 50 초과 80 이하일 때의 헤드감도는?

① Fast Response ② Special Response
③ Standard Response ④ Quick Response

정답 71 ③ 72 ④ 73 ③ 74 ②

해설 반응시간지수(RTI) 값
- Fast Response(조기반응) : 50 이하
- Special Response(특수반응) : 50 초과 80 이하
- Standard Response(표준반응) : 80 초과 350 이하

75

물분무소화설비의 수원은 특수가연물을 저장 또는 취급하는 소방대상물 또는 그 부분에 있어서 그 최대 방수구역의 바닥면적 1[m^2]에 대하여 분당 몇 [L]로 20분간 방사할 수 있는 양 이상이어야 하는가?

① 5[L] ② 10[L]
③ 15[L] ④ 20[L]

해설 물분무소화설비의 수원의 양 산출

소방대상물	펌프의 토출량[L/min]	수원의 양[L]
특수가연물 저장, 취급	바닥면적(50[m^2] 이하는 50[m^2]로) ×10[L/min · m^2]	바닥면적(50[m^2] 이하는 50[m^2]로) ×10[L/min · m^2] ×20[min]
차고, 주차장	바닥면적 (50[m^2] 이하는 50[m^2]로) ×20[L/min · m^2]	바닥면적(50[m^2] 이하는 50[m^2]로) ×20[L/min · m^2] ×20[min]
컨베이어 벨트	벨트 부분의 바닥 면적 ×10[L/min · m^2]	벨트 부분의 바닥면적 ×10[L/min · m^2] ×20[min]

76

제연설비가 설치된 부분의 거실 바닥면적이 400[m^2] 이상이고 수직거리가 2[m] 이하일 때 예상제연구역이 직경 40[m]인 원의 범위를 초과한다면 예상제연구역의 배출량은 얼마 이상이어야 하는가?

① 25,000[m^3/h]
② 30,000[m^3/h]
③ 40,000[m^3/h]
④ 45,000[m^3/h]

해설 거실의 바닥면적이 400[m^2] 이상인 제연구역의 배출량
- 제연구역이 직경 40[m] 안에 있을 경우 : 40,000[m^3/h] 이상

수직거리	배출량
2[m] 이하	40,000[m^3/h] 이상
2[m] 초과 2.5[m] 이하	45,000[m^3/h] 이상
2.5[m] 초과 3[m] 이하	50,000[m^3/h] 이상
3[m] 초과	60,000[m^3/h] 이상

- 제연구역이 직경 40[m]를 초과할 경우 : 45,000[m^3/h] 이상

수직거리	배출량
2[m] 이하	45,000[m^3/h] 이상
2[m] 초과 2.5[m] 이하	50,000[m^3/h] 이상
2.5[m] 초과 3[m] 이하	55,000[m^3/h] 이상
3[m] 초과	65,000[m^3/h] 이상

77

분말소화약제의 가압용 가스용기의 설치기준에 대한 설명으로 틀린 것은?

① 가압용 가스는 질소가스 또는 이산화탄소로 한다.
② 가압용 가스용기를 3병 이상 설치한 경우에 있어서는 2개 이상의 용기에 전자 개방밸브를 부착한다.
③ 분말소화약제의 가스용기는 분말소화약제의 저장용기에 접속하여 설치한다.
④ 분말소화약제의 가압용 가스용기에는 2.5[MPa] 이상의 압력에서 압력 조정이 가능한 압력조정기를 설치한다.

해설 분말소화약제의 가압용 가스용기에는 2.5[MPa] 이하의 압력에서 압력 조정이 가능한 압력조정기를 설치한다.

78

이산화탄소 소화설비(고압식)의 배관으로 호칭구경 50[mm] 강관을 사용하려 한다. 이때 적용하는 배관 스케줄의 한계는?

① 스케줄 20 이상 ② 스케줄 30 이상
③ 스케줄 40 이상 ④ 스케줄 80 이상

75 ② 76 ④ 77 ④ 78 ④ 정답

해설 **강관**을 사용하는 경우의 배관은 **압력배관용 탄소강관 (KS D 3562) 중 스케줄 80**(저압식은 스케줄 40) **이상**의 것 또는 이와 동등 이상의 강도를 가진 것으로 아연도금 등으로 방식처리된 것을 사용할 것. 다만, 배관의 호칭구경이 20[mm] 이하인 경우에는 스케줄 40 이상인 것을 사용할 수 있다.

79

다음 중 피난기구를 설치하지 아니하여도 되는 소방대상물(피난기구 설치 제외 대상)이 아닌 것은?

① 발코니 등을 통하여 인접세대로 피난할 수 있는 구조로 되어 있는 계단실형 아파트
② 주요구조부가 내화구조로서 거실의 각 부분으로부터 직접 복도로 피난할 수 있는 학교의 강의실 용도로 사용되는 층
③ 무인공장 또는 자동창고로서 사람의 출입이 금지된 장소
④ 문화 및 집회시설, 운동시설, 판매시설 및 영업시설 또는 노유자시설의 용도로 사용되는 층으로서 그 층의 바닥면적이 1,000[m²] 이상인 곳

해설 **피난기구 설치 제외 대상**[숙박시설(휴양콘도미니엄을 제외)에 설치되는 간이완강기는 제외]
- 다음 각 목의 기준에 적합한 층
  - 주요구조부가 내화구조로 되어 있어야 할 것
  - 실내의 면하는 부분의 마감이 불연재료·준불연재료 또는 난연재료로 되어 있고 방화구획이 건축법시행령 제46조의 규정에 적합하게 구획되어 있어야 할 것
  - 거실의 각 부분으로부터 직접 복도로 쉽게 통할 수 있어야 할 것
  - 복도에 2 이상의 특별피난계단 또는 피난계단이 건축법 시행령 제35조에 적합하게 설치되어 있어야 할 것
  - 복도의 어느 부분에서도 2 이상의 방향으로 각각 다른 계단에 도달할 수 있어야 할 것
- 다음 각 목의 기준에 적합한 특정소방대상물 중 그 옥상의 직하층 또는 최상층(**문화 및 집회시설, 운동시설** 또는 **판매시설**을 **제외**한다)
  - 주요구조부가 내화구조로 되어 있어야 할 것
  - 옥상의 면적이 1,500[m²] 이상이어야 할 것
  - 옥상으로 쉽게 통할 수 있는 창 또는 출입구가 설치되어 있어야 할 것
  - 옥상이 소방사다리차가 쉽게 통행할 수 있는 도로(폭 6[m] 이상의 것을 말한다) 또는 공지(공원 또는 광장 등을 말한다)에 면하여 설치되어 있거나 옥상으로부터 피난층 또는 지상으로 통하는 2 이상의 피난계단 또는 특별피난계단이 건축법 시행령 제35조의 규정에 적합하게 설치되어 있어야 할 것
- 주요구조부가 내화구조이고 지하층을 제외한 층수가 4층 이하이며 소방사다리차가 쉽게 통행할 수 있는 도로 또는 공지에 면하는 부분에 영 제2조 제1호 각 목의 기준에 적합한 개구부가 2 이상 설치되어 있는 층(문화 및 집회시설, 운동시설·판매시설 및 영업시설 또는 노유자시설의 용도로 사용되는 층으로서 그 층의 바닥면적이 1,000[m²] 이상인 것을 제외한다)
- **편복도형 아파트 또는 발코니** 등을 통하여 인접세대로 피난할 수 있는 구조로 되어 있는 **계단실형 아파트**
- **주요구조부가 내화구조**로서 거실의 각 부분으로 직접 복도로 피난할 수 있는 **학교(강의실 용도로 사용되는 층에 한한다)**
- 건축물의 옥상부분으로서 거실에 해당되지 아니하고, 사람이 근무하거나 거주하지 아니하는 장소
- **무인공장 또는 자동창고**로서 사람의 출입이 금지된 장소(관리를 위하여 일시적으로 출입하는 장소를 포함한다)

80

폐쇄형 스프링클러헤드에서 그 설치장소의 평상 시 최고 주위온도와 표시온도 관계가 옳은 것은?

① 설치장소의 최고 주위온도보다 표시온도가 높은 것을 선택
② 설치장소의 최고 주위온도보다 표시온도가 낮은 것을 선택
③ 설치장소의 최고 주위온도보다 표시온도가 같은 것을 선택
④ 설치장소의 최고 주위온도와 표시온도는 관계 없음

해설 폐쇄형 스프링클러헤드의 설치장소의 최고 주위온도보다 표시온도가 높은 것을 선택한다.

정답 79 ④ 80 ①

제 1 회 2014년 3월 2일 시행

제 1 과목 소방원론

01

보일오버(Boil Over) 현상에 대한 설명으로 옳은 것은?

① 아래층에서 발생한 화재가 위층으로 급격히 옮겨가는 현상
② 연소유의 표면이 급격히 증발하는 현상
③ 탱크 저부의 물이 급격히 증발하여 기름이 탱크 밖으로 화재를 동반하여 방출하는 현상
④ 기름이 뜨거운 물표면 아래에서 끓는 현상

해설 **보일오버** : 탱크 저부의 물이 급격히 증발하여 기름이 탱크 밖으로 화재를 동반하여 방출하는 현상

02

Halon 1301의 분자식에 해당하는 것은?

① CCl_3H ② CH_3Cl
③ CF_3Br ④ $C_2F_2Br_2$

해설 **할론소화약제**

종류 / 구분	할론 1301	할론 1211	할론 2402	할론 1011
분자식	CF_3Br	CF_2ClBr	$C_2F_4Br_2$	CH_2ClBr
분자량	148.9	165.4	259.8	129.4

03

다음 중 소화약제로 사용할 수 없는 것은?

① $KHCO_3$ ② $NaHCO_3$
③ CO_2 ④ NH_3

해설 **소화약제**
- $KHCO_3$(중탄산칼륨) : 제2종 분말소화약제
- $NaHCO_3$(중탄산나트륨) : 제1종 분말소화약제
- CO_2 : 이산화탄소 소화약제

04

다음 중 할론소화약제의 가장 주된 소화효과에 해당하는 것은?

① 냉각효과 ② 제거효과
③ 부촉매효과 ④ 분해효과

해설 **할론소화약제 소화효과** : 질식, 냉각, 부촉매 효과

할론소화약제 주된 소화효과 : 부촉매효과

05

화재 시 발생하는 연소가스에 대한 설명으로 가장 옳은 것은?

① 물체가 열분해 또는 연소할 때 발생할 수 있다.
② 주로 산소를 발생한다.
③ 완전연소할 때만 발생할 수 있다.
④ 대부분 유독성이 없다.

해설 연소가스는 물질이 열분해 또는 연소할 때 발생한다.

06

경유화재가 발생할 때 주수소화가 오히려 위험할 수 있는 이유는?

① 경유는 물보다 비중이 가벼워 화재면의 확대 우려가 있으므로
② 경유는 물과 반응하여 유독가스를 발생하므로
③ 경유의 연소열로 인하여 산소가 방출되어 연소를 돕기 때문에

01 ③ 02 ③ 03 ④ 04 ③ 05 ① 06 ① 정답

④ 경유가 연소할 때 수소가스를 발생하여 연소를 돕기 때문에

해설 경유는 비중이 1이 안되므로 물보다 가볍고 물과 섞이지 않아 화재(연소)면이 확대할 우려가 있다.

07

피난계획의 일반원칙 중 Fool Proof 원칙에 해당하는 것은?

① 저지능인 상태에서도 쉽게 식별이 가능하도록 그림이나 색채를 이용하는 원칙
② 피난구조설비를 반드시 이동식으로 하는 원칙
③ 한 가지 피난기구가 고장이 나도 다른 수단을 이용할 수 있도록 고려하는 원칙
④ 피난구조설비를 첨단화된 전자식으로 하는 원칙

해설 **피난계획의 일반원칙**

- Fool Proof : 비상시 머리가 혼란하여 판단능력이 저하되는 상태로 누구나 알 수 있도록 **문자**나 **그림** 등을 표시하여 직감적으로 작용하는 것
- Fail Safe : 하나의 수단이 고장으로 실패하여도 다른 수단에 의해 구제할 수 있도록 고려하는 것으로 양 방향 피난로의 확보와 예비전원을 준비하는 것

08

다음 중 가연성 물질에 해당하는 것은?

① 질 소　② 이산화탄소
③ 아황산가스　④ 일산화탄소

해설 **가연성 물질** : 일산화탄소($CO+\frac{1}{2}O_2=CO_2$)

불연성 물질 : 질소, 이산화탄소, 아황산가스

09

다음 중 증발잠열[kJ/kg]이 가장 큰 것은?

① 질 소　② 할론 1301
③ 이산화탄소　④ 물

해설 **증발잠열**

소화약제	증발잠열[kJ/kg]
질 소	48
할론 1301	119
이산화탄소	576.6
물	2,255(539[kcal/kg]×4.184[kJ/kcal] =2,255[kJ/kg])

10

인화점이 낮은 것부터 높은 순서로 옳게 나열된 것은?

① 에틸알코올 < 이황화탄소 < 아세톤
② 이황화탄소 < 에틸알코올 < 아세톤
③ 에틸알코올 < 아세톤 < 이황화탄소
④ 이황화탄소 < 아세톤 < 에틸알코올

해설 **인화점**

종 류	이황화탄소	아세톤	에틸알코올
인화점[℃]	-30	-18	13

11

실내화재에서 화재의 최성기에 돌입하기 전에 다량의 가연성 가스가 동시에 연소되면서 급격한 온도상승을 유발하는 현상은?

① 패닉(Panic)현상
② 스택(Stack)현상
③ 파이어 볼(Fire Ball)현상
④ 플래시오버(Flash Over)현상

해설 **플래시오버(Flash Over)현상** : 실내화재에서 화재의 최성기에 돌입하기 전에 다량의 가연성 가스가 동시에 연소되면서 급격한 온도 상승을 유발하는 현상

12

점화원이 될 수 없는 것은?

① 정전기　② 기화열
③ 금속성 불꽃　④ 전기 스파크

해설 **점화원이 될 수 없는 것** : 기화열, 액화열, 응고열

정답 07 ① 08 ④ 09 ④ 10 ④ 11 ④ 12 ②

13

주된 연소의 형태가 표면연소에 해당하는 물질이 아닌 것은?

① 숯　　② 나프탈렌
③ 목 탄　　④ 금속분

해설 연 소

- **표면연소** : **목탄, 코크스, 숯, 금속분** 등이 열분해에 의하여 가연성 가스를 발생하지 않고 그 물질 자체가 연소하는 현상
- **증발연소** : 황, **나프탈렌**, 왁스, 파라핀 등과 같이 고체를 가열하면 열분해는 일어나지 않고 고체가 액체로 되어 일정 온도가 되면 액체가 기체로 변화하여 기체가 연소하는 현상

14

$NH_4H_2PO_4$를 주성분으로 한 분말소화약제는 제 몇 종 분말소화약제인가?

① 제1종　　② 제2종
③ 제3종　　④ 제4종

해설 분말소화약제의 성상

종 류	주성분	착 색	적응 화재	열분해 반응식
제1종 분말	탄산수소 나트륨 ($NaHCO_3$)	백 색	B, C급	$2NaHCO_3 \rightarrow Na_2CO_3 + CO_2 + H_2O$
제2종 분말	탄산수소 칼륨 ($KHCO_3$)	담회색	B, C급	$2KHCO_3 \rightarrow K_2CO_3 + CO_2 + H_2O$
제3종 분말	제일인산 암모늄 ($NH_4H_2PO_4$)	담홍색, 황색	A, B, C급	$NH_4H_2PO_4 \rightarrow HPO_3 + NH_3 + H_2O$
제4종 분말	탄산수소 칼륨 + 요소 [$KHCO_3 + (NH_2)_2CO$]	회 색	B, C급	$2KHCO_3 + (NH_2)_2CO \rightarrow K_2CO_3 + 2NH_3 + 2CO_2$

15

"FM200"이라는 상품명을 가지며 오존파괴지수(ODP)가 0인 할론 대체 소화약제는 어느 계열인가?

① HFC계열　　② HCFC계열
③ FC계열　　④ Blend계열

해설 할로겐화합물 및 불활성기체의 종류

소화약제	화학식
퍼플루오로부탄(이하 "FC-3-1-10"이라 한다)	C_4F_{10}
하이드로클로로플루오로카본혼화제(이하 "HCFC BLEND A"라 한다)	HCFC-123 ($CHCl_2CF_3$) : 4.75[%] HCFC-22 ($CHClF_2$) : 82[%] HCFC-124 ($CHClFCF_3$) : 9.5[%] $C_{10}H_{16}$: 3.75[%]
클로로테트라플루오르에탄(이하 "HCFC-124"라 한다)	$CHClFCF_3$
펜타플루오로에탄(이하 "HFC-125"라 한다)	CHF_2CF_3
헵타플루오로프로판(이하 "HFC-227ea"라 한다)[FM200]	CF_3CHFCF_3
트리플루오로메탄(이하 "HFC-23"이라 한다)	CHF_3
헥사플루오로프로판(이하 "HFC-236fa"라 한다)	$CF_3CH_2CF_3$
트리플루오로이오다이드(이하 "FIC-13I1"이라 한다)	CF_3I
불연성·불활성기체 혼합가스(이하 "IG-01"이라 한다)	Ar
불연성·불활성기체 혼합가스(이하 "IG-100"이라 한다)	N_2
불연성·불활성기체 혼합가스(이하 "IG-541"이라 한다)	N_2 : 52[%], Ar : 40[%], CO_2 : 8[%]
불연성·불활성기체 혼합가스(이하 "IG-55"라 한다)	N_2 : 50[%], Ar : 50[%]
도데카플루오로-2-메틸펜탄-3-원(이하 "FK-5-1-12"라 한다)	$CF_3CF_2C(O)CF(CF_3)_2$

정답 13 ② 14 ③ 15 ①

16

탄산가스에 대한 일반적인 설명으로 옳은 것은?

① 산소와 반응 시 흡열반응을 일으킨다.
② 산소와 반응하여 불연성 물질을 발생시킨다.
③ 산화하지 않으나 산소와는 반응한다.
④ 산소와 반응하지 않는다.

해설 탄산가스(CO_2)는 산소와 더 이상 반응하지 않는 불연성 가스이다.

17

화재하중의 단위로 옳은 것은?

① kg/m^2　② $℃/m^2$
③ $kg \cdot L/m^3$　④ $℃ \cdot L/m^3$

해설 **화재하중** : 단위면적당 가연성 수용물의 양[kg/m^2]

18

위험물안전관리법령에 따른 위험물의 유별 분류가 나머지 셋과 다른 것은?

① 트라이에틸알루미늄　② 황 린
③ 칼 륨　④ 벤 젠

해설 위험물의 분류

종 류	트라이에틸알루미늄	황 린	칼 륨	벤 젠
유 별	제3류 위험물 알킬알루미늄	제3류 위험물	제3류 위험물	제4류 위험물 제1석유류

19

일반적으로 공기 중 산소농도를 몇 [vol%] 이하로 감소시키면 연소상태의 중지 및 질식소화가 가능하겠는가?

① 15　② 21
③ 25　④ 31

해설 **질식소화 시 산소한계농도** : 15[%] 이하

20

열의 전달현상 중 복사현상과 가장 관계 깊은 것은?

① 푸리에 법칙
② 슈테판-볼츠만의 법칙
③ 뉴턴의 법칙
④ 옴의 법칙

해설 **슈테판-볼츠만 법칙** : **복사열**은 **절대온도 차**의 **4제곱**에 **비례**하고 열전달면적에 비례한다.

법 칙	관련 현상
푸리에 법칙	열전도
슈테판-볼츠만의 법칙	복 사
뉴턴의 법칙	운 동
옴의 법칙	전 압

제 2 과목 소방유체역학

21

공기 중에서 무게가 941[N]인 돌의 무게가 물 속에서 500[N]이면, 이 돌의 체적은 몇 [m^3]인가?(단, 공기의 부력은 무시한다)

① 0.012　② 0.028
③ 0.034　④ 0.045

해설 돌의 체적

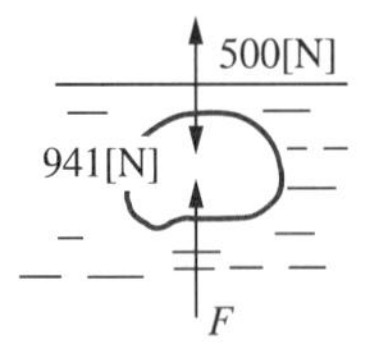

$1[kg_f]=9.8[N]$

$$\frac{500}{9.8}+F=\frac{941}{9.8} \quad F=45[kg_f]$$

$$\therefore \ F=\gamma V=1{,}000[V]=45[kg_f]$$

$$V=\frac{45[kg_f]}{1{,}000[kg_f/m^3]}=0.045[m^3]$$

22

유체의 흐름에서 다음의 베르누이 방정식이 성립하기 위한 조건을 설명한 것으로 옳지 않은 것은?

$$V_1^2+\frac{P_1}{\gamma}+Z_1=V_2^2+\frac{P_2}{\gamma}+Z_2$$

① 유체는 정상유동을 한다.
② 비압축성 유체의 흐름으로 본다.
③ 적용되는 임의의 두 점은 같은 유선상에 있다.
④ 마찰에 의한 에너지 손실은 유체의 손실수두로 환산한다.

해설 베르누이 방정식이 성립 조건
- 정상유동일 때
- 비압축성 유체일 때
- 유체입자는 유선따라 움직인다.

23

그림과 같이 두 기체통에 수은 액주계(마노미터)를 연결하였을 때 높이차(h)가 20[cm]이었다. 두 기체통의 압력 차이는 몇 [Pa]인가?(단, 채워진 기체의 밀도는 수은에 비해 매우 작고, 수은의 비중량은 133[kN/m³]이다)

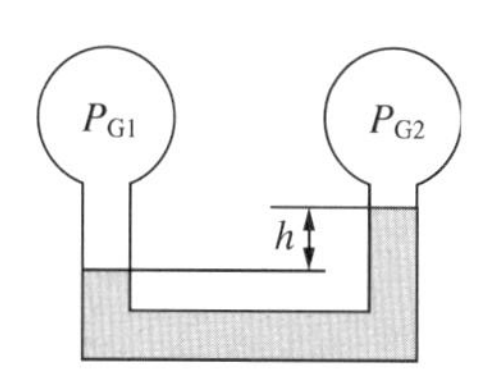

① 26.6 ② 266
③ 2,660 ④ 26,600

해설 압 력

$$P=\gamma H$$

여기서, γ : 비중량[kN/m³]
H : 수두[m]

$\therefore P=\gamma H=(133\times1{,}000[\text{N/m}^3])\times0.2[\text{m}]$
$=26{,}600[\text{N/m}^2](\text{Pa})$

24

펌프의 일과 손실을 고려할 때 베르누이 수정방정식을 바르게 나타낸 것은?(단, H_P와 H_L은 펌프의 수두와 손실수두를 나타내며, 하첨자 1, 2는 각각 펌프의 전후 위치를 나타낸다)

① $\frac{V_1^2}{2g}+\frac{P_1}{\gamma}+Z_1=\frac{V_2^2}{2g}+\frac{P_2}{\gamma}+H_L$

② $\frac{V_1^2}{2g}+\frac{P_1}{\gamma}+Z_1-H_P=\frac{V_2^2}{2g}+\frac{P_2}{\gamma}+Z_2+H_L$

③ $\frac{V_1^2}{2g}+\frac{P_1}{\gamma}+H_P=\frac{V_2^2}{2g}+\frac{P_2}{\gamma}+Z_2+H_L$

④ $\frac{V_1^2}{2g}+\frac{P_1}{\gamma}+Z_1+H_P=\frac{V_2^2}{2g}+\frac{P_2}{\gamma}+Z_2+H_L$

해설 베르누이 수정방정식

$$\frac{V_1^2}{2g}+\frac{P_1}{\gamma}+Z_1+H_P=\frac{V_2^2}{2g}+\frac{P_2}{\gamma}+Z_2+H_L$$

25

지름 5[cm]인 구가 대류에 의해 열을 외부공기로 방출한다. 이 구는 50[W]의 전기히터에 의해 내부에서 가열되고 있다면 구 표면과 공기 사이의 온도차가 30[℃]라면 공기와 구 사이의 대류 열전달계수는 약 몇 [W/m² · ℃]인가?

① 111 ② 212
③ 313 ④ 414

해설 대류 열전달계수

$$\text{총열전달률 } q=hA\Delta t[\text{W}]$$

여기서, h : 대류 열전달계수, Δt : 온도차,
$A=4\pi r^2$[열전달의 방향에 수직인 구의 면적 $=4\times3.14\times(0.025[\text{cm}])^2$]

$\therefore h=\frac{q}{A\Delta t}=\frac{50}{(4\pi\times0.025^2)\times30}$
$=212.2[\text{W/m}^2\cdot℃]$

26

물속 같은 깊이에 수평으로 잠겨있는 원형 평판의 지름과 정사각형 평판의 한 변의 길이가 같을 때 두 평판의 한쪽 면이 받는 정수력학적 힘의 비는?

① 1 : 1
② 1 : 1.13
③ 1 : 1.27
④ 1 : 1.62

해설
- 원형평판의 직경 d = 정사각형 한 변의 길이 a라 하면
- 압력 $P=\gamma H=\frac{F}{A}$에서 힘 $F=\gamma HA$

$F_1 : F_2 = \gamma H\left(\frac{\pi}{4}d^2\right) : \gamma Ha^2$

$F_1 : F_2 = \frac{\pi}{4} : 1$

따라서, F_1이 "1"일 경우

$F_1 : F_2 = 1 : \frac{4}{\pi}$, $F_1 : F_2 = 1 : 1.273$

27

호주에서 무게가 20[N]인 어느 물체를 한국에서 재어보니 19.8[N]이었다면, 한국에서의 중력가속도는 약 몇 [m/s²]인가?(단, 호주에서의 중력가속도는 9.82[m/s²]이다)

① 9.72 ② 9.75
③ 9.78 ④ 9.80

해설 19.8[N] : 20[N] = x : 9.82[m/s²]
x = 9.72[m/s²]

28

어떤 밀폐계가 압력 200[kPa], 체적 0.1[m³]인 상태에서 100[kPa], 0.3[m³]인 상태까지 가역적으로 팽창하였다. 이 과정의 $P-V$선도가 직선으로 표시된다면 이 과정 동안에 계가 한 일은 몇 [kJ]인가?

① 20 ② 30
③ 45 ④ 60

해설 일

$${}_1W_2 = \int_1^2 p\,dV$$

$$= \left[\frac{1}{2}(P_1 - P_2)\times(V_2 - V_1)\right] + [P_2(V_2 - V_1)]$$

$$= \left[\frac{1}{2}(200-100)[\text{kPa}]\times(0.3-0.1)[\text{m}^3]\right]$$

$$+ [100[\text{kPa}](0.3-0.1)[\text{m}^3]]$$

$$= 30[\text{kJ}]$$

$$[\text{kPa}] = \frac{[\text{kN}]}{[\text{m}^2]},$$

$$[\text{kPa}]\times[\text{m}^3] = \frac{[\text{kN}]}{[\text{m}^2]}\times[\text{m}^3] = [\text{kN}\cdot\text{m}] = [\text{kJ}]$$

29

지름이 0.3[m]인 구형 풍선 안에 25[℃], 150[kPa]상태의 이상기체가 들어 있다. 풍선을 가열하여 풍선의 지름이 0.4[m]로 부풀었다면 이 기체는 최종온도는 얼마인가?(단, 이 기체의 압력은 풍선의 지름에 정비례한다)

① 94[℃] ② 434[℃]
③ 669[℃] ④ 942[℃]

해설 보일-샤를의 법칙을 적용하여 최종온도를 구하면

$$V_2 = V_1 \times \frac{P_1}{P_2} \times \frac{T_2}{T_1},$$

$$T_2 = T_1 \times \frac{V_2}{V_1} \times \frac{P_2}{P_1}$$

여기서, T_1: 절대온도(273+25= 298[K])

$$\text{구의 체적 } V = \frac{\pi}{6}\times d^3$$

V_1(초기 체적)$= \frac{\pi}{6}\times(0.3[\text{m}])^3 = 0.01414[\text{m}^3]$

V_2(최종 체적)$= \frac{\pi}{6}\times(0.4[\text{m}])^3 = 0.03351[\text{m}^3]$

P_2(최종 압력)$= \left(\frac{d_2}{d_1}\right)\times P_1 = \frac{0.4[\text{m}]}{0.3[\text{m}]}\times 150[\text{kPa}]$
$= 200[\text{kPa}]$

$\therefore\ T_2 = T_1 \times \frac{V_2}{V_1}\times\frac{P_2}{P_1} = 298\times\frac{0.03351}{0.01414}\times\frac{200}{150}$
$= 941.63[\text{K}] \Rightarrow 668.66[℃]$

정답 26 ③ 27 ① 28 ② 29 ③

30

지름이 일정한 관 내의 점성유동장에 관한 일반적인 설명으로 옳은 것은?

① 층류 유동 시 속도분포는 2차 함수이다.
② 벽면에서 난류의 속도기울기는 0이다.
③ 층류인 경우 전단응력은 밀도의 함수이다.
④ 층류인 경우 중앙에서 전단응력은 가장 크다.

해설 점성유동장
- 층류 유동 시 속도분포는 2차 함수이다.
- 벽면에서 난류의 속도기울기는 층류보다 크다.
- 전단응력은 난류가 층류보다 크다.

31

밸브가 달린 견고한 밀폐용기 안에 온도 300[K], 압력 500[kPa]의 기체 4[kg]이 들어 있다. 밸브를 열어 기체 1[kg]을 대기로 방출한 후 밸브를 닫고 주위온도가 300[K]로 일정한 분위기에서 용기를 장시간 방치하였다. 내부 기체의 최종압력은 약 몇 [kPa]인가?(단, 이 기체는 이상기체로 간주한다)

① 300　② 375
③ 400　④ 499

해설 최종압력

$$V=\frac{W_1RT_1}{P_1}=\frac{W_2RT_2}{P_2}$$

여기서, W : 질량, R : 기체상수,
T : 절대온도(K), P : 압력

$\therefore V=\frac{W_1RT_1}{P_1}=\frac{W_2RT_2}{P_2}$

$\frac{4\times R\times T}{500[\text{kPa}]}=\frac{(4-1)\times R\times T}{P_2}$

$\frac{4}{500[\text{kPa}]}=\frac{3}{P_2}$, $4P_2=3\times500[\text{kPa}]$

$\therefore$ 최종압력 $P_2=375[\text{kPa}]$

32

굴뚝에서 나온 연기 형상을 촬영하였다면 이 형상은 다음 중 무엇에 가장 가까운가?

① 유선(Stream Line)　② 유맥선(Strek Line)
③ 시간선(Time Line)　④ 유적선(Path Line)

해설 **유맥선** : 공간 내의 한 점을 지나는 모든 유체 입자들의 순간적인 궤적으로 굴뚝에서 나온 연기 형상이 가장 가깝다.

33

압축비 3인 2단 펌프의 토출압력이 2.7[MPa]이다. 이 펌프의 흡입압력은 몇 [kPa]인가?

① 90　② 150
③ 300　④ 900

해설 압축비

$$r=\sqrt[\epsilon]{\frac{p_2}{p_1}}$$

여기서, r : 압축비, ϵ : 단수,
p_1 : 최초의 압력, p_2 : 최종의 압력

$\therefore r=\sqrt[\epsilon]{\frac{p_2}{p_1}}$ 에서 $3=\sqrt[2]{\frac{2.7[\text{MPa}]}{p_1}}$

$3=\left(\frac{2.7}{p_1}\right)^{\frac{1}{2}}$

$(3)^2=\frac{2.7[\text{MPa}]}{p_1}$

$p_1=\frac{2.7[\text{MPa}]}{9}=0.3[\text{MPa}]=300[\text{kPa}]$

34

지름이 5[cm]인 원형 관 내에 어떤 이상기체가 흐르고 있다. 다음 중 이 기체의 흐름이 층류일 때 유속은?(단, 이 기체의 절대압력은 200[kPa], 온도는 27[℃], 기체상수는 2,080[J/kg · K], 점성계수는 2×10^{-5}[N · s/m^2], 층류에서 하임계레이놀즈 값은 2,200으로 한다)

① 0.3[m/s]　② 2.8[m/s]
③ 8.3[m/s]　④ 15.5[m/s]

해설 레이놀즈수(Reynolds Number, Re)

$$Re = \frac{Du\rho}{\mu} = \frac{Du}{\nu} \text{[무차원]}$$

여기서, D : 관의 내경[m]
u : 유속[m/s]
μ : 유체의 점도[kg/m·s]
ρ : 유체의 밀도[kg/m³]

[문제를 풀면]

- 먼저 유체의 밀도를 구하면

$$\rho = \frac{P}{RT} = \frac{200 \times 1{,}000[\text{N/m}^2]}{2{,}080[\text{N} \cdot \text{m/kg} \cdot \text{K}] \times (273+27)[\text{K}]}$$
$$= 0.3205[\text{kg/m}^3]$$

- 임계레이놀즈수가 2,200일 때 평균유속을 구하면

$Re = \frac{Du\rho}{\mu}$ 에서

$$2{,}200 = \frac{0.05[\text{m}] \times u \times 0.3205[\text{kg/m}^3]}{2 \times 10^{-5}[\text{kg/m} \cdot \text{s}]}$$

$\therefore u = 2.746[\text{m/s}]$

35

물의 온도에 상응하는 증기압보다 낮은 부분이 발생하면 물은 증발되고 물속에 있던 공기와 물이 분리되어 기포가 발생하는 펌프의 현상은?

① 피드백(Feed Back)
② 서징현상(Surging)
③ 공동현상(Cavitation)
④ 수격작용(Water Hammering)

해설 **공동현상(Cavitation)** : 물의 온도에 상응하는 증기압보다 낮은 부분이 발생하면 물은 증발되고 물속에 있던 공기와 물이 분리되어 기포가 발생하는 현상

36

점성계수가 0.08[kg/m·s]이고 밀도가 800[kg/m³]인 유체의 동점성계수는 몇 [cm²/s]인가?

① 0.0001　　② 0.08
③ 1.0　　④ 8.0

해설 **동점성계수(ν)**

$$\nu = \frac{\mu}{\rho}$$

여기서, μ : 점성계수, ν : 동점도

$$\therefore \nu = \frac{\mu}{\rho} = \frac{0.08[\text{kg/m} \cdot \text{s}]}{800[\text{kg/m}^3]} = 1 \times 10^{-4}[\text{m}^2/\text{s}]$$
$$\Rightarrow 1[\text{cm}^2/\text{s}]$$

37

직경이 18[mm]인 노즐을 사용하여 노즐 압력 147[kPa]로 옥내소화전을 방수하면 방수속도는 약 몇 [m/s]인가?

① 10.3　　② 14.7
③ 16.3　　④ 17.1

해설 방수속도를 구하면

- 유량을 구하면

$$Q = 0.6597 D^2 \sqrt{10P}$$

여기서, D : 구경[mm], P : 압력[MPa]

$$\therefore Q = 0.6597 D^2 \sqrt{10P}$$
$$= 0.6597 \times (18)^2 \times \sqrt{10 \times 0.147[\text{MPa}]}$$
$$= 259.15[\text{L/min}]$$

- 방수속도를 구하면

$$Q = uA$$

$$\therefore u = \frac{Q}{A} = \frac{Q}{\frac{\pi}{4}D^2} = \frac{259.15 \times 10^{-3}[\text{m}^3]/60[\text{s}]}{\frac{\pi}{4}(0.018[\text{m}])^2}$$
$$= 16.97[\text{m/s}]$$

38

유체에 작용하는 힘과 운동량방정식에 관한 설명으로 옳지 않은 것은?

① 유체에 작용하는 전단응력은 체적력에 해당한다.
② 유체에 작용하는 힘에는 체적력과 표면력이 있다.
③ 운동량방정식은 등속운동을 하는 관성좌표계의 경우에 적용된다.
④ 운동방정식은 검사체적에 주어진 힘과 운동량 변화량과의 관계를 설명한다.

해설 전단응력은 점성계수와 속도기울기에 비례한다.

정답 35 ③　36 ③　37 ④　38 ①

39

한 변의 길이가 l인 정사각형 단면의 수력직경(D_h)은?(단, P는 유체의 젖은 단면 둘레의 길이, A는 관의 단면적이며, $D_h = \frac{4A}{P}$로 정의한다)

① $\frac{l}{4}$　　② $\frac{l}{2}$

③ l　　④ $2l$

해설 수력직경(D_h)

정사각형의 한 변의 길이가 l이므로

$$D_h = \frac{4A}{P} = \frac{4(l \times l)}{2(l+l)} = \frac{4l^2}{4l} = l$$

40

기압계에 나타난 압력이 740[mmHg]인 곳에서 어떤 용기의 계기압력이 600[kPa]이었다면 절대압력으로는 몇 [kPa]인가?

① 501　　② 526

③ 674　　④ 699

해설 절대압력

절대압력 = 대기압 + 계기압력

∴ 절대압력

$$= \left(\frac{740[\text{mmHg}]}{760[\text{mmHg}]} \times 101.325[\text{kPa}]\right) + 600[\text{kPa}]$$

$$= 698.66[\text{kPa}]$$

제 3 과목 소방관계법규

41

소방특별조사에 관한 설명이다. 틀린 것은?

① 소방특별조사 업무를 수행하는 관계 공무원 및 관계 전문가는 그 권한을 표시하는 증표를 지니고 이를 관계인에게 내보여야 한다.

② 소방특별조사 시 관계인의 업무에 지장을 주지 아니하여야 하나 조사업무를 위해 필요하다고 인정되는 경우 일정 부분 관계인의 업무를 중지시킬 수 있다.

③ 조사업무를 수행하면서 취득한 자료나 알게 된 비밀을 다른 사람에게 제공 또는 누설하거나 목적 외의 용도로 사용하여서는 아니 된다.

④ 소방특별조사 업무를 수행하는 관계 공무원 및 관계 전문가는 관계인의 정당한 업무를 방해하여서는 아니 된다.

해설 소방특별조사

- 소방특별조사 업무를 수행하는 관계 공무원 및 관계 전문가는 그 권한 또는 자격을 표시하는 증표를 지니고 이를 관계인에게 내보여야 한다.
- 소방특별조사 업무를 수행하는 관계 공무원 및 관계 전문가는 관계인의 정당한 업무를 방해하여서는 아니 되며 조사업무를 수행하면서 취득한 자료나 알게 된 비밀을 다른 사람에게 제공 또는 누설하거나 목적 외의 용도로 사용하여서는 아니 된다.

42

제조소 중 위험물을 취급하는 건축물은 특수한 경우를 제외하고 어떤 구조로 하여야 하는가?

① 지하층이 없는 구조어이야 한다.

② 지하층이 있는 구조어이야 한다.

③ 지하층이 있는 1층 이내의 건축물이어야 한다.

④ 지하층이 있는 2층 이내의 건축물이어야 한다.

해설 제조소의 건축물의 구조는 지하층이 없어야 한다.

43

소방시설공사가 설계도서나 화재안전기준에 맞지 아니할 경우 감리업자가 가장 우선하여 조치하여야 할 사항은?

① 공사업자에게 공사의 시정 또는 보완을 요구하여야 한다.

② 공사업자의 규정위반 사실을 관계인에게 알리고 관계인으로 하여금 시정 요구토록 조치한다.

정답 39 ③ 40 ④ 41 ② 42 ① 43 ①

③ 공사업자의 규정위반 사실을 발견 즉시 소방본부장 또는 소방서장에게 보고한다.
④ 공사업자의 규정위반사실을 시・도지사에게 신고한다.

해설 감리업자는 감리를 할 때 소방시설공사가 설계도서나 화재안전기준에 맞지 아니할 때에는 관계인에게 알리고, 공사업자에게 그 공사의 시정 또는 보완 등을 요구하여야 한다.

44

소방시설의 하자가 발생한 경우 통보를 받은 공사업자는 며칠 이내에 이를 보수하거나 보수 일정을 기록한 하자보수계획을 관계인에게 서면으로 알려야 하는가?

① 3일
② 7일
③ 14일
④ 30일

해설 관계인은 하자보수기간에 **소방시설**의 **하자가 발생하였을 때에는** 공사업자에게 그 사실을 알려야 하며, 통보를 받은 공사업자는 **3일 이내**에 하자를 **보수**하거나 보수 일정을 기록한 하자보수계획을 관계인에게 서면으로 알려야 한다.

45

다음 특정소방대상물에 대한 설명으로 옳은 것은?

① 의원은 근린생활시설이다.
② 동물원 및 식물원은 동식물관련시설이다.
③ 종교집회장은 면적에 상관없이 문화집회시설이다.
④ 철도시설(정비창 포함)은 항공기 및 자동차관련시설이다.

해설 **특정소방대상물**

종 류	분 류	
의 원	근린생활시설	
동물원, 식물원	문화집회시설(동・식물원)	
종교집회장	바닥면적이 300[m^2] 미만	바닥면적이 300[m^2] 이상
	근린생활시설	종교시설
철도시설(정비창 포함)	운수시설	

46

특수가연물의 저장 및 취급의 기준으로서 옳지 않은 것은?

① 특수가연물을 저장 또는 취급하는 장소에는 품명・최대 수량 및 화기취급의 금지표지를 설치하여야 한다.
② 품명별로 구분하여 쌓아야 한다.
③ 석탄이나 목탄류를 쌓는 경우에는 쌓는 부분의 바닥면적은 50[m^2] 이하가 되도록 하여야 한다.
④ 쌓는 높이는 10[m] 이하가 되도록 하여야 한다.

해설 **특수가연물의 저장 및 취급의 기준**

- 특수가연물을 저장 또는 취급하는 장소에는 **품명・최대수량 및 화기취급의 금지표지**를 설치할 것
- 품명별로 구분하여 쌓을 것
- 쌓는 **높이**는 **10[m] 이하**가 되도록 하고, **쌓는 부분**의 **바닥면적**은 **50[m^2](석탄・목탄류의 경우에는 200[m^2]) 이하**가 되도록 할 것. 다만, 살수설비를 설치하거나, 방사능력 범위에 해당 특수가연물이 포함되도록 **대형소화기**를 **설치하는 경우**에는 쌓는 높이를 **15[m] 이하**, 쌓는 부분의 바닥면적을 **200[m^2]**(**석탄・목탄류**의 경우에는 **300[m^2]**) 이하로 할 수 있다.
- 쌓는 부분의 바닥면적 사이는 **1[m] 이상**이 되도록 할 것

47

소방청장은 방염대상물품의 방염성능검사 업무를 어디에 위탁할 수 있는가?

① 한국소방공사협회
② 한국소방안전원
③ 소방산업공제조합
④ 한국소방산업기술원

해설 **한국소방산업기술원에 위탁하는 업무**

- 방염성능검사 중 대통령령으로 정하는 검사
- 소방용품의 형식승인
- 형식승인의 변경승인
- 소방용품에 대한 성능인정
- 우수품질인증

정답 44 ① 45 ① 46 ③ 47 ④

48

공동 소방안전관리자를 선임하여야 하는 특정소방대상물의 기준으로 옳지 않은 것은?

① 소매시장
② 도매시장
③ 3층 이상인 학원
④ 연면적이 5,000[m^2] 이상인 복합건축물

해설 공동 소방안전관리대상물

- **고층 건축물**(지하층을 제외한 층수가 **11층 이상**인 건축물만 해당한다)
- **지하가**(지하의 인공구조물 안에 설치된 상점 및 사무실, 그 밖에 이와 비슷한 시설이 연속하여 지하도에 접하여 설치된 것과 그 지하도를 합한 것을 말한다)
- 그 밖에 대통령령으로 정하는 특정소방대상물
  - **복합건축물**로서 연면적이 **5,000[m^2] 이상**인 것 또는 층수가 **5층 이상**인 것
  - 판매시설 중 **도매시장** 및 **소매시장**

49

소방기본법에 규정된 화재조사에 대한 내용이다. 틀린 것은?

① 화재조사 전담부서에는 발굴용구, 기록용 기기, 감식용 기기, 조명기기, 그 밖의 장비를 갖추어야 한다.
② 소방청장은 화재조사에 관한 시험에 합격한 자에게 3년마다 전문보수교육을 실시하여야 한다.
③ 화재의 원인과 피해조사를 위해 소방청, 시·도의 소방본부와 소방서에 화재조사를 전담하는 부서를 설치·운영한다.
④ 화재조사는 화재사실을 인지하는 즉시 장비를 활용하여 실시되어야 한다.

해설 소방청장은 화재조사에 관한 시험에 합격한 자에게 2년마다 전문보수교육을 실시하여야 한다.

50

방염업을 운영하는 방염업자가 규정을 위반하여 다른 사람에게 등록증 또는 등록수첩을 빌려준 때 받게 되는 행정 처분기준으로 옳은 것은?

① 1차 – 등록 취소
② 1차 – 경고(시정명령), 2차 – 영업정지 6개월
③ 1차 – 영업정지 6개월, 2차 – 등록 취소
④ 1차 – 경고(시정명령), 2차 – 등록 취소

해설 등록증이나 등록수첩을 빌려준 경우

- 1차 : 영업정지 6개월
- 2차 : 등록취소

51

다음 위험물 중 자기반응성 물질은 어느 것인가?

① 황 린
② 염소산염류
③ 알칼리토금속
④ 질산에스테르류

해설 위험물의 분류

종 류	유 별	성 질
황 린	제3류 위험물	자연발화성 물질
염소산염류	제1류 위험물	산화성 고체
알칼리토금속	제3류 위험물	금수성 물질
질산에스테르류	제5류 위험물	자기반응성 물질

48 ③ 49 ② 50 ③ 51 ④ 정답

52

다음 중 특수가연물에 해당되지 않는 것은?

① 800[kg] 이상의 종이부스러기
② 1,000[kg] 이상의 볏짚류
③ 1,000[kg] 이상의 사류(絲類)
④ 400[kg] 이상의 나무껍질

해설 특수가연물(제6조 관련)

품 명	수 량
면화류	200[kg] 이상
나무껍질 및 대팻밥	400[kg] 이상
넝마 및 종이부스러기	1,000[kg] 이상
사류(絲類)	1,000[kg] 이상
볏짚류	1,000[kg] 이상
가연성 고체류	3,000[kg] 이상

53

자동화재탐지설비를 화재안전기준에 적합하게 설치한 경우에 그 설비의 유효범위 내에서 설치가 면제되는 소방시설로서 옳은 것은?

① 비상경보설비
② 누전경보기
③ 비상조명등
④ 무선통신 보조설비

해설 특정소방대상물의 소방시설 설치의 면제기준(제16조 관련)

설치가 면제되는 소방시설	설치면제 요건
1. 스프링클러설비	스프링클러설비를 설치하여야 하는 특정소방대상물에 **물분무 등 소화설비**를 화재안전기준에 적합하게 설치한 경우에는 그 설비의 유효범위(당해 소방시설이 화재를 감지·소화 또는 경보할 수 있는 부분을 말한다. 이하 같다)에서 설치가 면제된다.
2. 물분무 등 소화설비	**물분무 등 소화설비**를 설치하여야 하는 **차고·주차장**에 **스프링클러설비**를 화재안전기준에 적합하게 설치한 경우에는 그 설비의 유효범위에서 설치가 면제된다.
3. 간이스프링클러설비	간이스프링클러설비를 설치하여야 하는 특정소방대상물에 **스프링클러설비, 물분무소화설비** 또는 **미분무소화설비**를 화재안전기준에 적합하게 설치한 경우에는 그 설비의 유효범위에서 설치가 면제된다.
4. 비상경보설비 또는 단독경보형감지기	**비상경보설비** 또는 **단독경보형감지기**를 설치하여야 하는 특정소방대상물에 **자동화재탐지설비**를 화재안전기준에 적합하게 설치한 경우에는 그 설비의 유효범위 안의 부분에서 설치가 면제된다.
5. 비상경보설비	비상경보설비를 설치하여야 하는 특정소방대상물에 **단독경보형감지기**를 2개 이상의 단독경보형감지기와 연동하여 설치하는 경우에는 그 설비의 유효범위에서 설치가 면제된다.

54

소방시설업의 지위를 승계한 자는 그 지위를 승계한 날부터 30일 이내에 상속인, 영업을 양수한 자와 시설의 전부를 인수한 자의 경우에는 소방시설업 지위승계신고서에, 합병 후 존속하는 법인 또는 합병에 의하여 설립되는 법인의 경우에는 소방시설업 합병신고서에 서류를 첨부하여야 시·도지사에게 제출하여야 한다. 제출서류에 포함하지 않아도 되는 것은?

① 소방시설업 등록증 및 등록수첩
② 영업소 위치, 면적 등이 기록된 등기부 등본
③ 계약서 사본 등 지위승계 증명하는 서류
④ 소방기술인력 연명부 및 기술자격증·자격수첩

해설 지위승계 시 제출서류

- 소방시설업 등록증 및 등록수첩
- 계약서 사본 등 지위승계를 증명하는 서류(전자문서를 포함한다)
- 소방기술인력 연명부 및 기술자격증·자격수첩
- 계약일을 기준으로 하여 작성한 지위승계인의 자산평가액 또는 기업진단보고서(소방시설공사업만 해당한다) 1부
- 출자·예치·담보 금액 확인서(소방시설공사업만 해당한다) 1부

정답 52 ① 53 ① 54 ②

55

아파트로서 층수가 몇 층 이상인 것은 모든 층에 스프링클러를 설치하여야 하는가?

① 6층 ② 11층
③ 15층 ④ 20층

해설 스프링클러는 층수가 **6층 이상**인 특정소방대상물의 경우에는 모든 층에 설치하여야 한다.

56

소방본부장 또는 소방서장은 함부로 버려두거나 그냥 둔 위험물 또는 물건을 옮겨 보관하는 경우 소방본부 또는 소방서 게시판에 공고한 후 공고기간의 종료일 다음 날부터 며칠 동안 보관하여야 하는가?

① 7일 동안 ② 14일 동안
③ 21일 동안 ④ 28일 동안

해설 **공 고**
- 게시판에 공고기간 : 보관한 날부터 14일 동안
- 보관기간 : 게시판공고 종료일로부터 7일

57

위험물운송자 자격을 취득하지 아니한 자가 위험물 이동탱크저장소 운전 시의 벌칙으로 옳은 것은?

① 200만원 이하의 벌금
② 300만원 이하의 벌금
③ 500만원 이하의 벌금
④ 1,000만원 이하의 벌금

해설 **위험물운송 시 자격자가 아닌 경우 운전하는 경우 :** 1,000만원 이하의 벌금

58

소방공사 감리원 배치 시 배치일로부터 며칠 이내에 관련서류를 첨부하여 소방본부장 또는 소방서장에게 알려야 하는가?

① 3일 ② 7일
③ 14일 ④ 30일

해설 감리원 배치신고는 감리원 배치일부터 7일 이내에 소방본부장 또는 소방서장에게 알려야 한다.

59

국가는 소방업무에 필요한 경비의 일부를 국고에서 보조한다. 국고보조 대상 소화활동장비 및 설비로서 옳지 않은 것은?

① 소방헬리콥터 및 소방정 구입
② 소방전용 통신설비 설치
③ 소방관서 직원숙소 건립
④ 소방자동차 구입

해설 **국고보조 대상사업의 범위와 기준보조율**
- 소방활동장비와 설비의 구입 및 설치
  - 소방자동차
  - 소방헬리콥터 및 소방정
  - 소방전용 통신설비 및 전산설비
  - 그 밖에 방화복 등 소방활동에 필요한 소방장비
- 소방관서용 청사의 건축(건축법 제2조 제1항 제8호에 따른 건축을 말한다)

60

건축물 등의 신축·증축 동의요구를 소재지 관한 소방본부장 또는 소방서장에게 한 경우 소방본부장 또는 소방서장은 건축허가 등의 동의요구서류를 접수한 날부터 며칠 이내에 건축허가 등의 동의 여부를 회신하여야 하는가?(단, 허가 신청한 건축물이 연면적 20만[m^2] 이상의 특정소방대상물인 경우이다)

① 5일 ② 7일
③ 10일 ④ 30일

해설 **건축허가 등의 동의 여부 회신기간**
- 1급, 2급, 일반안전관리대상물 : 5일 이내
- **특급소방안전관리대상물 : 10일 이내**

> 특급소방안전관리대상물 : 30층 이상(지하층포함), 높이 120[m] 이상, 연면적 20만[m^2] 이상

55 ① 56 ① 57 ④ 58 ② 59 ③ 60 ③ 정답

제 4 과목 소방기계시설의 구조 및 원리

61

옥내소화전설비의 화재안전기준에 관한 설명 중 틀린 것은?

① 물올림탱크의 급수배관의 구경은 15[mm] 이상으로 설치해야 한다.
② 릴리프밸브는 구경 20[mm] 이상의 배관에 연결하여 설치한다.
③ 펌프의 토출측 주배관의 구경은 유속이 5[m/s] 이하가 될 수 있는 크기 이상으로 한다.
④ 유량측정장치는 펌프 정격토출량의 175[%]까지 측정할 수 있는 성능으로 한다.

해설 옥내소화전설비의 화재안전기준

- 물올림장치
  - 설치하는 경우 : 수원의 수위가 펌프보다 낮은 위치에 설치한 경우
  - 탱크의 유효수량 : 100[L] 이상
  - 급수배관의 구경 : 15[mm] 이상
- 가압송수장치의 체절운전 시 수온의 상승을 방지하기 위하여 체크밸브와 펌프 사이에서 분기한 구경 20[mm] 이상의 배관에 체절압력 미만에서 개방되는 릴리프밸브를 설치하여야 한다.
- 펌프의 토출측 주배관의 구경은 **유속이 4[m/s] 이하**가 될 수 있는 크기 이상으로 한다.
- 유량측정장치는 펌프 정격토출량의 175[%]까지 측정할 수 있는 성능으로 한다.
- 펌프의 성능은 체절운전 시 정격토출압력의 140[%]를 초과하지 아니하고 정격토출량의 150[%]로 운전 시 정격토출압력의 65[%] 이상이 되어야 한다.

62

바닥면적 1,300[m^2]인 판매시설에 소화기구를 설치하려 한다. 소화기구의 최소 능력단위는?(단, 주요구조부는 내화구조이고 벽 및 반자의 실내와 면하는 부분이 불연재료이다)

① 7단위 ② 9단위
③ 10단위 ④ 13단위

해설 소방대상물별 소화기구의 능력단위기준

소방대상물	소화기구의 능력단위
1. 위락시설	해당 용도의 바닥면적 30[m^2]마다 능력단위 1단위 이상
2. 공연장·집회장·관람장·문화재·장례식장 및 의료시설	해당 용도의 바닥면적 50[m^2]마다 능력단위 1단위 이상
3. 근린생활시설, **판매시설**, 운수시설, 숙박시설·**노유자시설**, 전시장, 공동주택, 업무시설, 방송통신시설, 공장, 창고시설, 항공기 및 자동차관련시설 및 관광휴게시설	해당 용도의 바닥면적 **100[m^2]마다** 능력단위 1단위 이상
4. 그 밖의 것	해당 용도의 바닥면적 200[m^2]마다 능력단위 1단위 이상

(주) 소화기구의 능력단위를 산출함에 있어서 건축물의 **주요구조부**가 **내화구조**이고, 벽 및 반자의 실내에 면하는 부분이 **불연재료**·준불연재료 또는 난연재료로 된 소방대상물에 있어서는 위 표의 **기준면적의 2배**를 당해 소방대상물의 기준면적으로 한다.

∴ 당해 용도의 바닥면적 100[m^2]마다(능력단위 1단위 이상)
⇒ 주요구조부가 내화구조이므로 200[m^2]이다. 면적이 1,300[m^2]÷200[m^2]=6.5⇒ 7단위

63

분말소화설비의 저장용기 내부압력이 설정압력이 될 때 주밸브를 개방하는 것은?

① 한시계전기 ② 지시압력계
③ 압력조정기 ④ 정압작동장치

해설 **정압작동장치** : 분말소화설비의 저장용기 내부압력이 설정압력이 될 때 주밸브를 개방하는 장치

64

다음 소방대상물 중 스프링클러설비가 적용되는 곳은?

① 제3류 위험물 금수성 물품
② 제1류 위험물 알칼리금속의 과산화물
③ 제6류 위험물
④ 제2류 위험물 철분, 금속분, 마그네슘

정답 61 ③ 62 ① 63 ④ 64 ③

해설 소화설비의 적응성(위험물안전관리법 시행규칙 별표 17)

소화설비의 구분		대상물 구분											
		건축물·그 밖의 공작물	전기설비	제1류 위험물		제2류 위험물			제3류 위험물		제4류 위험물	제5류 위험물	제6류 위험물
				알칼리금속과산화물 등	그 밖의 것	철분·금속분·마그네슘 등	인화성고체	그 밖의 것	금수성물품	그 밖의 것			
옥내소화전설비 또는 옥외소화전설비		○			○		○	○		○		○	○
스프링클러설비		○			○		○	○		○	△	○	○
물분무등소화설비	물분무소화설비	○	○		○		○	○		○	○	○	○
	포소화설비	○			○		○	○		○	○	○	○
	이산화탄소소화설비		○				○				○		
	할로겐화합물소화설비		○				○				○		
	분말소화설비 - 인산염류 등	○	○		○		○	○			○		○
	분말소화설비 - 탄산수소염류 등		○	○		○	○		○		○		
	분말소화설비 - 그 밖의 것			○		○			○				
기타	물통 또는 수조	○			○		○	○		○		○	○
	건조사			○	○	○	○	○	○	○	○	○	○
	팽창질석 또는 팽창진주암			○	○	○	○	○	○	○	○	○	○

65

물분무소화설비에서 소화효과는 무엇인가?

① 냉각작용, 질식작용, 희석작용, 유화작용
② 냉각작용, 응축작용, 희석작용, 유화작용
③ 냉각작용, 질식작용, 희석작용, 기름작용
④ 냉각작용, 질식작용, 분말작용, 응축작용

해설 **물분무소화설비의 소화효과** : 냉각작용, 질식작용, 희석작용, 유화작용

66

예상제연구역 바닥면적 400[m²] 미만 거실의 공기유입구 출구간의 직선거리로서 맞는 것은?(단, 제연경계에 의한 구획을 제외한다)

① 2[m] 이상　　② 3[m] 이상
③ 5[m] 이상　　④ 10[m] 이상

해설 **예상제연구역에 설치되는 공기유입구의 설치기준**

- 바닥면적 400[m²] 미만의 거실인 예상제연구역에 대하여서는 바닥 외의 장소에 설치하고 공기유입구와 배출구간의 직선거리는 **5[m] 이상**으로 할 것. 다만, 공연장·집회장·위락시설의 용도로 사용되는 부분의 바닥면적이 200[m²]를 초과하는 경우의 공기유입구는 아래의 기준에 따른다.
- 바닥면적이 400[m²] 이상의 거실인 예상제연구역에 대하여는 바닥으로부터 1.5[m] 이하의 높이에 설치하고 그 주변 2[m] 이내에는 가연성 내용물이 없도록 할 것

67

포소화설비에 대한 다음 설명 중 맞는 것은?

① 포워터 스프링클러헤드는 바닥면적 8[m²]당 1개 이상 설치해야 한다.
② 정방형으로 포헤드를 설치하는 경우 유효반경은 2.3[m]로 한다.
③ 주차장에 포소화전을 설치할 때 호스함은 방수구로 5[m] 이내에 설치한다.
④ 고발포용 고정포방출구는 바닥면적 600[m²]마다 1개 이상을 설치한다.

해설 **포소화설비의 설치기준**

- **포헤드의 설치기준**
  - **포워터스프링클러헤드**는 특정소방대상물의 천장 또는 반자에 설치하되, **바닥면적 8[m²]마다** 1개 이상 설치
  - **포헤드**는 특정소방대상물의 천장 또는 반자에 설치하되, **바닥면적 9[m²]마다** 1개 이상 설치
- **포헤드 상호 간의 거리**
  - **정방형**으로 배치한 경우

$$S = 2r \times \cos 45^{\circ}$$

S : 포헤드 상호 간의 거리[m]
r : 유효반경(2.1[m])

65 ① 66 ③ 67 ① 정답

$\therefore\ S = 2r \times \cos 45° = 2 \times 2.1 \times \cos 45° = 2.97[\mathrm{m}]$

– **장방형**으로 배치한 경우

$$P_t = 2r$$

P_t : 대각선의 길이[m]

r : 유효반경(2.1[m])

– 차고나 주차장에 호스릴 또는 호스를 호스릴포방수구 또는 포소화전방수구로 분리하여 비치하는 때에는 그로부터 **3[m] 이내**의 거리에 **호스릴함** 또는 **호스함**을 설치할 것

– 고발포용 **고정포방출구**는 **바닥면적 500[m^2]마다 1개 이상**으로 하여 방호대상물의 화재를 유효하게 소화할 수 있도록 할 것

68

지하구의 길이가 1,000[m]인 경우 연소방지설비의 살수구역은 최소 몇 개로 하여야 하며, 하나의 살수구역의 길이는 몇 [m] 이상으로 해야 하는가?

① 살수구역수 : 3개, 살수구역길이 : 3[m] 이상
② 살수구역수 : 2개, 살수구역길이 : 30[m] 이상
③ 살수구역수 : 3개, 살수구역길이 : 25[m] 이상
④ 살수구역수 : 2개, 살수구역길이 : 25[m] 이상

해설 살수구역은 환기구 등을 기준으로 지하구의 길이방향으로 **350[m] 이내마다 1개 이상 설치**하되, 하나의 **살수구역**의 **길이**는 **3[m] 이상**으로 할 것

$\therefore$ 살수구역수 $= \dfrac{1{,}000[\mathrm{m}]}{350[\mathrm{m}]} = 2.86 \Rightarrow 3$구역

69

난방설비가 없는 교육장소(겨울 최저온도 : −15[℃])에 비치하는 소화기로 적합한 것은?

① 화학포소화기
② 기계포소화기
③ 산알칼리소화기
④ ABC분말소화기

해설 영하 15[℃]에서는 ABC분말소화기와 강화액소화기가 적합하다(사용온도 : −20~40[℃]).

70

포소화설비에서 수성막포(A.F.F.F)소화약제를 사용할 경우 사용약제에 대한 설명 중 잘못된 것은?

① 플루오린계 계면활성제의 일종이다.
② 질식과 냉각작용에 의하여 소화하며 내열성, 내포화성이 높다.
③ 단백포와 섞어서 저장할 수 있으며 병용할 경우 그 소화력이 매우 우수하다.
④ 원액이든 수용액이든 다른 포액보다 장기 보존성이 높다.

해설 수성막포(A.F.F.F) 소화약제는 분말소화약제와 혼용이 가능하다.

71

이산화탄소 소화설비의 저장용기 개방밸브에 대해서 옳지 않은 것은?

① 보통 기온의 변화와 진동에 안전하여 새지 않는 구조로 되어 있다.
② 전자밸브나 가스압에 의해 즉시 열릴 수 있다.
③ 다른 밸브와 같이 개방 후 자동으로 닫히게 되어 있다.
④ 개방된 후에는 즉시 닫을 수 있다.

해설 저장용기 개방밸브는 전기식·가스압력식 또는 기계식에 따라 자동으로 개방되고 수동으로도 개방되는 것으로서 안전장치가 부착된 것으로 하여야 한다. 그리고 개방 후에는 수동으로 닫아야 한다.

72

사강식 구조대 점검사항 중 틀린 사항은 어느 것인가?

① 유도로프의 모래주머니 모래는 새지 않는가
② 수납상자에서 용이하게 꺼낼 수 있는가
③ 범포지의 봉사는 풀린 곳이 없나
④ 피난기구의 위치표시 및 소화기구가 설치되어 있는가

해설 소화기는 소화기 설치기준에 따라 설치하는데 구조대가 설치된 장소에는 꼭 설치할 필요는 없다.

정답 68 ① 69 ④ 70 ③ 71 ③ 72 ④

73

물분무소화설비가 적용되지 않는 위험물은 어느 것인가?

① 제5류 위험물
② 제4류 위험물
③ 제1석유류
④ 알칼리금속의 과산화물

해설 알칼리금속의 과산화물(K_2O_2, Na_2O_2)은 탄산수소염류 분말약제, 마른모래가 적합하고 수계소화설비는 물과 반응하면 산소를 발생하므로 위험하다.

74

그림과 같은 소방대상물의 부분에 완강기를 설치할 경우 부착 금속구의 부착 위치로서 가장 적합한 곳은 다음 중 어느 위치인가?

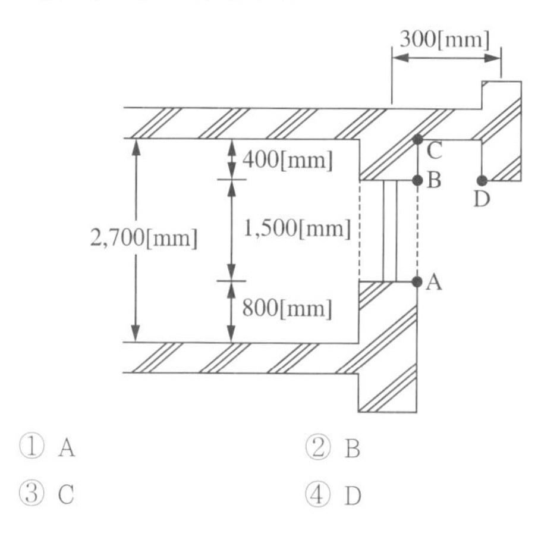

① A　② B
③ C　④ D

해설 피난기구를 설치하는 개구부는 서로 동일 직선상이 아닌 위치에 있을 것(아파트는 제외)

> 개구부가 동일직선상에 있으면 대피 시 서로가 방해가 되므로 안전한 장소 D가 적합하다.

75

이산화탄소소화설비의 화재안전기준상 이산화탄소 소화설비의 배관설치 기준으로 적합하지 않은 것은?

① 이음이 없는 동 및 동합금관으로서 고압식은 16.5[MPa]의 압력에 견딜 수 있는 것
② 배관의 호칭구경이 20[mm] 이하인 경우에는 스케줄 20 이상인 것을 사용할 것
③ 고압식의 경우 개폐밸브 또는 선택밸브의 1차측 배관 부속은 호칭압력 4.0[MPa] 이상의 것을 사용할 것
④ 배관은 전용으로 할 것

해설 **배관의 설치기준**

- 배관은 전용으로 할 것
- 강관을 사용하는 경우의 배관은 압력배관용 탄소강관(KS D 3562) 중 스케줄 80(저압식은 스케줄 40) 이상의 것 또는 이와 동등 이상의 강도를 가진 것으로 아연도금 등으로 방식처리된 것을 사용할 것. 다만, 배관의 호칭구경이 **20[mm] 이하인 경우**에는 **스케줄 40 이상**인 것을 사용할 수 있다.
- 동관을 사용하는 경우의 배관은 이음이 없는 동 및 동합금관(KS D 5301)으로서 고압식은 16.5[MPa] 이상, 저압식은 3.75[MPa] 이상의 압력에 견딜 수 있는 것을 사용할 것
- 고압식의 경우 개폐밸브 또는 선택밸브의 2차측 배관부속은 호칭압력 2.0[MPa] 이상의 것을 사용하여야 하며, 1차측 배관부속은 호칭압력 4.0[MPa] 이상의 것을 사용하여야 하고, 저압식의 경우에는 2.0[MPa]의 압력에 견딜 수 있는 배관부속을 사용할 것

76

전역방출방식 분말소화설비에서 방호구역의 개구부에 자동폐쇄장치를 설치하니 아니한 경우에 개구부의 면적 1[m²]에 대한 분말소화약제의 가산량으로 잘못 연결된 것은?

① 제1종 분말 – 4.5[kg]
② 제2종 분말 – 2.7[kg]
③ 제3종 분말 – 2.5[kg]
④ 제4종 분말 – 1.8[kg]

해설 **분말소화약제량과 가산량**

약제의 종류	소화약제량	가산량
제1종 분말	0.60[kg/m³]	4.5[kg/m²]
제2종 또는 제3종 분말	0.36[kg/m³]	2.7[kg/m²]
제4종 분말	0.24[kg/m³]	1.8[kg/m²]

77

상수도소화용수설비의 설치기준 설명으로 맞지 않는 것은?

① 호칭지름 75[mm] 이상의 수도배관에 호칭지름 100[mm] 이상의 소화전을 접속하여야 한다.
② 소화전함은 소화전으로부터 5[m] 이내의 거리에 설치한다.
③ 소화전은 소방자동차 등의 진입이 쉬운 도로변 또는 공지에 설치한다.
④ 소화전은 소방대상물의 수평투영면의 각 부분으로부터 140[m] 이하가 되도록 설치한다.

해설 상수도소화용수설비의 설치기준
- 호칭지름 75[mm] 이상의 수도배관에 호칭지름 100[mm] 이상의 소화전을 접속하여야 한다.
- 소화전은 소방자동차 등의 진입이 쉬운 도로변 또는 공지에 설치하여야 한다.
- 소화전은 소방대상물의 수평투영면의 각 부분으로부터 140[m] 이하가 되도록 설치한다.

78

평면도와 같이 반자가 있는 어느 실내에 전등이나 공조용 디퓨져 등의 시설물에 구애됨이 없이 수평거리를 2.1[m]로 하여 스프링클러헤드를 정방형으로 설치하고자 할 때 최소한 몇 개의 헤드를 설치하면 될 것인가?(단, 반자 속에는 헤드를 설치하지 아니하는 것으로 한다)

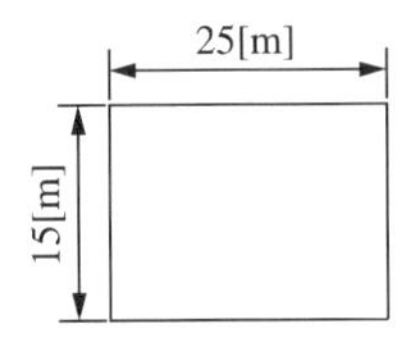

① 24개　　② 54개
③ 72개　　④ 96개

해설 정방형으로 설치할 경우

$$S = 2r\cos\theta$$

∴ $S = 2r\cos\theta = 2\times 2.1[\mathrm{m}]\times\cos 45° = 2.97[\mathrm{m}]$
- 가로 25[m]÷2.97[m] = 8.42 ⇒ 9개
- 세로 15[m]÷2.97[m] = 5.05 ⇒ 6개

∴ 헤드수 = 9개×6개 = 54개

79

스프링클러설비에 설치하는 스트레이너에 대한 설명이다. 옳지 않은 것은?

① 스트레이너는 펌프의 흡입측과 토출측에 설치한다.
② 스트레이너는 배관내의 여과장치의 역할을 한다.
③ 흡입배관에 사용하는 스트레이너는 보통 Y형을 사용한다.
④ 헤드가 막히지 않게 이물질을 제거하기 위한 것이다.

해설 스트레이너는 펌프의 흡입측에 설치한다.

80

연결살수설비의 화재안전기준상 연결살수설비 전용헤드를 사용하는 경우 하나의 배관에 부착하는 살수헤드의 개수가 3개일 때 배관의 구경은 몇 [mm] 이상이어야 하는가?

① 32　　② 40
③ 50　　④ 60

해설 배관구경에 따른 설치 헤드수

하나의 배관에 부착하는 살수헤드의 개수	1개	2개	3개	4개 또는 5개	6개 이상 10개 이하
배관의 구경[mm]	32	40	50	65	80

정답 77 ② 78 ② 79 ① 80 ③

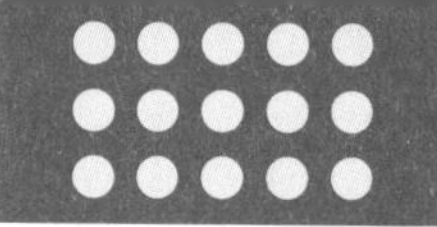

제 2 회 2014년 5월 25일 시행

제 1 과목 소방원론

01

가연성 액체에서 발생하는 증기와 공기의 혼합기체에 불꽃을 대었을 때 연소가 일어나는 최저 온도를 무엇이라 하는가?

① 발화점　② 인화점
③ 연소점　④ 착화점

해설 정 의

- **인화점**(Flash Point) : 휘발성 물질에 불꽃을 접하여 발화될 수 있는 최저의 온도
- 발화점(Ignition Point) : 가연성 물질에 점화원을 접하지 않고도 불이 일어나는 최저의 온도
- 연소점(Fire Point) : 인화성 액체가 공기 중에서 열을 받아 점화원의 존재하에 지속적인 연소를 일으킬 수 있는 최저온도

02

Halon 1211의 성질에 관한 설명으로 틀린 것은?

① 상온, 상압에서 기체이다.
② 전기의 전도성은 없다.
③ 공기보다 무겁다.
④ 짙은 갈색을 나타낸다.

해설 Halon 1211의 성질

- 상온, 상압에서 기체이다.
- 전기의 전도성은 없다.
- 공기보다 무겁다.

03

제3종 분말소화약제의 열분해 시 생성되는 물질과 관계 없는 것은?

① NH_3　② HPO_3
③ H_2O　④ CO_2

해설 분말소화약제의 성상

종 류	주성분	착 색	적응 화재	열분해 반응식
제1종 분말	탄산수소나트륨 ($NaHCO_3$)	백 색	B, C급	$2NaHCO_3 \rightarrow Na_2CO_3 + CO_2 + H_2O$
제2종 분말	탄산수소칼륨 ($KHCO_3$)	담회색	B, C급	$2KHCO_3 \rightarrow K_2CO_3 + CO_2 + H_2O$
제3종 분말	제일인산암모늄 ($NH_4H_2PO_4$)	담홍색 황색	A, B, C급	$NH_4H_2PO_4 \rightarrow HPO_3 + NH_3 + H_2O$
제4종 분말	탄산수소칼륨+요소 [$KHCO_3 + (NH_2)_2CO$]	회 색	B, C급	$2KHCO_3 + (NH_2)_2CO \rightarrow K_2CO_3 + 2NH_3 + 2CO_2$

04

다음 중 조연성 가스에 해당하는 것은?

① 일산화탄소
② 산 소
③ 수 소
④ 부 탄

해설 **조연성 가스** : 자신은 연소하지 않고 연소를 도와주는 가스(산소, 공기)

가연성 가스 : 일산화탄소, 수소, 프로판, 부탄

01 ② 02 ④ 03 ④ 04 ② 정답

05

화재에 대한 설명으로 옳지 않은 것은?

① 인간이 제어하여 인류의 문화, 문명의 발달을 가져오게 한 근본적인 존재를 말한다.
② 불을 사용하는 사람의 부주의와 불안정한 상태에서 발생되는 것을 말한다.
③ 불로 인하여 사람의 신체, 생명 및 재산상의 손실을 가져다주는 재앙을 말한다.
④ 실화, 방화로 발생하는 연소현상을 말하며 사람에게 유익하지 못한 해로운 불을 말한다.

해설 **화재** : 사람의 부주의, 사람에게 유익하지 못한 해로운 불로서 사람의 신체, 생명 및 재산상의 손실을 가져다주는 재앙

06

다음 중 가연물의 제거와 가장 관련이 없는 소화방법은?

① 촛불을 입김으로 불어서 끈다.
② 산불 화재 시 나무를 잘라서 없앤다.
③ 팽창진주암을 사용하여 진화한다.
④ 가스화재 시 중간밸브를 잠근다.

해설 **제거소화**

- 촛불을 입김으로 불어서 끈다.
- 산불 화재 시 화재진행 전방에 나무를 잘라서 없앤다.
- 가스화재 시 중간밸브를 잠근다.

07

위험물 탱크에 압력이 0.3[MPa]이고 온도가 0[℃]인 가스가 들어 있을 때 화재로 인하여 100[℃]까지 가열되었다면 압력은 약 몇 [MPa]인가?(단, 이상기체로 가정한다)

① 0.41 ② 0.52
③ 0.63 ④ 0.74

해설 보일샤를의 법칙을 이용하면

$$P_2 = P_1 \times \frac{T_2}{T_1} \times \frac{V_2}{V_1} = 0.3[\text{MPa}] \times \frac{(100+273)[\text{K}]}{(0+273)[\text{K}]}$$
$$= 0.41[\text{MPa}]$$

08

소화를 하기 위한 사용농도를 알 수 있다면 CO_2 소화약제 사용 시 최소 소화농도를 구하는 식은?

① $CO_2[\%] = 21 \times \left(\frac{100 - O_2[\%]}{100}\right)$
② $CO_2[\%] = \left(\frac{21 - O_2[\%]}{21}\right) \times 100$
③ $CO_2[\%] = 21 \times \left(\frac{O_2[\%]}{100} - 1\right)$
④ $CO_2[\%] = \left(\frac{21 \times O_2[\%]}{100} - 1\right)$

해설 **이산화탄소의 농도**

$$CO_2[\%] = \left(\frac{21 - O_2[\%]}{21}\right) \times 100$$

09

다음 중 pH9 정도의 물을 보호액으로 하여 보호액 속에 저장하는 물질은?

① 나트륨 ② 탄화칼슘
③ 칼 륨 ④ 황 린

해설 **보호액**

- 이황화탄소, **황린 : 물속에 저장**
- 칼륨, 나트륨 : 등유, 경유, 유동파라핀 속에 저장

10

다음 중 인화점이 가장 낮은 물질은?

① 산화프로필렌
② 이황화탄소
③ 메틸알코올
④ 등 유

해설 **제4류 위험물의 인화점**

구 분	산화프로필렌	이황화탄소	메틸알코올	등 유
품 명	특수인화물	특수인화물	알코올유	제2석유류
인화점	-37[℃]	-30[℃]	11[℃]	40~70[℃]

정답 05 ① 06 ③ 07 ① 08 ② 09 ④ 10 ①

11

가연성 가스의 화재 위험성에 대한 설명으로 가장 옳지 않은 것은?

① 연소하한계가 낮을수록 위험하다.
② 온도가 높을수록 위험하다.
③ 인화점이 높을수록 위험하다.
④ 연소범위가 넓을수록 위험하다.

해설 화재 위험성
- 연소하한계가 낮을수록 위험하다.
- 온도가 높을수록 위험하다.
- 인화점이 낮을수록 위험하다.
- 연소범위가 넓을수록 위험하다.

12

화재 시 발생하는 연소가스 중 인체에서 혈액의 산소 운반을 저해하고 두통, 근육조절의 장애를 일으키는 것은?

① CO_2 ② CO
③ HCN ④ H_2S

해설 주요 연소생성물의 영향

가 스	현 상
$COCl_2$ (포스겐)	매우 독성이 강한 가스로서 연소 시에는 거의 발생하지 않으나 사염화탄소약제 사용 시 발생한다.
CH_2CHCHO (아크롤레인)	**석유제품**이나 **유지류**가 연소할 때 생성
SO_2 (아황산가스)	**황을 함유**하는 유기화합물이 **완전연소** 시에 발생
H_2S (황화수소)	**황을 함유**하는 유기화합물이 **불완전연소** 시에 발생 달걀썩는 냄새가 나는 가스
CO_2 (이산화탄소)	연소가스 중 가장 많은 양을 차지, **완전연소 시 생성**
CO (일산화탄소)	**불완전연소** 시에 **다량 발생**, 혈액 중의 헤모그로빈(Hb)과 결합하여 혈액 중의 산소운반 저해하여 사망
HCl (염화수소)	PVC와 같이 염소가 함유된 물질의 연소 시 생성

13

소화작용을 크게 4가지로 구분할 때 이에 해당하지 않는 것은?

① 질식소화 ② 제거소화
③ 가압소화 ④ 냉각소화

해설 소화의 종류
- 냉각소화 : 화재현장에 물을 주수하여 발화점 이하로 온도를 낮추어 소화하는 방법
- 질식소화 : 공기 중의 산소의 농도를 21[%]에서 15[%] 이하로 낮추어 소화하는 방법
- 제거소화 : 화재현장에서 가연물을 없애주어 소화하는 방법
- 화학소화(부촉매효과) : 연쇄반응을 차단하여 소화하는 방법
- 희석소화 : 알코올, 에테르, 에스테르, 케톤류 등 수용성 물질에 다량의 물을 방사하여 가연물의 농도를 낮추어 소화하는 방법
- 유화효과 : 물분무소화설비를 중유에 방사하는 경우 유류표면에 엷은 막으로 유화층을 형성하여 화재를 소화하는 방법
- 피복효과 : 이산화탄소약제 방사 시 가연물의 구석까지 침투하여 피복하므로 연소를 차단하여 소화하는 방법

14

다음 중 이산화탄소의 3중점에 가장 가까운 온도는?

① −48[℃] ② −57[℃]
③ −62[℃] ④ −75[℃]

해설 이산화탄소의 3중점 : −56.3[℃]

15

다음 중 Flash Over를 가장 옳게 표현한 것은?

① 소화현상의 일종이다.
② 건물 외부에서 연소가스의 소멸현상이다.
③ 실내에서 폭발적인 화재의 확대현상이다.
④ 폭발로 인한 건물의 붕괴현상이다.

해설 Flash Over
- 폭발적인 착화현상
- 순발적인 연소확대현상

11 ③ 12 ② 13 ③ 14 ② 15 ③ **정답**

16

내화건축물과 비교한 목조건축물 화재의 일반적인 특징을 옳게 나타낸 것은?

① 고온, 단시간형
② 저온, 단시간형
③ 고온, 장시간형
④ 저온, 장시간형

해설 건축물의 화재성상
- **내화건축물**의 화재성상 : **저온, 장기형**
- **목조건축물**의 화재성상 : **고온, 단기형**

17

동식물유류에서 "아이오딘값이 크다"라는 의미를 옳게 설명한 것은?

① 불포화도가 높다.
② 불건성유이다.
③ 자연발화성이 낮다.
④ 산소와의 결합이 어렵다.

해설 동식물유류

구 분	아이오딘값	반응성	불포화도	종 류
건성유	130 이상	크다	크다	해바라기유, 동유, 아마인유, 들기름, 정어리기름
반건성유	100~130	중간	중간	채종유, 목화씨기름, 참기름, 콩기름
불건성유	100 이하	적다	적다	야자유, 올리브유, 피마자유, 동백유

18

다음 중 내화구조에 해당하는 것은?

① 두께 1.2[cm] 이상의 석고판 위에 석면 시멘트판을 붙인 것
② 철근콘크리트조의 벽으로서 두께가 10[cm] 이상인 것
③ 철망모르타르로서 그 바름 두께가 2[cm] 이상인 것
④ 심벽에 흙으로 맞벽치기 한 것

해설 방화구조
- 철망모르타르로서 그 바름두께가 2[cm] 이상인 것
- 석고판 위에 시멘트모르타르 또는 회반죽을 바른 것으로서 그 두께의 합계가 2.5[cm] 이상인 것
- 심벽에 흙으로 맞벽치기한 것

> **[내화구조]**
> **철근콘크리트조** 또는 철골·철근콘크리트조의 벽으로서 두께가 **10[cm] 이상**인 것

19

연기의 감광계수[m^{-1}]에 대한 설명으로 옳은 것은?

① 0.5는 거의 앞이 보이지 않을 정도이다.
② 10은 화재 최성기 때의 농도이다.
③ 0.5는 가시거리가 20~30[m] 정도이다.
④ 10은 연기감지기가 작동하기 직전의 농도이다.

해설 연기농도와 가시거리

감광계수	가시거리[m]	상 황
0.1	20~30	**연기감지기**가 **작동**할 때의 정도
0.3	5	건물 내부에 익숙한 사람이 피난에 지장을 느낄 정도
0.5	3	어둠침침한 것을 느낄 정도
1	1~2	거의 앞이 보이지 않을 정도
10	0.2~0.5	**화재 최성기** 때의 정도

20

열전달의 대표적인 3가지 방법에 해당되지 않는 것은?

① 전 도
② 복 사
③ 대 류
④ 대 전

해설 **열전달** : 전도, 대류, 복사

정답 16 ① 17 ① 18 ② 19 ② 20 ④

제 2 과목 소방유체역학

21

관 내에 흐르는 유체의 흐름을 구분하는 데 사용되는 레이놀즈수의 물리적인 의미는?

① 관성력/중력 ② 관성력/탄성력
③ 관성력/점성력 ④ 관성력/압축력

해설 무차원식의 관계

명 칭	무차원식	물리적 의미
레이놀즈수	$Re = \frac{Du\rho}{\mu} = \frac{Du}{\nu}$	$Re = \frac{관성력}{점성력}$
오일러수	$Eu = \frac{\Delta P}{\rho u^2}$	$Eu = \frac{압축력}{관성력}$
웨버수	$We = \frac{\rho L U^2}{\sigma}$	$We = \frac{관성력}{표면장력}$
코시수	$Ca = \frac{\rho u^2}{K}$	$Ca = \frac{관성력}{탄성력}$
마하수	$Ma = \frac{u}{c}$ (c : 음속)	$Ma = \frac{유속}{음속}$
프루드수	$Fr = \frac{u}{\sqrt{gL}}$	$Fr = \frac{관성력}{중력}$

22

역카르노 냉동사이클이 1,800[kW]의 냉동효과를 나타내며 냉동실 내부온도는 270[K]로 유지된다. 이 사이클이 300[K]인 주위에 열에너지를 방출할 경우 냉동사이클에 요구되는 동력은 몇 [kW]인가?

① 200 ② 300
③ 500 ④ 1,200

해설 동 력

- 성적계수 $\epsilon = \frac{T_2}{T_1 - T_2} = \frac{270}{300-270} = 9$
- 동력 $Q_1 = \left(\frac{1+\epsilon}{\epsilon}\right) \times Q_2 = \left(\frac{1+9}{9}\right) \times 1,800[\mathrm{kW}]$
  $= 2,000[\mathrm{kW}]$
- 방출할 경우 동력
  $A W = Q_1 - Q_2 = 2,000[\mathrm{kW}] - 1,800[\mathrm{kW}]$
  $= 200[\mathrm{kW}]$

23

절대압력을 가장 적절히 표현한 것은?

① 절대압력 = 대기압력 + 게이지압력
② 절대압력 = 대기압력 − 게이지압력
③ 절대압력 = 표준대기압력 + 게이지압력
④ 절대압력 = 표준대기압력 − 게이지압력

해설 절대압력 = 대기압력 + 게이지압력 = 대기압력 − 진공

24

하겐-포아젤(Hagen-Poiseuille)식에 관한 설명으로 옳은 것은?

① 수평 원관 속의 난류 흐름에 대한 유량을 구하는 식이다.
② 수평 원관 속의 층류 흐름에서 레이놀즈수와 유량과의 관계식이다.
③ 수평 원관 속의 층류 및 난류 흐름에서 마찰손실을 구하는 식이다.
④ 수평 원관 속의 층류 흐름에서 유량, 관경, 점성계수, 길이, 압력강하 등의 관계식이다.

해설 하겐-포아젤(Hagen-Poiseuille)식 : 수평 원관 속의 층류 흐름에서 유량, 관경, 점성계수, 길이, 압력강하 등의 관계식이다.

$$H = \frac{\Delta P}{\gamma} = \frac{128 \mu l Q}{r \pi d^4}$$

25

반지름이 같은 4분원 모양의 두 수문 AB와 CD에 작용하는 단위폭당 수직정수력의 크기의 비는?(단, 대기압은 무시하며 물속에서 A와 C의 압력은 같다)

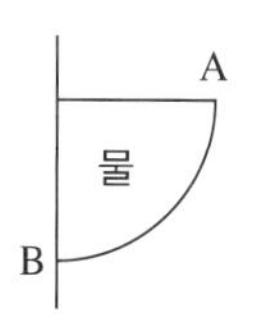

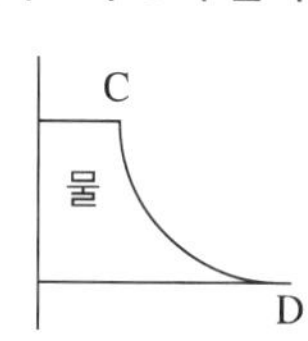

① 1 : 1 ② $1 : \left(1 - \frac{\pi}{4}\right)$
③ $1 : \frac{2}{3}$ ④ $\left(1 - \frac{\pi}{4}\right) : 1$

해설 수직정수력(F)

- CD에 작용하는 수직정수력은 곡면 CD 위의 가상의 물 무게에 해당한다.
- 수직정수력(F)

$$F=\gamma V=\gamma\times\left(\frac{\pi}{4}\times r^2\right)\times b[\mathrm{N}]$$

여기서, 물의 비중량 $\gamma[\mathrm{N/m^3}]$, 체적 $V[\mathrm{m^3}]$, 반지름 $r[\mathrm{m}]$, 폭 $b[\mathrm{m}]$

- 반지름(r)이 같고 물속에서 A와 C의 압력이 같으므로 AB에 작용하는 수직정수력과 CD에 작용하는 정수력은 같다.

$\therefore\ F_{AB}:F_{CD}=1:1$이다.

26

압력(P_1)이 100[kPa], 온도(T_1)가 300[K]인 이상기체가 "$PV^{1.4}$=일정"인 폴리트로픽 과정을 거쳐 압력(P_2)이 400[kPa]까지 압축된다. 최종상태의 온도(T_2)는 얼마인가?

① 300[K] ② 446[K]
③ 535[K] ④ 644[K]

해설 $\frac{T_2}{T_1}=\left(\frac{P_2}{P_1}\right)^{\frac{n-1}{n}}=\left(\frac{V_1}{V_2}\right)^{n-1}$에서 압축 후의 온도

$$T_2=T_1\times\left(\frac{P_2}{P_1}\right)^{\frac{n-1}{n}}=300\times\left(\frac{400}{100}\right)^{\frac{1.4-1}{1.4}}$$
$$=445.8[\mathrm{K}]$$

27

캐비테이션에 관한 설명으로 옳은 것은?

① 캐비테이션은 물의 온도가 낮거나 흡입거리가 길수록 발생하기 쉽다.
② 원심펌프의 경우 캐비테이션 발생의 가장 큰 원인은 깃 이면의 압력강하이다.
③ 공동현상은 펌프의 설치 위치와 관계없이 임펠러의 속도증가로 인한 압력강하에 기인한다.
④ 원심펌프의 공동현상을 방지하기 위해서는 펌프의 회전수를 낮추고 단흡입펌프로 교체한다.

해설 캐비테이션

- 캐비테이션은 물의 온도가 높거나 흡입거리가 길수록 발생하기 쉽다.
- 원심펌프의 경우 캐비테이션 발생의 가장 큰 원인은 깃 이면의 압력강하이다.
- 펌프의 설치 위치를 낮추고 임펠러 속도(회전수)를 낮게 하면 방지할 수 있다.
- 양흡입펌프로 하면 공동현상을 방지할 수 있다.

28

외부표면의 온도가 24[℃], 내부표면의 온도가 24.5[℃]일 때 높이 1.5[m], 폭 1.5[m], 두께 0.5[cm]인 유리창을 통한 열전달률은 얼마인가?(단, 유리창의 열전도율(K)은 0.8[W/m · K]이다)

① 180[W] ② 200[W]
③ 1,800[W] ④ 18,000[W]

해설 열전달률

$$q=\frac{\lambda}{l}A(t_2-t_1)$$
$$=\frac{0.8}{0.005}\times(1.5[\mathrm{m}]\times1.5[\mathrm{m}])\times(297.5-297)$$
$$=180[\mathrm{W}]$$

29

오일러의 운동방정식은 유체운동에 대하여 어떠한 관계를 표시하는가?

① 유체입자의 운동경로와 힘의 관계를 나타낸다.
② 유선에 따라 유체의 질량이 어떻게 변화하는가를 표시한다.
③ 유체가 가지는 에너지와 이것이 하는 일과 관계를 표시한다.
④ 비점성 유동에서 유선상의 한 점을 통과하는 유체입자의 가속도와 그것에 미치는 힘과 관계를 표시한다.

해설 오일러의 운동방정식은 비점성 유동에서 유선상의 한 점을 통과하는 유체입자의 가속도와 그것에 미치는 힘과 관계를 표시한다.

정답 26 ② 27 ② 28 ① 29 ④

30

펌프에 의하여 유체에 실제로 주어지는 동력은?(단, L_w : 동력[kW], γ : 물의 비중량[N/m³], Q : 토출량[m³/min], H : 전양정[m], g : 중력가속도[m/s²])

① $L_w = \dfrac{\gamma QH}{102 \times 60}$　② $L_w = \dfrac{\gamma QH}{1{,}000 \times 60}$

③ $L_w = \dfrac{\gamma QHg}{102 \times 60}$　④ $L_w = \dfrac{\gamma QHg}{1{,}000 \times 60}$

해설 • 전동기 용량

$$P[\text{kW}] = \frac{\gamma \times Q \times H}{102 \times \eta} \times K$$

여기서, γ : 물의 비중량[kg$_f$/m³]
Q : 방수량[m³/s]
H : 펌프의 양정[m]
K : 전달계수(여유율)
η : Pump의 효율

$$P[\text{kW}] = \frac{\gamma \times Q \times H}{102 \times 9.8 \times 60 \times \eta} \times K = \frac{\gamma \times Q \times H}{1{,}000 \times 60 \times \eta} \times K$$

여기서, γ : 물의 비중량[N/m³]
1[kgf] = 9.8[N]
Q : 방수량[m³/min]
H : 펌프의 양정[m]
K : 전달계수(여유율)
η : Pump의 효율

$$P[\text{kW}] = \frac{0.163 \times Q \times H}{\eta} \times K$$

여기서, $0.163 = \dfrac{1{,}000}{102 \times 60}$
Q : 방수량[m³/min]
H : 펌프의 양정[m]
K : 전달계수(여유율)
η : 펌프의 효율

• **축동력** : 전달계수를 무시하는 동력

$$P[\text{kW}] = \frac{\gamma \times Q \times H}{102 \times \eta}$$

여기서, γ : 물의 비중량(1,000[kg$_f$/m³])
Q : 방수량[m³/s]
H : 펌프의 양정[m]
η : Pump의 효율

• **수동력** : 전달계수와 펌프의 효율을 무시하는 동력

$$P[\text{kW}] = \frac{\gamma \times Q \times H}{102}$$

여기서, γ : 물의 비중량(1,000[kg$_f$/m³])
Q : 방수량[m³/s]
H : 펌프의 양정[m]

[단위 참고]
1[kW] = 102[kg$_f$ · m/s]
1[HP] = 76[kg$_f$ · m/s]
1[PS] = 75[kg$_f$ · m/s]
1[HP] = 0.745[kW]

31

수평으로 놓인 관로에서 입구의 관 지름이 65[mm], 유속이 2.5[m/s]이며 출구의 관 지름이 40[mm]라고 한다. 입구에서의 압력이 350[kPa]이라면 출구에서의 압력은 약 몇 [kPa]인가?(단, 마찰손실은 무시하고 유체의 밀도는 1,000[kg/m³]로 한다)

① 311　② 321
③ 331　④ 341

해설 u_1이 2.5[m/s]이므로 u_2의 유속을 구하면

$$u_2 = u_1 \times \left(\frac{D_1}{D_2}\right)^2 = 2.5 \times \left(\frac{65}{40}\right)^2 = 6.6[\text{m/s}]$$

수정 베르누이 방정식을 적용하면

$$\frac{u_1^2}{2g} + \frac{p_1}{\gamma} + Z_1 = \frac{u_2^2}{2g} + \frac{p_2}{\gamma} + Z_2$$

$$\frac{(2.5)^2}{2 \times 9.8} + \frac{350 \times 1{,}000[\text{N/m}^2]}{9{,}800[\text{N/m}^3]} = \frac{(6.6)^2}{2 \times 9.8} + \frac{p_2}{9{,}800[\text{N/m}^3]} + 0$$

$\therefore p_2 = 331{,}345[\text{N/m}^2] = 331.35[\text{kN/m}^2 = \text{kPa}]$

32

그림과 같은 면적 A_1인 원형관의 출구에 노즐이 볼트로 연결되어 있으며 노즐 끝의 면적은 A_2이고 노즐 끝(2 지점)에서의 물의 속도는 V, 물의 밀도는 ρ이다. 볼트 전체에 작용하는 힘이 F_B일 때 1 지점에서의 압력(게이지압력)을 구하는 식은?

30 ② 31 ③ 32 ② 정답

① $\dfrac{F_B}{A_1} - \rho V^2\left(1+\dfrac{A_2}{A_1}\right)$

② $\dfrac{F_B}{A_1} + \rho V^2\left(1-\dfrac{A_2}{A_1}\right)\dfrac{A_2}{A_1}$

③ $\dfrac{F_B}{A_1} - \rho V^2\left(1-\dfrac{A_1}{A_2}\right)$

④ $\dfrac{F_B}{A_1} - \rho V^2\left(1-\dfrac{A_2}{A_1}\right)\dfrac{A_2}{A_1}$

해설 1 지점에서의 압력(게이지압력)

$$P = P_1 + P_2$$

여기서, P_1 : 볼트에 작용하는 압력,
P_2 : 노즐의 반발력에 작용하는 압력

• P_1을 구하면

$$\text{압력 } P = \frac{F(\text{힘})}{A(\text{면적})}$$

$\therefore P_1 = \dfrac{F_B}{A_1}$

• P_2을 구하면

– 유량 $Q = A_1 V_1 = A_2 V_2$, $V_2 = V$에서

$$V_1 = \frac{A_2}{A_1} V_2 = \frac{A_2}{A_1} V$$

– 노즐의 반발력

$$F = \rho Q(V_2 - V_1) = \rho Q\left(V - \frac{A_2}{A_1}V\right)$$

$$= \rho A_2 V\left(V - \frac{A_2}{A_1}V\right) = \rho A_2 V^2\left(1-\frac{A_2}{A_1}\right)$$

∴ 노즐의 반발력에 대한 압력

$$P_2 = \rho V^2\left(1-\frac{A_2}{A_1}\right)\frac{A_2}{A_1}$$

• 1 지점에서의 압력(게이지압력)

$$\therefore P = P_1 + P_2 = \frac{F_B}{A_1} + \rho V^2\left(1-\frac{A_2}{A_1}\right)\frac{A_2}{A_1}$$

33

고가수조의 높이는 해발 250[m]이고 수조로부터 물을 공급받는 소화전은 해발 200[m]이다. 연결배관에 흐름이 없다고 가정하고 물의 온도가 20[℃]일 때 소화전에서의 정수압력은 약 몇 [kPa]인가?(단, 물의 비중량은 20[℃]에서 9.8[kN/m³]이다)

① 245 ② 490
③ 1,960 ④ 2,450

해설 정수압력

$$\frac{(250-200)[\text{m}]}{10.332[\text{m}]} \times 101.325[\text{kPa}] = 490.35[\text{kPa}]$$

34

체적탄성계수가 2.1475×10^9[Pa]인 물의 체적을 0.25[%] 압축시키려면 몇 [Pa]의 압력이 필요한가?

① 4.93×10^5 ② 6.75×10^5
③ 4.23×10^6 ④ 5.37×10^6

해설 체적탄성계수

$$K = \left(-\frac{\Delta P}{\Delta V/V}\right) = \frac{1}{\beta}\ (\text{압축률 } \beta = \frac{1}{K})$$

압력변화

$$\Delta P = -K\frac{\Delta V}{V} = -2.1475 \times 10^9[\text{Pa}] \times (-0.0025)$$

$$= 5,368,750 = 5.37 \times 10^6[\text{Pa}]$$

35

그림과 같은 물탱크에서 원형형상의 출구를 통해 물이 유출되고 있다. 출구의 형상을 동일한 단면적의 사각형으로 변경했을 때 유출되는 유량의 변화는?(단, 사각 및 원형 형상 출구의 손실계수는 각각 0.5 및 0.04이다)

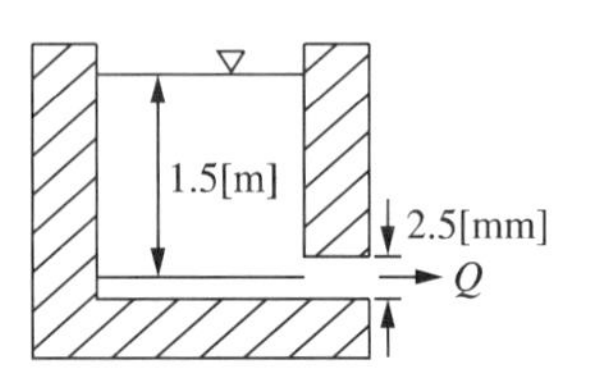

정답 33 ② 34 ④ 35 ②

① 0.00044[m³/s]만큼 증가한다.
② 0.00044[m³/s]만큼 감소한다.
③ 0.00088[m³/s]만큼 증가한다.
④ 0.00088[m³/s]만큼 감소한다.

해설 베르누이방정식과 부차적 손실계수를 이용하면

• 베르누이 방정식

$$\frac{P_1}{\gamma}+\frac{u_1^2}{2g}+z_1=\frac{P_2}{\gamma}+\frac{u_2^2}{2g}+z_2+h_L$$

• 부차적 손실계수 $h_L=K\frac{u_2^2}{2g}$

• 원형일 때 유량(Q_1)을 구하면
- 문제에서 보면

$P_1=P_2$, $u_1=0$, $z_1-z_2=h=1.5[\text{m}]$

$$0+0+h=0+\frac{u_2^2}{2g}+K\frac{u_2^2}{2g}$$

$$1.5=\frac{u_2^2}{2\times9.8}+0.04\times\frac{u_2^2}{2\times9.8}$$

유속 $u=\sqrt{\frac{2\times9.8\times1.5}{1.04}}=5.317[\text{m/s}]$

$\therefore$ 유량 $Q_1=Au=\frac{\pi}{4}\times(0.025[\text{m}])^2\times5.317[\text{m/s}]$

$=2.61\times10^{-3}[\text{m}^3/\text{s}]$

• 사각형일 때 유량(Q_2)을 구하면
- 문제에서 보면

$P_1=P_2$, $u_1=0$, $z_1-z_2=h=1.5[\text{m}]$

$$1.5=\frac{u_2^2}{2\times9.8}+0.5\times\frac{u_2^2}{2\times9.8}$$

유속 $u=\sqrt{\frac{2\times9.8\times1.5}{1.5}}=4.427[\text{m/s}]$

원형의 단면적과 사각형의 단면적이 같으므로

$\therefore$ 유량 $Q_2=Au=\frac{\pi}{4}\times(0.025[\text{m}])^2\times4.427[\text{m/s}]$

$=2.173\times10^{-3}[\text{m}^3/\text{s}]$

• 유출되는 유량의 변화

$\therefore$ 유량 $Q=Q_2-Q_1$

$=2.173\times10^{-3}-2.61\times10^{-3}$

$=-4.37\times10^{-4}=-0.000437[\text{m}^3/\text{s}]$

(- 부호는 유량이 감소되었음을 나타낸다)

36

축소 확대 노즐에서 노즐 안을 포화증기가 가역단열 과정으로 흐른다. 유동 중 엔탈피의 감소는 462[kJ/kg]이고 입구에서의 속도가 무시할 정도로 작다면 노즐 출구에서의 속도는 몇 [m/s]인가?

① 30　　② 49
③ 678　　④ 961

해설 노즐 출구에서의 속도

$$V_2=\sqrt{\frac{2g}{A}(h_1-h_2)}=91.48\sqrt{h_1-h_2}$$

여기서, h_1-h_2를 구하면

462[kJ/kg]을 [kcal/kg]으로 환산하면

1[kcal] = 4.184[kJ]

$\frac{462}{4.184}=110.42[\text{kcal/kg}]$

$\therefore V_2=91.48\sqrt{h_1-h_2}=91.48\sqrt{110.42}$

$=961.28[\text{m/s}]$

37

일반적인 유체에 관한 설명으로 옳지 않은 것은?

① 작은 전단력에도 저항하지 못하고 쉽게 변형한다.
② 유체가 정지상태에 있을 때에는 전단력을 받지 않는다.
③ 일반적으로 액체의 전단력은 온도가 올라갈수록 증가한다.
④ 유체에 작용하는 압력은 절대압력과 계기압력으로 구분할 수 있다.

해설 유 체

• 작은 전단력에도 저항하지 못하고 쉽게 변형한다.
• 유체가 정지상태에 있을 때에는 전단력을 받지 않는다.
• 유체에 작용하는 압력은 절대압력과 계기압력으로 구분할 수 있다.

36 ④ 37 ③ 정답

38

비중 0.92인 빙산이 비중 1.025의 바닷물 수면에 떠 있다. 수면 위에 나온 빙산의 체적이 150[m^3]이면 빙산의 전체적은 몇 [m^3]인가?

① 1,314 ② 1,464
③ 1,725 ④ 1,875

해설 빙산의 전체적을 V라 하면

$\gamma_1 V = \gamma_2 (V - V_0)$

$0.92V = 1.025(V - 150)$

$0.92V = 1.025V - 153.75$

$153.75 = 1.025V - 0.92V$

$153.75 = 0.105V$

$\therefore V = 1{,}464[\mathrm{m}^3]$

39

2단식 터보팬을 6,000[rpm]으로 회전시킬 경우 풍량은 0.5[m^3/min], 축동력은 0.049[kW]이었다. 만약, 터보팬의 회전수를 8,000[rpm]으로 바꾸어 회전시킬 경우 축동력은 몇 [kW]인가?

① 0.0207 ② 0.207
③ 0.116 ④ 1.161

해설 펌프의 상사법칙

- 유량 $Q_2 = Q_1 \times \dfrac{N_2}{N_1} \times \left(\dfrac{D_2}{D_1}\right)^3$
- 전양정(수두) $H_2 = H_1 \times \left(\dfrac{N_2}{N_1}\right)^2 \times \left(\dfrac{D_2}{D_1}\right)^2$
- 동력 $P_2 = P_1 \times \left(\dfrac{N_2}{N_1}\right)^3 \times \left(\dfrac{D_2}{D_1}\right)^5$

여기서, N : 회전수[rpm], D : 내경[mm]

$$\therefore P_2 = P_1 \times \left(\frac{N_2}{N_1}\right)^3$$

$$= 0.049[\mathrm{kW}] \times \left(\frac{8{,}000[\mathrm{rpm}]}{6{,}000[\mathrm{rpm}]}\right)^3$$

$$= 0.116[\mathrm{kW}]$$

40

풍동에서 유속을 측정하기 위하여 피토 정압관을 사용하였다. 이때 비중이 0.8인 알코올의 높이 차가 10[cm]가 되었다. 압력이 101.3[kPa]이고 온도가 20[℃]일 때 풍동에서 공기의 속도는 몇 [m/s]인가? (단, 공기의 기체상수는 287[N · m/kg · K]이다)

① 26.5 ② 28.5
③ 29.4 ④ 36.1

해설 공기의 속도

$$u = c\sqrt{2gh\left(\frac{S_o}{S} - 1\right)}$$

여기서, c : 상수, h : 높이
S_o : 알코올 비중, S : 공기비중

$$\text{공기비중 } S = \frac{P}{RT} = \frac{101.3 \times 10^3}{287 \times (273+20)[\mathrm{K}]}$$

$$= 1.2[\mathrm{kg/m^3}]$$

∴ 공기의 속도

$$u = 1 \times \sqrt{2 \times 9.8 \times 0.1\left(\frac{0.8 \times 1{,}000}{1.2} - 1\right)}$$

$$= 36.12[\mathrm{m/s}]$$

제 3 과목 소방관계법규

41

공동 소방안전관리자 선임대상 특정소방대상물의 기준으로 옳은 것은?

① 복합건축물로서 연면적이 1,000[m^2] 이상인 것 또는 층수가 10층 이상인 것
② 복합건축물로서 연면적이 2,000[m^2] 이상인 것 또는 층수가 10층 이상인 것
③ 복합건축물로서 연면적이 3,000[m^2] 이상인 것 또는 층수가 5층 이상인 것
④ 복합건축물로서 연면적이 5,000[m^2] 이상인 것 또는 층수가 5층 이상인 것

정답 38 ② 39 ③ 40 ④ 41 ④

해설 공동소방안전관리 특정소방대상물
- **고층건축물**(지하층을 제외한 11층 이상)
- **지하가**
- **복합건축물**로서 연면적이 **5,000[m^2] 이상** 또는 **5층 이상**
- 판매시설 중 **도매시장** 또는 **소매시장**

42

다음 중 화재원인조사의 종류가 아닌 것은?

① 발화원인조사 ② 재산피해조사
③ 연소상황조사 ④ 피난상황조사

해설 화재조사의 종류 및 조사의 범위
- **화재원인조사**
  - 발화원인 조사 : 화재발생과정, 화재발생지점 및 불이 붙기 시작한 물질
  - 발견, 통보 및 초기소화상황 조사 : 화재의 발견·통보 및 초기소화 등 일련의 과정
  - 연소상황 조사 : 화재의 연소경로 및 확대원인 등의 상황
  - 피난상황 조사 : 피난경로, 피난상의 장애요인 등의 상황
  - 소방시설 등 조사 : 소방시설의 사용 또는 작동 등의 상황
- **화재피해조사**
  - 인명피해조사
  - 재산피해조사

43

소방본부장이나 소방서장이 소방시설공사가 공사감리 결과 보고서대로 완공되었는지 완공검사를 위한 현장 확인할 수 있는 대통령령으로 정하는 특정소방대상물이 아닌 것은?

① 노유자 시설
② 운동시설
③ 1,000[m^2] 미만의 공동주택
④ 지하상가

해설 완공검사를 위한 현장 확인 대상 특정소방대상물의 범위
- 문화 및 집회시설, 종교시설, 판매시설, **노유자(老幼者)시설**, 수련시설, **운동시설**, 숙박시설, 창고시설, **지하상가** 및 다중이용업소의 안전관리에 관한 특별법에 따른 다중이용업소
- 스프링클러설비 등, 물분무 등 소화설비(호스릴 방식은 제외)가 설치되는 특정소방대상물
- 연면적 10,000[m^2] 이상이거나 11층 이상인 특정소방대상물(아파트는 제외한다)
- 가연성 가스를 제조·저장 또는 취급하는 시설 중 지상에 노출된 가연성 가스탱크의 저장용량 합계가 1,000[t] 이상인 시설

44

위험물 제조소에는 보기 쉬운 곳에 기준에 따라 "위험물제조소"라는 표시를 한 표지를 설치하여야 하는데 다음 중 표지의 기준으로 적합한 것은?

① 표지는 한 변의 길이가 0.3[m] 이상, 다른 한 변의 길이가 0.6[m] 이상인 직사각형으로 하되 표지의 바탕은 백색으로 문자는 흑색으로 한다.
② 표지는 한 변의 길이가 0.2[m] 이상, 다른 한 변의 길이가 0.4[m] 이상인 직사각형으로 하되 표지의 바탕은 백색으로 문자는 흑색으로 한다.
③ 표지는 한 변의 길이가 0.2[m] 이상, 다른 한 변의 길이가 0.4[m] 이상인 직사각형으로 하되 표지의 바탕은 흑색으로 문자는 백색으로 한다.
④ 표지는 한 변의 길이가 0.3[m] 이상, 다른 한 변의 길이가 0.6[m] 이상인 직사각형으로 하되 표지의 바탕은 흑색으로 문자는 백색으로 한다.

해설 제조소의 표지 및 게시판
- **"위험물제조소"**라는 표지를 설치
  - 표지의 크기 : 한 변의 길이 **0.3[m] 이상**, 다른 한 변의 길이 **0.6[m] 이상**
  - 표지의 색상 : **백색바탕**에 **흑색문자**
- 방화에 관하여 필요한 사항을 게시한 게시판 설치
  - 게시판의 크기 : 한 변의 길이 0.3[m] 이상, 다른 한 변의 길이 0.6[m] 이상
  - 기재 내용 : 위험물의 유별·품명 및 저장최대수량 또는 취급최대수량, 지정수량의 배수 및 안전관리자의 성명 또는 직명
  - 게시판의 색상 : 백색바탕에 흑색문자

42 ② 43 ③ 44 ① **정답**

45

소방시설의 하자가 발생한 경우 소방시설공사업자는 관계인으로부터 그 사실을 통보 받은 날로부터 며칠 이내에 이를 보수하거나 보수일정을 기록한 하자보수 계획을 관계인에게 알려야 하는가?

① 3일 이내 ② 5일 이내
③ 7일 이내 ④ 14일 이내

해설 공사의 하자보수

- 관계인은 규정에 따른 기간 내에 소방시설의 하자가 발생한 때에는 공사업자에게 그 사실을 알려야 하며, 통보를 받은 공사업자는 **3일 이내**에 이를 보수하거나 보수일정을 기록한 하자보수계획을 관계인에게 서면으로 알려야 한다.
- 하자보수보증금 : 소방시설 공사금액의 **3/100 이상**
- 관계인은 공사업자가 소방본부장이나 소방서장에게 알려야 하는 경우
  - 규정에 따른 기간 내에 하자보수를 이행하지 아니하는 경우
  - 규정에 따른 기간 내에 하자보수계획을 서면으로 알리지 아니하는 경우
  - 하자보수계획이 불합리하다고 인정되는 경우

46

소방시설관리업의 기술인력으로 등록된 소방기술자는 실무교육을 몇 년마다 1회 이상 받아야 하며 실무교육기관의 장은 교육일정 몇 일전까지 교육대상자에게 알려야 하는가?

① 2년, 7일전 ② 3년, 7일전
③ 2년, 10일전 ④ 3년, 10일전

해설 실무교육

- 소방안전관리자의 **실무교육 : 2년마다 1회** 이상
- **교육 통보** : 교육실시 **10일 전까지** 대상자에게 통보

47

승강기 등 기계장치에 의한 주차시설로서 자동차 몇 대 이상 주차할 수 있는 시설을 할 경우 소방본부장 또는 소방서장의 건축허가 등의 동의를 받아야 하는가?

① 10대 ② 20대
③ 30대 ④ 50대

해설 건축허가 등의 동의대상물의 범위

- 연면적이 400[m^2](학교시설은 100[m^2], 노유자시설 및 수련시설은 200[m^2], 장애인 의료재활시설, 정신의료기관(입원실이 없는 정신건강의학과의원은 제외)은 300[m^2] 이상
- 6층 이상인 건축물
- 차고・주차장 또는 주차용도로 사용되는 시설로서
  - 차고・주차장으로 사용되는 층 중 바닥면적이 200[m^2] 이상인 층이 있는 시설
  - 승강기 등 **기계장치에 의한 주차시설**로서 **자동차 20대 이상**을 주차할 수 있는 시설
- 항공기격납고, 관망탑, 항공관제탑, 방송용 송・수신탑
- 지하층 또는 무창층이 있는 건축물로서 바닥면적이 150[m^2](공연장은 100[m^2]) 이상인 층이 있는 것
- 위험물저장 및 처리시설, 지하구
- 요양병원(정신병원과 의료재활시설은 제외)

48

제품검사에 합격하지 않은 제품에 합격표시를 하거나 합격표시를 위조 또는 변조하여 사용한 사람에 대한 벌칙은?

① 1년 이하의 징역 또는 1,000만원 이하의 벌금
② 3년 이하의 징역 또는 3,000만원 이하의 벌금
③ 500만원 이하의 벌금
④ 300만원 이하의 벌금

해설 **제품검사에 합격하지 아니한 제품에 합격표시를 하거나 합격표시를 위조 또는 변조하여 사용한 자에 대한 벌칙**
: 1년 이하의 징역 또는 1,000만원 이하의 벌금

49

위험물시설의 설치 및 변경에 있어서 허가를 받지 아니하고 제조소 등을 설치하거나 그 위치・구조 또는 설비를 변경할 수 없는 경우는?

① 주택의 난방시설(공동주택의 중앙난방시설은 제외)을 위한 저장소 또는 취급소
② 농예용으로 필요한 난방시설 또는 건조시설을 위한 지정수량 20배 이하의 저장소
③ 공업용으로 필요한 난방시설 또는 건조시설을 위한 지정수량 20배 이하의 저장소
④ 수산용으로 필요한 난방시설 또는 건조시설을 위한 지정수량 20배 이하의 저장소

정답 45 ① 46 ③ 47 ② 48 ① 49 ③

해설 허가 또는 신고사항이 아닌 경우(위험물법 제6조)
- 주택의 난방시설(공동주택의 중앙난방시설을 제외)을 위한 저장소 또는 취급소
- **농예용 · 축산용** 또는 **수산용**으로 필요한 난방시설 또는 건조시설을 위한 지정수량 **20배 이하**의 저장소

50

옥외탱크저장소에 설치하는 방유제의 설치기준으로 옳지 않은 것은?

① 방유제 내의 면적은 60,000[m^2] 이하로 할 것
② 방유제의 높이는 0.5[m] 이상 3[m] 이하로 할 것
③ 방유제 내의 옥외저장탱크의 수는 10 이하로 할 것
④ 방유제는 철근콘크리트로 만들 것

해설 방유제의 설치기준
- 방유제의 높이는 0.5[m] 이상 3[m] 이하로 할 것
- 방유제 내의 **면적**은 **8만[m^2] 이하**로 할 것
- 방유제 내에 설치하는 옥외저장탱크의 수는 10(방유제 내에 설치하는 모든 옥외저장탱크의 용량이 20만[L] 이하이고, 당해 옥외저장탱크에 저장 또는 취급하는 위험물의 인화점이 70[℃] 이상 200[℃] 미만인 경우에는 20) 이하로 할 것. 다만, 인화점이 200[℃] 이상인 위험물을 저장 또는 취급하는 옥외저장탱크에 있어서는 그러하지 아니하다.
- 방유제는 철근콘크리트로 하고, 방유제와 옥외저장탱크 사이의 지표면은 불연성과 불침투성이 있는 구조(철근콘크리트 등)로 할 것

51

소방특별조사의 세부항목에 대한 사항으로 옳지 않은 것은?

① 소방대상물 및 관계지역에 대한 강제처분 · 피난명령에 관한 사항
② 소방안전관리 업무 수행에 관한 사항
③ 자체점검 및 정기적 점검 등에 관한 사항
④ 소방계획서의 이행에 관한 사항

해설 소방특별조사의 세부항목
- 법 제20조 및 제24조에 따른 소방안전관리 업무 수행에 관한 사항
- 법 제20조제6항제1호에 따라 작성한 소방계획서의 이행에 관한 사항
- 법 제25조제1항에 따른 자체점검 및 정기적 점검 등에 관한 사항
- 소방기본법 제12조에 따른 화재의 예방조치 등에 관한 사항
- 소방기본법 제15조에 따른 불을 사용하는 설비 등의 관리와 특수가연물의 저장 · 취급에 관한 사항
- 다중이용업소의 안전관리에 관한 특별법 제8조부터 제13조까지의 규정에 따른 안전관리에 관한 사항
- 위험물 안전관리법 제5조 · 제6조 · 제14조 · 제15조 및 제18조에 따른 안전관리에 관한 사항

52

건축허가 등의 동의대상물로서 건축허가 등의 동의를 요구하는 때 동의요구서에 첨부하여야 하는 서류로서 옳지 않은 것은?

① 건축허가신청서 및 건축허가서
② 소방시설설계업 등록증과 자본금 내역서
③ 소방시설 설치계획표
④ 소방시설(기계 · 전기 분야)의 층별 평면도 및 층별 계통도

해설 건축허가 등의 동의 시 첨부서류
- **건축허가신청서 및 건축허가서** 또는 건축 · 대수선 · 용도변경신고서 등 건축허가 등을 확인할 수 있는 서류의 사본
- 다음 각 목의 설계도서. 다만, ㉠ 및 ㉡의 설계도서는 소방시설공사업법 시행령 제4조에 따른 소방시설공사 착공신고대상에 해당되는 경우에 한한다.
  - ㉠ 건축물의 단면도 및 주단면 상세도(내장재료를 명시한 것에 한한다)
  - ㉡ **소방시설**(기계 · 전기 분야의 시설을 말한다)**의 층별 평면도 및 층별 계통도**(시설별 계산서를 포함한다)
  - ㉢ 창호도
- **소방시설 설치계획표**
- 임시소방시설 설치계획서(설치시기 · 위치 · 종류 · 방법 등 임시소방시설의 설치와 관련한 세부사항을 포함한다)
- 소방시설설계업등록증과 소방시설을 설계한 기술인력자의 기술자격증

50 ① 51 ① 52 ② **정답**

53

주유취급소의 고정주유설비의 주위에는 주유를 받으려는 자동차 등이 출입할 수 있도록 너비 몇 [m] 이상, 길이 몇 [m] 이상의 콘크리트로 포장한 공지를 보유하여야 하는가?

① 너비 10[m] 이상, 길이 5[m] 이상
② 너비 10[m] 이상, 길이 10[m] 이상
③ 너비 15[m] 이상, 길이 6[m] 이상
④ 너비 20[m] 이상, 길이 8[m] 이상

해설 **주유취급소에 설치하는 고정주유설비의 보유 공지**
: 너비 15[m], 길이 6[m](위험물법 규칙 별표 13)

54

소방대상물의 관계인에 해당하지 않는 사람은?

① 소방대상물의 소유자
② 소방대상물의 점유자
③ 소방대상물의 관리자
④ 소방대상물을 검사 중인 소방공무원

해설 관계인 : 소방대상물의 소유자, 관리자, 점유자

55

자동화재속보설비를 설치하여야 하는 특정소방대상물은?

① 연면적이 800[m^2]인 아파트
② 연면적이 800[m^2]인 기숙사
③ 바닥면적이 1,000[m^2]인 층이 있는 발전시설
④ 바닥면적이 500[m^2]인 층이 있는 노유자시설

해설 **자동화재속보설비 설치대상물**

① **업무시설, 공장, 창고시설**, 교정 및 군사시설 중 국방·군사시설, 발전시설(사람이 근무하지 않는 시간에는 무인경비시스템으로 관리하는 시설만 해당한다)로서 바닥면적이 **1,500[m^2] 이상**인 층이 있는 것(24시간 상시근무 시 설치제외)
② **노유자 생활시설**
③ ②에 해당하지 않는 **노유자시설**로서 **바닥면적이 500[m^2] 이상**인 층이 있는 것(24시간 상시근무 시 설치제외)
④ **수련시설**(숙박시설이 있는 건축물만 해당한다)로서 바닥면적이 **500[m^2] 이상**인 층이 있는 것(24시간 상시근무 시 설치제외)
⑤ **보물** 또는 **국보**로 지정된 목조건축물(다만, 사람이 24시간 상주 시 제외)
⑥ 근린생활시설 중 **의원, 치과의원 및 한의원**으로서 **입원실이 있는 시설**
⑦ 의료시설 중 다음의 어느 하나에 해당하는 시설
  ㉠ 종합병원, 병원, 치과병원, 한방병원 및 요양병원(정신병원과 의료재활시설은 제외)
  ㉡ **정신병원**과 **의료재활시설**로 사용되는 바닥면적의 합계가 **500[m^2] 이상**인 층이 있는 것
⑧ 판매시설 중 전통시장
⑨ ①부터 ⑧까지에 해당하지 않는 특정소방대상물 중 층수가 30층 이상인 것

56

지정수량의 몇 배 이상의 위험물을 취급하는 제조소에는 피뢰침을 설치하여야 하는가?(단, 제6류 위험물을 취급하는 위험물제조소는 제외)

① 5배
② 10배
③ 50배
④ 100배

해설 **피뢰침 설치** : 지정수량의 10배 이상(제6류 위험물은 제외)

57

위험물을 취급하는 건축물에 설치하는 채광 및 조명설비 설치의 원칙적인 기준으로 적합하지 않은 것은?

① 모든 조명등은 방폭등으로 할 것
② 전선은 내화·내열전선으로 할 것
③ 점멸스위치는 출입구 바깥 부분에 설치할 것
④ 채광설비는 불연재료로 할 것

해설 **채광 및 조명설비의 기준**

- 채광설비는 불연재료로 하고, 연소의 우려가 없는 장소에 설치하되 채광면적을 최소로 할 것
- 조명설비의 기준
  - **가연성 가스 등이 체류할 우려가 있는 장소**의 조명등은 **방폭등**으로 할 것
  - 전선은 내화·내열전선으로 할 것
  - 점멸스위치는 출입구 바깥 부분에 설치할 것. 다만, 스위치의 스파크로 인한 화재·폭발의 우려가 없는 경우에는 그러하지 아니하다.

정답 53 ③ 54 ④ 55 ④ 56 ② 57 ①

58

특수가연물의 저장 및 취급 기준으로 옳지 않은 것은?

① 품명별로 구분하여 쌓을 것
② 쌓는 높이는 10[m] 이하가 되도록 할 것
③ 쌓는 부분의 바닥면적은 300[m^2] 이하가 되도록 할 것
④ 쌓는 부분의 바닥면적 사이는 1[m] 이상이 되도록 할 것

해설 특수가연물의 저장 및 취급의 기준(기본법 영 제7조)

- 품명별로 구분하여 쌓을 것
- **쌓는 높이**는 **10[m] 이하**가 되도록 하고 **쌓는 부분의 바닥면적은 50[m^2]**(석탄, 목탄류의 경우 200[m^2]) **이하**가 되도록 할 것(단, 살수설비설치, 대형소화기 설치시에는 쌓는 높이를 15[m] 이하, 쌓는 부분의 바닥면적을 200[m^2](석탄, 목탄류 : 300[m^2]) 이하로 할 수 있다)
- 쌓는 부분의 바닥면적 사이는 1[m] 이상이 되도록 할 것

59

1급 소방안전관리대상물의 공공기관 소방안전관리자에 대한 강습교육의 과목 및 시간으로 옳지 않은 것은?

① 방염성능기준 및 방염대상물품 - 1시간
② 소방관계법령 - 4시간
③ 구조 및 응급처치교육 - 4시간
④ 소방실무 - 21시간

해설 ※ 법 개정으로 인해 맞지 않은 문제입니다.

60

각 시·도의 소방업무에 필요한 경비의 일부를 국가가 보조하는 대상이 아닌 것은?

① 전산설비
② 소방헬리콥터
③ 소방관서용 청사의 건축
④ 소방용수시설장비

해설 국고보조 대상사업의 범위

- 소방활동장비와 설비의 구입 및 설치
  - 소방자동차
  - 소방헬리콥터 및 소방정
  - 소방전용 통신설비 및 전산설비
  - 그 밖에 방화복 등 소방활동에 필요한 소방장비
- 소방관서용 청사의 건축(건축법 제2조제1항 제8호에 따른 건축을 말한다)

제 4 과목 소방기계시설의 구조 및 원리

61

옥내소화전이 1층에 4개, 2층에 4개, 3층에 2개가 설치된 소방대상물이 있다. 옥내소화전설비를 위해 필요한 최소 수원의 양은?

① 2.6[m^3]　② 10.4[m^3]
③ 13[m^3]　④ 26[m^3]

해설 옥내소화전설비의 수원

- **29층 이하일 때 수원의 양[L] = $N \times 2.6[m^3]$**
  (호스릴 옥내소화전설비를 포함)
  (130[L/min] × 20[min] = 2,600[L] = 2.6[m^3])
- 30층 이상 49층 이하일 때 수원의 양[L]
  = $N \times 5.2[m^3]$(130[L/min] × 40[min] = 5,200[L] = 5.2[m^3])
- 50층 이상일 때 수원의 양[L] = $N \times 7.8[m^3]$
  (130[L/min] × 60[min] = 7,800[L] = 7.8[m^3])

※ N : 소화전 수(5개 이상은 5개로 한다)

∴ 수원의 양[L] = $N \times 2.6[m^3] = 4 \times 2.6[m^3] = 10.4[m^3]$

58 ③ 59 ③ 60 ④ 61 ② **정답**

62

옥내소화전함의 재질을 합성수지 재료로 할 경우 두께는 몇 [mm] 이상이어야 하는가?

① 1.5 ② 2
③ 3 ④ 4

해설 **구 조**
- 함의 재질 : 두께 1.5[mm] 이상의 강판 또는 두께 **4[mm] 이상의 합성수지재**
- 소화전함 : 호스(구경 40[mm], 유효하게 방사할 수 있는 길이의 호스)와 앵글밸브를 연결할 것

63

물분무소화설비의 자동식 기동장치 내용으로 적합하지 않은 것은?

① 자동화재탐지설비의 감지기 작동 시 연동하여 경보를 발한다.
② 폐쇄형 스프링클러헤드의 개방과 연동하여 경보를 발한다.
③ 가압송수장치의 기동과 연동하여 경보를 발한다.
④ 가압송수장치 및 자동개방밸브를 기동할 수 있어야 한다.

해설 **자동식 기동장치 설치기준**
- 자동화재탐지설비의 감지기 작동 또는 폐쇄형 스프링클러헤드의 개방과 연동하여 경보를 발하여야 한다.
- 가압송수장치 및 자동개방밸브를 기동할 수 있어야 한다.

64

구조대의 돛천을 구조대의 가로방향으로 봉합하는 경우 아래 그림과 같이 돛천을 겹치도록 하는 것이 좋다고 하는데 그 이유에 대해서 가장 적합한 것은?

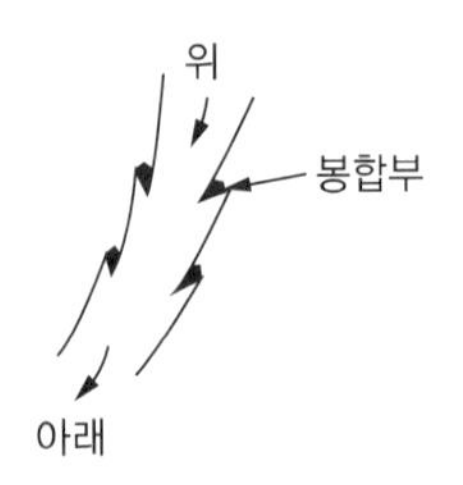

① 둘레 길이가 밑으로 갈수록 작아지는 것을 방지하기 위하여
② 사용자가 강하 시 봉합 부분에 걸리지 않게 하기 위하여
③ 봉합부가 몹시 굳어지는 것을 방지하기 위하여
④ 봉합부의 인장강도를 증가시키기 위하여

해설 사용자가 강하 시 봉합 부분에 걸리지 않게 하기 위하여 돛천을 겹치도록 한다.

65

분말소화설비에서 분말소화약제 압송 중에 개방되지 않는 밸브는?

① 클리닝밸브 ② 가스도입밸브
③ 주개방밸브 ④ 선택밸브

해설 **분말소화약제 압송 중**

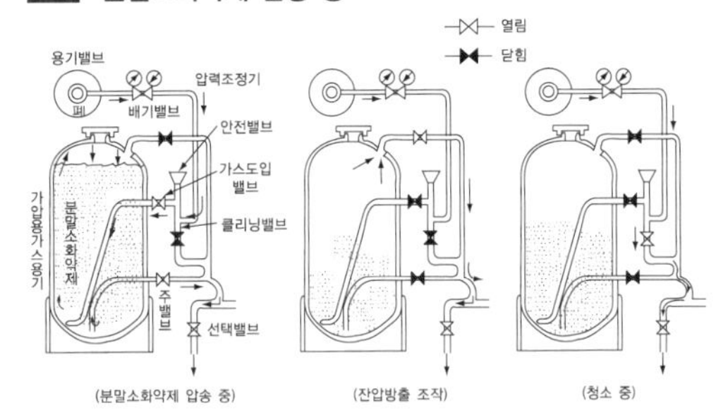

66

다음 중 스프링클러설비의 소화수 공급계통의 자동경보장치와 직접 관계가 있는 장치는 어느 것인가?

① 수압개폐장치 ② 유수검지장치
③ 물올림장치 ④ 일제개방밸브장치

해설 **유수검지장치** : 습식유수검지장치(패들형을 포함한다), 건식유수검지장치, 준비작동식유수검지장치를 말하며 본체 내의 유수현상을 자동적으로 검지하여 신호 또는 경보를 발하는 장치

정답 62 ④ 63 ③ 64 ② 65 ① 66 ②

67

다음 중 소화기의 사용방법으로 맞는 것은?

① 소화기는 한 사람이 쉽게 사용할 수 있어야 하며 조작 시 인체에 부상을 유발하지 아니하는 구조이어야 한다.
② 바람이 불 때는 바람이 불어오는 방향으로 방사하여야 한다.
③ 불길의 윗부분에 약제를 방출하고 가까이에서 전방으로 향하여 방사한다.
④ 개방되어 있는 실내에서는 질식의 우려가 있으므로 사용하지 않는다.

해설 **소화기의 사용방법**
- 소화기는 한 사람이 쉽게 사용할 수 있어야 하며 조작 시 인체에 부상을 유발하지 아니하는 구조이어야 한다.
- 바람이 불 때는 바람을 등지고 방사하여야 한다.
- 불길을 향하여 가까이 가서 골고루 방사한다.
- 개방되어 있는 실내에서는 질식의 우려가 없어 소화기 사용이 가능하다(밀폐된 실내에서는 이산화탄소 소화기 사용은 질식의 우려가 있으므로 위험하다).

68

다음 중 간이스프링클러설비를 상수도설비에서 직접 연결하여 배관 및 밸브 등을 설치할 경우 설치하지 않는 것은?

① 체크밸브
② 압력조절밸브
③ 개폐표시형 개폐밸브
④ 수도용 계량기

해설 **상수노식결형의 배관 및 밸브 등의 순서**
- 수도용 계량기, 급수차단장치, 개폐표시형 밸브, 체크밸브, 압력계, 유수검지장치(압력스위치 등 유수검지장치와 동등 이상의 기능과 성능이 있는 것을 포함한다), 2개의 시험밸브의 순으로 설치할 것
- 간이스프링클러설비 이외의 배관에는 화재 시 배관을 차단할 수 있는 급수차단장치를 설치할 것

69

옥외탱크 저장소에 설치하는 포소화설비의 포원액탱크 용량을 결정하는 데 필요 없는 것은?

① 탱크의 액표면적
② 탱크의 무게
③ 사용원액의 농도(3[%]형 또는 6[%]형)
④ 위험물의 종류

해설 탱크의 무게는 포원액탱크 용량을 결정하는 데 관계가 없다.

70

분말소화설비의 정압작동장치에서 가압용 가스가 저장용기 내에 가압되어 압력스위치가 동작되면 솔레노이드밸브가 동작되어 주밸브를 개방시키는 방식은?

① 압력스위치식 ② 봉판식
③ 기계식 ④ 스프링식

해설 **정압작동장치의 종류**
- **압력스위치에 의한 방식** : 약제 탱크 내부의 압력에 의해서 움직이는 압력스위치를 설치하여 일정한 압력에 도달했을 때 압력스위치가 닫혀 전자밸브(솔레노이드밸브)가 동작되어 주밸브를 개방시켜 가스를 보내는 방식
- 기계적인 방식 : 약제 탱크의 내부의 압력에 부착된 밸브의 코크를 잡아 당겨서 가스를 열어서 주밸브를 개방시켜 가스를 보내는 방식
- 시한릴레이 방식 : 약제탱크의 내부압력이 일정한 압력에 도달하는 시간을 추정하여 기동과 동시에 시한릴레이를 움직여 일정시간 후에 릴레이가 닫혔을 때 전자밸브(솔레노이드밸브)가 동작되어 주밸브를 개방시켜 가스를 보내는 방식

71

물분무소화설비의 배관재료로 사용해서는 안 되는 것은?

① 배관용 탄소강관(백관)
② 배관용 탄소강관(흑관)
③ 압력배관용 탄소강강관
④ 연 관

67 ① 68 ② 69 ② 70 ① 71 ④ 정답

해설 물분무소화설비의 배관재료
- 배관용 탄소강관(KS D 3507)
- 배관 내 사용압력이 1.2[MPa] 이상 : 압력배관용 탄소강관(KS D 3562), 배관용 아크용접 탄소강강관(KS D 3585)

72

제연설비에서 통로상의 제연구역은 최대 얼마까지로 할 수 있는가?

① 보행중심선의 길이로 30[m]까지
② 보행중심선의 길이로 40[m]까지
③ 보행중심선의 길이로 50[m]까지
④ 보행중심선의 길이로 60[m]까지

해설 통로상의 제연구역은 **보행중심선의 길이**가 **60[m]**를 초과하지 아니할 것

73

이산화탄소 소화설비의 특징이 아닌 것은?

① 화재 진화 후 깨끗하다.
② 부속이 고압배관, 고압밸브를 사용하여야 한다.
③ 소음이 적다.
④ 전기, 기계, 유류 화재에 효과가 있다.

해설 이산화탄소 소화설비는 소음이 크다.

74

소화기구에 적용되는 능력단위에 대한 설명이다. 맞지 않는 항목은?

① 소화기구의 소화능력을 나타내는 수치이다.
② 화재종류(A급, B급, C급)별로 구분하여 표시된다.
③ 소화기구의 적용기준은 소방대상물의 소요 능력단위 이상의 수량을 적용하여야 한다.
④ 간이소화용구에는 적용되지 않는다.

해설 **소화약제 외의 것을 이용한 간이소화용구의 능력단위** : 간이소화용구에는 적용된다.

간이소화용구		능력단위
1. 마른모래	삽을 상비한 50[L] 이상의 것 1포	0.5단위
2. 팽창질석 또는 팽창진주암	삽을 상비한 80[L] 이상의 것 1포	

75

상수도 소화용수설비의 소화전은 소방대상물의 수평투영면 각 부분으로부터 몇 [m] 가 되도록 설치하는가?

① 200[m] 이하 ② 140[m] 이하
③ 100[m] 이하 ④ 70[m] 이하

해설 **상수도 소화용수설비는 수도법의 규정에 따른 기준 외에 설치기준**
- 호칭지름 75[mm] 이상의 수도배관에 호칭지름 100[mm] 이상의 소화전을 접속할 것
- 소화전은 소방자동차 등의 진입이 쉬운 도로변 또는 공지에 설치할 것
- 소화전은 소방대상물의 수평투영면의 각 부분으로부터 **140[m] 이하**가 되도록 설치할 것

76

특별피난계단의 전실 제연설비에 있어서 각 층의 옥내와 면하는 수직풍도의 관통부의 배출댐퍼 설치에 관한 설명 중 맞지 않는 것은?

① 배출댐퍼는 두께 1.5[mm] 이상의 강판으로 제작하여야 한다.
② 풍도의 배출댐퍼는 이・탈착구조가 되지 않도록 설치한다.
③ 개폐 여부를 당해 장치 및 제어반에서 확인할 수 있는 감지기능을 내장하고 있을 것
④ 평상시 닫힌 구조로 기밀상태를 유지할 것

해설 **배출댐퍼의 설치기준**
- 배출댐퍼는 두께 1.5[mm] 이상의 강판 또는 이와 동등 이상의 성능이 있는 것으로 설치하여야 하며 비내식성 재료의 경우에는 부식방지 조치를 할 것
- 평상시 닫힌 구조로 기밀상태를 유지할 것
- 개폐 여부를 당해 장치 및 제어반에서 확인할 수 있는 감지기능을 내장하고 있을 것
- 구동부의 작동상태와 닫혀 있을 때의 기밀상태를 수시로 점검할 수 있는 구조일 것

정답 72 ④ 73 ③ 74 ④ 75 ② 76 ②

- 풍도의 내부마감상태에 대한 점검 및 댐퍼의 정비가 가능한 이·탈착구조로 할 것
- 화재층의 옥내에 설치된 화재감지기의 동작에 따라 당해층의 댐퍼가 개방될 것
- 개방시의 실제개구부(개구율을 감안한 것을 말한다)의 크기는 수직풍도의 내부단면적과 같도록 할 것
- 댐퍼는 풍도 내의 공기흐름에 지장을 주지 않도록 수직풍도의 내부로 돌출하지 않게 설치할 것

77

연결송수관설비에서 습식설비로 하여야 하는 건축물 기준은?

① 건축물의 높이가 31[m] 이상인 것
② 지상 10층 이상의 건축물인 것
③ 건축물의 높이가 25[m] 이상인 것
④ 지상 7층 이상의 건축물인 것

해설 지면으로부터의 높이가 **31[m] 이상**인 특정소방대상물 또는 **지상 11층 이상**인 특정소방대상물은 **습식설비**로 하여야 한다.

78

스프링클러설비 급수배관의 구경을 수리계산에 따르는 경우 가지배관의 최대한계 유속은 몇 [m/s]인가?

① 4 ② 6
③ 8 ④ 10

해설 급수배관의 구경(수리계산에 따르는 경우)에 따른 유속
- 가지배관 : 6[m/s]를 초과할 수 없다.
- 그 밖의 배관 : 10[m/s]를 초과할 수 없다.

79

포소화설비의 자동식 기동장치로 폐쇄형 스프링클러 헤드를 사용하고자하는 경우, ㉠ 부착면의 높이[m]와 ㉡ 1개의 스프링클러헤드의 경계면적[m^2]기준은?

① ㉠ 바닥으로부터 높이 5[m] 이하, ㉡ 18[m^2] 이하
② ㉠ 바닥으로부터 높이 5[m] 이하, ㉡ 20[m^2] 이하
③ ㉠ 바닥으로부터 높이 4[m] 이하, ㉡ 1[m^2] 이하
④ ㉠ 바닥으로부터 높이 4[m] 이하, ㉡ 20[m^2] 이하

해설 자동식 기동장치의 설치기준(폐쇄형 스프링클러헤드 사용)
- 표시온도가 79[℃] 미만인 것을 사용하고, 1개의 스프링클러헤드의 **경계면적은 20[m^2] 이하**로 할 것
- **부착면의 높이**는 바닥으로부터 **5[m] 이하**로 할 것
- 하나의 감지장치 경계구역은 하나의 층이 되도록 할 것

80

할론소화설비의 국소방출방식 소화약제 산출방식에 관련된 공식 $Q = X - Y\frac{a}{A}$ 의 설명으로 옳지 않은 것은?

① Q는 방호공간 1[m^3]에 대한 할론소화약제량이다.
② a는 방호대상물 주위에 설치된 벽면적의 합계이다.
③ A는 방호공간의 벽면적의 합계이다.
④ X는 개구부의 면적이다.

해설 국소방출방식 약제량

$$Q = X - Y\frac{a}{A}$$

Q : 방호공간 1[m^3]에 대한 할론소화약제의 양[kg/m^3]
a : 방호대상물 주위에 설치된 벽면적의 합계[m^2]
A : 방호공간의 벽면적(벽이 없는 경우에는 벽이 있는 것으로 가정한 당해 부분의 면적)의 합계[m^2]
X, Y의 수치

소화약제의 종별	X의 수치	Y의 수치
할론 2402	5.2	3.9
할론 1211	4.4	3.3
할론 1301	4.0	3.0

77 ① 78 ② 79 ② 80 ④ 정답

제4회 2014년 9월 20일 시행

제1과목 소방원론

01

수소 1[kg]이 완전연소할 때 필요한 산소량은 몇 [kg]인가?

① 4 ② 8
③ 16 ④ 32

해설 수소의 완전연소반응

$$2H_2 + O_2 \rightarrow 2H_2O$$

$2\times2[kg]$ $32[kg]$

$1[kg]$ x

$$\therefore x = \frac{1[kg]\times32[kg]}{2\times2[kg]} = 8[kg]$$

02

물의 기화열이 539[cal]인 것은 어떤 의미인가?

① 0[℃]의 물 1[g]이 얼음으로 변하는 데 539[cal]의 열량이 필요하다.
② 0[℃]의 얼음 1[g]이 물으로 변하는 데 539[cal]의 열량이 필요하다.
③ 0[℃]의 물 1[g]이 100[℃]의 물로 변하는 데 539[cal]의 열량이 필요하다.
④ 100[℃]의 물 1[g]이 수증기로 변하는 데 539[cal]의 열량이 필요하다.

해설 물의 기화열은 100[℃]의 물 1[g]이 수증기로 변하는 데 539[cal]의 열량이 필요하다.

03

유류탱크의 화재 시 탱크 저부의 물이 뜨거운 열류층에 의하여 수증기로 변하면서 급작스런 부피 팽창을 일으켜 유류가 탱크 외부로 분출하는 현상을 무엇이라 하는가?

① 보일오버 ② 슬롭오버
③ 블레이브 ④ 파이어볼

해설 유류탱크에서 발생하는 현상

- 보일오버(Boil Over)
  - 중질유 탱크에서 장시간 조용히 연소하다가 탱크의 잔존기름이 갑자기 분출(Over Flow)하는 현상
  - 유류탱크 바닥에 물 또는 물-기름에 에멀션이 섞여 있을 때 화재가 발생하는 현상
  - 연소유면으로부터 100[℃] 이상의 열파가 탱크저부에 고여 있는 물을 비등하게 하면서 연소유를 탱크 밖으로 비산하며 연소하는 현상
- 슬롭오버(Slop Over) : 물이 연소유의 뜨거운 표면에 들어갈 때 기름 표면에서 화재가 발생하는 현상
- 프로스오버(Froth Over) : 물이 뜨거운 기름 표면 아래서 끓을 때 화재를 수반하지 않는 용기에서 넘쳐 흐르는 현상

04

위험물안전관리법령상 인화성 액체인 클로로벤젠은 몇 석유류에 해당하는가?

① 제1석유류 ② 제2석유류
③ 제3석유류 ④ 제4석유류

해설 클로로벤젠(Chlorobenzene)

- 물 성

화학식	품 명	지정수량	비 중	인화점	착화점
C_6H_5Cl	제2석유류	1,000 [L]	1.11	32 [℃]	638 [℃]

- 마취성이 조금 있는 석유와 비슷한 냄새가 나는 무색 액체이다.
- 물에 녹지 않고 알코올, 에테르 등 유기용제에는 녹는다.

정답 01 ② 02 ④ 03 ① 04 ②

• 연소하면 염화수소와 이산화탄소를 발생한다.

$$C_6H_5Cl + 7O_2 \rightarrow 6CO_2 + 2H_2O + HCl$$

05

제5류 위험물인 자기반응성 물질의 성질 및 소화에 관한 사항으로 가장 거리가 먼 것은?

① 대부분 산소를 함유하고 있어 자기연소 또는 내부연소를 일으키기 쉽다.
② 연소속도가 빨라 폭발하는 경우가 많다.
③ 질식소화가 효과적이며 냉각소화는 불가능하다.
④ 가열, 충격, 마찰에 의해 폭발의 위험이 있는 것이 있다.

해설 위험물의 소화방법

유 별	소화방법
제1류 위험물	냉각소화(무기과산화물 : 마른모래, 탄산수소염류에 의한 질식소화)
제2류 위험물	냉각소화(마그네슘, 철분, 금속분 : 마른모래, 탄산수소염류에 의한 질식소화)
제3류 위험물	질식소화(마른모래, 탄산수소염류에 의한 질식소화)
제4류 위험물	질식소화(이산화탄소, 할론, 할로겐화합물 및 불활성기체 소화약제, 분말)
제5류 위험물	냉각소화
제6류 위험물	다량의 냉각소화

06

일반적인 자연발화 예방대책으로 옳지 않은 것은?

① 습도를 높게 유지한다.
② 통풍을 양호하게 한다.
③ 열의 축적을 방지한다.
④ 주위 온도를 낮게 한다.

해설 자연발화 방지대책

• 습도를 낮게 할 것
• 주위의 온도를 낮출 것
• 통풍을 잘 시킬 것
• 불활성 가스를 주입하여 공기와 접촉을 피할 것
• 가능한 입자를 크게 할 것

07

에테르의 공기 중 연소범위를 1.9~48[vol%]라고 할 때 이에 대한 설명으로 틀린 것은?

① 공기 중 에테르의 증기가 48[vol%]를 넘으면 연소한다.
② 연소범위의 상한점이 48[vol%]이다.
③ 공기 중 에테르 증기가 1.9~48[vol%] 범위에 있을 때 연소한다.
④ 연소범위의 하한점이 1.9[vol%]이다.

해설 에테르의 공기 중 연소범위는 하한점이 1.9[vol%]이고, 상한점이 48[vol%]이므로 이 범위 내에서만 연소한다.

08

공기의 평균분자량이 29일 때 이산화탄소 기체의 증기비중은 얼마인가?

① 1.44　② 1.52
③ 2.88　④ 3.24

해설

$$\text{증기비중} = \frac{\text{분자량}}{\text{공기의 평균분자량}} = \frac{44}{29} = 1.517$$

이산화탄소의 분자량 $CO_2 = 12 + (16 \times 2) = 44$

09

A급, B급, C급의 어떤 화재에도 사용할 수 있기 때문에 일명 ABC 소화약제라고도 부르는 제3종 분말소화약제의 분자식은?

① $NaHCO_3$　② $KHCO_3$
③ $NH_4H_2PO_4$　④ Na_2CO_3

해설 분말소화약제의 성상

종 류	주성분	착 색	적응 화재	열분해 반응식
제1종 분말	탄산수소나트륨 ($NaHCO_3$)	백 색	B, C급	$2NaHCO_3 \rightarrow Na_2CO_3 + CO_2 + H_2O$
제2종 분말	탄산수소칼륨 ($KHCO_3$)	담회색	B, C급	$2KHCO_3 \rightarrow K_2CO_3 + CO_2 + H_2O$

05 ③　06 ①　07 ①　08 ②　09 ③ 정답

종 류	주성분	착 색	적응 화재	열분해 반응식
제3종 분말	제일인산 암모늄 ($NH_4H_2PO_4$)	담홍색 황색	A, B, C급	$NH_4H_2PO_4 \rightarrow HPO_3 + NH_3 + H_2O$
제4종 분말	탄산수소 칼륨+요소 [$KHCO_3$+ $(NH_2)_2CO$]	회 색	B, C급	$2KHCO_3 + (NH_2)_2CO \rightarrow K_2CO_3 + 2NH_3 + 2CO_2$

10

할론(Halon) 1301의 분자식은?

① CH_3Cl ② CH_3Br
③ CF_3Cl ④ CF_3Br

해설 할론(Halon)의 분자식

분자식	CH_3Cl	CH_3Br	CF_3Cl	CF_3Br
명 칭	할론 101	할론 1001	할론 1310	할론 1301

11

0[℃], 1기압에서 11.2[L]의 기체질량이 22[g]이었다면 이 기체의 분자량은 얼마인가?(단, 이상기체라고 생각한다)

① 22 ② 35
③ 44 ④ 56

해설 분자량
- 이상기체상태 방정식

$$PV = nRT = \frac{W}{M}RT$$

여기서, P : 압력, V : 부피
n : [mol]수(무게/분자량)
W : 무게, M : 분자량
R : 기체상수(0.08205[L·atm]/[g-mol·K])
T : 절대온도(273+[℃])

$$\therefore M = \frac{WRT}{PV} = \frac{22[g] \times 0.08205 \times 273}{1 \times 11.2[L]} = 44$$

12

다음 점화원 중 기계적인 원인으로만 구성된 것은?

① 산화, 중합
② 산화, 분해
③ 중합, 화합
④ 충격, 마찰

해설 기계적인 원인 : 충격, 마찰

13

가연성 액체로부터 발생한 증기가 액체표면에서 연소범위의 하한계에 도달할 수 있는 최저온도를 의미하는 것은?

① 비 점 ② 연소점
③ 발화점 ④ 인화점

해설 **인화점** : 액체로부터 발생한 증기가 액체표면에서 연소범위의 하한계에 도달할 수 있는 최저온도

14

건물 내에 피난동선의 조건으로 옳지 않은 것은?

① 2개 이상의 방향으로 피난할 수 있어야 한다.
② 가급적 단순한 형태로 한다.
③ 통로의 말단은 안전한 장소이어야 한다.
④ 수직동선은 금하고 수평동선만 고려한다.

해설 피난동선은 수직동선은 비상용승강기나 계단이고 수평동선은 복도이다.

15

촛불의 주된 연소형태에 해당하는 것은?

① 표면연소
② 분해연소
③ 증발연소
④ 자기연소

해설 **증발연소** : 촛불과 같이 고체를 가열하면 액체가 되고 액체를 가열하면 증기가 되어 연소하는 현상

정답 10 ④ 11 ③ 12 ④ 13 ④ 14 ④ 15 ③

16

가연물이 되기 위한 조건으로 가장 거리가 먼 것은?

① 열전도율이 클 것
② 산소와 친화력이 좋을 것
③ 비표면적이 넓을 것
④ 활성화 에너지가 작을 것

해설 가연물의 구비조건
- **열전도율**이 **작을 것**
- 발열량이 클 것
- 표면적이 넓을 것
- 산소와 친화력이 좋을 것
- 활성화 에너지가 작을 것

17

이산화탄소 소화기의 일반적인 성질에서 단점이 아닌 것은?

① 인체의 질식이 우려된다.
② 소화약제의 방출 시 인체에 닿으면 동상이 우려된다.
③ 소화약제의 방사 시 소음이 크다.
④ 전기를 잘 통하기 때문에 전기설비에 사용할 수 없다.

해설 이산화탄소 소화기는 전기부도체이므로 전기설비에 적합하다.

18

전열기의 표면온도가 250[℃]에서 650[℃]로 상승되면 복사열은 약 몇 배 정도 상승하는가?

① 2.5　　② 9.7
③ 17.2　　④ 45.1

해설 **복사열**은 **절대온도**의 **4승**에 비례한다.
250[℃]에서 열량을 Q_1, 650[℃]에서 열량을 Q_2

$$\frac{Q_2}{Q_1} = \frac{(650+273)^4[\text{K}]}{(250+273)^4[\text{K}]} = 9.7$$

19

다음 중 위험물안전관리법령상 제1류 위험물에 해당하는 것은?

① 염소산나트륨　　② 과염소산
③ 나트륨　　④ 황 린

해설 위험물의 분류

명 칭	염소산나트륨	과염소산	나트륨	황 린
유 별	제1류 위험물	제6류 위험물	제3류 위험물	제3류 위험물

20

인화칼슘과 물이 반응할 때 생성되는 가스는?

① 아세틸렌　　② 황화수소
③ 황 산　　④ 포스핀

해설 인화칼슘이 물과 반응하면 수산화칼슘과 포스핀(인화수소)이 발생한다.

$$Ca_3P_2 + 6H_2O \rightarrow 3Ca(OH)_2 + 2PH_3\uparrow$$

제 2 과목 소방유체역학

21

에너지선(E. L)에 대한 설명으로 옳은 것은?

① 수력구배선보다 아래에 있다.
② 압력수두와 속도수두의 합이다.
③ 속도수두와 위치수두의 합이다.
④ 수력구배선보다 속도수두만큼 위에 있다.

해설 에너지선(E. L)은 수력구배선보다 속도수두 $\left(\frac{u^2}{2g}\right)$만큼 위에 있다.

- 전수두선 : $\frac{P}{\gamma} + \frac{u^2}{2g} + Z$를 연결한 선
- 수력구배선 : $\frac{P}{\gamma} + Z$을 연결한 선

16 ① 17 ④ 18 ② 19 ① 20 ④ 21 ④ 정답

22

피스톤이 장치된 용기 속의 온도 100[℃], 압력 200[kPa], 체적 0.1[m^3]인 이상기체 0.2[kg]이 압력이 일정한 과정으로 체적이 0.2[m^3]으로 되었다. 이때 이상기체로 전달된 열량은 약 몇 [kJ]인가?(단, 이상기체의 정적비열은 4[kJ/kg · K]이다)

① 169　② 299
③ 319　④ 349

해설 등압과정에서 열량

$$Q = mc_p(T_2 - T_1) = \frac{k}{k-1}P(V_2 - V_1)$$

여기서, P : 압력[kPa]
V : 부피[m^3]
k(비열비)를 구하면

$$k = \frac{C_p}{C_v}$$

• $PV = WRT$

$$R = \frac{PV}{WT} = \frac{200[\text{kPa}] \times 0.1[\text{m}^3]}{0.2[\text{kg}] \times (273+100)[\text{K}]} = 0.268[\text{kJ/kg} \cdot \text{K}]$$

• 기체상수 $R = C_p - C_v$

$C_P = R + C_v = 0.268 + 4 = 4.268[\text{kJ/kg} \cdot \text{K}]$

• 비열비 $k = \frac{C_p}{C_v} = \frac{4.268}{4} = 1.067$

$$\therefore Q = \frac{k}{k-1}P(V_2 - V_1) = \frac{1.067}{1.067-1} \times 200[\text{kPa}] \times (0.2-0.1)[\text{m}^3] = 318.51[\text{kJ}]$$

23

회전속도 1,000[rpm]일 때 송출량 Q[m^3/min], 전양정 H[m]인 원심펌프가 상사한 조건에서 송출량이 1.1Q[m^3/min]가 되도록 회전속도를 증가시킬 때 전양정은?

① 0.91H　② H
③ 1.1H　④ 1.21H

해설 펌프의 상사법칙

• 송출량이 1.1Q[m^3/min]일 때 회전속도를 구하면

유량 $Q_2 = Q_1 \times \frac{N_2}{N_1} \Rightarrow 1.1 = 1 \times \frac{x}{1,000}$

$\therefore x = 1,100[\text{rpm}]$

• 전양정을 구하면

전양정 $H_2 = H_1 \times \left(\frac{N_2}{N_1}\right)^2 = H[\text{m}] \times \left(\frac{1,100}{1,000}\right)^2 = 1.21H$

24

표준대기압 상태인 대기 중에 노출된 큰 저수조의 수면보다 4[m] 위에 설치된 펌프에서 물을 송출할 때 펌프 입구에서의 정체압을 절대압력으로 나타내면 약 얼마인가?

① 62.1[Pa]　② 140.5[Pa]
③ 62.1[kPa]　④ 140.5[kPa]

해설 절대압력

절대압 = 대기압 − 진공 = 10.332[m] − 4[m]
= 6.332[mH$_2$O]

단위환산을 하면

$$\frac{6.332[\text{mH}_2\text{O}]}{10.332[\text{mH}_2\text{O}]} \times 101.325[\text{kPa}] = 62.09[\text{kPa}]$$

25

노즐 선단에서의 방사압력을 측정하였더니 200[kPa](계기압력)이었다면 이때 물의 순간 유출속도는 몇 [m/s]인가?

① 10　② 14.1
③ 20　④ 28.3

해설 유출속도

$$u = \sqrt{2gH}$$

여기서, g : 중력가속도(9.8[m/s^2])
H : 양정 $\left(\frac{200[\text{kPa}]}{101.325[\text{kPa}]} \times 10.332[\text{m}] = 20.39[\text{m}]\right)$

$\therefore u = \sqrt{2gH} = \sqrt{2 \times 9.8 \times 20.39} = 19.99[\text{m/s}]$

정답 22 ③　23 ④　24 ③　25 ③

26

그림과 같이 두 개의 가벼운 공의 사이를 빠른 기류를 불어 넣으면 두 개의 공은 어떻게 되겠는가?

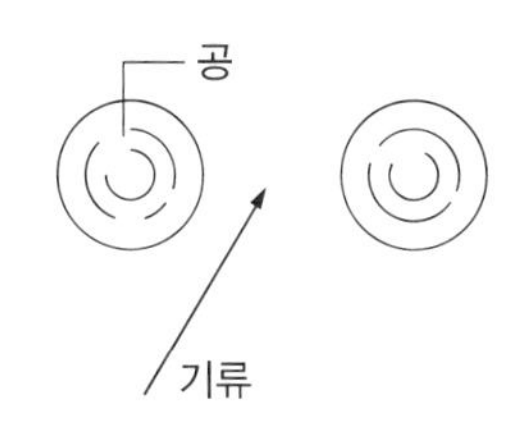

① 뉴턴의 법칙에 따라 벌어진다.
② 뉴턴의 법칙에 따라 가까워진다.
③ 베르누이의 법칙에 따라 벌어진다.
④ 베르누이의 법칙에 따라 가까워진다.

해설 베르누이의 법칙은 압력수두, 속도수두, 위치수두의 합은 일정하므로 두 공 사이의 빠른 기류를 불어 넣으면 속도는 증가하고 압력이 감소하므로 두 개의 공은 가까워진다(달라 붙는다).

27

베르누이 방정식을 실제유체에 적용시키려면?

① 손실수두의 항을 삽입시키면 된다.
② 실제유체에는 적용이 불가능하다.
③ 베르누이 방정식의 위치수두를 수정하여야 한다.
④ 베르누이 방정식은 이상유체와 실제유체에 같이 적용된다.

해설 베르누이 방정식에 각 손실수두의 항을 삽입시키면 실제유체에 적용시킨다.

28

온도가 20[℃]인 이산화탄소 6[kg]이 체적 0.3[m³]인 용기에 가득 차 있다. 가스의 압력은 몇 [kPa]인가?(단, 이산화탄소는 기체상수가 189[J/kg · K]인 이상기체로 가정한다)

① 75.6 ② 189
③ 553.8 ④ 1,108

해설 **가스의 압력**

$$PV = WRT,\ P = \frac{WRT}{V}$$

여기서, P : 압력 [kPa]
W : 무게 6[kg]
V : 부피[m^3]
R : 기체상수(189[J/kg · K] =189[N · m/kg · K]
T : 절대온도[K]

$$\therefore P = \frac{WRT}{V} = \frac{6 \times 189 \times 293}{0.3}$$
$$= 1{,}107{,}540[N/m^2 = Pa] = 1{,}107.5[kPa]$$

29

지름이 5[cm]인 소방 노즐에서 물 제트가 40[m/s]의 속도로 건물 벽에 수직으로 충돌하고 있다. 벽이 받는 힘은 약 몇 [N]인가?

① 320 ② 2,451
③ 2,570 ④ 3,141

해설 힘 $F = \rho QV[N] = \rho AV \times V[N]$
물의 밀도 $\rho = 1{,}000[kg/m^3]$

$$\therefore F = 1{,}000 \times \left(\frac{\pi}{4} \times 0.05^2 \times 40\right) \times 40 = 3{,}141.6[N]$$

30

다음은 어떤 열역학 법칙을 설명한 것인가?

> 열은 고온열원에서 저온의 물체로 이동하나 반대로 스스로 돌아갈 수 없는 비가역 변화이다.

① 열역학 제0법칙
② 열역학 제1법칙
③ 열역학 제2법칙
④ 열역학 제3법칙

해설 **열역학 제2법칙**

- 열은 외부에서 작용을 받지 아니하고 저온에서 고온으로 이동시킬 수 없다.
- 열을 완전히 일로 바꿀 수 있는 열기관을 만들 수 없다(열효율이 100[%]인 열기관은 만들 수 없다).
- 자발적인 변화는 비가역적이다.
- 엔트로피는 증가하는 방향으로 흐른다.

26 ④ 27 ① 28 ④ 29 ④ 30 ③ **정답**

31

그림과 같이 지름이 300[mm]에서 200[mm]로 축소된 관으로 물이 흐를 때 질량유량이 130[kg/s]라면 작은 관에서의 평균속도는 약 몇 [m/s]인가?

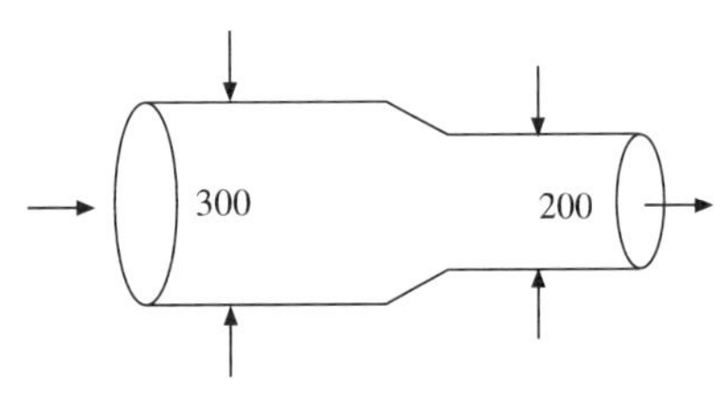

① 3.84 ② 4.14
③ 6.24 ④ 18.4

해설 유 속

$$\overline{m} = Au\rho$$

여기서, $\overline{m}$: 질량유량[kg/s]
A : 면적[m^2]
u : 유속[m/s]
ρ : 물의 밀도(1,000[kg/m^3])

$$\therefore u = \frac{\overline{m}}{A\rho} = \frac{\overline{m}}{\frac{\pi}{4}D^2 \times \rho}$$

$$= \frac{130[\text{kg/s}]}{\frac{\pi}{4}(0.2[\text{m}])^2 \times 1{,}000[\text{kg/m}^3]} = 4.14[\text{m/s}]$$

32

그림과 같이 밀폐된 용기 내 공기의 계기압력은 몇 [Pa]인가?

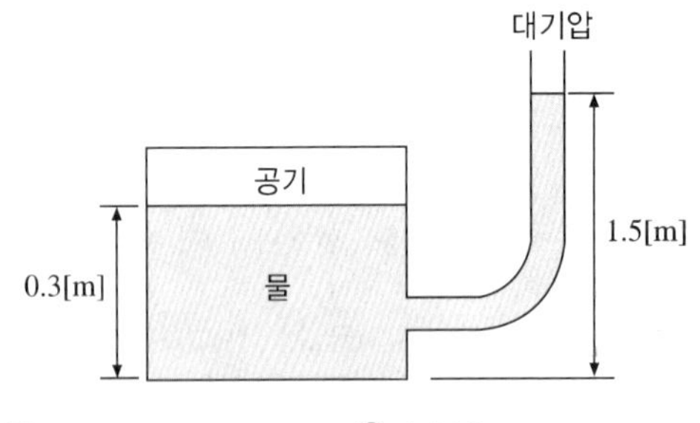

① 1,200 ② 1,500
③ 11,760 ④ 14,700

해설 공기압력 $P = (1.5 - 0.3)[\text{m}] \times 9{,}800[\text{N/m}^3] = 11{,}760[\text{Pa}]$

33

반지름 2[cm]의 금속 공은 선풍기를 켠 상태에서 냉각하고 반지름 4[cm]의 금속 공은 선풍기를 끄고 냉각할 때 대류 열전달의 비는?(단, 두 경우 온도차는 같고 선풍기를 켜면 대류 열전달계수가 10배가 된다고 가정한다)

① 1 : 0.3375 ② 1 : 0.4
③ 1 : 5 ④ 1 : 10

해설 • 대류 열전달

$$Q = hA\Delta t$$

여기서, h : 열전달계수
A : 열전달면적
Δt : 온도차

• 선풍기를 켠 상태에서 대류 열전달

$$Q_1 = 10h \times \frac{\pi}{4}(0.04[\text{m}])^2 \times \Delta t$$

• 선풍기를 끈 상태에서 대류 열전달

$$Q_2 = 10h \times \frac{\pi}{4}(0.08[\text{m}])^2 \times \Delta t$$

$$\therefore \frac{Q_2}{Q_1} = \frac{h \times \frac{\pi}{4}(0.08[\text{m}])^2 \times \Delta t}{10h \times \frac{\pi}{4}(0.04[\text{m}])^2 \times \Delta t}$$

$$= \frac{(0.08)^2}{10 \times (0.04)^2} = \frac{0.4}{1}$$

따라서, $Q_1 : Q_2 = 1 : 0.4$

34

물탱크에 담긴 물의 수면의 높이가 10[m]인데 물탱크 바닥에 원형 구멍이 생겨서 10[L/s]만큼 물이 유출되고 있다. 원형 구멍의 지름은 약 몇 [cm]인가?(단, 구멍의 유량 보전계수는 0.6이다)

① 2.7 ② 3.1
③ 3.5 ④ 3.9

해설 원형 구멍의 지름

$$Q = uA, \quad Q = u \times \frac{\pi}{4}D^2 \quad D = \sqrt{\frac{4Q}{u\pi}}$$

여기서, Q=유량(10[L/s] = 0.01[m^3/s]),
$u = c\sqrt{2gH} = 0.6\sqrt{2 \times 9.8[\text{m}^2/\text{s}] \times 10[\text{m}]}$
$= 8.4[\text{m/s}]$

정답 31 ② 32 ③ 33 ② 34 ④

$$\therefore D=\sqrt{\frac{4Q}{u\pi}}=\sqrt{\frac{4\times0.01}{8.4\times\pi}}=0.0389[\text{m}]$$
$$=3.89[\text{cm}]$$

35

지름 4[cm]의 파이프로 기름(점성계수 0.38[Pa · s])이 분당 200[kg]씩 흐를 때 레이놀즈(Renolds)수는 다음 중 어느 값의 범위에 속하는가?

① 100 미만
② 100 이상 500 미만
③ 500 이상 1,500 미만
④ 1,500 이상

해설 레이놀즈(Renolds)수

$$Re=\frac{Du\rho}{\mu}$$

여기서, D : 내경(0.04[m])
ρ : 밀도[kg/m³]
μ : 점도[kg/m · s]
u : 유속[m/s]

$$u=\frac{Q}{A}=\frac{Q}{\frac{\pi}{4}D^2}$$

여기서, $\bar{m}=Au\rho=Q\rho,\ Q=\frac{\bar{m}}{\rho}$

$$\therefore u=\frac{Q}{A}=\frac{Q}{\frac{\pi}{4}D^2}=\frac{\frac{\bar{m}}{\rho}}{\frac{\pi}{4}D^2}=\frac{4\bar{m}}{\pi D^2\rho}$$

$$\therefore Re=\frac{Du\rho}{\mu}=\frac{D\times\frac{4\bar{m}}{\pi D^2\rho}\times\rho}{\mu}=\frac{\frac{4\bar{m}}{\pi D}}{\mu}$$
$$=\frac{\frac{4\times200[\text{kg}]/60[\text{s}]}{\pi\times0.04[\text{m}]}}{0.38}=279.2$$

$$[\text{Pa}\cdot\text{s}]=[\frac{\text{N}}{\text{m}^2}\cdot\text{s}]=[\frac{\text{kg}\frac{\text{m}}{\text{s}^2}\times\text{s}}{\text{m}^2}]$$
$$=[\frac{\text{kg}\times\text{m}\times\text{s}}{\text{m}^2\times\text{s}^2}]=[\text{kg/m}\cdot\text{s}]$$

36

댐 수위가 2[m] 올라갈 때 한 변 1[m]인 정사각형 연직 수문이 받는 정수력이 20[%] 늘어난다면 댐 수위가 올라가기 전의 수문의 중심과 자유표면의 거리는?(단, 대기압 효과는 무시한다)

① 2[m] ② 4[m]
③ 5[m] ④ 10[m]

해설 수문의 중심과 자유표면의 거리

- 댐 수위가 2[m] 올라갈 때 정수력

$$\text{정수력 } F=\gamma\bar{y}\sin\theta A=\gamma hA$$

$$\therefore F_1=\gamma hA=9{,}800[\text{N/m}^3]\times\left(2+\frac{1}{2}\right)[\text{m}]$$
$$\times\sin90°\times(1\times1)[\text{m}^2]=24{,}500[\text{N}]$$

- 댐 수위가 올라가기 전의 정수력

$$\therefore F=\gamma hA=9{,}800[\text{N/m}^3]\times\frac{1}{2}[\text{m}]$$
$$\times\sin90°\times(1\times1)[\text{m}^2]=4{,}900[\text{N}]$$

- 수문의 중심과 자유표면의 거리

$$\text{정수력 } F=\gamma hA,\quad h=\frac{F}{\gamma h}$$

여기서, F : 정수력

$F_1=1.2F$에서 $1.2F-F=24{,}500-4{,}900$

$$F=\frac{19{,}600}{0.2}=98{,}000[\text{N}]$$

$$\therefore h=\frac{F}{\gamma h}=\frac{98{,}000[\text{N}]}{9{,}800[\text{N/m}^3]\times(1\times1)[\text{m}^2]}$$
$$=10[\text{m}]$$

37

관 마찰계수가 일정할 때 배관 속을 흐르는 유체의 손실수두에 관한 설명으로 옳은 것은?

① 관 길이에 반비례한다.
② 유속의 제곱에 비례한다.
③ 유체의 밀도에 반비례한다.
④ 관 내경의 제곱에 반비례한다.

해설 유체의 손실수두

$$h=\frac{\Delta P}{\gamma}=\frac{flu^2}{2gD}[\text{m}]$$

35 ② 36 ④ 37 ② 정답

여기서, h : 마찰손실[m]
ΔP : 압력차[kg_f/m^2]
γ : 유체의 비중량(물의 비중량 1,000 [kg_f/m^3])
f : 관의 마찰계수
l : 관의 길이[m]
u : 유체의 유속[m/s]
D : 관의 내경[m]
※ 손실수두(h)는 유속(u)의 제곱에 비례한다.

38

직경이 40[mm]인 비눗방울의 내부 초과압력이 30 [N/m²]일 때, 비눗방울의 표면장력은 몇 [N/m]인가?

① 0.075　② 0.15
③ 0.2　④ 0.3

해설

$$a = \frac{pd}{4} = \frac{30[\mathrm{N/m^2}] \times 0.04[\mathrm{m}]}{4} = 0.3[\mathrm{N/m}]$$

39

직경이 10[cm]이고 관마찰계수가 0.04인 원관에 부차적 손실계수가 4인 밸브가 정지되어 있을 때 이 밸브의 등가길이(상당길이)는 몇 [m]인가?

① 0.1　② 1.6
③ 10　④ 16

해설

등가길이 $L_e = \dfrac{Kd}{f} = \dfrac{4 \times 0.10[\mathrm{m}]}{0.04} = 10[\mathrm{m}]$

40

유체에 관한 설명으로 옳지 않은 것은?

① 실제유체는 유동할 때 마찰로 인한 손실이 생긴다.
② 이상유체는 높은 압력에서 밀도가 변화하는 유체이다.
③ 유체에 압력을 가하면 체적이 줄어드는 유체는 압축성 유체이다.
④ 전단력을 받았을 때 저항하지 못하고 연속적으로 변형하는 물질을 유체라 한다.

해설 **이상유체** : 점성이 없고 비압축성인 유체

제 3 과목 소방관계법규

41

소방특별조사를 실시할 수 있는 경우가 아닌 것은?

① 화재가 자주 발생하였거나 발생할 우려가 뚜렷한 곳에 대한 점검이 필요한 경우
② 재난예측정보, 기상예보 등을 분석한 결과 소방대상물에 화재, 재난·재해의 발생 위험이 높다고 판단되는 경우
③ 화재, 재난·재해 등이 발생할 경우 인명 또는 재산 피해의 우려가 낮다고 판단되는 경우
④ 관계인이 실시하는 소방시설 등에 대한 자체점검 등이 불성실하거나 불완전하다고 인정되는 경우

해설 **소방특별조사를 실시할 수 있는 경우**

- 관계인이 실시하는 소방시설 등, 방화시설, 피난시설 등에 대한 자체점검 등이 불성실하거나 불완전하다고 인정되는 경우
- 화재경계지구에 대한 소방특별조사 등 다른 법률에서 소방특별조사를 실시하도록 한 경우
- 국가적 행사 등 주요 행사가 개최되는 장소 및 그 주변의 관계 지역에 대하여 소방안전관리 실태를 점검할 필요가 있는 경우
- 화재가 자주 발생하였거나 발생할 우려가 뚜렷한 곳에 대한 점검이 필요한 경우
- 재난예측정보, 기상예보 등을 분석한 결과 소방대상물에 화재, 재난·재해의 발생 위험이 높다고 판단되는 경우
- 화재, 재난·재해, 그 밖의 긴급한 상황이 발생할 경우 인명 또는 재산 피해의 **우려가 현저하다고 판단되는 경우**

42

화재예방, 소방시설 설치·유지 및 안전관리에 관한 법률상의 특정소방대상물 중 오피스텔은 어디에 속하는가?

① 병원시설　② 업무시설
③ 공동주택시설　④ 근린생활시설

해설 **업무시설**

- 공공업무시설 : 국가 또는 지방자치단체의 청사와 외국공관의 건축물로서 근린생활시설에 해당하지 않는 것

정답 38 ④ 39 ③ 40 ② 41 ③ 42 ②

- **일반업무시설** : 금융업소, 사무소, 신문사, **오피스텔**(업무를 주로 하며, 분양하거나 임대하는 구획 중 일부의 구획에서 숙식을 할 수 있도록 한 건축물) 및 그 밖에 이와 비슷한 것으로서 근린생활시설에 해당하지 않는 것
- 주민자치센터(동사무소), 경찰서, 지구대, 파출소, 소방서, 119안전센터, 우체국, 보건소, 공공도서관, 국민건강보험공단, 그 밖에 이와 비슷한 용도로 사용하는 것
- 마을회관, 마을공동작업소, 마을공동구판장 및 그 밖에 이와 유사한 용도로 사용되는 것
- 변전소, 양수장, 정수장, 대피소, 공중화장실 및 그 밖에 이와 유사한 용도로 사용되는 것

43

소방안전관리대상물에 대한 소방안전관리자의 업무가 아닌 것은?

① 소방계획서의 작성
② 소방훈련 및 교육
③ 소방시설의 공사 발주
④ 자위소방대 및 초기대응체계의 구성

해설 **소방안전관리자의 업무**
- 피난계획에 관한 사항과 대통령령으로 정하는 사항이 포함된 소방계획서의 작성 및 시행
- 자위소방대(自衛消防隊) 및 초기대응체계의 구성·운영·교육
- 피난시설, 방화구획 및 방화시설의 유지·관리
- 소방훈련 및 교육
- 소방시설이나 그 밖의 소방 관련 시설의 유지·관리
- 화기(火氣) 취급의 감독

44

국고보조의 대상이 되는 소방활동장비 또는 설비에 해당하지 않는 것은?

① 소방자동차
② 소방헬리콥터 및 소방정
③ 사무용 집기
④ 전산설비

해설 **국고보조 대상사업의 범위**
- 다음 각 목의 소방활동장비와 설비의 구입 및 설치
  - 소방자동차
  - 소방헬리콥터 및 소방정
  - 소방전용 통신설비 및 전산설비
  - 그 밖에 방화복 등 소방활동에 필요한 소방장비
- 소방관서용 청사의 건축

45

소방안전관리대상물의 소방안전관리자 업무에 해당하지 않는 것은?

① 소방계획서의 작성 및 시행
② 화기취급의 감독
③ 소방용 기계·기구의 형식승인
④ 피난시설, 방화구획 및 방화시설의 유지·관리

해설 문제 43번 참조

46

형식승인을 받지 아니한 소방용품을 판매할 목적으로 진열했을 때 벌칙으로 옳은 것은?

① 3년 이하의 징역 또는 3,000만원 이하의 벌금
② 2년 이하의 징역 또는 1,500만원 이하의 벌금
③ 1년 이하의 징역 또는 1,000만원 이하의 벌금
④ 1년 이하의 징역 또는 500만원 이하의 벌금

해설 소방용품의 형식승인을 받지 아니하고 소방용품을 제조하거나 수입한 자는 3년 이하의 징역 또는 3,000만원 이하의 벌금에 처한다.

47

특정소방대상물의 관계인은 근무자 및 거주자에 대한 소방훈련과 교육은 연 몇 회 이상 실시하여야 하는가?

① 연 1회 이상 ② 연 2회 이상
③ 연 3회 이상 ④ 연 4회 이상

해설 **근무자 및 거주자에 대한 소방훈련과 교육** : 연 1회 이상

43 ③ 44 ③ 45 ③ 46 ① 47 ① 정답

48

시·도지사는 도시의 건물밀집지역 등 화재가 발생할 우려가 있는 경우 화재경계지구로 지정할 수 있는데 지정대상지역으로 옳지 않은 것은?

① 석유화학제품을 생산하는 공장이 있는 지역
② 공장이 밀집한 지역
③ 목조건물이 밀집한 지역
④ 소방 출동로가 확보된 지역

해설 **화재경계지구의 지정대상지역**

- 시장지역
- 공장·창고가 밀집한 지역
- 목조건물이 밀집한 지역
- 위험물의 저장 및 처리시설이 밀집한 지역
- 석유화학제품을 생산하는 공장이 있는 지역
- 소방시설·소방용수시설 또는 소방 출동로가 없는 지역

49

관계인이 특정소방대상물에 대한 소방시설공사를 하고자 할 때 소방공사 감리자를 지정하지 않아도 되는 경우는?

① 연면적 1,000[m^2] 이상을 신축하는 특정소방대상물
② 용도 변경으로 인하여 비상방송설비를 추가적으로 설치하여야 하는 특정소방대상물
③ 제연설비를 설치하여야 하는 특정소방대상물
④ 자동화재탐지설비를 설치하는 길이가 1,000[m] 이상인 지하구

해설 **공사감리자 지정대상 특정소방대상물의 범위**

- 연면적 1,000[m^2] 이상의 특정소방대상물

> 연면적 1,000[m^2] 이상이라도 비상경보설비를 설치하는 특정소방대상물은 제외한다.

50

소방기본법에서 정의하는 용어에 대한 설명으로 틀린 것은?

① "소방대상물"이란 건축물, 차량, 항해 중인 모든 선박과 산림 그 밖의 공작물 또는 물건을 말한다.
② "관계지역"이란 소방대상물이 있는 장소 및 그 이웃지역으로서 화재의 예방·경계·진압, 구조·구급 등의 활동에 필요한 지역을 말한다.
③ "소방본부장"이란 특별시·광역시·도 또는 특별자치도에서 화재의 예방·경계·진압·조사 및 구조·구급 등의 업무를 담당하는 부서의 장을 말한다.
④ "소방대장"이란 소방본부장이나 소방서장 등 화재, 재난·재해 그 밖의 위급한 상황이 발생한 현장에서 소방대를 지휘하는 자를 말한다.

해설 **소방대상물** : 건축물, 차량, 선박(항구 안에 매어둔 선박만 해당), 선박건조구조물, 산림 그 밖의 인공구조물 또는 물건(기본법 제2조)

51

제조소 등의 완공검사 신청시기로서 틀린 것은?

① 지하탱크가 있는 제조소등의 경우에는 당해 지하탱크를 매설하기 전
② 이동탱크저장소의 경우에는 이동저장탱크를 완공하고 상치장소를 확보한 후
③ 이송취급소의 경우에는 이송배관 공사의 전체 또는 일부 완료 후
④ 배관을 지하에 매설하는 경우에는 소방서장이 지정하는 부분을 매몰하고 난 직후

해설 **완공검사 신청시기**

① 지하탱크가 있는 제조소등의 경우 : 당해 지하탱크를 매설하기 전
② 이동탱크저장소의 경우 : 이동저장탱크를 완공하고 상치장소를 확보한 후
③ 이송취급소의 경우 : 이송배관 공사의 전체 또는 일부를 완료한 후. 다만, 지하·하천 등에 매설하는 이송배관의 공사의 경우에는 이송배관을 매설하기 전
④ 전체 공사가 완료된 후에는 완공검사를 실시하기 곤란한 경우 : 다음 각 목에서 정하는 시기
  ㉠ 위험물설비 또는 배관의 설치가 완료되어 기밀시험 또는 내압시험을 실시하는 시기
  ㉡ 배관을 지하에 설치하는 경우에는 시·도지사, 소방서장 또는 기술원이 지정하는 부분을 매몰하기 직전
  ㉢ 기술원이 지정하는 부분의 비파괴시험을 실시하는 시기

정답 48 ④ 49 ② 50 ① 51 ④

⑤ ① 내지 ④에 해당하지 아니하는 제조소 등의 경우
: 제조소 등의 공사를 완료한 후

52

소방업무를 전문적이고 효과적으로 수행하기 위하여 소방대원에게 필요한 소방교육·훈련의 횟수와 기간은?

① 2년마다 1회 이상 실시하되, 기간은 1주 이상
② 3년마다 1회 이상 실시하되, 기간은 1주 이상
③ 2년마다 1회 이상 실시하되, 기간은 2주 이상
④ 3년마다 1회 이상 실시하되, 기간은 2주 이상

해설 **소방대원의 교육 및 훈련**

- **화재진압훈련** : 화재진압업무를 담당하는 소방공무원과 화재 등 현장활동의 보조임무를 수행하는 의무소방원 및 의용소방대원
- **인명구조훈련** : 구조업무를 담당하는 소방공무원과 화재 등 현장활동의 보조임무를 수행하는 의무소방원 및 의용소방대원
- **응급처치훈련** : 구급업무를 담당하는 소방공무원, 의무소방원 및 의용소방대원
- **인명대피훈련** : 소방공무원과 의무소방원 및 의용소방대원
- **현장지휘훈련** : 소방위·소방경·소방령 및 소방정

- **소방안전교육과 훈련 실시 : 2년마다 1회 이상**
- **교육·훈련기간 : 2주 이상**
- 소방교육·훈련의 실시에 관하여 필요한 사항은 소방청장이 정한다.

53

소방시설공사업자의 시공능력을 평가하여 공시할 수 있는 사람은?

① 관계인 또는 발주자
② 소방본부장 또는 소방서장
③ 시·도지사
④ 소방청장

해설 **소방청장**은 관계인 또는 발주자가 적절한 공사업자를 선정할 수 있도록 하기 위하여 공사업자의 신청이 있으면 그 공사업자의 **소방시설공사 실적, 자본금** 등에 따라 **시공능력**을 평가하여 공시할 수 있다.

54

대통령령 또는 화재안전기준의 변경으로 그 기준이 강화되는 경우 기존의 특정소방대상물의 소방시설 등에 강화된 기준을 적용해야 하는 소방시설로서 옳은 것은?

① 비상경보설비 ② 옥내소화전설비
③ 스프링클러설비 ④ 자동화재탐지설비

해설 **소급 적용대상(대통령령이나 화재안전기준이 개정되면 현재 법령 적용)**

- 다음 소방시설 중 대통령령으로 정하는 것
  - 소화기구
  - **비상경보설비**
  - 자동화재속보설비
  - 피난구조설비
- 지하구에 설치하여야 하는 소방시설(공동구, 전력 또는 통신사업용 지하구)
- 노유자(老幼者)시설, 의료시설에 설치하여야 하는 소방시설 중 **대통령령으로 정하는 것**

[대통령령으로 정하는 것]
① 노유자시설에 설치하는 간이스프링클러 설비 및 자동화재탐지설비, 단독경보형감지기
② 의료시설에 설치하는 간이스프링클러 설비, 자동화재탐지설비, 스프링클러설비, 자동화재속보설비

55

특수가연물 중 가연성 고체류의 기준으로 옳지 않은 것은?

① 인화점이 40[℃] 이상 100[℃] 미만인 것
② 인화점이 100[℃] 이상 200[℃] 미만이고 연소열량이 8[kcal/g] 이상인 것
③ 인화점이 200[℃] 이상이고 연소열량이 8[kcal/g] 이상인 것으로서 융점이 100[℃] 미만인 것
④ 인화점이 70[℃] 이상 250[℃] 미만이고 연소열량이 10[kcal/g] 이상인 것

해설 **가연성 고체류**

① 인화점이 40[℃] 이상 100[℃] 미만인 것
② 인화점이 100[℃] 이상 200[℃] 미만이고, 연소열량이 1[g]당 8[kcal] 이상인 것

52 ③ 53 ④ 54 ① 55 ④ **정답**

③ 인화점이 200[℃] 이상이고 연소열량이 1[g]당 8[kcal] 이상인 것으로서 융점이 100[℃] 미만인 것
④ 1기압과 20[℃] 초과 40[℃] 이하에서 액상인 것으로서 인화점이 70[℃] 이상 200[℃] 미만이거나 ② 또는 ③에 해당하는 것

56

위험물제조소 등의 자체소방대가 갖추어야 하는 화학소방차의 소화능력 및 설비기준으로 틀린 것은?

① 포수용액을 방사하는 화학소방자동차는 방사능력이 2,000[L/min] 이상이어야 한다.
② 이산화탄소를 방사하는 화학소방차는 방사능력이 40[kg/s] 이상이어야 한다.
③ 할로겐화합물방사차의 경우 할로겐화합물탱크 및 가압용 가스설비를 비치하여야 한다.
④ 제독차를 갖추는 경우 가성소오다 및 규조토를 각각 30[kg] 이상 비치하여야 한다.

해설 화학소방자동차에 갖추어야 하는 소화능력 및 설비의 기준

화학소방자동차의 구분	소화능력 및 설비의 기준
포수용액 방사차	포수용액의 방사능력이 2,000[L/min] 이상일 것
	소화약액탱크 및 소화약액혼합장치를 비치할 것
	10만[L] 이상의 포수용액을 방사할 수 있는 양의 소화약제를 비치할 것
분말 방사차	분말의 방사능력이 35[kg/s] 이상일 것
	분말탱크 및 가압용 가스설비를 비치할 것
	1,400[kg] 이상의 분말을 비치할 것
할로겐화합물 방사차	할로겐화합물의 방사능력이 40[kg/s] 이상일 것
	할로겐화합물탱크 및 **가압용 가스설비를** 비치할 것
	1,000[kg] 이상의 할로겐화합물을 비치할 것
이산화탄소 방사차	이산화탄소의 방사능력이 40[kg/s] 이상일 것
	이산화탄소저장용기를 비치할 것
	3,000[kg] 이상의 이산화탄소를 비치할 것
제독차	가성소오다 및 규조토를 각각 50[kg] 이상 비치할 것

57

화재예방, 소방시설 설치 · 유지 및 안전관리에 관한 법률에서 정의하는 소방용품 중 소화설비를 구성하는 제품 및 기기가 아닌 것은?

① 소화전　② 방염제
③ 유수제어밸브　④ 기동용 수압개폐장치

해설 소방용품(제6조 관련)

- **소화설비를 구성하는 제품 또는 기기**
  - 소화기구(소화약제 외의 것을 이용한 간이소화용구는 제외한다)
  - 자동소화장치(상업용주방자동소화장치는 제외)
  - 소화설비를 구성하는 **소화전**, 관창(菅槍), 소방호스, 스프링클러헤드, **기동용 수압개폐장치, 유수제어밸브** 및 가스관선택밸브
- 경보설비를 구성하는 제품 또는 기기
  - 누전경보기 및 가스누설경보기
  - 경보설비를 구성하는 발신기, 수신기, 중계기, 감지기 및 음향장치(경종에 한한다)
- 피난구조설비를 구성하는 제품 또는 기기
  - 피난사다리, 구조대, 완강기(간이완강기 및 지지대를 포함한다)
  - 공기호흡기(충전기를 포함한다)
  - 피난구유도등, 통로유도등, 객석유도등 및 예비전원이 내장된 비상조명등
- 소화용으로 사용하는 제품 또는 기기
  - 소화약제(별표 1 제1호 나목 2)와 3)의 자동소화장치와 같은 호 마목 3)부터 8)까지의 소화설비용만 해당한다)
  - **방염제**(방염액 · 방염도료 및 방염성 물질)

58

제조소 또는 일반취급소의 변경허가를 받아야 하는 경우에 해당하지 않는 것은?

① 배출설비를 신설하는 경우
② 소화기의 종류를 변경하는 경우
③ 불활성기체의 봉입장치를 신설하는 경우
④ 위험물취급탱크의 탱크전용실을 증설하는 경우

해설 제조소 또는 일반취급소의 변경허가를 받아야 하는 경우(별표 1)

- 제조소 또는 일반취급소의 위치를 이전하는 경우
- 건축물의 벽 · 기둥 · 바닥 · 보 또는 지붕을 증설 또는 철거하는 경우
- **배출설비를 신설하는 경우**

정답 56 ④ 57 ② 58 ②

- 위험물취급탱크를 신설·교체·철거 또는 보수(탱크의 본체를 절개하는 경우에 한한다)하는 경우
- 위험물취급탱크의 노즐 또는 맨홀을 신설하는 경우(노즐 또는 맨홀의 직경이 250[mm]를 초과하는 경우에 한한다)
- 위험물취급탱크의 방유제의 높이 또는 방유제 내의 면적을 변경하는 경우
- **위험물취급탱크의 탱크전용실을 증설 또는 교체하는 경우**
- 300[m](지상에 설치하지 아니하는 배관의 경우에는 30[m])를 초과하는 위험물배관을 신설·교체·철거 또는 보수(배관을 절개하는 경우에 한한다)하는 경우
- **불활성기체의 봉입장치를 신설하는 경우**
- 방화상 유효한 담을 신설·철거 또는 이설하는 경우
- 위험물의 제조설비 또는 취급설비(펌프설비를 제외한다)를 증설하는 경우
- 옥내소화전설비·옥외소화전설비·스프링클러설비·물분무 등 소화설비를 신설·교체(배관·밸브·압력계·소화전본체·소화약제탱크·포헤드·포방출구 등의 교체는 제외한다) 또는 철거하는 경우
- 자동화재탐지설비를 신설 또는 철거하는 경우

59

다음 중 소방시설 중 피난구조설비에 속하는 것은?

① 제연설비, 휴대용비상조명등
② 자동화재속보설비 유도등
③ 비상방송설비, 비상벨설비
④ 비상조명등, 유도등

해설 **피난구조설비** : 화재가 발생할 경우 피난하기 위하여 사용하는 기구 또는 설비

- 피난기구(피난사다리, 구조대, 완강기 등)
- 인명구조기구(방열복 또는 방화복, 공기호흡기, 인공소생기)
- **유도등**(피난유도선, 피난구유도등, 통로유도등, 객석유도등, 유도표지)
- **비상조명등** 및 **휴대용 비상조명등**

구 분	설 비
소화활동설비	제연설비
피난구조설비	휴대용 비상조명등
경보설비	자동화재속보설비
피난구조설비	유도등
경보설비	비상방송설비
경보설비	비상벨설비
피난구조설비	비상조명등

60

성능위주설계를 하여야 하는 특정소방대상물의 범위의 기준으로 옳지 않은 것은?

① 연면적 3만[m^2] 이상인 철도 및 도시철도시설
② 연면적 20만[m^2] 이상인 특정소방대상물
③ 아파트를 포함한 건축물의 높이가 100[m] 이상인 특정소방대상물
④ 하나의 건축물에 영화 및 비디오물의 진흥에 관한 법률에 따른 영화상영관이 10개 이상인 특정소방대상물

해설 **성능위주설계를 하여야 하는 특정소방대상물의 범위**

- 연면적 20만[m^2] 이상인 특정소방대상물(아파트 등은 제외)
- 건축물의 높이가 100[m] 이상인 특정소방대상물과 지하층을 포함한 층수가 30층 이상인 특정소방대상물을 포함(아파트는 제외)
- 연면적 3만[m^2] 이상인 철도 및 도시철도시설, 공항시설
- 하나의 건축물에 **영화상영관**이 **10개 이상**인 특정소방대상물

제 4 과목 소방기계시설의 구조 및 원리

61

물분무헤드의 설치제외 대상이 아닌 것은?

① 운전 시에 표면의 온도가 200[℃] 이상으로 되는 등 직접 분무 시 손상우려가 있는 기계장치 장소
② 고온의 물질 및 증류범위가 넓어 끓어 넘치는 위험이 있는 물질을 저장 또는 취급하는 장소
③ 물에 심하게 반응하는 물질을 저장 또는 취급하는 장소
④ 물과 반응하여 위험한 물질을 생성하는 물질을 저장 또는 취급하는 장소

59 ④ 60 ③ 61 ① 정답

해설 물분무헤드의 설치 제외

- 물에 심하게 반응하는 물질 또는 물과 반응하여 위험한 물질을 생성하는 물질을 저장 또는 취급하는 장소
- 고온의 물질 및 증류범위가 넓어 끓어 넘치는 위험이 있는 물질을 저장 또는 취급하는 장소
- 운전 시에 표면의 온도가 **260[℃] 이상**으로 되는 등 직접 분무를 하는 경우 그 부분에 손상을 입힐 우려가 있는 기계장치 등이 있는 장소

62

포소화설비에 있어 구역 자동 방출밸브(ZONE CONTROL VALVE)와 함께 사용하는 차단밸브(SHUT OFF VALVE)의 설치위치로 다음 중 가장 적합한 것은?

① ZONE CONTROL VALVE의 양쪽에 설치한다.
② ZONE CONTROL VALVE의 양단의 어느 쪽이든 상관없다.
③ ZONE CONTROL VALVE의 1차측(펌프측)에 설치한다.
④ ZONE CONTROL VALVE의 2차측(방출측)에 설치한다.

해설 자동방출밸브는 1차측(펌프측)에 설치한다.

63

자동소화장치의 기능으로서 옳지 않은 것은?

① 가스누설 시 자동경보 기능
② 가스누설 시 가스밸브의 자동차단기능
③ 가스렌지 화재 시 소화약제 자동분사 기능
④ 가스누설 시 경보발생 및 소화약제 방출

해설 주방용 자동소화장치는 가스누설 시 가스(중간)밸브 자동으로 차단기능이 있다.

[자동소화장치의 종류]

- 주거용 주방자동소화장치
- 상업용 주방자동소화장치
- 캐비닛형 자동소화장치
- 가스자동소화장치
- 분말자동소화장치
- 고체에어로졸자동소화장치

64

완강기의 최대사용하중은 몇 [N] 이상이어야 하는가?

① 800[N] 이상
② 1,000[N] 이상
③ 1,200[N] 이상
④ 1,500[N] 이상

해설 **완강기의 최대사용하중** : 1,500[N] 이상

65

건물 내의 제연 계획으로 자연 제연방식의 특징이 아닌 것은?

① 기구가 간단하다.
② 연기의 부력을 이용하는 원리이므로 외부의 바람에 영향을 받지 않는다.
③ 건물 외벽에 제연구나 창문 등을 설치해야 하므로 건축계획에 제약을 받는다.
④ 고층건물은 계절별로 연돌효과에 의한 상하 압력차가 달라 제연효과가 불안정하다.

해설 **자연제연방식** : 실의 상부에 설치된 창 또는 전용 제연구로부터 연기를 옥외로 배출하는 방식으로 외부의 바람에 영향을 받는다.

66

스프링클러 설비의 고가수조에 설치하지 않아도 되는 것은?

① 수위계
② 배수관
③ 오버플로관
④ 압력계

해설 **고가수조** : 수위계, 배수관, 급수관, 오버플로관, 맨홀

압력계 : 압력수조에 설치한다.

정답 62 ③ 63 ④ 64 ④ 65 ② 66 ④

67

건식스프링클러 설비에 대한 설명 중 옳지 않은 것은?

① 폐쇄형 스프링클러헤드를 사용한다.
② 건식밸브가 작동하면 경보가 발생된다.
③ 건식밸브의 1차측과 2차측은 헤드의 말단까지 일반적으로 공기가 압축, 충진되어 있다.
④ 헤드가 화재에 의하여 작동하면 2차측 배관 내 공기압이 감소하여 건식밸브가 열린다.

해설 건식밸브의 1차측은 가압수로, 2차측은 압축공기로 충전되어 있다.

68

이산화탄소 소화약제를 저압식 저장용기에 충전하고자 할 때 적합한 충전비는?

① 0.9 이상 1.1 이하
② 1.1 이상 1.4 이하
③ 1.4 이상 1.7 이하
④ 1.5 이상 1.9 이하

해설 **이산화탄소저장용기의 충전비**

구 분	저압식	고압식
충전비	1.1 이상 1.4 이하	1.5 이상 1.9 이하

69

연결살수설비의 살수헤드 설치면제 장소가 아닌 곳은?

① 고온의 용광로가 설치된 장소
② 물과 격렬하게 반응하는 물품의 저장 또는 취급하는 장소
③ 지상노출 가스저장 59[t] 탱크시설
④ 냉장창고 영하의 냉장실 또는 냉동창고의 냉동실

해설 **연결살수설비의 살수헤드 설치면제 장소**

- 고온의 노가 설치된 장소 또는 물과 격렬하게 반응하는 물품의 저장 또는 취급 장소
- 냉장창고 영하의 냉장실 또는 냉동창고의 냉동실
- 통신기기실 · 전자기기실 · 기타 이와 유사한 장소
- 발전실 · 변전실 · 변압기 · 기타 이와 유사한 전기설비가 설치되어 있는 장소
- 병원의 수술실 · 응급처치실 · 기타 이와 유사한 장소

70

습식 스프링클러소화설비의 특징에 대한 설명 중 틀린 것은?

① 초기화재에 효과적이다.
② 소화약제가 물이므로 값이 싸서 경제적이다.
③ 헤드 감지부의 구조가 기계적이므로 오동작의 염려가 있다.
④ 소모품을 제외한 시설의 수명이 반영구적이다.

해설 습식 스프링클러소화설비는 평상시 헤드까지 물이 가압되어 있다가 화재 발생 시 열을 감지하여 열감지장치인 퓨지블링크가 탈락되어 물을 방사하는 구조로 오동작의 염려가 없다.

71

다음 중 완강기의 조속기에 관한 것으로 가장 적당한 것은?

① 조속기는 로프에 걸리는 하중의 크기에 따라서 자동적으로 원심력 브레이크가 작동하여 강하속도를 조절한다.
② 조속기는 사용할 때 체중에 맞추어 인위적 조작으로 강하속도를 조정할 수 있다.
③ 조속기는 3개월마다 분해 점검할 필요가 있다.
④ 조속기는 강하자가 손에 잡고 강하하는 것이다.

해설 조속기는 로프에 걸리는 하중의 크기(사람의 무게)에 따라서 자동적으로 원심력 브레이크가 작동하여 강하속도를 조절한다.

72

특별피난계단의 부속실 등에 설치하는 급기가압방식 제연설비의 측정, 시험, 조정 항목을 열거한 것이다. 이에 속하지 않는 것은?

① 배연구의 설치 위치 및 크기의 적정 여부 확인
② 화재감지기 동작에 의한 제연설비의 작동 여부 확인
③ 출입문의 크기와 열리는 방향이 설계 시와 동일한지 여부 확인
④ 출입문마다 그 바닥 사이의 틈새가 평균적으로 균일한지 여부 확인

67 ③ 68 ② 69 ③ 70 ③ 71 ① 72 ① 정답

해설 급기가압방식 제연설비의 측정, 시험, 조정 항목

- 모든 출입문의 크기와 열리는 방향이 설계 시와 동일한지 여부 확인
- 출입문마다 그 바닥 사이의 틈새가 평균적으로 균일한지 여부 확인
- 출입문 및 복도와 거실 사이 출입문마다 폐쇄력 측정
- 화재감지기를 동작시켜 제연설비의 작동 여부 확인

73

분말소화기의 사용온도 범위로 다음 중 가장 적합한 것은?

① 0~40[℃]
② 5~40[℃]
③ 10~40[℃]
④ −20~40[℃]

해설 분말소화기의 사용온도 : −20~40[℃]

74

할로겐화합물 및 불활성기체 소화설비의 화재안전기준에서 저장용기 설치기준으로 틀린 것은?

① 용기 간의 간격은 점검에 지장이 없도록 3[cm] 이상의 간격을 유지할 것
② 온도가 40[℃] 이하이고 온도의 변화가 작은 곳에 설치할 것
③ 직사광선 및 빗물이 침투할 우려가 없는 곳에 설치할 것
④ 방화문으로 구획된 실에 설치할 것

해설 할로겐화합물 및 불활성기체 저장용기 설치기준

- 방호구역 외의 장소에 설치할 것(단, 방호구역 내에 설치하는 경우에는 피난 및 조작이 용이하도록 피난구에 설치할 것)
- 온도가 **55[℃] 이하**이고 온도의 변화가 작은 곳에 설치할 것
- 직사광선 및 빗물이 침투할 우려가 없는 곳에 설치할 것
- 저장용기를 방호구역 외에 설치한 경우에는 방화문으로 구획된 실에 설치할 것
- 용기 간의 간격은 점검에 지장이 없도록 **3[cm] 이상**의 **간격을 유지**할 것
- 저장용기와 집합관을 연결하는 연결배관에는 체크밸브를 설치할 것

75

상수도 소화용수설비의 소화전은 구경이 얼마 이상의 수도 배관에 접속하여야 하는가?

① 50[mm] 이상 ② 75[mm] 이상
③ 85[mm] 이상 ④ 100[mm] 이상

해설 상수도 소화용수설비의 소화전

- 호칭지름 **75[mm] 이상**의 **수도배관**에 호칭지름 100[mm] 이상의 소화전을 접속할 것
- 소화전은 소방자동차 등의 진입이 쉬운 도로변 또는 공지에 설치할 것
- 소화전은 특정소방대상물의 수평투영면의 각 부분으로부터 140[m] 이하가 되도록 설치할 것

76

국소방출방식의 포소화설비에서 방호면적을 가장 잘 설명한 것은?

① 방호대상물의 각 부분에서 각각 당해 방호대상물 높이의 3배(1[m] 미만인 경우는 1[m])의 거리를 수평으로 연장한선으로 둘러싸인 부분의 면적
② 방호대상물의 각 부분에서 각각 당해 방호대상물 높이에 0.5[m]를 더한 거리를 수평으로 연장한 선으로 둘러싸인 부분의 면적
③ 방호대상물의 각 부분에서 각각 당해 방호대상물 높이의 2배의 거리를 수평으로 연장한 선으로 둘러싸인 부분의 면적
④ 방호대상물의 각 부분에서 각각 당해 방호대상물 높이의 0.6[m]를 더한 거리를 수평으로 연장한 선으로 둘러싸인 부분의 면적

해설 방호면적 : 방호대상물의 각 부분에서 각각 당해 방호대상물 높이의 3배(1[m] 미만인 경우는 1[m])의 거리를 수평으로 연장한 선으로 둘러싸인 부분의 면적

정답 73 ④ 74 ② 75 ② 76 ①

77

소방대상물 내의 보일러실에 제1종 분말소화약제를 사용하여 전역방출방식으로 분말소화설비를 설치할 때 필요한 약제량[kg]으로서 맞는 것은?(단, 방호구역의 개구부에 자동개폐장치를 설치하지 아니한 경우로 방호구역의 체적은 120[m^3], 개구부의 면적은 20[m^2]이다)

① 84　② 120
③ 140　④ 162

해설 분말소화설비의 전역 방출방식

소화약제저장량[kg]
= 방호구역 체적[m^3] × 소화약제량[kg/m^3]
 + 개구부의 면적[m^2]×가산량[kg/m^2]

※ 개구부의 면적은 자동폐쇄장치가 설치되어 있지 않는 면적이다.

약제의 종류	소화약제량	가산량
제1종 분말	0.60[kg/m^3]	4.5[kg/m^2]
제2종 또는 제3종 분말	0.36[kg/m^3]	2.7[kg/m^2]
제4종 분말	0.24[kg/m^3]	1.8[kg/m^2]

∴ 소화약제저장량[kg]
=120[m^3]×0.60[kg/m^3]+20[m^2]×4.5[kg/m^2]
=162[kg]

78

물분무헤드의 설치에서 전압이 110[kV] 초과 154[kV] 이하일 때 전기기기와 물분무헤드 사이에 몇 [cm] 이상의 거리를 확보하여 설치하여야 하는가?

① 80[cm]　② 110[cm]
③ 150[cm]　④ 180[cm]

해설 전기기기와 물분무헤드 사이의 거리

전압[kV]	거리[cm]	전압[kV]	거리[cm]
66 이하	70 이상	154 초과 181 이하	180 이상
66 초과 77 이하	80 이상	181 초과 220 이하	210 이상
77 초과 110 이하	110 이상	220 초과 275 이하	260 이상
110 초과 154 이하	**150 이상**		

79

다음은 옥내소화전 함의 표시등에 대한 설명이다. 가장 적합한 것은?

① 위치표시등은 평상시 불이 켜지지 않은 상태로 있어야 한다.
② 기동표시등은 평상시 불이 켜지지 않은 상태로 있어야 한다.
③ 위치표시등 및 기동표시등은 평상시 불이 켜진 않은 상태로 있어야 한다.
④ 위치표시등 및 기동표시등은 평상시 불이 안 켜진 않은 상태로 있어야 한다.

해설 옥내소화전 함의 표시등

- 위치표시등 : 평상시 불이 켜진 상태이다.
- 기동표시등 : 주펌프 기동 시만 불이 켜진다(평상시 불이 꺼진 상태).

80

다음 중 주거용 주방자동소화장치를 설치하여야하는 소방대상물은?

① 연면적 33[m^2] 이상인 것
② 지정문화재
③ 터 널
④ 아파트

해설 자동소화장치를 설치하여야 하는 특정소방대상물

- **주거용 주방자동소화장치**를 설치하여야 하는 것 : **아파트 등 및 30층 이상 오피스텔의 모든 층**
- 캐비닛형 자동소화장치, 가스자동소화장치, 분말자동소화장치 또는 고체에어로졸자동소화장치를 설치하여야 하는 것 : 화재안전기준에서 정하는 장소

77 ④　78 ③　79 ②　80 ④ **정답**

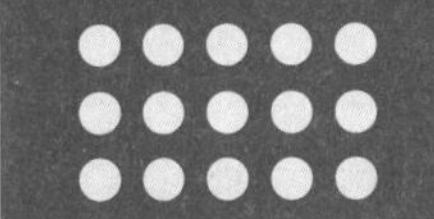

제 1 회 2015년 3월 8일 시행

제 1 과목 소방원론

01

유류탱크 화재 시 발생하는 슬롭오버(Slop Over) 현상에 관한 설명으로 틀린 것은?

① 소화 시 외부에서 방사하는 포에 의해 발생한다.
② 연소유가 비산되어 탱크 외부까지 화재가 확산된다.
③ 탱크의 바닥에 고인 물의 비등 팽창에 의해 발생한다.
④ 연소면의 온도가 100[℃] 이상일 때 물을 주수하면 발생한다.

해설 **슬롭오버(Slop Over) 현상**

- 연화 시 외부에서 방사하는 포나 물에 의해 발생한다.
- 연소유가 비산되어 탱크 외부까지 화재가 확산된다.
- 연소면의 온도가 100[℃] 이상일 때 물을 주수하면 발생한다.

보일오버 : 탱크의 바닥에 고인 물의 비등 팽창에 의해 발생한다.

02

간이소화용구에 해당되지 않는 것은?

① 이산화탄소소화기
② 마른모래
③ 팽창질석
④ 팽창진주암

해설 **간이소화용구** : 마른모래, 팽창질석, 팽창진주암

03

축압식 분말소화기의 충전압력이 정상인 것은?

① 지시압력계의 지침이 노란색 부분을 가리키면 정상이다.
② 지시압력계의 지침이 흰색 부분을 가리키면 정상이다.
③ 지시압력계의 지침이 빨간색 부분을 가리키면 정상이다.
④ 지시압력계의 지침이 녹색 부분을 가리키면 정상이다.

해설 **축압식 분말소화기의 정상압력** : 지시압력계의 지침이 녹색 부분(0.7~0.98[MPa])

04

할론소화약제의 분자식이 틀린 것은?

① 할론 2402 : $C_2F_4Br_2$
② 할론 1211 : CCl_2FBr
③ 할론 1301 : CF_3Br
④ 할론 104 : CCl_4

해설 **화학식**

물성 / 종류	분자식	분자량
할론 1301	CF_3Br	148.9
할론 1211	CF_2ClBr	165.4
할론 2402	$C_2F_4Br_2$	259.8
할론 1011	CH_2ClBr	129.4
할론 104	CCl_4	154

정답 01 ③ 02 ① 03 ④ 04 ②

05

이산화탄소의 증기비중은 약 얼마인가?

① 0.81　② 1.52
③ 2.02　④ 2.51

해설 이산화탄소는 CO_2로서 분자량이 44이다.

$$증기비중 = \frac{분자량}{29}$$

∴ 이산화탄소의 증기비중 $= \frac{44}{29} = 1.517 \Rightarrow 1.52$

06

화재 시 불티가 바람에 날리거나 상승하는 열기류에 휩쓸려 멀리 있는 가연물에 착화되는 현상은?

① 비 화　② 전 도
③ 대 류　④ 복 사

해설 **비화** : 화재현장에서 불티가 바람에 날려 먼 지역까지 날아가 가연물에 착화하는 현상

07

위험물안전관리법령상 옥외탱크저장소에 설치하는 방유제의 면적기준으로 옳은 것은?

① 30,000[m²] 이하
② 50,000[m²] 이하
③ 80,000[m²] 이하
④ 100,000[m²] 이하

해설 **방유제**
- 면적 : 80,000[m²] 이하
- 높이 : 0.5[m] 이상 3[m] 이하

08

가연물이 되기 쉬운 조건이 아닌 것은?

① 발열량이 커야 한다.
② 열전도율이 커야 한다.
③ 산소와 친화력이 좋아야 한다.
④ 활성화 에너지가 작아야 한다.

해설 가연물의 구비조건
- 열전도율이 적을 것
- **발열량이 클 것**
- 활성화 에너지가 작을 것
- 열의 축적이 용이할 것
- 산소와 친화력이 좋을 것

09

마그네슘에 관한 설명으로 옳지 않은 것은?

① 마그네슘의 지정수량은 500[kg]이다.
② 마그네슘 화재 시 주수하면 폭발이 일어날 수도 있다.
③ 마그네슘 화재 시 이산화탄소 소화약제를 사용하여 소화한다.
④ 마그네슘의 저장·취급 시 산화제와의 접촉을 피한다.

해설 **마그네슘**
- 제2류 위험물로서 지정수량은 500[kg]이다.
- 마그네슘은 물과 반응하면 **수소가스**를 **발생**하므로 위험하다.

$$Mg + 2H_2O \rightarrow Mg(OH)_2 + H_2\uparrow$$

- 마그네슘은 이산화탄소와 반응하면 가연성 가스인 일산화탄소(CO)를 발생하므로 위험하다.

$$Mg + CO_2 \rightarrow MgO + CO$$

- 마그네슘의 저장·취급 시 산화제와의 접촉을 피한다.

10

가연성물질별 소화에 필요한 이산화탄소 소화약제의 설계농도로 틀린 것은?

① 메탄 : 34[vol%]
② 천연가스 : 37[vol%]
③ 에틸렌 : 49[vol%]
④ 아세틸렌 : 53[vol%]

해설 **가연성 액체 또는 가연성 가스의 소화에 필요한 설계농도**

방호대상물	메 탄	천연가스	에틸렌	아세틸렌
설계농도[%]	34	37	49	66

05 ② 06 ① 07 ③ 08 ② 09 ③ 10 ④ **정답**

11

소방안전관리대상물에 대한 소방안전관리자의 업무가 아닌 것은?

① 소방계획서의 작성
② 자위소방대의 구성
③ 소방훈련 및 교육
④ 소방용수시설의 지정

해설 **소방안전관리자의 업무**

- 피난계획에 관한 사항과 대통령령으로 정하는 사항이 포함된 소방계획서의 작성 및 시행
- 자위소방대(自衛消防隊) 및 초기대응체계의 구성·운영·교육
- 피난시설·방화구획 및 방화시설의 유지·관리
- 소방훈련 및 교육
- 소방시설이나 그 밖의 소방관련시설의 유지·관리
- 화기(火氣) 취급의 감독
- 그 밖에 소방안전관리상 필요한 업무

12

위험물안전관리법령상 제4류 위험물인 알코올류에 속하지 않는 것은?

① C_2H_5OH
② C_4H_9OH
③ CH_3OH
④ C_3H_7OH

해설 **알코올류** : C_1~C_3의 포화 1가 알코올로서 농도 60[%] 이상

종 류	메틸 알코올	에틸 알코올	프로필 알코올	부틸 알코올
화학식	CH_3OH	C_2H_5OH	C_3H_7OH	C_4H_9OH
품 명	알코올류	알코올류	알코올류	제2석유류 (비수용성)
지정수량	400[L]	400[L]	400[L]	1,000[L]

13

그림에서 내화구조 건물의 표준 화재 온도–시간 곡선은?

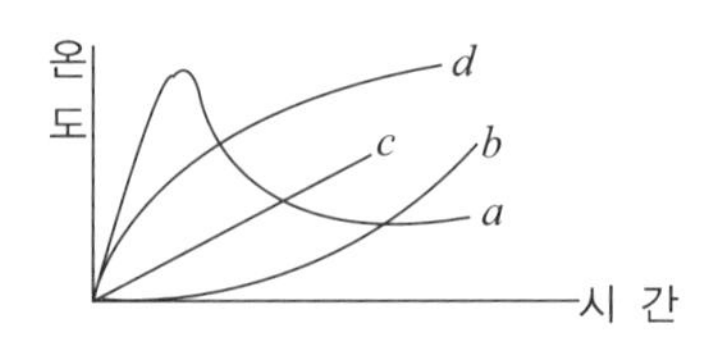

① a　　② b
③ c　　④ d

해설

그 림	a	d
건물구조	목조건축물	내화건축물
화재성상	고온단기형	저온장기형

14

벤젠의 소화에 필요한 CO_2의 이론소화농도가 공기 중에서 37[vol%]일 때 한계산소농도는 약 몇 [vol%]인가?

① 13.2　　② 14.5
③ 15.5　　④ 16.5

해설 **이산화탄소의 농도**

$$CO_2[\%] = \frac{21 - O_2[\%]}{21} \times 100$$

$$37[\%] = \frac{21 - O_2}{21} \times 100$$

$$\therefore O_2 = 13.23[\%]$$

15

가연성 액화가스의 용기가 과열로 파손되어 가스가 분출된 후 불이 붙어 폭발하는 현상은?

① 블레비(BLEVE)
② 보일오버(Boil Over)
③ 슬롭오버(Slop Over)
④ 플래시오버(Flash Over)

정답 11 ④ 12 ② 13 ④ 14 ① 15 ①

해설 블레비(BLEVE) : 가연성 액화가스의 용기가 과열로 파손되어 가스가 분출된 후 불이 붙어 폭발하는 현상

16

할론소화약제에 관한 설명으로 틀린 것은?

① 비열, 기화열이 작기 때문에 냉각효과는 물보다 작다.
② 할로겐 원자는 활성기의 생성을 억제하여 연쇄반응을 차단한다.
③ 사용 후에도 화재현장을 오염시키지 않기 때문에 통신기기실 등에 적합하다.
④ 약제의 분자 중에 포함되어 있는 할로겐 원자의 소화효과는 F > Cl > Br > I의 순이다.

해설 **소화효과** : F < Cl < Br < I

전기음성도 : F > Cl > Br > I

17

부촉매소화에 관한 설명으로 옳은 것은?

① 산소의 농도를 낮추어 소화하는 방법이다.
② 화학반응으로 발생한 탄산가스에 의한 소화방법이다.
③ 활성기(Free Radical)의 생성을 억제하는 소화방법이다.
④ 용융잠열에 의한 냉각효과를 이용하여 소화하는 방법이다.

해설 **부촉매소화** : 할론, 할로겐화합물 및 불활성기체 소화약제와 같이 활성기(Free Radical)의 생성을 억제하는 소화방법

18

불활성기체 소화약제인 IG-541의 성분이 아닌 것은?

① 질 소　② 아르곤
③ 헬 륨　④ 이산화탄소

해설 할로겐화합물 및 불활성기체의 종류

소화약제	화학식
퍼플루오로프로판(이하 "FC-2-1-8"라 한다)	C_3F_8
퍼플루오로부탄(이하 "FC-3-1-10"이라 한다)	C_4F_{10}
하이드로클로로플루오로카본혼화제(이하 "HCFC BLEND A"라 한다)	HCFC-123 ($CHCl_2CF_3$) : 4.75[%] HCFC-22 ($CHClF_2$) : 82[%] HCFC-124 ($CHClFCF_3$) : 9.5[%] $C_{10}H_{16}$: 3.75[%]
클로로테트라플루오르에탄(이하 "HCFC-124"라 한다)	$CHClFCF_3$
펜타플루오로에탄(이하 "HFC-125"라 한다)	CHF_2CF_3
헵타플루오로프로판(이하 "HFC-227ea"라 한다)[FM200]	**CF_3CHFCF_3**
트리플루오로메탄(이하 "HFC-23"이라 한다)	CHF_3
헥사플루오로프로판(이하 "HFC-236fa"라 한다)	$CF_3CH_2CF_3$
트리플루오로이오다이드(이하 "FIC-13I1"이라 한다)	CF_3I
불연성·불활성기체 혼합가스(이하 "IG-01"이라 한다)	Ar
불연성·불활성기체 혼합가스(이하 "IG-100"이라 한다)	N_2
불연성·불활성기체 혼합가스(이하 "IG-541"이라 한다)	**N_2 : 52[%], Ar : 40[%], CO_2 : 8[%]**
불연성·불활성기체 혼합가스(이하 "IG-55"라 한다)	N_2 : 50[%], Ar : 50[%]
도데카플루오로-2-메틸펜탄-3-원(이하 "FK-5-1-12"라 한다)	$CF_3CF_2C(O)CF(CF_3)_2$

19

건축물의 주요구조부에 해당되지 않는 것은?

① 기 둥　② 작은 보
③ 지붕틀　④ 바 닥

해설 **주요구조부** : **내력벽, 기둥, 바닥, 보, 지붕틀,** 주계단

주요구조부 제외 : **사잇벽,** 사잇기둥, 최하층의 바닥, **작은 보,** 차양, **옥외계단**

16 ④ 17 ③ 18 ③ 19 ② 정답

20

착화에너지가 충분하지 않아 가연물이 발화되지 못하고 다량의 연기가 발생되는 연소형태는?

① 훈 소　　② 표면연소
③ 분해연소　　④ 증발연소

해설 **훈소** : 착화에너지가 충분하지 않아 가연물이 발화되지 못하고 다량의 연기가 발생되는 연소현상

제 2 과목 소방유체역학

21

온도 50[℃], 압력 100[kPa]인 공기가 지름 10[mm]인 관속을 흐르고 있다. 임계 레이놀즈수가 2,100일 때 층류로 흐를 수 있는 최대평균속도(V)와 유량(Q)은 각각 약 얼마인가?(단, 공기의 점성계수는 19.5×10^{-6}[kg/m · s]이며, 기체상수는 287[J/kg · K]이다)

① $V=0.6$[m/s], $Q=0.5\times10^{-4}$[m³/s]
② $V=1.9$[m/s], $Q=1.5\times10^{-4}$[m³/s]
③ $V=3.8$[m/s], $Q=3.0\times10^{-4}$[m³/s]
④ $V=5.8$[m/s], $Q=6.1\times10^{-4}$[m³/s]

해설 **레이놀즈수**

$$Re = \frac{Du\rho}{\mu}, \quad u = \frac{Re \times \mu}{D\rho} = \frac{2{,}100 \times \mu}{D\rho}$$

여기서 u : 평균속도[m/s]
D : 내경[m]
ρ : 밀도

$$\rho = \frac{P}{RT}$$

$$\rho = \frac{P}{RT} = \frac{100[\text{kPa}] \times 1{,}000[\text{Pa}][\text{N/m}^2]}{287[\text{N}\cdot\text{m/kg}\cdot\text{K}] \times (273+50)[\text{K}]}$$
$= 1.079[\text{kg/m}^3]$

μ : 점도$(19.5\times10^{-6}[\text{kg/m}\cdot\text{s}])$

• 최대평균속도

$$u = \frac{2{,}100 \times \mu}{D\rho} = \frac{2{,}100 \times 19.5 \times 10^{-6}[\text{kg/m}\cdot\text{s}]}{0.01[\text{m}] \times 1.079[\text{kg/m}^3]}$$
$= 3.80[\text{m/s}]$

• 유 량

$$Q = uA = u \times \frac{\pi}{4}D^2$$
$$= 3.80[\text{m/sec}] \times \frac{\pi}{4}(0.01[\text{m}])^2$$
$$= 2.98 \times 10^{-4}[\text{m}^3/\text{s}]$$

22

수직유리관 속의 물기둥의 높이를 측정하여 압력을 측정할 때 모세관현상에 의한 영향이 0.5[mm] 이하가 되도록 하려면 관의 반경은 최소 몇 [mm]가 되어야 하는가?(단, 물의 표면장력은 0.0728[N/m], 물-유리-공기 조합에 대한 접촉각은 0°로 한다.)

① 2.97　　② 5.94
③ 29.7　　④ 59.4

해설 표면장력에 의한 수직분력과 물기둥이 상승한 무게는 평형을 이룬다.

$$\sigma \pi d \cos\beta = \gamma h \frac{\pi}{4} d^2$$

여기서, σ(표면장력) $= 0.0728[\text{N/m}]$
β(접촉각) $= 0°$
h(상승높이) $= 0.5[\text{mm}] = 0.5 \times 10^{-3}[\text{m}]$

$$\text{직경 } d = \frac{4\sigma\cos\beta}{\gamma h} = \frac{4 \times 0.0728\frac{[\text{N}]}{[\text{m}^2]} \times \cos 0°}{9{,}800\frac{[\text{N}]}{[\text{m}^2]} \times (0.5 \times 10^{-3})[\text{m}]}$$
$= 0.0594[\text{m}] = 59.4[\text{mm}]$

$$\text{반경 } r = \frac{d}{2} = \frac{59.4[\text{mm}]}{2} = 29.7[\text{mm}]$$

23

노즐의 계기압력 400[kPa]로 방사되는 옥내소화전에서 저수조의 수량이 10[m³]이라면 저수조의 물이 전부 소비되는 데 걸리는 시간은 약 몇 분인가?(단, 노즐의 직경은 10[mm]이다)

① 약 75분　　② 약 95분
③ 약 150분　　④ 약 180분

해설 방수량 $Q = 0.6597D^2\sqrt{10P}$
$= 0.6597 \times 10^2 \times \sqrt{10 \times 0.4[\text{MPa}]}$
$= 131.94[\text{L/min}]$

$\therefore$ 10,000[L]÷131.94[L/min]=75.79[min]

정답 20 ① 21 ③ 22 ③ 23 ①

24

고속 주행 시 타이어의 온도가 20[℃]에서 80[℃]로 상승하였다. 타이어의 체적이 변화하지 않고, 타이어 내의 공기를 이상 기체로 하였을 때 압력 상승은 약 몇 [kPa]인가?(단, 온도 20[℃]에서의 게이지압력은 0.183[MPa], 대기압은 101.3[KPa]이다)

① 37 ② 58
③ 286 ④ 345

해설
- 초기압력
  $P_1 = P + P_g = 101.3[\text{kPa}] + 183[\text{kPa}] = 284.3[\text{kPa}]$
- 체적이 일정하므로 $\frac{P_1}{T_1} = \frac{P_2}{T_2}$ 에서

  최종압력

  $P_2 = P_1 \times \frac{T_2}{T_1} = 284.3[\text{kPa}] \times \frac{273+80}{273+20}$

  $= 342.52[\text{kPa}]$
- 압력상승
  $\triangle P = P_2 - P_1 = 342.52[\text{kPa}] - 284.3[\text{kPa}]$
  $= 58.22[\text{kPa}]$

25

관 내의 흐름에서 부차적 손실에 해당되지 않는 것은?

① 곡선부에 의한 손실
② 직선 원관 내의 손실
③ 유동단면의 장애물에 의한 손실
④ 관 단면의 급격한 확대에 의한 손실

해설 관 마찰손실
- 주손실 : 관로 마찰에 의한 손실
- 부차적손실 : 급격한 확대, 축소, 관 부속품에 의한 손실

26

표준대기압에서 진공압이 400[mmHg]일 때 절대압력은 약 몇 [kPa]인가?(단, 표준대기압은 101.3[kPa], 수은의 비중은 13.6이다)

① 48 ② 53
③ 149 ④ 154

해설 절대압

절대압 = 대기압 + 게이지압 = 대기압- 진공

∴ 절대압

$= 101.325[\text{kPa}] - \frac{400[\text{mmHg}]}{760[\text{mmHg}]} \times 101.325[\text{kPa}]$

$= 48.0[\text{kPa}]$

27

타원형 단면의 금속관이 팽창하는 원리를 이용하는 압력 측정 장치는?

① 액주계 ② 수은기압계
③ 경사미압계 ④ 부르동 압력계

해설 **부르동 압력계** : 타원형 단면의 **금속관**이 **팽창**하는 원리를 이용하는 압력 측정 장치

28

그림과 같이 물이 담겨있는 어느 용기에 진공펌프가 연결된 파이프를 세워 두고 펌프를 작동시켰더니 파이프 속의 물이 6.5[m]까지 올라갔다. 물기둥 윗부분의 공기압은 절대압력으로 몇 [kPa]인가?(단, 대기압은 101.3[kPa]이다)

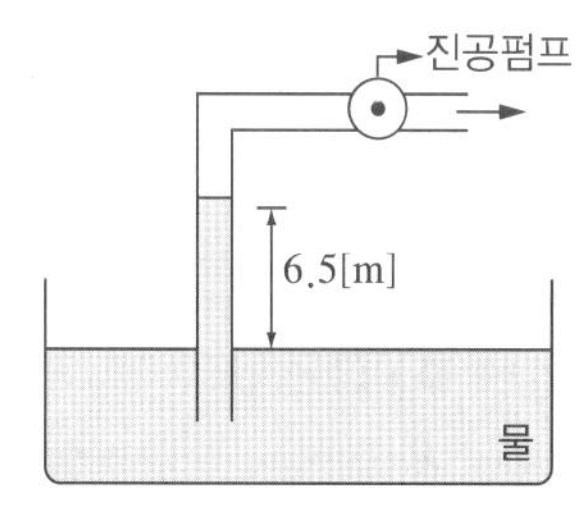

① 37.6 ② 47.6
③ 57.6 ④ 67.6

해설 절대압력

절대압 = 대기압 - 진공

∴ 절대압

$= 101.325[\text{kPa}] - \frac{6.5[\text{mH}_2\text{O}]}{10.332[\text{mH}_2\text{O}]} \times 101.325[\text{kPa}]$

$= 37.58[\text{kPa}]$

24 ② 25 ② 26 ① 27 ④ 28 ① 정답

29

펌프 운전 중에 펌프 입구와 출구에 설치된 진공계, 압력계의 지침이 흔들리고 동시에 토출 유량이 변화하는 현상으로 송출압력과 송출유량 사이에 주기적인 변동이 일어나는 현상은?

① 수격현상　　② 서징현상
③ 공동현상　　④ 와류현상

해설 **맥동현상(Surging)**

- 정의 : 펌프의 입구와 출구에 부착된 진공계와 압력계의 침이 흔들리고 동시에 토출유량이 변화를 가져오는 현상
- 맥동현상의 발생원인
  - 펌프의 양정곡선($Q-H$)이 산(山) 모양의 곡선으로 상승부에서 운전하는 경우
  - 유량조절 밸브가 배관 중 수조의 위치 후방에 있을 때
  - 배관 중에 수조가 있을 때
  - 배관 중에 기체 상태의 부분이 있을 때
  - 운전 중인 펌프를 정지할 때
- 맥동현상의 방지대책
  - 펌프 내의 양수량을 증가시키거나 임펠러(Impeller)의 회전수를 변화시킴
  - 관로 내의 잔류공기 제거하고 관로의 단면적 유속·저장을 조절

30

단순화된 선형운동량 방정식 $\sum \vec{F} = \dot{m}(\vec{V_2} - \vec{V_1})$이 성립되기 위하여 [보기] 중 꼭 필요한 조건을 모두 고른 것은?(단, $\dot{m}$은 질량유량, $\vec{V_1}$는 검사체적 입구 평균속도, $\vec{V_2}$는 출구평균속도이다)

[보 기]
㉮ 정상상태　㉯ 균일유동　㉰ 비점성유동

① ㉮　　② ㉮, ㉯
③ ㉯, ㉰　　④ ㉮, ㉯, ㉰

해설 선형운동량 방정식 $\sum \vec{F} = \dot{m}(\vec{V_2} - \vec{V_1})$

여기서, $\sum \vec{F}$는 계(system)에 작용하는 모든 외력의 합이며, $\dot{m}(\vec{V_2} - \vec{V_1})$는 계의 운동량의 시간변화율이다. 따라서 검사체적 내의 위치에 관계없이 유속이 일정한 균일유동과 비점성유동으로 해석하여 유도한다.

31

펌프에서 기계효율이 0.8, 수력효율이 0.85, 체적효율이 0.75인 경우 전효율은 얼마인가?

① 0.51　　② 0.68
③ 0.8　　④ 0.9

해설 **전효율**

ηp = 체적효율 × 기계효율 × 수력효율
= 0.75 × 0.8 × 0.85 = 0.51

32

단면이 1[m²]인 단열 물체를 통해서 5[kW]의 열이 전도되고 있다. 이 물체의 두께는 5[cm]이고 열전도도는 0.3[W/m·℃]이다. 이 물체 양면의 온도차는 몇 [℃]인가?

① 35　　② 237
③ 506　　④ 833

해설 **푸리에 법칙(열전도)**

$$\frac{dQ}{d\theta} = -kA\frac{dt}{dl}$$

여기서, $\frac{dQ}{d\theta}$: 단위시간당 전달되는 열량
k : 열전도도[W/m·℃]
A : 단면적[m²]
$\frac{dt}{dl}$: 온도구배(단위길이당 온도차)

$$\therefore dt = \frac{(dQ/d\theta) \times dl}{k \times A} = \frac{5[\text{kW}] \times 1{,}000[\text{W}] \times 0.05[\text{m}]}{0.3[\text{W/m}\cdot℃] \times 1[\text{m}^2]} = 833.33[℃]$$

33

500[mm]×500[mm]인 4각관과 원형관을 연결하여 유체를 흘려보낼 때, 원형관 내 유속이 4각관내 유속의 2배가 되려면 관의 지름을 약 몇 [cm]로 하여야 하는가?

① 37.14　　② 38.12
③ 39.89　　④ 41.32

정답 29 ② 30 ③ 31 ① 32 ④ 33 ③

해설 사각관 가로 $a=500[mm]=50[cm]$,
세로 $b=500[mm]=50[cm]$, 유속 $V_2=2V_1$
연속방정식 $Q=AV$에서
$(a\times b)V_1=\frac{\pi}{4}\times d^2\times V_2$
지름 $d=\sqrt{\frac{4(a\times b)V_1}{\pi V_2}}=\sqrt{\frac{4\times(50\times 50)V_1}{\pi\times 2V_1}}$
$=39.89[cm]$

34

지름이 10[cm]인 실린더 속에 유체가 흐르고 있다. 벽면으로부터 가까운 곳에서 수직거리가 y[m]인 위치에서 속도가 $u=5y-y^2$[m/s]로 표시된다면 벽면에서의 마찰전단 응력은 몇 [Pa]인가?(단, 유체의 점성계수 $\mu=3.82\times 10^{-2}$[N·s/m²])

① 0.191 ② 0.38
③ 1.95 ④ 3.82

해설 전단응력 $\tau=\mu\frac{du}{dy}$
문제에서 $u=5y-y^2$, $\frac{du}{dy}=5-2y(y=0)=5[s^{-1}]$
$\therefore\ \tau=3.82\times 10^{-2}\times 5=0.191[Pa]$

35

이상기체의 운동에 대한 설명으로 옳은 것은?

① 분자 사이에 인력이 항상 작용한다.
② 분자 사이에 척력이 항상 작용한다.
③ 분자가 충돌할 때 에너지의 손실이 있다.
④ 분자 자신의 체적은 거의 무시할 수 있다.

해설 이상기체는 분자 자신의 체적은 거의 무시할 수 있다.

36

두 물체를 접촉시켰더니 잠시 후 두 물체가 열평형 상태에 도달하였다. 이 열평형 상태는 무엇을 의미하는가?

① 두 물체의 비열은 다르나 열용량이 서로 같아진 상태
② 두 물체의 열용량은 다르나 비열이 서로 같아진 상태
③ 두 물체의 온도가 서로 같으며 더 이상 변화하지 않는 상태
④ 한 물체에서 잃은 열량이 다른 물체에서 얻은 열량과 같은 상태

해설 두 물체를 접촉시켰더니 잠시 후 열평형 상태(두 물체의 온도가 서로 같으며 더 이상 변화하지 않는 상태)에 도달한다.

37

길이 100[m], 직경 50[mm]인 상대조도 0.01인 원형 수도관 내에 물이 흐르고 있다. 관 내 평균유속이 2[m/s]에서 4[m/s]로 2배 증가하였다면 압력손실은 몇 배로 되겠는가?(단, 유동은 마찰계수가 일정한 완전난류로 가정한다)

① 1.41배 ② 2배
③ 4배 ④ 8배

해설 계산방법은 2가지로 풀이하면

- 방법 1

압력손실 $\Delta P_f=f\frac{lu^2\gamma}{2gd}$

여기서, 마찰계수가 일정하므로 $f_1=f_2=f$,
길이 $l=100[m]$,
직경 $d=50[mm]=0.05[m]$,
상대조도 $\frac{e}{d}=0.01$,
평균유속 $u_1=2[m/s]$, $u_2=4[m/s]$

- 초기 압력손실
$\Delta P_{f_1}=f\times\frac{100[m]\times(2[m/s])^2}{2\times 9.8[m/s^2]\times 0.05[m]}\times\gamma$
- 최종 압력손실
$\Delta P_{f_2}=f\times\frac{100[m]\times(4[m/s])^2}{2\times 9.8[m/s^2]\times 0.05[m]}\times\gamma$

∴ 압력손실비
$$\frac{\Delta P_{f_2}}{\Delta P_{f_1}}=\frac{f\times\frac{100[m]\times(4[m/s])^2}{2\times 9.8[m/s^2]\times 0.05[m]}\times\gamma}{f\times\frac{100[m]\times(2[m/s])^2}{2\times 9.8[m/s^2]\times 0.05[m]}\times\gamma}$$
$=4$

- 방법 2

압력손실 $\Delta P_f=f\frac{lu^2\gamma}{2gd}$

34 ① 35 ④ 36 ③ 37 ③ 정답

여기서, 마찰계수가 일정하므로 $f_1 = f_2 = f$,

길이 $l = 100[m]$,

직경 $d = 50[mm] = 0.05[m]$,

상대조도 $\frac{e}{d} = 0.01$,

평균유속 $u_1 = 2[m/s]$, $u_2 = 4[m/s]$,

물의 비중량 $\gamma = 1,000[kg_f/m^3]$

완전한 난류구역에서 마찰계수 f가 레이놀즈수에 무관하고 상대조도$\left(\frac{e}{d}\right)$에 의해서만 좌우되는 영역의 마찰계수 $\frac{1}{\sqrt{f}} = 1.14 - 0.86\ln\frac{e}{d}$ 에서

$$f = \left\{\frac{1}{1.14 - 0.86\ln\left(\frac{e}{d}\right)}\right\}^2$$

$$= \left\{\frac{1}{1.14 - 0.86\ln 0.01}\right\}^2 = 0.03844$$

– 초기 압력손실

$$\Delta P_{f_1} = 0.03844 \times \frac{100[m]}{0.05[m]} \times \frac{(2[m/s])^2}{2\times 9.8[m/s^2]} \times 1,000[kg_f/m^3] = 15,690[kg_f/m^2]$$

– 최종 압력손실

$$\Delta P_{f_2} = 0.03844 \times \frac{100[m]}{0.05[m]} \times \frac{(4[m/s])^2}{2\times 9.8[m/s^2]} \times 1,000[kg_f/m^3] = 62,759[kg_f/m^2]$$

$\therefore$ 압력손실비 $\frac{\Delta P_{f_2}}{\Delta P_{f_1}} = \frac{62,759[kg_f/m^2]}{15,690[kg_f/m^2]} = 4$

38

물의 유속을 측정하기 위해 피토관을 사용하였다. 동압이 60[mmHg]이면 유속은 약 몇 [m/s]인가? (단, 수은의 비중은 13.6이다)

① 2.7 ② 3.5

③ 3.7 ④ 4.0

해설 유 속

$$u = \sqrt{2gH}$$

여기서, g : 중력가속도[9.8m/s²],

H : 수두의 높이[mH₂O]

$\therefore u = \sqrt{2gH}$

$$= \sqrt{2\times 9.8 \times \left(\frac{60[mmHg]}{760[mmHg]} \times 10.332[m]\right)}$$

$= 4.0[m/s]$

39

그림에서 물에 의하여 점 B에서 힌지된 사분원 모양의 수문이 평형을 유지하기 위하여 잡아 당겨야 하는 힘 T는 몇 [kN]인가?(단, 폭은 1[m], 반지름($r = \overline{OB}$)은 2[m], 4분원의 중심은 O점에서 왼쪽으로 $4r/3\pi$인 곳에 있으며, 물의 밀도는 1,000[kg/m³]이다)

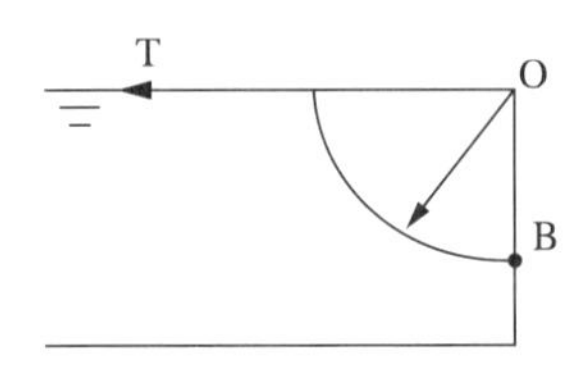

① 1.96 ② 9.8

③ 19.6 ④ 29.4

해설 당겨야 하는 힘(T)

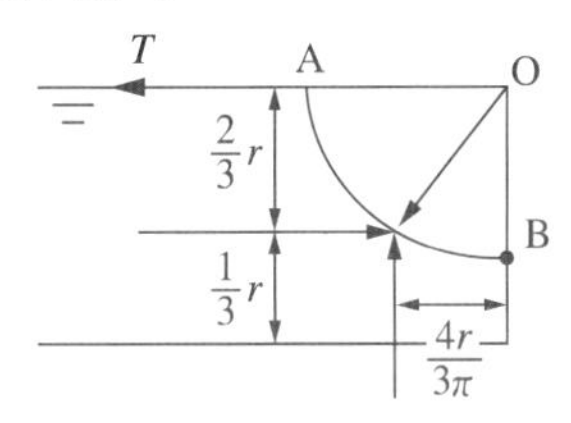

물의 비중량 $\gamma = \rho g = 1,000[kg/m^3] \times 9.8[m/s^2] = 9,800[N/m^3]$

• AB에 작용하는 수평분력과 작용점

– 수평분력 $F_H = \gamma \bar{h} A = \gamma \frac{r}{2}(r \times 1) = \frac{r^2}{2}\gamma$

– 작용점 $y_p = \frac{2r}{3}$

• AB에 작용하는 수직분력과 작용점

– 수직분력 $F_V = \frac{\pi r^2}{4}\gamma$

– 작용점 $y_p = \frac{4r}{3\pi}$

점 B에 대한 잡아 당기는 힘

$$T \times r \times 1[m] = F_H \times \frac{r}{3} + F_V \times \frac{4r}{3\pi}$$

$$\therefore T \times r \times 1[m] = \frac{r^2}{2}\gamma \times \frac{r}{3} + \frac{\pi r^2}{4}\gamma \times \frac{4r}{3\pi}$$

$$T = \frac{r^2}{2}\gamma \times 1[m]$$

$$= \frac{(2[m])^2}{[2]} \times 9,800[N/m^3] \times 1[m]$$

$= 19,600[N] = 19.6[kN]$

정답 38 ④ 39 ③

40

관 내에서 물이 평균속도 9.8[m/s]로 흐를 때의 속도 수두는 몇 [m]인가?

① 4.9 ② 9.8
③ 48 ④ 128

해설 속도수두

$$H=\frac{u^2}{2g}$$

여기서, u :유속[m/s]
g : 중력가속도[9.8m/s²]

$$\therefore H=\frac{u^2}{2g}=\frac{(9.8[\mathrm{m/s}])^2}{2\times 9.8[\mathrm{m/s^2}]}=4.9[\mathrm{m}]$$

제 3 과목 소방관계법규

41

소방시설업을 등록할 수 있는 사람은?

① 피성년후견인
② 소방기본법에 따른 금고 이상의 실형을 선고 받고 그 집행이 종료된 후 1년이 경과한 사람
③ 위험물안전관리법에 따른 금고 이상의 형의 집행유예를 선고받고 그 유예기간 중에 있는 사람
④ 등록하려는 소방시설업 등록이 취소된 날부터 2년이 경과한 사람

해설 소방시설업 등록의 결격사유

- 피성년후견인
- 이 법, 소방기본법, 소방시설 설치·유지 및 안전관리에 관한 법률 또는 위험물안전관리법에 따른 금고 이상의 실형을 선고받고 그 집행이 끝나거나(집행이 끝난 것으로 보는 경우를 포함) 면제된 날부터 2년이 지나지 아니한 사람
- 이 법, 소방기본법, 소방시설 설치·유지 및 안전관리에 관한 법률 또는 위험물안전관리법에 따른 금고 이상의 형의 집행유예를 선고받고 그 유예기간 중에 있는 사람
- 등록하려는 소방시설업 등록이 취소된 날부터 2년이 지나지 아니한 자

42

다음의 위험물 중에서 위험물안전관리법령에서 정하고 있는 지정수량이 가장 적은 것은?

① 브롬산염류 ② 유 황
③ 알칼리토금속 ④ 과염소산

해설 지정수량

종 류	브롬산염류	유 황	알칼리토금속	과염소산
유 별	제1류 위험물	제2류 위험물	제3류 위험물	제6류 위험물
지정수량	300[kg]	100[kg]	50[kg]	300[kg]

43

소방대장은 화재, 재난·재해, 그 밖의 위급한 상황이 발생한 현장에 소방활동구역을 정하여 지정한 사람 외에는 그 구역에 출입하는 것을 제한할 수 있다. 소방활동구역을 출입할 수 없는 사람은?

① 의사·간호사 그 밖의 구조·구급업무에 종사하는 사람
② 수사업무에 종사하는 사람
③ 소방활동구역 밖의 소방대상물을 소유한 사람
④ 전기·가스 등의 업무에 종사하는 사람으로서 원활한 소방활동을 위하여 필요한 사람

해설 소방활동구역 출입자(기본법 영 제8조)

- **소방활동구역 안**에 있는 소방대상물의 **소유자, 관리자, 점유자**
- 전기, 가스, 수도, 통신, 교통의 업무에 종사하는 자로서 원활한 소방활동을 위하여 필요한 사람
- **의사·간호사** 그 밖의 **구조·구급업무**에 **종사하는 사람**
- 취재인력 등 보도업무에 종사하는 사람
- **수사업무**에 **종사하는 사람**
- 그 밖에 소방대장이 소방활동을 위하여 출입을 허가한 사람

40 ① 41 ④ 42 ③ 43 ③ **정답**

44

제4류 위험물을 저장하는 위험물제조소의 주의사항을 표시한 게시판의 내용으로 적합한 것은?

① 화기엄금　　② 물기엄금
③ 화기주의　　④ 물기주의

해설 위험물제조소 등의 주의사항

위험물의 종류	주의사항	게시판의 색상
제1류 위험물 중 알칼리금속의 과산화물 제3류 위험물 중 금수성물질	물기엄금	청색바탕에 백색문자
제2류 위험물(인화성 고체는 제외)	화기주의	적색바탕에 백색문자
제2류 위험물 중 인화성 고체 제3류 위험물 중 자연발화성 물질 **제4류 위험물** 제5류 위험물	화기엄금	적색바탕에 백색문자
제1류 위험물의 알칼리금속의 과산화물 외의 것과 제6류 위험물	별도의 표시를 하지 않는다.	

45

소방시설관리사 시험을 시행하고자 하는 때에는 응시자격 등 필요한 사항을 시험 시행일 며칠 전까지 소방청 홈페이지 등에 공고하여야 하는가?

① 15　　② 30
③ 60　　④ 90

해설 **소방시설관리사 시험의 응시자격 등 필요한 사항** : 시험 시행일 90일 전까지 소방청 홈페이지 등에 공고

46

무창층 여부 판단 시 개구부 요건기준으로 옳은 것은?

① 해당 층의 바닥면으로부터 개구부 밑 부분까지의 높이가 1.5[m] 이내일 것
② 개구부의 크기가 지름 50[cm] 이상의 원이 내접할 수 있을 것
③ 개구부는 도로 또는 차량이 진입할 수 없는 빈터를 향할 것
④ 내부 또는 외부에서 쉽게 파괴 또는 개방할 수 없을 것

해설 **무창층** : 지상층 중 다음 요건을 갖춘 개구부의 면적의 합계가 당해 층의 바닥면적의 1/30 이하가 되는 층

- **개구부의 크기**가 **지름 50[cm] 이상**의 원이 내접할 수 있을 것
- 해당 층의 바닥면으로부터 개구부의 밑 부분까지의 높이가 **1.2[m] 이내**일 것
- 개구부는 도로 또는 차량이 진입할 수 있는 빈터를 향할 것
- 화재 시 건축물로부터 쉽게 피난할 수 있도록 개구부에 창살 또는 그 밖의 장애물이 설치되지 아니할 것
- 내부 또는 외부에서 쉽게 부수거나 열 수 있을 것

47

피난시설, 방화구획 및 방화시설을 폐쇄・훼손・변경 등의 행위를 3차 이상 위반한 자에 대한 과태료는?

① 200만원　　② 300만원
③ 500만원　　④ 1,000만원

해설 과태료 부과기준

위반행위	근거 법조문	과태료금액 (단위 : 만원)		
		1차 위반	2차 위반	3차 이상 위반
가. 법 제9조 제1항 전단을 위반한 경우 1) 1) 2) 및 3)의 규정을 제외하고 소방시설을 최근 1년 이내에 2회 이상 화재안전기준에 따라 관리・유지하지 않은 경우	법 제53조 제1항 제1호	100		
2) 소방시설 등을 다음에 해당하는 고장상태 등으로 방치한 경우 가) **소화펌프를 고장상태로 방치한 경우** 나) 수신반 전원, 동력(감시)제어반 또는 소방시설용 비상전원을 차단하거나, 고장이 난 상태로 방치하거나, 임의로 조작하여 자동으로 작동이 되지 않도록 한 경우 다) 소방시설이 작동하는 경우 소화배관을 통하여 소화수가 방수되지 않는 상태 또는 소화약제가 방출되지 않는 상태로 방치한 경우		200		
3) 소방시설 등을 설치하지 않은 경우		300		
나. 법 제10조 제1항 제1호를 위반하여 **피난시설・방화구획 또는 방화시설을 폐쇄・훼손・변경 등의 행위를 한 경우**	법 제53조 제1항 제2호	100	200	300
다. 법 제12조 제1항을 위반한 경우	법 제53조 제1항 제1호	200		

정답 44 ① 45 ④ 46 ② 47 ②

48

소방기본법에서 규정하는 소방용수시설에 대한 설명으로 틀린 것은?

① 시・도지사는 소방활동에 필요한 소화전・급수탑・저수조를 설치하고 유지・관리하여야 한다.
② 소방본부장 또는 소방서장은 원활한 소방활동을 위하여 소방용수시설에 대한 조사를 월 1회 이상 실시하여야 한다.
③ 소방용수시설 조사의 결과는 2년간 보관하여야 한다.
④ 수도법의 규정에 따라 설치된 소화전도 시・도지사가 유지・관리하여야 한다.

해설 시・도지사는 소방활동에 필요한 소화전(消火栓)・급수탑(給水塔)・저수조(貯水槽)(이하 "소방용수시설"이라 한다)를 설치하고 유지・관리하여야 한다. 다만, **수도법에 따라 소화전을 설치하는 일반수도사업자**는 관할 소방서장과 사전협의를 거친 후 소화전을 설치하여야 하며, 설치 사실을 관할 소방서장에게 통지하고, 그 소화전을 유지・관리하여야 한다.

49

화재예방, 소방시설 설치・유지 및 안전관리에 관한 법률에서 규정하는 소방용품 중 경보설비를 구성하는 제품 또는 기기에 해당하지 않는 것은?

① 비상조명등 ② 누전경보기
③ 발신기 ④ 감지기

해설 **소방용품(설치유지법률 영 제37조, 별표 3)**

- 소화설비를 구성하는 제품 또는 기기
  - 별표 1 제1호 가목의 소화기구(소화약제 외의 것을 이용한 간이소화용구는 제외)
  - 별표 1 제1호 나목의 자동소화장치
  - 소화설비를 구성하는 소화전, 관창(菅槍), 소방호스, 스프링클러헤드, 기동용수압개폐장치, 유수제어밸브 및 가스관선택밸브
- 경보설비를 구성하는 제품 또는 기기
  - 누전경보기 및 가스누설경보기
  - 경보설비를 구성하는 발신기, 수신기, 중계기, 감지기 및 음향장치(경종에만 한한다)
- **피난구조설비를 구성하는 제품 또는 기기**
  - 피난사다리, 구조대, 완강기(간이완강기 및 지지대를 포함)
  - 공기호흡기(충전기를 포함)
  - 피난구유도등, 통로유도등, 객석유도등 및 예비전원이 내장된 **비상조명등**
- 소화용으로 사용하는 제품 또는 기기
  - 소화약제(상업용 주방자동소화장치, 캐비닛형 자동소화장치, 포소화설비, 이산화탄소소화설비, 할론소화설비, 할로겐화합물 및 불활성기체소화설비, 분말소화설비, 강화액소화설비)
  - 방염제(방염액・방염도료 및 방염성 물질)
- 그 밖에 행정안전부령으로 정하는 소방 관련 제품 또는 기기

50

다음 소방시설 중 소화활동설비가 아닌 것은?

① 제연설비
② 연결송수관설비
③ 무선통신보조설비
④ 자동화재탐지설비

해설 **소화활동설비** : 제연설비, 연결송수관설비, 연결살수설비, 비상콘센트설비, 무선통신보조설비, 연소방지설비

자동화재탐지설비 : 경보설비

51

위험물안전관리법령에서 규정하는 제3류 위험물의 품명에 속하는 것은?

① 나트륨 ② 염소산염류
③ 무기과산화물 ④ 유기과산화물

해설 **위험물의 분류**

종 류	나트륨	염소산 염류	무기 과산화물	유기 과산화물
유 별	제3류 위험물	제1류 위험물	제1류 위험물	제5류 위험물
지정 수량	10[kg]	50[kg]	50[kg]	10[kg]

48 ④ 49 ① 50 ④ 51 ① 정답

52

하자를 보수하여야 하는 소방시설에 따른 하자보수 보증기간의 연결이 옳은 것은?

① 무선통신보조설비 : 3년
② 상수도소화용수설비 : 3년
③ 피난기구 : 3년
④ 자동화재탐지설비 : 2년

해설 소방시설공사의 하자보수 보증기간
- **2년** : 피난기구, **유도등, 유도표지, 비상경보설비**, 비상조명등, 비상방송설비 및 **무선통신보조설비**
- **3년** : **자동소화장치**, 옥내소화전설비, 스프링클러설비, 간이스프링클러설비, 물분무 등 소화설비, 옥외소화전설비, 자동화재탐지설비, **상수도 소화용수설비**, 소화활동설비(무선통신보조설비 제외)

53

위험물안전관리법령에 의하여 자체소방대에 배치해야 하는 화학소방자동차의 구분에 속하지 않는 것은?

① 포수용액 방사차 ② 고가 사다리차
③ 제독차 ④ 할로겐화합물 방사차

해설 화학소방자동차에 갖추어야 하는 소화능력 및 설비의 기준(규칙 별표 23)

화학소방자동차의 구분	소화능력 및 설비의 기준
포수용액 방사차	포수용액의 방사능력이 매분 2,000[L] 이상일 것
	소화약액탱크 및 소화약액혼합장치를 비치할 것
	10만[L] 이상의 포수용액을 방사할 수 있는 양의 소화약제를 비치할 것
분말 방사차	분말의 방사능력이 매초 35[kg] 이상일 것
	분말탱크 및 가압용가스설비를 비치할 것
	1,400[kg] 이상의 분말을 비치할 것
할로겐화합물 방사차	할로겐화합물의 방사능력이 매초 40[kg] 이상일 것
	할로겐화합물탱크 및 가압용가스설비를 비치할 것
	1,000[kg] 이상의 할로겐화합물을 비치할 것
이산화탄소 방사차	이산화탄소의 방사능력이 매초 40[kg] 이상일 것
	이산화탄소저장용기를 비치할 것
	3,000[kg] 이상의 이산화탄소를 비치할 것
제독차	가성소다 및 규조토를 각각 50[kg] 이상 비치할 것

54

소방력의 기준에 따라 관할구역 안의 소방력을 확충하기 위한 필요 계획을 수립하여 시행하는 사람은?

① 소방서장 ② 소방본부장
③ 시·도지사 ④ 자치소방대장

해설 소방력의 기준(기본법 제8조)
- 소방업무를 수행하는 데에 필요한 **인력과 장비** 등(소방력, 消防力)에 관한 **기준** : **행정안전부령**
- 관할구역의 소방력을 확충하기 위하여 필요한 계획의 수립·시행권자 : **시·도지사**
- 소방자동차 등 소방장비의 분류·표준화와 그 관리 등에 필요한 사항 : 행정안전부령

55

제조소 등의 위치·구조 또는 설비의 변경 없이 당해 제조소 등에서 저장하거나 취급하는 위험물의 품명·수량 또는 지정수량의 배수를 변경하고자 할 때는 누구에게 신고해야 하는가?

① 국무총리 ② 시·도지사
③ 소방청장 ④ 관할소방서장

해설 **위험물의 품명·수량 또는 지정수량의 배수 변경신고** : 시·도지사

56

아파트로서 층수가 20층인 특정소방대상물에는 몇 층 이상의 층에 스프링클러설비를 설치해야 하는가?

① 6층 ② 11층
③ 16층 ④ 전 층

해설 **스프링클러설비** : 6층 이상인 것은 **전층**에 설치

정답 52 ② 53 ② 54 ③ 55 ② 56 ④

57

소방특별조사 결과 화재예방을 위하여 필요한 때 관계인에게 소방대상물의 개수·이전·제거, 사용의 금지 또는 제한 등의 필요한 조치를 명할 수 있는 사람이 아닌 것은?

① 소방서장 ② 소방본부장
③ 소방청장 ④ 시·도지사

해설 **개수명령권자** : 소방청장, 소방본부장, 소방서장

58

관계인이 예방규정을 정하여야 하는 옥외저장소는 지정수량의 몇 배 이상의 위험물을 저장하는 것을 말하는가?

① 10 ② 100
③ 150 ④ 200

해설 **예방규정을 정하여야 할 제조소 등(위험물법 영 제15조)**
- 지정수량의 10배 이상의 위험물을 취급하는 제조소
- 지정수량의 10배 이상의 위험물을 취급하는 일반취급소
- 지정수량의 **100배 이상**의 위험물을 저장하는 **옥외저장소**
- 지정수량의 150배 이상의 위험물을 저장하는 옥내저장소
- 지정수량의 200배 이상의 위험물을 저장하는 옥외탱크저장소
- 암반탱크저장소
- 이송취급소

59

소방공사업자가 소방시설공사를 마친 때에는 완공검사를 받아야하는데 완공검사를 위한 현장 확인을 할 수 있는 특정소방대상물의 범위에 속하지 않은 것은?(단, 가스계소화설비를 설치하지 않는 경우이다)

① 문화 및 집회시설 ② 노유자시설
③ 지하상가 ④ 의료시설

해설 **완공검사를 위한 현장 확인 대상 특정소방대상물의 범위**
- **문화 및 집회시설**, 종교시설, 판매시설, **노유자시설**, 수련시설, 운동시설, 숙박시설, 창고시설, **지하상가** 및 다중이용업소의 안전관리에 관한 특별법에 따른 **다중이용업소**
- 스프링클러설비 등, 물분무 등 소화설비(호스릴 방식은 제외)가 설치되는 특정소방대상물
- 연면적 10,000[m^2] 이상이거나 11층 이상인 특정소방대상물(아파트는 제외)
- 가연성가스를 제조·저장 또는 취급하는 시설 중 지상에 노출된 가연성가스탱크의 저장용량 합계가 1,000[t] 이상인 시설

60

1급 소방안전관리 대상물에 해당하는 건축물은?

① 연면적 15,000[m^2] 이상인 동물원
② 층수가 15층인 업무시설
③ 층수가 20층인 아파트
④ 지하구

해설 **1급 소방안전관리대상물**
동·식물원, 철강 등 불연성 물품을 저장·취급하는 창고, 위험물제조소 등, 지하구와 특급소방안전관리대상물을 제외한 것
- 30층 이상(지하층은 제외)이거나 지상으로부터 높이가 120[m] 이상인 아파트
- 연면적 15,000[m^2] 이상인 특정소방대상물(아파트는 제외)
- 층수가 11층 이상인 특정소방대상물(아파트는 제외)
- 가연성 가스를 1,000[t] 이상 저장·취급하는 시설

제 4 과목 소방기계시설의 구조 및 원리

61

스프링클러헤드를 설치하지 않을 수 있는 장소로만 나열된 것은?

① 계단, 병실, 목욕실, 통신기기실, 아파트
② 발전실, 수술실, 응급처치실, 통신기기실
③ 발전실, 변전실, 병실, 목욕실, 아파트
④ 수술실, 병실, 변전실, 발전실, 아파트

57 ④ 58 ② 59 ④ 60 ② 61 ② 정답

해설 **스프링클러헤드 설치제외 장소**

- 계단실(특별피난계단의 부속실을 포함)·경사로·승강기의 승강로·비상용승강기의 승강장·파이프덕트 및 덕트피트(파이프·덕트를 통과시키기 위한 구획된 구멍에 한한다)·목욕실·수영장(관람석부분을 제외)·화장실·직접 외기에 개방되어 있는 복도·기타 이와 유사한 장소
- 통신기기실·전자기기실·기타 이와 유사한 장소
- 발전실·변전실·변압기·기타 이와 유사한 전기설비가 설치되어 있는 장소
- 병원의 수술실·응급처치실·기타 이와 유사한 장소

아파트 : 스프링클러헤드를 설치하여야 한다.

62

280[m^2]의 발전실에 부속용도별로 추가하여야 할 적응성이 있는 소화기의 최소 수량은 몇 개인가?

① 2 ② 4
③ 6 ④ 12

해설 발전실, 변전실, 송전실, 변압기실, 배전반실, 통신기기실, 전산기기실은 해당 용도의 바닥면적 50[m^2]마다 적응성이 있는 소화기 1개 이상을 설치하여야 한다.

$$\therefore \text{소화기 개수} = \frac{\text{바닥면적}}{\text{기준면적}} = \frac{280[\text{m}^2]}{50[\text{m}^2]} = 5.6 \Rightarrow 6\text{개}$$

63

주요 구조부가 내화구조이고 건널 복도가 설치된 층의 피난기구 수의 설치의 감소 방법으로 적합한 것은?

① 원래의 수에서 $\frac{1}{2}$을 감소한다.
② 원래의 수에서 건널 복도 수를 더한 수로 한다.
③ 피난기구로 수에서 해당 건널 복도 수의 2배의 수를 뺀 수로 한다.
④ 피난기구를 설치하지 아니할 수 있다.

해설 **피난기구 설치 감소**

- 1/2을 감소할 수 있는 경우
  - 주요구조부가 내화구조로 되어 있을 것
  - 직통계단인 피난계단 또는 특별피난계단이 2 이상 설치되어 있을 것
- 피난기구를 설치하여야 할 소방대상물 중 주요구조부가 내화구조이고 다음의 기준에 적합한 건널 복도가 설치되어 있는 층에는 제4조 제2항에 따른 피난기구의 수에서 해당 **건널 복도의 수의 2배의 수를 뺀 수**로 한다.
  - 내화구조 또는 철골조로 되어 있을 것
  - 건널 복도 양단의 출입구에 자동폐쇄장치를 한 갑종방화문(방화셔터를 제외)이 설치되어 있을 것
  - 피난·통행 또는 운반의 전용 용도일 것

64

물분무소화설비 대상 공장에서 물분무헤드의 설치제외 장소로서 틀린 것은?

① 고온의 물질 및 증류범위가 넓어 넘치는 위험이 있는 물질을 저장하는 장소
② 물에 심하게 반응하여 위험한 물질을 생성하는 물질을 취급하는 장소
③ 운전시에 표면의 온도가 260[℃] 이상으로 되는 등 직접분무를 하는 경우 그 부분에 손상을 입힐 우려가 있는 기계장치 등이 있는 장소
④ 표준방사량으로 당해 방호대상물의 화재를 유효하게 소화하는 데 필요한 적정한 장소

해설 **물분무헤드의 설치제외 장소**

- 물에 심하게 반응하는 물질 또는 물과 반응하여 위험한 물질을 생성하는 물질을 저장 또는 취급하는 장소
- 고온의 물질 및 증류범위가 넓어 끓어 넘치는 위험이 있는 물질을 저장 또는 취급하는 장소
- 운전시에 표면의 온도가 260[℃] 이상으로 되는 등 직접 분무를 하는 경우 그 부분에 손상을 입힐 우려가 있는 기계장치 등이 있는 장소

65

제연설비의 배출기와 배출풍도에 관한 설명 중 틀린 것은?

① 배출기와 배출 풍도의 접속부분에 사용하는 캔버스는 내열성이 있는 것으로 할 것
② 배출기의 전동기부분과 배풍기 부분은 분리하여 설치할 것
③ 배출기 흡입측 풍도안의 풍속은 15[m/s] 이상으로 할 것
④ 배출기의 배출측 풍도안의 풍속은 20[m/s] 이하로 할 것

정답 62 ③ 63 ③ 64 ④ 65 ③

해설 제연설비의 배출기와 배출풍도

- 배출기와 배출 풍도의 접속부분에 사용하는 캔버스는 내열성(석면재료는 제외)이 있는 것으로 할 것
- 배출기의 전동기부분과 배풍기 부분은 분리하여 설치하여야 하며 배풍기 부분은 유효한 내열처리를 할 것
- 배출기 **흡입측 풍도 안의 풍속**은 **15[m/s] 이하**로 할 것
- 배출기의 배출측 풍도 안의 풍속은 20[m/s] 이하로 할 것

66

채수구를 부착한 소화수조를 옥상에 설치하려 한다. 지상에 설치된 채수구에서의 압력은 몇 이상이 되도록 설치해야 하는가?

① 0.1[MPa] ② 0.15[MPa]
③ 0.17[MPa] ④ 0.25[MPa]

해설 소화수조가 옥상 또는 옥탑의 부분에 설치된 경우에는 지상에 설치된 **채수구에서의 압력**이 **0.15[MPa] 이상**이 되도록 하여야 한다.

67

이산화탄소 소화약제의 저장용기 설치 기준에 적합하지 않은 것은?

① 방화문으로 구획된 실에 설치할 것
② 방호구역 외의 장소에 설치 할 것
③ 용기간의 간격은 점검에 지장이 없도록 2[cm]의 간격을 유지할 것
④ 온도가 40[℃] 이하이고, 온도변화가 적은 곳에 설치

해설 이산화탄소 소화약제의 저장용기 설치기준

- 방호구역 외의 장소에 설치할 것(다만, 방호구역 내에 설치할 경우에는 피난 및 조작이 용이하도록 피난구 부근에 설치하여야 한다)
- 온도가 40[℃] 이하이고, 온도변화가 적은 곳에 설치할 것
- 직사광선 및 빗물이 침투할 우려가 없는 곳에 설치할 것
- 방화문으로 구획된 실에 설치할 것
- 용기의 설치장소에는 해당 용기가 설치된 곳임을 표시하는 표지를 할 것
- **용기 간의 간격**은 점검에 지장이 없도록 **3[cm] 이상의 간격**을 유지할 것
- 저장용기와 집합관을 연결하는 연결배관에는 체크밸브를 설치할 것(다만, 저장용기가 하나의 방호구역만을 담당하는 경우에는 그러하지 아니하다)

68

자동경보밸브의 오보를 방지하기 위하여 설치하는 것은?

① 자동배수 밸브 ② 탬퍼스위치
③ 작동시험밸브 ④ 리타팅체임버

해설 **리타팅체임버** : 오보방지

69

포헤드를 소방대상물의 천장 또는 반자에 설치하여야 할 경우 헤드 1개가 방호되어야 할 최대한의 바닥면적은 몇 [m²]인가?

① 3 ② 5
③ 7 ④ 9

해설 포헤드의 설치기준

- 포워터 스프링클러헤드
  - 소방대상물의 천장 또는 반자에 설치할 것
  - 바닥면적 8[m²]마다 1개 이상 설치할 것
- **포헤드**
  - 소방대상물의 천장 또는 반자에 설치할 것
  - 바닥면적 9[m²]마다 1개 이상으로 설치할 것

70

자동차 차고에 설치하는 물분무소화설비 수원의 저수량에 관한 기준으로 옳은 것은?(단, 바닥면적 100[m²]인 경우이다)

① 바닥면적 1[m²]에 대하여 10[L/min]로 10분간 방수할 수 있는 양 이상
② 바닥면적 1[m²]에 대하여 10[L/min]로 20분간 방수할 수 있는 양 이상
③ 바닥면적 1[m²]에 대하여 20[L/min]로 10분간 방수할 수 있는 양 이상
④ 바닥면적 1[m²]에 대하여 20[L/min]로 20분간 방수할 수 있는 양 이상

66 ② 67 ③ 68 ④ 69 ④ 70 ④ **정답**

해설 물분무소화설비의 수원

소방 대상물	펌프의 토출량 [L/min]	수원의 양[L]
특수가연물 저장, 취급	바닥면적(50[m²] 이하는 50[m²]로) ×10[L/min · m²]	바닥면적(50[m²] 이하는 50[m²]로) ×10[L/min · m²]×20[min]
차고, 주차장	바닥면적 (50[m²] 이하는 50[m²]로) ×20[L/min · m²]	바닥면적(50[m²] 이하는 50[m²]로) ×20[L/min · m²]×20[min]
절연유 봉입변압기	표면적(바닥부분 제외) ×10[L/min · m²]	표면적(바닥부분 제외) ×10[L/min · m²]×20[min]
케이블트레이, 덕트	투영된 바닥면적 ×12[L/min · m²]	투영된 바닥면적 ×12[L/min · m²]×20[min]
컨베이어 벨트	벨트부분의 바닥면적 ×10[L/min · m²]	벨트부분의 바닥면적 ×10[L/min · m²]×20[min]

71

다음 중 연결살수설비 설치대상이 아닌 것은?

① 가연성가스 20[t]을 저장하는 지상 탱크시설
② 지하층으로서 바닥면적의 합계가 200[m²]인 장소
③ 판매시설 물류터미널로서 바닥면적의 합계가 1,500[m²]인 장소
④ 아파트의 대피시설로 사용되는 지하층으로서 바닥면적의 합계가 850[m²]인 장소

해설 연결살수설비 설치대상
- 가스시설 중 지상에 노출된 탱크의 용량이 **30[t] 이상인 탱크시설**
- 지하층으로서 바닥면적의 합계가 150[m²] 이상인 것
- 판매시설, 운수시설, 창고시설 중 물류터미널로서 바닥면적의 합계가 1,000[m²] 이상인 것
- 국민주택 규모이하인 아파트 등의 지하층(대피시설로 사용되는 것만 해당), 교육연구시설 중 학교의 지하층에 있어서는 바닥면적의 합계가 700[m²]인 것

72

주차장에 필요한 분말소화약제 120[kg]을 저장하려고 한다. 이때 필요한 저장용기의 최소 내용적[L]은?

① 96 ② 120
③ 150 ④ 180

해설 분말소화약제의 충전비

소화약제의 종별	충전비
제1종 분말	0.80[L/kg]
제2종 분말	1.00[L/kg]
제3종 분말	**1.00[L/kg]**
제4종 분말	1.25[L/kg]

$\therefore$ 충전비 $= \frac{\text{용기의 내용적[L]}}{\text{기준면적[kg]}}$,

용기의 내용적 = 충전비 × 약제의 중량
$= 1.0[\text{L/kg}] \times 120[\text{kg}] = 120[\text{L}]$

73

반응시간지수(RTI)에 따른 스프링클러헤드의 설치에 대한 설명으로 옳지 않은 것은?

① RTI가 작을수록 헤드의 설치간격을 작게 한다.
② RTI는 감지기의 설치간격에도 이용될 수 있다.
③ 주위온도가 큰 곳에서는 RTI를 크게 설정한다.
④ 고천정의 방호대상물에는 RTI가 작은 것을 설치한다.

해설 반응시간지수(RTI)
- 기류의 온도 · 속도 및 작동시간에 대하여 스프링클러헤드의 반응을 예상한 지수로서 아래 식에 의하여 계산하고[m · s]$^{0.5}$를 단위로 한다.

$$\text{RTI} = r\sqrt{u}$$

여기서, r : 감열체의 시간상수[초]
u : 기류속도[m/s]

- RTI가 작을수록 헤드의 설치간격을 크게 한다.
- RTI는 감지기의 설치간격에도 이용될 수 있다.
- 주위온도가 큰 곳에서는 RTI를 크게 설정한다.
- 고천정의 방호대상물에는 RTI가 작은 것을 설치한다.

74

분말소화설비의 배관과 선택밸브의 설치기준에 대한 내용으로 옳지 않은 것은?

① 배관은 겸용으로 설치할 것
② 강관은 아연도금에 따른 배관용탄소강관을 사용할 것

정답 71 ① 72 ② 73 ① 74 ①

③ 동관은 고정압력 또는 최고사용압력의 1.5배 이상의 압력에 견딜 수 있는 것을 사용할 것
④ 선택밸브는 방호구역 또는 방호대상물마다 설치할 것

해설 분말소화설비의 배관과 선택밸브의 설치기준
- 배관의 기준
  - 배관은 전용으로 할 것
  - 강관을 사용하는 경우의 배관은 아연도금에 따른 배관용탄소강관(KS D 3507)이나 이와 동등 이상의 강도·내식성 및 내열성을 가진 것으로 할 것(다만, 축압식분말소화설비에 사용하는 것 중 20[℃]에서 압력이 2.5[MPa] 이상 4.2[MPa] 이하인 것은 압력배관용탄소강관(KS D 3562) 중 이음이 없는 스케줄 40 이상의 것 또는 이와 동등 이상의 강도를 가진 것으로서 아연도금으로 방식처리된 것을 사용하여야 한다)
  - 동관을 사용하는 경우의 배관은 고정압력 또는 최고사용압력의 1.5배 이상의 압력에 견딜 수 있는 것을 사용할 것
  - 밸브류는 개폐위치 또는 개폐방향을 표시한 것으로 할 것
  - 배관의 관부속 및 밸브류는 배관과 동등 이상의 강도 및 내식성이 있는 것으로 할 것
  - 분기배관을 사용할 경우에는 법 제39조에 따라 제품검사에 합격한 것으로 설치하여야 함
- 선택밸브의 설치기준
  - 방호구역 또는 방호대상물마다 설치할 것
  - 각 선택밸브에는 그 담당방호구역 또는 방호대상물을 표시할 것

75

다음 중 호스를 반드시 부착해야 하는 소화기는?

① 소화약제의 충전량이 5[kg] 미만인 산, 알칼리소화기
② 소화약제의 충전량이 4[kg] 미만인 할론소화기
③ 소화약제의 충전량이 3[kg] 미만인 이산화탄소소화기
④ 소화약제의 충전량이 2[kg] 미만인 분말소화기

해설 소화기에 호스를 부착하지 않을 수 있는 소화기
- 소화약제의 중량이 4[kg] 미만인 할론소화기
- 소화약제의 중량이 3[kg] 미만인 이산화탄소소화기
- 소화약제의 중량이 2[kg] 미만의 분말소화기
- 소화약제의 용량이 3[L] 미만의 액체계 소화약제 소화기

76

제연구획은 소화활동 및 피난상 지장을 가져오지 않도록 단순한 구조로 하여야 하며 하나의 제연구역의 면적은 몇 [m^2] 이내로 규정하고 있는가?

① 700 ② 1,000
③ 1,300 ④ 1,500

해설 하나의 제연구역의 면적 : 1,000[m^2] 이내

77

이산화탄소 소화설비의 시설 중 소화 후 연소 및 소화 잔류가스를 인명 안전상 배출 및 희석시키는 배출설비의 설치대상이 아닌 것은?

① 지하층
② 피난층
③ 무창층
④ 밀폐된 거실

해설 이산화탄소 또는 할론을 방사하는 소화기구(자동확산소화기는 제외)는 지하층이나 무창층 또는 밀폐된 거실로서 바닥면적이 20[m^2] 미만의 장소에는 설치할 수 없다.

78

피난사다리에 해당되지 않는 것은?

① 미끄럼식 사다리
② 고정식 사다리
③ 올림식 사다리
④ 내림식 사다리

해설 피난사다리의 종류
- 고정식 사다리 : 항시 사용 가능한 상태로 소방대상물에 고정되어 사용되는 사다리(수납식·접는식·신축식을 포함)
- 올림식 사다리 : 소방대상물 등에 기대어 세워서 사용하는 사다리
- 내림식 사다리 : 평상시에는 접어둔 상태로 두었다가 사용하는 때에 소방대상물 등에 걸어 내려 사용하는 사다리(하향식 피난구용 내림식 사다리를 포함)

75 ① 76 ② 77 ② 78 ① **정답**

79

다음은 포의 팽창비를 설명한 것이다. (A) 및 (B)에 들어갈 용어로 옳은 것은?

> 팽창비라 함은 최종 발생한 포 (A)을 원래 포 수용액 (B)로 나눈 값을 말한다.

① (A) 체적, (B) 중량
② (A) 체적, (B) 질량
③ (A) 체적, (B) 체적
④ (A) 중량, (B) 중량

해설 팽창비

$$팽창비 = \frac{방출\ 후의\ 포의\ 체적[L]}{방출\ 전\ 포\ 수용액(포\ 원액+물)[L]}$$

80

옥내소화전 방수구는 특정소방대상물의 층마다 설치하되 해당 특정소방대상물의 각 부분으로부터 하나의 옥내소화전 방수구까지의 수평거리가 몇 [m] 이하가 되도록 하는가?

① 20　　② 25
③ 30　　④ 40

해설 방수구, 호스접결구

- 옥내소화전 방수구까지의 수평거리 : 25[m] 이하
- 옥외소화전 호스접결구까지의 수평거리 : 40[m] 이하

정답 79 ③　80 ②

제 2 회 2015년 5월 31일 시행

제 1 과목 소방원론

01

플래시 오버(Flash Over) 현상에 대한 설명으로 틀린 것은?

① 산소의 농도와 무관하다.
② 화재공간의 개구율과 관계가 있다.
③ 화재공간 내의 가연물의 양과 관계가 있다.
④ 화재실 내의 가연물의 종류와 관계가 있다.

해설 플래시 오버에 미치는 영향
- 개구부의 크기(개구율)
- 내장재료
- 화원의 크기
- 가연물의 양과 종류
- 실내의 표면적
- 건축물의 형태

02

화재강도(Fire Intensity)와 관계가 없는 것은?

① 가연물의 비표면적 ② 발화원의 온도
③ 화재실의 구조 ④ 가연물의 발열량

해설 화재강도에 영향을 미치는 인자
- 가연물의 비표면적
- 화재실의 구조
- 가연물의 배열상태 및 발열량

03

건축물의 방재계획 중에서 공간적 대응계획에 해당되지 않는 것은?

① 도피성 대응 ② 대항성 대응
③ 회피성 대응 ④ 소방시설방재 대응

해설 공간적 대응
- 대항성 : 건축물의 내화, 방연성능, 방화구획의 성능, 화재방어의 대응성, 초기 소화의 대응성 등의 화재의 사상에 대응하는 성능과 항력
- 회피성 : 난연화, 불연화, 내장제한, 방화구획의 세분화, 방화훈련 등 화재의 발화, 확대 등 저감시키는 예방적 조치 또는 상황
- 도피성 : 화재 발생 시 사상과 공간적 대응 관계에서 화재로부터 피난할 수 있는 공간성과 시스템 등의 성상

공간적대응 : 대항성, 회피성, 도피성

04

버너의 불꽃을 제거한 때부터 불꽃을 올리며 연소하는 상태가 끝날 때까지의 시간은?

① 10초 이내 ② 20초 이내
③ 30초 이내 ④ 40초 이내

해설 잔염, 잔진시간
- 잔염시간 : 버너의 불꽃을 제거한 때부터 **불꽃을 올리며** 연소하는 상태가 그칠 때까지의 시간(**20초 이내**)
- 잔진시간 : 버너의 불꽃을 제거한 때부터 **불꽃을 올리지 아니하고** 연소하는 상태가 그칠 때까지의 시간(30초 이내)

05

전기에너지에 의하여 발생되는 열원이 아닌 것은?

① 저항가열 ② 마찰 스파크
③ 유도가열 ④ 유전가열

해설 **마찰 스파크** : 기계에너지

01 ① 02 ② 03 ④ 04 ② 05 ② 정답

06

이산화탄소 소화설비의 적용대상이 아닌 것은?

① 가솔린 ② 전기설비
③ 인화성 고체 위험물 ④ 나이트로셀룰로스

해설 **나이트로셀룰로스(제5류 위험물)** : 냉각소화(수계 소화설비)

07

화재 시 이산화탄소를 방출하여 산소농도를 13[vol%]로 낮추어 소화하기 위한 공기 중의 이산화탄소의 농도는 약 몇 [vol%]인가?

① 9.5 ② 25.8
③ 38.1 ④ 61.5

해설 **이산화탄소의 소화농도**

$$CO_2[\%] = \frac{(21 - O_2)}{21} \times 100$$

$$\therefore\ CO_2 = \frac{21 - 13}{21} \times 100 = 38.09[\%]$$

08

목조건축물에서 발생하는 옥내출화 시기를 나타낸 것으로 옳지 않은 것은?

① 천장 속, 벽속 등에서 발염 착화할 때
② 창, 출입구 등에 발염 착화할 때
③ 가옥의 구조에는 천장면에 발염 착화할 때
④ 불연 벽체나 불연 천장인 경우 실내의 그 뒷면에 발염 착화할 때

해설 **옥외출화** : 창, 출입구 등에 발염착화한 때

09

유류탱크 화재 시 기름표면에 물을 살수하면 기름이 탱크 밖으로 비산하여 화재가 확대되는 현상은?

① 슬롭오버(Slop Over)
② 보일오버(Boil Over)
③ 프로스오버(Froth Over)
④ 블레비(BLEVE)

해설 **유류탱크에서 발생하는 현상**

- 보일오버(Boil Over)
  - 중질유 탱크에서 장시간 조용히 연소하다가 탱크의 잔존기름이 갑자기 분출(Over Flow)하는 현상
  - 유류탱크 바닥에 물 또는 물-기름에 에멀션이 섞여 있을 때 화재가 발생하는 현상
  - 연소유면으로부터 100[℃] 이상의 열파가 탱크저부에 고여 있는 물을 비등하게 하면서 연소유를 탱크 밖으로 비산하며 연소하는 현상
- **슬롭오버(Slop Over)** : 물이 연소유의 뜨거운 표면에 들어갈 때 기름 표면에서 화재가 발생하는 현상
- 프로스오버(Froth Over) : 물이 뜨거운 기름 표면 아래서 끓을 때 화재를 수반하지 않는 용기에서 넘쳐 흐르는 현상

10

이산화탄소소화약제의 주된 소화효과는?

① 제거소화 ② 억제소화
③ 질식소화 ④ 냉각소화

해설 **주된 소화효과**

- 이산화탄소 : 질식효과
- 할론 : 부촉매(억제)효과

11

저팽창포와 고팽창포에 모두 사용할 수 있는 포소화약제는?

① 단백포 소화약제
② 수성막포 소화약제
③ 불화단백포 소화약제
④ 합성계면활성제포 소화약제

해설 **공기포 소화약제의 혼합비율에 따른 분류**

구 분	약제 종류	약제 농도
저발포용	단백포	3[%], 6[%]
	합성계면활성제포	3[%], 6[%]
	수성막포	3[%], 6[%]
	내알코올용포	3[%], 6[%]
	불화단백포	3[%], 6[%]
고발포용	합성계면활성제포	1[%], 1.5[%], 2[%]

정답 06 ④ 07 ③ 08 ② 09 ① 10 ③ 11 ④

12

제6류 위험물의 공통성질이 아닌 것은?

① 산화성 액체이다.
② 모두 유기화합물이다.
③ 불연성 물질이다.
④ 대부분 비중이 1보다 크다.

해설 제6류 위험물의 일반적인 성질
- **산화성 액체**이며, **무기화합물**로 이루어져 형성된다.
- 무색, 투명하며 **비중**은 **1보다 크고** 표준상태에서는 모두가 **액체**이다.
- 과산화수소를 제외하고 **강산성 물질**이며, **물에 녹기 쉽다.**
- **불연성 물질**이며 가연물, 유기물 등과의 혼합으로 발화한다.
- 증기는 유독하며, 피부와 접촉 시 점막을 부식시킨다.

13

화재 시 분말 소화약제와 병용하여 사용할 수 있는 포소화약제는?

① 수성막포 소화약제
② 단백포 소화약제
③ 알코올형포 소화약제
④ 합성계면활성제포 소화약제

해설 수성막포 소화약제는 분말소화약제와 병용하여 사용할 수 있다.

14

분말소화약제의 열분해 반응식 중 옳은 것은?

① $2KHCO_3 \rightarrow KCO_3 + 2CO_2 + H_2O$
② $2NaHCO_3 \rightarrow NaCO_3 + 2CO_2 + H_2O$
③ $NH_4H_2PO_4 \rightarrow HPO_3 + NH_3 + H_2O$
④ $2KHCO_3 + (NH_2)_2CO \rightarrow K_2CO_3 + NH_2 + CO_2$

해설 분말소화약제의 열분해 반응식

종 별	소화약제	약제의 착색	적응 화재	열분해
제1종 분말	중탄산나트륨 ($NaHCO_3$)	백 색	B, C급	$2NaHCO_3 \rightarrow Na_2CO_3 + CO_2 + H_2O$
제2종 분말	중탄산칼륨 ($KHCO_3$)	담회색	B, C급	$2KHCO_3 \rightarrow K_2CO_3 + CO_2 + H_2O$
제3종 분말	인산암모늄 ($NH_4H_2PO_4$)	담홍색, 황색	A, B, C급	$NH_4H_2PO_4 \rightarrow HPO_3 + NH_3 + H_2O$
제4종 분말	중탄산칼륨 + 요소 [$KHCO_3 + (NH_2)_2CO$]	회 색	B, C급	$2KHCO_3 + (NH_2)_2CO \rightarrow K_2CO_3 + 2NH_3 + 2CO_2$

15

방화구조의 기준으로 틀린 것은?

① 심벽에 흙으로 맞벽치기한 것
② 철망모르타르로서 그 바름두께가 2[cm] 이상인 것
③ 시멘트모르타르 위에 타일을 붙인 것으로서 그 두께의 합계가 1.5[cm] 이상인 것
④ 석고판 위에 시멘트모르타르 또는 회반죽을 바른 것으로서 그 두께의 합계가 2.5[cm] 이상인 것

해설 방화구조의 기준

구조 내용	방화구조의 기준
철망모르타르 바르기	바름 두께가 2[cm] 이상인 것
• 석고판 위에 시멘트모르타르, 회반죽을 바른 것 • 시멘트모르타르위에 타일을 붙인 것	두께의 합계가 2.5[cm] 이상인 것
심벽에 흙으로 맞벽치기한 것	그대로 모두 인정됨

16

위험물안전관리법령상 가연성 고체는 제 몇 류 위험물인가?

① 제1류 ② 제2류
③ 제3류 ④ 제4류

해설 위험물의 분류

구 분	제1류 위험물	제2류 위험물	제3류 위험물	제4류 위험물	제5류 위험물	제6류 위험물
성 질	산화성 고체	가연성 고체	자연발화성 및 금수성 물질	인화성 액체	자기 반응성 물질	산화성 액체

12 ② 13 ① 14 ③ 15 ③ 16 ② 정답

17

소화약제로서 물에 관한 설명으로 틀린 것은?

① 수소결합을 하므로 증발잠열이 작다.
② 가스계 소화약제에 비해 사용 후 오염이 크다.
③ 무상으로 주수하면 중질유 화재에도 사용할 수 있다.
④ 타 소화약제에 비해 비열이 크기 때문에 냉각효과가 우수하다.

해설 물은 수소결합을 하고 비열과 증발잠열이 크기 때문에 냉각효과가 우수하다.

18

표준상태에서 메탄가스의 밀도는 몇 [g/L]인가?

① 0.21　　② 0.41
③ 0.71　　④ 0.91

해설 **메탄의 밀도**

$$\text{밀도} = \frac{\text{분자량}}{22.4[\text{L}]}$$

$$\therefore \text{밀도} = \frac{\text{분자량}}{22.4[\text{L}]} = \frac{16[\text{g}]}{22.4[\text{L}]} = 0.714[\text{g/L}]$$

19

분진폭발을 일으키는 물질이 아닌 것은?

① 시멘트 분말　　② 마그네슘 분말
③ 석탄 분말　　④ 알루미늄 분말

해설 **분진폭발을 일으키는 물질** : 유황가루, 알루미늄 분말, 마그네슘 분말, 아연 분말, 석탄 분말, 플라스틱 등

20

가연물이 공기 중에서 산화되어 산화열이 축적으로 발화되는 현상은?

① 분해연소　　② 자기연소
③ 자연발화　　④ 폭 굉

해설 **자연발화** : 가연물이 공기 중에서 산화되어 산화열이 축적으로 발화되는 현상

제 2 과목 소방유체역학

21

피토관으로 파이프 중심선에서의 유속을 측정할 때 피토관의 액주높이가 5.2[m], 정압튜브의 액주높이가 4.2[m]를 나타낸다면 유속은 약 몇 [m/s]인가? (단, 물의 밀도 1,000[kg/m³]이다)

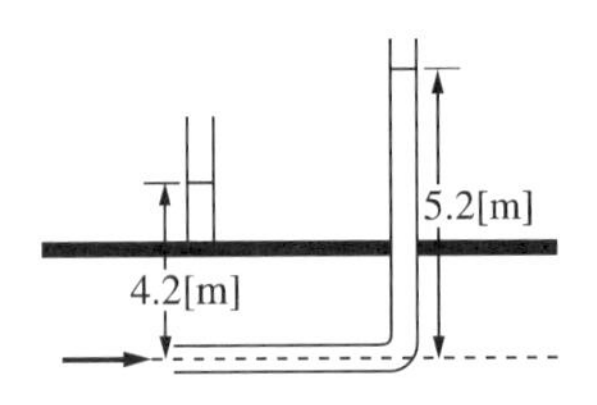

① 2.8　　② 3.5
③ 4.4　　④ 5.8

해설 **유 속**

$$u = \sqrt{2gH}$$

$$\therefore u = \sqrt{2gH} = \sqrt{2 \times 9.8[\text{m/s}^2] \times (5.2 - 4.2)[\text{m}]} \fallingdotseq 4.43[\text{m/s}]$$

22

비중 0.6인 물체가 비중 0.8인 기름 위에 떠 있다. 이 물체가 기름 위에 노출되어 있는 부분은 전체 부피의 몇 [%]인가?

① 20　　② 25
③ 30　　④ 35

해설 **부피를 구하면**

$$F_B = W, \quad \gamma V = \gamma V_1$$

여기서, F_B : 부력
W : 무게
s : 비중
γ_w : 비중량[kg$_f$/m³]
V : 기름에 잠긴 부피
V_1 : 물체의 전체 부피

- 부력 $F_B = \gamma V = 0.8 \times 1{,}000[\text{kg}_f/\text{m}^3] \times V$
- 무게 $W = \gamma V_1 = 0.6 \times 1{,}000[\text{kg}_f/\text{m}^3] \times V_1$

정답 17 ① 18 ③ 19 ① 20 ③ 21 ③ 22 ②

∴ 힘의 평형을 고려하면 $F_B = W$에서

$0.8 \times 1{,}000[kg_f/m^3] \times V$

$= 0.6 \times 1{,}000[kg_f/m^3] \times V_1$

기름에 잠긴 부피 $V = \frac{600}{800} V_1 = 0.75 V_1$

따라서, 기름에 노출되어 있는 부피는 전체부피의 25[%]이다.

23

열전도계수가 0.7[W/m · ℃]인 5[m]×6[m] 벽돌 벽의 안팎의 온도가 20[℃], 5[℃]일 때, 열손실을 1[kW] 이하로 유지하기 위한 벽의 최소 두께는 몇 [cm]인가?

① 1.05 ② 2.10
③ 31.5 ④ 64.3

해설 벽의 최소 두께

$$q = \frac{\Delta t}{\frac{l}{kA}}, \quad l = \frac{k A \Delta t}{q}$$

여기서, q : 열손실(1[kW] = 1,000[W])
Δt : 온도차
l : 벽의 두께
k : 열전도도계수
A : 열전달면적

$$\therefore l = \frac{kA\Delta t}{q}$$

$$= \frac{0.7[W/m \cdot ℃] \times (5 \times 6)[m^2] \times (20-5)[℃]}{1{,}000[W]}$$

$$= 0.315[m] = 31.5[cm]$$

24

원심팬이 1,700[rpm]으로 회전할 때의 전압은 1,520[Pa], 풍량은 240[m³/min]이다. 이 팬의 비교회전도는 약 몇 [m³/min · m · rpm]인가?(단, 공기의 밀도는 1.2[kg/m³]이다)

① 502 ② 652
③ 687 ④ 827

해설 비교회전도

$$N_s = \frac{N \cdot Q^{1/2}}{H^{3/4}}$$

여기서, N : 회전수
Q : 유량[m³/min]
H : 양정

$$\therefore N_s = \frac{1{,}700 \times (240)^{1/2}}{\left[\frac{(1{,}520/101{,}325) \times 10{,}332[kg/m^2]}{1.2[kg/m^3]}\right]^{3/4}}$$

$$= 687.4$$

25

초기에 비어있는 체적이 0.1[m³]인 견고한 용기 안에 공기(이상기체)를 서서히 주입한다. 이때 주위온도는 300[K]이다. 공기 1[kg]을 주입하면 압력 [kPa]이 얼마가 되는가?(단, 기체상수 R = 0.287[kJ/Kg · K]이다)

① 287 ② 300
③ 348 ④ 861

해설 압 력

$$PV = WRT$$

여기서, P : 압력
V : 체적([m³])
W : 무게[1kg]
R : 기체상수(0.287[kJ/Kg · K])
T : 온도(300[K])

$$\therefore P = \frac{WRT}{V}$$

$$= \frac{1[kg] \times 0.287[kJ/kg \cdot K] \times 300[K]}{0.1[m^3]}$$

$$= 861[kJ/m^3] = 861[kPa]$$

$$[J] = [N \cdot m], \ [kJ] = [kN \cdot m]$$

$$[\frac{kJ}{m^3}] = [\frac{kN \cdot m}{m^3}] = [\frac{kN}{m^2}] = [kPa]$$

23 ③ 24 ③ 25 ④ **정답**

26

물질의 온도변화 형태로 나타나는 열에너지는?

① 현 열 ② 잠 열
③ 비 열 ④ 증발열

해설 **현열** : 어떤 물질이 상태는 변화하지 않고 온도만 변화할 때 발생하는 열

잠열 : 어떤 물질이 온도는 변화하지 않고 상태만 변화할 때 발생하는 열(증발잠열, 융해잠열)

27

압력 200[kPa], 온도 400[K]의 공기가 10[m/s]의 속도로 흐르는 지름 10[cm]의 원 관이 지름 20[cm]인 원 관이 연결된 다음 압력 180[kPa], 온도 350[K]로 흐른다. 공기가 이상기체라면 정상상태에서 지름 20[cm]인 원 관에서의 공기의 속도 [m/s]는?

① 2.43 ② 2.50
③ 2.67 ④ 4.50

해설 공기의 속도

질량유량 $\overline{m} = A u \rho = \frac{\pi}{4} d^2 u \rho$

$$\overline{m} = \rho_1 \frac{\pi}{4} d_1^2 u_1 = \rho_2 \frac{\pi}{4} d_2^2 u_2$$

여기서, ρ : 밀도[kg/m³], d : 지름[m]
u : 유속[m/s]

$\frac{P}{\rho} = RT$ 에서 밀도 $\rho = \frac{P}{RT}$

여기서, ρ : 밀도
P : 압력[kPa]
R : 기체상수(0.287[kJ/kg · K])
T : 절대온도[K]

- 지름 10[cm]의 원 관 내의 공기 밀도

$$\rho_1 = \frac{200[\text{kPa}]}{0.287[\text{kJ/kg}\cdot\text{K}] \times 400[\text{K}]} = 1.742[\text{kg/m}^3]$$

- 지름 20[cm]의 원 관 내의 공기 밀도

$$\rho_2 = \frac{180[\text{kPa}]}{0.287[\text{kJ/kg}\cdot\text{K}] \times 350[\text{K}]} = 1.792[\text{kg/m}^3]$$

$$\therefore \text{ 출구속도 } u_2 = \frac{\rho_1 \frac{\pi}{4} d_1^2 u_1}{\rho_2 \frac{\pi}{4} d_2^2}$$

$$= \frac{1.742\frac{[\text{kg}]}{[\text{m}^3]} \times \frac{\pi}{4} \times (0.1[\text{m}])^2 \times 10\frac{[\text{m}]}{[\text{s}]}}{1.792\frac{[\text{kg}]}{[\text{m}^3]} \times \frac{\pi}{4} \times (0.2[\text{m}])^2}$$

$= 2.43[\text{m/s}]$

28

단면적이 일정한 물 분류가 20[m/s], 유량 0.3[m³/s]로 분출되고 있다. 분류와 같은 방향으로 10[m/s]의 속도로 운동하고 있는 평판에 이 분류가 수직으로 충돌할 경우 판에 작용하는 충격력은 몇 [N]인가?

① 1,500 ② 2,000
③ 2,500 ④ 3,000

해설 충격력(F)

$$F = Q \rho u$$

여기서, Q : 유량[m³/s]
ρ : 물의 밀도(1,000[kg/m³])
u : 유속[m/s]

유량을 구하면

$$Q = u A, \quad A = \frac{Q}{u}$$

여기서, 면적 $A = \frac{Q}{u} = \frac{0.3[\text{m}^3/\text{s}]}{20[\text{m/s}]} = 0.015[\text{m}^2]$

유량 $Q = uA$
$= (20-10)[\text{m/s}] \times 0.015[\text{m}^2]$
$= 0.15[\text{m}^3/\text{s}]$

∴ 충격력 $F = Q\rho U$
$= 0.15[\text{m}^3/\text{s}] \times 1{,}000[\text{kg/m}^3] \times (20-10)[\text{m/s}]$
$= 1{,}500[\text{kg}\cdot\text{m/s}^2] = 1{,}500[\text{N}]$

29

기름이 0.02[m³/s]의 유량으로 직경 50[cm]인 주철관 속을 흐르고 있다. 길이 1,000[m]에 대한 손실수두는 약 몇 [m]인가?(단, 기름의 점성계수는 0.103[N · s/m²], 비중은 0.90이다)

① 0.15 ② 0.3
③ 0.45 ④ 0.6

정답 26 ① 27 ① 28 ① 29 ①

해설 손실수두

$$H = \frac{flu^2}{2gD}$$

여기서, u(유속)

$$= \frac{Q}{\frac{\pi}{4}d^2} = \frac{0.02[m^3/s]}{\frac{\pi}{4}(0.5[m])^2} = 0.102[m/s]$$

$$Re = \frac{Du\rho}{\mu}$$

$$= \frac{0.5[m] \times 0.102[m/s] \times 900[kg/m^3]}{0.103[N \cdot s/m^2]}$$

$= 445.6$(층류)

$$f(\text{관마찰계수}) = \frac{64}{Re} = \frac{64}{445.6} = 0.1436$$

$$\therefore H = \frac{flu^2}{2gD}$$

$$= \frac{0.1436 \times 1,000 \times (0.102)^2}{2 \times 9.8 \times 0.5}$$

$$= 0.152[m]$$

30

펌프로부터 분당 150[L]의 소방용수가 토출되고 있다. 토출배관의 내경이 65[mm]일 때 레이놀즈수는 약 얼마인가?(단, 물의 점성계수는 0.001[kg/m · s]로 한다)

① 1,300 ② 5,400
③ 49,000 ④ 82,000

해설 레이놀즈수(Reynolds Number, Re)

$$Re = \frac{Du\rho}{\mu}[\text{무차원}]$$

여기서, D : 내경[m]
u : 유속[m/s]
ρ : 유체의 밀도(1,000[kg/m³])
μ : 유체의 점도(0.001[kg/m · s])

$$\therefore Re = \frac{Du\rho}{\mu} = \frac{D \times \frac{Q}{A} \times \rho}{\mu}$$

$$= \frac{0.065[m] \times \frac{0.15/60[m^3/s]}{\frac{\pi}{4}(0.065[m])^2} \times 1,000[kg/m^3]}{0.001[kg/m \cdot s]}$$

$$= 48,970.75$$

31

유체 내에서 쇠구슬의 낙하속도를 측정하여 점도를 측정하고자 한다. 점도가 μ_1 그리고 μ_2인 두 유체의 밀도가 각각 ρ_1과 $\rho_2(>\rho_1)$일 때 낙하속도 $U_2 = \frac{1}{2}U_1$이면 다음 중 맞는 것은?(단, 항력은 Stokes의 법칙을 따른다)

① $\mu_2/\mu_1 < 2$
② $\mu_2/\mu_1 = 2$
③ $\mu_2/\mu_1 > 2$
④ 주어진 정보만으로는 결정할 수 없다.

해설 Stokes의 법칙에 따른 점성계수

$$\mu = \frac{d^2(\rho_s - \rho)}{18\,U}$$

여기서, d : 쇠구슬의 지름[m]
U_1 : 낙하속도[m/s]
$U_2 = \frac{1}{2}U_1$[m/s]
ρ_1, ρ_2 : 유체의 밀도[kg/m³]
ρ_s : 쇠구슬의 밀도[kg/m³]
g : 중력가속도(9.8[m/s²])

$$\therefore \frac{\mu_2}{\mu_1} = \frac{\frac{d^2(\rho_s - \rho_2)}{18U_2}}{\frac{d^2(\rho_s - \rho_1)}{18U_1}} = \frac{\frac{d^2(\rho_s - \rho_2)}{18 \times \frac{1}{2}U_1}}{\frac{d^2(\rho_s - \rho_1)}{18U_1}}$$

$$= \frac{2(\rho_s - \rho_2)}{\rho_s - \rho_1}$$

따라서, 유체의 밀도는 $\rho_1 < \rho_2$이므로 마찰계수 비 $\frac{\mu_2}{\mu_1} < 2$이다.

[예 시]
쇠구슬의 지름 d[m], 낙하속도 U_1[m/s], $U_2 = \frac{1}{2}U_1$[m/s], 유체의 밀도 $\rho_1 = 800$[kg/m³], $\rho_2 = 900$[kg/m³], 쇠구슬의 밀도 $\rho_s = 1,000$[kg/m³]이라고 가정하면

$$\frac{\mu_2}{\mu_1} = \frac{2(1,000 - 900)}{1,000 - 800} = 1$$

30 ③ 31 ① **정답**

32

직경 4[cm]이고 관마찰계수가 0.02인 원 관에 부차적 손실계수가 4인 밸브가 장치되어 있을 때 이 밸브의 등가길이(상당길이)는 몇 [m]인가?

① 4 ② 6
③ 8 ④ 10

해설 등가길이

$$\text{등가길이 } Le = \frac{kD}{f}$$

여기서 k : 손실계수
D : 직경
f : 관마찰계수

$$\therefore\ Le = \frac{kD}{f} = \frac{4 \times 0.04[\text{m}]}{0.02} = 8$$

33

액체 분자들 사이의 응집력과 고체면에 대한 부착력의 차이에 의하여 관내 액체표면과 자유표면 사이에 높이 차이가 나타나는 것과 가장 관계가 깊은 것은?

① 관성력 ② 점 성
③ 뉴턴의 마찰법칙 ④ 모세관현상

해설 **모세관현상** : 액체 속에 가는 관(모세관)을 넣으면 액체가 관을 따라 상승, 하강하는 현상. 응집력이 부착력보다 크면 액면이 내려가고, 부착력이 응집력보다 크면 액면이 올라간다.

34

그림에서 점 A의 압력이 B의 압력보다 6.8[kPa] 크다면, 경사관의 각도 $\theta(^\circ)$는 얼마인가?(단, S는 비중을 나타낸다)

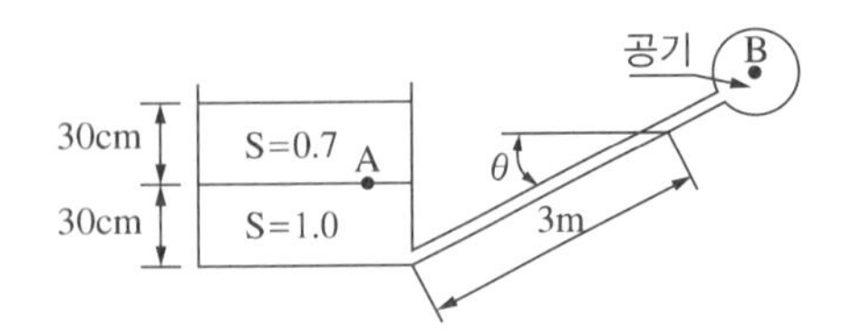

① 12 ② 19.3
③ 22.5 ④ 34.5

해설 경사관 각도

$$P_A + s\gamma_w h - s\gamma_w l\sin\theta = P_B$$
$$(P_A - P_B) + s\gamma_w h = s\gamma_w l\sin\theta$$

여기서, $P_A - P_B$(압력차) : 6.8[kPa]
γ_w(물의 비중량) : 9.8[kN/m^2]

$$6.8[\text{kPa}] + 1 \times 9.8[\text{kN/m}^2] \times 0.3[\text{m}]$$
$$= 1 \times 9.8[\text{kN/m}^2] \times 3[\text{m}] \times \sin\theta$$
$$9.74[\text{kPa}] = 29.4\sin\theta$$
$$\theta = \sin^{-1}\left(\frac{9.74[\text{kPa}]}{29.4[\text{kPa}]}\right) = 19.3^\circ$$

35

저수조의 소화수를 빨아올릴 때 펌프의 유효흡입양정(NPSH)으로 적합한 것은?(단, P_a : 흡입수면의 대기압, P_v : 포화증기압, γ : 비중량, H_a : 흡입실양정, H_L : 흡입손실수두)

① $NPSH = P_a/\gamma + P_v/\gamma - H_a - H_L$
② $NPSH = P_a/\gamma - P_v/\gamma + H_a - H_L$
③ $NPSH = P_a/\gamma - P_v/\gamma - H_a - H_L$
④ $NPSH = P_a/\gamma - P_v/\gamma - H_a + H_L$

해설 유효흡입양정(NPSH)

- 흡입 NPSH(부압수조방식, 수면이 펌프 중심보다 낮을 경우)

$$\text{유효 NPSH} = \frac{P_a}{\gamma} - \frac{P_v}{\gamma} - H_a - H_L$$

여기서, P_a : 대기압두[m]
P_v : 포화 수증기압두[m]
H_a : 흡입실양정[m]
H_L : 흡입측 배관 내의 마찰손실수두[m]

- 압입 NPSH(정압수조방식, 수면이 펌프 중심보다 높을 경우)

$$\text{유효 NPSH} = \frac{P_a}{\gamma} - \frac{P_v}{\gamma} + H_a - H_L$$

정답 32 ③ 33 ④ 34 ② 35 ③

36

안지름이 30[cm]이고 길이가 800[m]인 관로를 통하여 300[L/s]의 물을 50[m] 높이까지 양수하는 데 필요한 펌프의 동력은 약 몇 [kW]인가?(단, 관마찰계수는 0.03이고 펌프의 효율은 85[%]이다)

① 173　② 259
③ 398　④ 427

해설 전동기 용량

$$P[\text{kW}] = \frac{\gamma \times Q \times H}{102 \times \eta} \times K$$

여기서, γ : 물의 비중량(1,000[kg$_f$/m^3])
Q : 토출량([m^3/s])
H : 양정(73.52 + 50[m] = 123.52[m])

$$H = \frac{flu^2}{2gD}$$

$$H = \frac{flu^2}{2gD} = \frac{fl\left(\frac{Q}{A}\right)^2}{2gD}$$

$$= \frac{0.03 \times 800 \times \left(\frac{0.3[\text{m}^3/\text{s}]}{\frac{\pi}{4}(0.3[\text{m}])^2}\right)^2}{2 \times 9.8[\text{m/s}^2] \times 0.3[\text{m}]}$$

$= 73.52[\text{m}]$

K : 전달계수, η : 펌프의 효율

$$\therefore P[\text{kW}] = \frac{\gamma \times Q \times H}{102 \times \eta} \times K$$

$$= \frac{1{,}000[\text{kg}_f/\text{m}^3] \times 0.3[\text{m}^3/\text{s}] \times 123.52[\text{m}]}{102 \times 0.85}$$

$= 427.40[\text{kW}]$

37

물이 들어 있는 탱크에 수면으로부터 20[m] 깊이에 지름 50[mm]의 오리피스가 있다. 이 오리피스에서 흘러나오는 유량은 약 몇 [m^3/min]인가?(단, 탱크의 수면 높이는 일정하고 모든 손실은 무시한다)

① 1.3　② 2.3
③ 3.3　④ 4.3

해설 유량

$$Q = uA, \qquad u = \sqrt{2gH}$$

여기서, Q : 유량[m^3/s]
u : 유속[m/s]
A : 면적[m^2]
H : 양정[m]

- 유속 $u = \sqrt{2gH}$
  $= \sqrt{2 \times 9.8[\text{m/s}^2] \times 20[\text{m}]}$
  $= 19.80[\text{m/s}]$
- 유량 $Q = uA$
  $= 19.80[\text{m/s}] \times \frac{\pi}{4}(0.05[\text{m}])^2$
  $= 0.0389[\text{m}^3/\text{s}] = 2.33[\text{m}^3/\text{min}]$

38

회전날개를 이용하여 용기 속에서 두 종류의 유체를 섞었다. 이 과정 동안 날개를 통해 입력된 일은 5,090[kJ]이며 탱크의 발열량은 1,500[kJ]이다. 용기 내 내부 에너지 변화량은 [kJ]은?

① 3,590　② 5,090
③ 6,590　④ 15,000

해설 내부에너지 변화량 = 입력된 일 − 발열량
= 5,090[kJ] − 1,500[kJ] = 3,590[kJ]

39

다음 중 크기가 가장 큰 것은?

① 19.6[N]
② 질량 2[kg]인 물체의 무게
③ 비중 1, 부피 2[m^3]인 물체의 무게
④ 질량 4.9[kg]인 물체가 4[m/s^2]의 가속도를 받을 때의 힘

해설 환 산

- 19.6[N]
- $F = ma = 2[\text{kg}] \times 9.8[\text{m/s}^2] = 19.6[\text{kg} \cdot \text{m/s}^2]$
  $= 19.6[\text{N}]$
- $9{,}800[\text{N/m}^3] \times 2[\text{m}^3] = 19{,}600[\text{N}]$
- $F = ma = 4.9[\text{kg}] \times 4[\text{m/s}^2] = 19.6[\text{kg} \cdot \text{m/s}^2]$
  $= 19.6[\text{N}]$

36 ④　37 ②　38 ①　39 ③ 정답

40

2[m] 깊이로 물(비중량 9.8[kN/m^3])이 채워진 직육면체 모양의 열린 물탱크 바닥에 지름 20[cm]의 원형 수문을 닫았을 때 수문이 받는 정수력의 크기는 약 몇 [kN]인가?

① 0.411 ② 0.616
③ 0.784 ④ 2.46

해설 정수력

$$P = \frac{F}{A} = \gamma H$$

$$\text{정수력 } F = \gamma H A = \gamma H \frac{\pi}{4} d^2$$

여기서, γ : 비중량(9.8[kN/m^3]
H : 깊이[m]
d : 지름[m]

$$\text{정수력 } F = \gamma H \frac{\pi}{4} d^2$$
$$= 9.8[\text{kN/m}^3] \times 2[\text{m}] \times \frac{\pi}{4} \times (0.2[\text{m}])^2$$
$$= 0.6158[\text{kN}]$$

제 3 과목 소방관계법규

41

시·도지사가 소방시설업의 등록취소처분이나 영업정지처분을 하고자 할 경우 실시하여야 하는 것은?

① 청문을 실시하여야 한다.
② 징계위원회의 개최를 요구하여야 한다.
③ 직권으로 취소처분을 결정하여야 한다.
④ 소방기술심의위원회의 개최를 요구하여야 한다.

해설 청문 실시하는 경우(공사업법)
- 실시권자 : 시·도지사
- 실시 사유 : 소방시설업 등록취소처분이나 영업정지처분, 소방기술인정자격취소처분

42

소방자동차의 출동을 방해한 자는 5년 이하의 징역 또는 얼마 이하의 벌금에 처하는가?

① 1,500만원 ② 2,000만원
③ 3,000만원 ④ 5,000만원

해설 5년 이하의 징역 또는 5천만원 이하의 벌금
- 제16조 제2항을 위반하여 다음 각 목의 어느 하나에 해당하는 행위를 한 사람
  - 위력(威力)을 사용하여 출동한 소방대의 화재진압·인명구조 또는 구급활동을 방해하는 행위
  - 소방대가 화재진압·인명구조 또는 구급활동을 위하여 현장에 출동하거나 현장에 출입하는 것을 고의로 방해하는 행위
  - 출동한 소방대원에게 폭행 또는 협박을 행사하여 화재진압·인명구조 또는 구급활동을 방해하는 행위
  - 출동한 소방대의 소방장비를 파손하거나 그 효용을 해하여 화재진압·인명구조 또는 구급활동을 방해하는 행위
- 제21조 제1항을 위반하여 소방자동차의 출동을 방해한 사람
- 제24조 제1항에 따른 사람을 구출하는 일 또는 불을 끄거나 불이 번지지 아니하도록 하는 일을 방해한 사람
- 제28조를 위반하여 정당한 사유 없이 소방용수시설을 사용하거나 소방용수시설의 효용을 해치거나 그 정당한 사용을 방해한 사람

43

고형알코올 그 밖에 1기압 상태에서 인화점이 40[℃] 미만인 고체에 해당하는 것은?

① 가연성 고체
② 산화성 고체
③ 인화성 고체
④ 자연발화성 물질

해설 **인화성 고체** : 고형알코올, 그 밖에 1기압 상태에서 인화점이 40[℃] 미만인 고체

정답 40 ② 41 ① 42 ④ 43 ③

44

"무창층"이라 함은 지상층 중 개구부 면적의 합계가 해당 층의 바닥면적의 얼마 이하가 되는 층을 말하는가?

① $\frac{1}{3}$ ② $\frac{1}{10}$

③ $\frac{1}{30}$ ④ $\frac{1}{300}$

해설 **무창층**(無窓層)이란 지상층 중 다음 각 목의 요건을 모두 갖춘 개구부(건축물에서 채광·환기·통풍 또는 출입 등을 위하여 만든 창·출입구, 그 밖에 이와 비슷한 것을 말한다)의 면적의 합계가 해당 층의 바닥면적(건축법 시행령 제119조 제1항 제3호에 따라 산정된 면적을 말한다)의 **1/30 이하가 되는 층**을 말한다.

- 크기는 지름 50[cm] 이상의 원이 내접(內接)할 수 있는 크기일 것
- 해당 층의 바닥면으로부터 개구부 밑 부분까지의 높이가 1.2[m] 이내일 것
- 도로 또는 차량이 진입할 수 있는 빈터를 향할 것
- 화재 시 건축물로부터 쉽게 피난할 수 있도록 창살이나 그 밖의 장애물이 설치되지 아니할 것
- 내부 또는 외부에서 쉽게 부수거나 열 수 있을 것

45

위험물제조소 등에 자동화재탐지설비를 설치하여야 할 대상은?

① 옥내에서 지정수량 50배의 위험물을 저장·취급하고 있는 일반취급소

② 하루에 지정수량 50배의 위험물을 제조하고 있는 제조소

③ 지정수량의 100배의 위험물을 저장·취급하고 있는 옥내저장소

④ 연면적 100[m²] 이상의 제조소

해설 **자동화재탐지설비 설치대상물**

- 제조소 및 일반취급소
  - 연면적 500[m²] 이상인 것
  - 옥내에서 지정수량의 100배 이상을 취급하는 것(고인화점 위험물만을 100[℃] 미만의 온도에서 자동화재취급하는 것을 제외)
  - 일반취급소로 사용되는 부분 외의 부분이 있는 건축물에 설치된 일반취급소(일반취급소와 일반취급소 외의 부분이 내화구조의 바닥 또는 벽으로 개구부 없이 구획된 것을 제외)
- 옥내저장소
  - 지정수량의 **100배 이상**을 저장 또는 취급하는 것(고인화점위험물만을 저장 또는 취급하는 것을 제외)
  - 저장창고의 연면적이 150[m²]를 초과하는 것[당해 저장창고가 연면적 150[m²] 이내마다 불연재료의 격벽으로 개구부 없이 완전히 구획된 것과 제2류 또는 제4류의 위험물(인화성고체 및 인화점이 70[℃] 미만인 제4류 위험물을 제외)만을 저장 또는 취급하는 것에 있어서는 저장창고의 연면적이 500[m²] 이상의 것에 한한다]
  - 처마높이가 6[m] 이상인 단층건물의 것

46

제4류 위험물로서 제1석유류인 수용성 액체의 지정수량은 몇 리터인가?

① 100 ② 200

③ 300 ④ 400

해설 **제4류 위험물의 지정수량(위험물법 영 별표 1)**

종 류	제1석유류(수용성)	제1석유류(비수용성)	제2석유류(수용성)	제2석유류(비수용성)
지정수량	400[L]	200[L]	2,000[L]	1,000[L]

47

다음 중 스프링클러설비를 의무적으로 설치하여야 하는 기준으로 틀린 것은?

① 숙박시설로 11층 이상인 것

② 지하가로 연면적이 1,000[m²] 이상인 것

③ 판매시설로 수용인원이 300명 이상인 것

④ 복합건축물로 연면적 5,000[m²] 이상인 것

해설 **판매시설**, 운수시설 및 창고시설(물류터미널에 한정)로서 바닥면적의 합계가 5,000[m²] 이상이거나 **수용인원이 500명 이상**인 경우에는 모든 층에는 스프링클러설비를 설치하여야 한다.

44 ③ 45 ③ 46 ④ 47 ③ 정답

48

소방대상물이 아닌 것은?

① 산 림　　② 항해 중인 선박
③ 건축물　　④ 차 량

해설 **소방대상물** : 건축물, 차량, 선박(선박법 제1조의2 제1항에 따른 **선박으로서 항구에 매어둔 선박만 해당**), 선박건조구조물, 산림 그 밖의 인공 구조물 또는 물건

49

특정소방대상물 중 노유자시설에 해당되지 않는 것은?

① 요양병원　　② 아동복지시설
③ 장애인직업재활시설　　④ 노인의료복지시설

해설 **노유자시설**

- 노인 관련시설 : 노인주거복지시설, **노인의료복지시설**, 노인여가복지시설, 주·야간보호서비스나 단기보호서비스를 제공하는 재가노인복지시설(재가장기요양기관을 포함), 노인보호전문기관, 노인일자리지원기관, 학대피해노인 전용 쉼터
- 아동 관련시설 : **아동복지시설**, 어린이집, 유치원(병설유치원은 제외)
- 장애인 관련시설 : 장애인 생활시설, 장애인 지역사회시설(장애인 심부름센터, 수화통역센터, 점자도서 및 녹음서 출판시설 등 장애인이 직접 그 시설 자체를 이용하는 것을 주된 목적으로 하지 않는 시설은 제외), **장애인직업재활시설**
- 정신질환자 관련시설 : 정신질환자사회 복귀시설(정신질환자 생산품 판매시설을 제외), 정신요양시설 및 그 밖에 이와 비슷한 것
- 노숙인 관련 시설 : 노숙인복지시설(노숙인일시보호시설, 노숙인자활시설, 노숙인재활시설, 노숙인요양시설 및 쪽방삼당소만 해당), 노숙인종합지원센터
- 결핵환자 및 한센인요양시설

50

다음 중 소방용품에 해당되지 않는 것은?

① 방염도료　　② 소방호스
③ 공기호흡기　　④ 휴대용 비상조명등

해설 소방용품

- 소화설비를 구성하는 제품 또는 기기
  - 별표 1 제1호 가목의 소화기구(소화약제 외의 것을 이용한 간이소화용구는 제외)
  - 별표 1 제1호 나목의 자동소화장치
  - 소화설비를 구성하는 소화전, 관창(管槍), **소방호스**, 스프링클러헤드, 기동용 수압개폐장치, 유수제어밸브 및 가스관선택밸브
- 경보설비를 구성하는 제품 또는 기기
  - 누전경보기 및 가스누설경보기
  - 경보설비를 구성하는 발신기, 수신기, 중계기, 감지기 및 음향장치(경종만 해당)
- 피난구조설비를 구성하는 제품 또는 기기
  - 피난사다리, 구조대, 완강기(간이완강기 및 지지대를 포함)
  - **공기호흡기**(충전기를 포함)
  - 피난구유도등, 통로유도등, 객석유도등 및 **예비전원이 내장된 비상조명등**
- 소화용으로 사용하는 제품 또는 기기
  - 소화약제(별표 1 제1호 나목 2)와 3)의 자동소화장치와 같은 호 마목 3)부터 8)까지의 소화설비용만 해당)
  - 방염제(방염액·**방염도료** 및 방염성 물질을 말한다)
- 그 밖에 행정안전부령으로 정하는 소방 관련 제품 또는 기기

51

제1류 위험물 산화성고체에 해당하는 것은?

① 질산염류　　② 특수인화물
③ 과염소산　　④ 유기과산화물

해설 위험물의 유별

종 류	질산염류	특수인화물	과염소산	유기과산화물
유 별	제1류 위험물	제4류 위험물	제6류 위험물	제5류 위험물
성 질	산화성 고체	인화성 액체	산화성 액체	자기반응성 물질

52

다음 소방시설 중 하자보수보증기간이 다른 것은?

① 옥내소화전설비　　② 비상방송설비
③ 자동화재탐지설비　　④ 상수도소화용수설비

정답 48 ② 49 ① 50 ④ 51 ① 52 ②

해설 소방시설공사의 하자보수 보증기간
- 2년 : 피난기구, **유도등, 유도표지, 비상경보설비**, 비상조명등, **비상방송설비** 및 **무선통신보조설비**
- 3년 : **자동소화장치, 옥내소화전설비**, 스프링클러설비, 간이스프링클러설비, 물분무 등 소화설비, 옥외소화전설비, **자동화재탐지설비, 상수도 소화용수설비**, 소화활동설비(무선통신보조설비 제외)

53

인접하고 있는 시·도간 소방업무의 상호응원협정 사항이 아닌 것은?

① 화재조사활동
② 응원출동의 요청방법
③ 소방교육 및 응원출동훈련
④ 응원출동대상지역 및 규모

해설 소방업무의 상호응원협정(기본법 규칙 제8조)
- 소방활동에 관한 사항
  - 화재의 경계·진압활동
  - 구조·구급업무의 지원
  - **화재조사활동**
- **응원출동대상지역 및 규모**
- **소요경비의 부담에 관한 사항**
  - 출동대원의 수당·식사 및 피복의 수선
  - 소방장비 및 기구의 정비와 연료의 보급
- **응원출동의 요청방법**
- 응원출동훈련 및 평가

54

소방시설업자가 특정소방대상물의 관계인에 대한 통보의무사항이 아닌 것은?

① 지위를 승계한 때
② 등록취소 또는 영업정지 처분을 받은 때
③ 휴업 또는 폐업한 때
④ 주소지가 변경된 때

해설 소방시설업자가 특정소방대상물의 관계인에 대한 통보의무사항
- 지위를 승계한 때
- 등록취소 또는 영업정지 처분을 받은 때
- 휴업 또는 폐업한 때

55

소방시설 중 화재를 진압하거나 인명구조활동을 위하여 사용하는 설비로 나열된 것은?

① 상수도소화용수설비, 연결송수관설비
② 연결살수설비, 제연설비
③ 연소방지설비, 피난구조설비
④ 무선통신보조설비, 통합감시시설

해설 소방시설의 종류(설치유지법률 별표 1)

구 분	종 류
소화설비	소화기구, 옥내·외소화전설비, 스프링클러설비, 물분무 등 소화설비
경보설비	비상벨설비, 비상방송설비, 누전경보기, 자동화재탐지설비, 자동화재속보설비, 가스누설경보기, 통합감시시설
소화활동설비	제연설비, 연결송수관설비, 연결살수설비, 비상콘센트설비, 무선통신보조설비, 연소방지설비
소화용수설비	상수도 소화용수설비, 소화수조, 저수조

56

다음 중 특수가연물에 해당되지 않는 것은?

① 나무껍질 500[kg]
② 가연성 고체류 2,000[kg]
③ 목재가공품 15[m^3]
④ 가연성 액체류 3[m^3]

해설 특수가연물(제6조 관련)

품 명		수 량
면화류		200[kg] 이상
나무껍질 및 대팻밥		400[kg] 이상
넝마 및 종이부스러기		1,000[kg] 이상
사류(絲類)		1,000[kg] 이상
볏짚류		1,000[kg] 이상
가연성 고체류		**3,000[kg] 이상**
석탄·목탄류		10,000[kg] 이상
가연성 액체류		2[m^3] 이상
목재가공품 및 나무부스러기		10[m^3] 이상
합성수지류	발포시킨 것	20[m^3] 이상
	그 밖의 것	3,000[kg] 이상

53 ③ 54 ④ 55 ② 56 ② **정답**

57

소화활동을 위한 소방용수시설 및 지리조사의 실시횟수는?

① 주 1회 이상 ② 주 2회 이상
③ 월 1회 이상 ④ 분기별 1회 이상

해설 **소방용수시설 및 지리조사**
- 실시횟수 : 월 1회 이상
- 실시권자 : 소방본부장 , 소방서장

58

비상경보설비를 설치하여야 할 특정소방대상물이 아닌 것은?

① 지하가 중 터널로서 길이가 1,000[m] 이상인 것
② 사람이 거주하고 있는 연면적 400[m^2] 이상인 건축물
③ 지하층의 바닥면적이 100[m^2] 이상으로 공연장인 건축물
④ 35명의 근로자가 작업하는 옥내작업장

해설 **비상경보설비를 설치하여야 할 특정소방대상물(위험물 저장 및 처리 시설 중 가스시설 또는 지하구는 제외)**
- 연면적 400[m^2](지하가 중 터널 또는 사람이 거주하지 않거나 벽이 없는 축사는 제외) 이상이거나 지하층 또는 무창층의 바닥면적이 150[m^2](공연장의 경우 100[m^2]) 이상인 것
- 지하가 중 터널로서 길이가 500[m] 이상인 것
- **50명 이상의 근로자**가 작업하는 **옥내 작업장**

59

소방대상물에 대한 개수명령권자는?

① 소방본부장 또는 소방서장
② 한국소방안전원장
③ 시 · 도지사
④ 국무총리

해설 **개수명령권자** : 소방본부장 또는 소방서장

60

다음은 소방기본법의 목적을 기술한 것이다. (㉮), (㉯), (㉰)에 들어갈 내용으로 알맞은 것은?

> 화재를 (㉮) · (㉯)하거나 (㉰)하고 화재, 재난 · 재해 그 밖의 위급한 상황에서의 구조 · 구급활동 등을 통하여 국민의 생명 · 신체 및 재산을 보호함으로써 공공의 안녕질서 유지와 복리증진에 이바지함을 목적으로 한다.

① ㉮ 예방 ㉯ 경계 ㉰ 복구
② ㉮ 경보 ㉯ 소화 ㉰ 복구
③ ㉮ 예방 ㉯ 경계 ㉰ 진압
④ ㉮ 경계 ㉯ 통제 ㉰ 진압

해설 **소방기본법의 목적** : 화재를 **예방** · **경계**하거나 **진압**하고 화재, 재난 · 재해, 그 밖의 위급한 상황에서의 구조 · 구급 활동 등을 통하여 국민의 생명 · 신체 및 재산을 보호함으로써 공공의 안녕 및 질서 유지와 복리증진에 이바지함을 목적으로 한다.

제 4 과목 소방기계시설의 구조 및 원리

61

수원의 수위가 펌프의 흡입구보다 높은 경우에 소화펌프를 설치하려고 한다. 고려하지 않아도 되는 사항은?

① 펌프의 토출측에 압력계 설치
② 펌프의 성능시험 배관설치
③ 물올림 장치를 설치
④ 동결의 우려가 없는 장소에 설치

해설 **정압수조방식(수원의 수위가 펌프의 흡입구보다 높은 경우)** : 압력계, 성능시험배관 등

> 물올림장치 : 부압수조방식(수원의 수위가 펌프의 흡입구보다 낮은 경우)일 때 설치

정답 57 ③ 58 ④ 59 ① 60 ③ 61 ③

62

분말소화설비에 사용하는 압력조정기의 사용 목적은?

① 분말용기에 도입되는 가압용 가스의 압력을 감압시키기 위함
② 분말용기에 나오는 압력을 증폭시키기 위함
③ 가압용 가스의 압력을 증대시키기 위함
④ 약제방출에 필요한 가스의 유량을 증폭시키기 위함

해설 **압력조정기** : 분말용기에 도입되는 가압용 가스의 압력을 감압시키기 위함

63

이산화탄소소화설비의 기동장치에 대한 기준 중 틀린 것은?

① 수동식 기동장치의 조작부는 바닥으로부터 높이 0.8[m] 이상 1.5[m] 이하에 설치한다.
② 자동식 기동장치에는 수동으로도 기동할 수 있는 구조로 할 필요는 없다.
③ 가스압력식 기동장치에서 기동용 가스용기 및 당해 용기에 사용하는 밸브는 25[MPa] 이상의 압력에 견디어야 한다.
④ 전기식 기동장치로서 7병 이상의 저장용기를 동시에 개방하는 설비에는 2병 이상의 저장용기에 전자개방밸브를 설치한다.

해설 **이산화탄소소화설비의 기동장치**

① **수동식 기동장치**
- 전역방출방식은 방호구역마다, 국소방출방식은 방호대상물마다 설치할 것
- 해당 방호구역의 출입구부분 등 조작을 하는 자가 쉽게 피난할 수 있는 장소에 설치할 것
- 기동장치의 조작부는 바닥으로부터 높이 0.8[m] 이상 1.5[m] 이하의 위치에 설치하고, 보호판 등에 따른 보호장치를 설치할 것
- 기동장치에는 그 가까운 곳의 보기 쉬운 곳에 "이산화탄소소화설비 기동장치"라고 표시한 표지를 할 것
- 전기를 사용하는 기동장치에는 전원표시등을 설치할 것
- 기동장치의 방출용 스위치는 음향경보장치와 연동하여 조작될 수 있는 것으로 할 것

② **자동식 기동장치**
- 자동식 기동장치에는 수동으로도 기동할 수 있는 구조로 할 것
- 전기식 기동장치로서 7병 이상의 저장용기를 동시에 개방하는 설비는 2병 이상의 저장용기에 전자개방밸브를 부착할 것
- 가스압력식 기동장치는 다음 각 목의 기준에 따를 것
  - 기동용가스용기 및 해당 용기에 사용하는 밸브는 25[MPa] 이상의 압력에 견딜 수 있는 것으로 할 것
  - 기동용가스용기에는 내압시험압력의 0.8배부터 내압시험압력 이하에서 작동하는 안전장치를 설치할 것
  - 기동용가스용기의 용적은 5[L] 이상으로 하고, 해당 용기에 저장하는 질소 등의 비활성기체는 6.0[MPa] 이상(21[℃] 기준)의 압력으로 충전할 것
  - 기동용가스용기에는 충전여부를 확인할 수 있는 압력게이지를 설치할 것

③ 기계식 기동장치는 저장용기를 쉽게 개방할 수 있는 구조로 할 것

64

폐쇄형 스프링클러설비의 방호구역 및 유수검지장치에 관한 설명으로 틀린 것은?

① 하나의 방호구역에는 1개 이상의 유수검지장치를 설치한다.
② 유수검지장치란 본체 내의 유수현상을 자동적으로 검지하여 신호 또는 경보를 발하는 장치를 말한다.
③ 하나의 방호구역의 바닥면적은 3,500[m^2]를 초과하여서는 안 된다.
④ 스프링클러헤드의 공급되는 물은 유수검지장치를 지나도록 한다.

해설 **폐쇄형 스프링클러설비의 방호구역 및 유수검지장치**
- 유수검지장치 : 습식유수검지장치(패들형을 포함), 건식유수검지장치, 준비작동식유수검지장치를 말하며 본체 내의 유수현상을 자동적으로 검지하여 신호 또는 경보를 발하는 장치
- 하나의 **방호구역**의 바닥면적은 **3,000[m^2]**를 초과하지 아니할 것[다만, 폐쇄형스프링클러설비에 격자형배관방식(2 이상의 수평주행배관 사이를 가지배

62 ① 63 ② 64 ③ 정답

관으로 연결하는 방식을 말한다)을 채택하는 때에는 3,700[m²] 범위 내에서 펌프용량, 배관의 구경 등을 수리학적으로 계산한 결과 헤드의 방수압 및 방수량이 방호구역 범위 내에서 소화목적을 달성하는 데 충분할 것]
- 하나의 방호구역에는 1개 이상의 유수검지장치를 설치하되, 화재 발생 시 접근이 쉽고 점검하기 편리한 장소에 설치할 것
- 하나의 방호구역은 2개 층에 미치지 아니하도록 할 것(다만, 1개 층에 설치되는 스프링클러헤드의 수가 10개 이하인 경우와 복층형구조의 공동주택에는 3개 층 이내로 할 수 있다)
- 유수검지장치를 실내에 설치하거나 보호용 철망 등으로 구획하여 바닥으로부터 0.8[m] 이상 1.5[m] 이하의 위치에 설치하되, 그 실 등에는 가로 0.5[m] 이상 세로 1[m] 이상의 출입문을 설치하고 그 출입문 상단에 "유수검지장치실"이라고 표시한 표지를 설치할 것[다만, 유수검지장치를 기계실(공조용기계실을 포함) 안에 설치하는 경우에는 별도의 실 또는 보호용 철망을 설치하지 아니하고 기계실 출입문 상단에 "유수검지장치실"이라고 표시한 표지를 설치할 수 있다]
- 스프링클러헤드에 공급되는 물은 유수검지장치를 지나도록 할 것(다만, 송수구를 통하여 공급되는 물은 그러하지 아니하다)
- 자연낙차에 따른 압력수가 흐르는 배관 상에 설치된 유수검지장치는 화재 시 물의 흐름을 검지할 수 있는 최소한의 압력이 얻어질 수 있도록 수조의 하단으로부터 낙차를 두어 설치할 것
- 조기반응형 스프링클러헤드를 설치하는 경우에는 습식유수검지장치 또는 부압식스프링클러설비를 설치할 것

65

차고 및 주차장에 포소화설비를 설치하고자 할 때 포헤드는 바닥면적 몇 [m²]마다 1개 이상 설치하여야 하는가?

① 6　　② 8
③ 9　　④ 10

해설 **포헤드의 설치기준**
- 포워터 스프링클러헤드 : 바닥면적 8[m²]마다 1개 이상 설치
- **포헤드** : 바닥면적 **9[m²]마다 1개 이상** 설치

66

아파트의 각 세대별 주방에 설치되는 주거용 주방자동소화장치의 설치기준으로 틀린 것은?

① 감지부는 형식승인 받는 유효한 높이 및 위치에 설치
② 탐지부는 수신부와 분리하여 설치
③ 가스차단장치는 주방배관의 개폐밸브로부터 5[m] 이하의 위치에 설치
④ 수신부는 열기류 또는 습기 등과 주위온도에 영향을 받지 아니하고 사용자가 상시 볼 수 있는 장소에 설치

해설 **주거용 주방자동소화장치의 설치기준**
- 설치장소 : 아파트 등 및 30층 이상 오피스텔의 모든 층
- 설치기준
  - 소화약제 방출구는 환기구(주방에서 발생하는 열기류 등을 밖으로 배출하는 장치를 말한다)의 청소 부분과 분리되어 있어야 하며, 형식승인 받은 유효설치 높이 및 방호면적에 따라 설치할 것
  - 감지부는 형식승인 받은 유효한 높이 및 위치에 설치할 것
  - 차단장치(전기 또는 가스)는 상시 확인 및 점검이 가능하도록 설치할 것
  - 가스용 주방자동소화장치를 사용하는 경우 탐지부는 수신부와 분리하여 설치하되, 공기보다 가벼운 가스를 사용하는 경우에는 천장 면으로부터 30[cm] 이하의 위치에 설치하고, 공기보다 무거운 가스를 사용하는 장소에는 바닥 면으로부터 30[cm] 이하의 위치에 설치할 것
  - 수신부는 주위의 열기류 또는 습기 등과 주위온도에 영향을 받지 아니하고 사용자가 상시 볼 수 있는 장소에 설치할 것

67

연결살수설비 헤드의 유지관리 및 점검사항으로 해당되지 않는 것은?

① 칸막이 등의 변경이나 신설로 인한 살수장애가 되는 곳은 없는지 확인한다.
② 헤드가 탈락, 이완 또는 변형된 것은 없는지 확인한다.

정답 65 ③ 66 ③ 67 ④

③ 헤드의 주위에 장애물로 인한 살수의 장애가 되는 것이 없는지 확인한다.
④ 방수량과 살수분포 시험을 하여 살수장애가 없는지를 확인한다.

해설 헤드의 성능을 검증하기 위하여 방수량과 살수분포 시험을 하여 살수장애가 없는지를 확인하는 것이지 유지관리 및 점검사항에서 시험을 하지는 않는다.

68

준비작동식 스프링클러설비에 필요한 기기로만 열거된 것은?

① 준비작동밸브, 비상전원, 가압송수장치, 수원, 개폐밸브
② 준비작동밸브, 수원, 개방형 스프링클러, 원격조정장치
③ 준비작동밸브, 컴프레서, 비상전원, 수원, 드라이밸브
④ 드라이밸브, 수원, 리타팅체임버, 가압송수장치, 로우에어알람스위치

해설 **준비작동식 스프링클러설비의 필요한 기기** : 준비작동밸브, 비상전원, 가압송수장치, 수원, 개폐밸브

[스프링클러설비에 필요한 기기]
① 습식스프링클러설비 : 리타팅체임버
② 건식스프링클러설비 : 드라이밸브, 컴프레서, 로우에어알람스위치
③ 일제살수식스프링클러설비 : 개방형 스프링클러

69

스모크타워식 배연방식에 관한 설명 중 틀린 것은?

① 고층 빌딩에 적당하다.
② 배연 샤프트의 굴뚝 효과를 이용한다.
③ 배연기를 사용하는 기계배연의 일종이다.
④ 모든 층의 일반 거실화재에 이용할 수 있다.

해설 제연방식은 밀폐제연방식, 자연제연방식, 스모크타워제연방식, 기계제연방식이 있다.

70

연결살수설비 전용 헤드를 사용하는 연결살수설비에서 천장 또는 반자의 각 부분으로부터 하나의 살수헤드까지의 수평거리는 몇[m] 이하인가?(단, 살수헤드의 부착면과 바닥과의 높이가 2.1[m] 초과이다)

① 2.1 ② 2.3
③ 2.7 ④ 3.7

해설 **연결살수설비의 헤드**
- 연결살수설비의 헤드는 연결살수설비 전용헤드 또는 스프링클러헤드로 설치하여야 한다.
- 건축물에 설치하는 연결살수설비의 헤드는 다음 각 호의 기준에 따라 설치하여야 한다.
  - 천장 또는 반자의 실내에 면하는 부분에 설치할 것
  - 천장 또는 반자의 각 부분으로부터 하나의 살수헤드까지의 수평거리가 **연결살수설비 전용헤드**의 경우는 **3.7[m] 이하**, **스프링클러헤드의 경우는 2.3[m] 이하**로 할 것(다만, 살수헤드의 부착면과 바닥과의 높이가 2.1[m] 이하인 부분에 있어서는 살수헤드의 살수분포에 따른 거리로 할 수 있다)

71

층수가 16층인 아파트 건축물에 각 세대마다 12개의 폐쇄형 스프링클러헤드를 설치하였다. 이때 소화펌프의 토출량은 몇 [L/min] 이상인가?

① 800 ② 960
③ 1,600 ④ 2,400

해설 **아파트의 스프링클러 헤드의 기준개수(기준개수보다 작으면 그 설치개수)** : 10개

∴ 토출량 Q = 기준개수 × 80[L/min]
= 10 × 80[L/min] = 800[L/min]

72

부속용도로 사용하고 있는 통신기기실의 경우 바닥면적 몇 [m^2]마다 소화기 1개 이상을 추가로 비치하여야 하는가?

① 30 ② 40
③ 50 ④ 60

68 ① 69 ③ 70 ④ 71 ① 72 ③ 정답

해설 발전실, 변전실, 송전실, 변압기실, 배전반실, **통신기기실**, 전산기기실은 해당 용도의 **바닥면적 50[m^2]마다** 적응성이 있는 소화기 1개 이상을 설치하여야 한다.

73

이산화탄소소화설비를 설치하는 장소에 이산화탄소 약제의 소요량은 정해진 약제방사시간 이내에 방사되어야 한다. 다음 기준 중 소요량에 대한 약제방사시간이 틀린 것은?

① 전역방출방식에 있어서 표면화재 방호대상물은 1분
② 전역방출방식에 있어서 심부화재 방호대상물은 7분
③ 국소방출방식에 있어서 방호대상물은 10초
④ 국소방출방식에 있어서 방호대상물은 30초

해설 **이산화탄소소화설비 약제 방사시간**
- 전역방출방식에 있어서 가연성 액체 또는 가연성가스등 표면화재 방호대상물 : 1분 이내
- 전역방출방식에 있어서 종이, 목재, 석탄, 섬유류, 합성수지류등 심부화재 방호대상물 : 7분 이내(이 경우 설계농도가 2분 이내에 30[%]에 도달하여야 한다)
- **국소방출방식**의 경우 : **30초 이내**

74

다음 물분무소화설비 배관 등 설치기준 중 틀린 것은?

① 펌프 흡입측 배관은 공기고임이 생기지 않는 구조로 하고 여과장치를 설치한다.
② 동결방지조치를 하거나 동결의 우려가 없는 장소에 설치한다.
③ 연결송수관설비의 배관과 겸용할 경우의 주배관은 구경 100[mm] 이상으로 한다.
④ 연결송수관설비의 배관과 겸용할 경우 방수구로 연결되는 배관의 구경은 65[mm] 이하로 한다.

해설 **연결송수관설비의 배관과 겸용할 경우**
- 주배관의 구경 : 100[mm] 이상
- **방수구로 연결되는 배관의 구경 : 65[mm] 이상**

75

의료시설에 구조대를 설치하여야 할 층으로 틀린 것은?(단, 장례식장을 제외한다)

① 2 ② 3
③ 4 ④ 5

해설 **피난기구 설치** : 3층 이상 10층 이하

76

수직강하식 구조대의 구조를 바르게 설명한 것은?

① 본체 내부에 로프를 사다리형으로 장착한 것
② 본체에 적당한 간격으로 협축부를 마련한 것
③ 본체 전부가 신축성이 있는 것
④ 내림식 사다리의 동쪽에 복대를 씌운 것

해설 **수직강하식 구조대의 구조**
- 구조대는 안전하고 쉽게 사용할 수 있는 구조이어야 한다.
- 구조대의 포지는 외부포지와 내부포지로 구성하되, 외부포지와 내부포지의 사이에 충분한 공기층을 두어야 한다. 다만, 건물 내부의 별실에 설치하는 것은 외부포지를 설치하지 아니할 수 있다.
- 입구틀 및 취부틀의 입구는 지름 50[cm] 이상의 구체가 통과할 수 있는 것이어야 한다.
- 구조대는 연속하여 강하할 수 있는 구조이어야 한다.
- 포지는 사용 시 수직방향으로 현저하게 늘어나지 아니하여야 한다.
- 포지, 지지틀, 취부틀 그 밖의 부속장치 등은 견고하게 부착되어야 한다.

77

분말소화설비의 배관청소용 가스는 어떻게 저장·유지·관리하여야 하는가?

① 축압용 가스용기에 가산저장유지
② 가압용 가스용기에 가산저장유지
③ 별도 용기에 저장유지
④ 필요시에만 사용하므로 평소에 저장 불필요

해설 **분말소화설비의 배관청소용 가스** : 별도 용기에 저장한다.

정답 73 ③ 74 ④ 75 ① 76 ② 77 ③

78

물분무소화설비의 배수설비에 대한 설명 중 틀린 것은?

① 주차장에는 10[cm] 이상 경계턱으로 배수구를 설치한다.
② 배수구에는 새어나온 기름을 모아 소화할 수 있도록 길이 30[m] 이하마다 집수관, 소화피트 등 기름분리장치를 설치한다.
③ 주차장 바닥은 배수구를 향하여 100분의 2 이상의 기울기를 가진다.
④ 배수설비는 가압송수장치의 최대 송수능력의 수량을 유효하게 배수할 수 있는 크기 및 기울기로 한다.

해설 물분무소화설비의 배수설비

- 차량이 주차하는 장소의 적당한 곳에 높이 10[cm] 이상의 경계턱으로 배수구를 설치할 것
- 배수구에는 새어나온 기름을 모아 소화할 수 있도록 **길이 40[m] 이하마다** 집수관·소화피트 등 **기름분리장치를 설치**할 것
- 차량이 주차하는 바닥은 배수구를 향하여 100분의 2 이상의 기울기를 유지할 것
- 배수설비는 가압송수장치의 최대송수능력의 수량을 유효하게 배수할 수 있는 크기 및 기울기로 할 것

79

스프링클러설비의 누수로 인한 유수검지장치의 오작동을 방지하기 위한 목적으로 설치되는 것은?

① 솔레노이드 ② 리타팅체임버
③ 물올림장치 ④ 성능시험배관

해설 리타팅체임버 : 유수검지장치의 오작동 방지

80

포소화약제의 혼합장치 중 펌프의 토출관에 압입기를 설치하여 포소화약제 압입용 펌프로 포소화약제를 압입시켜 혼합하는 방식은?

① 펌프 프로포셔너 방식
② 프레셔 사이드 프로포셔너 방식
③ 라인 프로포셔너 방식
④ 프레셔 프로포셔너 방식

해설 포소화약제의 혼합장치

- 펌프 프로포셔너방식(Pump Proportioner, 펌프혼합방식) : 펌프의 토출관과 흡입관 사이의 배관 도중에 설치한 흡입기에 펌프에서 토출된 물의 일부를 보내고 농도조절 밸브에서 조정된 포소화약제의 필요량을 포소화약제 탱크에서 펌프 흡입측으로 보내어 약제를 혼합하는 방식
- 라인 프로포셔너방식(Line Proportioner, 관로혼합방식) : 펌프와 발포기의 중간에 설치된 벤투리관의 벤투리 작용에 따라 포소화약제를 흡입·혼합하는 방식이다. 이 방식은 옥외 소화전에 연결 주로 1층에 사용하며 원액 흡입력 때문에 송수압력의 손실이 크고, 토출측 호스의 길이, 포 원액 탱크의 높이 등에 민감하므로 아주 정밀설계와 시공을 요한다.
- 프레셔 프로포셔너방식(Pressure Proportioner, 차압혼합방식) : 펌프와 발포기의 중간에 설치된 벤투리관의 벤투리작용과 펌프 가압수의 포 소화약제 저장탱크에 대한 압력에 따라 포 소화약제를 흡입·혼합하는 방식이다. 현재 우리나라에서는 3[%] 단백포 차압혼합방식을 많이 사용하고 있다.
- **프레셔 사이드 프로포셔너 방식**(Pressure Side Proportioner, 압입혼합방식) : 펌프의 토출관에 압입기를 설치하여 포소화 약제 **압입용 펌프**로 포소화약제를 압입시켜 혼합하는 방식이다.

78 ② 79 ② 80 ② **정답**

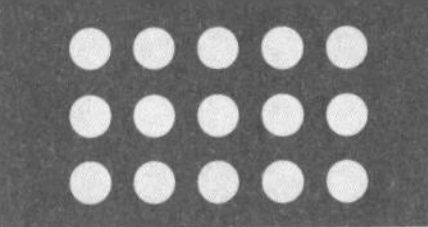

제 4 회 2015년 9월 19일 시행

제 1 과목 소방원론

01

갑종방화문과 을종방화문의 비차열 성능은 각각 얼마 이상이어야 하는가?

① 갑종 : 90분, 을종 : 40분
② 갑종 : 60분, 을종 : 30분
③ 갑종 : 45분, 을종 : 20분
④ 갑종 : 30분, 을종 : 10분

해설 방화문의 비차열 성능
- 갑종방화문 : 비차열 60분 이상 성능 확보
- 을종방화문 : 비차열 30분 이상 성능 확보

02

다음 물질 중 공기에서 위험도(H)가 가장 큰 것은?

① 에테르 ② 수 소
③ 에틸렌 ④ 프로판

해설 위험성이 큰 것은 위험도가 크다는 것이다.
- 각 물질의 연소범위

종 류	하한계[%]	상한계[%]
에테르($C_2H_5OC_2H_5$)	1.9	48.0
수소(H_2)	4.0	75.0
에틸렌(C_2H_4)	2.7	36.0
프로판(C_3H_8)	2.1	9.5

- 위험도 계산식

$$위험도(H) = \frac{U-L}{L} = \frac{폭발상한계-폭발하한계}{폭발하한계}$$

- 위험도 계산
  - 에테르 $H = \frac{48.0-1.9}{1.9} = 24.26$
  - 수소 $H = \frac{75.0-4.0}{4.0} = 17.75$
  - 에틸렌 $H = \frac{36.0-2.7}{2.7} = 12.33$
  - 프로판 $H = \frac{9.5-2.1}{2.1} = 3.52$

03

물리적 소화방법이 아닌 것은?

① 연쇄반응의 억제에 의한 방법
② 냉각에 의한 방법
③ 공기와의 접촉 차단에 의한 방법
④ 가연물 제거에 의한 방법

해설 소화방법
- 화학적인 소화방법 : 연쇄반응의 억제에 의한 방법
- 물리적인 방법
  - 냉각에 의한 방법
  - 공기와의 접촉 차단에 의한 방법
  - 가연물 제거에 의한 방법

04

마그네슘의 화재에 주수하였을 때 물과 마그네슘의 반응으로 인하여 생성되는 가스는?

① 산 소
② 수 소
③ 일산화탄소
④ 이산화탄소

해설 **마그네슘**은 **물과 반응**하면 가연성 가스인 **수소**(H_2)를 **발생**하므로 위험하다.

$$Mg + 2H_2O \rightarrow Mg(OH)_2 + H_2\uparrow$$

정답 01 ② 02 ① 03 ① 04 ②

05

비수용성 유류의 화재 시 물로 소화할 수 없는 이유는?

① 인화점이 변하기 때문
② 발화점이 변하기 때문
③ 연소면이 확대되기 때문
④ 수용성으로 변하여 인화점이 상승하기 때문

해설 비수용성(벤젠, 톨루엔, 크실렌)은 주수소화 하면 비중이 물보다 가볍고 물과 반응하지 않기 때문에 연소면(화재면)이 확대되므로 위험하다.

06

제1인산암모늄이 주성분인 분말 소화약제는?

① 1종 분말소화약제 ② 2종 분말소화약제
③ 3종 분말소화약제 ④ 4종 분말소화약제

해설 **분말소화약제의 성상**

종 류	주성분	착 색	적응 화재	열분해 반응식
제1종 분말	탄산수소나트륨 ($NaHCO_3$)	백 색	B, C급	$2NaHCO_3 \rightarrow Na_2CO_3 + CO_2 + H_2O$
제2종 분말	탄산수소칼륨 ($KHCO_3$)	담회색	B, C급	$2KHCO_3 \rightarrow K_2CO_3 + CO_2 + H_2O$
제3종 분말	제일인산암모늄, 인산염 ($NH_4H_2PO_4$)	담홍색, 황색	A, B, C급	$NH_4H_2PO_4 \rightarrow HPO_3 + NH_3 + H_2O$
제4종 분말	탄산수소칼륨 + 요소 [$KHCO_3 + (NH_2)_2CO$]	회 색	B, C급	$2KHCO_3 + (NH_2)_2CO \rightarrow K_2CO_3 + 2NH_3 + 2CO_2$

07

고비점유 화재 시 무상주수하여 가연성 증기의 발생을 억제함으로써 기름의 연소성을 상실시키는 소화효과는?

① 억제효과 ② 제거효과
③ 유화효과 ④ 파괴효과

해설 **유화효과** : 중유와 같이 고비점의 위험물 화재 시 무상주수하여 가연성 증기의 발생을 억제함으로써 기름의 연소성을 상실시키는 소화효과이다.

08

할론소화약제의 구성 원소가 아닌 것은?

① 염 소 ② 브 롬
③ 네 온 ④ 탄 소

해설 **할론소화약제의 구성 원소** : 플루오린(F), 염소(Cl), 브롬(Br), 아이오딘(I)

네온(Ne) : 불활성기체(0족 원소)

09

다음 중 인화점이 가장 낮은 물질은?

① 경 유 ② 메틸알코올
③ 이황화탄소 ④ 등 유

해설 **인화점**

종 류	경 유	메틸알코올	이황화탄소	등 유
인화점	50~70[℃]	11[℃]	−30[℃]	40~70[℃]

10

건물 내에서 화재가 발생하여 실내온도가 20[℃]에서 600[℃]까지 상승하였다면 온도 상승만으로 건물 내외 공기 부피는 처음의 약 몇 배 정도 팽창하는가? (단, 화재로 인한 압력의 변화는 없다고 가정한다)

① 3 ② 9
③ 15 ④ 30

해설 **보일-샤를의 법칙** : 기체가 차지하는 부피는 압력에 반비례하고 절대온도에 비례한다.

$$\frac{P_1V_1}{T_1} = \frac{P_2V_2}{T_2},$$

$$V_2 = V_1 \times \frac{P_1}{P_2} \times \frac{T_2}{T_1}$$

$$\therefore\ V_2 = V_1 \times \frac{T_2}{T_1}$$

$$= 1 \times \frac{(273+600)[K]}{(273+20)[K]} = 2.98$$

05 ③ 06 ③ 07 ③ 08 ③ 09 ③ 10 ① 정답

11

건축물 화재에서 플래시 오버(Flash Over) 현상이 일어나는 시기는?

① 초기에서 성장기로 넘어가는 시기
② 성장기에서 최성기로 넘어가는 시기
③ 최성기에서 감쇠기로 넘어가는 시기
④ 감쇠기에서 종기로 넘어가는 시기

해설 **플래시오버 발생 시기** : 성장기에서 최성기로 넘어가는 단계

12

화재하중 계산 시 목재의 단위발열량은 약 몇 [kcal/kg]인가?

① 3,000 ② 4,500
③ 9,000 ④ 12,000

해설 화재하중

$$Q = \frac{\sum(G_t \times H_t)}{H \times A} = \frac{Q_t}{4,500 \times A}$$

여기서, Q : 화재하중[kg/m²]
G_t : 가연물의 질량[kg]
H_t : 가연물의 단위발열량[kcal/kg]
H : **목재의 단위발열량(4,500[kcal/kg])**
A : 화재실의 바닥면적[m²]
Q_t : 가연물의 전발열량[kcal]

13

위험물의 유별에 따른 대표적인 성질의 연결이 옳지 않은 것은?

① 제1류 : 산화성 고체
② 제2류 : 가연성 고체
③ 제4류 : 인화성 액체
④ 제5류 : 산화성 액체

해설 위험물의 성질

유 별	제1류	제2류	제3류	제4류	제5류	제6류
성 질	산화성 고체	가연성 고체	자연발화성 및 금수성 물질	인화성 액체	자기 반응성 물질	**산화성 액체**

14

같은 원액으로 만들어진 포의 특성에 관한 설명으로 옳지 않은 것은?

① 발포배율이 커지면 환원시간은 짧아진다.
② 환원시간이 길면 내열성이 떨어진다.
③ 유동성이 좋으면 내열성이 떨어진다.
④ 발포배율이 작으면 유동성이 떨어진다.

해설 환원시간이 길면 내열성이 좋아진다.

15

가연물의 종류에 따른 화재의 분류방법 중 유류화재를 나타내는 것은?

① A급 화재 ② B급 화재
③ C급 화재 ④ D급 화재

해설 화재의 종류

구 분 \ 급 수	A급	B급	C급	D급
화재의 종류	일반화재	**유류화재**	전기화재	금속화재
표시색	백 색	황 색	청 색	무 색

16

제2류 위험물에 해당하지 않는 것은?

① 유 황 ② 황화인
③ 적 린 ④ 황 린

해설 **제2류 위험물** : 유황, 황화인, 적린, 금속분, 철분, 마그네슘

황린 : 제3류 위험물

17

다음 중 방염대상물품이 아닌 것은?

① 카 펫
② 무대용 합판
③ 창문에 설치하는 커튼
④ 두께 2[mm] 미만인 종이벽지

정답 11 ② 12 ② 13 ④ 14 ② 15 ② 16 ④ 17 ④

해설 방염대상물품
- 창문에 설치하는 **커튼류**(브라인드를 포함)
- 카펫, 두께가 **2[mm] 미만**인 **벽지류**로서 **종이벽지를 제외한 것**
- 전시용 합판 또는 섬유판, **무대용 합판** 또는 섬유판
- 암막·무대막(영화 및 비디오물의 진흥에 관한 법률에 따른 영화상영관에 설치하는 스크린을 포함)

18

화재의 일반적 특성이 아닌 것은?

① 확대성 ② 정형성
③ 우발성 ④ 불안정성

해설 **화재의 일반적인 특성** : 확대성, 우발성, 불안정성

19

공기 중에서 연소상한값이 가장 큰 물질은?

① 아세틸린 ② 수 소
③ 가솔린 ④ 프로판

해설 연소범위

종 류	아세틸렌	수 소	가솔린	프로판
연소범위	2.5~81[%]	4.0~75[%]	1.4~7.6[%]	2.1~9.5[%]

20

화재에 대한 건축물의 손실정도에 따른 화재형태를 설명한 것으로 옳지 않은 것은?

① 부분소 화재란 전소화재, 반소화재에 해당하지 않는 것을 말한다.
② 반소화재란 건축물에 화재가 발생하여 건축물의 30[%] 이상 70[%] 미만 소실된 상태를 말한다.
③ 전소화재란 건축물에 화재가 발생하여 건축물의 70[%] 이상이 소실된 상태를 말한다.
④ 훈소화재란 건축물에 화재가 발생하여 건축물의 10[%] 이하가 소실된 상태를 말한다.

해설 화재의 손실정도
- 부분소 화재 : 전소화재, 반소화재에 해당하지 않는 것
- 반소 화재 : 건축물에 화재가 발생하여 건축물의 30[%] 이상 70[%] 미만 소실된 상태
- 전소 화재 : 건축물에 화재가 발생하여 건축물의 70[%] 이상이 소실된 상태

> 훈소 화재 : 물질이 착화하여 불꽃 없이 연기를 내면서 연소하다가 어느 정도 시간이 지나면서 발염될 때까지의 연소 상태로서 화재 초기에 많이 발생한다.

제 2 과목 소방유체역학

21

공기의 정압비열이 절대온도 T의 함수 C_p=1.0101 +0.0000798T[kJ/kg·K]로 주어진다. 공기를 273.15[K]에서 373.15[K]까지 높일 때 평균정압비열[kJ/kg·K]은?

① 1.036 ② 1.181
③ 1.283 ④ 1.373

해설 평균정압비열(C_{pm})

$$C_{pm} = \frac{1}{T_2 - T_1}\int_{T_1}^{T_2} C_p dT$$

$$= \frac{1}{373.15-273.15}\int_{273.15}^{373.15}(1.0101+0.0000798T)dT$$

$$= \frac{1}{373.15-273.15}\left[1.0101T + \frac{1}{2}\times 0.0000798T^2\right]_{273.15}^{373.15} = \frac{1}{373.15-273.15}$$

$$\left\{(1.0101\times 373.15 + \frac{1}{2}\times 0.0000798\times 373.15^2) - (1.0101\times 273.15+\frac{1}{2}\times 0.0000798\times 273.15^2)\right\}$$

$= 1.0359$[kJ/kg·K]

22

392[N/s]의 물이 지름 20[cm]의 관속에 흐르고 있을 때 평균 속도는 약 몇 [m/s]인가?

① 0.127 ② 1.27
③ 2.27 ④ 12.7

해설 중량유량 392[N/s]를 환산하면 1[kgf]=9.8[N]이므로 392 ÷ 9.8=40[kgf/s]

$G = Aur$ 에서

$$u(\text{유속}) = \frac{G}{Ar} = \frac{40}{\frac{\pi}{4}(0.2)^2 \times 1{,}000} = 1.27[\text{m/s}]$$

23

레이놀즈수에 대한 설명으로 옳은 것은?

① 정상류와 비정상류를 구별하여 주는 척도가 된다.
② 실체유체와 이상유체를 구별하여 주는 척도가 된다.
③ 층류와 난류를 구별하여 주는 척도가 된다.
④ 등류와 비등류를 구별하여 주는 척도가 된다.

해설 **레이놀즈수** : 층류와 난류를 구분하는 척도

24

체적 0.05[m³]인 구 안에 가득 찬 유체가 있다. 이 구를 그림과 같이 물속에 넣고 수직 방향으로 100[N]의 힘을 가해서 들어 주면 구가 물속에 절반만 잠긴다. 구 안에 있는 유체의 비중량[N/m³]은?(단, 구의 두께와 무게는 모두 무시할 정도로 작다고 가정한다)

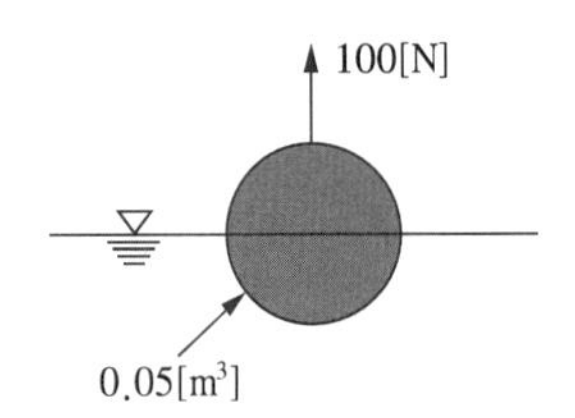

① 6,900 ② 7,250
③ 7,580 ④ 7,850

해설 자유물체도 $T + F_B - W = 0$

여기서, $F_B = \gamma_W \frac{V_S}{2}$ 이다.

$$1{,}000 + 9{,}800 \times \frac{0.5}{2} - \gamma_S \times 0.5 = 0$$

$$\therefore \gamma_S = \frac{1{,}000 + 9{,}800 \times \frac{0.5}{2}}{0.5} = 6{,}900[\text{N/m}^3]$$

25

소방펌프의 회전수를 2배로 증가시키면 소방펌프 동력은 몇 배로 증가하는가?(단, 기타 조건은 동일)

① 2 ② 4
③ 6 ④ 8

해설 펌프의 상사법칙

- 유량 $Q_2 = Q_1 \times \frac{N_2}{N_1} \times \left(\frac{D_2}{D_1}\right)^3$
- 전양정(수두) $H_2 = H_1 \times \left(\frac{N_2}{N_1}\right)^2 \times \left(\frac{D_2}{D_1}\right)^2$
- 동력 $P_2 = P_1 \times \left(\frac{N_2}{N_1}\right)^3 \times \left(\frac{D_2}{D_1}\right)^5$

여기서 N : 회전수[rpm], D : 내경[mm]

$\therefore P_2 = P_1 \times \left(\frac{N_2}{N_1}\right)^3 = 1 \times \left(\frac{2}{1}\right)^3 = 8$배

26

다음 시차압력계에서 압력차($P_A - P_B$)는 몇 [kPa]인가?(단, $H_1 = 300$[mm], $H_2 = 200$[mm], $H_3 = 800$[mm]이고 수은의 비중은 13.6이다)

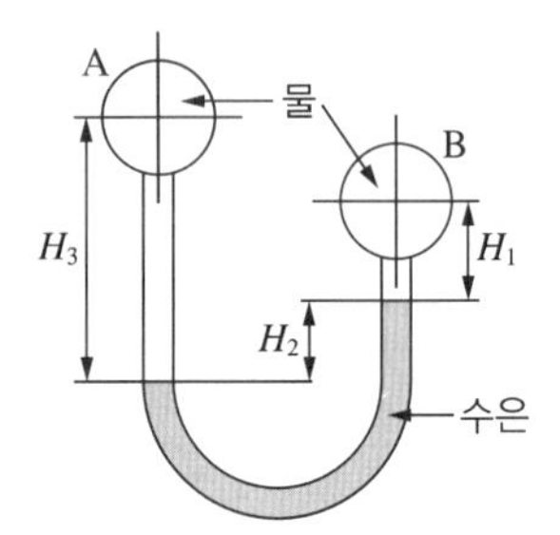

① 21.76 ② 31.07
③ 217.6 ④ 310.7

해설 압력차($P_A - P_B$)

$$P_A + \gamma_3 h_3 = P_B + \gamma_1 h_1 + \gamma_2 h_2$$
$$P_A - P_B = \gamma_1 h_1 + \gamma_2 h_2 - \gamma_3 h_3$$

$$\begin{aligned}\therefore P_A - P_B &= \gamma_1 h_1 + \gamma_2 h_2 - \gamma_3 h_3 \\ &= (1{,}000[\text{kg}_f/\text{m}^3] \times 0.3[\text{m}]) \\ &\quad + (13{,}600[\text{kg}_f/\text{m}^3] \times 0.2[\text{m}]) \\ &\quad - (1{,}000[\text{kg}_f/\text{m}^3] \times 0.8[\text{m}]) \\ &= 2{,}220[\text{kg}_f/\text{m}^2]\end{aligned}$$

[kgf/m²]을 [kPa]로 환산하면

$$\frac{2{,}220[\text{kg}_f/\text{m}^2]}{10{,}332[\text{kg}_f/\text{m}^2]} \times 101.325[\text{kPa}] = 21.77[\text{kPa}]$$

정답 23 ③ 24 ① 25 ④ 26 ①

27

액체가 지름 4[mm]의 수평으로 놓인 원통형 튜브를 12×10^{-6}[m^3/s]의 유량으로 흐르고 있다. 길이 1[m]에서의 압력강하는 몇 [kPa]인가?(단, 유체의 밀도와 점성계수는 $\rho=1.18\times10^3$[kg/m^3], $\mu=0.0045$ [N·s/m^2]이다)

① 7.59　② 8.59
③ 9.59　④ 10.59

해설 • 연속방정식 $Q=Au[\text{m}^3/\text{s}]$에서

$$\text{유속 } u=\frac{Q}{A}=\frac{12\times10^{-6}[\text{m}^3/\text{s}]}{\frac{\pi}{4}\times(0.004[\text{m}])^2}=0.955[\text{m/s}]$$

• 레이놀즈수 $R_e=\dfrac{\rho u d}{\mu}$에서

$$R_e=\frac{1.18\times10^3\frac{[\text{kg}]}{[\text{m}^3]}\times0.955\frac{[\text{m}]}{[\text{s}]}\times0.004[\text{m}]}{0.0045\frac{[\text{N}\cdot\text{s}]}{[\text{m}^2]}}$$

$=1,001.7$

따라서, 레이놀즈수가 2,100 이하이므로 층류이다.

• 층류이므로 하겐-포아젤방정식을 적용하여 압력강하를 구한다.

$$\text{압력강하 } \Delta P=\frac{128\mu LQ}{\pi d^4}[\text{Pa}]$$

ΔP

$$=\frac{128\times0.0045\frac{[\text{N}\cdot\text{s}]}{[\text{m}^2]}\times1[\text{m}]\times\left(12\times10^{-6}\frac{[\text{m}^3]}{[\text{s}]}\right)}{\pi\times0.004[\text{m}]^4}$$

$=8,594.4$[Pa] $=8.594$[kPa]

28

반지름 r인 뜨거운 금속 구를 실에 매달아 선풍기 바람으로 식힌다. 표면에서의 평균 열전달 계수를 h, 공기와 금속의 열전도계수를 ka와 kb라고 할 때, 구의 표면 위치에서 금속에서의 온도 기울기와 공기에서의 온도 기울기 비는?

① $ka:kb$　② $kb:ka$
③ $(rh-ka):kb$　④ $ka:(kb-rh)$

해설 온도기울기 비 = $ka:kb$

29

검사체적(Control Volume)에 대한 운동량방정식의 근원이 되는 법칙 또는 방정식은?

① 질량보존법칙
② 연속방정식
③ 베르누이방정식
④ 뉴턴의 운동 제2법칙

해설 검사체적은 주어진 좌표계에 고정된 체적을 말하며 뉴턴의 운동 제2법칙은 검사체적(Control Volume)에 대한 운동량방정식의 근원이 되는 법칙이다.

30

유량이 0.6[m^3/min]일 때 손실수두가 7[m]인 관로를 통하여 10[m] 높이 위에 있는 저수조로 물을 이송하고자 한다. 펌프의 효율이 90[%]라고 할 때 펌프에 공급해야 하는 전력은 몇 [kW]인가?

① 0.45　② 1.85
③ 2.27　④ 136

해설 전 력

$$P[\text{kW}]=\frac{\gamma QH}{102\times\eta}$$

$$\therefore P[\text{kW}]=\frac{\gamma QH}{102\times\eta}$$

$$=\frac{1,000[\text{kg}_f/\text{m}^3]\times0.6[\text{m}^3]/60[\text{s}]\times(7+10)[\text{m}]}{102\times0.9}$$

$=1.85$[kW]

31

체적탄성계수가 2×10^9[Pa]인 물의 체적을 3[%] 감소시키려면 몇 [MPa]의 압력을 가하여야 하는가?

① 25　② 30
③ 45　④ 60

해설 체적탄성계수

$$K=-\frac{\Delta P}{\frac{\Delta V}{V}},\ \Delta P=K\times\left(-\frac{\Delta V}{V}\right),\ -\frac{\Delta V}{V}=0.03$$

정답 27 ② 28 ① 29 ④ 30 ② 31 ④

$$\therefore\ \Delta P = K\times\left(-\frac{\Delta V}{V}\right)$$
$$= 2\times10^9[\text{Pa}]\times10^{-6}[\text{MPa}]\times0.03$$
$$= 60[\text{MPa}]$$

32

그림과 같이 밑면이 2[m]×3[m]인 탱크와 이 탱크에 연결된 단면적이 1[m^2]인 관에 물과 비중이 0.9인 기름이 들어있다. 대기압을 무시할 때 밑면 AB에 작용하는 힘은 약 몇 [kN]인가?

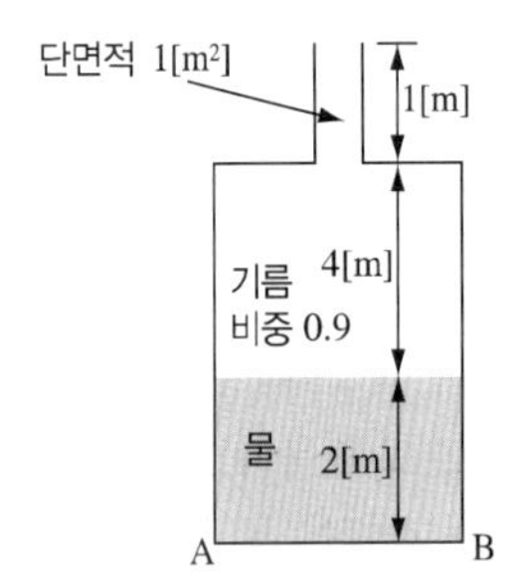

① 64 ② 329
③ 382 ④ 412

해설 AB면에 작용하는 압력

$$P_{AB} = [9{,}800[\text{N/m}^3]\times0.9\times(4+1)] + (9{,}800\times2)$$
$$= 63{,}700[\text{N/m}^2]$$

∴ AB면에 작용하는 힘

$$F = PA = 63{,}700[\text{N/m}^2]\times(2\times3)$$
$$= 382{,}200[\text{N}] = 382.2[\text{kN}]$$

33

동점성계수가 0.1×10^{-5}[m^2/s]인 유체가 안지름 10[cm]인 원관 내에 1[m/s]로 흐르고 있다. 관의 마찰계수가 $f = 0.022$이며 등가길이가 200[m]일 때의 손실수두 몇 [m]인가?(단, 비중량은 9,800[N/m^3]이다)

① 2.24 ② 6.58
③ 11.0 ④ 22.0

해설 손실수두

$$H = \frac{flu^2}{2gD}$$
$$= \frac{0.022\times200[\text{m}]\times(1[\text{m/s}])^2}{2\times9.8[\text{m/s}^2]\times0.1[\text{m}]} = 2.24[\text{m}]$$

34

무한한 두 평판 사이에 유체가 채워져 있고 한 평판은 정지해 있고 또 다른 평판은 일정한 속도로 움직이는 Couette 유동을 고려하자. 단, 유체 A만 채워져 있을 때 평판을 움직이기 위한 단위면적당 힘을 τ_1이라 하고 같은 평판 사이에 점성이 다른 유체 B만 채워져 있을 때 필요한 힘을 τ_2라 하면 유체 A와 B가 반반씩 위·아래로 채워져 있을 때 평판을 같은 속도로 움직이기 위한 단위면적당 힘에 대한 표현으로 맞는 것은?

① $\dfrac{\tau_1+\tau_2}{2}$ ② $\sqrt{\tau_1\tau_2}$

③ $\dfrac{2\tau_1\tau_2}{\tau_1+\tau_2}$ ④ $\tau_1+\tau_2$

해설 $F = \dfrac{2\tau_1\tau_2}{\tau_1+\tau_2}$

35

온도가 T인 유체가 정압이 P인 상태로 관속을 흐를 때 공동현상이 발생하는 조건으로 가장 적절한 것은?(단 유체 온도 T에 해당하는 포화증기압을 Ps라 한다)

① $P > Ps$
② $P > 2\times Ps$
③ $P < Ps$
④ $P < 2\times Ps$

해설 공동현상 발생조건

- 포화증기압이 유체의 정압보다 클 때($Ps > P$)
- 필요흡입양정이 유효흡입양정보다 클 때

36

수평 배관 설비에서 상류 지점인 A지점의 배관을 조사해보니 지름 100[mm], 압력 0.45[MPa], 평균유속 1[m/s]이었다. 또, 하류의 B지점을 조사해보니 지름 50[mm], 압력 0.4[MPa]이었다면 두 지점 사이의 손실수두는 약 몇 [m]인가?

① 4.34 ② 5.87
③ 8.67 ④ 10.87

정답 32 ③ 33 ① 34 ③ 35 ③ 36 ①

해설 손실수두

베르누이방정식을 적용하면

$$\frac{P_A}{\gamma}+\frac{u_A^2}{2g}+Z_A=\frac{P_B}{\gamma}+\frac{u_B^2}{2g}+Z_B+h_L$$

여기서,

P_A : A지점의 압력($0.45[\text{MPa}]=0.45\times10^6[\text{Pa}]$)

γ : 물의 비중량($9,800[\text{N/m}^3]$)

u_A : A지점의 유속($1[\text{m/s}]$)

g : 중력가속도($9.8[\text{m/s}^2]$)

P_B : B지점의 압력($0.4[\text{MPa}]=0.4\times10^6[\text{Pa}]$)

u_B : B지점의 유속

$$\left(u_B=u_A\times\left(\frac{d_A}{d_B}\right)^2=1[\text{m/s}]\times\left(\frac{0.1[\text{m}]}{0.05[\text{m}]}\right)^2=4[\text{m/s}]\right)$$

수평배관이므로 $Z_A=Z_B$이다.

$$\therefore \text{손실수두 } H_L=\left(\frac{P_A}{\gamma}+\frac{u_A^2}{2g}\right)-\left(\frac{P_B}{\gamma}+\frac{u_B^2}{2g}\right)$$

$$=\left(\frac{0.45\times10^6}{9,800}+\frac{1^2}{2\times9.8}\right)-\left(\frac{0.4\times10^6}{9,800}+\frac{4^2}{2\times9.8}\right)$$

$$=4.34[\text{m}]$$

37

이상기체의 정압과정에 해당하는 것은?(단, P는 압력, T는 절대온도, ν는 비체적, k는 비열비를 나타낸다)

① $\frac{P}{T}$=일정　② $P\nu$=일정

③ $P\nu^k$=일정　④ $\frac{\nu}{T}$=일정

해설 이상기체의 정압과정

$\frac{\nu}{T}$=일정

38

온도 20[℃], 압력 500[kPa]에서 비체적이 0.2[m³/kg]인 이상기체가 있다. 이 기체의 기체 상수[kJ/kg·K]는 얼마인가?

① 0.341　② 3.41

③ 34.1　④ 341

해설 $PV=WRT$에서

$$R=\frac{PV}{WT}=\frac{500[\text{kPa}][\frac{\text{kN}}{\text{m}^2}]\times0.2[\frac{\text{m}^3}{\text{kg}}]}{293\text{K}}$$

$$=0.341[\text{kN}\cdot\text{m}]/[\text{kg}\cdot\text{K}]=0.341[\text{kJ/kg}\cdot\text{K}]$$

[kN·m] = [kJ]

39

그림과 같이 크기가 다른 관이 접속된 수평관 내에 화살표의 방향으로 정상류의 물이 흐르고 있고, 두 개의 압력계 A, B가 각각 설치되어 있다. 압력계 A, B에서 지시하는 압력을 각각 P_A, P_B라고 할 때 P_A와 P_B의 관계로 옳은 것은?(단, A와 B지점 간의 배관 내 마찰손실은 없다고 가정한다)

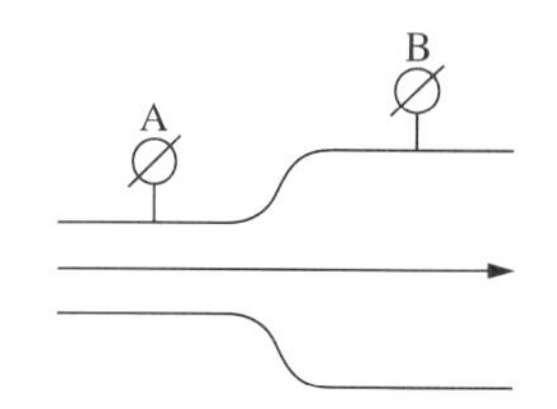

① $P_A>P_B$

② $P_A<P_B$

③ $P_A=P_B$

④ 이 조건만으로는 판단할 수 없다.

해설 정상류가 흐를 때 A, B 간의 마찰손실이 없으며 $P_A<P_B$이다.

40

국소대기압이 98.6[kPa]인 곳에서 펌프에 의하여 흡입되는 물의 압력을 진공계로 측정하였다. 진공계가 7.3[kPa]을 가리켰을 때 절대압력은 몇 [kPa]인가?

① 0.93　② 9.3

③ 91.3　④ 105.9

해설 절대압력

절대압 = 대기압 − 진공

∴ 절대압력 = 98.6[kPa] − 7.3[kPa] = 91.3[kPa]

37 ④ 38 ① 39 ② 40 ③ 정답

제 3 과목 소방관계법규

41

방염성능기준 이상의 실내장식물 등을 설치하여야 하는 특정소방대상물에 해당하지 않는 것은?

① 숙박시설
② 노유자시설
③ 층수가 11층 이상의 아파트
④ 건축물의 옥내에 있는 종교시설

해설 층수에 관계없이 아파트는 방염성능 이상의 실내장식물로 할 필요는 없다.

42

다음 중 위험물의 성질이 자기반응성 물질에 속하지 않는 것은?

① 유기과산화물 ② 무기과산화물
③ 하이드라진 유도체 ④ 나이트로화합물

해설 **제5류 위험물(자기반응성물질)** : 유기과산화물, 질산에스테르류, 나이트로화합물, 하이드라진유도체

무기과산화물 : 제1류 위험물(산화성 고체)

43

소방기본법상 화재경계지구에 대한 소방특별조사권자는 누구인가?

① 시・도지사 ② 소방본부장・소방서장
③ 한국소방안전원장 ④ 행정안전부장관

해설 **소방특별조사권자** : 소방본부장 또는 소방서장

44

점포에서 위험물을 용기에 담아 판매하기 위하여 위험물을 취급하는 판매취급소는 위험물안전관리법상 지정수량의 몇 배 이하의 위험물까지 취급할 수 있는가?

① 지정수량의 5배 이하
② 지정수량의 10배 이하
③ 지정수량의 20배 이하
④ 지정수량의 40배 이하

해설 **판매취급소** : 지정수량의 40배 이하의 위험물을 취급

45

특정소방대상물의 관계인이 피난시설 또는 방화시설의 폐쇄・훼손・변경 등의 행위를 했을 때 과태료 처분으로 옳은 것은?

① 100만원 이하 ② 200만원 이하
③ 300만원 이하 ④ 500만원 이하

해설 특정소방대상물의 관계인이 피난시설 또는 방화시설의 폐쇄・변경 등의 행위를 했을 때 과태료 : 300만원 이하(법률 제53조)

46

소방시설공사업법상 소방시설공사에 관한 발주자의 권한을 대행하여 소방시설공사가 설계도서 및 관계 법령에 따라 적법하게 시공되는지 여부의 확인과 품질・시공 관리에 대한 기술지도를 수행하는 영업은 무엇인가?

① 소방시설유지업 ② 소방시설설계업
③ 소방시설공사업 ④ 소방공사감리업

해설 **소방공사감리업** : 소방시설공사에 관한 발주자의 권한을 대행하여 소방시설공사가 설계도서 및 관계 법령에 따라 적법하게 시공되는지 여부의 확인과 품질・시공 관리에 대한 기술지도를 수행하는 영업

47

소방시설관리업 등록의 결격사유에 해당되지 않는 것은?

① 피성년후견인
② 집행이 면제된 날부터 2년이 지나지 아니한 사람
③ 소방시설관리업의 등록이 취소된 날로부터 2년이 지난 자
④ 금고 이상의 형의 집행유예를 선고받고 그 유예기간 중에 있는 자

정답 41 ③ 42 ② 43 ② 44 ④ 45 ③ 46 ④ 47 ③

해설 소방시설관리업 등록의 결격사유
- 피성년후견인
- 금고 이상의 실형을 선고받고 그 집행이 끝나거나 집행이 면제된 날부터 2년이 지나지 아니한 사람
- 금고 이상의 형의 집행유예를 선고받고 그 유예기간 중에 있는 사람
- 소방시설관리업의 등록이 취소된 날로부터 2년이 지나지 아니한 사람
- 임원 중에 이상의 어느 하나에 해당하는 사람이 있는 법인

48

제4류 위험물 제조소의 경우 사용전압이 22[kV]인 특고압 가공전선이 지나갈 때 제조소의 외벽과 가공전선 사이의 수평거리(안전거리)는 몇 [m] 이상이어야 하는가?

① 2 ② 3
③ 5 ④ 10

해설 제조소 등의 안전거리

건축물	안전거리
사용전압 7,000[V] 초과 35,000[V] 이하의 특고압 가공전선	3[m] 이상
사용전압 **35,000[V] 초과**의 특고압 가공전선	**5[m] 이상**
규정에 의한 것 외의 건축물 **그 밖의 공작물**로서 **주거용으로 사용되는 것**(제조소가 설치된 부지 내에 있는 것을 제외) • **그 밖의 공작물** : 컨테이너, 비닐하우스 등을 주거용으로 사용하는 것 • **주거용으로 사용되는 것 : 전용주택, 공동주택, 점포겸용주택, 작업장겸용 주택**	10[m] 이상
고압가스, 액화석유가스, 도시가스를 저장 또는 취급하는 시설	20[m] 이상
학교, 병원(종합병원, 병원, 치과병원, 한방병원 및 요양원), **극장**, 공연장, 영화상영관, 수용인원 300명 이상 수용, 복지시설(아동복지시설, 노인복지시설, 장애인복지시설, 한부모가족복지시설, 어린이집, 성매매피해자를 위한 지원시설, 정신보건시설, 가정폭력피해자 보호시설 수용인원 20명 이상 수용	30[m] 이상
유형문화재, 지정문화재	50[m] 이상

49

소방시설공사업의 상호·영업소 소재지가 변경된 경우 제출하여야 하는 서류는?

① 소방기술인력의 자격증 및 자격수첩
② 소방시설업 등록증 및 등록수첩
③ 법인등기부등본 및 소방기술인력 연명부
④ 사업자등록증 및 소방기술인력의 자격증

해설 공사업의 등록사항 변경신고 시 제출서류
- 상호(명칭)·영업소 소재지가 변경된 경우 : 소방시설업 등록증 및 등록수첩
- 대표자가 변경된 경우
  - 소방시설업 등록증 및 등록수첩
  - 변경된 대표자의 성명, 주민등록번호 및 주소지의 인적사항이 적힌 서류
  - 외국인의 경우 : 제2조 제1항에 제5호의 어느 하나에 해당하는 서류
- 기술인력이 변경된 경우 : 소방시설업 등록증, 기술인력 증빙서류

50

소방안전관리자가 작성하는 소방계획서의 내용에 포함되지 않는 것은?

① 소방시설공사 하자의 판단기준에 관한 사항
② 소방시설·피난시설 및 방화시설의 점검·정비 계획
③ 공동 및 분임 소방안전관리에 관한 사항
④ 소화 및 연소 방지에 관한 사항

해설 소방계획서의 내용
- 소방안전관리대상물의 위치·구조·연면적·용도 및 수용인원 등 일반현황
- 소방안전관리대상물에 설치한 소방시설, 방화시설, 전기시설, 가스시설 및 위험물시설의 현황
- 소방시설·피난시설 및 방화시설의 점검·정비 계획
- 공동 및 분임 소방안전관리에 관한 사항
- 소화 및 연소 방지에 관한 사항 등

51

소방시설 중 화재를 진압하거나 인명구조활동을 위하여 사용하는 설비로 정의되는 것은?

① 소화활동설비 ② 피난구조설비
③ 소화용수설비 ④ 소화설비

48 ② 49 ② 50 ① 51 ① 정답

해설 **소화활동설비** : 화재를 진압하거나 인명구조활동을 위하여 사용하는 설비

52

소방기본법상 화재의 예방조치 명령이 아닌 것은?

① 불장난 · 모닥불 · 흡연 및 화기취급의 금지 또는 제한
② 타고 남은 불 또는 화기의 우려가 있는 재의 처리
③ 함부로 버려두거나 그냥 둔 위험물, 그 밖에 탈 수 있는 물건을 옮기거나 치우게 하는 등의 조치
④ 불이 번지는 것을 막기 위하여 불이 번질 우려가 있는 소방대상물의 사용 제한

해설 **화재의 예방조치 등(기본법 제12조)**
- 불장난, 모닥불, 흡연, 화기(火氣) 취급 그 밖에 화재예방상 위험하다고 인정되는 행위의 금지 또는 제한
- 타고 남은 불 또는 화기(火氣)가 있을 우려가 있는 재의 처리
- 함부로 버려두거나 그냥 둔 위험물 그 밖에 불에 탈 수 있는 물건을 옮기거나 치우게 하는 등의 조치

53

소방시설 중 연결살수설비는 어떤 설비에 속하는가?

① 소화설비 ② 구조설비
③ 피난구조설비 ④ 소화활동설비

해설 **소화활동설비** : 제연설비, 연결송수관설비, 연결살수설비, 비상콘센트설비, 무선통신보조설비, 연소방지설비

54

소방본부장 또는 소방서장이 원활한 소방활동을 위하여 행하는 지리조사의 내용에 속하지 않는 것은?

① 소방대상물에 인접한 도로의 폭
② 소방대상물에 인접한 도로의 교통상황
③ 소방대상물에 인접한 도로주변의 토지의 고저
④ 소방대상물에 인접한 지역에 대한 유동인원의 현황

해설 **소방용수시설 및 지리조사의 내용**
- 소방용수시설에 대한 조사
- 소방대상물에 인접한 도로의 폭, 교통상황, 도로주변의 토지의 고저, 건축물의 개황 그 밖의 소방활동에 필요한 지리에 대한 조사

55

지정수량의 몇 배 이상의 위험물을 취급하는 제조소에는 화재예방을 위한 예방규정을 정하여야 하는가?

① 10배 ② 20배
③ 30배 ④ 50배

해설 **예방규정을 정하여야 하는 제조소 등**
- 지정수량의 **10배 이상**의 위험물을 취급하는 **제조소**, 일반취급소
- 지정수량의 100배 이상의 위험물을 저장하는 옥외저장소
- 지정수량의 150배 이상의 위험물을 저장하는 옥내저장소
- 지정수량의 200배 이상의 위험물을 저장하는 옥외탱크저장소
- 암반탱크저장소, 이송취급소

56

소방기술자의 자격의 정지 및 취소에 관한 기준 중 1차 행정처분기준이 자격정지 1년에 해당되는 경우는?

① 자격수첩을 다른 자에게 빌려준 경우
② 동시에 둘 이상의 업체에 취업한 경우
③ 거짓이나 그 밖의 부정한 방법으로 자격수첩을 발급받은 경우
④ 업무수행 중 해당 자격과 관련하여 중대한 과실로 다른 자에게 손해를 입히고 형의 선고를 받은 경우

해설 **소방기술자의 자격의 정지 및 취소에 관한 기준(공사업법 시행규칙 별표 5)**

위반사항	근거법령	행정처분		
		1차	2차	3차
① 거짓이나 그 밖의 부정한 방법으로 자격수첩 또는 경력수첩을 발급받은 경우	법 제28조 제4항	자격취소		
② 법 제27조 제2항을 위반하여 자격수첩 또는 경력수첩을 다른 자에게 빌려준 경우	법 제28조 제4항	자격취소		

정답 52 ④ 53 ④ 54 ④ 55 ① 56 ②

③ 법 제27조 제3항을 위반하여 동시에 둘 이상의 업체에 취업한 경우	법 제28조 제4항	자격정지 1년	자격취소	
④ 법 또는 법에 따른 명령을 위반한 경우	법 제28조 제4항			
• 법 제27조 제1항의 업무수행 중 해당 자격과 관련하여 고의 또는 중대한 과실로 다른 자에게 손해를 입히고 형의 선고를 받은 경우		자격취소		
• 법 제 28조 제4항에 따라자격정지처분을 받고도 같은 기간 내에 자격증을 사용한 경우		자격정지 1년	자격정지 2년	자격취소

57

소방기본법상 5년 이하의 징역 또는 5천만원 이하의 벌금에 해당하는 위반사항이 아닌 것은?

① 정당한 사유 없이 소방용수시설을 사용하거나 소방용수시설의 효용을 해하거나 그 정당한 사용을 방해한 자
② 화재현장에서 사람을 구출하는 일 또는 불을 끄거나 불이 번지지 아니하도록 하는 일을 방해한 자
③ 불이 번질 우려가 있는 소방대상물 및 토지를 일시적으로 사용하거나 그 사용의 제한 또는 소방활동에 필요한 처분을 방해한 자
④ 화재진압을 위하여 출동하는 소방자동차의 출동을 방해한 자

해설 **불이 번질 우려가 있는 소방대상물 및 토지를 일시적으로 사용하거나 그 사용의 제한 또는 소방활동에 필요한 처분을 방해한 자** : 3년 이하의 징역 또는 3,000만원 이하의 벌금

58

일반음식점에서 조리를 위해 불을 사용하는 설비를 설치할 때 지켜야 할 사항의 기준으로 옳지 않은 것은?

① 주방시설에는 동물 또는 식물의 기름을 제거할 수 있는 필터 등을 설치할 것
② 열을 발생하는 조리기구는 반자 또는 선반에서 50[cm] 이상 떨어지게 할 것
③ 주방시설에 부속된 배기덕트는 0.5[mm] 이상의 아연도금강판 또는 이와 동등 이상의 내식성 불연재료로 설치할 것
④ 열을 발생하는 조리기구로부터 15[cm] 이내의 거리에 있는 가연성 주요 구조부는 석면판 또는 단열성이 있는 불연재료로 덮어씌울 것

해설 **일반음식점에서 조리를 위해 불을 사용하는 경우 지켜야 할 사항**

- 주방시설에 부속된 배기덕트는 0.5[mm] 이상의 아연도금강판 또는 이와 동등 이상의 내식성 불연재료로 설치할 것
- 주방시설에는 동물 또는 식물의 기름을 제거할 수 있는 필터 등을 설치할 것
- 열을 발생하는 조리기구는 반자 또는 선반에서 60[cm] 이상 떨어지게 할 것
- **열을 발생하는 조리기구**로부터 **15[cm] 이내**의 거리에 있는 가연성 주요 구조부는 석면판 또는 단열성이 있는 불연재료로 덮어씌울 것

59

다음 중 특수가연물에 해당되지 않는 것은?

① 사류 1,000[kg]
② 면화류 200[kg]
③ 나무껍질 및 대패밥 400[kg]
④ 넝마 및 종이부스러기 500[kg]

해설 **특수가연물의 기준수량**

종 류	기준수량
사 류	1,000[kg] 이상
면화류	200[kg] 이상
나무껍질 및 대팻밥	400[kg] 이상
넝마 및 종이부스러기	1,000[kg] 이상

60

형식승인대상 소방용품에 해당하지 않는 것은?

① 관 창　② 공기안전매트
③ 피난사다리　④ 방염액

해설 공기안전매트는 형식승인을 받아야 할 소방용품이 아니다.

57 ③　58 ②　59 ④　60 ② 정답

제 4 과목 소방기계시설의 구조 및 원리

61

연결송수관설비 배관의 설치기준으로 옳지 않은 것은?

① 지면으로부터의 높이가 31[m] 이상인 특정소방대상물은 습식설비로 하여야 한다.
② 다른 부분과 내화구조로 구획된 덕트 또는 피트의 내부에 설치하는 경우에는 소방용 합성수지배관으로 설치할 수 있다.
③ 배관 내 사용압력이 1.2[MPa] 미만인 경우 이음매 있는 구리 및 구리합금관을 사용하여야 한다.
④ 연결송수관설비의 배관은 주배관의 구경이 100[mm] 이상인 옥내소화전설비・스프링클러설비 또는 물분무 등 소화설비의 배관과 겸용할 수 있다.

해설 연결송수관설비 배관의 설치기준
- 지면으로부터의 높이가 31[m] 이상인 소방대상물과 지상 11층 이상인 소방대상물은 습식설비로 할 것
- 다른 부분과 내화구조로 구획된 덕트 또는 피트의 내부에 설치하는 경우에는 소방용 합성수지배관으로 설치할 수 있다.
- 배관 내 사용압력이 **1.2[MPa] 미만**인 경우 **배관용탄소강관**, **이음매 없는 구리** 및 **구리합금관**(습식 배관에 한함), **배관용 스테인리스강관** 또는 **일반배관용 스테인리스강관**을 사용하여야 한다.
- 연결송수관설비의 배관은 주배관의 구경이 100[mm] 이상인 옥내소화전설비・스프링클러설비 또는 물분무 등 소화설비의 배관과 겸용할 수 있다.

62

제연설비에 사용되는 송풍기로 적당하지 않는 것은?

① 다익형
② 에어리프트형
③ 덕트형
④ 리밋 로드형

해설 **송풍기의 종류** : 다익형, 덕트형, 리밋 로드형

63

지상으로부터 높이 30[m]되는 창문에서 구조대용 유도로프의 모래주머니를 자연낙하시키면 지상에 도달할 때까지의 시간은 약 몇 초인가?

① 2.5　② 5
③ 7.5　④ 10

해설 높이 30[m]에서 모래주머니가 지상에 도달하는 시간 : 2.5초

64

완강기의 구성품 중 조속기의 구조 및 기능에 대한 설명으로 옳지 않은 것은?

① 완강기의 조속기는 후크와 연결되도록 한다.
② 기능에 이상이 생길 수 있는 모래나 기타의 이물질이 쉽게 들어가지 않도록 견고한 덮개로 덮어져 있도록 한다.
③ 피난자가 그 강하 속도를 조정할 수 있도록 하여야 한다.
④ 피난자의 체중에 의하여 로프가 V자 홈이 있는 도르래를 회전시켜 기어기구에 의하여 원심 브레이크를 작동시켜 강하 속도를 조정한다.

해설 조속기는 로프에 걸리는 하중의 크기(사람의 무게)에 따라서 자동적으로 원심력 브레이크가 작동하여 강하 속도를 조절한다.

65

분말소화설비의 가압용가스로 질소가스를 사용하는 경우 질소가스는 소화약제 1[kg]마다 몇 [L] 이상으로 하는가?(단, 35[℃]에서 1기압의 압력상태로 환산한 것)

① 10　② 20
③ 30　④ 40

해설 가압용 또는 축압용 가스의 설치 기준

종류 ＼ 가스	질소(N_2)	이산화탄소(CO_2)
가압식	40[L/kg] 이상	약제 1[kg]에 대하여 20[g]에 배관청소 필요량을 가산한 양 이상
축압식	10[L/kg] 이상	약제 1[kg]에 대하여 20[g]에 배관청소 필요량을 가산한 양 이상

정답 61 ③ 62 ② 63 ① 64 ③ 65 ④

66

공장, 창고 등의 용도로 사용하는 단층 건축물의 바닥 면적이 큰 건축물에 스모크 해치를 설치하는 경우 그 효과를 높이기 위한 장치는?

① 제연 덕트 ② 배출기
③ 보조 제연기 ④ 드래프트 커튼

해설 **드래프트 커튼** : 공장, 창고 등 단층의 바닥 면적이 큰 건물에 스모크 해치를 설치하여 효과를 높이기 위한 장치

67

숙박시설에 2인용 침대수가 40개이고, 종업원 수가 10명일 경우 수용인원을 산정하면 몇 명인가?

① 60 ② 70
③ 80 ④ 90

해설 침대가 있는 숙박시설은 2인용 침대는 2개로 산정한다.
∴ 수용인원 = 종사자수 + 침대수 = 10 + (40 × 2)
= 90명

68

분말소화설비에 있어서 배관을 분기할 경우 분말소화약제 저장용기 측에 있는 굴곡부에서 최소한 관경의 몇 배 이상의 거리를 두어야 하는가?

① 10 ② 20
③ 30 ④ 40

해설 **배관을 분기할 경우 약제 저장용기 측에 있는 굴곡부에서 거리** : 관경의 20배 이상의 거리 확보

69

저발포의 포 팽창비율은 얼마인가?

① 20 이하 ② 20 이상 80 미만
③ 80 이하 ④ 80 이상 1,000 미만

해설 **발포배율에 따른 분류**

구 분	팽창비
저발포용	20배 이하
고발포용	80배 이상 1,000배 미만

70

하나의 옥외소화전을 사용하는 노즐선단에서의 방수압력이 몇 [MPa]을 초과할 경우 호스접결구의 인입측에 감압장치를 설치하는가?

① 0.5 ② 0.6
③ 0.7 ④ 0.8

해설 옥외소화전설비의 노즐선단의 방수압력이 0.7[MPa]을 초과할 경우 인입측에 감압장치를 설치하여야 한다.

71

스프링클러설비 고가수조에 설치하지 않아도 되는 것은?

① 수위계 ② 배수관
③ 압력계 ④ 오버플로관

해설 **고가수조** : 수위계, 배수관, 급수관, 오버플로관, 맨홀

압력계는 압력수조에 설치하여야 한다.

72

공기포 소화약제 혼합방식으로 펌프와 발포기의 중간에 설치된 벤투리관의 벤투리 작용에 따라 포소화약제를 흡입·혼합하는 방식은?

① 펌프 프로포셔너
② 라인 프로포셔너
③ 프레셔 프로포셔너
④ 프레셔 사이드 프로포셔너

해설 **포소화약제의 혼합장치**

- 펌프 프로포셔너방식(Pump Proportioner, 펌프혼합방식) : 펌프의 토출관과 흡입관 사이의 배관 도중에 설치한 흡입기에 펌프에서 토출된 물의 일부를 보내고 농도조절밸브에서 조정된 포소화약제의 필요량을 포소화약제 탱크에서 펌프 흡입측으로 보내어 약제를 혼합하는 방식이다.
- 라인 프로포셔너방식(Line Proportioner, 관로혼합방식) : 펌프와 발포기의 중간에 설치된 벤투리관의 벤투리 작용에 따라 포소화약제를 흡입·혼합하는 방식이다. 이 방식은 옥외 소화전에 연결 주로 1층에 사용하며 원액 흡입력 때문에 송수압력의 손실이 크고, 토출측 호스의 길이, 포원액 탱크의 높이 등에 민감하므로 아주 정밀설계와 시공을 요한다.

66 ④ 67 ④ 68 ② 69 ① 70 ③ 71 ③ 72 ② **정답**

- 프레셔 프로포셔너방식(Pressure Proportioner, 차압혼합방식) : 펌프와 발포기의 중간에 설치된 벤투리관의 벤투리작용과 펌프 가압수의 포소화약제 저장탱크에 대한 압력에 따라 포소화약제를 흡입 혼합하는 방식이다.
- 프레셔 사이드 프로포셔너방식(PressureSide Propor-tioner, 압입혼합방식) : 펌프의 토출관에 압입기를 설치하여 포소화약제 압입용 펌프로 포소화약제를 압입시켜 혼합하는 방식이다.

73

특정소방대상물별 소화기구의 능력단위기준으로 옳지 않은 것은?(단, 내화구조 아닌 건축물의 경우)

① 위락시설 : 해당용도의 바닥면적 30[m^2]마다 능력단위 1단위 이상
② 노유자시설 : 해당용도의 바닥면적 30[m^2]마다 능력단위 1단위 이상
③ 관람장 : 해당용도의 바닥면적 50[m^2]마다 능력단위 1단위 이상
④ 전시장 : 해당용도의 바닥면적 100[m^2]마다 능력단위 1단위 이상

해설 **소방대상물별 소화기구의 능력단위기준**

소방대상물	소화기구의 능력단위
1. 위락시설	당해 용도의 바닥면적 30[m^2]마다 능력단위 1단위 이상
2. 공연장·집회장·관람장·문화재·장례식장 및 의료시설	당해 용도의 바닥면적 50[m^2]마다 능력단위 1단위 이상
3. 근린생활시설·판매시설·운수시설·숙박시설·**노유자시설**·전시장·공동주택·업무시설·방송통신시설·공장·창고시설·항공기 및 자동차관련 시설 및 관광휴게시설	당해 용도의 바닥면적 **100[m^2]마다** 능력단위 1단위 이상
4. 그 밖의 것	당해 용도의 바닥면적 200[m^2]마다 능력단위 1단위 이상

(주) 소화기구의 능력단위를 산출함에 있어서 건축물의 **주요구조부**가 **내화구조**이고, 벽 및 반자의 실내에 면하는 부분이 **불연재료**·준불연재료 또는 난연재료로 된 소방대상물에 있어서는 위 표의 **기준면적의 2배**를 당해 소방대상물의 기준면적으로 한다.

74

사무실 용도의 장소에 스프링클러를 설치할 경우 교차배관에서 분기되는 지점을 기준으로 한 쪽의 가지배관에 설치되는 하향식 스프링클러 헤드는 몇 개 이하로 설치하는가?(단, 수리역학적 배관방식의 경우는 제외)

① 8 ② 10
③ 12 ④ 16

해설 **한쪽의 가지배관에 설치하는 헤드수** : 8개 이하

75

호스릴 이산화탄소 소화설비의 설치기준으로 옳지 않은 것은?

① 20[℃]에서 하나의 노즐마다 소화약제의 방출량은 60초당 60[kg] 이상이어야 한다.
② 소화약제 저장용기는 호스릴 2개마다 1개 이상 설치해야 한다.
③ 소화약제 저장용기의 가장 가까운 곳의 보기 쉬운 곳에 표시등을 설치해야 한다.
④ 소화약제 저장용기의 개방밸브는 호스의 설치장소에서 수동으로 개폐할 수 있어야 한다.

해설 소화약제 저장용기는 호스릴을 설치하는 장소마다 설치하여야 한다.

76

스프링클러헤드의 방수구에서 유출되는 물을 세분시키는 작용을 하는 것은?

① 클래퍼 ② 워터모터공
③ 리타팅체임버 ④ 디플렉터

해설 **반사판(디플렉터)** : 스프링클러헤드의 방수구에서 유출되는 물을 세분시키는 작용을 하는 것

77

소화용수설비 저수조의 수원 소요수량이 100[m^3] 이상일 경우 설치해야 하는 채수구의 수는?

① 1개 ② 2개
③ 3개 ④ 4개

정답 73 ② 74 ① 75 ② 76 ④ 77 ③

해설 소화용수량과 가압송수장치 분당 양수량

소요수량	20[m³] 이상 40[m³] 미만	40[m³] 이상 100[m³] 미만	100[m³] 이상
채수구의 수	1개	2개	3개
가압송수장치의 1분당 양수량	1,100[L] 이상	2,200[L] 이상	3,300[L] 이상

78

154[kV] 초과 181[kV] 이하의 고압 전기기기와 물분무헤드 사이에 이격거리는?

① 150[cm] 이상　② 180[cm] 이상
③ 210[cm] 이상　④ 269[cm] 이상

해설 물분무 헤드와 전기기기의 이격거리

전압[kV]	거리[cm]	전압[kV]	거리[cm]
66 이하	70 이상	154 초과 181 이하	180 이상
66 초과 77 이하	80 이상	181 초과 220 이하	210 이상
77 초과 110 이하	110 이상	220 초과 275 이하	260 이상
110 초과 154 이하	150 이상		

79

물분무소화설비 수원의 저수량 설치기준으로 옳지 않은 것은?

① 특수가연물을 저장·취급하는 특정소방대상물의 바닥면적 1[m²]에 대하여 10[L/min]으로 20분간 방수할 수 있는 양 이상일 것
② 차고, 주차장의 바닥면적 1[m²]에 대하여 20[L/min]으로 20분간 방수할 수 있는 양 이상일 것
③ 케이블 트레이, 케이블덕트 등의 투영된 바닥면적 1[m²]에 대하여 12[L/min]으로 20분간 방수할 수 있는 양 이상일 것
④ 컨베이어 벨트는 벨트부분의 바닥면적 1[m²]에 대하여 20[L/min]으로 20분간 방수할 수 있는 양 이상일 것

해설 펌프의 토출량과 수원의 양

소방대상물	펌프의 토출량[L/min]	수원의 양 [L]
특수 가연물 저장, 취급	바닥면적(50[m²] 이하는 50[m²]로) ×10[L/min·m²]	바닥면적(50[m²] 이하는 50[m²]로) ×10[L/min·m²] ×20[min]
차고, 주차장	바닥면적(50[m²] 이하는 50[m²]로) ×20[L/min·m²]	바닥면적(50[m²] 이하는 50[m²]로) ×20[L/min·m²] ×20[min]
절연유 봉입변압기	표면적(바닥부분 제외) ×10[L/min·m²]	표면적(바닥부분 제외) ×10[L/min·m²] ×20[min]
케이블 트레이, 케이블 덕트	투영된 바닥면적 ×12[L/min·m²]	투영된 바닥면적 ×12[L/min·m²] ×20[min]
컨베이어 벨트	벨트부분의 바닥면적 ×10[L/min·m²]	벨트부분의 바닥면적 ×10[L/min·m²] ×20[min]

80

포소화설비의 배관 등의 설치기준으로 옳은 것은?

① 교차배관에서 분기하는 지점을 기점으로 한쪽 가지배관에 설치하는 헤드의 수는 6개 이하로 한다.
② 포워터스프링클러설비 또는 포헤드설비의 가지배관의 배열은 토너먼트방식으로 한다.
③ 송액관은 포의 방출 종료 후 배관 안의 액을 배출하기 위하여 적당한 기울기를 유지하도록 하고 그 낮은 부분에 배액밸브를 설치하여야 한다.
④ 포소화전의 기동장치의 조작과 동시에 다른 설비의 용도에 사용하는 배관의 송수를 차단할 수 있거나 포소화설비의 성능에 지장이 있는 경우에는 다른 설비와 겸용할 수 있다.

해설 배관 등의 설치기준

- 교차배관에서 분기하는 지점을 기점으로 한쪽 가지배관에 설치하는 헤드의 수는 **8개 이하**로 한다.
- 포워터스프링클러설비 또는 포헤드설비의 가지배관의 배열은 **토너먼트방식이 아니어야 한다.**
- 송액관은 포의 방출 종료 후 배관 안의 액을 배출하기 위하여 적당한 기울기를 유지하도록 하고 그 낮은 부분에 배액밸브를 설치하여야 한다.
- 포소화전의 기동장치의 조작과 동시에 다른 설비의 용도에 사용하는 배관의 송수를 차단할 수 있거나 포소화설비의 성능에 지장이 **없는 경우**에는 **다른 설비와 겸용할 수 있다.**

78 ② 79 ④ 80 ③ **정답**

제 1 회 2016년 3월 6일 시행

제 1 과목 소방원론

01

증기비중의 정의로 옳은 것은?(단, 보기에서 분자, 분모의 단위는 모두 [g/mol]이다)

① $\frac{분자량}{22.4}$ ② $\frac{분자량}{29}$

③ $\frac{분자량}{44.8}$ ④ $\frac{분자량}{100}$

해설 증기비중

$$증기비중 = \frac{분자량}{29(공기\ 평균\ 분자량)}$$

02

위험물안전관리법령상 제4류 위험물의 화재에 적응성이 있는 것은?

① 옥내소화전설비 ② 옥외소화전설비

③ 봉상수소화기 ④ 물분무소화설비

해설 제4류 위험물의 적응성

- 물분무소화설비
- 포소화설비
- 이산화탄소소화설비
- 할론소화설비
- 할로겐화합물 및 불활성기체 소화설비
- 분말소화설비

03

화재최성기 때의 농도로 유도등이 보이지 않을 정도의 연기 농도는?(단, 감광계수로 나타낸다)

① 0.1[m^{-1}] ② 1[m^{-1}]

③ 10[m^{-1}] ④ 30[m^{-1}]

해설 연기농도와 가시거리

감광계수 [m^{-1}]	가시거리 [m]	상 황
0.1	20~30	연기감지기가 작동할 때의 정도
0.3	5	건물 내부에 익숙한 사람이 피난에 지장을 느낄 정도
0.5	3	어둠침침한 것을 느낄 정도
1	1~2	거의 앞이 보이지 않을 정도
10	0.2~0.5	화재 최성기 때의 정도
30	-	출화실에서 연기가 분출될 때의 연기농도

04

가연성 가스가 아닌 것은?

① 일산화탄소 ② 프로판

③ 수 소 ④ 아르곤

해설 가연성 가스

일산화탄소, 프로판, 수소

※ 아르곤 : 불활성가스(0족 원소)

05

위험물안전관리법령상 위험물 유별에 따른 성질이 잘못 연결된 것은?

① 제1류 위험물 – 산화성 고체

② 제2류 위험물 – 가연성 고체

③ 제4류 위험물 – 인화성 액체

④ 제6류 위험물 – 자기반응성 물질

해설 자기반응성 물질 : 제5류 위험물

산화성 액체 : 제6류 위험물

정답 01 ② 02 ④ 03 ③ 04 ④ 05 ④

06

무창층 여부를 판단하는 개구부로서 갖추어야 할 조건으로 옳은 것은?

① 개구부 크기가 지름 30[cm]의 원이 내접할 수 있는 것
② 해당 층의 바닥면으로부터 개구부 밑 부분까지의 높이가 1.5[m]인 것
③ 내부 또는 외부에서 쉽게 부수거나 열 수 있을 것
④ 창에 방범을 위하여 40[cm] 간격으로 창살을 설치한 것

해설 무창층의 조건
- 크기는 지름 50[cm] 이상의 원이 내접할 수 있는 크기일 것
- 해당 층의 바닥면으로부터 개구부 밑부분까지의 높이가 1.2[m] 이내일 것
- 도로 또는 차량이 진입할 수 있는 빈터를 향할 것
- 화재 시 건축물로부터 쉽게 피난할 수 있도록 창살이나 그 밖의 장애물이 설치되지 아니할 것
- 내부 또는 외부에서 쉽게 부수거나 열 수 있을 것

07

황린의 보관방법으로 옳은 것은?

① 물속에 보관
② 이황화탄소 속에 보관
③ 수산화칼륨 속에 보관
④ 통풍이 잘되는 공기 중에 보관

해설 황린, 이황화탄소 : 물속에 보관

08

가연성 가스나 산소의 농도를 낮추어 소화하는 방법은?

① 질식소화 ② 냉각소화
③ 제거소화 ④ 억제소화

해설 질식소화
공기 중의 산소 농도를 21[%]에서 15[%] 이하로 낮추어 소화하는 방법

09

분말소화약제 중 A급, B급, C급 화재에 모두 사용할 수 있는 것은?

① Na_2CO_3 ② $NH_4H_2PO_4$
③ $KHCO_3$ ④ $NaHCO_3$

해설 분말소화약제의 종류

종 류	명 칭	적응 화재
Na_2CO_3	탄산나트륨	–
$NH_4H_2PO_4$	제일인산암모늄	A, B, C급
$KHCO_3$	중탄산칼륨	B, C급
$NaHCO_3$	중탄산나트륨	B, C급

10

화재 발생 시 건축물의 화재를 확대시키는 주요인이 아닌 것은?

① 비 화 ② 복사열
③ 화염의 접촉(접염) ④ 흡착열에 의한 발화

해설 건축물 화재의 확대요인
접염, 비화, 복사열

11

제2종 분말소화약제가 열분해되었을 때 생성되는 물질이 아닌 것은?

① CO_2 ② H_2O
③ H_3PO_4 ④ K_2CO_3

해설 분말소화약제

종 별	소화약제	약제의 착색	적응 화재	열분해반응식
제1종 분말	탄산수소나트륨 ($NaHCO_3$)	백 색	B, C급	$2NaHCO_3 \rightarrow Na_2CO_3+CO_2+H_2O$
제2종 분말	탄산수소칼륨 ($KHCO_3$)	담회색	B, C급	$2KHCO_3 \rightarrow K_2CO_3+CO_2+H_2O$
제3종 분말	제일인산암모늄 ($NH_4H_2PO_4$)	담홍색, 황색	A, B, C급	$NH_4H_2PO_4 \rightarrow HPO_3+NH_3+H_2O$

06 ③ 07 ① 08 ① 09 ② 10 ④ 11 ③ 정답

종 별	소화약제	약제의 착색	적응 화재	열분해반응식
제4종 분말	중탄산칼륨 +요소 [$KHCO_3$ +$(NH_2)_2CO$]	회 색	B, C급	$2KHCO_3$ +$(NH_2)_2CO$ → K_2CO_3+$2NH_3$ +$2CO_2$

12

제거소화의 예가 아닌 것은?

① 유류화재 시 다량의 포를 방사한다.
② 전기화재 시 신속하게 전원을 차단한다.
③ 가연성 가스 화재 시 가스의 밸브를 닫는다.
④ 산림화재 시 확산을 막기 위하여 산림의 일부를 벌목한다.

해설 유류화재 시 다량의 포를 방사하는 것은 질식소화이다.

13

공기 중에서 수소의 연소범위로 옳은 것은?

① 0.4~4[vol%] ② 1~12.5[vol%]
③ 4~75[vol%] ④ 67~92[vol%]

해설 수소의 연소범위 : 4.0~75[vol%]

14

일반적으로 자연발화의 방지법으로 틀린 것은?

① 습도를 높일 것
② 저장실의 온도를 낮출 것
③ 정촉매 작용을 하는 물질을 피할 것
④ 통풍을 원활하게 하여 열축적을 방지할 것

해설 **자연발화의 방지법**
- 습도를 낮게 할 것
- 저장실의 온도를 낮출 것
- 정촉매 작용을 하는 물질을 피할 것
- 통풍을 원활하게 하여 열축적을 방지할 것

15

이산화탄소(CO_2)에 대한 설명으로 틀린 것은?

① 임계온도는 97.5[℃]이다.
② 고체의 형태로 존재할 수 있다.
③ 불연성 가스로서 공기보다 무겁다.
④ 상온, 상압에서 기체 상태로 존재한다.

해설 이산화탄소의 임계온도 : 31.5[℃]

16

건물화재 시 패닉(Panic)의 발생원인과 직접적인 관계가 없는 것은?

① 연기에 의한 시계 제한
② 유독가스에 의한 호흡장애
③ 외부와 단절되어 고립
④ 불연내장재의 사용

해설 **패닉(Panic)의 발생원인**
- 연기에 의한 시계 제한
- 유독가스에 의한 호흡장애
- 외부와 단절되어 고립

17

화학적 소화방법에 해당하는 것은?

① 모닥불에 물을 뿌려 소화한다.
② 모닥불을 모래에 덮어 소화한다.
③ 유류화재를 할론 1301로 소화한다.
④ 지하실 화재를 이산화탄소로 소화한다.

해설 유류화재를 할론 1301로 소화하는 것은 화학적 소화방법이다.

정답 12 ① 13 ③ 14 ① 15 ① 16 ④ 17 ③

18

목조건축물에서 발생하는 옥외출화 시기를 나타낸 것으로 옳은 것은?

① 창, 출입구 등에 발염착화한 때
② 천장 속, 벽 속 등에서 발염착화한 때
③ 가옥 구조에서는 천장면에 발염착화한 때
④ 불연 천장인 경우 실내의 그 뒷면에 발염착화한 때

해설 옥외출화 시기 : 창, 출입구 등에 발염착화한 때

19

공기 중 산소의 농도는 약 몇 [vol%]인가?

① 10 ② 13
③ 17 ④ 21

해설 공기 중 산소의 농도 : 21[vol%]

20

화재 발생 시 주수소화가 적합하지 않은 물질은?

① 적 린 ② 마그네슘 분말
③ 과염소산칼륨 ④ 유 황

해설 마그네슘 분말은 물과 반응하면 가연성 가스인 수소를 발생한다.

$$Mg + 2H_2O \rightarrow Mg(OH)_2 + H_2$$

제 2 과목 소방유체역학

21

펌프의 입구 및 출구측에 연결된 진공계와 압력계가 각각 25[mmHg]와 260[kPa]을 가리켰다. 이 펌프의 배출 유량이 0.15[m³/s]가 되려면 펌프의 동력은 약 몇 [kW]가 되어야 하는가?(단, 펌프의 입구와 출구의 높이 차는 없고, 입구측 관 직경은 20[cm], 출구측 관 직경은 15[cm]이다)

① 3.95 ② 4.32
③ 39.5 ④ 43.2

해설 펌프의 동력

$$\text{펌프의 동력 } P = \frac{\gamma QH}{102 \times \eta} \times K$$

- 펌프의 양정
  - 연속방정식 $Q = uA$를 적용하여 입구와 출구속도를 구한다.

$$\text{입구속도 } u_1 = \frac{Q}{A} = \frac{0.15[\text{m}^3/\text{s}]}{\frac{\pi}{4} \times (0.2[\text{m}])^2} = 4.77[\text{m/s}]$$

$$\text{출구속도 } u_2 = \frac{Q}{A} = \frac{0.15[\text{m}^3/\text{s}]}{\frac{\pi}{4} \times (0.15[\text{m}])^2} = 8.49[\text{m/s}]$$

  - 입구와 출구압력을 절대압력으로 단위 환산한다.

절대압 = 대기압 − 진공
= 대기압 + 게이지압력

입구압력 P_1 = 절대압 − 진공

$$= 10,332[\text{kg}_f/\text{m}^2] - \left(\frac{25[\text{mmHg}]}{760[\text{mmHg}]} \times 10,332[\text{kg}_f/\text{m}^2]\right) = 9,992.1[\text{kg}_f/\text{m}^2]$$

출구압력 P_2 = 대기압 + 게이지압력

$$= 10,332[\text{kg}_f/\text{m}^2] + \left(\frac{260[\text{kPa}]}{101.325[\text{kPa}]} \times 10,332[\text{kg}_f/\text{m}^2]\right) = 36,843.92[\text{kg}_f/\text{m}^2]$$

18 ① 19 ④ 20 ② 21 ④ 정답

- 손실수두 H를 구하면

$$\frac{P_1}{\gamma}+\frac{u_1^2}{2g}+Z_1+H=\frac{P_2}{\gamma}+\frac{u_2^2}{2g}+Z_2$$

$Z_1=Z_2$이므로,

손실수두 $H=\frac{P_2}{\gamma}+\frac{u_2^2}{2g}-\frac{P_1}{\gamma}-\frac{u_1^2}{2g}$이다.

$$H=\frac{P_2}{\gamma}+\frac{u_2^2}{2g}-\frac{P_1}{\gamma}-\frac{u_1^2}{2g}$$

$$=\frac{36{,}843.92[\text{kg}_f/\text{m}^2]}{1{,}000[\text{kg}_f/\text{m}^3]}+\frac{(8.49[\text{m/s}^2])^2}{2\times9.8[\text{m/s}^2]}$$

$$-\frac{9{,}992.1[\text{kg}_f/\text{m}^2]}{1{,}000[\text{kg}_f/\text{m}^3]}-\frac{(4.77[\text{m/s}^2])^2}{2\times9.8[\text{m/s}^2]}$$

$=29.37[\text{m}]$

- 펌프의 동력

$$\therefore P=\frac{\gamma QH}{102\times\eta}\times K$$

$$=\frac{1{,}000[\text{kg}_f/\text{m}^3]\times0.15[\text{m}^3/\text{s}]\times29.37[\text{m}]}{102\times1}$$

$=43.2[\text{kW}]$

22

펌프에 대한 설명 중 틀린 것은?

① 회전식 펌프는 대용량에 적당하며, 고장수리가 간단하다.
② 기어펌프는 회전식 펌프의 일종이다.
③ 플런저 펌프는 왕복식 펌프이다.
④ 터빈 펌프는 고양정, 대용량에 적합하다.

해설 회전식 펌프는 소용량에 적당하다.

23

어떤 밸브가 장치된 지름 20[cm]인 원관에 4[℃]의 물이 2[m/s]의 평균속도로 흐르고 있다. 밸브의 앞과 뒤에서의 압력차이가 7.6[kPa]일 때 이 밸브의 부차적 손실계수 K와 등가길이 L_e은?(단, 관의 마찰계수는 0.02이다)

① $K=3.8$, $L_e=38[\text{m}]$
② $K=7.6$, $L_e=38[\text{m}]$
③ $K=38$, $L_e=3.8[\text{m}]$
④ $K=38$, $L_e=7.6[\text{m}]$

해설 베르누이방정식을 적용하면

- 부차적 손실계수 K

$$\frac{7.6[\text{kPa}]}{101.325[\text{kPa}]}\times10.332[\text{m}]=K\frac{2[\text{m/s}]^2}{2\times9.8[\text{m/s}^2]}$$

$\therefore K=3.8$

- 등가길이 $L_e=\frac{Kd}{f}=\frac{3.8\times0.2[\text{m}]}{0.02}=38[\text{m}]$

24

안지름 30[cm]의 원관 속을 절대압력 0.32[MPa], 온도 27[℃]인 공기가 4[kg/s]로 흐를 때 이 원관 속을 흐르는 공기의 평균 속도는 약 몇 [m/s]인가? (단, 공기의 기체상수 R = 287[J/kg·K]이다)

① 15.2 ② 20.3
③ 25.2 ④ 32.5

해설 공기의 평균속도

$$\overline{m}=Au\rho \qquad u=\frac{\overline{m}}{A\rho}$$

- 밀도(ρ)를 구하면

이상기체상태방정식 $\frac{P}{\rho}=RT$에서,

$$\text{밀도 } \rho=\frac{P}{RT}=\frac{0.32\times10^6\frac{[\text{N}]}{[\text{m}^2]}}{287\frac{[\text{N}\cdot\text{m}]}{[\text{kg}\cdot\text{K}]}\times(273+27)[\text{K}]}$$

$=3.717[\text{kg/m}^3]$

$$[\text{N}\cdot\text{m}]=[\text{J}]$$

- 질량유량 $\overline{m}=Au\rho$에서

$$\therefore \text{평균속도 } u=\frac{\overline{m}}{\rho A}$$

$$=\frac{4[\text{kg/s}]}{3.717\frac{[\text{kg}]}{[\text{m}^3]}\times\frac{\pi}{4}\times(0.3[\text{m}])^2}$$

$=15.22[\text{m/s}]$

정답 22 ① 23 ① 24 ①

25

국소대기압이 102[kPa]인 곳의 기압을 비중 1.59, 증기압 13[kPa]인 액체를 이용한 기압계로 측정하면 기압계에서 액주의 높이는?

① 5.71[m] ② 6.55[m]
③ 9.08[m] ④ 10.4[m]

해설 액주의 높이 $H = \dfrac{P}{\gamma}$

여기서,

$P = 102 - 13 = 89[\text{kPa}] = 89{,}000[\text{Pa}](\text{N/m}^2)$

$\rho = 1.59 \times 9{,}800[\text{N/m}^3]$

$= 15{,}582[\text{N/m}^3]$

$\therefore H = \dfrac{P}{\rho} = \dfrac{89{,}000[\text{N/m}^2]}{15{,}582[\text{N/m}^3]} = 5.71[\text{m}]$

26

이상기체 1[kg]을 35[℃]로부터 65[℃]까지 정적과정에서 가열하는 데 필요한 열량이 118[kJ]이라면 정압비열은?(단, 이 기체의 분자량은 4이고, 일반기체상수는 8.314[kJ/kmol · K]이다)

① 2.11[kJ/kg · K] ② 3.93[kJ/kg · K]
③ 5.23[kJ/kg · K] ④ 6.01[kJ/kg · K]

해설 정압비열

• 정적비열

$$Q = mC_v(T_2 - T_1)$$

여기서, T_1(처음온도) = 273 + 35[℃] = 308[K]

T_2(나중온도) = 273 + 65[℃] = 338[K]

$\therefore$ 정적비열 $C_v = \dfrac{Q}{m(T_2 - T_1)}$

$= \dfrac{118[\text{kJ}]}{1[\text{kg}] \times (338 - 308)[\text{K}]}$

$= 3.93[\text{kJ/kg} \cdot \text{K}]$

• 기체상수

$$R = \frac{\overline{R}}{M}$$

$\therefore R = \dfrac{8.314\dfrac{[\text{kJ}]}{[\text{kg} \cdot \text{mol} \cdot \text{K}]}}{4\dfrac{[\text{kg}]}{[\text{kg} - \text{mol}]}}$

$= 2.0785[\text{kJ/kg} \cdot \text{K}]$

• 정적비열

$$\text{정적비열 } C_v = \frac{R}{k-1} \qquad k = 1 + \frac{R}{C_v}$$

$\therefore$ 비열비 $k = 1 + \dfrac{R}{C_v}$

$= 1 + \dfrac{2.0785[\text{kJ/kg} \cdot \text{K}]}{3.9333[\text{kJ/kg} \cdot \text{K}]} = 1.5284$

• 정압비열

$$\text{정압비열 } C_P = \frac{k}{k-1}R$$

$\therefore$ 비열비 $C_p = \dfrac{1.5284}{1.5284 - 1} \times 2.0785[\text{kJ/kg} \cdot \text{K}]$

$= 6.01[\text{kJ/kg} \cdot \text{K}]$

27

경사진 관로의 유체흐름에서 수력기울기선의 위치로 옳은 것은?

① 언제나 에너지선보다 위에 있다.
② 에너지선보다 속도수두 만큼 아래에 있다.
③ 항상 수평이 된다.
④ 개수로의 수면보다 속도수두만큼 위에 있다.

해설 수력구배선(수력기울기선)은 항상 에너지선보다 속도수두$\left(\dfrac{u^2}{2g}\right)$만큼 아래에 있다.

• 전수두선 : $\dfrac{P}{r} + \dfrac{u^2}{2g} + Z$를 연결한 선

• 수력구배선 : $\dfrac{P}{r} + Z$를 연결한 선

28

A, B 두 원관 속을 기체가 미소한 압력차로 흐르고 있을 때 이 압력차를 측정하려면 다음 중 어떤 압력계를 쓰는 것이 가장 적절한가?

① 간섭계
② 오리피스
③ 마이크로마노미터
④ 부르동 압력계

25 ① 26 ④ 27 ② 28 ③ 정답

해설 마이크로마노미터

두 원관 속을 기체가 미소한 압력차로 흐르고 있을 때 압력차를 측정

29

그림과 같이 속도 V인 유체가 정지하고 있는 곡면 깃에 부딪혀 θ의 각도로 유동 방향이 바뀐다. 유체가 곡면에 가하는 힘의 x, y 성분의 크기를 $|F_x|$와 $|F_y|$라 할 때 $|F_y|/|F_x|$는?(단, 유동 단면적은 일정하고 $0° < \theta < 90°$이다)

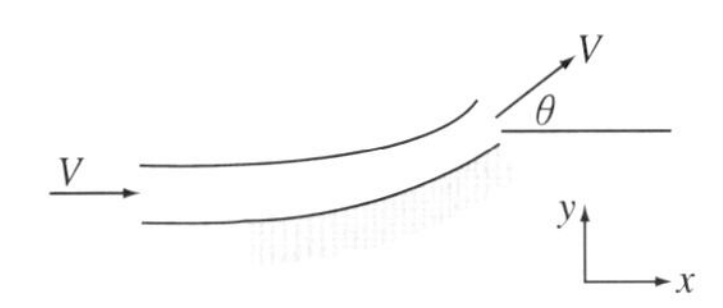

① $\dfrac{1-\cos\theta}{\sin\theta}$　② $\dfrac{\sin\theta}{1-\cos\theta}$

③ $\dfrac{1-\sin\theta}{\cos\theta}$　④ $\dfrac{\cos\theta}{1-\sin\theta}$

해설

$-F_x = \rho Q(V\cos\theta - V)$

$F_x = \rho Q(V - V\cos\theta)$

$F_y = \rho Q(V\sin\theta - 0)$

$\dfrac{F_y}{F_x} = \dfrac{\rho Q(V\sin\theta - 0)}{\rho Q(V - V\cos\theta)} = \dfrac{\sin\theta}{1-\cos\theta}$

30

안지름 50[mm]인 관에 동점성계수 2×10^{-3}[cm^2 /s]인 유체가 흐르고 있다. 층류로 흐를 수 있는 최대유량은 약 얼마인가?(단, 임계레이놀즈수는 2,100으로 한다)

① 16.5[cm^3/s]　② 33[cm^3/s]

③ 49.5[cm^3/s]　④ 66[cm^3/s]

해설

$Re = \dfrac{DU}{\nu}$

$U = \dfrac{Re \cdot \nu}{D} = \dfrac{2{,}100\times 2\times 10^{-3}}{5[\text{cm}]} = 0.84[\text{cm/s}]$

$\therefore\ Q = UA = U\times\dfrac{\pi}{4}D^2 = 0.84\times\dfrac{\pi}{4}(5[\text{cm}])^2$

$= 16.5[\text{cm}^3/\text{s}]$

31

Newton의 점성법칙에 대한 옳은 설명으로 모두 짝지은 것은?

> ㉠ 전단응력은 점성계수와 속도기울기의 곱이다.
> ㉡ 전단응력은 점성계수에 비례한다.
> ㉢ 전단응력은 속도기울기에 반비례한다.

① ㉠, ㉡　② ㉡, ㉢

③ ㉠, ㉢　④ ㉠, ㉡, ㉢

해설 Newton의 점성법칙

- 전단응력은 점성계수와 속도기울기의 곱이다.
- 전단응력은 점성계수에 비례한다.
- 전단응력은 속도기울기에 비례한다.

32

전체 질량이 3,000[kg]인 소방차가 속력을 4초 만에 시속 40[km]에서 80[km]로 가속하는 데 필요한 동력은 약 몇 [kW]인가?

① 34　② 70

③ 139　④ 209

해설 필요한 동력

- 운동에너지(일) $W = \dfrac{1}{2}m(u_2^2 - u_1^2)$

$W = \dfrac{1}{2}\times 3{,}000[\text{kg}]\times\left\{\left(\dfrac{80[\text{km}]\times1{,}000[\text{m}]}{3{,}600[\text{s}]}\right)^2 - \left(\dfrac{40[\text{km}]\times1{,}000[\text{m}]}{3{,}600[\text{s}]}\right)^2\right\}$

$= 555{,}555.6[\text{J}] = 555.56[\text{kJ}]$

- 동력 $L = \dfrac{W}{t}$

$L = \dfrac{555.56[\text{kJ}]}{4[\text{s}]} = 138.89[\text{kW}]$

> $[\text{W}] = \dfrac{[\text{J}]}{[\text{s}]}$, $[\text{kW}] = \dfrac{[\text{kJ}]}{[\text{s}]}$

정답 29 ② 30 ① 31 ① 32 ③

33

관의 단면적이 0.6[m²]에서 0.2[m²]로 감소하는 수평 원형 축소관으로 공기를 수송하고 있다. 관 마찰손실은 없는 것으로 가정하고 7.26[N/s]의 공기가 흐를 때 압력 감소는 몇 [Pa]인가?(단, 공기 밀도는 1.23[kg/m³]이다)

① 4.96 ② 5.58
③ 6.20 ④ 9.92

해설 압력 감소

- 중량유량 $G = \gamma A_1 u_1 = \rho g A_1 u_1$ 에서

$$u_1 = \frac{G}{\rho g A_1} = \frac{7.26\frac{[\text{kg}\cdot\text{m}]}{[\text{s}^2]}\times\frac{1}{[\text{s}]}}{1.23\frac{[\text{kg}]}{[\text{m}^3]}\times 9.8\frac{[\text{m}]}{[\text{s}^2]}\times 0.6[\text{m}^2]}$$
$$= 1.004[\text{m/s}]$$

- 연속방정식 $Q = A_1 u_1 = A_2 u_2$ 에서

$$u_2 = \frac{A_1}{A_2}u_1 = \frac{0.6[\text{m}^2]}{0.2[\text{m}^2]}u_1 = 3u_1$$

- 베르누이방정식 $P_1 + \frac{u_1^2}{2g}\rho = P_2 + \frac{u_2^2}{2g}\rho$ 에서

$$P_1 - P_2 = \frac{u_2^2}{2}\rho - \frac{u_1^2}{2}\rho = \frac{(3u_1)^2}{2}\rho - \frac{u_1^2}{2}\rho$$
$$= 4u_1^2\rho$$
$$= 4\times(1.004[\text{m/s}])^2\times 1.23[\text{kg/m}^3]$$
$$= 4.959[\text{Pa}]$$

34

물의 압력파에 의한 수격작용을 방지하기 위한 방법으로 옳지 않은 것은?

① 펌프의 속도가 급격히 변화하는 것을 방지한다.
② 관로 내의 관경을 축소시킨다.
③ 관로 내 유체의 유속을 낮게 한다.
④ 밸브 개폐시간을 가급적 길게 한다.

해설 수격현상의 방지대책

- 관로의 **관경을 크게** 하고 유속을 낮게 하여야 한다.
- 압력강하의 경우 Fly Wheel을 설치하여야 한다.
- 조압수조(Surge Tank) 또는 수격방지기(Water Hammering Cushion)를 설치하여야 한다.
- Pump 송출구 가까이 송출밸브를 설치하여 압력상승 시 압력을 제어하여야 한다.
- 펌프의 회전수를 일정하게 조정한다.

35

그림과 같이 반경 2[m], 폭(y 방향) 4[m]의 곡면 AB가 수문으로 이용된다. 이 수문에 작용하는 물에 의한 힘의 수평성분(x 방향)의 크기는 약 얼마인가?

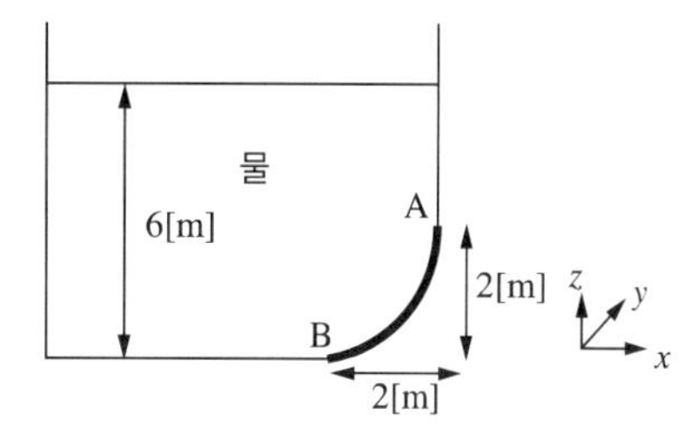

① 337[kN] ② 392[kN]
③ 437[kN] ④ 492[kN]

해설 수평성분의 힘 $F_H = \gamma\bar{h}A = \rho g\bar{h}A$ 에서

$$F_H = 1{,}000\frac{[\text{kg}]}{[\text{m}^3]}\times 9.8\frac{[\text{m}]}{[\text{s}^2]}\times\left\{(6-2)[\text{m}] + \frac{2[\text{m}]}{2}\right\}$$
$$\times(2[\text{m}]\times 4[\text{m}])$$
$$= 392{,}000[\text{N}] = 392[\text{kN}]$$

36

수두 100[mmAq]로 표시되는 압력은 몇 [Pa]인가?

① 0.098 ② 0.98
③ 9.8 ④ 980

해설 압력 $= \frac{100[\text{mmAq}]}{10{,}332[\text{mmAq}]}\times 101{,}325[\text{Pa}] = 980.69[\text{Pa}]$

37

기체의 체적탄성계수에 관한 설명으로 옳지 않은 것은?

① 체적탄성계수는 압력의 차원을 가진다.
② 체적탄성계수가 큰 기체는 압축하기가 쉽다.
③ 체적탄성계수의 역수를 압축률이라 한다.
④ 이상기체를 등온압축시킬 때 체적탄성계수는 절대압력과 같은 값이다.

해설 기체의 체적탄성계수가 큰 기체는 압축하기가 어렵다.

33 ① 34 ② 35 ② 36 ④ 37 ② **정답**

38

∅150[mm]관을 통해 소방용수가 흐르고 있다. 평균 유속이 5[m/s]이고, 50[m] 떨어진 두 지점 사이의 수두손실이 10[m]라고 하면 이 관의 마찰계수는?

① 0.0235　② 0.0315
③ 0.0351　④ 0.0472

해설 다르시-바이스바흐 방정식

$$H=\frac{P}{\gamma}=\frac{flu^2}{2gD}$$

$$f=\frac{H2gD}{lu^2}$$

여기서, f : 관 마찰계수
l : 길이(50[m])
u : 유속(5[m/s])
g : 중력가속도(9.8[m/s^2])
D : 내경(0.15[m])
γ : 물의 비중량(1,000[kg$_f$/m^3])

$$\therefore f=\frac{H2gD}{lu^2}=\frac{10[\text{m}]\times2\times9.8[\text{m/s}^2]\times0.15[\text{m}]}{50[\text{m}]\times(5[\text{m/s}])^2}$$
$$=0.0235$$

39

직경 2[m]인 구 형태의 화염이 1[MW]의 발열량을 내고 있다. 모두 복사로 방출될 때 화염의 표면온도는?(단, 화염은 흑체로 가정하고 주변온도는 300[K], 슈테판-볼츠만 상수는 5.67×10^{-8}[W/m^2 · K^4])

① 1,090[K]　② 2,619[K]
③ 3,720[K]　④ 6,240[K]

해설 화염의 표면온도

$$E=\sigma AT^4 \qquad T=\left(\frac{E}{\sigma A}\right)^{\frac{1}{4}}$$

여기서,
E : 열량(1[MW] = 1,000,000[W])
σ : 슈테판-볼츠만 상수(5.67×10^{-8}[W/m^2 · K^4])
A(구의 단면적) = $4\pi r^2=4\pi\times(1[\text{m}])^2=12.57[\text{m}^2]$

$$\therefore \text{표면온도 } T=\left(\frac{E}{\sigma A}\right)^{\frac{1}{4}}$$
$$=\left(\frac{1\times10^6[\text{W}]}{5.67\times10^{-8}\frac{[\text{W}]}{[\text{m}^2\cdot\text{K}^4]}\times12.57[\text{m}^2]}\right)^{\frac{1}{4}}$$
$$=1{,}088.4[\text{K}]$$

40

안지름이 15[cm]인 소화용 호스에 물이 질량유량 100[kg/s]로 흐르는 경우 평균유속은 약 몇 [m/s]인가?

① 1　② 1.41
③ 3.18　④ 5.66

해설 평균유속

$$\overline{m}=Au\rho$$

여기서, $\overline{m}$: 질량유량[kg/s]
A : 면적[m^2]
u : 유속[m/s]
ρ : 밀도[kg/m^3]

$$\therefore u=\frac{\overline{m}}{A\rho}=\frac{100[\text{kg/s}]}{\left(\frac{\pi}{4}\right)D^2\times\rho}$$
$$=\frac{100[\text{kg/s}]}{\frac{\pi}{4}\times(0.15[\text{m}])^2\times1{,}000[\text{kg/m}^3]}$$
$$=5.66[\text{m/s}]$$

제 3 과목 소방관계법규

41

소방용수시설 저수조의 설치기준으로 틀린 것은?

① 지면으로부터 낙차가 4.5[m] 이하일 것
② 흡수부분의 수심이 0.3[m] 이상일 것
③ 흡수관의 투입구가 사각형의 경우에는 한 변의 길이가 60[cm] 이상일 것
④ 흡수관의 투입구가 원형의 경우에는 지름이 60[cm] 이상일 것

해설 저수조의 설치기준

- 지면으로부터 **낙차**가 **4.5[m] 이하**일 것
- 흡수부분의 **수심**이 **0.5[m] 이상**일 것
- 흡수관의 투입구가 **사각형**의 경우에는 한 변의 길이가 **60[cm] 이상**일 것
- 흡수관의 투입구가 **원형**의 경우에는 지름이 **60[cm] 이상**일 것
- 저수조에 물을 공급하는 방법은 상수도에 연결하여 자동으로 급수되는 구조일 것

정답 38 ① 39 ① 40 ④ 41 ②

42

공동 소방안전관리자를 선임하여야 할 특정소방대상물의 기준으로 틀린 것은?

① 지하가
② 지하층을 포함한 층수가 11층 이상의 건축물
③ 복합건축물로서 층수가 5층 이상인 것
④ 판매시설 중 도매시장 또는 소매시장

해설 **공동 소방안전관리자를 선임하여야 할 특정소방대상물**
- **고층 건축물(지하층을 제외한 층수가 11층 이상**인 건축물만 해당한다)
- **지하가**(지하의 인공구조물 안에 설치된 상점 및 사무실, 그 밖에 이와 비슷한 시설이 연속하여 지하도에 접하여 설치된 것과 그 지하도를 합한 것을 말한다)
- 그 밖에 대통령령으로 정하는 특정소방대상물
  - **복합건축물**로서 **연면적이 5,000[m^2] 이상**인 것 또는 **층수가 5층 이상**인 것
  - 판매시설 중 **도매시장 및 소매시장**
  - 제22조 제1항에 따른 특정소방대상물 중 소방본부장 또는 소방서장이 지정하는 것

43

종합정밀점검의 경우 점검인력 1단위가 하루 동안 점검할 수 있는 특정소방대상물의 연면적 기준으로 옳은 것은?

① 12,000[m^2] ② 10,000[m^2]
③ 8,000[m^2] ④ 6,000[m^2]

해설 **점검인력 1단위의 점검한도면적**
- 종합정밀점검 : 10,000[m^2]
- 작동기능점검 : 12,000[m^2](소규모 점검의 경우 : 3,500[m^2])

점검인력 1단위
소방시설관리사 + 보조기술 인력(2명)

44

화재현장에서의 피난 등을 체험할 수 있는 소방체험관의 설립·운영권자는?

① 시·도지사
② 소방청장
③ 소방본부장 또는 소방서장
④ 한국소방안전협회장

해설 **설립·운영권자**
- 소방박물관 : 소방청장
- 소방체험관 : 시·도지사

45

제3류 위험물 중 금수성 물품에 적응성이 있는 소화약제는?

① 물 ② 강화액
③ 팽창질석 ④ 인산염류분말

해설 **금수성 물질에 적합한 소화약제**
마른모래, 팽창질석, 팽창진주암, 탄산수소염류분말 소화약제

46

소방서의 종합상황실 실장이 서면 모사전송 또는 컴퓨터통신 등으로 소방본부의 종합상황실에 보고하여야 하는 화재가 아닌 것은?

① 사상자가 10명 발생한 화재
② 이재민이 100명 발생한 화재
③ 관공서·학교·정부미도정공장의 화재
④ 재산피해액이 10억원 발생한 일반화재

해설 **종합상황실에 보고하여야 하는 화재**
- 사망자가 5명 이상 발생하거나 사상자가 10명 이상 발생한 화재
- 이재민이 100명 발생한 화재
- 관공서·학교·정부미도정공장, 문화재, 지하철 또는 지하구의 화재
- **재산피해액**이 **50억원** 발생한 화재

42 ② 43 ② 44 ① 45 ③ 46 ④ **정답**

47

시·도의 조례가 정하는 바에 따라 지정수량 이상의 위험물을 임시로 저장·취급할 수 있는 기간 (㉠)과 임시저장 승인권자 (㉡)는?

① ㉠ 30일 이내, ㉡ 시·도지사
② ㉠ 60일 이내, ㉡ 소방본부장
③ ㉠ 90일 이내, ㉡ 관할 소방서장
④ ㉠ 120일 이내, ㉡ 소방청장

해설 **위험물 임시 저장**
- 임시저장기간 : **90일 이내**
- 임시저장승인권자 : **관할 소방서장**

48

소방시설관리업의 등록을 반드시 취소해야 하는 사유에 해당하지 않는 것은?

① 거짓으로 등록을 한 경우
② 등록기준에 미달하게 된 경우
③ 다른 사람에게 등록증을 빌려준 경우
④ 등록의 결격사유에 해당하게 된 경우

해설 등록기준에 미달하게 된 경우 : 6개월 이내의 시정이나 영업정지 처분

49

소방시설업의 등록권자로 옳은 것은?

① 국무총리
② 시·도지사
③ 소방서장
④ 한국소방안전원장

해설 소방시설업의 등록권자 : 시·도지사

50

(　　) 안의 내용으로 알맞은 것은?

> 다량의 위험물을 저장·취급하는 제조소 등으로서 (　　) 위험물을 취급하는 제조소 또는 일반취급소가 있는 동일한 사업소에서 지정수량의 3,000배 이상의 위험물을 저장 또는 취급하는 경우 당해 사업소의 관계인은 대통령령이 정하는 바에 따라 당해 사업소에 자체소방대를 설치하여야 한다.

① 제1류　② 제2류
③ 제3류　④ 제4류

해설 **자체소방대 설치**
제4류 위험물을 지정수량의 3,000배 이상의 위험물을 저장 또는 취급하는 경우(위험물법 제19조)

51

소방기본법상 소방용수시설·소화기구 및 설비 등의 설치명령을 위반한 자의 과태료는?

① 100만원 이하
② 200만원 이하
③ 300만원 이하
④ 500만원 이하

해설 **200만원 이하의 과태료**
- 소방용수시설, 소화기구 및 설비 등의 설치 명령을 위반한 자
- 불을 사용할 때 지켜야 하는 사항 및 같은 조 제2항에 따른 특수가연물의 저장 및 취급 기준을 위반한 자
- 한국119청소년단 또는 이와 유사한 명칭을 사용한 자
- 소방활동구역을 출입한 사람
- 명령을 위반하여 보고 또는 자료 제출을 하지 아니하거나 거짓으로 보고 또는 자료 제출을 한 자

정답 47 ③ 48 ② 49 ② 50 ④ 51 ②

52

가연성 가스를 저장 · 취급하는 시설로서 1급 소방안전관리대상물의 가연성 가스 저장 · 취급 기준으로 옳은 것은?

① 100[t] 미만
② 100[t] 이상 1,000[t] 미만
③ 500[t] 이상 1,000[t] 미만
④ 1,000[t] 이상

해설 **소방안전관리대상물**
- 1급 소방안전관리대상물 : 가연성 가스 1,000[t] 이상을 저장 · 취급하는 시설
- 2급 소방안전관리대상물 : 가연성 가스 100[t] 이상 1,000[t] 이하를 저장 · 취급하는 시설

53

연면적이 500[m^2] 이상인 위험물 제조소 및 일반취급소에 설치하여야 하는 경보설비는?

① 자동화재탐지설비
② 확성장치
③ 비상경보설비
④ 비상방송설비

해설 **제조소 등의 자동화재탐지설비 설치기준**
- **제조소 및 일반취급소**
  - **연면적이 500[m^2] 이상**인 것
  - 옥내에서 **지정수량의 100배 이상**을 취급하는 것(고인화점 위험물만을 100[℃] 미만의 온도에서 취급하는 것은 제외)
- 옥내저장소
  - 지정수량의 100배 이상을 취급하는 것(고인화점 위험물만을 100[℃] 미만의 온도에서 취급하는 것은 제외)
  - 저장창고의 연면적이 150[m^2]를 초과하는 것[제2류 또는 제4류 위험물(인화성고체 및 인화점이 70[℃] 미만인 제4류 위험물은 제외)만을 저장 또는 취급하는 저장창고의 연면적이 500[m^2] 이상인 것에 한한다]
  - 처마높이가 6[m] 이상인 단층건물의 것

54

방염처리업의 종류가 아닌 것은?

① 섬유류 방염업
② 합성수지류 방염업
③ 합판 · 목재류 방염업
④ 실내장식물류 방염업

해설 **방염처리업의 종류**
섬유류 방염업, 합성수지류 방염업, 합판 · 목재류 방염업

55

특정소방대상물의 관계인이 소방안전관리자를 해임한 경우 재선임을 해야 하는 기준은?(단, 해임한 날부터를 기준일로 한다)

① 10일 이내
② 20일 이내
③ 30일 이내
④ 40일 이내

해설 소방안전관리자나 위험물안전관리자를 해임한 경우 해임한 날로부터 30일 이내에 재선임하여야 한다. 선임신고는 선임한 날부터 14일 이내에 하여야 한다.

56

소방시설공사업자의 시공능력평가 방법에 대한 설명 중 틀린 것은?

① 시공능력평가액은 실적평가액 + 자본금평가액 + 기술력평가액 + 경력평가액 ± 신인도평가액으로 산출한다.
② 신인도평가액 산정 시 최근 1년간 국가기관으로부터 우수시공업자로 선정된 경우에는 3[%] 가산한다.
③ 신인도평가액 산정 시 최근 1년간 부도가 발생된 사실이 있는 경우에는 2[%]를 감산한다.
④ 실적평가액은 최근 5년간의 연평균공사실적액을 의미한다.

52 ④ 53 ① 54 ④ 55 ③ 56 ④ 정답

해설 **시공능력평가의 평가방법**

- 시공능력평가액 = 실적평가액 + 자본금평가액 + 기술력평가액 + 경력평가액 ± 신인도평가액
- **실적평가액 = 연평균공사실적액**
- 자본금평가액 = (실질자본금 × 실질자본금의 평점 + 소방청장이 지정한 금융회사 또는 소방산업공제조합에 출자·예치·담보한 금액) × 70/100
- 기술력평가액 = 전년도공사업계의 기술자 1인당 평균생산액 × 보유기술인력가중치합계 × 30/100 + 전년도 기술개발투자액
- 경력평가액 = 실적평가액 × 공사업경영기간 평점 $\times \frac{20}{100}$

57

자동화재탐지설비를 설치하여야 하는 특정소방대상물의 기준으로 틀린 것은?

① 지하구
② 지하가 중 터널로서 길이 700[m] 이상인 것
③ 교정시설로서 연면적 2,000[m^2] 이상인 것
④ 복합건축물로서 연면적 600[m^2] 이상인 것

해설 지하가 중 터널로서 길이 1,000[m] 이상이면, 자동화재탐지설비를 설치하여야 한다.

58

소방시설공사의 착공신고 시 첨부서류가 아닌 것은?

① 공사업자의 소방시설공사업 등록증 사본
② 공사업자의 소방시설공사업 등록수첩 사본
③ 해당 소방시설공사의 책임 시공 및 기술관리를 하는 기술인력의 기술등급을 증명하는 서류 사본
④ 해당 소방시설을 설계한 기술인력자의 기술자격증 사본

해설 **착공신고 시 첨부서류**

- 공사업자의 소방시설공사업 등록증 사본 1부 및 등록수첩 사본 1부
- 해당 소방시설공사의 책임시공 및 기술관리를 하는 기술인력의 기술등급을 증명하는 서류 사본 1부
- 소방시설공사 계약서 사본 1부
- 설계도서(설계설명서를 포함하되, 「화재예방, 소방시설 설치·유지 및 안전관리에 관한 법률 시행규칙」 제4조 제2항에 따라 건축허가 등의 동의요구서에 첨부된 서류 중 설계도서가 변경된 경우에만 첨부한다) 1부
- 하도급대금지급에 관하여 해당하는 서류
  - 공사대금지급을 보증한 경우에는 하도급대금지급보증서 사본 1부
  - 보증이 필요하지 않거나 보증이 적합하지 않다고 인정되는 경우 이를 증빙하는 서류 사본 1부

59

소방시설의 자체점검에 관한 설명으로 옳지 않은 것은?

① 작동기능점검은 소방시설 등을 인위적으로 조작하여 정상적으로 작동하는 것을 점검하는 것이다.
② 종합정밀점검은 설비별 주요 구성부품의 구조기준이 화재안전기준 및 건축법 등 관련 법령에 적합한지 여부를 점검하는 것이다.
③ 종합정밀점검에는 작동기능점검사항이 해당되지 않는다.
④ 종합정밀점검은 소방시설관리사가 참여한 경우 소방시설관리업자 또는 소방안전관리자로 선임된 소방시설관리사·소방기술사 1명 이상을 점검자로 한다.

해설 **종합정밀점검**

소방시설 등의 작동기능점검을 포함하여 소방시설 등의 설비별 주요 구성부품의 구조기준이 화재안전기준 및 건축법 등 관련 법령에서 정하는 기준에 적합한지 여부를 점검하는 것

60

시·도지사가 설치하고 유지·관리하여야 하는 소방용수시설이 아닌 것은?

① 저수조
② 상수도
③ 소화전
④ 급수탑

해설 소화용수시설 : 소화전, 저수조, 급수탑

정답 57 ② 58 ④ 59 ③ 60 ②

제 4 과목 소방기계시설의 구조 및 원리

61

옥외소화전의 구조 등에 관한 설명으로 틀린 것은?

① 지하용(승하강식에 한함) 소화전의 유효단면적은 밸브시트 단면적의 120[%] 이상이다.
② 밸브를 완전히 열 때 밸브의 개폐높이는 밸브시트 지름의 1/4 이상이어야 한다.
③ 지상용 소화전 토출구의 방향은 수평에서 아래 방향으로 30° 이내이어야 한다.
④ 지상용 소화전은 지면으로부터 길이 600[mm] 이상 매몰되고, 450[mm] 이상 노출될 수 있는 구조이어야 한다.

해설 **옥외소화전의 구조 및 치수**

- 밸브의 개폐는 핸들을 좌회전할 때 열리고 우회전할 때 닫혀야 하며, 밸브를 완전히 열 때의 밸브의 개폐높이는 밸브시트 지름의 1/4 이상이어야 한다.
- 옥외소화전은 본체의 양면에 보기 쉽도록 주물된 글씨로 "소화전"이라고 표시하여야 한다.
- 지상용 및 지하용(승하강식에 한함) 소화전의 소화용수가 통과하는 유효단면적은 밸브시트 단면적의 120[%] 이상이어야 하고, 연결 플랜지의 호칭은 밸브시트 안지름의 호칭 이상이어야 한다.
- **지상용 소화전**은 지면으로부터 길이 **600[mm] 이상 매몰**될 수 있어야 하며, **지면으로부터 높이 0.5[m] 이상 1[m] 이하로 노출**될 수 있는 구조이어야 한다.
- 지상용 소화전의 토출구 방향은 수평 또는 수평에서 아래 방향으로 30° 이내이어야 하며, 지하용 소화전의 토출구 방향은 수직이어야 한다. 다만, 몸체 일부가 지상으로 상승하는 방식인 지하용 소화전의 토출구 방향은 수평으로 할 수 있다.
- 옥외소화전은 사용 후 시트로부터 토출구까지의 담겨있는 물을 배수할 수 있도록 플러그나 콕 그 밖의 적합한 장치를 하여야 한다.

62

스프링클러헤드의 감도를 반응시간지수(RTI) 값에 따라 구분 할 때 RTI 값이 50 초과 80 이하일 때의 헤드 감도는?

① Fast Response ② Special Response
③ Standard Response ④ Quick Response

해설 RTI의 값

헤드 구분	RTI
Fast Response	50 이하
Special Response	50 초과 80 이하
Standard Response	80 초과 350 이하

63

물분무소화설비 가압송수장치의 1분당 토출량에 대한 최소기준으로 옳은 것은?(단, 특수가연물을 저장·취급하는 특정소방대상물 및 차고·주차장의 바닥면적은 50[m^2] 이하인 경우는 50[m^2]를 적용한다)

① 차고 또는 주차장의 바닥면적 1[m^2]당 10[L]를 곱한 양 이상
② 특수가연물을 저장·취급하는 특정소방대상물의 바닥면적 1[m^2]당 20[L]를 곱한 양 이상
③ 케이블 트레이, 케이블 덕트는 투영된 바닥면적 1[m^2]당 10[L]를 곱한 양 이상
④ 절연유 봉입변압기는 바닥면적을 제외한 표면적을 합한 면적 1[m^2]당 10[L]를 곱한 양 이상

해설 **펌프의 토출량과 수원의 양**

소방대상물	펌프의 토출량[L/min]	수원의 양[L]
특수가연물 저장, 취급	바닥면적(50[m^2] 이하는 50[m^2]로) × 10[L/min · m^2]	바닥면적(50[m^2] 이하는 50[m^2]로) × 10[L/min · m^2] × 20[min]
차고, 주차장	바닥면적(50[m^2] 이하는 50[m^2]로) × 20[L/min · m^2]	바닥면적(50[m^2] 이하는 50[m^2]로 × 20[L/min · m^2] × 20[min]
절연유 봉입변압기	표면적(바닥 부분 제외) × 10[L/min · m^2]	표면적(바닥 부분 제외) × 10[L/min · m^2] × 20[min]
케이블트레이, 덕트	투영된 바닥면적 × 12[L/min · m^2]	투영된 바닥면적 × 12[L/min · m^2] × 20[min]
컨베이어 벨트	벨트 부분의 바닥면적 × 10[L/min · m^2]	벨트 부분의 바닥면적 × 10[L/min · m^2] × 20[min]

61 ④ 62 ② 63 ④ 정답

64

펌프의 토출관에 압입기를 설치하여 포소화약제 압입용 펌프로 소화약제를 압입시켜 혼합하는 방식은?

① 라인 프로포셔너 방식
② 펌프 프로포셔너 방식
③ 프레셔 프로포셔너 방식
④ 프레셔 사이드 프로포셔너 방식

해설 **프레셔 사이드 프로포셔너(차압혼합) 방식**
펌프의 토출관에 압입기를 설치하여 포소화약제 압입용 펌프로 소화약제를 압입시켜 혼합하는 방식

65

액화천연가스(LNG)를 사용하는 아파트 주방에 주거용 주방자동소화장치를 설치할 경우 탐지부의 설치위치로 옳은 것은?

① 바닥면으로부터 30[cm] 이하의 위치
② 천장면으로부터 30[cm] 이하의 위치
③ 가스차단장치로부터 30[cm] 이상의 위치
④ 소화약제 분사 노즐로부터 30[cm] 이상의 위치

해설 **탐지부 설치기준**
수신부와 분리하여 설치하되
- 공기보다 가벼운 가스(LNG)를 사용하는 경우 : 천장면으로부터 30[cm] 이하에 설치
- 공기보다 무거운 가스(LPG)를 사용하는 경우 : 바닥면으로부터 30[cm] 이하에 설치

① LPG : 프로판(C_3H_8=44)과 부탄(C_4H_{10}=58)이 주성분
- 프로판의 증기비중 = $\frac{분자량}{29} = \frac{44}{29} = 1.517$
(공기보다 1.52배 무겁다)
- 부탄의 증기비중 = $\frac{분자량}{29} = \frac{58}{29} = 2.0$
(공기보다 2.0배 무겁다)

② LNG : 메탄(CH_4=16)이 주성분
메탄의 증기비중 = $\frac{분자량}{29} = \frac{16}{29} = 0.55$
(공기보다 0.55배 가볍다)

66

연소방지설비의 설치기준에 대한 설명 중 틀린 것은?

① 연소방지설비용 전용헤드를 2개 설치한 경우 배관의 구경은 40[mm] 이상으로 한다.
② 수평주행배관의 구경은 100[mm] 이상으로 한다.
③ 수평주행배관은 헤드를 향하여 1/200 이상의 기울기로 한다.
④ 연소방지설비 전용헤드의 경우 방수 헤드 간의 수평거리 2[m] 이하로 한다.

해설 **연소방지설비의 설치기준**
- 연소방지설비용 전용헤드에 따른 구경

하나의 배관에 부착하는 살수헤드의 개수	배관의 구경 [mm]
1개	32
2개	40
3개	50
4개 또는 5개	65
6개 이상	80

- 수평주행배관의 구경은 100[mm] 이상으로 한다.
- **수평주행배관**은 헤드를 향하여 **1/1,000 이상의 기울기**로 한다.
- 연소방지설비 전용헤드의 경우 방수 헤드 간의 수평거리 2[m] 이하, 스프링클러헤드의 경우 1.5[m] 이하로 한다.

67

경사강하식구조대의 구조에 대한 설명으로 틀린 것은?

① 구조대 본체는 강하방향으로 봉합부가 설치되어야 한다.
② 입구틀 및 취부틀의 입구는 지름 50[cm] 이상의 구체가 통과할 수 있어야 한다.
③ 손잡이는 출구 부근에 좌우 각 3개 이상 균일한 간격으로 견고하게 부착하여야 한다.
④ 구조대 본체의 활강부는 낙하방지를 위해 포를 2중 구조로 하거나 또는 망목의 변의 길이가 8[cm] 이하인 망을 설치하여야 한다.

정답 64 ④ 65 ② 66 ③ 67 ①

해설 경사강하식구조대의 구조

- 연속하여 활강할 수 있는 구조로 안전하고 쉽게 사용할 수 있어야 한다.
- 입구틀 및 취부틀의 입구는 지름 50[cm] 이상의 구체가 통과 할 수 있어야 한다.
- 포지는 사용 시에 수직방향으로 현저하게 늘어나지 아니하여야 한다.
- 포지, 지지틀, 취부틀, 그 밖의 부속장치 등은 견고하게 부착되어야 한다.
- **구조대 본체는 강하방향으로 봉합부가 설치되지 아니하여야 한다.**
- 구조대 본체의 활강부는 낙하방지를 위해 포를 2중 구조로 하거나 또는 망목의 변의 길이가 8[cm] 이하인 망을 설치하여야 한다. 다만, 구조상 낙하방지의 성능을 갖고 있는 구조대의 경우에는 그러하지 아니하다.
- 본체의 포지는 하부지지장치에 인장력이 균등하게 걸리도록 부착하여야 하며, 하부지지장치는 쉽게 조작할 수 있어야 한다.
- 손잡이는 출구부근에 좌우 각 3개 이상 균일한 간격으로 견고하게 부착하여야 한다.
- 구조대본체의 끝부분에는 길이 4[m] 이상, 지름 4[mm] 이상의 유도선을 부착하여야 하며, 유도선 끝에는 중량 3[N](300[g]) 이상의 모래주머니 등을 설치하여야 한다.
- 땅에 닿을 때 충격을 받는 부분에는 완충장치로서 받침포 등을 부착하여야 한다.

68

제연방식에 의한 분류 중 아래의 장·단점에 해당하는 방식은?

> [장 점]
> 화재 초기에 화재실의 내압을 낮추고 연기를 다른 구역으로 누출시키지 않는다.
> [단 점]
> 연기 온도가 상승하면 기기의 내열성에 한계가 있다.

① 제1종 기계제연방식 ② 제2종 기계제연방식
③ 제3종 기계제연방식 ④ 밀폐제연방식

해설 **제3종 기계제연방식**

- 장점 : 화재 초기에 화재실의 내압을 낮추고 연기를 다른 구역으로 누출시키지 않는다.
- 단점 : 연기 온도가 상승하면 기기의 내열성에 한계가 있다.

69

분말소화설비에서 사용하지 않는 밸브는?

① 드라이밸브 ② 클리닝밸브
③ 안전밸브 ④ 배기밸브

해설 드라이(건식)밸브 : 스프링클러설비의 건식밸브

70

스프링클러설비 또는 옥내소화전설비에 사용되는 밸브에 대한 설명으로 옳지 않은 것은?

① 펌프의 토출측 체크밸브는 배관 내 압력이 가압송수장치로 역류되는 것을 방지한다.
② 가압송수장치의 후드밸브는 펌프의 위치가 수원의 수위보다 높을 때 설치한다.
③ 입상관에 사용하는 체크밸브는 아래에서 위로 송수하는 경우에만 사용된다.
④ 펌프의 흡입측 배관에는 버터플라이밸브의 개폐표시형밸브를 설치하여야 한다.

해설 **펌프의 흡입측** 배관에는 **버터플라이밸브**의 개폐표시형밸브를 **설치할 수 없다.**

71

바닥면적이 400[m^2] 미만이고 예상제연구역이 벽으로 구획되어 있는 배출구의 설치위치로 옳은 것은? (단, 통로인 예상제연구역을 제외한다)

① 천장 또는 반자와 바닥 사이의 중간 윗부분
② 천장 또는 반자와 바닥 사이의 중간 아랫부분
③ 천장, 반자 또는 이에 가까운 부분
④ 천장 또는 반자와 바닥 사이의 중간부분

해설 **배출구의 설치위치**

- 바닥면적이 400[m^2] 미만인 예상제연구역 : 천장 또는 반자와 바닥 사이의 중간 윗부분
- 바닥면적이 400[m^2] 이상인 예상제연구역 : 천장 · 반자 또는 이에 가까운 벽의 부분

68 ③ 69 ① 70 ④ 71 ① 정답

72

17층의 사무소 건축물로 11층 이상에 연결송수관설비의 쌍구형 방수구가 설치된 경우, 방수기구함에 요구되는 길이 15[m]의 호스 및 방사형 관창의 설치개수는?

① 호스는 5개 이상, 방사형 관창은 2개 이상
② 호스는 3개 이상, 방사형 관창은 1개 이상
③ 호스는 단구형 방수구의 2배 이상, 방사형 관창은 2개 이상
④ 호스는 단구형 방수구의 2배 이상, 방사형 관창은 1개 이상

해설 연결송수관설비
- 11층 이상의 방수구는 쌍구형으로 할 것(단, 아파트의 용도로 사용되는 층과 스프링클러설비가 유효하게 설치되어 있고, 방수구가 2개소 이상 설치된 층은 단구형으로 할 수 있다)
- **11층 이상**에 설치하는 **호스**는 **단구형 방수구의 2배** 이상, **방사형 관창**은 **2개 이상 비치**할 것

73

이산화탄소소화설비에서 방출되는 가스압력을 이용하여 배기덕트를 차단하는 장치는?

① 방화셔터
② 피스톤릴리저댐퍼
③ 가스체크밸브
④ 방화댐퍼

해설 피스톤릴리저댐퍼
가스계 소화설비에서 방출되는 가스압력을 이용하여 배기덕트를 차단하는 장치

74

피난기구의 설치 및 유지에 관한 사항 중 옳지 않은 것은?

① 피난기구를 설치하는 개구부는 서로 동일 직선상의 위치에 있을 것
② 설치장소에는 피난기구의 위치를 표시하는 발광식 또는 축광식 표지와 그 사용방법을 표시한 표지를 부착할 것
③ 피난기구는 소방대상물의 기둥, 바닥, 보, 기타 구조상 견고한 부분에 볼트조임·매입·용접 기타의 방법으로 견고하게 부착할 것
④ 피난기구는 계단, 피난구, 기타 피난시설로부터 적당한 거리에 있는 안전한 구조로 피난 또는 소화활동상 유효한 개구부에 고정하여 설치할 것

해설 피난기구를 설치하는 개구부는 서로 동일 직선상이 아닌 위치에 있을 것[다만, 피난교, 피난용 트랩, 간이완강기, 아파트에 설치하는 피난기구(다수인 피난장비는 제외), 기타 피난상 지장이 없는 것에 있어서는 그러하지 아니하다]

75

특고압 전기시설을 보호하기 위한 수계 소화설비로 물분무소화설비의 사용이 가능한 주된 이유는?

① 물분무소화설비는 다른 물 소화설비에 비해서 신속한 소화를 보여주기 때문이다.
② 물분무소화설비는 다른 물 소화설비에 비해서 물의 소모량이 적기 때문이다.
③ 분무상태의 물은 전기적으로 비전도성이기 때문이다.
④ 물분무입자 역시 물이므로 전기전도성이 있으나 전기시설물을 젖게 하지 않기 때문이다.

해설 물분무소화설비에서 분무상태의 물은 전기적으로 비전도성이기 때문에 특고압 전기시설에 적합하다.

정답 72 ③ 73 ② 74 ① 75 ③

76

포소화약제 저장량 계산 시 가장 먼 탱크까지의 송액관에 충전하기 위한 필요량을 계산에 반영하지 않는 경우는?

① 송액관의 내경이 75[mm] 이하인 경우
② 송액관의 내경이 80[mm] 이하인 경우
③ 송액관의 내경이 85[mm] 이하인 경우
④ 송액관의 내경이 100[mm] 이하인 경우

해설 가장 먼 탱크까지의 송액관에 충전하기 위한 필요량 계산에서 송액관의 내경이 75[mm] 이하이면 제외

77

(　　) 안에 들어갈 내용으로 알맞은 것은?

> 이산화탄소소화설비 이산화탄소 소화약제의 저압식 저장용기에는 용기 내부의 온도가 (㉠)에서 (㉡)의 압력을 유지할 수 있는 자동냉동장치를 설치할 것

① ㉠ : 0[℃] 이상, ㉡ : 4[MPa]
② ㉠ : -18[℃] 이하, ㉡ : 2.1[MPa]
③ ㉠ : 20[℃] 이하, ㉡ : 2[MPa]
④ ㉠ : 40[℃] 이하, ㉡ : 2.1[MPa]

해설 이산화탄소 소화약제의 저압식 저장용기에는 용기 내부의 온도가 -18[℃] 이하에서 2.1[MPa]의 압력을 유지할 수 있는 자동냉동장치를 설치할 것

78

분말소화설비 배관의 설치기준으로 옳지 않은 것은?

① 배관은 전용으로 할 것
② 배관은 모두 스케줄 40 이상으로 할 것
③ 동관을 사용할 경우는 고정압력 또는 최고사용압력의 1.5배 이상의 압력에 견딜 수 있는 것으로 할 것
④ 밸브류는 개폐위치 또는 개폐방향을 표시한 것으로 할 것

해설 **분말소화설비 배관의 설치기준**

- 배관은 전용으로 할 것
- 강관을 사용하는 경우의 배관은 아연도금에 따른 배관용 탄소강관(KS D 3507)이나 이와 동등 이상의 강도·내식성 및 내열성을 가진 것으로 할 것. 다만, 축압식 분말소화설비에 사용하는 것 중 20[℃]에서 압력이 2.5[MPa] 이상 4.2[MPa] 이하인 것은 압력배관용 탄소강관(KS D 3562) 중 이음이 없는 스케줄 40 이상의 것 또는 이와 동등 이상의 강도를 가진 것으로서 아연도금으로 방식처리된 것을 사용하여야 한다.
- 동관을 사용할 경우는 고정압력 또는 최고사용압력의 1.5배 이상의 압력에 견딜 수 있는 것으로 할 것
- 밸브류는 개폐위치 또는 개폐방향을 표시한 것으로 할 것

79

스프링클러설비 배관의 설치기준으로 틀린 것은?

① 급수배관의 구경은 25[mm] 이상으로 한다.
② 수직배수배관의 구경은 50[mm] 이상으로 한다.
③ 지하매설배관은 소방용 합성수지배관으로 설치할 수 있다.
④ 교차배관의 최소구경은 65[mm] 이상으로 한다.

해설 교차배관의 최소구경 : 40[mm] 이상

80

소화기구의 소화약제별 적응성 중 C급 화재에 적응성이 없는 소화약제는?

① 마른 모래
② 불활성기체 소화약제
③ 이산화탄소 소화약제
④ 중탄산염류 소화약제

해설 **C급 화재의 적응성**
이산화탄소 소화약제, 할로겐화합물 및 불활성기체 소화약제, 중탄산염류 소화약제

76 ① 77 ② 78 ② 79 ④ 80 ① 정답

제 2 회 2016년 5월 8일 시행

제 1 과목 소방원론

01

폭굉(Detonation)에 관한 설명으로 틀린 것은?

① 연소속도가 음속보다 느릴 때 나타난다.
② 온도의 상승은 충격파의 압력에 기인한다.
③ 압력상승은 폭연의 경우보다 크다.
④ 폭굉의 유도거리는 배관의 지름과 관계가 있다.

해설 폭굉과 폭연
- 폭굉(Detonation) : 음속보다 빠르다.
- 폭연(Deflagration) : 음속보다 느리다.

02

블레비(BLEVE) 현상과 관계가 없는 것은?

① 핵분열
② 가연성액체
③ 화구(Fire Ball)의 형성
④ 복사열의 대량방출

해설 블레비(BLEVE) 현상
- 정의 : 액화가스 저장탱크의 누설로 부유 또는 확산된 액화가스가 착화원과 접촉하여 액화가스가 공기 중으로 확산·폭발하는 현상
- 관련현상 : 가연성액체, 화구의 형성, 복사열 대량방출

03

화재의 종류에 따른 표시색 연결이 틀린 것은?

① 일반화재 – 백색　② 전기화재 – 청색
③ 금속화재 – 흑색　④ 유류화재 – 황색

해설 화재의 종류

급 수 / 구 분	A급	B급	C급	D급
화재의 종류	일반 화재	유류 화재	전기 화재	금속 화재
표시색	백 색	황 색	청 색	무 색

04

제4류 위험물의 화재 시 사용되는 주된 소화방법은?

① 물을 뿌려 냉각한다.
② 연소물을 제거한다.
③ 포를 사용하여 질식소화한다.
④ 인화점 이하로 냉각한다.

해설 제4류 위험물의 소화방법
질식소화(포, 이산화탄소, 할론 등)

05

위험물에 관한 설명으로 틀린 것은?

① 유기금속화합물인 사에틸납은 물로 소화할 수 없다.
② 황린은 자연발화를 막기 위해 통상 물속에 저장한다.
③ 칼륨, 나트륨은 등유 속에 보관한다.
④ 유황은 자연발화를 일으킬 가능성이 없다.

해설 사에틸납은 제4류 위험물 제3석유류의 비수용성으로 물로 소화하면 효과가 없다.

정답 01 ① 02 ① 03 ③ 04 ③ 05 ①

06

위험물안전관리법상 위험물의 지정수량이 틀린 것은?

① 과산화나트륨 - 50[kg]
② 적린 - 100[kg]
③ 트라이나이트로톨루엔 - 200[kg]
④ 탄화알루미늄 - 400[kg]

해설 지정수량

종 류	품 명	지정수량
과산화나트륨	제1류 위험물 무기과산화물	50[kg]
적 린	제2류 위험물	100[kg]
트라이나이트로 톨루엔	제5류 위험물 나이트로화합물	200[kg]
탄화알루미늄	제3류 위험물 알루미늄의 탄화물	300[kg]

07

알킬알루미늄 화재에 적합한 소화약제는?

① 물 ② 이산화탄소
③ 팽창질석 ④ 할 론

해설 알킬알루미늄의 소화약제
팽창질석, 팽창진주암

08

굴뚝효과에 관한 설명으로 틀린 것은?

① 건물 내·외부의 온도차에 따른 공기의 흐름현상이다.
② 굴뚝효과는 고층건물에서는 잘 나타나지 않고 저층건물에서 주로 나타난다.
③ 평상시 건물 내의 기류분포를 지배하는 중요 요소이며, 화재 시 연기의 이동에 큰 영향을 미친다.
④ 건물외부의 온도가 내부의 온도보다 높은 경우 저층부에서는 내부에서 외부로 공기의 흐름이 생긴다.

해설 굴뚝효과
건물 내·외부의 온도차에 따른 공기의 흐름현상으로 고층건축물에서 주로 나타난다.

09

제1종 분말 소화약제의 열분해 반응식으로 옳은 것은?

① $2NaHCO_3 \rightarrow Na_2CO_3 + CO_2 + H_2O$
② $2KHCO_3 \rightarrow K_2CO_3 + CO_2 + H_2O$
③ $2NaHCO_3 \rightarrow Na_2CO_3 + 2CO_2 + H_2O$
④ $2KHCO_3 \rightarrow K_2CO_3 + 2CO_2 + H_2O$

해설 열분해 반응식

- 제1종 분말
  - 1차 분해반응식(270[℃])
    : $2NaHCO_3 \rightarrow Na_2CO_3 + CO_2 + H_2O$
  - 2차 분해반응식(850[℃])
    : $2NaHCO_3 \rightarrow Na_2O + 2CO_2 + H_2O$
- 제2종 분말
  - 1차 분해반응식(190[℃])
    : $2KHCO_3 \rightarrow K_2CO_3 + CO_2 + H_2O$
  - 2차 분해반응식(590[℃])
    : $2KHCO_3 \rightarrow K_2O + 2CO_2 + H_2O$
- 제3종 분말
  - 190[℃]에서 분해 : $NH_4H_2PO_4 \rightarrow NH_3 + H_3PO_4$ (인산, 오쏘인산)
  - 215[℃]에서 분해 : $2H_3PO_4 \rightarrow H_2O + H_4P_2O_7$(피로인산)
  - 300[℃]에서 분해 : $H_4P_2O_7 \rightarrow H_2O + 2HPO_3$(메타인산)
- 제4종 분말
  $2KHCO_3 + (NH_2)_2CO$
  $\rightarrow K_2CO_3 + 2NH_3\uparrow + 2CO_2\uparrow$

10

화재 발생 시 인간의 피난 특성으로 틀린 것은?

① 본능적으로 평상시 사용하는 출입구를 사용한다.
② 최초로 행동을 개시한 사람을 따라서 움직인다.
③ 공포감으로 인해서 빛을 피하여 어두운 곳으로 몸을 숨긴다.
④ 무의식 중에 발화 장소의 반대쪽으로 이동한다.

해설 화재 발생 시 인간의 피난 행동 특성

- 귀소본능 : 평소에 사용하던 출입구나 통로 등 습관적으로 친숙해 있는 경로로 도피하려는 본능
- 지광본능 : 화재 발생 시 연기와 정전 등으로 가시거리가 짧아져 시야가 흐리면 밝은 방향으로 도피하려는 본능

06 ④ 07 ③ 08 ② 09 ① 10 ③ 정답

- 추종본능 : 화재 발생 시 최초로 행동을 개시한 사람을 따라 전체가 움직이는 본능(많은 사람들이 달아나는 방향으로 무의식적으로 안전하다고 느껴 위험한 곳임에도 불구하고 따라가는 경향)
- 퇴피본능 : 연기나 화염에 대한 공포감으로 화원의 반대 방향으로 이동하려는 본능
- 좌회본능 : 좌측으로 통행하고 시계의 반대 방향으로 회전하려는 본능

11

슈테판-볼츠만의 법칙에 의해 복사열과 절대온도와의 관계를 옳게 설명한 것은?

① 복사열은 절대온도의 제곱에 비례한다.
② 복사열은 절대온도의 4제곱에 비례한다.
③ 복사열은 절대온도의 제곱에 반비례한다.
④ 복사열은 절대온도의 4제곱에 반비례한다.

해설 **슈테판-볼츠만의 법칙**
복사열은 절대온도의 4제곱에 비례한다.

12

에스테르가 알칼리의 작용으로 가수분해 되어 알코올과 산의 알칼리염이 생성되는 반응은?

① 수소화 분해반응 ② 탄화 반응
③ 비누화 반응 ④ 할로겐화 반응

해설 **비누화반응**
에스테르가 알칼리(KOH, NaOH)에 의해 비누화 된다.

$C_{17}H_{35}COOC_2H_5 + NaOH \rightarrow C_{17}H_{35}COONa + C_2H_5OH$
스테아르산에틸 → 스테아르산나트륨

13

건축물의 내화구조 바닥이 철근콘크리트조 또는 철골철근콘크리트조인 경우 두께가 몇 [cm] 이상이어야 하는가?

① 4 ② 5
③ 7 ④ 10

해설 **내화구조**

내화구분	내화구조의 기준
바 닥	• 철근콘크리트조 또는 철골·철근콘크리트조로서 두께가 10[cm] 이상인 것 • 철재로 보강된 콘크리트블록조·벽돌조 또는 석조로서 철재에 덮은 두께가 5[cm] 이상인 것 • 철재의 양면을 두께 5[cm] 이상의 철망모르타르 또는 콘크리트로 덮은 것

14

소화기구는 바닥으로부터 높이 몇 [m] 이하의 곳에 비치하여야 하는가?(단, 자동확산소화기를 제외한다)

① 0.5 ② 1.0
③ 1.5 ④ 2.0

해설 소화기 설치위치 : 바닥으로부터 1.5[m] 이하

15

증발잠열을 이용하여 가연물의 온도를 떨어뜨려 화재를 진압하는 소화방법은?

① 제거소화 ② 억제소화
③ 질식소화 ④ 냉각소화

해설 **냉각소화**
증발잠열을 이용하여 가연물의 온도를 떨어뜨려 화재를 진압하는 소화방법

16

화씨 95도를 켈빈(Kelvin)온도로 나타내면 약 몇 [K]인가?

① 178 ② 252
③ 308 ④ 368

해설 켈빈온도 [K] = 273+[℃] = 273+35[℃] = 308[K]

$$[℃] = \frac{5}{9}([°F] - 32) = \frac{5}{9}(95 - 32) = 35[℃]$$

정답 11 ② 12 ③ 13 ④ 14 ③ 15 ④ 16 ③

17

연쇄반응을 차단하여 소화하는 약제는?

① 물 ② 포
③ 할론 1301 ④ 이산화탄소

해설 **부촉매효과**

연쇄반응을 차단하는 것으로 할론, 분말 등

18

화재 및 폭발에 관한 설명으로 틀린 것은?

① 메탄가스는 공기보다 무거우므로 가스탐지부는 가스기구의 직하부에 설치한다.
② 옥외저장탱크의 방유제는 화재 시 화재의 확대를 방지하기 위한 것이다.
③ 가연성 분진이 공기 중에 부유하면 폭발할 수도 있다.
④ 마그네슘의 화재 시 주수소화는 화재를 확대할 수 있다.

해설
- 메탄(CH_4)는 공기보다 0.55배(16/29 = 0.55) 가벼워서 가스탐지부는 가스기구의 상부에 설치한다.
- 마그네슘은 물과 반응하면 수소 가스를 발생하므로 위험하다.

$Mg + 2H_2O \rightarrow Mg(OH)_2 + H_2$

19

물을 사용하여 소화가 가능한 물질은?

① 트라이메틸알루미늄 ② 나트륨
③ 칼 륨 ④ 적 린

해설 **물과 반응식**

종 류	유 별	물과 반응
트라이메틸알루미늄	제3류 위험물	$(C_2H_5)_3Al + 3H_2O \rightarrow Al(OH)_3 + 3C_2H_6 \uparrow$
나트륨	제3류 위험물	$2Na + 2H_2O \rightarrow 2NaOH + H_2$
칼 륨	제3류 위험물	$2K + 2H_2O \rightarrow 2KOH + H_2$
적 린	제2류 위험물	물과 반응하지 않음

∴ 적린은 주수소화가 가능하다.

20

분말소화약제 중 담홍색 또는 황색으로 착색하여 사용하는 것은?

① 탄산수소나트륨
② 탄산수소칼륨
③ 제일인산암모늄
④ 탄산수소칼륨과 요소와의 반응물

해설 **분말소화약제**

종 별	주성분	약제의 착색	적응 화재
제1종 분말	탄산수소나트륨 ($NaHCO_3$)	백 색	B, C급
제2종 분말	탄산수소칼륨 ($KHCO_3$)	담회색	B, C급
제3종 분말	제일인산암모늄 ($NH_4H_2PO_4$)	담홍색, 황색	A, B, C급
제4종 분말	중탄산칼륨 + 요소 [$KHCO_3 + (NH_2)_2CO$]	회 색	B, C급

제 2 과목 소방유체역학

21

그림과 같이 평형상태를 유지하고 있을 때 오른쪽 관에 있는 유체의 비중(S)은?(단, 물의 밀도는 1,000[kg/m^3]이다)

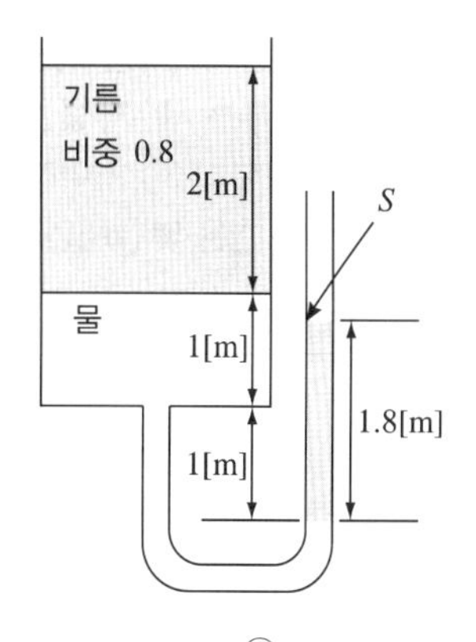

① 0.9 ② 1.8
③ 2.0 ④ 2.2

해설 비중량 $\gamma=\rho g$, 비중 $S=\dfrac{\gamma}{\gamma_w}$ 에서

유체의 비중량 $\gamma=S\gamma_w$

압력 평형상태 $S_{기름}\gamma_w h_{기름}+S_{물}\gamma_w h_{물}=S\gamma_w h$ 에서

$S_{기름}\gamma_w h_{기름}+S_{물}\gamma_w h_{물}=Sh$

$$\therefore \text{ 유체의 비중 } S=\frac{S_{기름}\gamma_w h_{기름}+S_{물}\gamma_w h_{물}}{h}=\frac{0.8\times 2[\text{m}]+1\times(1+1)[\text{m}]}{1.8[\text{m}]}=2$$

22

배연설비의 배관을 흐르는 공기의 유속을 피토정압관으로 측정할 때 정압단과 정체압단에 연결된 U자관의 수은 기둥 높이차가 0.03[m]이었다. 이때 공기의 속도는 약 몇 [m/s]인가?(단, 공기의 비중은 0.00122, 수은의 비중 13.6이다)

① 81　② 86
③ 91　④ 96

해설 공기속도

공기의 속도 $u=\sqrt{2gR\left(\dfrac{s_o}{s}-1\right)}$ 에서

$$u=\sqrt{2\times 9.8\frac{[\text{m}]}{[\text{s}^2]}\times 0.03[\text{m}]\left(\frac{13.6}{0.00122}-1\right)}=80.96[\text{m/s}]$$

23

폭 1.5[m], 높이 4[m]인 직사각형 평판이 수면과 40도의 각도로 경사를 이루는 저수지 물을 막고 있다. 평판의 밑변이 수면으로부터 3[m] 아래에 있다면, 물로 인하여 평판이 받는 힘은 몇 [kN]인가?(단, 대기압의 효과는 무시한다)

① 44.1　② 88.2
③ 103　④ 202

해설 평판의 힘

평판이 받는 힘 $F=\gamma\bar{h}A$

여기서, A(평판의 면적)$=1.5[\text{m}]\times\dfrac{3[\text{m}]}{\sin 40^\circ}=7[\text{m}^2]$

$$\therefore F=9{,}800\frac{[\text{N}]}{[\text{m}^3]}\times\frac{3[\text{m}]}{2}\times 7[\text{m}^2]=102{,}900[\text{N}]=102.9[\text{kN}]$$

24

출구 지름이 50[mm]인 노즐이 100[mm]의 수평관과 연결되어 있다. 이 관을 통하여 물(밀도 1,000[kg/m³])이 0.02[m³/s]의 유량으로 흐르는 경우, 이 노즐에 작용하는 힘은 몇 [N]인가?

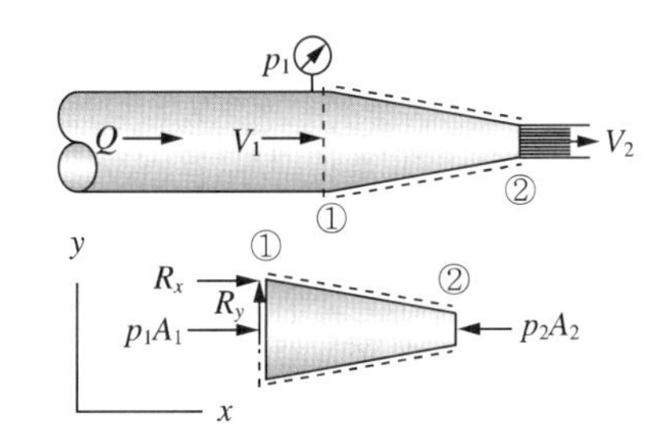

① 230　② 424
③ 508　④ 7,709

해설 노즐에 작용하는 힘

노즐에 작용하는 힘 $F=\dfrac{\gamma Q^2 A_1}{2g}\left(\dfrac{A_1-A_2}{A_1A_2}\right)^2$

$$\therefore F=\frac{9{,}800\frac{[\text{N}]}{[\text{m}^3]}\times\left(0.02\frac{[\text{m}^3]}{[\text{s}]}\right)^2\times\frac{\pi}{4}\times(0.1[\text{m}])^2}{2\times 9.8\frac{[\text{m}]}{[\text{s}^2]}}\times\left(\frac{\frac{\pi}{4}\times(0.1[\text{m}])^2-\frac{\pi}{4}\times(0.05[\text{m}])^2}{\frac{\pi}{4}\times(0.1[\text{m}])^2\times\frac{\pi}{4}\times(0.05[\text{m}])^2}\right)^2=229.2[\text{N}]$$

25

다음 중 동점성계수의 차원을 옳게 표현한 것은?(단, 질량 M, 길이 L, 시간 T로 표시한다)

① $ML^{-1}T^{-1}$　② L^2T^{-1}
③ $ML^{-2}T^{-2}$　④ $ML^{-1}T^{-2}$

해설 동점성계수의 단위 : $[\text{cm}^2/\text{s}]$ (L^2T^{-1})

정답 22 ①　23 ③　24 ①　25 ②

26

호수 수면 아래에서 지름 d인 공기 방울이 수면으로 올라오면서 지름이 1.5배로 팽창하였다. 공기방울의 최초 위치는 수면에서부터 몇 [m]되는 곳인가?(단, 이 호수의 대기압은 750[mmHg], 수은의 비중은 13.6, 공기방울 내부의 공기는 Boyle의 법칙에 따른다)

① 12.0 ② 23.2
③ 34.4 ④ 43.3

해설 초기 기포의 지름이 d라고 하면 $V_1 = \frac{4}{3}\pi d^3$, 수면에서 기포의 지름은 $V_2 = \frac{4}{3}\pi(1.5d)^3 - 3.375V_1$

보일의 법칙을 적용하면

$P_1V_1 = P_2V_2$에서 $P_1 = 3.375P_2$,

수면의 압력 $Po(=P_2)$, 지름이 d[cm]인 공기의 기포의 수심을 h라고 하면

$P_1 = Po + \gamma h = 3.375Po$

$$\therefore h = \frac{2.275Po}{\gamma}$$

$$= \frac{2.275 \times \frac{750[\text{mmHg}]}{760[\text{mmHg}]} \times 10.332[\text{kg}_f/\text{m}^2]}{1{,}000[\text{kg}_f/\text{m}^3]}$$

$$= 23.2[\text{m}]$$

27

부차적 손실계수가 5인 밸브가 관에 부착되어 있으며, 물의 평균유속이 4[m/s]인 경우 이 밸브에서 발생하는 부차적 손실수두는 몇 [m]인가?

① 61.3 ② 6.13
③ 40.8 ④ 4.08

해설 부차적 손실수두

$$H = K\frac{u^2}{2g}$$

$$\therefore H = K\frac{u^2}{2g} = 5 \times \frac{(4[\text{m/s}])^2}{2 \times 9.8[\text{m/s}^2]} = 4.08[\text{m}]$$

28

매끈한 원관을 통과하는 난류의 관마찰계수에 영향을 미치지 않는 변수는?

① 길 이 ② 속 도
③ 직 경 ④ 밀 도

해설 난류일 때 손실수두

$$H = \frac{2flu^2}{gD} \qquad f = \frac{HgD}{2lu^2}$$

∴ 관마찰계수는 길이에 반비례, 속도의 제곱에 반비례, 직경에 비례한다.

29

표면적이 2[m²]이고 표면 온도가 60[℃]인 고체표면을 20[℃]의 공기로 대류 열전달에 의해서 냉각한다. 평균 대류 열전달계수가 30[W/m² · K]라고 할 때 고체표면의 열손실은 몇 [W]인가?

① 600 ② 1,200
③ 2,400 ④ 3,600

해설 열손실

열손실 $q = hA\Delta T$

여기서, $T_1 = 20[℃] = 273 + 20 = 293[\text{K}]$

$T_2 = 60[℃] = 273 + 60 = 333[\text{K}]$

$$\therefore q = 30\frac{[\text{W}]}{[\text{m}^2 \cdot \text{K}]} \times 2[\text{m}^2] \times (333 - 293)[\text{K}]$$

$$= 2{,}400[\text{W}]$$

30

그림과 같은 수조에 0.3[m] × 1.0[m] 크기의 사각수문을 통하여 유출되는 유량은 몇 [m³/s]인가?(단, 마찰손실은 무시하고 수조의 크기는 매우 크다고 가정한다)

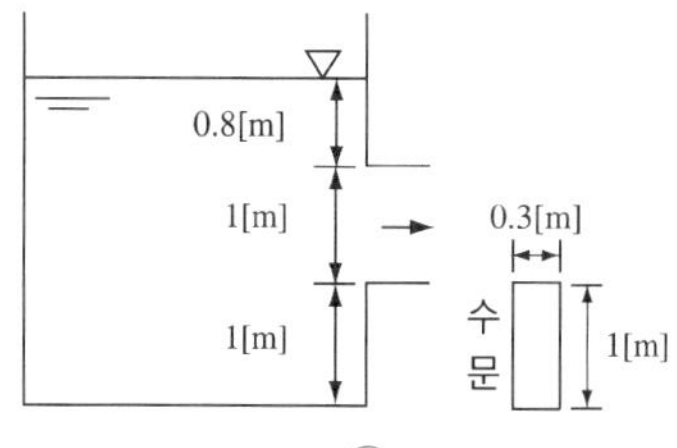

① 1.3 ② 1.5
③ 1.7 ④ 1.9

해설 유 량

$$Q = uA$$

여기서,

Q : 유량[m³/s]

u : 유속($u = \sqrt{2gH}$
$= \sqrt{2 \times 9.8[\mathrm{m/s^2}] \times (0.8+0.5)[\mathrm{m}]}$
$= 5.05[\mathrm{m/s}]$)

A : 면적[m²]

$\therefore Q = uA = 5.05[\mathrm{m/s}] \times (0.3[\mathrm{m}] \times 1.0[\mathrm{m}])$
$= 1.515[\mathrm{m^3/s}]$

31

펌프 입구의 진공계 및 출구의 압력계 지침이 흔들리고 송출유량도 주기적으로 변화하는 이상현상은?

① 공동현상(Cavitation)
② 수격작용(Water Hammering)
③ 맥동현상(Surging)
④ 언밸런스(Unbalance)

해설 **맥동현상**

펌프 입구의 진공계 및 출구의 압력계 지침이 흔들리고 송출유량도 주기적으로 변하는 현상

32

질량 4[kg]의 어떤 기체로 구성된 밀폐계가 열을 받아 100[kJ]의 일을 하고, 이 기체의 온도가 10[℃] 상승하였다면 이 계가 받은 열은 몇 [kJ]인가?(단, 이 기체의 정적비열은 5[kJ/kg·K], 정압비열은 6[kJ/kg·K]이다)

① 200　　② 240
③ 300　　④ 340

해설 밀폐계가 열을 받아 100[kJ]의 일을 하고 온도가 상승하였기 때문에 정압과정으로 해석해야 한다.

- 팽창일 $W = mP\Delta V = 100[\mathrm{kJ}]$
- 밀폐계가 받은 열 $Q = mC_p\Delta T$에서

$Q = 4[\mathrm{kg}] \times 6\dfrac{[\mathrm{kJ}]}{[\mathrm{kg \cdot K}]} \times 10[\mathrm{K}] = 240[\mathrm{kJ}]$이다.

33

동일한 성능의 두 펌프를 직렬 또는 병렬로 연결하는 경우의 주된 목적은?

① 직렬 : 유량 증가, 병렬 : 양정 증가
② 직렬 : 유량 증가, 병렬 : 유량 증가
③ 직렬 : 양정 증가, 병렬 : 유량 증가
④ 직렬 : 양정 증가, 병렬 : 양정 증가

해설 펌프의 성능

펌프 2대 연결 방법		직렬연결	병렬연결
성 능	유량(Q)	Q	$2Q$
	양정(H)	$2H$	H

34

온도 20[℃]의 물을 계기압력이 400[kPa]인 보일러에 공급하여 포화수증기 1[kg]을 만들고자 한다. 주어진 표를 이용하여 필요한 열량을 구하면?(단, 대기압은 100[kPa], 액체상태 물의 평균비열은 4.18[kJ/kg·K]이다)

포화압력[kPa]	포화온도[℃]	수증기의 증발엔탈피[kJ/kg]
400	143.63	2,133.81
500	151.86	2,108.47
600	158.85	2,086.26

① 2,640　　② 2,651
③ 2,660　　④ 2,667

해설 열 량

$$q = GC(T_2 - T_1) + Ghs$$

여기서, $T_1 = 273 + 20 = 293[\mathrm{K}]$
$T_2 = 273 + 151.86 = 424.86[\mathrm{K}]$
(절대압 = 대기압 + 계기압력)

$\therefore q = (1[\mathrm{kg}] \times 4.18[\mathrm{kJ/kg \cdot K}] \times (424.86 - 293)[\mathrm{K}])$
$+ (1[\mathrm{kg}] \times 2,108.47[\mathrm{kJ/kg}])$
$= 2,659.65[\mathrm{kJ}]$

정답 31 ③　32 ②　33 ③　34 ③

35

지름의 비가 1 : 2인 2개의 모세관을 물속에 수직으로 세울 때 모세관 현상으로 물이 관 속으로 올라가는 높이의 비는?

① 1 : 4 ② 1 : 2
③ 2 : 1 ④ 4 : 1

해설 모세관의 상승높이는 관의 지름에 반비례한다.

$\frac{1}{1} : \frac{1}{2} = 2 : 1$

36

지름이 400[mm]인 베어링이 400[rpm]으로 회전하고 있을 때 마찰에 의한 손실동력은 약 몇 [kW]인가? (단, 베어링과 축 사이에는 점성계수가 0.049[N·s/m^2]인 기름이 차 있다)

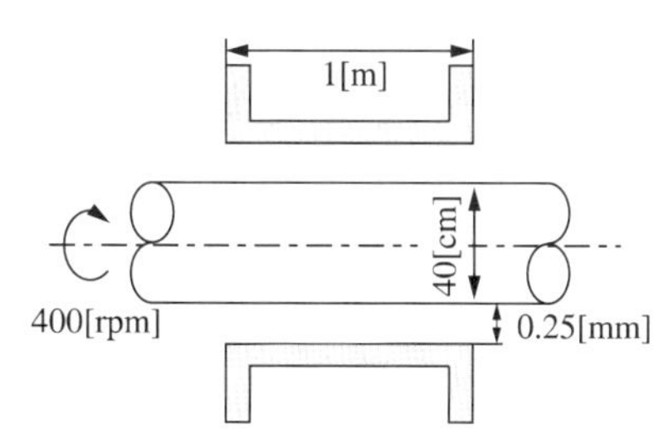

① 15.1 ② 15.6
③ 16.3 ④ 17.3

해설 동력손실

- 힘 $F = \mu A \frac{u}{h}$
  - 원주속도 $u = r\omega$에서

    $u = r \times \frac{2\pi n}{60} = 0.2[\text{m}] \times \frac{2\pi \times 400[\text{rpm}]}{60}$

    $= 8.3776[\text{m/s}]$
  - 면적 $A = \pi DL$에서

    $A = \pi \times \left(\frac{400 + 400.5}{2} \times 10^{-3}\right)[\text{m}] \times 1[\text{m}]$

    $= 1.2574[\text{m}^2]$

  $\therefore F = \mu A \frac{u}{h}$

  $= 0.049 \frac{[\text{N} \cdot \text{s}]}{[\text{m}^2]} \times 1.2574[\text{m}^2] \times \frac{8.3776 \frac{[\text{m}]}{[\text{s}]}}{0.25 \times 10^{-3}[\text{m}]}$

  $= 2{,}064.663[\text{N}]$

- 동력 $L = F \times u$

  $\therefore L = 2{,}064.663[\text{N}] \times 8.3776 \frac{[\text{m}]}{[\text{s}]} = 17{,}296.9[\text{W}]$

  $= 17.3[\text{kW}]$

$[\text{N} \cdot \text{m}] = [\text{J}],\ [\text{J/s}] = [\text{W}]$

37

액체가 일정한 유량으로 파이프를 흐를 때 유체속도에 대한 설명으로 틀린 것은?

① 관 지름에 반비례한다.
② 관 단면적에 반비례한다.
③ 관 지름의 제곱에 반비례한다.
④ 관 반지름의 제곱에 반비례한다.

해설 유체속도 $Q = uA,\ u = \frac{Q}{A} = \frac{Q}{\frac{\pi}{4}D^2} = \frac{4Q}{\pi D^2}$

∴ 유체속도는 관 지름의 제곱에 반비례한다.

38

구조상 상사한 2대의 펌프에서 유동상태가 상사할 경우 2대의 펌프 사이에 성립하는 상사법칙이 아닌 것은?(단, 비압축성유체인 경우이다)

① 유량에 관한 상사법칙
② 전양정에 관한 상사법칙
③ 축동력에 관한 상사법칙
④ 밀도에 관한 상사법칙

해설 펌프의 상사법칙

- 유량 $Q_2 = Q_1 \times \frac{N_2}{N_1} \times \left(\frac{D_2}{D_1}\right)^3$
- 전양정(수두) $H_2 = H_1 \times \left(\frac{N_2}{N_1}\right)^2 \times \left(\frac{D_2}{D_1}\right)^2$
- 동력 $P_2 = P_1 \times \left(\frac{N_2}{N_1}\right)^3 \times \left(\frac{D_2}{D_1}\right)^5$

여기서, N : 회전수[rpm], D : 내경[mm]

35 ③ 36 ④ 37 ① 38 ④ 정답

39

다음 보기는 열역학적 사이클에서 일어나는 여러 가지의 과정이다. 이들 중, 카르노(Carnot)사이클에서 일어나는 과정을 모두 고른 것은?

[보 기]

㉠ 등온압축 ㉡ 단열팽창
㉢ 정적압축 ㉣ 정압팽창

① ㉠
② ㉠, ㉡
③ ㉡, ㉢, ㉣
④ ㉠, ㉡, ㉢, ㉣

해설 카르노(Carnot)사이클
등온팽창 → 단열팽창 → 등온압축 → 단열압축

40

프루드(Froude)수의 물리적인 의미는?

① $\frac{관성력}{탄성력}$ ② $\frac{관성력}{중력}$
③ $\frac{압축력}{관성력}$ ④ $\frac{관성력}{점성력}$

해설 무차원수

명 칭	무차원식	물리적 의미
레이놀즈수	$Re = \frac{du\rho}{\mu} = \frac{du}{\nu}$	$Re = \frac{관성력}{점성력}$
오일러수	$Eu = \frac{\Delta P}{\rho u^2}$	$Eu = \frac{압축력}{관성력}$
웨버수	$We = \frac{\rho l u^2}{\sigma}$	$We = \frac{관성력}{표면장력}$
코시수	$Ca = \frac{\rho u^2}{K}$	$Ca = \frac{관성력}{탄성력}$
마하수	$M = \frac{u}{c}$	$M = \frac{유속}{음속}$
프루드수	$Fr = \frac{u}{\sqrt{gl}}$	$Fr = \frac{관성력}{중력}$

제 3 과목 소방관계법규

41

1급 소방안전관리대상물의 소방안전관리에 관한 시험응시 자격자의 기준으로 옳은 것은?

① 1급 소방안전관리대상물의 소방안전관리에 관한 강습교육을 수료한 후 2년이 경과되지 아니한 자
② 1급 소방안전관리대상물의 소방안전관리에 관한 강습교육을 수료한 후 1년 6개월이 경과되지 아니한 자
③ 1급 소방안전관리대상물의 소방안전관리에 관한 강습교육을 수료한 자
④ 1급 소방안전관리대상물의 소방안전관리에 관한 강습교육을 수료한 후 3년이 경과되지 아니한 자

해설 1급 소방안전관리대상물의 소방안전관리에 관한 강습교육을 수료한 자는 1급 소방안전관리대상물에 응시할 수 있다.

42

다음 중 그 성질이 자연발화성물질 및 금수성물질인 제3류 위험물에 속하지 않는 것은?

① 황 린 ② 황화인
③ 칼 륨 ④ 나트륨

해설 위험물의 분류

종 류	황 린	황화인	칼 륨	나트륨
유 별	제3류 위험물	제2류 위험물	제3류 위험물	제3류 위험물
지정수량	20[kg]	100[kg]	10[kg]	10[kg]

43

소방의 역사와 안전문화를 발전시키고 국민의 안전의식을 높이기 위하여 ㉠ 소방박물관과 ㉡ 소방체험관을 설립 및 운영할 수 있는 사람은?

① ㉠ : 소방청장, ㉡ : 소방청장
② ㉠ : 소방청장, ㉡ : 시・도지사
③ ㉠ : 시・도지사, ㉡ : 시・도지사
④ ㉠ : 소방본부장, ㉡ : 시・도지사

정답 39 ② 40 ② 41 ③ 42 ② 43 ②

해설 설립 · 운영권자
- 소방박물관 : 소방청장
- 소방체험관 : 시 · 도지사

44

다음 중 자동화재탐지설비를 설치해야 하는 특정소방대상물은?

① 길이가 1.3[km]인 지하가 중 터널
② 연면적 600[m^2]인 볼링장
③ 연면적 500[m^2]인 산후조리원
④ 지정수량 100배의 특수가연물을 저장하는 창고

해설 자동화재탐지설비 설치대상
- 길이가 1.0[km]인 지하가 중 터널
- 연면적 1,000[m^2]인 유동시설(볼링장)
- 연면적 600[m^2]인 근린생활시설(산후조리원)
- 지정수량 500배 이상의 특수가연물을 저장 · 취급하는 공장 또는 창고

45

연소 우려가 있는 건축물의 구조에 대한 기준 중 다음 보기 (㉠), (㉡)에 들어갈 수치로 알맞은 것은?

[보 기]
건축물 대장의 건축물 현황도에 표시된 대지 경계선 안에 2 이상의 건축물이 있는 경우로서 각각의 건축물이 다른 건축물의 외벽으로부터 수평거리가 1층에 있어서는 (㉠)[m] 이하, 2층 이상의 층에 있어서는 (㉡)[m] 이하이고 개구부가 다른 건축물을 향하여 설치된 구조를 말한다.

① ㉠ 5, ㉡ 10
② ㉠ 6, ㉡ 10
③ ㉠ 10, ㉡ 5
④ ㉠ 10, ㉡ 6

해설 연소 우려가 있는 건축물의 구조
- 건축물대장의 건축물 현황도에 표시된 대지경계선 안에 둘 이상의 건축물이 있는 경우
- 각각의 건축물이 다른 건축물의 외벽으로부터 수평거리가 1층의 경우에는 6[m] 이하, 2층 이상의 층의 경우에는 10[m] 이하인 경우
- 개구부가 다른 건축물을 향하여 설치되어 있는 경우

46

보일러 등의 위치 · 구조 및 관리와 화재예방을 위하여 불의 사용에 있어서 지켜야 하는 사항 중 보일러에 경유 · 등유 등 액체연료를 사용하는 경우에 연료탱크는 보일러 본체로부터 수평거리 최소 몇 [m] 이상 간격을 두어 설치해야 하는가?

① 0.5 ② 0.6
③ 1 ④ 2

해설 연료탱크는 보일러 본체로부터 수평거리 1[m] 이상 간격을 두고 설치할 것

47

소방시설업 등록사항의 변경신고 사항이 아닌 것은?

① 상 호
② 대표자
③ 보유설비
④ 기술인력

해설 소방시설업 등록사항의 변경신고 사항
명칭(상호) 또는 영업소 소재지, 대표자, 기술인력

48

신축 · 증축 · 개축 · 재축 · 대수선 또는 용도변경으로 해당 특정소방대상물의 소방안전관리자를 신규로 선임하는 경우 해당 특정소방대상물의 관계인은 특정소방대상물의 완공일로부터 며칠 이내에 소방안전관리자를 선임하여야 하는가?

① 7일
② 14일
③ 30일
④ 60일

해설 용도변경으로 안전관리자를 신규로 선임하는 경우 : 완공일로부터 30일 이내

44 ① 45 ② 46 ③ 47 ③ 48 ③ 정답

49

도시의 건물 밀집지역 등 화재가 발생할 우려가 높거나 화재가 발생하는 경우 그로 인하여 피해가 클 것으로 예상되는 일정한 구역을 화재경계지구로 지정할 수 있는 권한을 가진 사람은?

① 시·도지사　② 소방청장
③ 소방서장　④ 소방본부장

해설 화재경계지구 지정권자 : 시·도지사

50

옥내주유취급소에 있어 당해 사무소 등의 출입구 및 피난구와 당해 피난구로 통하는 통로·계단 및 출입구에 설치해야 하는 피난구조설비는?

① 유도등　② 구조대
③ 피난사다리　④ 완강기

해설 통로·계단 및 출입구 : 유도등 설치

51

완공된 소방시설 등의 성능시험을 수행하는 자는?

① 소방시설공사업자　② 소방공사감리업자
③ 소방시설설계업자　④ 소방기구제조업자

해설 소방공사감리업자의 업무 중 하나인 완공된 소방시설 등의 성능시험이 해당된다.

52

화재예방, 소방시설 설치·유지 및 안전관리에 관한 법률상 소방시설 등에 대한 자체점검 중 종합정밀점검 대상기준으로 옳지 않은 것은?

① 제연설비가 설치된 터널
② 노래연습장업으로서 연면적이 2,000[m^2] 이상인 것
③ 옥내소화전설비가 설치된 아파트
④ 소방대가 근무하지 않는 국공립학교 중 연면적이 1,000[m^2] 이상인 것으로서 자동화재탐지설비가 설치된 것

해설 종합정밀점검대상
- 스프링클러설비가 설치된 특정소방대상물
- 물분무 등 소화설비(호스릴 방식은 제외)가 설치된 연면적 5,000[m^2] 이상인 특정소방대상물(위험물 제조소 등은 제외)
- 단란주점영업, 유흥주점영업, 영화상영관, 비디오물감상실업, 복합영상물제공업, 노래연습장업, 산후조리원, 고시원업, 안마시술소로서 연면적이 2,000[m^2] 이상인 것
- 제연설비가 설치된 터널
- 공공기관으로 연면적이 1,000[m^2] 이상인 것으로서 옥내소화전설비 또는 자동화재탐지설비가 설치된 것(단, 소방대가 근무하는 공공기관은 제외)

53

다음 중 위험물별 성질로서 틀린 것은?

① 제1류 : 산화성 고체
② 제2류 : 가연성 고체
③ 제4류 : 인화성 액체
④ 제6류 : 인화성 고체

해설 유별 성질

종 류	성 질
제1류 위험물	산화성 고체
제2류 위험물	가연성 고체
제3류 위험물	자연발화성 및 금수성 물질
제4류 위험물	인화성 액체
제5류 위험물	자기반응성 물질
제6류 위험물	산화성 액체

54

소방본부장 또는 소방서장이 소방특별조사를 하고자 하는 때에는 며칠 전에 관계인에게 서면으로 알려야 하는가?

① 1일
② 3일
③ 5일
④ 7일

정답 49 ① 50 ① 51 ② 52 ③ 53 ④ 54 ④

해설 소방청장, 소방본부장 또는 소방서장은 **소방특별조사**를 하려면 **7일 전**에 관계인에게 조사대상, 조사기간 및 조사사유 등을 서면으로 알려야 한다.

[예외규정]
- 화재, 재난 · 재해가 발생할 우려가 뚜렷하여 긴급하게 조사할 필요가 있는 경우
- 소방특별조사의 실시를 사전에 통지하면 조사목적을 달성할 수 없다고 인정되는 경우

55

형식승인을 얻어야 할 소방용품이 아닌 것은?

① 감지기
② 휴대용 비상조명등
③ 소화기
④ 방염액

해설 **소방용품(설치유지법률 영 별표 3)**
- 소화설비를 구성하는 제품 또는 기기
  - **소화기구**(소화약제 외의 것을 이용한 간이소화용구는 제외한다)
  - 자동소화장치
  - 소화설비를 구성하는 소화전, 관창(管槍), 소방호스, 스프링클러헤드, 기동용 수압개폐장치, 유수제어밸브 및 가스관선택밸브
- 경보설비를 구성하는 제품 또는 기기
  - 누전경보기 및 가스누설경보기
  - 경보설비를 구성하는 발신기, 수신기, 중계기, **감지기** 및 음향장치(경종만 해당한다)
- 피난구조설비를 구성하는 제품 또는 기기
  - 피난사다리, 구조대, 완강기(간이완강기 및 지지대를 포함한다)
  - 공기호흡기(충전기를 포함한다)
  - 피난구유도등, 통로유도등, 객석유도등 및 예비 전원이 내장된 비상조명등
- 소화용으로 사용하는 제품 또는 기기
  - 소화약제(별표 1 제1호 나목 2)와 3)의 자동소화장치와 같은 호 마목 3)부터 8)까지의 소화설비용만 해당한다)
  - 방염제(**방염액** · 방염도료 및 방염성물질을 말한다)

56

위력을 사용하여 출동한 소방대의 화재진압 · 인명구조 또는 구급활동을 방해하는 행위를 한 자에 대한 벌칙 기준은?

① 200만원 이하의 벌금
② 300만원 이하의 벌금
③ 3년 이하의 징역 또는 1,500만원 이하의 벌금
④ 5년 이하의 징역 또는 5,000만원 이하의 벌금

해설 **위력을 사용하여 출동한 소방대의 화재진압 · 인명구조 또는 구급활동을 방해하는 행위를 한 자** : 5년 이하의 징역 또는 5,000만원 이하의 벌금에 처한다.

57

소방용수시설 중 저수조 설치 시 지면으로부터 낙차 기준은?

① 2.5[m] 이하　② 3.5[m] 이하
③ 4.5[m] 이하　④ 5.5[m] 이하

해설 **저수조의 설치기준**
- 지면으로부터의 낙차가 4.5[m] 이하일 것
- 흡수부분의 수심이 0.5[m] 이상일 것
- 소방펌프자동차가 쉽게 접근할 수 있도록 할 것
- 흡수에 지장이 없도록 토사 및 쓰레기 등을 제거할 수 있는 설비를 갖출 것
- 흡수관의 투입구가 사각형의 경우에는 한 변의 길이가 60[cm] 이상, 원형의 경우에는 지름이 60[cm] 이상일 것
- 저수조에 물을 공급하는 방법은 상수도에 연결하여 자동으로 급수되는 구조일 것

58

위험물 제조소에서 저장 또는 취급하는 위험물에 따른 주의사항을 표시한 게시판 중 화기엄금을 표시하는 게시판의 바탕색은?

① 청 색　② 적 색
③ 흑 색　④ 백 색

해설 **위험물 표지판의 주의사항**

주의사항	화기엄금	화기주의	물기엄금
게시판 색상	적색바탕 백색문자	적색바탕 백색문자	청색바탕 백색문자

55 ② 56 ④ 57 ③ 58 ② 정답

59

소방시설공사업자가 소방시설공사를 하고자 하는 경우 소방시설공사 착공신고서를 누구에게 제출해야 하는가?

① 시・도지사
② 소방청장
③ 한국소방시설협회장
④ 소방본부장 또는 소방서장

해설 **소방시설공사 착공신고서 제출** : 소방본부장 또는 소방서장

60

특정소방대상물의 근린생활시설에 해당되는 것은?

① 전시장　② 기숙사
③ 유치원　④ 의 원

해설 **특정소방대상물**

대상물	구 분
전시장	문화 및 집회시설
기숙사	공동주택
유치원	• 초등학교(병설) : 교육연구시설 • 유치원 : 노유자시설
의 원	근린생활시설

제 4 과목 소방기계시설의 구조 및 원리

61

스프링클러설비의 펌프실을 점검하였다. 펌프의 토출측 배관에 설치되는 부속장치 중에서 펌프와 체크밸브(또는 개폐밸브) 사이에 설치할 필요가 없는 배관은?

① 기동용 압력체임버 배관
② 성능시험 배관
③ 물올림장치 배관
④ 릴리프밸브 배관

해설 **부속장치 설치위치**
- 기동용 압력체임버 배관 : 펌프 토출측 개폐밸브 이후
- 성능시험 배관 : 펌프 토출측 체크밸브 이전
- 물올림장치 배관 : 펌프 토출측 체크밸브 이전
- 릴리프밸브 배관 : 펌프와 체크밸브 사이

62

스프링클러 설비의 배관에 대한 내용 중 잘못된 것은?

① 수직배수배관의 구경은 65[mm] 이상으로 하여야 한다.
② 급수배관 중 가지배관의 배열은 토너먼트 방식이 아니어야 한다.
③ 교차배관의 청소구는 교차배관 끝에 개폐밸브를 설치한다.
④ 습식스프링클러설비 외의 설비에는 헤드를 향하여 상향으로 가지배관의 기울기를 250분의 1 이상으로 한다.

해설 **스프링클러 설비의 배관**
- 수직배수배관의 구경 : 50[mm] 이상
- 가지배관의 배열 : 토너먼트 방식이 아닐 것
- 교차배관의 청소구는 교차배관 끝에 개폐밸브를 설치한다.
- 습식스프링클러설비 외의 설비에는 헤드를 향하여 상향으로 수평주행배관의 기울기를 1/500 이상, 가지배관의 기울기를 1/250 이상으로 한다.

63

개방형헤드를 사용하는 연결살수설비에서 하나의 송수구역에 설치하는 살수헤드의 최대 개수는?

① 10　② 15
③ 20　④ 30

해설 **개방형헤드**를 사용하는 연결살수설비에 있어서 하나의 송수구역에 설치하는 살수헤드의 수는 **10개 이하**가 되도록 하여야 한다.

정답 59 ④ 60 ④ 61 ① 62 ① 63 ①

64

차고 또는 주차장에 설치하는 분말소화설비의 소화약제는?

① 탄산수소나트륨을 주성분으로 한 분말
② 탄산수소칼륨을 주성분으로 한 분말
③ 인산염을 주성분으로 한 분말
④ 탄산수소칼륨과 요소가 화합된 분말

해설 차고, 주차장 : 제3종 분말(인산염, 제일인산암모늄)

65

바닥면적이 1,300[m^2]인 관람장에 소화기구를 설치할 경우 소화기구의 최소 능력단위는?(단, 주요 구조부가 내화구조이고, 벽 및 반자의 실내에 면하는 부분이 불연재료이다)

① 7단위 ② 9단위
③ 10단위 ④ 13단위

해설 소화기구의 능력단위기준

특정소방대상물	소화기구의 능력단위
공연장·집회장·관람장·문화재·장례식장 및 의료시설	해당 용도의 바닥면적 50[m^2]마다 능력단위 1단위 이상

(주) 소화기구의 능력단위를 산출함에 있어서 건축물의 **주요구조부가 내화구조**이고, **벽 및 반자**의 실내에 면하는 부분이 **불연재료·준불연재료** 또는 **난연재료**로 된 특정소방대상물에 있어서는 위 표의 **기준면적의 2배**를 해당 특정소방대상물의 기준면적으로 한다.

∴ 능력단위 = 바닥면적 / 기준면적
= 1,300[m^2] / (50[m^2] × 2)
= 13단위

66

개방형 스프링클러설비에서 하나의 방수구역을 담당하는 헤드 개수는 몇 개 이하로 설치해야 하는가?(단, 1개의 방수구역으로 한다)

① 60 ② 50
③ 40 ④ 30

해설 **개방형 스프링클러설비**에서 하나의 방수구역을 담당하는 헤드의 개수는 **50개 이하**로 할 것. 다만, 2개 이상의 방수구역으로 나눌 경우에는 하나의 방수구역을 담당하는 헤드의 개수는 25개 이상으로 할 것

67

특정소방대상물에 따라 적용하는 포소화설비의 종류 및 적응성에 관한 설명으로 틀린 것은?

① 소방기본법시행령 별표 2의 특수가연물을 저장·취급하는 공장에는 호스릴포소화설비를 설치한다.
② 완전 개방된 옥상주차장으로 주된 벽이 없고 기둥뿐이거나 주위가 위해방지용 철주 등으로 둘러싸인 부분에는 호스릴포소화설비 또는 포소화전설비를 설치할 수 있다.
③ 차고에는 포워터스프링클러설비·포헤드설비 또는 고정포방출설비, 압축공기포소화설비를 설치한다.
④ 항공기 격납고에는 포워터스프링클러설비·포헤드설비 또는 고정포방출설비, 압축공기포소화설비를 설치한다.

해설 적용하는 포소화설비의 종류
- **특수가연물**을 저장·취급하는 공장 또는 창고 : 포워터스프링클러설비·포헤드설비 또는 고정포방출설비, 압축공기포소화설비
- 완전 개방된 옥상주차장으로 주된 벽이 없고 기둥뿐이거나 주위가 위해방지용 철주 등으로 둘러싸인 부분에는 호스릴포소화설비 또는 포소화전설비
- 차고 : 포워터스프링클러설비·포헤드설비 또는 고정포방출설비, 압축공기포소화설비
- 항공기 격납고 : 포워터스프링클러설비·포헤드설비 또는 고정포방출설비, 압축공기포소화설비

68

분말소화설비가 작동한 후 배관 내 잔여분말의 청소용(Cleaning)으로 사용되는 가스로 옳게 연결된 것은?

① 질소, 건조공기 ② 질소, 이산화탄소
③ 이산화탄소, 아르곤 ④ 건조공기, 아르곤

해설 분말소화설비의 청소용 가스 : 질소, 이산화탄소

64 ③ 65 ④ 66 ② 67 ① 68 ② 정답

69

폐쇄형헤드를 사용하는 연결살수설비의 주배관을 옥내소화전설비의 주배관에 접속할 때 접속부분에 설치해야 하는 것은?(단, 옥내소화전설비가 설치된 경우이다)

① 체크밸브 ② 게이트밸브
③ 글로브밸브 ④ 버터플라이밸브

해설 폐쇄형헤드를 사용하는 연결살수설비의 주배관은 다음 각 호의 어느 하나에 해당 하는 배관 또는 수조에 접속하여야 한다. 이 경우 접속부분에는 체크밸브를 설치하되 점검하기 쉽게 하여야 한다.

- 옥내소화전설비의 주배관(옥내소화전설비가 설치된 경우에 한한다)
- 수도배관(연결살수설비가 설치된 건축물 안에 설치된 수도배관 중 구경이 가장 큰 배관을 말한다)
- 옥상에 설치된 수조(다른 설비의 수조를 포함한다)

70

특별피난계단의 계단실 및 부속실 제연설비의 화재안전기준 중 급기풍도 단면의 긴 변의 길이가 1,300[mm]인 경우, 강판의 두께는 몇 [mm] 이상이어야 하는가?

① 0.6 ② 0.8
③ 1.0 ④ 1.2

해설 강판의 두께

풍도단면의 긴 변 또는 직경의 크기	강판 두께
450[mm] 이하	0.5[mm]
450[mm] 초과 750[mm] 이하	0.6[mm]
750[mm] 초과 1,500[mm] 이하	0.8[mm]
1,500[mm] 초과 2,250[mm] 이하	1.0[mm]
2,250[mm] 초과	1.2[mm]

71

물분무소화설비에서 압력수조를 이용한 가압송수장치의 압력수조에 설치하여야 하는 것이 아닌 것은?

① 맨 홀 ② 수위계
③ 급기관 ④ 수동식 공기압축기

해설 압력수조에 설치하는 부속물

- 수위계
- 급수관
- 배수관
- 급기관
- 맨 홀
- 압력계
- 안전장치
- 자동식 공기압축기

72

수동으로 조작하는 대형소화기 B급의 능력단위는?

① 10단위 이상 ② 15단위 이상
③ 20단위 이상 ④ 30단위 이상

해설 대형소화기

- A급 화재 : 능력단위 10단위 이상
- B급 화재 : 능력단위 20단위 이상

73

경사강하식 구조대의 구조 기준 중 입구틀 및 취부틀의 입구는 지름 몇 [cm] 이상의 구체가 통과할 수 있어야 하는가?

① 50 ② 60
③ 70 ④ 80

해설 경사강하식 구조대의 입구틀 및 취부틀의 입구는 지름 **50[cm] 이상**의 구체가 통과할 수 있어야 한다.

74

백화점의 7층에 적응성이 없는 피난기구는?

① 구조대 ② 피난용 트랩
③ 피난교 ④ 완강기

해설 7층(4층 이상 10층 이하)인 백화점에 설치하는 피난기구의 적응성

- 피난사다리
- 구조대
- 완강기
- 피난교
- 간이완강기
- 다수인 피난장비
- 승강식 피난기

피난용 트랩 : 지하층과 3층에 설치

정답 69 ① 70 ② 71 ④ 72 ③ 73 ① 74 ②

75

옥외소화전설비의 호스접결구는 특정소방대상물의 각 부분으로부터 하나의 호스접결구까지의 수평거리는 몇 [m] 이하인가?

① 25
② 30
③ 40
④ 50

해설 호스접결구까지의 수평거리
- 옥내소화전설비 : 25[m] 이하
- 옥외소화전설비 : 40[m] 이하

76

다음 중 할로겐화합물 및 불활성기체 소화설비를 설치할 수 없는 위험물 사용 장소는?(단, 소화성능이 인정되는 위험물은 제외한다)

① 제1류 위험물을 사용하는 장소
② 제2류 위험물을 사용하는 장소
③ 제3류 위험물을 사용하는 장소
④ 제4류 위험물을 사용하는 장소

해설 할로겐화합물 및 불활성기체 소화설비를 설치할 수 없는 위험물 : 제3류 위험물, 제5류 위험물

77

다음에서 설명하는 기계 제연방식은?

> 화재 시 배출기만 작동하여 화재장소의 내부압력을 낮추어 연기를 배출시키며, 송풍기는 설치하지 않고 연기를 배출시킬 수 있으나 연기량이 많으면 배출이 완전하지 못한 설비로 화재초기에 유리하다.

① 제1종 기계 제연방식
② 제2종 기계 제연방식
③ 제3종 기계 제연방식
④ 스모크타워 제연방식

해설 제3종 기계 제연방식
- 제연팬으로 배기를 하고 자연급기를 하는 제연방식
- 특성 : 화재 시 배출기만 작동하여 화재장소의 내부압력을 낮추어 연기를 배출시키며, 송풍기는 설치하지 않고 연기를 배출시킬 수 있으나 연기량이 많으면 배출이 완전하지 못한 설비로 화재초기에 유리하다.

78

가솔린을 저장하는 고정지붕식의 옥외탱크에 설치하는 포소화설비에서 포를 방출하는 기기는 어느 것인가?

① 포워터 스프링클러헤드
② 호스릴 포소화설비
③ 포헤드
④ 고정포 방출구(폼 체임버)

해설 고정포 방출구(폼 체임버)
위험물 저장탱크(가솔린)에 저장하는 고정지붕식의 옥외탱크에 설치하는 포소화설비에서 포를 방출하는 기기

79

물분무소화설비를 설치하는 주차장의 배수설비 설치기준으로 틀린 것은?

① 차량이 주차하는 장소의 적당한 곳에 높이 10[cm] 이상의 경계턱으로 배수구를 설치한다.
② 40[m] 이하마다 기름분리장치를 설치한다.
③ 차량이 주차하는 바닥은 배수구를 향하여 100분의 1 이상의 기울기를 유지한다.
④ 가압송수장치의 최대송수능력의 수량을 유효하게 배수할 수 있는 크기 및 기울기로 설치한다.

해설 배수설비는 차량이 주차하는 바닥은 배수구를 향하여 **2/100 이상의 기울기**를 유지한다.

75 ③ 76 ③ 77 ③ 78 ④ 79 ③ 정답

80

저압식 이산화탄소소화설비 소화약제 저장용기에 설치하는 안전밸브의 작동압력은 내압시험압력의 몇 배에서 작동하는가?

① 0.24~0.4 ② 0.44~0.6
③ 0.64~0.8 ④ 0.84~1

해설 저압식 이산화탄소 소화약제 저장용기의 작동압력
- 안전밸브 : 내압시험압력의 0.64배부터 0.8배까지의 압력에서 작동
- 봉판 : 내압시험압력의 0.8배부터 내압시험압력에서 작동

정답 80 ③

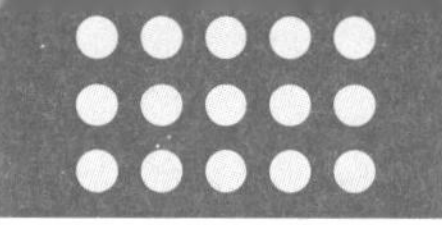

제 4 회 2016년 10월 1일 시행

제 1 과목 소방원론

01

제1종 분말소화약제인 탄산수소나트륨은 어떤 색으로 착색되어 있는가?

① 담회색 ② 담홍색
③ 회 색 ④ 백 색

해설 분말소화약제의 성상

종 류	주성분	약제의 착색	적응 화재
제1종 분말	탄산수소나트륨, 중탄산나트륨($NaHCO_3$)	백 색	B, C급
제2종 분말	탄산수소칼륨 ($KHCO_3$)	담회색	B, C급
제3종 분말	제일인산암모늄 ($NH_4H_2PO_4$)	담홍색	A, B, C급
제4종 분말	탄산수소칼륨 + 요소 [$KHCO_3$+$(NH_2)_2CO$]	회 색	B, C급

02

정전기에 의한 발화과정으로 옳은 것은?

① 방전 → 전하의 축적 → 전하의 발생 → 발화
② 전하의 발생 → 전하의 축적 → 방전 → 발화
③ 전하의 발생 → 방전 → 전하의 축적 → 발화
④ 전하의 축적 → 방전 → 전하의 발생 → 발화

해설 정전기에 의한 발화과정
전하의 발생 → 전하의 축적 → 방전 → 발화

03

화재실 혹은 화재공간의 단위바닥면적에 대한 등가가연물량의 값을 화재하중이라 하며, 식으로 표시할 경우에는 $Q = \sum(G_t \cdot H_t)/H \cdot A$와 같이 표현할 수 있다. 여기서 H는 무엇을 나타내는가?

① 목재의 단위발열량
② 가연물의 단위발열량
③ 화재실 내 가연물의 전체 발열량
④ 목재의 단위발열량과 가연물의 단위발열량을 합한 것

해설 화재하중
단위면적당 가연성 수용물의 양으로서 건물 화재 시 발열량 및 화재의 위험성을 나타내는 용어이고, 화재의 규모를 결정하는 데 사용된다.

화재하중 $Q = \dfrac{\sum(G_t \times H_t)}{H \times A} = \dfrac{Q_t}{4,500 \times A}$ [kg/m²]

여기서, G_t : 가연물의 질량
H_t : 가연물의 단위발열량[kcal/kg]
H : 목재의 단위발열량(4,500[kcal/kg])
A : 화재실의 바닥면적[m²]
Q_t : 가연물의 총량

04

피난계획의 일반원칙 중 Fool Proof 원칙에 해당하는 것은?

① 저지능인 상태에서도 쉽게 식별이 가능하도록 그림이나 색채를 이용하는 원칙
② 피난구조설비를 반드시 이동식으로 하는 원칙
③ 한 가지 피난기구가 고장이 나도 다른 수단을 이용할 수 있도록 고려하는 원칙
④ 피난구조설비를 첨단화된 전자식으로 하는 원칙

정답 01 ④ 02 ② 03 ① 04 ①

해설 Fool Proof
비상시 머리가 혼란하여 판단능력이 저하되는 상태로 누구나 알 수 있도록 문자나 그림으로 표시하여 피난수단을 조작이 간편한 원시적인 방법으로 하는 원칙

05

연기에 의한 감광계수가 0.1[m⁻¹], 가시거리가 20~30[m]일 때의 상황을 옳게 설명한 것은?

① 건물 내부에 익숙한 사람이 피난에 지장을 느낄 정도
② 연기감지기가 작동할 정도
③ 어두운 것을 느낄 정도
④ 앞이 거의 보이지 않을 정도

해설 연기농도와 가시거리

감광계수 [m^{-1}]	가시거리 [m]	상 황
0.1	20~30	연기감지기가 작동할 때의 정도
0.3	5	건물 내부에 익숙한 사람이 피난에 지장을 느낄 정도
0.5	3	어두침침한 것을 느낄 정도
1	1~2	거의 앞이 보이지 않을 정도
10	0.2~0.5	화재 최성기 때의 정도
30	-	출화실에서 연기가 분출될 때의 연기농도

06

다음 중 증기비중이 가장 큰 것은?

① 이산화탄소 ② 할론 1301
③ 할론 1211 ④ 할론 2402

해설 증기비중 = 분자량 / 29이므로 분자량이 크면 증기비중이 크다.

종 류	이산화탄소	할론 1301	할론 1211	할론 2402
화학식	CO_2	CF_3Br	CF_2ClBr	$C_2F_4Br_2$
분자량	44	148.9	165.4	259.8
증기비중	1.52	5.14	5.70	8.96

07

밀폐된 내화건물의 실내에 화재가 발생했을 때 그 실내의 환경변화에 대한 설명 중 틀린 것은?

① 기압이 강하한다.
② 산소가 감소된다.
③ 일산화탄소가 증가한다.
④ 이산화탄소가 증가한다.

해설 실내에 화재가 발생하면 기압, 일산화탄소, 이산화탄소 증가하고 산소는 감소한다.

08

다음 중 제거소화 방법과 무관한 것은?

① 산불의 확산방지를 위하여 산림의 일부를 벌채한다.
② 화학반응기의 화재 시 원료 공급관의 밸브를 잠근다.
③ 유류화재 시 가연물을 포로 덮는다.
④ 유류탱크 화재 시 주변에 있는 유류탱크의 유류를 다른 곳으로 이동시킨다.

해설 질식소화
유류화재 시 가연물을 포로 덮어 산소의 농도를 21[%]에서 15[%] 이하로 낮추어 소화하는 방법

09

분말소화약제의 열분해 반응식 중 다음 ( ) 안에 알맞은 화학식은?

$$2NaHCO_3 \rightarrow Na_2CO_3 + H_2O + (\quad)$$

① CO ② CO_2
③ Na ④ Na_2

해설 제1종 분말 열분해반응식

$$2NaHCO_3 \rightarrow Na_2CO_3 + H_2O + CO_2$$

정답 05 ② 06 ④ 07 ① 08 ③ 09 ②

10

실내에서 화재가 발생하여 실내의 온도가 21[℃]에서 650[℃]로 되었다면, 공기의 팽창은 처음의 약 몇 배가 되는가?(단, 대기압은 공기가 유동하여 화재 전후가 같다고 가정한다)

① 3.14 ② 4.27
③ 5.69 ④ 6.01

해설 21[℃]에서 열량을 Q_1, 650[℃]에서 열량이 Q_2일 때

공기팽창 $\dfrac{Q_2}{Q_1} = \dfrac{(650+273)[K]}{(21+273)[K]} = 3.14$

11

나이트로셀룰로스에 대한 설명으로 틀린 것은?

① 질화도가 낮을수록 위험성이 크다.
② 물을 첨가하여 습윤시켜 운반한다.
③ 화약의 원료로 쓰인다.
④ 고체이다.

해설 나이트로셀룰로스는 질화도(질소의 함유량)가 클수록 위험성이 크다.

12

조연성가스로만 나열되어 있는 것은?

① 질소, 플루오린, 수증기
② 산소, 플루오린, 염소
③ 산소, 이산화탄소, 오존
④ 질소, 이산화탄소, 염소

해설 **조연성가스**
자신은 연소하지 않고 연소를 도와주는 가스(산소, 공기, 플루오린, 염소)

이산화탄소, 수증기 : 불연성 가스

13

칼륨에 화재가 발생할 경우에 주수를 하면 안 되는 이유는?

① 산소가 발생하기 때문에
② 질소가 발생하기 때문에
③ 수소가 발생하기 때문에
④ 수증기가 발생하기 때문에

해설 칼륨은 물과 반응하면 수소가스를 발생하므로 위험하다.

$2K + 2H_2O \rightarrow 2KOH + H_2\uparrow$

14

건축물의 화재성상 중 내화 건축물의 화재성상으로 옳은 것은?

① 저온 장기형 ② 고온 단기형
③ 고온 장기형 ④ 저온 단기형

해설 **화재성상**
- 목조건축물 : 고온 단기형
- 내화구조건축물 : 저온 장기형

15

자연발화의 예방을 위한 대책이 아닌 것은?

① 열의 축적을 방지한다.
② 주위 온도를 낮게 유지한다.
③ 열전도성을 나쁘게 한다.
④ 산소와의 접촉을 차단한다.

해설 열전도율이 좋아야 열의 축적이 되지 않아 자연발화를 방지할 수 있다.

16

할로겐화합물소화약제 중 HCFC-22를 82[%] 포함하고 있는 것은?

① IG-541 ② HFC-227ea
③ IG-55 ④ HCFC BLEND A

10 ① 11 ① 12 ② 13 ③ 14 ① 15 ③ 16 ④ 정답

해설 할로겐화합물 및 불활성기체 소화약제의 종류

소화약제	화학식
하이드로클로로플루오로카본혼화제(이하 "HCFC BLEND A"라 한다)	HCFC-123($CHCl_2CF_3$) : 4.75[%] HCFC-22($CHClF_2$) : 82[%] HCFC-124($CHClFCF_3$) : 9.5[%] $C_{10}H_{16}$: 3.75[%]
헵타플루오로프로판(이하 "HFC-227ea"라 한다)[FM200]	CF_3CHFCF_3
불연성·불활성기체 혼합가스(이하 "IG-01"이라 한다)	Ar
불연성·불활성기체 혼합가스(이하 "IG-100"이라 한다)	N_2
불연성·불활성기체 혼합가스(이하 "IG-541"이라 한다)	N_2 : 52[%] Ar : 40[%] CO_2 : 8[%]
불연성·불활성기체 혼합가스(이하 "IG-55"라 한다)	N_2 : 50[%] Ar : 50[%]

17

물의 물리·화학적 성질로 틀린 것은?

① 증발잠열은 539.6[cal/g]으로 다른 물질에 비해 매우 큰 편이다.
② 대기압하에서 100[℃]의 물이 액체에서 수증기로 바뀌면 체적은 약 1,700배 정도 증가한다.
③ 수소 1분자와 산소 1/2분자로 이루어져 있으며, 이들 사이의 화학결합은 극성 공유결합이다.
④ 분자 간의 결합은 쌍극자-쌍극자 상호작용의 일종인 산소결합에 의해 이루어진다.

해설 물은 분자 간의 결합은 쌍극자-쌍극자의 비공유적 상호작용의 일종인 **수소결합**에 의해 이루어진다.

18

할론소화설비에서 Halon 1211 약제의 분자식은?

① CBr_2ClF ② CF_2BrCl
③ CCl_2BrF ④ BrC_2ClF

해설 할론소화약제

종 류	CBr_2ClF	CF_2BrCl	CCl_2BrF	BrC_2ClF
명 칭	할론 1112	할론 1211	할론 1121	할론 2111

19

보일 오버(Boil Over) 현상에 대한 설명으로 옳은 것은?

① 아래층에서 발생한 화재가 위층으로 급격히 옮겨가는 현상
② 연소유의 표면이 급격히 증발하는 현상
③ 기름이 뜨거운 물 표면 아래에서 끓는 현상
④ 탱크 저부의 물이 급격히 증발하여 기름이 탱크 밖으로 화재를 동반하여 방출하는 현상

해설 보일 오버
탱크 저부의 물이 급격히 증발하여 기름이 탱크 밖으로 화재를 동반하여 방출하는 현상

20

위험물안전관리법령상 위험물의 적재 시 혼재기준 중 혼재가 가능한 위험물로 짝지어진 것은?(단, 각 위험물은 지정수량의 10배로 가정한다)

① 질산칼륨과 가솔린
② 과산화수소와 황린
③ 철분과 유기과산화물
④ 등유와 과염소산

해설 운반 시 위험물의 혼재 가능
- 혼재 가능
  - 제1류 + 제6류 위험물
  - 제3류 + 제4류 위험물
  - 제5류 + 제2류 + 제4류 위험물
- 위험물의 분류

종 류	유 별	종 류	유 별
질산칼륨	제1류	철 분	제2류
가솔린	제4류	유기과산화물	제5류
과산화수소	제6류	등 유	제4류
황 린	제3류	과염소산	제6류

정답 17 ④ 18 ② 19 ④ 20 ③

제 2 과목 소방유체역학

21

유체에 관한 설명 중 옳은 것은?

① 실제유체는 유동할 때 마찰손실이 생기지 않는다.
② 이상유체는 높은 압력에서 밀도가 변화하는 유체이다.
③ 유체에 압력을 가하면 체적이 줄어드는 유체는 압축성 유체이다.
④ 압력을 가해도 밀도변화가 없으며, 점성에 의한 마찰손실만 있는 유체가 이상유체이다.

해설 압축성 유체

유체에 압력을 가하면 체적이 줄어드는 유체

22

송풍기의 풍량 15[m³/s], 전압 540[Pa], 전압효율이 55[%]일 때 필요한 축동력은 몇 [kW]인가?

① 2.23
② 4.46
③ 8.1
④ 14.7

해설 축동력

$$P[\text{kW}] = \frac{Q \times P}{102 \times \eta} \times K$$

여기서, Q : 유량[m³/s]

P : 풍압

$\left(\frac{540[\text{Pa}]}{101,325[\text{Pa}]} \times 10,332[\text{kg}_f/\text{m}^2] = 55.06[\text{kg}_f/\text{m}^2]\right)$

K : 전달계수

η : 펌프 효율(0.55)

$$\therefore P = \frac{15 \times 55.06}{102 \times 0.55} = 14.72[\text{kW}]$$

23

직경 50[cm]의 배관 내를 유속 0.06[m/s]의 속도로 흐르는 물의 유량은 약 몇 [L/min]인가?

① 153 ② 255
③ 338 ④ 707

해설 유 량

$$Q = uA$$

$$\therefore Q = uA = 0.06[\text{m/s}] \times \frac{\pi}{4}(0.5[\text{m}])^2 = 0.01178[\text{m}^3/\text{s}] = 706.8[\text{L/min}]$$

24

공기의 온도 T_1에서의 음속 C_1과 이보다 20[K] 높은 온도 T_2 에서의 음속 C_2의 비가 C_2/C_1= 1.05이면 T_1은 약 몇 도인가?

① 97[K] ② 195[K]
③ 273[K] ④ 300[K]

해설 온 도

- 음속 $C = \sqrt{kRT}$에서 $C_1 = \sqrt{kRT_1}$, $C_2 = \sqrt{kRT_2} = \sqrt{kR(T_1 + 20[\text{K}])}$
- $\frac{C_2}{C_1} = \frac{\sqrt{kR(T_1 + 20[\text{K}])}}{\sqrt{kRT_1}} = 1.05$,

$$\left(\frac{\sqrt{kR(T_1 + 20[\text{K}])}}{\sqrt{kRT_1}}\right)^2 = 1.05^2$$

$$\frac{kR(T_1 + 20[\text{K}])}{kRT_1} = 1.1025,$$

$$1.1025\,T_1 - T_1 = 20[\text{K}]$$

$$T_1 = \frac{20[\text{K}]}{0.1025} = 195.12[\text{K}]$$

25

다음 계측기 중 측정하고자 하는 것이 다른 것은?

① Bourdon 압력계 ② U자관 마노미터
③ 피에조미터 ④ 열선풍속계

해설 열선풍속계는 풍속을 측정하는 것이고, 나머지 3개는 압력을 측정하는 계기이다.

21 ③ 22 ④ 23 ④ 24 ② 25 ④ 정답

26

열전도도가 0.08[W/m · K]인 단열재의 내부면의 온도(고온)가 75[℃], 외부면의 온도(저온)가 20[℃]이다. 단위면적당 열손실을 200[W/m^2]으로 제한하려면 단열재의 두께[mm]는?

① 22 ② 45
③ 56 ④ 80

해설 열손실 $q=\frac{\lambda}{l}\Delta t$에서,

단열재의 두께

$$l=\frac{\lambda}{q}\Delta t=\frac{0.08}{200}\times[(273+75)[\text{K}]-(273+20)[\text{K}]]$$
$$=0.022[\text{m}]$$
$$=22[\text{mm}]$$

27

그림과 같은 원형관에 유체가 흐르고 있다. 원형관 내의 유속분포를 측정하여 실험식을 구하였더니 $V=V_{\max}\frac{(r_o^2-r^2)}{r_o^2}$ 이었다. 관 속을 흐르는 유체의 평균속도는 얼마인가?

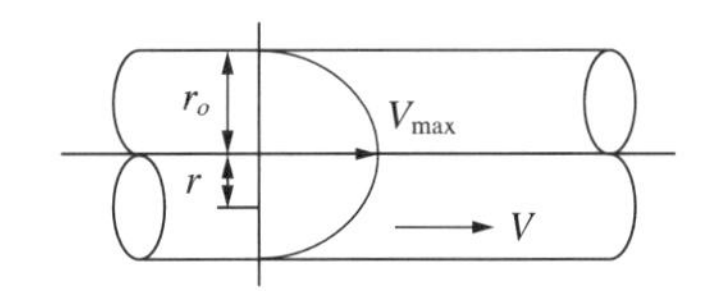

① $\frac{V_{\max}}{8}$ ② $\frac{V_{\max}}{4}$
③ $\frac{V_{\max}}{2}$ ④ $V_{\max}$

해설
- 유량 $dQ=VdA=V\cdot 2\pi rdr$
- 평균속도 V_m

$$=\frac{Q}{A}=\frac{1}{A}\int_A dQ=\frac{1}{A}\int_0^{r_o}V\cdot 2\pi rdr$$
$$=\frac{1}{A}\int_0^{r_o}V_{\max}\left(1-\frac{r^2}{r_o^2}\right)\cdot 2\pi rdr$$
$$=\frac{1}{\pi r_o^2}\times 2\pi V_{\max}\int_0^{r_o}\left(\frac{r_o^2-r^2}{r_o^2}\right)\cdot rdr$$
$$=\frac{2}{r_o^2}\times V_{\max}\int_0^{r_o}\left(\frac{r_o^2-r^2}{r_o^2}\right)\cdot rdr$$
$$=\frac{2}{r_o^2}\times V_{\max}\times\frac{1}{r_o^2}\int_0^{r_o}(r_o^2r-r^3)dr$$
$$=\frac{2}{r_o^4}\times V_{\max}\int_0^{r_o}(r_o^2r-r^3)dr$$
$$=\frac{2}{r_o^4}\times V_{\max}\left[\frac{r^2}{2}r_o^2-\frac{r^4}{4}\right]_0^{r_0}$$
$$=\frac{2}{r_o^4}\times V_{\max}\times\left(\frac{r_o^4}{2}-\frac{r_o^4}{4}\right)$$
$$=\frac{2}{r_o^4}\times V_{\max}\times\left(\frac{2r_o^4}{4}-\frac{r_o^4}{4}\right)$$
$$=\frac{2}{r_o^4}\times V_{\max}\times\frac{r_o^4}{4}=\frac{1}{2}V_{\max}$$

28

부차적 손실계수 $K=40$인 밸브를 통과할 때의 수두손실이 2[m]일 때, 이 밸브를 지나는 유체의 평균유속은 약 몇 [m/s]인가?

① 0.49 ② 0.99
③ 1.98 ④ 9.81

해설 부차적 손실수두

$$H=K\frac{u^2}{2g}\qquad u=\sqrt{\frac{H2g}{K}}$$

$$\therefore\ u=\sqrt{\frac{H2g}{K}}=\sqrt{\frac{2[\text{m}]\times 2\times 9.8[\text{m/s}^2]}{40}}$$
$$=0.99[\text{m/s}]$$

29

피스톤–실린더로 구성된 용기 안에 온도 638.5[K], 압력 1,372[kPa] 상태의 공기(이상기체)가 들어있다. 정적과정으로 이 시스템을 가열하여 최종온도가 1,200[K]가 되었다. 공기의 최종압력은 약 몇 [kPa]인가?

① 730
② 1,372
③ 1,730
④ 2,579

정답 26 ① 27 ③ 28 ② 29 ④

해설 최종압력

$$P_2 = P_1 \times \frac{T_2}{T_1}$$

$$\therefore\ P_2 = P_1 \times \frac{T_2}{T_1} = 1{,}372[\text{kPa}] \times \frac{1{,}200[\text{K}]}{638.5[\text{K}]}$$

$$= 2{,}578.5[\text{kPa}]$$

30

지름이 15[cm]인 관에 질소가 흐르는데 피토관에 의한 마노미터는 4[cmH_2O]의 차를 나타냈다. 유속은 약 몇 [m/s]인가?(단, 질소의 비중은 0.00114, 수은의 비중은 13.6, 중력가속도 9.8[m/s^2]이다)

① 76.5 ② 85.6
③ 96.7 ④ 105.6

해설

유속 $u = \sqrt{2gR\left(\frac{s_o}{s} - 1\right)}$ 에서

$$u = \sqrt{2 \times 9.8 \frac{[\text{m}]}{[\text{s}^2]} \times 0.04[\text{m}]\left(\frac{13.6}{0.00114} - 1\right)}$$

$$= 96.7[\text{m/s}]$$

31

그림과 같은 곡관에 물이 흐르고 있을 때 계기압력으로 P_1이 98[kPa]이고 P_2가 29.42[kPa]이면 이 곡관을 고정시키는 데 필요한 힘은 몇 [N]인가?(단, 높이차 및 모든 손실은 무시한다)

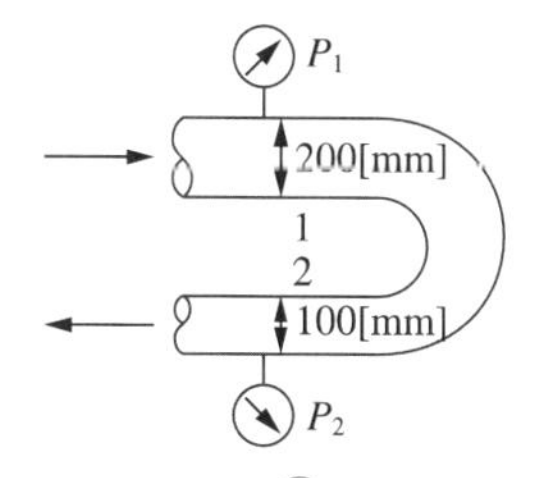

① 4,141 ② 4,314
③ 4,565 ④ 4,743

해설 • 베르누이방정식을 적용하면

$$\frac{\frac{98[\text{kPa}]}{101.325[\text{kPa}]} \times 10.332[\text{m}]}{1{,}000[\text{kg}_f/\text{m}^3]} + \frac{V_1^2}{2g}$$

$$= \frac{\frac{29.42[\text{kPa}]}{101.325[\text{kPa}]} \times 10.332[\text{m}]}{1{,}000[\text{kg}_f/\text{m}^3]} + \frac{V_2^2}{2g}$$

연속방정식에서 $V_2 = 4V_1$ 이므로 위 식에 대입하면

$$10[\text{m}] + \frac{V_1^2}{2g} = 3[\text{m}] + \frac{16V_1^2}{2g}$$

$$V_1 = 3.02[\text{m/s}]$$

$$V_2 = 4V_1 = 4 \times 3.02[\text{m/s}] = 12.08[\text{m/s}]$$

• 유 량

$$Q = uA = 3.02[\text{m/s}] \times \frac{\pi}{4}(0.2[\text{m}])^2$$

$$= 0.095[\text{m}^3/\text{s}]$$

• 운동량 방정식을 적용하면

$$P_1A_1 - F + P_2A_2 = \rho Q(-V_2 - V_1)$$

$$\frac{\pi}{4}(20[\text{cm}])^2 \times \left(\frac{98[\text{kPa}]}{101.325[\text{kPa}]} \times 1.0332[\text{kg}_f/\text{cm}^2]\right)$$

$$-F + \frac{\pi}{4}(10[\text{cm}])^2 \times \left(\frac{29.42[\text{kPa}]}{101.325[\text{kPa}]} \times 1.0332[\text{kg}_f/\text{cm}^2]\right)$$

$$= 102[\text{kg}_f \cdot \text{s}^2/\text{m}^4] \times 0.095[\text{m}^3/\text{s}](-12.08 - 3.02)$$

$$\therefore\ F = 483.93[\text{kg}_f] = 483.93[\text{kg}_f] \times 9.8[\text{N/kg}_f]$$

$$= 4{,}742.51[\text{N}]$$

$u = V$, 같다

32

그림과 같이 수족관에 직경 3[m]의 투시경이 설치되어 있다. 이 투시경에 작용하는 힘은 약 몇 [kN]인가?

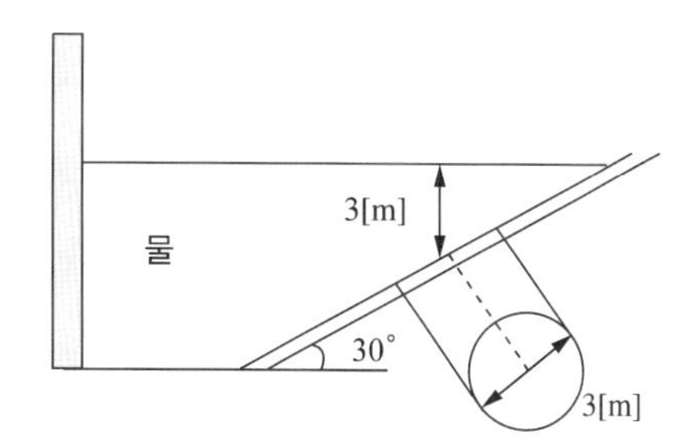

① 207.8 ② 123.9
③ 87.1 ④ 52.4

해설 투시경에 작용하는 힘

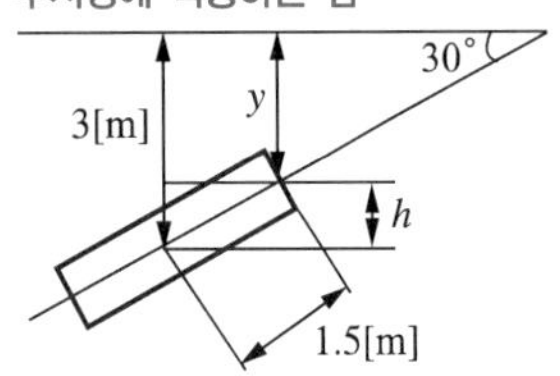

- $\sin 30° = \frac{h}{1.5[\text{m}]}$ 에서

  $h = 1.5[\text{m}] \times \sin 30° = 0.75[\text{m}]$
- $y = 3[\text{m}] - 0.75[\text{m}] = 2.25[\text{m}]$
- 투시경에 작용하는 힘 $F = \gamma \bar{y} \sin\theta A$ 에서

  $F = 9{,}800 \frac{[\text{N}]}{[\text{m}^3]} \times \left(\frac{2.25[\text{m}]}{\sin 30°} + 1.5[\text{m}] \right) \times \sin 30°$

  $\times \left\{ \frac{\pi}{4} \times (3[\text{m}])^2 \right\}$

  $= 207{,}816[\text{N}] = 207.8[\text{kN}]$

33

화씨온도 200[°F]는 섭씨온도[℃]로 약 얼마인가?

① 93.3[℃] ② 186.6[℃]
③ 279.9[℃] ④ 392[℃]

해설 섭씨온도[℃]

$$[℃] = \frac{5}{9}([°\text{F}] - 32)$$

$\therefore [℃] = \frac{5}{9}([°\text{F}] - 32) = \frac{5}{9}(200 - 32) = 93.3[℃]$

34

공동현상(Cavitation)의 발생원인과 가장 관계가 먼 것은?

① 관 내의 수온이 높을 때
② 펌프의 흡입 양정이 클 때
③ 펌프의 설치위치가 수원보다 낮을 때
④ 관 내의 물의 정압이 그때의 증기압보다 낮을 때

해설 공동현상의 발생원인

- Pump의 흡입측 수두, 마찰손실, Impeller 속도가 클 때
- Pump의 흡입관경이 작을 때
- Pump의 설치위치가 수원보다 높을 때
- 관내의 유체가 고온일 때
- Pump의 흡입압력이 유체의 증기압보다 낮을 때

35

소화펌프의 회전수가 1,450[rpm]일 때 양정이 25[m], 유량이 5[m³/min]이었다. 펌프의 회전수를 1,740[rpm]으로 높일 경우 양정[m]과 유량[m³/min]은?(단, 회전차의 직경은 일정하다)

① 양정 : 17, 유량 : 4.2
② 양정 : 21, 유량 : 5
③ 양정 : 30.2, 유량 : 5.2
④ 양정 : 36, 유량 : 6

해설 펌프의 상사법칙

- 유량 $Q_2 = Q_1 \times \frac{N_2}{N_1} \times \left(\frac{D_2}{D_1}\right)^3$
- 전양정(수두) $H_2 = H_1 \times \left(\frac{N_2}{N_1}\right)^2 \times \left(\frac{D_2}{D_1}\right)^2$
- 동력 $P_2 = P_1 \times \left(\frac{N_2}{N_1}\right)^3 \times \left(\frac{D_2}{D_1}\right)^5$

  여기서, N : 회전수[rpm], D : 내경[mm]

  – 양정 $H_2 = H_1 \times \left(\frac{N_2}{N_1}\right)^2 = 25 \times \left(\frac{1{,}740}{1{,}450}\right)^2$

  $= 36[\text{m}]$

  – 유량 $Q_2 = Q_1 \times \frac{N_2}{N_1} = 5 \times \left(\frac{1{,}740}{1{,}450}\right)$

  $= 6.0[\text{m}^3/\text{min}]$

36

안지름이 0.1[m]인 파이프 내를 평균유속 5[m/s]로 물이 흐르고 있다. 길이 10[m] 사이에서 나타나는 손실수두는 약 몇 [m]인가?(단, 관마찰계수는 0.013이다)

① 0.7 ② 1
③ 1.5 ④ 1.7

해설 다르시-바이스바흐 방정식

$$H = \frac{flu^2}{2gD}[\text{m}]$$

여기서, H : 마찰손실[m]
f : 관의 마찰계수(0.013)
l : 관의 길이 10[m]
D : 관의 내경 0.1[m]
u : 유체의 유속 5[m/s]

$\therefore H = \frac{flu^2}{2gD} = \frac{0.013 \times 10 \times (5)^2}{2 \times 9.8 \times 0.1} = 1.66[\text{m}]$

정답 33 ① 34 ③ 35 ④ 36 ④

37

베르누이의 정리($\frac{P}{\rho}+\frac{V^2}{2}+gZ$ = Constant)가 적용되는 조건이 될 수 없는 것은?

① 압축성의 흐름이다.
② 정상 상태의 흐름이다.
③ 마찰이 없는 흐름이다.
④ 베르누이 정리가 적용되는 임의의 두 점은 같은 유선상에 있다.

해설 **베르누이 정리가 적용되는 조건**
- 비압축성 흐름
- 정상 상태의 흐름
- 마찰이 없는 흐름

38

절대온도와 비체적이 각각 T, v인 이상기체 1[kg]이 압력이 P로 일정하게 유지되는 가운데 가열하여 절대온도를 $6T$까지 상승되었다. 이상기체가 한 일은 얼마인가?

① Pv　② $3Pv$
③ $5Pv$　④ $6Pv$

해설
등압과정이므로 $\frac{T_2}{T_1}=\frac{v_2}{v_1}$이다.

따라서, $\frac{6T_1}{T_1}=\frac{v_2}{v_1}$, $v_2=6v_1$

∴ 외부에 한 일
$w_{12}=P(v_2-v_1)=P(6v_1-v_1)=5Pv_1=5Pv$

39

직경이 D인 원형 축과 슬라이딩 베어링 사이에(간격 $=t$, 길이$=l$) 점성계수가 μ인 유체가 채워져 있다. 축을 ω의 각속도로 회전시킬 때 필요한 토크를 구하면?(단, $t \ll D$)

t
D
ω
l

① $T=\mu\frac{\omega D}{2t}$　② $T=\frac{\pi\mu\omega D^2 l}{2t}$
③ $T=\frac{\pi\mu\omega D^3 l}{2t}$　④ $T=\frac{\pi\mu\omega D^3 l}{4t}$

해설 **토크를 구하면**

토크 $T=\tau A r=\left(\mu\times\frac{2\pi r}{t}\times\frac{N}{60}\right)\times(2\pi rl)\times r$

$=\frac{2\pi\mu\omega r^3 l}{t}=\frac{2\pi\mu\omega\left(\frac{D}{2}\right)^3 l}{t}=\frac{2\pi\mu\omega D^3 l}{8t}$

$=\frac{\pi\mu\omega D^3 l}{4t}$

여기서, r(반지름)$=\frac{D}{2}$, ω(각속도) $=\frac{2\pi N}{60}$
τ : 전단응력, A : 면적
t : 간격, l : 길이
μ : 점성계수

40

이상적인 열기관 사이클인 카르노사이클(Carnot Cycle)의 특징으로 맞는 것은?

① 비가역 사이클이다.
② 공급열량과 방출열량의 비는 고온부의 절대온도와 저온부의 절대온도 비와 같지 않다.
③ 이론 열효율은 고열원 및 저열원의 온도만으로 표시된다.
④ 두 개의 등압변화와 두 개의 단열변화로 둘러싸인 사이클이다.

해설 **카르노사이클(Carnot Cycle)의 특징**
- 가역 사이클이다.
- 공급열량과 방출열량의 비는 고온부의 절대온도와 저온부의 절대온도 비와 같다.
- 이론 열효율은 고열원 및 저열원의 온도만으로 표시된다.
- 두 개의 등온변화와 두 개의 단열변화로 구성된 사이클이다.

열효율 $\eta_c=\frac{AW}{Q_1}=\frac{Q_1-Q_2}{Q_2}=1-\frac{Q_2}{Q_1}$
$=1-\frac{T_2}{T_1}$

제 3 과목 소방관계법규

41

위험물 제조소 게시판의 바탕 및 문자의 색으로 올바르게 연결된 것은?

① 바탕 – 백색, 문자 – 청색
② 바탕 – 청색, 문자 – 흑색
③ 바탕 – 흑색, 문자 – 백색
④ 바탕 – 백색, 문자 – 흑색

해설 위험물 제조소의 색상 : 백색 바탕, 흑색 문자

42

화재예방, 소방시설 설치·유지 및 안전관리에 관한 법률에 따른 소방안전관리 업무를 하지 아니한 특정소방대상물의 관계인에게는 몇 만원 이하의 과태료를 부과하는가?

① 100　② 200
③ 300　④ 500

해설 **소방안전관리업무 태만** : 200만원 이하의 과태료

43

교육연구시설 중 학교 지하층은 바닥면적의 합계가 몇 [m^2] 이상인 경우 연결살수설비를 설치해야 하는가?

① 500　② 600
③ 700　④ 1,000

해설 **연결살수설비 설치 대상**
- 판매시설, 운수시설, 물류터미널로서 바닥면적의 합계가 1,000[m^2] 이상인 것
- 지하층으로서 바닥면적의 합계가 150[m^2] 이상인 것(단, 국민주택규모 이하인 아파트의 지하층(대피시설로 사용하는 것만 해당) 또는 학교의 지하층으로서 700[m^2] 이상인 것)
- 가스시설 중 지상에 노출된 탱크의 용량이 30[t] 이상인 탱크 시설

44

일반 소방시설 설계업(기계분야)의 영업범위는 공장의 경우 연면적 몇 [m^2] 미만의 특정소방대상물에 설치되는 기계분야 소방시설의 설계에 한하는가?(단, 제연설비가 설치되는 특정소방대상물은 제외한다)

① 10,000[m^2]　② 20,000[m^2]
③ 30,000[m^2]　④ 40,000[m^2]

해설 **일반 소방시설 설계업(기계분야)의 영업범위**
- 아파트에 설치되는 기계분야 소방시설(제연설비는 제외)의 설계
- 연면적 30,000[m^2](**공장**의 경우에는 **10,000[m^2]**) 미만의 특정소방대상물에 설치되는 기계분야 소방시설의 설계
- 위험물제조소 등에 설치되는 기계분야 소방시설의 설계

45

소방시설공사업법상 소방시설업 등록신청 신청서 및 첨부서류에 기재되어야 할 내용이 명확하지 아니한 경우 서류의 보완 기간은 며칠 이내인가?

① 14　② 10
③ 7　④ 5

해설 소방시설업 등록신청 시 **첨부서류의 보완 기간 : 10일 이내**

46

소방용수시설 중 소화전과 급수탑의 설치기준으로 틀린 것은?

① 소화전은 상수도와 연결하여 지하식 또는 지상식의 구조로 할 것
② 소방용호스와 연결하는 소화전의 연결금속구의 구경은 65[mm]로 할 것
③ 급수탑 급수배관의 구경은 100[mm] 이상으로 할 것
④ 급수탑의 개폐밸브는 지상에서 1.5[m] 이상 1.8[m] 이하의 위치에 설치할 것

해설 급수탑의 개폐밸브 : 지상에서 **1.5[m] 이상 1.7[m] 이하**에 설치

정답 41 ④　42 ②　43 ③　44 ①　45 ②　46 ④

47

소방본부장이 소방특별조사위원회 위원으로 임명하거나 위촉할 수 있는 사람이 아닌 것은?

① 소방시설관리사
② 과장급 직위 이상의 소방공무원
③ 소방 관련 분야의 석사학위 이상을 취득한 사람
④ 소방 관련 법인 또는 단체에서 소방 관련 업무에 3년 이상 종사한 사람

해설 소방 관련 법인 또는 단체에서 소방 관련 업무에 5년 이상 종사한 사람은 소방특별조사의 위원이 될 수 있다.

48

소화난이도등급 Ⅰ의 제조소 등에 설치해야 하는 소화설비기준 중 유황만을 저장·취급하는 옥내탱크저장소에 설치해야 하는 소화설비는?

① 옥내소화전설비
② 옥외소화전설비
③ 물분무소화설비
④ 고정식 포소화설비

해설 소화난이도등급 Ⅰ의 제조소 등(유황만을 저장·취급하는 옥내탱크저장소)의 소화설비 : 물분무소화설비

49

고형알코올 그 밖에 1기압 상태에서 인화점이 40[℃] 미만인 고체에 해당하는 것은?

① 가연성 고체
② 산화성 고체
③ 인화성 고체
④ 자연발화성 물질

해설 **인화성 고체**
고형알코올 그 밖에 1기압 상태에서 인화점이 40[℃] 미만인 고체

50

소방체험관의 설립·운영권자는?

① 국무총리
② 소방청장
③ 시·도지사
④ 소방본부장 및 소방서장

해설 **설립·운영권자**
- 소방박물관 : 소방청장
- 소방체험관 : 시·도지사

51

제2류 위험물의 품명에 따른 지정수량의 연결이 틀린 것은?

① 황화인 - 100[kg]
② 유황 - 300[kg]
③ 철분 - 500[kg]
④ 인화성 고체 - 1,000[kg]

해설 **제2류 위험물의 지정수량**

품 명	지정수량
황화인, 적린, 유황	100[kg]
철분, 금속분, 마그네슘	500[kg]
인화성 고체	1,000[kg]

52

소방장비 등에 대한 국고보조 대상사업의 범위와 기준보조율은 무엇으로 정하는가?

① 행정안전부령
② 대통령령
③ 시·도의 조례
④ 국토교통부령

해설 국고보조 대상사업의 범위와 기준보조율 : 대통령령

47 ④ 48 ③ 49 ③ 50 ③ 51 ② 52 ② 정답

53

정기점검의 대상인 제조소 등에 해당하지 않는 것은?

① 이송취급소　② 이동탱크저장소
③ 암반탱크저장소　④ 판매취급소

해설 **정기점검의 대상인 제조소 등**
- 예방규정대상 제조소 등
- 지하탱크저장소
- 이동탱크저장소

54

위험물안전관리법상 행정처분을 하고자 하는 경우 청문을 실시해야 하는 것은?

① 제조소 등 설치허가의 취소
② 제조소 등 영업정지 처분
③ 탱크시험자의 영업정지
④ 과징금 부과처분

해설 **청문 실시대상**
- 제조소 등 설치허가의 취소
- 탱크시험자의 등록취소

55

소방용품의 형식승인을 반드시 취소하여야 하는 경우가 아닌 것은?

① 거짓 또는 부정한 방법으로 형식승인을 받은 경우
② 시험시설의 시설기준에 미달되는 경우
③ 거짓 또는 부정한 방법으로 제품검사를 받은 경우
④ 변경승인을 받지 아니한 경우

해설 **소방용품의 형식승인 취소 사유**
- 거짓 또는 부정한 방법으로 형식승인을 받은 경우
- 거짓 또는 부정한 방법으로 제품검사를 받은 경우
- 변경승인을 받지 아니하거나 부정한 방법으로 변경승인을 받은 경우

56

소방기본법상의 벌칙으로 5년 이하의 징역 또는 5,000만원 이하의 벌금에 해당하지 않는 것은?

① 소방자동차가 화재진압 및 구조・구급활동을 위하여 출동할 때 그 출동을 방해한 자
② 사람을 구출하거나 불이 번지는 것을 막기 위하여 불이 번질 우려가 있는 소방대상물의 사용제한의 강제처분을 방해한 자
③ 출동한 소방대의 소방장비를 파손하거나 그 효용을 해하여 화재진압・인명구조 또는 구급활동을 방해한 자
④ 정당한 사유 없이 소방용수시설의 효용을 해치거나 그 정당한 사용을 방해한 자

해설 사람을 구출하거나 불이 번지는 것을 막기 위하여 불이 번질 우려가 있는 소방대상물의 사용제한의 강제처분을 방해한 자 : 3년 이하의 징역 또는 3,000만원 이하의 벌금

57

하자보수 대상 소방시설 중 하자보수 보증기간이 2년이 아닌 것은?

① 유도표지　② 비상경보설비
③ 무선통신보조설비　④ 자동화재탐지설비

해설 **하자보수 보증기간**
- 피난기구・유도등・**유도표지**・**비상경보설비**・비상조명등・비상방송설비 및 **무선통신보조설비** : 2년
- 자동소화장치・옥내소화전설비・스프링클러설비・간이스프링클러설비・물분무 등 소화설비・옥외소화전설비・**자동화재탐지설비**・상수도 소화용수설비 및 소화활동설비(무선통신보조설비 제외) : 3년

58

소방기본법상 소방용수시설의 저수조는 지면으로부터 낙차가 몇 [m] 이하가 되어야 하는가?

① 3.5　② 4
③ 4.5　④ 6

해설 **저수조**
지면으로부터 낙차가 4.5[m] 이하

정답 53 ④　54 ①　55 ②　56 ②　57 ④　58 ③

59

특정소방대상물 중 의료시설에 해당되지 않는 것은?

① 노숙인 재활시설
② 장애인 의료재활시설
③ 정신의료기관
④ 마약진료소

해설 노숙인 재활시설 : 노유자시설

60

작동기능점검을 실시한 자는 작동기능점검 실시결과 보고서를 며칠 이내에 소방본부장 또는 소방서장에게 제출해야 하는가?

① 7 ② 10
③ 20 ④ 30

해설 **작동기능점검과 종합정밀점검 보고** : 점검을 실시한 날부터 **7일 이내**에 소방본부장 또는 소방서장에게 제출

제 4 과목 소방기계시설의 구조 및 원리

61

항공기 격납고 포헤드의 1분당 방사량은 바닥면적 1[m²]당 최소 몇 [L] 이상이어야 하는가?(단, 수성막포 소화약제를 사용한다)

① 3.7
② 6.5
③ 8.0
④ 10

해설 포헤드의 소방대상물별 분당 방사량

소방대상물	포소화약제의 종류	바닥면적 1[m²]당 방사량
차고・주차장 및 항공기 격납고	단백포소화약제	6.5[L] 이상
	합성계면활성제포소화약제	8.0[L] 이상
	수성막포소화약제	3.7[L] 이상
소방기본법 시행령 별표 2의 특수가연물을 저장・취급하는 소방대상물	단백포소화약제	6.5[L] 이상
	합성계면활성제포소화약제	6.5[L] 이상
	수성막포소화약제	6.5[L] 이상

62

할로겐화합물 및 불활성기체 소화설비의 수동식 기동장치의 설치기준 중 틀린 것은?

① 5[kg] 이상의 힘을 가하여 기동할 수 있는 구조로 할 것
② 전기를 사용하는 기동장치에는 전원표시등을 설치할 것
③ 기동장치의 방출용 스위치는 음향경보장치와 연동하여 조작될 수 있는 것으로 할 것
④ 해당 방호구역의 출입구부근 등 조작을 하는 자가 쉽게 피난할 수 있는 장소에 설치할 것

해설 수동식 기동장치의 설치기준
- **5[kg] 이하**의 힘을 가하여 기동할 수 있는 구조로 할 것
- 전기를 사용하는 기동장치에는 전원표시등을 설치할 것
- 기동장치의 방출용 스위치는 음향경보장치와 연동하여 조작될 수 있는 것으로 할 것
- 해당 방호구역의 출입구부근 등 조작을 하는 자가 쉽게 피난할 수 있는 장소에 설치할 것
- 방호구역마다 설치할 것

59 ① 60 ① 61 ① 62 ① 정답

63

제연구역의 선정방식 중 계단실 및 그 부속실을 동시에 제연하는 것의 방연풍속은 몇 [m/s] 이상이어야 하는가?

① 0.5 ② 0.7
③ 1 ④ 1.5

해설 방연풍속

제연구역		방연풍속
계단실 및 그 부속실을 동시에 제연하는 것 또는 계단실만 단독으로 제연하는 것		0.5[m/s] 이상
부속실만 단독으로 제연하는 것 또는 비상용 승강기의 승강장만 단독으로 제연하는 것	부속실 또는 승강장이 면하는 옥내가 거실인 경우	0.7[m/s] 이상
	부속실 또는 승강장이 면하는 옥내가 복도로서 그 구조가 방화구조(내화시간이 30분 이상인 구조를 포함한다)인 것	0.5[m/s] 이상

64

완강기 벨트의 강도는 늘어뜨린 방향으로 1개에 대하여 몇 [N]의 인장하중을 가하는 시험에서 끊어지거나 현저한 변형이 생기지 않아야 하는가?

① 1,500 ② 3,900
③ 5,000 ④ 6,500

해설 완강기 벨트의 강도는 늘어뜨린 방향으로 1개에 대하여 **6,500[N]의 인장하중**을 가하는 시험에서 끊어지거나 현저한 변형이 생기지 않아야 한다.

65

분말소화설비의 자동식 기동장치의 설치기준 중 틀린 것은?(단, 자동식 기동장치는 자동화재탐지설비의 감지기와 연동하는 것이다)

① 기동용 가스용기의 충전비는 1.5 이상으로 할 것
② 자동식 기동장치에는 수동으로도 기동할 수 있는 구조로 할 것
③ 전기식 기동장치로서 3병 이상의 저장용기를 동시에 개방하는 설비는 2병 이상의 저장용기에 전자개방밸브를 부착할 것
④ 기동용 가스용기에는 내압시험압력의 0.8배 내지 내압시험압력 이하에서 작동하는 안전장치를 설치할 것

해설 전기식 기동장치로서 7병 이상의 저장용기를 동시에 개방하는 설비는 2병 이상의 저장용기에 전자개방밸브를 부착할 것

66

주거용 주방 자동소화장치의 설치기준으로 틀린 것은?

① 아파트 등 및 30층 이상 오피스텔의 모든 층에 설치한다.
② 소화약제 방출구는 환기구의 청소부분과 분리되어 있어야 한다.
③ 주방용 자동소화장치에 사용하는 가스차단 장치는 주방배관의 개폐밸브로부터 1[m] 이하의 위치에 설치한다.
④ 주방용 자동소화장치의 탐지부는 수신부와 분리하여 설치하되, 공기보다 무거운 가스를 사용하는 장소에는 바닥면으로부터 30[cm] 이하의 위치에 설치한다.

해설 주거용 주방 자동소화장치의 설치기준

- 소화약제 방출구는 환기구(주방에서 발생하는 열기류 등을 밖으로 배출하는 장치를 말한다)의 청소부분과 분리되어 있어야 하며, 형식승인 받은 유효설치 높이 및 설치방호면적에 따라 설치할 것
- 감지부는 형식승인 받은 유효한 높이 및 위치에 설치할 것
- 차단장치(전기 또는 가스)는 상시 확인 및 점검이 가능하도록 설치할 것
- 가스용 주방자동소화장치를 사용하는 경우 탐지부는 수신부와 분리하여 설치하되 공기보다 가벼운 가스(LNG)를 사용하는 경우에는 천장면으로부터 30[cm] 이하의 위치에 설치하고, 공기보다 무거운 가스(LPG)를 사용하는 장소에는 바닥면으로부터 30[cm] 이하의 위치에 설치할 것

> LNG의 증기비중 = 분자량/29 = 16/29 = 0.55
> (LNG의 주성분은 CH_4로서 분자량 : 16이다)

- 수신부는 주위의 열기류 또는 습기 등과 주위온도에 영향을 받지 아니하고 사용자가 상시 볼 수 있는 장소에 설치할 것

정답 63 ① 64 ④ 65 ③ 66 ③

67

물분무소화설비를 설치하는 주차장의 배수설비 설치기준 중 차량이 주차하는 바닥은 배수구를 향하여 얼마 이상의 기울기를 유지해야 하는가?

① $\frac{1}{100}$ ② $\frac{2}{100}$

③ $\frac{3}{100}$ ④ $\frac{5}{100}$

해설 물분무소화설비를 설치하는 주차장의 배수설비 기울기 : 2/100 이상

68

물분무소화설비 송수구의 설치기준 중 틀린 것은?

① 송수구에는 이물질을 막기 위한 마개를 씌울 것
② 지면으로부터 높이가 0.8[m] 이상 1.5[m] 이하의 위치에 설치할 것
③ 송수구의 가까운 부분엔 자동배수밸브 및 체크밸브를 설치할 것
④ 송수구는 하나의 층의 바닥면적이 3,000[m^2]를 넘을 때마다 1개(5개를 넘을 경우에는 5개로 한다) 이상을 설치할 것

해설 **송수구** : 0.5[m] 이상 1.0[m] 이하

69

전역방출방식 고발포용 고정포방출구의 설치기준으로 옳은 것은?(단, 해당 방호구역에서 외부로 새는 양 이상의 포 수용액을 유효하게 추가하여 방출하는 설비가 있는 경우는 제외한다)

① 고정포방출구는 바닥면적 600[m^2]마다 1개 이상으로 할 것
② 고정포방출구는 방호대상물의 최고부분보다 낮은 위치에 설치할 것
③ 개구부에 자동폐쇄장치를 설치할 것
④ 특정소방대상물 및 포의 팽창비에 따른 종별에 관계없이 해당 방호구역의 관포체적 1[m^3]에 대한 1분당 포수용액 방출량은 1[L] 이상으로 할 것

해설 고발포용 고정포방출구의 설치기준
- 고정포방출구는 바닥면적 500[m^2]마다 1개 이상으로 할 것
- 고정포방출구는 방호대상물의 최고부분보다 높은 위치에 설치할 것
- 개구부에 자동폐쇄장치를 설치할 것
- 특정소방대상물 및 포의 팽창비에 따른 종별에 따라 해당 방호구역의 관포체적 1[m^3]에 대한 1분당 포수용액 방출량은 각각 다르다.

70

모피창고에 이산화탄소소화설비를 전역방출방식으로 설치할 경우 방호구역의 체적이 600[m^3]라면 이산화탄소 소화약제의 최소 저장량은 몇 [kg]인가?(단, 설계농도는 75[%]이고, 개구부 면적은 무시한다)

① 780 ② 960
③ 1,200 ④ 1,620

해설 **심부화재 방호대상물(종이, 목재, 석탄, 섬유류, 합성수지류 등)**

탄산가스저장량[kg]
= 방호구역체적[m^3] × 필요가스량[kg/m^3]
+ 개구부면적[m^2] × 가산량(10[kg/m^2])

[전역방출방식의 필요가스량(심부화재)]

방호대상물	필요 가스량	설계 농도
유압기기를 제외한 전기설비, 케이블실	1.3[kg/m^3]	50[%]
체적 55[m^3] 미만의 전기설비	1.6[kg/m^3]	50[%]
서고, 전자제품창고, 목재가공품창고, 박물관	2.0[kg/m^3]	65[%]
고무류・면화류 창고, **모피 창고**, 석탄창고, 집진설비	2.7[kg/m^3]	75[%]

※ 약제 저장량
= 방호구역체적[m^3] × 필요가스량[kg/m^3]
= 600[m^3] × 2.7[kg/m]]
= 1,620[kg]

67 ② 68 ② 69 ③ 70 ④ **정답**

71

소화용수설비를 설치하여야 할 특정소방대상물에 있어서 유수의 양이 최소 몇 [m³/min] 이상인 유수를 사용할 수 있는 경우에 소화수조를 설치하지 아니할 수 있는가?

① 0.8 ② 1
③ 1.5 ④ 2

해설 소화용수설비를 설치하여야 할 특정소방대상물에 있어서 유수의 양이 0.8[m³/min] 이상인 유수를 사용할 수 있는 경우에 소화수조를 설치하지 아니할 수 있다.

72

근린생활시설 지하층에 적응성이 있는 피난기구는? (단, 입원실에 있는 의원 · 산후조리원 · 접골원 · 조산소는 제외한다)

① 피난사다리 ② 미끄럼대
③ 구조대 ④ 피난교

해설 근린생활시설 지하층에 적응성이 있는 피난기구 : 피난사다리, 피난용트랩

73

배관 · 행거 및 조명기구가 있어 살수의 장애가 있는 경우 스프링클러헤드의 설치방법으로 옳은 것은? (단, 스프링클러헤드와 장애물과의 이격거리를 장애물 폭의 3배 이상 확보한 경우는 제외한다)

① 부착면과의 거리는 30[cm] 이하로 설치한다.
② 헤드로부터 반경 60[cm] 이상의 공간을 보유한다.
③ 장애물과 부착면 사이에 설치한다.
④ 장애물 아래에 설치한다.

해설 배관 · 행거 및 조명기구가 있어 살수의 장애가 있는 경우 스프링클러헤드는 장애물 아래에 설치하여 살수에 장애가 없도록 할 것

74

분말소화설비 분말소화약제 1[kg]당 저장용기의 내용적 기준으로 틀린 것은?

① 제1종 분말 : 0.8[L]
② 제2종 분말 : 1.0[L]
③ 제3종 분말 : 1.0[L]
④ 제4종 분말 : 1.8[L]

해설 **분말소화약제의 충전비**

소화약제의 종별	충전비 [L/kg]	소화약제의 종별	충전비 [L/kg]
제1종 분말	0.80	제3종 분말	1.00
제2종 분말	1.00	제4종 분말	1.25

$$\therefore \text{충전비} = \frac{\text{용기의 내용적[L]}}{\text{약제의 중량[kg]}}$$

75

특수가연물을 저장 또는 취급하는 랙식 창고의 경우에는 스프링클러헤드를 설치하는 천장 · 반자 · 천장과 반자 사이 · 덕트 · 선반 등의 각 부분으로부터 하나의 스프링클러헤드까지의 수평거리 기준은 몇 [m] 이하인가?(단, 성능이 별도로 인정된 스프링클러헤드를 수리계산에 따라 설치하는 경우는 제외한다)

① 1.7 ② 2.5
③ 3.2 ④ 4

해설 **스프링클러헤드의 배치기준**

설치장소		설치기준
폭 1.2[m] 초과하는 천장, 반자, 덕트, 선반 기타 이와 유사한 부분	무대부, 특수가연물	수평거리 1.7[m] 이하
	일반건축물	수평거리 2.1[m] 이하
	내화건축물	수평거리 2.3[m] 이하
	랙식 창고	수평거리 2.5[m] 이하 (특수가연물 : 1.7[m] 이하)
	아파트	수평거리 3.2[m] 이하
랙식 창고	특수가연물	높이 4[m] 이하마다
	그 밖의 것	높이 6[m] 이하마다

정답 71 ① 72 ① 73 ④ 74 ④ 75 ①

76

옥내소화전설비 배관의 설치기준 중 틀린 것은?

① 옥내소화전방수구와 연결되는 가지배관의 구경은 40[mm] 이상으로 한다.
② 연결송수관설비의 배관과 겸용할 경우 주배관의 구경은 100[mm] 이상으로 한다.
③ 펌프의 토출측 주배관의 구경은 유속이 4[m/s] 이하가 될 수 있는 크기 이상으로 한다.
④ 주배관 중 수직배관의 구경은 15[mm] 이상으로 한다.

해설 주배관 중 **수직배관**의 구경 : **50[mm] 이상**

77

수직하강식 구조대의 구조에 대한 설명 중 틀린 것은? (단, 건물 내부의 별실에 설치하는 경우는 제외한다)

① 구조대의 포지는 외부포지와 내부포지로 구성한다.
② 사람의 중량에 의하여 하강속도를 조절할 수 있어야 한다.
③ 구조대는 연속하여 강하할 수 있는 구조이어야 한다.
④ 입구틀 및 취부틀의 입구는 지름 50[cm] 이상의 구체가 통과할 수 있어야 한다.

해설 **수직하강식 구조대의 구조**
- 구조대의 포지는 외부포지와 내부포지로 구성하되 외부포지와 내부포지의 사이에 충분한 공기층을 두어야 할 것
- 구조대는 안전하고 쉽게 사용할 수 있는 구조일 것
- 구조대는 연속하여 강하할 수 있는 구조일 것
- 입구틀 및 취부틀의 입구는 지름 50[cm] 이상의 구체가 통과할 수 있는 것일 것
- 포지를 사용할 때 수직방향으로 현저하게 늘어나지 아니할 것

78

스프링클러헤드에서 이융성 금속으로 융착되거나 이융성 물질에 의하여 조립된 것은?

① 프레임 ② 디플렉터
③ 유리벌브 ④ 퓨지블링크

해설 **퓨지블링크**
스프링클러헤드에서 이융성 금속으로 융착되거나 이융성 물질에 의하여 조립된 것

79

소화용수설비에 설치하는 채수구의 수는 소요수량이 40[m³] 이상 100[m³] 미만인 경우 몇 개를 설치해야 하는가?

① 1 ② 2
③ 3 ④ 4

해설 **소요수량에 따른 채수구의 수와 양수량**

소요수량	채수구의 수	가압송수장치의 1분당 양수량
20[m³] 이상 40[m³] 미만	1개	1,100[L] 이상
40[m³] 이상 100[m³] 미만	2개	2,200[L] 이상
100[m³] 이상	3개	3,300[L] 이상

80

배출풍도의 설치기준 중 다음 (　　) 안에 알맞은 것은?

> 배출기 흡입측 풍도 안의 풍속은 (㉠)[m/s] 이하로 하고, 배출측 풍속은 (㉡)[m/s] 이하로 할 것

① ㉠ 15, ㉡ 10 ② ㉠ 10, ㉡ 15
③ ㉠ 20, ㉡ 15 ④ ㉠ 15, ㉡ 20

해설 **배출풍도의 설치기준**
- 배출기 흡입측 풍도 안의 풍속 : 15[m/s] 이하
- 배출측 풍속 : 20[m/s] 이하

76 ④ 77 ② 78 ④ 79 ② 80 ④ 정답

제 1 회 2017년 3월 5일 시행

제 1 과목 소방원론

01

분말소화약제 중 탄산수소칼륨($KHCO_3$)과 요소[$CO(NH_2)_2$]와의 반응물을 주성분으로 하는 소화약제는?

① 제1종 분말　② 제2종 분말
③ 제3종 분말　④ 제4종 분말

해설 분말소화약제의 성상

종 별	소화약제	약제의 착색	적응 화재	열분해반응식
제1종 분말	탄산수소나트륨 ($NaHCO_3$)	백 색	B, C급	$2NaHCO_3 \rightarrow Na_2CO_3+CO_2+H_2O$
제2종 분말	탄산수소칼륨 ($KHCO_3$)	담회색	B, C급	$2KHCO_3 \rightarrow K_2CO_3+CO_2+H_2O$
제3종 분말	제일인산암모늄 ($NH_4H_2PO_4$)	담홍색, 황색	A, B, C급	$NH_4H_2PO_4 \rightarrow HPO_3+NH_3+H_2O$
제4종 분말	중탄산칼륨 +요소 [$KHCO_3$ +$(NH_2)_2CO$]	회 색	B, C급	$2KHCO_3+(NH_2)_2CO \rightarrow K_2CO_3+2NH_3+2CO_2$

02

할론(Halon) 1301의 분자식은?

① CH_3Cl　② CH_3Br
③ CF_3Cl　④ CF_3Br

해설 할론소화약제

구 분 \ 종 류	할론 1301	할론 1211	할론 2402	할론 1011
화학식	CF_3Br	CF_2ClBr	$C_2F_4Br_2$	CH_2ClBr
분자량	148.95	165.4	259.8	129.4

03

유류 저장탱크의 화재에서 일어날 수 있는 현상이 아닌 것은?

① 플래시오버(Flash Over)
② 보일오버(Boil Over)
③ 슬롭오버(Slop Over)
④ 프로스오버(Froth Over)

해설 유류저장탱크에 나타나는 현상 : 보일오버, 슬롭오버, 프로스오버

> **플래시오버** : 가연성 가스를 동반하는 연기와 유독가스가 방출하여 실내의 급격한 온도상승으로 실내전체가 순간적으로 연기가 충만하는 현상으로 일반건축물에 나타난다.

04

건축물의 화재 시 피난자들의 집중으로 패닉(Panic) 현상이 일어날 수 있는 피난방향은?

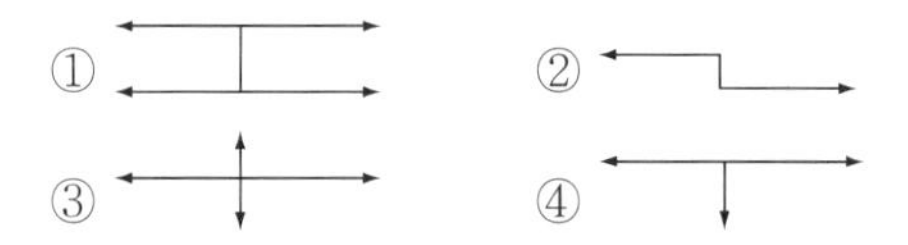

해설 피난방향 및 경로

구 분	구 조	특 징
T형		피난자에게 피난경로를 확실히 알려주는 형태
X형		양방향으로 피난할 수 있는 확실한 형태
H형		중앙코어방식으로 피난자의 집중으로 **패닉현상**이 일어날 우려가 있는 형태
Z형		중앙복도형 건축물에서의 피난경로로서 코어식 중 제일 안전한 형태

정답 01 ④　02 ④　03 ①　04 ①

05

섭씨 30도는 랭킨(Rankine)온도로 나타내면 몇 도인가?

① 546도 ② 515도
③ 498도 ④ 463도

해설 랭킨온도

[R]=460+[°F] [°F]=1.8×[℃]+32

- [°F] = 1.8 × [℃] + 32 = (1.8 × 30) + 32 = 86[°F]
- [R] = 460 + [°F] = 460 + 86 = 546[R]

06

A급, B급, C급 화재에 사용이 가능한 제3종 분말소화약제의 분자식은?

① $NaHCO_3$ ② $KHCO_3$
③ $NH_4H_2PO_4$ ④ Na_2CO_3

해설 제3종 분말약제(제일인산암모늄, $NH_4H_2PO_4$) : A, B, C급 화재

07

1기압, 100[℃]에서의 물 1[g]의 기화잠열은 약 몇 [cal]인가?

① 425 ② 539
③ 647 ④ 734

해설 **표준상태에서 물의 기화(증발)잠열** : 539[cal]

08

건축방화계획에서 건축구조 및 재료를 불연화하여 화재를 미연에 방지하고자 하는 공간적 대응방법은?

① 회피성 대응 ② 도피성 대응
③ 대항성 대응 ④ 설비적 대응

해설 회피성 대응

건축구조 및 재료를 불연화함으로써 화재를 미연에 방지하는 공간적 대응

09

물질의 연소범위와 화재 위험도에 대한 설명으로 틀린 것은?

① 연소범위의 폭이 클수록 화재 위험이 높다.
② 연소범위의 하한계가 낮을수록 화재 위험이 높다.
③ 연소범위의 상한계가 높을수록 화재 위험이 높다.
④ 연소범위의 하한계가 높을수록 화재 위험이 높다.

해설 연소범위

- 연소범위가 넓을수록 위험하다.
- 하한값이 낮을수록 위험하다.
- 온도와 압력을 증가하면 하한값은 불변, 상한값은 증가하므로 위험하다.

10

다음 중 착화온도가 가장 낮은 것은?

① 에틸알코올 ② 톨루엔
③ 등 유 ④ 가솔린

해설 착화 온도

종 류	착화 온도[℃]	종 류	착화 온도[℃]
에틸알코올	423	등 유	220
톨루엔	552	가솔린	≒300

11

위험물의 저장 방법으로 틀린 것은?

① 금속나트륨 - 석유류에 저장
② 이황화탄소 - 수조 물탱크에 저장
③ 알킬알루미늄 - 벤젠액에 희석하여 저장
④ 산화프로필렌 - 구리 용기에 넣고 불연성 가스를 봉입하여 저장

해설 **산화프로필렌, 아세트알데하이드** : 구리, 마그네슘, 수은, 은과의 접촉을 피하고, 불연성 가스를 불입하여 저장한다.

05 ① 06 ③ 07 ② 08 ① 09 ④ 10 ③ 11 ④ 정답

12

소화약제의 방출수단에 대한 설명으로 가장 옳은 것은?

① 액체 화학반응을 이용하여 발생되는 열로 방출한다.
② 기체의 압력으로 폭발, 기화작용 등을 이용하여 방출한다.
③ 외기의 온도, 습도, 기압 등을 이용하여 방출한다.
④ 가스압력, 동력, 사람의 손 등에 의하여 방출한다.

해설 소화기, 소화설비는 내부가스압력, 사람의 손(수동기동)에 의하여 방출한다.

13

가연물의 제거와 가장 관련이 없는 소화방법은?

① 촛불을 입김으로 불어서 끈다.
② 산불 화재 시 나무를 잘라 없앤다.
③ 팽창진주암을 사용하여 진화한다.
④ 가스화재 시 중간밸브를 잠근다.

해설 **질식소화** : 팽창진주암이나 팽창질석을 사용하여 진화하는 방법

14

연기의 감광계수[m^{-1}]에 대한 설명으로 옳은 것은?

① 0.5는 거의 앞이 보이지 않을 정도이다.
② 10은 화재 최성기 때의 농도이다.
③ 0.5는 가시거리가 20~30[m] 정도이다.
④ 10은 연기감지기가 작동하기 직전의 농도이다.

해설 **감광계수에 따른 상황**

감광계수	가시거리[m]	상 황
0.1	20~30	연기감지기가 작동할 때의 정도
0.3	5	건물 내부에 익숙한 사람이 피난에 지장을 느낄 정도
0.5	3	어두침침한 것을 느낄 정도
1	1~2	거의 앞이 보이지 않을 정도
10	0.2~0.5	화재 최성기 때의 정도

15

다음 중 가연성 가스가 아닌 것은?

① 일산화탄소　② 프로판
③ 아르곤　④ 수 소

해설 **가연성 가스** : 연소하는 가스(일산화탄소, 프로판, 부탄, 메탄, 에탄)

아르곤 : 불활성 가스

16

할론가스 45[kg]과 함께 기동가스로 질소 2[kg]을 충전하였다. 이때 질소가스의 몰분율은?(단, 할론가스의 분자량은 149이다)

① 0.19　② 0.24
③ 0.31　④ 0.39

해설 **몰분율**

$$\text{몰분율} = \frac{\frac{\text{각 성분의 무게}}{\text{분자량}}}{\frac{\text{각 성분의 무게}}{\text{분자량}}} = \frac{\frac{2[kg]}{28}}{\frac{45[kg]}{149} + \frac{2[kg]}{28}}$$

$= 0.19$

질소(N_2)의 분자량 : 28

17

고층 건축물 내 연기거동 중 굴뚝효과에 영향을 미치는 요소가 아닌 것은?

① 건물 내·외의 온도차
② 화재실의 온도
③ 건물의 높이
④ 층의 면적

해설 **연돌효과와 관계있는 것**

- 건물 내·외의 온도차
- 화재실의 온도
- 건물의 높이

정답 12 ④ 13 ③ 14 ② 15 ③ 16 ① 17 ④

18

B급 화재 시 사용할 수 없는 소화방법은?

① CO_2 소화약제로 소화한다.
② 봉상주수로 소화한다.
③ 3종 분말약제로 소화한다.
④ 단백포로 소화한다.

해설 봉상주수는 옥내소화설비, 옥외소화전설비로서 A급(일반 화재)에 적합하다.

19

인화성 액체의 연소점, 인화점, 발화점을 온도가 높은 것부터 옳게 나열한 것은?

① 발화점 > 연소점 > 인화점
② 연소점 > 인화점 > 발화점
③ 인화점 > 발화점 > 연소점
④ 인화점 > 연소점 > 발화점

해설 **용어의 정의**

- 인화점(Flash Point)
  - 휘발성 물질에 불꽃을 접하여 발화될 수 있는 최저의 온도
  - 가연성 증기를 발생할 수 있는 최저의 온도
- 발화점(Ignition Point) : 가연성 물질에 점화원을 접하지 않고도 불이 일어나는 최저의 온도
- 연소점(Fire Point) : 어떤 물질이 연소 시 연소를 지속할 수 있는 온도로, 인화점보다 10[℃] 높다.

온도의 순서 : 발화점 > 연소점 > 인화점

20

소화효과를 고려하였을 경우 화재 시 사용할 수 있는 물질이 아닌 것은?

① 이산화탄소
② 아세틸렌
③ Halon 1211
④ Halon 1301

해설 아세틸렌(C_2H_2)은 제3류 위험물인 탄화칼슘이 물과 반응할 때 발생하는 가스로서 가연성가스이다.

제 2 과목 소방유체역학

21

다음 중 펌프를 직렬운전해야 할 상황으로 가장 적절한 것은?

① 유량이 변화가 크고 1대로는 유량이 부족할 때
② 소요되는 양정이 일정하지 않고 크게 변동될 때
③ 펌프에 패입 현상이 발생할 때
④ 펌프에 무구속 속도(Run Away Speed)가 나타날 때

해설 소요되는 양정이 일정하지 않고 크게 변동될 때 병렬보다는 직렬운전이 적절하다.

22

펌프 운전 중 발생하는 수격작용의 발생을 예방하기 위한 방법에 해당되지 않는 것은?

① 밸브를 가능한 펌프 송출구에서 멀리 설치한다.
② 서지탱크를 관로에 설치한다.
③ 밸브의 조작을 천천히 한다.
④ 관 내의 유속을 낮게 한다.

해설 **수격현상의 방지대책**

- 관로의 관경을 크게 하고 유속을 낮게 하여야 한다.
- 압력강하의 경우 Fly Wheel을 설치하여야 한다.
- 조압수조(Surge Tank) 또는 수격방지기(Water Hammering Cushion)를 설치하여야 한다.
- **Pump 송출구 가까이 송출밸브를 설치**하여 압력상승 시 압력을 제어하여야 한다.

18 ② 19 ① 20 ② 21 ② 22 ① 정답

23

그림과 같이 반지름이 0.8[m]이고 폭이 2[m]인 곡면 AB가 수문으로 이용된다. 물에 의한 힘의 수평성분의 크기는 약 몇 [kN]인가?(단, 수문의 폭은 2[m]이다)

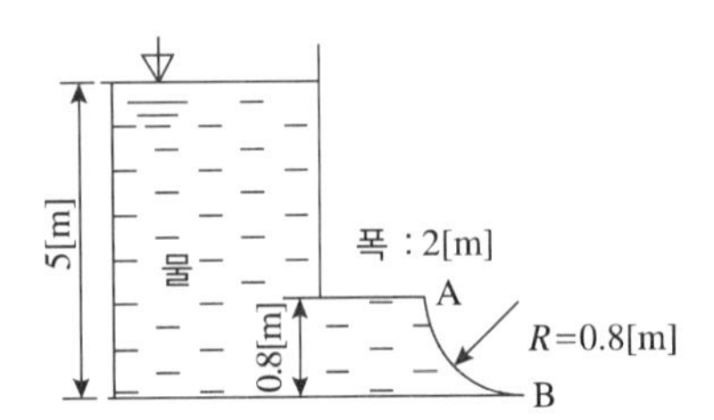

① 72.1　　② 84.7

③ 90.2　　④ 95.4

해설 수평성분의 크기

$F_H = \gamma \bar{h} A$

$= 9,800[\text{N/m}^3] \times [(5-0.8[\text{m}]) + \frac{0.8}{2}[\text{m}]]$

$\times (0.8 \times 2)[\text{m}^2]$

$= 72,128[\text{N}]$

$= 72.1[\text{kN}]$

24

베르누이 방정식을 적용할 수 있는 기본 전제조건으로 옳은 것은?

① 비압축성 흐름, 정상 흐름, 정상 유동

② 압축성 흐름, 비점성 흐름, 정상 유동

③ 비압축성 흐름, 비점성 흐름, 비정상 유동

④ 비압축성 흐름, 비점성 흐름, 정상 유동

해설 베르누이 방정식의 적용 조건

- 비압축성 흐름
- 비점성 흐름
- 정상 유동

25

그림과 같이 매끄러운 유리관에 물이 채워져 있을 때 모세관 상승높이 h는 약 몇 [m]인가?

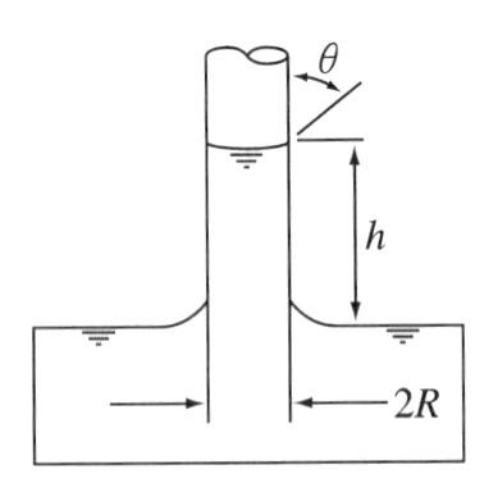

[조 건]

- 액체의 표면장력 $\sigma = 0.073[\text{N/m}]$
- $R = 1[\text{mm}]$
- 매끄러운 유리관의 접촉각 $\theta \approx 0°$

① 0.007　　② 0.015

③ 0.07　　④ 0.15

해설 상승높이(h)

$$h = \frac{4\sigma\cos\theta}{\gamma d}$$

여기서, σ : 표면장력[N/m]

θ : 각도

γ : 비중량(9,800[N/m³])

d : 직경[m]

$$\therefore h = \frac{4 \times 0.073[\text{N/m}] \times \cos 0}{9,800 \times 0.002[\text{m}]} = 0.0149[\text{m}]$$

26

공기 10[kg]과 수증기 1[kg]이 혼합되어 10[m³]의 용기 안에 들어있다. 이 혼합 기체의 온도가 60[℃]라면, 이 혼합기체의 압력은 약 몇 [kPa]인가?(단, 수증기 및 공기의 기체 상수는 각각 0.462 및 0.287[kJ/kg·K]이고 수증기는 모두 기체 상태이다)

① 95.6

② 111

③ 126

④ 145

정답 23 ① 24 ④ 25 ② 26 ②

해설 혼합기체의 압력 $P = P_1 + P_2$

$$\therefore P = P_1 + P_2 = \frac{W_1 R_1 T}{V} + \frac{W_2 R_2 T}{V}$$

$$= \frac{10[kg] \times 0.287[kJ/kg \cdot K] \times 333[K]}{10[m^3]} + \frac{1[kg] \times 0.462[kJ/kg \cdot K] \times 333[K]}{10[m^3]}$$

$$= 111[kN/m^2] = 111[kPa]$$

[kJ] = [kN · m]

27

파이프 내 정상 비압축성 유동에 있어서 관마찰계수는 어떤 변수들의 함수인가?

① 절대조도와 관지름
② 절대조도와 상대조도
③ 레이놀즈수와 상대조도
④ 마하수와 코시수

해설 관마찰계수(f)

- 층류구역(Re < 2,100) : f는 상대조도에 관계없이 레이놀즈수만의 함수이다.

$$f = \frac{64}{Re}$$

- 천이구역[임계영역, 2,100 < Re < 4,000)] : f는 상대조도와 레이놀즈수만의 함수이다.
- 난류구역(Re > 4,000) : f는 상대조도와 무관하고 레이놀즈수에 대하여 좌우되는 영역은 브라시우스식을 제시한다.

$$f = 0.3164 Re^{-\frac{1}{4}}$$

28

점성계수의 단위로 사용되는 푸아즈(Poise)의 환산 단위로 옳은 것은?

① $[cm^2/s]$
② $[N \cdot s^2/m^2]$
③ $[dyne/cm \cdot s]$
④ $[dyne \cdot s/cm^2]$

해설 1[poise] = 1[g/cm · s]

$$\therefore [dyne \cdot s/cm^2] = [g \cdot cm/s^2] \times [s/cm^2] = [g/cm \cdot s](poise)$$

$[dyne] = [g \cdot cm/s^2]$

29

3[m/s]의 속도로 물이 흐르고 있는 관로 내에 피토관을 삽입하고, 비중 1.8의 액체를 넣은 시차액주계에서 나타나게 되는 액주차는 약 몇 [m]인가?

① 0.191
② 0.573
③ 1.41
④ 2.15

해설 액주차

$$u = \sqrt{2gH\left(\frac{s}{s_w} - 1\right)} \qquad H = \frac{u^2}{2g\left(\frac{s}{s_w} - 1\right)}$$

$$\therefore \text{액주차}(H) = \frac{u^2}{2g\left(\frac{s}{s_w} - 1\right)}$$

$$= \frac{(3[m/s])^2}{2 \times 9.8[m/s^2] \times \left(\frac{1,800[kg/m^3]}{1,000[kg/m^3]} - 1\right)}$$

$$= 0.574[m]$$

30

지름이 5[cm]인 원형관 내에 어떤 이상기체가 흐르고 있다. 다음 보기 중 이 기체의 흐름이 층류이면서 가장 빠른 속도는?(단, 이 기체의 절대압력은 200[kPa], 온도는 27[℃], 기체상수는 2,080[J/kg · K], 점성계수는 2×10^{-5}[N · s/m²], 층류에서 하임계 레이놀즈 값은 2,200으로 한다)

[보 기]

㉠ 0.3[m/s]
㉡ 1.5[m/s]
㉢ 8.3[m/s]
㉣ 15.5[m/s]

① ㉠
② ㉡
③ ㉢
④ ㉣

정답 27 ③ 28 ④ 29 ② 30 ②

해설 레이놀즈(Renolds)수

$$Re = \frac{Du\rho}{\mu}$$

여기서, D : 내경(0.05[m])

u : 유속[m/s]

ρ : 밀도[kg/m³](이상기체 상태방정식 $\frac{P}{\rho} = RT$에서)

μ : 점성계수(2×10^{-5}[N·s/m²] $= 2\times10^{-5}\times\frac{[\text{kg}\cdot\text{m}]}{[\text{s}^2]}\cdot\frac{[\text{s}]}{[\text{m}^2]}$)

$$\therefore \rho = \frac{P}{RT} = \frac{200\times10^3[\text{N/m}^2]}{2{,}080\frac{[\text{N}\cdot\text{m}]}{[\text{kg}\cdot\text{K}]}\times(273+27)[\text{K}]}$$

$$= 0.32[\text{kg/m}^3]$$

[N·m] = [J]

∴ 레이놀즈수 $Re = \frac{Du\rho}{\mu}$를 적용하여 계산하면

① 유속 0.3[m/s]일 때 레이놀즈수

$$Re = \frac{0.05\times0.3\times0.32}{2\times10^{-5}} = 240$$

② 유속 1.5[m/s]일 때 레이놀즈수

$$Re = \frac{0.05\times1.5\times0.32}{2\times10^{-5}} = 1{,}200$$

③ 유속 8.3[m/s]일 때 레이놀즈수

$$Re = \frac{0.05\times8.3\times0.32}{2\times10^{-5}} = 6{,}640$$

④ 유속 15.5[m/s]일 때 레이놀즈수

$$Re = \frac{0.05\times15.5\times0.32}{2\times10^{-5}} = 12{,}400$$

하임계 레이놀즈 값($Re = 2{,}200$)이란 난류에서 층류로 바뀌는 값

∴ 하임계 레이놀즈 값보다 작으면 층류이므로 층류이면서 가장 빠른 속도는 1.5[m/s]이다.

31

다음 그림과 같은 탱크에 물이 들어있다. 물이 탱크의 밑면에 가하는 힘은 약 몇 [N]인가?(단, 물의 밀도는 1,000[kg/m³], 중력가속도는 10[m/s²]로 가정하며 대기압은 무시한다. 또한 탱크의 폭은 전체가 1[m]로 동일하다)

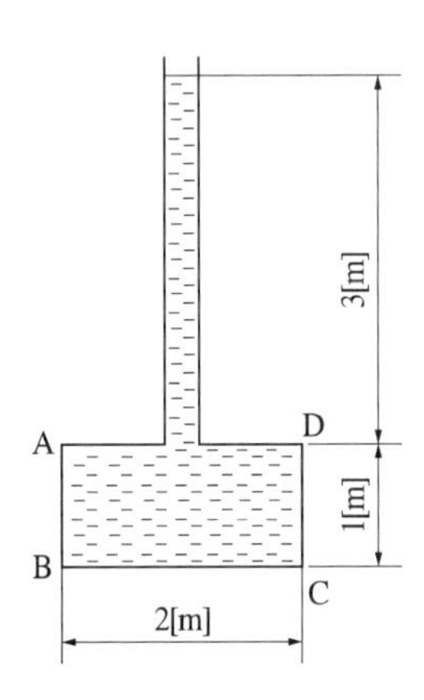

① 40,000 ② 20,000

③ 80,000 ④ 60,000

해설 탱크의 밑면에 가하는 힘

탱크 밑면에 작용하는 압력 $P = \frac{F}{A} = \gamma H$,

$F = \gamma HA = (\rho g)HA$

$$\therefore \text{힘 } F = \gamma HA = (\rho g)HA$$
$$= \left(102\frac{[\text{kg}_f\cdot\text{s}^2]}{[\text{m}^4]}\times10\frac{[\text{m}]}{[\text{s}^2]}\right)\times(3+1)[\text{m}]\times(2\times1)[\text{m}^2]$$
$$= 8{,}160[\text{kg}_f]$$
$$= 8{,}160[\text{kg}_f]\times9.8[\text{N/kg}_f]$$
$$= 79{,}968[\text{N}]$$

32

압력 200[kPa], 온도 60[℃]의 공기 2[kg]이 이상적인 폴리트로픽 과정으로 압축되어 압력 2[MPa], 온도 250[℃]로 변화하였을 때 이 과정동안 소요된 일의 양은 약 몇 [kJ]인가?(단, 기체상수는 0.287 [kJ/kg·K]이다)

① 224 ② 327

③ 447 ④ 560

정답 31 ③ 32 ③

해설 ① 폴리트로픽과정에서 온도와 압력과의 관계

$\frac{T_2}{T_1}=\left(\frac{P_2}{P_1}\right)^{\frac{n-1}{n}}$ 에서 폴리트로픽지수를 구한다.

양변에 ln을 취하면 $\ln\frac{T_2}{T_1}=\frac{n-1}{n}\ln\frac{P_2}{P_1}$ 이고

$$\frac{n}{n-1}=\frac{\ln\frac{P_2}{P_1}}{\ln\frac{T_2}{T_1}}=\frac{\ln\frac{2\times10^6[\text{Pa}]}{200\times10^3[\text{Pa}]}}{\ln\frac{(273+250)[\text{K}]}{(273+60)[\text{K}]}}=5.1$$

$n=5.1(n-1)$에서

폴리트로픽지수 $n=\frac{5.1}{4.1}=1.244$

② 압축일 $W_t=\frac{1}{n-1}mR(T_1-T_2)$에서

$$W_t=\frac{1}{1.244-1}\times2[\text{kg}]\times0.287\frac{[\text{kJ}]}{[\text{kg}\cdot\text{K}]}\times\{(273+60)-(273+250)\}[\text{K}]$$
$$=-447[\text{kJ}]$$ (− 부호는 압축임을 나타낸다)

33

표면적이 A, 절대온도가 T_1인 흑체와 절대온도가 T_2인 흑체 주위 밀폐공간 사이의 열전달량은?

① T_1-T_2에 비례한다.
② $T_1^2-T_2^2$에 비례한다.
③ $T_1^3-T_2^3$에 비례한다.
④ $T_1^4-T_2^4$에 비례한다.

해설 열전달량(복사에너지)은 절대온도의 4승에 비례한다.

34

그림과 같이 수평면에 대하여 60°기울어진 경사관에 비중 S=13.6인 수은이 채워져 있으며, A와 B에는 물이 채워져 있다. A의 압력이 250[kPa], B의 압력이 200[kPa]일 때 길이 L은 몇 [cm]인가?

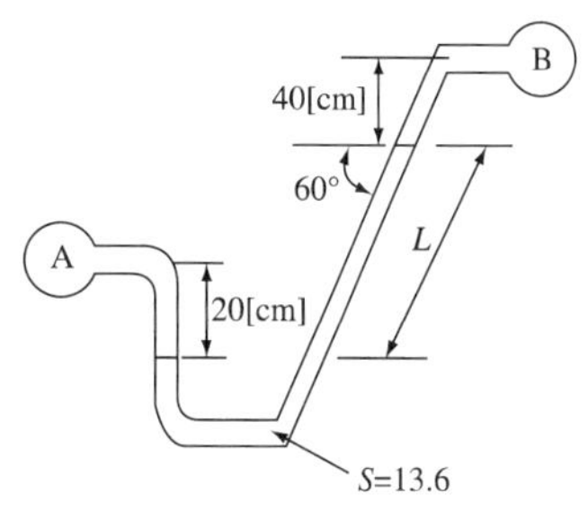

① 33.3 ② 38.2
③ 41.6 ④ 45.1

해설 • 압력평형 $P_A+\gamma_1h_1=P_B+\gamma_2h_2+\gamma_3h_3$에서

$P_A-P_B=\gamma_2h_2+\gamma_3h_3-\gamma_1h_1$

$(250-200)\times10^3[\text{N/m}^2][\text{Pa}]$
$=(0.4\,[\text{kg}_f/\text{m}^3]\times9{,}800[\text{N/m}^3])+(13.6\times9{,}800\times h_3)-(0.2\times9{,}800)$

수직 상승높이 $h_3=0.3604[\text{m}]=36.04[\text{cm}]$

$\therefore \sin\theta=\frac{h_3}{L}$ 이므로, 길이 $L=\frac{36.04}{\sin60°}=41.62[\text{m}]$

35

압력 0.1[MPa], 온도 250[℃] 상태인 물의 엔탈피가 2,974.33[kJ/kg]이고 비체적은 2.40604[m³/kg]이다. 이 상태에서 물의 내부 에너지[kJ/kg]는?

① 2,733.7 ② 2,974.1
③ 3,214.9 ④ 3,582.7

해설 내부에너지

엔탈피 $h=u+Pv,\ u=h-Pv$

$\therefore$ 내부에너지 $u=h-Pv$

$$=2{,}974.33\times10^3\frac{[\text{J}]}{[\text{kg}]}-(0.1\times10^6)\frac{[\text{N}]}{[\text{m}^2]}\times2.40604\frac{[\text{m}^3]}{[\text{kg}]}$$
$$=2{,}733{,}726[\text{J/kg}]=2{,}733.7[\text{kJ/kg}]$$

$[\text{N}\cdot\text{m}]=[\text{J}]$

33 ④ 34 ③ 35 ① 정답

36

길이가 400[m]이고 유동단면이 20×30[cm]인 직사각형 관에 물이 가득 차서 평균속도 3[m/s]로 흐르고 있다. 이때 손실수두는 약 몇 [m]인가?(단, 관 마찰계수는 0.01이다)

① 2.38　② 4.76
③ 7.65　④ 9.52

해설 손실수두

$$H = \frac{flu^2}{2gD}$$

여기서, D : 내경

$D = 4R_h = 4\times6 = 24[cm] = 0.24[m]$

수력반경 $R_h = \dfrac{20\times30}{20\times2+30\times2} = 6[cm]$

$\therefore\ H = \dfrac{flu^2}{2gD} = \dfrac{0.01\times400\times(3)^2}{2\times9.8\times0.24} = 7.65[m]$

37

안지름 100[mm]인 파이프를 통해 2[m/s]의 속도로 흐르는 물의 질량유량은 약 몇 [kg/min]인가?

① 15.7　② 157
③ 94.2　④ 942

해설 질량유량 $\overline{m} = Au\rho$에서

$\therefore\ \overline{m} = Au\rho$

$= \dfrac{\pi}{4}(0.1[m])^2\times2[m/s]\times60[s/min]$

$\times1,000[kg/m^3]$

$= 942[kg/min]$

38

유량이 0.6[m³/min]일 때 손실수두가 5[m]인 관로를 통하여 10[m]인 높이 위에 있는 저수조로 물을 이송하고자 한다. 펌프의 효율이 85[%]라 할 때 펌프에 공급해야 하는 동력은 약 몇 [kW]인가?

① 0.58　② 1.15
③ 1.47　④ 1.73

해설 전동기 용량

$$P[kW] = \frac{\gamma\times Q\times H}{102\times\eta}\times K$$

여기서, γ : 물의 비중량(1,000[kgf/m³])
Q : 유량(0.6[m³]/60[s])
H : 전양정(5[m]+10[m] = 15[m])
η : Pump 효율(85[%] = 0.85)

$\therefore\ P = \dfrac{1,000\times0.6/60\times15}{102\times0.85} = 1.73[kW]$

39

대기의 압력이 1.08[kgf/cm²]였다면 게이지압력이 12.5[kgf/cm²]인 용기에서 절대압력[kgf/cm²]은?

① 12.50　② 13.58
③ 11.42　④ 14.50

해설 절대압력

절대압력 = 대기압 + 게이지압력

∴ 절대압력 = 1.08 + 12.5 = 13.58[kgf/cm²]

40

시간 Δt 사이에 유체의 선운동량이 ΔP 만큼 변했을 때 $\dfrac{\Delta P}{\Delta t}$는 무엇을 뜻하는가?

① 유체 운동량의 변화량
② 유체 충격량의 변화량
③ 유체의 가속도
④ 유체에 작용하는 힘

해설 시간 Δt 사이에 물체의 선운동량이 ΔP만큼 변했을 때 $\dfrac{\Delta P}{\Delta t}$는 유체에 작용하는 힘이다.

정답 36 ③　37 ④　38 ④　39 ②　40 ④

제 3 과목 소방관계법규

41

소방특별조사의 연기를 신청하려는 자는 소방특별조사 시작 며칠 전까지 소방청장, 소방본부장 또는 소방서장에게 소방특별조사 연기신청서에 증명서류를 첨부하여 제출해야 하는가?(단, 천재지변 및 그 밖에 대통령령으로 정하는 사유로 소방특별조사를 받기 곤란한 경우이다)

① 3　② 5
③ 7　④ 10

해설 소방특별조사 시작 **3일 전**까지 **소방특별조사 연기신청서**(전자문서로 된 신청서를 포함)에 소방특별조사를 받기가 곤란함을 증명할 수 있는 서류(전자문서로 된 서류를 포함)를 첨부하여 소방청장, 소방본부장 또는 소방서장에게 제출하여야 한다.

42

화재예방, 소방시설 설치 · 유지 및 안전관리에 관한 법률상 특정소방대상물 중 오피스텔에 해당하는 것은?

① 숙박시설　② 업무시설
③ 공동주택　④ 근린생활시설

해설 **오피스텔** : 업무시설

43

옥내저장소의 위치 · 구조 및 설비의 기준 중 지정수량의 몇 배 이상의 저장창고(제6류 위험물의 서상장고 제외)에 피뢰침을 설치해야 하는가?(단, 저장창고 주위의 상황이 안전상 지장이 없는 경우는 제외한다)

① 10배　② 20배
③ 30배　④ 40배

해설 **피뢰설비 : 지정수량의 10배 이상**(제6류 위험물은 제외)

44

지정수량 미만인 위험물의 저장 또는 취급에 관한 기술상의 기준은 무엇으로 정하는가?

① 대통령령　② 행정안전부령
③ 소방청령　④ 시 · 도의 조례

해설 **저장 또는 취급에 관한 기술상의 기준**
- 지정수량 이상 : 위험안전관리법 적용
- 지정수량 미만 : 시 · 도의 조례

45

특정소방대상물이 증축되는 경우 기존 부분에 대해서 증축 당시의 소방시설의 설치에 관한 대통령령 또는 화재안전기준을 적용하지 않는 경우가 아닌 것은?

① 증축으로 인하여 천장 · 바닥 · 벽 등에 고정되어 있는 가연성 물질의 양이 줄어드는 경우
② 자동차 생산공장 등 화재 위험이 낮은 특정소방대상물 내부에 연면적 33[m^2] 이하의 직원 휴게실을 증축하는 경우
③ 기존 부분과 증축 부분이 갑종방화문(국토교통부장관이 정하는 기준에 적합한 자동방화셔터를 포함한다)으로 구획되어 있는 경우
④ 자동차 생산공장 등 화재 위험이 낮은 특정소방대상물에 캐노피(3면 이상에 벽이 없는 구조의 캐노피)를 설치하는 경우

해설 **대통령령 또는 화재안전기준을 적용하지 않는 경우**
- 기존 부분과 증축 부분이 내화구조(耐火構造)로 된 바닥과 벽으로 구획된 경우
- 기존 부분과 증축 부분이 건축법 시행령 제64조에 따른 갑종방화문(국토교통부장관이 정하는 기준에 적합한 자동방화셔터를 포함한다)으로 구획되어 있는 경우
- 자동차 생산공장 등 화재 위험이 낮은 특정소방대상물 내부에 연면적 33[m^2] 이하의 직원 휴게실을 증축하는 경우
- 자동차 생산공장 등 화재 위험이 낮은 특정소방대상물에 캐노피(3면 이상에 벽이 없는 구조의 캐노피를 말한다)를 설치하는 경우

41 ① 42 ② 43 ① 44 ④ 45 ① 정답

46

소방용수시설 급수탑 개폐밸브의 설치기준으로 옳은 것은?

① 지상에서 1.0[m] 이상 1.5[m] 이하
② 지상에서 1.5[m] 이상 1.7[m] 이하
③ 지상에서 1.2[m] 이상 1.8[m] 이하
④ 지상에서 1.5[m] 이상 2.0[m] 이하

해설 **소방용수시설 급수탑 개폐밸브** : 지상에서 1.5[m] 이상 1.7[m] 이하

47

소방청장, 소방본부장 또는 소방서장이 소방특별조사 조치명령서를 해당 소방대상물의 관계인에게 발급하는 경우가 아닌 것은?

① 소방대상물의 신축 ② 소방대상물의 개수
③ 소방대상물의 이전 ④ 소방대상물의 제거

해설 소방특별조사 조치명령서에 소방대상물의 개수(改修)·이전·제거, 사용의 금지 또는 제한, 사용폐쇄, 공사의 정지 또는 중지, 그 밖의 필요한 조치를 명할 수 있다.

48

성능위주설계를 실시하여야 하는 특정소방대상물의 범위 기준으로 틀린 것은?

① 연면적 200,000[m^2] 이상인 특정소방대상물(아파트 등은 제외)
② 지하층을 포함한 층수가 30층 이상인 특정소방대상물(아파트 등은 제외)
③ 건축물의 높이가 100[m] 이상인 특정소방대상물(아파트 등은 제외)
④ 하나의 건축물에 영화상영관이 5개 이상인 특정소방대상물

해설 **성능위주설계 대상**
- 연면적 200,000[m^2] 이상인 특정소방대상물(아파트 등은 제외)
- 다음 각 목의 어느 하나에 해당하는 특정소방대상물(아파트 등은 제외).
  - 건축물의 높이가 100[m] 이상인 특정소방대상물
  - 지하층을 포함한 층수가 30층 이상인 특정소방대상물
- 연면적 30,000[m^2] 이상인 특정소방대상물로서 다음 각 목의 어느 하나에 해당하는 특정소방대상물
  - 철도 및 도시철도 시설
  - 공항시설
- 하나의 건축물에 **영화상영관**이 **10개 이상**인 특정소방대상물

49

시장지역에서 화재로 오인할 만한 우려가 있는 불을 피우거나 연막소독을 하려는 자가 소방본부장 또는 소방서장에게 신고를 하지 아니하여 소방자동차를 출동하게 한 자에 대한 과태료 부과금액 기준으로 옳은 것은?

① 20만원 이하
② 50만원 이하
③ 100만원 이하
④ 200만원 이하

해설 소방서에 신고를 하지 않고 시장지역에서 화재로 오인할 만한 우려가 있는 불을 피우거나 연막소독을 한 자는 소방자동차를 출동하게 하면 20만원 이하의 과태료를 부과해야 한다.

4개 법령에서 가장 낮은 과태료 금액이다.

50

대통령령 또는 화재안전기준이 변경되어 그 기준이 강화되는 경우에 기존 특정소방대상물의 소방시설에 대하여 변경으로 강화된 기준을 적용하여야 하는 소방시설은?

① 비상경보설비
② 비상콘센트설비
③ 비상방송설비
④ 옥내소화전설비

정답 46 ② 47 ① 48 ④ 49 ① 50 ①

해설 대통령령 또는 화재안전기준의 변경으로 강화된 기준을 적용(소급적용 대상)

- 다음 소방시설 중 대통령령으로 정하는 것
  - 소화기구
  - 비상경보설비
  - 자동화재속보설비
  - 피난구조설비
- 지하구에 설치하여야 하는 소방시설(공동구, 전력 또는 통신사업용 지하구)
- 노유자(老幼者)시설, 의료시설에 설치하여야 하는 소방시설 중 대통령령으로 정하는 것

> - 노유자시설 : 간이스프링클러설비, 자동화재탐지설비, 단독경보형감지기
> - 의료시설 : 간이스프링클러설비, 스프링클러설비, 자동화재탐지설비, 자동화재속보설비

51

다음 조건을 참고하여 숙박시설이 있는 특정소방대상물의 수용인원 산정 수로 옳은 것은?

> 침대가 있는 숙박시설로서 1인용 침대의 수는 20개이고 2인용 침대의 수는 10개이며, 종업원의 수는 3명이다.

① 33 ② 40
③ 43 ④ 46

해설 숙박시설이 있는 특정소방대상물 수용인원 산정 수

- 침대가 있는 숙박시설 : 해당 특정소방물의 종사자 수에 침대 수(2인용 침대는 2개로 산정)를 합한 수
- 침대가 없는 숙박시설 : 해당 특정소방대상물의 종사자 수에 숙박시설 바닥면적의 합계를 3[m^2]로 나누어 얻은 수를 합한 수

∴ 3 + 20개(1인용 침대) + 20(2인용 침대) = 43명

52

출동한 소방대의 화재진압 및 인명구조·구급 등 소방활동 방해에 따른 벌칙이 5년 이하의 징역 또는 5,000만원 이하의 벌금에 처하는 행위가 아닌 것은?

① 위력을 사용하여 출동한 소방대의 구급활동을 방해하는 행위
② 화재진압을 마치고 소방서로 복귀 중인 소방자동차의 통행을 고의로 방해하는 행위
③ 출동한 소방대원에게 협박을 행사하여 구급활동을 방해하는 행위
④ 출동한 소방대의 소방장비를 파손하거나 그 효용을 해하여 구급활동을 방해하는 행위

해설 5년 이하의 징역 또는 5,000만원 이하의 벌금

- 제16조 제2항을 위반하여 다음 각 목의 어느 하나에 해당하는 행위를 한 사람
  - 위력(威力)을 사용하여 출동한 소방대의 화재진압·인명구조 또는 구급활동을 방해하는 행위
  - 소방대가 화재진압·인명구조 또는 구급활동을 위하여 현장에 출동하거나 현장에 출입하는 것을 고의로 방해하는 행위
  - 출동한 소방대원에게 폭행 또는 협박을 행사하여 화재진압·인명구조 또는 구급활동을 방해하는 행위
  - 출동한 소방대의 소방장비를 파손하거나 그 효용을 해하여 화재진압·인명구조 또는 구급활동을 방해하는 행위
- 소방자동차의 출동을 방해한 사람
- 사람을 구출하는 일 또는 불을 끄거나 불이 번지지 아니하도록 하는 일을 방해한 사람
- 정당한 사유 없이 소방용수시설을 사용하거나 소방용수시설의 효용을 해치거나 그 정당한 사용을 방해한 사람

51 ③ 52 ② **정답**

53

대통령령으로 정하는 특정소방대상물 소방시설공사의 완공검사를 위하여 소방본부장이나 소방서장의 현장 확인 대상 범위가 아닌 것은?

① 문화 및 집회시설
② 수계 소화설비가 설치되는 곳
③ 연면적 10,000[m^2] 이상이거나 11층 이상인 특정소방대상물(아파트는 제외)
④ 가연성가스를 제조·저장 또는 취급하는 시설 중 지상에 노출된 가연성가스탱크의 저장용량 합계가 1,000[t] 이상인 시설

해설 현장 확인 대상 범위
- 문화 및 집회시설, 종교시설, 판매시설, 노유자(老幼者)시설, 수련시설, 운동시설, 숙박시설, 창고시설, 지하상가 및 다중이용업소의 안전관리에 관한 특별법에 따른 다중이용업소
- **스프링클러설비 등, 물분무 등 소화설비(호스릴 방식의 소화설비는 제외)**가 설치되는 특정소방대상물
- 연면적 10,000[m^2] 이상이거나 11층 이상인 특정소방대상물(아파트는 제외한다)
- 가연성가스를 제조·저장 또는 취급하는 시설 중 지상에 노출된 가연성가스탱크의 저장용량 합계가 1,000[t] 이상인 시설

54

관계인이 예방규정을 정하여야 하는 제조소 등의 기준이 아닌 것은?

① 지정수량의 10배 이상의 위험물을 취급하는 제조소
② 지정수량의 50배 이상의 위험물을 취급하는 옥외저장소
③ 지정수량의 150배 이상의 위험물을 취급하는 옥내저장소
④ 지정수량의 200배 이상의 위험물을 취급하는 옥외탱크저장소

해설 지정수량의 **100배 이상**의 위험물을 취급하는 **옥외저장소**는 예방규정 대상이다.

55

소방본부장 또는 소방서장은 건축허가 등의 동의요구 서류를 접수한 날부터 최대 며칠 이내에 건축허가 등의 동의여부를 회신하여야 하는가?(단, 허가 신청한 건축물은 지상으로부터 높이가 200[m]인 아파트이다)

① 5일 ② 7일
③ 10일 ④ 15일

해설 건축허가 등의 동의여부 회신
- 일반대상물 : 5일 이내
- **특급소방안전관리대상물 : 10일 이내**

> **[특급소방안전관리대상물]**
> ① 50층 이상(지하층은 제외)이거나 지상으로부터 높이가 200[m] 이상인 아파트
> ② 30층 이상(지하층을 포함)이거나 지상으로부터 높이가 120[m] 이상인 특정소방대상물(아파트는 제외)
> ③ ②에 해당하지 아니하는 특정소방대상물로서 연면적이 20만[m^2] 이상인 특정소방대상물(아파트는 제외)

56

소화난이도등급 Ⅲ인 지하탱크저장소에 설치하여야 하는 소화설비의 설치기준으로 옳은 것은?

① 능력단위 수치가 3 이상의 소형 수동식소화기 등 1개 이상
② 능력단위 수치가 3 이상의 소형 수동식소화기 등 2개 이상
③ 능력단위 수치가 2 이상의 소형 수동식소화기 등 1개 이상
④ 능력단위 수치가 2 이상의 소형 수동식소화기 등 2개 이상

해설 **소화난이도등급 Ⅲ인 지하탱크저장소에 설치하는 소화기** : 능력단위 수치가 3 이상의 소형 수동식소화기 등 2개 이상

정답 53 ② 54 ② 55 ③ 56 ②

57

행정안전부령으로 정하는 고급감리원 이상의 소방공사감리원의 소방시설공사 배치 현장기준으로 옳은 것은?

① 연면적 5,000[m^2] 이상 30,000[m^2] 미만인 특정소방대상물의 공사 현장

② 연면적 30,000[m^2] 이상 200,000[m^2] 미만인 아파트의 공사 현장

③ 연면적 30,000[m^2] 이상 200,000[m^2] 미만인 특정소방대상물(아파트는 제외)의 공사 현장

④ 연면적 200,000[m^2] 이상인 특정소방대상물의 공사 현장

해설 소방공사 감리원의 배치기준

감리원의 배치기준		소방시설공사 현장의 기준
책임감리원	보조감리원	
1. 행정안전부령으로 정하는 특급감리원 중 소방기술사	행정안전부령으로 정하는 초급감리원 이상의 소방공사 감리원(기계분야 및 전기분야)	가. 연면적 20만[m^2] 이상인 특정소방대상물의 공사 현장 나. 지하층을 포함한 층수가 40층 이상인 특정소방대상물의 공사 현장
2. 행정안전부령으로 정하는 특급감리원 이상의 소방공사 감리원(기계분야 및 전기분야)	행정안전부령으로 정하는 초급감리원 이상의 소방공사 감리원(기계분야 및 전기분야)	가. 연면적 3만[m^2] 이상 20만[m^2] 미만인 특정소방대상물(아파트는 제외)의 공사 현장 나. 지하층을 포함한 층수가 16층 이상 40층 미만인 특정소방대상물의 공사 현장
3. 행정안전부령으로 정하는 고급감리원 이상의 소방공사 감리원(기계분야 및 전기분야)	행정안전부령으로 정하는 초급감리원 이상의 소방공사 감리원(기계분야 및 전기분야)	가. 물분무 등 소화설비(호스릴 방식의 소화설비는 제외) 또는 제연설비가 설치되는 특정소방대상물의 공사 현장 나. 연면적 3만[m^2] 이상 20만[m^2] 미만인 아파트의 공사 현장
4. 행정안전부령으로 정하는 중급감리원 이상의 소방공사 감리원(기계분야 및 전기분야)		연면적 5,000[m^2] 이상 3만[m^2] 미만인 특정소방대상물의 공사 현장
5. 행정안전부령으로 정하는 초급감리원 이상의 소방공사 감리원(기계분야 및 전기분야)		가. 연면적 5,000[m^2] 미만인 특정소방대상물의 공사 현장 나. 지하구의 공사 현장

58

소방시설업에 대한 행정처분 기준 중 1차 처분이 영업정지 3개월이 아닌 경우는?

① 국가, 지방자치단체 또는 공공기관이 발주하는 소방시설의 설계·감리업자 선정에 따른 사업수행능력 평가에 관한 서류를 위조하거나 변조하는 등 거짓이나 그 밖의 부정한 방법으로 입찰에 참여한 경우

② 소방시설업의 감독을 위하여 필요한 보고나 자료제출 명령을 위반하여 보고 또는 자료제출을 하지 아니하거나 거짓으로 보고 또는 자료제출을 한 경우

③ 정당한 사유 없이 출입·검사업무에 따른 관계공무원의 출입 또는 검사·조사를 거부·방해 또는 기피한 경우

④ 감리업자의 감리 시 소방시설공사가 설계도서에 맞지 아니하여 공사업자에게 공사의 시정 또는 보완 등의 요구를 하였으나 따르지 아니한 경우

해설 ④는 1차 행정처분 : 영업정지 1개월

57 ② 58 ④ **정답**

59

소방시설기준 적용의 특례 중 특정소방대상물의 관계인이 소방시설을 갖추어야 함에도 불구하고 관련 소방시설을 설치하지 아니할 수 있는 소방시설의 범위로 옳은 것은?(단, 화재 위험도가 낮은 특정소방대상물로서 석재, 불연성 금속, 불연성 건축재료 등의 가공공장 · 기계조립공장 · 주물공장 또는 불연성 물품을 저장하는 창고이다)

① 옥외소화전 및 연결살수설비
② 연결송수관설비 및 연결살수설비
③ 자동화재탐지설비, 상수도소화용수설비 및 연결살수설비
④ 스프링클러설비, 상수도소화용수설비 및 연결살수설비

해설 **소방시설을 설치하지 아니할 수 있는 소방시설의 범위**

구 분	특정소방대상물	소방시설
1. 화재 위험도가 낮은 특정소방대상물	석재·불연성 금속·불연성 건축재료 등의 가공공장·기계조립공장·주물공장 또는 불연성 물품을 저장하는 창고	옥외소화전 및 연결살수설비
	소방기본법 제2조 제5호의 규정에 의한 소방대가 조직되어 24시간 근무하고 있는 청사 및 차고	옥내소화전설비, 스프링클러설비, 물분무 등 소화설비, 비상방송설비, 피난기구, 소화용수설비, 연결송수관설비, 연결살수설비

60

우수품질인증을 받지 아니한 제품에 우수품질 표시를 하거나 우수품질인증 표시를 위조하거나 변조하여 사용한 자에 대한 벌칙기준은?

① 1년 이하의 징역 또는 1,000만원 이하의 벌금
② 500만원 이하의 벌금
③ 300만원 이하의 벌금
④ 100만원 이하의 벌금

해설 **우수품질인증을 받지 아니한 제품에 우수품질인증 표시를 하거나 우수품질인증 표시를 위조하거나 변조하여 사용한 자** : 1년 이하의 징역 또는 1,000만원 이하의 벌금

제4과목 소방기계시설의 구조 및 원리

61

옥내소화전설비 수원을 산출된 유효수량 외에 유효수량의 1/3 이상을 옥상에 설치해야 하는 기준으로 틀린 것은?

① 지하층만 있는 건축물
② 건축물의 높이가 지표면으로부터 15[m] 이하인 경우
③ 수원이 건축물의 최상층에 설치된 방수구보다 높은 위치에 설치된 경우
④ 주펌프와 동등 이상의 성능이 있는 별도의 펌프로서 내연기관의 기동과 연동하여 작동되거나 비상전원을 연결하여 설치한 경우

해설 **유효수량의 1/3 이상을 옥상에 설치해야 하는 기준**

- 지하층만 있는 건축물
- 고가수조를 가압송수장치로 설치한 옥내소화전설비
- 수원이 건축물의 최상층에 설치된 방수구보다 높은 위치에 설치된 경우
- 건축물의 높이가 지표면으로부터 10[m] 이하인 경우
- 주펌프와 동등 이상의 성능이 있는 별도의 펌프로서 내연기관의 기동과 연동하여 작동되거나 비상전원을 연결하여 설치한 경우
- 제5조 제1항 제9호 단서에 해당하는 경우
- 가압수조를 가압송수장치로 설치한 옥내소화전설비

62

조기반응형 스프링클러헤드를 설치해야 하는 대상이 아닌 것은?

① 공동주택의 거실
② 수련시설의 침실
③ 오피스텔의 침실
④ 병원의 입원실

해설 **조기반응형 스프링클러헤드 설치대상**

- 공동주택 · 노유자시설의 거실
- 오피스텔 · 숙박시설의 침실, 병원의 입원실

정답 59 ① 60 ① 61 ② 62 ②

63

특정소방대상물별 소화기구의 능력단위기준 중 다음 ( ) 안에 알맞은 것은?(단, 건축물의 주요구조부는 내화구조가 아니고 벽 및 반자의 실내에 면하는 부분이 불연재료·준불연재료 또는 난연재료로 된 특정소방대상물이 아니다)

> 공연장은 해당 용도의 바닥면적 ( )[m^2]마다 소화기구의 능력단위 1단위 이상

① 30 ② 50
③ 100 ④ 200

해설 특정소방대상물별 소화기구의 능력단위기준

특정소방대상물	소화기구의 능력단위
1. 위락시설	해당 용도의 바닥면적 30 [m^2]마다 능력단위 1단위 이상
2. 공연장·집회장·관람장·문화재·장례식장 및 의료시설	해당 용도의 바닥면적 50 [m^2]마다 능력단위 1단위 이상
3. 근린생활시설, 판매시설, 운수시설, 숙박시설·노유자시설, 전시장, 공동주택, 업무시설, 방송통신시설, 공장, 창고시설, 항공기 및 자동차관련시설 및 관광휴게시설	해당 용도의 바닥면적 100 [m^2]마다 능력단위 1단위 이상
4. 그 밖의 것	해당 용도의 바닥면적 200 [m^2]마다 능력단위 1단위 이상

64

상수도소화용수설비 소화전의 설치기준 중 다음 ( ) 안에 알맞은 것은?

> • 호칭지름 (㉠)[mm] 이상의 수도배관에 호칭지름 (㉡)[mm] 이상의 소화전을 접속할 것
> • 소화전은 특정소방대상물의 수평투영면의 각 부분으로부터 (㉢)[m] 이하가 되도록 설치할 것

① ㉠ 65, ㉡ 120, ㉢ 160
② ㉠ 75, ㉡ 100, ㉢ 140
③ ㉠ 80, ㉡ 90, ㉢ 120
④ ㉠ 100, ㉡ 100, ㉢ 180

해설 상수도소화용수설비 소화전의 설치기준

- 호칭지름 75[mm] 이상의 수도배관에 호칭지름 100[mm] 이상의 소화전을 접속할 것
- 소화전은 소방자동차 등의 진입이 쉬운 도로변 또는 공지에 설치할 것
- 소화전은 특정소방대상물의 수평투영면의 각 부분으로부터 140[m] 이하가 되도록 설치할 것

65

할로겐화합물 및 불활성기체 소화설비의 분사헤드에 대한 설치기준 중 다음 ( ) 안에 알맞은 것은?(단, 분사헤드의 성능인증 범위 내에서 설치하는 경우는 제외한다)

> 분사헤드의 설치높이는 방호구역의 바닥으로부터 최소 (㉠)[m] 이상 최대 (㉡)[m] 이하로 하여야 한다.

① ㉠ 0.2, ㉡ 3.7
② ㉠ 0.8, ㉡ 1.5
③ ㉠ 1.5, ㉡ 2.0
④ ㉠ 2.0, ㉡ 2.5

해설 할로겐화합물 및 불활성기체 소화설비의 분사헤드 높이 : 0.2[m] 이상 3.7[m] 이하

66

완강기의 최대사용하중은 몇 [N] 이상의 하중이어야 하는가?

① 800
② 1,000
③ 1,200
④ 1,500

해설 완강기의 최대사용하중 : 1,500[N] 이상

63 ② 64 ② 65 ① 66 ④ 정답

67

물분무소화설비를 설치하는 차고 또는 주차장의 배수설비 설치기준으로 틀린 것은?

① 차량이 주차하는 바닥은 배수구를 향해 1/100 이상의 기울기를 유지할 것
② 배수구에서 새어나온 기름을 모아 소화할 수 있도록 길이 40[m] 이하마다 집수관, 소화피트 등 기름분리장치를 설치할 것
③ 차량이 주차하는 장소의 적당한 곳에 높이 10[cm] 이상의 경계턱으로 배수구를 설치할 것
④ 배수설비는 가압송수장치의 최대송수능력의 수량을 유효하게 배수할 수 있는 크기 및 기울기로 할 것

해설 차량이 주차하는 바닥은 배수구를 향해 **2/100 이상**의 **기울기**를 유지할 것

68

스프링클러설비 배관의 설치기준으로 틀린 것은?

① 급수배관의 구경은 수리계산에 따르는 경우 가지배관의 유속은 6[m/s], 그 밖의 배관의 유속은 10[m/s]를 초과할 수 없다.
② 연결송수관설비의 배관과 겸용할 경우의 주배관은 구경 100[mm] 이상, 방수구로 연결되는 배관의 구경은 65[mm] 이상의 것으로 하여야 한다.
③ 수직배수배관의 구경은 50[mm] 이상으로 하여야 한다.
④ 가지배관에는 헤드의 설치지점 사이마다 1개 이상의 행거를 설치하되, 헤드 간의 거리가 4.5[m]를 초과하는 경우에는 4.5[m] 이내마다 1개 이상 설치해야 한다.

해설 배관에 설치되는 행거 기준

- 가지배관에는 헤드의 설치지점 사이마다 1개 이상의 행거를 설치하되, 헤드 간의 거리가 3.5[m]를 초과하는 경우에는 3.5[m] 이내마다 1개 이상 설치할 것. 이 경우 상향식헤드와 행거 사이에는 8[cm] 이상의 간격을 두어야 한다.
- 교차배관에는 가지배관과 가지배관 사이마다 1개 이상의 행거를 설치하되, 가지배관 사이의 거리가 4.5[m]를 초과하는 경우에는 4.5[m] 이내마다 1개 이상 설치할 것
- 수평주행배관에는 4.5[m] 이내마다 1개 이상 설치할 것

69

포소화설비의 자동식 기동장치로 폐쇄형 스프링클러헤드를 사용하는 경우의 설치기준 중 다음 (　　) 안에 알맞은 것은?

> • 표시온도가 (㉠)[℃] 미만인 것을 사용하고 1개의 스프링클러헤드의 경계면적은 (㉡)[m^2] 이하로 할 것
> • 부착면의 높이는 바닥으로부터 (㉢)[m] 이하로 하고 화재를 유효하게 감지할 수 있도록 할 것

① ㉠ 60, ㉡ 10, ㉢ 7
② ㉠ 60, ㉡ 20, ㉢ 7
③ ㉠ 79, ㉡ 10, ㉢ 5
④ ㉠ 79, ㉡ 20, ㉢ 5

해설 포소화설비의 자동식 기동장치로 폐쇄형 스프링클러헤드를 사용하는 경우

- 표시온도가 79[℃] 미만인 것을 사용하고, 1개의 스프링클러헤드의 경계면적은 20[m^2] 이하로 할 것
- 부착면의 높이는 바닥으로부터 5[m] 이하로 하고, 화재를 유효하게 감지할 수 있도록 할 것
- 하나의 감지장치 경계구역은 하나의 층이 되도록 할 것

70

할론소화약제 저장용기의 설치기준 중 다음 (　　) 안에 알맞은 것은?

> 축압식 저장용기의 압력은 온도 20[℃]에서 할론 1301을 저장하는 것은 (㉠)[MPa] 또는 (㉡)[MPa]가 되도록 질소가스로 축압할 것

① ㉠ 2.5, ㉡ 4.2
② ㉠ 2.0, ㉡ 3.5
③ ㉠ 1.5 ㉡ 3.0
④ ㉠ 1.1, ㉡ 2.5

정답 67 ① 68 ④ 69 ④ 70 ①

해설 할론소화약제의 저장용기 설치기준

- 축압식 저장용기의 압력(20[℃])
  - 할론 1211 : 1.1[MPa] 또는 2.5[MPa]
  - 할론 1301 : 2.5[MPa] 또는 4.2[MPa]이 되도록 질소가스로 축압할 것
- 저장용기의 충전비
  - 할론 2402
    - ⓐ 가압식 저장용기 : 0.51 이상 0.67 미만
    - ⓑ 축압식 저장용기 : 0.67 이상 2.75 이하
  - 할론 1211 : 0.7 이상 1.4 이하
  - 할론 1301 : 0.9 이상 1.6 이하
- 동일 집합관에 접속되는 용기의 소화약제 충전량은 동일충전비의 것이어야 할 것

71

대형소화기의 정의 중 다음 (　　) 안에 알맞은 것은?

> 화재 시 사람이 운반할 수 있도록 운반대와 바퀴가 설치되어 있고 능력단위가 A급 (㉠)단위 이상, B급 (㉡) 단위 이상인 소화기를 말한다.

① ㉠ 20, ㉡ 10
② ㉠ 10, ㉡ 5
③ ㉠ 5, ㉡ 10
④ ㉠ 10, ㉡ 20

해설 대형소화기

- A급 : 능력단위 10단위 이상
- B급 : 능력단위 20단위 이상

72

연결살수설비 배관의 설치기준 중 하나의 배관에 부착하는 살수헤드의 개수가 3개인 경우 배관의 구경은 최소 몇 [mm] 이상으로 설치해야 하는가?(단, 연결살수설비 전용헤드를 사용하는 경우이다)

① 40　② 50
③ 65　④ 80

해설 배관구경에 따른 헤드수

하나의 배관에 부착하는 살수헤드의 개수	배관의 구경[mm]
1개	32
2개	40
3개	50
4개 또는 5개	65
6개 이상 10개 이하	80

73

연소방지설비 방수헤드의 설치기준 중 살수구역은 환기구 등을 기준으로 지하구의 길이방향으로 몇 [m] 이내마다 1개 이상 설치하여야 하는가?

① 150　② 200
③ 350　④ 400

해설 연소방지설비 방수헤드의 설치기준

- 천장 또는 벽면에 설치할 것
- 방수헤드 간의 수평거리는 연소방지설비 전용헤드의 경우에는 2[m] 이하, 스프링클러헤드의 경우에는 1.5[m] 이하로 할 것
- 살수구역은 환기구 등을 기준으로 지하구의 길이방향으로 350[m] 이내마다 1개 이상 설치하되, 하나의 살수구역의 길이는 3[m] 이상으로 할 것

74

110[kV] 초과 154[kV] 이하의 고압 전기기기와 물분무헤드 사이에 최소 이격거리는 몇 [cm]인가?

① 110　② 150
③ 180　④ 210

해설 물분무헤드와 전기기기의 이격거리

전압[kV]	거리[cm]	전압[kV]	거리[cm]
66 이하	70 이상	154 초과 181 이하	180 이상
66 초과 77 이하	80 이상	181 초과 220 이하	210 이상
77 초과 110 이하	110 이상	220 초과 275 이하	260 이상
110 초과 154 이하	150 이상	−	

71 ④　72 ②　73 ③　74 ② 정답

75

특정소방대상물의 용도 및 장소별로 설치해야 할 인명구조기구의 기준으로 틀린 것은?

① 지하가 중 지하상가는 인공소생기를 층마다 2개 이상 비치할 것
② 판매시설 중 대규모 점포는 공기호흡기를 층마다 2개 이상 비치할 것
③ 지하층을 포함하는 층수가 7층 이상인 관광호텔은 방열복 또는 방화복, 공기호흡기, 인공소생기를 각 2개 이상 비치할 것
④ 물분무 등 소화설비 중 이산화탄소소화설비를 설치해야 하는 특정소방대상물은 공기호흡기를 이산화탄소소화설비가 설치된 장소의 출입구 외부 인근에 1대 이상 비치할 것

해설 인명구조기구의 설치기준

특정소방대상물	인명구조기구의 종류	설치수량
지하층을 포함하는 층수가 7층 이상인 관광호텔 및 5층 이상인 병원	• 방열복 또는 방화복(헬멧, 보호장갑 및 안전화 포함) • 공기호흡기 • 인공소생기	각 2개 이상 비치할 것(다만, 병원의 경우에는 인공소생기를 설치하지 않을 수 있다)
• 문화 및 집회시설 중 수용인원 100명 이상의 영화상영관 • 판매시설 중 대규모 점포 • 운수시설 중 지하역사 • 지하가 중 지하상가	공기호흡기	층마다 2개 이상 비치할 것(다만, 각 층마다 갖추어 두어야 할 공기호흡기 중 일부를 직원이 상주하는 인근 사무실에 갖추어 둘 수 있다)
물분무소화설비 중 이산화탄소소화설비를 설치하여야 하는 특정소방대상물	공기호흡기	이산화탄소소화설비가 설치된 장소의 출입구 외부 인근에 1대 이상 비치할 것

76

제연설비 설치장소의 제연구역 구획 기준으로 틀린 것은?

① 하나의 제연구역의 면적은 1,000[m^2] 이내로 할 것
② 하나의 제연구역은 직경 60[m] 원 내에 들어갈 수 있을 것
③ 하나의 제연구역은 3개 이상 층이 미치지 아니하도록 할 것
④ 통로상의 제연구역은 보행중심선의 길이가 60[m]를 초과하지 아니할 것

해설 하나의 제연구역은 2개 이상 층에 미치지 아니하도록 할 것. 다만, 층의 구분이 불분명한 부분은 그 부분을 다른 부분과 별도로 제연구획하여야 한다.

77

물분무소화설비의 설치 장소별 1[m^2]에 대한 수원의 최소 저수량으로 옳은 것은?

① 케이블트레이 : 12[L/min]×20분×투영된 바닥면적
② 절연유 봉입변압기 : 20[L/min]×20분×바닥면적을 제외한 표면적을 합한 면적
③ 차고, 주차장 : 10[L/min]×20분×바닥면적
④ 컨베이어 벨트 : 20[L/min]×20분×벨트 부분의 바닥면적

해설 물분무소화설비의 수원

- 케이블트레이, 케이블덕트 : 12[L/min]×20분×투영된 바닥면적
- 절연유 봉입 변압기 : 10[L/min]×20분×바닥면적을 제외한 표면적을 합한 면적
- 차고 : 20[L/min]×20분×바닥면적(50[m^2] 이하는 50[m^2]로)
- 컨베이어 벨트 : 10[L/min]×20분×벨트 부분의 바닥면적

정답 75 ① 76 ③ 77 ①

78

개방형스프링클러설비의 일제개방밸브가 하나의 방수구역을 담당하는 헤드의 개수는?(단, 2개 이상의 방수구역으로 나눌 경우는 제외한다)

① 60 ② 50
③ 30 ④ 25

해설 개방형스프링클러설비의 일제개방밸브가 하나의 방수구역을 담당하는 헤드의 개수는 50개 이하로 할 것. 다만, 2개 이상의 방수구역으로 나눌 경우에는 하나의 방수구역을 담당하는 헤드의 개수는 25개 이상으로 할 것

79

분말소화설비의 저장용기에 설치된 밸브 중 잔압 방출 시 개방·폐쇄 상태로 옳은 것은?

① 가스도입밸브 – 폐쇄
② 주밸브(방출밸브) – 개방
③ 배기밸브 – 폐쇄
④ 클리닝밸브 – 개방

해설 **잔압 방출 시 개방·폐쇄 상태**

가스도입밸브	주밸브	배기밸브	클리닝밸브
폐 쇄	폐 쇄	개 방	폐 쇄

80

차고·주차장에 호스릴포소화설비 또는 포소화전설비를 설치할 수 있는 부분은?

① 지상 1층으로서 지붕이 있는 부분
② 지상에서 수동 또는 원격조작에 따라 개방이 가능한 개구부의 유효면적의 합계가 바닥면적의 15[%] 이상인 부분
③ 옥외로 통하는 개구부가 상시 개방된 구조의 부분으로서 그 개방된 부분의 합계면적이 해당 차고 또는 주차장의 바닥면적의 10[%] 이상인 부분
④ 완전 개방된 옥상주차장 또는 고가 밑의 주차장 등으로서 주된 벽이 없고 기둥뿐이거나 주위가 위해방지용 철주 등으로 둘러싸인 부분

해설 **차고·주차장의 부분에는 호스릴포소화설비 또는 포소화전설비를 설치할 수 있는 경우**
- 완전 개방된 옥상주차장 또는 고가 밑의 주차장으로서 주된 벽이 없고 기둥뿐이거나 주위가 위해방지용 철주 등으로 둘러싸인 부분
- 지상 1층으로서 지붕이 없는 부분

78 ② 79 ① 80 ④ **정답**

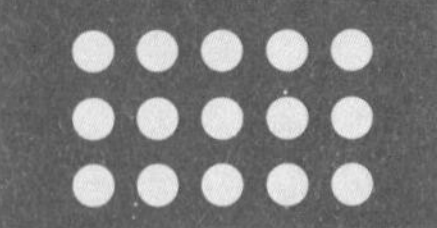

제 2 회 2017년 5월 7일 시행

제 1 과목 소방원론

01

다음 중 열전도율이 가장 작은 것은?

① 알루미늄 ② 철 재
③ 은 ④ 암면(광물섬유)

해설 알루미늄(Al), 철재, 은(Ag)은 열전도율이 크고 암면은 열전도율이 적다.

02

공기와 할론 1301의 혼합기체에서 할론 1301에 비해 공기의 확산속도는 약 몇 배인가?(단, 공기의 평균분자량은 29, 할론 1301의 분자량은 149이다)

① 2.27배 ② 3.85배
③ 5.17배 ④ 6.46배

해설 확산속도는 분자량의 제곱근에 반비례한다.

$$\frac{U_B}{U_A} = \sqrt{\frac{M_A}{M_B}}$$

여기서, U_B : 공기의 확산속도
U_A : 할론 1301의 확산속도
M_B : 공기의 분자량
M_A : 할론 1301의 분자량

$$U_B = U_A \times \sqrt{\frac{M_A}{M_B}} = 1[\text{m/s}] \times \sqrt{\frac{149}{29}} = 2.27\text{배}$$

03

내화구조 건물화재의 표준시간-온도곡선에서 화재 발생 후 1시간이 경과할 경우 내부온도는 약 몇 [℃] 정도 되는가?

① 225 ② 625
③ 840 ④ 925

해설 내화건축물의 표준온도곡선의 내부온도

시 간	30분 후	1시간 후	2시간 후	3시간 후
온 도	840[℃]	925[℃] (950[℃])	1,010[℃]	1,050[℃]

04

건축물의 피난동선에 대한 설명으로 틀린 것은?

① 피난동선은 가급적 단순한 형태가 좋다.
② 피난동선은 가급적 상호 반대방향으로 다수의 출구와 연결되는 것이 좋다.
③ 피난동선은 수평동선과 수직동선으로 구분된다.
④ 피난동선은 복도, 계단을 제외한 엘리베이터와 같은 피난전용의 통행구조를 말한다.

해설 피난동선의 조건

- 수평동선과 수직동선으로 구분한다.
- 가급적 단순형태가 좋다.
- 상호 반대방향으로 다수의 출구와 연결되는 것이 좋다.
- 어느 곳에서도 2개 이상의 방향으로 피난할 수 있으며, 그 말단은 화재로부터 안전한 장소이어야 한다.

05

질식소화 시 공기 중의 산소농도는 일반적으로 약 몇 [vol%] 이하로 하여야 하는가?

① 25 ② 21
③ 19 ④ 15

해설 질식소화 시 공기 중의 산소농도 : 15[vol%] 이하

정답 01 ④ 02 ① 03 ④ 04 ④ 05 ④

06

내화구조의 기준 중 벽의 경우 벽돌조로서 두께가 최소 몇 [cm] 이상이어야 하는가?

① 5 ② 10
③ 12 ④ 19

해설 내화구조

내화구분		내화구조의 기준
벽	모든 벽	• 철근콘크리트조 또는 철골·철근콘크리트조로서 두께가 10[cm] 이상인 것 • 골구를 철골조로 하고 그 양면을 두께 4[cm] 이상의 철망모르타르로 덮은 것 • 두께 5[cm] 이상의 콘크리트블록·벽돌 또는 석재로 덮은 것 • 철재로 보강된 콘크리트블록조·벽돌조 또는 석조로서 철재에 덮은 콘크리트블록 등의 두께가 5[cm] 이상인 것 • 벽돌조로서 두께가 19[cm] 이상인 것 • 고온·고압의 증기로 양생된 경량기포 콘크리트패널 또는 경량기포 콘크리트블록조로서 두께가 10[cm] 이상인 것
	외벽 중 비내력 벽	• 철근콘크리트조 또는 철골·철근콘크리트조로서 두께가 7[cm] 이상인 것 • 골구를 철골조로 하고 그 양면을 두께 3[cm] 이상의 철망모르타르로 덮은 것 • 두께 4[cm] 이상의 콘크리트블록·벽돌 또는 석재로 덮은 것 • 무근콘크리트조·콘크리트블록조·벽돌조 또는 석조로서 두께가 7[cm] 이상인 것

07

다음 원소 중 수소와의 결합력이 가장 큰 것은?

① F ② Cl
③ Br ④ I

해설 할로겐족 원소

• 소화효과 : F < Cl < Br < I
• 전기음성도, 수소와 결합력 : F > Cl > Br > I

08

다음 중 연소 시 아황산가스를 발생시키는 것은?

① 적 린 ② 유 황
③ 트라이에틸알루미늄 ④ 황 린

해설 연소반응식

• 적 린 $4P + 5O_2 \rightarrow 2P_2O_5$(오산화인)
• 유 황 $S + O_2 \rightarrow SO_2$(아황산가스, 이산화황)
• 트라이에틸알루미늄
$2(C_2H_5)_3Al + 21O_2 \rightarrow Al_2O_3 + 15H_2O + 12CO_2$
• 황린 $P_4 + 5O_2 \rightarrow 2P_2O_5$

09

화재를 소화하는 방법 중 물리적 방법에 의한 소화가 아닌 것은?

① 억제소화 ② 제거소화
③ 질식소화 ④ 냉각소화

해설 억제소화 : 화학적인 소화방법

10

화재의 소화원리에 따른 소화방법의 적용으로 틀린 것은?

① 냉각소화 : 스프링클러설비
② 질식소화 : 이산화탄소소화설비
③ 제거소화 : 포소화설비
④ 억제소화 : 할론소화설비

해설 제거소화

화재현장에서 가연물을 없애주어 소화하는 방법

질식소화 : 포소화설비

11

표면온도가 300[℃]에서 안전하게 작동하도록 설계된 히터의 표면온도가 360[℃]로 상승하면 300[℃]에 비하여 약 몇 배의 열을 방출할 수 있는가?

① 1.1배 ② 1.5배
③ 2.0배 ④ 2.5배

06 ④ 07 ① 08 ② 09 ① 10 ③ 11 ② 정답

해설 복사열은 절대온도의 4승에 비례한다.

300[℃]에서 열량을 Q_1, 360[℃]에서 열량을 Q_2

$$\frac{Q_2}{Q_1} = \frac{(273+360)^4[K]}{(273+300)^4[K]} = 1.49$$

12

프로판 50[vol%], 부탄 40[vol%], 프로필렌 10[vol%]로 된 혼합가스의 폭발하한계는 약 몇 [vol%]인가?(단, 각 가스의 폭발하한계는 프로판은 2.2[vol%], 부탄은 1.9[vol%], 프로필렌은 2.4[vol%]이다)

① 0.83 ② 2.09

③ 5.05 ④ 9.44

해설 혼합가스의 폭발범위

$$L_m = \frac{100}{\frac{V_1}{L_1} + \frac{V_2}{L_2} + \frac{V_3}{L_3} + \cdots + \frac{V_n}{L_n}}$$

여기서,

L_m : 혼합가스의 폭발한계(하한값, 상한값의 [vol%])

V_1, V_2, V_3, ⋯, V_n : 가연성 가스의 용량[vol%]

L_1, L_2, L_3, ⋯, L_n : 가연성 가스의 하한값 또는 상한값[vol%]

$$\therefore L_m(\text{하한값}) = \frac{100}{\frac{V_1}{L_1} + \frac{V_2}{L_2} + \frac{V_3}{L_3}} = \frac{100}{\frac{50}{2.2} + \frac{40}{1.9} + \frac{10}{2.4}} = 2.09[\%]$$

13

동식물유류에서 "아이오딘값이 크다"라는 의미를 옳게 설명한 것은?

① 불포화도가 높다.

② 불건성유이다.

③ 자연발화성이 낮다.

④ 산소와의 결합이 어렵다.

해설 아이오딘값이 크다는 의미

- 불포화도가 높다.
- 건성유이다.
- 자연발화성이 높다.
- 산소와 결합이 쉽다.

14

탄화칼슘이 물과 반응할 때 발생되는 기체는?

① 일산화탄소

② 아세틸렌

③ 황화수소

④ 수 소

해설 탄화칼슘의 반응

- 물과의 반응

  $CaC_2 + 2H_2O \rightarrow Ca(OH)_2 + C_2H_2\uparrow$

  (소석회, 수산화칼슘) (아세틸렌)

- 약 700[℃] 이상에서 반응

  $CaC_2 + N_2 \rightarrow CaCN_2 + C$

  (석회질소) (탄소)

- 아세틸렌가스와 금속과 반응

  $C_2H_2 + 2Ag \rightarrow Ag_2C_2 + H_2\uparrow$

  (은아세틸레이트 : 폭발물질)

15

에테르, 케톤, 에스테르, 알데하이드, 카르복실산, 아민 등과 같은 가연성인 수용성 용매에 유효한 포소화약제는?

① 단백포

② 수성막포

③ 불화단백포

④ 내알코올포

해설 **내알코올포** : 에테르, 케톤, 에스테르 등 수용성 가연물의 소화에 가장 적합한 소화약제

수용성 액체 : 물과 잘 섞이는 액체

정답 12 ② 13 ① 14 ② 15 ④

16

화재 시 이산화탄소를 사용하여 화재를 진압하려고 할 때 산소의 농도를 13[vol%]로 낮추어 화재를 진압하려면 공기 중 이산화탄소의 농도는 약 몇 [vol%]가 되어야 하는가?

① 18.1 ② 28.1
③ 38.1 ④ 48.1

해설 이산화탄소의 농도

$$CO_2[\%] = \frac{21 - O_2[\%]}{21} \times 100$$

$$\therefore CO_2[\%] = \frac{21 - O_2[\%]}{21} \times 100 = \frac{21 - 13}{21} \times 100$$

$$= 38.1[\%]$$

17

유류탱크 화재 시 발생하는 슬롭오버(Slop Over) 현상에 관한 설명으로 틀린 것은?

① 소화 시 외부에서 방사하는 포에 의해 발생한다.
② 연소유가 비산되어 탱크 외부까지 화재가 확산된다.
③ 탱크의 바닥에 고인 물의 비등 팽창에 의해 발생한다.
④ 연소면의 온도가 100[℃] 이상일 때 물을 주수하면 발생한다.

해설 슬롭오버 현상
- 연소면의 온도가 100[℃] 이상일 때 발생
- 소화 시 외부에서 뿌려지는 물에 의하여 발생

보일오버 : 탱크 저부의 물이 급격히 증발하여 기름이 탱크 밖으로 화재를 동반하여 방출하는 현상

18

가연물이 연소가 잘 되기 위한 구비조건으로 틀린 것은?

① 열전도율이 클 것
② 산소와 화학적으로 친화력이 클 것
③ 표면적이 클 것
④ 활성화 에너지가 작을 것

해설 가연물의 구비조건
- **열전도율이 작을 것**
- 발열량이 클 것
- 표면적이 넓을 것
- 산소와 친화력이 좋을 것
- 활성화 에너지가 작을 것

19

주성분이 인산염류인 제3종 분말소화약제가 다른 분말소화약제와 다르게 A급 화재에 적용할 수 있는 이유는?

① 열분해 생성물인 CO_2가 열을 흡수하므로 냉각에 의하여 소화된다.
② 열분해 생성물인 수증기가 산소를 차단하여 탈수 작용을 한다.
③ 열분해 생성물인 메타인산(HPO_3)이 산소의 차단 역할을 하므로 소화가 된다.
④ 열분해 생성물인 암모니아가 부촉매작용을 하므로 소화가 된다.

해설 제3종 분말약제는 A, B, C급 화재에 적합하나 열분해 생성물인 메타인산(HPO_3)이 산소의 차단 역할을 하므로 일반화재(A급)에도 적합하다.

20

위험물의 유별 성질이 자연발화성 및 금수성 물질은 제 몇 류 위험물인가?

① 제1류 위험물 ② 제2류 위험물
③ 제3류 위험물 ④ 제4류 위험물

해설 유별 성질

종 류	성 질
제1류 위험물	산화성 고체
제2류 위험물	가연성 고체
제3류 위험물	자연발화성 및 금수성 물질
제4류 위험물	인화성 액체
제5류 위험물	자기반응성 물질
제6류 위험물	산화성 액체

16 ③ 17 ③ 18 ① 19 ③ 20 ③ 정답

제 2 과목 소방유체역학

21

그림과 같은 삼각형 모양의 평판이 수직으로 유체 내에 놓여 있을 때 압력에 의한 힘의 작용점은 자유표면에서 얼마나 떨어져 있는가?(단, 삼각형의 도심에서 단면 2차모멘트는 $bh^3/36$이다)

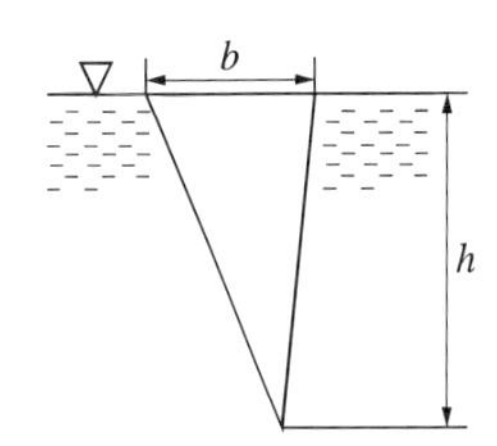

① $h/4$　② $h/3$
③ $h/2$　④ $2h/3$

해설 힘의 작용점

$$y_p = \frac{I_c}{\bar{y}A} + \bar{y}$$

여기서, $\bar{y}$: 도심의 위치
y_p : 단면 2차모멘트
A : 단면적

$$y_p = \frac{\frac{bh^3}{36}}{\frac{h}{3}\times\frac{1}{2}(b\times h)} + \frac{h}{3} = \frac{\frac{bh^3}{36}}{\frac{bh^2}{6}} + \frac{h}{3} = \frac{h}{6} + \frac{h}{3}$$

$$= \frac{h}{6} + \frac{2h}{6} = \frac{3h}{6} = \frac{h}{2}$$

22

압력의 변화가 없을 경우 0[℃]의 이상기체는 약 몇 [℃]가 되면 부피가 2배로 되는가?

① 273[℃]
② 373[℃]
③ 546[℃]
④ 646[℃]

해설 샤를의 법칙

$$T_2 = T_1 \times \frac{V_2}{V_1}$$

$$\therefore\ T_2 = T_1 \times \frac{V_2}{V_1} = 273[\mathrm{K}] \times \frac{2}{1} = 546[\mathrm{K}]$$

$= 273[℃]$

$$K = 273 + [℃]$$

23

서로 다른 재질로 만든 평판의 양쪽 온도가 다음과 같을 때 동일한 면적 및 두께를 통한 열류량이 모두 동일하다면, 어느 것이 단열재로서 성능이 가장 우수한가?

㉠ 30~10[℃]	㉡ 10~−10[℃]
㉢ 20~10[℃]	㉣ 40~10[℃]

① ㉠　② ㉡
③ ㉢　④ ㉣

해설 열전도열량

$$Q = \frac{\lambda}{l} A \Delta t$$

여기서, λ : 열전도율
l : 두께
A : 면적
Δt : 온도차

① 단열재는 열전도율이 작을수록 성능이 우수하다.
② 열전도율 $\lambda = \frac{Ql}{A\Delta t}$에서 열전도열량($Q$)과 두께($l$) 및 면적($A$)이 동일하다면 열전도율은 온도차($\Delta t$)와 반비례하므로 평판 **양쪽 온도의 차가 클수록 열전도율이 작다.**

24

지름 40[cm]인 소방용 배관에 물이 80[kg_f/s]로 흐르고 있다면 물의 유속은 약 몇 [m/s]인가?

① 6.4　② 0.64
③ 12.7　④ 1.27

정답 21 ③　22 ①　23 ④　24 ②

해설 물의 유속

$$G = Au\gamma \qquad u = \frac{G}{A\gamma}$$

여기서, G : 중량유량[kg_f/s]
A : 면적[m^2]
u : 유속[m/s]
γ : 물의 비중량[1,000kg_f/m^3]

$$\therefore u = \frac{G}{A\gamma} = \frac{80[kg_f/s]}{\frac{\pi}{4}(0.4[m])^2 \times 1{,}000[kg_f/m^3]}$$
$$= 0.64[m/s]$$

25

동력(Power)의 차원을 옳게 표시한 것은?(단, M : 질량, L : 길이, T : 시간을 나타낸다)

① ML^2T^{-3}　② L^2T^{-1}
③ $ML^{-1}T^{-1}$　④ MLT^{-2}

해설 동력 : 단위시간당 일

$$1[W] = 1[J/s] = 1[N \cdot m/s] = \frac{1[\frac{kg \cdot m}{s^2} \times m]}{[s]}$$
$$= 1[kg \cdot m^2/s^3] = \frac{ML^2}{T^3} = ML^2T^{-3}$$

26

계기압력(Gauge Pressure)이 50[kPa]인 파이프 속의 압력은 진공압력(Vacuum Pressure)이 30[kPa]인 용기 속의 압력보다 얼마나 높은가?

① 0[kPa](동일하다)　② 20[kPa]
③ 80[kPa]　④ 130[kPa]

해설 압력차이

- 절대압 = 대기압 + 계기압력
  = 101.325[kPa] + 50[kPa]
  = 151.325[kPa]
- 절대압 = 대기압 − 진공
  = 101.325[kPa] − 30[kPa] = 71.325[kPa]

∴ 압력차이 = 151.325[kPa] − 71.325[kPa]
= 80[kPa]

27

그림에서 두 피스톤의 지름이 각각 30[cm]와 5[cm]이다. 큰 피스톤이 1[cm] 아래로 움직이면 작은 피스톤은 위로 몇 [cm] 움직이는가?

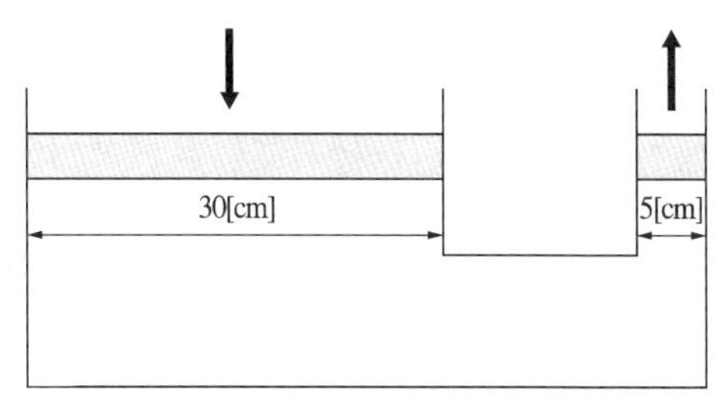

① 1[cm]　② 5[cm]
③ 30[cm]　④ 36[cm]

해설 큰 피스톤이 움직인 거리 s_1, 작은 피스톤이 움직인 거리 s_2라 하면

$$A_1 s_1 = A_2 s_2$$

$$\therefore s_2 = s_1 \times \frac{A_1}{A_2} = 1[cm] \times \frac{\frac{\pi}{4}(30[cm])^2}{\frac{\pi}{4}(5[cm])^2} = 36[cm]$$

28

직사각형 단면의 덕트에서 가로와 세로가 각각 a 및 1.5a이고, 길이가 l이며, 이 안에서 공기가 V의 평균속도로 흐르고 있다. 이때 손실수두를 구하는 식으로 옳은 것은?(단, f는 이 수력지름에 기초한 마찰계수이고, g는 중력가속도를 의미한다)

① $f\frac{l}{a} \cdot \frac{V^2}{2.4g}$　② $f\frac{l}{a} \cdot \frac{V^2}{2g}$
③ $f\frac{l}{a} \cdot \frac{V^2}{1.4g}$　④ $f\frac{l}{a} \cdot \frac{V^2}{g}$

해설 손실수두

$$H = \frac{flV^2}{2gD}$$

여기서, D(내경) $= 4R_H = 4 \times 0.3a = 1.2a$

$$수력반경(R_H) = \frac{a \times 1.5a}{a \times 2 + 1.5a \times 2} = \frac{1.5a^2}{5a} = 0.3a$$

$$\therefore H = \frac{flV^2}{2gD} = \frac{flV^2}{2 \times g \times 1.2a} = \frac{flV^2}{2.4ag}$$

25 ① 26 ③ 27 ④ 28 ① 정답

29

65[%]의 효율을 가진 원심펌프를 통하여 물을 1 [m^3/s]의 유량으로 송출 시 필요한 펌프수두가 6[m]이다. 이때 펌프에 필요한 축동력은 약 몇 [kW]인가?

① 40[kW] ② 60[kW]
③ 80[kW] ④ 90[kW]

해설 축동력

$$P[\text{kW}] = \frac{0.163 \times Q \times H}{\eta} \times K$$

여기서, 0.163 : 1,000 ÷ 60 ÷ 102
Q : 유량[m^3/min]
H : 전양정[m]
K : 전달계수(여유율)
η : 펌프효율

$\therefore P[\text{kW}]$

$$= \frac{0.163 \times 1[\text{m}^3/\text{s}] \times 60[\text{s/min}] \times 6[\text{m}]}{0.65} \times 1$$

$= 90.28[\text{kW}]$

30

중력가속도가 2[m/s^2]인 곳에서 무게가 8[kN]이고 부피가 5[m^3]인 물체의 비중은 약 얼마인가?

① 0.2 ② 0.8
③ 1.0 ④ 1.6

해설 물체의 비중

$$\gamma = \rho g$$

$$\therefore \rho = \frac{\gamma}{g} = \frac{8 \times 1{,}000[\text{N}] \div 9.8[\text{kg}_\text{f}] \div 5[\text{m}^3]}{2[\text{m/s}^2]}$$

$= 81.63[\text{kg}_\text{f} \cdot \text{s}^2/\text{m}^4]$

$$\frac{81.63[\text{kg}_\text{f} \cdot \text{s}^2/\text{m}^4]}{102[\text{kg}_\text{f} \cdot \text{s}^2/\text{m}^4]} = 0.8$$

$1[\text{kg}_\text{f}] = 9.8[\text{N}]$
물의 밀도 = 102[$kg_f \cdot s^2/m^4$](중력단위)

31

관 내 물의 속도가 12[m/s], 압력이 103[kPa]이다. 속도수두(H_ν)와 압력수두(H_ρ)는 각각 약 몇 m인가?

① $H_\nu = 7.35$, $H_\rho = 9.8$
② $H_\nu = 7.35$, $H_\rho = 10.5$
③ $H_\nu = 6.52$, $H_\rho = 9.8$
④ $H_\nu = 6.52$, $H_\rho = 10.5$

해설 수 두

- 속도수두 $= \frac{u^2}{2g} = \frac{(12[\text{m/s}])^2}{2 \times 9.8[\text{m/s}^2]} = 7.35[\text{m}]$
- 압력수두 $= \frac{P}{\gamma}$

$$= \frac{\frac{103[\text{kPa}]}{101.325[\text{kPa}]} \times 10{,}332[\text{kg}_\text{f}/\text{m}^2]}{1{,}000[\text{kg}_\text{f}/\text{m}^3]}$$

$= 10.51[\text{m}]$

32

그림과 같이 물탱크에서 2[m^2]의 단면적을 가진 파이프를 통해 터빈으로 물이 공급되고 있다. 송출되는 터빈은 수면으로부터 30[m] 아래에 위치하고, 유량은 10[m^3/s]이고 터빈 효율이 80[%]일 때 터빈 출력은 약 몇 [kW]인가?(단, 밴드나 밸브 등에 의한 부차적 손실계수는 2로 가정한다)

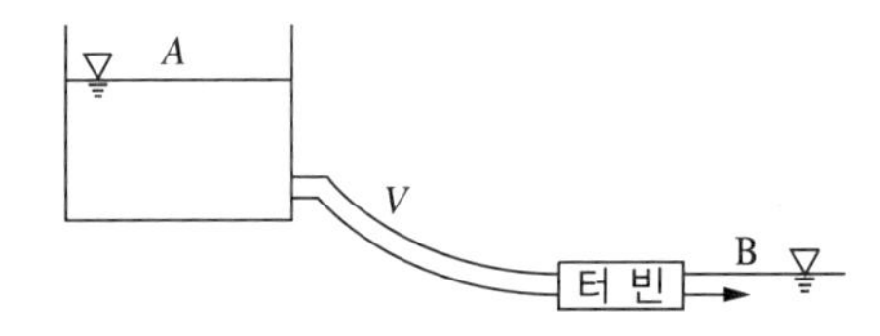

① 1,254
② 2,690
③ 2,052
④ 3,363

해설

속도 $u = \frac{Q}{A} = \frac{10}{2} = 5[m/s]$

손실수두 $h_L = K\frac{u^2}{2g} = 2 \times \frac{5^2}{2 \times 9.8} = 2.551[m]$

베르누이방정식

$$\frac{P_1}{\gamma} + \frac{u_1^2}{2g} + Z_1 = \frac{P_2}{\gamma} + \frac{u_2^2}{2g} + h_L + Z_2 + H_T$$

$$0 + 0 + 30 = 0 + \frac{5^2}{2 \times 9.8} + 2.551 + 0 + H_T$$

총손실수두 $H_T = 26.173[m]$

터빈출력 $L = \gamma H_T Q$

$= (9,800 \times 26.173 \times 10 \times 0.8) \div 1,000$

$= 2,052[kW]$

$$L = \gamma H_T Q = \frac{[N]}{[m^3]} \times [m] \times \frac{[m^3]}{[s]} = \frac{[N \cdot m]}{[s]}$$

$$= \frac{[J]}{[s]} = [W], \ 1[kW] = 1,000[W]$$

33

노즐에서 분사되는 물의 속도가 $V = 12[m/s]$이고, 분류에 수직인 평판은 속도 $u = 4[m/s]$로 움직일 때, 평판이 받는 힘은 약 몇 [N]인가?(단, 노즐(분류)의 단면적은 $0.01[m^2]$이다)

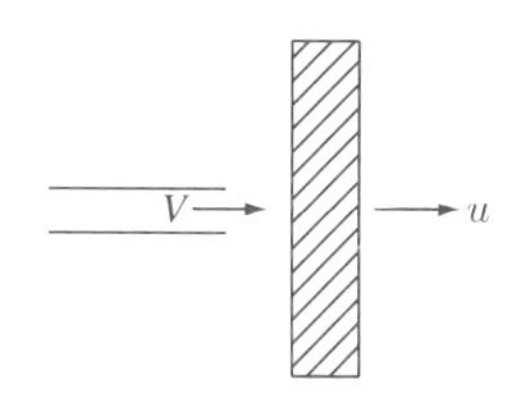

① 640 ② 960
③ 1,280 ④ 1,440

해설 평판이 받는 힘

$$F = Q\rho\Delta V$$

여기서, Q(유량) $= A(V - u)$

$= 0.01 \times (12 - 4)$

$= 0.08[m^3/s]$

ρ(밀도) $= 102[kg_f \cdot s^2/m^4] \times 9.8[N/kg_f]$

$= 1,000[N \cdot s^2/m^4]$

$\therefore F = Q\rho\Delta V$

$= 0.08[m^3/s] \times 1,000[N \cdot s^2/m^4] \times (12 - 4)[m/s]$

$= 640[N]$

34

가역 단열 과정에서 엔트로피 변화는 ΔS는?

① $\Delta S > 1$
② $0 < \Delta S < 1$
③ $\Delta S = 1$
④ $\Delta S = 0$

해설 가역 단열 과정에서 엔트로피 변화 $\Delta S = 0$

35

온도가 37.5[℃]인 원유가 $0.3[m^3/s]$의 유량으로 원관에 흐르고 있다. 레이놀즈수가 2,100일 때 관의 지름은 약 몇 [m]인가?(단, 원유의 동점성계수는 $6 \times 10^{-5}[m^2/s]$이다)

① 1.25
② 2.45
③ 3.03
④ 4.45

해설 관의 최소지름

$$Re = \frac{du}{\nu} = \frac{d\frac{Q}{\frac{\pi}{4}d^2}}{\nu} = \frac{4Q}{\pi d\nu}$$

$$\therefore d = \frac{4Q}{Re \cdot \pi \cdot \nu} = \frac{4 \times 0.3}{2,100 \times 3.14 \times 6 \times 10^{-5}}$$

$= 3.03[m]$

36

안지름 300[mm], 길이 200[m]인 수평 원관을 통해 유량 $0.2[m^3/s]$의 물이 흐르고 있다. 관의 양 끝단에서의 압력 차이가 500[mmHg]이면 관의 마찰계수는 약 얼마인가?(단, 수은의 비중은 13.6이다)

① 0.017
② 0.025
③ 0.038
④ 0.041

정답 33 ① 34 ④ 35 ③ 36 ②

해설 다르시-바이스바흐 방정식을 이용하여 관마찰계수를 구한다.

$$H=\frac{flu^2}{2gD} \qquad f=\frac{H2gD}{lu^2}$$

여기서, H=수두$\left(\frac{500[\text{mmHg}]}{760[\text{mmHg}]}\times 10.332[\text{m}]=6.80[\text{m}]\right)$

f : 관마찰계수

l : 길이(200[m])

u : 유속$\left(\frac{Q}{A}=\frac{0.2[\text{m}^3/\text{s}]}{\frac{\pi}{4}(0.3[\text{m}])^2}\right)$=2.83[m/s]

g : 중력가속도(9.8[m/s²])

D : 내경(0.3[m])

$$\therefore\ f=\frac{H2gD}{Lu^2}=\frac{6.8\times 2\times 9.8\times 0.3}{200\times (2.83)^2}=0.025$$

37

뉴턴(Newton)의 점성법칙을 이용한 회전원통식 점도계는?

① 세이볼트 점도계
② 오스트발트 점도계
③ 레드우드 점도계
④ 스토머 점도계

해설 점도계

- 맥마이클(MacMichael) 점도계, 스토머(Stormer) 점도계 : 뉴턴(Newton)의 점성법칙
- 오스트발트(Ostwald) 점도계, 세이볼트(Saybolt) 점도계 : 하겐-포아젤 법칙
- 낙구식 점도계 : 스토크스 법칙

38

분당 토출량이 1,600[L], 전양정이 100[m]인 물펌프의 회전수를 1,000[rpm]에서 1,400[rpm]으로 증가하면 전동기 소요동력은 약 몇 [kW]가 되어야 하는가?(단, 펌프의 효율은 65[%]이고, 전달계수는 1.1이다)

① 44.1　　② 82.1
③ 121　　④ 142

해설 전동기의 소요동력

$$P_2=P_1\times\left(\frac{N_2}{N_1}\right)^3$$

여기서, P_1 : 1,000[rpm]에서 소요동력을 구하면

$$P[\text{kW}]=\frac{\gamma\times Q\times H}{102\times\eta}\times K$$

여기서, γ : 물의 비중량(1,000[kg$_f$/m³])

Q : 유량[m³/s]

H : 전양정(100[m])

K : 전달계수(여유율, 1.1)

η : 펌프효율(0.65)

$$P=\frac{1{,}000\times 1.6[\text{m}^3]/60[\text{s}]\times 100}{102\times 0.65}\times 1.1=44.24[\text{kW}]$$

$\therefore$ 1,400[rpm] 증가 시 소요동력 $P_2=P_1\times\left(\frac{N_2}{N_1}\right)^3$

$$=44.24[\text{kW}]\times\left(\frac{1{,}400}{1{,}000}\right)^3=121.4[\text{kW}]$$

39

펌프의 공동현상(Cavitation)을 방지하기 위한 방법이 아닌 것은?

① 펌프의 설치 위치를 되도록 낮게 하여 흡입양정을 짧게 한다.
② 단흡입펌프보다는 양흡입펌프를 사용한다.
③ 펌프의 흡입 관경을 크게 한다.
④ 펌프의 회전수를 크게 한다.

해설 공동현상 방지대책

- Pump의 흡입측 수두, 마찰손실을 적게 한다.
- Pump Impeller 속도(회전수)를 작게 한다.
- Pump 흡입관경을 크게 한다.
- Pump 설치위치를 수원보다 낮게 하여야 한다.
- Pump 흡입압력을 유체의 증기압보다 높게 한다.
- 양흡입 Pump를 사용하여야 한다.
- 양흡입 Pump로 부족 시 펌프를 2대로 나눈다.

정답 37 ④　38 ③　39 ④

40

체적 2,000[L]의 용기 내에서 압력 0.4[MPa], 온도 55[℃]의 혼합기체의 체적비가 각각 메탄(CH_4) 35[%], 수소(H_2) 40[%], 질소(N_2) 25[%]이다. 이 혼합 기체의 질량은 약 몇 [kg]인가?(단, 일반기체상수는 8.314[kJ/kmol · K]이다)

① 3.11　　② 3.53
③ 3.93　　④ 4.52

해설 이상기체상태 방정식

$$PV = \frac{W}{M}RT$$

여기서, P(압력) = 0.4 × 1,000[kPa]
V(부피) = 2,000[L] = 2[m^3]
W(무게[kg])
M(평균분자량) = 분자량 × 농도
= (16 × 0.35) + (2 × 0.4) + (28 × 0.25)
= 13.4

[분자량]
• CH_4 : 16　• H_2 : 2　• N_2 : 28

R(기체상수) = 8.314[kJ]/[kg-mol · K]
T(절대온도) = 273+[℃] = 273+55
= 328[K]

$$\therefore W = \frac{PVM}{RT} = \frac{(0.4 \times 1,000) \times 2 \times 13.4}{8.314 \times 328}$$
= 3.93[kg]

[J] = [N · m]　　[kJ] = [kN · m]

제 3 과목 소방관계법규

41

소방기본법상 소방대장의 권한이 아닌 것은?

① 화재가 발생하였을 때에는 화재의 원인 및 피해 등에 대한 조사
② 화재, 재난 · 재해, 그 밖의 위급한 상황이 발생한 현장에 소방활동구역을 정하여 소방활동에 필요한 사람으로서 대통령령으로 정하는 사람 외에는 그 구역에 출입하는 것을 제한
③ 사람을 구출하거나 불이 번지는 것을 막기 위하여 필요할 때에는 화재가 발생하거나 불이 번질 우려가 있는 소방대상물 및 토지를 일시적으로 사용하거나 그 사용의 제한 또는 소방활동에 필요한 처분
④ 화재 진압 등 소방활동을 위하여 필요할 때에는 소방용수 외에 댐 · 저수지 또는 수영장 등의 물을 사용하거나 수도의 개폐장치 등을 조작

해설 업무의 권한
• ①의 업무(화재의 원인 및 피해조사) : 소방청장, 소방본부장 또는 소방서장(기본법 제29조)
• ②의 업무(소방활동구역의 설정) : 소방대장(기본법 제23조)
• ③의 업무(강제처분 등) : 소방본부장, 소방서장, 소방대장(기본법 제25조)
• ④의 업무(위험시설 등에 대한 긴급조치) : 소방본부장, 소방서장, 소방대장(기본법 제27조)

42

위험물안전관리법령상 위험물 시설의 변경 기준 중 다음 (　　) 안에 알맞은 것은?

제조소 등의 위치 · 구조 또는 설비의 변경 없이 당해 제조소 등에서 저장하거나 취급하는 위험물의 품명 · 수량 또는 지정수량의 배수를 변경하고자 하는 자는 변경하고자 하는 날의 (㉠)일 전까지 행정안전부령이 정하는 바에 따라 (㉡)에게 신고하여야 한다.

① ㉠ 1, ㉡ 소방본부장 또는 소방서장
② ㉠ 1, ㉡ 시 · 도지사
③ ㉠ 7, ㉡ 소방본부장 또는 소방서장
④ ㉠ 7, ㉡ 시 · 도지사

해설 위험물 변경신고(위치, 구조, 설비 변경 없이 신고하는 경우)(위험물법 제6조)
• 변경사유 : 위험물의 품명, 수량, 지정수량의 배수
• 변경신고기한 : 변경하고자 하는 날의 **1일 전까지**
• 누구에게 변경신고 : 시 · 도지사

43

화재예방, 소방시설 설치·유지 및 안전관리에 관한 법령상 자동화재탐지설비를 설치하여야 하는 특정소방대상물의 기준으로 틀린 것은?

① 문화 및 집회시설로서 연면적이 1,000[m^2] 이상인 것
② 지하가(터널은 제외)로서 연면적이 1,000[m^2] 이상인 것
③ 의료시설(정신의료기관 또는 요양병원은 제외)로서 연면적 1,000[m^2] 이상인 것
④ 지하가 중 터널로서 길이가 1,000[m] 이상인 것

해설 **자동화재탐지설비 설치 대상**

- 근린생활시설(목욕장은 제외한다), 의료시설(정신의료기관 또는 요양병원은 제외한다), 숙박시설, 위락시설, 장례식장 및 복합건축물로서 연면적 600[m^2] 이상인 것
- 공동주택, 근린생활시설 중 목욕장, **문화 및 집회시설**, 종교시설, 판매시설, 운수시설, 운동시설, 업무시설, 공장, 창고시설, 위험물 저장 및 처리시설, 항공기 및 자동차 관련 시설, 교정 및 군사시설 중 국방·군사시설, 방송통신시설, 발전시설, 관광 휴게시설, **지하가(터널은 제외한다)**로서 **연면적 1,000[m^2] 이상**인 것
- 지하가 중 **터널**로서 **길이가 1,000[m] 이상**인 것
- 의료시설 중 정신의료기관 또는 요양병원으로서 다음의 어느 하나에 해당하는 시설
  - **요양병원**(정신병원과 의료재활시설은 제외한다)
  - **정신의료기관** 또는 **의료재활시설**로 사용되는 바닥면적의 합계가 **300[m^2] 이상**인 시설
  - 정신의료기관 또는 의료재활시설로 사용되는 바닥면적의 합계가 300[m^2] 미만이고, 창살(철재·플라스틱 또는 목재 등으로 사람의 탈출 등을 막기 위하여 설치한 것을 말하며, 화재 시 자동으로 열리는 구조로 되어 있는 창살은 제외한다)이 설치된 시설
- 판매시설 중 전통시장

44

위험물안전관리법령상 제조소 등의 완공검사 신청시기 기준으로 틀린 것은?

① 지하탱크가 있는 제조소 등의 경우에는 당해 지하탱크를 매설하기 전
② 이동탱크저장소의 경우에는 이동저장탱크를 완공하고 상치장소를 확보한 후
③ 이송취급소의 경우에는 이송배관공사의 전체 또는 일부 완료한 후
④ 배관을 지하에 설치하는 경우에는 소방서장이 지정하는 부분을 매몰하고 난 직후

해설 **완공검사 신청시기(규칙 제20조)**

- 지하탱크가 있는 제조소 등의 경우 : 당해 지하탱크를 매설하기 전
- 이동탱크저장소의 경우 : 이동저장탱크를 완공하고 상치장소를 확보한 후
- 이송취급소의 경우 : 이송배관 공사의 전체 또는 일부를 완료한 후. 다만, 지하·하천 등에 매설하는 이송배관의 공사의 경우에는 이송배관을 매설하기 전
- 전체 공사가 완료된 후에는 완공검사를 실시하기 곤란한 경우 : 다음 각 목에서 정하는 시기
  - 위험물설비 또는 배관의 설치가 완료되어 기밀시험 또는 내압시험을 실시하는 시기
  - 배관을 지하에 설치하는 경우에는 시·도지사, 소방서장 또는 기술원이 지정하는 부분을 매몰하기 직전
  - 기술원이 지정하는 부분의 비파괴시험을 실시하는 시기
- 위에 해당하지 아니하는 제조소 등의 경우 : 제조소 등의 공사를 완료한 후

45

위험물안전관리법령상 제조소 또는 일반 취급소에서 취급하는 제4류 위험물의 최대 수량의 합이 지정수량의 24만배 이상 48만배 미만인 사업소의 관계인이 두어야 하는 화학소방자동차와 자체소방대원의 수의 기준으로 옳은 것은?(단, 화재나 그 밖의 재난발생 시 다른 사업소 등과 상호응원에 관한 협정을 체결하고 있는 사업소는 제외한다)

① 화학소방자동차 : 2대, 자체소방대원의 수 : 10명
② 화학소방자동차 : 3대, 자체소방대원의 수 : 10명
③ 화학소방자동차 : 3대, 자체소방대원의 수 : 15명
④ 화학소방자동차 : 4대, 자체소방대원의 수 : 20명

정답 43 ③ 44 ④ 45 ③

해설 자체소방대에 두는 화학소방자동차 및 인원(위험물법 영 별표 8)

사업소의 구분	화학소방자동차	자체소방대원의 수
1. 제조소 또는 일반취급소에서 취급하는 제4류 위험물의 최대수량의 합이 지정수량의 3,000배 이상 12만배 미만인 사업소	1대	5명
2. 제조소 또는 일반취급소에서 취급하는 제4류 위험물의 최대수량의 합이 지정수량의 12만배 이상 24만배 미만인 사업소	2대	10명
3. 제조소 또는 일반취급소에서 취급하는 제4류 위험물의 최대수량의 합이 지정수량의 24만배 이상 48만배 미만인 사업소	3대	15명
4. 제조소 또는 일반취급소에서 취급하는 제4류 위험물의 최대수량의 합이 지정수량의 48만배 이상인 사업소	4대	20명
5. 옥외탱크저장소에 저장하는 제4류 위험물의 최대수량이 지정수량의 50만배 이상인 사업소(2022. 1. 1. 시행)	2대	10명

46

소방시설공사업법령상 하자를 보수하여야 하는 소방시설과 소방시설별 하자보수 보증기간으로 옳은 것은?

① 유도등 : 1년
② 자동소화장치 : 3년
③ 자동화재탐지설비 : 2년
④ 상수도소화용수설비 : 2년

해설 하자보수보증기간

- 2년 : 피난기구 · 유도등 · 유도표지 · 비상경보설비 · 비상조명등 · 비상방송설비 및 무선통신보조설비
- 3년 : 자동소화장치 · 옥내소화전설비 · 스프링클러설비 · 간이스프링클러설비 · 물분무 등 소화설비 · 옥외소화전설비 · 자동화재탐지설비 · 상수도 소화용수설비 및 소화활동설비(무선통신보조설비 제외)

47

화재예방, 소방시설 설치 · 유지 및 안전관리에 관한 법률상 시 · 도지사는 관리업자에게 영업정지를 명하는 경우로서 그 영업정지가 국민에게 심한 불편을 주거나 그 밖에 공익을 해칠 우려가 있을 때에는 영업정지처분을 갈음하여 얼마 이하의 과징금을 부과할 수 있는가?

① 1,000만원　② 2,000만원
③ 3,000만원　④ 5,000만원

해설 화재예방, 소방시설 설치 · 유지 및 안전관리에 관한 법률의 영업정지처분을 갈음하는 과징금(법률 제35조) : 3,000만원 이하

> 위험물안전관리법에서 사용정지처분에 갈음하는 과징금(법 제13조) : 2억원 이하

48

소방기본법령상 불꽃을 사용하는 용접 · 용단기구의 용접 또는 용단 작업장에서 지켜야 하는 사항 중 다음 (　　) 안에 알맞은 것은?

> • 용접 또는 용단 작업자로부터 반경 (㉠)[m] 이내에 소화기를 갖추어 둘 것
> • 용접 또는 용단 작업장 주변 반경 (㉡)[m] 이내에는 가연물을 쌓아두거나 놓아두지 말 것. 다만, 가연물의 제거가 곤란하여 방지포 등으로 방호조치를 한 경우는 제외한다.

① ㉠ 3, ㉡ 5　② ㉠ 5, ㉡ 3
③ ㉠ 5, ㉡ 10　④ ㉠ 10, ㉡ 5

해설 불꽃을 사용하는 용접 · 용단기구의 작업장에 지켜야 하는 사항

용접 또는 용단 작업장에서는 다음 각 호의 사항을 지켜야 한다. 다만, 산업안전보건법 제38조의 적용을 받는 사업장의 경우에는 적용하지 아니한다.

1. 용접 또는 용단 작업자로부터 반경 5[m] 이내에 소화기를 갖추어 둘 것
2. 용접 또는 용단 작업장 주변 반경 10[m] 이내에는 가연물을 쌓아두거나 놓아두지 말 것. 다만, 가연물의 제거가 곤란하여 방지포 등으로 방호조치를 한 경우는 제외한다.

46 ② 47 ③ 48 ③ 정답

49

화재예방, 소방시설 설치·유지 및 안전관리에 관한 법률상 특정소방대상물의 관계인이 소방시설에 폐쇄(잠금을 포함)·차단 등의 행위를 하여서 사람을 상해에 이르게 한 때에 대한 벌칙기준으로 옳은 것은?

① 10년 이하의 징역 또는 1억원 이하의 벌금
② 7년 이하의 징역 또는 7,000만원 이하의 벌금
③ 5년 이하의 징역 또는 5,000만원 이하의 벌금
④ 3년 이하의 징역 또는 3,000만원 이하의 벌금

해설 벌 칙

- 소방시설에 폐쇄·차단 등의 행위를 한 자 : 5년 이하의 징역 또는 5,000만원 이하의 벌금
- 소방시설에 폐쇄·차단 등의 행위의 죄를 범하여 사람을 상해에 이르게 한 때 : 7년 이하의 징역 또는 7,000만원 이하의 벌금
- 소방시설에 폐쇄·차단 등의 행위를 하여 사람을 사망에 이르게 한 때 : 10년 이하의 징역 또는 1억원 이하의 벌금

50

소방기본법상 관계인의 소방활동을 위반하여 정당한 사유 없이 소방대가 현장에 도착할 때까지 사람을 구출하는 조치 또는 불을 끄거나 불이 번지지 아니하도록 하는 조치를 하지 아니한 자에 대한 벌칙 기준으로 옳은 것은?

① 100만원 이하의 벌금
② 200만원 이하의 벌금
③ 300만원 이하의 벌금
④ 400만원 이하의 벌금

해설 100만원 이하의 벌금

- 화재경계지구 안의 소방대상물에 대한 소방특별조사를 거부·방해 또는 기피한 자
- 정당한 사유 없이 소방대의 생활안전활동을 방해한 자
- 정당한 사유 없이 소방대가 현장에 도착할 때까지 사람을 구출하는 조치 또는 불을 끄거나 불이 번지지 아니하도록 하는 조치를 하지 아니한 사람
- 피난 명령을 위반한 사람
- 정당한 사유 없이 물의 사용이나 수도의 개폐장치의 사용 또는 조작을 하지 못하게 하거나 방해한 자

51

화재위험도가 낮은 특정소방대상물 중 소방대가 조직되어 24시간 근무하고 있는 청사 및 차고에 설치하지 아니할 수 있는 소방시설이 아닌 것은?

① 자동화재탐지설비 ② 연결송수관설비
③ 피난기구 ④ 비상방송설비

해설 소방시설을 설치하지 아니할 수 있는 특정소방대상물 및 소방시설의 범위(제18조 관련)

구 분	특정소방대상물	소방시설
1. 화재 위험도가 낮은 특정소방대상물	석재, 불연성금속, 불연성 건축재료등의 가공공장·기계조립공장·주물공장 또는 불연성 물품을 저장하는 창고	옥외소화전 및 연결살수설비
	소방기본법 제2조 제5호에 따른 소방대(消防隊)가 조직되어 24시간 근무하고 있는 청사 및 차고	옥내소화전설비, 스프링클러설비, 물분무 등 소화설비, **비상방송설비**, **피난기구**, 소화용수설비, **연결송수관설비**, 연결살수설비
2. 화재안전기준을 적용하기 어려운 특정소방대상물	펄프공장의 작업장, 음료수 공장의 세정 또는 충전을 하는 작업장, 그 밖에 이와 비슷한 용도로 사용하는 것	스프링클러설비, 상수도소화용수설비 및 연결살수설비
	정수장, 수영장, 목욕장, 농예·축산·어류양식용 시설, 그 밖에 이와 비슷한 용도로 사용되는 것	자동화재탐지설비, 상수도소화용수설비 및 연결살수설비
3. 화재안전기준을 달리 적용하여야 하는 특수한 용도 또는 구조를 가진 특정소방대상물	원자력발전소, 핵폐기물처리시설	연결송수관설비 및 연결살수설비
4. 위험물 안전관리법 제19조에 따른 자체소방대가 설치된 특정소방대상물	자체소방대가 설치된 위험물 제조소등에 부속된 사무실	옥내소화전설비, 소화용수설비, 연결살수설비 및 연결송수관설비

정답 49 ② 50 ① 51 ①

52

제조소 등의 위치·구조 및 설비의 기준 중 위험물을 취급하는 건축물의 환기설비 설치기준으로 다음 ( ) 안에 알맞은 것은?

> 급기구는 당해 급기구가 설치된 실의 바닥면적 (㉠)[m^2]마다 1개 이상으로 하되, 급기구의 크기는 (㉡)[cm^2] 이상으로 할 것

① ㉠ 100, ㉡ 800　② ㉠ 150, ㉡ 800
③ ㉠ 100, ㉡ 1,000　④ ㉠ 150, ㉡ 1,000

해설 환기설비의 설치기준

- 환기는 자연배기방식으로 할 것
- 급기구는 당해 급기구가 설치된 실의 바닥면적 150[m^2]마다 1개 이상으로 하되, 급기구의 크기는 800[cm^2] 이상으로 할 것. 다만 바닥면적이 150[m^2] 미만인 경우에는 다음의 크기로 하여야 한다.

바닥면적	급기구의 면적
60[m^2] 미만	150[cm^2] 이상
60[m^2] 이상 90[m^2] 미만	300[cm^2] 이상
90[m^2] 이상 120[m^2] 미만	450[cm^2] 이상
120[m^2] 이상 150[m^2] 미만	600[cm^2] 이상

- 급기구는 낮은 곳에 설치하고 가는 눈의 구리망 등으로 인화방지망을 설치할 것
- 환기구는 지붕 위 또는 지상 2[m] 이상의 높이에 회전식 고정벤틸레이터 또는 루프팬 방식으로 설치할 것

53

소방시설공사업법상 특정소방대상물에 설치된 소방시설 등을 구성하는 것의 전부 또는 일부를 개설, 이전 또는 정비하는 공사의 경우 소방시설공사의 착공신고 대상이 아닌 것은?(단, 고장 또는 파손 등으로 인하여 작동시킬 수 없는 소방시설을 긴급히 교체하거나 보수하여야 하는 경우는 제외한다)

① 수신반　② 소화펌프
③ 동력(감시)제어반　④ 압력체임버

해설 착공신고

수신반, 소화펌프, 동력(감시)제어반은 긴급히 교체 또는 보수하여야 하는 경우는 착공신고하지 않아도 된다.

54

특정소방대상물에서 사용하는 방염대상물품의 방염성능검사 방법과 검사결과에 따른 합격표시 등에 필요한 사항은 무엇으로 정하는가?

① 대통령령　② 행정안전부령
③ 소방청장령　④ 시·도의 조례

해설 방염대상물품의 방염성능검사 방법과 검사결과에 따른 합격표시 등에 필요한 사항 : 행정안전부령

55

시장지역에서 화재로 오인할 만한 우려가 있는 불을 피우거나 연막소독을 하려는 자가 신고를 하지 아니하여 소방자동차를 출동하게 한 자에게 대한 과태료 부과·징수권자는?

① 국무총리　② 소방청장
③ 시·도지사　④ 소방서장

해설 과태료 부과권자

- 200만원 이하의 과태료(기본법 제56조)의 부과권자 : 시·도지사, 소방본부장, 소방서장
- **20만원 이하의 과태료**(기본법 제57조)의 부과권자 : 소방본부장, **소방서장**

> **기본법 제57조**
> 불을 피우거나 연막소독을 하려는 자가 신고를 하지 아니하여 소방자동차를 출동하게 한 자에게 대한 과태료

56

소방기본법령상 소방용수시설에 대한 설명으로 틀린 것은?

① 시·도지사는 소방활동에 필요한 소방용수 시설을 설치하고 유지·관리하여야 한다.
② 수도법의 규정에 따라 설치된 소화전도 시·도지사가 유지·관리하여야 한다.
③ 소방본부장 또는 소방서장은 원활한 소방활동을 위하여 소방용수시설에 대한 조사를 월 1회 이상 실시하여야 한다.
④ 소방용수시설 조사의 결과는 2년간 보관하여야 한다.

52 ② 53 ④ 54 ② 55 ④ 56 ② 정답

해설 소방용수시설

- 시·도지사는 소방활동에 필요한 소방용수 시설을 설치하고 유지·관리하여야 한다.
- 수도법의 규정에 따라 **소화전을 설치하는 일반수도사업자**는 관할 소방서장과 사전협의를 거친 후 소화전을 설치하여야 하며, 설치 사실을 관할 소방서장에게 통지하고, 그 **소화전을 유지·관리**하여야 한다.
- 소방본부장 또는 소방서장은 원활한 소방활동을 위하여 소방용수시설에 대한 조사를 월 1회 이상 실시하여야 한다.
- 소방용수시설 조사의 결과는 2년간 보관하여야 한다.

57

소방기본법령상 소방서 종합상황실의 실장이 서면·모사전송 또는 컴퓨터통신 등으로 소방본부의 종합상황실에 지체 없이 보고하여야 하는 기준으로 틀린 것은?

① 사망자가 5인 이상 발생하거나 사상자가 10인 이상 발생한 화재
② 층수가 11층 이상인 건축물에서 발생한 화재
③ 이재민이 50인 이상 발생한 화재
④ 재산피해액이 50억원 이상 발생한 화재

해설 종합상황실의 실장이 행하는 보고

- 보고라인 : 소방서 종합상황실 → 소방본부 종합상황실 → 소방청 종합상황실
- 보고하여야 하는 화재
  - 사망자가 5인 이상 발생하거나 사상자가 10인 이상 발생한 화재
  - **이재민이 100인 이상** 발생한 화재
  - 재산피해액이 50억원 이상 발생한 화재
  - 관공서·학교·정부미도정공장·문화재·지하철 또는 지하구의 화재
  - 관광호텔, 층수가 11층 이상인 건축물, 지하상가, 시장, 백화점, 지정수량의 3,000배 이상의 위험물의 제조소·저장소·취급소, 층수가 5층 이상이거나 객실이 30실 이상인 숙박시설, 층수가 5층 이상이거나 병상이 30개 이상인 종합병원·정신병원·한방병원·요양소, 연면적 15,000[m^2] 이상인 공장 또는 소방기본법 시행령 제4조 제1항 각 목에 따른 화재경계지구에서 발생한 화재
  - 철도차량, 항구에 매어둔 총 톤수가 1,000[t] 이상인 선박, 항공기, 발전소 또는 변전소에서 발생한 화재
  - 가스 및 화약류의 폭발에 의한 화재
  - 다중이용업소의 안전관리에 관한 특별법 제2조에 따른 다중이용업소의 화재

58

화재예방, 소방시설 설치·유지 및 안전관리에 관한 법령상 시·도지사가 실시하는 방염성능 검사 대상으로 옳지 않은 것은?

① 설치 현장에서 방염처리를 하는 합판·목재
② 제조 또는 가공 공정에서 방염처리를 한 카펫
③ 제조 또는 가공 공정에서 방염처리를 한 창문에 설치하는 블라인드
④ 설치 현장에서 방염처리를 하는 암막·무대막

해설 방염대상물품(영 제20조)

- **제조 또는 가공 공정**에서 방염처리를 한 물품(**합판·목재류**의 경우에는 **설치 현장에서 방염처리**를 한 것을 포함한다)으로서 다음 각 목의 어느 하나에 해당하는 것
  - 창문에 설치하는 커튼류(**블라인드를 포함**한다)
  - **카펫**, 두께가 2[mm] 미만인 벽지류(종이벽지는 제외한다)
  - 전시용 합판 또는 섬유판, 무대용 합판 또는 섬유판
  - **암막·무대막**(영화 및 비디오물의 진흥에 관한 법률 제2조 제10호에 따른 영화상영관에 설치하는 스크린과 다중이용업소의 안전관리에 관한 특별법 시행령 제2조 제7호의4에 따른 골프 연습장업에 설치하는 스크린을 포함한다)
  - 섬유류 또는 합성수지류 등을 원료로 하여 제작된 소파·의자(다중이용업소의 안전관리에 관한 특별법 시행령 제2조 제1호 나목 및 같은 조 제6호에 따른 단란주점영업, 유흥주점영업 및 노래연습장업의 영업장에 설치하는 것만 해당한다)
- **건축물 내부의 천장이나 벽에 부착하거나 설치**하는 것으로서 다음 각 목의 어느 하나에 해당하는 것을 말한다. 다만, 가구류(옷장, 찬장, 식탁, 식탁용 의자, 사무용 책상, 사무용 의자 및 계산대, 그 밖에 이와 비슷한 것을 말한다)와 너비 10[cm] 이하인 반자돌림대 등과 건축법 제52조에 따른 내부마감재료는 제외한다.
  - 종이류(두께 2[mm] 이상인 것을 말한다)·합성수지류 또는 섬유류를 주원료로 한 물품
  - 합판이나 목재
  - 공간을 구획하기 위하여 설치하는 간이 칸막이(접이식 등 이동 가능한 벽체나 천장 또는 반자가 실내에 접하는 부분까지 구획하지 아니하는 벽체를 말한다)
  - 흡음(吸音)이나 방음(防音)을 위하여 설치하는 흡음재(흡음용 커튼을 포함한다) 또는 방음재(방음용 커튼을 포함한다)

정답 57 ③ 58 ④

59

화재예방, 소방시설 설치 · 유지 및 안전관리에 관한 법령상 건축허가 등의 동의를 요구하는 때 동의요구서에 첨부하여야 하는 설계도서가 아닌 것은?(단, 소방시설공사 착공신고대상에 해당하는 경우이다)

① 창호도
② 실내 전개도
③ 건축물의 단면도
④ 건축물의 주단면 상세도(내장재료를 명시한 것)

해설 동의요구서에 첨부서류

- 건축허가신청서 및 건축허가서 또는 건축 · 대수선 · 용도변경신고서 등 건축허가 등을 확인할 수 있는 서류의 사본. 이 경우 동의 요구를 받은 담당공무원은 특별한 사정이 없는 한 전자정부법 제36조 제1항에 따른 행정정보의 공동이용을 통하여 건축허가서를 확인함으로써 첨부서류의 제출에 갈음하여야 한다.
- **다음 각 목의 설계도서.** 다만, ㉠ 및 ㉢의 설계도서는 소방시설공사업법 시행령 제4조에 따른 소방시설공사 착공신고대상에 해당되는 경우에 한한다.
  - ㉠ **건축물의 단면도** 및 **주단면 상세도**(내장재료를 명시한 것에 한한다)
  - ㉡ 소방시설(기계 · 전기분야의 시설을 말한다)의 층별 평면도 및 층별 계통도(시설별 계산서를 포함한다)
  - ㉢ **창호도**
- 소방시설 설치계획표
- 임시소방시설 설치계획서(설치시기 · 위치 · 종류 · 방법 등 임시소방시설의 설치와 관련한 세부사항을 포함한다)
- 소방시설설계업등록증과 소방시설을 설계한 기술인력자의 기술자격증

60

지하층을 포함한 층수가 16층 이상 40층 미만인 특정소방대상물의 소방시설 공사현장에 배치하여야 할 소방공사 책임감리원의 배치기준으로 옳은 것은?

① 행정안전부령으로 정하는 특급감리원 중 소방기술사
② 행정안전부령으로 정하는 특급감리원 이상의 소방공사 감리원(기계분야 및 전기분야)
③ 행정안전부령으로 정하는 고급감리원 이상의 소방공사 감리원(기계분야 및 전기분야)
④ 행정안전부령으로 정하는 중급감리원 이상의 소방공사 감리원(기계분야 및 전기분야)

해설 소방공사 감리원의 배치기준(설치유지법률 영 별표 4)

감리원의 배치기준		소방시설공사 현장의 기준
책임감리원	보조감리원	
1. 행정안전부령으로 정하는 특급감리원 중 소방기술사	행정안전부령으로 정하는 초급감리원 이상의 소방공사 감리원(기계분야 및 전기분야)	가. 연면적 20만[m²] 이상인 특정소방대상물의 공사 현장 나. 지하층을 포함한 층수가 40층 이상인 특정소방대상물의 공사 현장
2. 행정안전부령으로 정하는 **특급감리원 이상의 소방공사 감리원(기계분야 및 전기분야)**	행정안전부령으로 정하는 초급감리원 이상의 소방공사감리원(기계분야 및 전기분야)	가. 연면적 3만[m²] 이상 20만[m²] 미만인 특정소방대상물(아파트는 제외)의 공사 현장 나. **지하층을 포함한 층수가 16층 이상 40층 미만인 특정소방대상물의 공사 현장**
3. 행정안전부령으로 정하는 고급감리원 이상의 소방공사 감리원(기계분야 및 전기분야)	행정안전부령으로 정하는 초급감리원 이상의 소방공사 감리원(기계분야 및 전기분야)	가. 물분무 등 소화설비(호스릴 방식의 소화설비는 제외) 또는 제연설비가 설치되는 특정소방대상물의 공사 현장 나. 연면적 3만[m²] 이상 20만[m²] 미만인 아파트의 공사 현장
4. 행정안전부령으로 정하는 중급감리원 이상의 소방공사 감리원(기계분야 및 전기분야)		연면적 5,000[m²] 이상 3만[m²] 미만인 특정소방대상물의 공사 현장
5. 행정안전부령으로 정하는 초급감리원 이상의 소방공사 감리원(기계분야 및 전기분야)		가. 연면적 5,000[m²] 미만인 특정소방대상물의 공사 현장 나. 지하구의 공사 현장

59 ② 60 ② 정답

제 4 과목 소방기계시설의 구조 및 원리

61

소방설비용 헤드의 분류 중 수류를 살수판에 충돌하여 미세한 물방울을 만드는 물분무헤드는?

① 디플렉터형 ② 충돌형
③ 슬리트형 ④ 분사형

해설 물분무헤드의 종류

- **디플렉터형** : 수류를 살수판에 충돌하여 미세한 물방울을 만드는 물분무헤드
- 충돌형 : 유수와 유수의 충돌에 의해 미세한 물방울을 만드는 물분무헤드
- 슬리트형 : 수류를 슬리트에 의해 방출하여 수막상의 분무를 만드는 물분무헤드
- 분사형 : 소구경의 오리피스로부터 고압으로 분사하여 미세한 물방울을 만드는 물분무헤드
- 선회류형 : 선회류에 의해 확산방출 하든가 선회류와 직선류의 충돌에 의해 확산 방출하여 미세한 물방울로 만드는 물분무헤드

62

물분무소화설비의 가압송수장치의 설치기준 중 틀린 것은?(단, 전동기 또는 내연기관에 따른 펌프를 이용하는 가압송수장치이다)

① 기동용 수압개폐장치를 기동장치로 사용할 경우에 설치하는 충압펌프의 토출압력은 가압송수장치의 정격 토출압력과 같게 한다.
② 가압송수장치가 기동된 경우에는 자동으로 정지되도록 한다.
③ 기동용 수압개폐장치(압력체임버)를 사용할 경우 그 용적은 100[L] 이상으로 한다.
④ 수원의 수위가 펌프보다 낮은 위치에 있는 가압송수장치에는 물올림장치를 설치한다.

해설 가압송수장치가 기동이 된 경우에는 자동으로 정지되지 아니하도록 하여야 한다. 다만, 충압펌프의 경우에는 그러하지 아니하다.

- 주펌프 : 자동 정지 안 됨
- 충압펌프 : 자동 정지됨

63

건축물의 층수가 40층인 특별피난계단의 계단실 및 부속실 제연설비의 비상전원은 몇 분 이상 유효하게 작동할 수 있어야 하는가?

① 20
② 30
③ 40
④ 60

해설 특별피난계단의 계단실 및 부속실 제연설비의 비상전원

- 29층 이하 : 20분 이상
- **30층 이상 49층 이하 : 40분 이상**
- 50층 이상 : 60분 이상

64

옥내소화전설비 배관의 설치기준 중 다음 (   ) 안에 알맞은 것은?

> 연결송수관설비의 배관과 겸용할 경우의 주배관은 구경 (㉠)[mm] 이상, 방수구로 연결되는 배관의 구경은 (㉡)[mm] 이상의 것으로 하여야 한다.

① ㉠ 80, ㉡ 65
② ㉠ 80, ㉡ 50
③ ㉠ 100, ㉡ 65
④ ㉠ 125, ㉡ 80

해설 옥내소화전설비의 배관 구경

- 연결송수관설비의 배관과 겸용할 경우의 **주배관 : 구경 100[mm] 이상**
- **방수구로 연결되는 배관의 구경 : 65[mm] 이상**
- 옥내소화전방수구와 연결되는 가지배관의 구경 : 40[mm](호스릴옥내소화전설비의 경우 : 25[mm]) 이상
- 주배관 중 수직배관의 구경 : 50[mm](호스릴옥내소화전설비의 경우 : 32[mm]) 이상

정답 61 ① 62 ② 63 ③ 64 ③

65

포소화설비의 자동식 기동장치의 설치기준 중 다음 ( ) 안에 알맞은 것은?(단, 화재감지기를 사용하는 경우이며, 자동화재탐지설비의 수신기가 설치된 장소에 상시 사람이 근무하고 있고, 화재 시 즉시 해당조작부를 작동시킬 수 있는 경우에는 제외한다)

> **화재감지기 회로에는 다음의 기준에 따른 발신기를 설치할 것**
> 특정소방대상물의 층마다 설치하되, 해당특정소방대상물의 각 부분으로부터 수평거리가 (㉠)[m] 이하가 되도록 할 것. 다만, 복도 또는 별도로 구획된 실로서 보행거리가 (㉡)[m] 이상일 경우에는 추가로 설치하여야 한다.

① ㉠ 25, ㉡ 30
② ㉠ 25, ㉡ 40
③ ㉠ 15, ㉡ 30
④ ㉠ 15, ㉡ 40

해설 포소화설비의 자동식 기동장치의 설치기준

화재감지기 회로에는 다음 각 세목의 기준에 따른 발신기를 설치할 것

- 조작이 쉬운 장소에 설치하고, 스위치는 바닥으로부터 0.8[m] 이상 1.5[m] 이하의 높이에 설치할 것
- 특정소방대상물의 **층마다 설치**하되, 해당 특정소방대상물의 각 부분으로부터 **수평거리가 25[m] 이하**가 되도록 할 것. 다만, 복도 또는 별도로 구획된 실로서 **보행거리가 40[m] 이상**일 경우에는 추가로 설치하여야 한다.
- 발신기의 위치를 표시하는 표시등은 함의 상부에 설치하되, 그 불빛은 부착 면으로부터 15° 이상의 범위 안에서 부착지점으로부터 10[m] 이내의 어느 곳에서도 쉽게 식별할 수 있는 적색등으로 할 것

66

이산화탄소소화설비 기동장치의 설치기준으로 옳은 것은?

① 가스압력식 기동장치 기동용 가스용기의 용적은 3[L] 이상으로 한다.
② 전기식 기동장치로서 5병의 저장용기를 동시에 개방하는 설비는 2병 이상의 저장용기에 전자개방밸브를 부착해야 한다.
③ 수동식 기동장치는 전역방출방식에 있어서 방호대상물마다 설치한다.
④ 수동식 기동장치의 부근에는 방출지연을 위한 비상스위치를 설치해야 한다.

해설 이산화탄소소화설비 기동장치의 설치기준

- 자동식 기동장치의 가스압력식 기동장치 기동용 가스용기의 용적은 **5[L] 이상**으로 하고, 해당 용기에 저장하는 질소 등의 비활성기체는 6.0[MPa] 이상(21[℃] 기준)의 압력으로 충전할 것
- 전기식 기동장치로서 **7병 이상의 저장용기**를 동시에 개방하는 설비는 **2병 이상**의 저장용기에 **전자 개방밸브**를 부착할 것
- **전역방출방식**은 **방호구역마다**, 국소방출방식은 방호대상물마다 설치할 것
- **수동식 기동장치의 부근**에는 소화약제의 방출을 지연시킬 수 있는 **비상스위치**(자동복귀형 스위치로서 수동식 기동장치의 타이머를 순간 정지시키는 기능의 스위치를 말한다)를 **설치**하여야 한다.

67

연결살수설비의 배관에 관한 설치기준 중 옳은 것은?

① 개방형헤드를 사용하는 연결살수설비의 수평주행배관은 헤드를 향하여 상향으로 100분의 5 이상의 기울기로 설치한다.
② 가지배관 또는 교차배관을 설치하는 경우에는 가지배관의 배열은 토너먼트 방식이어야 한다.
③ 교차배관에는 가지배관과 가지배관 사이마다 1개 이상의 행거를 설치하되, 가지배관 사이의 거리가 4.5[m]를 초과하는 경우에는 4.5[m] 이내마다 1개 이상 설치한다.
④ 가지배관은 교차배관 또는 주배관에서 분기되는 지점을 기점으로 한쪽 가지배관에 설치되는 헤드의 개수는 6개 이하로 하여야 한다.

65 ② 66 ④ 67 ③ **정답**

해설 연결살수설비의 배관 기준

- 개방형헤드를 사용하는 연결살수설비의 **수평주행배관**은 헤드를 향하여 **상향으로 1/100 이상의 기울기**로 설치하고 주배관중 낮은 부분에는 자동배수밸브를 설치하여야 한다.
- 가지배관 또는 교차배관을 설치하는 경우에는 **가지배관의 배열**은 **토너먼트방식이 아니어야 하며, 가지배관**은 교차배관 또는 주배관에서 분기되는 지점을 기점으로 한쪽 가지배관에 설치되는 **헤드의 개수**는 **8개 이하**로 하여야 한다.
- 배관에 설치되는 행거기준
  - 가지배관에는 헤드의 설치지점 사이마다 1개 이상의 행거를 설치하되, 헤드 간의 거리가 3.5[m]를 초과하는 경우에는 3.5[m] 이내마다 1개 이상 설치할 것. 이 경우 상향식헤드와 행거 사이에는 8[cm] 이상의 간격을 두어야 한다.
  - **교차배관**에는 가지배관과 가지배관 사이마다 1개 이상의 행거를 설치하되, 가지배관 사이의 거리가 **4.5[m]를 초과**하는 경우에는 **4.5[m] 이내마다 1개 이상 설치**할 것
  - 수평주행배관에는 4.5[m] 이내마다 1개 이상 설치할 것

68

스프링클러설비의 교차배관에서 분기되는 지점을 기점으로 한쪽 가지배관에 설치되는 헤드의 개수는 최대 몇 개 이하인가?(단, 방호구역 안에서 칸막이 등으로 구획하여 헤드를 증설하는 경우와 격자형 배관방식을 채택하는 경우는 제외한다)

① 8
② 10
③ 12
④ 15

해설 한쪽 가지배관에 설치되는 헤드의 개수 : 8개 이하

69

차고 · 주차장에 설치하는 포소화전설비의 설치기준 중 다음 ( ) 안에 알맞은 것은?(단, 1개 층의 바닥면적이 200[m^2] 이하인 경우는 제외한다)

> 특정소방대상물의 어느 층에 있어서도 그 층에 설치된 호스릴포방수구 또는 포소화전 방수구(호스릴포방수구 또는 포소화전방수구가 5개 이상 설치된 경우에는 5개)를 동시에 사용할 경우 각 이동식 포노즐 선단의 포수용액 방사압력이 (㉠)[MPa] 이상이고 (㉡)[L/min] 이상(1개 층의 바닥면적이 200[m^2] 이하인 경우에는 230[L/min] 이상)의 포수용액을 수평거리 15[m] 이상으로 방사할 수 있도록 할 것

① ㉠ 0.25, ㉡ 230
② ㉠ 0.25, ㉡ 300
③ ㉠ 0.35, ㉡ 230
④ ㉠ 0.35, ㉡ 300

해설 차고 · 주차장에 설치하는 호스릴포소화설비 또는 포소화전설비의 설치기준

- 특정소방대상물의 어느 층에 있어서도 그 층에 설치된 호스릴포방수구 또는 포소화전방수구(호스릴포방수구 또는 포소화전방수구가 5개 이상 설치된 경우에는 5개)를 동시에 사용할 경우 각 이동식 포노즐 선단의 포수용액 방사압력이 **0.35[MPa] 이상**이고 **300[L/min] 이상**(1개 층의 바닥면적이 200[m^2] 이하인 경우에는 230[L/min] 이상)의 포수용액을 수평거리 15[m] 이상으로 방사할 수 있도록 할 것
- 저발포의 포소화약제를 사용할 수 있는 것으로 할 것
- 호스릴 또는 호스를 호스릴포방수구 또는 포소화전방수구로 분리하여 비치하는 때에는 그로부터 3[m] 이내의 거리에 호스릴함 또는 호스함을 설치할 것
- 호스릴함 또는 호스함은 바닥으로부터 높이 1.5[m] 이하의 위치에 설치하고 그 표면에는 "포호스릴함(또는 포소화전함)"이라고 표시한 표지와 적색의 위치표시등을 설치할 것
- 방호대상물의 각 부분으로부터 하나의 호스릴포방수구까지의 수평거리는 15[m] 이하(포소화전방수구의 경우에는 25[m] 이하)가 되도록 하고 호스릴 또는 호스의 길이는 방호대상물의 각 부분에 포가 유효하게 뿌려질 수 있도록 할 것

정답 68 ① 69 ④

70

물분무소화설비 송수구의 설치기준 중 틀린 것은?

① 구경 65[mm]의 쌍구형으로 할 것
② 지면으로부터 높이가 0.5[m] 이상 1[m] 이하의 위치에 설치할 것
③ 가연성가스의 저장·취급시설에 설치하는 송수구는 그 방호대상물로부터 20[m] 이상의 거리를 두거나 방호대상물에 면하는 부분이 높이 1.5[m] 이상, 폭 2.5[m] 이상의 철근콘크리트 벽으로 가려진 장소에 설치할 것
④ 송수구는 하나의 층의 바닥면적이 1,500[m^2]를 넘을 때마다 1개(5개를 넘을 경우에는 5개로 한다) 이상을 설치할 것

해설 물분무소화설비 송수구는 하나의 층의 바닥면적이 **3,000[m^2]**를 넘을 때마다 1개(5개를 넘을 경우에는 5개로 한다) 이상을 설치할 것

71

분말소화약제 저장용기의 설치기준으로 틀린 것은?

① 설치장소의 온도가 40[℃] 이하이고, 온도변화가 적은 곳에 설치할 것
② 용기 간의 간격은 점검에 지장이 없도록 5[cm] 이상의 간격을 유지할 것
③ 저장용기의 충전비는 0.8 이상으로 할 것
④ 저장용기에는 가압식은 최고사용압력의 1.8배 이하, 축압식은 용기의 내압시험압력의 0.8배 이하의 압력에서 작동하는 안전밸브를 설치할 것

해설 **분말소화약제 저장용기의 설치기준**

- 방호구역 외의 장소에 설치할 것. 다만, 방호구역 내에 설치할 경우에는 피난 및 조작이 용이하도록 피난구 부근에 설치하여야 한다.
- 온도가 40[℃] 이하이고, 온도변화가 적은 곳에 설치할 것
- 직사광선 및 빗물이 침투할 우려가 없는 곳에 설치할 것
- 방화문으로 구획된 실에 설치할 것
- 용기의 설치장소에는 해당 용기가 설치된 곳임을 표시하는 표지를 할 것
- **용기 간의 간격**은 점검에 지장이 없도록 **3[cm] 이상**의 간격을 유지할 것
- 저장용기와 집합관을 연결하는 연결배관에는 체크밸브를 설치할 것. 다만, 저장용기가 하나의 방호구역만을 담당하는 경우에는 그러하지 아니하다.
- 저장용기에는 가압식은 최고사용압력의 1.8배 이하, 축압식은 용기의 내압시험압력의 0.8배 이하의 압력에서 작동하는 안전밸브를 설치할 것
- 저장용기에는 저장용기의 내부압력이 설정압력으로 되었을 때 주밸브를 개방하는 정압작동장치를 설치할 것
- 저장용기의 충전비는 0.8 이상으로 할 것

72

국소방출방식의 분말소화설비 분사헤드는 기준 저장량의 소화약제를 몇 초 이내에 방사할 수 있는 것이어야 하는가?

① 60 ② 30
③ 20 ④ 10

해설 **전역방출방식이나 전역방출방식의 방사시간** : 30초 이내

73

축압식 분말소화기 지시압력계의 정상 사용압력 범위 중 상한값은?

① 0.68[MPa] ② 0.78[MPa]
③ 0.88[MPa] ④ 0.98[MPa]

해설 **축압식 분말소화기 지시압력계의 정상** : 0.7~0.98[MPa]

74

노유자시설의 3층에 적응성을 가진 피난기구가 아닌 것은?

① 미끄럼대
② 피난교
③ 다수인 피난장비
④ 간이완강기

70 ④ 71 ② 72 ② 73 ④ 74 ④ **정답**

해설 노유자시설의 피난기구

- 지하층 : 피난용 트랩
- 1층, 2층, 3층 : 미끄럼대, 구조대, 피난교, 다수인 피난장비, 승강식 피난기
- 4층 이상 10층 이하 : 피난교, 다수인 피난장비, 승강식 피난기

75

연소할 우려가 있는 개구부에 드렌처설비를 설치할 경우 해당 개구부에 한하여 스프링클러헤드를 설치하지 아니할 수 있는 기준으로 틀린 것은?

① 드렌처헤드는 개구부 위 측에 2.5[m] 이내마다 1개를 설치할 것
② 제어밸브는 특정소방대상물 층마다에 바닥면으로부터 0.5[m] 이상 1.5[m] 이하의 위치에 설치할 것
③ 드렌처헤드가 가장 많이 설치된 제어밸브에 설치된 드렌처헤드를 동시에 사용하는 경우에 각 헤드 선단의 방수량은 80[L/min] 이상이 되도록 할 것
④ 드렌처헤드가 가장 많이 설치된 제어밸브에 설치된 드렌처헤드를 동시에 사용하는 경우에는 각 헤드선단의 방수압력은 0.1[MPa] 이상이 되도록 할 것

해설 드렌처설비의 설치기준

- 헤드 : 개구부 위 측에 2.5[m] 이내마다 1개 설치
- **제어밸브 : 0.8[m] 이상 1.5[m] 이하**에 설치
- 수원 : 헤드수×1.6[m^3]
- 방수압력 : 0.1[MPa] 이상
- 방수량 : 80[L/min]

76

연소방지설비 방수헤드의 설치기준으로 옳은 것은?

① 방수헤드 간의 수평거리는 연소방지설비 전용헤드의 경우에는 1.5[m] 이하로 할 것
② 방수헤드 간의 수평거리는 스프링클러헤드의 경우에는 2[m] 이하로 할 것
③ 살수구역은 환기구 등을 기준으로 지하구의 길이 방향으로 350[m] 이내마다 1개 이상 설치할 것
④ 하나의 살수구역의 길이는 2[m] 이상으로 할 것

해설 방수헤드의 설치기준

- 천장 또는 벽면에 설치할 것
- 방수헤드 간의 수평거리는 **연소방지설비 전용헤드**의 경우에는 **2[m] 이하**, **스프링클러헤드**의 경우에는 **1.5[m] 이하**로 할 것
- 살수구역은 환기구 등을 기준으로 지하구의 길이방향으로 **350[m] 이내마다 1개 이상** 설치하되, 하나의 **살수구역의 길이**는 **3[m] 이상**으로 할 것

77

내림식 사다리의 구조기준 중 다음 ( ) 안에 공통으로 들어갈 내용은?

> 사용 시 소방대상물로부터 ( )[cm] 이상의 거리를 유지하기 위한 유효한 돌자를 횡봉의 위치마다 설치하여야 한다. 다만, 그 돌자를 설치하지 아니하여도 사용 시 소방대상물에서 ( )[cm] 이상의 거리를 유지할 수 있는 것은 그러하지 아니하다.

① 15 ② 10
③ 7 ④ 5

해설 내림식 사다리의 구조(형식승인 및 제품검사의 기술기준)

- 사용 시 소방대상물로부터 **10[cm] 이상**의 거리를 유지하기 위한 유효한 돌자를 횡봉의 위치마다 설치하여야 한다. 다만, 그 돌자를 설치하지 아니하여도 사용 시 소방대상물에서 **10[cm] 이상**의 거리를 유지할 수 있는 것은 그러하지 아니하다.
- 종봉의 끝부분에는 가변식 걸고리 또는 걸림장치(하향식 피난구용 내림식 사다리는 해치 등에 고정할 수 있는 장치를 말함)가 부착되어 있어야 한다.
- 걸림장치 등은 쉽게 이탈하거나 파손되지 아니하는 구조이어야 한다.
- 하향식 피난구용 내림식 사다리는 사다리를 접거나 천천히 펼쳐지게 하는 완강장치를 부착할 수 있다.

78

할로겐화합물 및 불활성기체 소화설비 중 약제의 저장 용기 내에서 저장 상태가 기체 상태의 압축가스인 소화약제는?

① IG 541 ② HCFC BLEND A
③ HFC-227ea ④ HFC-23

해설 **저장 시 기체상태** : IG 01, IG 100, IG 55, IG 541

정답 75 ② 76 ③ 77 ② 78 ①

79

연결송수관설비의 가압송수장치의 설치기준으로 틀린 것은?(단, 지표면에서 최상층 방수구의 높이가 70[m] 이상의 특정소방대상물이다)

① 펌프의 양정은 최상층에 설치된 노즐선단의 압력이 0.35[MPa] 이상의 압력이 되도록 할 것
② 계단식 아파트의 경우 펌프의 토출량은 1,200[L/min] 이상이 되는 것으로 할 것
③ 계단식 아파트의 경우 해당 층에 설치된 방수구가 3개를 초과하는 것은 1개마다 400[L/min]을 가산한 양이 펌프의 토출량이 되는 것으로 할 것
④ 내연기관을 사용하는 경우(층수가 30층 이상 49층 이하) 내연기관의 연료량은 20분 이상 운전할 수 있는 용량일 것

해설 가압송수장치의 설치기준

- 펌프의 양정은 최상층에 설치된 노즐선단의 압력이 **0.35[MPa] 이상**의 압력이 되도록 할 것
- 펌프의 토출량은 2,400[L/min](**계단식 아파트**의 경우에는 **1,200[L/min]**) 이상이 되는 것으로 할 것. 다만, 해당 층에 설치된 방수구가 3개를 초과(방수구가 5개 이상인 경우에는 5개)하는 것에 있어서는 1개마다 800[L/min](**계단식 아파트**의 경우에는 **400[L/min]**)를 가산한 양이 되는 것으로 할 것
- 내연기관의 연료량은 펌프를 20분(층수가 **30층 이상 49층 이하는 40분**, 50층이 이상은 60분) 이상 운전할 수 있는 용량일 것

80

소화수조 및 저수조의 가압송수장치 설치기준 중 다음 (   ) 안에 알맞은 것은?

> 소화수조가 옥상 또는 옥탑의 부분에 설치된 경우에는 지상에 설치된 채수구에서의 압력이 (   )[MPa] 이상이 되도록 하여야 한다.

① 0.1
② 0.15
③ 0.17
④ 0.25

해설 소화수조가 옥상 또는 옥탑의 부분에 설치된 경우에는 지상에 설치된 채수구에서의 압력이 **0.15[MPa] 이상**이 되도록 하여야 한다.

79 ④ 80 ② 정답

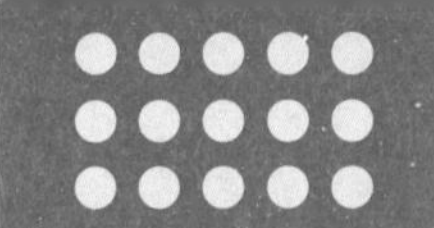

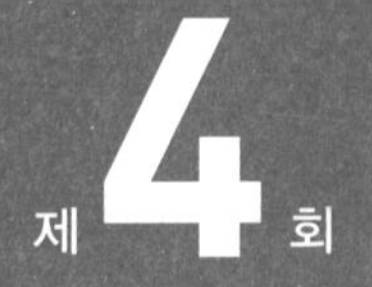

제 4 회 2017년 9월 23일 시행

제 1 과목 소방원론

01

건축물에 설치하는 방화벽의 구조에 대한 기준 중 틀린 것은?

① 내화구조로서 홀로 설 수 있는 구조로 할 것
② 방화벽의 양쪽 끝은 지붕면으로부터 0.2[m] 이상 튀어 나오게 하여야 한다.
③ 방화벽의 위쪽 끝은 지붕면으로부터 0.5[m] 이상 튀어 나오게 하여야 한다.
④ 방화벽에 설치하는 출입문의 너비 및 높이는 각각 2.5[m] 이하인 갑종방화문을 설치하여야 한다.

해설 방화벽
화재 시 연소의 확산을 막고 피해를 줄이기 위해 주로 목조건축물에 설치하는 벽

대상 건축물	주요구조부가 내화구조 또는 불연재료가 아닌 연면적 1,000[m^2] 이상인 건축물
구획단지	연면적 1,000[m^2] 미만마다 구획
방화벽의 구조	• 내화구조로서 홀로 설수 있는 구조로 할 것 • **방화벽의 양쪽 끝**과 **위쪽 끝**을 건축물의 외벽면 및 지붕면으로부터 **0.5[m] 이상** 튀어 나오게 할 것 • 방화벽에 설치하는 출입문의 너비 및 높이는 각각 2.5[m] 이하로 하고 갑종방화문을 설치할 것

02

목재 화재 시 다량의 물을 뿌려 소화할 경우 기대되는 주된 소화효과는?

① 제거효과 ② 냉각효과
③ 부촉매효과 ④ 희석효과

해설 냉각소화
화재현장에 물을 주수하여 발화점 이하로 온도를 낮추어 열을 제거하여 소화하는 방법으로 목재 화재 시 다량의 물을 뿌려 소화하는 것이다.

03

폭발의 형태 중 화학적 폭발이 아닌 것은?

① 분해폭발 ② 가스폭발
③ 수증기폭발 ④ 분진폭발

해설 **화학적 폭발** : 분해폭발, 산화폭발, 중합폭발, 가스폭발, 분진폭발

04

이산화탄소 20[g]은 몇 [mol]인가?

① 0.23 ② 0.45
③ 2.2 ④ 4.4

해설 mol수 = 무게/분자량

$$\therefore \text{mol수} = \frac{20[g]}{44[g/mol]} = 0.45[g-mol]$$

CO_2의 분자량 = 44

05

FM 200이라는 상품명을 가지며 오존파괴지수(ODP)가 0인 할론 대체 소화약제는 무슨 계열인가?

① HFC계열
② HCFC계열
③ FC계열
④ Blend계열

정답 01 ② 02 ② 03 ③ 04 ② 05 ①

해설 할로겐화합물 소화약제

계 열	정 의	해당 물질
HFC (Hydro Fluoro Carbons)계열	C(탄소)에 F(플루오린)와 H(수소)가 결합된 것	HFC-125, HFC-227ea, HFC-23, HFC-236fa
HCFC (Hydro Chloro Fluoro Carbons)계열	C(탄소)에 Cl(염소), F(플루오린), H(수소)가 결합된 것	HCFC-BLEND A, HCFC-124
FIC (Fluoro Iodo Carbons) 계열	C(탄소)에 F(플루오린)와 I(아이오딘)가 결합된 것	FIC-13I1
FC (PerFluoro Carbons)계열	C(탄소)에 F(플루오린)가 결합된 것	FC-3-1-10, FK-5-1-12

∴ HFC-227ea : FM 200, HCFC-BLEND A : NAFS III

06

포소화약제 중 고팽창포로 사용할 수 있는 것은?

① 단백포 ② 불화단백포
③ 내알코올포 ④ 합성계면활성제포

해설 공기포 소화약제의 혼합비율에 따른 분류

구 분	약제 종류	약제 농도
저발포용	단백포	3[%], 6[%]
	합성계면 활성제포	3[%], 6[%]
	수성막포	3[%], 6[%]
	내알코올포	3[%], 6[%]
	불화단백포	3[%], 6[%]
고발포용	합성계면 활성제포	1[%], 1.5[%], 2[%]

07

공기 중에서 자연발화 위험성이 높은 물질은?

① 벤 젠
② 톨루엔
③ 이황화탄소
④ 트라이에틸알루미늄

해설 위험물의 성질

종 류	성 질
벤 젠	인화성 액체
톨루엔	인화성 액체
이황화탄소	인화성 액체
트라이에틸알루미늄	자연발화성 물질

08

분말소화약제에 관한 설명 중 틀린 것은?

① 제1종 분말은 담홍색 또는 황색으로 착색되어 있다.
② 제3분말이 열분해하여 이산화탄소가 생성되지 않는다.
③ 일반화재에도 사용할 수 있는 분말소화약제는 제3종 분말이다.
④ 제2종 분말의 열분해식은
$2KHCO_3 \rightarrow K_2CO_3 + CO_2 + H_2O$이다.

해설 분말소화약제

종 별	소화약제	약제의 착색	적응 화재	열분해반응식
제1종 분말	탄산수소나트륨 ($NaHCO_3$)	백 색	B, C급	$2NaHCO_3 \rightarrow Na_2CO_3+CO_2+H_2O$
제2종 분말	탄산수소칼륨 ($KHCO_3$)	담회색	B, C급	$2KHCO_3 \rightarrow K_2CO_3+CO_2+H_2O$
제3종 분말	제일인산암모늄 ($NH_4H_2PO_4$)	담홍색, 황색	A, B, C급	$NH_4H_2PO_4 \rightarrow HPO_3+NH_3+H_2O$
제4종 분말	중탄산칼륨 +요소 [$KHCO_3+(NH_2)_2CO$]	회 색	B, C급	$2KHCO_3+(NH_2)_2CO \rightarrow K_2CO_3+2NH_3+2CO_2$

06 ④ 07 ④ 08 ① 정답

09

화재의 종류에 따른 분류가 틀린 것은?

① A급 : 일반화재
② B급 : 유류화재
③ C급 : 가스화재
④ D급 : 금속화재

해설 화재의 분류

등 급	화재의 종류	표시색상
A급	일반화재	백 색
B급	유류화재	황 색
C급	전기화재	청 색
D급	금속화재	무 색

10

연소확대 방지를 위한 방화구획과 관계없는 것은?

① 일반승강기의 승강장 구획
② 층 또는 면적별 구획
③ 용도별 구획
④ 방화댐퍼

해설 **연소확대 방지를 위한 방화구획과 관계** : 층별, 면적별, 용도별 구획, 방화댐퍼 등

11

질소 79.2[vol%], 산소 20.8[vol%]로 이루어진 공기의 평균분자량은?

① 15.44 ② 20.21
③ 28.83 ④ 36.00

해설 공기의 평균분자량

• 분자량

종 류	질 소	산 소
분자식	N_2	O_2
분자량	28	32

• 평균분자량 = (28 × 0.792) + (32 × 0.208)
= 28.83

12

제3류 위험물로서 자연발화성만 있고 금수성이 없기 때문에 물속에 보관하는 물질은?

① 염소산암모늄 ② 황 린
③ 칼 륨 ④ 질 산

해설 **황린** : 제3류 위험물로서 자연발화성물질이고 물속에 보관한다.

13

화재 시 소화에 관한 설명으로 틀린 것은?

① 내알코올포 소화약제는 수용성용제의 화재에 적합하다.
② 물은 불에 닿을 때 증발하면서 다량이 열을 흡수하여 소화한다.
③ 제3종 분말소화약제는 식용유 화재에 적합하다.
④ 할론소화약제는 연쇄반응을 억제하여 소화한다.

해설 **제1종 분말소화약제** : 식용유 화재에 적합

14

고비점 유류의 탱크화재 시 열유층에 의해 탱크 아래의 물이 비등·팽창하여 유류를 탱크 외부로 분출시켜 화재를 확대시키는 현상은?

① 보일오버(Boil Over)
② 롤오버(Roll Over)
③ 백드래프트(Back Draft)
④ 플래시오버(Flash Over)

해설 **보일오버(Boil Over)**
유류탱크화재에서 비점이 낮은 다른 액체가 밑에 있는 경우에 열류층이 탱크 아래의 비점이 낮은 액체에 도달할 때 급격히 부피가 팽창하여 다량의 유류가 외부로 넘치는 현상

정답 09 ③ 10 ① 11 ③ 12 ② 13 ③ 14 ①

15

건물의 주요구조부에 해당되지 않는 것은?

① 바 닥
② 천 장
③ 기 둥
④ 주계단

해설 **주요구조부** : 내력벽, 기둥, 바닥, 보, 지붕틀, 주계단

주요구조부 제외 : 사잇벽, 사잇기둥, 최하층의 바닥, 작은 보, 차양, 옥외계단, 천장

16

공기 중에서 연소범위가 가장 넓은 물질은?

① 수 소
② 이황화탄소
③ 아세틸렌
④ 에테르

해설 **연소범위**

종 류	연소범위
수 소	4.0~75[%]
이황화탄소	1.0~44[%]
아세틸렌	2.5~81[%]
에테르	1.9~48[%]

17

휘발유의 위험성에 관한 설명으로 틀린 것은?

① 일반적인 고체 가연물에 비해 인화점이 낮다.
② 상온에서 가연성 증기가 발생한다.
③ 증기는 공기보다 무거워 낮은 곳에 체류한다.
④ 물보다 무거워 화재 발생 시 물분무소화는 효과가 없다.

해설 휘발유는 제4류 위험물 제1석유류로서 물보다 가벼워서 물분무소화가 가능하다.

18

피난층에 대한 정의로 옳은 것은?

① 지상으로 통하는 피난계단이 있는 층
② 비상용 승강기의 승강장이 있는 층
③ 비상용 출입구가 설치되어 있는 층
④ 직접 지상으로 통하는 출입구가 있는 층

해설 **피난층** : 직접 지상으로 통하는 출입구가 있는 층

19

전기불꽃, 아크 등이 발생하는 부분을 기름 속에 넣어 폭발을 방지하는 방폭구조는?

① 내압방폭구조
② 유입방폭구조
③ 안전증방폭구조
④ 특수방폭구조

해설 **유입방폭구조**

전기불꽃, 아크 등이 발생하는 부분을 기름 속에 넣어 폭발을 방지하는 방폭구조

20

할로겐원소의 소화효과가 큰 순서대로 배열된 것은?

① I > Br > Cl > F
② Br > I > F > Cl
③ Cl > F > I > Br
④ F > Cl > Br > I

해설 **할로겐원소 소화효과** : I > Br > Cl > F

전기음성도 : F > Cl > Br > I

15 ② 16 ③ 17 ④ 18 ④ 19 ② 20 ① 정답

제 2 과목 소방유체역학

21

질량 m[kg]의 어떤 기체로 구성된 밀폐계가 Q[kJ]의 열을 받아 일을 하고 이 기체의 온도가 ΔT[℃] 상승하였다면 이 계가 외부에 한 일(W)은?(단, 이 기체의 정적비열은 C_v[kJ/kg·K], 정압비열은 C_p[kJ/kg·K])

① $W = Q - mC_v\Delta T$
② $W = Q + mC_v\Delta T$
③ $W = Q - mC_p\Delta T$
④ $W = Q + mC_p\Delta T$

해설 외부에 한 일 $W = Q - mC_v\Delta T$

22

그림과 같이 수조의 밑 부분에 구멍을 뚫고 물을 유량 Q로 방출시키고 있다. 손실을 무시할 때 수위가 처음 높이의 1/2로 되었을 때 방출되는 유량은 어떻게 되는가?

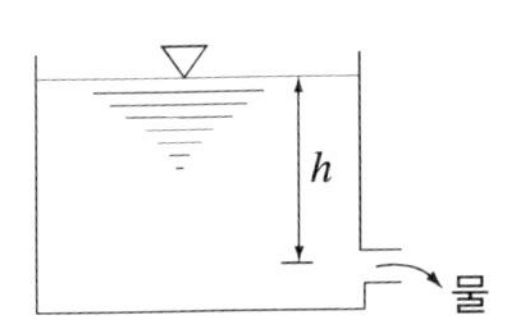

① $\dfrac{1}{\sqrt{2}}Q$　② $\dfrac{1}{2}Q$
③ $\dfrac{1}{\sqrt{3}}Q$　④ $\dfrac{1}{3}Q$

해설

- 유속 $u = \sqrt{2gh}$ 에서 방출유속 $u_2 = \sqrt{2g\left(\dfrac{1}{2}h\right)}$ 이다.
- 유량 $Q = Au = A\sqrt{2gh}$ 에서
  방출유량 $Q_2 = A\sqrt{2g\left(\dfrac{1}{2}h\right)} = \dfrac{1}{\sqrt{2}}Q$

23

그림과 같이 기름이 흐르는 관에 오리피스가 설치되어 있고 그 사이의 압력을 측정하기 위해 U자형 차압 액주계가 설치되어 있다. 이때 두 지점 간의 압력차 $(P_x - P_y)$는 약 몇 [kPa]인가?

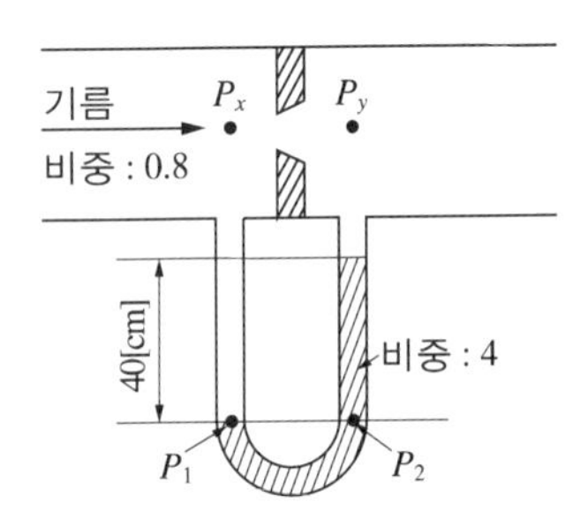

① 28.8　② 15.7
③ 12.5　④ 3.14

해설 압력차

$$\Delta P(P_x - P_y) = \frac{g}{g_c}R(\gamma_A - \gamma_B)$$

여기서, R : 마노미터 읽음
γ_A : 액체의 비중량
γ_B : 유체의 비중량

$\therefore\ \Delta P(P_x - P_y) = R(\gamma_A - \gamma_B)$
$= 0.4[\text{m}] \times (4{,}000 - 800)[\text{kg}_\text{f}/\text{m}^3]$
$= 1{,}280[\text{kg}_\text{f}/\text{m}^2]$

이것을 [kPa]로 환산하면,
$1{,}280[\text{kg}_\text{f}/\text{m}^2] \div 10{,}332[\text{kg}_\text{f}/\text{m}^2] \times 101.325[\text{kPa}]$
$= 12.55[\text{kPa}]$

24

지름이 5[cm]인 소방 노즐에서 물 제트가 40[m/s]의 속도로 건물 벽에 수직으로 충돌하고 있다. 벽이 받는 힘은 약 몇 [N]인가?

① 1,204　② 2,253
③ 2,570　④ 3,141

해설 힘 $F = \rho(Au)u$[N], 물의 밀도 $\rho = 1{,}000[\text{kg/m}^3]$

$\therefore\ 1{,}000 \times \left(\dfrac{\pi}{4} \times 0.05^2 \times 40\right) \times 40 = 3{,}141.6[\text{N}]$

$$[\text{kg} \cdot \text{m/s}^2] = [\text{N}]$$

정답 21 ①　22 ①　23 ③　24 ④

25

체적이 0.1[m³]인 탱크 안에 절대압력이 1,000 [kPa]인 공기가 6.5[kg/m³]의 밀도로 채워져 있다. 시간이 t = 0일 때 단면적이 70[mm²]인 1차원 출구로 공기가 300[m/s]의 속도로 빠져나가기 시작한다면 그 순간에서의 밀도 변화율 [kg/m³·s]은 약 얼마인가?(단, 탱크 안에 유체의 특성량은 일정하다고 가정한다)

① -1.365　② -1.865
③ -2.365　④ -2.865

해설 밀도 변화율

- 단면적으로 빠져나가는 질량유량

$$\overline{m} = Au\rho$$

여기서, A : 단면적(70[mm²] = 70 × 10^{-6}[m²])
u : 유속(300[m/s])
ρ : 밀도(6.5[kg/m³])

$\therefore \overline{m} = Au\rho = (70 \times 10^{-6}) \times 300 \times 6.5 = 0.1365[kg/s]$

- 시간변화에 따른 밀도변화

$$\frac{\Delta P}{\Delta t} = \frac{\overline{m}}{V} = \frac{0.1365[kg/s]}{0.1[m^3]} = 1.365[kg/m^3 \cdot s]$$

(빠져나가는 방향이니까 -이다)

26

모세관에 일정한 압력차를 가함에 따라 발생하는 층류 유동의 유량을 측정함으로써 유체의 점도를 측정할 수 있다. 같은 압력차에서 두 유체의 유량의 비 Q_2/Q_1 = 2이고 밀도비 ρ_2/ρ_1 = 2일 때, 점성계수비 μ_2/μ_1은?

① 1/4　② 1/2
③ 1　④ 2

해설 층류 유동

$$\Delta P = \frac{128\mu_1 l Q_1}{\pi d^4} = \frac{128\mu_2 l Q_2}{\pi d^4}$$

$$\therefore \mu_1 Q_1 = \mu_2 Q_2, \quad \frac{Q_2}{Q_1} = \frac{\mu_1}{\mu_2} = 2, \quad \frac{\mu_2}{\mu_1} = \frac{1}{2}$$

27

다음 중 동일한 액체의 물성치를 나타낸 것이 아닌 것은?

① 비중이 0.8
② 밀도가 800[kg/m³]
③ 비중량이 7,840[N/m³]
④ 비체적이 1.25[m³/kg]

해설 비중 0.8이라면

- 밀도 = 0.8[g/cm³] = 800[kg/m³]
- 비중량 = 0.8 × 9,800[N/m³] = 7,840[N/m³]
- 비체적 = $\frac{1}{\rho} = \frac{1}{800}$ = 0.00125[m³/kg]

28

길이가 5[m]이며, 외경과 내경이 각각 40[cm]와 30[cm]인 환형(Annular)관에 물이 4[m/s]의 평균속도로 흐르고 있다. 수력지름에 기초한 마찰계수가 0.02일 때 손실수두는 약 몇 [m]인가?

① 0.063　② 0.204
③ 0.472　④ 0.816

해설 마찰손실수두

$$H = \frac{flu^2}{2gD}[m]$$

여기서, H : 마찰손실[m]
f : 관의 마찰계수(0.02)
l : 관의 길이(5[m])
u : 유체의 유속(4[m/s])
D : 관의 내경[m]

$$\therefore H = \frac{0.02 \times 5[m] \times (4[m/s])^2}{2 \times 9.8[m/s^2] \times (0.4 - 0.3[m])} = 0.816[m]$$

29

열전달 면적이 A이고 온도 차이가 10[℃], 벽의 열전도율이 10[W/m·K], 두께 25[cm]인 벽을 통한 열전달률이 100[W]이다. 동일한 열전달 면적인 상태에서 온도 차이가 2배, 벽의 열전도율이 4배가 되고 벽의 두께가 2배가 되는 경우 열전달률은 몇 [W]인가?

① 50 ② 200
③ 400 ④ 800

해설 열전달률

열전달열량 $Q = \frac{\lambda}{l} A \Delta t$

여기서, 열전달열량 $100[\text{W}] = \frac{10}{0.25} \times A \times 10$

$(A = 0.25[\text{m}^2])$

∴ 열전달열량 $Q = \frac{4 \times 10}{2 \times 0.25} \times 0.25 \times (2 \times 10)$

$= 400[\text{W}]$

30

길이 1,200[m], 안지름 100[mm]인 매끈한 원관을 통해서 0.01[m³/s]의 유량으로 기름을 수송한다. 이때 관에서 발생하는 압력손실은 약 몇 [kPa]인가?(단, 기름의 비중은 0.8, 점성계수는 0.06[N·s/m²]이다)

① 163.2 ② 201.5
③ 293.4 ④ 349.7

해설 층류일 때 압력손실

$$\Delta P = \frac{32\mu ul}{gD^2} = \frac{32 \times 0.06 \times 1.273 \times 1,200}{9.8 \times (0.1)^2}$$

$$= 29,928.5[\text{kg}_f/\text{m}^2]$$

이것을 [kPa]로 환산하면

$$\frac{29,928.5[\text{kg}_f/\text{m}^2]}{10,332[\text{kg}_f/\text{m}^2]} \times 101.325[\text{kPa}] = 293.5[\text{kPa}]$$

• 점성계수 $\mu = 0.06 \frac{[\text{N}] \cdot [\text{s}]}{[\text{m}^2]}$

$= \frac{[\text{kg}] \times \frac{[\text{m}]}{[\text{s}^2]} \times [\text{s}]}{[\text{m}^2]}$

$= 0.06[\text{kg/m} \cdot \text{s}]$

• $Q = uA$

$u = \frac{Q}{A} = \frac{0.01[\text{m}^3/\text{s}]}{\frac{\pi}{4}(0.1[\text{m}])^2} = 1.273[\text{m/s}]$

31

Carnot 사이클이 800[K]의 고온 열원과 500[K]의 저온 열원 사이에서 작동한다. 이 사이클에 공급하는 열량이 사이클당 800[kJ]이라 할 때 한 사이클당 외부에 하는 일은 약 몇 [kJ]인가?

① 200 ② 300
③ 400 ④ 500

해설 카르노 사이클의 효율

$$\eta = \frac{W}{Q_H} = \frac{T_H - T_L}{T_H}$$

∴ 외부에 하는 일 $W = Q_H \times \frac{T_H - T_L}{T_H}$

$= 800[\text{kJ}] \times \frac{800[\text{K}] - 500[\text{K}]}{800[\text{K}]}$

$= 300[\text{kJ}]$

32

대기 중으로 방사되는 물 제트에 피토관의 흡입구를 갖다 대었을 때, 피토관의 수직부에 나타나는 수주의 높이가 0.6[m]라고 하면 물 제트의 유속은 약 몇 [m/s]인가?(단, 모든 손실은 무시한다)

① 0.25 ② 1.55
③ 2.75 ④ 3.43

해설 유 속

$$u = \sqrt{2gH}$$

여기서, u : 유속, g : 중력가속도

H : 수주의 높이

∴ $u = \sqrt{2gH} = \sqrt{2 \times 9.8[\text{m/s}^2] \times 0.6[\text{m}]}$

$= 3.43[\text{m/s}]$

33

안지름이 13[mm]인 옥내소화전의 노즐에서 방출되는 물의 압력(계기압력)이 230[kPa]이라면 10분 동안의 방수량은 약 몇 [m³]인가?

① 1.7 ② 3.6
③ 5.2 ④ 7.4

정답 29 ③ 30 ③ 31 ② 32 ④ 33 ①

해설 방수량 $Q = 0.6597\,D^2\sqrt{10P}$

$= 0.6597 \times 13^2 \times \sqrt{10 \times 0.23[\text{MPa}]}$

$= 169.08[\text{L/min}]$

$\therefore$ 169.08[L/min]×10[min] = 1,690[L] = 1.69[m^3]

> 1[m^3] = 1,000[L]

34

계기압력이 730[mmHg]이고 대기압이 101.3[kPa]일 때 절대압력은 약 몇 [kPa]인가?(단, 수은의 비중은 13.6이다)

① 198.6 ② 100.2
③ 214.4 ④ 93.2

해설 절대압력

> 절대압력 = 대기압 + 계기압력

$\therefore$ 절대압력

$= 101.3[\text{kPa}] + \dfrac{730[\text{mmHg}]}{760[\text{mmHg}]} \times 101.325[\text{kPa}]$

$= 198.63[\text{kPa}]$

35

펌프의 공동현상(Cavitation)을 방지하기 위한 대책으로 옳지 않은 것은?

① 펌프의 설치 높이를 될 수 있는 대로 높여서 흡입양정을 길게 한다.
② 펌프의 회전수를 낮추어 흡입 비속도를 적게 한다.
③ 단흡입펌프보다는 양흡입펌프를 사용한다.
④ 밸브, 플랜지 등의 부속품 수를 줄여서 손실수두를 줄인다.

해설 공동현상의 방지 대책

- Pump의 **흡입측 수두(양정)**, 마찰손실, Impeller 속도(회전수)를 **작게 한다.**
- Pump 흡입관경을 크게 한다.
- Pump 설치위치를 수원보다 낮게 하여야 한다.
- Pump 흡입압력을 유체의 증기압보다 높게 한다.
- 양흡입 Pump를 사용하여야 한다.
- 양흡입 Pump로 부족 시 펌프를 2대로 나눈다.

36

이상적인 교축과정(Throttling Process)에 대한 설명 중 옳은 것은?

① 압력이 변하지 않는다.
② 온도가 변하지 않는다.
③ 엔탈피가 변하지 않는다.
④ 엔트로피가 변하지 않는다.

해설 이상적인 교축과정에서는 엔탈피가 변하지 않는다.

37

피스톤 A_2의 반지름이 A_1의 반지름의 2배이며 A_1과 A_2에 작용하는 압력을 각각 P_1, P_2라 하면 두 피스톤이 같은 높이에서 평형상태일 때 P_1과 P_2 사이의 관계는?

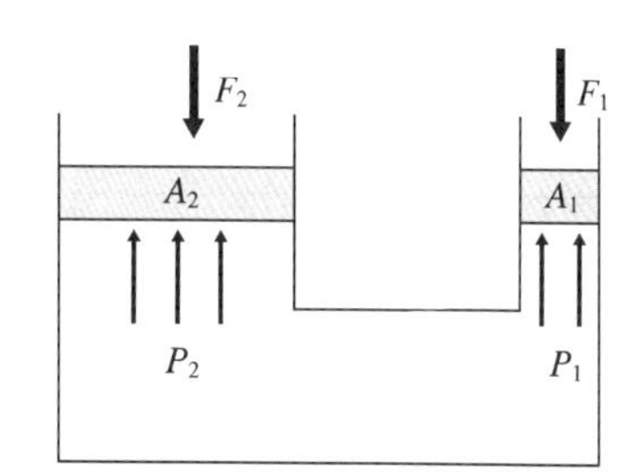

① $P_1 = 2P_2$
② $P_2 = 4P_1$
③ $P_1 = P_2$
④ $P_2 = 2P_1$

해설 P_1, P_2라 하면 평형상태일 때 $P_1 = P_2$

38

전양정 80[m], 토출량 500[L/min]인 물을 사용하는 소화펌프가 있다. 펌프효율 65[%], 전달계수(K) 1.1인 경우 필요한 전동기의 최소동력은 약 몇 [kW]인가?

① 9[kW] ② 11[kW]
③ 13[kW] ④ 15[kW]

34 ① 35 ① 36 ③ 37 ③ 38 ② **정답**

해설 전동기의 용량

$$P[\text{kW}] = \frac{\gamma \times Q \times H}{102 \times \eta} \times K$$

여기서, γ : 물의 비중량(1,000[kg_f/m^3])
Q : 정격토출량(0.5[m^3]/60[s])
H : 전양정(80[m])
η : 펌프의 효율(0.65)
K : 동력전달계수(1.1)

$$\therefore P[\text{kW}] = \frac{\gamma \times Q \times H}{102 \times \eta} \times K = \frac{1{,}000 \times 0.5/60 \times 80}{102 \times 0.65} \times 1.1 = 11.1[\text{kW}]$$

39

그림과 같이 수조에 비중이 1.03인 액체가 담겨 있다. 이 수조의 바닥면적이 4[m^2]일 때 이 수조바닥 전체에 작용하는 힘은 약 몇 [kN]인가?(단, 대기압은 무시한다)

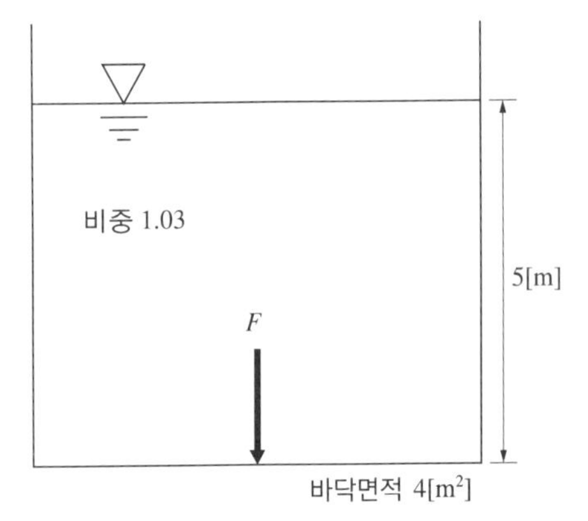

① 98　② 51
③ 156　④ 202

해설 작용하는 힘(F)
$= 1.03 \times 1{,}000[kg_f/m^3] \times 5[m] \times 4[m^2]$
$= 20{,}600[kg_f]$
1[kg_f] = 9.8[N]이므로,
$20{,}600[kg_f] \times 9.8 = 201{,}880[N] = 201.9[kN]$

[다른 방법]
$F = 1.03 \times 9{,}800[N/m^3] \times 5[m] \times 4[m^2]$
$= 201{,}880[N] = 201.88[kN]$

40

유체가 평판 위를 $u[m/s] = 500y - 6y^2$의 속도분포로 흐르고 있다. 이때 y[m]는 벽면으로부터 측정된 수직거리일 때 벽면에서의 전단응력은 약 몇 [N/m^2]인가?(단, 점성계수는 1.4×10^{-3}[Pa · s]이다)

① 14　② 7
③ 1.4　④ 0.7

해설
• 벽면($y = 0$)에서 속도구배를 미분하면

$$\frac{du}{dy} = |500 - 12y|_{y=0} = 500[s^{-1}]$$

• 뉴턴의 점성법칙에서

$$\therefore \text{전단응력 } \tau_{벽} = \mu \frac{du}{dy}\Big|_{y=0} = 1.4 \times 10^{-3} \times 500 = 0.70[N/m^2]$$

제 3 과목 소방관계법규

41

대통령령으로 정하는 특정소방대상물의 소방시설 중 내진설계 대상이 아닌 것은?

① 옥내소화전설비
② 스프링클러설비
③ 미분무소화설비
④ 연결살수설비

해설 **내진설계대상** : 옥내소화전설비, 스프링클러설비, 물분무 등 소화설비

물분무 등 소화설비
물분무, 미분무, 포, 이산화탄소, 할론, 할로겐화합물 및 불활성기체, 분말, 강화액, 고체에어로졸소화설비

42

위험물로서 제1석유류에 속하는 것은?

① 중 유　② 휘발유
③ 실린더유　④ 등 유

정답 39 ④ 40 ④ 41 ④ 42 ②

해설 제4류 위험물의 분류

종 류	품 명	지정수량
중 유	제3석유류	2,000[L]
휘발유	제1석유류	200[L]
실린더유	제4석유류	6,000[L]
등 유	제2석유류	1,000[L]

43

방염성능기준 이상의 실내장식물 등을 설치해야 하는 특정소방대상물이 아닌 것은?

① 건축물 옥내에 있는 종교시설
② 방송통신시설 중 방송국 및 촬영소
③ 층수가 11층 이상인 아파트
④ 숙박이 가능한 수련시설

해설 실내장식물 등을 설치하여야 하는 특정소방대상물
- 근린생활시설 중 의원, 체력단련장, 공연장 및 종교집회장
- 건축물의 옥내에 있는 시설로서 다음의 시설
  - 문화 및 집회시설
  - 종교시설
  - 운동시설(수영장은 제외)
- 의료시설
- 교육연구시설 중 합숙소
- 노유자시설
- 숙박이 가능한 수련시설
- 숙박시설
- 방송통신시설 중 방송국 및 촬영소
- 다중이용업소
- 층수가 11층 이상인 것(아파트는 제외)

44

정기점검의 대상이 되는 제조소 등이 아닌 것은?

① 옥내탱크저장소
② 지하탱크저장소
③ 이동탱크저장소
④ 이송취급소

해설 정기점검의 대상인 제조소 등
- 예방규정대상에 해당하는 제조소 등
- 지하탱크저장소
- 이동탱크저장소
- 위험물을 취급하는 탱크로서 지하에 매설된 탱크가 있는 제조소·주유취급소 또는 일반취급소

[예방규정을 정하여야 하는 제조소 등]

① 지정수량의 10배 이상의 위험물을 취급하는 제조소
② 지정수량의 100배 이상의 위험물을 저장하는 옥외저장소
③ 지정수량의 150배 이상의 위험물을 저장하는 옥내저장소
④ 지정수량의 200배 이상의 위험물을 저장하는 옥외탱크저장소
⑤ 암반탱크저장소
⑥ 이송취급소
⑦ 지정수량의 10배 이상의 위험물을 취급하는 일반취급소. 다만, 제4류 위험물(특수인화물을 제외한다)만을 지정수량의 50배 이하로 취급하는 일반취급소(제1석유류·알코올류의 취급량이 지정수량의 10배 이하인 경우에 한한다)로서 다음 각 목의 어느 하나에 해당하는 것을 제외한다.
㉠ 보일러·버너 또는 이와 비슷한 것으로서 위험물을 소비하는 장치로 이루어진 일반취급소
㉡ 위험물을 용기에 옮겨 담거나 차량에 고정된 탱크에 주입하는 일반취급소

45

특정소방대상물의 소방시설 설치의 면제기준 중 다음 (　　) 안에 알맞은 것은?

> 비상경보설비 또는 단독경보형 감지기를 설치하여야 하는 특정소방대상물에 (　　)를 화재안전기준에 적합하게 설치한 경우에는 그 설비의 유효범위에서 설치가 면제된다.

① 자동화재탐지설비
② 스프링클러설비
③ 비상조명등
④ 무선통신보조설비

해설 **비상경보설비 또는 단독경보형 감지기를 설치**하여야 하는 특정소방대상물에 **자동화재탐지설비**를 화재안전기준에 적합하게 설치한 경우에는 그 설비의 유효범위에서 **설치가 면제된다.**

43 ③ 44 ① 45 ① 정답

46

행정안전부령으로 정하는 연소 우려가 있는 구조에 대한 기준 중 다음 (   ) 안에 알맞은 것은?

> 건축물대장의 건축물 현황도에 표시된 대지경계선 안에 2 이상의 건축물이 있는 경우로서 각각의 건축물이 다른 건축물의 외벽으로부터 수평거리가 1층의 경우에는 (㉠)[m] 이하, 2층 이상의 층의 경우에는 (㉡)[m] 이하이고 개구부가 다른 건축물을 향하여 설치된 구조를 말한다.

① ㉠ 3, ㉡ 5

② ㉠ 5, ㉡ 8

③ ㉠ 6, ㉡ 8

④ ㉠ 6, ㉡ 10

해설 **행정안전부령으로 정하는 연소 우려가 있는 구조**

- 건축물대장의 건축물 현황도에 표시된 대지경계선 안에 둘 이상의 건축물이 있는 경우
- 각각의 건축물이 다른 건축물의 외벽으로부터 수평거리가 **1층의 경우**에는 **6[m] 이하, 2층 이상**의 층의 경우에는 **10[m] 이하**인 경우
- 개구부가 다른 건축물을 향하여 설치되어 있는 경우

47

건축허가 등을 함에 있어서 미리 소방본부장 또는 소방서장의 동의를 받아야 하는 건축물 등의 범위기준이 아닌 것은?

① 노유자시설 및 수련시설로서 연면적 100[m^2] 이상인 건축물

② 지하층 또는 무창층이 있는 건축물로서 바닥면적이 150[m^2] 이상인 층이 있는 것

③ 차고·주차장으로 사용되는 바닥면적이 200 [m^2] 이상인 층이 있는 건축물이나 주차시설

④ 장애인 의료재활시설로서 연면적 300[m^2] 이상인 건축물

해설 **건축허가 등의 동의대상물의 범위**

- 연면적이 400[m^2] 이상인 건축물. 다만, 다음 각 목의 어느 하나에 해당하는 시설은 해당 목에서 정한 기준 이상인 건축물로 한다.
  - 학교시설 : 100[m^2]
  - **노유자시설**(老幼者施設) 및 **수련시설 : 200[m^2]**
  - 정신의료기관(입원실이 없는 정신건강의학과 의원은 제외) : 300[m^2]
  - **장애인 의료재활시설 : 300[m^2]**
- 6층 이상인 건축물
- 차고·주차장 또는 주차용도로 사용되는 시설로서 다음 각 목의 어느 하나에 해당하는 것
  - **차고·주차장**으로 사용되는 바닥면적이 **200[m^2]** 이상인 층이 있는 건축물이나 주차시설
  - 승강기 등 기계장치에 의한 주차시설로서 자동차 20대 이상을 주차할 수 있는 시설
- 항공기격납고, 관망탑, 항공관제탑, 방송용 송수신탑
- **지하층 또는 무창층**이 있는 건축물로서 바닥면적이 **150[m^2]**(공연장의 경우에는 100[m^2]) 이상인 층이 있는 것
- [별표 2]의 특정소방대상물 중 위험물 저장 및 처리 시설, 지하구

48

소방용수시설의 설치기준 중 주거지역·상업지역 및 공업지역에 설치하는 경우 소방대상물과의 수평거리는 최대 몇 [m] 이하인가?

① 50　② 100

③ 150　④ 200

해설 **소방용수시설의 공통기준**

① **주거지역·상업지역** 및 **공업지역**에 설치하는 경우 : 소방대상물과의 **수평거리**를 **100[m] 이하**가 되도록 할 것

② ① 외의 지역에 설치하는 경우 : 소방대상물과의 수평거리를 140[m] 이하가 되도록 할 것

49

자동화재탐지설비의 일반 공사 감리 기간으로 포함시켜 산정할 수 있는 항목은?

① 고정금속구를 설치하는 기간

② 전선관의 매립을 하는 공사 기간

③ 공기유입구의 설치 기간

④ 소화약제 저장용기 설치 기간

해설 소방시설용 배관(전선관을 포함한다)을 설치하거나 매립하는 때부터 소방시설 완공검사증명서를 발급받을 때까지 소방공사감리현장에 감리원을 배치할 것

정답 46 ④ 47 ① 48 ② 49 ②

50

소방시설업의 반드시 등록 취소에 해당하는 경우는?

① 거짓이나 그 밖의 부정한 방법으로 등록한 경우
② 다른 자에게 등록증 또는 등록수첩을 빌려준 경우
③ 소속 소방기술자를 공사현장에 배치하지 아니하거나 거짓으로 한 경우
④ 등록을 한 후 정당한 사유 없이 1년이 지날 때까지 영업을 시작하지 아니하거나 계속하여 1년 이상 휴업한 경우

해설 **등록취소 사유**
- 거짓이나 그 밖의 부정한 방법으로 등록한 경우
- 등록 결격사유에 해당하게 된 경우
- 영업정지 기간 중에 소방시설공사 등을 한 경우

51

건축물의 공사 현장에 설치하여야 하는 임시소방시설과 기능 및 성능이 유사하여 임시소방시설을 설치한 것으로 보는 소방시설로 연결이 틀린 것은?(단, 임시소방시설-임시소방시설을 설치한 것으로 보는 소방시설 순이다)

① 간이소화장치 - 옥내소화전
② 간이피난유도선 - 유도표지
③ 비상경보장치 - 비상방송설비
④ 비상경보장치 - 자동화재탐지설비

해설 임시소방시설과 기능 및 성능이 유사한 소방시설로서 임시소방시설을 설치한 것으로 보는 소방시설
- **간이소화장치**를 설치한 것으로 보는 소방시설 : **옥내소화전** 또는 소방청장이 정하여 고시하는 기준에 맞는 소화기
- **비상경보장치**를 설치한 것으로 보는 소방시설 : **비상방송설비** 또는 **자동화재탐지설비**
- **간이피난유도선**을 설치한 것으로 보는 소방시설 : **피난유도선, 피난구유도등, 통로유도등** 또는 **비상조명등**

52

경보설비 중 단독경보형 감지기를 설치해야 하는 특정소방대상물의 기준으로 틀린 것은?

① 연면적 600[m^2] 미만의 숙박시설
② 연면적 1,000[m^2] 미만의 아파트 등
③ 연면적 1,000[m^2] 미만의 기숙사
④ 교육연구시설 내에 있는 연면적 3,000[m^2] 미만의 합숙소

해설 **단독경보형 감지기 설치대상**
- 연면적 1,000[m^2] 미만의 아파트 등
- 연면적 1,000[m^2] 미만의 기숙사
- **교육연구시설** 또는 수련시설 내에 있는 합숙소 또는 기숙사로서 **연면적 2,000[m^2] 미만**인 것
- 연면적 600[m^2] 미만의 숙박시설
- 수련시설(숙박시설이 있는 것만 해당한다)
- 연면적 400[m^2] 미만의 유치원

53

스프링클러설비가 설치된 소방시설 등의 자체점검에서 종합정밀점검을 받아야 하는 아파트의 기준으로 옳은 것은?

① 연면적이 3,000[m^2] 이상이고 층수가 11층 이상인 것만 해당
② 연면적이 3,000[m^2] 이상이고 층수가 10층 이상인 것만 해당
③ 층수에 관계없이 스프링클러설비가 설치된 아파트
④ 연면적이 3,000[m^2] 이상이고 할론소화설비가 설치된 것만 해당

해설 **종합정밀점검대상**
- 스프링클러설비가 설치된 특정소방대상물
- 물분무 등 소화설비(호스릴 방식의 소화설비는 제외)가 설치된 연면적 5,000[m^2] 이상인 특정소방대상물(위험물제조소 등은 제외)
- 다중이용업소의 안전관리에 관한 특별법 시행령 제2조 제1호 나목, 같은 조 제2호(비디오물소극장업은 제외한다)·제6호·제7호·제7호의2 및 제7호의5의 다중이용업의 영업장이 설치된 특정소방대상물로서 연면적이 2,000[m^2] 이상인 것
- 제연설비가 설치된 터널
- 공공기관 중 연면적(터널·지하구의 경우 그 길이와 평균폭을 곱하여 계산된 값)이 1,000[m^2] 이상인 것으로서 옥내소화전설비 또는 자동화재탐지설비가 설치된 것. 다만, 소방기본법 제2조 제5호에 따른 소방대가 근무하는 공공기관은 제외한다.

50 ① 51 ② 52 ④ 53 ③ 정답

54

위험물안전관리자로 선임할 수 있는 위험물취급자격자가 취급할 수 있는 위험물의 기준으로 틀린 것은?

① 위험물기능장 자격 취득자 : 모든 위험물
② 안전관리교육이수자 : 위험물 중 제4류 위험물
③ 소방공무원으로 근무한 경력이 3년 이상인 자 : 위험물 중 제4류 위험물
④ 위험물산업기사 자격 취득자 : 위험물 중 제4류 위험물

해설 **위험물기능장, 위험물산업기사 자격 취득자** : 모든 위험물(제1류 위험물~제6류 위험물)

55

다음 중 과태료 대상이 아닌 것은?

① 소방안전관리대상물의 소방안전관리자를 선임하지 아니한 자
② 소방안전관리 업무를 수행하지 아니한 자
③ 특정소방대상물의 근무자 및 거주자에 대한 소방훈련 및 교육을 하지 아니한 자
④ 특정소방대상물 소방시설 등의 점검결과를 보고하지 아니한 자

해설 **소방안전관리자 또는 소방안전관리보조자를 선임하지 아니한 자** : 300만원 이하의 벌금

56

화재의 예방조치 등과 관련하여 불장난, 모닥불, 흡연, 화기(火氣) 취급, 그 밖에 화재예방상 위험하다고 인정되는 행위의 금지 또는 제한의 명령을 할 수 있는 자는?

① 시 · 도지사
② 국무총리
③ 소방청장
④ 소방본부장

해설 **화재예방조치명령권자** : 소방본부장, 소방서장

57

시 · 도지사가 소방시설업의 영업정지처분에 갈음하여 부과할 수 있는 최대 과징금의 범위로 옳은 것은?

① 1,000만원 이하 ② 2,000만원 이하
③ 3,000만원 이하 ④ 5,000만원 이하

해설 **소방시설업의 과징금** : 3,000만원 이하

위험물안전관리법의 과징금 : 2억원 이하

58

화재경계지구의 지정대상이 아닌 것은?

① 공장 · 창고가 밀집한 지역
② 목조건물이 밀집한 지역
③ 농촌지역
④ 시장지역

해설 **화재경계지구의 지정대상**
- 시장지역
- 공장 · 창고가 밀집한 지역
- 목조건물이 밀집한 지역
- 위험물의 저장 및 처리시설이 밀집한 지역
- 석유화학제품을 생산하는 공장이 있는 지역
- 소방시설 · 소방용수시설 또는 소방출동로가 없는 지역
- 그 밖에 지역으로서 소방본부장 또는 소방서장이 화재가 발생할 우려가 높거나 화재가 발생하는 경우 그로 인하여 피해가 클 것으로 인정하는 지역

59

1급 소방안전관리대상물에 대한 기준이 아닌 것은? (단, 동 · 식물원, 철강 등 불연성 물품을 저장 · 취급하는 창고, 위험물 저장 및 처리 시설 중 위험물제조소 등, 지하구를 제외한 것이다)

① 연면적 15,000[m^2] 이상인 특정소방대상물(아파트는 제외)
② 150세대 이상으로서 승강기가 설치된 공동주택
③ 가연성 가스를 1,000[t] 이상 저장 · 취급하는 시설
④ 30층 이상(지하층은 제외)이거나 지상으로부터 높이가 120[m] 이상인 아파트

정답 54 ④ 55 ① 56 ④ 57 ③ 58 ③ 59 ②

해설 1급 소방안전관리대상물
- 30층 이상(지하층은 제외한다)이거나 지상으로부터 높이가 120[m] 이상인 아파트
- 연면적 15,000[m^2] 이상인 특정소방대상물(아파트는 제외한다)
- 층수가 11층 이상인 특정소방대상물(아파트는 제외한다)
- 가연성 가스를 1,000[t] 이상 저장·취급하는 시설

60

2급 소방안전관리대상물의 소방안전관리자 선임 기준으로 틀린 것은?

① 전기공사산업기사 자격을 가진 자
② 소방공무원으로 3년 이상 근무한 경력이 있는 자
③ 의용소방대원으로 2년 이상 근무한 경력이 있는 자
④ 위험물산업기사 자격을 가진 자

해설 소방공무원, **의용소방대원**, 경찰공무원으로서 **3년 이상 근무한 경력**이 있는 사람은 2급 소방안전관리대상물의 자격이 된다.

제 4 과목 소방기계시설의 구조 및 원리

61

분말소화약제의 가압용가스 또는 축압용가스의 설치 기준 중 틀린 것은?

① 가압용가스에 이산화탄소를 사용하는 것의 이산화탄소는 소화약제 1[kg]에 대하여 20[g]에 배관의 청소에 필요한 양을 가산한 양 이상으로 할 것
② 가압용가스에 질소가스를 사용하는 것의 질소가스는 소화약제 1[kg]마다 40[L](35[℃]에서 1기압의 압력 상태로 환산한 것) 이상으로 할 것
③ 축압용가스에 이산화탄소를 사용하는 것의 이산화탄소는 소화약제 1[kg]에 대하여 20[g]에 배관의 청소에 필요한 양을 가산한 양 이상으로 할 것
④ 축압용가스에 질소가스를 사용하는 것의 질소가스는 소화약제 1[kg]마다 40[L](35[℃]에서 1기압의 압력상태로 환산한 것) 이상으로 할 것

해설 가압용가스 또는 축압용가스의 설치기준
- 가압용가스 또는 축압용가스는 질소가스 또는 이산화탄소로 할 것
- 가압용가스에 질소가스를 사용하는 것의 질소가스는 소화약제 1[kg]마다 40[L](35[℃]에서 1기압의 압력상태로 환산한 것) 이상, 이산화탄소를 사용하는 것의 이산화탄소는 소화약제 1[kg]에 대하여 20[g]에 배관의 청소에 필요한 양을 가산한 양 이상으로 할 것
- **축압용가스에 질소가스**를 **사용**하는 것의 질소가스는 소화약제 1[kg]에 대하여 **10[L]**(35[℃]에서 1기압의 압력상태로 환산한 것) 이상, 이산화탄소를 사용하는 것의 이산화탄소는 소화약제 1[kg]에 대하여 20[g]에 배관의 청소에 필요한 양을 가산한 양 이상으로 할 것
- 배관의 청소에 필요한 양의 가스는 별도의 용기에 저장할 것

62

소화기에 호스를 부착하지 아니할 수 있는 기준 중 옳은 것은?

① 소화약제의 중량이 2[kg] 미만인 이산화탄소소화기
② 소화약제의 중량이 3[L] 미만의 액체계 소화약제 소화기
③ 소화약제의 중량이 3[kg] 미만인 할론소화기
④ 소화약제의 중량이 4[kg] 미만의 분말소화기

해설 호스를 부착하지 아니할 수 있는 기준
- 소화약제의 중량이 **2[kg] 미만**의 **분말소화기**
- 소화약제의 중량이 **4[kg] 미만**인 **할론소화기**
- 소화약제의 중량이 **3[kg] 미만**인 **이산화탄소소화기**
- 소화약제의 중량이 **3[L] 미만**의 **액체계 소화약제 소화기**

60 ③ 61 ④ 62 ② 정답

63

경사강하식 구조대의 구조 기준 중 틀린 것은?

① 구조대 본체는 강하방향으로 봉합부가 설치되어야 한다.
② 손잡이는 출구 부근에 좌우 각 3개 이상 균일한 간격으로 견고하게 부착하여야 한다.
③ 구조대 본체의 끝부분에는 길이 4[m] 이상, 지름 4[mm] 이상의 유도선을 부착하여야 하며 유도선 끝에는 중량 3[N](300[g]) 이상의 모래주머니 등을 설치하여야 한다.
④ 본체의 표지는 하부 지지장치에 인장력이 균등하게 걸리도록 부착하여야 하며 하부 지지장치는 쉽게 조작할 수 있어야 한다.

해설 **경사강하식 구조대의 구조 기준**
- 연속하여 활강할 수 있는 구조로 안전하고 쉽게 사용할 수 있어야 한다.
- 입구틀 및 취부틀의 입구는 지름 50[cm] 이상의 구체가 통과할 수 있어야 한다.
- 포지는 사용 시에 수직방향으로 현저하게 늘어나지 아니하여야 한다.
- 포지, 지지틀, 취부틀, 그 밖의 부속장치 등은 견고하게 부착되어야 한다.
- **구조대 본체는 강하방향으로 봉합부가 설치되지 아니하여야 한다.**
- 구조대 본체의 활강부는 낙하방지를 위해 포를 2중 구조로 하거나 또는 망목의 변의 길이가 8[cm] 이하인 망을 설치하여야 한다. 다만, 구조상 낙하방지의 성능을 갖고 있는 구조대의 경우에는 그러하지 아니하다.
- 본체의 포지는 하부지지장치에 인장력이 균등하게 걸리도록 부착하여야 하며, 하부지지장치는 쉽게 조작할 수 있어야 한다.
- 손잡이는 출구부근에 좌우 각 3개 이상 균일한 간격으로 견고하게 부착하여야 한다.
- 구조대 본체의 끝부분에는 길이 4[m] 이상, 지름 4[mm] 이상의 유도선을 부착하여야 하며, 유도선 끝에는 중량 3[N](300[g]) 이상의 모래주머니 등을 설치하여야 한다.
- 땅에 닿을 때 충격을 받는 부분에는 완충장치로서 받침포 등을 부착하여야 한다.

64

옥내소화전설비의 배관과 배관이음쇠의 설치기준 중 배관 내 사용압력이 1.2[MPa] 미만일 경우에 사용하는 것인 아닌 것은?

① 배관용 탄소강관(KS D 3507)
② 배관용 스테인리스강관(KS D 3576)
③ 덕타일 주철관(KS D 4311)
④ 배관용 아크용접 탄소강강관(KS D 3583)

해설 **옥내소화전설비의 배관**
- 배관 내 사용압력이 1.2[MPa] 미만일 경우
  - 배관용 탄소강관(KS D 3507)
  - 이음매 없는 구리 및 구리합금관(KS D 5301). 다만, 습식의 배관에 한한다.
  - 배관용 스테인리스강관(KS D 3576) 또는 일반배관용 스테인리스강관(KS D 3595)
  - 덕타일 주철관(KS D 4311)
- 배관 내 사용압력이 1.2[MPa] 이상일 경우
  - 압력배관용 탄소강관(KS D 3562)
  - 배관용 아크용접 탄소강강관(KS D 3583)

65

특정소방대상물에 따라 적응하는 포소화설비의 설치기준 중 발전기실, 엔진펌프실, 변압기, 전기케이블실, 유압설비 바닥면적의 합계가 300[m^2] 미만의 장소에 설치할 수 있는 것은?

① 포헤드설비
② 호스릴포소화설비
③ 포워터스프링클러설비
④ 고정식 압축공기포소화설비

해설 **발전기실, 엔진펌프실, 변압기, 전기케이블실, 유압설비** : 바닥면적의 합계가 300[m^2] 미만의 장소에는 고정식 압축공기포소화설비를 설치할 수 있다.

정답 63 ① 64 ④ 65 ④

66

소화수조가 옥상 또는 옥탑의 부분에 설치된 경우에는 지상에 설치된 채수구에서의 압력이 최소 몇 [MPa] 이상이 되도록 하여야 하는가?

① 0.1　② 0.15
③ 0.17　④ 0.25

해설 소화수조가 옥상 또는 옥탑의 부분에 설치된 경우에는 지상에 설치된 채수구의 압력 : 0.15[MPa] 이상

67

차고 또는 주차장에 설치하는 분말소화설비의 소화약제로 옳은 것은?

① 제1종 분말
② 제2종 분말
③ 제3종 분말
④ 제4종 분말

해설 **차고나 주차장** : 제3종 분말소화약제가 적합

68

스프링클러헤드의 설치기준 중 다음 (　　) 안에 알맞은 것은?

> 연소할 우려가 있는 개구부에는 그 상하좌우에 (㉠)[m] 간격으로 스프링클러헤드를 설치하되 스프링클러헤드와 개구부의 내측 면으로부터 직선거리는 (㉡)[cm] 이하가 되도록 할 것

① ㉠ 1.7, ㉡ 15　② ㉠ 2.5, ㉡ 15
③ ㉠ 1.7, ㉡ 25　④ ㉠ 2.5, ㉡ 25

해설 연소할 우려가 있는 개구부에는 그 상하좌우에 **2.5[m] 간격**으로(개구부의 폭이 2.5[m] 이하인 경우에는 그 중앙에) 스프링클러헤드를 설치하되, 스프링클러헤드와 개구부의 내측 면으로부터 **직선거리는 15[cm] 이하**가 되도록 할 것. 이 경우 사람이 상시 출입하는 개구부로서 통행에 지장이 있는 때에는 개구부의 상부 또는 측면(개구부의 폭이 9[m] 이하인 경우에 한한다)에 설치하되, 헤드 상호 간의 간격은 1.2[m] 이하로 설치하여야 한다.

69

연소방지설비 방수헤드의 설치기준 중 다음 (　　) 안에 알맞은 것은?

> 방수헤드 간의 수평거리는 연소방지설비 전용헤드의 경우에는 (㉠)[m] 이하, 스프링클러헤드의 경우에는 (㉡)[m] 이하로 할 것

① ㉠ 2, ㉡ 1.5
② ㉠ 1.5, ㉡ 2
③ ㉠ 1.7, ㉡ 2.5
④ ㉠ 2.5, ㉡ 1.7

해설 **연소방지설비 방수헤드의 설치기준**
- 천장 또는 벽면에 설치할 것
- 방수헤드 간의 수평거리는 **연소방지설비 전용헤드**의 경우에는 **2[m] 이하**, **스프링클러헤드**의 경우에는 **1.5[m] 이하**로 할 것
- 살수구역은 환기구 등을 기준으로 지하구의 길이방향으로 350[m] 이내마다 1개 이상 설치하되, 하나의 살수구역의 길이는 3[m] 이상으로 할 것

70

완강기와 간이완강기를 소방대상물에 고정 설치해 줄 수 있는 지지대의 강도시험기준 중 (　　) 안에 알맞은 것은?

> 지지대는 연직방향으로 최대사용자수에 (　　)[N]을 곱한 하중을 가하는 경우 파괴·균열 및 현저한 변형이 없어야 한다.

① 250
② 750
③ 1,500
④ 5,000

해설 **완강기의 형식 승인 및 제품검사의 기술기준 제19조**
완강기의 지지대는 연직방향으로 최대사용자수에 5,000[N]을 곱한 하중을 가하는 경우 파괴·균열 및 현저한 변형이 없어야 한다.

66 ② 67 ③ 68 ② 69 ① 70 ④ **정답**

71

상수도 소화용수설비의 설치기준 중 다음 ( ) 알맞은 것은?

> 호칭지름 (㉠)[mm] 이상의 수도배관에 호칭지름 (㉡)[mm] 이상의 소화전을 접속하여야 하며, 소화전은 특정소방대상물의 수평투영면의 각 부분으로부터 (㉢) [m] 이하가 되도록 설치할 것

① ㉠ 65, ㉡ 100, ㉢ 120
② ㉠ 65, ㉡ 100, ㉢ 140
③ ㉠ 75, ㉡ 100, ㉢ 120
④ ㉠ 75, ㉡ 100, ㉢ 140

해설 상수도 소화용수설비의 설치기준
- 호칭지름 75[mm] 이상의 수도배관에 호칭지름 100[mm] 이상의 소화전을 접속할 것
- 소화전은 소방자동차 등의 진입이 쉬운 도로변 또는 공지에 설치할 것
- 소화전은 특정소방대상물의 수평투영면의 각 부분으로부터 140[m] 이하가 되도록 설치할 것

72

물분무소화설비를 설치하는 차고 또는 주차장의 배수설비 설치기준 중 틀린 것은?

① 차량이 주차하는 장소의 적당한 곳에 높이 10[cm] 이상의 경계턱으로 배수구를 설치할 것
② 배수구에는 새어나온 기름을 모아 소화할 수 있도록 길이 30[m] 이하마다 집수관·소화피트 등 기름분리장치를 설치할 것
③ 차량이 주차하는 바닥은 배수구를 향하여 2/100 이상의 기울기를 유지할 것
④ 배수설비는 가압송수장치의 최대송수능력의 수량을 유효하게 배수할 수 있는 크기 및 기울기로 할 것

해설 차고 또는 주차장에 설치하는 배수설비 기준
- 차량이 주차하는 장소의 적당한 곳에 높이 10[cm] 이상의 경계턱으로 배수구를 설치할 것
- 배수구에는 새어나온 기름을 모아 소화할 수 있도록 길이 **40[m] 이하**마다 집수관·소화피트 등 **기름분리장치를 설치**할 것
- 차량이 주차하는 바닥은 배수구를 향하여 2/100 이상의 기울기를 유지할 것
- 배수설비는 가압송수장치의 최대송수능력의 수량을 유효하게 배수할 수 있는 크기 및 기울기로 할 것

73

할로겐화합물 및 불활성기체 소화설비에 설치한 특정소방대상물 또는 그 부분에 대한 자동폐쇄장치의 설치기준 중 다음 ( ) 안에 알맞은 것은?

> 개구부가 있거나 천장으로부터 (㉠)[m] 이상의 아랫부분 또는 바닥으로부터 해당 층의 높이의 (㉡) 이내의 부분에 통기구가 있어 할로겐화합물 및 불활성기체의 유출에 따라 소화효과를 감소시킬 우려가 있는 것은 할로겐화합물 및 불활성기체가 방사되기 전에 당해 개구부 및 통기구를 폐쇄할 수 있도록 할 것

① ㉠ 1, ㉡ 3분의 2
② ㉠ 2, ㉡ 3분의 2
③ ㉠ 1, ㉡ 2분의 1
④ ㉠ 2, ㉡ 2분의 1

해설 할로겐화합물 및 불활성기체 소화설비에 설치한 자동폐쇄장치 설치기준
- 환기장치를 설치한 것은 할로겐화합물 및 불활성기체가 방사되기 전에 해당 환기장치가 정지할 수 있도록 할 것
- 개구부가 있거나 천장으로부터 **1[m] 이상**의 아랫부분 또는 바닥으로부터 해당 층의 높이의 **3분의 2 이내**의 부분에 통기구가 있어 할로겐화합물 및 불활성기체의 유출에 따라 소화효과를 감소시킬 우려가 있는 것은 할로겐화합물 및 불활성기체가 방사되기 전에 당해 개구부 및 통기구를 폐쇄할 수 있도록 할 것
- 자동폐쇄장치는 방호구역 또는 방호대상물이 있는 구획의 밖에서 복구할 수 있는 구조로 하고, 그 위치를 표시하는 표지를 할 것

정답 71 ④ 72 ② 73 ①

74

특별피난계단의 계단실 및 부속실 제연설비의 비상전원은 제연설비를 유효하게 최소 몇 분 이상 작동할 수 있도록 하여야 하는가?(단, 층수가 30층 이상 49층 이하인 경우이다)

① 20
② 30
③ 40
④ 60

해설 특별피난계단의 계단실 및 부속실 제연설비를 유효하게 20분(층수가 **30층 이상 49층 이하**는 **40분**, 50층 이상은 60분) 이상 작동할 수 있도록 할 것

75

스프링클러헤드를 설치하는 천장 · 반자 · 천장과 반자 사이 · 덕트 · 선반 등의 각 부분으로부터 하나의 스프링클러헤드까지의 수평거리 기준으로 틀린 것은?

① 무대부에 있어서는 1.7[m] 이하
② 랙식 창고에 있어서는 2.5[m] 이하
③ 공동주택(아파트) 세대 내의 거실에 있어서는 3.2[m] 이하
④ 특수가연물을 저장 또는 취급하는 장소에 있어서는 2.1[m] 이하

해설 **스프링클러헤드까지의 수평거리**

- **무대부 · 특수가연물**을 저장 또는 취급하는 장소 : **1.7[m] 이하**
- 랙식 창고 : 2.5[m] 이하(특수가연물을 저장 또는 취급하는 랙식 창고의 경우 : 1.7[m] 이하)
- 공동주택(아파트) 세대 내의 거실 : 3.2[m] 이하
- 비내화구조 : 2.1[m] 이하(내화구조 : 2.3[m] 이하)

76

소화약제 외의 것을 이용한 간이소화용구의 능력단위 기준 중 다음 (   ) 안에 알맞은 것은?

간이소화용구		능력단위
팽창질석 또는 팽창진주암	삽을 상비한 (㉠)[L] 이상의 것 1포	0.5단위
마른 모래	삽을 상비한 (㉡)[L] 이상의 것 1포	

① ㉠ 80, ㉡ 50
② ㉠ 50, ㉡ 160
③ ㉠ 100, ㉡ 80
④ ㉠ 100, ㉡ 160

해설 **소화약제 외의 것을 이용한 간이소화용구의 능력단위**

간이소화용구		능력단위
팽창질석 또는 팽창진주암	삽을 상비한 80[L] 이상의 것 1포	0.5단위
마른 모래	삽을 상비한 50[L] 이상의 것 1포	

77

물분무헤드를 설치하지 아니할 수 있는 장소의 기준 중 다음 (   ) 안에 알맞은 것은?

> 운전 시에 표면의 온도가 (   )[℃] 이상으로 되는 등 직접 분무를 하는 경우 그 부분에 손상을 입힐 우려가 있는 기계장치 등이 있는 장소

① 160
② 200
③ 260
④ 300

해설 **물분무헤드 설치제외 장소**

- 물에 심하게 반응하는 물질 또는 물과 반응하여 위험한 물질을 생성하는 물질을 저장 또는 취급하는 장소
- 고온의 물질 및 증류범위가 넓어 끓어 넘치는 위험이 있는 물질을 저장 또는 취급하는 장소
- 운전 시에 표면의 온도가 260[℃] 이상으로 되는 등 직접 분무를 하는 경우 그 부분에 손상을 입힐 우려가 있는 기계장치 등이 있는 장소

74 ③ 75 ④ 76 ① 77 ③ 정답

78

할로겐화합물 및 불활성기체 저장용기의 설치장소 기준 중 다음 (   ) 안에 알맞은 것은?

> 할로겐화합물 및 불활성기체의 저장용기는 온도가 (   )[℃] 이하이고 온도의 변화가 작은 곳에 설치할 것

① 40　② 55
③ 60　④ 70

해설 할로겐화합물 및 불활성기체의 저장용기 저장온도 : 55[℃] 이하

79

포소화약제의 저장량 설치기준 중 포헤드 방식 및 압축공기포소화설비에 있어서 하나의 방사구역 안에 설치된 포헤드를 동시에 개방하여 표준방사량으로 몇 분간 방사할 수 있는 양 이상으로 하여야 하는가?

① 10　② 20
③ 30　④ 60

해설 포헤드 방식 및 압축공기포소화설비의 표준방사량의 방사시간 : 10분간 방사할 수 있는 양 이상

80

폐쇄형 간이헤드를 사용하는 설비의 경우로서 1개 층에 하나의 급수배관(또는 밸브 등)이 담당하는 구역의 최대면적은 몇 [m^2]를 초과하지 아니하여야 하는가?

① 1,000　② 2,000
③ 2,500　④ 3,000

해설 폐쇄형 간이헤드 사용 시 하나의 급수배관의 담당구역 : 1,000[m^2] 이하

정답 78 ② 79 ① 80 ①

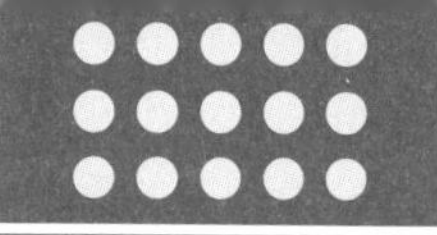

제 1 회 2018년 3월 4일 시행

제 1 과목 소방원론

01

다음의 가연성물질 중 위험도가 가장 높은 것은?

① 수 소 ② 에틸렌
③ 아세틸렌 ④ 이황화탄소

해설 위험도

종 류	연소범위	종 류	연소범위
수 소	4.0~75	아세틸렌	2.5~81
에틸렌	2.7~36	이황화탄소	1.0~44

$$위험도 = \frac{상한값 - 하한값}{하한값}$$

- 수소 위험도 $= \frac{75-4.0}{4.0} = 17.75$
- 에틸렌 위험도 $= \frac{36-2.7}{2.7} = 12.33$
- 아세틸렌 위험도 $= \frac{81-2.5}{2.5} = 31.4$
- 이황화탄소 위험도 $= \frac{44-1.0}{1.0} = 43.0$

02

상온, 상압에서 액체인 물질은?

① CO_2 ② Halon 1301
③ Halon 1211 ④ Halon 2402

해설 상온에서 가스상태

종 류	상 태
CO_2	기 체
Halon 1301	기 체
Halon 1211	기 체
Halon 2402	액 체

03

0[℃], 1[atm] 상태에서 부탄(C_4H_{10}) 1[mol]을 완전 연소시키기 위해 필요한 산소의 [mol]수는?

① 2 ② 4
③ 5.5 ④ 6.5

해설 부탄의 연소반응식

$$C_4H_{10} + 6.5O_2 \rightarrow 4CO_2 + 5H_2O$$

04

다음 그림에서 목조건물의 표준 화재 온도-시간 곡선으로 옳은 것은?

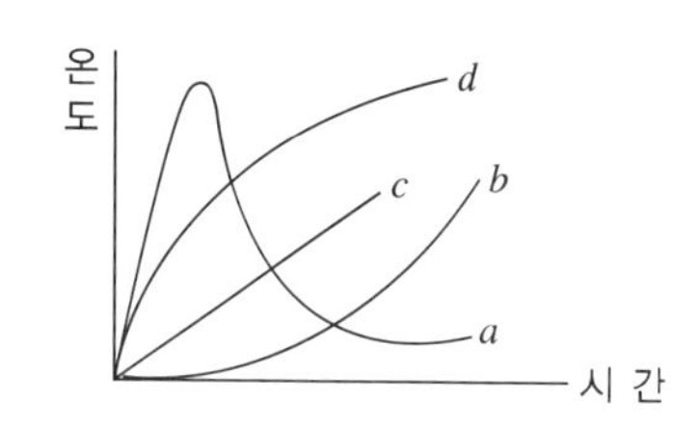

① a ② b
③ c ④ d

해설 표준 화재 온도-시간 곡선

- a : 목조건축물(고온 단기형)
- d : 내화건축물(저온 장기형)

05

포소화약제가 갖추어야 할 조건이 아닌 것은?

① 부착성이 있을 것
② 유동성과 내열성이 있을 것
③ 응집성과 안정성이 있을 것
④ 소포성이 있고 기화가 용이할 것

정답 01 ④ 02 ④ 03 ④ 04 ① 05 ④

해설 포소화약제가 갖추어야 할 조건
- 부착성이 있을 것
- 유동성과 내열성이 있을 것
- 응집성과 안정성이 있을 것

06

건축물 내 방화벽에 설치하는 출입문의 너비 및 높이의 기준은 각각 몇 [m] 이하인가?

① 2.5　② 3.0
③ 3.5　④ 4.0

해설 방화벽 : 화재 시 연소의 확산을 막고 피해를 줄이기 위해 주로 목조건축물에 설치하는 벽

대상건축물	구획단지	방화벽의 구조
주요구조부가 내화구조 또는 불연재료가 아닌 연면적 1,000[m^2] 이상인 건축물	연면적 1,000[m^2] 미만마다 구획	• 내화구조로서 홀로 설 수 있는 구조로 할 것 • 방화벽의 양쪽 끝과 위쪽 끝을 건축물의 외벽면 및 지붕면으로부터 0.5[m] 이상 튀어 나오게 할 것 • 방화벽에 설치하는 출입문의 너비 및 높이는 각각 2.5[m] 이하로 하고 갑종방화문을 설치할 것

07

건축물의 바깥쪽에 설치하는 피난계단의 구조기준 중 계단의 유효너비는 몇 [m] 이상으로 하여야 하는가?

① 0.6　② 0.7
③ 0.8　④ 0.9

해설 건축물의 바깥쪽에 설치하는 피난계단의 구조
- 계단은 그 계단으로 통하는 출입구 외의 창문 등(망이 들어 있는 유리의 붙박이창으로서 그 면적이 각각 1[m^2] 이하인 것을 제외한다)으로부터 2[m] 이상의 거리를 두고 설치할 것
- 건축물의 내부에서 계단으로 통하는 출입구에는 규정에 의한 갑종방화문 또는 을종방화문을 설치할 것
- **계단의 유효너비는 0.9[m] 이상**으로 할 것
- 계단은 내화구조로 하고 지상까지 직접 연결되도록 할 것

08

소화약제로서 물을 사용하는 주된 이유는?

① 촉매역할을 하기 때문에
② 증발잠열이 크기 때문에
③ 연소작용을 하기 때문에
④ 제거작용을 하기 때문에

해설 물을 소화약제로 사용하는 주된 이유 : **증발잠열**과 비열이 크기 때문에

- 물의 비열 : 1[cal/g · ℃] = 1[kcal/kg · ℃]
- 물의 증발잠열 : 539[cal/g]

09

MOC(Minimum Oxygen Concentration : 최소산소농도)가 가장 작은 물질은?

① 메 탄　② 에 탄
③ 프로판　④ 부 탄

해설 MOC(최소산소농도) : 화염을 전파하기 위하여 요구되는 최소한의 산소농도

$$MOC = 하한값 \times \frac{산소의\ 몰수}{연료의\ 몰수}[vol\%]$$

- 메탄 $CH_4 + 2O_2 \rightarrow CO_2 + 2H_2O$

$$\therefore MOC = 5.0 \times \frac{2[mol]}{1[mol]} = 10.0$$

- 에탄 $C_2H_6 + 3.5O_2 \rightarrow 2CO_2 + 3H_2O$

$$\therefore MOC = 3.0 \times \frac{3.5[mol]}{1[mol]} = 10.5$$

- 프로판 $C_3H_8 + 5O_2 \rightarrow 3CO_2 + 4H_2O$

$$\therefore MOC = 2.1 \times \frac{5[mol]}{1[mol]} = 10.5$$

- 부탄 $C_4H_{10} + 6.5O_2 \rightarrow 4CO_2 + 5H_2O$

$$\therefore MOC = 1.8 \times \frac{6.5[mol]}{1[mol]} = 11.7$$

종 류	연소범위[%]	MOC값[vol%]
메 탄	5.0~15.0	10.0
에 탄	3.0~12.4	10.5
프로판	2.1~9.5	10.5
부 탄	1.8~8.4	11.7

정답 06 ① 07 ④ 08 ② 09 ①

10

소화의 방법으로 틀린 것은?

① 가연성물질을 제거한다.
② 불연성 가스의 공기 중 농도를 높인다.
③ 산소의 공급을 원활히 한다.
④ 가연성 물질을 냉각시킨다.

해설 소화는 연소의 3요소(가연물, 산소공급원, 점화원) 중 하나 이상을 제거하는 것인데 산소공급은 연소를 도와주는 것이다.

11

다음 중 발화점이 가장 낮은 물질은?

① 휘발유 ② 이황화탄소
③ 적 린 ④ 황 린

해설 발화점

종 류	발화점	종 류	발화점
휘발유	약 300[℃]	적 린	260[℃]
이황화탄소	100[℃]	황 린	34[℃]

12

탄화칼슘이 물과 반응 시 발생하는 가연성 가스는?

① 메 탄 ② 포스핀
③ 아세틸렌 ④ 수 소

해설 탄화칼슘(카바이드)은 물과 반응하면 수산화칼슘(소석회)과 아세틸렌(C_2H_2)가스를 발생한다.

$$CaC_2 + 2H_2O \rightarrow Ca(OH)_2 + C_2H_2 \uparrow$$

13

수성막포 소화약제의 특성에 대한 설명으로 틀린 것은?

① 내열성이 우수하여 고온에서 수성막의 형성이 용이하다.
② 기름에 의한 오염이 적다.
③ 다른 소화약제와 병용하여 사용이 가능하다.
④ 플루오린계 계면활성제가 주성분이다.

해설 수성막포 소화약제의 특징

- 내유성과 유동성이 우수하며 방출 시 유면에 얇은 물의 막인 수성막을 형성한다.
- 내열성이 약하다.
- 기름에 의한 오염이 적다.
- 불화단백포, 분말 이산화탄소와 함께 사용이 가능하다.
- 플루오린계 계면활성제가 주성분이다.

14

Fourier법칙(전도)에 대한 설명으로 틀린 것은?

① 이동열량은 전열체의 단면적에 비례한다.
② 이동열량은 전열체의 두께에 비례한다.
③ 이동열량은 전열체의 열전도도에 비례한다.
④ 이동열량은 전열체 내·외부의 온도차에 비례한다.

해설 Fourier법칙(전도)

$$\text{열량 } q = -kA\frac{dt}{dl}[\text{kcal/h}]$$

여기서, k : 열전도도[kcal/m·h·℃]
A : 열전달면적[m^2]
dt : 온도차[℃]
dl : 미소거리[m]

※ 열량은 단면적에 비례, 거리에 반비례한다.

15

대두유가 침적된 기름걸레를 쓰레기통에 장시간 방치한 결과 자연발화에 의하여 화재가 발생한 경우 그 이유로 옳은 것은?

① 분해열 축적
② 산화열 축적
③ 흡착열 축적
④ 발효열 축적

해설 기름걸레를 쓰레기통에 장시간 방치한 결과 자연발화가 일어나는 이유 : 산화열 축적

10 ③ 11 ④ 12 ③ 13 ① 14 ② 15 ② 정답

16

분진폭발의 위험성이 가장 낮은 것은?

① 알루미늄분 ② 유 황
③ 팽창질석 ④ 소맥분

해설 **팽창질석, 팽창진주암** : 소화약제

17

1기압 상태에서 100[℃] 물 1[g]이 모두 기체로 변할 때 필요한 열량은 몇 [cal]인가?

① 429 ② 499
③ 539 ④ 639

해설 **물의 증발(기화)잠열** : 539[cal/g]

18

pH 9 정도의 물을 보호액으로 하여 보호액 속에 저장하는 물질은?

① 나트륨 ② 탄화칼슘
③ 칼 륨 ④ 황 린

해설 **저장방법**

위험물	저장방법
황린, 이황화탄소	물 속
칼륨, 나트륨	석유 속

19

위험물안전관리법령에서 정하는 위험물의 한계에 대한 정의로 틀린 것은?

① 유황은 순도가 60중량퍼센트 이상인 것
② 인화성고체는 고형알코올, 그 밖에 1기압에서 인화점이 섭씨 40도 미만인 고체
③ 과산화수소는 그 농도가 35중량퍼센트 이상인 것
④ 제1석유류는 아세톤, 휘발유 그 밖에 1기압에서 인화점이 섭씨 21도 미만인 것

해설 위험물의 기준

- 유황은 순도가 60[wt%] 이상이며 제2류 위험물이다.
- 제2류 위험물의 인화성고체는 고형알코올 그 밖에 1기압에서 인화점이 40[℃] 미만인 고체이다.
- **과산화수소**는 그 **농도가 36[wt%] 이상**이면 제6류 위험물이다.
- 제4류 위험물의 제1석유류는 아세톤, 휘발유 그 밖에 1기압에서 인화점이 21[℃] 미만인 것이다.

20

고분자 재료와 열적 특성의 연결이 옳은 것은?

① 폴리염화비닐 수지 – 열가소성
② 페놀 수지 – 열가소성
③ 폴리에틸렌 수지 – 열경화성
④ 멜라민 수지 – 열가소성

해설 수지의 종류

- **열가소성 수지** : 열에 의하여 변형되는 수지로서 **폴리에틸렌, PVC(폴리염화비닐), 폴리스타이렌 수지**
- **열경화성 수지** : 열에 의하여 굳어지는 수지로서 **페놀수지, 요소수지, 멜라민 수지**

제 2 과목 소방유체역학

21

유속 6[m/s]로 정상류의 물이 화살표 방향으로 흐르는 배관에 압력계와 피토계가 설치되어 있다. 이때 압력계의 계기압력이 300[kPa]이었다면 피토계의 계기압력은 약 몇 [kPa]인가?

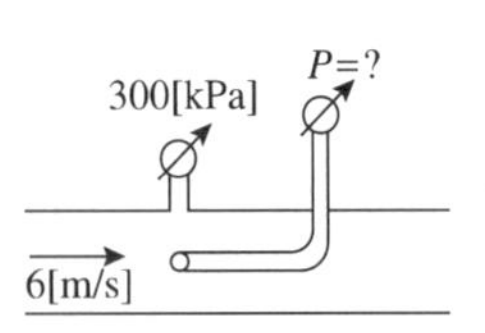

① 180 ② 280
③ 318 ④ 336

정답 16 ③ 17 ③ 18 ④ 19 ③ 20 ① 21 ③

해설 피토계의 계기압력

$$u = \sqrt{2gH} \qquad H = \frac{u^2}{2g}$$

$H = \frac{u^2}{2g} = \frac{(6[m/s])^2}{2 \times 9.8[m/s^2]} = 1.84[m]$

이것을 압력으로 환산하면

$\frac{1.84[m]}{10.332[m]} \times 101.325[kPa] = 18.04[kPa]$

∴ 피토계의 계기압력 = 300 + 18.04 = 318.04[kPa]

22

관 내에 흐르는 유체의 흐름을 구분하는데 사용되는 레이놀즈 수의 물리적인 의미는?

① 관성력/중력 ② 관성력/탄성력
③ 관성력/압축력 ④ 관성력/점성력

해설 무차원식의 관계

명 칭	무차원식	물리적 의미
레이놀즈수	$Re = \frac{du\rho}{\mu} = \frac{du}{\nu}$	$Re = \frac{관성력}{점성력}$
오일러수	$Eu = \frac{\Delta P}{\rho u^2}$	$Eu = \frac{압축력}{관성력}$
웨버수	$We = \frac{\rho l u^2}{\sigma}$	$We = \frac{관성력}{표면장력}$
코시수	$Ca = \frac{\rho u^2}{K}$	$Ca = \frac{관성력}{탄성력}$
마하수	$M = \frac{u}{c}$	$M = \frac{유속}{음속}$
프루드수	$Fr = \frac{u}{\sqrt{gl}}$	$Fr = \frac{관성력}{중력}$

23

정육면체의 그릇에 물을 가득 채울 때, 그릇 밑면이 받는 압력에 의한 수직방향 평균 힘의 크기를 P라고 하면, 한 측면이 받는 압력에 의한 수평방향 평균 힘의 크기는 얼마인가?

① $0.5P$ ② P
③ $2P$ ④ $4P$

해설 압력에 의한 수평방향 평균 힘의 크기(P_1)는 밑면이 받는 압력에 의한 수직방향 평균 힘(P)의 크기의 $\frac{1}{2}$배이다.

따라서, $P_1 = \frac{1}{2}P = 0.5P$이다.

24

그림과 같이 수직평판에 속도 2[m/s]로 단면적이 0.01[m²]인 물 제트가 수직으로 세워진 벽면에 충돌하고 있다. 벽면의 오른쪽에서 물 제트를 왼쪽 방향으로 쏘아 벽면의 평형을 이루게 하려면 물 제트의 속도를 약 몇 [m/s]로 해야 하는가?(단, 오른쪽에서 쏘는 물 제트의 단면적은 0.005[m²]이다)

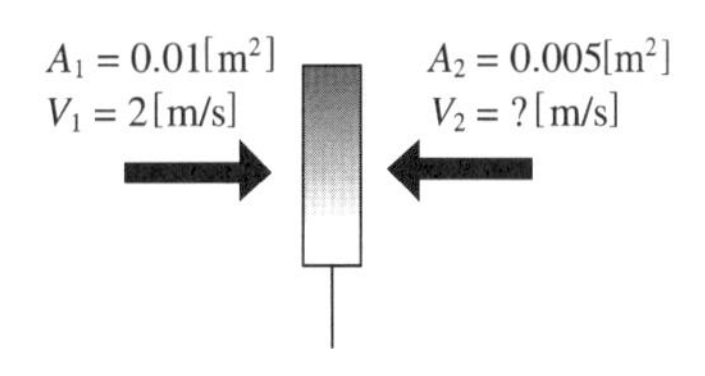

① 1.42
② 2.00
③ 2.83
④ 4.00

해설 물 제트의 속도

- 운동량방정식 힘 $F = \rho Q u = \rho A u^2$에서 수평평판에 작용하는 $F_1 = F_2$이므로 $\rho A_1 u_1^2 = \rho A_2 u_2^2$이다.
- 물 제트의 속도

$u_2 = \sqrt{\frac{A_1}{A_2}} \times u_1 = \sqrt{\frac{0.01[m^2]}{0.005[m^2]}} \times 2[m/s]$
$= 2.83[m/s]$

25

그림과 같은 사이펀에서 마찰손실을 무시할 때 사이펀 끝단에서 속도(V)가 4[m/s]이기 위해서는 h 가 약 몇 [m]이어야 하는가?

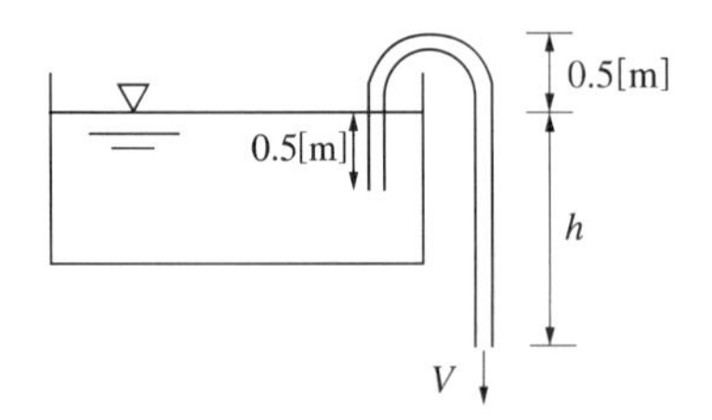

① 0.82[m] ② 0.77[m]
③ 0.72[m] ④ 0.87[m]

 **수두(h)**

베르누이방정식에서

$$\frac{P_1}{\gamma}+\frac{u_1^2}{2g}+z_1=\frac{P_2}{\gamma}+\frac{u_2^2}{2g}+z_2$$

여기서, $P_1=P_2$: 대기압,

$u_1=0$, $z_1-z_2=h$ 이므로

$$\therefore\ h=\frac{u_2^2}{2g}=\frac{(4[\text{m/s}])^2}{2\times 9.8[\text{m/s}^2]}=0.816[\text{m}]=0.82[\text{m}]$$

26

펌프에 의하여 유체에 실제로 주어지는 동력은?(단, L_w는 동력[kW], γ는 물의 비중량[N/m³], Q는 토출량[m³/min], H는 전양정[m], g는 중력가속도[m/s²]이다)

① $L_w=\dfrac{\gamma QH}{102\times 60}$

② $L_w=\dfrac{\gamma QH}{1{,}000\times 60}$

③ $L_w=\dfrac{\gamma QHg}{102\times 60}$

④ $L_w=\dfrac{\gamma QHg}{1{,}000\times 60}$

해설 **전동기 용량**

$$P[\text{kW}]=\frac{\gamma\times Q\times H}{102\times\eta}\times K$$

여기서, γ : 물의 비중량[kg$_f$/m³]
Q : 방수량[m³/s]
H : 펌프의 양정[m]
K : 전달계수(여유율)
η : Pump의 효율

$$P[\text{kW}]=\frac{\gamma\times Q\times H}{102\times 9.8\times 60\times\eta}\times K=\frac{\gamma\times Q\times H}{1{,}000\times 60\times\eta}\times K$$

여기서, γ : 물의 비중량[N/m³]
1[kg$_f$] = 9.8[N]
Q : 방수량[m³/min]
H : 펌프의 양정[m]
K : 전달계수(여유율)
η : Pump의 효율

$$P[\text{kW}]=\frac{0.163\times Q\times H}{\eta}\times K$$

여기서, $0.163=\dfrac{1{,}000}{102\times 60}$

Q : 방수량[m³/min]
H : 펌프의 양정[m]
K : 전달계수(여유율)
η : 펌프의 효율

- **축동력** : 전달계수를 무시하는 동력

$$P[\text{kW}]=\frac{\gamma\times Q\times H}{102\times\eta}$$

여기서, γ : 물의 비중량(1,000[kg$_f$/m³])
Q : 방수량[m³/s]
H : 펌프의 양정[m]
η : pump의 효율

- **수동력** : 전달계수와 펌프의 효율을 무시하는 동력

$$P[\text{kW}]=\frac{\gamma\times Q\times H}{102}$$

여기서, γ : 물의 비중량([1,000[kg$_f$/m³])
Q : 방수량[m³/s]
H : 펌프의 양정[m]

정답 25 ① 26 ②

27

성능이 같은 3대의 펌프를 병렬로 연결하였을 경우 양정과 유량은 얼마인가?(단, 펌프 1대에서 유량은 Q, 양정은 H라고 한다)

① 유량은 $9Q$, 양정은 H
② 유량은 $9Q$, 양정은 $3H$
③ 유량은 $3Q$, 양정은 $3H$
④ 유량은 $3Q$, 양정은 H

해설 펌프의 성능

펌프 3대 연결 방법		직렬연결	병렬연결
성 능	유량(Q)	Q	$3Q$
	양정(H)	$3H$	H

28

비압축성 유체의 2차원 정상 유동에서 x 방향의 속도를 u, y 방향의 속도를 v라고 할 때 다음에 주어진 식들 중에서 연속 방정식을 만족하는 것은 어느 것인가?

① $u = 2x + 2y,\ v = 2x - 2y$
② $u = x + 2y,\ v = x^2 - 2y$
③ $u = 2x + y,\ v = x^2 + 2y$
④ $u = x + 2y,\ v = 2x - y^2$

해설 비압축성 유체의 2차원 정상유동은 $\frac{\partial u}{\partial x} + \frac{\partial v}{\partial y} = 0$을 만족해야 한다.

① $\frac{\partial u}{\partial x} + \frac{\partial v}{\partial y} = 2 + (-2) = 0$

② $\frac{\partial u}{\partial x} + \frac{\partial v}{\partial y} = 1 + (-2) = -1$

③ $\frac{\partial u}{\partial x} + \frac{\partial v}{\partial y} = 2 + 2 = 4$

④ $\frac{\partial u}{\partial x} + \frac{\partial v}{\partial y} = 1 + (-2y)$

29

다음 중 동력의 단위가 아닌 것은?

① [J/s]
② [W]
③ [kg · m^2/s]
④ [N · m/s]

해설 동력의 단위
- [W](Watt) = [J/s]
- [kg_f · m/s]
- [N · m/s]

30

지름 10[cm]인 금속구가 대류에 의해 열을 외부공기로 방출한다. 이때 발생하는 열전달량이 40[W]이고, 구 표면과 공기 사이의 온도차가 50[℃]라면 공기와 구 사이의 대류 열전달 계수[W/m^2 · K]는 얼마인가?

① 25
② 50
③ 75
④ 100

해설 대류 열전달 계수

열전달량 $q = hA\Delta t$[W]

여기서, h : 대류 열전달 계수
Δt : 온도차(50[℃] = 50[K])
$A = 4\pi r^2$
(열전달 방향에 수직인 구의 면적)
$= 4 \times \pi \times (0.05[\text{m}])^2$
$= 0.0314[\text{m}^2]$

$$\therefore h = \frac{q}{A\,\Delta t} = \frac{40}{0.0314 \times 50} = 25.48[\text{W/m}^2 \cdot \text{K}]$$

31

지름 0.4[m]인 관에 물이 0.5[m^3/s]로 흐를 때 길이 300[m]에 대한 동력손실은 60[kW]였다. 이때 관마찰계수 f는 약 얼마인가?

① 0.015
② 0.020
③ 0.025
④ 0.030

27 ④ 28 ① 29 ③ 30 ① 31 ② 정답

해설 관마찰계수(f)
손실수두(H)

$$P=\gamma QH$$

$P=\gamma QH$
$60{,}000[\mathrm{W}]=9{,}800[\mathrm{N/m^3}]\times 0.5[\mathrm{m^3/s}]\times H$
$H=12.24[\mathrm{m}]$

단위환산하면

$$\frac{[\mathrm{N}]}{[\mathrm{m^3}]}\times\frac{[\mathrm{m^3}]}{[\mathrm{s}]}\times[\mathrm{m}]=\frac{[\mathrm{N\cdot m}]}{[\mathrm{s}]}=\frac{[\mathrm{J}]}{[\mathrm{s}]}=[\mathrm{W}]$$

Darcy-Weisbach 방정식에서

$$H=\frac{flu^2}{2gD}\qquad f=\frac{H2gD}{lu^2}$$

여기서, $u(\text{유속})=\dfrac{Q}{A}=\dfrac{Q}{\dfrac{\pi}{4}D^2}=\dfrac{0.5[\mathrm{m^3/s}]}{\dfrac{\pi}{4}(0.4[\mathrm{m}])^2}$
$=3.98[\mathrm{m/s}]$

$\therefore\ f=\dfrac{H2gD}{lu^2}$
$=\dfrac{12.24[\mathrm{m}]\times 2\times 9.8[\mathrm{m/s^2}]\times 0.4[\mathrm{m}]}{300[\mathrm{m}]\times(3.98[\mathrm{m/s}])^2}$
$=0.020$

32

체적이 10[m³]인 기름의 무게가 30,000[N]이라면 이 기름의 비중은 얼마인가?(단, 물의 밀도는 1,000[kg/m³]이다)

① 0.153
② 0.306
③ 0.459
④ 0.612

해설 비중 $s=\dfrac{\gamma}{\gamma_w}=\dfrac{3{,}000[\mathrm{N/m^3}]}{9{,}800[\mathrm{N/m^3}]}=0.3061$

여기서, $\gamma=\dfrac{W}{V}=\dfrac{30{,}000[\mathrm{N}]}{10[\mathrm{m^3}]}$
$=3{,}000[\mathrm{N/m^3}]$

$$1[\mathrm{kg_f}]=9.8[\mathrm{N}]$$

33

비열에 대한 다음 설명 중 틀린 것은?

① 정적비열은 체적이 일정하게 유지되는 동안 온도변화에 대한 내부에너지의 변화율이다.
② 정압비열을 정적비열로 나눈 것이 비열비이다.
③ 정압비열은 압력이 일정하게 유지될 때 온도변화에 대한 엔탈피 변화율이다.
④ 비열비는 일반적으로 1보다 크나 1보다 작은 물질도 있다.

해설 비열비 $k=C_P/C_V$로서 언제나 1보다 크다.

34

비중 0.92인 빙산이 비중 1.025의 바닷물 수면에 떠 있다. 수면 위에 나온 빙산의 체적이 150[m³]이면 빙산의 전체 체적은 약 몇 [m³]인가?

① 1,314
② 1,464
③ 1,725
④ 1,875

해설 빙산의 전체 체적
- 빙산의 무게
  $W=\gamma V=0.92\times 9{,}800\dfrac{[\mathrm{N}]}{[\mathrm{m^3}]}\times(150+V_x)[\mathrm{m^3}]$
- 부력 $F_B=\gamma V=1.025\times 9{,}800\dfrac{[\mathrm{N}]}{[\mathrm{m^3}]}\times V_x$
- $W=F_B$이므로
  $0.92\times 9{,}800\dfrac{[\mathrm{N}]}{[\mathrm{m^3}]}\times(150+V_x)$
  $=1.025\times 9{,}800\dfrac{[\mathrm{N}]}{[\mathrm{m^3}]}\times V_x$
  $1{,}352{,}400+9{,}016V_x=10{,}045V_x$
  $1{,}029V_x=1{,}352{,}400$
  $V_x=\dfrac{1{,}352{,}400}{1{,}029}=1{,}314.3[\mathrm{m^3}]$

$\therefore$ 빙산의 전체적 $V=1{,}314.3[\mathrm{m^3}]+150[\mathrm{m^3}]$
$=1{,}464.3[\mathrm{m^3}]$

정답 32 ② 33 ④ 34 ②

35

초기상태에서 압력 100[kPa], 온도 15[℃]인 공기가 있다. 공기의 부피가 초기 부피의 $\frac{1}{20}$이 될 때까지 단열 압축할 때 압축 후의 온도는 약 몇 [℃]인가?(단, 공기의 비열비는 1.4이다)

① 54 ② 348
③ 682 ④ 912

해설 압축 후의 온도

- 단열 압축과정에서 온도와 체적의 관계

$$\frac{T_2}{T_1} = \left(\frac{V_1}{V_2}\right)^{k-1} \text{에서}$$

- 압축 후의 온도

$$T_2 = \left(\frac{V_1}{V_2}\right)^{k-1} \times T_1 = \left(\frac{V_1}{\frac{1}{20}V_1}\right)^{1.4-1}$$

$$\times (273+15)[\text{K}] = 954.6[\text{K}] = 681.6[℃]$$

[K] = 273 + [℃]
[℃] = [K] − 273 = 954.6 − 273 = 681.6[℃]

36

수격작용에 대한 설명으로 맞는 것은?

① 관로가 변할 때 물의 급격한 압력 저하로 인해 수중에서 공기가 분리되어 기포가 발생하는 것을 말한다.
② 펌프의 운전 중에 송출압력과 송출유량이 주기적으로 변동하는 현상을 말한다.
③ 관로의 급격한 온도변화로 인해 응결되는 현상을 말한다.
④ 흐르는 물을 갑자기 정지시킬 때 수압이 급격히 변화하는 현상을 말한다.

해설 펌프에서 발생하는 현상

- 수격작용 : 흐르는 물을 갑자기 정지시킬 때 수압이 급격히 변화하는 현상
- 맥동현상 : 펌프의 운전 중에 송출압력과 송출유량이 주기적으로 변동하는 현상

37

그림에서 h_1 = 120[mm], h_2 = 180[mm], h_3 = 100[mm]일 때, A에서의 압력과 B에서의 압력의 차이 ($P_A - P_B$)를 구하면?[단, A, B속의 액체는 물이고, 차압액주계에서의 중간 액체는 수은(비중이 13.6)이다]

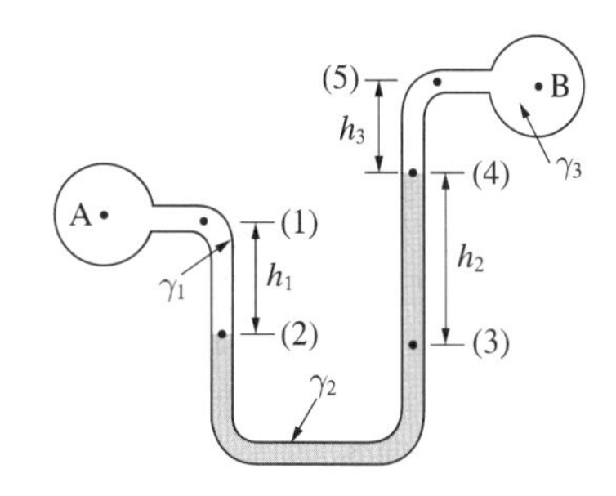

① 20.4[kPa] ② 23.8[kPa]
③ 26.4[kPa] ④ 29.8[kPa]

해설 압력차($P_A - P_B$)

$$P_A + \gamma_1 h_1 = P_B + \gamma_2 h_2 + \gamma_3 h_3$$

$$P_A - P_B = \gamma_2 h_2 + \gamma_3 h_3 - \gamma_1 h_1$$

$$= (13.6 \times 1{,}000[\text{kg}_f/\text{m}^3] \times 0.18[\text{m}])$$
$$+ (1 \times 1{,}000[\text{kg}_f/\text{m}^3] \times 0.10[\text{m}])$$
$$- (1 \times 1{,}000[\text{kg}_f/\text{m}^3] \times 0.12[\text{m}])$$
$$= 2{,}428[\text{kg}_f/\text{m}^2]$$

∴ [kg_f/m^2]을 [kPa]로 환산하면

$$\frac{2{,}428[\text{kg}_f/\text{m}^2]}{10{,}332[\text{kg}_f/\text{m}^2]} \times 101.325[\text{kPa}] = 23.81[\text{kPa}]$$

38

원형 단면을 가진 관 내에 유체가 완전 발달된 비압축성 층류유동으로 흐를 때 전단응력은?

① 중심에서 0이고, 중심선으로부터 거리에 비례하여 변한다.
② 관 벽에서 0이고, 중심선에서 최대이며 선형분포한다.
③ 중심에서 0이고, 중심선으로부터 거리의 제곱에 비례하여 변한다.
④ 전 단면에 걸쳐 일정하다.

해설 **비압축성 정상유동일 때 전단응력** : 중심선에서 0이고 중심선으로부터 거리에 비례하여 변한다.

35 ③ 36 ④ 37 ② 38 ① 정답

39

부피가 0.3[m³]으로 일정한 용기 내의 공기가 원래 300[kPa](절대압력), 400[K]의 상태였으나, 일정 시간 동안 출구가 개방되어 공기가 빠져나가 200[kPa](절대압력), 350[K]의 상태가 되었다. 빠져나간 공기의 질량은 약 몇 [g]인가?(단, 공기는 이상기체로 가정하며 기체상수는 287[J/kg · K]이다)

① 74 ② 187
③ 295 ④ 388

해설 빠져나간 공기의 질량

- 용기 내의 체적은 일정하고 이상기체상태방정식 $PV = WRT$를 적용하여 계산한다.
- 용기 내에 있는 초기 질량

$$W_1 = \frac{P_1 V}{RT_1} = \frac{300[\text{kPa}] \times 0.3[\text{m}^3]}{0.287\frac{[\text{kJ}]}{[\text{kg} \cdot \text{K}]} \times 400[\text{K}]}$$

$$= 0.784[\text{kg}]$$

$$= 784[\text{g}]$$

- 용기에서 공기가 빠져나가 남아있는 질량

$$W_2 = \frac{P_2 V}{RT_2} = \frac{200[\text{kPa}] \times 0.3[\text{m}^3]}{0.287\frac{[\text{kJ}]}{[\text{kg} \cdot \text{K}]} \times 350[\text{K}]}$$

$$= 0.597[\text{kg}] = 597[\text{g}]$$

∴ 용기에서 빠져나간 공기의 질량

$$W = W_1 - W_2 = 784[\text{g}] - 597[\text{g}] = 187[\text{g}]$$

40

한 변의 길이가 L인 정사각형 단면의 수력지름(Hydraulic Diameter)은?

① $\frac{L}{4}$ ② $\frac{L}{2}$
③ L ④ $2L$

해설 정사각형 단면의 수력지름

- 수력반지름 $R_h = \frac{A(\text{단면적})}{P(\text{접수길이})}$에서

$$R_h = \frac{L \times L}{2L + 2L} = \frac{L^2}{4L} = \frac{L}{4}$$

- 수력지름 $D_h = 4R_h$에서 $D_h = 4 \times \frac{L}{4} = L$

정답 39 ② 40 ③ 41 ④

제 3 과목 소방관계법규

41

화재예방, 소방시설 설치 · 유지 및 안전관리에 관한 법률상 화재안전기준을 달리 적용하여야 하는 특수한 용도 또는 구조를 가진 특정소방대상물인 원자력발전소에 설치하지 아니할 수 있는 소방시설은?

① 물분무 등 소화설비 ② 스프링클러설비
③ 상수도소화용수설비 ④ 연결살수설비

해설 소방시설을 설치하지 아니할 수 있는 특정소방대상물 및 소방시설의 범위

구 분	특정소방대상물	소방시설
1. 화재 위험도가 낮은 특정소방대상물	석재, 불연성금속, 불연성 건축재료 등의 가공공장 · 기계조립공장 · 주물공장 또는 불연성 물품을 저장하는 창고	옥외소화전 및 연결살수설비
	소방기본법 제2조 제5호에 따른 소방대(消防隊)가 조직되어 24시간 근무하고 있는 **청사 및 차고**	옥내소화전설비, 스프링클러설비, 물분무 등 소화설비, **비상방송설비, 피난기구**, 소화용수설비, **연결송수관설비**, 연결살수설비
2. 화재안전기준을 적용하기 어려운 특정소방대상물	펄프 공장의 작업장, 음료수 공장의 세정 또는 충전을 하는 작업장, 그 밖에 이와 비슷한 용도로 사용하는 것	스프링클러설비, 상수도소화용수설비 및 연결살수설비
	정수장, 수영장, 목욕장, 농예 · 축산 · 어류양식용 시설, 그 밖에 이와 비슷한 용도로 사용되는 것	자동화재탐지설비, 상수도소화용수설비 및 연결살수설비
3. 화재안전기준을 달리 적용하여야 하는 특수한 용도 또는 구조를 가진 특정소방대상물	**원자력발전소**, 핵폐기물처리시설	연결송수관설비 및 **연결살수설비**
4. 위험물 안전관리법 제19조에 따른 자체소방대가 설치된 특정소방대상물	자체소방대가 설치된 위험물 제조소 등에 부속된 사무실	옥내소화전설비, 소화용수설비, 연결살수설비 및 연결송수관설비

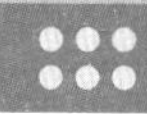

42

위험물안전관리법령상 시・도지사의 허가를 받지 아니하고 당해 제조소 등을 설치할 수 있는 기준 중 다음 ( ) 안에 알맞은 것은?

> 농예용・축산용 또는 수산용으로 필요한 난방시설 또는 건조시설을 위한 지정수량 ( )배 이하의 저장소

① 20
② 30
③ 40
④ 50

해설 다음에 해당하는 제조소 등의 경우에는 허가를 받지 아니하고 당해 제조소 등을 설치하거나 그 위치・구조 또는 설비를 변경할 수 있으며, 신고를 하지 아니하고 위험물의 품명・수량 또는 지정수량의 배수를 변경할 수 있다.

- 주택의 난방시설(공동주택의 중앙난방시설을 제외한다)을 위한 저장소 또는 취급소
- **농예용・축산용** 또는 **수산용**으로 필요한 난방시설 또는 건조시설을 위한 지정수량 **20배 이하**의 저장소

43

소방시설공사업법상 특정소방대상물의 관계인 또는 발주자가 해당 도급계약의 수급인을 도급계약 해지할 수 있는 경우의 기준 중 틀린 것은?

① 하도급계약의 적정성 심사 결과 하수급인 또는 하도급계약 내용의 변경 요구에 정당한 사유없이 따르지 아니하는 경우
② 정당한 사유없이 15일 이상 소방시설공사를 계속하지 아니하는 경우
③ 소방시설업이 등록취소되거나 영업정지된 경우
④ 소방시설업을 휴업하거나 폐업한 경우

해설 도급계약을 해지할 수 있는 경우(공사업법 제23조)

- 소방시설업이 등록취소되거나 영업정지된 경우
- 소방시설업을 휴업하거나 폐업한 경우
- 정당한 사유 없이 **30일 이상 소방시설공사를 계속하지 아니하는 경우**
- 제22조의2 제2항에 따른 요구에 정당한 사유 없이 따르지 아니하는 경우

> **[제22조의2 제2항]**
> 하도급계약의 적정성 심사 결과 하수급인 또는 하도급계약 내용의 변경 요구에 정당한 사유없이 따르지 아니하는 경우

44

소방시설공사업법령상 소방시설공사 완공검사를 위한 현장 확인대상 특정소방대상물의 범위가 아닌 것은?

① 위락시설 ② 판매시설
③ 운동시설 ④ 창고시설

해설 완공검사를 위한 현장확인 대상 특정소방대상물의 범위

- 문화 및 집회시설, 종교시설, **판매시설**, 노유자(老幼者)시설, 수련시설, **운동시설**, 숙박시설, **창고시설**, 지하상가, 다중이용업소
- 스프링클러설비 등, 물분무 등 소화설비(호스릴 방식의 소화설비는 제외)가 설치되는 특정소방대상물
- 연면적 10,000[m^2] 이상이거나 11층 이상인 특정소방대상물(아파트는 제외)
- 가연성가스를 제조・저장 또는 취급하는 시설 중 지상에 노출된 가연성가스탱크의 저장용량 합계가 1,000[t] 이상인 시설

45

소방기본법령상 특수가연물의 저장 및 취급의 기준 중 다음 ( ) 안에 알맞은 것은?(단, 석탄・목탄류를 발전용으로 저장하는 경우는 제외한다)

> 살수설비를 설치하거나, 방사능력 범위에 해당 특수가연물이 포함되도록 대형수동식소화기를 설치하는 경우에는 쌓는 높이를 (㉠)[m] 이하, 석탄・목탄류의 경우에는 쌓는 부분의 바닥면적을 (㉡)[m^2] 이하로 할 수 있다.

① ㉠ 10, ㉡ 50
② ㉠ 10, ㉡ 200
③ ㉠ 15, ㉡ 200
④ ㉠ 15, ㉡ 300

42 ① 43 ② 44 ① 45 ④ **정답**

해설 특수가연물의 저장 및 취급의 기준

- 특수가연물을 저장 또는 취급하는 장소에는 품명 · 최대수량 및 화기취급의 금지표지를 설치할 것
- 다음 각 목의 기준에 따라 쌓아 저장할 것. 다만, 석탄 · 목탄류를 발전(發電)용으로 저장하는 경우에는 그러하지 아니하다.
  - 품명별로 구분하여 쌓을 것
  - 쌓는 높이는 10[m] 이하가 되도록 하고, 쌓는 부분의 바닥면적은 50[m^2](석탄 · 목탄류의 경우에는 200[m^2]) 이하가 되도록 할 것. 다만, 살수설비를 설치하거나, 방사능력 범위에 해당 특수가연물이 포함되도록 대형수동식소화기를 설치하는 경우에는 쌓는 높이를 **15[m] 이하**, 쌓는 부분의 바닥면적을 **200[m^2](석탄 · 목탄류의 경우에는 300[m^2])** 이하로 할 수 있다.
  - 쌓는 부분의 바닥면적 사이는 1[m] 이상이 되도록 할 것

46

화재예방, 소방시설 설치 · 유지 및 안전관리에 관한 법령상 중앙소방기술심의위원회의 심의사항이 아닌 것은?

① 화재안전기준에 관한 사항
② 소방시설의 설계 및 공사감리의 방법에 관한 사항
③ 소방시설의 하자가 있는지의 판단에 관한 사항
④ 소방시설의 구조 및 원리 등에서 공법이 특수한 설계 및 시공에 관한 사항

해설 중앙소방기술심의위원회의 심의사항

- 화재안전기준에 관한 사항
- 소방시설의 구조 및 원리 등에서 공법이 특수한 설계 및 시공에 관한 사항
- 소방시설의 설계 및 공사감리의 방법에 관한 사항
- 소방시설공사의 **하자를 판단하는 기준**에 관한 사항
- 그 밖에 소방기술 등에 관하여 대통령령으로 정하는 사항
  - 연면적 100,000[m^2] 이상의 특정소방대상물에 설치된 소방시설의 설계 · 시공 · 감리의 하자 유무에 관한 사항
  - 새로운 소방시설과 소방용품 등의 도입 여부에 관한 사항
  - 그 밖에 소방기술과 관련하여 소방청장이 심의에 부치는 사항

47

화재예방, 소방시설 설치 · 유지 및 안전관리에 관한 법령상 단독경보형감지기를 설치하여야 하는 특정소방대상물의 기준 중 옳은 것은?

① 연면적 600[m^2] 미만의 아파트 등
② 연면적 1,000[m^2] 미만의 기숙사
③ 연면적 1,000[m^2] 미만의 숙박시설
④ 교육연구시설 또는 수련시설 내에 있는 합숙소 또는 기숙사로서 연면적 1,000[m^2] 미만인 것

해설 단독경보형감지기 설치대상

- **연면적 1,000[m^2] 미만**의 **아파트** 등
- **연면적 1,000[m^2] 미만**의 **기숙사**
- **교육연구시설** 또는 수련시설 내에 있는 합숙소 또는 기숙사로서 **연면적 2,000[m^2] 미만**인 것
- **연면적 600[m^2] 미만**의 **숙박시설**
- 라목 7)에 해당하지 않는 수련시설(숙박시설이 있는 것만 해당한다)

> 7) 노유자시설로서 연면적 400[m^2] 이상인 노유자시설 및 숙박시설이 있는 수련시설로서 수용인원 100명 이상인 것

- 연면적 400[m^2] 미만의 유치원

48

화재예방, 소방시설 설치 · 유지 및 안전관리에 관한 법령상 용어의 정의 중 다음 (   ) 안에 알맞은 것은?

> 특정소방대상물이란 소방시설을 설치하여야 하는 소방대상물로서 (   )으로 정하는 것을 말한다.

① 행정안전부령
② 국토교통부령
③ 고용노동부령
④ 대통령령

해설 **특정소방대상물** : 소방시설을 설치하여야 하는 소방대상물로서 대통령령으로 정하는 것

정답 46 ③ 47 ② 48 ④

49

화재예방, 소방시설 설치·유지 및 안전관리에 관한 법령상 소방안전 특별관리시설물의 대상 기준 중 틀린 것은?

① 수련시설
② 항만시설
③ 전력용 및 통신용 지하구
④ 지정문화재인 시설(시설이 아닌 지정문화재를 보호하거나 소장하고 있는 시설을 포함)

해설 **소방안전 특별관리시설물의 대상 기준(설치유지법률 제20조의2)**

- 항공법 제2조 제7호의 공항시설
- 철도산업발전기본법 제3조 제2호의 철도시설
- 도시철도법 제2조 제3호의 도시철도시설
- 항만법 제2조 제5호의 **항만시설**
- 문화재보호법 제2조 제3항의 **지정문화재인 시설(시설이 아닌 지정문화재를 보호하거나 소장하고 있는 시설을 포함한다)**
- 산업기술단지 지원에 관한 특례법 제2조 제1호의 산업기술단지
- 산업입지 및 개발에 관한 법률 제2조 제8호의 산업단지
- 초고층 및 지하연계 복합건축물 재난관리에 관한 특별법 제2조 제1호 및 제2호의 초고층 건축물 및 지하연계 복합건축물
- 영화 및 비디오물의 진흥에 관한 법률 제2조 제10호의 영화상영관 중 수용인원 1,000명 이상인 영화상영관
- **전력용 및 통신용 지하구**
- 한국석유공사법 제10조 제1항 제3호의 석유비축시설
- 한국가스공사법 제11조 제1항 제2호의 천연가스 인수기지 및 공급망
- 그 밖에 대통령령으로 정하는 시설물

50

위험물안전관리법령상 인화성액체위험물(이황화탄소를 제외)의 옥외탱크저장소의 탱크 주위에 설치하여야 하는 방유제의 설치기준 중 틀린 것은?

① 방유제 내의 면적은 60,000[m^2] 이하로 하여야 한다.
② 방유제는 높이 0.5[m] 이상 3[m] 이하, 두께 0.2[m] 이상, 지하매설깊이 1[m] 이상으로 할 것. 다만, 방유제와 옥외저장탱크 사이의 지반면 아래에 불침윤성 구조물을 설치하는 경우에는 지하매설깊이를 해당 불침윤성 구조물까지로 할 수 있다.
③ 방유제의 용량은 방유제 안에 설치된 탱크가 하나인 때에는 그 탱크 용량의 110[%] 이상, 2기 이상인 때에는 그 탱크 중 용량이 최대인 것의 용량의 110[%] 이상으로 하여야 한다.
④ 방유제는 철근콘크리트로 하고, 방유제와 옥외저장탱크 사이의 지표면은 불연성과 불침윤성이 있는 구조(철근콘크리트 등)로 할 것. 다만, 누출된 위험물을 수용할 수 있는 전용유조 및 펌프 등의 설비를 갖춘 경우에는 방유제와 옥외저장탱크 사이의 지표면을 흙으로 할 수 있다.

해설 **방유제 내의 면적** : 80,000[m^2] 이하

51

소방기본법령상 특수가연물의 품명별 수량 기준으로 틀린 것은?

① 합성수지류(발포시킨 것) : 20[m^3] 이상
② 가연성 액체류 : 2[m^3] 이상
③ 넝마 및 종이 부스러기 : 400[kg] 이상
④ 볏짚류 : 1,000[kg] 이상

해설 **특수가연물의 품명별 수량 기준**

품 명		수 량
면화류		200[kg] 이상
나무껍질 및 대팻밥		400[kg] 이상
넝마 및 종이부스러기		1,000[kg] 이상
사류(絲類)		1,000[kg] 이상
볏짚류		1,000[kg] 이상
가연성고체류		3,000[kg] 이상
석탄·목탄류		10,000[kg] 이상
가연성액체류		2[m^3] 이상
목재가공품 및 나무부스러기		10[m^3] 이상
합성수지류	발포시킨 것	20[m^3] 이상
	그 밖의 것	3,000[kg] 이상

49 ① 50 ① 51 ③ **정답**

52

위험물안전관리법령상 업무상 과실로 제조소 등에서 위험물을 유출·방출 또는 확산시켜 사람의 생명·신체 또는 재산에 대하여 위험을 발생시킨 자에 대한 벌칙기준으로 옳은 것은?

① 10년 이하의 징역 또는 금고나 1억원 이하의 벌금
② 7년 이하의 금고 또는 7천만원 이하의 벌금
③ 5년 이하의 징역 또는 1억원 이하의 벌금
④ 3년 이하의 징역 또는 3천만원 이하의 벌금

해설 벌 칙

㉠ 제조소 등에서 위험물을 유출·방출 또는 확산시켜 사람의 생명·신체 또는 재산에 대하여 위험을 발생시킨 자는 1년 이상 10년 이하의 징역에 처한다.
㉡ ㉠의 죄를 범하여 사람을 상해(傷害)에 이르게 한 때에는 무기 또는 3년 이상의 징역에 처하며, 사망에 이르게 한 때에는 무기 또는 5년 이상의 징역에 처한다.
㉢ **업무상 과실로** 제조소 등에서 위험물을 유출·방출 또는 확산시켜 사람의 생명·신체 또는 재산에 대하여 **위험을 발생시킨 자**는 **7년 이하의 금고 또는 7천만원 이하의 벌금**에 처한다.
㉣ ㉢의 죄를 범하여 사람을 **사상(死傷)에 이르게 한 자는 10년 이하의 징역 또는 금고나 1억원 이하의 벌금**에 처한다.

53

위험물안전관리법령상 제조소의 위치·구조 및 설비의 기준 중 위험물을 취급하는 건축물 그 밖의 시설의 주위에는 그 취급하는 위험물의 최대수량이 지정수량의 10배 이하인 경우 보유하여야 할 공지의 너비는 몇 [m] 이상이어야 하는가?

① 3 ② 5
③ 8 ④ 10

해설 보유공지

취급하는 위험물의 최대수량	공지의 너비
지정수량의 10배 이하	3[m] 이상
지정수량의 10배 초과	5[m] 이상

54

화재예방, 소방시설 설치·유지 및 안전관리에 관한 법령상 종합정밀점검 실시 대상이 되는 특정소방대상물의 기준 중 다음 ( ) 안에 알맞은 것은?

> 물분무 등 소화설비(호스릴 방식의 소화설비는 제외)가 설치된 연면적 ( )[m^2] 이상인 특정소방대상물(위험물제조소 등은 제외)

① 1,000
② 2,000
③ 3,000
④ 5,000

해설 종합정밀점검 실시 대상

- 스프링클러설비가 설치된 특정소방대상물
- **물분무 등 소화설비(호스릴 방식의 소화설비는 제외)**가 설치된 **연면적 5,000[m^2] 이상**인 특정소방대상물(위험물 제조소 등은 제외).
- 다중이용업소의 안전관리에 관한 특별법 시행령 제2조 제1호 단란주점영업과 유흥주점영업, 영화상영관·비디오물감상실업·복합영상물제공업(비디오물소극장업은 제외한다)·노래연습장업, 산후조리업, 고시원업, 안마시술소의 다중이용업의 영업장이 설치된 특정소방대상물로서 연면적이 2,000[m^2] 이상인 것
- 제연설비가 설치된 터널
- 공공기관의 소방안전관리에 관한 규정 제2조에 따른 공공기관 중 연면적(터널·지하구의 경우 그 길이와 평균폭을 곱하여 계산된 값을 말한다)이 1,000[m^2] 이상인 것으로서 옥내소화전설비 또는 자동화재탐지설비가 설치된 것. 다만, 소방기본법 제2조 제5호에 따른 소방대가 근무하는 공공기관은 제외한다.

정답 52 ② 53 ① 54 ④

55

소방기본법상 소방업무의 응원에 대한 설명 중 틀린 것은?

① 소방본부장이나 소방서장은 소방활동을 할 때에 긴급한 경우에는 이웃한 소방본부장 또는 소방서장에게 소방업무의 응원(應援)을 요청할 수 있다.
② 소방업무의 응원 요청을 받은 소방본부장 또는 소방서장은 정당한 사유 없이 그 요청을 거절하여서는 아니 된다.
③ 소방업무의 응원을 위하여 파견된 소방대원은 응원을 요청한 소방본부장 또는 소방서장의 지휘에 따라야 한다.
④ 시・도지사는 소방업무의 응원을 요청하는 경우를 대비하여 출동 대상지역 및 규모와 필요한 경비의 부담 등에 관하여 필요한 사항을 대통령령으로 정하는 바에 따라 이웃하는 시・도지사와 협의하여 미리 규약으로 정하여야 한다.

해설 **소방업무의 응원**
- 소방본부장이나 소방서장은 소방활동을 할 때에 긴급한 경우에는 이웃한 소방본부장 또는 소방서장에게 소방업무의 응원(應援)을 요청할 수 있다.
- 소방업무의 응원 요청을 받은 소방본부장 또는 소방서장은 정당한 사유 없이 그 요청을 거절하여서는 아니 된다.
- 소방업무의 응원을 위하여 파견된 소방대원은 응원을 요청한 소방본부장 또는 소방서장의 지휘에 따라야 한다.
- 시・도지사는 **소방업무의 응원을 요청하는 경우**를 대비하여 출동 대상지역 및 규모와 필요한 경비의 부담 등에 관하여 필요한 사항을 **행정안전부령**으로 정하는 바에 따라 이웃하는 시・도지사와 협의하여 미리 규약(規約)으로 정하여야 한다.

56

화재예방, 소방시설 설치・유지 및 안전관리에 관한 법령상 소방안전관리대상물의 소방안전관리자가 소방훈련 및 교육을 하지 않은 경우 1차 위반 시 과태료 금액 기준으로 옳은 것은?

① 200만원 ② 100만원
③ 50만원 ④ 30만원

해설 **소방안전관리자가 소방훈련 및 교육을 하지 않은 경우 과태료 금액**
- 1차 위반 : 50만원
- 2차 위반 : 100만원
- 3차 위반 : 200만원

57

소방기본법상 시・도지사가 화재경계지구로 지정할 필요가 있는 지역을 화재경계지구로 지정하지 아니하는 경우 해당 시・도지사에게 해당 지역의 화재경계지구 지정을 요청할 수 있는 자는?

① 행정안전부장관 ② 소방청장
③ 소방본부장 ④ 소방서장

해설 **시・도지사에게 해당 지역의 화재경계지구 지정을 요청할 수 있는 자** : 소방청장

58

화재예방, 소방시설 설치・유지 및 안전관리에 관한 법령상 공동 소방안전관리자 선임대상 특정소방대상물의 기준 중 틀린 것은?

① 판매시설 중 상점
② 고층 건축물(지하층을 제외한 층수가 11층 이상인 건축물만 해당)
③ 지하가(지하의 인공구조물 안에 설치된 상점 및 사무실, 그 밖에 이와 비슷한 시설이 연속하여 지하도에 접하여 설치된 것과 그 지하도를 합한 것)
④ 복합건축물로서 연면적이 5,000[m^2] 이상인 것 또는 층수가 5층 이상인 것

해설 **공동 소방안전관리자 선임대상 특정소방대상물의 기준**
- 고층 건축물(지하층을 제외한 층수가 11층 이상인 건축물만 해당한다)
- 지하가(지하의 인공구조물 안에 설치된 상점 및 사무실, 그 밖에 이와 비슷한 시설이 연속하여 지하도에 접하여 설치된 것과 그 지하도를 합한 것을 말한다)
- 그 밖에 대통령령으로 정하는 특정소방대상물
  - 복합건축물로서 연면적이 5,000[m^2] 이상인 것 또는 층수가 5층 이상인 것
  - 판매시설 중 도매시장 및 소매시장
  - 제22조 제1항에 따른 특정소방대상물 중 소방본부장 또는 소방서장이 지정하는 것

55 ④ 56 ③ 57 ② 58 ① 정답

59

소방기본법령상 일반음식점에서 조리를 위하여 불을 사용하는 설비를 설치하는 경우 지켜야 하는 사항 중 다음 (   ) 안에 알맞은 것은?

> • 주방설비에 부속된 배기덕트는 (㉠)[mm] 이상의 아연도금강판 또는 이와 동등 이상의 내식성 불연재료로 설치할 것
> • 열을 발생하는 조리기구로부터 (㉡)[m] 이내의 거리에 있는 가연성 주요구조부는 석면판 또는 단열성이 있는 불연재료로 덮어 씌울 것

① ㉠ 0.5, ㉡ 0.15 ② ㉠ 0.5, ㉡ 0.6
③ ㉠ 0.6, ㉡ 0.15 ④ ㉠ 0.6, ㉡ 0.5

해설 **일반음식점에서 조리를 위하여 불을 사용하는 설비를 설치하는 경우 기준**

- 주방설비에 부속된 **배기덕트는 0.5[mm] 이상**의 아연도금강판 또는 이와 동등 이상의 내식성 불연재료로 설치할 것
- 주방시설에는 동물 또는 식물의 기름을 제거할 수 있는 필터 등을 설치할 것
- 열을 발생하는 조리기구는 반자 또는 선반으로부터 0.6[m] 이상 떨어지게 할 것
- 열을 발생하는 **조리기구로부터 0.15[m] 이내**의 거리에 있는 가연성 주요구조부는 석면판 또는 단열성이 있는 불연재료로 덮어 씌울 것

60

소방기본법령상 소방용수시설별 설치기준 중 옳은 것은?

① 저수조는 지면으로부터의 낙차가 4.5[m] 이상일 것
② 소화전은 상수도와 연결하여 지하식 또는 지상식의 구조로 하고, 소방용호스와 연결하는 소화전의 연결금속구의 구경은 50[mm]로 할 것
③ 저수조 흡수관의 투입구가 사각형의 경우에는 한 변의 길이가 60[cm] 이상일 것
④ 급수탑 급수배관의 구경은 65[mm] 이상으로 하고, 개폐밸브는 지상에서 0.8[mm] 이상 1.5[m] 이하의 위치에 설치하도록 할 것

해설 **소방용수시설별 설치기준**

- 소화전의 설치기준 : 상수도와 연결하여 지하식 또는 지상식의 구조로 하고, 소방용호스와 연결하는 소화전의 연결금속구의 구경은 65[mm]로 할 것
- 급수탑의 설치기준 : **급수배관의 구경**은 100[mm] 이상으로 하고, **개폐밸브**는 지상에서 1.5[mm] 이상 1.7[m] 이하의 위치에 설치하도록 할 것
- 저수조의 설치기준
  - 지면으로부터의 **낙차**가 **4.5[m] 이하**일 것
  - 흡수부분의 수심이 0.5[m] 이상일 것
  - 소방펌프자동차가 쉽게 접근할 수 있도록 할 것
  - 흡수에 지장이 없도록 토사 및 쓰레기 등을 제거할 수 있는 설비를 갖출 것
  - 흡수관의 투입구가 사각형의 경우에는 한 변의 길이가 60[cm] 이상, 원형의 경우에는 지름이 60[cm] 이상일 것
  - 저수조에 물을 공급하는 방법은 상수도에 연결하여 자동으로 급수되는 구조일 것

제 4 과목 소방기계시설의 구조 및 원리

61

제연설비의 배출량 기준 중 다음 (   ) 안에 알맞은 것은?

> 거실의 바닥면적이 400[m²] 미만으로 구획된 예상제연구역에 대한 배출량은 바닥면적 1[m²]당 (㉠)[m³/min] 이상으로 하되, 예상제연구역 전체에 대한 최저 배출량은 (㉡)[m³/h] 이상으로 하여야 한다. 다만, 예상제연구역이 다른 거실의 피난을 위한 경유거실인 경우에는 그 예상제연구역의 배출량은 이 기준량의 (㉢)배 이상으로 하여야 한다.

① ㉠ 0.5, ㉡ 10,000, ㉢ 1.5
② ㉠ 1, ㉡ 5,000, ㉢ 1.5
③ ㉠ 1.5, ㉡ 15,000, ㉢ 2
④ ㉠ 2, ㉡ 5,000, ㉢ 2

정답 59 ① 60 ③ 61 ②

해설 **배출량 및 배출방식**

거실의 바닥면적이 400[m^2] 미만으로 구획된 예상제연구역에 대한 배출량은 바닥면적 1[m^2]당 **1[m^3/min] 이상**으로 하되, 예상제연구역 전체에 대한 **최저 배출량**은 **5,000[m^3/h] 이상**으로 하여야 한다. 다만, 예상제연구역이 다른 거실의 피난을 위한 경유거실인 경우에는 그 예상제연구역의 배출량은 이 기준량의 **1.5배 이상**으로 하여야 한다.

62

케이블트레이에 물분무소화설비를 설치하는 경우 저장하여야 할 수원의 최소 저수량은 몇 [m^3]인가?(단, 케이블트레이의 투영된 바닥면적은 70[m^2]이다)

① 12.4 ② 14
③ 16.8 ④ 28

해설 **물분무소화설비의 수원**

소방대상물	펌프의 토출량[L/min]	수원의 양[L]
특수가연물 저장, 취급	바닥면적(50[m^2] 이하는 50[m^2]로)×10[L/min·m^2]	바닥면적(50[m^2] 이하는 50[m^2]로)×10[L/min·m^2]×20[min]
차고, 주차장	바닥면적(50[m^2] 이하는 50[m^2]로)×20[L/min·m^2]	바닥면적(50[m^2] 이하는 50[m^2]로×20[L/min·m^2]×20[min]
절연유 봉입변압기	표면적(바닥 부분 제외)×10[L/min·m^2]	표면적(바닥 부분 제외)×10[L/min·m^2]×20[min]
케이블트레이, 덕트	투영된 바닥면적×12[L/min·m^2]	**투영된 바닥면적×12[L/min·m^2]×20[min]**
컨베이어 벨트	벨트 부분의 바닥면적×10[L/min·m^2]	벨트 부분의 바닥면적×10[L/min·m^2]×20[min]

※ 저수량 = 70[m^2]×12[L/min·m^2]×20[min]
= 16,800[L]
= 16.8[m^3]

1[m^3] = 1,000[L]

63

호스릴 이산화탄소소화설비의 노즐은 20[℃]에서 하나의 노즐마다 몇 [kg/min] 이상의 소화약제를 방사할 수 있는 것이어야 하는가?

① 40 ② 50
③ 60 ④ 80

해설 **호스릴 이산화탄소소화설비**

- 저장량 : 90[kg]
- 방사량 : 60[kg/min]

64

차고·주차장의 부분에 호스릴포소화설비 또는 포소화전설비를 설치할 수 있는 기준으로 맞는 것은?

① 지상 1층으로서 방화구획 되거나 지붕이 있는 부분
② 지상에서 수동 또는 원격조작에 따라 개방이 가능한 개구부의 유효면적의 합계가 바닥면적의 20[%] 이상인 부분
③ 옥외로 통하는 개구부가 상시 개방된 구조의 부분으로서 그 개방된 부분의 합계면적이 해당 차고 또는 주차장의 바닥면적의 20[%] 이상인 부분
④ 완전 개방된 옥상주차장 또는 고가 밑의 주차장 등으로서 주된 벽이 없고 기둥뿐이거나 주위가 위해방지용 철주 등으로 둘러싸인 부분

해설 **차고 또는 주차장** : 포워터스프링클러설비·포헤드설비 또는 고정포방출설비, 압축공기포소화설비

[차고·주차장의 부분에는 호스릴포소화설비 또는 포소화전설비의 설치기준]
- 완전 개방된 옥상주차장 또는 고가 밑의 주차장으로서 주된 벽이 없고 기둥뿐이거나 주위가 위해방지용 철주 등으로 둘러싸인 부분
- 지상 1층으로서 지붕이 없는 부분

62 ③ 63 ③ 64 ④ 정답

65

특별피난계단의 계단실 및 부속실 제연설비의 수직풍도에 따른 배출기준 중 각 층의 옥내와 면하는 수직풍도의 관통부에 설치하여야 하는 배출댐퍼 설치기준으로 틀린 것은?

① 화재층의 옥내에 설치된 화재감지기의 동작에 따라 당해 층의 댐퍼가 개방될 것
② 풍도의 배출댐퍼는 이·탈착구조가 되지 않도록 설치할 것
③ 개폐여부를 당해 장치 및 제어반에서 확인할 수 있는 감지기능을 내장하고 있을 것
④ 배출댐퍼는 두께 1.5[mm] 이상의 강판 또는 이와 동등 이상의 성능이 있는 것으로 설치하여야 하며 비 내식성 재료의 경우에는 부식방지 조치를 할 것

해설 **각층의 옥내와 면하는 수직풍도의 관통부에 설치하는 배출댐퍼의 기준**

- 배출댐퍼는 두께 1.5[mm] 이상의 강판 또는 이와 동등 이상의 성능이 있는 것으로 설치하여야 하며 비 내식성 재료의 경우에는 부식방지 조치를 할 것
- 평상시 닫힌 구조로 기밀상태를 유지할 것
- 개폐여부를 당해 장치 및 제어반에서 확인할 수 있는 감지기능을 내장하고 있을 것
- 구동부의 작동상태와 닫혀 있을 때의 기밀상태를 수시로 점검할 수 있는 구조일 것
- 풍도의 내부마감상태에 대한 점검 및 댐퍼의 정비가 가능한 **이·탈착구조로 할 것**
- 화재층의 옥내에 설치된 화재감지기의 동작에 따라 당해층의 댐퍼가 개방될 것
- 개방 시의 실제개구부(개구율을 감안한 것을 말한다)의 크기는 수직풍도의 내부단면적과 같도록 할 것
- 댐퍼는 풍도 내의 공기흐름에 지장을 주지 않도록 수직풍도의 내부로 돌출하지 않게 설치할 것

66

인명구조기구의 종류가 아닌 것은?

① 방열복 ② 구조대
③ 공기호흡기 ④ 인공소생기

해설 **인명구조기구** : 방열복, 공기호흡기, 인공소생기

구조대 : 피난기구

67

분말소화약제의 가압용 가스용기의 설치기준 중 틀린 것은?

① 분말소화약제의 저장용기에 접속하여 설치하여야 한다.
② 가압용 가스는 질소가스 또는 이산화탄소로 하여야 한다.
③ 가압용 가스용기를 3병 이상 설치한 경우에 있어서는 2개 이상의 용기에 전자개방밸브를 부착하여야 한다.
④ 가압용 가스용기에는 2.5[MPa] 이상의 압력에서 압력 조정이 가능한 압력조정기를 설치하여야 한다.

해설 **가압용 가스용기의 설치기준**

- 분말소화약제의 가스용기는 분말소화약제의 저장용기에 접속하여 설치하여야 한다.
- 분말소화약제의 가압용 가스용기를 3병 이상 설치한 경우에는 2개 이상의 용기에 전자개방밸브를 부착하여야 한다.
- 분말소화약제의 가압용 가스용기에는 **2.5[MPa] 이하**의 압력에서 조정이 가능한 **압력조정기를 설치**하여야 한다.
- 가압용 가스 또는 축압용 가스는 다음 각 호의 기준에 따라 설치하여야 한다.
  - 가압용 가스 또는 축압용 가스는 질소가스 또는 이산화탄소로 할 것
  - 가압용 가스에 질소가스를 사용하는 것의 질소가스는 소화약제 1[kg]마다 40[L](35[℃]에서 1기압의 압력상태로 환산한 것) 이상, 이산화탄소를 사용하는 것의 이산화탄소는 소화약제 1[kg]에 대하여 20[g]에 배관의 청소에 필요한 양을 가산한 양 이상으로 할 것
  - 축압용 가스에 질소가스를 사용하는 것의 질소가스는 소화약제 1[kg]에 대하여 10[L](35[℃]에서 1기압의 압력상태로 환산한 것) 이상, 이산화탄소를 사용하는 것의 이산화탄소는 소화약제 1[kg]에 대하여 20[g]에 배관의 청소에 필요한 양을 가산한 양 이상으로 할 것
  - 배관의 청소에 필요한 양의 가스는 별도의 용기에 저장할 것

정답 65 ② 66 ② 67 ④

68

스프링클러헤드의 설치기준 중 옳은 것은?

① 살수가 방해되지 아니하도록 스프링클러헤드로부터 반경 30[cm] 이상의 공간을 보유할 것
② 스프링클러헤드와 그 부착면과의 거리는 60[cm] 이하로 할 것
③ 측벽형스프링클러헤드를 설치하는 경우 긴 변의 한쪽 벽에 일렬로 설치하고 3.2[m] 이내마다 설치할 것
④ 연소할 우려가 있는 개구부에는 그 상하좌우에 2.5[m] 간격으로 스프링클러헤드를 설치하되, 스프링클러헤드와 개구부의 내측 면으로부터 직선거리는 15[cm] 이하가 되도록 할 것

해설 **스프링클러헤드의 설치기준**

- 살수가 방해되지 아니하도록 스프링클러헤드로부터 **반경 60[cm] 이상의 공간을 보유**할 것. 다만, 벽과 스프링클러헤드 간의 공간은 10[cm] 이상으로 한다.
- 스프링클러헤드와 그 부착면(상향식헤드의 경우에는 그 헤드의 직상부의 천장·반자 또는 이와 비슷한 것을 말한다)과의 거리는 **30[cm] 이하**로 할 것
- 배관·행거 및 조명기구 등 살수를 방해하는 것이 있는 경우에는 제1호 및 제2호에도 불구하고 그로부터 아래에 설치하여 살수에 장애가 없도록 할 것. 다만, 스프링클러헤드와 장애물과의 이격거리를 장애물 폭의 3배 이상 확보한 경우에는 그러하지 아니하다.
- 스프링클러헤드의 반사판은 그 부착 면과 평행하게 설치할 것. 다만, 측벽형헤드 또는 제6호에 따른 연소할 우려가 있는 개구부에 설치하는 스프링클러헤드의 경우에는 그러하지 아니하다.
- 천장의 기울기가 10분의 1을 초과하는 경우에는 가지관을 천장의 마루와 평행하게 설치하고, 스프링클러헤드는 다음 각 목의 어느 하나의 기준에 적합하게 설치할 것
  - 천장의 최상부에 스프링클러헤드를 설치하는 경우에는 최상부에 설치하는 스프링클러헤드의 반사판을 수평으로 설치할 것
  - 천장의 최상부를 중심으로 가지관을 서로 마주보게 설치하는 경우에는 최상부의 가지관 상호 간의 거리가 가지관상의 스프링클러헤드 상호 간의 거리의 2분의 1이하(최소 1[m] 이상이 되어야 한다)가 되게 스프링클러헤드를 설치하고, 가지관의 최상부에 설치하는 스프링클러헤드는 천장의 최상부로부터의 수직거리가 90[cm] 이하가 되도록 할 것. 톱날지붕, 둥근지붕 기타 이와 유사한 지붕의 경우에도 이에 준한다.
- **연소할 우려가 있는 개구부**에는 그 상하좌우에 2.5[m] 간격으로(개구부의 폭이 2.5[m] 이하인 경우에는 그 중앙에) 스프링클러헤드를 설치하되, 스프링클러헤드와 개구부의 내측 면으로부터 직선거리는 **15[cm] 이하**가 되도록 할 것. 이 경우 사람이 상시 출입하는 개구부로서 통행에 지장이 있는 때에는 개구부의 상부 또는 측면(개구부의 폭이 9[m] 이하인 경우에 한한다)에 설치하되, 헤드 상호간의 간격은 1.2[m] 이하로 설치하여야 한다.
- 습식스프링클러설비 및 부압식스프링클러설비 외의 설비에는 **상향식스프링클러헤드**를 설치할 것. 다만, 다음 각 목의 어느 하나에 해당하는 경우에는 그러하지 아니하다.
  - 드라이펜던트스프링클러헤드를 사용하는 경우
  - 스프링클러헤드의 설치장소가 동파의 우려가 없는 곳인 경우
  - 개방형스프링클러헤드를 사용하는 경우
- **측벽형스프링클러헤드를 설치하는 경우** 긴 변의 한쪽 벽에 일렬로 설치(폭이 4.5[m] 이상 9[m] 이하인 실에 있어서는 긴 변의 양쪽에 각각 일렬로 설치하되 마주보는 스프링클러헤드가 나란히꼴이 되도록 설치)하고 3.6[m] 이내마다 설치할 것
- 상부에 설치된 헤드의 방출수에 따라 감열부에 영향을 받을 우려가 있는 헤드에는 방출수를 차단할 수 있는 유효한 차폐판을 설치할 것

69

포헤드의 설치기준 중 다음 ( ) 안에 알맞은 것은?

> 압축공기포소화설비의 분사헤드는 천장 또는 반자에 설치하되 방호대상물에 따라 측벽에 설치할 수 있으며 유류탱크주위에는 바닥면적 (㉠)[m^2]마다 1개 이상, 특수가연물 저장소에는 바닥면적 (㉡)[m^2]마다 1개 이상으로 당해 방호대상물의 화재를 유효하게 소화할 수 있도록 할 것

① ㉠ 8, ㉡ 9　② ㉠ 9, ㉡ 8
③ ㉠ 9.3, ㉡ 13.9　④ ㉠ 13.9, ㉡ 9.3

해설 **포헤드의 설치기준**

압축공기포소화설비의 분사헤드는 천장 또는 반자에 설치하되 방호대상물에 따라 측벽에 설치할 수 있으며 **유류탱크 주위**에는 **바닥면적 13.9[m^2]마다 1개 이상**, **특수가연물저장소**에는 **바닥면적 9.3[m^2]마다 1개 이상**으로 당해 방호대상물의 화재를 유효하게 소화할 수 있도록 할 것

68 ④　69 ④ **정답**

70

분말소화설비의 수동식 기동장치의 부근에 설치하는 비상스위치에 대한 설명으로 옳은 것은?

① 자동복귀형 스위치로서 수동식 기동장치의 타이머를 순간정지 시키는 기능의 스위치를 말한다.
② 자동복귀형 스위치로서 수동식 기동장치가 수신기를 순간정지 시키는 기능의 스위치를 말한다.
③ 수동복귀형 스위치로서 수동식 기동장치의 타이머를 순간정지 시키는 기능의 스위치를 말한다.
④ 수동복귀형 스위치로서 수동식 기동장치가 수신기를 순간정지 시키는 기능의 스위치를 말한다.

해설 **분말소화설비의 수동식 기동장치의 설치기준**
이 경우 수동식 기동장치의 부근에는 소화약제의 방출을 지연시킬 수 있는 **비상스위치(자동복귀형 스위치로서 수동식 기동장치의 타이머를 순간정지 시키는 기능의 스위치)**를 설치하여야 한다.
- 전역방출방식은 방호구역마다, 국소방출방식은 방호대상물마다 설치할 것
- 해당 방호구역의 출입구부분 등 조작을 하는 자가 쉽게 피난할 수 있는 장소에 설치할 것
- 기동장치의 조작부는 바닥으로부터 높이 0.8[m] 이상 1.5[m] 이하의 위치에 설치하고, 보호판 등에 따른 보호장치를 설치할 것
- 기동장치에는 그 가까운 곳의 보기 쉬운 곳에 "분말소화설비 기동장치"라고 표시한 표지를 할 것
- 전기를 사용하는 기동장치에는 전원표시등을 설치할 것
- 기동장치의 방출용스위치는 음향경보장치와 연동하여 조작될 수 있는 것으로 할 것

71

이산화탄소소화설비의 배관의 설치기준 중 다음 (　　) 안에 알맞은 것은?

> 고압식의 경우 개폐밸브 또는 선택밸브의 2차측 배관부속은 호칭압력 2.0[MPa] 이상의 것을 사용하여야 하며, 1차측 배관부속은 호칭압력 (㉠)[MPa] 이상의 것을 사용하여야 하고, 저압식의 경우에는 (㉡)[MPa]의 압력에 견딜 수 있는 배관부속을 사용할 것

① ㉠ 3.0, ㉡ 2.0　② ㉠ 4.0, ㉡ 2.0
③ ㉠ 3.0, ㉡ 2.5　④ ㉠ 4.0, ㉡ 2.5

해설 **이산화탄소소화설비의 배관의 설치기준**
- 배관은 전용으로 할 것
- 강관을 사용하는 경우의 배관은 압력배관용탄소강관(KS D 3562)중 스케줄 80(저압식은 스케줄 40) 이상의 것 또는 이와 동등 이상의 강도를 가진 것으로 아연도금 등으로 방식처리된 것을 사용할 것. 다만, 배관의 호칭구경이 20[mm] 이하인 경우에는 스케줄 40 이상인 것을 사용할 수 있다.
- 동관을 사용하는 경우의 배관은 이음이 없는 동 및 동합금관(KS D 5301)으로서 고압식은 16.5[MPa] 이상, 저압식은 3.75[MPa] 이상의 압력에 견딜 수 있는 것을 사용할 것
- 고압식의 경우 개폐밸브 또는 선택밸브의 2차측 배관부속은 호칭압력 2.0[MPa] 이상의 것을 사용하여야 하며, 1차측 배관부속은 호칭압력 **4.0[MPa] 이상**의 것을 사용하여야 하고, 저압식의 경우에는 **2.0[MPa]**의 압력에 견딜 수 있는 배관부속을 사용할 것

72

옥외소화전설비 설치 시 고가수조의 자연낙차를 이용한 가압송수장치의 설치기준 중 고가수조의 최소 자연낙차수두 산출 공식으로 옳은 것은?(단, H : 필요한 낙차[m], h_1 : 소방용호스의 마찰손실 수두[m], h_2 : 배관의 마찰손실 수두[m]이다)

① $H = h_1 + h_2 + 25$
② $H = h_1 + h_2 + 17$
③ $H = h_1 + h_2 + 12$
④ $H = h_1 + h_2 + 10$

해설 **고가수조의 최소 자연낙차수두 산출 공식**
$H = h_1 + h_2 + 25$

정답 70 ① 71 ② 72 ①

73

물분무헤드의 설치제외기준 중 다음 ( ) 안에 알맞은 것은?

> 운전 시에 표면의 온도가 ( )[℃] 이상으로 되는 등 직접 분무를 하는 경우 그 부분에 손상을 입힐 우려가 있는 기계장치 등이 있는 장소

① 100 ② 260
③ 280 ④ 980

해설 **물분무헤드의 설치제외**

- 물에 심하게 반응하는 물질 또는 물과 반응하여 위험한 물질을 생성하는 물질을 저장 또는 취급하는 장소
- 고온의 물질 및 증류범위가 넓어 끓어 넘치는 위험이 있는 물질을 저장 또는 취급하는 장소
- 운전 시에 표면의 온도가 **260[℃] 이상**으로 되는 등 직접 분무를 하는 경우 그 부분에 손상을 입힐 우려가 있는 기계장치 등이 있는 장소

74

연면적이 35,000[m²]인 특정소방대상물에 소화용수설비를 설치하는 경우 소화수조의 최소 저수량은 약 몇 [m³]인가?(단, 지상 1층 및 2층의 바닥면적의 합계가 15,000[m²] 이상인 경우이다)

① 28 ② 46.7
③ 56 ④ 93.3

해설 **소화용수설비의 저수량**

소화수조 또는 저수조의 저수량은 소방대상물의 **연면적을 다음 표에 따른 기준면적으로 나누어 얻은 수(소수점 이하의 수는 1로 본다)**에 $20[m^3]$를 곱한 양 이상이 되도록 하여야 한다.

소방대상물의 구분	면 적
① 1층 및 2층의 바닥면적 합계가 15,000[m²] 이상인 소방대상물	7,500[m²]
② ①에 해당되지 아니하는 그 밖의 소방대상물	12,500[m²]

$$\therefore \text{수원} = \frac{35,000[m^2]}{7,500[m^2]} = 4.667$$

$$\Rightarrow 4.667 \times 20[m^3] = 93.34[m^3]$$

> 연면적을 표에 따른 기준면적으로 나누어 얻은 수(소수점 이하의 수는 1로 본다)
>
> $$\therefore \text{수원} = \frac{35,000[m^2]}{7,500[m^2]} = 4.667$$
>
> $$5 \times 20[m^3] = 100[m^3]$$

75

소화기에 호스를 부착하지 아니할 수 있는 기준 중 틀린 것은?

① 소화약제의 중량이 2[kg] 미만인 분말소화기
② 소화약제의 중량이 3[kg] 미만인 이산화탄소소화기
③ 소화약제의 중량이 4[kg] 미만인 할론소화기
④ 소화약제의 중량이 5[kg] 미만인 산알칼리소화기

해설 **소화기에 호스를 부착하지 아니할 수 있는 경우**

- 소화약제의 중량이 4[kg] 미만인 할론소화기
- 소화약제의 중량이 3[kg] 미만인 이산화탄소소화기
- 소화약제의 중량이 2[kg] 미만의 분말소화기
- 소화약제의 용량이 3[L] 미만의 액체계 소화약제 소화기

76

고정식 사다리의 구조에 따른 분류로 틀린 것은?

① 굽히는 식
② 수납식
③ 접는식
④ 신축식

해설 **고정식 사다리** : 항시 사용 가능한 상태로 소방대상물에 고정되어 사용되는 사다리(수납식 · 접는식 · 신축식을 포함)

73 ② 74 전항정답 75 ④ 76 ① **정답**

77

폐쇄형스프링클러헤드 퓨지블링크형의 표시온도가 121~162[℃]인 경우 프레임의 색별로 옳은 것은? (단, 폐쇄형헤드이다)

① 파 랑
② 빨 강
③ 초 록
④ 흰 색

해설 표시온도

유리벌브형		퓨지블링크형	
표시온도	액체의 식별	표시온도	프레임의 색별
57[℃]	오렌지	77[℃] 미만	색 표시안함
68[℃]	빨 강	78~120[℃]	흰 색
79[℃]	노 랑	**121~162[℃]**	**파 랑**
93[℃]	초 록	163~203[℃]	빨 강
141[℃]	파 란	204~259[℃]	초 록
182[℃]	연한 자주	260~319[℃]	오렌지

78

발전실의 용도로 사용되는 바닥면적이 280[m²]인 발전실에 부속용도별로 추가하여야 할 적응성이 있는 소화기의 최소 수량은 몇 개인가?

① 2
② 4
③ 6
④ 12

해설 부속용도별로 추가하여야 할 소화기구 및 자동소화장치

용도별	소화기구의 능력단위
발전실 · 변전실 · 송전실 · 변압기실 · 배전반실 · 통신기기실 · 전산기기실 · 기타 이와 유사한 시설이 있는 장소	해당 용도의 바닥면적 50[m²]마다 적응성이 있는 소화기 1개 이상 또는 유효설치방호체적 이내의 가스 · 분말 · 고체에어로졸 자동소화장치, 캐비닛형자동소화장치(다만, 통신기기실 · 전자기기실을 제외한 장소에 있어서는 교류 600[V] 또는 직류 750[V] 이상의 것에 한한다)

※ 소화기의 최소 수량 $= \dfrac{\text{바닥면적}}{\text{기준면적}}$

$$= \frac{280[\text{m}^2]}{50[\text{m}^2]} = 5.6 \Rightarrow 6\text{개}$$

79

습식 유수검지장치를 사용하는 스프링클러 설비에 동장치를 시험할 수 있는 시험 장치의 설치위치기준으로 옳은 것은?

① 유수검지장치에서 가장 먼 가지배관의 끝으로부터 연결하여 설치할 것
② 교차관의 중간부분에 연결하여 설치할 것
③ 유수검지장치의 측면배관에 연결하여 설치할 것
④ 유수검지장치에서 가장 먼 교차배관의 끝으로부터 연결하여 설치할 것

해설 시험장치의 설치기준

- 유수검지장치에서 가장 먼 **가지배관의 끝으로부터 연결**하여 설치할 것
- 시험장치 배관의 구경은 유수검지장치에서 가장 먼 가지배관의 구경과 동일한 구경으로 하고, 그 끝에 개폐밸브 및 개방형헤드를 설치할 것. 이 경우 개방형헤드는 반사판 및 프레임을 제거한 오리피스만으로 설치할 수 있다.
- 시험배관의 끝에는 물받이 통 및 배수관을 설치하여 시험 중 방사된 물이 바닥에 흘러내리지 아니하도록 할 것. 다만, 목욕실 · 화장실 또는 그 밖의 곳으로서 배수처리가 쉬운 장소에 시험배관을 설치한 경우에는 그러하지 아니하다.

정답 77 ① 78 ③ 79 ①

80

물분무소화설비의 수원의 저수량 설치기준으로 옳지 않은 것은?

① 특수가연물을 저장 또는 취급하는 특정소방대상물 또는 그 부분에 있어서 그 바닥면적 1[m^2]에 대하여 10[L/min]으로 20분간 방수할 수 있는 양 이상으로 할 것

② 차고 또는 주차장은 그 바닥면적 1[m^2]에 대하여 20[L/min]으로 20분간 방수할 수 있는 양 이상으로 할 것

③ 케이블 덕트는 투영된 바닥면적 1[m^2]에 대하여 12[L/min]으로 20분간 방수할 수 있는 양 이상으로 할 것

④ 컨베이어 벨트 등은 벨트부분의 바닥면적 1[m^2]에 대하여 20[L/min]으로 20분간 방수할 수 있는 양 이상으로 할 것

해설 물분무소화설비의 수원

소방대상물	펌프의 토출량[L/min]	수원의 양[L]
특수가연물 저장, 취급	바닥면적(50[m^2] 이하는 50[m^2]로) × 10[L/min · m^2]	바닥면적(50[m^2] 이하는 50[m^2]로) × 10[L/min · m^2] × 20[min]
차고, 주차장	바닥면적(50[m^2] 이하는 50[m^2]로) × 20[L/min · m^2]	바닥면적(50[m^2] 이하는 50[m^2]로 × 20[L/min · m^2] × 20[min]
절연유 봉입변압기	표면적(바닥 부분 제외) × 10[L/min · m^2]	표면적(바닥 부분 제외) × 10[L/min · m^2] × 20[min]
케이블트레이, 덕트	투영된 바닥면적 × 12[L/min · m^2]	투영된 바닥면적 × 12[L/min · m^2] × 20[min]
컨베이어 벨트	벨트 부분의 바닥면적 × 10[L/min · m^2]	벨트 부분의 바닥면적 × 10[L/min · m^2] × 20[min]

80 ④ 정답

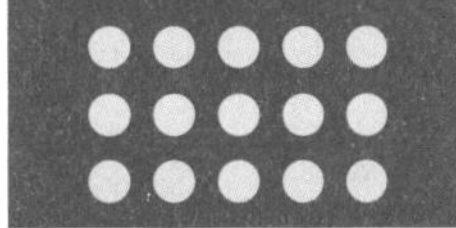

제 2 회 2018년 4월 28일 시행

제 1 과목 소방원론

01
액화석유가스(LPG)에 대한 성질로 틀린 것은?

① 주성분은 프로판, 부탄이다.
② 천연고무를 잘 녹인다.
③ 물에 녹지 않으나 유기용매에 용해된다.
④ 공기보다 1.5배 가볍다.

해설 LPG(액화석유가스, Liquefied Petroleum Gas)의 특성
- 무색, 무취로서 주성분은 프로판(C_3H_8)과 부탄(C_4H_{10})이다.
- 물에 녹지 않고, 유기용제에 녹는다.
- 석유류, 동식물유류, 천연고무를 잘 녹인다.
- 공기 중에서 쉽게 연소 폭발한다.

$$C_3H_8 + 5O_2 \rightarrow 3CO_2 + 4H_2O$$

- 액체 상태에서 기체로 될 때 체적은 약 250배로 된다.
- 액체 상태는 물보다 가볍고(약 0.5배), 기체 상태는 공기보다 무겁다(약 1.5~2.0배).

02
다음의 소화약제 중 오존파괴지수(ODP)가 가장 큰 것은?

① 할론 104
② 할론 1301
③ 할론 1211
④ 할론 2402

해설 할론 1301은 오존파괴지수 (ODP)가 13.1로 가장 크다.

03
건축물에 설치하는 방화구획의 설치기준 중 스프링클러설비를 설치한 11층 이상의 층은 바닥면적 몇 [m^2] 이내마다 방화구획을 하여야 하는가?(단, 벽 및 반자의 실내에 접하는 부분의 마감은 불연재료가 아닌 경우이다)

① 200
② 600
③ 1,000
④ 3,000

해설 방화구획의 기준

구획의 종류	구획기준		구획부분의 구조
면적별 구획	10층 이하	• 바닥면적 1,000[m^2] • 자동식소화설비(스프링클러설비)설치 시 3,000[m^2]	내화구조의 바닥, 벽, 갑종방화문, 자동방화셔터로 구획
	11층 이상	• 바닥면적 200[m^2] • **자동식소화설비(스프링클러설비)설치 시 600[m^2]** • 내장재가 불연재의 경우 500[m^2] • 내장재가 불연재이면서 자동식소화설비(스프링클러설비)설치 시 1,500[m^2]	
층별 구획	매 층마다 구획(지하 1층에서 지상으로 직접 연결하는 경사로 부위는 제외)		
용도별 구획	주요구조부 내화구조 대상에 해당하는 각 용도와 기타 부분 사이		

정답 01 ④ 02 ② 03 ②

04

산림화재 시 소화효과를 증대시키기 위해 물에 첨가하는 증점제로서 적합한 것은?

① Ethylene Glycol
② Potassium Carbonate
③ Ammonium Phosphate
④ Sodium Carboxy Methyl Cellulose

해설 **물의 소화성능을 향상시키기 위해 첨가하는 첨가제** : 침투제, 증점제, 유화제

- 침투제 : 물의 표면장력을 감소시켜서 침투성을 증가시키는 Wetting Agent
- 증점제 : 물의 점도를 증가시키는 Viscosity Agent로서 Sodium Carboxy Methyl Cellulose가 있다.
- 유화제 : 기름의 표면에 유화(에멀션)효과를 위한 첨가제(분무주수)

05

소화방법 중 제거소화에 해당되지 않는 것은?

① 산불이 발생하면 화재의 진행방향을 앞질러 벌목
② 방안에서 화재가 발생하면 이불이나 담요로 덮음
③ 가스 화재 시 밸브를 잠가 가스흐름을 차단
④ 불타고 있는 장작더미 속에서 아직 타지 않은 것을 안전한 곳으로 운반

해설 **질식소화** : 유류화재 시 가연물을 포(泡)로 덮어 산소의 농도를 15[%] 이하로 낮추어 소화하는 방법으로 방안에서 화재가 발생하면 이불이나 담요로 덮어 소화하는 방법이다.

06

포소화약제의 적응성이 있는 것은?

① 칼륨 화재　② 알킬리튬 화재
③ 가솔린 화재　④ 인화알루미늄 화재

해설 **포소화약제** : 제4류 위험물(가솔린)에 적합

> 칼륨, 알킬리튬, 인화알루미늄이 물과 반응 : 가연성 가스 발생

07

제2류 위험물에 해당하는 것은?

① 유 황　② 질산칼륨
③ 칼 륨　④ 톨루엔

해설 위험물의 분류

종 류	유별(품명)
유 황	제2류 위험물
질산칼륨	제1류 위험물(질산염류)
칼 륨	제3류 위험물
톨루엔	제4류 위험물(제1석유류, 비수용성)

08

주수소화 시 가연물에 따라 발생하는 가연성 가스의 연결이 틀린 것은?

① 탄화칼슘 – 아세틸렌
② 탄화알루미늄 – 프로판
③ 인화칼슘 – 포스핀
④ 수소화리튬 – 수소

해설 물과 반응

- 탄화칼슘 : $CaC_2 + 2H_2O \rightarrow Ca(OH)_2 + C_2H_2\uparrow$ (아세틸렌)
- 탄화알루미늄 : $Al_4C_3 + 12H_2O \rightarrow 4Al(OH)_3 + 3CH_4\uparrow$ (메탄)
- 인화칼슘 : $Ca_3P_2 + 6H_2O \rightarrow 3Ca(OH)_2 + 2PH_3\uparrow$ (포스핀, 인화수소)
- 수소화리튬 : $LiH + H_2O \rightarrow LiOH + H_2\uparrow$ (수소)

09

물리적 폭발에 해당하는 것은?

① 분해 폭발
② 분진 폭발
③ 증기운 폭발
④ 수증기 폭발

해설 **물리적 폭발** : 수증기 폭발

04 ④　05 ②　06 ③　07 ①　08 ②　09 ④ 정답

10

위험물안전관리법령상 지정된 동식물유류의 성질에 대한 설명으로 틀린 것은?

① 아이오딘값이 작을수록 자연발화의 위험성이 크다.
② 상온에서 모두 액체이다.
③ 물에는 불용성이지만 에테르 및 벤젠 등의 유기용매에는 잘 녹는다.
④ 인화점은 1기압하에서 250[℃] 미만이다.

해설 동식물유류는 아이오딘값이 클수록(130 이상) 자연발화의 위험성이 크다.

11

피난계획의 일반원칙 중 Fool Proof 원칙에 대한 설명으로 옳은 것은?

① 1가지가 고장이 나도 다른 수단을 이용하는 원칙
② 2방향의 피난동선을 항상 확보하는 원칙
③ 피난수단을 이동식 시설로 하는 원칙
④ 피난수단을 조작이 간편한 원시적 방법으로 하는 원칙

해설 **피난계획의 일반원칙**

- Fool Proof : 비상시 머리가 혼란하여 판단능력이 저하되는 상태로 누구나 알 수 있도록 문자나 그림 등을 표시하여 직감적으로 작용하는 것으로 피난수단을 조작이 간편한 원시적 방법으로 하는 원칙
- Fail Safe : 하나의 수단이 고장으로 실패하여도 다른 수단에 의해 구제할 수 있도록 고려하는 것으로 양방향 피난로의 확보와 예비전원을 준비하는 것 등이다.

12

인화점이 낮은 것부터 높은 순서로 옳게 나열된 것은?

① 에틸알코올 < 이황화탄소 < 아세톤
② 이황화탄소 < 에틸알코올 < 아세톤
③ 에틸알코올 < 아세톤 < 이황화탄소
④ 이황화탄소 < 아세톤 < 에틸알코올

해설 **제4류 위험물의 인화점**

종 류	품 명	인화점
이황화탄소	특수인화물	−30[℃]
아세톤	제1석유류	−18[℃]
에틸알코올	알코올류	13[℃]

13

화재 발생 시 발생하는 연기에 대한 설명으로 틀린 것은?

① 연기의 유동속도는 수평방향이 수직방향보다 빠르다.
② 동일한 가연물에 있어 환기지배형 화재가 연료지배형 화재에 비하여 연기발생량이 많다.
③ 고온상태의 연기는 유동확산이 빨라 화재전파의 원인이 되기도 한다.
④ 연기는 일반적으로 불완전 연소 시에 발생한 고체, 액체, 기체 생성물의 집합체이다.

해설 **연기의 유동속도**

방 향	이동속도
수평방향	0.5~1.0[m/s]
수직방향	2~3[m/s]
계단실내	3~5[m/s]

14

물과 반응하여 가연성 기체를 발생하지 않는 것은?

① 칼 륨
② 인화아연
③ 산화칼슘
④ 탄화알루미늄

해설 **물과 반응**

- 칼 륨
  $CaC_2 + 2H_2O \rightarrow Ca(OH)_2 + C_2H_2\uparrow$ (아세틸렌)
- 인화아연
  $Zn_3P_2 + 6H_2O \rightarrow 3Zn(OH)_2 + 2PH_3\uparrow$ (포스핀)
- 산화칼슘
  $CaO + H_2O \rightarrow Ca(OH)_2 +$ **발열**
- 탄화알루미늄
  $Al_4C_3 + 12H_2O \rightarrow 4Al(OH)_3 + 3CH_4\uparrow$ (메탄)

정답 10 ① 11 ④ 12 ④ 13 ① 14 ③

15

건축물의 화재 발생 시 인간의 피난 특성으로 틀린 것은?

① 평상시 사용하는 출입구나 통로를 사용하는 경향이 있다.
② 화재의 공포감으로 인하여 빛을 피해 어두운 곳으로 몸을 숨기는 경향이 있다.
③ 화염, 연기에 대한 공포감으로 발화지점의 반대방향으로 이동하는 경향이 있다.
④ 화재 시 최초로 행동을 개시한 사람을 따라 전체가 움직이는 경향이 있다.

해설 **화재 시 인간의 피난 행동 특성**

- 귀소본능 : 평소에 사용하던 출입구나 통로 등 습관적으로 친숙해 있는 경로로 도피하려는 본능
- 지광본능 : 공포감으로 인해서 밝은 방향으로 도피하려는 본능
- 추종본능 : 화재 발생 시 최초로 행동을 개시한 사람을 따라 전체가 움직이는 본능(많은 사람들이 달아나는 방향으로 무의식적으로 안전하다고 느껴 위험한 곳임에도 불구하고 따라가는 경향)
- 퇴피본능 : 연기나 화염에 대한 공포감으로 화원의 반대 방향으로 이동하려는 본능
- 좌회본능 : 좌측으로 통행하고 시계의 반대 방향으로 회전하려는 본능

16

물체의 표면온도가 250[℃]에서 650[℃]로 상승하면 열 복사량은 약 몇 배 정도 상승하는가?

① 2.5
② 5.7
③ 7.5
④ 9.7

해설 **복사열**은 **절대온도**의 **4승**에 비례한다.

250[℃]에서 열량을 Q_1, 650[℃]에서 열량을 Q_2

$$\frac{Q_2}{Q_1} = \frac{(650+273)^4[\mathrm{K}]}{(250+273)^4[\mathrm{K}]} = 9.7$$

17

조연성 가스에 해당하는 것은?

① 일산화탄소 ② 산 소
③ 수 소 ④ 부 탄

해설 **조연성(지연성) 가스** : 연소는 도와주나 연소는 하지 않는 가스로서 산소, 오존 등이 있다.

일산화탄소, 수소, 부탄 : 가연성 가스

18

자연발화 방지대책에 대한 설명 중 틀린 것은?

① 저장실의 온도를 낮게 유지한다.
② 저장실의 환기를 원활히 시킨다.
③ 촉매물질과의 접촉을 피한다.
④ 저장실의 습도를 높게 유지한다.

해설 **자연발화의 방지대책**

- **습도를 낮게 할 것(습도를 낮게 해야 한 지점의 열을 잘 확산시킨다)**
- 주위(저장실)의 온도를 낮출 것
- 통풍을 잘 시킬 것
- 불활성 가스를 주입하여 공기와 접촉을 피할 것
- **열전도율**을 크게 할 것

19

분말소화약제로서 ABC급 화재에 적응성이 있는 소화약제의 종류는?

① $NH_4H_2PO_4$ ② $NaHCO_3$
③ Na_2CO_3 ④ $KHCO_3$

해설 **분말약제의 종류**

종 별	소화약제	약제의 착색	적응 화재
제1종 분말	탄산수소나트륨 ($NaHCO_3$)	백 색	B, C급
제2종 분말	탄산수소칼륨 ($KHCO_3$)	담회색	B, C급
제3종 분말	제일인산암모늄 ($NH_4H_2PO_4$)	담홍색, 황색	A, B, C급
제4종 분말	중탄산칼륨+요소 [$KHCO_3$+$(NH_2)_2CO$]	회 색	B, C급

15 ② 16 ④ 17 ② 18 ④ 19 ① **정답**

20

과산화칼륨이 물과 접촉하였을 때 발생하는 것은?

① 산 소 ② 수 소
③ 메 탄 ④ 아세틸렌

해설 과산화칼륨과 물의 반응

$$2K_2O_2 + 2H_2O \rightarrow 4KOH + O_2(\text{산소})$$

제 2 과목 소방유체역학

21

효율이 50[%]인 펌프를 이용하여 저수지의 물을 1초에 10[L]씩 30[m] 위쪽에 있는 논으로 퍼 올리는 데 필요한 동력은 약 몇 [kW]인가?

① 18.83 ② 10.48
③ 2.94 ④ 5.88

해설 전동기의 용량

$$P[\text{kW}] = \frac{\gamma \times Q \times H}{102 \times \eta} \times K$$

여기서, γ : 물의 비중량(1,000[kg_f/m^3])
Q : 정격토출량(0.01[m^3/s])
H : 전양정(30[m])
η : 펌프의 효율(0.5)
K : 동력전달계수[1.0]

$$\therefore P[\text{kW}] = \frac{\gamma \times Q \times H}{102 \times \eta} \times K = \frac{1,000 \times 0.01 \times 30}{102 \times 0.5} \times 1 = 5.88[\text{kW}]$$

22

펌프가 실제 유동시스템에 사용될 때 펌프의 운전점은 어떻게 결정하는 것이 좋은가?

① 시스템 곡선과 펌프 성능곡선의 교점에서 운전한다.
② 시스템 곡선과 펌프 효율곡선의 교점에서 운전한다.
③ 펌프 성능곡선과 펌프 효율곡선의 교점에서 운전한다.
④ 펌프 효율곡선의 최고점, 즉 최고 효율점에서 운전한다.

해설 실제 유동시스템에 사용될 때 펌프의 운전점은 시스템 곡선과 펌프 성능곡선의 교점에서 운전한다.

23

비중이 1.03인 바닷물에 비중 0.9인 빙산이 떠있다. 전체 부피의 몇 [%]가 해수면 위로 올라와 있는가?

① 12.6 ② 10.8
③ 7.2 ④ 6.3

해설 바닷물에 잠겨있는 부분은
$0.9 \div 1.03 = 0.874 \Rightarrow 87.4[\%]$
∴ 해수면 위로 올라온 부피 = 100 − 87.4[%] = 12.6[%]

24

그림과 같이 중앙부분에 구멍이 뚫린 원판에 지름 D의 원형 물 제트가 대기압 상태에서 V의 속도로 충돌하여, 원판 뒤로 지름 $D/2$의 원형 물 제트가 V의 속도로 흘러나가고 있을 때, 이 원판이 받는 힘은 얼마인가?(단, ρ는 물의 밀도이다)

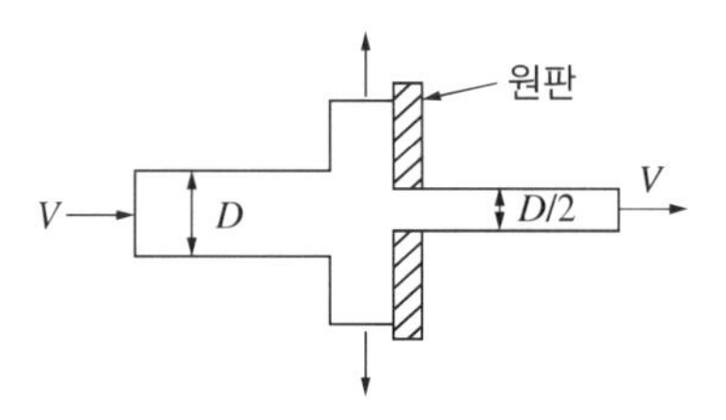

① $\frac{3}{16}\rho\pi V^2 D^2$

② $\frac{3}{8}\rho\pi V^2 D^2$

③ $\frac{3}{4}\rho\pi V^2 D^2$

④ $3\rho\pi V^2 D^2$

정답 20 ① 21 ④ 22 ① 23 ① 24 ①

해설 원판이 받는 힘

운동량방정식

$F=\rho QV=\rho AV\times V=\rho\times\left(\frac{\pi}{4}\times D^2\right)\times V^2$을

적용하여 계산한다.

- 힘의 평형을 고려하면

$$\rho\times\left(\frac{\pi}{4}\times D^2\right)\times V^2=F+\rho\times\left\{\frac{\pi}{4}\times\left(\frac{D}{2}\right)^2\right\}\times V^2$$

에서

$$\frac{1}{4}\rho\pi V^2D^2=F+\frac{1}{16}\rho\pi D^2V^2$$

- 원판이 받는 힘

$$F=\frac{1}{4}\rho\pi D^2V^2-\frac{1}{16}\rho\pi D^2V^2$$
$$=\frac{4}{16}\rho\pi D^2V^2-\frac{1}{16}\rho\pi D^2V^2=\frac{3}{16}\rho\pi D^2V^2$$

25

저장용기로부터 20[℃]의 물을 길이 300[m], 지름 900[mm]인 콘크리트 수평 원관을 통하여 공급하고 있다. 유량이 1[m³/s]일 때 원관에서의 압력강하는 약 몇 [kPa]인가?(단, 관마찰계수는 0.023이다)

① 3.57 ② 9.47
③ 14.3 ④ 18.8

해설 다르시 방정식

$$H=\frac{\Delta P}{\gamma}=\frac{flu^2}{2gD}\qquad \Delta P=\frac{flu^2\cdot\gamma}{2gD}$$

여기서, f : 관마찰계수

l : 길이[m]

u : 유속 $=\frac{Q}{A}=\frac{Q}{\frac{\pi}{4}D^2}=\frac{1[\mathrm{m^3/s}]}{\frac{\pi}{4}(0.9[\mathrm{m}])^2}$

$=1.572[\mathrm{m/s}]$

γ : 물의 비중량(1,000[$\mathrm{kg_f/m^3}$])

g : 중력가속도(9.8[$\mathrm{m/s^2}$])

D : 직경(0.9[m])

$$\therefore\ \Delta P=\frac{0.023\times300\times(1.572)^2\times1{,}000}{2\times9.8\times0.9}$$
$$=966.62[\mathrm{kg_f/m^2}]$$

※ [$\mathrm{kg_f/m^2}$]을 [kPa]로 환산하면

966.62[$\mathrm{kg_f/m^2}$] ÷ 10,332[$\mathrm{kg_f/m^2}$] × 101.325[kPa] = 9.48[kPa]

26

물탱크에 담긴 물의 수면의 높이가 10[m]인데, 물탱크 바닥에 원형 구멍이 생겨서 10[L/s]만큼 물이 유출되고 있다. 원형 구멍의 지름은 약 몇 [cm]인가?(단, 구멍의 유량보정계수는 0.6이다)

① 2.7 ② 3.1
③ 3.5 ④ 3.9

해설 원형 구멍의 지름

- 유 속

$$u=c\sqrt{2gH}$$

$\therefore\ u$

$=c\sqrt{2gH}=0.6\times\sqrt{2\times9.8[\mathrm{m/s^2}]\times10[\mathrm{m}]}$

$=8.4[\mathrm{m/s}]$

- 지 름

$$Q=uA=u\times\frac{\pi}{4}D^2,\ \ D=\sqrt{\frac{4Q}{u\pi}}$$

$$D=\sqrt{\frac{4Q}{u\pi}}=\sqrt{\frac{4\times0.01[\mathrm{m^3/s}]}{8.4[\mathrm{m/s}]\times\pi}}$$
$$=0.0389[\mathrm{m}]=3.89[\mathrm{cm}]$$

27

20[℃] 물 100[L]를 화재현장의 화염에 살수하였다. 물이 모두 끓는 온도(100[℃])까지 가열되는 동안 흡수하는 열량은 약 몇 [kJ]인가?(단, 물의 비열은 4.2[kJ/kg·K]이다)

① 500 ② 2,000
③ 8,000 ④ 33,600

해설 열 량

$$Q=mc\Delta t$$

여기서, m : 질량(물100[L] = 100[kg]),

c : 비열(4.2[kJ/kg·K])

Δt : 온도차(373 − 293 = 80[K])

$$\therefore\ Q=mc\Delta t=100[\mathrm{kg}]\times\frac{4.2[\mathrm{kJ}]}{[\mathrm{kg\cdot K}]}\times80[\mathrm{K}]$$
$$=33{,}600[\mathrm{kJ}]$$

25 ② 26 ④ 27 ④ **정답**

28

아래 그림과 같은 반지름이 1[m]이고, 폭이 3[m]인 곡면의 수문 AB가 받는 수평분력은 약 몇 [N]인가?

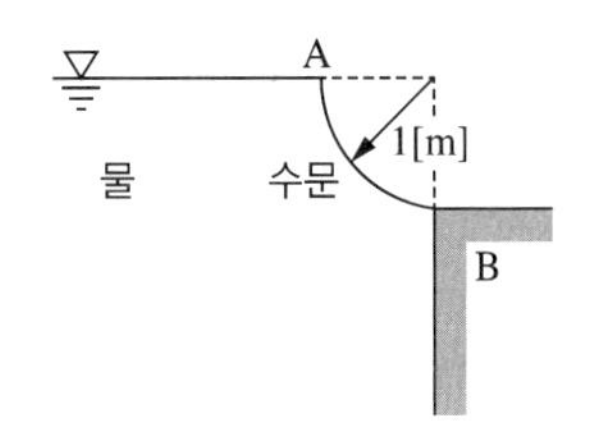

① 7,350 ② 14,700
③ 23,900 ④ 29,400

해설 수평분력

$F_H = \gamma \bar{h} A = 9{,}800[\mathrm{N/m^3}] \times 0.5[\mathrm{m}] \times (1 \times 3)[\mathrm{m^2}]$
$= 14{,}700[\mathrm{N}]$

29

초기온도와 압력이 각각 50[℃], 600[kPa]인 이상기체를 100[kPa]까지 가역 단열팽창 시켰을 때 온도는 약 몇 [K]인가?(단, 이 기체의 비열비는 1.4이다)

① 194 ② 216
③ 248 ④ 262

해설 가역 단열팽창 시 온도

$$T_2 = T_1\left(\frac{P_2}{P_1}\right)^{\frac{k-1}{k}} = (273+50)[\mathrm{K}] \times \left(\frac{100}{600}\right)^{\frac{1.4-1}{1.4}}$$
$= 193.6[\mathrm{K}]$

30

100[cm]×100[cm]이고 300[℃]로 가열된 평판에 25[℃]의 공기를 불어준다고 할 때 열전달량은 약 몇 [kW]인가?(단, 대류열전달 계수는 30[W/m^2·K]이다)

① 2.98 ② 5.34
③ 8.25 ④ 10.91

해설

열전달량 $Q = hA\Delta t$

여기서, h : 대류 열전달계수
Δt : 온도차(573 − 298)
A : 면적($1[\mathrm{m}] \times 1[\mathrm{m}] = 1[\mathrm{m^2}]$)

$\therefore Q = hA\Delta t$
$= (30 \times 10^{-3})[\mathrm{kW}] \times 1[\mathrm{m^2}] \times (573 - 298)[\mathrm{K}]$
$= 8.25[\mathrm{kW}]$

31

호주에서 무게가 20[N]인 어떤 물체를 한국에서 재어 보니 19.8[N]이었다면 한국에서의 중력가속도는 약 몇 [m/s^2]인가?(단, 호주에서의 중력가속도는 9.82[m/s^2]이다)

① 9.72 ② 9.75
③ 9.78 ④ 9.82

해설 $19.8[\mathrm{N}] : 20[\mathrm{N}] = x : 9.82[\mathrm{m/s^2}]$
$x = 9.72[\mathrm{m/s^2}]$

32

비압축성 유체를 설명한 것으로 가장 옳은 것은?

① 체적탄성계수가 0인 유체를 말한다.
② 관로 내에 흐르는 유체를 말한다.
③ 점성을 갖고 있는 유체를 말한다.
④ 난류 유동을 하는 유체를 말한다.

해설 **비압축성 유체** : 물과 같이 **압력에 따라 체적이 변하지 않는 액체로서** 체적탄성계수가 0인 유체

33

지름 20[cm]의 소화용 호스에 물이 질량유량 80[kg/s]로 흐른다. 이때 평균유속은 약 몇 [m/s]인가?

① 0.58 ② 2.55
③ 5.97 ④ 25.48

해설 $\overline{m} = Au\rho$에서

$$u = \frac{\overline{m}}{A\rho} = \frac{80[\mathrm{kg/s}]}{\frac{\pi}{4}(0.2[\mathrm{m}])^2 \times 1{,}000[\mathrm{kg/m^3}]}$$
$= 2.55[\mathrm{m/s}]$

정답 28 ② 29 ① 30 ③ 31 ① 32 ① 33 ②

34

깊이 1[m]까지 물을 넣은 물탱크의 밑에 오리피스가 있다. 수면에 대기압이 작용할 때의 초기 오리피스에서의 유속 대비 2배 유속으로 물을 유출시키려면 수면에는 몇 [kPa]의 압력을 더 가하면 되는가?(단, 손실은 무시한다)

① 9.8　　② 19.6
③ 29.4　　④ 39.2

해설 가하는 압력

• 베르누이방정식

$$\frac{P_1}{\gamma}+\frac{u_1^2}{2g}+z_1=\frac{P_2}{\gamma}+\frac{u_2^2}{2g}+z_2$$

여기서, $P_1=P_2=$대기압, $u_1=0$,
$z_1-z_2=1[\text{m}]$이므로 오리피스를 통과할 때 유속 $u_2=\sqrt{2g}$이다.

• 2배의 유속으로 물을 유출할 경우

$\frac{P_1}{\gamma}+\frac{u_1^2}{2g}+z_1=\frac{P_2}{\gamma}+\frac{u_2^2}{2g}+z_2$에서

$\frac{P_1-P_2}{\gamma}+(z_1-z_2)=\frac{u_2^2}{2g}$이고

$$\frac{P_1-P_2}{\gamma}=\frac{(2u_2)^2}{2g}-1=\frac{(2\times\sqrt{2g})^2}{2g}-1=3[\text{m}]$$

$\therefore\ P_1-P_2=3\gamma=3[\text{m}]\times 9,800[\text{N/m}^3]$
$=29,400[\text{N/m}^2]=29.4[\text{kPa}=\text{kN/m}^2]$

35

그림과 같은 거꾸로 된 마노미터에서 물과 기름, 수은이 채워져 있다. $a=10$[cm], $c=25$[cm]이고 A의 압력이 B의 압력보다 80[kPa] 작을 때 b의 길이는 약 몇 [cm]인가?(단, 수은의 비중량은 133,100[N/m^3], 기름의 비중은 0.90이다)

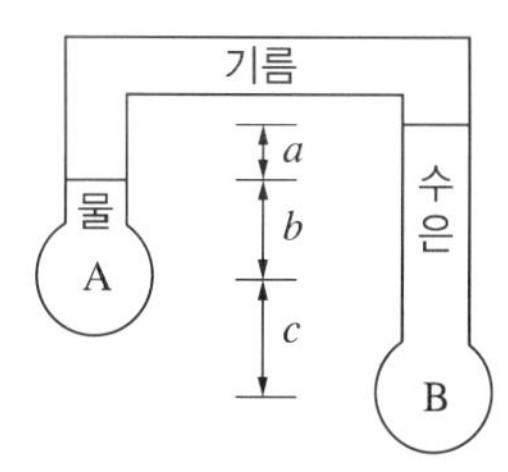

① 17.8　　② 27.8
③ 37.8　　④ 47.8

해설 b의 길이

$P_A-\gamma_{물}h_b-\gamma_{기름}h_a=P_B-\gamma_{수은}(h_a+h_b+h_c)$에서

$$P_A-9,800\left[\frac{\text{N}}{\text{m}^3}\right]\times h_b-\left(0.9\times 9,800\left[\frac{\text{N}}{\text{m}^3}\right]\right)\times 0.1[\text{m}]$$

$$=P_B-133,100\left[\frac{\text{N}}{\text{m}^3}\right]\times(0.1[\text{m}]+h_b+0.25[\text{m}])$$

$P_A-9,800h_b-882=P_B-46,585-133,100h_b$

$-9,800h_b+133,100h_b=(P_B-P_A)-46,585+882$

$123,300h_b=(80\times 10^3)-45,703$

$$h_b=\frac{34,297}{123,300}=0.278[\text{m}]=27.8[\text{cm}]$$

36

공기를 체적비율이 산소(O_2, 분자량 32[g/mol]) 20[%], 질소(N_2, 분자량 28[g/mol]) 80[%]의 혼합기체라 가정할 때 공기의 기체상수는 약 몇 [kJ/kg·K]인가?(단, 일반기체상수는 8.3145[kJ/kg·K]이다)

① 0.294　　② 0.289
③ 0.284　　④ 0.279

해설 공기의 기체상수

$$R=\frac{8.3145}{M}[\text{kJ/kg}\cdot\text{K}]$$

공기의 평균분자량 = (32 × 0.2) + (28 × 0.8) = 28.8

$\therefore\ R=\frac{8.3145}{M}[\text{kJ/kg}\cdot\text{K}]$

$=\frac{8.3145}{28.8}[\text{kJ/kg}\cdot\text{K}]$

$=0.289[\text{kJ/kg}\cdot\text{K}]$

37

물이 소방노즐을 통해 대기로 방출될 때 유속이 24[m/s]가 되도록 하기 위해서는 노즐 입구의 압력은 몇 [kPa]가 되어야 하는가?(단, 압력은 계기 압력으로 표시되며 마찰손실 및 노즐입구에서의 속도는 무시한다)

① 153　　② 203
③ 288　　④ 312

34 ③ 35 ② 36 ② 37 ③ 정답

해설 노즐 입구의 압력

$$H=\frac{u^2}{2g}[\mathrm{m}]$$

$$\therefore\ H=\frac{u^2}{2g}[\mathrm{m}]=\frac{(24[\mathrm{m/s}])^2}{2\times 9.8[\mathrm{m/s^2}]}=29.39[\mathrm{m}]$$

양정을 압력으로 환산하면

$$\frac{29.39[\mathrm{m}]}{10.332[\mathrm{m}]}\times 101.325[\mathrm{kPa}]=288.23[\mathrm{kPa}]$$

38

무한한 두 평판 사이에 유체가 채워져 있고 한 평판은 정지해 있고 또 다른 평판은 일정한 속도로 움직이는 Couette 유동을 하고 있다. 유체 A만 채워져 있을 때 평판을 움직이기 위한 단위면적당 힘을 τ_1이라 하고 같은 평판 사이에 점성을 다른 유체 B만 채워져 있을 때 필요한 힘을 τ_2라 하면 유체 A와 B가 반반씩 위아래로 채워져 있을 때 평판을 같은 속도로 움직이기 위한 단위면적당 힘에 대한 표현으로 옳은 것은?

① $\dfrac{\tau_1+\tau_2}{2}$

② $\sqrt{\tau_1\tau_2}$

③ $\dfrac{2\tau_1\tau_2}{\tau_1+\tau_2}$

④ $\tau_1+\tau_2$

해설

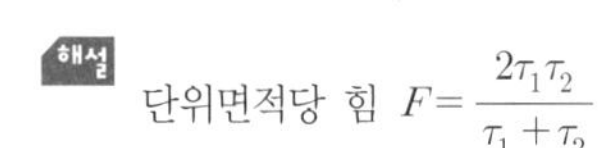

단위면적당 힘 $F=\dfrac{2\tau_1\tau_2}{\tau_1+\tau_2}$

39

동점성계수가 $1.15\times10^{-6}[\mathrm{m^2/s}]$인 물이 30[mm]의 지름 원관 속을 흐르고 있다. 층류가 기대될 수 있는 최대 유량은 약 몇 $[\mathrm{m^3/s}]$인가?(단, 임계 레이놀즈수는 2,100이다)

① 2.85×10^{-5}

② 5.69×10^{-5}

③ 2.85×10^{-7}

④ 5.69×10^{-7}

해설

레이놀즈수 $Re=\dfrac{Du}{\nu}$

$$2{,}100=\frac{0.03[\mathrm{m}]\times u}{1.15\times10^{-6}[\mathrm{m^2/s}]}\qquad u=0.0805[\mathrm{m/s}]$$

$$\therefore\ Q=uA=0.0805\times\frac{\pi}{4}(0.03[\mathrm{m}])^2=5.69\times10^{-5}[\mathrm{m^3/s}]$$

40

다음과 같은 유동형태를 갖는 파이프 입구 영역의 유동에서 부차적 손실계수가 가장 큰 것은?

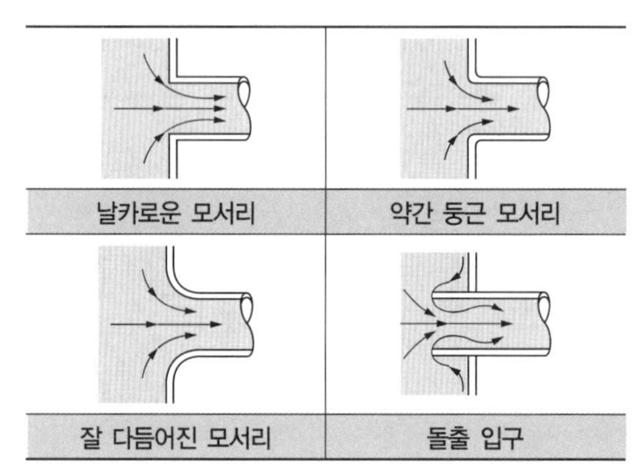

① 날카로운 모서리

② 약간 둥근 모서리

③ 잘 다듬어진 모서리

④ 돌출 입구

해설 돌연 축소 관로에서는 축소된 관의 입구 형상에 따라 부차적 손실계수 값이 크게 변화한다.
따라서, 실험에 의해 돌연 축소 관로의 입구 형상에 따른 부차적 손실계수 K값은 다음과 같다.

유동 형태	K(손실계수)
날카로운 모서리	0.45~0.5
약간 둥근 모서리	0.2~0.25
잘 다듬어진 모서리	0.05
돌출 입구	0.78

정답 38 ③ 39 ② 40 ④

제 3 과목 소방관계법규

41

화재예방, 소방시설 설치 · 유지 및 안전관리에 관한 법령상 비상경보설비를 설치하여야 할 특정소방대상물의 기준 중 옳은 것은?(단, 지하구, 모래 · 석재 등 불연재료 창고 및 위험물 저장 · 처리 시설 중 가스시설은 제외한다)

① 지하층 또는 무창층의 바닥면적이 50[m²] 이상인 것
② 연면적 400[m²] 이상인 것
③ 지하가 중 터널로서 길이가 300[m] 이상인 것
④ 30명 이상의 근로자가 작업하는 옥내 작업장

해설 **비상경보설비 설치 대상(지하구, 모래 · 석재 등 불연재료 창고 및 위험물 저장 · 처리 시설 중 가스시설은 제외한다)**
- **연면적 400[m²] 이상인 것**(지하가 중 터널 또는 사람이 거주하지 않거나 벽이 없는 축사 등 동 · 식물 관련시설은 제외한다)
- 지하층 또는 무창층의 바닥면적이 150[m²](공연장의 경우 100[m²]) 이상인 것
- 지하가 중 터널로서 길이가 500[m] 이상인 것
- 50명 이상의 근로자가 작업하는 옥내 작업장

42

소방기본법령상 위험물 또는 물건의 보관기간은 소방본부 또는 소방서의 게시판에 공고하는 기간의 종료일 다음 날부터 며칠로 하는가?

① 3 ② 4
③ 5 ④ 7

해설 위험물 또는 물건을 보관하는 경우에는 그 날부터 14일 동안 소방본부 또는 소방서의 게시판에 그 사실을 공고한 후 공고기간의 종료일 다음 날부터 **7일간 보관**한 후 매각하여야 한다.

43

화재예방, 소방시설 설치 · 유지 및 안전관리에 관한 법령상 스프링클러설비를 설치하여야 하는 특정소방대상물의 기준 중 틀린 것은?(단, 위험물 저장 및 처리 시설 중 가스시설 또는 지하구는 제외한다)

① 숙박이 가능한 수련시설 용도로 사용되는 시설의 바닥면적의 합계가 600[m²] 이상인 것은 모든 층
② 지하가(터널은 제외)로서 연면적이 1,000[m²] 이상인 것
③ 판매시설, 운수시설 및 창고시설(물류터미널에 한정)로서 바닥면적의 합계가 5,000[m²] 이상이거나 수용인원이 500명 이상인 경우에는 모든 층
④ 복합건축물로서 연면적이 3,000[m²] 이상인 경우에는 모든 층

해설 **복합건축물로서 연면적 5,000[m²] 이상**인 것은 모든 층은 스프링클러설비를 설치하여야 한다.

44

소방기본법상 소방본부장, 소방서장 또는 소방대장의 권한이 아닌 것은?

① 화재, 재난 · 재해, 그 밖의 위급한 상황이 발생한 현장에서 소방활동을 위하여 필요할 때에는 그 관할구역에 사는 사람 또는 그 현장에 있는 사람으로 하여금 사람을 구출하는 일 또는 불을 끄거나 불이 번지지 아니하도록 하는 일을 하게 할 수 있다.
② 소방활동을 할 때에 긴급한 경우에는 이웃한 소방본부장 또는 소방서장에게 소방업무의 응원을 요청할 수 있다.
③ 사람을 구출하거나 불이 번지는 것을 막기 위하여 필요할 때에는 화재가 발생하거나 불이 번질 우려가 있는 소방대상물 및 토지를 일시적으로 사용하거나 그 사용의 제한 또는 소방활동에 필요한 처분을 할 수 있다.
④ 소방활동을 위하여 긴급하게 출동할 때에는 소방자동차의 통행과 소방활동에 방해가 되는 주차 또는 정차된 차량 및 물건 등을 제거하거나 이동시킬 수 있다.

41 ② 42 ④ 43 ④ 44 ② 정답

해설 **소방본부장이나 소방서장**은 소방활동을 할 때에 긴급한 경우에는 이웃한 소방본부장 또는 소방서장에게 소방업무의 응원(應援)을 요청할 수 있다.

45

위험물안전관리법상 지정수량 미만인 위험물의 저장 또는 취급에 관한 기술상의 기준은 무엇으로 정하는가?

① 대통령령 ② 총리령
③ 시・도의 조례 ④ 행정안전부령

해설 **위험물의 저장 또는 취급에 관한 기술상의 기준**
- 지정수량 이상 : 위험물안전관리법 적용
- **지정수량 미만 : 시・도의 조례 적용**

46

위험물안전관리법상 업무상 과실로 제조소 등에서 위험물을 유출・방출 또는 확산시켜 사람의 생명・신체 또는 재산에 대하여 위험을 발생시킨 자에 대한 벌칙 기준으로 옳은 것은?

① 5년 이하의 금고 또는 2,000만원 이하의 벌금
② 5년 이하의 금고 또는 7,000만원 이하의 벌금
③ 7년 이하의 금고 또는 2,000만원 이하의 벌금
④ 7년 이하의 금고 또는 7,000만원 이하의 벌금

해설 **벌 칙**
① 1년 이상 10년 이하의 징역 : 제조소 등에서 위험물을 유출・방출 또는 확산시켜 사람의 생명・신체 또는 재산에 대하여 위험을 발생시킨 자
② 무기 또는 3년 이상의 징역 : ①의 죄를 범하여 사람을 상해에 이르게 한 때
③ 무기 또는 5년 이상의 징역 : ①의 죄를 범하여 사람을 사망에 이르게 한 때
④ **7년 이하의 금고 또는 7,000만원 이하의 벌금** : 업무상 과실로 제조소 등에서 위험물을 유출・방출 또는 확산시켜 사람의 생명・신체 또는 재산에 대하여 위험을 발생시킨 자

47

소방기본법상 소방활동구역의 설정권자로 옳은 것은?

① 소방본부장
② 소방서장
③ 소방대장
④ 시・도지사

해설 **소방활동구역의 설정권자** : 소방대장

48

소방기본법령상 소방용수시설별 설치기준 중 틀린 것은?

① 급수탑 개폐밸브는 지상에서 1.5[m] 이상 1.7[m] 이하의 위치에 설치하도록 할 것
② 소화전은 상수도와 연결하여 지하식 또는 지상식의 구조로 하고, 소방용호스와 연결하는 소화전의 연결금속구의 구경은 100[mm]로 할 것
③ 저수조 흡수관의 투입구가 사각형의 경우에는 한 변의 길이가 60[cm] 이상, 원형의 경우에는 지름이 60[cm] 이상일 것
④ 저수조는 지면으로부터의 낙차가 4.5[m] 이하일 것

해설 **소화전의 설치기준** : 상수도와 연결하여 지하식 또는 지상식의 구조로 하고, 소방용호스와 연결하는 소화전의 연결금속구의 구경은 **65[mm]**로 할 것

49

화재예방, 소방시설 설치・유지 및 안전관리에 관한 법률상 특정소방대상물에 소방시설이 화재안전기준에 따라 설치 또는 유지・관리 되어 있지 아니할 때 해당 특정소방대상물의 관계인에게 필요한 조치를 명할 수 있는 자는?

① 소방본부장 ② 소방청장
③ 시・도지사 ④ 행정안전부장관

해설 **특정소방대상물의 관계인에게 필요한 조치를 명할 수 있는 자** : 소방본부장, 소방서장

정답 45 ③ 46 ④ 47 ③ 48 ② 49 ①

50

화재예방, 소방시설 설치·유지 및 안전관리에 관한 법령상 소방안전관리대상물의 소방안전 관리자 업무가 아닌 것은?

① 소방훈련 및 교육
② 자위소방대 및 초기대응체계의 구성·운영·교육
③ 피난시설, 방화구획 및 방화시설의 유지·관리
④ 피난계획에 관한 사항과 대통령령으로 정하는 사항이 포함된 소방계획서의 작성 및 시행

해설 **소방안전 관리자 업무**
(①, ②, ③의 업무는 소방안전관리대상물의 경우에만 해당한다)
① 피난계획에 관한 사항과 대통령령으로 정하는 사항이 포함된 소방계획서의 작성 및 시행
② 자위소방대(自衛消防隊) 및 초기대응체계의 구성·운영·교육
③ **피난시설, 방화구획 및 방화시설의 유지·관리**
④ 소방훈련 및 교육
⑤ 소방시설이나 그 밖의 소방 관련 시설의 유지·관리
⑥ 화기(火氣) 취급의 감독

51

화재예방, 소방시설 설치·유지 및 안전관리에 관한 법령상 소방안전관리대상물의 소방계획서에 포함되어야 하는 사항이 아닌 것은?

① 예방규정을 정하는 제조소 등의 위험물 저장·취급에 관한 사항
② 소방시설·피난시설 및 방화시설의 점검·정비계획
③ 특정소방대상물의 근무자 및 거주자의 자위소방대 조직과 대원의 임무에 관한 사항
④ 방화구획, 제연구획, 건축물의 내부 마감 재료(불연재료·준불연재료 또는 난연재료로 사용된 것) 및 방염물품의 사용현황과 그 밖의 방화구조 및 설비의 유지·관리계획

해설 **소방계획서에 포함사항**
- 소방안전관리대상물의 위치·구조·연면적·용도 및 수용인원 등 일반 현황
- 소방안전관리대상물에 설치한 소방시설·방화시설(防火施設), 전기시설·가스시설 및 위험물시설의 현황
- 화재 예방을 위한 자체점검계획 및 진압대책
- **소방시설·피난시설 및 방화시설의 점검·정비계획**
- 피난층 및 피난시설의 위치와 피난경로의 설정, 장애인 및 노약자의 피난계획 등을 포함한 피난계획
- **방화구획, 제연구획, 건축물의 내부 마감재료**(불연재료·준불연재료 또는 난연재료로 사용된 것을 말한다) **및 방염물품의 사용현황과 그 밖의 방화구조 및 설비의 유지·관리계획**
- 소방훈련 및 교육에 관한 계획
- **특정소방대상물의 근무자 및 거주자의 자위소방대 조직과 대원의 임무(장애인 및 노약자의 피난 보조 임무를 포함한다)에 관한 사항**
- 화기 취급 작업에 대한 사전 안전조치 및 감독 등 공사 중 소방안전관리에 관한 사항
- 공동 및 분임 소방안전관리에 관한 사항
- 소화와 연소 방지에 관한 사항
- **위험물의 저장·취급에 관한 사항(위험물안전관리법 제17조에 따라 예방규정을 정하는 제조소 등은 제외한다)**

52

화재예방, 소방시설 설치·유지 및 안전관리에 관한 법률상 소방시설 등에 대한 자체점검을 하지 아니하거나 관리업자 등으로 하여금 정기적으로 점검하게 하지 아니한 자에 대한 벌칙 기준으로 옳은 것은?

① 6개월 이하의 징역 또는 1,000만원 이하의 벌금
② 1년 이하의 징역 또는 1,000만원 이하의 벌금
③ 3년 이하의 징역 또는 1,500만원 이하의 벌금
④ 3년 이하의 징역 또는 3,000만원 이하의 벌금

해설 **소방시설 등에 대한 자체점검을 하지 아니하거나 관리업자 등으로 하여금 정기적으로 점검하게 하지 아니한 자의 벌칙** : 1년 이하의 징역 또는 1,000만원 이하의 벌금

53

화재예방, 소방시설 설치·유지 및 안전관리에 관한 법령상 소방용품이 아닌 것은?

① 소화약제 외의 것을 이용한 간이소화용구
② 자동소화장치
③ 가스누설경보기
④ 소화용으로 사용하는 방염제

해설 **소방용품** : 소화기구(소화약제 외의 것을 이용한 간이소화용구는 제외한다)

50 전항정답 51 ① 52 ② 53 ① 정답

54

소방기본법령상 소방본부 종합상황실 실장이 소방청의 종합상황실에 서면 · 모사전송 또는 컴퓨터통신 등으로 보고하여야 하는 화재의 기준 중 틀린 것은?

① 항구에 매어둔 총 톤수가 1,000[t] 이상인 선박에서 발생한 화재
② 층수가 5층 이상이거나 병상이 30개 이상인 종합병원 · 정신병원 · 한방병원 · 요양소에서 발생한 화재
③ 지정수량의 1,000배 이상의 위험물의 제조소 · 저장소 · 취급소에서 발생한 화재
④ 연면적 15,000[m^2] 이상인 공장 또는 화재경계지구에서 발생한 화재

해설 **소방본부 종합상황실 보고상황**
- 사망자가 5인 이상 발생하거나 사상자가 10인 이상 발생한 화재
- 이재민이 100인 이상 발생한 화재
- 재산피해액이 50억원 이상 발생한 화재
- 관공서 · 학교 · 정부미도정공장 · 문화재 · 지하철 또는 지하구의 화재
- 관광호텔, 층수가 11층 이상인 건축물, 지하상가, 시장, 백화점, 위험물안전관리법 제2조 제2항의 규정에 의한 **지정수량의 3,000배 이상의 위험물의 제조소 · 저장소 · 취급소**, 층수가 5층 이상이거나 객실이 30실 이상인 숙박시설, **층수가 5층 이상이거나 병상이 30개 이상인 종합병원 · 정신병원 · 한방병원 · 요양소, 연면적 15,000[m^2] 이상인 공장 또는** 소방기본법 시행령에 따른 **화재경계지구에서 발생한 화재**
- 철도차량, **항구에 매어둔 총 톤수가 1,000[t] 이상인 선박**, 항공기, 발전소 또는 변전소에서 발생한 화재
- 가스 및 화약류의 폭발에 의한 화재
- 다중이용업소의 화재

55

위험물안전관리법령상 위험물의 안전관리와 관련된 업무를 수행하는 자로서 소방청장이 실시하는 안전교육대상자가 아닌 것은?

① 안전관리자로 선임된 자
② 탱크시험자의 기술인력으로 종사하는 자
③ 위험물운송자로 종사하는 자
④ 제조소 등의 관계인

해설 **안전교육대상자**
- 안전관리자로 선임된 자
- 탱크시험자의 기술인력으로 종사하는 자
- 위험물운송자로 종사하는 자

56

소방공사업법령상 공사감리자 지정대상 특정 소방대상물의 범위가 아닌 것은?

① 캐비닛형 간이스프링클러설비를 신설 · 개설 하거나 방호 · 방수 구역을 증설할 때
② 물분무 등 소화설비(호스릴 방식의 소화설비는 제외)를 신설 · 개설하거나 방호 · 방수 구역을 증설할 때
③ 제연설비를 신설 · 개설하거나 제연구역을 증설할 때
④ 연소방지설비를 신설 · 개설하거나 살수구역을 증설할 때

해설 **공사감리자 지정대상 특정 소방대상물의 범위**
- 옥내소화전설비를 신설 · 개설 또는 증설할 때
- **스프링클러설비 등(캐비닛형 간이스프링클러설비는 제외한다)을 신설 · 개설하거나 방호 · 방수 구역을 증설할 때**
- **물분무 등 소화설비(호스릴 방식의 소화설비는 제외한다)를 신설 · 개설하거나 방호 · 방수 구역을 증설할 때**
- 옥외소화전설비를 신설 · 개설 또는 증설할 때
- 자동화재탐지설비를 신설 또는 개설할 때
- 비상방송설비를 신설 또는 개설할 때
- 통합감시시설을 신설 또는 개설할 때
- 비상조명등을 신설 또는 개설할 때
- 소화용수설비를 신설 또는 개설할 때
- 다음에 따른 소화활동설비를 시공할 때
  - **제연설비를 신설 · 개설하거나 제연구역을 증설할 때**
  - 연결송수관설비를 신설 또는 개설할 때
  - 연결살수설비를 신설 · 개설하거나 송수구역을 증설할 때
  - 비상콘센트설비를 신설 · 개설하거나 전용회로를 증설할 때
  - 무선통신보조설비를 신설 또는 개설할 때
  - **연소방지설비를 신설 · 개설하거나 살수구역을 증설할 때**

정답 54 ③ 55 ④ 56 ①

57

위험물안전관리법상 위험물시설의 설치 및 변경 등에 관한 기준 중 다음 ( ) 안에 알맞은 것은?

> 제조소 등의 위치·구조 또는 설비의 변경 없이 당해 제조소 등에서 저장하거나 취급하는 위험물의 품명·수량 또는 지정수량의 배수를 변경하고자 하는 자는 변경하고자 하는 날의 (㉠)일 전까지 (㉡)이 정하는 바에 따라 (㉢)에게 신고하여야 한다.

① ㉠ 1, ㉡ 행정안전부령, ㉢ 시·도지사
② ㉠ 1, ㉡ 대통령령, ㉢ 소방본부장·소방서장
③ ㉠ 14, ㉡ 행정안전부령, ㉢ 시·도지사
④ ㉠ 14, ㉡ 대통령령, ㉢ 소방본부장·소방서장

해설 제조소 등의 위치·구조 또는 설비의 변경 없이 당해 제조소 등에서 저장하거나 취급하는 위험물의 품명·수량 또는 지정수량의 배수를 변경하고자 하는 자는 **변경하고자 하는 날의 1일 전까지 행정안전부령이 정하는 바에 따라 시·도지사에게 신고**하여야 한다.

58

화재예방, 소방시설 설치·유지 및 안전관리에 관한 법률상 특정소방대상물의 피난시설, 방화구획 또는 방화시설의 폐쇄·훼손·변경 등의 행위를 한 자에 대한 과태료 기준으로 옳은 것은?

① 200만원 이하의 과태료
② 300만원 이하의 과태료
③ 500만원 이하의 과태료
④ 600만원 이하의 과태료

해설 300만원 이하의 과태료
- 화재안전기준을 위반하여 소방시설을 설치 또는 유지·관리한 자
- 피난시설, 방화구획 또는 방화시설의 폐쇄·훼손·변경 등의 행위를 한 자

59

소방기본법령상 특수가연물의 저장 및 취급 기준 중 다음 ( ) 안에 알맞은 것은?(단, 석탄·목탄류를 발전용으로 저장하는 경우는 제외한다)

> 살수설비를 설치하거나, 방사능력 범위에 해당 특수가연물이 포함되도록 대형수동식 소화기를 설치하는 경우에는 쌓는 높이를 (㉠)[m] 이하, 쌓는 부분의 바닥면적을 (㉡)[m^2] 이하로 할 수 있다.

① ㉠ 10, ㉡ 30 ② ㉠ 10, ㉡ 50
③ ㉠ 15, ㉡ 100 ④ ㉠ 15, ㉡ 200

해설 특수가연물의 저장 및 취급 기준
- 특수가연물을 저장 또는 취급하는 장소에는 품명·최대수량 및 화기취급의 금지표지를 설치할 것
- 다음 각 목의 기준에 따라 쌓아 저장할 것. 다만, 석탄·목탄류를 발전(發電)용으로 저장하는 경우에는 그러하지 아니하다.
  - 품명별로 구분하여 쌓을 것
  - 쌓는 높이는 10[m] 이하가 되도록 하고, 쌓는 부분의 바닥면적은 50[m^2](석탄·목탄류의 경우에는 200[m^2]) 이하가 되도록 할 것. 다만, 살수설비를 설치하거나, 방사능력 범위에 해당 특수가연물이 포함되도록 대형수동식소화기를 설치하는 경우에는 **쌓는 높이를 15[m] 이하, 쌓는 부분의 바닥면적을 200[m^2]**(석탄·목탄류의 경우에는 300[m^2]) 이하로 할 수 있다.
  - 쌓는 부분의 바닥면적 사이는 1[m] 이상이 되도록 할 것

60

소방시설공사업법령상 상주 공사감리 대상 기준 중 다음 ( ) 안에 알맞은 것은?

> - 연면적 (㉠)[m^2] 이상의 특정소방 대상물(아파트는 제외)에 대한 소방시설의 공사
> - 지하층을 포함한 층수가 (㉡)층 이상으로서 (㉢)세대 이상인 아파트에 대한 소방시설의 공사

① ㉠ 10,000, ㉡ 11, ㉢ 600
② ㉠ 10,000, ㉡ 16, ㉢ 500
③ ㉠ 30,000, ㉡ 11, ㉢ 600
④ ㉠ 30,000, ㉡ 16, ㉢ 500

57 ① 58 ② 59 ④ 60 ④ **정답**

해설 상주 공사감리 대상 기준

- **연면적 30,000[m²] 이상**의 특정소방 대상물(아파트는 제외)에 대한 소방시설의 공사
- 지하층을 포함한 층수가 **16층 이상**으로서 **500세대 이상인 아파트**에 대한 소방시설의 공사

제 4 과목 소방기계시설의 구조 및 원리

61

전역방출방식의 분말소화설비에 있어서 방호구역이 용적이 500[m³]일 때 적합한 분사헤드의 수는?(단, 제1종 분말이며, 체적 1[m³]당 소화약제의 양은 0.60[kg]이며, 분사헤드 1개의 분당 표준방사량은 18[kg]이다)

① 17개 ② 30개
③ 34개 ④ 134개

해설 소화약제를 30초 이내로 방사하여야 하므로

$$\text{헤드수} = 500[\text{m}^3] \times 0.6[\text{kg/m}^3] \div 18[\text{kg}] \div 0.5 = 33.33 \Rightarrow 34\text{개}$$

62

이산화탄소 소화약제의 저장용기 설치기준 중 옳은 것은?

① 저장용기의 충전비는 고압식은 1.9 이상 2.3 이하, 저압식은 1.5 이상 1.9 이하로 할 것
② 저압식 저장용기에는 액면계 및 압력계와 2.1[MPa] 이상 1.9[MPa] 이하의 압력에서 작동하는 압력경보장치를 설치할 것
③ 저장용기 고압식은 25[MPa] 이상, 저압식은 3.5[MPa] 이상의 내압시험압력에 합격한 것으로 할 것
④ 저압식 저장용기에는 내압시험압력의 1.8배의 압력에서 작동하는 안전밸브와 내압시험압력의 0.8배부터 내압시험압력에서 작동하는 봉판을 설치할 것

해설 이산화탄소 소화약제의 저장용기 설치기준

- 저장용기의 **충전비**

고압식	저압식
1.5 이상 1.9 이하	1.1 이상 1.4 이하

- **저압식 저장용기**에는 액면계 및 압력계와 **2.3[MPa] 이상 1.9[MPa] 이하**의 압력에서 작동하는 **압력경보장치**를 설치할 것
- **저장용기 고압식**은 **25[MPa] 이상**, **저압식**은 **3.5[MPa] 이상**의 **내압시험압력에 합격**한 것으로 할 것
- **저압식 저장용기**에는 **내압시험압력의 0.64배부터 0.8배의 압력**에서 작동하는 **안전밸브**와 **내압시험압력의 0.8배부터 내압시험압력에서 작동하는 봉판**을 설치할 것

63

화재 시 연기가 찰 우려가 없는 장소로서 호스릴 분말소화설비를 설치할 수 있는 기준 중 다음 ( ) 안에 알맞은 것은?

> • 지상 1층 및 피난층에 있는 부분으로서 지상에서 수동 또는 원격조작에 따라 개방할 수 있는 개구부의 유효면적의 합계가 바닥면적의 (㉠)[%] 이상이 되는 부분
> • 전기설비가 설치되어 있는 부분 또는 다량의 화기를 사용하는 부분의 바닥면적이 해당 설비가 설치되어 있는 구획의 바닥면적의 (㉡) 미만이 되는 부분

① ㉠ 15, ㉡ $\frac{1}{5}$ ② ㉠ 15, ㉡ $\frac{1}{2}$
③ ㉠ 20, ㉡ $\frac{1}{5}$ ④ ㉠ 20, ㉡ $\frac{1}{2}$

해설 **호스릴 분말소화설비를 설치할 수 있는 기준(화재 시 연기가 찰 우려가 없는 장소)**

- 지상 1층 및 피난층에 있는 부분으로서 지상에서 수동 또는 원격조작에 따라 개방할 수 있는 개구부의 유효면적의 합계가 바닥면적의 **15[%] 이상**이 되는 부분
- 전기설비가 설치되어 있는 부분 또는 다량의 화기를 사용하는 부분(해당 설비의 주위 5[m] 이내의 부분을 포함)의 바닥면적이 해당 설비가 설치되어 있는 구획의 바닥면적의 **1/5 미만**이 되는 부분

정답 61 ③ 62 ③ 63 ①

64

소화수조의 소요수량이 20[m³] 이상 40[m³] 미만인 경우 설치하여야 하는 채수구의 개수로 옳은 것은?

① 1개 ② 2개
③ 3개 ④ 4개

해설 채수구의 수

소요수량	채수구의 수	가압송수장치의 1분당 양수량
20[m³] 이상 40[m³] 미만	1개	1,100[L] 이상
40[m³] 이상 100[m³] 미만	2개	2,200[L] 이상
100[m³] 이상	3개	3,300[L] 이상

65

건축물에 설치하는 연결살수설비헤드의 설치기준 중 다음 (　) 안에 알맞은 것은?

> 천장 또는 반자의 각 부분으로부터 하나의 살수헤드까지의 수평거리가 연결살수설비 전용헤드의 경우는 (㉠)[m] 이하, 스프링클러헤드의 경우는 (㉡)[m] 이하로 할 것. 다만, 살수헤드의 부착면과 바닥과의 높이가 (㉢)[m] 이하인 부분은 살수헤드의 살수분포에 따른 거리로 할 수 있다.

① ㉠ 3.7, ㉡ 2.3, ㉢ 2.1
② ㉠ 3.7, ㉡ 2.1, ㉢ 2.3
③ ㉠ 2.3, ㉡ 3.7, ㉢ 2.3
④ ㉠ 2.3, ㉡ 3.7, ㉢ 2.1

해설 연결살수설비헤드의 설치기준
천장 또는 반자의 각 부분으로부터 하나의 살수헤드까지의 수평거리
- **연결살수설비 전용헤드 : 3.7[m] 이하**
- **스프링클러헤드 : 2.3[m] 이하**
- 살수헤드의 부착면과 바닥과의 높이가 2.1[m] 이하인 부분은 살수헤드의 살수분포에 따른 거리로 할 수 있다.

66

포소화설비의 자동식 기동장치를 폐쇄형 스프링클러헤드의 개방과 연동하여 가압송수 장치·일제 개방밸브 및 포소화약제 혼합 장치를 기동하는 경우의 설치기준 중 다음 (　) 안에 알맞은 것은?(단, 자동화재탐지설비의 수신기가 설치된 장소에 상시 사람이 근무하고 있고, 화재 시 즉시 해당 조작부를 작동시킬 수 있는 경우는 제외한다)

> 표시온도가 (㉠)[℃] 미만인 것을 사용하고, 1개의 스프링클러헤드의 경계면적은 (㉡)[m²] 이하로 할 것

① ㉠ 79, ㉡ 8
② ㉠ 121, ㉡ 8
③ ㉠ 79, ㉡ 20
④ ㉠ 121, ㉡ 20

해설 폐쇄형스프링클러헤드의 설치기준
- **표시온도가 79[℃] 미만**인 것을 사용하고, 1개의 스프링클러헤드의 **경계면적은 20[m²] 이하**로 할 것
- 부착면의 높이는 바닥으로부터 5[m] 이하로 하고 화재를 유효하게 감지할 수 있도록 할 것

67

스프링클러설비 가압송수장치의 설치기준 중 고가수조를 이용한 가압송수장치에 설치하지 않아도 되는 것은?

① 수위계
② 배수관
③ 오버플로관
④ 압력계

해설 고가수조를 이용한 가압송수장치에 설치하는 부속품 : 수위계, 배수관, 급수관, 오버플로관, 맨홀

> 압력계 : 압력수조에 설치

64 ① 65 ① 66 ③ 67 ④ 정답

68

특별피난계단의 계단실 및 부속실 제연설비의 차압 등에 관한 기준 중 다음 ( ) 안에 알맞은 것은?

> 제연설비가 가동되었을 경우 출입문의 개방에 필요한 힘은 ( )[N] 이하로 하여야 한다.

① 12.5　② 40
③ 70　④ 110

해설 특별피난계단의 계단실 및 부속실 제연설비의 차압 등에 관한 기준
- 제연구역과 옥내와의 사이에 유지하여야 하는 **최소 차압 : 40[Pa](스프링클러설비가 설치된 경우**에는 **12.5[Pa]) 이상**으로 하여야 한다.
- 제연설비가 가동되었을 경우 출입문의 개방에 필요한 힘은 **110[N] 이하**로 하여야 한다.

69

완강기의 최대사용자수 기준 중 다음 ( ) 안에 알맞은 것은?

> 최대사용자수(1회에 강하할 수 있는 사용자의 최대수)는 최대사용하중을 ( )[N]으로 나누어서 얻은 값으로 한다.

① 250　② 500
③ 780　④ 1,500

해설 완강기의 최대사용자수

$$\text{완강기의 최대사용자수} = \frac{\text{최대사용하중}}{1{,}500}$$

70

화재조기진압용 스프링클러설비 가지배관의 배열기준 중 천장의 높이가 9.1[m] 이상 13.7[m] 이하인 경우 가지배관 사이의 거리 기준으로 옳은 것은?

① 2.4[m] 이상 3.1[m] 이하
② 2.4[m] 이상 3.7[m] 이하
③ 6.0[m] 이상 8.5[m] 이하
④ 6.0[m] 이상 9.3[m] 이하

해설 화재조기진압용 스프링클러설비의 가지배관의 배열기준
- 가지배관의 헤드 사이의 거리 : 2.4[m] 이상 3.7[m] 이하
- 천장의 높이가 9.1[m] 이상 13.7[m] 이하인 경우 : 2.4[m] 이상 3.1[m] 이하

71

스프링클러설비 헤드의 설치기준 중 다음 ( ) 안에 알맞은 것은?

> 살수가 방해되지 아니하도록 스프링클러헤드로부터 반경 (㉠)[cm] 이상의 공간을 보유할 것. 다만, 벽과 스프링클러헤드 간의 공간은 (㉡)[cm] 이상으로 한다.

① ㉠ 10, ㉡ 60　② ㉠ 30, ㉡ 10
③ ㉠ 60, ㉡ 10　④ ㉠ 90, ㉡ 60

해설 스프링클러설비 헤드의 설치기준
- 살수가 방해되지 아니하도록 스프링클러헤드로부터 반경 **60[cm] 이상의 공간을 보유**할 것. 다만, 벽과 스프링클러헤드 간의 공간은 **10[cm] 이상**으로 한다.
- 스프링클러헤드와 그 부착면과의 거리는 **30[cm] 이하**로 할 것

72

포소화약제의 혼합장치에 대한 설명 중 옳은 것은?

① 라인 프로포셔너방식이란 펌프의 토출관과 흡입관 사이의 배관 도중에 설치한 흡입기에 펌프에서 토출된 물의 일부를 보내고, 농도 조정밸브에서 조정된 포소화약제의 필요량을 포소화약제 탱크에서 펌프 흡입측으로 보내어 이를 혼합하는 방식을 말한다.
② 프레셔 사이드 프로포셔너방식이란 펌프의 토출관에 압입기를 설치하여 포소화약제 압입용펌프로 포소화약제를 압입시켜 혼합하는 방식을 말한다.
③ 프레셔 프로포셔너방식이란 펌프와 발포기의 중간에 설치된 벤투리관의 벤투리작용에 따라 포소화약제를 흡입・혼합하는 방식을 말한다.
④ 펌프 프로포셔너방식이란 펌프와 발포기의 중간에 설치된 벤투리관의 벤투리작용과 펌프 가압수의 포소화약제 저장탱크에 대한 압력에 따라 포소화약제를 흡입・혼합하는 방식을 말한다.

정답 68 ④　69 ④　70 ①　71 ③　72 ②

해설 포소화약제의 혼합장치

- **펌프 프로포셔너방식** : 펌프의 토출관과 흡입관 사이의 배관 도중에 설치한 **흡입기에 펌프에서 토출된 물의 일부를 보내고, 농도 조정밸브에서 조정된 포소화약제의 필요량**을 포소화약제 탱크에서 펌프 흡입측으로 보내어 이를 혼합하는 방식
- **프레셔 프로포셔너방식** : 펌프와 발포기의 중간에 설치된 **벤투리관의 벤투리작용과 펌프 가압수의 포소화약제 저장탱크에 대한 압력**에 따라 포소화약제를 흡입·혼합하는 방식
- **라인 프로포셔너방식** : 펌프와 발포기의 중간에 설치된 **벤투리관의 벤투리작용**에 따라 포소화약제를 흡입·혼합하는 방식
- **프레셔 사이드 프로포셔너방식** : 펌프의 토출관에 **압입기를 설치**하여 포소화약제 압입용펌프로 포소화약제를 압입시켜 혼합하는 방식

73

전동기 또는 내연기관에 따른 펌프를 이용하는 옥외소화전설비의 가압송수장치의 설치기준 중 다음 ( ) 안에 알맞은 것은?

> 해당 특정소방대상물에 설치된 옥외소화전(2개 이상 설치된 경우에는 2개의 옥외소화전)을 동시에 사용할 경우 각 옥외소화전의 노즐선단에서의 방수압력이 (㉠)[MPa] 이상이고, 방수량이 (㉡)[L/min] 이상이 되는 성능의 것으로 할 것

① ㉠ 0.17, ㉡ 350
② ㉠ 0.25, ㉡ 350
③ ㉠ 0.17, ㉡ 130
④ ㉠ 0.25, ㉡ 130

해설 옥외소화전설비

- 방수압력 : 0.25[MPa]
- 방수량 : 350[L/min]

74

미분무소화설비 용어의 정의 중 다음 ( ) 안에 알맞은 것은?

> "미분무"란 물만을 사용하여 소화하는 방식으로 최소설계압력에서 헤드로부터 방출되는 물입자 중 99[%]의 누적체적분포가 (㉠)[μm] 이하로 분무되고 (㉡)급 화재에 적응성을 갖는 것을 말한다.

① ㉠ 400, ㉡ A, B, C
② ㉠ 400, ㉡ B, C
③ ㉠ 200, ㉡ A, B, C
④ ㉠ 200, ㉡ B, C

해설 **미분무** : 물만을 사용하여 소화하는 방식으로 최소설계압력에서 헤드로부터 방출되는 물입자 중 **99[%]의 누적체적분포가 400[μm] 이하**로 분무되고 **A, B, C급 화재**에 적응성을 갖는 것

75

소화기구의 소화약제별 적응성 중 C급 화재에 적응성이 없는 소화약제는?

① 마른 모래
② 할로겐화합물 및 불활성기체 소화약제
③ 이산화탄소소화약제
④ 중탄산염류 분말소화약제

해설 **전기화재(C급 화재)** : 할로겐화합물 및 불활성기체 소화약제, 이산화탄소, 중탄산염류 분말소화약제

76

소화약제 외의 것을 이용한 간이소화용구의 능력단위 기준 중 다음 ( ) 안에 알맞은 것은?

간이소화용구		능력단위
마른 모래	삽을 상비한 50[L] 이상의 것 1포	( )단위

① 0.5　② 1
③ 3　④ 5

해설 간이소화용구의 능력단위 기준

간이소화용구		능력단위
마른 모래	삽을 상비한 50[L] 이상의 것 1포	0.5 단위
팽창질석, 팽창진주암	삽을 상비한 80[L] 이상의 것 1포	

77

다음과 같은 소방대상물의 부분에 완강기를 설치할 경우 부착 금속구의 부착위치로서 가장 적합한 위치는?

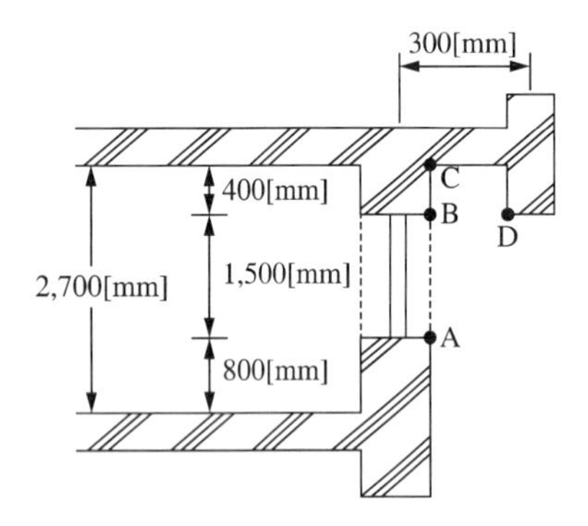

① A　　② B
③ C　　④ D

해설 완강기를 설치할 경우 부착 금속구의 부착위치는 하강 시 장애물이 없는 D가 적합하다.

78

연소방지설비의 배관의 설치기준 중 다음 ( ) 안에 알맞은 것은?

> 연소방지설비에 있어서의 수평주행배관의 구경은 100[mm] 이상의 것으로 하되, 연소방지설비 전용헤드 및 스프링클러헤드를 향하여 상향으로 ( ) 이상의 기울기로 설치하여야 한다.

① $\frac{2}{100}$　　② $\frac{1}{1,000}$
③ $\frac{1}{100}$　　④ $\frac{1}{500}$

해설 연소방지설비에 있어서의 수평주행배관의 구경은 100[mm] 이상의 것으로 하되, **연소방지설비 전용헤드 및 스프링클러헤드**를 향하여 **상향으로 1/1,000** 이상의 기울기로 설치하여야 한다.

79

상수도소화용수설비의 소화전은 특정소방대상물의 수평투영면의 각 부분으로부터 몇 [m] 이하가 되도록 설치하여야 하는가?

① 200　　② 140
③ 100　　④ 70

해설 상수도소화용수설비의 소화전은 특정소방대상물의 수평투영면의 각 부분으로부터 **140[m] 이하**가 되도록 설치하여야 한다.

80

이산화탄소 소화약제 저압식 저장용기의 충전비로 옳은 것은?

① 0.9 이상 1.1 이하
② 1.1 이상 1.4 이하
③ 1.4 이상 1.7 이하
④ 1.5 이상 1.9 이하

해설 이산화탄소 소화약제 저장용기의 충전비

고압식	저압식
1.5 이상 1.9 이하	1.1 이상 1.4 이하

정답 77 ④ 78 ② 79 ② 80 ②

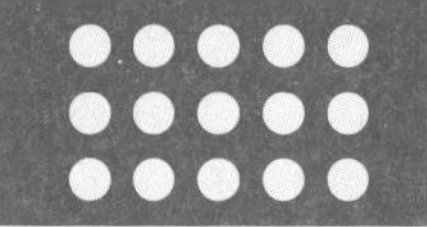

제 4 회 2018년 9월 15일 시행

제 1 과목 소방원론

01

염소산염류, 과염소산염류, 알칼리 금속의 과산화물, 질산염류, 과망간산염류의 특징과 화재 시 소화방법에 대한 설명 중 틀린 것은?

① 가열 등에 의해 분해하여 산소를 발생하고 화재 시 산소의 공급원 역할을 한다.
② 가연물, 유기물, 기타 산화하기 쉬운 물질과 혼합물은 가열, 충격, 마찰 등에 의해 폭발하는 수도 있다.
③ 알칼리금속의 과산화물을 제외하고 다량의 물로 냉각소화한다.
④ 그 자체가 가연성이며 폭발을 지니고 있어 화약류 취급 시와 같이 주의를 요한다.

해설 **제1류 위험물(염소산염류, 과염소산염류, 알칼리 금속의 과산화물, 질산염류, 과망간산염류)** : 불연성

02

어떤 기체가 0[℃], 1기압에서 부피가 11.2[L], 기체질량이 22[g]이었다면 이 기체의 분자량은?(단, 이상기체로 가정한다)

① 22 ② 35
③ 44 ④ 56

해설 **이상기체 상태방정식을 적용하면**

$$PV = nRT = \frac{W}{M}RT \qquad M = \frac{WRT}{PV}$$

여기서, P : 압력(1[atm])
V : 부피(11.2[L])
n : mol수(무게/분자량)
W : 무게(22[g])
M : 분자량
R : 기체상수
(0.08205[L · atm]/[kg-mol · K])
T : 절대온도(273+0[℃] = 273[K])

$$\therefore M = \frac{WRT}{PV} = \frac{22 \times 0.08205 \times 273}{1 \times 11.2} = 44$$

03

화재예방, 소방시설 설치 · 유지 및 안전관리에 관한 법령에 따른 개구부의 기준으로 틀린 것은?

① 해당 층의 바닥면으로부터 개구부 밑부분까지의 높이가 1.5[m] 이내일 것
② 크기는 지름 50[cm] 이상의 원이 내접할 수 있는 크기일 것
③ 도로 또는 차량이 진입할 수 있는 빈터를 향할 것
④ 내부 또는 외부에서 쉽게 파괴 또는 개방할 수 있을 것

해설 "**무창층**(無窓層)"이라 함은 지상층 중 다음 각 목의 요건을 모두 갖춘 개구부(건축물에서 채광 · 환기 · 통풍 또는 출입 등을 위하여 만든 창 · 출입구 그 밖에 이와 비슷한 것)의 면적의 합계가 당해 층의 바닥면적의 **1/30 이하**가 되는 층을 말한다.

- 개구부의 크기가 지름 50[cm] 이상의 원이 내접할 수 있을 것
- 해당 층의 바닥면으로부터 개구부 밑부분까지의 높이가 **1.2[m] 이내**일 것
- 개구부는 도로 또는 차량이 진입할 수 있는 빈터를 향할 것
- 화재 시 건축물로부터 쉽게 피난할 수 있도록 개구부에 창살 그 밖의 장애물이 설치되지 아니할 것
- 내부 또는 외부에서 쉽게 파괴 또는 개방할 수 있을 것

01 ④ 02 ③ 03 ① **정답**

04

제4류 위험물의 물리·화학적 특성에 대한 설명으로 틀린 것은?

① 증기비중은 공기보다 크다.
② 정전기에 의한 화재발생위험이 있다.
③ 인화성 액체이다.
④ 인화점이 높을수록 증기발생이 용이하다.

해설 제4류 위험물
- 증기비중은 공기보다 크다(시안화수소는 공기보다 0.93배 가볍다).
- 인화성 액체이므로 정전기에 의한 화재 위험성이 크다.
- 인화점이 낮을수록 증기발생이 용이하므로 위험하다.

05

갑종방화문과 을종방화문의 비차열 성능은 각각 최소 몇 분 이상이어야 하는가?

① 갑종 : 90분, 을종 : 40분
② 갑종 : 60분, 을종 : 30분
③ 갑종 : 45분, 을종 : 20분
④ 갑종 : 30분, 을종 : 10분

해설 방화문의 비차열시간

갑종방화문	을종방화문
60분 이상	30분 이상

06

피난로의 안전구획 중 2차 안전구획에 속하는 것은?

① 복 도
② 계단부속실(계단전실)
③ 계 단
④ 피난층에서 외부와 직면한 현관

해설 피난시설의 안전구획

구 분	1차 안전구획	2차 안전구획	3차 안전구획
대 상	복 도	전실 (계단부속실)	계 단

07

할론계 소화약제의 주된 소화효과 및 방법에 대한 설명으로 옳은 것은?

① 소화약제의 증발잠열에 의한 소화방법이다.
② 산소의 농도를 15[%] 이하로 낮게 하는 소화방법이다.
③ 소화약제의 열분해에 의해 발생하는 이산화탄소에 의한 소화방법이다.
④ 자유활성기(Free Radical)의 생성을 억제하는 소화방법이다.

해설 할론소화약제는 자유활성기(Free Radical)의 생성을 억제하는 부촉매소화방법이다.

08

유류 탱크의 화재 시 탱크 저부의 물이 뜨거운 열류층에 의하여 수증기로 변하면서 급작스런 부피 팽창을 일으켜 유류가 탱크 외부로 분출하는 현상은?

① 슬롭 오버(Slop Over)
② 블레비(BLEVE)
③ 보일 오버(Boil Over)
④ 파이어 볼(Fire Ball)

해설 유류탱크에서 발생하는 현상
- **보일 오버(Boil Over)**
  - 중질유 탱크에서 장시간 조용히 연소하다가 탱크의 잔존기름이 갑자기 분출(Over Flow)하는 현상
  - 탱크 저부의 물이 뜨거운 열류층에 의하여 수증기로 변하면서 급작스런 부피 팽창을 일으켜 유류가 탱크 외부로 분출하는 현상
  - 연소유면으로부터 100[℃] 이상의 열파가 탱크저부에 고여 있는 물을 비등하게 하면서 연소유를 탱크 밖으로 비산하며 연소하는 현상
- **슬롭 오버(Slop Over)** : 물이 연소유의 뜨거운 표면에 들어갈 때 기름 표면에서 화재가 발생하는 현상
- **프로스 오버(Froth Over)** : 물이 뜨거운 기름 표면 아래서 끓을 때 화재를 수반하지 않는 용기에서 넘쳐 흐르는 현상

정답 04 ④ 05 ② 06 ② 07 ④ 08 ③

09

어떤 유기화합물을 원소 분석한 결과 중량백분율이 C : 39.9[%], H : 6.7[%], O : 53.4[%]인 경우 이 화합물의 분자식은?(단, 원자량은 C = 12, O = 16, H = 1이다)

① $C_3H_8O_2$ ② $C_2H_4O_2$
③ C_2H_4O ④ $C_2H_6O_2$

해설 분자식

- 실험식

$$\frac{39.9}{12} : \frac{6.7}{1} : \frac{53.4}{16} = 3.325 : 6.5 : 3.33$$
$$= 1 : 2 : 1 = CHO$$

- 분자식 = 실험식 × n = CHO × 2 = $C_2H_4O_2$

10

내화구조에 해당하지 않는 것은?

① 철근콘크리트조로 두께가 10[cm] 이상인 벽
② 철근콘크리트조로 두께가 5[cm] 이상인 외벽 중 비내력벽
③ 벽돌조로서 두께가 19[cm] 이상인 벽
④ 철골・철근콘크리트조로서 두께가 10[cm] 이상인 벽

해설 내화구조의 기준

내화구분		내화구조의 기준
벽	모든 벽	• 철근콘크리트조 또는 철골・철근콘크리트조로서 두께가 10[cm] 이상인 것 • 골구를 철골조로 하고 그 양면을 두께 4[cm] 이상의 철망모르타르로 덮은 것 • 두께 5[cm] 이상의 콘크리트 블록・벽돌 또는 석재로 덮은 것 • 철재로 보강된 콘크리트블록조・벽돌소 노는 석조로서 절재에 덮은 콘크리트 블록 등의 두께가 5[cm] 이상인 것 • 벽돌조로서 두께가 19[cm] 이상인 것
	외벽 중 비내력벽	• 철근콘크리트조 또는 철골・철근콘크리트조로서 두께가 7[cm] 이상인 것 • 골구를 철골조로 하고 그 양면을 두께 3[cm] 이상의 철망모르타르로 덮은 것 • 두께 4[cm] 이상의 콘크리트 블록・벽돌 또는 석재로 덮은 것 • 무근콘크리트조・콘크리트블록조・벽돌조 또는 석조로서 두께가 7[cm] 이상인 것

11

소방시설 중 피난구조설비에 해당하지 않는 것은?

① 무선통신보조설비
② 완강기
③ 구조대
④ 공기안전매트

해설 무선통신보조설비 : 소화활동설비

12

연소의 4요소 중 자유활성기(Free Radical)의 생성을 저하시켜 연쇄반응을 중지시키는 소화방법은?

① 제거소화
② 냉각소화
③ 질식소화
④ 억제소화

해설 억제소화 : 자유활성기(Free Radical)의 생성을 저하시켜 연쇄반응을 중지시키는 소화방법

13

소화약제로 사용할 수 없는 것은?

① $KHCO_3$ ② $NaHCO_3$
③ CO_2 ④ NH_3

해설 소화약제

종 류	명 칭	약 제
$KHCO_3$	제2종 분말	탄산수소칼륨
$NaHCO_3$	제1종 분말	탄산수소나트륨
CO_2	이산화탄소	이산화탄소
NH_3	암모니아	냉 매

09 ② 10 ② 11 ① 12 ④ 13 ④ 정답

14

폭연에서 폭굉으로 전이되기 위한 조건에 대한 설명으로 틀린 것은?

① 정상연소속도가 작은 가스일수록 폭굉으로 전이가 용이하다.
② 배관 내에 장애물이 존재할 경우 폭굉으로 전이가 용이하다.
③ 배관의 관경이 가늘수록 폭굉으로 전이가 용이하다.
④ 배관 내 압력이 높을수록 폭굉으로 전이가 용이하다.

해설 정상연소속도가 큰 가스일수록 폭굉으로 전이가 용이하다.

15

제3종 분말소화약제에 대한 설명으로 틀린 것은?

① A, B, C급 화재에 모두 적용한다.
② 주성분은 탄산수소칼륨과 요소이다.
③ 열분해 시 발생되는 불연성 가스에 의한 질식효과가 있다.
④ 분말운무에 의한 열방사를 차단하는 효과가 있다.

해설 **제3종 분말소화약제의 주성분**
제일인산암모늄($NH_4H_2PO_4$)

16

비열이 가장 큰 물질은?

① 구 리
② 수 은
③ 물
④ 철

해설 물의 비열은 1[cal/g·℃]로서 가장 크다.

17

TLV(Threshold Limit Value)가 가장 높은 가스는?

① 시안화수소 ② 포스겐
③ 일산화탄소 ④ 이산화탄소

해설 TLV(Threshold Limit Value) : 평균적인 성인 남자가 매일 8시간씩 주 5일을 연속해서 이 농도의 가스(증기)를 함유하고 있는 공기 중에서 작업을 해도 건강에는 영향이 없다고 생각되는 한계 농도

종 류	TLV
시안화수소	10[ppm]
포스겐	0.1[ppm]
일산화탄소	50[ppm]
이산화탄소	5,000[ppm]

18

경유화재가 발생했을 때 주수소화가 오히려 위험할 수 있는 이유는?

① 경유는 물과 반응하여 유독가스를 발생하므로
② 경유의 연소열로 인하여 산소가 방출되어 연소를 돕기 때문에
③ 경유는 물보다 비중이 가벼워 화재면의 확대 우려가 있으므로
④ 경유가 연소할 때 수소가스를 발생하여 연소를 돕기 때문에

해설 경유는 물과 섞이지 않고 물보다 비중이 가벼워 화재면의 확대 우려가 있으므로 주수소화는 위험하다.

19

건축물의 피난·방화구조 등의 기준에 관한 규칙에 따른 철망모르타르로서 그 바름두께가 최소 몇 [cm] 이상인 것을 방화구조로 규정하는가?

① 2 ② 2.5
③ 3 ④ 3.5

정답 14 ① 15 ② 16 ③ 17 ④ 18 ③ 19 ①

해설 방화구조

구조 내용	방화구조의 기준
• 철망모르타르 바르기	바름 두께가 2[cm] 이상인 것
• 석고판 위에 시멘트 모르타르, 회반죽을 바른 것 • 시멘트 모르타르 위에 타일을 붙인 것	두께의 합계가 2.5[cm] 이상인 것
• 심벽에 흙으로 맞벽치기 한 것	그대로 모두 인정됨

20

다음 중 분진 폭발의 위험성이 가장 낮은 것은?

① 소석회　② 알루미늄분
③ 석탄분말　④ 밀가루

해설 소석회(수산화칼슘)는 $Ca(OH)_2$로서 분진폭발의 위험이 없다.

제 2 과목 소방유체역학

21

관 내에서 물이 평균속도 9.8[m/s]로 흐를 때의 속도수두는 약 몇 [m]인가?

① 4.9　② 9.8
③ 48　④ 128

해설 속도수두(H)

$$H=\frac{u^2}{2g}$$

$$\therefore\ H=\frac{u^2}{2g}=\frac{(9.8[\mathrm{m/s}])^2}{2\times 9.8[\mathrm{m/s^2}]}=4.9[\mathrm{m}]$$

22

다음 기체, 유체, 액체에 대한 설명 중 옳은 것만을 모두 고른 것은?

> ㉠ 기체 : 매우 작은 응집력을 가지고 있으며, 자유표면을 가지지 않고 주어진 공간을 가득 채우는 물질
> ㉡ 유체 : 전단응력을 받을 때 연속적으로 변형하는 물질
> ㉢ 액체 : 전단응력이 전단변형률과 선형적인 관계를 가지는 물질

① ㉠, ㉡　② ㉠, ㉢
③ ㉡, ㉢　④ ㉠, ㉡, ㉢

해설 설 명

- 기체 : 매우 작은 응집력을 가지고 있으며, 자유표면을 가지지 않고 주어진 공간을 가득 채우는 물질
- 유 체
  - 아무리 작은 전단력에도 변형을 일으키는 물질
  - 전단응력이 물질내부에 생기면 정지상태로 있을 수 없는 물질
- Newton유체 : 전단응력과 전단변형율이 선형적인 관계를 갖는 유체

23

이상기체의 등엔트로피 과정에 대한 설명 중 틀린 것은?

① 폴리트로픽 과정의 일종이다.
② 가역단열과정에서 나타난다.
③ 온도가 증가하면 압력이 증가한다.
④ 온도가 증가하면 비체적이 증가한다.

해설 이상기체의 등엔트로피 과정

- 가역단열과정이다.
- 폴리트로픽 과정의 일종이다.
- 온도가 증가하면 압력이 증가한다.

20 ① 21 ① 22 ① 23 ④ 정답

24

그림의 액주계에서 밀도 $\rho_1 = 1{,}000[kg/m^3]$, $\rho_2 = 13{,}600[kg/m^3]$, 높이 $h_1 = 500[mm]$, $h_2 = 800[mm]$일 때 관 중심 A의 계기압력은 몇 [kPa]인가?

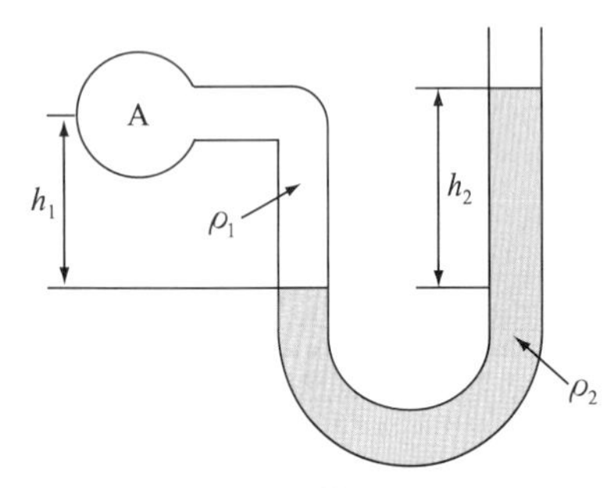

① 101.7　　② 109.6
③ 126.4　　④ 131.7

해설 $P_A + \rho_1 h_1 = P_B + \rho_2 h_2$

$P_A = P_B + \rho_2 h_2 - \rho_1 h_1$

$= 13.6[g/cm^3] \times 80[cm] - 1[g/cm^3] \times 50[cm]$

$= 1{,}038[g/cm^2]$

$= 1.038[kg/cm^2] \div 1.0332[kg/cm^2] \times 101.3[kPa]$

$= 101.77[kPa]$

25

피스톤의 지름이 각각 10[mm], 50[mm]인 두 개의 유압장치가 있다. 두 피스톤에 안에 작용하는 압력은 동일하고, 큰 피스톤이 1,000[N]의 힘을 발생시킨다고 할 때 작은 피스톤에서 발생시키는 힘은 약 몇 [N]인가?

① 40　　② 400
③ 25,000　　④ 245,000

해설 Pascal의 원리에서 피스톤 A_1의 반지름을 r_1, 피스톤 A_2의 반지름을 r_2라 하면

$\frac{F_1}{A_1} = \frac{F_2}{A_2}$, $\frac{F_1}{\pi(5)^2} = \frac{1{,}000[N]}{\pi(25)^2}$

$\therefore F_1 = 40[N]$

26

펌프의 캐비테이션을 방지하기 위한 방법으로 틀린 것은?

① 펌프의 설치 위치를 낮추어서 흡입 양정을 작게 한다.
② 흡입관을 크게 하거나 밸브, 플랜지 등을 조정하여 흡입 손실 수두를 줄인다.
③ 펌프의 회전속도를 높여 흡입 속도를 크게 한다.
④ 2대 이상의 펌프를 사용한다.

해설 **공동현상의 방지 대책**

- Pump의 흡입측 수두, 마찰손실, Impeller 속도(회전수)를 **작게 한다.**
- Pump 흡입관경을 크게 한다.
- Pump 설치위치를 수원보다 낮게 하여야 한다.
- Pump 흡입압력을 유체의 증기압보다 높게 한다.
- 양흡입 Pump를 사용하여야 한다.
- 양흡입 Pump로 부족 시 펌프를 2대로 나눈다.

27

2[cm] 떨어진 두 수평한 판 사이에 기름이 차 있고, 두 판 사이의 정중앙에 두께가 매우 얇은 한 변의 길이가 10[cm]인 정사각형 판이 놓여있다. 이 판을 10[cm/s]의 일정한 속도로 수평하게 움직이는 데 0.02[N]의 힘이 필요하다면, 기름의 점도는 약 몇 $[N \cdot s/m^2]$인가?(단, 정사각형 판의 두께는 무시한다)

① 0.1
② 0.2
③ 0.01
④ 0.02

정답 24 ①　25 ①　26 ③　27 ①

해설 기름의 점도

> 전단응력 $\tau = \frac{F}{A} = \mu\frac{u}{h}$ 에서 힘 $F = \mu A\frac{u}{h}$

- 정사각형 판이 두 수평한 판 사이의 중앙에 있으므로 윗면에 작용하는 힘(F_1)과 아랫면에 작용하는 힘(F_2)은 같다. 따라서, 정사각형 판을 움직이는 데 필요한 힘 $F = F_1 + F_2 = 2F_1$ 이다.
- 힘 $F = 2\times\left(\mu A\frac{u}{h}\right)$에서 점성계수

$$\mu = \frac{Fh}{2Au} = \frac{0.02[\mathrm{N}]\times 0.01[\mathrm{m}]}{2\times\left(0.1[\mathrm{m}]\times 0.1[\mathrm{m}]\right)\times 0.1\frac{[\mathrm{m}]}{[\mathrm{s}]}}$$
$$= 0.1[\mathrm{N}\cdot\mathrm{s/m^2}]$$

28

그림과 같이 스프링상수(Spring Constant)가 10[N/cm]인 4개의 스프링으로 평판 A를 벽 B에 그림과 같이 설치되어 있다. 이 평판에 유량 0.01[m³/s], 속도 10[m/s]인 물 제트가 평판 A의 중앙에 직각으로 충돌할 때, 물 제트에 의해 평판과 벽 사이의 단축되는 거리는 약 몇 [cm]인가?

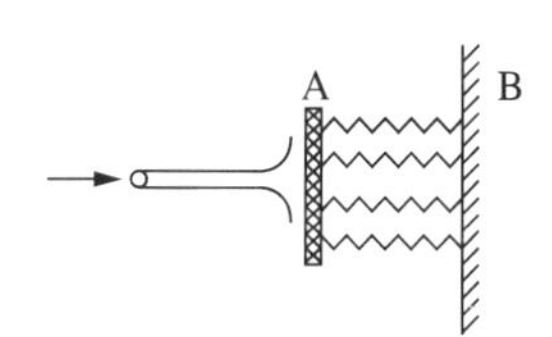

① 2.5 ② 5
③ 10 ④ 40

해설 평판과 벽 사이의 단축되는 거리

> 운동량방정식 $F = \rho Q u = 4kx$

여기서, ρ : 밀도(1,000[kg/m³])
Q : 유량(0.01[m³/s])
u : 유속(10[m/s])
k : 상수[N/m]
x : 거리[m]

∴ 거리 $x = \frac{\rho Q u}{4k}$

$$= \frac{1{,}000[\frac{\mathrm{kg}}{\mathrm{m^3}}]\times 0.01[\frac{\mathrm{m^3}}{\mathrm{s}}]\times 10[\frac{\mathrm{m}}{\mathrm{s}}]}{4\times\left(10[\frac{\mathrm{N}}{\mathrm{cm}}]\times\frac{100[\mathrm{cm}]}{1[\mathrm{m}]}\right)}$$
$$= 0.025[\mathrm{m}] = 2.5[\mathrm{cm}]$$

29

파이프 단면적이 2.5배로 급격하게 확대되는 구간을 지난 후의 유속이 1.2[m/s]이다. 부차적 손실계수가 0.36이라면 급격확대로 인한 손실수두는 몇 [m]인가?

① 0.0264
② 0.0661
③ 0.165
④ 0.331

해설 단면적 $A_2 = 2.5A_1$, $u_2 = 1.2[\mathrm{m/s}]$, $K = 0.36$
연속의 방정식 $Q = u_1A_1 = u_2A_2$
유속 $u_1 = \frac{A_2}{A_1}u_2 = \frac{2.5A_1}{A_1}\times 1.2[\mathrm{m/s}] = 3[\mathrm{m/s}]$
∴ 확대관 손실수두

$$H = K\frac{u_1^2}{2g} = 0.36\times\frac{(3)^2}{2\times 9.8} = 0.165[\mathrm{m}]$$

30

관로에서 20[℃]의 물이 수조에 5분 동안 유입되었을 때 유입된 물의 중량이 60[kN]이라면 이때 유량은 몇 [m³/s]인가?

① 0.015
② 0.02
③ 0.025
④ 0.03

해설 유 량

> $\overline{m} = A\,u\,\rho = Q\rho \qquad Q = \frac{\overline{m}}{\rho}$

여기서,
$\overline{m}$: 질량유량$\left(\frac{60\times 1{,}000[\mathrm{N}]}{5\times 60[\mathrm{s}]} = 200[\mathrm{N/s}]\right)$
ρ : 밀도(9,800[N/m³])

$$\therefore\ Q = \frac{\overline{m}}{\rho} = \frac{200[\mathrm{N/s}]}{9{,}800[\mathrm{N/m^3}]} = 0.02[\mathrm{m^3/s}]$$

31

관 내에 물이 흐르고 있을 때, 그림과 같이 액주계를 설치하였다. 관 내에서 물의 유속은 약 몇 [m/s]인가?

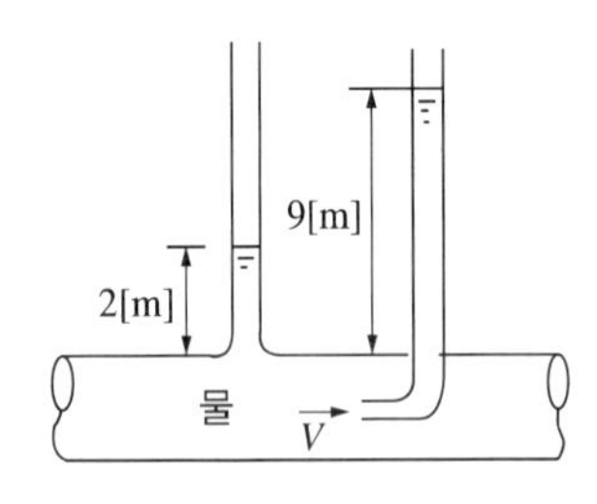

① 2.6　　② 7
③ 11.7　　④ 137.2

해설 유 속

$$u = \sqrt{2gH}$$

여기서, g : 중력가속도(9.8[m/s²])
H : 양정[m]

$\therefore\ u = \sqrt{2gH} = \sqrt{2 \times 9.8 \times (9-2)[\text{m}]} = 11.71[\text{m}]$

32

펌프를 이용하여 10[m] 높이 위에 있는 물탱크로 유량 0.3[m³/min]의 물을 퍼올리려고 한다. 관로 내 마찰손실수두가 3.8[m]이고, 펌프의 효율이 85[%]일 때 펌프에 공급해야 하는 동력은 약 몇 [W]인가?

① 128　　② 796
③ 677　　④ 219

해설 동 력

$$P[\text{kW}] = \frac{\gamma \times Q \times H}{102 \times \eta}$$

여기서, γ : 물의 비중량(1,000[kg$_f$/m³])
Q : 유량(0.3[m³]/60[s] = 0.005[m³/s])
H : 전양정(10 + 3.8 = 13.8[m])
η : 펌프효율(0.85)

$$\therefore\ P[\text{kW}] = \frac{1{,}000 \times 0.005[\text{m}^3/\text{s}] \times 13.8[\text{m}]}{102 \times 0.85}$$
$$= 0.796[\text{kW}] = 796[\text{W}]$$

33

유체가 매끈한 원 관 속을 흐를 때 레이놀즈수가 1,200이라면 관마찰계수는 얼마인가?

① 0.0254　　② 0.00128
③ 0.0059　　④ 0.053

해설 층류일 때 관마찰계수

$$f = \frac{64}{Re}$$

$$\therefore\ f = \frac{64}{Re} = \frac{64}{1{,}200} = 0.053$$

34

그림과 같이 30°로 경사진 0.5[m]×3[m] 크기의 수문평판 AB가 있다. A 지점에서 힌지로 연결되어 있을 때 이 수문을 열기 위하여 B점에서 수문에 직각방향으로 가해야 할 최소 힘은 약 몇 [N]인가?(단, 힌지 A에서의 마찰은 무시한다)

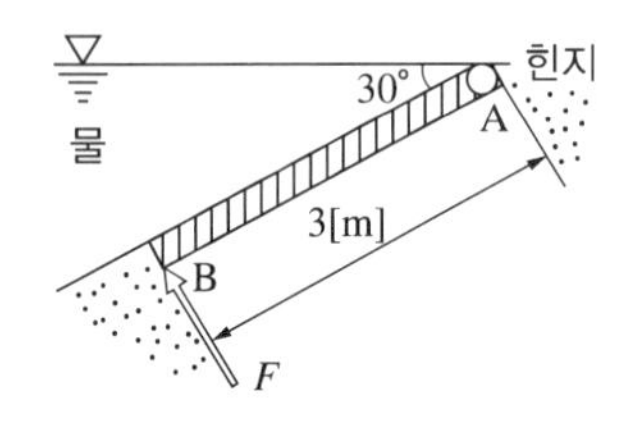

① 7,350　　② 7,355
③ 14,700　　④ 14,710

해설 수문에 작용하는 압력 F는

$$F = \gamma \bar{y} \sin\theta A = 9{,}800 \times \frac{3}{2} \times \sin 30° \times (0.5 \times 3)$$
$$= 11{,}025[\text{N}]$$

압력중심 y_p는

$$y_p = \frac{I_C}{\bar{y}A} + \bar{y} = \frac{\frac{0.5 \times 3^3}{12}}{1.5 \times 1.5} + 1.5 = 2[\text{m}]$$

자유물체도에서 모멘트의 합은 0이므로 $\Sigma M_A = 0$

$$F_B \times 3 - F \times 2 = 0$$

$$\therefore\ F_B = \frac{2}{3}F = \frac{2}{3} \times 11{,}025 = 7{,}350[\text{N}]$$

정답 31 ③　32 ②　33 ④　34 ①

35

부자(Float)의 오르내림에 의해서 배관 내의 유량을 측정하는 기구의 명칭은?

① 피토관(Pitot Tube)
② 로터미터(Rotameter)
③ 오리피스(Orifice)
④ 벤투리미터(Venturi Meter)

해설 **로터미터(Rotameter)** : 부자(Float)의 오르내림에 의해서 배관 내의 유량을 측정하는 기구

36

이상기체의 정압비열 C_p와 정적비열 C_v와의 관계로 옳은 것은?(단, R은 이상기체 상수이고, k는 비열비이다)

① $C_p = \frac{1}{2}C_v$　　② $C_p < C_v$

③ $C_p - C_v = R$　　④ $\frac{C_v}{C_p} = k$

해설 $C_p - C_v = R$

37

지름 2[cm]의 금속 공은 선풍기를 켠 상태에서 냉각하고, 지름 4[cm]의 금속 공은 선풍기를 끄고 냉각할 때 동일 시간당 발생하는 대류 열전달량의 비(2[cm] 공 : 4[cm] 공)는?(단, 두 경우 온도차는 같고, 선풍기를 켜면 대류 열전달계수가 10배가 된다고 가정한다)

① 1 : 0.3375　　② 1 : 0.4
③ 1 : 5　　④ 1 : 10

해설 **대류 열전달량의 비**

대류 열전달량 $q = hA\Delta t = h(4\pi r^2)\Delta t$

여기서, h : 열전달계수, A : 열전달면적
Δt : 온도차

- 지름 2[cm]의 대류 열전달량
$q_1 = 10h \times \{4\pi \times (1[\text{cm}])^2\} \times \Delta t = 10 \times 4\pi h\Delta t$
- 지름 4[cm]의 대류 열전달량
$q_2 = h \times \{4\pi \times (2[\text{cm}])^2\} \times \Delta t = 4 \times (4\pi h\Delta t)$

$\therefore\ q_1 : q_2 = 10 \times (4\pi h\Delta t) : 4 \times (4\pi h\Delta t) = 10 : 4$
$= 1 : 0.4$

38

다음 열역학적 용어에 대한 설명으로 틀린 것은?

① 물질의 3중점(Triple Point)은 고체, 액체, 기체의 3상이 평형상태로 공존하는 상태의 지점을 말한다.
② 일정한 압력하에서 고체가 상변화를 일으켜 액체로 변화할 때 필요한 열을 융해열(융해잠열)이라 한다.
③ 고체가 일정한 압력하에서 액체를 거치지 않고 직접 기체로 변화하는 데 필요한 열을 승화열이라 한다.
④ 포화액체를 정압하에서 가열할 때 온도변화 없이 포화증기로 상변화를 일으키는 데 사용되는 열을 현열이라 한다.

해설 포화액체를 정압하에서 가열할 때 온도변화 없이 포화증기로 상변화를 일으키는 데 사용되는 열을 잠열이라 한다.

39

모세관 현상에 있어서 물이 모세관을 따라 올라가는 높이에 대한 설명으로 옳은 것은?

① 표면장력이 클수록 높이 올라간다.
② 관의 지름이 클수록 높이 올라간다.
③ 밀도가 클수록 높이 올라간다.
④ 중력의 크기와는 무관한다.

해설 **모세관 현상**

높이 $h = \frac{\Delta P}{\gamma} = \frac{4a\cos\theta}{\gamma d}$

여기서, a : 표면장력[N/m]
θ : 접촉각
γ : 물의 비중량(1,000[kg_f/m^3])
d : 내경

∴ 높이는 표면장력이 클수록, 관의 지름이 작을수록 높이 올라간다.

35 ② 36 ③ 37 ② 38 ④ 39 ① 정답

40

회전속도 1,000[rpm]일 때 송출량 Q[m^3/min], 전양정 H[m]인 원심펌프가 상사한 조건에서 송출량이 1.1Q[m^3/min]가 되도록 회전속도를 증가시킬 때, 전양정은 어떻게 되는가?

① $0.91H$
② H
③ $1.1H$
④ $1.21H$

해설 펌프의 상사법칙

- 송출량이 1.1Q[m^3/min]일 때 회전속도를 구하면

유량 $Q_2 = Q_1 \times \frac{N_2}{N_1} \Rightarrow 1.1 = 1 \times \frac{x}{1,000}$

$\therefore x = 1,100$[rpm]

- 전양정을 구하면

전양정 $H_2 = H_1 \times \left(\frac{N_2}{N_1}\right)^2 = H[\text{m}] \times \left(\frac{1,100}{1,000}\right)^2 = 1.21H$

제 3 과목 소방관계법규

41

화재예방, 소방시설 설치·유지 및 안전관리에 관한 법령에 따른 화재안전기준을 달리 적용하여야 하는 특수한 용도 또는 구조를 가진 특정소방대상물 중 핵폐기물처리시설에 설치하지 아니할 수 있는 소방시설은?

① 소화용수설비
② 옥외소화전설비
③ 물분무 등 소화설비
④ 연결송수관설비 및 연결살수설비

해설 소방시설을 설치하지 아니할 수 있는 특정소방대상물 및 소방시설의 범위

구 분	특정소방대상물	소방시설
화재안전기준을 적용하기 어려운 특정소방대상물	펄프공장의 작업장, 음료수 공장의 세정 또는 충전을 하는 작업장, 그 밖에 이와 비슷한 용도로 사용하는 것	스프링클러설비, 상수도소화용수설비 및 연결살수설비
	정수장, 수영장, 목욕장, 농예·축산·어류양식용 시설, 그 밖에 이와 비슷한 용도로 사용되는 것	자동화재탐지설비, 상수도소화용수설비 및 연결살수설비
화재안전기준을 달리 적용하여야 하는 특수한 용도 또는 구조를 가진 특정소방대상물	**원자력발전소, 핵폐기물처리시설**	**연결송수관설비 및 연결살수설비**

42

소방기본법령에 따른 소방대원에게 실시할 교육·훈련 횟수 및 기간의 기준 중 다음 ( ) 안에 알맞은 것은?

횟 수	기 간
(㉠)년마다 1회	(㉡)주 이상

① ㉠ 2, ㉡ 2
② ㉠ 2, ㉡ 4
③ ㉠ 1, ㉡ 2
④ ㉠ 1, ㉡ 4

해설 소방대원의 교육·훈련 횟수 및 기간

횟 수	기 간
2년마다 1회	2주 이상

정답 40 ④ 41 ④ 42 ①

43

위험물안전관리법령에 따른 인화성액체 위험물(이황화탄소를 제외)의 옥외탱크 저장소의 탱크 주위에 설치하는 방유제의 설치기준 중 옳은 것은?

① 방유제의 높이는 0.5[m] 이상 2.0[m] 이하로 할 것
② 방유제 내의 면적은 100,000[m^2] 이하로 할 것
③ 방유제의 용량은 방유제 안에 설치된 탱크가 2기 이상인 때에는 그 탱크 중 용량이 최대인 것의 용량의 120[%] 이상으로 할 것
④ 높이가 1[m]를 넘는 방유제 및 칸막이 둑의 안팎에는 방유제 내에 출입하기 위한 계단 또는 경사로를 약 50[m]마다 설치할 것

해설 **옥외탱크저장소 방유제의 설치기준**
- **방유제**는 **높이 0.5[m] 이상 3[m] 이하**, 두께 0.2[m] 이상, 지하매설깊이 1[m] 이상으로 할 것
- 방유제 내의 **면적**은 **80,000[m^2] 이하**로 할 것
- 방유제의 용량은 방유제 안에 설치된 탱크가 하나인 때에는 그 탱크 용량의 110[%] 이상, 2기 이상인 때에는 그 탱크 중 용량이 **최대인 것의 용량**의 **110[%] 이상**으로 할 것
- **높이가 1[m]를 넘는 방유제** 및 칸막이 둑의 안팎에는 방유제 내에 출입하기 위한 **계단 또는 경사로**를 **약 50[m]마다 설치**할 것

44

화재예방, 소방시설 설치 · 유지 및 안전관리에 관한 법령에 따른 소방안전 특별관리시설물의 안전관리 대상 전통시장의 기준 중 다음 ( ) 안에 알맞은 것은?

> • 전통시장으로서 대통령령이 정하는 전통시장 : 점포가 ( )개 이상인 전통시장

① 100 ② 300
③ 500 ④ 600

해설 **대통령령이 정하는 전통시장** : 점포가 500개 이상인 전통시장

45

소방기본법에 따른 소방력의 기준에 따라 관할구역의 소방력을 확충하기 위하여 필요한 계획을 수립하여 시행하여야 하는 자는?

① 소방서장
② 소방본부장
③ 시 · 도지사
④ 행정안전부장관

해설 **소방력의 기준에 따라 관할구역의 소방력을 확충하기 위하여 필요한 계획 · 수립권자** : 시 · 도지사

46

화재예방, 소방시설 설치 · 유지 및 안전관리에 관한 법령에 따른 특정소방대상물의 수용인원의 산정방법 기준 중 틀린 것은?

① 침대가 있는 숙박시설의 경우는 해당 특정소방대상물의 종사자수에 침대수(2인용 침대는 2인으로 산정)를 합한 수
② 침대가 없는 숙박시설의 경우는 해당 특정소방대상물의 종사자수에 숙박시설 바닥면적의 합계를 3[m^2]로 나누어 얻은 수를 합한 수
③ 강의실 용도로 쓰이는 특정소방대상물의 경우는 해당 용도로 사용하는 바닥면적의 합계를 1.9[m^2]로 나누어 얻은 수
④ 문화 및 집회시설의 경우는 해당 용도로 사용하는 바닥면적의 합계를 2.6[m^2]로 나누어 얻은 수

해설 **수용인원 산정방법**
강당, 문화 및 집회시설, 운동시설, 종교시설 : 해당 용도로 사용하는 바닥면적의 합계를 **4.6[m^2]**로 나누어 얻은 수(관람석이 있는 경우 고정식 의자를 설치한 부분은 그 부분의 의자수로 하고, 긴 의자의 경우에는 의자의 정면 너비를 0.45[m]로 나누어 얻은 수로 한다)

43 ④ 44 ③ 45 ③ 46 ④ **정답**

47

화재예방, 소방시설 설치 · 유지 및 안전관리에 관한 법령에 따른 방염성능기준 이상의 실내 장식물 등에 설치하여야 하는 특정소방대상물의 기준 중 틀린 것은?

① 건축물의 옥내에 있는 시설로서 종교시설
② 층수가 11층 이상인 아파트
③ 의료시설 중 종합병원
④ 노유자시설

해설 **방염성능기준 이상의 실내 장식물 등에 설치하여야 하는 특정소방대상물**

- 근린생활시설 중 의원, 체력단련장, 공연장 및 종교집회장
- 건축물의 옥내에 있는 시설로서 다음의 시설
  - 문화 및 집회시설
  - **종교시설**
  - 운동시설(수영장은 제외)
- **의료시설**
- 교육연구시설 중 합숙소
- **노유자시설**
- 숙박이 가능한 수련시설
- 숙박시설
- 방송통신시설 중 방송국 및 촬영소
- 다중이용업소
- 층수가 **11층 이상**인 것(**아파트는 제외**)

48

소방기본법에 따른 벌칙의 기준이 다른 것은?

① 정당한 사유 없이 불장난, 모닥불, 흡연, 화기 취급, 풍등 등 소형 열기구 날리기, 그 밖에 화재예방상 위험하다고 인정되는 행위의 금지 또는 제한에 따른 명령에 따르지 아니하거나 이를 방해한 사람
② 소방활동 종사 명령에 따른 사람을 구출하는 일 또는 불을 끄거나 불이 번지지 아니하도록 하는 일을 방해한 사람
③ 정당한 사유 없이 소방용수시설 또는 비상소화장치를 사용하거나 소방용수시설 또는 비상소화장치의 효용을 해치거나 그 정당한 사용을 방해한 사람
④ 출동한 소방대의 소방장비를 파손하거나 그 효용을 해하여 화재진압 · 인명구조 또는 구급활동을 방해하는 행위를 한 사람

해설 벌칙 기준

- **200만원 이하의 벌금** : 정당한 사유 없이 불장난, 모닥불, 흡연, 화기 취급, 풍등 등 소형 열기구 날리기, 그 밖에 화재 예방상 위험하다고 인정되는 행위의 금지 또는 제한에 따른 명령에 따르지 아니하거나 이를 방해한 사람
- **5년 이하의 징역 또는 5,000만원 이하의 벌금**
  - 소방활동 종사 명령에 따른 사람을 구출하는 일 또는 불을 끄거나 불이 번지지 아니하도록 하는 일을 방해한 사람
  - 정당한 사유 없이 소방용수시설 또는 비상소화장치의 효용을 해치거나 그 정당한 사용을 방해한 사람
  - 출동한 소방대의 소방장비를 파손하거나 그 효용을 해하여 화재진압 · 인명구조 또는 구급활동을 방해하는 행위를 한 사람

49

화재예방, 소방시설 설치 · 유지 및 안전관리에 관한 법령에 따른 특정소방대상물 중 의료시설에 해당하지 않는 것은?

① 요양병원 ② 마약진료소
③ 한방병원 ④ 노인의료복지시설

해설 **노인의료복지시설** : 노유자시설

50

화재예방, 소방시설 설치 · 유지 및 안전관리에 관한 법령에 따른 임시소방시설 중 간이소화장치를 설치하여야 하는 공사의 작업현장의 규모의 기준 중 다음 ( ) 안에 알맞은 것은?

- 연면적 (㉠)[m^2] 이상
- 지하층, 무창층 또는 (㉡)층 이상의 층. 이 경우 해당 층의 바닥면적이 (㉢)[m^2] 이상인 경우만 해당

① ㉠ 1,000, ㉡ 6, ㉢ 150
② ㉠ 1,000, ㉡ 6, ㉢ 600
③ ㉠ 3,000, ㉡ 4, ㉢ 150
④ ㉠ 3,000, ㉡ 4, ㉢ 600

정답 47 ② 48 ① 49 ④ 50 ④

해설 간이소화장치 설치기준
- 연면적 3,000[m^2] 이상
- 지하층, 무창층 또는 4층 이상의 층. 이 경우 해당 층의 바닥면적이 600[m^2] 이상인 경우만 해당한다.

51

화재예방, 소방시설 설치 · 유지 및 안전관리에 관한 법령에 따른 소방안전관리대상물의 관계인 및 소방안전관리자를 선임하여야 하는 공공기관의 장은 작동기능점검을 실시한 경우 며칠 이내에 소방시설 등 작동기능점검 실시 결과 보고서를 소방본부장 또는 소방서장에게 제출하여야 하는가?

① 7일
② 15일
③ 30일
④ 60일

해설 **작동기능점검이나 종합정밀점검** : 7일 이내 소방본부장 또는 소방서장에게 제출

52

화재예방, 소방시설 설치 · 유지 및 안전관리에 관한 법령에 따른 공동 소방안전관리자를 선임하여야 하는 특정소방대상물 중 고층 건축물은 지하층을 제외한 층수가 몇 층 이상인 건축물만 해당되는가?

① 6층
② 11층
③ 20층
④ 30층

해설 공동 소방안전관리자를 선임하여야 하는 특정소방대상물
- **고층 건축물**(지하층을 제외한 층수가 **11층 이상인 건축물**만 해당한다)
- 지하가(지하의 인공구조물 안에 설치된 상점 및 사무실, 그 밖에 이와 비슷한 시설이 연속하여 지하도에 접하여 설치된 것과 그 지하도를 합한 것을 말한다)
- 복합건축물로서 연면적이 5,000[m^2] 이상인 것 또는 층수가 5층 이상인 것
- 판매시설 중 도매시장 및 소매시장

53

피난시설, 방화구획 또는 방화시설을 폐쇄 · 훼손 · 변경 등의 행위를 3차 이상 위반한 경우에 대한 과태료 부과기준으로 옳은 것은?

① 200만원
② 300만원
③ 500만원
④ 1,000만원

해설 과태료부과기준

위반행위	근거 법조문	과태료금액(만원)		
		1차 위반	2차 위반	3차 이상 위반
법 제10조제1항을 위반하여 피난시설, 방화구획 또는 방화시설을 폐쇄 · 훼손 · 변경하는 등의 행위를 한 경우	법 제53조 제1항 제2호	100	200	300
소방시설을 설치하지 않는 경우	법 제53조 제1항 제1호	300		

54

화재예방, 소방시설 설치 · 유지 및 안전관리에 관한 법령에 따른 성능위주설계를 할 수 있는 자의 설계범위 기준 중 틀린 것은?

① 연면적 30,000[m^2] 이상인 특정소방대상물로서 공항시설
② 연면적 100,000[m^2] 이상인 특정소방대상물(단, 아파트 등은 제외)
③ 지하층을 포함한 층수가 30층 이상이 특정소방대상물(단, 아파트 등은 제외)
④ 하나의 건축물에 영화상영관이 10개 이상인 특정소방대상물

해설 성능위주설계를 하여야 하는 특정소방대상물의 범위

- **연면적 200,000[m²] 이상**인 특정소방대상물(단, 아파트 등은 제외)
- 다음 각 목의 어느 하나에 해당하는 특정소방대상물(단, 아파트 등은 제외)
  - 건축물의 높이가 100[m] 이상인 특정소방대상물
  - **지하층을 포함한 층수**가 **30층 이상**인 특정소방대상물
- **연면적 30,000[m²] 이상**인 특정소방대상물로서 다음 각 목의 어느 하나에 해당하는 특정소방대상물
  - 철도 및 도시철도 시설
  - **공항시설**
- 하나의 건축물에 **영화상영관**이 **10개 이상**인 특정소방대상물

55

소방기본법령에 따른 화재경계지구의 관리 기준 중 다음 ( ) 안에 알맞은 것은?

> - 소방본부장 또는 소방서장은 화재경계지구 안의 소방대상물의 위치·구조 및 설비 등에 대한 소방특별조사를 (㉠)회 이상 실시하여야 한다.
> - 소방본부장 또는 소방서장은 소방상 필요한 훈련 및 교육을 실시하고자 하는 때에는 화재경계지구 안의 관계인에게 훈련 또는 교육 (㉡)일 전까지 그 사실을 통보하여야 한다.

① ㉠ 월 1, ㉡ 7
② ㉠ 월 1, ㉡ 10
③ ㉠ 연 1, ㉡ 7
④ ㉠ 연 1, ㉡ 10

해설 화재경계지구의 기준

- 소방본부장 또는 소방서장은 화재경계지구 안의 소방대상물의 위치·구조 및 설비 등에 대한 **소방특별조사를 연 1회 이상 실시**하여야 한다.
- 소방본부장 또는 소방서장은 소방상 필요한 훈련 및 교육을 실시하고자 하는 때에는 화재경계지구 안의 관계인에게 훈련 또는 교육 **10일 전까지** 그 사실을 통보하여야 한다.

56

소방기본법령에 따른 용접 또는 용단 작업장에서 불꽃을 사용하는 용접·용단기구 사용에 있어서 작업자로부터 반경 몇 [m] 이내에 소화기를 갖추어야 하는가?(단, 산업안전보건법에 따른 안전조치의 적용을 받는 사업장의 경우는 제외한다)

① 1　　② 3
③ 5　　④ 7

해설 용접 또는 용단 작업장의 기준

- 용접 또는 용단 작업자로부터 **반경 5[m] 이내**에 **소화기**를 갖추어 둘 것
- 용접 또는 용단 작업장 주변 반경 10[m] 이내에는 가연물을 쌓아두거나 놓아두지 말 것. 다만, 가연물의 제거가 곤란하여 방지포 등으로 방호조치를 한 경우는 제외한다.

57

위험물안전관리법령에 따른 위험물제조소의 옥외에 있는 위험물취급탱크 용량이 100[m³] 및 180[m³]인 2개의 취급탱크 주위에 하나의 방유제를 설치하는 경우 방유제의 최소 용량은 몇 [m³]이어야 하는가?

① 100　　② 140
③ 180　　④ 280

해설 옥외에 있는 위험물취급탱크 방유제의 용량

> 방유제의 용량 = (최대용량 × 0.5) + (나머지 탱크용량 합계 × 0.1)

∴ 방유제 용량 = $(180[m^3] \times 0.5) + (100[m^3] \times 0.1) = 100[m^3]$

58

위험물안전관리법령에 따른 정기점검의 대상인 제조소 등의 기준 중 틀린 것은?

① 암반탱크저장소
② 지하탱크저장소
③ 이동탱크저장소
④ 지정수량의 150배 이상의 위험물을 저장하는 옥외탱크저장소

정답 55 ④　56 ③　57 ①　58 ④

해설 정기점검의 대상인 제조소 등의 기준
- 지정수량의 10배 이상의 위험물을 취급하는 제조소
- 지정수량의 100배 이상의 위험물을 저장하는 옥외저장소
- 지정수량의 150배 이상의 위험물을 저장하는 옥내저장소
- **지정수량의 200배 이상의 위험물을 저장하는 옥외탱크저장소**
- **암반탱크저장소**
- 이송취급소
- 지정수량의 10배 이상의 위험물을 취급하는 일반취급소
- **지하탱크저장소**
- **이동탱크저장소**
- 위험물을 취급하는 탱크로서 지하에 매설된 탱크가 있는 제조소·주유취급소 또는 일반취급소

59

위험물안전관리법령에 따른 소화난이도등급 I 의 옥내탱크저장소에서 유황만을 저장·취급할 경우 설치하여야 하는 소화설비로 옳은 것은?

① 물분무소화설비 ② 스프링클러설비
③ 포소화설비 ④ 옥내소화전설비

해설 소화난이도등급 I 의 옥내탱크저장소
- 기 준
  - 액표면적이 40[m²] 이상인 것(제6류 위험물을 저장하는 것 및 고인화점위험물만을 100[℃] 미만의 온도에서 저장하는 것은 제외)
  - 바닥면으로부터 탱크 옆판의 상단까지 높이가 6[m] 이상인 것(제6류 위험물을 저장하는 것 및 고인화점위험물만을 100[℃] 미만의 온도에서 저장하는 것은 제외)
  - 탱크전용실이 단층건물 외의 건축물에 있는 것으로서 인화점 38[℃] 이상 70[℃] 미만의 위험물을 지정수량의 5배 이상 저장하는 것(내화구조로 개구부 없이 구획된 것은 제외)
- 설치하여야 하는 소화설비
  - **유황만을 저장·취급하는 것 : 물분무소화설비**
  - 인화점 70[℃] 이상의 제4류 위험물만을 저장·취급하는 것 : 물분무소화설비, 고정식 포소화설비, 이동식 이외의 불활성가스소화설비, 이동식 이외의 할로겐화합물소화설비 또는 이동식 이외의 분말소화설비
  - 그 밖의 것 : 고정식 포소화설비, 이동식 이외의 불활성가스소화설비, 이동식 이외의 할로겐화합물소화설비 또는 이동식 이외의 분말소화설비

60

소방시설공사업법령에 따른 소방시설공사 중 특정소방대상물에 설치된 소방시설 등을 구성하는 것의 전부 또는 일부를 개설, 이전 또는 정비하는 공사의 착공신고를 하지 않을 수 있다. 해당되지 않는 것은? (단, 긴급으로 교체를 요할 때이다)

① 수신반
② 소화펌프
③ 동력(감시)제어반
④ 제연설비의 제연구역

해설 착공신고대상

특정소방대상물에 설치된 소방시설 등을 구성하는 다음의 어느 하나에 해당하는 것의 전부 또는 일부를 개설(改設), 이전(移轉) 또는 정비(整備)하는 공사. **다만, 고장 또는 파손 등으로 인하여 작동시킬 수 없는 소방시설을 긴급히 교체하거나 보수하여야 하는 경우에는 신고하지 않을 수 있다.**
- 수신반(受信盤)
- 소화펌프
- 동력(감시)제어반

> 현장에서 긴급할 때에는 수신반이나 펌프 교체 시 착공신고하지 않는다.

제 4 과목 소방기계시설의 구조 및 원리

61

자동화재탐지설비의 감지기의 작동과 연동하는 분말소화설비 자동식 기동장치의 설치기준 중 다음 ( ) 안에 알맞은 것은?

> - 전기식 기동장치로서 (㉠)병 이상의 저장용기를 동시에 개방하는 설비는 2병 이상의 저장용기에 전자개방밸브를 부착할 것
> - 가스압력식 기동장치의 기동용 가스용기 및 해당 용기에 사용하는 밸브는 (㉡)[MPa] 이상의 압력에 견딜 수 있는 것으로 할 것

① ㉠ 3, ㉡ 2.5 ② ㉠ 7, ㉡ 2.5
③ ㉠ 3, ㉡ 25 ④ ㉠ 7, ㉡ 25

59 ① 60 ④ 61 ④ 정답

해설 **분말소화설비의 자동식 기동장치의 설치기준**

- 자동식 기동장치에는 수동으로도 기동할 수 있는 구조로 할 것
- **전기식 기동장치**로서 **7병 이상**의 저장용기를 동시에 개방하는 설비는 2병 이상의 저장용기에 전자개방밸브를 부착할 것
- 가스압력식 기동장치는 다음 각 목의 기준에 따를 것
  - 기동용 가스용기 및 해당 용기에 사용하는 밸브는 **25[MPa] 이상**의 압력에 견딜 수 있는 것으로 할 것
  - 기동용 가스용기에는 내압시험압력의 0.8배 내지 내압시험압력 이하에서 작동하는 안전장치를 설치할 것
  - 기동용 가스용기의 용적은 1[L] 이상으로 하고, 해당 용기에 저장하는 이산화탄소의 양은 0.6[kg] 이상으로 하며, 충전비는 1.5 이상으로 할 것
- 기계식 기동장치는 저장용기를 쉽게 개방할 수 있는 구조로 할 것

62

특별피난계단의 계단실 및 부속실 제연설비의 차압 등에 관한 기준 중 옳은 것은?

① 제연설비가 가동되었을 경우 출입문의 개방에 필요한 힘은 130[N] 이하로 하여야 한다.
② 제연구역과 옥내와의 사이에 유지하여야 하는 최소차압은 40[Pa](옥내에 스프링클러설비가 설치된 경우에는 12.5[Pa]) 이상으로 하여야 한다.
③ 피난을 위하여 제연구역의 출입문이 일시적으로 개방되는 경우 개방되지 아니하는 제연구역과 옥내와의 차압은 기준 차압의 60[%] 미만이 되어서는 아니 된다.
④ 계단실과 부속실을 동시에 제연하는 경우 부속실의 기압은 계단실과 같게 하거나 계단실의 기압보다 낮게 할 경우에는 부속실과 계단실의 압력차이는 10[Pa] 이하가 되도록 하여야 한다.

해설 **차 압**

① 제연구역과 옥내와의 사이에 유지하여야 하는 최소차압은 **40[Pa]**(옥내에 스프링클러설비가 설치된 경우에는 12.5[Pa]) 이상으로 하여야 한다.
② 제연설비가 가동되었을 경우 출입문의 개방에 필요한 힘은 **110[N] 이하**로 하여야 한다.
③ 출입문이 일시적으로 개방되는 경우 개방되지 아니하는 제연구역과 옥내와의 차압은 ①의 기준에 불구하고 ①의 기준에 따른 **차압의 70[%] 미만**이 되어서는 아니 된다.
④ 계단실과 부속실을 동시에 제연 하는 경우 부속실의 기압은 계단실과 같게 하거나 계단실의 기압보다 낮게 할 경우에는 부속실과 계단실의 **압력차이는 5[Pa] 이하**가 되도록 하여야 한다.

63

소화용수설비에 설치하는 채수구의 설치기준 중 다음 ( ) 안에 알맞은 것은?

> 채수구는 지면으로부터의 높이가 (㉠)[m] 이상 (㉡)[m] 이하의 위치에 설치하고 "채수구"라고 표시한 표지를 할 것

① ㉠ 0.5 ㉡ 1.0
② ㉠ 0.5 ㉡ 1.5
③ ㉠ 0.8 ㉡ 1.0
④ ㉠ 0.8 ㉡ 1.5

해설 **채수구의 설치위치** : 0.5[m] 이상 1.0[m] 이하

64

국소방출방식의 할론소화설비의 분사헤드 설치기준 중 다음 ( ) 안에 알맞은 것은?

> 분사헤드의 방사압력은 할론 2402를 방사하는 것은 (㉠)[MPa] 이상, 할론 2402를 방출하는 분사헤드는 해당 소화 약제가 (㉡)으로 분무되는 것으로 하여야 하며, 기준저장량의 소화약제를 (㉢)초 이내에 방사할 수 있는 것으로 할 것

① ㉠ 0.1, ㉡ 무상, ㉢ 10
② ㉠ 0.2, ㉡ 적상, ㉢ 10
③ ㉠ 0.1, ㉡ 무상, ㉢ 30
④ ㉠ 0.2, ㉡ 적상, ㉢ 30

해설 **국소방출방식의 할로겐화합물소화설비의 분사헤드 기준**

- 소화약제의 방사에 따라 가연물이 비산하지 아니하는 장소에 설치할 것
- 할론 2402를 방사하는 분사헤드는 해당 소화약제가 **무상**으로 분무되는 것으로 할 것
- 분사헤드의 방사압력은 **할론 2402**를 방사하는 것은 **0.1[MPa]**, 할론 1211을 방사하는 것은 0.2[MPa] 이상, 할론 1301을 방사하는 것은 0.9[MPa] 이상으로 할 것
- 기준저장량의 소화약제를 **10초 이내**에 **방사**할 수 있는 것으로 할 것

정답 62 ② 63 ① 64 ①

65

특정소방대상물에 따라 적응하는 포소화설비의 설치 기준 중 특수가연물을 저장 · 취급하는 공장 또는 창고에 적응성을 갖는 포소화설비가 아닌 것은?

① 포헤드설비
② 고정포방출설비
③ 압축공기포소화설비
④ 호스릴포소화설비

해설 **특수가연물을 저장 · 취급하는 공장 또는 창고** : 포워터 스프링클러설비 · 포헤드설비 또는 고정포방출설비, 압축공기포소화설비

66

송수구가 부설된 옥내소화전을 설치한 특정소방대상물로서 연결송수관설비의 방수구를 설치하지 아니할 수 있는 층의 기준 중 다음 ( ) 안에 알맞은 것은?(단, 집회장 · 관람장 · 백화점 · 도매시장 · 소매시장 · 판매시설 · 공장 · 창고시설 또는 지하가를 제외한다)

> • 지하층을 제외한 층수가 (㉠)층 이하이고 연면적이 (㉡)[m^2] 미만인 특정소방대상물의 지상층의 용도로 사용되는 층
> • 지하층의 층수가 (㉢) 이하인 특정 소방대상물의 지하층

① ㉠ 3, ㉡ 5,000, ㉢ 3
② ㉠ 4, ㉡ 6,000, ㉢ 2
③ ㉠ 5, ㉡ 3,000, ㉢ 3
④ ㉠ 6, ㉡ 4,000, ㉢ 2

해설 **연결송수관설비의 방수구 설치제외대상**
- 아파트의 1층 및 2층
- 소방차의 접근이 가능하고 소방대원이 소방차로부터 각 부분에 쉽게 도달할 수 있는 피난층
- 송수구가 부설된 옥내소화전을 설치한 특정소방대상물(집회장 · 관람장 · 백화점 · 도매시장 · 소매시장 · 판매시설 · 공장 · 창고시설 또는 지하가를 제외한다)로서 다음의 어느 하나에 해당하는 층
  - 지하층을 제외한 층수가 **4층 이하**이고 연면적이 **6,000[m^2]** 미만인 특정소방대상물의 지상층
  - 지하층의 층수가 **2 이하**인 특정소방대상물의 지하층

67

스프링클러설비를 설치하여야 할 특정소방대상물에 있어서 스프링클러헤드를 설치하지 아니할 수 있는 기준 중 틀린 것은?

① 천장과 반자 양쪽이 불연재료로 되어 있고 천장과 반자 사이의 거리가 2.5[m] 미만인 부분
② 천장 및 반자가 불연재료 외의 것으로 되어 있고 천장과 반자 사이의 거리가 0.5[m] 미만인 부분
③ 천장 · 반자 중 한쪽이 불연재료로 되어 있고 천장과 반자 사이의 거리가 1[m] 미만인 부분
④ 현관 또는 로비 등으로서 바닥으로부터 높이가 20[m] 이상인 장소

해설 **스프링클러설비헤드 설치제외대상**
- **천장과 반자 양쪽이 불연재료**로 되어 있는 경우로서 그 사이의 거리 및 구조가 다음 각 목의 어느 하나에 해당하는 부분
  - **천장과 반자 사이의 거리가 2[m] 미만인 부분**
  - 천장과 반자 사이의 벽이 불연재료이고 천장과 반자 사이의 거리가 2[m] 이상으로서 그 사이에 가연물이 존재하지 아니하는 부분
- 천장 · 반자 중 한쪽이 불연재료로 되어있고 천장과 반자 사이의 거리가 1[m] 미만인 부분
- 천장 및 반자가 불연재료 외의 것으로 되어 있고 천장과 반자 사이의 거리가 0.5[m] 미만인 부분
- 펌프실 · 물탱크실 엘리베이터 권상기실 그 밖의 이와 비슷한 장소
- 현관 또는 로비 등으로서 바닥으로부터 높이가 20[m] 이상인 장소

68

미분무소화설비의 배관의 배수를 위한 기울기 기준 중 다음 ( ) 안에 알맞은 것은?(단, 배관의 구조상 기울기를 줄 수 없는 경우는 제외한다)

> 개방형 미분무소화설비에는 헤드를 향하여 상향으로 수평주행배관의 기울기를 (㉠) 이상, 가지배관의 기울기를 (㉡) 이상으로 할 것

① ㉠ $\frac{1}{100}$, ㉡ $\frac{1}{500}$
② ㉠ $\frac{1}{500}$, ㉡ $\frac{1}{100}$
③ ㉠ $\frac{1}{250}$, ㉡ $\frac{1}{500}$
④ ㉠ $\frac{1}{500}$, ㉡ $\frac{1}{250}$

65 ④ 66 ② 67 ① 68 ④ 정답

해설 미분무설비 배관의 배수를 위한 기울기 기준

- 폐쇄형 미분무 소화설비의 배관을 수평으로 할 것. 다만, 배관의 구조상 소화수가 남아 있는 곳에는 배수밸브를 설치하여야 한다.
- 개방형 미분무소화설비에는 헤드를 향하여 상향으로 **수평주행배관의 기울기**를 **1/500 이상, 가지배관의 기울기**를 **1/250 이상**으로 할 것. 다만, 배관의 구조상 기울기를 줄 수 없는 경우에는 배수를 원활하게 할 수 있도록 배수밸브를 설치하여야 한다.

69

할로겐화합물 및 불활성기체 소화설비를 설치할 수 없는 장소의 기준 중 옳은 것은?(단, 소화성능이 인정되는 위험물은 제외한다)

① 제1류 위험물 및 제2류 위험물 사용
② 제2류 위험물 및 제4류 위험물 사용
③ 제3류 위험물 및 제5류 위험물 사용
④ 제4류 위험물 및 제6류 위험물 사용

해설 할로겐화합물 및 불활성기체 소화설비를 설치할 수 없는 장소

- 사람이 상주하는 곳으로 최대허용설계농도를 초과하는 장소
- 제3류 위험물 및 제5류 위험물을 사용하는 장소. 다만, 소화성능이 인정되는 위험물은 제외한다.

70

개방형스프링클러헤드 30개를 설치하는 경우 급수관의 구경은 몇 [mm]로 하여야 하는가?

① 65
② 80
③ 90
④ 100

해설 스프링클러헤드 수별 급수관의 구경

구 분 / 급수관의 구경	가	나	다
25	2	2	1
32	3	4	2
40	5	7	5
50	10	15	8
65	30	30	15
80	60	60	27
90	80	65	40
100	100	100	55
125	160	160	90
150	161 이상	161 이상	91 이상

※ 개방형스프링클러헤드를 설치하는 경우 하나의 방수구역이 담당하는 헤드의 개수가 30개 이하일 때는 **"다"란의 헤드 수**에 의하고, 30개를 초과할 때는 수리계산 방법에 따를 것

71

분말소화설비 분말소화약제의 저장용기의 설치기준 중 옳은 것은?

① 저장용기에는 가압식은 최고사용압력의 0.8배 이하, 축압식은 용기의 내압시험 압력의 1.8배 이하의 압력에서 작동하는 안전밸브를 설치할 것
② 저장용기의 충전비는 0.8 이상으로 할 것
③ 저장용기간의 간격은 점검에 지장이 없도록 5[cm] 이상의 간격을 유지할 것
④ 저장용기에는 저장용기의 내부압력이 설정압력으로 되었을 때 주밸브를 개방하는 압력조정기를 설치할 것

해설 분말소화약제의 저장용기 설치기준

- 저장용기의 충전비는 0.8 이상으로 할 것
- 저장용기에는 가압식은 최고사용압력의 1.8배 이하, 축압식은 용기의 내압시험압력의 0.8배 이하의 압력에서 작동하는 안전밸브를 설치할 것
- 저장용기간의 간격은 점검에 지장이 없도록 3[cm] 이상의 간격을 유지할 것
- 저장용기에는 저장용기의 내부압력이 설정압력으로 되었을 때 주밸브를 개방하는 정압작동장치를 설치할 것

정답 69 ③ 70 ③ 71 ②

72

바닥면적이 1,300[m²]인 관람장에 소화기구를 설치할 경우 소화기구의 최소 능력단위는?(단, 주요구조부가 내화구조이고, 벽 및 반자의 실내와 면하는 부분이 불연재료로 된 특정소방대상물이다)

① 7단위 ② 13단위
③ 22단위 ④ 26단위

해설 **특정소방대상물별 소화기구의 능력단위기준**

특정소방대상물	소화기구의 능력단위
1. 위락시설	해당 용도의 바닥면적 30 [m²]마다 능력단위 1단위 이상
2. 공연장·집회장·**관람장**·문화재·장례식장 및 의료시설	해당 용도의 **바닥면적 50 [m²]마다 능력단위 1단위 이상**
3. 근린생활시설·판매시설·운수시설·숙박시설·노유자시설·전시장·공동주택·업무시설·방송통신시설·공장·창고시설·항공기 및 자동차 관련 시설 및 관광휴게시설	해당 용도의 바닥면적 100[m²]마다 능력단위 1단위 이상
4. 그 밖의 것	해당 용도의 바닥면적 200 [m²]마다 능력단위 1단위 이상

※ 소화기구의 능력단위를 산출함에 있어서 건축물의 주요구조부가 내화구조이고, 벽 및 반자의 실내에 면하는 부분이 불연재료·준불연재료 또는 난연재료로 된 특정소방대상물에 있어서는 위 표의 **기준면적의 2배**를 해당 특정소방대상물의 기준면적으로 한다.

$$\therefore \text{능력단위} = \frac{1,300[\text{m}^2]}{50[\text{m}^2] \times 2} = 13\text{단위}$$

73

특정소방대상물의 용도 및 장소별로 설치하여야 할 인명구조기구 종류의 기준 중 다음 ( ) 안에 알맞은 것은?

특정소방대상물	인명구조기구의 종류
물분무 등 소화설비 중 ( )를 설치하여야 하는 특정소방대상물	공기호흡기

① 이산화탄소소화설비
② 분말소화설비
③ 할론소화설비
④ 할로겐화합물 및 불활성기체 소화설비

해설 **특정소방대상물의 용도 및 장소별로 설치하여야 할 인명구조기구**

특정소방대상물	인명구조기구의 종류	설치 수량
• 지하층을 포함하는 층수가 7층 이상인 관광호텔 및 5층 이상인 병원	• 방열복 또는 방화복(헬멧, 보호장갑 및 안전화를 포함) • 공기호흡기 • 인공소생기	• 각 2개 이상 비치할 것. 다만, 병원의 경우에는 인공소생기를 설치하지 않을 수 있다.
• 문화 및 집회시설 중 수용인원 100명 이상의 영화상영관 • 판매시설 중 대규모 점포 • 운수시설 중 지하역사 • 지하가 중 지하상가	• 공기호흡기	• 층마다 2개 이상 비치할 것. 다만, 각 층마다 갖추어 두어야 할 공기호흡기 중 일부를 직원이 상주하는 인근 사무실에 갖추어 둘 수 있다.
• 물분무 등 소화설비 중 이산화탄소소화설비를 설치하여야 하는 특정소방대상물	• 공기호흡기	• 이산화탄소소화설비가 설치된 장소의 출입구 외부 인근에 1대 이상 비치할 것

74

고압의 전기기기가 있는 장소에 있어서 전기의 절연을 위한 전기기기와 물분무헤드 사이의 최소 이격거리 기준 중 옳은 것은?

① 66[kV] 이하 – 60[cm] 이상
② 66[kV] 초과 77[kV] 이하 – 80[cm] 이상
③ 77[kV] 초과 110[kV] 이하 – 100[cm] 이상
④ 110[kV] 초과 154[kV] 이하 – 140[cm] 이상

해설 **전기기기와 물분무헤드 사이의 최소 이격거리**

전압[kV]	거리[cm]
66 이하	70 이상
66 초과 77 이하	80 이상
77 초과 110 이하	110 이상
110 초과 154 이하	150 이상
154 초과 181 이하	180 이상
181 초과 220 이하	210 이상
220 초과 275 이하	260 이상

72 ② 73 ① 74 ② 정답

75

화재조기진압용 스프링클러설비 헤드의 기준 중 다음 ( ) 안에 알맞은 것은?

> 헤드 하나의 방호면적은 (㉠)[m^2] 이상 (㉡)[m^2] 이하로 할 것

① ㉠ 2.4, ㉡ 3.7
② ㉠ 3.7, ㉡ 9.1
③ ㉠ 6.0, ㉡ 9.3
④ ㉠ 9.1, ㉡ 13.7

해설 헤드 하나의 방호면적은 6.0[m^2] 이상 9.3[m^2] 이하

76

옥내소화전설비 수원의 산출된 유효수량 외에 유효수량의 $\frac{1}{3}$ 이상을 옥상에 설치하지 아니할 수 있는 경우의 기준 중 다음 ( ) 안에 알맞은 것은?

> • 수원이 건축물의 최상층에 설치된 (㉠)보다 높은 위치에 설치된 경우
> • 건축물의 높이가 지표면으로부터 (㉡)[m] 이하인 경우

① ㉠ 송수구, ㉡ 7
② ㉠ 방수구, ㉡ 7
③ ㉠ 송수구, ㉡ 10
④ ㉠ 방수구, ㉡ 10

해설 **유효수량의 $\frac{1}{3}$ 이상을 옥상에 설치하지 아니할 수 있는 경우의 기준**

- 지하층만 있는 건축물
- 고가수조를 가압송수장치로 설치한 옥내소화전설비
- 수원이 건축물의 **최상층에 설치된 방수구보다 높은 위치**에 설치된 경우
- 건축물의 높이가 **지표면으로부터 10[m] 이하**인 경우
- 주펌프와 동등 이상의 성능이 있는 별도의 펌프로서 내연기관의 기동과 연동하여 작동되거나 비상전원을 연결하여 설치한 경우
- 가압수조를 가압송수장치로 설치한 옥내소화전설비

77

다수인 피난장비 설치기준 중 틀린 것은?

① 사용 시에 보관실 외측 문이 먼저 열리고 탑승기가 외측으로 자동으로 전개될 것
② 보관실의 문은 상시 개방상태를 유지하도록 할 것
③ 하강 시에 탑승기가 건물 외벽이나 돌출물에 충돌하지 않도록 설치할 것
④ 피난층에는 해당 층에 설치된 피난기구가 착지에 지장이 없도록 충분한 공간을 확보할 것

해설 **다수인 피난장비 설치기준**

- 피난에 용이하고 안전하게 하강할 수 있는 장소에 적재 하중을 충분히 견딜 수 있도록 건축물의 구조기준 등에 관한 규칙 제3조에서 정하는 구조안전의 확인을 받아 견고하게 설치할 것
- 다수인 피난장비 보관실은 건물 외측보다 돌출되지 아니하고, 빗물·먼지 등으로부터 장비를 보호할 수 있는 구조일 것
- 사용 시에 보관실 외측 문이 먼저 열리고 탑승기가 외측으로 자동으로 전개될 것
- 하강 시에 탑승기가 건물 외벽이나 돌출물에 충돌하지 않도록 설치할 것
- 상·하층에 설치할 경우에는 탑승기의 하강경로가 중첩되지 않도록 할 것
- 하강 시에는 안전하고 일정한 속도를 유지하도록 하고 전복, 흔들림, 경로이탈 방지를 위한 안전조치를 할 것
- 보관실의 문에는 오작동 방지조치를 하고, **문 개방 시에는 당해 소방대상물에 설치된 경보설비와 연동하여 유효한 경보음을 발하도록 할 것**
- 피난층에는 해당 층에 설치된 피난기구가 착지에 지장이 없도록 충분한 공간을 확보할 것

정답 75 ③ 76 ④ 77 ②

78

포소화설비의 배관 등의 설치기준 중 옳은 것은?

① 포워터스프링클러설비 또는 포헤드설비의 가지배관의 배열은 토너먼트방식으로 한다.
② 송액관은 겸용으로 하여야 한다. 다만, 포소화전의 기동장치의 조작과 동시에 다른 설비의 용도에 사용하는 배관의 송수를 차단할 수 있거나, 포소화설비의 성능에 지장이 없는 경우에는 전용으로 할 수 있다.
③ 송액관은 포의 방출 종료 후 배관안의 액을 배출하기 위하여 적당한 기울기를 유지하도록 하고 그 낮은 부분에 배액 밸브를 설치하여야 한다.
④ 연결송수관설비의 배관과 겸용할 경우의 주배관은 구경 65[mm] 이상, 방수구로 연결되는 배관의 구경은 100[mm] 이상의 것으로 하여야 한다.

해설 **포소화설비의 배관 등의 설치기준**

- 포워터스프링클러설비 또는 포헤드설비의 가지배관의 배열은 토너먼트방식이 아니어야 하며, 교차배관에서 분기하는 지점을 기점으로 한쪽 가지배관에 설치하는 헤드의 수는 8개 이하로 한다.
- 송액관은 전용으로 하여야 한다. 다만, 포소화전의 기동장치의 조작과 동시에 다른 설비의 용도에 사용하는 배관의 송수를 차단할 수 있거나, 포소화설비의 성능에 지장이 없는 경우에는 다른 설비와 겸용할 수 있다.
- 송액관은 포의 방출 종료후 배관안의 액을 배출하기 위하여 적당한 기울기를 유지하도록 하고 그 낮은 부분에 배액밸브를 설치하여야 한다.
- 연결송수관설비의 배관과 겸용할 경우의 주배관은 구경 100[mm] 이상, 방수구로 연결되는 배관의 구경은 65[mm] 이상의 것으로 하여야 한다.

79

대형소화기에 충전하는 최소 소화약제의 기준 중 다음 ( ) 안에 알맞은 것은?

- 분말소화기 : (㉠)[kg] 이상
- 물소화기 : (㉡)[L] 이상
- 이산화탄소소화기 : (㉢)[kg] 이상

① ㉠ 30, ㉡ 80, ㉢ 50
② ㉠ 30, ㉡ 50, ㉢ 60
③ ㉠ 20, ㉡ 80, ㉢ 50
④ ㉠ 20, ㉡ 50, ㉢ 60

해설 **대형소화기의 약제 기준**

종 별	소화약제의 충전량
포	20[L]
강화액	60[L]
물	80[L]
분 말	20[kg]
할 론	30[kg]
이산화탄소	50[kg]

80

소화용수설비인 소화수조가 옥상 또는 옥탑부근에 설치된 경우에는 지상에 설치된 채수구에서의 압력이 최소 몇 [MPa] 이상이 되어야 하는가?

① 0.8
② 0.13
③ 0.15
④ 0.25

해설 **채수구의 압력** : 0.15[MPa] 이상

정답 78 ③ 79 ③ 80 ③

제 1 회 2019년 3월 3일 시행

제 1 과목 소방원론

01

공기와 접촉되었을 때 위험도(H) 값이 가장 큰 것은?

① 에테르 ② 수 소
③ 에틸렌 ④ 부 탄

해설 위험도

- 연소범위

종 류	하한계[%]	상한계[%]
에테르($C_2H_5OC_2H_5$)	1.9	48.0
수소(H_2)	4.0	75.0
에틸렌(C_2H_4)	2.7	36.0
부탄(C_4H_{10})	1.8	8.4

- 위험도 계산식

$$위험도(H)=\frac{U-L}{L}=\frac{폭발상한계-폭발하한계}{폭발하한계}$$

- 에테르 $H=\frac{48.0-1.9}{1.9}=24.26$
- 수소 $H=\frac{75.0-4.0}{4.0}=17.75$
- 에틸렌 $H=\frac{36.0-2.7}{2.7}=12.33$
- 부탄 $H=\frac{8.4-1.8}{1.8}=3.67$

02

연면적이 1,000[m^2] 이상인 목조건축물은 그 외벽 및 처마 밑의 연소할 우려가 있는 부분을 방화구조로 하여야 하는데 이때 연소우려가 있는 부분은?(단, 동일한 대지 안에 있는 2동 이상의 건물이 있는 경우이며, 공원 · 광장 · 하천의 공지나 수면 또는 내화구조의 벽 기타 이와 유사한 것에 접하는 부분을 제외한다)

① 상호의 외벽 간 중심선으로부터 1층은 3[m] 이내의 부분
② 상호의 외벽 간 중심선으로부터 2층은 7[m] 이내의 부분
③ 상호의 외벽 간 중심선으로부터 3층은 11[m] 이내의 부분
④ 상호의 외벽 간 중심선으로부터 4층은 13[m] 이내의 부분

해설 연소우려가 있는 부분과 건축물

- **연소우려가 있는 부분(건피방 제22조)**
  - 연면적이 1,000[m^2] 이상인 목재의 건축물은 그 외벽 및 처마밑의 연소할 우려가 있는 부분을 방화구조로 하되, 그 지붕은 불연재료로 하여야 한다.
  - "연소할 우려가 있는 부분"이라 함은 인접대지경계선 · 도로중심선 또는 동일한 대지 안에 있는 2동 이상의 건축물(연면적의 합계가 500[m^2] 이하인 건축물은 이를 하나의 건축물로 본다) 상호의 외벽 간의 중심선으로부터 **1층에 있어서는 3[m] 이내, 2층 이상에 있어서는 5[m] 이내의 거리**에 있는 건축물의 각 부분을 말한다. 다만, 공원 · 광장 · 하천의 공지나 수면 또는 내화구조의 벽 기타 이와 유사한 것에 접하는 부분을 제외한다.
- **연소우려가 있는 건축물의 구조(설치유지법률 규칙 제7조)**
  - 건축물대장의 건축물 현황도에 표시된 대지경계선 안에 둘 이상의 건축물이 있는 경우
  - 각각의 건축물이 다른 건축물의 외벽으로부터 수평거리가 **1층**의 경우에는 **6[m] 이하**, **2층 이상**의 층의 경우에는 **10[m] 이하**인 경우
  - 개구부(영 제2조 제1호에 따른 개구부를 말한다)가 다른 건축물을 향하여 설치되어 있는 경우

정답 01 ① 02 ①

03

주요구조부가 내화구조로 된 건축물에서 거실 각 부분으로부터 하나의 직통계단에 이르는 보행거리는 피난자의 안전상 몇 [m] 이하이어야 하는가?

① 50 ② 60
③ 70 ④ 80

해설 주요구조부가 내화구조로 된 건축물에서 거실 각 부분으로부터 하나의 **직통계단에 이르는 보행거리**는 피난자의 안전상 **50[m] 이하**이어야 한다.

04

제2류 위험물에 해당하지 않는 것은?

① 유 황 ② 황화인
③ 적 린 ④ 황 린

해설 위험물

종 류	유 별
유 황	제2류 위험물
황화인	제2류 위험물
적 린	제2류 위험물
황 린	제3류 위험물

05

화재에 관련된 국제적인 규정을 제정하는 단체는?

① IMO(International Maritime Organization)
② SFPE(Society of Fire Protection Engineers)
③ NFPA(Nation Fire Protection Association)
④ ISO(International Organization for Standardization) TC 92

해설 **ISO(International Organization for Standardization) TC 92** : 산업 전반과 서비스에 관한 국제표준 제정 및 상품・서비스의 국가 간 교류를 원활하게 하고, 지식・과학기술의 글로벌 협력발전을 도모하여 국제 표준화 및 관련 활동 증진을 목적으로 화재에 관련된 국제적인 규정을 제정하는 단체로서 1947년도에 설립된 비정부조직이다.

06

이산화탄소 소화약제의 임계온도로 옳은 것은?

① 24.4[℃]
② 31.1[℃]
③ 56.4[℃]
④ 78.2[℃]

해설 **이산화탄소의 임계온도** : 31.35[℃]

07

위험물안전관리법령상 위험물의 지정수량이 틀린 것은?

① 과산화나트륨 – 50[kg]
② 적린 – 100[kg]
③ 트라이나이트로톨루엔 – 200[kg]
④ 탄화알루미늄 – 400[kg]

해설 지정수량

종 류	품 명	지정수량
과산화나트륨	제1류 위험물 무기과산화물	50[kg]
적 린	제2류 위험물	100[kg]
트라이나이트로 톨루엔	제5류 위험물 나이트로화합물	200[kg]
탄화알루미늄	제3류 위험물 알루미늄의 탄화물	300[kg]

08

물질의 취급 또는 위험성에 대한 설명 중 틀린 것은?

① 융해열은 점화원이다.
② 질산은 물과 반응 시 발열반응 하므로 주의를 해야 한다.
③ 네온, 이산화탄소, 질소는 불연성물질로 취급한다.
④ 암모니아를 충전하는 공업용 용기의 색상은 백색이다.

해설 융해열, 기화열, 액화열은 점화원이 아니다.

03 ① 04 ④ 05 ④ 06 ② 07 ④ 08 ① 정답

09

인화점이 40[℃] 이하인 위험물을 저장, 취급하는 장소에 설치하는 전기설비는 방폭구조로 설치하는데, 용기의 내부에 기체를 압입하여 압력을 유지하도록 함으로써 폭발성가스가 침입하는 것을 방지하는 구조는?

① 압력 방폭구조 ② 유입 방폭구조
③ 안전증 방폭구조 ④ 본질안전 방폭구조

해설 **압력 방폭구조** : 용기의 내부에 기체를 압입시켜 압력을 유지하도록 함으로써 폭발성가스가 침입하는 것을 방지하는 구조

10

화재의 분류 방법 중 유류화재를 나타낸 것은?

① A급 화재
② B급 화재
③ C급 화재
④ D급 화재

해설 **화재의 분류**

구 분	종 류	표시색
A급 화재	일반 화재	백 색
B급 화재	유류 화재	황 색
C급 화재	전기 화재	청 색
D급 화재	금속 화재	무 색

11

마그네슘의 화재에 주수하였을 때 물과 마그네슘의 반응으로 인하여 생성되는 가스는?

① 산 소
② 수 소
③ 일산화탄소
④ 이산화탄소

해설 마그네슘(Mg)이 물과 반응하면 가연성가스인 수소를 발생한다.

$$Mg + 2H_2O \rightarrow Mg(OH)_2 + H_2 \uparrow$$

12

물의 기화열이 539.6[cal/g]인 것은 어떤 의미인가?

① 0[℃]의 물 1[g]이 얼음으로 변화하는 데 539.6[cal]의 열량이 필요하다.
② 0[℃]의 얼음 1[g]이 물로 변화하는 데 539.6[cal]의 열량이 필요하다.
③ 0[℃]의 물 1[g]이 100[℃]의 물로 변화하는 데 539.6[cal]의 열량이 필요하다.
④ 100[℃]의 물 1[g]이 수증기로 변화하는 데 539.6[cal]의 열량이 필요하다.

해설 물의 기화열이 539.6[cal/g]란 100[℃]의 물 1[g]이 수증기로 변화하는 데 539.6[cal]의 열량이 필요하다.

13

방화구획의 설치기준 중 스프링클러 기타 이와 유사한 자동식소화설비를 설치한 10층 이하의 층은 몇 [m^2] 이내마다 구획하여야 하는가?

① 1,000 ② 1,500
③ 2,000 ④ 3,000

해설 **방화구획의 기준**

<table>
<tr><th>건축물의 규모</th><th colspan="2">구획 기준</th><th>비 고</th></tr>
<tr><td>10층 이하의 층</td><td colspan="2">바닥면적 1,000[m²](3,000[m²]) 이내마다 구획</td><td rowspan="4">( ) 안의 면적은 스프링클러 등 자동식 소화설비를 설치한 경우임</td></tr>
<tr><td>모든 층</td><td colspan="2">매 층마다 구획(지하 1층에서 지상으로 직접 연결하는 경사로 부위는 제외)</td></tr>
<tr><td rowspan="2">11층 이상의 층</td><td>실내마감이 불연재료의 경우</td><td>바닥면적 500[m²](1,500[m²]) 이내마다 구획</td></tr>
<tr><td>실내마감이 불연재료가 아닌 경우</td><td>바닥면적 200[m²](600[m²]) 이내마다 구획</td></tr>
</table>

14

불활성가스에 해당하는 것은?

① 수증기 ② 일산화탄소
③ 아르곤 ④ 아세틸렌

해설 불활성가스 : 네온(Ne), 아르곤(Ar) 등

정답 09 ① 10 ② 11 ② 12 ④ 13 ④ 14 ③

15

이산화탄소의 질식 및 냉각효과에 대한 설명 중 틀린 것은?

① 이산화탄소의 증기비중이 산소보다 크기 때문에 가연물과 산소의 접촉을 방해한다.
② 액체 이산화탄소가 기화되는 과정에서 열을 흡수한다.
③ 이산화탄소는 불연성 가스로서 가연물의 연소반응을 방해한다.
④ 이산화탄소는 산소와 반응하며 이 과정에서 발생한 연소열을 흡수하므로 냉각효과를 나타낸다.

해설 이산화탄소는 산소와 반응하지 않으므로 소화약제로 사용한다.

16

분말소화약제 분말입도의 소화성능에 관한 설명으로 옳은 것은?

① 미세할수록 소화성능이 우수하다.
② 입도가 클수록 소화성능이 우수하다.
③ 입도와 소화성능과는 관련이 없다.
④ 입도가 너무 미세하거나 너무 커도 소화성능이 저하된다.

해설 분말 입도가 너무 미세하거나 너무 커도 소화성능이 저하되므로 20~25[μm]의 크기로 골고루 분포되어 있어야 한다.

17

화재하중에 대한 설명 중 틀린 것은?

① 화재하중이 크면 단위면적당의 발열량이 크다.
② 화재하중이 크다는 것은 화재구획의 공간이 넓다는 것이다.
③ 화재하중이 같더라도 물질의 상태에 따라 가혹도는 달라진다.
④ 화재하중은 화재구획실 내의 가연물의 총량을 목재 중량당비로 환산하여 면적으로 나눈 수치이다.

해설 화재하중

- 정의 : 단위면적당 가연성 수용물의 양으로서 건물화재 시 발열량 및 화재의 위험성을 나타내는 용어이고, 화재의 규모를 결정하는 데 사용된다.
- 화재하중 계산

$$화재하중\ Q = \frac{\sum(G_t \times H_t)}{H \times A} = \frac{Q_t}{4,500 \times A}[\text{kg/m}^2]$$

여기서, G_t : 가연물의 질량
H_t : 가연물의 단위발열량[kcal/kg]
H : 목재의 단위발열량 (4,500[kcal/kg])
A : 화재실의 바닥면적[m^2]
Q_t : 가연물의 전발열량[kcal]

18

분말소화약제 중 A급, B급, C급 화재에 모두 사용할 수 있는 것은?

① Na_2CO_3
② $NH_4H_2PO_4$
③ $KHCO_3$
④ $NaHCO_3$

해설 분말소화약제의 종류

종 별	소화약제	약제의 착색	적응 화재	열분해반응식
제1종 분말	탄산수소나트륨 ($NaHCO_3$)	백 색	B, C급	$2NaHCO_3 \rightarrow Na_2CO_3+CO_2+H_2O$
제2종 분말	탄산수소칼륨 ($KHCO_3$)	담회색	B, C급	$2KHCO_3 \rightarrow K_2CO_3+CO_2+H_2O$
제3종 분말	제일인산암모늄 ($NH_4H_2PO_4$)	담홍색, 황색	A, B, C급	$NH_4H_2PO_4 \rightarrow HPO_3+NH_3+H_2O$
제4종 분말	중탄산칼륨 +요소 [$KHCO_3$ +$(NH_2)_2CO$]	회 색	B, C급	$2KHCO_3 +(NH_2)_2CO \rightarrow K_2CO_3+2NH_3 +2CO_2$

15 ④ 16 ④ 17 ② 18 ② 정답

19

증기비중의 정의로 옳은 것은?(단, 분자, 분모의 단위는 모두 [g/mol]이다)

① $\frac{분자량}{22.4}$ ② $\frac{분자량}{29}$

③ $\frac{분자량}{44.8}$ ④ $\frac{분자량}{100}$

해설 증기비중 $= \frac{분자량}{29}$ (29 : 공기의 평균분자량)

20

탄화칼슘의 화재 시 물을 주수하였을 때 발생하는 가스로 옳은 것은?

① C_2H_2 ② H_2

③ O_2 ④ C_2H_6

해설 탄화칼슘이 물과 반응하면 수산화칼슘과 아세틸렌(C_2H_2) 가스를 발생한다.

$$CaC_2 + 2H_2O \rightarrow Ca(OH)_2 + C_2H_2 \uparrow$$

제 2 과목 소방유체역학

21

다음 중 열역학 제1법칙에 관한 설명으로 옳은 것은?

① 열은 그 자신만으로 저온에서 고온으로 이동할 수 없다.
② 일은 열로 변환시킬 수 있고 열은 일로 변환시킬 수 있다.
③ 사이클 과정에서 열이 모두 일로 변화할 수 없다.
④ 열평형상태에 있는 물체의 온도는 같다.

해설 **열역학 제1법칙** : 일은 열로 변환시킬 수 있고 열은 일로 변환시킬 수 있다.

22

안지름 25[mm], 길이 10[m]의 수평 파이프를 통해 비중 0.8, 점성계수는 5×10^{-3}[kg/m · s]인 기름을 유량 0.2×10^{-3}[m³/s]로 수송하고자 할 때 필요한 펌프의 최소 동력은 약 몇 [W]인가?

① 0.21
② 0.58
③ 0.77
④ 0.81

해설 동력을 구하기 위하여

$$[kW] = \frac{\gamma QH}{102 \times \eta} \times [K]$$

• 기름의 비중량 γ = 0.8 = 800[kg_f/m^3]
• 유량 Q = 0.0002[m^3/s]
• 전양정(H)

$$H = \frac{flu^2}{2gD}$$

• 유속 $u = \frac{Q}{A} = \frac{0.0002[m^3/s]}{\frac{\pi}{4} \times (0.025[m])^2} ≒ 0.407[m/s]$

• 관마찰계수(f)를 구하기 위하여

$$R_e = \frac{Du\rho}{\mu} = \frac{0.025[m] \times 0.407[m/s] \times 800[kg/m^3]}{0.005[kg/m \cdot s]} = 1,628 (층류)$$

$$\therefore f = \frac{64}{Re} = \frac{64}{1,628} ≒ 0.039$$

• 전양정 $H = \frac{flu^2}{2gD}$에서 중력가속도 $g = 9.8[m/s^2]$을 대입하면

$$\therefore H = \frac{0.039 \times 10[m] \times (0.407[m/s])^2}{2 \times 9.8[m/s^2] \times 0.025[m]} ≒ 0.132[m]$$

※ 동력 $[kW] = \frac{\gamma QH}{102 \times \eta} \times K = \frac{800 \times 0.0002 \times 0.132}{102 \times 1} \times 1 ≒ 2.07 \times 10^{-4}[kW] ≒ 0.21[W]$

정답 19 ② 20 ① 21 ② 22 ①

23

수은의 비중이 13.6일 때 수은의 비체적은 몇 $[m^3/kg]$인가?

① $\frac{1}{13.6}$　② $\frac{1}{13.6} \times 10^{-3}$
③ 13.6　④ 13.6×10^{-3}

해설 비체적(V_s)

$$V_s = \frac{1}{\rho} = \frac{1}{13,600[kg/m^3]} = \frac{1}{13.6} \times 10^{-3}[m^3/kg]$$

(비중이 13.6이면 밀도(ρ) = $13.6[g/cm^3]$
= $13,600[kg/m^3]$)

24

그림과 같은 U자관 차압 액주계에서 A와 B에 있는 유체는 물이고 그 중간에 유체는 수은(비중 13.6)이다. 또한 그림에서 h_1 = 20[cm], h_2 = 30[cm], h_3 = 15[cm]일 때 A의 압력(P_A)와 B의 압력(P_B)의 차이($P_A - P_B$)는 약 몇 [kPa]인가?

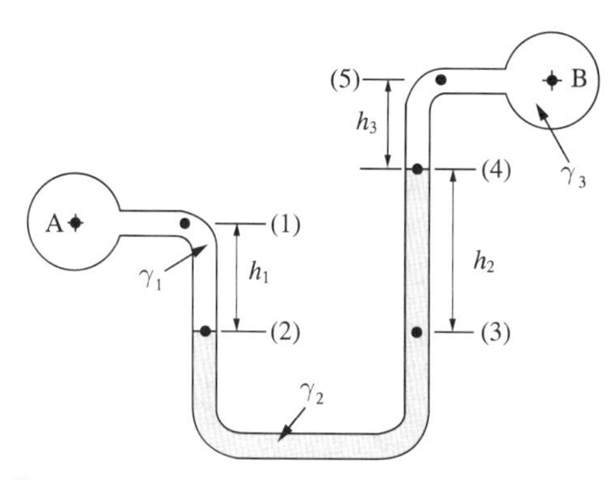

① 35.4　② 39.5
③ 44.7　④ 49.8

해설 압력차이($P_A - P_B$)

$P_A - P_B = \gamma_2 h_2 + \gamma_3 h_3 - \gamma_1 h_1$
$= (13.6 \times 1,000[kg_f/m^3] \times 0.3[m])$
$+ (1 \times 1,000[kg_f/m^3] \times 0.15[m])$
$- (1 \times 1,000[kg_f/m^3] \times 0.2[m])$
$= 4,030[kg_f/m^2]$

∴ $[kg_f/m^2]$을 [kPa]로 환산하면

$$\frac{4,030[kg_f/m^2]}{10,332[kg_f/m^2]} \times 101.325[kPa] \fallingdotseq 39.52[kPa]$$

25

평균유속 2[m/s]로 50[L/s] 유량의 물로 흐르게 하는 데 필요한 관의 안지름은 약 몇 [mm]인가?

① 158　② 168
③ 178　④ 188

해설 안지름

$$Q = uA = u \times \frac{\pi}{4}D^2 \qquad D = \sqrt{\frac{4Q}{\pi u}}$$

$$D = \sqrt{\frac{4Q}{\pi u}} = \sqrt{\frac{4 \times 50 \times 10^{-3}[m^3/s]}{\pi \times 2[m/s]}}$$
$= 0.17846[m] = 178[mm]$

26

30[℃]에서 부피가 10[L]인 이상기체를 일정한 압력으로 0[℃]로 냉각시키면 부피는 약 몇 [L]로 변하는가?

① 3　② 9
③ 12　④ 18

해설 샤를의 법칙을 적용하면

$$V_2 = V_1 \times \frac{T_2}{T_1}$$

$$\therefore V_2 = V_1 \times \frac{T_2}{T_1} = 10[L] \times \frac{273+0[K]}{273+30[K]} \fallingdotseq 9[L]$$

27

이상적인 카르노사이클의 과정인 단열압축과 등온압축의 엔트로피 변화에 관한 설명으로 옳은 것은?

① 등온압축의 경우 엔트로피 변화는 없고, 단열압축의 경우 엔트로피 변화는 감소한다.
② 등온압축의 경우 엔트로피 변화는 없고, 단열압축의 경우 엔트로피 변화는 증가한다.
③ 단열압축의 경우 엔트로피 변화는 없고, 등온압축의 경우 엔트로피 변화는 감소한다.
④ 단열압축의 경우 엔트로피 변화는 없고, 등온압축의 경우 엔트로피 변화는 증가한다.

23 ② 24 ② 25 ③ 26 ② 27 ③ 정답

해설 **이상적인 카르노사이클의 과정** : 단열압축의 경우 엔트로피 변화는 없고 등온압축의 경우 엔트로피 변화는 감소한다.

28

그림에서 물 탱크차가 받는 추력은 약 몇 [N]인가?(단, 노즐의 단면적은 0.03[m²]이며 탱크 내의 계기압력은 40[kPa]이다. 또한 노즐에서 마찰손실은 무시한다)

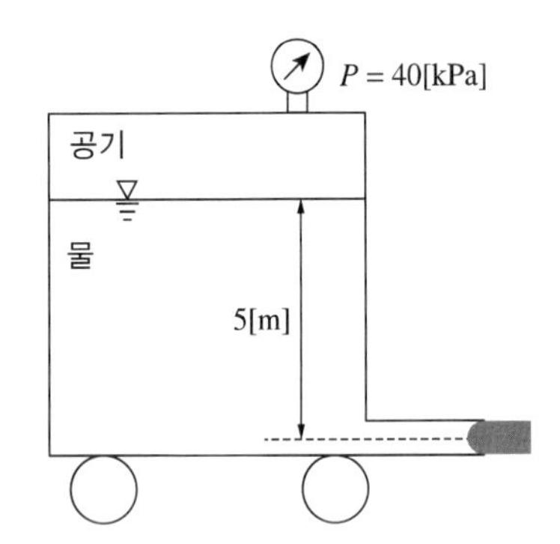

① 812　② 1,489
③ 2,709　④ 5,340

해설 베르누이방정식을 적용하면

$$\frac{P_1}{\gamma}+\frac{u_1^2}{2g}+z_1=\frac{P_2}{\gamma}+\frac{u_2^2}{2g}+z_2$$

$$\frac{40\times10^3[\text{N/m}^2]}{9{,}800[\text{N/m}^3]}+0+5[\text{m}]$$

$$=0+\frac{u_2^2}{2\times9.8[\text{m/s}^2]}+0$$

$$9.082 ≒ \frac{u_2^2}{2\times9.8}$$

노즐의 출구속도

$$u_2=\sqrt{2\times9.8\times9.082} ≒ 13.342[\text{m/s}]$$

유 량

$$Q=Au=0.03[\text{m}^2]\times13.342[\text{m/s}] ≒ 0.4[\text{m}^3/\text{s}]$$

∴ 추력 $F=Q\rho u$

$$=0.4[\text{m}^3/\text{s}]\times1{,}000[\text{kg/m}^3]\times13.342[\text{m/s}]$$

$$=5{,}337[\text{kg}\cdot\text{m/s}^2]$$

$$=5{,}337[\text{N}]$$

29

비중이 0.877인 기름이 단면적이 변하는 원관을 흐르고 있으며 체적유량은 0.146[m³/s]이다. A점에서는 안지름이 150[mm], 압력이 91[kPa]이고, B점에서는 안지름이 450[mm], 압력이 60.3[kPa]이다. 또한 B점은 A점보다 3.66[m] 높은 곳에 위치한다. 기름이 A점에서 B점까지 흐르는 동안의 손실수두는 약 몇 [m]인가?(단, 물의 비중량은 9,810[N/m³]이다)

① 3.3　② 7.2
③ 10.7　④ 14.1

해설 베르누이방정식을 적용하여 손실수두를 계산한다.

$$\frac{P_A}{\gamma}+\frac{u_A^2}{2g}+Z_A=\frac{P_B}{\gamma}+\frac{u_B^2}{2g}+Z_B+h_L$$

- 물의 비중량 $\gamma=9{,}810[\text{N/m}^3]$
- 기름 비중이 0.877이므로 기름의 비중량
  $\gamma=s\gamma_w=0.877\times9{,}810[\text{N/m}^3]$
  $=8{,}603.37[\text{N/m}^3]$

유량(Q)

$$Q=uA=u\times\left(\frac{\pi}{4}\times d^2\right)$$

- A점의 유속 $u_A=\dfrac{0.146[\text{m}^3/\text{s}]}{\frac{\pi}{4}\times(0.15[\text{m}])^2}=8.262[\text{m/s}]$
- B점의 유속 $u_B=\dfrac{0.146[\text{m}^3/\text{s}]}{\frac{\pi}{4}\times(0.45[\text{m}])^2}=0.918[\text{m/s}]$
- 위치수두 $Z_B-Z_A=3.66[\text{m}]$
  압력 $P_A=91[\text{kPa}]=91{,}000[\text{N/m}^2]$,
  $P_B=60.3[\text{kPa}]=60{,}300[\text{N/m}^2]$

$$\frac{91{,}000[\text{N/m}^2]}{8{,}603.37[\text{N/m}^3]}+\frac{(8.262[\text{m/s}])^2}{2\times9.8[\text{m/s}^2]}$$

$$=\frac{60{,}300[\text{N/m}^2]}{8{,}603.37[\text{N/m}^3]}+\frac{(0.918[\text{m/s}])^2}{2\times9.8[\text{m/s}^2]}+3.66+h_L$$

∴ 손실수두

$$h_L=\left(\frac{91{,}000[\text{N/m}^2]}{8{,}603.37[\text{N/m}^3]}+\frac{(8.262[\text{m/s}])^2}{2\times9.8[\text{m/s}^2]}\right)$$

$$-\left(\frac{60{,}300[\text{N/m}^2]}{8{,}603.37[\text{N/m}^3]}+\frac{(0.918[\text{m/s}])^2}{2\times9.8[\text{m/s}^2]}\right)-3.66$$

$$=3.34[\text{m}]$$

정답 28 ④　29 ①

30

그림과 같이 피스톤의 지름이 각각 25[cm]와 5[cm]이다. 작은 피스톤을 화살표 방향으로 20[cm]만큼 움직일 경우 큰 피스톤이 움직이는 거리는 약 몇 [mm]인가?(단, 누설은 없고 비압축성이라고 가정한다)

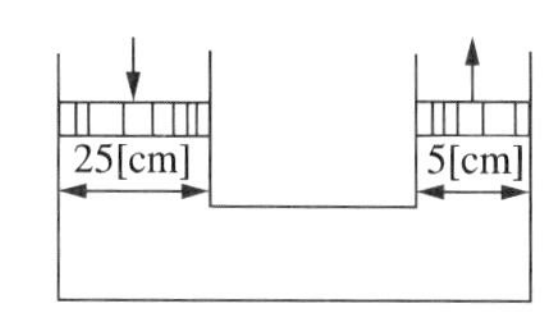

① 2 ② 4
③ 8 ④ 10

해설 큰 피스톤이 움직인 거리 s_1, 작은 피스톤이 움직인 거리 s_2라 하면

$$A_1 s_1 = A_2 s_2$$

$$\therefore s_1 = s_2 \times \frac{A_2}{A_1} = 20[\text{cm}] \times \frac{\frac{\pi}{4}(5[\text{cm}])^2}{\frac{\pi}{4}(25[\text{cm}])^2}$$

$$= 0.8[\text{cm}] = 8[\text{mm}]$$

31

스프링클러헤드의 방수압이 4배가 되면 방수량은 몇 배가 되는가?

① $\sqrt{2}$배 ② 2배
③ 4배 ④ 8배

해설 방수량

$$Q = k\sqrt{P}$$

$$\therefore Q = k\sqrt{P} = \sqrt{4} = 2$$

32

다음 중 표준대기압인 1기압에 가장 가까운 것은?

① 860[mmHg]
② 10.33[mAq]
③ 101.325[bar]
④ 1.0332[kg_f/m^2]

해설 표준대기압

1[atm] = 760[mmHg]
= 76[cmHg]
= 29.92[inHg](수은주 높이)
= 1,033.2[cmH_2O]
= 10.332[mH_2O]([mAq])(물기둥의 높이)
= 1.0332[kg_f/cm^2]
= 10,332[kg_f/m^2]
= 101,325[Pa=N/m^2]
= 1.013[bar]
= 101.325[kPa]
= 0.101325[MPa]

33

안지름 10[cm]의 관로에서 마찰손실수두가 속도수두와 같다면 그 관로의 길이는 약 몇 [m]인가?(단, 관마찰계수는 0.03이다)

① 1.58 ② 2.54
③ 3.33 ④ 4.52

해설 관로의 길이

$H = \frac{flu^2}{2gD}$에서 마찰손실수두(H)와 속도수두$\left(\frac{u^2}{2g}\right)$는 같다.

$$\therefore L = \frac{D}{f} = \frac{0.1[\text{m}]}{0.03} \fallingdotseq 3.33[\text{m}]$$

34

원심식 송풍기에서 회전수를 변화시킬 때 동력변화를 구하는 식으로 옳은 것은?(단, 변화 전후의 회전수는 각각 N_1, N_2, 동력은 L_1, L_2이다)

① $L_2 = L_1 \times \left(\frac{N_1}{N_2}\right)^3$ ② $L_2 = L_1 \times \left(\frac{N_1}{N_2}\right)^2$

③ $L_2 = L_1 \times \left(\frac{N_2}{N_1}\right)^3$ ④ $L_2 = L_1 \times \left(\frac{N_2}{N_1}\right)^2$

해설 펌프의 상사법칙

- 유량 $Q_2 = Q_1 \times \frac{N_2}{N_1} \times \left(\frac{D_2}{D_1}\right)^3$
- 전양정(수두) $H_2 = H_1 \times \left(\frac{N_2}{N_1}\right)^2 \times \left(\frac{D_2}{D_1}\right)^2$
- 동력 $L_2 = L_1 \times \left(\frac{N_2}{N_1}\right)^3 \times \left(\frac{D_2}{D_1}\right)^5$

  여기서, N : 회전수[rpm], D : 내경[mm]

35

그림과 같은 1/4원형의 수문 AB가 받는 수평성분 힘(F_H)과 수직성분 힘(F_V)은 각각 약 몇 [kN]인가? (단, 수문의 반지름은 2[m]이고, 폭은 3[m]이다)

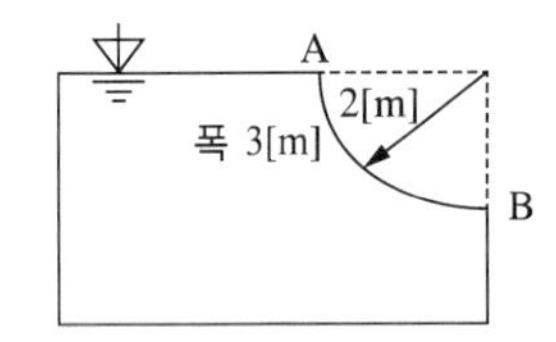

① $F_H = 24.4$, $F_V = 46.2$

② $F_H = 24.4$, $F_V = 92.4$

③ $F_H = 58.8$, $F_V = 46.2$

④ $F_H = 58.8$, $F_V = 92.4$

해설 수평성분과 수직성분을 구하면

- 수평성분 F_H는 곡면 AB의 수평투영면적에 작용하는 힘과 같다.

  $F_H = \gamma \bar{h} A = 9{,}800[\text{N/m}^3] \times 1[\text{m}] \times (2 \times 3)[\text{m}^2]$
  $= 58{,}800[\text{N}]$
  $= 58.8[\text{kN}]$
- 수직성분 F_V는 AB 위에 있는 가상의 물 무게와 같다.

  $F_V = \gamma V = 9{,}800[\text{N/m}^3] \times \left(\frac{\pi \times 2^2}{4} \times 3[\text{m}]\right)$
  $\fallingdotseq 92{,}362[\text{N}] \fallingdotseq 92.4[\text{kN}]$

36

펌프 중심선으로부터 2[m] 아래에 있는 물을 펌프 중심으로부터 15[m] 위에 있는 송출 수면으로 양수하려 한다. 관로의 전 손실수두가 6[m]이고, 송출수량이 1[m³/min]라면 필요한 펌프의 동력은 약 몇 [W]인가?

① 2,777

② 3,103

③ 3,430

④ 3,766

해설 동 력

$$P[\text{kW}] = \frac{\gamma QH}{102 \times \eta} \times K$$

- 비중량 $\gamma = 1{,}000[\text{kg}_f/\text{m}^3]$
- 유량 $Q = 1[\text{m}^3/\text{min}] = 1[\text{m}^3]/60[\text{s}] \fallingdotseq 0.0167[\text{m}^3/\text{s}]$
- 전양정(H) = 2[m] + 15[m] + 6[m] = 23[m]

$$\therefore P[\text{kW}] = \frac{\gamma QH}{102 \times \eta} \times K = \frac{1{,}000 \times 0.0167 \times 23}{102 \times 1} \fallingdotseq 3.7657[\text{kW}] = 3{,}766[\text{W}]$$

37

일반적인 배관 시스템에서 발생되는 손실을 주손실과 부차적손실로 구분할 때 다음 중 주손실에 속하는 것은?

① 직관에서 발생하는 마찰손실

② 파이프 입구와 출구에서의 손실

③ 단면의 확대 및 축소에 의한 손실

④ 배관부품(엘보, 리턴밴드, 티, 리듀서, 유니언, 밸브 등)에서 발생하는 손실

해설 관 마찰손실

- 주손실 : 관로마찰에 의한 손실
- 부차적손실 : 급격한 확대, 축소, 관부속품에 의한 손실

정답 35 ④ 36 ④ 37 ①

38

온도차이 20[℃], 열전도율 5[W/m · K], 두께 20[cm]인 벽을 통한 열유속(Heat Flux)과 온도차이 40[℃], 열전도율 10[W/m · K], 두께 t[cm]인 같은 면적을 가진 벽을 통한 열유속이 같다면 두께 t는 약 몇 [cm]인가?

① 10　② 20
③ 40　④ 80

해설 열전달률

$$\text{열전달열량 } Q = \frac{\lambda}{l} A \Delta t$$

여기서, λ : 열전도율[W/m · K], l : 두께[m]
A : 면적, Δt : 온도

$$\therefore \frac{5[\text{W/m}\cdot\text{K}]}{20[\text{cm}]} \times 20[℃] = \frac{10[\text{W/m}\cdot\text{K}]}{x} \times 40[℃]$$

$x = 80[\text{cm}]$

39

낙구식 점도계는 어떤 법칙을 이론적 근거로 하는가?

① Stokes의 법칙
② 열역학 제1법칙
③ Hagen–Poiseuille의 법칙
④ Boyle의 법칙

해설 점성계수측정

- 맥마이클(MacMichael)점도계, 스토머(Stormer) 점도계 : 뉴턴(Newton)의 점성법칙
- 오스트발트(Ostwald)점도계, 세이볼트(Saybolt) 점도계 : 하겐–포아젤 법칙
- 낙구식 점도계 : 스토크스 법칙

40

지면으로부터 4[m]의 높이에 설치된 수평관 내로 물이 4[m/s]로 흐르고 있다. 물의 압력이 78.4[kPa]인 관 내의 한 점에서 전수두는 지면을 기준으로 약 몇 [m]인가?

① 4.76　② 6.24
③ 8.82　④ 12.81

해설 전수두(H)

$$\text{전수두 } H = \frac{u^2}{2g} + \frac{P}{\gamma} + z$$

- 속도수두 $= \dfrac{u^2}{2g} = \dfrac{(4[\text{m/s}])^2}{2\times 9.8[\text{m/s}^2]} \fallingdotseq 0.816[\text{m}]$
- 압력수두 $= \dfrac{P}{\gamma} = \dfrac{78.4\times 10^3[\text{N/m}^2]}{9,800[\text{N/m}^3]} = 8[\text{m}]$
  $\fallingdotseq 7.994[\text{m}]$
- 위치수두 $= z = 4[\text{m}]$

∴ 전수두 $= 0.816[\text{m}] + 8[\text{m}] + 4[\text{m}]$
$= 12.816[\text{m}]$

제 3 과목 소방관계법규

41

소방기본법령상 소방본부장 또는 소방서장은 소방상 필요한 훈련 및 교육을 실시하고자 하는 때에는 화재경계지구 안의 관계인에게 훈련 또는 교육 며칠 전까지 그 사실을 통보하여야 하는가?

① 5　② 7
③ 10　④ 14

해설 소방본부장 또는 소방서장은 소방상 필요한 훈련 및 교육을 실시하고자 하는 때에는 화재경계지구 안의 관계인에게 훈련 또는 교육 **10일 전**까지 그 사실을 통보하여야 한다.

42

특정소방대상물의 관계인이 소방안전관리자를 해임한 경우 재선임을 해야 하는 기준은?(단, 해임한 날부터 기준일로 한다)

① 10일 이내　② 20일 이내
③ 30일 이내　④ 40일 이내

해설 소방안전관리자

- 해임신고 : 의무사항이 아니다.
- **재선임기간** : 해임 또는 퇴직한 날부터 **30일 이내**
- 선임신고 : 선임한 날부터 14일 이내
- 누구에게 : 소방본부장 또는 소방서장

정답 38 ④ 39 ① 40 ④ 41 ③ 42 ③

43

소방용수시설 중 소화전과 급수탑의 설치기준으로 틀린 것은?

① 급수탑 급수배관의 구경은 100[mm] 이상으로 할 것
② 소화전은 상수도와 연결하여 지하식 또는 지상식의 구조로 할 것
③ 소방용 호스와 연결하는 소화전의 연결금속구의 구경은 65[mm]로 할 것
④ 급수탑의 개폐밸브는 지상에서 1.5[m] 이상 1.8[m] 이하의 위치에 설치할 것

해설 **급수탑의 개폐밸브** : 지상 1.5[m] 이상 1.7[m] 이하에 설치

44

경유의 저장량이 2,000[L], 중유의 저장량이 4,000[L], 등유의 저장량이 2,000[L]인 저장소에 있어서 지정수량의 배수는?

① 동 일 ② 6배
③ 3배 ④ 2배

해설 **지정수량의 배수**

$$\text{지정수량의 배수} = \frac{\text{저장량}}{\text{지정수량}} + \frac{\text{저장량}}{\text{지정수량}} + \cdots$$

• 제4류 위험물의 지정수량

항 목 \ 종 류	경 유	중 유	등 유
품 명	제2석유류 (비수용성)	제3석유류 (비수용성)	제2석유류 (비수용성)
지정수량	1,000[L]	2,000[L]	1,000[L]

• 지정수량의 배수

∴ 지정수량의 배수

$$= \frac{2,000[L]}{1,000[L]} + \frac{4,000[L]}{2,000[L]} + \frac{2,000[L]}{1,000[L]}$$

$= 6$배

45

소방기본법상 명령권자가 소방본부장, 소방서장 또는 소방대장에게 있는 사항은?

① 소방활동을 할 때에 긴급한 경우에는 이웃한 소방본부장 또는 소방서장에게 소방업무의 응원을 요청할 수 있다.
② 화재, 재난·재해, 그 밖의 위급한 상황이 발생한 현장에서 소방활동을 위하여 필요할 때에는 그 관할구역에 사는 사람 또는 그 현장에 있는 사람으로 하여금 사람을 구출하는 일 또는 불을 끄거나 불이 번지지 아니하도록 하는 일을 하게 할 수 있다.
③ 수사기관이 방화 또는 실화의 혐의가 있어서 이미 피의자를 체포하였거나 증거물을 압수하였을 때에 화재조사를 위하여 필요한 경우에는 수사에 지장을 주지 아니하는 범위에서 그 피의자 또는 압수된 증거물에 대한 조사를 할 수 있다.
④ 화재, 재난·재해, 그 밖의 위급한 상황이 발생하였을 때에는 소방대를 현장에 신속하게 출동시켜 화재진압과 인명구조·구급 등 소방에 필요한 활동을 하게 하여야 한다.

해설 **소방청장, 소방본부장, 소방서장, 소방대장의 업무**

- **소방본부장이나 소방서장**은 소방활동을 할 때에 긴급한 경우에는 이웃한 소방본부장 또는 소방서장에게 소방업무의 응원(應援)을 요청할 수 있다.
- **소방본부장, 소방서장 또는 소방대장**은 화재, 재난·재해, 그 밖의 위급한 상황이 발생한 현장에서 소방활동을 위하여 필요할 때에는 그 관할구역에 사는 사람 또는 그 현장에 있는 사람으로 하여금 사람을 구출하는 일 또는 불을 끄거나 불이 번지지 아니하도록 하는 일을 하게 할 수 있다.
- **소방본부장 또는 소방서장**은 수사기관이 방화(放火) 또는 실화(失火)의 혐의가 있어서 이미 피의자를 체포하였거나 증거물을 압수하였을 때에 화재조사를 위하여 필요한 경우에는 수사에 지장을 주지 아니하는 범위에서 그 피의자 또는 압수된 증거물에 대한 조사를 할 수 있다.
- **소방본부장 또는 소방서장**은 화재, 재난·재해, 그 밖의 위급한 상황이 발생하였을 때에는 소방대를 현장에 신속하게 출동시켜 화재진압과 인명구조·구급 등 소방에 필요한 활동을 하게 하여야 한다.

정답 43 ④ 44 ② 45 ②

46

화재가 발생하는 경우 인명 또는 재산의 피해가 클 것으로 예상되는 때 소방대상물의 개수 · 이전 · 제거, 사용금지 등의 필요한 조치 명할 수 있는 자는?

① 시 · 도지사
② 의용소방대장
③ 기초자치단체장
④ 소방본부장 또는 소방서장

해설 **소방대상물의 개수명령권자** : 소방본부장 또는 소방서장

47

소방기본법상 보일러, 난로, 건조설비, 가스 · 전기시설, 그 밖에 화재 발생 우려가 있는 설비 또는 기구 등의 위치 · 구조 및 관리와 화재 예방을 위하여 불을 사용할 때 지켜야 하는 사항은 무엇으로 정하는가?

① 총리령
② 대통령령
③ 시 · 도의 조례
④ 행정안전부령

해설 보일러, 난로, 건조설비, 가스 · 전기시설, 그 밖에 화재 발생 우려가 있는 설비 또는 기구 등의 위치 · 구조 및 관리와 화재 예방을 위하여 불을 사용할 때 지켜야 하는 사항은 **대통령령**으로 정한다.

48

아파트로 층수가 20층인 특정소방대상물에서 스프링클러설비를 하여야 하는 층수는?(단, 아파트는 신축을 실시하는 경우이다)

① 전 층
② 15층 이상
③ 11층 이상
④ 6층 이상

해설 **스프링클러설비 설치대상** : 6층 이상인 특정소방대상물의 경우에는 모든(전) 층

49

소방기본법령상 소방본부의 종합상황실 실장이 소방청의 종합상황실에 서면 · 모사전송 또는 컴퓨터통신 등으로 보고하여야 하는 화재의 기준에 해당되지 않는 것은?

① 항구에 매어둔 총 톤수가 1,000[t] 이상인 선박에 발생한 화재
② 연면적 15,000[m^2] 이상인 공장 또는 화재경계지구에서 발생한 화재
③ 지정수량의 1,000배 이상의 위험물의 제조소 · 저장소 · 취급소에서 발생한 화재
④ 5층 이상이거나 병상이 30개 이상인 종합병원 · 정신병원 · 한방병원 · 요양소에서 발생한 화재

해설 **화재보고 기준**

- 사망자가 5인 이상 발생하거나 사상자가 10인 이상 발생한 화재
- 이재민이 100인 이상 발생한 화재
- 재산피해액이 50억원 이상 발생한 화재
- 관공서 · 학교 · 정부미도정공장 · 문화재 · 지하철 또는 지하구의 화재
- 관광호텔, 층수가 11층 이상인 건축물, 지하상가, 시장, 백화점, **지정수량의 3,000배 이상의 위험물의 제조소 · 저장소 · 취급소**, 층수가 5층 이상이거나 객실이 30실 이상인 숙박시설, 층수가 5층 이상이거나 병상이 30개 이상인 종합병원 · 정신병원 · 한방병원 · 요양소, 연면적 15,000[m^2] 이상인 공장 또는 화재경계지구에서 발생한 화재
- 철도차량, 항구에 매어둔 총 톤수가 1,000[t] 이상인 선박, 항공기, 발전소 또는 변전소에서 발생한 화재
- 가스 및 화약류의 폭발에 의한 화재
- 다중이용업소의 화재

50

화재예방, 소방시설 설치 · 유지 및 안전관리에 관한 법령상 소방시설 등에 대한 자체점검을 하지 아니하거나 관리업자 등으로 하여금 정기적으로 점검하게 하지 아니한 자에 대한 벌칙기준으로 옳은 것은?

① 1년 이하의 징역 또는 1,000만원 이하의 벌금
② 3년 이하의 징역 또는 1,500만원 이하의 벌금
③ 3년 이하의 징역 또는 3,000만원 이하의 벌금
④ 6개월 이하의 징역 또는 1,000만원 이하의 벌금

46 ④ 47 ② 48 ① 49 ③ 50 ① 정답

해설 **1년 이하의 징역 또는 1,000만원 이하의 벌금**

- 관리업의 등록증이나 등록수첩을 다른 자에게 빌려 준 자
- 영업정지처분을 받고 그 영업정지기간 중에 관리업의 업무를 한 자
- 소방시설등에 대한 **자체점검을 하지 아니하거나** 관리업자 등으로 하여금 **정기적으로 점검하게 하지 아니한 자**
- 소방시설관리사증을 다른 자에게 빌려주거나 같은 조 제7항을 위반하여 동시에 둘 이상의 업체에 취업한 자
- 제품검사에 합격하지 아니한 제품에 합격표시를 하거나 합격표시를 위조 또는 변조하여 사용한 자
- 형식승인의 변경승인을 받지 아니한 자
- 제품검사에 합격하지 아니한 소방용품에 성능인증을 받았다는 표시 또는 제품검사에 합격하였다는 표시를 하거나 성능인증을 받았다는 표시 또는 제품검사에 합격하였다는 표시를 위조 또는 변조하여 사용한 자
- 성능인증의 변경인증을 받지 아니한 자
- 우수품질인증을 받지 아니한 제품에 우수품질인증 표시를 하거나 우수품질인증 표시를 위조하거나 변조하여 사용한 자

51

소방기본법령상 특수가연물의 저장 및 취급 기준 중 석탄·목탄류를 발전용 외의 것으로 저장하는 경우 쌓는 부분의 바닥면적은 몇 [m^2] 이하인가?(단, 살수설비를 설치하거나 방사능력 범위에 해당 특수가연물이 포함되도록 대형수동식소화기를 설치하는 경우이다)

① 200

② 250

③ 300

④ 350

해설 **특수가연물의 저장 및 취급 기준**

- 특수가연물을 저장 또는 취급하는 장소에는 품명·최대수량 및 화기취급의 금지표지를 설치할 것
- 다음 각 목의 기준에 따라 쌓아 저장할 것. 다만, 석탄·목탄류를 발전(發電)용으로 저장하는 경우에는 그러하지 아니하다.
  - 품명별로 구분하여 쌓을 것
  - 쌓는 높이는 10[m] 이하가 되도록 하고, 쌓는 부분의 바닥면적은 50[m^2](석탄·목탄류의 경우에는 200[m^2]) 이하가 되도록 할 것. 다만, 살수설비를 설치하거나, 방사능력 범위에 해당 특수가연물이 포함되도록 **대형수동식소화기를 설치하는 경우**에는 쌓는 높이를 15[m] 이하, 쌓는 부분의 바닥면적을 200[m^2](**석탄·목탄류의 경우에는 300[m^2]**) 이하로 할 수 있다.
  - 쌓는 부분의 바닥면적 사이는 1[m] 이상이 되도록 할 것

52

제3류 위험물 중 금수성 물품에 적응성이 있는 소화약제는?

① 물　　② 강화액

③ 팽창질석　　④ 인산염류 분말

해설 **금수성 물품의 소화약제** : 마른 모래, 팽창질석, 팽창진주암

53

화재예방, 소방시설 설치·유지 및 안전관리에 관한 법령상 소방특별조사위원회의 위원에 해당하지 아니하는 사람은?

① 소방기술사

② 소방시설관리사

③ 소방 관련 분야의 석사학위 이상을 취득한 사람

④ 소방 관련 법인 또는 단체에서 소방 관련 업무에 3년 이상 종사한 사람

해설 **소방특별조사위원회의 위원**

- 과장급 직위 이상의 소방공무원
- 소방기술사
- 소방시설관리사
- 소방 관련 분야의 석사학위 이상을 취득한 사람
- 소방 관련 법인 또는 단체에서 소방 관련 업무에 5년 이상 종사한 사람
- **소방공무원** 교육기관, 「고등교육법」 제2조의 학교 또는 연구소에서 소방과 관련한 교육 또는 연구에 **5년 이상 종사한 사람**

정답 51 ③ 52 ③ 53 ④

54

소방특별조사 결과에 따른 조치명령으로 손실을 입어 손실을 보상하는 경우 그 손실을 입은 자는 누구와 손실보상을 협의하여야 하는가?

① 소방서장　　② 시・도지사
③ 소방본부장　　④ 행정안전부장관

해설 소방특별조사 조치명령에 따른 손실 보상 : 시・도지사

55

위험물운송자 자격을 취득하지 아니한 자가 위험물 이동탱크저장소 운전 시의 벌칙으로 옳은 것은?

① 100만원 이하의 벌금
② 300만원 이하의 벌금
③ 500만원 이하의 벌금
④ 1,000만원 이하의 벌금

해설 1,000만원 이하의 벌금
- 위험물의 취급에 관한 안전관리와 감독을 하지 아니한 자
- 안전관리자 또는 그 대리자가 참여하지 아니한 상태에서 위험물을 취급한 자
- 변경한 예방규정을 제출하지 아니한 관계인으로서 제6조 제1항의 규정에 따른 허가를 받은 자
- 위험물의 운반에 관한 중요기준에 따르지 아니한 자
- **규정을 위반한 위험물운송자**
- 관계인의 정당한 업무를 방해하거나 출입・검사 등을 수행하면서 알게 된 비밀을 누설한 자

56

1급 소방안전관리대상물이 아닌 것은?

① 15층인 특정소방대상물(아파트는 제외한다)
② 가연성 가스를 2,000[t] 저장・취급하는 시설
③ 21층인 아파트로서 300세대인 것
④ 연면적 20,000[m^2]인 문화집회시설 및 운동시설

해설 1급 소방안전관리대상물
동・식물원, 철강 등 불연성 물품을 저장・취급하는 창고, 위험물 저장 및 처리 시설 중 위험물 제조소 등, 지하구를 제외한 것
- **30층 이상(지하층은 제외한다)**이거나 지상으로부터 높이가 **120[m] 이상**인 **아파트**
- 연면적 15,000[m^2] 이상인 특정소방대상물(아파트는 제외한다)
- 층수가 11층 이상인 특정소방대상물(아파트는 제외한다)
- 가연성 가스를 1,000[t] 이상 저장・취급하는 시설

57

문화재보호법의 규정에 의한 유형문화재와 지정문화재에 있어서는 제조소 등과의 수평거리를 몇 [m] 이상 유지하여야 하는가?

① 20　　② 30
③ 50　　④ 70

해설 제조소 등의 안전거리
건축물의 외벽 또는 공작물의 외측으로부터 당해 제조소의 외벽 또는 이에 상당하는 공작물의 외측까지의 수평거리를 안전거리라 한다.

건축물	안전거리
사용전압 7,000[V] 초과 35,000[V] 이하의 특고압 가공전선	3[m] 이상
사용전압 35,000[V] **초과**의 특고압 가공전선	5[m] 이상
주거용으로 사용되는 것(제조소가 설치된 부지 내에 있는 것을 제외)	10[m] 이상
고압가스, 액화석유가스, 도시가스를 저장 또는 취급하는 시설	20[m] 이상
학교, **병원**(종합병원, 병원, 치과병원, 한방병원 및 요양병원), **극장**, 공연장, 영화상영관, 수용인원 300명 이상, 복지시설(아동복지시설, 노인복지시설, 장애인복지시설, 한부모가족복지시설), 어린이집, 성매매피해자 등을 위한 지원시설, 정신보건시설, 가정폭력피해자 보호시설 수용인원 20명 이상	30[m] 이상
유형문화재, 지정문화재	50[m] 이상

58

다음 중 중급기술자의 학력 · 경력자에 대한 기준으로 옳은 것은?(단, "학력 · 경력자"란 고등학교 · 대학 또는 이와 같은 수준 이상의 교육기관의 소방 관련학과의 정해진 교육과정을 이수하고 졸업하거나 그 밖의 관계법령에 따라 국내 또는 외국에서 이와 같은 수준 이상의 학력이 있다고 인정되는 사람을 말한다)

① 고등학교를 졸업한 후 10년 이상 소방 관련 업무를 수행한 사람
② 학사학위를 취득한 후 6년 이상 소방 관련 업무를 수행한 사람
③ 석사학위를 취득한 후 2년 이상 소방 관련 업무를 수행한 사람
④ 박사학위를 취득한 후 1년 이상 소방 관련 업무를 수행한 사람

해설 학력 · 경력 등에 따른 중급기술자의 자격

학력 · 경력자	경력자
• 박사학위를 취득한 사람 • 석사학위를 취득한 후 3년 이상 소방 관련 업무를 수행한 사람	학사 이상의 학위를 취득한 후 9년 이상 소방 관련 업무를 수행한 사람
학사학위를 취득한 후 6년 이상 소방 관련 업무를 수행한 사람	전문학사학위를 취득한 후 12년 이상 소방 관련 업무를 수행한 사람
전문학사학위를 취득한 후 9년 이상 소방 관련 업무를 수행한 사람	고등학교를 졸업한 후 15년 이상 소방 관련 업무를 수행한 사람
고등학교를 졸업한 후 12년 이상 소방 관련 업무를 수행한 사람	18년 이상 소방 관련 업무를 수행한 사람

59

소방시설공사업법령상 상주 공사감리 대상 기준 중 다음 ㉠, ㉡, ㉢에 알맞은 것은?

> • 연면적 (㉠)[m^2] 이상의 특정소방대상물(아파트는 제외)에 대한 소방시설의 공사
> • 지하층을 포함한 층수가 (㉡)층 이상으로서 (㉢)세대 이상인 아파트에 대한 소방시설의 공사

① ㉠ 10,000, ㉡ 11, ㉢ 600
② ㉠ 10,000, ㉡ 16, ㉢ 500
③ ㉠ 30,000, ㉡ 11, ㉢ 600
④ ㉠ 30,000, ㉡ 16, ㉢ 500

해설 상주 감리 대상 기준
• **연면적 30,000[m^2]** 이상의 특정소방대상물(아파트는 제외)에 대한 소방시설의 공사
• 지하층을 포함한 층수가 **16층 이상**으로서 **500세대 이상**인 **아파트**에 대한 소방시설의 공사

60

화재예방, 소방시설 설치 · 유지 및 안전관리에 관한 법령상 소방안전관리대상물의 소방안전관리자의 업무에 해당하는 것은?

① 소방훈련 및 교육
② 피난시설, 방화구획 및 방화시설의 유지 · 관리
③ 소방시설 및 그 밖의 소방시설의 유지 · 관리
④ 화기취급의 감독

해설 소방안전 관리자 업무
(①, ②, ④의 업무는 소방안전관리대상물의 경우에만 해당한다)
① 피난계획에 관한 사항과 대통령령으로 정하는 사항이 포함된 소방계획서의 작성 및 시행
② 자위소방대(自衛消防隊) 및 초기대응체계의 구성 · 운영 · 교육
③ 피난시설, 방화구획 및 방화시설의 유지 · 관리
④ 소방훈련 및 교육
⑤ 소방시설이나 그 밖의 소방 관련 시설의 유지 · 관리
⑥ 화기(火氣) 취급의 감독

제 4 과목 소방기계시설의 구조 및 원리

61

대형 이산화탄소소화기의 소화약제 충전량은 얼마인가?

① 20[kg] 이상
② 30[kg] 이상
③ 50[kg] 이상
④ 70[kg] 이상

정답 58 ② 59 ④ 60 ① 61 ③

해설 **대형소화기** : 능력단위가 A급 화재는 10단위 이상, B급 화재는 20단위 이상인 것으로서 소화약제충전량은 표에 기재한 이상인 소화기

종 별	소화약제의 충전량
포	20[L]
강화액	60[L]
물	80[L]
분 말	20[kg]
할 론	30[kg]
이산화탄소	50[kg]

62

개방형 스프링클러설비에서 하나의 방수구역을 담당하는 헤드 개수는 몇 개 이하로 하여야 하는가?(단, 방수구역은 나누어져 있지 않고 하나의 구역으로 되어 있다)

① 50 ② 40
③ 30 ④ 20

해설 **개방형 스프링클러설비**에서 하나의 방수구역을 담당하는 헤드의 수 : **50개 이하**(단, 2개 이상의 방수구역으로 나눌 경우에는 하나의 방수구역을 담당하는 헤드의 개수는 25개 이상으로 할 것)

63

분말소화설비의 가압용 가스용기에 대한 설명으로 틀린 것은?

① 가압용가스 용기를 3병 이상 설치한 경우에는 2개 이상의 용기에 전자개방밸브를 부착할 것
② 가압용가스 용기에는 2.5[MPa] 이하의 압력에서 조정이 가능한 압력조정기를 설치할 것
③ 가압용가스에 질소가스를 사용하는 것의 질소가스는 소화약제 1[kg]마다 20[L](35[℃]에서 1기압의 압력상태로 환산한 것) 이상으로 할 것
④ 축압용가스에 질소가스를 사용하는 것의 질소가스는 소화약제 1[kg]에 대하여 10[L](35[℃]에서 1기압의 압력상태로 환산한 것) 이상으로 할 것

해설 **분말소화설비의 가압용 가스용기**
- 선분말소화약제의 가압용가스 용기를 3병 이상 설치한 경우에는 2개 이상의 용기에 전자개방밸브를 부착하여야 한다.
- 분말소화약제의 가압용가스 용기에는 2.5[MPa] 이하의 압력에서 조정이 가능한 압력조정기를 설치하여야 한다.
- 가압용가스 또는 축압용가스는 다음의 기준에 따라 설치하여야 한다.
  - 가압용가스 또는 축압용가스는 질소가스 또는 이산화탄소로 할 것
  - 가압용가스에 질소가스를 사용하는 것의 **질소가스는 소화약제 1[kg]마다 40[L]**(35[℃]에서 1기압의 압력상태로 환산한 것) 이상, 이산화탄소를 사용하는 것의 이산화탄소는 소화약제 1[kg]에 대하여 20g에 배관의 청소에 필요한 양을 가산한 양 이상으로 할 것
  - 축압용가스에 질소가스를 사용하는 것의 질소가스는 소화약제 1[kg]에 대하여 10[L](35[℃]에서 1기압의 압력상태로 환산한 것) 이상, 이산화탄소를 사용하는 것의 이산화탄소는 소화약제 1[kg]에 대하여 20[g]에 배관의 청소에 필요한 양을 가산한 양 이상으로 할 것
  - 배관의 청소에 필요한 양의 가스는 별도의 용기에 저장할 것

64

소화용수설비의 소화수조가 옥상 또는 옥탑의 부분에 설치된 경우 지상에 설치된 채수구에서의 압력은 얼마 이상이어야 하는가?

① 0.15[MPa]
② 0.20[MPa]
③ 0.25[MPa]
④ 0.35[MPa]

해설 **소화수조 등의 설치기준**
- 소화수조, 저수조의 채수구 또는 흡수관투입구는 소방차가 **2[m] 이내**의 지점까지 접근할 수 있는 위치에 설치하여야 한다.
- 소화수조가 옥상 또는 옥탑의 부분에 설치된 경우에는 지상에 설치된 채수구에서의 압력이 **0.15[MPa]** 이상이 되도록 하여야 한다.

62 ① 63 ③ 64 ① **정답**

65

스프링클러설비의 배관 내 압력이 얼마 이상일 때 압력배관용 탄소강관을 사용해야 하는가?

① 0.1[MPa] ② 0.5[MPa]
③ 0.8[MPa] ④ 1.2[MPa]

해설 스프링클러설비의 배관사용

- 배관 내 사용압력이 1.2[MPa] 미만일 경우
  - 배관용 탄소강관(KS D 3507)
  - 이음매 없는 구리 및 구리합금관(KS D 5301). 다만, 습식의 배관에 한한다.
  - 배관용 스테인리스강관(KS D 3576) 또는 일반배관용 스테인리스강관(KS D 3595)
  - 덕타일 주철관(KS D 4311)
- **배관 내 사용압력이 1.2[MPa] 이상일 경우**
  - **압력배관용 탄소강관**
  - 배관용 아크용접 탄소강강관(KS D 3583)

66

할론소화설비에서 국소방출방식의 경우 할론소화약제의 양을 산출하는 식은 다음과 같다. 여기서 A는 무엇을 의미하는가?(단, 가연물이 비산할 우려가 있는 경우로 가정한다)

$$Q = X - Y\frac{a}{A}$$

① 방호공간의 벽면적의 합계
② 창문이나 문의 틈새면적의 합계
③ 개구부 면적의 합계
④ 방호대상물 주위에 설치된 벽의 면적의 합계

해설 국소방출방식

$$Q = X - Y\frac{a}{A}$$

여기서, Q : 방호공간 1[m^3]에 대한 할론소화약제의 양[kg/m^3]
X, Y : 수치(생략)
a : 방호대상물 주위에 설치된 벽의 면적의 합계[m^2]
A : 방호공간의 벽면적의 합계[m^2]

67

이산화탄소소화약제의 저장용기 설치기준 중 옳은 것은?

① 저장용기의 충전비는 고압식은 1.9 이상 2.3 이하, 저압식은 1.5 이상 1.9 이하로 할 것
② 저압식 저장용기에는 액면계 및 압력계와 2.1[MPa] 이상 1.7[MPa] 이하의 압력에서 작동하는 압력경보장치를 설치할 것
③ 저장용기는 고압식은 25[MPa] 이상, 저압식은 3.5[MPa] 이상의 내압시험압력에 합격한 것으로 할 것
④ 저압식 저장용기에는 내압시험압력의 1.8배의 압력에서 작동하는 안전밸브와 내압시험압력의 0.8배부터 내압시험압력까지의 범위에서 작동하는 봉판을 설치할 것

해설 이산화탄소소화약제의 저장용기 설치기준

- 저장용기의 충전비는 **고압식**에 있어서는 **1.5 이상 1.9 이하**, **저압식**에 있어서는 **1.1 이상 1.4 이하**로 할 것
- 저압식 저장용기에는 **내압시험압력**의 **0.64배부터 0.8배까지**의 압력에서 작동하는 **안전밸브**와 내압시험압력의 0.8배부터 내압시험압력에서 작동하는 **봉판**을 설치할 것
- 저압식 저장용기에는 액면계 및 압력계와 **2.3[MPa] 이상 1.9[MPa] 이하**의 압력에서 작동하는 **압력경보장치**를 설치할 것
- 저압식 저장용기에는 용기 내부의 온도가 영하 18[℃] 이하에서 2.1[MPa]의 압력을 유지할 수 있는 자동냉동장치를 설치할 것
- 저장용기는 **고압식은 25[MPa] 이상**, **저압식은 3.5[MPa] 이상의 내압시험압력**에 **합격**한 것으로 할 것

68

포헤드를 정방형으로 설치 시 헤드와 벽과의 최대 이격거리는 약 몇 [m]인가?

① 1.48
② 1.62
③ 1.76
④ 1.91

정답 65 ④ 66 ① 67 ③ 68 ①

해설 헤드와 벽과의 최대 이격거리 : $\frac{s}{2}$의 거리를 둔다.

$$s = 2r\cos\theta$$

여기서, s : 포헤드 상호 간의 거리
r : 유효반경(2.1[m])

$s = 2r\cos\theta = 2 \times 2.1 \times \cos 45° = 2.9698$[m]

∴ 2.9698[m]/2 = 1.48[m]

69

소화용수설비와 관련하여 다음 설명 중 괄호 안에 들어갈 항목으로 옳게 짝지어진 것은?

> 상수도소화용수설비를 설치하여야 하는 특정소방대상물은 다음 각 목의 어느 하나와 같다. 다만, 상수도소화용수설비를 설치하여야 하는 특정소방대상물의 대지 경계선으로부터 (㉠) [m] 이내에 지름 (㉡) [mm] 이상인 상수도용 배수관이 설치되지 않은 지역의 경우에는 화재안전기준에 따른 소화수조 또는 저수조를 설치하여야 한다.

① ㉠ : 150 ㉡ : 75
② ㉠ : 150 ㉡ : 100
③ ㉠ : 180 ㉡ : 75
④ ㉠ : 180 ㉡ : 100

해설 **소화용수설비**

상수도소화용수설비를 설치하여야 하는 특정소방대상물은 다음의 어느 하나와 같다. 다만, 상수도소화용수설비를 설치하여야 하는 특정소방대상물의 대지 경계선으로부터 **180[m] 이내**에 지름 **75[mm] 이상**인 상수도용 배수관이 설치되지 않은 지역의 경우에는 화재안전기준에 따른 소화수조 또는 저수조를 설치하여야 한다.

- 연면적 5,000[m^2] 이상인 것. 다만, 위험물 저장 및 처리 시설 중 가스시설, 지하가 중 터널 또는 지하구의 경우에는 그러하지 아니하다.
- 가스시설로서 지상에 노출된 탱크의 저장용량의 합계가 100[t] 이상인 것

70

연소방지설비의 수평주행배관의 설치기준에 대한 설명 중 괄호 안의 항목이 옳게 짝지어진 것은?

> 연소방지설비에 있어서의 수평주행배관의 구경은 (㉠) [mm] 이상의 것으로 하되, 연소방지설비 전용헤드 및 스프링클러헤드를 향하여 상향으로 (㉡) 이상의 기울기로 설치하여야 한다.

① ㉠ : 80 ㉡ : $\frac{1}{1,000}$
② ㉠ : 100 ㉡ : $\frac{1}{1,000}$
③ ㉠ : 80 ㉡ : $\frac{2}{1,000}$
④ ㉠ : 100 ㉡ : $\frac{2}{1,000}$

해설 연소방지설비에 있어서의 **수평주행배관**의 구경은 **100[mm] 이상**의 것으로 하되, 연소방지설비 전용헤드 및 스프링클러헤드를 향하여 상향으로 **1/1,000 이상의 기울기**로 설치하여야 한다.

71

예상제연구역 바닥면적 400[m^2] 미만 거실의 공기유입구와 배출구 간의 직선거리 기준으로 옳은 것은? (단, 제연경계에 의한 구획을 제외한다)

① 2[m] 이상 확보되어야 한다.
② 3[m] 이상 확보되어야 한다.
③ 5[m] 이상 확보되어야 한다.
④ 10[m] 이상 확보되어야 한다.

해설 **바닥면적 400[m^2] 미만의 거실**인 예상제연구역(제연경계에 따른 구획을 제외한다. 다만, 거실과 통로와의 구획은 그러하지 아니하다)에 대하여서는 바닥 외의 장소에 설치하고 **공기유입구와 배출구 간의 직선거리는 5[m] 이상**으로 할 것

69 ③ 70 ② 71 ③ 정답

72

다음 중 스프링클러설비와 비교하여 물분무소화설비의 장점으로 옳지 않은 것은?

① 소량의 물을 사용함으로써 물의 사용량 및 방사량을 줄일 수 있다.
② 운동에너지가 크므로 파괴주수 효과가 크다.
③ 전기절연성이 높아서 고압통전기기의 화재에도 안전하게 사용할 수 있다.
④ 물의 방수과정에서 화재열에 따른 부피증가량이 커서 질식효과를 높일 수 있다.

해설 물분무소화설비는 파괴주수 효과가 크지 않다.

73

일정 이상의 층수를 가진 오피스텔에서는 모든 층에 주거용 주방자동소화장치를 설치해야 하는데 몇 층 이상인 경우 이러한 조치를 취해야 하는가?

① 15층 이상
② 20층 이상
③ 25층 이상
④ 30층 이상

해설 **주거용 주방자동소화장치 설치대상** : 아파트 등 및 30층 이상 오피스텔(업무시설)의 모든 층

74

수직강하식 구조대가 구조적으로 갖추어야 할 조건으로 옳지 않은 것은?(단, 건물 내부의 별실에 설치하는 경우는 제외한다)

① 구조대의 포지는 외부포지와 내부포지로 구성한다.
② 포지는 사용 시 충격을 흡수하도록 수직방향으로 현저하게 늘어나야 한다.
③ 구조대는 연속하여 강하할 수 있는 구조이어야 한다.
④ 입구틀 및 취부틀의 입구는 지름 50[cm] 이상의 구체가 통과할 수 있어야 한다.

해설 수직강하식 구조대의 구조

- 구조대는 안전하고 쉽게 사용할 수 있는 구조이어야 한다.
- 구조대의 포지는 외부포지와 내부포지로 구성하되, 외부포지와 내부포지의 사이에 충분한 공기층을 두어야 한다. 다만, 건물 내부의 별실에 설치하는 것은 외부포지를 설치하지 아니할 수 있다.
- 입구틀 및 취부틀의 입구는 지름 50[cm] 이상의 구체가 통과할 수 있는 것이어야 한다.
- 구조대는 연속하여 강하할 수 있는 구조이어야 한다.
- 포지는 사용 시 **수직방향으로 현저하게 늘어나지 아니하여야 한다.**
- 포지, 지지틀, 취부틀 그 밖의 부속장치 등은 견고하게 부착되어야 한다.

75

주차장에 분말소화약제 120[kg]을 저장하려고 한다. 이때 필요한 저장용기의 최소 내용적[L]은?

① 96
② 120
③ 150
④ 180

해설 제3종 분말(주차장, 차고)의 충전비 : 1.0

$$충전비 = \frac{용기의\ 내용적[L]}{약제의\ 중량[kg]}$$

∴ 내용적 = 충전비 × 약제의 중량
= 1.0[L/kg] × 120[kg]
= 120[L]

76

다음 중 노유자시설의 4층 이상 10층 이하에서 적응성이 있는 피난기구가 아닌 것은?

① 피난교
② 다수인 피난장비
③ 승강식 피난기
④ 미끄럼대

정답 72 ② 73 ④ 74 ② 75 ② 76 ④

해설 노유자시설의 피난기구의 적응성

지하층	1~3층	4층 이상 10층 이하
피난용 트랩	미끄럼대 · 구조대 피난교 · 다수인 피난장비 승강식 피난기	피난교 다수인 피난장비 승강식 피난기

77

물분무소화설비를 설치하는 차고의 배수설비 설치기준 중 틀린 것은?

① 차량이 주차하는 장소의 적당한 곳에 높이 10[cm] 이상의 경계턱으로 배수구를 설치할 것
② 길이 40[m] 이하마다 집수관 · 소화피트 등 기름분리장치를 설치할 것
③ 차량이 주차하는 바닥은 배수구를 향하여 100분의 1 이상의 기울기를 유지할 것
④ 배수설비는 가압송수장치의 최대송수능력의 수량을 유효하게 배수할 수 있는 크기 및 기울기로 할 것

해설 물분무소화설비(차고, 주차장)의 배수설비 설치기준

- 차량이 주차하는 장소의 적당한 곳에 높이 10[cm] 이상의 경계턱으로 배수구를 설치할 것
- 배수구에는 새어나온 기름을 모아 소화할 수 있도록 길이 40[m] 이하마다 집수관 · 소화피트 등 기름분리장치를 설치할 것
- 차량이 주차하는 바닥은 배수구를 향하여 **100분의 2 이상**의 기울기를 유지할 것
- 배수설비는 가압송수장치의 최대송수능력의 수량을 유효하게 배수할 수 있는 크기 및 기울기로 할 것

78

층수가 10층인 일반창고에 습식 폐쇄형 스프링클러 헤드가 설치되어 있다면 이 설비에 필요한 수원의 양은 얼마 이상이어야 하는가?(단, 이 창고는 특수가연물을 저장 · 취급하지 않는 일반물품을 적용하고 헤드가 가장 많이 설치된 층은 8층으로서 40개가 설치되어 있고, 헤드의 부착높이는 10[m]이다)

① 16[m^3] ② 32[m^3]
③ 48[m^3] ④ 64[m^3]

해설 헤드의 설치기준

<table>
<tr><th colspan="3">스프링클러설비 설치장소</th><th>기준개수</th></tr>
<tr><td rowspan="6">지하층을 제외한 층수가 10층 이하인 소방대상물</td><td rowspan="2">공장 또는 창고(랙식 창고를 포함)</td><td>특수가연물을 저장 · 취급하는 것</td><td>30</td></tr>
<tr><td>그 밖의 것</td><td>20</td></tr>
<tr><td rowspan="2">근린생활시설 · 판매시설 및 운수시설 또는 복합건축물</td><td>판매시설 또는 복합건축물(판매시설이 설치되는 복합건축물을 말한다)</td><td>30</td></tr>
<tr><td>그 밖의 것</td><td>20</td></tr>
<tr><td rowspan="2">그 밖의 것</td><td>헤드의 부착높이가 8[m] 이상인 것</td><td>20</td></tr>
<tr><td>헤드의 부착높이가 8[m] 미만인 것</td><td>10</td></tr>
<tr><td colspan="3">아파트</td><td>10</td></tr>
<tr><td colspan="3">지하층을 제외한 층수가 11층 이상인 소방대상물(아파트를 제외한다) · 지하가 또는 지하역사</td><td>30</td></tr>
</table>

∴ 수원 = 1.6[m^3] × 20개 = 32[m^3]

79

포소화설비에서 펌프의 토출관에 압입기를 설치하여 포소화약제 압입용 펌프로 포소화약제를 압입시켜 혼합하는 방식은?

① 라인 프로포셔너방식
② 펌프 프로포셔너방식
③ 프레셔 프로포셔너방식
④ 프레셔 사이드 프로포셔너방식

해설 포소화약제의 혼합장치

- 펌프 프로포셔너방식(Pump Proportioner, 펌프 혼합방식)
  펌프의 토출관과 흡입관 사이의 배관 도중에 설치한 흡입기에 펌프에서 토출된 물의 일부를 보내고 농도 조절밸브에서 조정된 포소화약제의 필요량을 포소화약제 탱크에서 펌프 흡입측으로 보내어 약제를 혼합하는 방식
- 라인 프로포셔너방식(Line Proportioner, 관로 혼합방식)
  펌프와 발포기의 중간에 설치된 벤투리관의 벤투리 작용에 따라 포소화약제를 흡입 · 혼합하는 방식. 이 방식은 옥외소화전에 연결 주로 1층에 사용하며 원액 흡입력 때문에 송수압력의 손실이 크고, 토출측 호스의 길이, 포원액 탱크의 높이 등에 민감하므로 아주 정밀설계와 시공을 요한다.

77 ③ 78 ② 79 ④ **정답**

- 프레셔 프로포셔너방식(Pressure Proportioner, 차압 혼합방식)
  펌프와 발포기의 중간에 설치된 벤투리관의 벤투리 작용과 펌프 가압수의 포소화약제 저장탱크에 대한 압력에 따라 포소화약제를 흡입·혼합하는 방식. 현재 우리나라에서는 3[%] 단백포 차압혼합방식을 많이 사용하고 있다.
- **프레셔 사이드 프로포셔너방식**(Pressure Side Proportioner, 압입 혼합방식)
  펌프의 토출관에 압입기를 설치하여 포소화 약제압입용 펌프로 포소화약제를 압입시켜 혼합하는 방식

80

다음 중 옥내소화전의 배관 등에 대한 설치방법으로 옳지 않은 것은?

① 펌프의 토출측 주배관의 구경은 평균 유속을 5[m/s]가 되도록 설치하였다.

② 배관 내 사용압력이 1.1[MPa]인 곳에 배관용 탄소강관을 사용하였다.

③ 옥내소화전 송수구를 단구형으로 설치하였다.

④ 송수구로부터 주배관에 이르는 연결배관에는 개폐밸브를 설치하지 않았다.

해설 **옥내소화전의 배관 설치기준**

- 펌프의 토출측 **주배관의 구경**은 평균 유속을 **4[m/s] 이하**가 될 수 있는 크기 이상으로 한다.
- **배관 내 사용압력이 1.2[MPa] 미만일 경우**
  - 배관용 탄소강관(KS D 3507)
  - 이음매 없는 구리 및 구리합금관(KS D 5301)
  - 배관용 스테인리스강관(KS D 3576) 또는 일반배관용 스테인리스강관(KS D 3595)
  - 덕타일 주철관(KS D 4311)
- **배관 내 사용압력이 1.2[MPa] 이상일 경우**
  - 압력배관용 탄소강관(KS D 3562)
  - 배관용 아트용접 탄소강강관(KS D 3583)
- 옥내소화전 송수구는 쌍구형 또는 단구형으로 할 것
- 송수구로부터 주배관에 이르는 연결배관에는 개폐밸브를 설치하지 아니할 것. 다만, 스프링클러설비, 물분무소화설비, 포소화설비, 연결송수관설비의 배관과 겸용하는 경우에는 그러하지 아니하다.

정답 80 ①

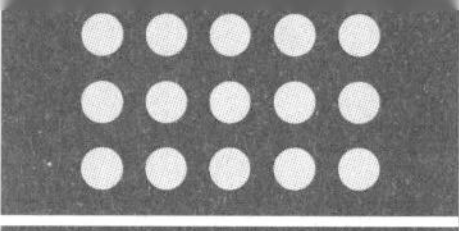

제 2 회 2019년 4월 27일 시행

제 1 과목 소방원론

01

건축물의 화재를 확산시키는 요인이라 볼 수 없는 것은?

① 비화(飛火) ② 복사열(輻射熱)
③ 자연발화(自然發火) ④ 접염(接炎)

해설 **건축물의 화재 확대요인**
- **접염** : 화염 또는 열의 접촉에 의하여 불이 옮겨 붙는 것
- **복사열** : 복사파에 의하여 열이 고온에서 저온으로 이동하는 것
- **비화** : 화재현장에서 불꽃이 날아가 먼 지역까지 발화하는 현상

02

화재의 일반적인 특성으로 틀린 것은?

① 확대성 ② 정형성
③ 우발성 ④ 불안전성

해설 **화재의 일반적인 특성** : 확대성, 우발성, 불안정성

03

다음 중 가연물의 제거를 통한 소화방법과 무관한 것은?

① 산불의 확산방지를 위하여 산림의 일부를 벌채한다.
② 화학반응기의 화재 시 원료 공급관의 밸브를 잠근다.
③ 전기실 화재 시 IG-541 약제를 방출한다.
④ 유류탱크 화재 시 주변에 있는 유류탱크의 유류를 다른 곳으로 이동시킨다.

해설 제거소화는 가연물을 화재 현장에서 없애주는 것으로 전기실 화재 시 IG-541 약제를 방출하는 것은 질식소화이다.

04

물의 소화능력에 관한 설명 중 틀린 것은?

① 다른 물질보다 비열이 크다.
② 다른 물질보다 융해잠열이 작다.
③ 다른 물질보다 증발잠열이 크다.
④ 밀폐된 장소에서 증발 가열되면 산소희석 작용을 한다.

해설 **물의 소화능력**
- 비열(1[cal/g · ℃])과 증발잠열(539[cal/g])이 크다.
- 물의 융해잠열 : 80[cal/g]
- 밀폐된 장소에서 증발 가열되면 산소희석 작용을 한다.

05

탱크 화재 시 발생되는 보일오버(Boil Over)의 방지방법으로 틀린 것은?

① 탱크 내용물의 기계적 교반
② 물의 배출
③ 과열방지
④ 위험물 탱크 내의 하부에 냉각수 저장

해설 **보일오버(Boil Over)**
- 정의 : 탱크 저부의 물이 급격히 증발하여 기름이 탱크 밖으로 화재를 동반하여 방출하는 현상
- 방지법
  - 탱크 내용물의 기계적 교반
  - 물의 배출
  - 과열방지
  - 위험물 탱크 내의 하부에 냉각수 제거

01 ③ 02 ② 03 ③ 04 ② 05 ④ 정답

06

물 소화약제를 어떠한 상태로 주수할 경우 전기화재의 진압에서도 소화능력을 발휘할 수 있는가?

① 물에 의한 봉상주수
② 물에 의한 적상주수
③ 물에 의한 무상주수
④ 어떤 상태의 주수에 의해서도 효과가 없다.

해설 **물의 무상주수** : 전기(C급)화재에 적합

07

화재 시 CO_2를 방사하여 산소농도를 11[vol%]로 낮추어 소화하려면 공기 중 CO_2의 농도는 약 몇 [vol%]가 되어야 하는가?

① 47.6 ② 42.9
③ 37.9 ④ 34.5

해설 CO_2의 농도

$$CO_2[\%]\ 농도 = \frac{21 - O_2[\%]}{21} \times 100$$

$$\therefore CO_2[\%]\ 농도 = \frac{21 - O_2[\%]}{21} \times 100 = \frac{21 - 11}{21} \times 100 \fallingdotseq 47.62[\%]$$

08

분말소화약제의 취급 시 주의사항으로 틀린 것은?

① 습도가 높은 공기 중에 노출되면 고화되므로 항상 주의를 기울인다.
② 충진 시 다른 소화약제와 혼합을 피하기 위하여 종별로 각각 다른 색으로 착색되어 있다.
③ 실내에서 다량 방사하는 경우 분말을 흡입하지 않도록 한다.
④ 분말소화약제와 수성막포를 함께 사용할 경우 포의 소포 현상을 발생시키므로 병용해서는 안 된다.

해설 분말소화약제는 수성막포를 함께 사용할 수 있다.

09

화재실의 연기를 옥외로 배출시키는 제연방식으로 효과가 가장 적은 것은?

① 자연 제연방식
② 스모크타워 제연방식
③ 기계식 제연방식
④ 냉난방설비를 이용한 제연방식

해설 **제연방식** : 자연 제연방식, 스모크타워 제연방식, 기계식 제연방식

10

다음 위험물 중 특수인화물이 아닌 것은?

① 아세톤
② 다이에틸에테르
③ 산화프로필렌
④ 아세트알데하이드

해설 **특수인화물** : 다이에틸에테르, 산화프로필렌, 아세트알데하이드, 이황화탄소 등

아세톤 : 제4류 위험물 제1석유류(수용성)

11

목조건축물의 화재 진행상황에 관한 설명으로 옳은 것은?

① 화원 – 발연착화 – 무염착화 – 출화 – 최성기 – 소화
② 화원 – 발염착화 – 무염착화 – 소화 – 연소낙하
③ 화원 – 무염착화 – 발염착화 – 출화 – 최성기 – 소화
④ 화원 – 무염착화 – 출화 – 발염착화 –최성기 – 소화

해설 **목조건축물의 화재 진행상황** : 화원 – 무염착화 – 발염착화 – 출화 – 최성기 – 소화

정답 06 ③ 07 ① 08 ④ 09 ④ 10 ① 11 ③

12

방호공간 안에서 화재의 세기를 나타내고 화재가 진행되는 과정에서 온도에 따라 변하는 것으로 온도-시간 곡선으로 표시할 수 있는 것은?

① 화재저항
② 화재가혹도
③ 화재하중
④ 화재플럼

해설 **화재가혹도** : 방호공간 안에서 화재의 세기를 나타내고 화재가 진행되는 과정에서 온도에 따라 변하는 것으로 온도-시간 곡선으로 표시한다.

13

다음 중 동일한 조건에서 증발잠열[kJ/kg]이 가장 큰 것은?

① 질 소
② 할론 1301
③ 이산화탄소
④ 물

해설 **증발잠열**

소화약제	증발잠열[kJ/kg]
질 소	48
할론 1301	119
이산화탄소	576.6
물	2,255(539[kcal/kg] × 4.184[kJ/kcal] ≒ 2,255[kJ/kg])

14

화재 표면온도(절대온도)가 2배로 되면 복사에너지는 몇 배로 증가 되는가?

① 2
② 4
③ 8
④ 16

해설 **복사에너지**는 **절대온도**의 **4승**에 비례한다($2^4 = 16$).

15

연면적이 1,000[m^2] 이상인 건축물에 설치하는 방화벽이 갖추어야 할 기준으로 틀린 것은?

① 내화구조로서 홀로 설 수 있는 구조일 것
② 방화벽의 양쪽 끝과 위쪽 끝을 건축물의 외벽면 및 지붕면으로부터 0.1[m] 이상 튀어 나오게 할 것
③ 방화벽에 설치하는 출입문의 너비는 2.5[m] 이하로 할 것
④ 방화벽에 설치하는 출입문의 높이는 2.5[m] 이하로 할 것

해설 **방화벽** : 화재 시 연소의 확산을 막고 피해를 줄이기 위해 주로 목조건축물에 설치하는 벽

대상건축물	구획단지	방화벽의 구조
주요구조부가 내화구조 또는 불연재료가 아닌 연면적 1,000[m^2] 이상인 건축물	연면적 1,000 [m^2] 미만마다 구획	• 내화구조로서 홀로 설수 있는 구조로 할 것 • 방화벽의 양쪽 끝과 위쪽 끝을 건축물의 외벽면 및 지붕면으로부터 0.5[m] 이상 튀어 나오게 할 것 • 방화벽에 설치하는 출입문의 너비 및 높이는 각각 2.5[m] 이하로 하고 해당 출입문에는 갑종방화문을 설치할 것

16

도장작업 공정에서의 위험도를 설명한 것으로 틀린 것은?

① 도장작업 그 자체 못지않게 건조공정도 위험하다.
② 도장작업에서는 인화성 용제가 쓰이지 않으므로 폭발의 위험이 없다.
③ 도장작업장은 폭발 시를 대비하여 지붕을 시공한다.
④ 도장실의 환기덕트를 주기적으로 청소하여 도료가 덕트 내에 부착되지 않게 한다.

해설 도장(페인트)작업에서는 인화성 용제를 많이 사용하므로 폭발의 위험이 있다.

12 ② 13 ④ 14 ④ 15 ② 16 ② 정답

17

공기의 부피 비율이 질소 79[%], 산소 21[%]인 전기실에 화재가 발생하여 이산화탄소 소화약제를 방출하여 소화하였다. 이때 산소의 부피농도가 14[%]이었다면 이 혼합 공기의 분자량은 약 얼마인가?(단, 화재 시 발생한 연소가스는 무시한다)

① 28.9 ② 30.9
③ 33.9 ④ 35.9

해설 **이산화탄소량(CO_2)**

$$CO_2 = \frac{21 - O_2}{21} \times 100[\%]$$

- 이산화탄소량
  $CO_2 = \frac{21-14}{21} \times 100[\%] \fallingdotseq 33.3[\%]$
- 질소량
  $N_2 = 100[\%] - O_2 - CO_2$
  $= 100[\%] - 14[\%] - 33.3[\%] = 52.7[\%]$
- 질소의 분자량 $N_2 = 28$, 산소의 분자량 $O_2 = 32$, 이산화탄소의 분자량 $CO_2 = 44$

∴ 혼합공기의 분자량
$M = 28 \times 0.527 + 32 \times 0.14 + 44 \times 0.333$
$\fallingdotseq 33.89$

18

산불화재의 형태로 틀린 것은?

① 지중화 형태
② 수평화 형태
③ 지표화 형태
④ 수관화 형태

해설 **산불화재**

- 지표화 : 바닥의 낙엽이 연소하는 형태
- 수관화 : 나뭇가지부터 연소하는 형태
- 수간화 : 나무기둥부터 연소하는 형태
- 지중화 : 바닥의 썩은 나무에서 발생하는 유기물이 연소화는 형태

19

석유, 고무, 동물의 털, 가죽 등과 같이 황 성분을 함유하고 있는 물질이 불완전연소 될 때 발생하는 연소가스로서 계란 썩는 듯한 냄새가 나는 기체는?

① 아황산가스
② 시안화수소
③ 황화수소
④ 암모니아

해설 **황화수소(H_2S)** : 계란 썩는 듯한 냄새가 나는 기체

20

다음 가연성 기체 1몰이 완전 연소하는 데 필요한 이론 공기량으로 틀린 것은?(단, 체적비로 계산하여 공기 중 산소의 농도를 21[vol%]로 한다)

① 수소 – 약 2.38[mol]
② 메탄 – 약 9.52[mol]
③ 아세틸렌 – 약 16.91[mol]
④ 프로판 – 약 23.81[mol]

해설 **이론공기량**

- 수 소
  $H_2 + 1/2O_2 \rightarrow H_2O$
  1[mol] 0.5[mol]
  ∴ 이론공기량 = 0.5[mol]/0.21 = 2.38[mol]
- 메 탄
  $CH_4 + 2O_2 \rightarrow CO_2 + 2H_2O$
  1[mol] 2[mol]
  ∴ 이론공기량 = 2[mol]/0.21 = 9.52[mol]
- 아세틸렌
  $C_2H_2 + 2.5O_2 \rightarrow 2CO_2 + H_2O$
  1[mol] 2.5[mol]
  ∴ 이론공기량 = 2.5[mol]/0.21 = 11.90[mol]
- 프로판
  $C_3H_8 + 5O_2 \rightarrow 3CO_2 + 4H_2O$
  1[mol] 5[mol]
  ∴ 이론공기량 = 5[mol]/0.21 = 23.81[mol]

정답 17 ③ 18 ② 19 ③ 20 ③

제 2 과목 소방유체역학

21

그림에서 물의 의하여 점 B에서 힌지된 사분원 모양의 수문이 평형을 유지하기 위하여 수면에서 수문을 잡아 당겨야하는 힘 T는 약 몇 [kN]인가?(단, 수문의 폭은 1[m], 반지름($r=\overline{OB}$)은 2[m], 4분원의 중심에서 O점에서 왼쪽으로 $4r/3\pi$인 곳에 있다)

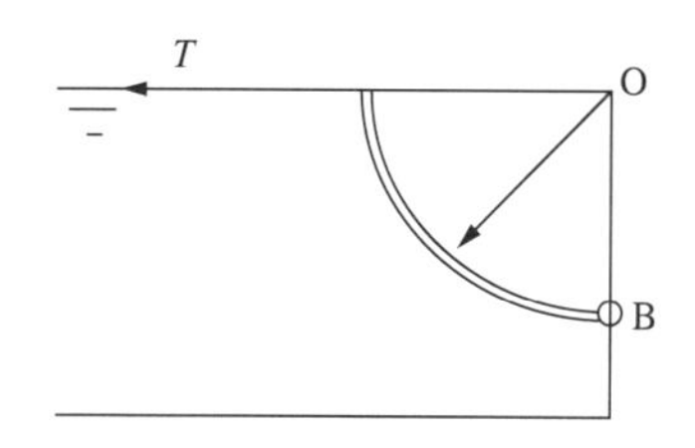

① 1.96　② 9.8
③ 19.6　④ 29.4

해설 힘 T

$$T=\frac{1}{2}rR_0^2=\frac{1}{2}\times 9{,}800[\mathrm{N/m^3}]\times(2[\mathrm{m}])^2$$
$$=19{,}600[\mathrm{N}]$$
$$=19.6[\mathrm{kN}]$$

22

물의 온도에 상응하는 증기압보다 낮은 부분이 발생하면 물은 증발되고 물속에 있던 공기와 물이 분리되어 기포가 발생하는 펌프의 현상은?

① 피드백(Feed Back)
② 서징현상(Surging)
③ 공동현상(Cavitation)
④ 수격작용(Water Hammering)

해설 **공동현상(Cavitation)** : 물의 온도에 상응하는 증기압보다 낮은 부분이 발생하면 물은 증발되고 물속에 있던 공기와 물이 분리되어 기포가 발생하는 현상

23

단면적 A와 $2A$인 U자관에 밀도가 d인 기름이 담겨져 있다. 단면적이 $2A$인 관에 관 벽과는 마찰이 없는 물체를 놓았더니 그림과 같이 평형을 이루었다. 이때 이 물체의 질량은?

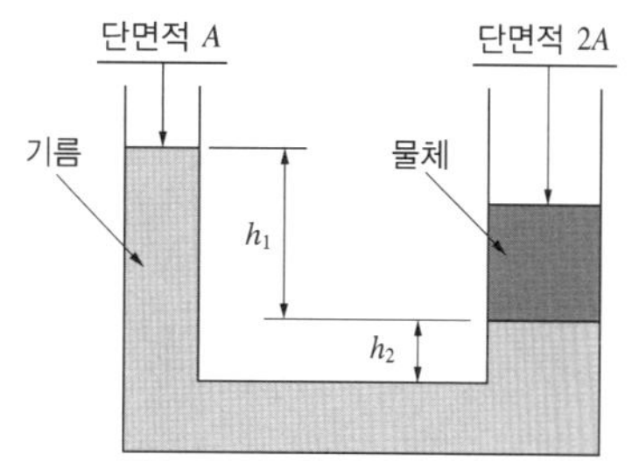

① $2Ah_1d$
② Ah_1d
③ $A(h_1+h_2)d$
④ $A(h_1-h_2)d$

해설 파스칼의 원리를 적용하여 계산한다($P_1=P_2$, 밀도 d를 ρ로 표시한다).

$$\frac{W_1}{A_1}=\frac{W_2}{A_2}$$

- 단면적 $A_1=A$, $A_2=2A$에서 압력, **밀도 d를 ρ로 보면**

$$P_1=\rho h_1=\frac{W_1}{A_1}\text{에서 } W_1=A_1\rho h_1=A\rho h_1$$

- $\frac{A\rho h_1}{A}=\frac{W_2}{2A}$ 이므로

물체의 질량 $W_2=\frac{2A^2\rho h_1}{A}=2A\rho h_1$

24

그림과 같이 물이 들어있는 아주 큰 탱크에 사이펀이 장치되어 있다. 출구에서의 속도 V와 관의 상부 중심 A지점에서의 게이지 압력 P_A를 구하는 식은?(단, g는 중력가속도, ρ는 물의 밀도이며, 관의 직경은 일정하고 모든 손실은 무시한다)

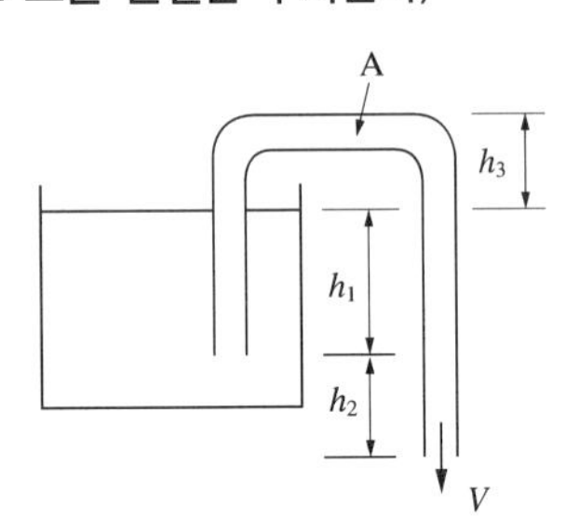

① $V=\sqrt{2g(h_1+h_2)}$, $P_A=-\rho g h_3$

② $V=\sqrt{2g(h_1+h_2)}$,
$P_A=-\rho g(h_1+h_2+h_3)$

③ $V=\sqrt{2gh_2}$,
$P_A=-\rho g(h_1+h_2+h_3)$

④ $V=\sqrt{2g(h_1+h_2)}$,
$P_A=\rho g(h_1+h_2-h_3)$

해설 베르누이방정식을 적용하여 계산한다.

$$\frac{P_1}{\gamma}+\frac{V_1^2}{2g}+Z_1=\frac{P_2}{\gamma}+\frac{V_2^2}{2g}+Z_2$$

출구속도(V)

- $P_1=P_3=P_{atm}=0$,
  $V_1=0$, $Z_1-Z_3=h_1+h_2$
- $\frac{P_1}{\gamma}+\frac{V_1^2}{2g}+Z_1=\frac{P_3}{\gamma}+\frac{V_3^2}{2g}+Z_3$에서
  $0+0+Z_1=0+\frac{V_3^2}{2g}+Z_3$이므로
  출구속도 $V=V_3=\sqrt{2g(Z_1-Z_3)}$
  $=\sqrt{2g(h_1+h_2)}$

A지점에서의 게이지압력(P_A)

- $P_1=P_{atm}=0$, $V_1=0$, $Z_1-Z_2=-h_3$,
  $V_2=V_3=\sqrt{2g(h_1+h_2)}$
- $\frac{P_1}{\gamma}+\frac{V_1^2}{2g}+Z_1=\frac{P_2}{\gamma}+\frac{V_2^2}{2g}+Z_2$에서
  $0+0+(Z_1-Z_2)=\frac{P_2}{\gamma}+\frac{V_2^2}{2g}$이므로
  $-h_3=\frac{P_2}{\gamma}+\frac{(\sqrt{2g(h_1+h_2)})^2}{2g}$

∴ 게이지압력 $P_A=P_2$
$=-\gamma(h_1+h_2+h_3)$
$=-\rho g(h_1+h_2+h_3)$

25

0.02[m³]의 체적을 갖는 액체가 강체의 실린더 속에서 730[kPa]의 압력을 받고 있다. 압력이 1,030[kPa]로 증가되었을 때 액체의 체적이 0.019[m³]으로 축소되었다. 이때 액체의 체적탄성계수는 약 몇 [kPa]인가?

① 3,000　② 4,000
③ 5,000　④ 6,000

해설 체적탄성계수

$$K=-\frac{\Delta P}{\Delta V/V}$$

여기서, ΔP(압력 변화)$=1,030-730=300$[kPa]
$\Delta V/V$(부피 변화)$=\frac{0.019-0.02}{0.02}$
$=-0.05$

∴ $K=-\frac{\Delta P}{\Delta V/V}=-\frac{300}{(-0.05)}=6,000$[kPa]

26

비중병의 무게가 비었을 때는 2[N]이고, 액체로 충만되어 있을 때는 8[N]이다. 액체의 체적이 0.5[L]이면 이 액체의 비중량은 약 몇 [N/m³]인가?

① 11,000　② 11,500
③ 12,000　④ 12,500

해설 액체의 무게 $W=8[N]-2[N]=6[N]$
∴ 액체의 비중량
$\gamma=\frac{W}{V}=\frac{6[N]}{0.5[L]\times10^{-3}[m^3/L]}=12,000[N/m^3]$

$$1[m^3]=1,000[L]$$

정답 24 ② 25 ④ 26 ③

27

10[kg]의 수증기가 들어 있는 체적 2[m^3]의 단단한 용기를 냉각하여 온도를 200[℃]에서 150[℃]로 낮추었다. 나중 상태에서 액체상태의 물은 약 몇 [kg]인가?(단, 150[℃]에서 물의 포화액 및 포화증기의 비체적은 각각 0.0011[m^3/kg], 0.3925[m^3/kg]이다)

① 0.508 ② 1.24
③ 4.92 ④ 7.86

해설 액체상태 물의 양[kg]

- 수증기의 비체적

$$\nu = \frac{V}{m} = \frac{2[m^3]}{10[kg]} = 0.2[m^3/kg]$$

- 습 도

$$y = 1 - x = 1 - \frac{\nu - \nu_f}{\nu_g - \nu_f}$$

여기서, ν : 수증기의 비체적
ν_g : 포화증기의 비체적
ν_f : 포화액의 비
x : 건도

$$y = 1 - \frac{\nu - \nu_f}{\nu_g - \nu_f} = 1 - \frac{(0.2 - 0.0011)[m^3/kg]}{(0.3925 - 0.0011)[m^3/kg]} = 0.4918$$

∴ 액체상태 물의 양 W

$$= y \times m = 0.4918 \times 10[kg] = 4.918[kg] = 4.92[kg]$$

28

펌프의 입구 및 출구측에 연결된 진공계와 압력계가 각각 25[mmHg]와 260[kPa]을 가리켰다. 이 펌프의 배출 유량이 0.15[m^3/s]가 되려면 펌프의 동력은 약 몇 [kW]가 되어야 하는가?(단, 펌프의 입구와 출구의 높이차는 없고, 입구측 안지름은 20[cm], 출구측 안지름은 15[cm]이다)

① 3.95
② 4.32
③ 39.5
④ 43.2

해설 펌프의 동력

연속방적식을 적용하여 유속을 구한다.

$$Q = uA = u\left(\frac{\pi}{4} \times d^2\right)$$

- 입구측의 유속 $u_1 = \dfrac{4 \times 0.15[m^3/s]}{\pi \times (0.2[m])^2} \fallingdotseq 4.77[m/s]$
- 출구측의 유속 $u_2 = \dfrac{4 \times 0.15[m^3/s]}{\pi \times (0.15[m])^2} \fallingdotseq 8.49[m/s]$
- 압력의 단위를 환산한다.
  - 입구측의 압력(진공압력)

$$P_1 = -\frac{25[mmHg]}{760[mmHg]} \times 10,332[kg_f/m^2] \fallingdotseq -339.87[kg_f/m^2]$$

  - 출구측의 압력

$$P_2 = \frac{260[kPa]}{101.325[kPa]} \times 10,332[kg_f/m^2] \fallingdotseq 26,511.92[kg_f/m^2]$$

베르누이방정식을 적용하여 손실수두를 계산한다.

$$\frac{P_1}{\gamma} + \frac{u_1^2}{2g} + Z_1 + H = \frac{P_2}{\gamma} + \frac{u_2^2}{2g} + Z_2$$

$Z_1 = Z_2$이므로 손실수두

$$H = \left(\frac{P_2}{\gamma} - \frac{P_1}{\gamma}\right) + \left(\frac{u_2^2}{2g} - \frac{u_1^2}{2g}\right)$$ 이므로

$$H = \left\{\frac{26,511.92[kg_f/m^2]}{1,000[kg_f/m^3]} - \left(-\frac{339.87[kg_f/m^2]}{1,000[kg_f/m^3]}\right)\right\} + \left\{\frac{(8.49[m/s])^2}{2 \times 9.8[m/s^2]} - \frac{(4.77[m/s])^2}{2 \times 9.8[m/s^2]}\right\} \fallingdotseq 29.37[m]$$

동력을 구하기 위하여 펌프효율 $\eta = 1$을 적용하면

$$[kW] = \frac{\gamma QH}{102 \times \eta}$$

$$\therefore [kW] = \frac{1,000[kg_f/m^3] \times 0.15[m^3/s] \times 29.37[m]}{102 \times 1} = 43.2[kW]$$

27 ③ 28 ④ 정답

29

피토관을 사용하여 일정 속도로 흐르고 있는 물의 유속(V)을 측정하기 위해 그림과 같이 비중 S인 유체를 갖는 액주계를 설치하였다. $S=2$일 때 액주 높이 차이가 $H=h$가 되면 $S=3$일 때 액주의 높이 차(H)는 얼마가 되는가?

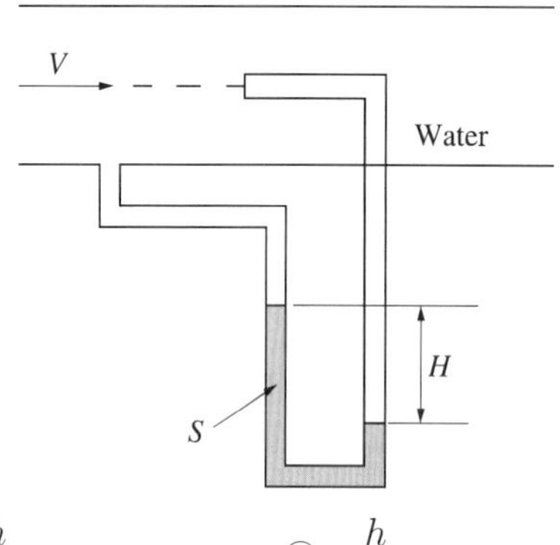

① $\frac{h}{9}$　② $\frac{h}{\sqrt{3}}$

③ $\frac{h}{3}$　④ $\frac{h}{2}$

해설 시차액주계의 유속

$$V=\sqrt{2gH\left(\frac{S}{S_w}-1\right)}$$

- 비중 $S=2$일 때 유속

$V_1=\sqrt{2gH\left(\frac{2}{1}-1\right)}=\sqrt{2gH}=\sqrt{2gh}$

- 비중 $S=3$일 때 유속

$V_2=\sqrt{2gH\left(\frac{3}{1}-1\right)}=\sqrt{4gH}$

∴ 유속 $V_1=V_2$

$\sqrt{2gh}=\sqrt{4gH}$에서 양변을 제곱하면

$4gH=2gh$에서

액주의 높이 차 $H=\frac{2g}{4g}h=\frac{1}{2}h$

30

관 내의 흐름에서 부차적 손실에 해당하지 않는 것은?

① 곡선부에 의한 손실
② 직선 원관 내의 손실
③ 유동단면의 장애물에 의한 손실
④ 관 단면의 급격한 확대에 의한 손실

해설 관 마찰손실

- 주손실 : 주관로(직선 배관) 마찰에 의한 손실
- 부차적손실 : 급격한 확대, 축소, 관부속품에 의한 손실

31

압력 2[MPa]인 수증기의 건도가 0.2일 때 엔탈피는 몇 [kJ/kg]인가?(단, 포화증기 엔탈피는 2,780.5[kJ/kg]이고, 포화액의 엔탈피는 910[kJ/kg]이다)

① 1,284　② 1,466
③ 1,845　④ 2,406

해설 엔탈피

$$\text{건도 } x=\frac{h-h_f}{h_g-h_f}$$

엔탈피 $h=h_f+x(h_g-h_f)$에서

∴ $h=910[\text{kJ/kg}]+0.2(2{,}780.5-910)[\text{kJ/kg}]$
$=1{,}284.1[\text{kJ/kg}]$

32

출구 단면적이 0.02[m^2]인 수평 노즐을 통하여 물이 수평방향으로 8[m/s]의 속도로 노즐 출구에 놓여있는 수직 평판에 분사될 때 평판에 작용하는 힘은 몇 [N]인가?

① 800　② 1,280
③ 2,560　④ 12,544

해설 힘(F)

$$F=Q\rho u$$

여기서

Q(유량) $=uA=8[\text{m/s}]\times 0.02[\text{m}^2]=0.16[\text{m}^3/\text{s}]$

ρ(밀도) $=102[\text{kg}_f\cdot\text{s}^2/\text{m}^4]$

∴ $F=Q\rho u$
$=0.16[\text{m}^3/\text{s}]\times 102[\text{kg}_f\cdot\text{s}^2/\text{m}^4]\times 8[\text{m/s}]$
$=130.56[\text{kg}_f]$

[kg$_f$]를 [N]으로 환산하면 1[kg$_f$] = 9.8[N]이므로

$F=130.56\times 9.8[\text{N}]\fallingdotseq 1{,}279.5[\text{N}]$

정답 29 ④ 30 ② 31 ① 32 ②

33

안지름이 25[mm]인 노즐 선단에서의 방수압력은 계기압력으로 5.8×10^5[Pa]이다. 이때 방수량은 몇 약 [m^3/s]인가?

① 0.017 ② 0.17
③ 0.034 ④ 0.34

해설 방수량

$$Q = uA$$

여기서, u : 유속, A : 면적

$$u = \sqrt{2gH}$$
$$= \sqrt{2\times9.8[\text{m/s}^2]\times\left(\frac{5.8\times10^5[\text{Pa}]}{101,325[\text{Pa}]}\times10.332[\text{m}]\right)}$$
$$\fallingdotseq 34.05[\text{m/s}]$$

$$A = \frac{\pi}{4}(0.025[\text{m}])^2 \fallingdotseq 0.000491[\text{m}^2]$$

$$\therefore\ Q = uA = 34.05[\text{m/s}]\times0.000491[\text{m}^2]$$
$$\fallingdotseq 0.0167[\text{m}^3/\text{s}]$$

34

수평관의 길이가 100[m]이고, 안지름이 100[mm]인 소화설비 배관 내를 평균유속 2[m/s]로 물이 흐를 때 마찰손실수두는 약 몇 [m]인가?(단, 관의 마찰손실계수는 0.05이다)

① 9.2 ② 10.2
③ 11.2 ④ 12.2

해설 다르시-바이스바흐 방정식

$$H = \frac{flu^2}{2gD}[\text{m}]$$

여기서, H : 마찰손실[m]
f : 관의 마찰계수(0.05)
l : 관의 길이(100[m])
D : 관의 내경(0.1[m])
u : 유체의 유속(2[m/s])

$$\therefore\ H = \frac{flu^2}{2gD} = \frac{0.05\times100\times(2)^2}{2\times9.8\times0.1} \fallingdotseq 10.20[\text{m}]$$

35

수평 원관 내 완전발달 유동에서 유동을 일으키는 힘(㉠)과 방해하는 힘(㉡)은 각각 무엇인가?

① ㉠ : 압력차에 의한 힘, ㉡ : 점성력
② ㉠ : 중력 힘, ㉡ : 점성력
③ ㉠ : 중력 힘, ㉡ : 압력차에 의한 힘
④ ㉠ : 압력차에 의한 힘, ㉡ : 중력 힘

해설 수평 원관 내 완전발달 유동

- 유동을 일으키는 힘 : 압력차에 의한 힘
- 방해하는 힘 : 점성력

36

외부표면의 온도가 24[℃], 내부표면의 온도가 24.5[℃]일 때, 높이 1.5[m], 폭 1.5[m], 두께 0.5 [cm]인 유리창을 통한 열전달률은 약 몇 [W]인가?(단, 유리창의 열전도계수는 0.8[W/m·K]이다)

① 180
② 200
③ 1,800
④ 2,000

해설 열전달률

$$\text{열전달열량 } Q = \frac{\lambda}{l}A\Delta t$$

여기서, λ : 열전도율[W/m·K], l : 두께[m]
A : 면적, Δt : 온도차

$$\therefore\ Q = \frac{\lambda}{l}A\Delta t$$
$$= \frac{0.8[\text{W/m}\cdot\text{K}]}{0.005[\text{m}]}(1.5[\text{m}]\times1.5[\text{m}])$$
$$\times[(273+24.5)-(273+24)][\text{K}]$$
$$= 180[\text{W}]$$

33 ① 34 ② 35 ① 36 ① 정답

37

어떤 용기 내의 이산화탄소 45[kg]이 방호공간에 가스 상태로 방출되고 있다. 방출온도와 압력이 15[℃], 101[kPa]일 때 방출가스의 체적은 약 몇 [m³]인가?(단, 일반기체상수는 8,314[J/kmol · K]이다)

① 2.2　② 12.2
③ 20.2　④ 24.3

해설 이상기체상태방정식을 적용하면

$$PV = \frac{W}{M}RT, \quad V = \frac{W}{PM}RT$$

여기서, P : 압력(101[kPa] = 101[kN/m²])
V : 부피[m³]
W : 무게(45[kg])
M : 분자량(CO_2 = 44)
R : 기체상수(8,314[J/kmol · K]
= 8.314[kJ/kmol · K]
= 8.314[kN · m/kmol · K])
T : 절대온도(273+15[℃] = 288[K])

$$\therefore V = \frac{W}{PM}RT = \frac{45[\text{kg}]}{101[\text{kPa}] \times 44} \times 8.314[\text{kJ/kmol} \cdot \text{K}] \times 288[\text{K}] \fallingdotseq 24.25[\text{m}^3]$$

$$\frac{[\text{kg}]}{\frac{[\text{kPa}]}{1} \times \frac{[\text{kg}]}{[\text{kg}-\text{mol}]}} = \frac{[\text{kg}-\text{mol}]}{[\text{kPa}]},$$

$$\frac{[\text{kg}-\text{mol}]}{[\text{kPa}]} \times \frac{[\text{kJ}]}{[\text{kg}-\text{mol} \cdot \text{K}]} \times [\text{K}] = \frac{[\text{kN} \cdot \text{m}]}{[\text{kN/m}^2]} = [\text{m}^3]$$

38

점성계수와 동점성계수에 관한 설명으로 올바른 것은?

① 동점성계수 = 점성계수 × 밀도
② 점성계수 = 동점성계수 × 중력가속도
③ 동점성계수 = 점성계수 / 밀도
④ 점성계수 = 동점성계수 / 중력가속도

해설 동점성계수

$$\nu = \frac{\mu(\text{절대점도, 점성계수})}{\rho(\text{밀도})}$$

39

그림과 같은 관에 비압축성 유체가 흐를 때 A단면의 평균속도가 V_1이라면 B단면에서의 평균속도 V_2는?(단, A 단면의 지름이 d_1이고 B단면의 지름은 d_2이다)

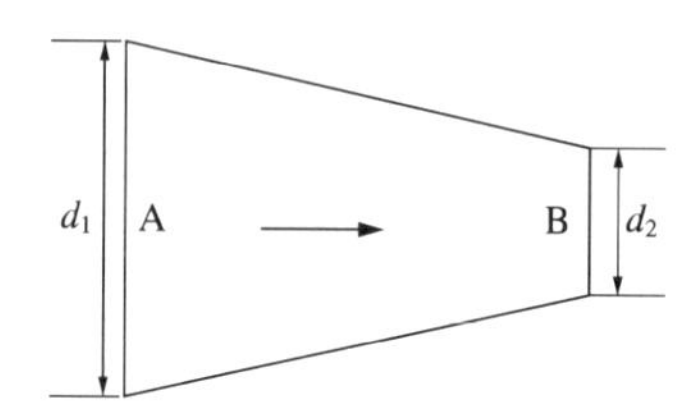

① $V_2 = \left(\frac{d_1}{d_2}\right) V_1$

② $V_2 = \left(\frac{d_1}{d_2}\right)^2 V_1$

③ $V_2 = \left(\frac{d_2}{d_1}\right) V_1$

④ $V_2 = \left(\frac{d_2}{d_1}\right)^2 V_1$

해설 유체의 유속은 단면적에 반비례하고 지름의 제곱에 반비례한다.

$$\frac{V_2}{V_1} = \frac{A_1}{A_2} = \left(\frac{d_1}{d_2}\right)^2 \quad V_2 = \left(\frac{d_1}{d_2}\right)^2 V_1$$

40

일률(시간당 에너지)의 차원을 기본 차원인 M(질량), L(길이), T(시간)로 올바르게 표시한 것은?

① L^2T^{-2}
② $ML^{-2}T^{-1}$
③ ML^2T^{-2}
④ ML^2T^{-3}

해설 **일률** : 단위시간당 한 일이나 에너지를 전달하는 비율로서 단위는 일(또는 에너지)을 단위시간으로 나눈 것으로 (ML^2T^{-3})이다.

정답 37 ④　38 ③　39 ②　40 ④

제 3 과목 소방관계법규

41

소방시설을 구분하는 경우 소화설비에 해당되지 않는 것은?

① 스프링클러설비 ② 제연설비
③ 자동확산소화기 ④ 옥외소화전설비

해설 **제연설비** : 소화활동설비

42

소방특별조사 결과 소방대상물의 위치 · 구조 · 설비 또는 관리의 상황이 화재나 재난 · 재해 예방을 위하여 보완 될 필요가 있거나 화재가 발생하면 인명 또는 재산의 피해가 클 것으로 예상되는 때에 관계인에게 그 소방대상물의 개수 · 이전 · 제거, 사용의 금지 또는 제한, 사용폐쇄, 공사의 정지 또는 중지, 그 밖의 필요한 조치를 명할 수 있는 자로 틀린 것은?

① 시 · 도지사 ② 소방서장
③ 소방청장 ④ 소방본부장

해설 **소방특별조사 결과에 따른 조치명령권자** : 소방청장, 소방본부장, 소방서장

43

화재예방, 소방시설 설치 · 유지 및 안전관리에 관한 법령상 둘 이상의 특정소방대상물이 내화구조로 된 연결통로가 벽이 없는 구조로서 그 길이가 몇 [m] 이하인 경우 하나의 소방대상물로 보는가?

① 6 ② 9
③ 10 ④ 12

해설 **하나의 대상물과 별개의 대상물로 보는 경우**

- **하나의 소방대상물로 보는 경우**
  둘 이상의 특정소방대상물이 다음 각 목의 어느 하나에 해당되는 구조의 복도 또는 통로(연결통로)로 연결된 경우에는 이를 하나의 소방대상물로 본다.
  - 내화구조로 된 연결통로가 다음의 어느 하나에 해당되는 경우
    ⓐ **벽이 없는 구조로서 그 길이가 6[m] 이하인 경우**
    ⓑ 벽이 있는 구조로서 그 길이가 10[m] 이하인 경우. 다만, 벽 높이가 바닥에서 천장까지의 높이의 1/2 이상인 경우에는 벽이 있는 구조로 보고, 벽 높이가 바닥에서 천장까지의 높이의 2/2 미만인 경우에는 벽이 없는 구조로 본다.
  - 내화구조가 아닌 연결통로로 연결된 경우
  - 컨베이어로 연결되거나 플랜트설비의 배관 등으로 연결되어 있는 경우
  - 지하보도, 지하상가, 지하가로 연결된 경우
  - 방화셔터 또는 갑종방화문이 설치되지 않은 피트로 연결된 경우
  - 지하구로 연결된 경우
- **별개의 소방대상물로 보는 경우**
  연결통로 또는 지하구와 소방대상물의 양쪽에 다음 각 목의 어느 하나에 적합한 경우에는 각각 별개의 소방대상물로 본다.
  - 화재 시 경보설비 또는 자동소화설비의 작동과 연동하여 자동으로 닫히는 방화셔터 또는 갑종방화문이 설치된 경우
  - 화재 시 자동으로 방수되는 방식의 드렌처설비 또는 개방형 스프링클러헤드가 설치된 경우

44

소방대라 함은 화재를 진압하고 화재, 재난 · 재해, 그 밖의 위급한 상황에서 구조 · 구급 활동 등을 하기 위하여 구성된 조직체를 말한다. 소방대의 구성원으로 틀린 것은?

① 소방공무원
② 소방안전관리원
③ 의무소방원
④ 의용소방대원

해설 **소방대(消防隊)** : 화재를 진압하고 화재, 재난 · 재해, 그 밖의 위급한 상황에서 구조 · 구급 활동 등을 하기 위하여 **소방공무원**, **의무소방원**, **의용소방대원**으로 구성된 조직체

41 ② 42 ① 43 ① 44 ② 정답

45

소방시설관리업자가 기술인력을 변경하는 경우, 시·도지사에게 제출하여야 하는 서류로 틀린 것은?

① 소방시설관리업 등록수첩
② 변경된 기술인력의 기술자격증(자격수첩)
③ 기술인력연명부
④ 사업자등록증 사본

해설 **소방시설관리업자의 등록사항 변경 시 첨부서류**
- 등록사항의 변경이 있는 때 : 소방시설관리업등록사항변경신고서를 첨부하여 시·도지사에게 제출
- 명칭·상호 또는 영업소소재지를 변경하는 경우 : 소방시설관리업등록증 및 등록수첩
- 대표자를 변경하는 경우 : 소방시설관리업등록증 및 등록수첩
- **기술인력을 변경하는 경우**
  - 소방시설관리업 등록수첩
  - 변경된 기술인력의 기술자격증(자격수첩)
  - 기술인력연명부

46

제4류 위험물을 저장·취급하는 제조소에 "화기엄금"이란 주의사항을 표시하는 게시판을 설치할 경우 게시판의 색상은?

① 청색바탕에 백색문자
② 적색바탕에 백색문자
③ 백색바탕에 적색문자
④ 백색바탕에 흑색문자

해설 위험물제조소 등의 주의사항

위험물의 종류	주의사항	게시판의 색상
제1류 위험물 중 알칼리금속의 과산화물 제3류 위험물 중 금수성물질	물기엄금	청색바탕에 백색문자
제2류 위험물(인화성 고체는 제외)	화기주의	적색바탕에 백색문자
제2류 위험물 중 **인화성 고체** 제3류 위험물 중 **자연발화성 물질** **제4류 위험물** **제5류 위험물**	화기엄금	**적색바탕에 백색문자**

47

다음 중 품질이 우수하다고 인정되는 소방용품에 대하여 우수품질인증을 할 수 있는 자는?

① 산업통상자원부장관
② 시·도지사
③ 소방청장
④ 소방본부장 또는 소방서장

해설 **우수품질인증권자** : 소방청장

48

다음 중 고급기술자에 해당하는 학력·경력 기준으로 옳은 것은?

① 박사학위를 취득한 후 2년 이상 소방 관련 업무를 수행한 사람
② 석사학위를 취득한 후 6년 이상 소방 관련 업무를 수행한 사람
③ 학사학위를 취득한 후 8년 이상 소방 관련 업무를 수행한 사람
④ 고등학교를 졸업한 후 10년 이상 소방 관련 업무를 수행한 사람

해설 학력·경력 등에 따른 기술등급

등 급	학력·경력자	경력자
고급 기술자	박사학위를 취득한 후 1년 이상 소방 관련 업무를 수행한 사람	학사 이상의 학위를 취득한 후 12년 이상 소방 관련 업무를 수행한 사람
	석사학위를 취득한 후 **6년 이상** 소방 관련 업무를 수행한 사람	전문학사학위를 취득한 후 15년 이상 소방 관련 업무를 수행한 사람
	학사학위를 취득한 후 9년 이상 소방 관련 업무를 수행한 사람	고등학교를 졸업한 후 18년 이상 소방 관련 업무를 수행한 사람
	전문학사학위를 취득한 후 12년 이상 소방 관련 업무를 수행한 사람	22년 이상 소방 관련 업무를 수행한 사람
	고등학교를 졸업한 후 15년 이상 소방 관련 업무를 수행한 사람	

정답 45 ④ 46 ② 47 ③ 48 ②

49

소방기본법령상 인접하고 있는 시·도 간 소방업무의 상호응원협정을 체결하고자 할 때, 포함되어야 하는 사항으로 틀린 것은?

① 소방교육·훈련의 종류에 관한 사항
② 화재의 경계·진압활동에 관한 사항
③ 출동대원의 수당·식사 및 피복의 수선의 소요경비의 부담에 관한 사항
④ 화재조사활동에 관한 사항

해설 **소방업무의 상호응원협정**
- 다음 각 목의 소방활동에 관한 사항
  - 화재의 경계·진압활동
  - 구조·구급업무의 지원
  - 화재조사활동
- 응원출동대상지역 및 규모
- 다음 각 목의 소요경비의 부담에 관한 사항
  - 출동대원의 수당·식사 및 피복의 수선
  - 소방장비 및 기구의 정비와 연료의 보급
  - 그 밖의 경비
- 응원출동의 요청방법
- 응원출동훈련 및 평가

50

소방기본법령상 위험물 또는 물건의 보관기간은 소방본부 또는 소방서의 게시판에 공고하는 기간의 종료일 다음 날부터 며칠로 하는가?

① 3일
② 5일
③ 7일
④ 14일

해설 **소방본부장, 소방서장은 위험물 또는 물건 보관 시** : 그 날부터 **14일 동안** 소방본부 또는 소방서의 **게시판 공고** 공고한 후 공고하는 기간의 종료일 다음 날부터 **7일 동안 보관**한 후 매각한다.

51

지정수량의 최소 몇 배 이상의 위험물을 취급하는 제조소에는 피뢰침을 설치해야 하는가?(단, 제6류 위험물을 취급하는 위험물제조소는 제외하고, 제조소 주위의 상황에 따라 안전상 지장이 없는 경우도 제외한다)

① 5배 ② 10배
③ 50배 ④ 100배

해설 **제조소 등의 피뢰설비** : 지정수량의 10배 이상

52

산화성 고체인 제1류 위험물에 해당되는 것은?

① 질산염류
② 특수인화물
③ 과염소산
④ 유기과산화물

해설 **위험물의 분류**

종 류	유 별	성 질	지정수량
질산염류	제1류 위험물	산화성 고체	300[kg]
특수인화물	제4류 위험물	인화성 액체	50[L]
과염소산	제6류 위험물	산화성 액체	300[kg]
유기과산화물	제5류 위험물	자기반응성 물질	10[kg]

53

위험물안전관리법상 청문을 실시하여 처분해야 하는 것은?

① 제조소 등 설치허가의 취소
② 제조소 등 영업정지 처분
③ 탱크시험자의 영업정지 처분
④ 과징금 부과 처분

해설 **청문 실시대상**
- 제조소 등 설치허가의 취소
- 탱크시험자의 등록취소

49 ① 50 ③ 51 ② 52 ① 53 ① 정답

54

화재예방, 소방시설 설치 · 유지 및 안전관리에 관한 법령상 특정소방대상물 중 오피스텔은 어느 시설에 해당하는가?

① 숙박시설　② 일반업무시설
③ 공동주택　④ 근린생활시설

해설 **오피스텔** : 일반업무시설

55

화재예방, 소방시설 설치 · 유지 및 안전관리에 관한 법령상 종사자수가 5명이고 숙박시설이 모두 2인용 침대이며 침대 수량은 50개인 청소년시설에서 수용인원은 몇 명인가?

① 55　② 75
③ 85　④ 105

해설 **침대가 있는 숙박시설의 수용인원** : 특정소방대상물의 종사자수 + 침대수(2인용 침대는 2개)
∴ 수용인원 = 5 + (50 × 2) = 105명

56

다음 중 300만원 이하의 벌금에 해당되지 않는 것은?

① 등록수첩을 다른 자에게 빌려준 자
② 소방시설공사의 완공검사를 받지 아니한 자
③ 소방기술자가 동시에 둘 이상의 업체에 취업한 사람
④ 소방시설공사 현장에 감리원을 배치하지 아니한 자

해설 **300만원 이하의 벌금**
- 등록증이나 등록수첩을 다른 자에게 빌려준 자
- 소방기술자가 동시에 둘 이상의 업체에 취업한 사람
- 소방시설공사 현장에 감리원을 배치하지 아니한 자
- 자격수첩 또는 경력수첩을 빌려준 사람
- 공사감리계약을 해지하거나 대가 지급을 거부하거나 지연시키거나 불이익을 준 자
- 소방시설공사를 다른 업종의 공사와 분리하여 도급하지 아니한 자

57

화재예방, 소방시설 설치 · 유지 및 안전관리에 관한 법령상 건축허가 등의 동의를 요구한 기관이 그 건축허가 등을 취소하였을 때, 취소한 날부터 최대 며칠 이내에 건축물 등의 시공지 또는 소재지를 관할하는 소방본부장 또는 소방서장에게 그 사실을 통보하여야 하는가?

① 3일
② 4일
③ 7일
④ 10일

해설 **건축허가 등의 동의(규칙 제4조)**
- 동의여부 회신
  - 일반대상물 : 5일 이내
  - 특급소방안전관리대상물 : 10일 이내

[특급소방안전관리대상물]
• 층수가 30층 이상 • 높이가 120[m] 이상 • 연면적 200,000[m^2] 이상

- 동의 요구 첨부서류 보완기간 : 4일 이내
- 건축허가 등을 **취소한 때** : 최소한 날부터 **7일 이내**에 소방본부장 또는 소방서장에게 통보

58

소방기본법상 화재 현장에서의 피난 등을 체험할 수 있는 소방체험관의 설립 · 운영권자는?

① 시 · 도지사
② 행정안전부장관
③ 소방본부장 또는 소방서장
④ 소방청장

해설 **설립 · 운영권자**
- 소방체험관 : 시 · 도지사
- 소방박물관 : 소방청장

정답 54 ② 55 ④ 56 ② 57 ③ 58 ①

59

소방기본법령상 소방활동구역의 출입자에 해당되지 않는 자는?

① 소방활동구역 안에 있는 소방대상물의 소유자 · 관리자 또는 점유자
② 전기 · 가스 · 수도 · 통신 · 교통의 업무에 종사하는 사람으로서 원활한 소방활동을 위하여 필요한 사람
③ 화재건물과 관련 있는 부동산업자
④ 취재인력 등 보도업무에 종사하는 사람

해설 **소방활동구역의 출입자**
- 소방활동구역 안에 있는 소방대상물의 소유자 · 관리자 또는 점유자
- 전기 · 가스 · 수도 · 통신 · 교통의 업무에 종사하는 사람으로서 원활한 소방활동을 위하여 필요한 사람
- 의사 · 간호사 그 밖의 구조 · 구급업무에 종사하는 사람
- 취재인력 등 보도업무에 종사하는 사람
- 수사업무에 종사하는 사람
- 그 밖에 소방대장이 소방활동을 위하여 출입을 허가한 사람

60

소방본부장 또는 소방서장은 건축허가 등의 동의요구 서류를 접수한 날부터 최대 며칠 이내에 건축허가 등의 동의여부를 회신하여야 하는가?(단, 허가 신청 건축물은 지상으로부터 높이가 200[m]인 아파트이다)

① 5일 ② 7일
③ 10일 ④ 15일

해설 **건축허가 등의 동의여부 회신**
- 일반대상물 : 5일 이내
- **특급소방안전관리대상물 : 10일 이내**

> 50층 이상(지하층은 제외)이거나 지상으로부터 높이가 200[m] 이상인 아파트 : 특급소방안전관리대상물

제 4 과목 소방기계시설의 구조 및 원리

61

작동전압이 22,900[V]의 고압의 전기기기가 있는 장소에 물분무소화설비를 설치할 때 전기기기와 물분무헤드 사이의 최소 이격거리는 얼마로 해야 하는가?

① 70[cm] 이상 ② 80[cm] 이상
③ 110[cm] 이상 ④ 150[cm] 이상

해설 **전기기기와 물분무헤드 사이의 최소 이격거리**

전압[kV]	거리[cm]
66 이하	**70 이상**
66 초과 77 이하	80 이상
77 초과 110 이하	110 이상
110 초과 154 이하	150 이상
154 초과 181 이하	180 이상
181 초과 220 이하	210 이상
220 초과 275 이하	260 이상

62

다음 일반화재(A급 화재)에 적응성을 만족하지 못하는 소화약제는?

① 포소화약제 ② 강화액소화약제
③ 할론소화약제 ④ 이산화탄소소화약제

해설 **이산화탄소소화약제** : B, C급 화재

63

거실 제연설비 설계 중 배출량 선정에 있어서 고려하지 않아도 되는 사항은?

① 예상 제연구역의 수직거리
② 예상 제연구역의 바닥면적
③ 제연설비의 배출방식
④ 자동식소화설비 및 피난구조설비의 설치 유무

해설 **배출량 산정 시 고려사항**
- 예상 제연구역의 수직거리
- 예상 제연구역의 바닥면적
- 제연설비의 배출방식

59 ③ 60 ③ 61 ① 62 ④ 63 ④ 정답

64

폐쇄형스프링클러헤드를 최고 주위온도 40[℃]인 장소(공장 및 창고 제외)에 설치할 경우 표시온도는 몇 [℃]의 것을 설치하여야 하는가?

① 79[℃] 미만
② 79[℃] 이상 121[℃] 미만
③ 121[℃] 이상 162[℃] 미만
④ 162[℃] 이상

해설 폐쇄형스프링클러헤드의 표시온도

설치장소의 최고 주위온도	표시온도
39[℃] 미만	79[℃] 미만
39[℃] 이상 64[℃] 미만	79[℃] 이상 121[℃] 미만
64[℃] 이상 106[℃] 미만	121[℃] 이상 162[℃] 미만
106[℃] 이상	162[℃] 이상

65

스프링클러헤드를 설치하지 않을 수 있는 장소로만 나열된 것은?

① 계단, 병실, 목욕실, 냉동창고의 냉동실, 아파트(대피공간 제외)
② 발전실, 수술실, 응급처치실, 통신기기실, 관람석이 없는 테니스장
③ 냉동창고의 냉동실, 변전실, 병실, 목욕실, 수영장 관람석
④ 수술실, 관람석이 없는 테니스장, 변전실, 발전실, 아파트(대피공간 제외)

해설 스프링클러헤드의 설치제외장소

- 계단실(특별피난계단의 부속실을 포함한다) · 경사로 · 승강기의 승강로 · 비상용승강기의 승강장 · 파이프덕트 및 덕트피트 · 목욕실 · **수영장(관람석부분을 제외한다)** · 화장실 · 직접 외기에 개방되어 있는 복도 · 기타 이와 유사한 장소
- **통신기기실** · 전자기기실 · 기타 이와 유사한 장소
- **발전실** · 변전실 · 변압기 · 기타 이와 유사한 전기설비가 설치되어 있는 장소
- 병원의 **수술실 · 응급처치실** · 기타 이와 유사한 장소
- 천장과 반자 양쪽이 불연재료로 되어 있는 경우로서 그 사이의 거리 및 구조가 다음에 해당하는 부분
  - 천장과 반자 사이의 거리가 2[m] 미만인 부분
  - 천장과 반자 사이의 벽이 불연재료이고 천장과 반자 사이의 거리가 2[m] 이상으로서 그 사이에 가연물이 존재하지 아니하는 부분
- 천장 · 반자 중 한쪽이 불연재료로 되어있고 천장과 반자 사이의 거리가 1[m] 미만인 부분
- 천장 및 반자가 불연재료 외의 것으로 되어 있고 천장과 반자 사이의 거리가 0.5[m] 미만인 부분
- 펌프실 · 물탱크실 · 엘리베이터 권상기실 그 밖의 이와 비슷한 장소
- 현관 또는 로비 등으로서 바닥으로부터 높이가 20[m] 이상인 장소
- 영하의 냉장창고의 냉장실 또는 냉동창고의 냉동실
- 고온의 노가 설치된 장소 또는 물과 격렬하게 반응하는 물품의 저장 또는 취급장소

66

학교, 공장, 창고시설에 설치하는 옥내소화전에서 가압송수장치 및 기동장치가 동결의 우려가 있는 경우 일부 사항을 제외하고는 주펌프와 동등 이상의 성능이 있는 별도의 펌프로서 내연기관의 기동과 연동하여 작동되거나 비상전원을 연결한 펌프를 추가 설치해야 한다. 다음 중 이러한 조치를 취해야 하는 경우는?

① 지하층이 없이 지상층만 있는 건축물
② 고가수조를 가압송수장치로 설치한 경우
③ 수원이 건축물의 최상층에 설치된 방수구보다 높은 위치에 설치된 경우
④ 건축물의 높이가 지표면으로부터 10[m] 이하인 경우

해설 학교 · 공장 · 창고시설에서 ON-OFF방식일 경우 주펌프와 동등 이상의 성능이 있는 별도의 펌프로서 내연기관의 기동과 연동하여 작동되거나 비상전원을 연결한 펌프를 추가 설치할 것. 다만, 다음 각 목의 경우는 제외한다.

- 지하층만 있는 건축물
- 고가수조를 가압송수장치로 설치한 경우
- 수원이 건축물의 최상층에 설치된 방수구보다 높은 위치에 설치된 경우
- 건축물의 높이가 지표면으로부터 10[m] 이하인 경우
- 가압수조를 가압송수장치로 설치한 경우

정답 64 ② 65 ② 66 ①

67

다음은 할론소화설비의 수동기동장치 점검내용으로 옳지 않은 것은?

① 방호구역마다 설치되어 있는지 점검한다.
② 방출지연스위치가 설치되어 있는지 점검한다.
③ 화재감지기와 연동되어 있는지 점검한다.
④ 조작부는 바닥으로부터 높이 0.8[m] 이상 1.5[m] 이하의 위치에 설치되어 있는지 점검한다.

해설 **할론소화설비의 기동장치**

이 경우 수동식 기동장치의 부근에는 소화약제의 방출을 지연시킬 수 있는 비상스위치(자동복귀형 스위치로서 수동식 기동장치의 타이머를 순간정지 시키는 기능의 스위치를 말한다)를 설치하여야 한다.

- **수동식 기동장치**
  - 전역방출방식은 방호구역마다, 국소방출방식은 방호대상물마다 설치할 것
  - 해당 방호구역의 출입구부분 등 조작을 하는 자가 쉽게 피난할 수 있는 장소에 설치할 것
  - 기동장치의 조작부는 바닥으로부터 높이 0.8[m] 이상 1.5[m] 이하의 위치에 설치하고, 보호판 등에 따른 보호장치를 설치할 것
  - 기동장치에는 그 가까운 곳의 보기 쉬운 곳에 "할론소화설비 기동장치"라고 표시한 표지를 할 것
  - 전기를 사용하는 기동장치에는 전원표시등을 설치할 것
  - 기동장치의 방출용스위치는 음향경보장치와 연동하여 조작될 수 있는 것으로 할 것
- **자동식 기동장치**

  자동화재탐지설비의 감지기의 작동과 연동하는 것으로서 다음 기준에 따라 설치하여야 한다.
  - 자동식 기동장치에는 수동으로도 기동할 수 있는 구조로 할 것
  - 전기식 기동장치로서 7병 이상의 저장용기를 동시에 개방하는 설비는 2병 이상의 저장용기에 전자개방밸브를 부착할 것
  - 가스압력식 기동장치는 다음 각 목의 기준에 따를 것
    ⓐ 기동용 가스용기 및 해당 용기에 사용하는 밸브는 25[MPa] 이상의 압력에 견딜 수 있는 것으로 할 것
    ⓑ 기동용 가스용기에는 내압시험압력 0.8배부터 내압시험압력 이하에서 작동하는 안전장치를 설치할 것
    ⓒ 기동용 가스용기의 용적은 1[L] 이상으로 하고, 해당 용기에 저장하는 이산화탄소의 양은 0.6[kg] 이상으로 하며, 충전비는 1.5 이상으로 할 것

68

화재 시 연기가 찰 우려가 없는 장소로서 호스릴 분말소화설비를 설치할 수 있는 기준 중 다음 ( ) 안에 알맞은 것은?

- 지상 1층 및 피난층에 있는 부분으로서 지상에서 수동 또는 원격조작에 따라 개방할 수 있는 개구부의 유효면적의 합계가 바닥면적의 (㉠)[%] 이상이 되는 부분
- 전기설비가 설치되어 있는 부분 또는 다량의 화기를 사용하는 부분(해당 설비의 주위 5[m] 이내의 부분을 포함한다)의 바닥면적이 해당 설비가 설치되어 있는 구획의 바닥면적의 (㉡) 미만이 되는 부분

① ㉠ 15, ㉡ $\frac{1}{5}$　② ㉠ 15, ㉡ $\frac{1}{2}$
③ ㉠ 20, ㉡ $\frac{1}{5}$　④ ㉠ 20, ㉡ $\frac{1}{2}$

해설 **화재 시 현저하게 연기가 찰 우려가 없는 장소로서 호스릴 분말소화설비 설치기준**

- 지상 1층 및 피난층에 있는 부분으로서 지상에서 수동 또는 원격조작에 따라 개방할 수 있는 개구부의 유효면적의 합계가 바닥면적의 **15[%] 이상**이 되는 부분
- 전기설비가 설치되어 있는 부분 또는 다량의 화기를 사용하는 부분(해당 설비의 주위 5[m] 이내의 부분을 포함한다)의 바닥면적이 해당 설비가 설치되어 있는 구획의 바닥면적의 **1/5 미만**이 되는 부분

69

다음 ( ) 안에 들어가는 기기로 옳은 것은?

- 분말소화약제의 가압용가스 용기를 3병 이상 설치한 경우에는 2개 이상의 용기에 (㉠)를 부착하여야 한다.
- 분말소화약제의 가압용가스 용기에는 2.5[MPa] 이하의 압력에서 조정이 가능한 (㉡)를 설치하여야 한다.

① ㉠ 전자개방밸브, ㉡ 압력조정기
② ㉠ 전자개방밸브, ㉡ 정압작동장치
③ ㉠ 압력조정기, ㉡ 전자개방밸브
④ ㉠ 압력조정기, ㉡ 정압작동장치

67 ③ 68 ① 69 ① **정답**

해설 가스용기를 분말소화약제의 저장용기에 접속하여 설치한 기준

- 분말소화약제의 가압용가스 용기를 3병 이상 설치한 경우에는 **2개 이상**의 용기에 **전자개방밸브**를 부착하여야 한다.
- 분말소화약제의 가압용가스 용기에는 **2.5[MPa] 이하의 압력**에서 조정이 가능한 **압력조정기**를 설치하여야 한다.

70

이산화탄소소화약제의 저장용기에 관한 일반적인 설명으로 옳지 않은 것은?

① 방호구역 내의 장소에 설치하되 피난구 부근을 피하여 설치할 것
② 온도가 40[℃] 이하이고, 온도변화가 적은 곳에 설치할 것
③ 직사광선 및 빗물이 침투할 우려가 없는 곳에 설치할 것
④ 용기 간의 간격은 점검에 지장이 없도록 3[cm] 이상의 간격을 유지할 것

해설 이산화탄소소화약제의 저장용기 설치기준

- 방호구역 외의 장소에 설치할 것. 다만, 방호구역 내에 설치할 경우에는 피난 및 조작이 용이하도록 피난구 부근에 설치하여야 한다.
- 온도가 40[℃] 이하이고, 온도변화가 적은 곳에 설치할 것
- 직사광선 및 빗물이 침투할 우려가 없는 곳에 설치할 것
- 방화문으로 구획된 실에 설치할 것
- 용기의 설치장소에는 해당 용기가 설치된 곳임을 표시하는 표지를 할 것
- 용기 간의 간격은 점검에 지장이 없도록 3[cm] 이상의 간격을 유지할 것
- 저장용기와 집합관을 연결하는 연결배관에는 체크밸브를 설치할 것. 다만, 저장용기가 하나의 방호구역만을 담당하는 경우에는 그러하지 아니하다.

71

다음 중 피난사다리 하부지지점에 미끄럼방지장치를 설치하는 것은?

① 내림식 사다리 ② 올림식 사다리
③ 수납식 사다리 ④ 신축식 사다리

해설 올림식 사다리 설치기준

- 상부지지점(끝부분으로부터 60[cm] 이내의 임의의 부분으로 한다)에 미끄러지거나 넘어지지 아니하도록 하기 위하여 안전장치를 설치하여야 한다.
- 하부지지점에는 미끄러짐을 막는 장치를 설치하여야 한다.
- 신축하는 구조인 것은 사용할 때 자동적으로 작동하는 축제방지장치를 설치하여야 한다.
- 접어지는 구조인 것은 사용할 때 자동적으로 작동하는 접힘방지장치를 설치하여야 한다.

72

포소화약제의 혼합장치 중 펌프의 토출관에 압입기를 설치하여 포소화약제 압입용 펌프로 포소화약제를 압입시켜 혼합하는 방식은?

① 펌프 프로포셔너방식
② 프레셔 사이드 프로포셔너방식
③ 라인 프로포셔너방식
④ 프레셔 프로포셔너방식

해설 포소화약제의 혼합장치

- 펌프 프로포셔너방식(Pump Proportioner, 펌프 혼합방식)
  펌프의 토출관과 흡입관 사이의 배관 도중에 설치한 흡입기에 펌프에서 토출된 물의 일부를 보내고 농도조절밸브에서 조정된 포소화약제의 필요량을 포소화약제 탱크에서 펌프 흡입측으로 보내어 약제를 혼합하는 방식
- 라인 프로포셔너방식(Line Proportioner, 관로 혼합방식)
  펌프와 발포기의 중간에 설치된 벤투리관의 벤투리 작용에 따라 포소화약제를 흡입·혼합하는 방식. 이 방식은 옥외소화전에 연결, 주로 1층에 사용하며 원액 흡입력 때문에 송수압력의 손실이 크고, 토출측 호스의 길이, 포원액 탱크의 높이 등에 민감하므로 매우 정밀한 설계와 시공을 요한다.
- 프레셔 프로포셔너방식(Pressure Proportioner, 차압 혼합방식)
  펌프와 발포기의 중간에 설치된 벤투리관의 벤투리 작용과 펌프 가압수의 포소화약제 저장탱크에 대한 압력에 따라 포소화약제를 흡입 혼합하는 방식. 현재 우리나라에서는 3[%] 단백포 차압혼합방식을 많이 사용하고 있다.
- **프레셔 사이드 프로포셔너방식**(Pressure Side Proportioner, 압입 혼합방식)
  펌프의 토출관에 압입기를 설치하여 포소화 약제압입용 펌프로 포소화약제를 압입시켜 혼합하는 방식

정답 70 ① 71 ② 72 ②

73

제연설비에서 예상제연구역의 각 부분으로부터 하나의 배출구까지의 수평거리를 몇 [m] 이내가 되도록 하여야 하는가?

① 10[m] ② 12[m]
③ 15[m] ④ 20[m]

해설 제연설비의 배출구는 예상제연구역의 각 부분으로부터 하나의 배출구까지의 **수평거리**는 **10[m] 이내**이어야 한다.

74

상수도 소화용수설비의 소화전은 특정소방대상물의 수평투영면의 각 부분으로부터 최대 몇 [m] 이하가 되도록 설치하는가?

① 25[m] ② 40[m]
③ 100[m] ④ 140[m]

해설 **상수도 소화용수설비의 설치기준**
- 호칭지름 75[mm] 이상의 수도배관에 호칭지름 100[mm] 이상의 소화전을 접속할 것
- 소화전은 소방자동차 등의 진입이 쉬운 도로변 또는 공지에 설치할 것
- 소화전은 소방대상물의 수평투영면의 각 부분으로부터 140[m] 이하가 되도록 설치할 것

75

물분무소화설비 가압송수장치의 토출량에 대한 최소 기준으로 옳은 것은?(단, 특수가연물 저장, 취급하는 특정소방대상물 및 차고, 주차장의 바닥면적은 50[m^2] 이하인 경우는 50[m^2]를 기준으로 한다)

① 차고 또는 주차장의 바닥면적 1[m^2]에 대해 10[L/min]로 20분간 방수할 수 있는 양 이상
② 특수가연물 저장, 취급하는 특정소방대상물의 바닥면적 1[m^2]에 대해 20[L/min]로 20분간 방수할 수 있는 양 이상
③ 케이블트레이, 케이블덕트는 투영된 바닥면적 1[m^2]에 대해 10[L/min]로 20분간 방수할 수 있는 양 이상
④ 절연유 봉입변압기는 바닥면적을 제외한 표면적을 합한 면적 1[m^2]에 대해 10[L/min]로 20분간 방수할 수 있는 양 이상

해설 **펌프의 토출량과 수원의 양**

소방대상물	펌프의 토출량[L/min]	수원의 양[L]
특수가연물 저장, 취급	바닥면적(50[m^2] 이하는 50[m^2]로) × 10[L/min · m^2]	바닥면적(50[m^2] 이하는 50[m^2]로) × 10[L/min · m^2]× 20[min]
차고, 주차장	바닥면적(50[m^2] 이하는 50[m^2]로) × 20[L/min · m^2]	바닥면적(50[m^2] 이하는 50[m^2]로 × 20[L/min · m^2]× 20[min]
절연유 봉입변압기	표면적(바닥 부분 제외) × 10[L/min · m^2]	표면적(바닥 부분 제외) × 10[L/min · m^2] × 20[min]
케이블트레이, 덕트	투영된 바닥면적 × 12[L/min · m^2]	투영된 바닥면적 × 12[L/min · m^2] × 20[min]
컨베이어 벨트	벨트 부분의 바닥면적 × 10[L/min · m^2]	벨트 부분의 바닥면적 × 10[L/min · m^2] × 20[min]

76

피난기구 설치기준으로 옳지 않은 것은?

① 피난기구는 소방대상물의 기둥 · 바닥 · 보 기타 구조상 견고한 부분에 볼트조임 · 매입 · 용접 기타의 방법으로 견고하게 부착할 것
② 2층 이상의 층에 피난사다리(하향식 피난구용 내림식 사다리는 제외한다)를 설치하는 경우에는 금속성 고정사다리를 설치하고, 피난에 방해되지 않도록 노대는 설치되지 않아야 할 것
③ 승강식 피난기 및 하향식 피난구용 내림식 사다리는 설치경로가 설치층에서 피난층까지 연계될 수 있는 구조로 설치할 것. 다만, 건축물의 구조 및 설치 여건 상 불가피한 경우에는 그러하지 아니 한다.
④ 승강식 피난기 및 하향식 피난구용 내림식 사다리의 하강구 내측에는 기구의 연결 금속구 등이 없어야 하며 전개된 피난기구는 하강구 수평투영면적 공간 내의 범위를 침범하지 않는 구조이어야 할 것. 단, 직경 60[cm] 크기의 범위를 벗어난 경우이거나, 직하층의 바닥 면으로부터 높이 50[cm] 이하의 범위는 제외한다.

73 ① 74 ④ 75 ④ 76 ② 정답

해설 피난기구의 설치기준

- 피난기구는 소방대상물의 기둥·바닥·보 기타 구조상 견고한 부분에 볼트조임·매입·용접 기타의 방법으로 견고하게 부착할 것
- **4층 이상**의 층에 피난사다리(하향식 피난구용 내림식 사다리는 제외한다)를 설치하는 경우에는 **금속성 고정사다리를 설치**하고, 당해 고정사다리에는 쉽게 피난할 수 있는 구조의 노대를 설치할 것
- 승강식 피난기 및 하향식 피난구용 내림식 사다리는 설치경로가 설치층에서 피난층까지 연계될 수 있는 구조로 설치할 것. 다만, 건축물의 구조 및 설치 여건상 불가피한 경우에는 그러하지 아니 한다.
- 승강식 피난기 및 하향식 피난구용 내림식 사다리의 하강구 내측에는 기구의 연결 금속구 등이 없어야 하며 전개된 피난기구는 하강구 수평투영면적 공간 내의 범위를 침범하지 않는 구조이어야 할 것. 단, 직경 60[cm] 크기의 범위를 벗어난 경우이거나, 직하층의 바닥 면으로부터 높이 50[cm] 이하의 범위는 제외한다.

77

포소화설비의 자동식 기동장치를 폐쇄형스프링클러헤드의 개방과 연동하여 가압송수장치·일제개방밸브 및 포소화약제 혼합장치를 기동하는 경우 다음 ( ) 안에 알맞은 것은?(단, 자동화재탐지설비의 수신기가 설치된 장소에 상시 사람이 근무하고 있고, 화재 시 즉시 해당 조작부를 작동시킬 수 있는 경우는 제외한다)

> 표시온도가 (㉠)[℃] 미만인 것을 사용하고, 1개의 스프링클러헤드의 경계면적은 (㉡)[m^2] 이하로 할 것

① ㉠ 79, ㉡ 8
② ㉠ 121, ㉡ 8
③ ㉠ 79, ㉡ 20
④ ㉠ 121, ㉡ 20

해설 포소화설비의 자동식 기동장치는 자동화재탐지설비의 감지기의 작동 또는 폐쇄형스프링클러헤드의 개방과 연동하여 가압송수장치·일제개방밸브 및 포소화약제 혼합장치를 기동시킬 수 있도록 다음 각 호의 기준에 따라 설치하여야 한다. 다만, 자동화재탐지설비의 수신기가 설치된 장소에 상시 사람이 근무하고 있고, 화재 시 즉시 해당 조작부를 작동시킬 수 있는 경우에는 그러하지 아니하다.

- **폐쇄형스프링클러헤드를 사용하는 경우 설치기준**
  - 표시온도가 **79[℃] 미만**인 것을 사용하고, 1개의 스프링클러헤드의 경계면적은 **20[m^2] 이하**로 할 것
  - 부착면의 높이는 바닥으로부터 5[m] 이하로 하고, 화재를 유효하게 감지할 수 있도록 할 것
  - 하나의 감지장치 경계구역은 하나의 층이 되도록 할 것
- **화재감지기를 사용하는 경우**
  - 화재감지기는 「자동화재탐지설비의 화재안전기준(NFSC 203)」 제7조의 기준에 따라 설치할 것
  - 화재감지기 회로에는 다음 각 세목의 기준에 따른 발신기를 설치할 것
    ⓐ 조작이 쉬운 장소에 설치하고, 스위치는 바닥으로부터 0.8[m] 이상 1.5[m] 이하의 높이에 설치할 것
    ⓑ 특정소방대상물의 층마다 설치하되, 해당 특정소방대상물의 각 부분으로부터 수평거리가 25[m] 이하가 되도록 할 것. 다만, 복도 또는 별도로 구획된 실로서 보행거리가 40[m] 이상일 경우에는 추가로 설치하여야 한다.
    ⓒ 발신기의 위치를 표시하는 표시등은 함의 상부에 설치하되, 그 불빛은 부착 면으로부터 15° 이상의 범위 안에서 부착지점으로부터 10[m] 이내의 어느 곳에서도 쉽게 식별할 수 있는 적색등으로 할 것

78

특정소방대상물별 소화기구의 능력단위 기준 중 다음 ( ) 안에 알맞은 것은?

특정소방대상물	소화기구의 능력단위
장례식장 및 의료시설	해당 용도의 바닥면적 (㉠)[m^2]마다 능력단위 1단위 이상
노유자시설	해당 용도의 바닥면적 (㉡)[m^2]마다 능력단위 1단위 이상
위락시설	해당 용도의 바닥면적 (㉢)[m^2]마다 능력단위 1단위 이상

① ㉠ 30, ㉡ 50, ㉢ 100
② ㉠ 30, ㉡ 100, ㉢ 50
③ ㉠ 50, ㉡ 100, ㉢ 30
④ ㉠ 50, ㉡ 30, ㉢ 100

정답 77 ③ 78 ③

해설 소방대상물별 소화기구의 능력단위 기준

소방대상물	소화기구의 능력단위
위락시설	해당 용도의 바닥면적 30[m²]마다 능력단위 1단위 이상
공연장 · 집회장 · 관람장 · 문화재 · **장례식장 및 의료시설**	해당 용도의 바닥면적 50[m²]마다 능력단위 1단위 이상
근린생활시설 · 판매시설 · 운수시설 · 숙박시설 · **노유자시설** · 전시장 · 공동주택 · 업무시설 · 방송통신시설 · 공장 · 창고시설 · 항공기 및 자동차관련 시설 및 관광휴게시설	해당 용도의 바닥면적 100[m²]마다 능력단위 1단위 이상
그 밖의 것	해당 용도의 바닥면적 200[m²]마다 능력단위 1단위 이상

[비고]
소화기구의 능력단위를 산출함에 있어서 건축물의 주요구조부가 내화구조이고, 벽 및 반자의 실내에 면하는 부분이 불연재료 · 준불연재료 또는 난연재료로 된 특정소방대상물에 있어서는 위 표의 기준면적의 2배를 해당 특정소방대상물의 기준면적으로 한다.

79

아래 평면도와 같이 반자가 있는 어느 실내에 전등이나 공조용 디퓨져 등의 시설물을 무시하고 수평거리를 2.1[m]로 하여 스프링클러헤드를 정방형으로 설치하고자 할 때 최소 몇 개의 헤드를 설치해야 하는가? (단, 반자 속에는 헤드를 설치하지 아니하는 것으로 한다)

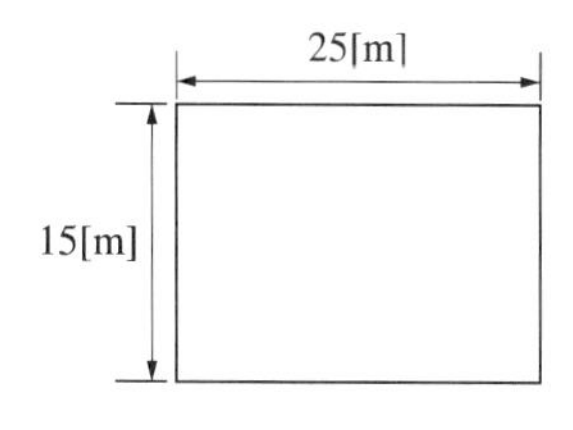

① 24개　② 42개
③ 54개　④ 72개

해설 헤드의 수

- 가로배열
  $s = 2r\cos 45° = 2 \times 2.1 \times \cos 45° = 2.97[m]$
  ∴ 헤드의 수 = 25[m] ÷ 2.97[m] = 8.42 ⇒ 9개
- 세로배열
  $s = 2r\cos 45° = 2 \times 2.1 \times \cos 45° = 2.97[m]$
  ∴ 헤드의 수 = 15[m] ÷ 2.97[m] = 5.05 ⇒ 6개

∴ 총 헤드의 수 = 9개 × 6개 = 54개

80

소화용수설비 중 소화수조 및 저수조에 대한 설명으로 틀린 것은?

① 소화수조, 저수조의 채수구 또는 흡수관투입구는 소방차가 2[m] 이내의 지점까지 접근할 수 있는 위치에 설치할 것
② 지하에 설치하는 소화용수설비의 흡수관투입구는 그 한 변이 0.6[m] 이상이거나 직경이 0.6[m] 이상인 것으로 할 것
③ 채수구는 지표면으로부터 높이가 0.5[m] 이상 1.0[m] 이하의 위치에 설치하고 "채수구"라고 표시한 표지를 할 것
④ 소화수조가 옥상 또는 옥탑의 부분에 설치된 경우에는 지상에 설치된 채수구에서의 압력이 0.1[MPa] 이상이 되도록 할 것

해설 소화수조 등의 설치기준

- 소화수조, 저수조의 채수구 또는 흡수관투입구는 소방차가 **2[m] 이내**의 지점까지 접근할 수 있는 위치에 설치하여야 한다.
- 지하에 설치하는 소화용수설비의 흡수관투입구는 그 한 변이 0.6[m] 이상이거나 직경이 0.6[m] 이상인 것으로 할 것
- 채수구는 지표면으로부터 높이가 0.5[m] 이상 1.0[m] 이하의 위치에 설치한다.
- 소화수조가 옥상 또는 옥탑의 부분에 설치된 경우에는 지상에 설치된 **채수구에서의 압력**이 **0.15[MPa] 이상**이 되도록 하여야 한다.

79 ③ 80 ④ 정답

제 4 회 2019년 9월 21일 시행

제 1 과목 소방원론

01

특정소방대상물(소방안전관리대상물은 제외)의 관계인과 소방안전관리대상물의 소방안전관리자의 업무가 아닌 것은?

① 화기취급의 감독
② 자체소방대의 운용
③ 소방 관련 시설의 유지・관리
④ 피난시설, 방화구획 및 방화시설의 유지・관리

해설 자위소방대의 구성・운영・교육은 소방안전관리자의 업무이다.

02

다음 중 인화점이 가장 낮은 것은?

① 산화프로필렌 ② 이황화탄소
③ 메틸알코올 ④ 등 유

해설 제4류 위험물의 인화점

종 류	구 분	인화점
산화프로필렌	특수인화물	−37[℃]
이황화탄소	특수인화물	−30[℃]
메틸알코올	알코올류	11[℃]
등 유	제2석유류	40~70[℃]

03

다음 중 인명구조기구에 속하지 않는 것은?

① 방열복 ② 공기안전매트
③ 공기호흡기 ④ 인공소생기

해설 인명구조기구
- 방열복, 방화복(안전헬멧, 보호장갑 및 안전화 포함)
- 공기호흡기
- 인공소생기

04

물의 소화력을 증대시키기 위하여 첨가하는 첨가제 중 물의 유실을 방지하고 건물, 임야 등의 입체면에 오랫동안 잔류하게 하기 위한 것은?

① 증점제 ② 강화액
③ 침투제 ④ 유화제

해설 **물의 소화성능을 향상시키기 위해 첨가하는 첨가제** : 침투제, 증점제, 유화제
- **침투제** : 물의 표면장력을 감소시켜서 침투성을 증가시키는 Wetting Agent
- 증점제 : 물의 소화력을 증대시키기 위하여 첨가하는 첨가제 중 물의 유실을 방지하고 건물, 임야 등의 입체면에 오랫동안 잔류하게 하기 위한 Viscosity Agent
- 유화제 : 기름의 표면에 유화(에멀션)효과를 위한 첨가제(분무주수)

05

가연물의 제거와 가장 관련이 없는 소화방법은?

① 유류화재 시 유류공급밸브를 잠근다.
② 산불화재 시 나무를 잘라 없앤다.
③ 팽창진주암을 사용하여 진화한다.
④ 가스 화재 시 중간밸브를 잠근다.

해설 팽창진주암을 사용하여 진화하는 것은 질식소화이다.

정답 01 ② 02 ① 03 ② 04 ① 05 ③

06

할로겐화합물 및 불활성기체 소화약제는 일반적으로 열을 받으면 할로겐족이 분해되어 가연물질의 연소과정에서 발생하는 활성종과 화합하여 연소의 연쇄반응을 차단한다. 연쇄반응의 차단과 가장 거리가 먼 소화약제는?

① FC-3-1-10　　② HFC-125
③ IG-541　　④ FIC-13I1

해설 할로겐화합물 및 불활성기체 소화약제
- 할로겐화합물 소화약제 : FC-3-1-10, HCFC-124, HFC-125, HFC-227ea, FIC-13I1 등
- 불활성기체 소화약제 : IG-01, IG-55, IG-100, IG-541

07

CF_3Br 소화약제의 명칭을 옳게 나타낸 것은?

① 할론 1011　　② 할론 1211
③ 할론 1301　　④ 할론 2402

해설 할론소화약제

종 류 / 구 분	할론 1301	할론 1211	할론 2402	할론 1011
분자식	CF_3Br	CF_2ClBr	$C_2F_4Br_2$	CH_2ClBr
분자량	148.95	165.4	259.8	129.4

08

불포화 섬유지나 석탄에 자연발화를 일으키는 원인은?

① 분해열　　② 산화열
③ 발효열　　④ 중합열

해설 자연발화의 종류
- 분해열에 의한 발화 : 셀룰로이드, 나이트로셀룰로스
- **산화열**에 의한 발화 : **석탄, 건성유, 고무분말**
- **미생물**에 의한 발화 : **퇴비**, 먼지
- 흡착열에 의한 발화 : 목탄, 활성탄

09

프로판가스의 연소범위[vol%]에 가장 가까운 것은?

① 9.8~28.4　　② 2.5~81
③ 4.0~75　　④ 2.1~9.5

해설 연소범위[vol%]

종 류	연소한계
아세틸렌	2.5~81[%]
수 소	4.0~75[%]
프로판	2.1~9.5[%]

10

화재 시 이산화탄소를 방출하여 산소농도를 13[vol%]로 낮추어 소화하기 위한 공기 중 이산화탄소의 농도는 약 몇 [vol%]인가?

① 9.5　　② 25.8
③ 38.1　　④ 61.5

해설

$$CO_2 \text{ 농도}[\%] = \frac{21 - O_2}{21} \times 100$$

$$= \frac{21 - 13}{21} \times 100 \fallingdotseq 38.1[\%]$$

11

화재의 지속시간 및 온도에 따라 목조건물과 내화건물을 비교했을 때 목조건물의 화재성상으로 가장 적합한 것은?

① 저온 장기형이다.　　② 저온 단기형이다.
③ 고온 장기형이다.　　④ 고온 단기형이다.

해설 목조건축물의 화재성상 : 고온 단기형

12

에테르, 케톤, 에스테르, 알데하이드, 카복실산, 아민 등과 같은 가연성인 수용성 용매에 유효한 포소화약제는?

① 단백포　　② 수성막포
③ 불화단백포　　④ 내알코올포

정답 06 ③ 07 ③ 08 ② 09 ④ 10 ③ 11 ④ 12 ④

해설 **내알코올포** : 에테르, 케톤, 에스테르, 알데하이드, 카복실산, 아민 등과 같은 가연성인 수용성 용매에 유효한 포소화약제

13

소화원리에 대한 설명으로 틀린 것은?

① 냉각소화 : 물의 증발잠열에 의하여 가연물의 온도를 저하시키는 소화방법
② 제거소화 : 가연성 가스의 분출 화재 시 연료공급을 차단시키는 소화방법
③ 질식소화 : 포소화약제 또는 불연성가스를 이용해서 공기 중의 산소공급을 차단하여 소화하는 방법
④ 억제소화 : 불활성기체를 방출하여 연소범위 이하로 낮추어 소화하는 방법

해설 **소화방법**

- **냉각소화** : 화재 현장에서 물의 증발잠열을 이용하여 열을 빼앗아 온도를 낮추어 소화하는 방법
- 질식소화 : 공기 중의 산소의 농도를 21[%]에서 15[%] 이하로 낮추어 소화하는 방법
- 제거소화 : 화재 현장에서 가연물을 없애주어(연료공급 차단) 소화하는 방법
- **억제소화(부촉매효과)** : 연쇄반응을 차단하여 소화하는 방법

14

방화벽의 구조기준 중 다음 ( ) 안에 알맞은 것은?

> • 방화벽의 양쪽 끝과 위쪽 끝을 건축물의 외벽면 및 지붕면으로부터 (㉠)[m] 이상 튀어 나오게 할 것
> • 방화벽에 설치하는 출입문의 너비 및 높이는 각각 (㉡)[m] 이하로 하고 해당 출입문에는 갑종방화문을 설치할 것

① ㉠ 0.3, ㉡ 2.5　　② ㉠ 0.3, ㉡ 3.0
③ ㉠ 0.5, ㉡ 2.5　　④ ㉠ 0.5, ㉡ 3.0

해설 **방화벽** : 화재 시 연소의 확산을 막고 피해를 줄이기 위해 주로 목조건축물에 설치하는 벽

- 내화구조로서 홀로 설 수 있는 구조일 것
- 방화벽의 양쪽 끝과 위쪽 끝을 건축물의 외벽면 및 지붕면으로부터 **0.5[m] 이상** 튀어 나오게 할 것
- 방화벽에 설치하는 **출입문의 너비 및 높이**는 각각 **2.5[m] 이하**로 하고, 해당 출입문에는 제26조에 따른 갑종방화문을 설치할 것

15

BLEVE현상을 설명한 것으로 가장 옳은 것은?

① 물이 뜨거운 기름표면 아래에서 끓을 때 화재를 수반하지 않고 Over Flow 되는 현상
② 물이 연소유의 뜨거운 표면에 들어갈 때 발생되는 Over Flow 현상
③ 탱크 바닥에 물과 기름의 에멀션이 섞여 있을 때 물의 비등으로 인하여 급격하게 Over Flow 되는 현상
④ 탱크 주위 화재로 탱크 내 인화성 액체가 비등하고 가스부분의 압력이 상승하여 탱크가 파괴되고 폭발을 일으키는 현상

해설 ① Froth Over　② Slop Over
③ Boil Over　④ BLEVE 현상

16

화재의 유형별 특성에 관한 설명으로 옳은 것은?

① A급 화재는 무색으로 표시하며 감전의 위험이 있으므로 주수소화를 엄금한다.
② B급 화재는 황색으로 표시하며 질식소화를 통해 화재를 진압한다.
③ C급 화재는 백색으로 표시하며 가연성이 강한 금속의 화재이다.
④ D급 화재는 청색으로 표시하며 연소 후 재를 남긴다.

해설 **화재의 유형별 특성**

종 류	색 상	소화방법
A급 화재	백 색	냉각(주수)소화
B급 화재	황 색	질식소화
C급 화재	청 색	질식소화
D급 화재	무 색	마른 모래에 의한 피복소화

정답 13 ④　14 ③　15 ④　16 ②

17

독성이 매우 높은 가스로서 석유제품, 유지 등이 연소할 때 생성되는 알데하이드 계통의 가스는?

① 시안화수소　② 암모니아
③ 포스겐　④ 아크롤레인

해설 **아크롤레인** : 독성이 매우 높은 가스로서 석유제품, 유지 등이 연소할 때 생성되는 물질

18

다음 중 전산실, 통신기기실 등에서의 소화에 가장 적합한 것은?

① 스프링클러설비
② 옥내소화전설비
③ 분말소화설비
④ 할로겐화합물 및 불활성기체 소화설비

해설 **전산실, 통신기기실** : 가스계소화설비(이산화탄소, 할론, 할로겐화합물 및 불활성기체 소화설비)

19

화재강도(Fire Intensity)와 관계가 없는 것은?

① 가연물의 비표면적　② 발화원의 온도
③ 화재실의 구조　④ 가연물의 발열량

해설 **화재강도와 관계**
- 가연물의 비표면적
- 화재실의 구조
- 가연물의 발열량

20

화재 발생 시 인명피해 방지를 위한 건물로 적합한 것은?

① 피난구조설비가 없는 건물
② 특별피난계단의 구조로 된 건물
③ 피난기구가 관리되고 있지 않는 건물
④ 피난구 폐쇄 및 피난구유도등이 미비되어 있는 건물

해설 피난구조설비가 설치되어 잘 관리하고 있는 건물, 피난구 개방, 피난구유도등 상시점등, 특별피난계단이 설치된 건축물은 화재 발생 시 인명피해를 방지할 수 있다.

제 2 과목 소방유체역학

21

검사체적(Control Volume)에 대한 운동량방정식(Momentum Equation)과 가장 관계가 깊은 것은?

① 열역학 제2법칙
② 질량보존의 법칙
③ 에너지보존의 법칙
④ 뉴턴(Newton)의 운동법칙

해설 검사체적은 주어진 좌표계에 고정된 체적을 말하며 뉴턴의 운동 제2법칙은 검사체적(Control Volume)에 대한 운동량방정식의 근원이 되는 법칙이다.

22

폭이 4[m]이고 반경이 1[m]인 그림과 같은 1/4원형 모양으로 설치된 수문 AB가 있다. 이 수문이 받는 수직방향 분력 F_V의 크기[N]는?

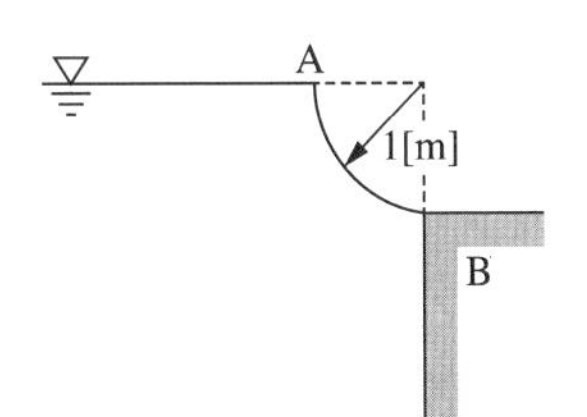

① 7,613　② 9,801
③ 30,787　④ 123,000

해설 수직성분은 F_V는 AB 위에 있는 가상의 물 무게와 같다.

$$F_V = \gamma V = 9,800[\text{N/m}^3] \times \left(\frac{\pi \times 1[\text{m}^2]}{4} \times 4[\text{m}]\right)$$
$$\fallingdotseq 30,787.6[\text{N}]$$

23

다음 단위 중 3가지는 동일한 단위이고 나머지 하나는 다른 단위이다. 이 중 동일한 단위가 아닌 것은?

① [J] ② [N・s]
③ [Pa・m³] ④ [kg]・[m²/s²]

해설 단위 환산

① [J] = [N・m]

② $[N \cdot s] = [kg\frac{m}{s^2}] \times [s] = [kg \cdot m/s]$ (동력의 단위)

③ $[Pa \cdot m^3] = [\frac{N}{m^2} \times m^3] = [N \cdot m] = [J]$

④ $[kg] \cdot [m^2/s^2] = [kg\frac{m}{s^2} \times m] = [N \cdot m] = [J]$

24

지름 150[mm]인 원 관에 비중이 0.85, 동점성계수가 1.33×10^{-4}[m²/s]인 기름이 0.01[m³/s]의 유량으로 흐르고 있다. 이때 관 마찰계수는 약 얼마인가?(단, 임계레이놀즈수는 2,100이다)

① 0.10 ② 0.14
③ 0.18 ④ 0.22

해설 관마찰계수

먼저 레이놀즈수를 구하여 층류와 난류를 구분하여 관 마찰계수를 구한다.

$$Re = \frac{Du}{\nu} \text{[무차원]}$$

여기서, D : 관의 내경(0.15[m])

u(유속)$= \frac{Q}{A} = \frac{4Q}{\pi D^2} = \frac{4 \times 0.01[m^3/s]}{\pi \times (0.15[m])^2}$

$\fallingdotseq 0.57[m/s]$

ν(동점도) : $1.33 \times 10^{-4}[m^2/s]$

$\therefore\ Re = \frac{0.15 \times 0.57}{1.33 \times 10^{-4}} = 642.86$(층류)

그러므로 층류일 때 관마찰계수

$f = \frac{64}{Re} = \frac{64}{642.86} \fallingdotseq 0.099 \fallingdotseq 0.1$

25

물질의 열역학적 변화에 대한 설명으로 틀린 것은?

① 마찰은 비가역성의 원인이 될 수 있다.
② 열역학 제1법칙은 에너지 보존에 대한 것이다.
③ 이상기체는 이상기체 상태방정식을 만족한다.
④ 가역단열과정은 엔트로피가 증가하는 과정이다.

해설 가역단열과정 : 등엔트로피 과정

26

전양정이 60[m], 유량이 6[m³/min], 효율이 60[%]인 펌프를 작동시키는 데 필요한 동력[kW]은?

① 44 ② 60
③ 98 ④ 117

해설 펌프동력

$P = \frac{\gamma QH}{\eta}$

$= \frac{9{,}800[N/m^3] \times 6[m^3]/60[s] \times 60[m]}{0.6}$

$= 98{,}000[N \cdot m/s]$

$= 98{,}000[J/s]$

$= 98{,}000[W]$

$= 98[kW]$

27

체적탄성계수가 2×10^9[Pa] 물의 체적을 3[%] 감소시키려면 몇 [MPa]의 압력을 가하여야 하는가?

① 25 ② 30
③ 45 ④ 60

해설 체적탄성계수

$K = -\left(\frac{\Delta P}{\Delta V/V}\right) \quad \Delta P = -\left(K\frac{\Delta V}{V}\right)$

$\Delta P = -(K \times \Delta V/V)$

$= 2 \times 10^9 \times (-0.03)$

$= 60{,}000{,}000[Pa]$

$= 60[MPa]$

정답 23 ② 24 ① 25 ④ 26 ③ 27 ④

28

다음 유체 기계들의 압력 상승이 일반적으로 큰 것부터 순서대로 바르게 나열된 것은?

① 압축기(Compressor) – 블로어(Blower) – 팬(Fan)
② 블로어(Blower) – 압축기(Compressor) – 팬(Fan)
③ 팬(Fan) – 블로어(Blower) – 압축기(Compressor)
④ 팬(Fan) – 압축기(Compressor) – 블로어(Blower)

해설 기체의 수송장치

- 압축기(Compressor) : $1[kg_f/cm^2]$ 이상
- 블로어(Blower) : 1,000[mmAq] 이상 $1[kg_f/cm^2]$ 미만
- 팬(Fan) : 0~1,000[mmAq] 미만

29

용량 2,000[L]의 탱크에 물을 가득 채운 소방차가 화재현장에 출동하여 노즐압력 390[kPa], 노즐구경 2.5[cm]를 사용하여 방수한다면 소방차 내의 물이 전부 방수되는 데 걸리는 시간은?

① 약 2분 26초　　② 약 3분 35초
③ 약 4분 12초　　④ 약 5분 44초

해설 방수량

$$Q = 0.6597 CD^2 \sqrt{10P}$$

여기서, Q : 유량[L/min]
C : 유량계수
D : 내경[mm]
P : 압력(350[kPa] = 0.39[MPa])

공식에서 $Q = 0.6597D^2\sqrt{10P}$
$= 0.6597 \times (25)^2 \times \sqrt{10 \times 0.39}$
$\fallingdotseq$ 814.25[L/min]

$\therefore$ 2,000[L] ÷ 814.25[L/min] ≒ 2.46[min]
≒ 2분 27초

30

이상기체의 폴리트로픽 변화 'PV^n = 일정'에서 n = 1인 경우 어느 변화에 속하는가?(단, P는 압력, V는 부피, n은 폴리트로프지수를 나타낸다)

① 단열변화　　② 등온변화
③ 정적변화　　④ 정압변화

해설 폴리트로픽 변화

$$PV^n = 정수(C)$$

- $n = 0$이면 정압변화
- $n = 1$이면 등온변화
- $n = k$이면 단열변화
- $n = \infty$이면 정적변화

31

피토관으로 파이프 중심선에서 흐르는 물의 유속을 측정할 때 피토관의 액주높이가 5.2[m], 정압튜브의 액주높이가 4.2[m]를 나타낸다면 유속[m/s]은?(단, 속도계수(C_v)는 0.97이다)

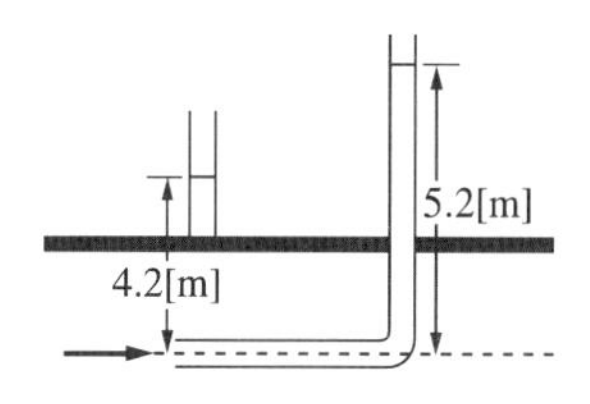

① 4.3　　② 3.5
③ 2.8　　④ 1.9

해설 유 속

$$u = c\sqrt{2gH}$$

$\therefore u = c\sqrt{2gH}$
$= 0.97 \times \sqrt{2 \times 9.8[m/s^2] \times (5.2 - 4.2)[m]}$
$\fallingdotseq 4.29[m/s]$

32

지름 75[mm]인 관로 속에 물이 평균속도 4[m/s]로 흐르고 있을 때 유량[kg/s]은?

① 15.52　　② 16.92
③ 17.67　　④ 18.52

해설 질량유량

$\overline{m} = Au\rho$
$= \frac{\pi}{4}(0.075[m])^2 \times 4[m/s] \times 1{,}000[kg/m^3]$
$= 17.67[kg/s]$

28 ① 29 ① 30 ② 31 ① 32 ③ 정답

33

초기에 비어 있는 체적이 0.1[m³]인 견고한 용기 안에 공기(이상기체)를 서서히 주입한다. 공기 1[kg]을 넣었을 때 용기 안의 온도가 300[K]가 되었다면 이때 용기 안의 압력[kPa]은?(단, 공기의 기체상수는 0.287[kJ/kg · K]이다)

① 287 ② 300
③ 448 ④ 861

해설 용기의 압력

$$P=\frac{WRT}{V}$$

여기서, P : 압력[kPa]
W : 무게(1[kg])
R : 기체상수(0.287[kJ/kg · K])
T : 절대온도(300[K])
V : 체적(0.1[m³])

$$\therefore P=\frac{WRT}{V}=\frac{1[\text{kg}]\times 0.287[\text{kJ/kg}\cdot\text{K}]\times 300[\text{K}]}{0.1[\text{m}^3]}=861[\text{kPa}]$$

[단위환산하면]

$$\bullet\ P=\frac{WRT}{V}=\left[\frac{\text{kg}\times\frac{\text{kN}\cdot\text{m}}{\text{kg}\cdot\text{K}}\times\text{K}}{\text{m}^3}\right]=[\text{kN/m}^2]=[\text{kPa}]$$

$$\bullet\ [\text{J}]=[\text{N}\cdot\text{m}],\ [\text{kJ}]=[\text{kN}\cdot\text{m}]$$

34

아래 그림과 같이 두 개의 가벼운 공 사이로 빠른 기류를 불어 넣으면 두 개의 공은 어떻게 되는가?

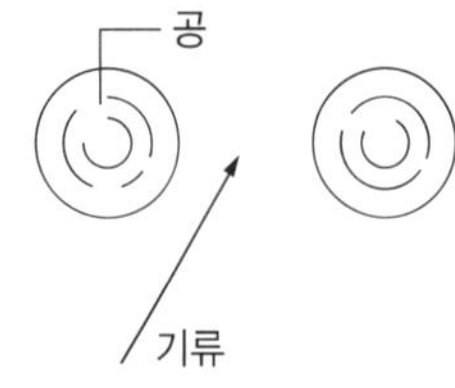

① 뉴턴의 법칙에 따라 벌어진다.
② 뉴턴의 법칙에 따라 가까워진다.
③ 베르누이의 법칙에 따라 벌어진다.
④ 베르누이의 법칙에 따라 가까워진다.

해설 베르누이 정리에서 압력, 속도, 위치수두의 합은 일정하므로 두 개의 공 사이에 속도가 증가하면 압력은 감소하여 두 개의 공은 가까워진다.

35

거리가 1,000[m] 되는 곳에 안지름 20[cm]의 관을 통하여 물을 수평으로 수송하려 한다. 한 시간에 800[m³]를 보내기 위해 필요한 압력[kPa]은?(단, 관의 마찰계수는 0.030이다)

① 1,370 ② 2,010
③ 3,750 ④ 4,580

해설 압 력

$$\Delta P=\frac{flu^2\gamma}{2gD}$$

여기서, f : 관 마찰계수(0.03)
l : 길이(1,000[m])
u : 유속($Q=uA$,
$$u=\frac{Q}{A}=\frac{800[\text{m}^3]/3{,}600[\text{s}]}{\frac{\pi}{4}(0.2[\text{m}])^2}\fallingdotseq 7.07[\text{m/s}]$$)
γ : 물의 비중량(1,000[kg$_f$/m³])
g : 중력가속도(9.8[m/s²])
D : 지름(0.2[m])

$$\therefore \Delta P=\frac{flu^2\gamma}{2gD}=\frac{0.03\times 1{,}000\times(7.07)^2\times 1{,}000}{2\times 9.8\times 0.2}=382{,}537.5[\text{kg}_f/\text{m}^2]$$

[kg$_f$/m²]을 [kPa]로 환산하면

$$\frac{382{,}537.5[\text{kg}_f/\text{m}^2]}{10{,}332[\text{kg}_f/\text{m}^2]}\times 101.325[\text{kPa}]\fallingdotseq 3{,}751.5[\text{kPa}]$$

36

표면적이 같은 두 물체가 있다. 표면온도가 2,000[K]인 물체가 내는 복사에너지는 표면온도가 1,000[K]인 물체가 내는 복사에너지의 몇 배인가?

① 4 ② 8
③ 16 ④ 32

정답 33 ④ 34 ④ 35 ③ 36 ③

해설 복사에너지는 절대온도의 4제곱에 비례한다.

$T_1 : T_2 = [1,000]^4 : [2,000]^4 = 1 : 16$

37

다음 중 Stokes의 법칙과 관계되는 점도계는?

① Ostwald 점도계 ② 낙구식 점도계
③ Saybolt 점도계 ④ 회전식 점도계

해설 점도계

- 맥마이클(MacMichael)점도계, **스토머**(Stormer) **점도계 : 뉴턴**(Newton)의 **점성법칙**
- 오스트발트(Ostwald)점도계, 세이볼트(Saybolt) 점도계 : 하겐-포아젤 법칙
- **낙구식 점도계 : 스토크스 법칙**

38

그림의 역U자관 마노미터에서 압력 차($P_x - P_y$)는 약 몇 [Pa]인가?

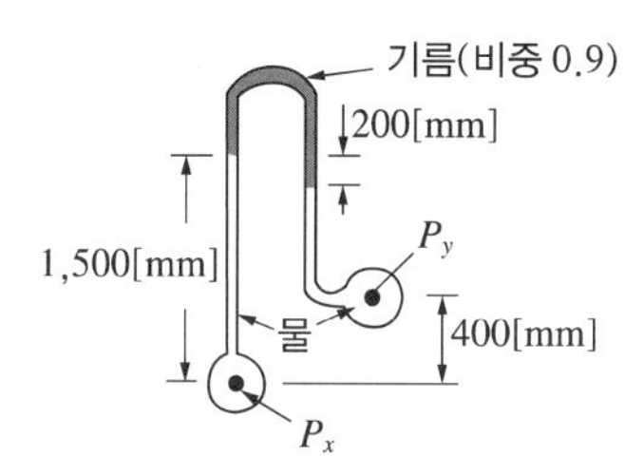

① 3,215 ② 4,116
③ 5,045 ④ 6,826

해설 압력차를 구하면

$P_x - 1,000[\text{kg}_f/\text{m}^3] \times 1.5[\text{m}]$

$= P_y - 1,000[\text{kg}_f/\text{m}^3](1.5 - 0.2 - 0.4)[\text{m}]$

$- 0.9 \times 1,000[\text{kg}_f/\text{m}^3] \times 0.2[\text{m}]$

$P_x - P_y = 1,500 - 900 - 180 \fallingdotseq 420[\text{kg}_f/\text{m}^2]$

[kgf/m^2]을 [Pa]로 환산하면

$$\frac{420[\text{kg}_f/\text{m}^2]}{10,332[\text{kg}_f/\text{m}^2]} \times 101,325[\text{Pa}] = 4,119[\text{Pa}]$$

39

지름이 다른 두 개의 피스톤이 그림과 같이 연결되어 있다. "1"부분의 피스톤의 지름이 "2"부분의 2배일 때 각 피스톤에 작용하는 힘 F_1과 F_2의 크기의 관계는?

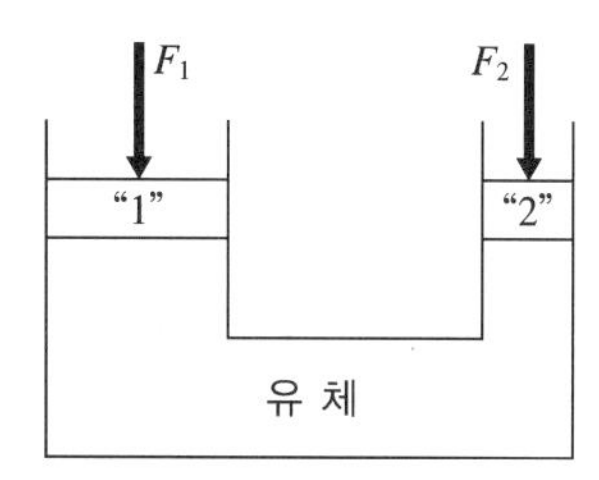

① $F_1 = F_2$ ② $F_1 = 2F_2$
③ $F_1 = 4F_2$ ④ $4F_1 = F_2$

해설 파스칼의 원리에서

피스톤 1의 지름 A_1, 피스톤 2의 지름 A_2라 하면

$$\frac{F_1}{A_1} = \frac{F_2}{A_2}$$

$$\frac{F_1}{F_2} = \frac{A_1}{A_2} = \frac{\frac{\pi}{4}(D_1)^2}{\frac{\pi}{4}(D_2)^2} = \frac{D_1^2}{D_2^2} = \left(\frac{2}{1}\right)^2 = 4$$

$\therefore F_1 = 4F_2$

40

글로브밸브에 의한 손실을 지름이 10[cm]이고 관마찰계수가 0.025인 관의 길이로 환산하면 상당길이가 40[m]가 된다. 이 밸브의 부차적 손실계수는?

① 0.25 ② 1
③ 2.5 ④ 10

해설 부차적 손실계수

$$L_e = \frac{Kd}{f} \qquad K = \frac{L_e \times f}{d}$$

여기서, L_e : 관의 상당길이
K : 부차적 손실계수
d : 지름
f : 관마찰계수

$$\therefore K = \frac{L_e \times f}{d} = \frac{40[\text{m}] \times 0.025}{0.1[\text{m}]} = 10$$

37 ② 38 ② 39 ③ 40 ④ 정답

제 3 과목 소방관계법규

41

다음 조건을 참조하여 숙박시설이 있는 특정소방대상물의 수용인원 산정수로 옳은 것은?

> 침대가 있는 숙박시설로서 1인용침대의 수는 20개이고 2인용 침대의 수는 10개이며 종업원의 수는 3명이다.

① 33명 ② 40명
③ 43명 ④ 46명

해설 **침대가 있는 숙박시설의 수용인원** : 해당 특정소방대상물의 종사자 수에 침대수(2인용 침대는 2개로 산정한다)를 합한 수
수용인원 = 종사자수 + 침대수 = 3 + [20 + (2 × 10)]
= 43명

42

제조소 등의 위치 · 구조 또는 설비 변경 없이 당해 제조소 등에서 저장하거나 취급하는 위험물의 품명 · 수량 또는 지정수량의 배수를 변경하고자 할 때에는 누구에게 신고해야 하는가?

① 국무총리 ② 시 · 도지사
③ 관할소방서장 ④ 행정안전부장관

해설 **위험물의 품명 · 수량 또는 지정수량의 배수를 변경 시 신고** : 시 · 도지사

43

위험물안전관리법령상 제조소 등이 아닌 장소에서 지정수량 이상의 위험물을 취급할 수 있는 기준 중 ( ) 안에 알맞은 것은?

> 시 · 도의 조례가 정하는 바에 따라 관할 소방서장의 승인을 받아 지정수량 이상의 위험물을 ( )일 이내의 기간 동안 임시로 저장 또는 취급하는 경우

① 15 ② 30
③ 60 ④ 90

해설 위험물 임시저장기간 : 90일 이내

44

제6류 위험물에 속하지 않는 것은?

① 질 산 ② 과산화수소
③ 과염소산 ④ 과염소산염류

해설 **위험물의 분류**

종 류	유 별
질 산	제6류 위험물
과산화수소	제6류 위험물
과염소산	제6류 위험물
과염소산염류	제1류 위험물

45

위험물안전관리법령상 제조소 등의 관계인은 위험물의 안전관리에 관한 직무를 수행하게 하기 위하여 제조소 등마다 위험물의 취급에 관한 자격이 있는 자를 위험물안전관리자로 선임하여야 한다. 이 경우 제조소 등의 관계인이 지켜야 할 기준으로 틀린 것은?

① 제조소 등의 관계인은 안전관리자를 해임하거나 퇴직한 날부터 15일 이내에 다시 안전관리자를 선임하여야 한다.
② 제조소 등의 관계인이 안전관리자를 선임한 경우에는 선임한 날부터 14일 이내에 소방본부장 또는 소방서장에게 신고하여야 한다.
③ 제조소 등의 관계인은 안전관리자가 여행 · 질병 그 밖의 사유로 인하여 일시적으로 직무를 수행할 수 없는 경우에는 국가기술자격법에 따른 위험물의 취급에 관한 자격취득자 또는 위험물안전에 관한 기본지식과 경험이 있는 자를 대리자로 지정하여 그 직무를 대행하게 하여야 한다. 이 경우 대행하는 기간은 30일을 초과할 수 없다.
④ 안전관리자는 위험물을 취급하는 작업을 하는 때에는 작업자에게 안전관리에 관한 필요한 지시를 하는 등 위험물의 취급에 관한 안전관리와 감독을 하여야 하고 제조소 등의 관계인은 안전관리자의 위험물 안전관리에 관한 의견을 존중하고 그 권고에 따라야 한다.

정답 41 ③ 42 ② 43 ④ 44 ④ 45 ①

해설 위험물안전관리자 재선임기간 : 해임 또는 퇴직일로부터 **30일 이내에 선임**

46

항공기격납고는 특정소방대상물 중 어느 시설에 해당하는가?

① 위험물 저장 및 처리시설
② 항공기 및 자동차 관련시설
③ 창고시설
④ 업무시설

해설 **항공기 및 자동차 관련시설**
- 항공기격납고
- 차고, 주차용 건축물, 철골 조립식주차시설 및 기계장치에 의한 주차시설
- 세차장, 폐차장
- 자동차 검사장, 자동차매매장, 자동차정비공장
- 운전학원, 정비학원

47

화재예방, 소방시설 설치 · 유지 및 안전관리에 관한 법률상 정당한 사유 없이 소방특별조사 결과에 따른 조치명령을 위반한 자에 대한 벌칙으로 옳은 것은?

① 100만원 이하의 벌금
② 300만원 이하의 벌금
③ 1년 이하의 징역 또는 1,000만원 이하의 벌금
④ 3년 이하의 징역 또는 3,000만원 이하의 벌금

해설 **소방특별조사 결과에 따른 조치명령을 위반한 자** : 3년 이하의 징역 또는 3,000만원 이하의 벌금

48

화재예방, 소방시설 설치 · 유지 및 안전관리에 관한 법률상 간이스프링클러설비를 설치하여야 하는 특정소방대상물의 기준으로 옳은 것은?

① 근린생활시설로 사용하는 부분의 바닥면적 합계가 1,000[m^2] 이상인 것은 모든 층
② 교육연구시설 내에 있는 합숙소로서 연면적 500[m^2] 이상인 것
③ 정신병원과 의료재활시설을 제외한 요양병원으로 사용되는 바닥면적 합계가 300[m^2] 이상 600[m^2] 미만인 것
④ 정신의료기관 또는 의료재활시설로 사용되는 바닥면적 합계가 600[m^2] 미만인 시설

해설 **간이스프링클러설비 설치대상물**

① 근린생활시설 중 다음의 어느 하나에 해당하는 것
　㉠ **근린생활시설**로 사용하는 부분의 바닥면적 합계가 **1,000[m^2] 이상**인 것은 모든 층
　㉡ 의원, 치과의원 및 한의원으로서 입원실이 있는 시설
② **교육연구시설 내에 합숙소**로서 **연면적 100[m^2] 이상**인 것
③ 의료시설 중 다음의 어느 하나에 해당하는 시설
　㉠ 종합병원, 병원, 치과병원, 한방병원 및 요양병원(정신병원과 의료재활시설은 제외한다)으로 사용되는 바닥면적의 합계가 600[m^2] 미만인 시설
　㉡ **정신의료기관 또는 의료재활시설**로 사용되는 바닥면적의 합계가 **300[m^2] 이상 600[m^2] 미만**인 시설
　㉢ **정신의료기관 또는 의료재활시설**로 사용되는 바닥면적의 합계가 **300[m^2] 미만**이고, 창살(철재 · 플라스틱 또는 목재 등으로 사람의 탈출 등을 막기 위하여 설치한 것을 말하며, 화재 시 자동으로 열리는 구조로 되어 있는 창살은 제외한다)이 설치된 시설
④ 노유자시설로서 다음의 어느 하나에 해당하는 시설
　㉠ 노유자생활시설(단독주택 또는 공동주택에 설치되는 시설은 제외한다)
　㉡ ㉠에 해당하지 않는 노유자시설로 해당 시설로 사용하는 바닥면적의 합계가 300[m^2] 이상 600[m^2] 미만인 시설
　㉢ ㉠에 해당하지 않는 노유자시설로 해당 시설로 사용하는 바닥면적의 합계가 300[m^2] 미만이고, 창살(철재 · 플라스틱 또는 목재 등으로 사람의 탈출 등을 막기 위하여 설치한 것을 말하며, 화재 시 자동으로 열리는 구조로 되어 있는 창살은 제외한다)이 설치된 시설
⑤ 건물을 임차하여 「출입국관리법」 제52조 제2항에 따른 보호시설로 사용하는 부분
⑥ 숙박시설 중 생활형 숙박시설로서 해당 용도로 사용되는 바닥면적의 합계가 600[m^2] 이상인 것
⑦ 복합건축물로서 연면적 1,000[m^2] 이상인 것은 모든 층

46 ② 47 ④ 48 ① 정답

49

소방본부장 또는 소방서장은 화재경계지구 안의 관계인에 대하여 소방상 필요한 훈련 및 교육은 연 몇 회 이상 실시할 수 있는가?

① 1　　② 2
③ 3　　④ 4

해설 **화재경계지구안의 소방훈련** : 연 1회 이상

50

화재경계지구로 지정할 수 있는 대상이 아닌 것은?

① 시장지역
② 소방출동로가 있는 지역
③ 공장·창고가 밀집한 지역
④ 목조건물이 밀집한 지역

해설 소방시설, 소방용수시설, 소방출동로가 없는 지역은 화재경계지구의 지정대상이다.

51

화재예방, 소방시설 설치·유지 및 안전관리에 관한 법률상 소방시설 등의 자체점검 시 점검 인력 배치기준 중 종합정밀점검에 대한 점검인력 1단위가 하루 동안 점검할 수 있는 특정소방대상물의 연면적 기준으로 옳은 것은?(단, 보조인력을 추가하는 경우는 제외한다)

① 3,500[m^2]　　② 7,000[m^2]
③ 10,000[m^2]　　④ 12,000[m^2]

해설 **자체점검의 점검1단위의 점검기준(점검 1단위 : 소방시설관리사 + 보조인력 2명)**

종 류	일반건축물		아파트	
	기본면적	보조인력 1명 추가 시	기본세대 수	보조인력 1명 추가 시
작동기능 점검	12,000[m^2]	3,500[m^2]	350세대	90세대
종합정밀 점검	10,000[m^2]	3,000[m^2]	300세대	70세대

52

소방기본법상 소방대의 구성원에 속하지 않는 자는?

① 소방공무원법에 따른 소방공무원
② 의용소방대 설치 및 운영에 관한 법률에 따른 의용소방대원
③ 위험물안전관리법에 따른 자체소방대원
④ 의무소방대설치법에 따라 임용된 의무소방원

해설 **소방대의 구성** : 소방공무원, 의용소방대원, 의무소방원

53

다음 중 한국소방안전원의 업무에 해당하지 않는 것은?

① 소방용 기계·기구의 형식승인
② 소방업무에 관하여 행정기관이 위탁하는 업무
③ 화재예방과 안전관리의식 고취를 위한 대국민 홍보
④ 소방기술과 안전관리에 관한 교육, 조사·연구 및 각종 간행물 발간

해설 **한국소방안전원의 업무**

- 소방기술과 안전관리에 관한 교육 및 조사·연구
- 소방기술과 안전관리에 관한 각종 간행물의 발간
- 화재예방과 안전관리의식의 고취를 위한 대국민 홍보
- 소방업무에 관하여 행정기관이 위탁하는 업무

54

소방기본법령상 국고보조 대상사업의 범위 중 소방활동장비와 설비에 해당하지 않는 것은?

① 소방자동차
② 소방헬리콥터 및 소방정
③ 소화용수설비 및 피난구조설비
④ 방화복 등 소방활동에 필요한 소방장비

해설 **국고보조 대상**

- 소방활동장비 및 설비
  - **소방자동차**
  - **소방헬리콥터** 및 소방정
  - **소방전용 통신설비** 및 전산설비
  - 그 밖의 방화복 등 소방활동에 필요한 소방장비
- 소방관서용 청사

정답 49 ① 50 ② 51 ③ 52 ③ 53 ① 54 ③

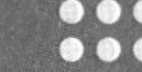

55

소방안전관리자 및 소방안전관리보조자에 대한 실무교육의 교육대상, 교육일정 등 실무교육에 필요한 계획을 수립하여 매년 누구의 승인을 얻어 교육을 실시하는가?

① 한국소방안전원장
② 소방본부장
③ 소방청장
④ 시·도지사

해설 실무교육은 소방청장의 승인을 받아 한국소방안전원에서 실시한다.

56

화재예방, 소방시설 설치·유지 및 안전관리에 관한 법령상 소방청장, 소방본부장 또는 소방서장은 관할구역에 있는 소방대상물에 대하여 소방특별조사를 실시할 수 있다. 소방특별조사 대상과 거리가 먼 것은?(단, 개인 주거에 대하여는 관계인의 승낙을 득한 경우이다)

① 화재경계지구에 대한 소방특별조사 등 다른 법률에서 소방특별조사를 실시하도록 한 경우
② 관계인이 법령에 따라 실시하는 소방시설 등, 방화시설, 피난시설 등에 대한 자체점검 등이 불성실하거나 불완전하다고 인정되는 경우
③ 화재가 발생할 우려는 없으나 소방대상물의 정기점검이 필요한 경우
④ 국가적 행사 등 주요행사가 개최되는 장소에 대하여 소방안전관리 실태를 점검할 필요가 있는 경우

해설 **소방특별조사 대상**

① 관계인이 이 법 또는 다른 법령에 따라 실시하는 소방시설 등, 방화시설, 피난시설 등에 대한 자체점검 등이 불성실하거나 불완전하다고 인정되는 경우
② 「소방기본법」 제13조에 따른 화재경계지구에 대한 소방특별조사 등 다른 법률에서 소방특별조사를 실시하도록 한 경우
③ 국가적 행사 등 주요 행사가 개최되는 장소 및 그 주변의 관계 지역에 대하여 소방안전관리 실태를 점검할 필요가 있는 경우
④ 화재가 자주 발생하였거나 발생할 우려가 뚜렷한 곳에 대한 점검이 필요한 경우
⑤ 재난예측정보, 기상예보 등을 분석한 결과 소방대상물에 화재, 재난·재해의 발생 위험이 높다고 판단되는 경우
⑥ ①부터 ⑤까지에서 규정한 경우 외에 화재, 재난·재해, 그 밖의 긴급한 상황이 발생할 경우 인명 또는 재산 피해의 우려가 현저하다고 판단되는 경우

57

소방대상물의 방염 등과 관련하여 방염성능기준은 무엇으로 정하는가?

① 대통령령 ② 행정안전부령
③ 소방청훈련 ④ 소방청예규

해설 **방염성능기준** : 대통령령

58

다음 중 상주 공사감리를 하여야 할 대상의 기준으로 옳은 것은?

① 지하층을 포함한 층수가 16층 이상으로서 300세대 이상인 아파트에 대한 소방시설의 공사
② 지하층을 포함한 층수가 16층 이상으로서 500세대 이상인 아파트에 대한 소방시설의 공사
③ 지하층을 포함하지 않는 층수가 16층 이상으로서 300세대 이상인 아파트에 대한 소방시설의 공사
④ 지하층을 포함하지 않는 층수가 16층 이상으로서 500세대 이상인 아파트에 대한 소방시설의 공사

해설 **상주공사감리 대상(공사업법 영 별표 3)**
- 연면적이 30,000[m^2] 이상인 특정 소방대상물(아파트는 제외)에 대한 소방시설의 공사
- **지하층을 포함한 층수가 16층 이상**으로서 **500세대 이상**인 **아파트**에 대한 소방시설공사

59

다음 중 화재원인조사의 종류에 해당하지 않는 것은?

① 발화원인 조사 ② 피난상황조사
③ 인명피해 조사 ④ 연소상황조사

55 ③ 56 ③ 57 ① 58 ② 59 ③ **정답**

해설 화재조사의 종류

• 화재원인조사

종 류	조사범위
발화원인 조사	화재가 발생한 과정, 화재가 발생한 지점 및 불이 붙기 시작한 물질
발견·통보 및 초기 소화상황 조사	화재의 발견·통보 및 초기소화 등 일련의 과정
연소상황 조사	화재의 연소경로 및 확대원인 등의 상황
피난상황 조사	피난경로, 피난상의 장애요인 등의 상황
소방시설 등 조사	소방시설의 사용 또는 작동 등의 상황

• 화재피해조사

종 류	조사범위
인명피해조사	• 소방활동 중 발생한 사망자 및 부상자 • 그 밖에 화재로 인한 사망자 및 부상자
재산피해조사	• 열에 의한 탄화, 용융, 파손 등의 피해 • 소화활동 중 사용된 물로 인한 피해 • 그 밖에 연기, 물품반출, 화재로 인한 폭발 등에 의한 피해

60

화재예방, 소방시설 설치·유지 및 안전관리에 관한 법령상 소방대상물의 개수·이전·제거, 사용의 금지 또는 제한, 사용폐쇄, 공사의 정지 또는 중지, 그 밖의 필요한 조치로 인하여 손실을 받은 자가 손실보상청구서에 첨부하여야 하는 서류로 틀린 것은?

① 손실보상합의서
② 손실을 증명할 수 있는 사진
③ 손실을 증명할 수 있는 증빙자료
④ 소방대상물의 관계인임을 증명할 수 있는 서류(건축물대장은 제외)

해설 **손실보상청구서에 첨부하여야 하는 서류(규칙 제3조)**

• 소방대상물의 관계인임을 증명할 수 있는 서류(건축물대장은 제외한다)
• 손실을 증명할 수 있는 사진 그 밖의 증빙자료

제4과목 소방기계시설의 구조 및 원리

61

이산화탄소소화설비의 기동장치에 대한 기준으로 틀린 것은?

① 자동식 기동장치에는 수동으로도 기동할 수 있는 구조로 할 것
② 가스압력식 기동장치에서 기동용 가스용기 및 해당 용기에 사용하는 밸브는 20[MPa] 이상의 압력에 견딜 수 있어야 한다.
③ 수동식 기동장치의 조작부는 바닥으로부터 높이 0.8[m] 이상 1.5[m] 이하의 위치에 설치한다.
④ 전기식 기동장치로서 7병 이상의 저장용기를 동시에 개방하는 설비는 2병 이상의 저장용기에 전자 개방밸브를 부착해야 한다.

해설 **이산화탄소소화설비의 기동장치 설치기준**

• 수동식 기동장치
 – 전역방출방식에 있어서는 방호구역마다, 국소방출방식에 있어서는 방호대상물마다 설치할 것
 – 해당 방호구역의 출입구부분 등 조작을 하는 자가 쉽게 피난할 수 있는 장소에 설치할 것
 – 기동장치의 조작부는 바닥으로부터 높이 0.8[m] 이상 1.5[m] 이하의 위치에 설치하고, 보호판 등에 따른 보호장치를 설치할 것
 – 기동장치에는 그 가까운 곳의 보기 쉬운 곳에 "이산화탄소소화설비 기동장치"라고 표시한 표지를 할 것
 – 전기를 사용하는 기동장치에는 전원표시등을 설치할 것
 – 기동장치의 방출용 스위치는 음향경보장치와 연동하여 조작될 수 있는 것으로 할 것
• 이산화탄소소화설비의 자동식 기동장치
 – **자동식 기동장치에는 수동으로도 기동할 수 있는 구조로 할 것**
 – 전기식 기동장치로서 7병 이상의 저장용기를 동시에 개방하는 설비에 있어서는 2병 이상의 저장용기에 전자 개방밸브를 부착할 것
 – 가스압력식 기동장치는 다음의 기준에 따를 것
  ⓐ 기동용 가스용기 및 당해 용기에 사용하는 밸브는 **25[MPa] 이상**의 압력에 견딜 수 있는 것으로 할 것
  ⓑ 기동용 가스용기에는 내압시험압력의 0.8배부터 내압시험압력 이하에서 작동하는 안전장치를 설치할 것

정답 60 ① 61 ②

ⓒ 기동용 가스용기의 용적은 5[L] 이상으로 하고, 해당 용기에 저장하는 질소 등의 비활성 기체는 6.0[MPa] 이상(21[℃] 기준)의 압력으로 충전할 것

- 기계식 기동장치에 있어서는 저장용기를 쉽게 개방할 수 있는 구조로 할 것

62

물분무소화설비의 가압송수장치로 압력수조의 필요 압력을 산출할 때 필요한 것이 아닌 것은?

① 낙차의 환산수두압
② 물분무헤드의 설계압력
③ 배관의 마찰손실수두압
④ 소방용 호스의 마찰손실수두압

해설 **물분무소화설비의 가압송수장치 압력수조의 압력**

필요한 압력 $P=P_1+P_2+P_3$

여기서, P_1 : 물분무헤드의 설계압력[MPa]
P_2 : 배관의 마찰손실수두압[MPa]
P_3 : 낙차의 환산수두압[MPa]

63

소화용수설비에서 소화수조의 소요수량이 20[m³] 이상 40[m³] 미만인 경우에 설치하여야 하는 채수구의 개수는?

① 1개 ② 2개
③ 3개 ④ 4개

해설 **소화용수설비의 소요수량에 따른 채수구의 수**

소요수량	채수구의 수	가압송수 장치의 1분당 양수량
20[m³] 이상 40[m³] 미만	1개	1,100[L] 이상
40[m³] 이상 100[m³] 미만	2개	2,200[L] 이상
100[m³] 이상	3개	3,300[L] 이상

64

천장의 기울기가 10분의 1을 초과할 경우에 가지관의 최상부에 설치되는 톱날지붕의 스프링클러헤드는 천장의 최상부로부터의 수직거리가 몇 [cm] 이하가 되도록 설치하여야 하는가?

① 50
② 70
③ 90
④ 120

해설 **천장의 기울기가 10분의 1을 초과할 경우**

- 가지관을 천장의 마루와 평행하게 설치할 것
- 천장의 최상부에 스프링클러헤드를 설치하는 경우에는 최상부에 설치하는 헤드의 반사판을 수평으로 설치할 것
- 가지관의 최상부에 설치되는 **톱날지붕의 스프링클러헤드**는 천장의 최상부로부터의 수직거리가 **90[cm] 이하**가 되도록 설치할 것

65

전역방출방식의 분말소화설비에서 방호구역의 개구부에 자동폐쇄장치를 설치하지 아니한 경우 개구부의 면적 1[m²]에 대한 분말소화약제의 가산량으로 잘못 연결된 것은?

① 제1종 분말 - 4.5[kg]
② 제2종 분말 - 2.7[kg]
③ 제3종 분말 - 2.5[kg]
④ 제4종 분말 - 1.8[kg]

해설 **분말소화설비의 소화약제 가산량**

약제의 종류	소화약제량	가산량
제1종 분말	0.60[kg/m³]	4.5[kg/m²]
제2종 또는 제3종 분말	0.36[kg/m³]	2.7[kg/m²]
제4종 분말	0.24[kg/m³]	1.8[kg/m²]

62 ④ 63 ① 64 ③ 65 ③ **정답**

66

다음은 상수도소화용수설비의 설치기준에 관한 설명이다. (   ) 안에 들어갈 내용으로 알맞은 것은?

> 호칭지름 75[mm] 이상이 수도배관에 호칭지름 (   )[mm] 이상의 소화전을 접속할 것

① 50　② 80
③ 100　④ 125

해설 상수도소화용수설비의 설치기준
- 호칭지름 **75[mm] 이상**이 **수도배관**에 호칭지름 **100[mm] 이상의 소화전**을 **접속**할 것
- 소화전은 소방자동차 등의 진입이 쉬운 도로변 또는 공지에 설치할 것
- 소화전은 특정소방대상물의 수평투영면의 각 부분으로 140[m] 이하가 되도록 설치할 것

67

다음은 포소화설비에서 배관 등의 설치기준에 관한 내용이다. ㉠~㉢ 안에 들어갈 내용으로 옳은 것은?

> - 연결송수관설비의 배관과 겸용할 경우의 주배관은 구경 100[mm] 이상, 방수구로 연결되는 배관의 구경은 (㉠)[mm] 이상의 것으로 하여야 한다.
> - 펌프의 성능은 체절운전 시 정격토출압력의 (㉡)[%]를 초과하지 아니하고 정격토출량의 150[%]로 운전 시 정격토출압력의 (㉢)[%] 이상이 되어야 한다.

① ㉠ 40, ㉡ 120, ㉢ 65
② ㉠ 40, ㉡ 120, ㉢ 75
③ ㉠ 65, ㉡ 140, ㉢ 65
④ ㉠ 65, ㉡ 140, ㉢ 75

해설 포소화설비에서 배관 등의 설치기준
- 연결송수관설비의 배관과 겸용할 경우
  - 주배관 : 100[mm] 이상
  - **방수구로 연결되는 배관 : 65[mm] 이상**
- 펌프의 성능
  펌프의 성능은 체절운전 시 정격토출압력의 **140[%]**를 초과하지 아니하고 정격토출량의 **150[%]로 운전** 시 정격토출압력의 **65[%] 이상**이 되어야 한다.

68

주거용 주방자동소화장치의 설치기준으로 틀린 것은?

① 감지부는 형식승인 받은 유효한 높이 및 위치에 설치해야 한다.
② 소화약제 방출구는 환기구의 청소부분과 분리되어 있어야 한다.
③ 가스차단장치는 상시 확인 및 점검이 가능하도록 설치해야 한다.
④ 탐지부는 수신부와 분리하여 설치하되, 공기보다 무거운 가스를 사용하는 장소에는 바닥면으로부터 0.2[m] 이하의 위치에 설치해야 한다.

해설 주거용 주방자동소화장치 설치기준
- 소화약제 방출구는 환기구(주방에서 발생하는 열기류 등을 밖으로 배출하는 장치를 말한다)의 청소부분과 분리되어 있어야 하며, 형식승인 받은 유효설치 높이 및 설치방호면적에 따라 설치할 것
- 감지부는 형식승인 받은 유효한 높이 및 위치에 설치할 것
- 가스차단장치(전기 또는 가스)는 상시 확인 및 점검이 가능하도록 설치할 것
- 탐지부는 수신부와 분리하여 설치하되, 공기보다 가벼운 가스(LNG)를 사용하는 경우에는 천장면으로부터 30[cm] 이하의 위치에 설치하고, **공기보다 무거운 가스(LPG)**를 사용하는 장소에는 **바닥면으로부터 30[cm] 이하**의 위치에 설치할 것
- 수신부는 주위의 열기류 또는 습기 등과 주위온도에 영향을 받지 아니하고 사용자가 상시 볼 수 있는 장소에 설치할 것

69

분말소화설비에서 분말소화약제 1[kg]당 저장용기의 내용적 기준 중 틀린 것은?

① 제1종 분말 : 0.8[L]
② 제2종 분말 : 1.0[L]
③ 제3종 분말 : 1.0[L]
④ 제4종 분말 : 1.8[L]

정답 66 ③ 67 ③ 68 ④ 69 ④

해설 분말소화약제의 충전비

소화약제의 종별	충전비
제1종 분말	0.80[L/kg]
제2종 분말	1.00[L/kg]
제3종 분말	1.00[L/kg]
제4종 분말	1.25[L/kg]

70

스프링클러설비의 가압송수장치의 정격토출압력은 하나의 헤드 선단에 얼마의 방수압력이 될 수 있는 크기이어야 하는가?

① 0.01[MPa] 이상 0.05[MPa] 이하
② 0.1[MPa] 이상 1.2[MPa] 이하
③ 1.5[MPa] 이상 2.0[MPa] 이하
④ 2.5[MPa] 이상 3.3[MPa] 이하

해설 소화설비의 비교

항 목 / 구 분	방사압력	토출량	수 원
옥내소화전설비	0.17[MPa] 이상 7.0[MPa] 이하	N(최대 5개) ×130[L/min]	N(최대 5개)× 2.6[m³] (130[L/min]× 20[min])
옥외소화전설비	0.25[MPa] 이상 7.0[MPa] 이하	N(최대 2개) ×350[L/min]	N(최대 2개)× 7[m³] (350[L/min]× 20[min])
스프링클러설비	0.1[MPa] 이상 1.2[MPa] 이하	헤드수 ×80[L/min]	헤드수×1.6[m³] (80[L/min]× 20[min])

71

물분무소화설비의 소화작용이 아닌 것은?

① 부촉매작용 ② 냉각작용
③ 질식작용 ④ 희석작용

해설 **물분무소화설비의 소화작용** : 질식, 냉각, 희석, 유화작용

72

제연설비의 설치장소에 따른 제연구획의 구획기준으로 틀린 것은?

① 거실과 통로는 상호 제연구획 할 것
② 하나의 제연구역의 면적은 600[m²] 이내로 할 것
③ 하나의 제연구역은 직경 60[m] 원 내에 들어갈 수 있을 것
④ 하나의 제연구역은 2개 이상 층에 미치지 아니하도록 할 것

해설 제연구역의 구획기준
- 하나의 제연구역의 면적은 **1,000[m²] 이내**로 할 것
- 거실과 통로(복도를 포함한다)는 상호 제연구획 할 것
- 통로상의 제연구역은 보행중심선의 길이가 60[m]를 초과하지 아니할 것
- 하나의 제연구역은 직경 60[m] 원 내에 들어갈 수 있을 것
- 하나의 제연구역은 2개 이상 층에 미치지 아니하도록 할 것. 다만, 층의 구분이 불분명한 부분은 그 부분을 다른 부분과 별도로 제연구획 하여야 한다.

73

옥내소화전이 하나의 층에는 6개, 또 다른 층에는 3개, 나머지 모든 층에는 4개씩 설치되어 있다. 수원의 최소 수량[m³] 기준은?

① 7.8 ② 10.4
③ 13 ④ 15.6

해설 옥내소화전설비의 수원 = 소화전수(최대 5개)×2.6[m³]
= 5×2.6[m³]
= 13[m³]

74

스프링클러설비의 교차배관에서 분기되는 지점을 기점으로 한쪽 가지배관에 설치되는 헤드는 몇 개 이하로 설치하여야 하는가?(단, 수리학적 배관방식의 경우는 제외한다)

① 8 ② 10
③ 12 ④ 18

해설 스프링클러설비의 한쪽 가지배관에 설치하는 헤드수 : 8개 이하

75

포소화설비의 자동식 기동장치에서 폐쇄형스프링클러헤드를 사용하는 경우의 설치기준에 대한 설명이다. ㉠~㉢의 내용으로 옳은 것은?

- 표시온도가 (㉠)[℃] 미만의 것을 사용하고, 1개의 스프링클러헤드의 경계면적은 (㉡)[m^2] 이하로 할 것
- 부착면의 높이는 바닥으로부터 (㉢)[m] 이하로 하고, 화재를 유효하게 감지할 수 있도록 할 것

① ㉠ 68, ㉡ 20, ㉢ 5
② ㉠ 68, ㉡ 30, ㉢ 7
③ ㉠ 79, ㉡ 20, ㉢ 5
④ ㉠ 79, ㉡ 30, ㉢ 7

해설 자동식 기동장치의 설치기준(폐쇄형스프링클러헤드 사용)
- **표시온도**가 **79[℃] 미만**인 것을 사용하고, 1개의 스프링클러헤드의 **경계면적**은 **20[m^2] 이하**로 할 것
- 부착면의 높이는 바닥으로부터 **5[m] 이하**로 할 것
- 하나의 감지장치 경계구역은 하나의 층이 되도록 할 것

76

특별피난계단의 계단실 및 부속실 제연설비의 안전기준에 대한 내용으로 틀린 것은?

① 제연구역과 옥내와의 사이에 유지하여야 하는 최소차압은 40[Pa] 이상으로 하여야 한다.
② 제연설비가 가동되었을 경우 출입문의 개방에 필요한 힘은 110[N] 이상으로 하여야 한다.
③ 계단실과 부속실을 동시에 제연하는 경우 부속실의 기압은 계단실과 같게 하거나 계단실의 기압보다 낮게 할 경우에는 부속실과 계단실의 압력차이는 5[Pa] 이하가 되도록 하여야 한다.
④ 계단실 및 그 부속실을 동시에 제연하거나 또는 계단실만 단독으로 제연할 때의 방연풍속은 0.5[m/s] 이상이어야 한다.

해설 차압 등의 기준
- 제연구역과 옥내와의 사이에 유지하여야 하는 **최소차압**은 **40[Pa]**(옥내에 스프링클러설비가 설치된 경우에는 12.5[Pa]) 이상으로 하여야 한다.
- 제연설비가 가동되었을 경우 **출입문의 개방에 필요한 힘**은 **110[N] 이하**로 하여야 한다.
- 출입문이 일시적으로 개방되는 경우 개방되지 아니하는 제연구역과 옥내와의 차압은 기준에 따른 차압의 70[%] 미만이 되어서는 아니 된다.
- 계단실과 부속실을 동시에 제연하는 경우 부속실의 기압은 계단실과 같게 하거나 계단실의 기압보다 낮게 할 경우에는 부속실과 계단실의 압력차이는 **5[Pa] 이하**가 되도록 하여야 한다.

77

체적 100[m^3]의 면화류 창고에 전역방출방식의 이산화탄소소화설비를 설치하는 경우에 소화약제는 몇 [kg] 이상 저장하여야 하는가?(단, 방호구역의 개구부에 자동폐쇄장치가 부착되어 있다)

① 12 ② 27
③ 120 ④ 270

해설 소화약제량 = 방호구역체적[m^3] × 소화약제량[kg/m^3])
= 100[m^3] × 2.7[kg/m^3]
= 270[kg]

78

주요구조부가 내화구조이고 건널 복도가 설치된 층의 피난기구 수의 설치 감소방법으로 적합한 것은?

① 피난기구를 설치하지 아니할 수 있다.
② 피난기구의 수에서 $\frac{1}{2}$을 감소한 수로 한다.
③ 원래의 수에서 건널 복도 수를 더한 수로 한다.
④ 피난기구의 수에서 해당 건널 복도 수의 2배수의 수를 뺀 수로 한다.

해설 피난기구의 감소(피난기구의 화재안전기준 제6조)
주요구조부가 내화구조이고 다음 기준에 적합한 건널 복도에 설치된 층에는 피난기구의 수에서 해당 건널 복도 수의 2배의 수를 뺀 수로 한다.
- 내화구조 또는 철골조로 되어있을 것
- 건널 복도 양단의 출입구에 자동폐쇄장치를 한 갑종방화문(방화 셔터 제외)이 설치되어 있을 것
- 피난・통행 또는 운반의 전용도로일 것

정답 75 ③ 76 ② 77 ④ 78 ④

79

스프링클러설비의 누수로 인한 유수검지장치의 오동작을 방지하기 위한 목적으로 설치하는 것은?

① 솔레노이드밸브
② 리타팅체임버
③ 물올림장치
④ 성능시험배관

해설 리타팅체임버 : 오동작 방지

80

지상으로부터 높이 30[m]가 되는 창문에서 구조대용 유도 로프의 모래주머니를 자연 낙하시킨 경우 지상에 도달할 때까지 걸리는 시간[초]은?

① 2.5 ② 5
③ 7.5 ④ 10

해설 낙하시간

$$d = \frac{1}{2}gt^2 \quad t = \sqrt{\frac{d}{1/2g}} = \sqrt{\frac{d}{0.5 \times g}}$$

여기서, d : 거리[m]
g : 중력가속도(9.8[m/s²])
t : 낙하시간[s]

$$t = \sqrt{\frac{d}{0.5 \times g}} = \sqrt{\frac{30}{0.5 \times 9.8}} \fallingdotseq 2.47[s]$$

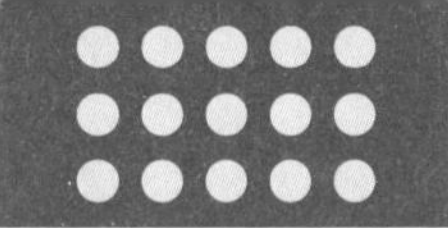

제 1·2 회 2020년 6월 6일 시행

제 1 과목 소방원론

01

이산화탄소에 대한 설명으로 틀린 것은?

① 임계온도는 97.5[℃]이다.
② 고체의 형태로 존재할 수 있다.
③ 불연성가스로 공기보다 무겁다.
④ 드라이아이스와 분자식이 동일하다.

해설 이산화탄소

- 불연성가스로서 상온에서 기체이고 고체, 액체, 기체상태로 존재한다.

> 고체 : 드라이아이스
> 액체 : 액화탄산가스
> 기체 : 이산화탄소

- 물 성

화학식	삼중점	임계 압력	임계 온도	충전비
CO_2	−56.3[℃]	72.75[atm]	31.35 [℃]	1.5 이상

- 가스의 비중은 공기보다 1.5배 무겁다.

02

물질의 화재 위험성에 대한 설명으로 틀린 것은?

① 인화점 및 착화점이 낮을수록 위험
② 착화에너지가 작을수록 위험
③ 비점 및 융점이 높을수록 위험
④ 연소범위가 넓을수록 위험

해설 화재 위험성

- 인화점 및 착화점이 낮을수록 위험하다.
- 착화에너지가 작을수록 위험하다.
- **비점** 및 **융점**이 **낮을수록 위험**하다.
- 하한값이 낮고 연소범위가 넓을수록 위험하다.

03

다음 중 연소범위를 근거로 계산한 위험도 값이 가장 큰 물질은?

① 이황화탄소
② 메 탄
③ 수 소
④ 일산화탄소

해설 위험도

- 공기 중의 연소범위

가스의 종류	하한계[%]	상한계[%]
이황화탄소(CS_2)	1.0	44.0
메탄(CH_4)	5.0	15.0
수소(H_2)	4.0	75.0
일산화탄소(CO)	12.5	74.0

- 위험도
  - 이황화탄소 $H=\frac{44-1}{1}=43$
  - 메탄 $H=\frac{15-5}{5}=2$
  - 수소 $H=\frac{75-4}{4}=17.75$
  - 일산화탄소 $H=\frac{74-12.5}{12.5}=4.92$

04

위험물안전관리법령상 제2석유류에 해당하는 것으로만 나열된 것은?

① 아세톤, 벤젠
② 중유, 아닐린
③ 에테르, 이황화탄소
④ 아세트산, 아크릴산

정답 01 ① 02 ③ 03 ① 04 ④

해설 제4류 위험물의 분류

종 류	품 명	지정수량
아세톤	제1석유류(수용성)	400[L]
벤 젠	제1석유류(비수용성)	200[L]
중 유	제3석유류(비수용성)	2,000[L]
아닐린	제3석유류(비수용성)	2,000[L]
에테르	특수인화물	50[L]
이황화탄소	특수인화물	50[L]
아세트산	제2석유류(수용성)	2,000[L]
아크릴산	제2석유류(수용성)	2,000[L]

05

종이, 나무, 섬유류 등에 의한 화재에 해당하는 것은?

① A급 화재　② B급 화재
③ C급 화재　④ D급 화재

해설 화재의 분류

구 분	A급 화재	B급 화재	C급 화재	D급 화재
종 류	일반 화재	유류 화재	전기 화재	금속 화재
해당 물질	종이, 목재, 섬유류 등	제4류 위험물	발전기실, 전기실 등	칼륨, 마그네슘
표시색	백 색	황 색	청 색	무 색

06

0[℃], 1기압에서 44.8[m³]의 용적을 가진 이산화탄소를 액화하여 얻을 수 있는 액화탄산 가스의 무게는 약 몇 [kg]인가?

① 88　② 44
③ 22　④ 11

해설 액화탄산가스의 무게

풀이는 두 가지 방법이 있는데 이 문제는 온도와 압력이 표준대기압(0[℃], 1기압)이므로 ㉠의 방법을 추천한다.

㉠ 방법 Ⅰ

> 표준대기압(0[℃], 1기압)에서
> 기체 1[g-mol]이 차지하는 부피 : 22.4[L]
> 기체 1[kg-mol]이 차지하는 부피 : 22.4[m³]을 차지한다.

∴ 이산화탄소(CO_2)의 분자량은 44이므로

$$\frac{44.8[m^3]}{22.4[m^3]} \times 44[kg] = 88.0[kg]$$

㉡ 방법 Ⅱ

이상기체 상태방정식을 적용하면

$$PV = nRT = \frac{W}{M}RT$$

여기서, P : 압력(1[atm]), V : 부피(44.8[m³])
W : 무게([kg])
M : 분자량(이산화탄소 CO_2 =44)
R : 기체상수
(0.08205[m³·atm/kg-mol·K])
T : 절대온도(273+0[℃] = 273[K])

$$\therefore W = \frac{PVM}{RT} = \frac{1\times 44.8\times 44}{0.08025\times 273} = 88.0[kg]$$

07

가연물이 연소가 잘 되기 위한 구비조건으로 틀린 것은?

① 열전도율이 클 것
② 산소와 화학적으로 친화력이 클 것
③ 표면적이 클 것
④ 활성화에너지가 작을 것

해설 열전도율이 작을수록 열이 축적되어 가연물이 되기 쉽다.

08

다음 중 소화에 필요한 이산화탄소 소화약제의 최소 설계농도 값이 가장 높은 물질은?

① 메 탄
② 에틸렌
③ 천연가스
④ 아세틸렌

해설 이산화탄소 소화약제의 최소 설계농도

종 류	설계농도[%]
메 탄	34
에틸렌	49
천연가스, 석탄가스	37
아세틸렌	66

05 ① 06 ① 07 ① 08 ④ 정답

09

이산화탄소의 증기비중은 약 얼마인가?(단, 공기의 분자량은 29이다)

① 0.81 ② 1.52
③ 2.02 ④ 2.51

해설 이산화탄소는 CO_2로서 분자량이 44이다.

$$증기비중 = \frac{분자량}{29}$$

$$\therefore 이산화탄소의 증기비중 = \frac{44}{29} = 1.517 \Rightarrow 1.52$$

10

유류탱크 화재 시 표면에 물을 살수하면 기름이 탱크 밖으로 비산하여 화재가 확대되는 현상은?

① 슬롭오버(Slop over)
② 플래시 오버(Flash over)
③ 프로스 오버(Froth over)
④ 블레비(BLEVE)

해설 **유류탱크에서 발생하는 현상**

- 보일오버(Boil Over)
  - 중질유 탱크에서 장시간 조용히 연소하다가 탱크의 잔존기름이 갑자기 분출(Over Flow)하는 현상
  - 연소유면으로부터 100[℃] 이상의 열파가 탱크저부에 고여 있는 물을 비등하게 하면서 연소유를 탱크 밖으로 비산하며 연소하는 현상
- 슬롭오버(Slop Over) : 물이 연소유의 뜨거운 표면에 들어갈 때 기름이 탱크 밖으로 비산하여 화재가 발생하는 현상
- 프로스오버(Froth Over) : 물이 뜨거운 기름 표면 아래서 끓을 때 화재를 수반하지 않는 용기에서 넘쳐 흐르는 현상

11

실내 화재 시 발생한 연기로 인한 감광계수[m^{-1}]와 가시거리에 대한 설명 중 틀린 것은?

① 감광계수가 0.1일 때 가시거리는 20~30[m]이다.
② 감광계수가 0.3일 때 가시거리는 15~20[m]이다.
③ 감광계수가 1.0일 때 가시거리는 1~2[m]이다.
④ 감광계수가 10일 때 가시거리는 0.2~0.5[m]이다.

해설 연기농도와 가시거리

감광계수 [m^{-1}]	가시거리 [m]	상 황
0.1	20~30	연기감지기가 작동할 때의 정도
0.3	5	건물내부에 익숙한 사람이 피난에 지장을 느낄 정도
0.5	3	어두침침한 것을 느낄 정도
1	1~2	거의 앞이 보이지 않을 정도
10	0.2~0.5	화재 최성기 때의 정도
30	–	출화실에서 연기가 분출될 때의 연기농도

12

$NH_4H_2PO_4$를 주성분으로 한 분말소화약제는 제 몇 종 분말소화약제인가?

① 제1종
② 제2종
③ 제3종
④ 제4종

해설 분말소화약제의 종류

종 류	주성분	착 색	적응 화재	열분해 반응식
제1종 분말	탄산수소나트륨 ($NaHCO_3$)	백 색	B, C급	$2NaHCO_3 \rightarrow Na_2CO_3 + CO_2 + H_2O$
제2종 분말	탄산수소칼륨 ($KHCO_3$)	담회색	B, C급	$2KHCO_3 \rightarrow K_2CO_3 + CO_2 + H_2O$
제3종 분말	제일인산암모늄 ($NH_4H_2PO_4$)	담홍색	A, B, C급	$NH_4H_2PO_4 \rightarrow HPO_3 + NH_3 + H_2O$
제4종 분말	탄산수소칼륨+요소 ($KHCO_3 + (NH_2)_2CO$)	회 색	B, C급	$2KHCO_3 + (NH_2)_2CO \rightarrow K_2CO_3 + 2NH_3 + 2CO_2$

13

다음 물질 중 연소하였을 때 시안화수소를 가장 많이 발생시키는 물질은?

① Polyethylene
② Polyurethane
③ Polyvinyl chloride
④ Polystyrene

정답 09 ② 10 ① 11 ② 12 ③ 13 ②

해설 플라스틱

- Polyethylene : 에틸렌(C_2H_4, 에텐)이라고 불리는 단량체(모노머)의 중합으로 만들어진 폴리머(고분자) 물질이다.
- Polyurethane : 우레탄 결합(-OOCNH-)에 의해 단량체가 연결되어 중합체를 이루는 것으로 장식용 직물, 메트리스가 대표적으로 CN이 있으니까 연소 시 **시안화수소(HCN)가 많이 발생**한다.
- Polyvinyl Chloride : 염화비닐(CH_2=CHCl)을 원료로 하여 중합된 합성수지로서 연소 시 염화수소(HCl)가 발생한다.
- Polystyrene : 방향족탄화수소인 스타이렌($C_6H_5CH=CH_2$) 분자들이 화학반응으로 결합되어 긴 사슬분자를 이루는 중합체

14

다음 물질의 저장창고에서 화재가 발생하였을 때 주수소화 할 수 없는 물질은?

① 부틸리튬
② 질산에틸
③ 나이트로셀룰로스
④ 적 린

해설 부틸리튬(C_4H_9Li)은 물과 반응하면 가연성 가스인 부탄(C_4H_{10})을 발생하므로 주수소화는 위험하다.

$$C_4H_9Li + H_2O \rightarrow LiOH + C_4H_{10}$$

15

다음 중 상온 상압에서 액체인 것은?

① 탄산가스
② 할론 1301
③ 할론 2402
④ 할론 1211

해설 **할론 1011, 할론 2402** : 상온상압에서 액체상태

16

밀폐된 내화건물의 실내에 화재가 발생하였을 때 그 실내의 환경변화에 대한 설명 중 틀린 것은?

① 기압이 급강하한다.
② 산소가 감소된다.
③ 일산화탄소가 증가한다.
④ 이산화탄소가 증가한다.

해설 밀폐된 내화건물에 화재가 발생하면

- 산소의 농도가 감소한다.
- 연소하므로 일산화탄소 증가, 이산화탄소 증가한다.
- 기압이 상승한다.

17

제거소화의 예에 해당하지 않는 것은?

① 밀폐 공간에서의 화재 시 공기를 제거한다.
② 가연성 가스 화재 시 가스의 밸브를 닫는다.
③ 산림 화재 시 확산을 막기 위하여 산림의 일부를 벌목한다.
④ 유류탱크 화재 시 연소되지 않은 기름을 다른 탱크로 이동시킨다.

해설 **제거소화** : 화재 현장에서 가연물을 없애주어 소화하는 방법

- 가연성 가스 화재 시 가스의 밸브를 닫는다.
- 산림 화재 시 확산을 막기 위하여 산림의 일부를 벌목한다.
- 유류탱크 화재 시 연소되지 않는 기름을 다른 탱크로 이동시킨다.
- 불타고 있는 장작더미 속에서 아직 타지 않은 것을 안전한 곳으로 운반한다.

18

화재 시 나타나는 인간의 피난특성으로 볼 수 없는 것은?

① 어두운 곳으로 대피한다.
② 최초로 행동한 사람을 따른다.
③ 발화지점의 반대방향으로 이동한다.
④ 평소에 사용하던 문, 통로를 사용한다.

14 ① 15 ③ 16 ① 17 ① 18 ① 정답

해설 화재 시 인간의 피난행동 특성

- 귀소본능 : 평소에 사용하던 출입구나 통로 등 습관적으로 친숙해 있는 경로로 도피하려는 본능
- **지광본능** : 화재 발생 시 연기와 정전 등으로 가시거리가 짧아져 시야가 흐리면 **밝은 방향**으로 도피하려는 본능
- 추종본능 : 화재 발생 시 최초로 행동을 개시한 사람에 따라 전체가 움직이는 본능(많은 사람들이 달아나는 방향으로 무의식적으로 안전하다고 느껴 위험한 곳임에도 불구하고 따라가는 경향)
- 퇴피본능 : 연기나 화염에 대한 공포감으로 화원의 반대방향으로 이동하려는 본능
- 좌회본능 : 좌측으로 통행하고 시계의 반대방향으로 회전하려는 본능

19

산소의 농도를 낮추어 소화하는 방법은?

① 냉각소화
② 질식소화
③ 제거소화
④ 억제소화

해설 **질식소화** : 불연성 기체나 고체 등으로 연소물을 감싸 산소의 농도를 21[%]에서 15[%] 이하로 낮추어 소화하는 방법

20

인화알루미늄의 화재 시 주수소화하면 발생하는 물질은?

① 수 소
② 메 탄
③ 포스핀
④ 아세틸렌

해설 인화알루미늄은 물과 반응하면 포스핀(인화수소, PH_3)이 발생하므로 위험하다.

$$AlP + 3H_2O \rightarrow Al(OH)_3 + PH_3$$

제 2 과목 소방유체역학

21

비중이 0.8인 액체가 한 변이 10[cm]인 정육면체 모양 그릇의 반을 채울 때 액체의 질량[kg]은?

① 0.4 ② 0.8
③ 400 ④ 800

해설 액체의 질량

- 비중 0.8이면 밀도 0.8[g/cm³] = 800[kg/m³]
- 정육면체의 체적 = 한 밑변의 넓이 × 높이 = 10[cm] ×10[cm] ×10[cm] = 1,000[cm³]

$\therefore$ 밀도 $\rho = \frac{W}{V}$

W(질량)$= \rho \times V$

$= 800[\text{kg/m}^3] \times 1{,}000[\text{cm}^3] \times 10^{-6}[\text{m}^3] \times \frac{1}{2}$

$= 0.4[\text{kg}]$

22

펌프의 입구에서 진공계의 압력은 −160[mmHg], 출구에서 압력계의 계기압력은 300[kPa], 송출 유량은 10[m³/min]일 때 펌프의 수동력[kW]은?(단, 진공계와 압력계 사이의 수직거리는 2[m]이고, 흡입관과 송출관의 직경은 같으며, 손실은 무시한다)

① 5.7 ② 56.8
③ 557 ④ 3,400

해설 **수동력** : 전달계수와 펌프의 효율을 무시하는 동력

$$P[\text{kW}] = \frac{\gamma \times Q \times H}{102}$$

여기서, γ : 물의 비중량(1,000[kg$_f$/m³])
Q : 방수량(10[m³]/60[s])
H : 펌프의 양정

$$\left[\left(\frac{160[\text{mmHg}]}{760[\text{mmHg}]} \times 10.332[\text{m}]\right) + \left(\frac{300[\text{kPa}]}{101.325[\text{kPa}]} \times 10.332[\text{m}]\right) + 2[\text{m}] = 34.765[\text{m}]\right]$$

정답 19 ② 20 ③ 21 ① 22 ②

$\therefore$ 수동력 P[kW]

$$= \frac{1,000 \times 10[\text{m}^3]/60[\text{s}] \times 34.765[\text{m}]}{102}$$

$$= 56.81[\text{kW}]$$

23

다음 (ㄱ), (ㄴ)에 알맞은 것은?

> 파이프 속을 유체가 흐를 때 파이프 끝의 밸브를 갑자기 닫으면 유체의 (ㄱ)에너지가 압력으로 변환되면서 밸브 직전에서 높은 압력이 발생하고 상류로 압축파가 전달되는 (ㄴ)현상이 발생한다.

① (ㄱ) 운동, (ㄴ) 서징
② (ㄱ) 운동, (ㄴ) 수격작용
③ (ㄱ) 위치, (ㄴ) 서징
④ (ㄱ) 위치, (ㄴ) 수격작용

해설 수격작용(Water Hammering)

- 정의 : 흐르는 유체를 갑자기 감속하면 운동에너지가 압력에너지로 변하여 유체 내의 고압이 발생하고 유속이 급변화하면서 압력변화를 가져와 큰 소음이 발생하는 현상
- 수격 현상의 발생원인
  - Pump의 운전 중에 정전에 의해서
  - 밸브를 차단할 경우
  - Pump의 정상 운전일 때의 액체의 압력변동이 생길 때

24

과열증기에 대한 설명으로 틀린 것은?

① 과열증기의 압력은 해당 온도에서의 포화압력보다 높다.
② 과열증기의 온도는 해당 압력에서의 포화온도보다 높다.
③ 과열증기의 비체적은 해당 온도에서의 포화증기의 비체적보다 크다.
④ 과열증기의 엔탈피는 해당 압력에서의 포화증기의 엔탈피보다 크다.

해설 과열증기

- 포화증기를 일정한 포화압력 상태에서 가열하여 포화온도 이상으로 상승된 증기이다.
- 포화압력에서 포화증기를 가열하면 과열증기가 발생하며 이때 과열증기의 열역학적 상태는 다음과 같다.
  - 포화증기의 포화압력과 같다.
  - 포화증기의 포화온도보다 높다.
  - 포화증기의 비체적보다 크다.
  - 포화증기의 엔탈피보다 크다.
  - 포화증기의 엔트로피보다 크다.

25

비중이 0.85이고 동점성계수가 $3 \times 10^{-4}[\text{m}^2/\text{s}]$인 기름이 직경 10[cm]의 수평 원형관 내에 20[L/s]으로 흐른다. 이 원형관의 100[m] 길이에서의 수두손실[m]은?(단, 정상 비압축성 유동이다)

① 16.6 ② 25.0
③ 49.8 ④ 82.2

해설 손실수두

$$H = \frac{fLu^2}{2gD}$$

- 관마찰계수(f)
  - 레이놀즈수

$$Re = \frac{Du}{\nu} = \frac{0.1[\text{m}] \times 2.5464[\text{m/s}]}{3 \times 10^{-4}[\text{m}^2/\text{s}]}$$

$= 848.8265$(층류)

$$\left[u = \frac{Q}{A} = \frac{0.02[\text{m}^3/\text{s}]}{\frac{\pi}{4}(0.1[\text{m}])^2}\right] = 2.5464[\text{m/s}]$$

  - 관마찰계수 $f = \frac{64}{Re} = \frac{64}{848.8265} = 0.0754$

- 길이(L) : 100[m]
- 수두손실

$$H = \frac{fLu^2}{2gD}$$

$$= \frac{0.0754 \times 100[\text{m}] \times (2.5464[\text{m/s}])^2}{2 \times 9.8[\text{m/s}]^2 \times 0.1[\text{m}]}$$

$= 24.94[\text{m}]$

26

그림과 같이 수족관에 직경 3[m]의 투시경이 설치되어 있다. 이 투시경에 작용하는 힘[kN]은?

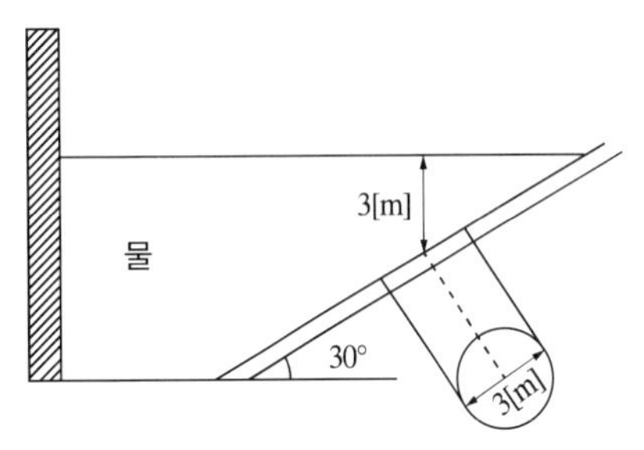

① 207.8 ② 123.9
③ 87.1 ④ 52.4

해설 투시경에 작용하는 힘(F)

$$F=\gamma\bar{h}A=\gamma\bar{y}\sin\theta A[\text{N}]$$

여기서, 물의 비중량 $\gamma=9{,}800[\text{N/m}^3]$,

투시경의 작용점까지 거리 $\bar{y}=\dfrac{3[m]}{\sin 30^\circ}$

중심투시경의 면적 $A=\dfrac{\pi}{4}\times d^2$ 이므로

∴ 투시경에 작용하는 힘

$$F=9{,}800[\frac{\text{N}}{\text{m}^3}]\times\frac{3[\text{m}]}{\sin 30^\circ}\times\sin 30^\circ\times\left\{\frac{\pi}{4}\times(3[\text{m}])^2\right\}=207{,}816[\text{N}]$$
$$=207.8[\text{kN}]$$

27

점성에 관한 설명으로 틀린 것은?

① 액체의 점성은 분자 간 결합력에 관계된다.
② 기체의 점성은 분자 간 운동량 교환에 관계된다.
③ 온도가 증가하면 기체의 점성은 감소된다.
④ 온도가 증가하면 액체의 점성은 감소된다.

해설 액체의 점성을 지배하는 분자응집력은 온도가 증가하면 감소하고 기체의 점성을 지배하는 분자운동량은 온도가 증가하면 증가하기 때문에 온도가 증가하면 기체의 점성은 증가한다.

28

240[mmHg]의 절대압력은 계기압력으로 약 몇 [kPa]인가?(단, 대기압은 760[mmHg]이고, 수은의 비중은 13.6이다)

① −32.0
② 32.0
③ −69.3
④ 69.3

해설 계기압력

절대압력 = 대기압 + 계기압력

계기압력 = 절대압력 − 대기압 = (240−760)[mmHg]
= −520[mmHg]

[mmHg]를 [kPa]로 환산하면

$$-\frac{520[\text{mmHg}]}{760[\text{mmHg}]}\times 101.325[\text{kPa}]=-69.3[\text{kPa}]$$

29

관의 길이가 l이고 지름이 d, 관마찰계수가 f일 때 총 손실수두 H[m]를 식으로 바르게 나타낸 것은?(단, 입구 손실계수가 0.5, 출구 손실계수가 1.0, 속도수두는 $V^2/2g$이다)

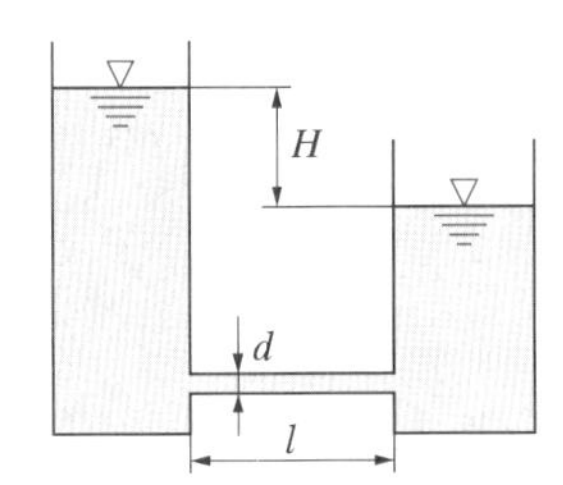

① $\left(1.5+f\dfrac{l}{d}\right)\dfrac{V^2}{2g}$

② $\left(\dfrac{l}{d}+1\right)\dfrac{V^2}{2g}$

③ $\left(0.5+f\dfrac{l}{d}\right)\dfrac{V^2}{2g}$

④ $\left(f\dfrac{l}{d}\right)\dfrac{V^2}{2g}$

정답 26 ① 27 ③ 28 ③ 29 ①

해설 총 손실수두(H)

- 관입구에서 손실수두 $H_1 = 0.5\dfrac{V^2}{2g}$
- 관출구에서 손실수두 $H_2 = \dfrac{V^2}{2g}$
- 관마찰에서 손실수두 $H_3 = f\dfrac{l}{d}\dfrac{V^2}{2g}$

∴ 총 손실수두 $H = H_1 + H_2 + H_3$

$$= 0.5\frac{V^2}{2g} + 1\frac{V^2}{2g} + f\frac{l}{d}\frac{V^2}{2g}$$

$$= \left(1.5 + f\frac{l}{d}\right)\frac{V^2}{2g}$$

30

회전속도 N[rpm]일 때 송출량 Q[m^3/min], 전양정 H[m]인 원심펌프를 상사한 조건에서 회전속도를 1.4N[rpm]으로 바꾸어 작동할 때 (ㄱ) 유량 및 (ㄴ) 전양정은?

① (ㄱ) 1.4Q, (ㄴ) 1.4H
② (ㄱ) 1.4Q, (ㄴ) 1.96H
③ (ㄱ) 1.96Q, (ㄴ) 1.4H
④ (ㄱ) 1.96Q, (ㄴ) 1.96H

해설 펌프의 상사법칙

- 유량 $Q_2 = Q_1 \times \dfrac{N_2}{N_1}$

$$= Q_1 \times \frac{1.4}{1} = 1.4Q$$

- 전양정(수두) $H_2 = H_1 \times \left(\dfrac{N_2}{N_1}\right)^2$

$$= H_1 \times \left(\frac{1.4}{1}\right)^2 = 1.96H$$

여기서, N : 회전수[rpm], D ; 내경[mm]

31

그림과 같이 길이 5[m], 입구직경(D_1) 30[cm], 출구직경(D_2) 16[cm]인 직관을 수평면과 30° 기울어지게 설치하였다. 입구에서 0.3[m^3/s]로 유입되어 출구에서 대기 중으로 분출된다면 입구에서의 압력[kPa]은? (단, 대기는 표준대기압 상태이고 마찰손실은 없다)

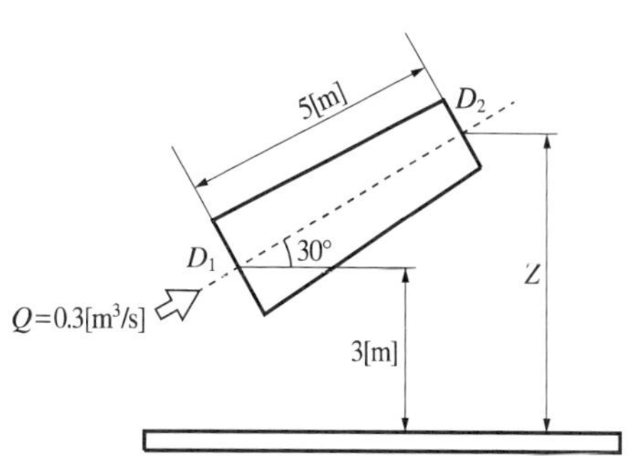

① 24.5
② 102
③ 127
④ 228

해설 입구에서의 압력[kPa]

- 연속방정식 $Q = uA = u\left(\dfrac{\pi}{4} \times D^2\right)$에서

  – 입구 유속

$$u_1 = \frac{4Q}{\pi D^2} = \frac{4 \times 0.3[\frac{m^3}{s}]}{\pi \times (0.3[m])^2} = 4.24[m/s]$$

  – 출구 유속

$$u_2 = \frac{4Q}{\pi D^2} = \frac{4 \times 0.3[\frac{m^3}{s}]}{\pi \times (0.16[m])^2} = 14.92[m/s]$$

- 출구의 높이

  $Z_2 = Z = Z_1 + l\sin\theta = 3[m] + 5[m] \times \sin 30°$

  $= 5.5[m]$

- 베르누이 방정식 $\dfrac{P_1}{\gamma} + \dfrac{u_1^2}{2g} + Z_1 = \dfrac{P_2}{\gamma} + \dfrac{u_2^2}{2g} + Z_2$

  을 적용하면

$$\frac{P_1}{9{,}800[N/m]^3} + \frac{(4.24[m/s])^2}{2 \times 9.8[m/s^2]} + 3[m]$$

$$= \frac{101{,}325[N/m^2]}{9{,}800[N/m^3]} + \frac{(14.92[m/s])^2}{2 \times 9.8[m/s^2]} + 5.5[m]$$

∴ 입구 압력

$P_1 = 228{,}139.4[Pa]([N/m^2]) = 228.1[kPa]$

30 ② 31 ④ **정답**

32

다음 중 배관의 유량을 측정하는 계측 장치가 아닌 것은?

① 로터미터(Rotameter)
② 유동노즐(Flow Nozzle)
③ 마노미터(Manometer)
④ 오리피스(Orifice)

해설 마노미터 : 압력측정 장치

33

지름 10[cm]의 호스에 출구 지름이 3[cm]인 노즐이 부착되어 있고 1,500[L/min]의 물이 대기 중으로 뿜어져 나온다. 이때 4개의 플랜지 볼트를 사용하여 노즐을 호스에 부착하고 있다면 볼트 1개에 작용되는 힘의 크기[N]는?(단, 유동에서 마찰이 존재하지 않는다고 가정한다)

① 58.3　　② 899.4
③ 1,018.4　　④ 4,098.2

해설 플랜지 볼트에 작용하는 힘(F)

$$F=\frac{\gamma Q^2 A_1}{2g}\left(\frac{A_1-A_2}{A_1A_2}\right)^2\ [\mathrm{N}]$$

$$F=\frac{9,800[\mathrm{N/m^3}]\times\left(\frac{1.5[\mathrm{m^3}]}{60[\mathrm{s}]}\right)^2\times\left(\frac{\pi}{4}\times0.1[\mathrm{m^2}]\right)}{2\times9.8[\mathrm{m/s^2}]}$$

$$\times\left(\frac{\frac{\pi}{4}\times0.1^2-\frac{\pi}{4}\times0.03^2}{\frac{\pi}{4}\times0.1^2\times\frac{\pi}{4}\times0.03^2}\right)^2=4,071.65[\mathrm{N}]$$

∴ 플랜지 볼트 1개에 작용되는 힘

$$F_1=\frac{F}{4}=\frac{4,071.65[\mathrm{N}]}{4}=1,018.0[\mathrm{N}]$$

34

−10[℃], 6기압의 이산화탄소 10[kg]이 분사노즐에서 1기압까지 가역 단열팽창 하였다면 팽창 후의 온도는 몇 [℃]가 되겠는가?(단, 이산화탄소의 비열비는 1.289이다)

① −85　　② −97
③ −105　　④ −115

해설 단열팽창 후의 온도

$$T_2=T_1\times\left(\frac{P_2}{P_1}\right)^{\frac{k-1}{k}}$$

여기서 T_1 : 팽창 전의 온도
P_1 : 팽창 전의 압력
P_2 : 팽창 후의 압력, k : 비열비

$$\therefore\ T_2=(273-10)[\mathrm{K}]\times\left(\frac{1}{6}\right)^{\frac{1.289-1}{1.289}}$$
$$=176[\mathrm{K}]=-97[℃]$$

[K] = 273 + [℃]

35

다음 그림에서 A, B점의 압력차[kPa]는?(단, A는 비중 1의 물, B는 비중 0.899의 벤젠이다)

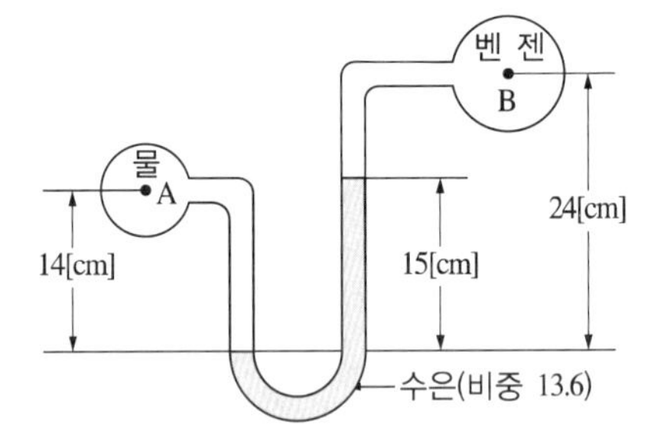

① 278.7
② 191.4
③ 23.07
④ 19.4

해설 압력차(P_A-P_B)

$P_{A-P_B}=r_2h_2+r_3h_3-r_1h_1$
$=(0.899\times1,000[\mathrm{kg_f/m^3}]\times(0.24-0.15)[\mathrm{m}])$
$+(13.6\times1,000[\mathrm{kg_f/m^3}]\times0.15[\mathrm{m}])$
$-(1\times1,000[[\mathrm{kg_f/m^3}]\times0.14[\mathrm{m}])$
$=1980.91[\mathrm{kg_f/m^2}]$

∴ $[\mathrm{kg_f/m^2}]$을 [kPa]로 환산하면

$$\frac{1,980.91[\mathrm{kg_f/m^2}]}{10,332[\mathrm{kg_f/m^2}]}\times101.325[\mathrm{kPa}]=19.43[\mathrm{kPa}]$$

정답 32 ③　33 ③　34 ②　35 ④

36

펌프의 일과 손실을 고려할 때 베르누이 수정방정식을 바르게 나타낸 것은?(단, H_P와 H_L은 펌프의 수두와 손실 수두를 나타내며, 하첨자 1, 2는 각각 펌프의 전후 위치를 나타낸다)

① $\frac{V_1^2}{2g}+\frac{P_1}{\gamma}+z_1=\frac{V_2^2}{2g}+\frac{P_2}{\gamma}+H_L$

② $\frac{V_1^2}{2g}+\frac{P_1}{\gamma}+z_1+H_P=\frac{V_2^2}{2g}+\frac{P_2}{\gamma}+H_L$

③ $\frac{V_1^2}{2g}+\frac{P_1}{\gamma}+H_P=\frac{V_2^2}{2g}+\frac{P_2}{\gamma}+z_2+H_L$

④ $\frac{V_1^2}{2g}+\frac{P_1}{\gamma}+z_1+H_P=\frac{V_2^2}{2g}+\frac{P_2}{\gamma}+z_2+H_L$

해설 베르누이 수정방정식

$$\frac{V_1^2}{2g}+\frac{P_1}{\gamma}+z_1+H_P=\frac{V_2^2}{2g}+\frac{P_2}{\gamma}+z_2+H_L$$

37

그림과 같이 단면 A에서 정압이 500[kPa]이고 10[m/s]로 난류의 물이 흐르고 있을 때 단면 B에서의 유속[m/s]은?

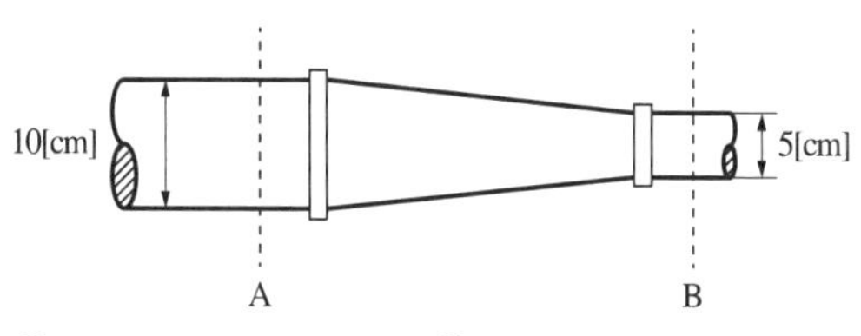

① 20　　② 40
③ 60　　④ 80

해설 유 속

$$u_2=u_1\times\left(\frac{D_1}{D_2}\right)^2$$

$$\therefore\ u_2=u_1\times\left(\frac{D_1}{D_2}\right)^2=10[\mathrm{m/s}]\times\left(\frac{0.1[\mathrm{m}]}{0.05[\mathrm{m}]}\right)^2=40[\mathrm{m/s}]$$

38

압력이 100[kPa]이고 온도가 20[℃]인 이산화탄소를 완전기체라고 가정할 때 밀도[kg/m^3]는?(단, 이 산화탄소의 기체상수는 188.98[J/kg · K]이다)

① 1.1　　② 1.8
③ 2.56　　④ 3.8

해설 완전기체일 때 밀도

$$PV=WRT,\quad P=\frac{W}{V}RT\qquad \rho=\frac{P}{RT}$$

$$\therefore\rho=\frac{P}{RT}=\frac{100\times1{,}000[\mathrm{Pa}]}{188.98[\mathrm{J/kg\cdot K}]\times(273+20)[\mathrm{K}]}=\frac{100{,}000[\mathrm{N/m^2}]}{188.98[\mathrm{N\cdot m/kg\cdot K}]\times293[\mathrm{K}]}=1.8[\mathrm{kg/m^3}]$$

$$[\mathrm{Pa}]=[\mathrm{N/m^2}]\qquad[\mathrm{J}]=[\mathrm{N\cdot m}]$$

39

온도차이가 ΔT, 열전도율이 k_1, 두께 x인 벽을 통한 열유속(Heat Flux)과 온도차이가 $2\Delta T$, 열전도율이 k_2, 두께 $0.5x$인 벽을 통한 열유속이 서로 같다면 두 재질의 열전도율비 k_1/k_2의 값은?

① 1　　② 2
③ 4　　④ 8

해설 열전도율비 값

$$\text{열전달열량 } Q=\frac{k}{l}A\Delta T$$

여기서, k : 열전도율[W/m · K], l : 두께[m], A : 면적, ΔT : 온도차

$$\therefore\ \frac{k_1\Delta T}{x}=\frac{k_2 2\Delta T}{0.5x}$$

$$xk_2 2\Delta T=0.5xk_1\Delta T$$

$$\frac{k_1}{k_2}=\frac{x2\Delta T}{0.5x\Delta T}=4$$

36 ④ 37 ② 38 ② 39 ③ **정답**

40

표준대기압 상태인 어떤 지방의 호수 밑 72.4[m]에 있던 공기의 기포가 수면으로 올라오면 기포의 부피는 최초 부피의 몇 배가 되는가?(단, 기포 내의 공기는 보일의 법칙을 따른다)

① 2　　② 4

③ 7　　④ 8

해설 초기 기포의 지름이 d라고 하면 $V_1 = \frac{4}{3}\pi d^3$

수면에서 기포의 지름은 $V_2 = \frac{4}{3}\pi(2d^3) = 8V_1$

보일의 법칙을 적용하면 $P_1V_1 = P_2V_2$에서

$P_1 = \frac{P_2V_2}{V_1}(V_2 = 8V_1,\ 8 = \frac{V_2}{V_1}$

$\therefore\ P_1 = 8P_2$

제 3 과목 소방관계법규

41

소방시설공사업법령에 따른 소방시설업 등록이 가능한 사람은?

① 피성년후견인

② 위험물안전관리법에 따른 금고 이상의 형의 집행유예를 선고받고 그 유예기간 중에 있는 사람

③ 등록하려는 소방시설업 등록이 취소된 날부터 3년이 지난 사람

④ 소방기본법에 따른 금고 이상의 실형을 선고받고 그 집행이 면제된 날부터 1년이 지난 사람

해설 **소방시설업의 등록의 결격사유**

① 피성년후견인

② 4개의 법령에 따른 금고 이상의 실형을 선고받고 그 집행이 끝나거나(집행이 끝난 것으로 보는 경우를 포함한다) 면제된 날부터 2년이 지나지 아니한 사람

③ 4개의 법령에 따른 금고 이상의 형의 집행유예를 선고받고 그 유예기간 중에 있는 사람

④ 등록하려는 소방시설업 등록이 취소[①에 해당하여 등록이 취소된 경우는 제외한다]된 날부터 2년이 지나지 아니한 자

⑤ 법인의 대표자가 ①부터 ④까지의 규정에 해당하는 경우 그 법인

⑥ 법인의 임원이 ②부터 ④까지의 규정에 해당하는 경우 그 법인

42

화재예방, 소방시설 설치 · 유지 및 안전관리에 관한 법률상 방염성능기준 이상의 실내장식물 등을 설치해야 하는 특정소방대상물이 아닌 것은?

① 숙박이 가능한 수련시설

② 층수가 11층 이상인 아파트

③ 건축물 옥내에 있는 종교시설

④ 방송통신시설 중 방송국 및 촬영소

해설 **방염성능기준 이상의 실내장식물 등**

- 근린생활시설 중 의원, 체력단련장, 공연장 및 종교집회장
- 건축물의 옥내에 있는 시설로서 다음 각 목의 시설
  - 문화 및 집회시설
  - 종교시설
  - 운동시설(수영장은 제외한다)
- 의료시설
- 교육연구시설 중 합숙소
- 노유자시설
- 숙박이 가능한 수련시설
- 숙박시설
- 방송통신시설 중 방송국 및 촬영소
- 다중이용업소
- 층수가 **11층 이상**인 것(**아파트는 제외**한다)

43

소방시설공사업법령상 소방공사감리를 실시함에 있어 용도와 구조에서 특별히 안전성과 보안성이 요구되는 소방대상물로서 소방시설물에 대한 감리를 감리업자가 아닌 자가 감리할 수 있는 장소는?

① 정보기관의 청사

② 교도소 등 교정관련시설

③ 국방 관계시설 설치장소

④ 원자력안전법상 관련시설이 설치되는 장소

해설 원자력안전법상 관련시설이 설치되는 장소에는 감리업자가 아닌 자가 감리할 수 있다.

정답 40 ④　41 ③　42 ②　43 ④

44

위험물안전관리법령상 다음의 규정을 위반하여 위험물의 운송에 관한 기준을 따르지 아니한 자에 대한 과태료 기준은?

> 위험물운송자는 이동탱크저장소에 의하여 위험물을 운송하는 때에는 행정안전부령으로 정하는 기준을 준수하는 등 해당 위험물의 안전확보를 위하여 세심한 주의를 기울여야 한다.

① 50만원 이하 ② 100만원 이하
③ 200만원 이하 ④ 300만원 이하

해설 200만원 이하의 과태료
- 임시저장기간의 규정에 따른 승인을 받지 아니한 자
- 위험물의 저장 또는 취급에 관한 세부기준을 위반한 자
- 품명 등의 변경신고를 기간 이내에 하지 아니하거나 허위로 한 자
- 지위승계신고를 기간 이내에 하지 아니하거나 허위로 한 자
- 제조소 등의 폐지신고 또는 제15조 제3항의 규정에 따른 안전관리자의 선임신고를 기간 이내에 하지 아니하거나 허위로 한 자
- 등록사항의 변경신고를 기간 이내에 하지 아니하거나 허위로 한 자
- 점검결과를 기록·보존하지 아니한 자
- 위험물의 운반에 관한 세부기준을 위반한 자
- **위험물의 운송**에 관한 **기준을 따르지 아니한 자**

45

다음 소방시설 중 경보설비가 아닌 것은?

① 통합감시시설
② 가스누설경보기
③ 비상콘센트설비
④ 자동화재속보설비

해설 **비상콘센트설비** : 소화활동설비

46

소방기본법령에 따라 주거지역·상업지역 및 공업지역에 소방용수시설을 설치하는 경우 소방대상물과의 수평거리를 몇 [m] 이하가 되도록 해야 하는가?

① 50
② 100
③ 150
④ 200

해설 소방용수시설의 공통기준
① 국토의 계획 및 이용에 관한 법률 제36조 제1항 제1호의 규정에 의한 **주거지역·상업지역 및 공업지역**에 설치하는 경우 : 소방대상물과의 **수평거리**를 **100[m] 이하**가 되도록 할 것
② ① 외의 지역에 설치하는 경우 : 소방대상물과의 수평거리를 140[m] 이하가 되도록 할 것

47

소방기본법령상 정당한 사유 없이 화재의 예방조치에 관한 명령에 따르지 아니한 경우에 대한 벌칙은?

① 100만원 이하의 벌금
② 200만원 이하의 벌금
③ 300만원 이하의 벌금
④ 500만원 이하의 벌금

해설 200만원 이하의 벌금
- 정당한 사유 없이 화재예방 조치 명령에 따르지 아니하거나 이를 방해한 자
- 정당한 사유 없이 화재조사를 위한 관계 공무원의 출입 또는 조사를 거부·방해 또는 기피한 자

44 ③ 45 ③ 46 ② 47 ② 정답

48

소방기본법령상 불꽃을 사용하는 용접 · 용단기구의 용접 또는 용단 작업장에서 지켜야 하는 사항 중 다음 ( ) 안에 알맞은 것은?

> • 용접 또는 용단 작업자로부터 반경 (㉠)[m] 이내에 소화기를 갖추어 둘 것
> • 용접 또는 용단 작업장 주변 반경 (㉡)[m] 이내에는 가연물을 쌓아두거나 놓아두지 말 것. 다만, 가연물의 제거가 곤란하여 방지포 등으로 방호조치를 한 경우는 제외한다.

① ㉠ 3, ㉡ 5　② ㉠ 5, ㉡ 3
③ ㉠ 5, ㉡ 10　④ ㉠ 10, ㉡ 5

해설 **불꽃을 사용하는 용접 · 용단기구의 용접 또는 용단 작업장에서 지켜야 할 사항**
- 용접 또는 용단 작업자로부터 반경 5[m] 이내에 소화기를 갖추어 둘 것
- 용접 또는 용단 작업장 주변 반경 10[m] 이내에는 가연물을 쌓아두거나 놓아두지 말 것. 다만, 가연물의 제거가 곤란하여 방지포 등으로 방호조치를 한 경우는 제외한다.

49

소방기본법령상 소방업무 상호응원협정 체결 시 포함되어야 하는 사항이 아닌 것은?

① 응원출동의 요청방법
② 응원출동훈련 및 평가
③ 응원출동대상지역 및 규모
④ 응원출동 시 현장지휘에 관한 사항

해설 **소방업무 상호응원협정 체결 사항**
- 다음 각 목의 소방활동에 관한 사항
  - 화재의 경계 · 진압활동
  - 구조 · 구급업무의 지원
  - 화재조사활동
- 응원출동대상지역 및 규모
- 다음 각 목의 소요경비의 부담에 관한 사항
  - 출동대원의 수당 · 식사 및 피복의 수선
  - 소방장비 및 기구의 정비와 연료의 보급
  - 그 밖의 경비
- 응원출동의 요청방법
- 응원출동훈련 및 평가

50

위험물안전관리법령상 제조소 등의 경보설비 설치기준에 대한 설명으로 틀린 것은?

① 제조소 및 일반취급소의 연면적이 500[m^2] 이상인 것에는 자동화재탐지설비를 설치한다.
② 자동신호장치를 갖춘 스프링클러설비 또는 물분무 등 소화설비를 설치한 제조소 등에 있어서는 자동화재탐지설비를 설치한 것으로 본다.
③ 경보설비는 자동화재탐지설비 · 비상경보설비(비상벨장치 또는 경종 포함) · 확성장치(휴대용 확성기 포함) 및 비상방송설비로 구분한다.
④ 지정수량의 10배 이상의 위험물을 저장 또는 취급하는 제조소 등(이동탱크저장소를 포함한다)에는 화재 발생 시 이를 알릴 수 있는 경보설비를 설치하여야 한다.

해설 **지정수량의 10배 이상**의 위험물을 저장 또는 취급하는 **제조소 등(이동탱크저장소는 제외)**에는 화재 발생 시 이를 알릴 수 있는 경보설비(자동화재탐지설비, 비상경보설비, 확성장치, 비상방송설비)를 설치하여야 한다.

51

위험물안전관리법령에 따라 위험물안전관리자를 해임하거나 퇴직한 때에는 해임하거나 퇴직한 날부터 며칠 이내에 다시 안전관리자를 선임하여야 하는가?

① 30일　② 35일
③ 40일　④ 55일

해설 **위험물안전관리자**
- **재선임** : 해임 또는 퇴직 시 사유가 발생한 날부터 **30일 이내**
- 선임신고 : 선임일로부터 14일 이내

52

소방시설공사업법령에 따른 소방시설업의 등록권자는?

① 국무총리　② 소방서장
③ 시 · 도지사　④ 한국소방안전원장

해설 **소방시설업의 등록권자** : 시 · 도지사

정답 48 ③ 49 ④ 50 ④ 51 ① 52 ③

53

소방기본법령에 따른 소방용수시설 급수탑 개폐밸브의 설치기준으로 맞는 것은?

① 지상에서 1.0[m] 이상 1.5[m] 이하
② 지상에서 1.2[m] 이상 1.8[m] 이하
③ 지상에서 1.5[m] 이상 1.7[m] 이하
④ 지상에서 1.5[m] 이상 2.0[m] 이하

해설 **급수탑 개폐밸브의 설치** : 지상에서 1.5[m] 이상 1.7[m] 이하

54

위험물안전관리법령상 정기검사를 받아야 하는 특정·준특정 옥외탱크저장소의 관계인은 특정·준특정 옥외탱크저장소의 설치허가에 따른 완공검사필증을 발급받은 날부터 몇 년 이내에 정기검사를 받아야 하는가?

① 9 ② 10
③ 11 ④ 12

해설 **특정·준특정 옥외탱크저장소의 정기점검**

- **특정·준특정옥외탱크저장소**의 설치허가에 따른 **완공검사필증을 발급받은 날부터 12년**
- 제70조 제1항 제1호에 따른 최근의 정밀정기검사를 받은 날부터 11년

55

화재예방, 소방시설 설치·유지 및 안전관리에 관한 법률상 소방시설 등에 대한 자체점검 중 종합정밀점검 대상인 것은?

① 제연설비가 설치되지 않는 터널
② 스프링클러설비가 설치된 연면적이 5,000[m²]이고 12층인 아파트
③ 물분무 등 소화설비가 설치된 연면적이 5,000[m²]인 위험물 제조소
④ 호스릴 방식의 물분무 등 소화설비만을 설치한 연면적 3,000[m²]인 특정소방대상물

해설 종합정밀점검대상(2020년 8월 14일 이후부터 적용)

- **스프링클러설비가 설치된 특정소방대상물**
- **물분무 등 소화설비[호스릴(Hose Reel) 방식의 물분무 등 소화설비만**을 설치한 경우는 **제외**한다]가 설치된 **연면적 5,000[m²] 이상**인 특정소방대상물(**위험물 제조소 등은 제외한다**)
- 「다중이용업소의 안전관리에 관한 특별법 시행령」 제2조 제1호 나목, 같은 조 제2호(비디오물소극장업은 제외한다)·제6호·제7호·제7호의2 및 제7호의5의 다중이용업의 영업장이 설치된 특정소방대상물로서 연면적이 2,000[m²] 이상인 것
- **제연설비가 설치된 터널**
- 「공공기관의 소방안전관리에 관한 규정」 제2조에 따른 공공기관 중 연면적(터널·지하구의 경우 그 길이와 평균폭을 곱하여 계산된 값을 말한다)이 1,000[m²] 이상인 것으로서 옥내소화전설비 또는 자동화재탐지설비가 설치된 것. 다만, 「소방기본법」 제2조 제5호에 따른 소방대가 근무하는 공공기관은 제외한다.

56

화재예방, 소방시설 설치·유지 및 안전관리에 관한 법률상 소방용품의 형식승인을 받지 아니하고 소방용품을 제조하거나 수입한 자에 대한 벌칙 기준은?

① 100만원 이하의 벌금
② 300만원 이하의 벌금
③ 1년 이하의 징역 또는 1,000만원 이하의 벌금
④ 3년 이하의 징역 또는 3,000만원 이하의 벌금

해설 **3년 이하의 징역 또는 3,000만원 이하의 벌금**

- 관리업의 등록을 하지 아니하고 영업을 한 자
- 소방용품의 형식승인을 받지 아니하고 소방용품을 제조하거나 수입한 자
- 소방용품을 판매·진열하거나 소방시설공사에 사용한 자
- 제품검사를 받지 아니하거나 합격표시를 하지 아니한 소방용품을 판매·진열하거나 소방시설공사에 사용한 자

53 ③ 54 ④ 55 ② 56 ④ **정답**

57

화재예방, 소방시설 설치·유지 및 안전관리에 관한 법률상 소방안전관리대상물의 소방안전관리자의 업무가 아닌 것은?

① 소방시설 공사
② 소방훈련 및 교육
③ 소방계획서의 작성 및 시행
④ 자위소방대의 구성·운영·교육

해설 **소방안전관리자의 업무**

- 피난계획에 관한 사항과 대통령령으로 정하는 사항이 포함된 소방계획서의 작성 및 시행
- 자위소방대(自衛消防隊) 및 초기대응체계의 구성·운영·교육
- 피난시설, 방화구획 및 방화시설의 유지·관리
- 소방훈련 및 교육
- 소방시설이나 그 밖의 소방 관련 시설의 유지·관리
- 화기(火氣) 취급의 감독

58

소방기본법에 따라 화재 등 그 밖의 위급한 상황이 발생한 현장에서 소방활동을 위하여 필요한 때에는 그 관할구역에 사는 사람 또는 그 현장에 있는 사람으로 하여금 사람을 구출하는 일 또는 불을 끄는 등의 일을 하도록 명령할 수 있는 권한이 없는 사람은?

① 소방서장
② 소방대장
③ 시·도지사
④ 소방본부장

해설 **소방본부장, 소방서장** 또는 **소방대장**은 화재, 재난·재해, 그 밖의 위급한 상황이 발생한 현장에서 소방활동을 위하여 필요할 때에는 그 관할구역에 사는 사람 또는 그 현장에 있는 사람으로 하여금 사람을 구출하는 일 또는 불을 끄거나 불이 번지지 아니하도록 하는 일을 하게 할 수 있다. 이 경우 소방본부장, 소방서장 또는 소방대장은 소방활동에 필요한 보호장구를 지급하는 등 안전을 위한 조치를 하여야 한다.

59

화재예방, 소방시설 설치·유지 및 안전관리에 관한 법률상 화재위험도가 낮은 특정소방대상물 중 소방대가 조직되어 24시간 근무하고 있는 청사 및 차고에 설치하지 아니할 수 있는 소방시설이 아닌 것은?

① 피난기구
② 비상방송설비
③ 연결송수관설비
④ 자동화재탐지설비

해설 **소방시설을 설치하지 아니할 수 있는 특정소방대상물 및 소방시설의 범위**

구 분	특정소방대상물	소방시설
화재위험도가 낮은 특정소방대상물	석재, 불연성 금속, 불연성 건축재료 등의 가공공장·기계조립공장·주물공장 또는 불연성 물품을 저장하는 창고	옥외소화전 및 연결살수설비
	소방기본법 제2조 제5호 따른 소방대가 조직되어 24시간 근무하고 있는 청사 및 차고	옥내소화전설비, 스프링클러설비, 물분무 등 소화설비, 비상방송설비, 피난기구, 소화용수설비, 연결송수관설비, 연결살수설비

60

화재예방, 소방시설 설치·유지 및 안전관리에 관한 법률상 건축허가 등의 동의대상물이 아닌 것은?

① 항공기 격납고
② 연면적이 300[m^2]인 공연장
③ 바닥면적이 300[m^2]인 차고
④ 연면적이 300[m^2]인 노유자시설

해설 **건축허가 등의 동의대상물**

- **항공기 격납고**, 관망탑, 항공관제탑, 방송용 송수신탑
- **연면적**이 **400[m^2] 이상**인 **공연장**
- **차고**·주차장으로 사용되는 **바닥면적이 200[m^2] 이상**인 층이 있는 건축물이나 주차시설
- **연면적이 200[m^2] 이상**인 **노유자시설** 및 수련시설

정답 57 ① 58 ③ 59 ④ 60 ②

제 4 과목 소방기계시설의 구조 및 원리

61

분말소화설비의 화재안전기준상 차고 또는 주차장에 설치하는 분말소화설비의 소화약제는?

① 인산염을 주성분으로 한 분말
② 탄산수소칼륨을 주성분으로 한 분말
③ 탄산수소칼륨과 요소가 화합된 분말
④ 탄산수소나트륨을 주성분으로 한 분말

해설 **차고, 주차장** : 제3종 분말($NH_4H_2PO_4$: 인산염, 제일인산암모늄)

62

할론소화설비의 화재안전기준상 축압식 할론소화약제 저장용기에 사용되는 축압용가스로서 적합한 것은?

① 질 소　② 산 소
③ 이산화탄소　④ 불활성가스

해설 **할론소화약제 저장용기에 사용되는 축압용가스** : 질소(N_2)

63

물분무소화설비의 화재안전기준에 따른 물분무소화설비의 설치장소별 1[m²]당 수원의 최소 저수량으로 맞는 것은?

① 차고 : 30[L/min] × 20분 × 바닥면적
② 케이블트레이 : 12[L/min] × 20분 × 투영된 바닥면적
③ 컨베이어 벨트 : 37[L/min] × 20분 × 벨트 부분의 바닥면적
④ 특수가연물을 취급하는 특정소방대상물 : 20[L/min] × 20분 × 바닥면적

해설 물분무소화설비의 펌프 토출량과 수원의 양

소방대상물	펌프의 토출량[L/min]	수원의 양[L]
특수가연물 저장, 취급	바닥면적(50[m²] 이하는 50[m²]로) × 10[L/min · m²]	바닥면적(50[m²] 이하는 50[m²]로) × 10[L/min · m²] × 20[min]
차고, 주차장	바닥면적(50[m²] 이하는 50[m²]로) × 20[L/min · m²]	바닥면적(50[m²] 이하는 50[m²]로) × 20[L/min · m²] × 20[min]
절연유 봉입변압기	표면적(바닥부분 제외) × 10[L/min · m²]	표면적(바닥부분 제외) × 10[L/min · m²] × 20[min]
케이블 트레이, 케이블 덕트	**투영된 바닥면적 × 12[L/min · m²]**	**투영된 바닥면적 × 12[L/min · m²] × 20[min]**
컨베이어 벨트	벨트 부분의 바닥면적 × 10[L/min · m²]	벨트 부분의 바닥면적 × 10[L/min · m²] × 20[min]

64

화재예방, 소방시설 설치 · 유지 및 안전관리에 관한 법률상 자동소화장치를 모두 고른 것은?

㉠ 분말자동소화장치
㉡ 액체자동소화장치
㉢ 고체에어로졸자동소화장치
㉣ 공업용 자동소화장치
㉤ 캐비닛형 자동소화장치

① ㉠, ㉡
② ㉠, ㉢, ㉣
③ ㉠, ㉢, ㉤
④ ㉠, ㉡, ㉢, ㉣, ㉤

해설 **자동소화장치**
- 주거용 주방자동소화장치
- 상업용 주방자동소화장치
- 캐비닛형 자동소화장치
- 가스 자동소화장치
- 분말 자동소화장치
- 고체에어로졸 자동소화장치

61 ① 62 ① 63 ② 64 ③ 정답

65

피난기구를 설치하여야 할 소방대상물 중 피난기구의 2분의 1을 감소할 수 있는 조건이 아닌 것은?

① 주요구조부가 내화구조로 되어 있다.
② 특별피난계단이 2 이상 설치되어 있다.
③ 소방구조용(비상용) 엘리베이터가 설치되어 있다.
④ 직통계단인 피난계단이 2 이상 설치되어 있다.

해설 피난기구의 1/2을 감소할 수 있는 조건
- 주요구조부가 내화구조로 되어 있을 것
- 직통계단인 피난계단 또는 특별피난계단이 2 이상 설치되어 있을 것

66

소화수조 및 저수조의 화재안전기준에 따라 소화용수설비에 설치하는 채수구의 수는 소요수량이 40[m³] 이상 100[m³] 미만인 경우 몇 개를 설치해야 하는가?

① 1　　② 2
③ 3　　④ 4

해설 소화용수량과 가압송수장치 분당 양수량

소요수량	20[m³] 이상 40[m³] 미만	40[m³] 이상 100[m³] 미만	100[m³] 이상
채수구의 수	1개	2개	3개
가압송수장치의 1분당 양수량	1,100[L] 이상	2,200[L] 이상	3,300[L] 이상

67

포소화설비의 화재안전기준에 따라 바닥면적이 180[m²]인 건축물 내부에 호스릴 방식의 포소화설비를 설치할 경우 가능한 포소화약제의 최소 필요량은 몇 [L]인가?(단, 호스접결구 : 2개, 약제농도 : 3[%])

① 180　　② 270
③ 650　　④ 720

해설 옥내포소화전방식 또는 호스릴방식의 포 약제량

$$Q = N \times S \times 6{,}000[L]$$

여기서, Q : 포약제량[L]
N : 호스접결구 수(5개 이상은 5개)
S : 포 소화약제의 농도[%]

바닥면적이 200[m²] 미만일 때 호스릴방식의 약제량

$$Q = N \times S \times 6{,}000[L] \times 0.75$$

$\therefore Q = N \times S \times 6{,}000[L] \times 0.75$
$= 2 \times 0.03 \times 6{,}000 \times 0.75 = 270[L]$

68

소화수조 및 저수조의 화재안전기준에 따라 소화용수설비를 설치하여야 할 특정소방대상물에 있어서 유수의 양이 최소 몇 [m³/min] 이상인 유수를 사용할 수 있는 경우에 소화수조를 설치하지 아니할 수 있는가?

① 0.8　　② 1
③ 1.5　　④ 2

해설 소화용수설비를 설치하여야 할 특정소방대상물에 있어서 유수의 양이 0.8[m³/min] 이상인 유수를 사용할 수 있는 경우에는 소화수조를 설치하지 아니할 수 있다.

69

스프링클러설비의 화재안전기준에 따라 개방형 스프링클러설비에서 하나의 방수구역을 담당하는 헤드 개수는 최대 몇 개 이하로 설치하여야 하는가?

① 30
② 40
③ 50
④ 60

해설 개방형스프링클러설비의 방수구역 및 일제개방밸브의 기준
- 하나의 방수구역은 2개 층에 미치지 아니 할 것
- 방수구역마다 일제개방밸브를 설치할 것
- **하나의 방수구역**을 담당하는 헤드의 개수는 **50개 이하**로 할 것. 다만, 2개 이상의 방수구역으로 나눌 경우에는 하나의 방수구역을 담당하는 헤드의 개수는 25개 이상으로 할 것
- 일제개방밸브의 설치위치는 제6조제4호의 기준에 따르고, 표지는 "일제개방밸브실"이라고 표시할 것

정답 65 ③ 66 ② 67 ② 68 ① 69 ③

70

완강기의 형식승인 및 제품검사의 기술기준상 완강기의 최대사용하중은 최소 몇 [N]이상의 하중이어야 하는가?

① 800 ② 1,000
③ 1,200 ④ 1,500

해설 완강기의 최대사용하중 : 1,500[N] 이상

71

옥외소화전설비의 화재안전기준에 따라 옥외소화전 배관은 특정소방대상물의 각 부분으로부터 하나의 호스접결구까지의 수평거리가 몇 [m] 이하가 되도록 설치하여야 하는가?

① 25 ② 35
③ 40 ④ 50

해설 호스접결구는 지면으로부터 높이가 0.5[m] 이상 1[m] 이하의 위치에 설치하고 특정소방대상물의 각 부분으로부터 하나의 호스접결구까지의 수평거리가 40[m] 이하가 되도록 설치하여야 한다.

72

난방설비가 없는 교육장소에 비치하는 소화기로 가장 적합한 것은?(단, 교육장소의 겨울 최저온도는 −15[℃]이다)

① 화학포소화기
② 기계포소화기
③ 산알칼리소화기
④ ABC 분말소화기

해설 소화기의 사용온도범위
- 강화액소화기 : −20[℃] 이상 40[℃] 이하
- 분말소화기 : −20[℃] 이상 40[℃] 이하
- 그 밖의 소화기 : 0[℃] 이상 40[℃] 이하

73

스프링클러설비의 화재안전기준에 따라 연소할 우려가 있는 개구부에 드렌처설비를 설치한 경우 해당 개구부에 한하여 스프링클러헤드를 설치하지 아니할 수 있다. 관련기준으로 틀린 것은?

① 드렌처헤드는 개구부 위 측에 2.5[m] 이내마다 1개를 설치할 것
② 제어밸브는 특정소방대상물 층마다에 바닥 면으로부터 0.5[m] 이상 1.5[m] 이하의 위치에 설치할 것
③ 드렌처헤드가 가장 많이 설치된 제어밸브에 설치된 드렌처헤드를 동시에 사용하는 경우에 각 헤드선단에 방수압력이 0.1[MPa] 이상이 되도록 할 것
④ 드렌처헤드가 가장 많이 설치된 제어밸브에 설치된 드렌처헤드를 동시에 사용하는 경우에 각 헤드선단에 방수량은 80[L/min] 이상이 되도록 할 것

해설 드렌처설비의 설치기준
- 드렌처헤드는 개구부 위 측에 2.5[m] 이내마다 1개를 설치할 것
- **제어밸브**(일제개방밸브 · 개폐표시형밸브 및 수동조작부를 합한 것을 말한다)는 특정소방대상물 층마다에 바닥 면으로부터 **0.8[m] 이상 1.5[m] 이하**의 위치에 설치할 것
- 수원의 수량은 드렌처헤드가 가장 많이 설치된 제어밸브의 드렌처헤드의 설치개수에 1.6[m^3]를 곱하여 얻은 수치 이상이 되도록 할 것
- 드렌처설비는 드렌처헤드가 가장 많이 설치된 제어밸브에 설치된 드렌처헤드를 동시에 사용하는 경우에 각각의 헤드선단에 방수압력이 0.1[MPa] 이상, 방수량이 80[L/min] 이상이 되도록 할 것
- 수원에 연결하는 가압송수장치는 점검이 쉽고 화재 등의 재해로 인한 피해우려가 없는 장소에 설치할 것

70 ④ 71 ③ 72 ④ 73 ② 정답

74

연결살수설비의 화재안전기준에 따른 건축물에 설치하는 연결살수설비의 헤드에 대한 기준 중 다음 ( ) 안에 알맞은 것은?

> 천장 또는 반자의 각 부분으로부터 하나의 살수헤드까지의 수평거리가 연결살수설비전용헤드의 경우는 (㉠)[m] 이하, 스프링클러헤드의 경우는 (㉡)[m] 이하로 할 것. 다만, 살수헤드의 부착면과 바닥과의 높이가 (㉢)[m] 이하인 부분은 살수헤드의 살수분포에 따른 거리로 할 수 있다.

① ㉠ 3.7, ㉡ 2.3, ㉢ 2.1
② ㉠ 3.7, ㉡ 2.3, ㉢ 2.3
③ ㉠ 2.3, ㉡ 3.7, ㉢ 2.3
④ ㉠ 2.3, ㉡ 3.7, ㉢ 2.1

해설 건축물에 설치하는 연결살수설비의 헤드
- 천장 또는 반자의 실내에 면하는 부분에 설치할 것
- 천장 또는 반자의 각 부분으로부터 하나의 살수헤드까지의 수평거리가 **연결살수설비전용헤드**의 경우는 **3.7[m] 이하**, **스프링클러헤드**의 경우는 **2.3[m] 이하**로 할 것. 다만, 살수헤드의 부착면과 바닥과의 높이가 **2.1[m] 이하**인 부분은 살수헤드의 살수분포에 따른 거리로 할 수 있다.

75

분말소화설비의 화재안전기준에 따라 분말소화약제의 가압용가스 용기에는 최대 몇 [MPa] 이하의 압력에서 조정이 가능한 압력조정기를 설치하여야 하는가?

① 1.5 ② 2.0
③ 2.5 ④ 3.0

해설 분말소화약제의 가압용가스 용기에는 **2.5[MPa] 이하**의 압력에서 조정이 가능한 **압력조정기**를 설치하여야 한다.

76

포소화설비의 화재안전기준상 차고 · 주차장에 설치하는 포소화설비의 설치 기준 중 다음 ( ) 안에 알맞은 것은?(단, 1개 층의 바닥면적이 200[m²] 이하인 경우에는 제외한다)

> 특정소방대상물의 어느 층에 있어서도 그 층에 설치된 호스릴포방수구 또는 포소화전방수구(호스릴포방수구 또는 포소화전방수구가 5개 이상 설치된 경우에는 5개)를 동시에 사용할 경우 각 이동식 포노즐 선단의 포수용액 방사압력이 (㉠)[MPa] 이상이고 (㉡)[L/min] 이상의 포수용액을 수평거리 15[m] 이상으로 방사할 수 있도록 할 것

① ㉠ 0.25, ㉡ 230
② ㉠ 0.25, ㉡ 300
③ ㉠ 0.35, ㉡ 230
④ ㉠ 0.35, ㉡ 300

해설 차고 · 주차장에 설치하는 호스릴포소화설비 또는 포소화전설비의 기준
- 특정소방대상물의 어느 층에 있어서도 그 층에 설치된 호스릴포방수구 또는 포소화전방수구(호스릴포방수구 또는 포소화전방수구가 5개 이상 설치된 경우에는 5개)를 동시에 사용할 경우 각 이동식 포노즐 선단의 포수용액 방사압력이 **0.35[MPa] 이상**이고 **300[L/min] 이상**(1개층의 바닥면적이 200[m²] 이하인 경우에는 230[L/min] 이상)의 포수용액을 수평거리 15[m] 이상으로 방사할 수 있도록 할 것
- 저발포의 포소화약제를 사용할 수 있는 것으로 할 것
- 호스릴 또는 호스를 호스릴포방수구 또는 포소화전방수구로 분리하여 비치하는 때에는 그로부터 3[m] 이내의 거리에 호스릴함 또는 호스함을 설치할 것
- 호스릴함 또는 호스함은 바닥으로부터 높이 1.5[m] 이하의 위치에 설치하고 그 표면에는 "포호스릴함(또는 포소화전함)"이라고 표시한 표지와 적색의 위치표시등을 설치할 것
- 방호대상물의 각 부분으로부터 하나의 호스릴포방수구까지의 수평거리는 15[m] 이하(포소화전방수구의 경우에는 25[m] 이하)가 되도록 하고 호스릴 또는 호스의 길이는 방호대상물의 각 부분에 포가 유효하게 뿌려질 수 있도록 할 것

정답 74 ① 75 ③ 76 ④

77

이산화탄소소화설비의 화재안전기준에 따른 이산화탄소소화설비의 기동장치의 설치기준으로 맞는 것은?

① 가스압력식 기동장치 기동용가스용기의 용적은 3[L] 이상으로 한다.
② 수동식 기동장치는 전역방출방식에 있어서 방호대상물마다 설치한다.
③ 수동식 기동장치의 부근에는 소화약제의 방출을 지연시킬 수 있는 비상스위치를 설치해야 한다.
④ 전기식 기동장치로서 5병의 저장용기를 동시에 개방하는 설비는 2병 이상의 저장용기에 전자개방밸브를 부착해야 한다.

해설 이산화탄소소화설비의 기동장치의 설치기준

- 가스압력식 기동장치의 기준
  - 기동용가스용기 및 해당 용기에 사용하는 밸브는 25[MPa] 이상의 압력에 견딜 수 있는 것으로 할 것
  - 기동용가스용기에는 내압시험압력의 0.8배부터 내압시험압력 이하에서 작동하는 안전장치를 설치할 것
  - 기동용가스용기의 용적은 **5[L] 이상**으로 하고, 해당 용기에 저장하는 질소 등의 비활성기체는 6.0[MPa] 이상(21[℃] 기준)의 압력으로 충전할 것
  - 기동용가스용기에는 충전여부를 확인할 수 있는 압력게이지를 설치할 것
- 수동식 기동장치의 설치기준
  이 경우 수동식 기동장치의 부근에는 소화약제의 방출을 지연시킬 수 있는 **비상스위치**(자동복귀형 스위치로서 수동식 기동장치의 타이머를 순간정지시키는 기능의 스위치를 말한다)를 설치하여야 한다.
  - **전역방출방식**은 **방호구역**마다, 국소방출방식은 방호대상물마다 설치할 것
  - 해당방호구역의 출입구부분 등 조작을 하는 자가 쉽게 피난할 수 있는 장소에 설치할 것
  - 기동장치의 조작부는 바닥으로부터 높이 0.8[m] 이상 1.5[m] 이하의 위치에 설치하고, 보호판 등에 따른 보호장치를 설치할 것
  - 기동장치에는 그 가까운 곳의 보기 쉬운 곳에 "이산화탄소소화설비 기동장치"라고 표시한 표지를 할 것
  - 전기를 사용하는 기동장치에는 전원표시등을 설치할 것
  - 기동장치의 방출용 스위치는 음향경보장치와 연동하여 조작될 수 있는 것으로 할 것
- **전기식 기동장치**로서 **7병 이상**의 저장용기를 동시에 개방하는 설비는 **2병 이상**의 저장용기에 전자 개방밸브를 부착할 것

78

물분무소화설비의 화재안전기준에 따른 물분무소화설비의 저수량에 대한 기준 중 다음 (   ) 안의 내용으로 맞는 것은?

> 절연유 봉입 변압기는 바닥부분을 제외한 표면적을 합한 면적 $1[m^2]$에 대하여 (   )[L/min]로 20분간 방수할 수 있는 양 이상으로 할 것

① 4
② 8
③ 10
④ 12

해설 물분무소화설비의 펌프 토출량과 수원의 양

소방대상물	펌프의 토출량[L/min]	수원의 양[L]
특수가연물 저장, 취급	바닥면적($50[m^2]$ 이하는 $50[m^2]$로)×$10[L/min \cdot m^2]$	바닥면적($50[m^2]$ 이하는 $50[m^2]$로)×$10[L/min \cdot m^2]$×20[min]
차고, 주차장	바닥면적($50[m^2]$ 이하는 $50[m^2]$로)×$20[L/min \cdot m^2]$	바닥면적($50[m^2]$ 이하는 $50[m^2]$로)×$20[L/min \cdot m^2]$×20[min]
절연유 봉입변압기	**표면적(바닥부분 제외)×$10[L/min \cdot m^2]$**	**표면적(바닥부분 제외)×$10[L/min \cdot m^2]$×20[min]**
케이블트레이, 케이블덕트	투영된 바닥면적×$12[L/min \cdot m^2]$	투영된 바닥면적×$12[L/min \cdot m^2]$×20[min]
컨베이어벨트	벨트 부분의 바닥면적×$10[L/min \cdot m^2]$	벨트 부분의 바닥면적×$10[L/min \cdot m^2]$×20[min]

77 ③ 78 ③ 정답

79

화재조기진압용 스프링클러설비의 화재안전기준상 화재조기진압용 스프링클러설비 설치장소의 구조 기준으로 틀린 것은?

① 창고 내의 선반의 형태는 하부로 물이 침투되는 구조로 할 것
② 천장의 기울기가 1,000분의 168을 초과하지 않아야 하고, 이를 초과하는 경우에는 반자를 지면과 수평으로 설치할 것
③ 천장은 평평하여야 하며 철재나 목재트러스 구조인 경우, 철재나 목재의 돌출부분이 102[mm]를 초과하지 아니할 것
④ 해당 층의 높이가 10[m] 이하일 것. 다만, 3층 이상일 경우에는 해당 층의 바닥을 내화구조로 하고 다른 부분과 방화구획 할 것

해설 **화재조기진압용 스프링클러설비의 설치장소의 구조**

- 해당 층의 높이가 **13.7[m] 이하**일 것. 다만, 2층 이상일 경우에는 해당층의 바닥을 내화구조로 하고 다른 부분과 방화구획 할 것
- 천장의 기울기가 1,000분의 168을 초과하지 않아야 하고, 이를 초과하는 경우에는 반자를 지면과 수평으로 설치할 것
- 천장은 평평하여야 하며 철재나 목재트러스 구조인 경우, 철재나 목재의 돌출부분이 102[mm]를 초과하지 아니할 것
- 보로 사용되는 목재·콘크리트 및 철재사이의 간격이 0.9[m] 이상 2.3[m] 이하일 것. 다만, 보의 간격이 2.3[m] 이상인 경우에는 화재조기진압용 스프링클러헤드의 동작을 원활히 하기 위하여 보로 구획된 부분의 천장 및 반자의 넓이가 28[m^2]를 초과하지 아니할 것
- 창고 내의 선반의 형태는 하부로 물이 침투되는 구조로 할 것

80

제연설비의 화재안전기준상 유입풍도 및 배출풍도에 관한 설명으로 맞는 것은?

① 유입풍도 안의 풍속은 25[m/s] 이하로 한다.
② 배출풍도는 석면재료와 같은 내열성의 단열재로 유효한 단열 처리를 한다.
③ 배출풍도와 유입풍도의 아연도금강판 최소 두께는 0.45[mm] 이상으로 하여야 한다.
④ 배출기의 흡입측 풍도 안의 풍속은 15[m/s] 이하로 하고 배출측 풍속은 20[m/s] 이하로 한다.

해설 **배출기 및 배출풍도의 설치기준**

- 배출기의 설치기준
  - 배출기의 배출능력은 제6조 제1항부터 제4항까지의 배출량 이상이 되도록 할 것
  - 배출기와 배출풍도의 접속부분에 사용하는 캔버스는 내열성(석면재료는 제외한다)이 있는 것으로 할 것
  - 배출기의 전동기부분과 배풍기 부분은 분리하여 설치하여야 하며, 배풍기 부분은 유효한 내열처리를 할 것
- 배출풍도의 설치기준
  - **배출풍도**는 아연도금강판 또는 이와 동등 이상의 내식성·내열성이 있는 것으로 하며, **내열성(석면재료를 제외한다)**의 단열재로 유효한 단열 처리를 하고, 강판의 두께는 배출풍도의 크기에 따라 다음 표에 따른 기준 이상으로 할 것

풍도단면의 긴 변 또는 직경의 크기	강판의 두께
450[mm] 이하	0.5[mm]
450[mm] 초과 750[mm] 이하	0.6[mm]
750[mm] 초과 1,500[mm] 이하	0.8[mm]
1,500[mm] 초과 2,250[mm] 이하	1.0[mm]
2,250[mm] 초과	1.2[mm]

  - 배출기의 **흡입측** 풍도안의 풍속은 **15[m/s] 이하**로 하고 **배출측** 풍속은 **20[m/s] 이하**로 할 것
- 유입풍도의 설치기준
  - **유입풍도안의 풍속**은 **20[m/s] 이하**로 한다.
  - 옥외에 면하는 배출구 및 공기유입구는 비 또는 눈 등이 들어가지 아니하도록 하고, 배출된 연기가 공기유입구로 순환유입 되지 아니하도록 하여야 한다.

정답 79 ④ 80 ④

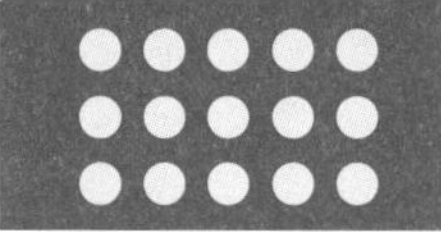

제3회 2020년 8월 22일 시행

제1과목 소방원론

01

제1종 분말소화약제의 주성분으로 옳은 것은?

① $KHCO_3$
② $NaHCO_3$
③ $NH_4H_2PO_4$
④ $Al_2(SO_4)_3$

해설 제1종 분말소화약제 : 탄산수소나트륨($NaHCO_3$)

02

위험물과 위험물안전관리법령에서 정한 지정수량을 옳게 연결한 것은?

① 무기과산화물 – 300[kg]
② 황화인 – 500[kg]
③ 황린 – 20[kg]
④ 질산에스테르류 – 200[kg]

해설 지정수량

종 류	무기과산화물	황화인	황 린	질산에스테르류
유 별	제1류 위험물	제2류 위험물	제3류 위험물	제5류 위험물
지정수량	50[kg]	100[kg]	20[kg]	10[kg]

03

다음 원소 중 전기음성도가 가장 큰 것은?

① F
② Br
③ Cl
④ I

해설 전기음성도 : F > Cl > Br > I

소화효과 : F < Cl < Br < I

04

탄화칼슘이 물과 반응 시 발생하는 가연성 가스는?

① 메 탄
② 포스핀
③ 아세틸렌
④ 수 소

해설 탄화칼슘이 물과 반응하면 아세틸렌(C_2H_2)의 가연성 가스를 발생한다.

$$CaC_2 + 2H_2O \rightarrow \underset{(수산화칼슘)}{Ca(OH)_2} + \underset{(아세틸렌)}{C_2H_2\uparrow}$$

05

건축물의 내화구조에서 바닥의 경우에는 철근 콘크리트조의 두께가 몇 [cm] 이상이어야 하는가?

① 7
② 10
③ 12
④ 15

해설 내화구조

내화구분	내화구조의 기준
바 닥	• 철근콘크리트조 또는 철골・철근콘크리트조로서 두께가 10[cm] 이상인 것 • 철재로 보강된 콘크리트블록조・벽돌조 또는 석조로서 철재에 덮은 두께가 5[cm] 이상인 것 • 철재의 양면을 두께 5[cm] 이상의 철망 모르타르 또는 콘크리트로 덮은 것

01 ② 02 ③ 03 ① 04 ③ 05 ② 정답

06

밀폐된 공간에 이산화탄소를 방사하여 산소의 체적 농도를 12[%] 되게 하려면 상대적으로 방사된 이산화탄소의 농도는 얼마가 되어야 하는가?

① 25.40[%] ② 28.70[%]
③ 38.35[%] ④ 42.86[%]

해설 이산화탄소의 농도

$$이산화탄소농도[\%] = \frac{21 - O_2}{21} \times 100$$

$$\therefore CO_2의\ 농도 = \frac{21 - 12}{21} \times 100 = 42.86[\%]$$

07

공기의 평균 분자량이 29일 때 이산화탄소 기체의 증기비중은 얼마인가?

① 1.44 ② 1.52
③ 2.88 ④ 3.24

해설 증기비중

$$증기비중 = \frac{분자량}{29}$$

이산화탄소(CO_2)의 분자량 : 44

$$\therefore 증기비중 = \frac{분자량}{29} = \frac{44}{29} = 1.517$$

08

다음 중 연소와 가장 관련 있는 화학반응은?

① 중화반응
② 치환반응
③ 환원반응
④ 산화반응

해설 **연소** : 가연물이 공기 중에서 산소와 반응하여 열과 빛을 동반하는 급격한 산화현상

09

화재의 종류에 따른 분류가 틀린 것은?

① A급 : 일반화재
② B급 : 유류화재
③ C급 : 가스화재
④ D급 : 금속화재

해설 C급 : 전기화재

10

질식소화 시 공기 중의 산소농도는 일반적으로 약 몇 [vol%] 이하로 하여야 하는가?

① 25 ② 21
③ 19 ④ 15

해설 **질식소화** : 불연성 기체나 고체 등으로 연소물을 감싸 산소의 농도를 21[%]에서 15[%] 이하로 낮추어 소화하는 방법

11

다음 중 발화점이 가장 낮은 물질은?

① 휘발유
② 이황화탄소
③ 적 린
④ 황 린

해설 위험물의 발화점

종 류	휘발유	이황화탄소	적 린	황 린
구 분	제4류 위험물	제4류 위험물	제2류 위험물	제3류 위험물
인화점	≒300[℃]	100[℃]	260[℃]	34[℃]

정답 06 ④ 07 ② 08 ④ 09 ③ 10 ④ 11 ④

12

인화점이 20[℃]인 액체위험물을 보관하는 창고의 인화 위험성에 대한 설명 중 옳은 것은?

① 여름철에 창고 안이 더워질수록 인화의 위험성이 커진다.
② 겨울철에 창고 안이 추워질수록 인화의 위험성이 커진다.
③ 20[℃]에서 가장 안전하고 20[℃]보다 높아지거나 낮아질수록 인화의 위험성이 커진다.
④ 인화의 위험성은 계절의 온도와는 상관없다.

해설 인화점이 20[℃](피리딘)이 액체는 20[℃]가 되면 증기가 발생하여 점화원이 있으면 화재가 일어나므로 창고안의 온도가 높을수록 인화의 위험성은 크다.

13

화재하중의 단위로 옳은 것은?

① $[kg/m^2]$　② $[℃/m^2]$
③ $[kg \cdot L/m^3]$　④ $[℃ \cdot L/m^3]$

해설 **화재하중** : 단위면적당 가연성 수용물의 양으로서 건물 화재 시 발열량 및 화재의 위험성을 나타내는 용어로서 단위는 $[kg/m^2]$이다.

14

이산화탄소 소화약제 저장용기의 설치장소에 대한 설명 중 옳지 않은 것은?

① 반드시 방호구역 내의 장소에 설치한다.
② 온도의 변화가 적은 곳에 설치한다.
③ 방화문으로 구획된 실에 설치한다.
④ 해당 용기가 설치된 곳임을 표시하는 표지를 한다.

해설 **저장용기의 설치장소기준**
- **방호구역 외의 장소**에 설치할 것(단, 방호구역 내에 설치할 경우 조작이 용이하도록 피난구 부근에 설치)
- 온도가 40[℃] 이하이고, 온도변화가 적은 곳에 설치할 것
- 직사광선 및 빗물이 침투할 우려가 없는 곳에 설치할 것
- 방화문으로 구획된 실에 설치할 것
- 용기의 설치장소에는 당해 용기가 설치된 곳임을 표시하는 표지를 할 것
- 용기간의 간격은 점검에 지장이 없도록 3[cm] 이상의 간격을 유지할 것
- 저장용기와 집합관을 연결하는 연결배관에는 체크밸브를 설치할 것(단, 저장용기가 하나의 방호구역만을 담당하는 경우에는 그러하지 아니하다)

15

화재의 소화원리에 따른 소화방법의 적용으로 틀린 것은?

① 냉각소화 : 스프링클러설비
② 질식소화 : 이산화탄소소화설비
③ 제거소화 : 포소화설비
④ 억제소화 : 할론소화설비

해설 **질식소화** : 포소화설비

16

소화효과를 고려하였을 경우 화재 시 사용할 수 있는 물질이 아닌 것은?

① 이산화탄소　② 아세틸렌
③ Halon 1211　④ Halon 1301

해설 아세틸렌(C_2H_2)은 가연성가스이므로 소화약제로 사용할 수 없다.

17

화재 시 발생하는 연소가스 중 인체에서 헤모글로빈과 결합하여 혈액의 산소운반을 저해하고 두통, 근육 조절의 장애를 일으키는 것은?

① CO_2　② CO
③ HCN　④ H_2S

해설 **일산화탄소(CO)** : 연소가스 중 인체에서 헤모글로빈과 결합하여 혈액의 산소운반을 저해하고 두통, 근육 조절의 장애를 일으키는 가연성가스

12 ① 13 ① 14 ① 15 ③ 16 ② 17 ② **정답**

18

다음 중 고체 가연물이 덩어리보다 가루일 때 연소되기 쉬운 이유로 가장 적합한 것은?

① 발열량이 작아지기 때문이다.
② 공기와 접촉면이 커지기 때문이다.
③ 열전도율이 커지기 때문이다.
④ 활성에너지가 커지기 때문이다.

해설 고체의 가연물이 가루일 때에는 공기와 접촉면적이 크기 때문에 연소가 잘 된다.

19

소화약제인 IG-541의 성분이 아닌 것은?

① 질 소
② 아르곤
③ 헬 륨
④ 이산화탄소

해설 IG-541의 성분

성 분	N_2(질소)	Ar(아르곤)	CO_2(이산화탄소)
농 도	52[%]	40[%]	8[%]

20

Halon 1301의 분자식은?

① CH_3Cl
② CH_3Br
③ CF_3Cl
④ CF_3Br

해설 Halon 1301의 분자식 : CF_3Br

제 2 과목 소방유체역학

21

대기압하에서 10[℃]의 물 2[kg]이 전부 증발하여 100[℃]의 수증기로 되는 동안 흡수되는 열량[kJ]은 얼마인가?(단, 물의 비열은 4.2[kJ/kg·K], 기화열은 2,250[kJ/kg]이다)

① 756　　② 2,638
③ 5,256　　④ 5,360

해설 열 량

$$Q = mc\Delta t + \gamma m$$

여기서, m : 질량(2[kg]), c : 비열(4.2[kJ/kg·K])
Δt : 온도차{(273 + 100) − (273 + 10) = 90[K]}
γ : 물의 기화열(2,250[kJ/kg])

$\therefore Q = (2\times4.2\times90)+(2{,}250\times2) = 5{,}256[\text{kJ}]$

22

체적 0.1[m³]의 밀폐 용기 안에 기체상수가 0.4615[kJ/kg·K]인 기체 1[kg]이 압력 2[MPa], 온도 250[℃] 상태로 들어있다. 이때 이 기체의 압축계수(또는 압축성인자)는?

① 0.578　　② 0.828
③ 1.21　　④ 1.73

해설 압축계수

$$PV = ZWRT,\quad Z = \frac{PV}{WRT}$$

여기서, P : 압력(2[MPa] = 2×1,000[kPa] = 2,000[kN/m²](=[kPa]),
V : 부피(0.1[m³]), W : 무게(1[kg])
R : 기체상수(0.4615[kJ/kg·K] = 0.4615[kN·m/kg·K])
T : 절대온도(273+250 = 523[K])

$$\therefore Z = \frac{PV}{WRT} = \frac{2{,}000\times0.1}{1\times0.4615\times523} = 0.8286$$

정답 18 ② 19 ③ 20 ④ 21 ③ 22 ②

23

원심펌프를 이용하여 0.2[m³/s]로 저수지의 물을 2[m] 위의 물탱크로 퍼 올리고자 한다. 펌프의 효율이 80[%]라고 하면 펌프에 공급해야 하는 동력[kW]은?

① 1.96 ② 3.14
③ 3.92 ④ 4.90

해설 전동기 용량

$$P[\text{kW}] = \frac{\gamma \times Q \times H}{102 \times \eta} \times K = \frac{1,000 \times 0.2 \times 2}{102 \times 0.8}$$

$$= 4.90[\text{kW}]$$

여기서, γ : 물의 비중량(1,000[kg$_f$/m^3])
Q : 유량(0.2[m^3/s])
H : 전양정(2[m])
η : Pump 효율(80[%] = 0.8)

24

두 개의 가벼운 공을 그림과 같이 실로 매달아 놓았다. 두 개의 공 사이로 공기를 불어 넣으면 공은 어떻게 되겠는가?

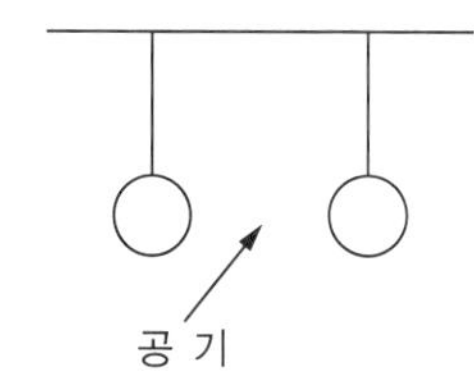

① 파스칼의 법칙에 따라 벌어진다.
② 파스칼의 법칙에 따라 가까워진다.
③ 베르누이의 법칙에 따라 벌어진다.
④ 베르누이의 법칙에 따라 가까워진다.

해설 베르누이 정리에서 압력, 속도, 위치수두의 합은 일정하므로 두 개의 공 사이에 속도가 증가하면 압력은 감소하여 두 개의 공은 가까워진다.

25

다음 중 뉴턴(Newton)의 점성법칙을 이용하여 만든 회전 원통식 점도계는?

① 세이볼트(Saybolt) 점도계
② 오스트발트(Ostwald) 점도계
③ 레드우드(Redwood) 점도계
④ 맥마이클(MacMchael) 점도계

해설 맥마이클(MacMichael)점도계, 스토머(Stormer) 점도계
: 뉴턴(Newton)의 점성법칙

26

원관 속의 흐름에서 관의 직경, 유체의 속도, 유체의 밀도, 유체의 점성계수가 각각 D, V, ρ, μ로 표시될 때 층류의 흐름의 마찰계수(f)는 어떻게 표현될 수 있는가?

① $f = \frac{64\mu}{DV\rho}$ ② $f = \frac{64\rho}{DV\mu}$
③ $f = \frac{64D}{V\rho\mu}$ ④ $f = \frac{64}{DV\rho\mu}$

해설 층류일 때 관마찰계수(f)

$$f = \frac{64}{Re} = \frac{64}{\frac{DV\rho}{\mu}} = \frac{64\mu}{DV\rho}$$

27

터보팬을 6,000[rpm]으로 회전시킬 경우, 풍량은 0.5[m³/min], 축동력은 0.049[kW]이었다. 만약 터보팬의 회전수를 8,000[rpm]으로 바꾸어 회전시킬 경우 축동력[kW]은?

① 0.0207 ② 0.207
③ 0.116 ④ 1.161

해설 축동력

$$\text{동력 } L_2 = L_1 \times \left(\frac{N_2}{N_1}\right)^3 \times \left(\frac{D_2}{D_1}\right)^5$$

$$\therefore L_2 = L_1 \times \left(\frac{N_2}{N_1}\right)^3$$

$$= 0.049[\text{kW}] \times \left(\frac{8,000}{6,000}\right)^3$$

$$= 0.116[\text{kW}]$$

23 ④ 24 ④ 25 ④ 26 ① 27 ③ 정답

28

그림과 같이 수은 마노미터를 이용하여 물의 유속을 측정하고자 한다. 마노미터에서 측정한 높이차(h)가 30[mm]일 때 오리피스 전후의 압력[kPa] 차이는? (단, 수은의 비중은 13.6이다)

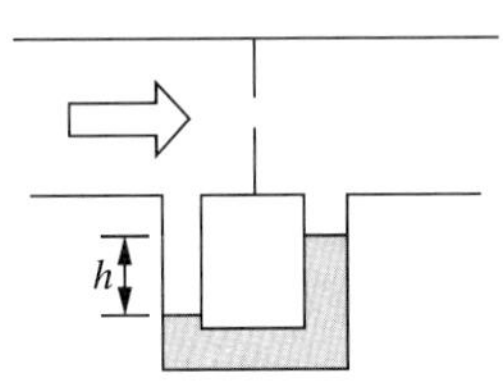

① 3.4 ② 3.7

③ 3.9 ④ 4.4

해설 수은마노미터

$$\Delta P = P_2 - P_1 = \frac{g}{g_c} R(\gamma_A - \gamma_B)$$

여기서 R : 마노미터 읽음, γ_A : 액체의 비중량

γ_B : 유체의 비중량

$\therefore \ \Delta P = \frac{g}{g_c} R(\gamma_A - \gamma_B)$

$= 0.03[\text{m}](13{,}600 - 1{,}000)[\text{kg}_f/\text{m}^3]$

$= 378[\text{kg}_f/\text{m}^2]$

여기서 $[\text{kg}_f/\text{m}^2]$을 $[\text{kPa}]$단위로 환산하면

$\frac{378[\text{kg}_f/\text{m}^2]}{10{,}332[\text{kg}_f/\text{m}^2]} \times 101.325[\text{kPa}] = 3.71[\text{kPa}]$

29

마그네슘은 절대온도 293[K]에서 열전도도가 156[W/m · K], 밀도는 1,740[kg/m^3]이고, 비열이 1,017[J/kg · K]일 때, 열확산계수[m^2/s]는?

① 8.96×10^{-2} ② 1.53×10^{-1}

③ 8.81×10^{-5} ④ 8.81×10^{-4}

해설 열확산계수(α)

$\alpha = \frac{\lambda}{\rho \times C} \ [\text{m/s}^2]$

$\alpha = \frac{156[\frac{\text{J/s}}{\text{m} \cdot \text{K}}]}{1{,}740[\frac{\text{kg}}{\text{m}^3}] \times 1{,}017 \frac{\text{J}}{\text{kg} \cdot \text{K}}}$

$= 8.81 \times 10^{-5}[\text{m}^2/\text{s}]$

$$[\text{W}] = [\text{J/s}]$$

30

어떤 기체를 20[℃]에서 등온 압축하여 절대압력이 0.2[MPa]에서 1[MPa]으로 변할 때 체적은 초기 체적과 비교하여 어떻게 변화하는가?

① 5배로 증가한다. ② 10배로 증가한다.

③ $\frac{1}{5}$로 감소한다. ④ $\frac{1}{10}$로 감소한다.

해설 등온압축일 때 $\frac{V_1}{V_2} = \frac{P_2}{P_1}$에서

$\therefore \ \frac{V_1}{V_2} = \frac{1}{0.2} = \frac{5}{1}$ 따라서 $V_1 = 5$일 때,

$V_2 = 1$이므로 $\frac{1}{5}$로 감소한다.

31

유체의 거동을 해석하는 데 있어서 비점성 유체에 대한 설명으로 옳은 것은?

① 실제 유체를 말한다.

② 전단응력이 존재하는 유체를 말한다.

③ 유체 유동 시 마찰저항이 속도 기울기에 비례하는 유체이다.

④ 유체 유동 시 마찰저항을 무시한 유체를 말한다.

해설 **비점성 유체** : 유체 유동 시 마찰저항을 무시한 유체

32

안지름 40[mm]의 배관 속을 정상류의 물이 매분 150[L]로 흐를 때의 평균 유속[m/s]은?

① 0.99 ② 1.99

③ 2.45 ④ 3.01

해설 평균유속

$$Q = uA$$

여기서, Q : 유량(150[L/min] = 150×10^{-3}[m^3]/60[s] = 0.0025[m^3/s])

A : 면적($= \frac{\pi}{4} D^2 = \frac{\pi}{4}(0.04[\text{m}])^2 = 0.0012566[\text{m}^2]$)

$\therefore \ u = \frac{Q}{A} = \frac{0.0025}{0.0012566} = 1.99[\text{m/s}]$

정답 28 ② 29 ③ 30 ③ 31 ④ 32 ②

33

그림과 같이 폭(b)이 1[m]이고 깊이(h_0) 1[m]로 물이 들어있는 수조가 트럭 위에 실려 있다. 이 트럭이 7[m/s^2]의 가속도로 달릴 때 물의 최대 높이(h_2)와 최소 높이(h_1)는 각각 몇 [m]인가?

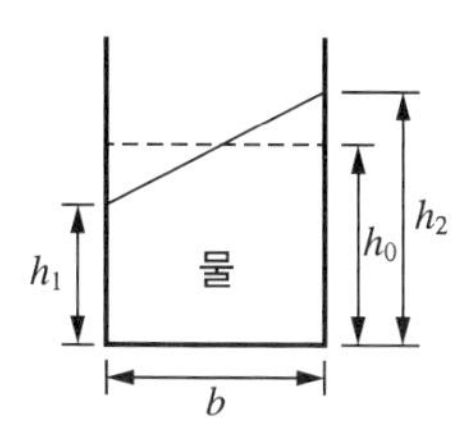

① h_1 = 0.643[m], h_2 = 1.413[m]
② h_1 = 0.643[m], h_2 = 1.357[m]
③ h_1 = 0.676[m], h_2 = 1.413[m]
④ h_1 = 0.676[m], h_2 = 1.357[m]

해설 유체의 등가속도운동

- $\tan\theta = \dfrac{a_x}{g} = \dfrac{7[\text{m/s}^2]}{9.8[\text{m/s}^2]} = \dfrac{7}{9.8}$
- $h_2 = h_0 + \dfrac{b}{2}\tan\theta = 1[\text{m}] + \dfrac{1[\text{m}]}{2} \times \dfrac{7}{9.8}$
  $= 1.357[\text{m}]$
- $h_1 = h_0 - \dfrac{b}{2}\tan\theta = 1[\text{m}] - \dfrac{1[\text{m}]}{2} \times \dfrac{7}{9.8}$
  $= 0.643[\text{m}]$

34

그림과 같이 매우 큰 탱크에 연결된 길이 100[m], 안지름 20[cm]인 원관에 부차적 손실계수가 5인 밸브 A가 부착되어 있다. 관 입구에서의 부차적 손실계수가 0.5, 관마찰계수가 0.02이고, 평균속도가 2[m/s]일 때 물의 높이 H[m]는?

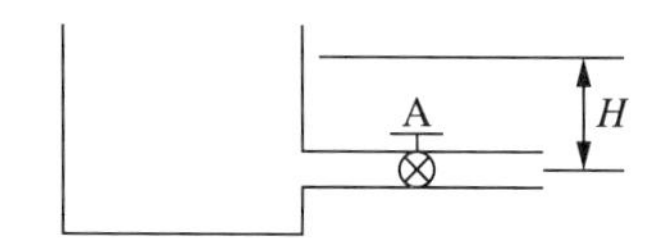

① 1.48
② 2.14
③ 2.81
④ 3.36

해설 물의 높이

- 총 손실수두 $H_L = H_1 + H_2 + H_3[\text{m}]$
  - 관 입구 손실수두
    $H_1 = K_1\dfrac{u^2}{2g} = 0.5 \times \dfrac{(2[\text{m/s}])^2}{2 \times 9.8[\text{m/s}^2]} = 0.102[\text{m}]$
  - 밸브 A의 손실수두
    $H_2 = K_2\dfrac{u^2}{2g} = 5 \times \dfrac{(2[\text{m/s}])^2}{2 \times 9.8[\text{m/s}^2]} = 1.02[\text{m}]$
  - 관의 손실수두
    $H_3 = f\dfrac{l}{d}\dfrac{u^2}{2g} = 0.02 \times \dfrac{100[\text{m}]}{0.2[\text{m}]} \times \dfrac{(2[\text{m/s}])^2}{2 \times 9.8[\text{m/s}^2]}$
    $= 2.041[\text{m}]$

  $\therefore H_L = 0.102[\text{m}] + 1.02[\text{m}] + 2.041[\text{m}]$
  $= 3.163[\text{m}]$
- $P_1 = P_2$, $H = z_1 - z_2$, 속도 $u_1 = 0$, $u_2 = 2[\text{m/s}]$이고 수정 베르누이방정식
  $\dfrac{P_1}{\gamma} + \dfrac{u_1^2}{2g} + z_1 = \dfrac{P_2}{\gamma} + \dfrac{u_2^2}{2g} + z_2 + H_L$을 적용한다.
  $H = \dfrac{(2[\text{m/s}])^2}{2 \times 9.8[\text{m/s}^2]} + 3.163[\text{m}] = 3.367[\text{m}]$

35

출구단면적이 0.0004[m^2]인 소방호스로부터 25[m/s]의 속도로 수평으로 분출되는 물제트가 수직으로 세워진 평판과 충돌한다. 평판을 고정시키기 위한 힘(F)은 몇 [N]인가?

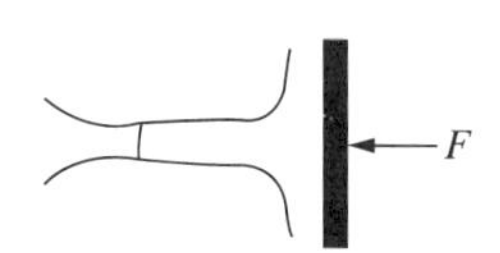

① 150　　② 200
③ 250　　④ 300

해설 힘

$$F = Q\rho u = uA\rho u$$

여기서, u : 유속(25[m/s])
A : 단면적(0.0004[m^2])
ρ : 밀도(1,000[kg/m^3])

$\therefore F = uA\rho u = 25 \times 0.0004 \times 1{,}000 \times 25$
$= 250[\text{kg} \cdot \text{m/s}^2] = 250[\text{N}]$

[N] = [kg · m/s^2]

33 ② 34 ④ 35 ③ 정답

36

원관에서 길이가 2배, 속도가 2배가 되면 손실수두는 원래의 몇 배가 되는가?(단, 두 경우 모두 완전발달 난류유동에 해당되며, 관 마찰계수는 일정하다)

① 동일하다. ② 2배
③ 4배 ④ 8배

해설 다르시-바이스바흐 방정식

$$h = \frac{flu^2}{2gD}[\text{m}]$$

여기서 길이 2배, 속도 2배를 하니까

$$h = \frac{flu^2}{2gD}[\text{m}] = \frac{2 \times 2^2}{1} = 8\text{배}$$

37

물의 체적탄성계수가 2.5[GPa]일 때 물의 체적을 1[%] 감소시키기 위해선 얼마의 압력[MPa]을 가하여야 하는가?

① 20 ② 25
③ 30 ④ 35

해설 체적탄성계수

$$K = -\left(\frac{\Delta P}{\Delta V/V}\right) \quad \Delta P = -\left(K\frac{\Delta V}{V}\right)$$

$$\Delta P = -(K \times \Delta V/V)$$
$$= -(2.5 \times 10^3[\text{MPa}]) \times (-0.01)$$
$$= 25[\text{MPa}]$$

38

그림과 같이 반지름 1[m], 폭(y방향) 2[m]인 곡면 AB에 작용하는 물에 의한 힘의 수직성분(z방향) Fz와 수평성분(x방향) F_x와의 비(F_z/F_x)는 얼마인가?

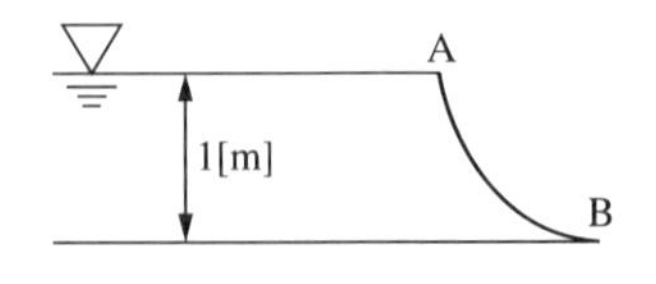

① $\frac{\pi}{2}$ ② $\frac{2}{\pi}$
③ 2π ④ $\frac{1}{2\pi}$

해설 곡면 AB에 작용하는 힘

• 수직성분의 힘

$$F_z = \gamma V = 9{,}800[\frac{\text{N}}{\text{m}^3}] \times \left\{\frac{\pi}{4} \times (1[\text{m}])^2 \times 3[\text{m}]\right\}$$

• 수평성분의 힘

$$F_x = \gamma \bar{h} A = 9{,}800[\frac{\text{N}}{\text{m}^3}] \times 0.5[\text{m}] \times (1[\text{m}] \times 3[\text{m}])$$

$$\therefore \frac{F_z}{F_x} = \frac{9{,}800[\frac{\text{N}}{\text{m}^3}] \times \left\{\frac{\pi}{4} \times (1[\text{m}])^2 \times 3[\text{m}]\right\}}{9{,}800[\frac{\text{N}}{\text{m}^3}] \times 0.5[\text{m}] \times (1[\text{m}] \times 3[\text{m}])} = \frac{\pi}{2}$$

39

펌프가 운전 중에 한숨을 쉬는 것과 같은 상태가 되어 펌프 입구의 진공계 및 출구의 압력계 지침이 흔들리고 송출유량도 주기적으로 변화하는 이상 현상을 무엇이라고 하는가?

① 공동현상(Cavitation)
② 수격작용(Water Hammering)
③ 맥동현상(Surging)
④ 언밸런스(Unbalance)

해설 **맥동현상(Surging)** : Pump의 입구와 출구에 부착된 진공계와 압력계의 침이 흔들리고 동시에 토출유량이 변화를 가져오는 현상

40

경사진 관로의 유체흐름에서 수력기울기선의 위치로 옳은 것은?

① 언제나 에너지선보다 위에 있다.
② 에너지선보다 속도수두만큼 아래에 있다.
③ 항상 수평이 된다.
④ 개수로의 수면보다 속도수두 만큼 위에 있다.

해설 수력구배선(수력기울기선)은 항상 에너지선보다 속도수두$\left(\frac{u^2}{2g}\right)$만큼 아래에 있다.

• 전수두선 : $\frac{P}{r} + \frac{u^2}{2g} + Z$ 를 연결한 선
• 수력구배선 : $\frac{P}{r} + Z$를 연결한 선

정답 36 ④ 37 ② 38 ① 39 ③ 40 ②

제 3 과목 소방관계법규

41

소방시설공사업법령상 소방시설공사의 하자보수 보증기간이 3년이 아닌 것은?

① 자동소화장치
② 무선통신보조설비
③ 자동화재탐지설비
④ 간이스프링클러설비

해설 **피난기구 · 유도등 · 유도표지 · 비상경보설비 · 비상조명등 · 비상방송설비 및 무선통신보조설비** : 2년

42

화재예방, 소방시설 설치 · 유지 및 안전관리에 관한 법령상 스프링클러설비를 설치하여야 하는 특정소방대상물의 기준으로 틀린 것은?(단, 위험물 저장 및 처리 시설 중 가스시설 또는 지하구는 제외한다)

① 복합건축물로서 연면적 3,500[m^2] 이상인 경우에는 모든 층
② 창고시설(물류터미널은 제외)로서 바닥면적 합계가 5,000[m^2] 이상인 경우에는 모든 층
③ 숙박이 가능한 수련시설 용도로 사용되는 시설의 바닥면적의 합계가 600[m^2] 이상인 것은 모든 층
④ 판매시설, 운수시설 및 창고시설(물류터미널에 한정)로서 바닥면적의 합계가 5,000[m^2]이상이거나 수용인원이 500명 이상인 경우에는 모든 층

해설 **복합건축물**로서 **연면적 5,000[m^2] 이상**인 경우에는 모든 층에는 **스프링클러설비**를 **설치**하여야 한다.

43

소방기본법령상 시장지역에서 화재로 오인할만한 우려가 있는 불을 피우거나 연막소독을 하려는 자가 신고를 하지 아니하여 소방자동차를 출동하게 한 자에 대한 과태료 부과 · 징수권자는?

① 국무총리
② 시 · 도지사
③ 행정안전부 장관
④ 소방본부장 또는 소방서장

해설 **소방자동차를 출동하게 한 자에 대한 과태료 부과 · 징수권자** : 소방본부장 또는 소방서장

44

위험물안전관리법령상 위험물취급소의 구분에 해당하지 않는 것은?

① 이송취급소 ② 관리취급소
③ 판매취급소 ④ 일반취급소

해설 **위험물취급소** : 일반취급소, 주유취급소, 이송취급소, 판매취급소

45

소방기본법령상 소방대장의 권한이 아닌 것은?

① 화재 현장에 대통령령으로 정하는 사람 외에는 그 구역에 출입하는 것을 제한할 수 있다.
② 화재 진압 등 소방활동을 위하여 필요할 때에는 소방용수 외에 댐 · 저수지 등의 물을 사용할 수 있다.
③ 국민의 안전의식을 높이기 위하여 소방박물관 및 소방체험관을 설립하여 운영할 수 있다.
④ 불이 번지는 것을 막기 위하여 필요할 때에는 불이 번질 우려가 있는 소방대상물 및 토지를 일시적으로 사용할 수 있다.

해설 **소방박물관 및 소방체험관 설립운영권자** : 소방청장

41 ② 42 ① 43 ④ 44 ② 45 ③ 정답

46

화재예방, 소방시설 설치 · 유지 및 안전관리에 관한 법령상 수용인원 산정 방법 중 침대가 없는 숙박시설로서 해당 특정소방대상물의 종사자의 수는 5명, 복도, 계단 및 화장실의 바닥면적을 제외한 바닥 면적이 158[m^2]인 경우의 수용인원은 약 몇 명인가?

① 37　② 45
③ 58　④ 84

해설 **숙박시설이 없는 특정소방대상물 수용인원 산정 수**
침대가 없는 숙박시설 : 해당 특정소방대상물의 종사자 수에 숙박시설 바닥면적의 합계를 $3m^2$로 나누어 얻은 수를 합한 수

$\therefore\ 5+\dfrac{158[m^2]}{3[m^2]}=57.7 \Rightarrow 58$명

47

국민의 안전의식과 화재에 대한 경각심을 높이고 안전문화를 정착시키기 위한 소방의 날은 몇 월 며칠인가?

① 1월 19일　② 10월 9일
③ 11월 9일　④ 12월 19일

해설 **소방의 날** : 11월 9일

48

다음 중 화재예방, 소방시설 설치 · 유지 및 안전관리에 관한 법령상 소방시설관리업을 등록할 수 있는 자는?

① 피성년후견인
② 소방시설관리업의 등록이 취소된 날부터 2년이 경과된 자
③ 금고 이상의 형의 집행유예를 선고받고 그 유예기간 중에 있는 자
④ 금고 이상의 실형을 선고받고 그 집행이 면제된 날부터 2년이 지나지 아니한 자

해설 소방시설관리업의 등록이 취소된 날부터 2년이 경과된 자는 소방시설관리업에 등록할 수 있다.

49

소방기본법령상 화재피해조사 중 재산피해조사의 조사범위에 해당하지 않는 것은?

① 소화활동 중 사용된 물로 인한 피해
② 열에 의한 탄화, 용융, 파손 등의 피해
③ 소방활동 중 발생한 사망자 및 부상자
④ 연기, 물품반출, 화재로 인한 폭발 등에 의한 피해

해설 **재산피해조사의 조사범위**
- 소화활동 중 사용된 물로 인한 피해
- 열에 의한 탄화, 용융, 파손 등의 피해
- 연기, 물품반출, 화재로 인한 폭발 등에 의한 피해

50

화재예방, 소방시설 설치 · 유지 및 안전관리에 관한 법령상 지하가 중 터널로서 길이가 1,000[m]일 때 설치하지 않아도 되는 소방시설은?

① 인명구조기구　② 옥내소화전설비
③ 연결송수관설비　④ 무선통신보조설비

해설 **터널길이에 따른 소방시설 설치대상**
- 인명구조기구 : 터널에는 설치기준이 없다.
- 옥내소화전설비 : 길이가 1,000[m] 이상인 터널
- 연결송수관설비 : 길이가 1,000[m] 이상인 터널
- 무선통신보조설비, 비상콘센트설비 : 길이가 500[m] 이상인 터널

51

소방시설공사업법령상 공사감리자 지정대상 특정소방대상물의 범위가 아닌 것은?

① 제연설비를 신설 · 개설하거나 제연구역을 증설할 때
② 연소방지설비를 신설 · 개설하거나 살수구역을 증설할 때
③ 캐비닛형 간이스프링클러설비를 신설 · 개설하거나 방호 · 방수구역을 증설할 때
④ 물분무 등 소화설비(호스릴 방식의 소화설비 제외)를 신설 · 개설하거나 방호 · 방수 구역을 증설할 때

정답 46 ③　47 ③　48 ②　49 ③　50 ①　51 ③

해설 공사감리자 지정대상 특정 소방대상물의 범위
- 옥내소화전설비를 신설・개설 또는 증설할 때
- **스프링클러설비 등(캐비닛형 간이스프링클러설비는 제외**한다)을 신설・개설하거나 방호・방수 구역을 증설할 때
- 물분무 등 소화설비(호스릴 방식의 소화설비는 제외한다)를 신설・개설하거나 방호・방수 구역을 증설할 때
- 제연설비를 신설・개설하거나 제연구역을 증설할 때
- 연소방지설비를 신설・개설하거나 살수구역을 증설할 때

52

소방기본법령상 화재가 발생하였을 때 화재의 원인 및 피해 등에 대한 조사를 하여야 하는 자는?

① 시・도지사 또는 소방본부장
② 소방청장・소방본부장 또는 소방서장
③ 시・도지사・소방서장 또는 소방파출소장
④ 행정안전부장관・소방본부장 또는 소방파출소장

해설 **화재의 원인 및 피해 등에 대한 조사** : 소방청장・소방본부장 또는 소방서장

53

다음 중 소방기본법령상 특수가연물에 해당하는 품명별 기준수량으로 틀린 것은?

① 사류 1,000[kg] 이상
② 면화류 200[kg] 이상
③ 나무껍질 및 대팻밥 400[kg] 이상
④ 넝마 및 종이부스러기 500[kg] 이상

해설 넝마 및 종이부스러기 1,000[kg] 이상이면 특수가연물이다.

54

화재예방, 소방시설 설치・유지 및 안전관리에 관한 법령상 소방특별조사 결과 소방대상물의 위치 상황이 화재 예방을 위하여 보완될 필요가 있을 것으로 예상되는 때에 소방대상물의 개수・이전・제거, 그 밖의 필요한 조치를 관계인에게 명령할 수 있는 사람은?

① 소방서장
② 경찰청장
③ 시・도지사
④ 해당구청장

해설 **개수 등 명령권자** : 소방서장

55

화재예방, 소방시설 설치・유지 및 안전관리에 관한 법령상 1급 소방안전관리 대상물에 해당하는 건축물은?

① 지하구
② 층수가 15층인 공공업무시설
③ 연면적 15,000[m^2] 이상인 동물원
④ 층수가 20층이고, 지상으로부터 높이가 100[m]인 아파트

해설 **1급 소방안전관리대상물(동・식물원, 철강 등 불연성 물품을 저장・취급하는 창고, 위험물제조소 등, 지하구를 제외한 것)**
- 30층 이상(지하층은 제외)이거나 지상으로부터 높이가 120[m] 이상인 아파트
- 연면적 15,000[m^2] 이상인 특정소방대상물(아파트는 제외)
- **층수가 11층 이상인 특정소방대상물(아파트는 제외)**
- 가연성가스를 1,000[t] 이상 저장・취급하는 시설

지하구 : 2급 소방안전관리대상물

52 ② 53 ④ 54 ① 55 ② **정답**

56

위험물안전관리법령상 허가를 받지 아니하고 당해 제조소 등을 설치하거나 그 위치 · 구조 또는 설비를 변경할 수 있으며, 신고를 하지 아니하고 위험물의 품명 · 수량 또는 지정수량의 배수를 변경할 수 있는 기준으로 옳은 것은?

① 축산용으로 필요한 건조시설을 위한 지정수량 40배 이하의 저장소
② 수산용으로 필요한 건조시설을 위한 지정수량 30배 이하의 저장소
③ 농예용으로 필요한 난방시설을 위한 지정수량 40배 이하의 저장소
④ 주택의 난방시설(공동주택의 중앙난방시설 제외)을 위한 저장소

해설 다음에 해당하는 제조소 등의 경우에는 허가를 받지 아니하고 당해 제조소 등을 설치하거나 그 위치 · 구조 또는 설비를 변경할 수 있으며, 신고를 하지 아니하고 위험물의 품명 · 수량 또는 지정수량의 배수를 변경할 수 있다.

- **주택의 난방시설**(공동주택의 중앙난방시설을 제외한다)을 위한 **저장소** 또는 취급소
- 농예용 · 축산용 또는 수산용으로 필요한 난방시설 또는 건조시설을 위한 지정수량 20배 이하의 저장소

57

화재예방, 소방시설 설치 · 유지 및 안전관리에 관한 법령상 단독경보형 감지기를 설치하여야 하는 특정소방대상물의 기준으로 틀린 것은?

① 연면적 600[m^2] 미만의 기숙사
② 연면적 600[m^2] 미만의 숙박시설
③ 연면적 1,000[m^2] 미만의 아파트
④ 교육연구시설 또는 수련시설 내에 있는 합숙소 또는 기숙사로서 연면적 2,000[m^2] 미만인 것

해설 **연면적 1,000[m^2] 미만**의 **기숙사**는 **단독경보형 감지기 설치대상**이다.

58

위험물안전관리법령상 위험물시설의 설치 및 변경 등에 관한 기준 중 다음 ( ) 안에 들어갈 내용으로 옳은 것은?

> 제조소 등의 위치 · 구조 또는 설비의 변경 없이 당해 제조소 등에서 저장하거나 취급하는 위험물의 품명 · 수량 또는 지정수량의 배수를 변경하고자 하는 자는 변경하고자 하는 날의 (㉠)일 전까지 (㉡)이 정하는 바에 따라 (㉢)에게 신고하여야 한다.

① ㉠ : 1, ㉡ : 대통령령, ㉢ : 소방본부장
② ㉠ : 1, ㉡ : 행정안전부령, ㉢ : 시 · 도지사
③ ㉠ : 14, ㉡ : 대통령령, ㉢ : 소방서장
④ ㉠ : 14, ㉡ : 행정안전부령, ㉢ : 시 · 도지사

해설 제조소 등의 위치 · 구조 또는 설비의 변경 없이 당해 제조소 등에서 저장하거나 취급하는 위험물의 품명 · 수량 또는 지정수량의 배수를 변경하고자 하는 자는 변경하고자 하는 날의 **1일 전**까지 **행정안전부령**이 정하는 바에 따라 **시 · 도지사**에게 **신고**하여야 한다.

59

화재예방, 소방시설 설치 · 유지 및 안전관리에 관한 법령상 1년 이하의 징역 또는 1,000만원 이하의 벌금 기준에 해당하는 경우는?

① 소방용품의 형식승인을 받지 아니하고 소방용품을 제조하거나 수입한 자
② 형식승인을 받은 소방용품에 대하여 제품검사를 받지 아니한 자
③ 거짓이나 그 밖의 부정한 방법으로 제품검사 전문기관으로 지정을 받은 자
④ 소방용품에 대하여 형상 등의 일부를 변경한 후 형식승인의 변경승인을 받지 아니한 자

해설 벌 금

- **3년 이하의 징역 또는 3,000만원 이하의 벌금**
  - 소방용품의 형식승인을 받지 아니하고 소방용품을 제조하거나 수입한 자
  - 형식승인을 받은 소방용품에 대하여 제품검사를 받지 아니한 자
  - 거짓이나 그 밖의 부정한 방법으로 제품검사 전문기관으로 지정을 받은 자

정답 56 ④ 57 ① 58 ② 59 ④

• 1년 이하의 징역 또는 1,000만원 이하의 벌금
 – 소방용품에 대하여 형상 등의 일부를 변경한 후 형식승인의 변경승인을 받지 아니한 자

60

위험물안전관리법령상 제조소의 기준에 따라 건축물의 외벽 또는 이에 상당하는 공작물의 외측으로부터 제조소의 외벽 또는 이에 상당하는 공작물의 외측까지의 안전거리 기준으로 틀린 것은?(단, 제6류 위험물을 취급하는 제조소를 제외하고, 건축물에 불연재료로 된 방화상 유효한 담 또는 벽을 설치하지 않은 경우이다)

① 의료법에 의한 종합병원에 있어서는 30[m] 이상
② 도시가스사업법에 의한 가스공급시설에 있어서는 20[m] 이상
③ 사용전압 35,000[V]를 초과하는 특고압가공전선에 있어서는 5[m] 이상
④ 문화재보호법에 의한 유형문화재와 기념물 중 지정문화재에 있어서는 30[m] 이상

해설 **유형문화재와 지정문화재의 안전거리** : 50[m] 이상

제 4 과목 소방기계시설의 구조 및 원리

61

구조대의 형식승인 및 제품검사의 기술기준상 수직강하식 구조대의 구조 기준 중 틀린 것은?

① 구조대는 연속하여 강하할 수 있는 구조이어야 한다.
② 구조대는 안전하고 쉽게 사용할 수 있는 구조이어야 한다.
③ 입구틀 및 취부틀의 입구는 지름 40[cm] 이하의 구체가 통과할 수 있는 것이어야 한다.
④ 구조대의 포지는 외부포지와 내부포지로 구성하되, 외부포지와 내부포지의 사이에 충분한 공기층을 두어야 한다.

해설 수직강하식 구조대의 입구틀 및 취부틀의 입구는 지름 50[cm] 이상의 구체가 통과할 수 있는 것이어야 한다.

62

제연설비의 화재안전기준상 제연설비의 설치장소 기준 중 하나의 제연구역의 면적은 최대 몇 [m^2] 이내로 하여야 하는가?

① 700 ② 1,000
③ 1,300 ④ 1,500

해설 **제연구역** : 1,000[m^2] 이내

63

소화기구 및 자동소화장치의 화재안전기준상 노유자시설은 당해용도의 바닥면적 얼마 마다 능력단위 1단위 이상의 소화기구를 비치해야 하는가?

① 바닥면적 30[m^2]마다
② 바닥면적 50[m^2]마다
③ 바닥면적 100[m^2]마다
④ 바닥면적 200[m^2]마다

해설 **소방대상물별 소화기구의 능력단위기준**

소방대상물	소화기구의 능력단위
1. 위락시설	해당 용도의 바닥면적 30[m^2]마다 능력단위 1단위 이상
2. 공연장·집회장·관람장·문화재·장례식장 및 의료시설	해당 용도의 바닥면적 50[m^2] 마다 능력단위 1단위 이상
3. 근린생활시설·판매시설·운수시설·숙박시설·**노유자시설**·전시장·공동주택·업무시설·방송통신시설·공장·창고시설·항공기 및 자동차 관련시설 및 관광휴게시설	해당 용도의 바닥면적 100[m^2] 마다 능력단위 1단위 이상
4. 그 밖의 것	해당 용도의 바닥면적 200[m^2] 마다 능력단위 1단위 이상

60 ④ 61 ③ 62 ② 63 ③ 정답

64

도로터널의 화재안전기준상 옥내소화전설비 설치 기준 중 괄호 안에 알맞은 것은?

> 가압송수장치는 옥내소화전 2개(4차로 이상의 터널인 경우 3개)를 동시에 사용할 경우 각 옥내소화전의 노즐선단에서의 방수압력은 (㉠)[MPa] 이상이고 방수량은 (㉡)[L/min] 이상이 되는 성능의 것으로 할 것

① ㉠ 0.1, ㉡ 130
② ㉠ 0.17, ㉡ 130
③ ㉠ 0.25, ㉡ 350
④ ㉠ 0.35, ㉡ 190

해설 **도로터널의 화재안전기준상 옥내소화전설비 설치 기준**
- 방수압력 : 0.35[MPa] 이상
- 방수량 : 190[L/min] 이상

65

상수도소화용수설비의 화재안전기준상 소화전은 특정소방대상물의 수평투영면의 각 부분으로부터 몇 [m] 이하가 되도록 설치하여야 하는가?

① 70
② 100
③ 140
④ 200

해설 상수도소화용수설비의 소화전은 특정소방대상물의 수평투영면의 각 부분으로부터 140[m] 이하가 되도록 설치하여야 한다.

66

스프링클러설비의 화재안전기준상 스프링클러설비의 교차배관에서 분기되는 지점을 기점으로 한쪽 가지배관에 설치되는 헤드의 개수는 최대 몇 개 이하인가?(단, 방호구역 안에서 칸막이 등으로 구획하여 헤드를 증설하는 경우와 격자형 배관방식을 채택하는 경우는 제외한다)

① 8
② 10
③ 12
④ 15

해설 **한쪽 가지배관에 설치되는 헤드의 개수** : 8개 이하

67

연소방지설비의 화재안전기준상 배관의 설치기준 중 다음 괄호 안에 알맞은 것은?

> 연소방지설비에 있어서의 수평주행배관의 구경은 100[mm] 이상의 것으로 하되, 연소방지설비전용헤드 및 스프링클러헤드를 향하여 상향으로 (   ) 이상의 기울기로 설치하여야 한다.

① $\frac{1}{1,000}$
② $\frac{2}{100}$
③ $\frac{1}{100}$
④ $\frac{1}{500}$

해설 **연소방지설비의 수평주행배관 기울기** : 헤드를 향하여 1/1,000 이상

68

분말소화설비의 화재안전기준상 분말소화설비의 가압용가스로 질소가스를 사용하는 경우 질소가스는 소화약제 1[kg]마다 최소 몇 [L] 이상이어야 하는가?(단, 질소가스의 양은 35[℃]에서 1기압의 압력상태로 환산한 것이다)

① 10
② 20
③ 30
④ 40

해설 분말소화설비의 가압용가스에 **질소가스**를 사용하는 것의 질소가스는 소화약제 **1[kg]마다 40[L]**(35[℃]에서 1기압의 압력상태로 환산한 것) 이상, 이산화탄소를 사용하는 것의 이산화탄소는 소화약제 1[kg]에 대하여 20[g]에 배관의 청소에 필요한 양을 가산한 양 이상으로 할 것

69

분말소화설비의 화재안전기준상 분말소화설비의 배관으로 동관을 사용하는 경우에는 최고사용압력의 최소 몇 배 이상의 압력에 견딜 수 있는 것을 사용하여야 하는가?

① 1
② 1.5
③ 2
④ 2.5

정답 64 ④ 65 ③ 66 ① 67 ① 68 ④ 69 ②

해설 분말소화설비의 배관으로 **동관을 사용**하는 경우의 배관은 **고정압력 또는 최고사용압력의 1.5배 이상**의 압력에 견딜 수 있는 것을 사용하여야 한다.

70

스프링클러설비의 화재안전기준상 스프링클러헤드를 설치하는 천장·반자·천장과 반자사이·덕트·선반 등의 각 부분으로부터 하나의 스프링클러헤드까지의 수평거리 기준으로 틀린 것은?(단, 성능이 별도로 인정된 스프링클러헤드를 수리계산에 따라 설치하는 경우는 제외한다)

① 무대부에 있어서는 1.7[m] 이하
② 공동주택(아파트) 세대 내의 거실에 있어서는 3.2[m] 이하
③ 특수가연물을 저장 또는 취급하는 장소에 있어서는 2.1[m] 이하
④ 특수가연물을 저장 또는 취급하는 랙식 창고의 경우에는 1.7[m] 이하

해설 **스프링클러헤드의 배치기준**

설치장소			설치기준
폭 1.2[m] 초과하는 천장, 반자, 덕트, 선반 기타 이와 유사한 부분	무대부, 특수가연물		수평거리 1.7[m] 이하
	랙식 창고		수평거리 2.5[m] 이하(특수가연물을 저장·취급하는 창고 : 1.7[m] 이하)
	공동주택(아파트) 세대내의 거실		수평거리 3.2[m] 이하
	그 밖의 소방대상물	기타 구조	수평거리 2.1[m] 이하
		내화 구조	수평거리 2.3[m] 이하
랙식 창고	특수가연물		랙 높이 4[m] 이하마다
	그 밖의 것		랙 높이 6[m] 이하마다

71

이산화탄소소화설비의 화재안전기준상 전역방출방식의 이산화탄소소화설비의 분사헤드 방사압력은 저압식인 경우 최소 몇 [MPa] 이상이어야 하는가?

① 0.5 ② 1.05
③ 1.4 ④ 2.0

해설 **전역방출방식 이산화탄소소화설비의 분사헤드 방사압력**
- 저압식 : 1.05[MPa] 이상
- 고압식 : 2.1[MPa] 이상

72

이산화탄소소화설비의 화재안전기준상 저압식 이산화탄소 소화약제 저장용기에 설치하는 안전밸브의 작동압력은 내압시험압력의 몇 배에서 작동해야 하는가?

① 0.24~0.4 ② 0.44~0.6
③ 0.64~0.8 ④ 0.84~1.0

해설 **이산화탄소소화설비의 안전밸브의 작동압력** : 내압시험압력의 0.64배부터 0.8배

73

포소화설비의 화재안전기준상 포헤드의 설치 기준 중 다음 괄호 안에 알맞은 것은?

> 압축공기포소화설비의 분사헤드는 천장 또는 반자에 설치하되 방호대상물에 따라 측벽에 설치할 수 있으며 유류탱크 주위에는 바닥면적 (㉠)[m^2]마다 1개 이상, 특수가연물저장소에는 바닥면적 (㉡)[m^2]마다 1개 이상으로 당해 방호대상물의 화재를 유효하게 소화할 수 있도록 할 것

① ㉠ 8, ㉡ 9 ② ㉠ 9, ㉡ 8
③ ㉠ 9.3, ㉡ 13.9 ④ ㉠ 13.9, ㉡ 9.3

해설 압축공기포소화설비의 분사헤드는 천장 또는 반자에 설치하되 방호대상물에 따라 측벽에 설치할 수 있으며 **유류탱크 주위**에는 **바닥면적 13.9[m^2]마다 1개 이상**, **특수가연물저장소**에는 **바닥면적 9.3[m^2]마다 1개 이상**으로 당해 방호대상물의 화재를 유효하게 소화할 수 있도록 할 것

70 ③ 71 ② 72 ③ 73 ④ **정답**

74

소화기의 형식승인 및 제품검사의 기술기준상 A급 화재용 소화기의 능력단위 산정을 위한 소화능력시험의 내용으로 틀린 것은?

① 모형 배열 시 모형 간의 간격은 3[m] 이상으로 한다.
② 소화는 최초의 모형에 불을 붙인 다음 1분 후에 시작한다.
③ 소화는 무풍상태(풍속 0.5[m/s] 이하)와 사용상태에서 실시한다.
④ 소화약제의 방사가 완료된 때 잔염이 없어야 하며, 방사완료 후 2분 이내에 다시불타지 아니한 경우 그 모형은 완전히 소화된 것으로 본다.

해설 **A급 화재용 소화기의 소화능력시험(소화기의 형식승인 및 제품검사의 기술기준 별표 2)**
소화는 최초의 모형에 불을 붙인 다음 3분 후에 시작하되 불을 붙인 순으로 한다.

75

제연설비의 화재안전기준상 배출구 설치 시 예상제연구역의 각 부분으로부터 하나의 배출구까지의 수평거리는 최대 몇 [m] 이내가 되어야 하는가?

① 5　　② 10
③ 15　　④ 20

해설 **배출구 설치 시 예상제연구역의 각 부분으로부터 하나의 배출구까지의 수평거리** : 10[m] 이내

76

다음 중 스프링클러설비에서 자동경보밸브에 리타딩 체임버(Retarding Chamber)를 설치하는 목적으로 가장 적절한 것은?

① 자동으로 배수하기 위하여
② 압력수의 압력을 조절하기 위하여
③ 자동경보밸브의 오보를 방지하기 위하여
④ 경보를 발하기까지 시간을 단축하기 위하여

해설 **리타딩 체임버의 설치** : 자동경보밸브의 오보 방지

77

완강기의 형식승인 및 제품검사의 기술기준상 완강기 및 간이완강기의 구성으로 적합한 것은?

① 속도조절기, 속도조절기의 연결부, 하부지지장치, 연결금속구, 벨트
② 속도조절기, 속도조절기의 연결부, 로프, 연결금속구, 벨트
③ 속도조절기, 가로봉 및 세로봉, 로프, 연결금속구, 벨트
④ 속도조절기, 가로봉 및 세로봉, 로프, 하부지지장치, 벨트

해설 **완강기 및 간이완강기의 구성** : 속도조절기, 속도조절기의 연결부, 로프, 연결금속구, 벨트

78

포소화설비의 화재안전기준상 전역방출방식 고발포용고정포방출구의 설치기준으로 옳은 것은?(단, 해당 방호구역에서 외부로 새는 양 이상의 포수용액을 유효하게 추가하여 방출하는 설비가 있는 경우는 제외한다)

① 개구부에 자동폐쇄장치를 설치할 것
② 바닥면적 600[m^2]마다 1개 이상으로 할 것
③ 방호대상물의 최고부분보다 낮은 위치에 설치할 것
④ 특정소방대상물 및 포의 팽창비에 따른 종별에 관계없이 해당 방호구역의 관포체적 1[m^3]에 대한 1분당 포수용액 방출량은 1[L] 이상으로 할 것

해설 **전역방출방식 고발포용고정포방출구의 설치기준**
- 개구부에 자동폐쇄장치를 설치할 것
- 바닥면적 **500[m^2]마다 1개 이상**으로 할 것
- 방호대상물의 **최고부분보다 높은 위치**에 설치할 것
- 특정소방대상물 및 포의 팽창비에 따른 해당 방호구역의 관포체적 1[m^3]에 대한 1분당 포수용액 방출량은 각각 다르다.

정답 74 ② 75 ② 76 ③ 77 ② 78 ①

79

물분무소화설비의 화재안전기준상 110[kV] 초과 154[kV] 이하의 고압 전기기기와 물분무헤드 사이의 이격거리는 최소 몇 [cm] 이상이어야 하는가?

① 110 ② 150
③ 180 ④ 210

해설 물분무 헤드와 전기기기와의 이격거리

전압(kV)	거리[cm]	전압[kV]	거리[cm]
66 이하	70 이상	154 초과 181 이하	180 이상
66 초과 77 이하	80 이상	181 초과 220 이하	210 이상
77 초과 110 이하	110 이상	220 초과 275 이하	260 이상
110 초과 154 이하	150 이상		

80

옥내소화전설비의 화재안전기준상 배관의 설치기준 중 다음 괄호 안에 알맞은 것은?

> 연결송수관설비의 배관과 겸용할 경우의 주배관은 구경 (㉠)[mm] 이상, 방수구로 연결되는 배관의 구경은 (㉡)[mm] 이상의 것으로 하여야 한다.

① ㉠ 80, ㉡ 65
② ㉠ 80, ㉡ 50
③ ㉠ 100, ㉡ 65
④ ㉠ 125, ㉡ 80

해설 옥내소화전설비와 연결송수관설비의 배관과 겸용할 경우
- 주배관 : 100[mm] 이상
- 가지배관 : 65[mm] 이상

79 ② 80 ③ 정답

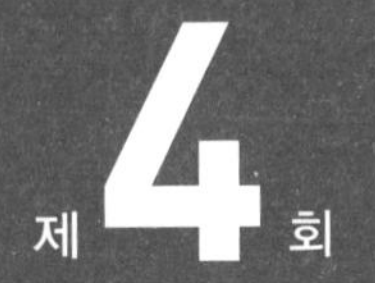

제 4 회 2020년 9월 27일 시행

제 1 과목 소방원론

01

일반적인 플라스틱 분류상 열경화성 플라스틱에 해당하는 것은?

① 폴리에틸렌
② 폴리염화비닐
③ 페놀수지
④ 폴리스타이렌

해설 수지의 종류
- **열경화성 수지** : 열에 의해 굳어지는 수지로서 **페놀수지**, 요소수지, 멜라민수지
- 열가소성 수지 : 열에 의해 변형되는 수지로서 폴리에틸렌수지, 폴리스틸렌수지, PVC수지

02

공기 중에서 수소의 연소범위로 옳은 것은?

① 0.4~4[vol%]
② 1~12.5[vol%]
③ 4~75[vol%]
④ 67~92[vol%]

해설 **수소의 연소범위** : 4~75[vol%]

03

건물 내 피난동선의 조건으로 옳지 않은 것은?

① 2개 이상의 방향으로 피난할 수 있어야 한다.
② 가급적 단순한 형태로 한다.
③ 통로의 말단은 안전한 장소이어야 한다.
④ 수직동선은 금하고 수평동선만 고려한다.

해설 피난대책의 일반적인 원칙
- 피난경로는 간단명료하게 할 것
- 피난설비는 고정식설비를 위주로 할 것
- 피난수단은 원시적 방법에 의한 것을 원칙으로 할 것
- 2방향 이상의 피난통로를 확보할 것
- 피난동선은 일상생활의 동선과 일치시킬 것
- 통로의 말단은 안전한 장소일 것

04

증발잠열을 이용하여 가연물의 온도를 떨어뜨려 화재를 진압하는 소화방법은?

① 제거소화 ② 억제소화
③ 질식소화 ④ 냉각소화

해설 소화방법
- 냉각소화 : 화재 현장에서 물의 증발잠열을 이용하여 열을 빼앗아 온도를 낮추어 소화하는 방법
- 질식소화 : 공기 중의 산소의 농도를 21[%]에서 15[%]이하로 낮추어 소화하는 방법
- 제거소화 : 화재 현장에서 가연물을 없애주어 소화하는 방법
- 억제소화(부촉매효과) : 연쇄반응을 차단하여 소화하는 방법

05

열분해에 의해 가연물 표면에 유리상의 메타인산 피막을 형성하여 연소에 필요한 산소의 유입을 차단하는 분말약제는?

① 요 소 ② 탄산수소칼륨
③ 제1인산암모늄 ④ 탄산수소나트륨

해설 제3종 분말약제(제일인산암모늄, $NH_4H_2PO_4$)는 열분해 생성물인 메타인산(HPO_3)이 산소의 차단 역할을 하므로 일반화재(A급)에도 적합하다.

정답 01 ③ 02 ③ 03 ④ 04 ④ 05 ③

06

화재를 소화하는 방법 중 물리적 방법에 의한 소화가 아닌 것은?

① 억제소화
② 제거소화
③ 질식소화
④ 냉각소화

해설 **억제소화** : 화학적 소화방법

07

물과 반응하여 가연성 기체를 발생하지 않는 것은?

① 칼 륨
② 인화아연
③ 산화칼슘
④ 탄화알루미늄

해설 산화칼슘(CaO, 생석회)은 물과 반응하면 많은 열은 발생하고 가스는 발생하지 않는다.

$CaO + H_2O \rightarrow Ca(OH)_2 + Q$[kcal]

- 칼륨이 물과 반응 $2K + 2H_2O \rightarrow 2KOH + H_2\uparrow$
- 인화아연이 물과 반응 $Zn_3P_2 + 6H_2O \rightarrow 3Zn(OH)_2 + 2PH_3\uparrow$
- 탄화알루미늄이 물과 반응 $Al_4C_3 + 12H_2O \rightarrow 4Al(OH)_3 + 3CH_4\uparrow$

08

다음 물질을 저장하고 있는 장소에서 화재가 발생하였을 때 주수소화가 적합하지 않은 것은?

① 적 린
② 마그네슘 분말
③ 과염소산칼륨
④ 유 황

해설 마그네슘은 물과 반응하면 수소가스를 발생하므로 위험하다.

$Mg + 2H_2O \rightarrow Mg(OH)_2 + H_2\uparrow$

09

과산화수소와 과염소산의 공통성질이 아닌 것은?

① 산화성 액체이다.
② 유기화합물이다.
③ 불연성 물질이다.
④ 비중이 1보다 크다.

해설 **제6류 위험물(질산, 과산화수소, 과염소산)** : 불연성, 무기화합물, 산화성 액체

10

다음 중 가연성 가스가 아닌 것은?

① 일산화탄소 ② 프로판
③ 아르곤 ④ 메 탄

해설 **아르곤(Ar)** : 불활성 기체

11

화재 발생 시 인간의 피난 특성으로 틀린 것은?

① 본능적으로 평상시 사용하는 출입구를 사용한다.
② 최초로 행동을 개시한 사람을 따라서 움직인다.
③ 공포감으로 인해서 빛을 피하여 어두운 곳으로 몸을 숨긴다.
④ 무의식 중에 발화 장소의 반대쪽으로 이동한다.

해설 **지광본능** : 공포감으로 인해서 밝은 방향으로 도피하려는 본능

12

실내화재에서 화재의 최성기에 돌입하기 전에 다량의 가연성 가스가 동시에 연소되면서 급격한 온도상승을 유발하는 현상은?

① 패닉(Panic)현상
② 스택(Stack)현상
③ 파이어볼(Fire Ball)현상
④ 플래시오버(Flash Over)현상

06 ① 07 ③ 08 ② 09 ② 10 ③ 11 ③ 12 ④ 정답

해설 **플래시오버(Flash Over)** : 화재의 최성기에 돌입하기 전에 다량의 가연성 가스가 동시에 연소되면서 급격한 온도상승을 유발하는 현상

13

다음 원소 중 할로겐족 원소인 것은?

① Ne ② Ar
③ Cl ④ Xe

해설 **할로겐족 원소** : F(플루오린), Cl(염소), Br(브롬), I(아이오딘)

14

피난 시 하나의 수단이 고장 등으로 사용이 불가능하더라도 다른 수단 및 방법을 통해서 피난할 수 있도록 하는 것으로 2방향 이상의 피난통로를 확보하는 피난대책의 일반 원칙은?

① Risk-down 원칙
② Feed-back 원칙
③ Fool-proof 원칙
④ Fail-safe 원칙

해설 **피난계획의 일반원칙**
- Fool Proof : 비상시 머리가 혼란하여 판단능력이 저하되는 상태로 누구나 알 수 있도록 문자나 그림등을 표시하여 직감적으로 작용하는 것으로 피난수단을 조작이 간편한 원시적 방법으로 하는 원칙
- Fail Safe : 하나의 수단이 고장으로 실패하여도 다른 수단에 의해 구제할 수 있도록 고려하는 것으로 2방향 피난로의 확보와 예비전원을 준비하는 것 등이다.

15

목재건축물의 화재 진행과정을 순서대로 나열한 것은?

① 무염착화-발염착화-발화-최성기
② 무염착화-최성기-발염착화-발화
③ 발염착화-발화-최성기-무염착화
④ 발염착화-최성기-무염착화-발화

해설 **목조건축물의 화재진행과정**
화원 → 무염착화 → 발염착화 → 발화(출화) → 최성기 → 연소낙하 → 소화

16

탄산수소나트륨이 주성분인 분말소화약제는?

① 제1종 분말 ② 제2종 분말
③ 제3종 분말 ④ 제4종 분말

해설 **제1종 분말** : $NaHCO_3$(탄산수소나트륨, 중탄산나트륨)

17

공기와 할론 1301의 혼합기체에서 할론 1301에 비해 공기의 확산속도는 약 몇 배인가?(단, 공기의 평균분자량은 29, 할론 1301의 분자량은 149이다)

① 2.27배 ② 3.85배
③ 5.17배 ④ 6.46배

해설 확산속도는 분자량의 제곱근에 반비례, 밀도의 제곱근에 반비례 한다.

$$\frac{U_B}{U_A} = \sqrt{\frac{M_A}{M_B}}$$

여기서 U_B : 공기의 확산속도
U_A : 할론 1301의 확산속도
M_B : 공기의 분자량
M_A : 할론 1301의 분자량

$$\therefore U_B = U_A \times \sqrt{\frac{M_A}{M_B}} = 1[\text{m/s}] \times \sqrt{\frac{149}{29}} = 2.27\text{배}$$

18

불연성 기체나 고체 등으로 연소물을 감싸 산소공급을 차단하는 소화방법은?

① 질식소화 ② 냉각소화
③ 연쇄반응차단소화 ④ 제거소화

해설 **질식소화** : 불연성 기체나 고체 등으로 연소물을 감싸 산소공급을 차단하는 방법

정답 13 ③ 14 ④ 15 ① 16 ① 17 ① 18 ①

19

공기 중의 산소의 농도는 약 몇 [vol%]인가?

① 10 ② 13
③ 17 ④ 21

해설 **공기의 조성[vol%]** : 산소 21[%], 질소 78[%], 아르곤 등 1[%]

20

자연발화 방지대책에 대한 설명 중 틀린 것은?

① 저장실의 온도를 낮게 유지한다.
② 저장실의 환기를 원활히 시킨다.
③ 촉매물질과의 접촉을 피한다.
④ 저장실의 습도를 높게 유지한다.

해설 저장실의 습도를 낮게(열이 축적되지 않고 확산되기 때문) 하여야 자연발화를 방지할 수 있다.

제 2 과목 소방유체역학

21

그림과 같이 수조의 밑부분에 구멍을 뚫고 물을 유량 Q로 방출시키고 있다. 손실을 무시할 때 수위가 처음 높이의 1/2로 되었을 때 방출되는 유량은 어떻게 되는가?

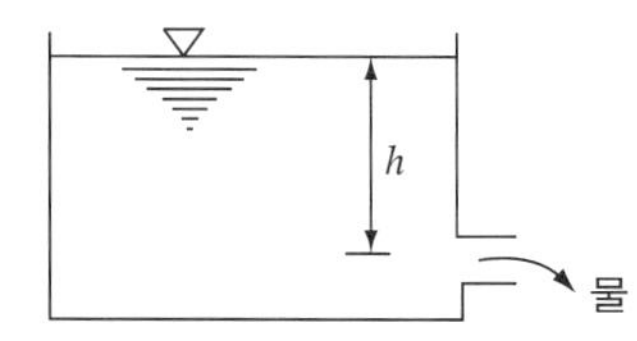

① $\frac{1}{\sqrt{2}}Q$ ② $\frac{1}{2}Q$
③ $\frac{1}{\sqrt{3}}Q$ ④ $\frac{1}{3}Q$

해설 유속 $u=\sqrt{2gh}$ 에서 방출유속 $u_2=\sqrt{2g\left(\frac{1}{2}h\right)}$ 이다.

유량 $Q=Au=A\sqrt{2gh}$ 에서 방출유량

$Q_2=A\sqrt{2g\left(\frac{1}{2}h\right)}=\frac{1}{\sqrt{2}}Q$이다.

22

다음 중 등엔트로피 과정은 어느 과정인가?

① 가역 단열과정
② 가역 등온과정
③ 비가역 단열과정
④ 비가역 등온과정

해설 **가역단열과정** : 등엔트로피 과정

23

비중이 0.95인 액체가 흐르는 곳에 그림과 같이 피토 튜브를 직각으로 설치하였을 때 h가 150[mm], H가 30[mm]로 나타났다면 점 1 위치에서의 유속[m/s]은?

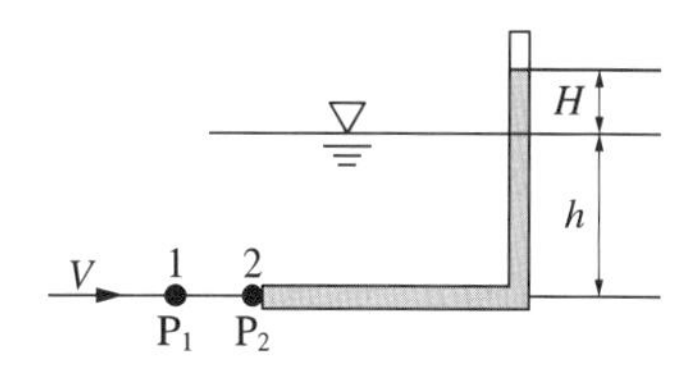

① 0.8
② 1.6
③ 3.2
④ 4.2

해설 **피토 튜브의 유속(u)**

$u=\sqrt{2gH}$ [m/s]

$u=\sqrt{2\times 9.8[\text{m/s}^2]\times 0.03[\text{m}]}=0.77[\text{m/s}]$

24

어떤 밀폐계가 압력 200[kPa], 체적 0.1[m^3]인 상태에서 100[kPa], 0.3[m^3]인 상태까지 가역적으로 팽창하였다. 이 과정이 $P-V$ 선도에서 직선으로 표시된다면 이 과정 동안에 계가 한 일[kJ]은?

① 20
② 30
③ 45
④ 60

19 ④ 20 ④ 21 ① 22 ① 23 ① 24 ② 정답

해설 일(W)

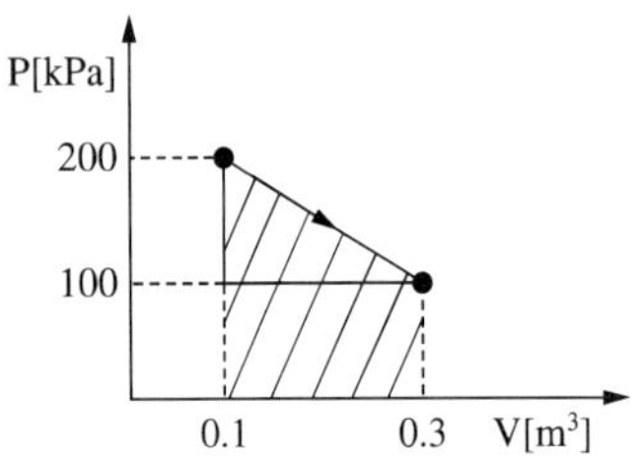

$P-V$선도에서 빗금 친 부분의 면적을 계산하면 계가 한 일이다.

$W=\frac{1}{2}(P_1-P_2)(V_2-V_1)+P_2(V_2-V_1)$에서

$W=\frac{1}{2}\times(200-100)[\text{kPa}]\times(0.3-0.1)[\text{m}^3]$
$+100[\text{kPa}](0.3-0.1)[\text{m}^3]=30[\text{kJ}]$

25

유체에 관한 설명으로 틀린 것은?

① 실제유체는 유동할 때 마찰로 인한 손실이 생긴다.
② 이상유체는 높은 압력에서 밀도가 변화하는 유체이다.
③ 유체에 압력을 가하면 체적이 줄어드는 유체는 압축성 유체이다.
④ 전단력을 받았을 때 저항하지 못하고 연속적으로 변형하는 물질을 유체라 한다.

해설 **이상유체** : 높은 압력에서 밀도가 변화하지 않는 유체이다.

26

대기압에서 10[℃]의 물 10[kg]을 70[℃]까지 가열할 경우 엔트로피 증가량[kJ/K]은?(단, 물의 정압비열은 4.18[kJ/kg · K]이다)

① 0.43 ② 8.03
③ 81.3 ④ 2,508.1

해설 엔트로피 증가량(ΔS)

$\Delta S=mC_p\ln\frac{T_2}{T_1}[\text{kJ/K}]$

$\Delta S=10[\text{kg}]\times4.18[\frac{\text{kJ}}{\text{kg}\cdot\text{K}}]\ln\frac{(273+70)[\text{K}]}{(273+10)[\text{K}]}$
$=8.03[\text{kJ/K}]$

27

물속에 수직으로 완전히 잠긴 원판의 도심과 압력중심 사이의 최대 거리는 얼마인가?(단, 원판의 반지름은 R이며, 이 원판의 면적관성모멘트는 $I_{xc}=\pi R^4/4$이다)

① $R/8$ ② $R/4$
③ $R/2$ ④ $2R/3$

해설 도심과 압력중심 사이의 최대 거리

- 원판의 도심 $\bar{y}=\frac{D}{2}=R$
- 압력중심 $y_p=\frac{I_{xc}}{\bar{y}A}$에서 $y_p=\frac{\frac{\pi R^4}{4}}{R\times(\pi R^2)}=\frac{R}{4}$

28

점성계수가 0.101[N · s/m²], 비중이 0.85인 기름이 내경 300[mm], 길이 3[km]의 주철관 내부를 0.0444[m³/s]의 유량으로 흐를 때 손실수두[m]는?

① 7.1 ② 7.7
③ 8.1 ④ 8.9

해설 손실수두 $H=\frac{fLu^2}{2gD}$

여기서, $u(\text{유속})=\frac{Q}{\frac{\pi}{4}d^2}=\frac{0.0444}{\frac{\pi}{4}(0.3)^2}$
$=0.63[\text{m/s}]$

$Re=\frac{Du\rho}{\mu}=\frac{0.3\times0.63\times850}{0.101}=1,590.59(\text{층류})$

$f(\text{관마찰계수})=\frac{64}{Re}=\frac{64}{1,590.59}=0.04$

$\therefore H=\frac{fLU^2}{2gD}=\frac{0.04\times3,000\times(0.63)^2}{2\times9.8\times0.3}=8.1[\text{m}]$

$$Re=\frac{Du\rho}{\mu}=[\frac{\text{m}\times\frac{\text{m}}{\text{s}}\times\frac{\text{kg}}{\text{m}^3}}{\frac{\text{N}\cdot\text{s}}{\text{m}^2}}]$$
$$=[\frac{\frac{\text{kg}}{\text{m}\cdot\text{s}}}{\frac{\text{kg}\cdot\frac{\text{m}}{\text{s}^2}\cdot\text{s}}{\text{m}^2}}]=[\frac{\frac{\text{kg}}{\text{m}\cdot\text{s}}}{\frac{\text{kg}}{\text{m}\cdot\text{s}}}]=[-]$$

정답 25 ② 26 ② 27 ② 28 ③

29

그림과 같은 곡관에 물이 흐르고 있을 때 계기 압력으로 P_1이 98[kPa]이고, P_2가 29.42[kPa]이면 이 곡관을 고정시키는 데 필요한 힘[N]은?(단, 높이차 및 모든 손실은 무시한다)

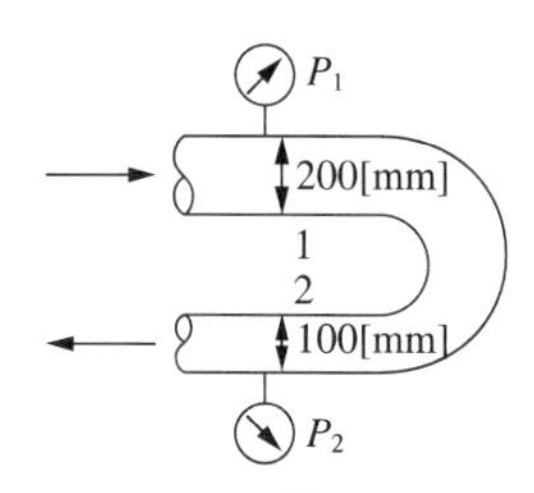

① 4,141　② 4,314
③ 4,565　④ 4,744

해설 힘

- 베르누이방정식을 적용하면

$$\frac{\frac{98[\text{kPa}]}{101.325[\text{kPa}]}\times 10{,}332[\text{m}]}{1{,}000[\text{kg}_f/\text{m}^3]}+\frac{V_1^2}{2g}=\frac{\frac{29.42[\text{kPa}]}{101.325[\text{kPa}]}\times 10{,}332[\text{m}]}{1{,}000[\text{kg}_f/\text{m}^3]}+\frac{V_2^2}{2g}$$

연속방정식에서 $V_2=4V_1$이므로 위의 식에 대입하면

$$10[\text{m}]+\frac{V_1^2}{2g}=3[\text{m}]+\frac{16V_1^2}{2g}\qquad V_1=3.02[\text{m/s}]$$

$$V_2=4V_1=4\times 3.02[\text{m/s}]=12.08[\text{m/s}]$$

- 유 량

$$Q=uA=3.02[\text{m/s}]\times\frac{\pi}{4}(0.2[\text{m}])^2=0.095[\text{m}^3/\text{s}]$$

- 운동량 방정식을 적용하면

$$A_1P_1-F+A_2P_2=\rho Q(-V_2-V_1)$$

$$\frac{\pi}{4}(20[\text{cm}])^2\times\left(\frac{98[\text{kPa}]}{101.325[\text{kPa}]}\times 1.0332[\text{kg}_f/\text{cm}^2]\right)-F+\frac{\pi}{4}(10[\text{cm}])^2\times\left(\frac{29.42[\text{kPa}]}{101.325[\text{kPa}]}\times 1.0332[\text{kg}_f/\text{cm}^2]\right)$$

$$=102[\text{kg}_f\cdot\text{s}^2/\text{m}^4]\times 0.095[\text{m}^3/\text{s}]\times(-12.08-3.02)[\text{m/s}]$$

$$\therefore\ F=483.82[\text{kg}_f]=483.82[\text{kg}_f]\times 9.8[\text{N/kg}_f]=4{,}741.44[\text{N}]$$

30

물의 체적을 5[%] 감소시키려면 얼마의 압력[kPa]을 가하여야 하는가?(단, 물의 압축률은 $5\times 10^{-10}[\text{m}^2/\text{N}]$이다)

① 1　② 10^2
③ 10^4　④ 10^5

해설 체적탄성계수 $K=-\left(\frac{\Delta P}{\Delta V/V}\right)$, 압축률 $\beta=\frac{1}{K}$

압력변화

$$\Delta P=-K\frac{\Delta V}{V}=-\frac{1}{\beta}\frac{\Delta V}{V}=-\left(\frac{1}{5\times 10^{-10}}\right)\times(-0.05)=10^8[\text{Pa}]=10^5[\text{kPa}]$$

31

옥내소화전에서 노즐의 직경이 2[cm]이고 방수량이 0.5[m³/min]이라면 방수압(계기압력, [kPa])은?

① 35.90　② 359.0
③ 566.4　④ 56.64

해설 방수량(유량)

$$Q=0.6597D^2\sqrt{10P}$$

여기서, Q : 유량[L/min], D : 내경[mm]
P : 압력[MPa]

$500[\text{L/min}]=0.6597\times(20)^2\times\sqrt{10P}$

$P=0.3590[\text{MPa}]=359[\text{kPa}]$

32

공기 중에서 무게가 941[N]인 돌이 물속에서 500[N]이라면 이 돌의 체적[m³]은?(단, 공기의 부력은 무시한다)

① 0.012
② 0.028
③ 0.034
④ 0.045

정답 29 ④ 30 ④ 31 ② 32 ④

해설 돌의 체적

500[N]
941[N]
F

$1[kg_f] = 9.8[N]$

$\frac{500}{9.8} + F = \frac{941}{9.8}$ $\qquad F = 45[kg_f]$

$\therefore F = \gamma V = 1,000V = 45$

$V = \frac{45[kg_f]}{1,000[kg_f/m^3]} = 0.045[m^3]$

33

그림과 같이 비중이 0.8인 기름이 흐르고 있는 관에 U자관이 설치되어 있다. A점에서의 계기압력이 200[kPa]일 때 높이 h[m]는 얼마인가?(단, U자관 내의 유체의 비중은 13.6이다)

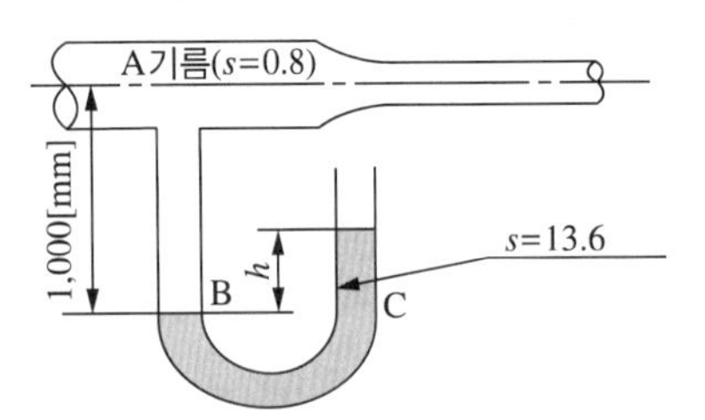

① 1.42 ② 1.56
③ 2.43 ④ 3.20

해설 높이(h)

- 물의 비중량 $\gamma = 9,800[N/m^3]$이고 압력 $P = s\gamma_w h$이므로
  - 비중 0.8의 압력
    $P_1 = 0.8 \times 9,800[\frac{N}{m^3}] \times 1[m] = 7,840[N/m^2]$
  - 비중 13.6의 압력 $P_2 = 13.6 \times 9,800[\frac{N}{m^3}] \times h$
- $P_A = 200[kPa] = 200 \times 10^3[N/m^2]$이고
  압력 $P_B = P_C$이므로 $P_A + P_1 = P_2$이다.
  $200 \times 10^3[N/m^2] + 7,840[N/m^2]$
  $= 13.6 \times 9,800[N/m^3] \times h$

  $\therefore$ 높이

  $h = \frac{200 \times 10^3[N/m^2] + 7,840[N/m^2]}{13.6 \times 9,800[N/m^3]} = 1.56[m]$

34

열전달 면적이 A이고, 온도 차이가 10[℃], 벽의 열전도율이 10[W/m·K], 두께 25[cm]인 벽을 통한 열류량은 100[W]이다. 동일한 열전달 면적에서 온도 차이가 2배, 벽의 열전도율이 4배가 되고 벽의 두께가 2배가 되는 경우 열류량[W]은 얼마인가?

① 50
② 200
③ 400
④ 800

해설 열전달률

> 열전달열량 $Q = \frac{\lambda}{l} A \Delta t$

여기서, 열전달열량 $100[W] = \frac{10}{0.25} \times A \times 10$

$A = 0.25[m^2]$

$\therefore$ 열전달열량

$Q = \frac{4 \times 10}{2 \times 0.25} \times 0.25 \times (2 \times 10) = 400[W]$

35

지름 40[cm]인 소방용 배관에 물이 80[kg/s]로 흐르고 있다면 물의 유속[m/s]은?

① 6.4
② 0.64
③ 12.7
④ 1.27

해설 질량유량 $\overline{m} = Au\rho$에서

$u = \frac{\overline{m}}{A\rho} = \frac{80[kg/s]}{\frac{\pi}{4}(0.4[m])^2 \times 1,000[kg/m^3]} = 0.64[m/s]$

정답 33 ② 34 ③ 35 ②

36

지름이 400[mm]인 베어링이 400[rpm]으로 회전하고 있을 때 마찰에 의한 손실동력[kW]은?(단, 베어링과 축 사이에는 점성계수가 0.049[N·s/m^2]인 기름이 차 있다)

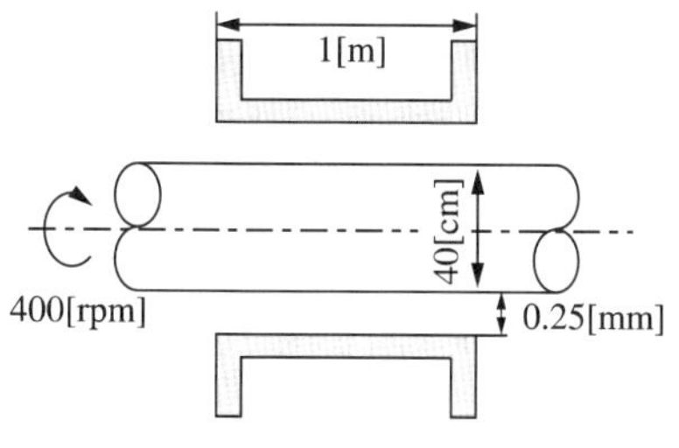

① 15.1　② 15.6
③ 16.3　④ 17.3

해설 마찰에 의한 손실동력(P)

- 각속도 $\omega = \dfrac{2\pi N}{60}$에서

$$u = \frac{2\pi \times 400[\text{rpm}]}{60} = 41.89[\text{rad/s}]$$

- 토크 $T = \dfrac{\pi \mu \omega d^3 l}{4t}$에서

$$T = \frac{\pi \times 0.049[\frac{\text{N}\cdot\text{s}}{\text{m}^2}] \times 41.89[\frac{\text{rad}}{\text{s}}] \times (0.4\text{m})^3 \times 1[\text{m}]}{4 \times (0.25 \times 10^{-3}[\text{m}])}$$

$= 412.7[\text{N}\cdot\text{m}]$

∴ 손실동력 $P = T \times \omega$에서

$P = 412.7[\text{N}\cdot\text{m}] \times 41.89[\text{rad/s}] = 17,288[\text{W}]$
$\fallingdotseq 17.3[\text{kW}]$

37

12층 건물의 지하 1층에 제연설비용 배연기를 설치하였다. 이 배연기의 풍량은 500[m^3/min]이고, 풍압이 290[Pa]일 때 배연기의 동력[kW]은?(단, 배연기의 효율은 60[%]이다)

① 3.55
② 4.03
③ 5.55
④ 6.11

해설 배출기의 용량

$$\text{동력[kW]} = \frac{Q \times \text{Pr}}{6,120 \times \eta} \times K$$

여기서, Q : 용량[m^3/min]
Pr : 풍압
$\left(\dfrac{290[\text{Pa}]}{101,325[\text{Pa}]} \times 10,332[\text{mmAq}]\right.$
$\left.= 29.57[\text{mmAq}]\right)$
K : 여유율, η : 효율

$$\therefore \text{동력[kW]} = \frac{500 \times 29.57}{6,120 \times 0.6} \times 1 = 4.03[\text{kW}]$$

38

다음 중 배관의 출구측 형상에 따라 손실계수가 가장 큰 것은?

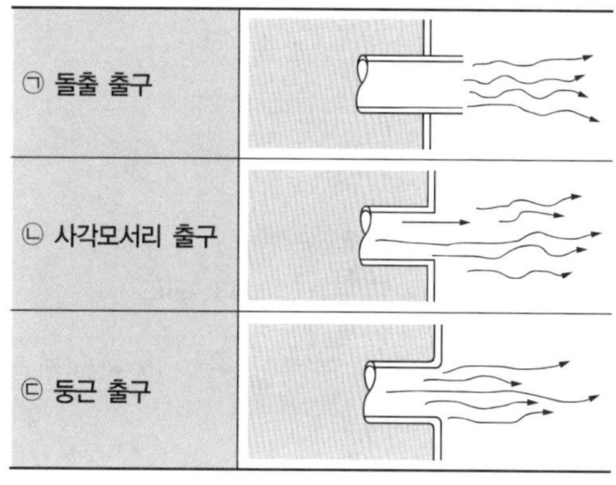

① ㉠　② ㉡
③ ㉢　④ 모두 같다.

해설 돌연 확대관의 손실수두(K)

$$K = \left[1 - \left(\frac{d_1}{d_2}\right)^2\right]^2$$

d_1　d_2

배관의 직경이 $d_2 \gg d_1$이므로 $K \fallingdotseq 1$이다.

∴ 돌연 확대관은 배관출구의 형상에 관계없이 손실계수(K)는 같으며 1에 근접한다.

36 ④ 37 ② 38 ④ **정답**

39

원관 내에 유체가 흐를 때 유동의 특성을 결정하는 가장 중요한 요소는?

① 관성력과 점성력 ② 압력과 관성력
③ 중력과 압력 ④ 압력과 점성력

해설 관성력과 점성력이 유동의 특성을 결정하는 가장 중요한 요소이다.

40

토출량이 1,800[L/min], 회전차의 회전수가 1,000[rpm]인 소화펌프의 회전수를 1,400[rpm]으로 증가시키면 토출량은 처음보다 얼마나 더 증가하는가?

① 10[%] ② 20[%]
③ 30[%] ④ 40[%]

해설 **펌프의 상사법칙**

유량 $Q_2 = Q_1 \times \frac{N_2}{N_1}$

여기서 N : 회전수[rpm]

- $Q_2 = 1,800 \times \frac{1,400}{1,000} = 2,520[\text{L/min}]$
- 증가된 토출량 $= \frac{2,520 - 1,800}{1,800} \times 100 = 40[\%]$

제 3 과목 소방관계법규

41

화재예방, 소방시설 설치·유지 및 안전관리에 관한 법령상 소방시설 등의 자체점검 중 종합정밀점검을 받아야 하는 특정소방대상물 대상 기준으로 틀린 것은?

① 제연설비가 설치된 터널
② 스프링클러설비가 설치된 특정소방대상물
③ 공공기관 중 연면적이 1,000[m^2] 이상인 것으로 옥내소화전설비 또는 자동화재탐지설비가 설치된 것(단, 소방대가 근무하는 공공기관은 제외한다)
④ 호스릴 방식의 물분무 등 소화설비만이 설치된 연면적 5,000[m^2] 이상인 특정소방대상물(단, 위험물 제조소 등은 제외한다)

해설 **종합정밀점검 대상**

- 스프링클러설비가 설치된 특정소방대상물
- **물분무 등 소화설비[호스릴(Hose Reel)방식의 물분무 등 소화설비만**을 설치한 경우는 **제외**한다]가 설치된 연면적 5,000[m^2] 이상인 특정소방대상물(위험물 제조소 등은 제외한다)
- 「다중이용업소의 안전관리에 관한 특별법 시행령」 제2조 제1호 단란주점영업과 유흥주점영업, 영화상영관·비디오물감상실업·복합영상물제공업(비디오물소극장업은 제외한다)·노래연습장업, 산후조리업, 고시원업, 안마시술소의 다중이용업의 영업장이 설치된 특정소방대상물로서 연면적이 2,000[m^2] 이상인 것
- 제연설비가 설치된 터널
- 「공공기관의 소방안전관리에 관한 규정」 제2조에 따른 공공기관 중 연면적(터널·지하구의 경우 그 길이와 평균폭을 곱하여 계산된 값을 말한다)이 1,000[m^2] 이상인 것으로서 옥내소화전설비 또는 자동화재탐지설비가 설치된 것. 다만, 「소방기본법」 제2조 제5호에 따른 소방대가 근무하는 공공기관은 제외한다.

42

위험물안전관리법령상 제조소 등이 아닌 장소에서 지정수량 이상의 위험물을 취급할 수 있는 경우에 대한 기준으로 맞는 것은?(단, 시·도의 조례가 정하는 바에 따른다)

① 관할 소방서장의 승인을 받아 지정수량 이상의 위험물을 60일 이내의 기간 동안 임시로 저장 또는 취급하는 경우
② 관할 소방대장의 승인을 받아 지정수량 이상의 위험물을 60일 이내의 기간 동안 임시로 저장 또는 취급하는 경우
③ 관할 소방서장의 승인을 받아 지정수량 이상의 위험물을 90일 이내의 기간 동안 임시로 저장 또는 취급하는 경우
④ 관할 소방대장의 승인을 받아 지정수량 이상의 위험물을 90일 이내의 기간 동안 임시로 저장 또는 취급하는 경우

해설 **위험물 임시저장** : 관할 소방서장의 승인을 받아 지정수량 이상의 위험물을 90일 이내

정답 39 ① 40 ④ 41 ④ 42 ③

43

소방기본법상 화재경계지구의 지정권자는?

① 소방서장
② 시 · 도지사
③ 소방본부장
④ 행정안전부장관

해설 **화재경계지구의 지정권자** : 시 · 도지사

44

위험물안전관리법령상 위험물 중 제1석유류에 속하는 것은?

① 경 유 ② 등 유
③ 중 유 ④ 아세톤

해설 제4류 위험물의 분류

종 류	경 유	등 유	중 유	아세톤
품 명	제2석유류 (비수용성)	제2석유류 (비수용성)	제3석유류 (비수용성)	제1석유류 (수용성)

45

화재예방, 소방시설 설치 · 유지 및 안전관리에 관한 법령상 수용인원 산정 방법 중 다음과 같은 시설의 수용인원은 몇 명인가?

> 숙박시설이 있는 특정소방대상물로서 종사자수는 5명, 숙박시설은 모두 2인용 침대이며 침대수량은 50개이다.

① 55
② 75
③ 85
④ 105

해설 **수용인원** : 침대가 있는 숙박시설의 경우는 해당 특정소방대상물의 종사자 수에 침대수(2인용 침대는 2인으로 산정)를 합한 수
∴ 5 + (50 × 2) = 105명

46

위험물안전관리법령상 관계인이 예방규정을 정하여야 하는 위험물을 취급하는 제조소의 지정수량 기준으로 옳은 것은?

① 지정수량의 10배 이상
② 지정수량의 100배 이상
③ 지정수량의 150배 이상
④ 지정수량의 200배 이상

해설 예방규정을 정하여야 하는 제조소 등
- **지정수량의 10배 이상**의 위험물을 취급하는 **제조소**
- 지정수량의 100배 이상의 위험물을 저장하는 옥외저장소
- 지정수량의 150배 이상의 위험물을 저장하는 옥내저장소
- 지정수량의 200배 이상의 위험물을 저장하는 옥외탱크저장소
- 암반탱크저장소
- 이송취급소

47

화재예방, 소방시설 설치 · 유지 및 안전관리에 관한 법령상 공동 소방안전관리자를 선임해야 하는 특정소방대상물이 아닌 것은?

① 판매시설 중 도매시장 및 소매시장
② 복합건축물로서 층수가 5층 이상인 것
③ 지하층을 제외한 층수가 7층 이상인 고층건축물
④ 복합건축물로서 연면적이 5,000[m^2] 이상인 것

해설 지하층을 제외한 층수가 11층 이상인 고층 건축물은 공동소방안전관리자를 선임하여야 할 대상이다.

48

소방기본법령상 소방안전교육사의 배치대상별 배치기준으로 틀린 것은?

① 소방청 : 2명 이상 배치
② 소방서 : 1명 이상 배치
③ 소방본부 : 2명 이상 배치
④ 한국소방안전원(본원) : 1명 이상 배치

43 ② 44 ④ 45 ④ 46 ① 47 ③ 48 ④ 정답

해설 소방안전교육사의 배치기준

배치대상	배치기준(단위 : 명)
소방청	2 이상
소방본부	2 이상
소방서	1 이상
한국소방안전원	본원 : 2 이상, 시·도지원 : 1 이상
한국소방산업기술원	2 이상

49

소방시설공사업법령상 정의된 업종 중 소방시설업의 종류에 해당되지 않는 것은?

① 소방시설설계업 ② 소방시설공사업
③ 소방시설정비업 ④ 소방공사감리업

해설 **소방시설업** : 소방시설설계업, 소방시설공사업, 소방공사감리업

50

소방기본법상 소방대장의 권한이 아닌 것은?

① 소방활동을 할 때에 긴급한 경우에는 이웃한 소방본부장 또는 소방서장에게 소방업무의 응원을 요청할 수 있다.
② 화재, 재난·재해, 그 밖의 위급한 상황이 발생한 현장에서 소방활동을 위하여 필요할 때에는 그 관할구역에 사는 사람 또는 그 현장에 있는 사람으로 하여금 사람을 구출하는 일 또는 불을 끄거나 불이 번지지 아니하도록 하는 일을 하게 할 수 있다.
③ 사람을 구출하거나 불이 번지는 것을 막기 위하여 필요할 때에는 화재가 발생하거나 불이 번질 우려가 있는 소방대상물 및 토지를 일시적으로 사용하거나 그 사용의 제한 또는 소방활동에 필요한 처분을 할 수 있다.
④ 소방활동을 위하여 긴급하게 출동할 때에는 소방자동차의 통행과 소방활동에 방해가 되는 주차 또는 정차된 차량 및 물건 등을 제거하거나 이동시킬 수 있다.

해설 **소방본부장이나 소방서장**은 소방활동을 할 때에 긴급한 경우에는 이웃한 소방본부장 또는 소방서장에게 **소방업무의 응원(應援)을 요청**할 수 있다.

51

소방시설공사업법상 도급을 받은 자가 제3자에게 소방시설공사의 시공을 하도급한 경우에 대한 벌칙 기준으로 옳은 것은?(단, 대통령령으로 정하는 경우는 제외한다)

① 100만원 이하의 벌금
② 300만원 이하의 벌금
③ 1년 이하의 징역 또는 1,000만원 이하의 벌금
④ 3년 이하의 징역 또는 3,000만원 이하의 벌금

해설 **하도급받은 소방시설공사를 다시 하도급(제3자)한 자의 벌칙** : 1년 이하의 징역 또는 1,000만원 이하의 벌금

52

화재예방, 소방시설 설치·유지 및 안전관리에 관한 법령상 주택의 소유자가 소방시설을 설치하여야 하는 대상이 아닌 것은?

① 아파트 ② 연립주택
③ 다세대주택 ④ 다가구주택

해설 **주택** : 다세대주택, 다가구주택, 연립주택

53

소방기본법상 화재경계지구의 지정대상이 아닌 것은?(단, 소방청장·소방본부장 또는 소방서장이 화재경계지구로 지정할 필요가 있다고 인정하는 지역은 제외한다)

① 시장지역
② 농촌지역
③ 목조건물이 밀집한 지역
④ 공장·창고가 밀집한 지역

해설 농촌지역은 아니고 공장·창고가 밀집한 지역이나 목조건물이 밀집한 지역은 화재경계지구로 해당된다.

정답 49 ③ 50 ① 51 ③ 52 ① 53 ②

54

위험물안전관리법령상 제4류 위험물별 지정수량 기준의 연결이 틀린 것은?

① 특수인화물 - 50[L]
② 알코올류 - 400[L]
③ 동식물유류 - 1,000[L]
④ 제4석유류 - 6,000[L]

해설 제4류 위험물별 지정수량

종 류	특수인화물	알코올류	동식물유류	제4석유류
지정수량	50[L]	400[L]	10,000[L]	6,000[L]

55

화재예방, 소방시설 설치·유지 및 안전관리에 관한 법령상 소방시설 등에 대한 자체점검을 하지 아니하거나 관리업자 등으로 하여금 정기적으로 점검하게 하지 아니한 자에 대한 벌칙 기준으로 옳은 것은?

① 6개월 이하의 징역 또는 1,000만원 이하의 벌금
② 1년 이하의 징역 또는 1,000만원 이하의 벌금
③ 3년 이하의 징역 또는 1,500만원 이하의 벌금
④ 3년 이하의 징역 또는 3,000만원 이하의 벌금

해설 소방시설 등에 대한 자체점검을 하지 아니하거나 관리업자 등으로 하여금 정기적으로 점검하게 하지 아니한 자 : 1년 이하의 징역 또는 1,000만원 이하의 벌금

56

소방기본법령상 특수가연물의 저장 및 취급 기준을 2회 위반한 경우 과태료 부과기준은?

① 50만원
② 100만원
③ 150만원
④ 200만원

해설 특수가연물의 저장 및 취급 기준을 위반한 경우

위반횟수	1회	2회	3회	4회 이상
과태료	20만원	50만원	100만원	100만원

57

소방기본법령상 특수가연물의 품명과 지정수량 기준의 연결이 틀린 것은?

① 사류 - 1,000[kg] 이상
② 볏짚류 - 3,000[kg] 이상
③ 석탄·목탄류 - 10,000[kg] 이상
④ 합성수지류 중 발포시킨 것 - 20[m^3] 이상

해설 볏짚류 : 1,000[kg] 이상이면 특수가연물이다.

58

화재예방, 소방시설 설치·유지 및 안전관리에 관한 법령상 특정소방대상물로서 숙박시설에 해당되지 않는 것은?

① 오피스텔
② 일반형 숙박시설
③ 생활형 숙박시설
④ 근린생활시설에 해당하지 않는 고시원

해설 오피스텔 : 업무시설

59

화재예방, 소방시설 설치·유지 및 안전관리에 관한 법령상 정당한 사유 없이 피난시설, 방화구획 및 방화시설의 유지·관리에 필요한 조치 명령을 위반한 경우 이에 대한 벌칙 기준으로 옳은 것은?

① 200만원 이하의 벌금
② 300만원 이하의 벌금
③ 1년 이하의 징역 또는 1,000만원 이하의 벌금
④ 3년 이하의 징역 또는 3,000만원 이하의 벌금

해설 정당한 사유 없이 피난시설, 방화구획 및 방화시설의 유지·관리에 필요한 조치 명령을 위반한 경우 : 3년 이하의 징역 또는 3,000만원 이하의 벌금

정답 54 ③ 55 ② 56 ① 57 ② 58 ① 59 ④

60

화재예방, 소방시설 설치 · 유지 및 안전관리에 관한 법령상 소방시설이 아닌 것은?

① 소화설비
② 경보설비
③ 방화설비
④ 소화활동설비

해설 방화설비는 건축관련 용어이고 소방시설이 아니다.

제 4 과목 소방기계시설의 구조 및 원리

61

상수도소화용수설비의 화재안전기준에 따라 호칭지름 75[mm] 이상의 수도배관에 호칭지름 100[mm] 이상의 소화전을 접속한 경우 상수도소화용수설비 소화전의 설치기준으로 맞는 것은?

① 특정소방대상물의 수평투영면의 각 부분으로부터 80[m] 이하가 되도록 설치할 것
② 특정소방대상물의 수평투영면의 각 부분으로부터 100[m] 이하가 되도록 설치할 것
③ 특정소방대상물의 수평투영면의 각 부분으로부터 120[m] 이하가 되도록 설치할 것
④ 특정소방대상물의 수평투영면의 각 부분으로부터 140[m] 이하가 되도록 설치할 것

해설 **상수도소화용수설비 소화전의 설치기준**

- 호칭지름 75[mm] 이상의 수도배관에 호칭지름 100[mm] 이상의 소화전을 접속할 것
- 소화전은 소방자동차 등의 진입이 쉬운 도로변 또는 공지에 설치할 것
- **소화전**은 특정소방대상물의 수평투영면의 각 부분으로부터 **140[m] 이하**가 되도록 설치할 것

62

분말소화설비의 화재안전기준에 따른 분말소화설비의 배관과 선택밸브의 설치기준에 대한 내용으로 틀린 것은?

① 배관은 겸용으로 설치할 것
② 선택밸브는 방호구역 또는 방호대상물마다 설치할 것
③ 동관은 고정압력 또는 최고사용압력의 1.5배 이상의 압력에 견딜 수 있는 것을 사용할 것
④ 강관은 아연도금에 따른 배관용탄소강관이나 이와 동등 이상의 강도 · 내식성 및 내열성을 가진 것을 사용할 것

해설 분말소화설비의 배관은 전용으로 설치할 것

63

피난기구의 화재안전기준에 따라 숙박시설 · 노유자시설 및 의료시설로 사용되는 층에 있어서는 그 층의 바닥면적이 몇 [m²]마다 피난기구를 1개 이상 설치해야 하는가?

① 300
② 500
③ 800
④ 1,000

해설 **피난기구 설치기준**

층마다 설치하되 아래 기준에 의하여 설치하여야 한다.

소방대상물	설치기준(1개 이상)
숙박시설 · 노유자시설 및 의료시설	바닥면적 500[m²]마다
위락시설 · 문화 및 집회시설, 운동시설 · 판매시설, 복합용도의 층	바닥면적 800[m²]마다
계단실형 아파트	각 세대마다
그 밖의 용도의 층	바닥면적 1,000[m²]마다

정답 60 ③ 61 ④ 62 ① 63 ②

64

다음 설명은 미분무소화설비의 화재안전기준에 따른 미분무소화설비 기동장치의 화재감지기 회로에서 발신기 설치기준이다. ( ) 안에 알맞은 내용은?(단, 자동화재탐지설비의 발신기가 설치된 경우는 제외한다)

- 조작이 쉬운 장소에 설치하고, 스위치는 바닥으로부터 0.8[m] 이상 (㉠)[m] 이하의 높이에 설치할 것
- 소방대상물의 층마다 설치하되, 당해 소방대상물의 각 부분으로부터 하나의 발신기까지의 수평거리가 (㉡)[m] 이하가 되도록 할 것
- 발신기의 위치를 표시하는 표시등은 함의 상부에 설치하되, 그 불빛은 부착면으로부터 15° 이상의 범위 안에서 부착지점으로부터 (㉢)[m] 이내의 어느 곳에서도 쉽게 식별할 수 있는 적색등으로 할 것

① ㉠ 1.5, ㉡ 20, ㉢ 10
② ㉠ 1.5, ㉡ 25, ㉢ 10
③ ㉠ 2.0, ㉡ 20, ㉢ 15
④ ㉠ 2.0, ㉡ 25, ㉢ 15

해설 미분무소화설비 기동장치의 화재감지기 회로에 발신기 설치기준

- 조작이 쉬운 장소에 설치하고, **스위치**는 바닥으로부터 **0.8[m] 이상 1.5[m] 이하**의 높이에 설치할 것
- 소방대상물의 층마다 설치하되, 당해 소방대상물의 각 부분으로부터 하나의 발신기까지의 **수평거리**가 **25[m] 이하**가 되도록 할 것
- 발신기의 위치를 표시하는 **표시등**을 함의 상부에 설치하되, 그 불빛은 부착면으로부터 15°이상의 범위 안에서 부착지점으로부터 **10[m] 이내**의 어느 곳에서도 쉽게 식별할 수 있는 적색등으로 할 것

65

소화기구 및 자동소화장치의 화재안전기준에 따른 캐비닛형자동소화장치 분사헤드의 설치 높이 기준은 방호구역의 바닥으로부터 얼마이어야 하는가?

① 최소 0.1[m] 이상 최대 2.7[m] 이하
② 최소 0.1[m] 이상 최대 3.7[m] 이하
③ 최소 0.2[m] 이상 최대 2.7[m] 이하
④ 최소 0.2[m] 이상 최대 3.7[m] 이하

해설 **캐비닛형자동소화장치 분사헤드의 설치 높이** : 최소 0.2[m] 이상 최대 3.7[m] 이하

66

할로겐화합물 및 불활성기체소화설비의 화재안전기준에 따른 할로겐화합물 및 불활성기체소화설비의 수동식 기동장치의 설치기준에 대한 설명으로 틀린 것은?

① 5[kg] 이상의 힘을 가하여 기동할 수 있는 구조로 할 것
② 전기를 사용하는 기동장치에는 전원표시등을 설치할 것
③ 기동장치의 방출용스위치는 음향경보장치와 연동하여 조작될 수 있는 것으로 할 것
④ 해당 방호구역의 출입구 부근 등 조작을 하는 자가 쉽게 피난할 수 있는 장소에 설치할 것

해설 **할로겐화합물 및 불활성기체소화설비의 수동식 기동장치의 설치기준** : **5[kg] 이하의 힘**을 가하여 기동할 수 있는 구조로 할 것

67

연소방지설비의 화재안전기준에 따라 연소방지설비의 살수구역은 환기구 등을 기준으로 지하구의 길이 방향으로 최대 몇 [m] 이내마다 1개 이상의 방수헤드를 설치하여야 하는가?

① 150
② 200
③ 350
④ 400

해설 **연소방지설비의 살수구역**
환기구 등을 기준으로 지하구의 길이방향으로 **350[m] 이내마다 1개 이상의 방수헤드**를 설치하되 하나의 살수구역의 길이는 3[m] 이상으로 할 것

64 ② 65 ④ 66 ① 67 ③ 정답

68

구조대의 형식승인 및 제품검사의 기술기준에 따른 경사하강식구조대의 구조에 대한 설명으로 틀린 것은?

① 구조대 본체는 강하방향으로 봉합부가 설치되어야 한다.
② 연속하여 활강할 수 있는 구조로 안전하고 쉽게 사용할 수 있어야 한다.
③ 땅에 닿을 때 충격을 받는 부분에는 완충장치로서 받침포 등을 부착하여야 한다.
④ 입구틀 및 취부틀의 입구는 지름 50[cm] 이상의 구체가 통과할 수 있어야 한다.

해설 구조대 본체는 강하방향으로 봉합부가 설치되지 않아야 한다.

69

스프링클러설비의 화재안전기준에 따른 습식유수검지장치를 사용하는 스프링클러설비 시험장치의 설치기준에 대한 설명으로 틀린 것은?

① 유수검지장치에서 가장 가까운 가지배관의 끝으로부터 연결하여 설치해야 한다.
② 시험배관의 끝에는 물받이 통 및 배수관을 설치하여 시험 중 방사된 물이 바닥에 흘러내리지 않도록 해야 한다.
③ 화장실과 같은 배수처리가 쉬운 장소에 시험배관을 설치한 경우에는 물받이 통 및 배수관을 생략할 수 있다.
④ 시험장치 배관의 구경은 유수검지장치에서 가장 먼 가지배관의 구경과 동일한 구경으로 하고 그 끝에 개폐밸브 및 개방형헤드를 설치해야 한다.

해설 시험배관은 유수검지장치에서 가장 먼 가지배관의 끝으로부터 연결하여 설치해야 한다.

70

화재조기진압용 스프링클러설비의 화재안전기준에 따라 가지배관을 배열할 때 천장의 높이가 9.1[m] 이상 13.7[m] 이하인 경우 가지배관 사이의 거리 기준으로 맞는 것은?

① 2.4[m] 이상 3.1[m] 이하
② 2.4[m] 이상 3.7[m] 이하
③ 6.0[m] 이상 8.5[m] 이하
④ 6.0[m] 이상 9.3[m] 이하

해설 **가지배관 사이의 거리** : 2.4[m] 이상 3.7[m] 이하(단, 천장높이 9.1[m] 이상 13.7[m] 이하 : 2.4[m] 이상 3.1[m] 이하)

71

옥내소화전설비의 화재안전기준에 따라 옥내소화전 방수구를 반드시 설치하여야 하는 곳은?

① 식물원
② 수족관
③ 수영장의 관람석
④ 냉장창고 중 온도가 영하인 냉장실

해설 **옥내소화전 방수구의 설치 제외**
- **냉장창고 중 온도가 영하인 냉장실** 또는 냉동창고의 냉동실
- 고온의 노가 설치된 장소 또는 물과 격렬하게 반응하는 물품의 저장 또는 취급 장소
- 발전소 · 변전소 등으로서 전기시설이 설치된 장소
- **식물원 · 수족관** · 목욕실 · **수영장(관람석 부분은 제외)**, 그 밖의 이와 비슷한 장소
- 야외음악당 · 야외극장 또는 그 밖의 이와 비슷한 장소

72

스프링클러설비의 화재안전기준에 따른 특정소방대상물의 방호구역 층마다 설치하는 폐쇄형 스프링클러설비 유수검지장치의 설치 높이 기준은?

① 바닥으로부터 0.8[m] 이상 1.2[m] 이하
② 바닥으로부터 0.8[m] 이상 1.5[m] 이하
③ 바닥으로부터 1.0[m] 이상 1.2[m] 이하
④ 바닥으로부터 1.0[m] 이상 1.5[m] 이하

정답 68 ① 69 ① 70 ① 71 ③ 72 ②

해설 **유수검지장치의 설치 높이** : 바닥으로부터 0.8[m] 이상 1.5[m] 이하

73

포소화설비의 화재안전기준에 따른 용어 정의 중 다음 ( ) 안에 알맞은 내용은?

> ( ) 프로포셔너방식이란 펌프와 발포기의 중간에 설치된 벤투리관의 벤투리작용과 펌프 가압수의 포 소화약제 저장탱크에 대한 압력에 따라 포소화약제를 흡입·혼합하는 방식을 말한다.

① 라 인
② 펌 프
③ 프레셔
④ 프레셔 사이드

해설 **프레셔 프로포셔너방식** : 펌프와 발포기의 중간에 설치된 벤투리관의 벤투리작용과 펌프 가압수의 포소화약제 저장탱크에 대한 압력에 따라 포소화약제를 흡입·혼합하는 방식

74

소화기구 및 자동소화장치의 화재안전기준에 따른 수동으로 조작하는 대형소화기 B급의 능력단위 기준은?

① 10단위 이상
② 15단위 이상
③ 20단위 이상
④ 25단위 이상

해설 **대형소화기** : 능력단위가 A급 화재는 10단위 이상, **B급 화재는 20단위 이상**인 것으로서 소화약제 충전량은 다음 표에 기재한 이상인 소화기

소화약제의 충전량

종 별	충전량
포소화기	20[L] 이상
강화액소화기	60[L] 이상
물소화기	80[L] 이상
분말소화기	20[kg] 이상
할론소화기	30[kg] 이상
이산화탄소소화기	50[kg] 이상

75

포소화설비의 화재안전기준에 따른 포소화설비의 포헤드 설치기준에 대한 설명으로 틀린 것은?

① 항공기격납고에 단백포 소화약제가 사용되는 경우 1분당 방사량은 바닥면적 $1[m^2]$당 6.5[L] 이상 방사되도록 할 것
② 특수가연물을 저장·취급하는 소방대상물에 단백포 소화약제가 사용되는 경우 1분당 방사량은 바닥면적 $1[m^2]$당 6.5[L] 이상 방사되도록 할 것
③ 특수가연물을 저장·취급하는 소방대상물에 합성계면활성제포 소화약제가 사용되는 경우 1분당 방사량은 바닥면적 $1[m^2]$당 8.0[L] 이상 방사되도록 할 것
④ 포헤드는 특정소방대상물의 천장 또는 반자에 설치하되, 바닥면적 $9[m^2]$마다 1개 이상으로 하여 해당 방호대상물의 화재를 유효하게 소화할 수 있도록 할 것

해설 **특수가연물을 저장·취급하는 소방대상물** : 수성막포, 합성계면활성제포, 단백포 모두 방사량은 바닥면적 $1[m^2]$당 6.5[L/min]이다.

76

소화기구 및 자동소화장치의 화재안전기준에 따라 대형소화기를 설치할 때 특정소방대상물의 각 부분으로부터 1개의 소화기까지의 보행거리가 최대 몇 [m] 이내가 되도록 배치하여야 하는가?

① 20
② 25
③ 30
④ 40

해설 **소화기 배치거리**
각 층마다 설치하되
- 소형소화기 : 보행거리가 20[m] 이내
- **대형소화기 : 보행거리가 30[m] 이내**가 되도록 배치할 것

73 ③ 74 ③ 75 ③ 76 ③ 정답

77

소화수조 및 저수조의 화재안전기준에 따라 소화수조의 채수구는 소방차가 최대 몇 [m] 이내의 지점까지 접근할 수 있도록 설치하여야 하는가?

① 1 ② 2
③ 4 ④ 5

해설 소화수조, **저수조의 채수구** 또는 흡수관의 투입구는 소방차가 **2[m] 이내의 지점**까지 접근할 수 있는 위치에 설치할 것

78

미분무소화설비의 화재안전기준에 따른 용어 정의 중 다음 ( ) 안에 알맞은 것은?

> "미분무"란 물만을 사용하여 소화하는 방식으로 최소설계압력에서 헤드로부터 방출되는 물입자 중 99[%]의 누적체적분포가 (㉠)[μm] 이하로 분무되고 (㉡)급 화재에 적응성을 갖는 것을 말한다.

① ㉠ 400, ㉡ A, B, C
② ㉠ 400, ㉡ B, C
③ ㉠ 200, ㉡ A, B, C
④ ㉠ 200, ㉡ B, C

해설 **미분무**
물만을 사용하여 소화하는 방식으로 최소설계압력에서 헤드로부터 방출되는 물입자 중 99[%]의 누적체적분포가 400[μm] 이하로 분무되고 A, B, C급 화재에 적응성을 갖는 것을 말한다.

79

분말소화설비의 화재안전기준에 따라 분말소화약제 저장용기의 설치기준으로 맞는 것은?

① 저장용기의 충전비는 0.5 이상으로 할 것
② 제1종 분말(탄산수소나트륨을 주성분으로 한 분말)의 경우 소화약제 1[kg]당 저장용기의 내용적은 1.25[L]일 것
③ 저장용기에는 저장용기의 내부압력이 설정압력으로 되었을 때 주밸브를 개방하는 정압작동장치를 설치할 것
④ 저장용기에는 가압식은 최고사용압력 2배 이하, 축압식은 용기의 내압시험압력의 1배 이하의 압력에서 작동하는 안전밸브를 설치할 것

해설 **분말소화약제 저장용기의 설치기준**
- 저장용기의 충전비

소화약제의 종별	충전비
제1종 분말	0.80[L/kg]
제2종 분말	1.00[L/kg]
제3종 분말	1.00[L/kg]
제4종 분말	1.25[L/kg]

- 저장용기에는 저장용기의 내부압력이 설정압력으로 되었을 때 주밸브를 개방하는 정압작동장치를 설치할 것
- 안전밸브 설치기준
  - 가압식 : 최고사용압력의 1.8배 이하
  - 축압식 : 내압시험압력의 0.8배 이하

80

할론소화설비의 화재안전기준에 따른 할론 1301 소화약제의 저장용기에 대한 설명으로 틀린 것은?

① 저장용기의 충전비는 0.9 이상 1.6 이하로 할 것
② 동일 집합관에 접속되는 용기의 충전비는 같도록 할 것
③ 저장용기의 개방밸브는 안전장치가 부착된 것으로 하며 수동으로 개방되지 않도록 할 것
④ 축압식 용기의 경우에는 20[℃]에서 2.5[MPa] 또는 4.2[MPa]의 압력이 되도록 질소가스로 축압할 것

해설 할론소화약제 저장용기의 개방밸브는 전기식, 가스압력식, 기계식에 따라 자동으로 개방되고 수동으로도 개방되는 것으로서 안전장치가 부착된 것으로 하여야 한다.

정답 77 ② 78 ① 79 ③ 80 ③

좋은 책을 만드는 길
독자님과 함께하겠습니다.

도서나 동영상에 궁금한 점, 아쉬운 점, 만족스러운 점이
있으시다면 어떤 의견이라도 말씀해 주세요.
시대고시기획은 독자님의 의견을 모아 더 좋은 책으로 보답하겠습니다.

www.sidaegosi.com

소방설비기사 기계편 과년도 기출문제 필기

개정8판1쇄 발행	2021년 02월 05일(인쇄 2020년 12월 10일)
초 판 발 행	2013년 02월 20일(인쇄 2012년 11월 16일)
발 행 인	박영일
책 임 편 집	이해욱
편 저	이덕수
편 집 진 행	윤진영 · 김경숙
표지디자인	조혜령
편집디자인	심혜림 · 박동진
발 행 처	(주)시대고시기획
출 판 등 록	제10-1521호
주 소	서울시 마포구 큰우물로 75 [도화동 538 성지 B/D] 9F
전 화	1600-3600
팩 스	02-701-8823
홈 페 이 지	www.sidaegosi.com
I S B N	979-11-254-8799-9(13500)
정 가	26,000원

국 가 기 술 자 격 검 정 답 안 지

성 명

교시(차수) 기재란	
( )교시 · 차	① ② ③
문제지 형별 기재란	
( )형	Ⓐ Ⓑ
선택과목 1	
선택과목 2	

수 험 번 호							
0	0	0	0	0	0	0	0
①	①	①	①	①	①	①	①
②	②	②	②	②	②	②	②
③	③	③	③	③	③	③	③
④	④	④	④	④	④	④	④
⑤	⑤	⑤	⑤	⑤	⑤	⑤	⑤
⑥	⑥	⑥	⑥	⑥	⑥	⑥	⑥
⑦	⑦	⑦	⑦	⑦	⑦	⑦	⑦
⑧	⑧	⑧	⑧	⑧	⑧	⑧	⑧
⑨	⑨	⑨	⑨	⑨	⑨	⑨	⑨

감독위원 확인
㊞

1	① ② ③ ④	21	① ② ③ ④	41	① ② ③ ④	61	① ② ③ ④	81	① ② ③ ④	101	① ② ③ ④	121	① ② ③ ④
2	① ② ③ ④	22	① ② ③ ④	42	① ② ③ ④	62	① ② ③ ④	82	① ② ③ ④	102	① ② ③ ④	122	① ② ③ ④
3	① ② ③ ④	23	① ② ③ ④	43	① ② ③ ④	63	① ② ③ ④	83	① ② ③ ④	103	① ② ③ ④	123	① ② ③ ④
4	① ② ③ ④	24	① ② ③ ④	44	① ② ③ ④	64	① ② ③ ④	84	① ② ③ ④	104	① ② ③ ④	124	① ② ③ ④
5	① ② ③ ④	25	① ② ③ ④	45	① ② ③ ④	65	① ② ③ ④	85	① ② ③ ④	105	① ② ③ ④	125	① ② ③ ④
6	① ② ③ ④	26	① ② ③ ④	46	① ② ③ ④	66	① ② ③ ④	86	① ② ③ ④	106	① ② ③ ④		
7	① ② ③ ④	27	① ② ③ ④	47	① ② ③ ④	67	① ② ③ ④	87	① ② ③ ④	107	① ② ③ ④		
8	① ② ③ ④	28	① ② ③ ④	48	① ② ③ ④	68	① ② ③ ④	88	① ② ③ ④	108	① ② ③ ④		
9	① ② ③ ④	29	① ② ③ ④	49	① ② ③ ④	69	① ② ③ ④	89	① ② ③ ④	109	① ② ③ ④		
10	① ② ③ ④	30	① ② ③ ④	50	① ② ③ ④	70	① ② ③ ④	90	① ② ③ ④	110	① ② ③ ④		
11	① ② ③ ④	31	① ② ③ ④	51	① ② ③ ④	71	① ② ③ ④	91	① ② ③ ④	111	① ② ③ ④		
12	① ② ③ ④	32	① ② ③ ④	52	① ② ③ ④	72	① ② ③ ④	92	① ② ③ ④	112	① ② ③ ④		
13	① ② ③ ④	33	① ② ③ ④	53	① ② ③ ④	73	① ② ③ ④	93	① ② ③ ④	113	① ② ③ ④		
14	① ② ③ ④	34	① ② ③ ④	54	① ② ③ ④	74	① ② ③ ④	94	① ② ③ ④	114	① ② ③ ④		
15	① ② ③ ④	35	① ② ③ ④	55	① ② ③ ④	75	① ② ③ ④	95	① ② ③ ④	115	① ② ③ ④		
16	① ② ③ ④	36	① ② ③ ④	56	① ② ③ ④	76	① ② ③ ④	96	① ② ③ ④	116	① ② ③ ④		
17	① ② ③ ④	37	① ② ③ ④	57	① ② ③ ④	77	① ② ③ ④	97	① ② ③ ④	117	① ② ③ ④		
18	① ② ③ ④	38	① ② ③ ④	58	① ② ③ ④	78	① ② ③ ④	98	① ② ③ ④	118	① ② ③ ④		
19	① ② ③ ④	39	① ② ③ ④	59	① ② ③ ④	79	① ② ③ ④	99	① ② ③ ④	119	① ② ③ ④		
20	① ② ③ ④	40	① ② ③ ④	60	① ② ③ ④	80	① ② ③ ④	100	① ② ③ ④	120	① ② ③ ④		

※ 본 답안지는 마킹연습용 모의 답안지입니다.

절취선

주의	바르게 마킹한 것… ●
	잘못 마킹한 것… ⊘ ⊖ ✱ ⊙ ⊠

성 명
홍 길 동

교시(차수) 기재란			
( )교시 · 차	①	②	③
문제지 형별 기재란			
( )형	Ⓐ	Ⓑ	
선택과목 1			
선택과목 2			

수 험 번 호							
⓪	⓪	⓪	⓪	⓪	⓪	⓪	⓪
①	①	①	①	①	①	①	①
②	②	②	②	②	②	②	②
③	③	③	③	③	③	③	③
④	④	④	④	④	④	④	④
⑤	⑤	⑤	⑤	⑤	⑤	⑤	⑤
⑥	⑥	⑥	⑥	⑥	⑥	⑥	⑥
⑦	⑦	⑦	⑦	⑦	⑦	⑦	⑦
⑧	⑧	⑧	⑧	⑧	⑧	⑧	⑧
⑨	⑨	⑨	⑨	⑨	⑨	⑨	⑨

감독위원 확인

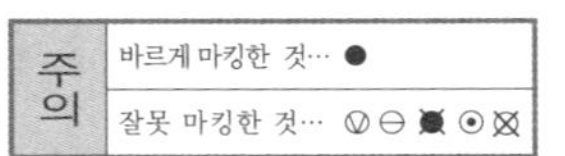

수험자 유의사항

1. 시험 중에는 통신기기(휴대전화 · 소형 무전기 등) 및 전자기기(초소형 카메라 등)를 소지하거나 사용할 수 없습니다.
2. 부정행위 예방을 위해 시험문제지에도 수험번호와 성명을 반드시 기재하시기 바랍니다.
3. 시험시간이 종료되면 즉시 답안작성을 멈춰야 하며, 종료시간 이후 계속 답안을 작성하거나 감독위원의 답안카드 제출지시에 불응할 때에는 당해 시험이 무효처리 됩니다.
4. 기타 감독위원의 정당한 지시에 불응하여 타 수험자의 시험에 방해가 될 경우 퇴실조치 될 수 있습니다.

답안카드 작성 시 유의사항

1. 답안카드 기재 · 마킹 시에는 반드시 검정색 사인펜을 사용해야 합니다.
2. 답안카드를 잘못 작성했을 시에는 카드를 교체하거나 수정테이프를 사용하여 수정할 수 있습니다.
   그러나 불완전한 수정처리로 인해 발생하는 전산자동판독불가 등 불이익은 수험자의 귀책사유입니다.
   - 수정테이프 이외의 수정액, 스티커 등은 사용 불가
   - 답안카드 왼쪽(성명 · 수험번호 등)을 제외한 '답안란'만 수정테이프로 수정 가능
3. 성명란은 수험자 본인의 성명을 정자체로 기재합니다.
4. 해당차수(교시)시험을 기재하고 해당 란에 마킹합니다.
5. 시험문제지 형별기재란은 시험문제지 형별을 기재하고, 우측 형별마킹난은 해당 형별을 마킹합니다.
6. 수험번호란은 숫자로 기재하고 아래 해당번호에 마킹합니다.
7. 시험문제지 형별 및 수험번호 등 마킹착오로 인한 불이익은 전적으로 수험자의 귀책사유입니다.
8. 감독위원의 날인이 없는 답안카드는 무효처리 됩니다.
9. 상단과 우측의 검은색 띠(▌▌▌) 부분은 낙서를 금지합니다.

부정행위 처리규정

시험 중 다음과 같은 행위를 하는 자는 당해 시험을 무효처리하고 자격별 관련 규정에 따라 일정기간 동안 시험에 응시할 수 있는 자격을 정지합니다.

1. 시험과 관련된 대화, 답안카드 교환, 다른 수험자의 답안 · 문제지를 보고 답안 작성, 대리시험을 치르거나 치르게 하는 행위, 시험문제 내용과 관련된 물건을 휴대하거나 이를 주고받는 행위
2. 시험장 내외로부터 도움을 받아 답안을 작성하는 행위, 공인어학성적 및 응시자격서류를 허위기재하여 제출하는 행위
3. 통신기기(휴대전화 · 소형 무전기 등) 및 전자기기(초소형 카메라 등)를 휴대하거나 사용하는 행위
4. 다른 수험자와 성명 및 수험번호를 바꾸어 작성 · 제출하는 행위
5. 기타 부정 또는 불공정한 방법으로 시험을 치르는 행위

더 이상의 소방 시리즈는 없다!

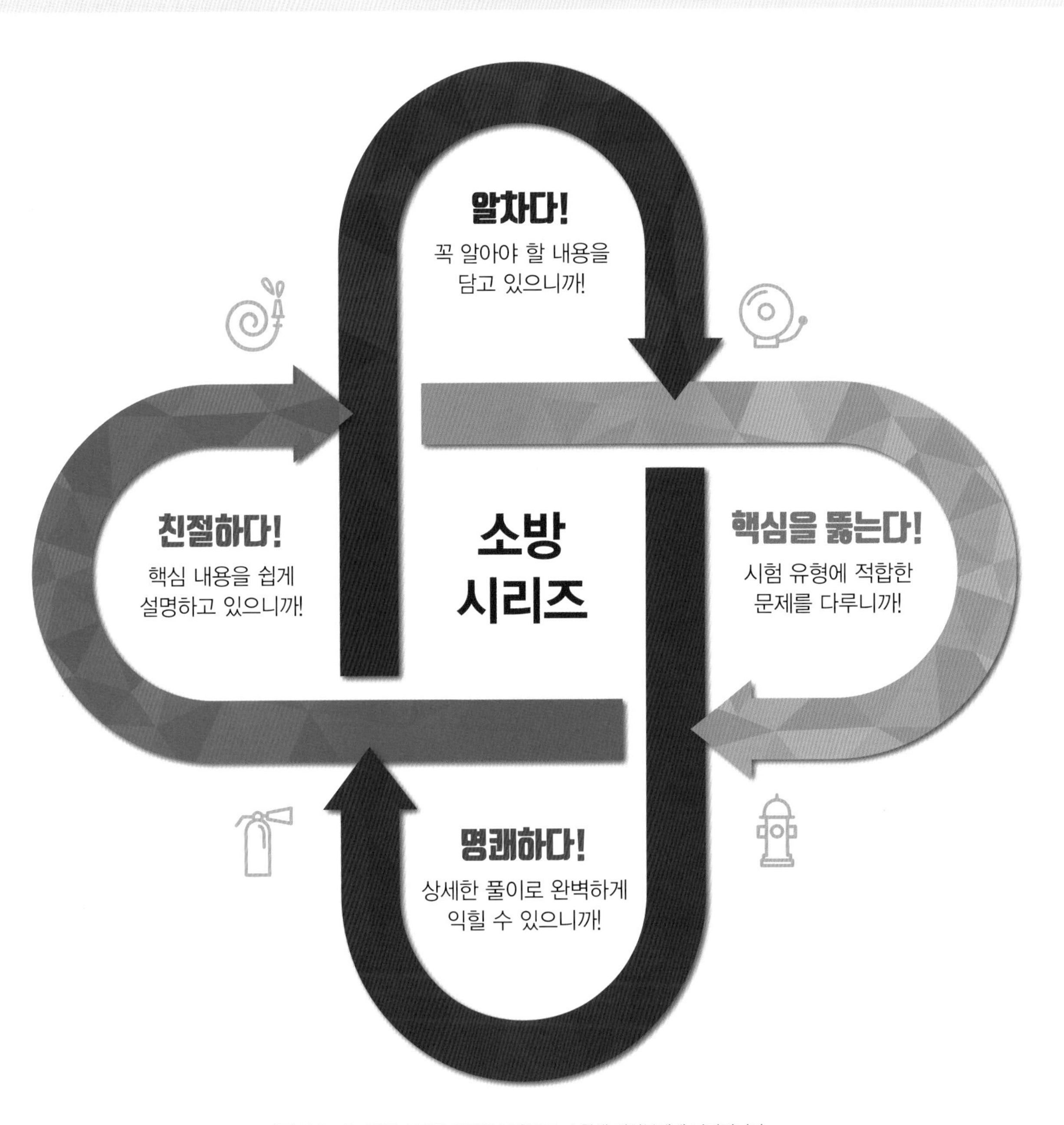

(주)시대고시기획의 소방 도서는...

현장실무와 오랜 시간 동안 저자의 노하우를 바탕으로 최단기간 합격의 기회를 제공합니다.
2021년 시험대비를 위해 최신개정법 및 이론을 반영하였습니다.
빨간키(빨리보는 간단한 키워드)를 수록하여 가장 기본적인 이론을 시험 전에 확인할 수 있도록 하였습니다.
연도별 기출문제 분석표를 통해 시험의 경향을 한눈에 파악할 수 있도록 하였습니다.
본문 안에 출제 표기를 하여 보다 효율적으로 학습할 수 있도록 하였습니다.

소방시설관리사

소방시설관리사 1차 4×6배판 /53,000원
소방시설관리사 2차 점검실무행정 4×6배판 /30,000원
소방시설관리사 2차 설계 및 시공 4×6배판 /30,000원

위험물기능장

위험물기능장 필기 4×6배판 /38,000원
위험물기능장 실기 4×6배판 /35,000원

소방설비기사 · 산업기사[기계편]

소방설비기사 기본서 필기 4×6배판 /33,000원
소방설비기사 과년도 기출문제 필기 4×6배판 /26,000원
소방설비산업기사 과년도 기출문제 필기 4×6배판 /26,000원
소방설비기사 기본서 실기 4×6배판 /35,000원
소방설비기사 과년도 기출문제 실기 4×6배판 /27,000원

소방설비기사 · 산업기사[전기편]

소방설비기사 기본서 필기 4×6배판 /33,000원
소방설비기사 과년도 기출문제 필기 4×6배판 /26,000원
소방설비산업기사 과년도 기출문제 필기 4×6배판 /26,000원
소방설비기사 기본서 실기 4×6배판 /36,000원
소방설비기사 과년도 기출문제 실기 4×6배판 /26,000원

소방안전관리자

소방안전관리자 1급 예상문제집 4×6배판 /19,000원
소방안전관리자 2급 예상문제집 4×6배판 /15,000원

소방기술사

김성곤의 소방기술사 핵심 길라잡이 4×6배판 /75,000원

소방관계법규

화재안전기준(포켓북) 별판 /15,000원

* 도서 가격은 변동될 수 있습니다.

시대에듀

시대북 통합서비스 앱 안내

연간 1,500여 종의 실용서와 수험서를 출간하는 시대고시기획, 시대교육, 시대인에서
출간도서 구매 고객에 대하여 도서와 관련한 **"실시간 푸시 알림"** 앱 서비스를 개시합니다.

이제 수험정보와 함께 도서와 관련한 다양한 서비스를
찾아다닐 필요 없이 스마트폰에서 실시간으로 받을 수 있습니다.

사용방법 안내 

1. 메인 및 설정화면

- 로그인/로그아웃
- 푸시 알림 신청내역을 확인하거나 취소할 수 있습니다.
- 시험 일정 시행 공고 및 컨텐츠 정보를 알려드립니다.
- 1:1 질문과 답변(답변 시 푸시 알림)

2. 도서별 세부 서비스 신청화면

메인화면의 [콘텐츠 정보] [정오표/도서 학습자료 찾기] [상품 및 이벤트]
각종 서비스를 이용하여 다양한 서비스를 제공받을 수 있습니다.

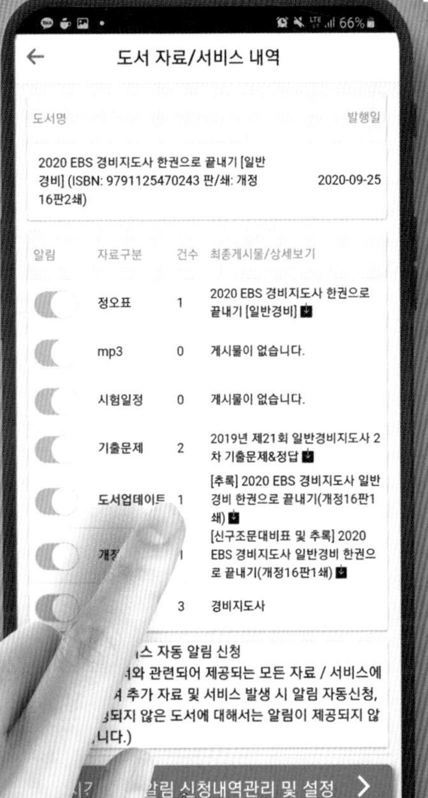

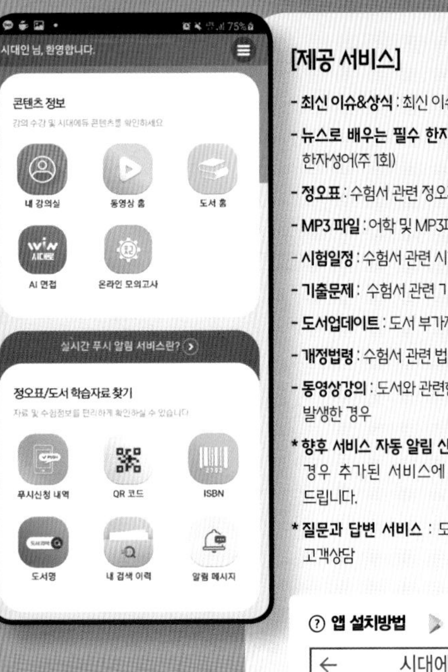

[제공 서비스]

- **최신 이슈&상식** : 최신 이슈와 상식 제공(주 1회)
- **뉴스로 배우는 필수 한자성어** : 시사 뉴스로 배우기 쉬운 한자성어(주 1회)
- **정오표** : 수험서 관련 정오자료 업로드 시
- **MP3 파일** : 어학 및 MP3파일 업로드 시
- **시험일정** : 수험서 관련 시험 일정이 공고되고 게시될 때
- **기출문제** : 수험서 관련 기출문제가 게시될 때
- **도서업데이트** : 도서 부가자료가 파일로 제공되어 게시될 때
- **개정법령** : 수험서 관련 법령개정이 개정되어 게시될 때
- **동영상강의** : 도서와 관련한 동영상강의가 제공, 변경 정보가 발생한 경우

* **향후 서비스 자동 알림 신청** : 이 외의 추가서비스가 개발될 경우 추가된 서비스에 대한 알림을 자동으로 발송해 드립니다.
* **질문과 답변 서비스** : 도서와 동영상 강의 등에 대한 1:1 고객상담

앱 설치방법 Google Play App Store

시대에듀로 검색

※ 본 앱 및 제공 서비스는 사전 예고 없이 수정, 변경되거나 제외될 수 있고, 푸시 알림 발송의 경우 기기변경이나 앱 권한 설정, 네트워크 및 서비스 상황에 따라 지연, 누락될 수 있으므로 참고하여 주시기 바랍니다.

※ 안드로이드와 IOS기기는 일부 메뉴가 상이할 수 있습니다.